吐鲁番葡萄酒标准体系

下 册

刘丽媛 主编

中国财富出版社有限公司

图书在版编目（CIP）数据

吐鲁番葡萄酒标准体系. 下册 / 刘丽媛主编. —北京：中国财富出版社有限公司, 2022.9

ISBN 978-7-5047-7770-6

Ⅰ. ①吐… Ⅱ. ①刘… Ⅲ. ①葡萄酒—质量管理—标准体系—吐鲁番市 Ⅳ. ①TS262.61-65

中国版本图书馆 CIP 数据核字（2022）第 176557 号

策划编辑 李　伟　　**责任编辑** 邢有涛　张天穹　　**版权编辑** 李　洋

责任印制 梁　凡　　**责任校对** 张营营　　**责任发行** 黄旭亮

出版发行 中国财富出版社有限公司

社　址 北京市丰台区南四环西路 188 号 5 区 20 楼　　**邮政编码** 100070

电　话 010-52227588 转 2098（发行部）　　010-52227588 转 321（总编室）

010-52227566（24 小时读者服务）　　010-52227588 转 305（质检部）

网　址 http://www.cfpress.com.cn　　**排　版** 宝蕾元

经　销 新华书店　　**印　刷** 宝蕾元仁浩（天津）印刷有限公司

书　号 ISBN 978-7-5047-7770-6/TS·0118

开　本 880mm×1230mm　1/16　　**版　次** 2023 年 1 月第 1 版

印　张 89.75　　**印　次** 2023 年 1 月第 1 次印刷

字　数 2654 千字　　**定　价** 409.00 元（全 2 册）

目　录

上　册

第一部分　定义描述

第二部分　基地建设

第三部分 栽培管理

第四部分 生产管理

下　册

第五部分　葡萄制品

ICS 67.160.10
X 62

T/CBJ

团 体 标 准

T/CBJ 5103—2019

保健酒生产卫生规范

Hygienic specification for health - careliquor

2019-01-07 发布 2019-02-01 实施

中国酒业协会 发布

前　言

本标准由中国酒业协会保健酒工作委员会提出。

本标准由中国酒业协会保健酒工作委员会归口。

本标准起草单位：劲牌有限公司、浙江致中和实业有限公司、海南椰岛（集团）股份有限公司、四川省宜宾五粮液集团保健酒有限责任公司、山西杏花村汾酒厂股份有限公司、上海冠生园华佗酿酒有限公司、广东顺德酒厂有限公司、广西古岭龙投资集团有限公司、河南省养生殿酒业有限公司、吉林大清鹿苑保健科技有限公司、云南品斛堂酒业有限公司、南通颐生酒业有限公司。

本标准主要起草人：刘源才、张伟、杨素红、樊少静、于海宾、李治中、吴明、郭黎媛、叶胜扬、方小民、张敏、周海妹、展学孔、金慧、张飞、萧永坚、叶小红、陈洋、柳玉洪、罗蔚华。

保健酒生产卫生规范

1　范围

本标准规定了保健酒生产选址及厂区环境、厂房和车间、设备和设施、人员卫生管理、食品原料食品添加剂和食品相关产品、生产过程的食品安全控制、检验、贮存和运输、召回等环节的基本要求和管理准则。

本标准适用于保健酒的生产和加工。

2　规范性引用文件

下列文件对于本文件的应用是必不可少的。凡是注日期的引用文件，仅注日期的版本适用于本文件。凡是不注日期的引用文件，其最新版本（包括所有的修改单）适用于本文件。

GB 5749　生活饮用水卫生标准

GB 14881　食品安全国家标准　食品生产通用卫生规范

GB 17405　保健食品良好生产规范

3　术语和定义

GB 14881、GB 17405 中界定的术语和定义适用于本文件。

4　选址及厂区环境

应符合 GB 17405 规定的要求。

5 厂房和车间

5.1 设计和布局

5.1.1 厂房建筑结构应当完整，并能满足生产工艺和质量、卫生及安全生产要求，并应当考虑使用时便于进行清洁工作。

5.1.2 厂房应当有防止昆虫和其他动物进入的设施。

5.1.3 厂房应当按生产工艺流程及所要求的洁净级别进行合理布局，厂区和厂房内的人、物流走向合理，防止交叉污染。

5.1.4 厂房必要时应当有防尘及捕尘设施。空气洁净度等级相同的区域内，产尘量大的操作室应当保持相对负压。产尘量大的洁净室（区）经捕尘处理不能避免交叉污染的，其空气净化系统不得利用回风。

5.1.5 厂房的空气净化级别应能满足生产加工对空气的需要，其中，对于灌装车间的洁净级别应按照 D 级洁净区的要求设置。洁净级别不同的厂房之间、厂房与通道之间应有缓冲设施。

5.2 建筑内部结构

5.2.1 应当根据保健酒品种、生产操作要求及外部环境状况配置空气净化系统，使生产区有效通风，并有必要温度控制、湿度控制和空气净化过滤，保证保健酒的生产环境。

5.2.2 保健酒生产区域应当根据工艺要求，采取相应的净化措施。

5.2.3 生产车间应当分别设置与洁净级别相适应的人、物流通道，避免交叉污染。人流通道应当按要求设置合理的洗手、消毒、更衣设施，人流物流通道应当设置必要的缓冲和清洁设施。应设置专门的废物传递窗。

5.2.4 生产车间应当有与生产规模相适应的面积和空间，以有序地安置设备和物料，便于生产操作，防止差错和交叉污染。

5.2.5 生产车间应当设置洁具间，存放间，用于清洁工具的清洗和存放。

5.2.6 动植物原材料的提取、浓缩等生产操作场所应当与其生产规模和工艺要求相适应，其前处理应与产品生产严格分开，并有良好的通风、必要的除烟、除尘及降温设施。

5.2.7 与保健酒直接接触的干燥用空气、压缩空气和惰性气体应当经净化处理，符合生产要求及国家相关标准要求。

5.2.8 应当设置与生产品种和规模相适应的检验室，满足物料、中间产品及成品等质量检验和控制的要求。

检验室、动植物标本室、留样观察室以及其他各类实验室应当与保健酒生产应分隔开，防止交叉污染。致病菌检测的阳性对照、微生物限度检定要分室进行。

对有特殊要求的仪器、仪表，应当安放在专门的仪器室内，并有防止静电、震动、潮湿或其他外界因素影响的设施。

5.3 洁净室要求

5.3.1 出入口及通道设置

5.3.1.1 需分别设置人员及物料进出生产区域的通道，输送人和物料的电梯宜分开。

5.3.1.2 物料通道需分别设置原辅料气闸或传递窗（柜），废弃物需单独设置专用的传递设施。

5.3.1.3 用于生产、贮存的区域，不得运作非本区域内工作人员的通道。

5.3.2 生产辅助用房设置

5.3.2.1 洁净区内的洁具室通常设在本区/室内，并有防止污染的措施（如排风、拖把不用时有墙钩，可将其挂起，避免长菌等）。其清洗室的空气洁净度等级应与本区域相同。

5.3.2.2 洁净工作服的洗涤和干燥设备专用。

5.3.2.3 维修保养室主要用于机电、仪器设备的简易维修保养工作，不设在洁净室（区）内。

5.3.3 室内装修

5.3.3.1 地面：整体式、无缝地面。无孔、易于清洁和消毒。典型的建筑饰面材料包括：乙烯卷材（热熔接缝处理）和环氧地面。

5.3.3.2 内墙：整体式、无缝地面。光滑、无孔、易于清洁和消毒。典型的建筑饰面材料包括：乙烯卷材（热熔接缝处理）、不锈钢或乙烯板面装饰、石膏板加环氧涂层处理、水泥抹灰加金属板或者混凝土加表面打磨处理。

5.3.3.3 天花板：整体式天花板或者吊顶式天花板。光滑、无孔、易于清洁和消毒。典型的吊顶结构：吊顶格栅加吊顶砖。结合面密封以保持房间压力。吊顶板采用石膏装饰板加环氧涂层处理、石膏铝蜂窝彩钢板、水泥抹灰加金属板或者预制混凝土板加表面打磨处理等。

5.3.3.4 建筑结合处：墙壁和地面、吊顶结合处宜作成弧形，圆弧角半径大于或等于 50 mm。踢脚不宜高出墙面。当采用轻质材料融断时，应采用防碰撞措施。

5.3.3.5 窗：窗框与墙面平齐，固定玻璃窗。所有连接处无缝、光滑、易于清洁。

5.3.3.6 门：典型的门旋转方向应与气流方向相反。具体要求为：洁净区内洁净室的门应向洁净度高或压力高的一侧开，即一般均向内开启；洁净区与非洁净区的门或通向室外的门（含安全门）均应向外即疏散方向开启。典型的材料包括：金属，乙烯，PVC 或者类似的易于清洁的材料，禁止使用木门，不应设门槛。

5.3.3.7 五金结构件：隐蔽式闭门器和门把手应便于清洁，五金结构件选用不锈钢或金属电镀材料。

5.3.3.8 建筑缝隙密封：洁净室（区）的窗户、天棚及进入室内的管道、风口、灯具与墙壁或天棚的连接部位应密封，硅胶密封。

5.3.3.9 地漏：应使用带盖的地漏，盖子材料应耐腐蚀，并与地面平齐。地漏应设置水封，不能只有防倒流装置。

5.3.3.10 洁净室（区）内安装的水池、地漏，不得对物料、中间产品和成品产生污染。

5.3.3.11 洁净室（区）应当根据生产要求提供足够的照明，对照度有特殊要求的生产部位应当设置局部照明。厂房应当有应急照明设施，检验场所（如灯检区、容量检测区等）工作面混合照度不低于 540 lx；主要工作室一般照明的照度值不宜低于 300 lx；辅助工作室、走廊、气闸室、人员净化和物料净化用室（区）不宜低于 150 lx。

5.3.3.12 其他设施要求：所有的装饰材料应无脱落、无孔和抑制微生物生长。表面应光滑、易于清洁，无难于进入的角落。装饰材料应能够耐受反复的各种化学品和氧化剂的清洁和消毒，机械和电器装置少暴露在作业区。暴露工序上方，不能有固定的水平管道穿过。管道材质应是不锈钢或塑料。

5.4 清洁与维护

5.4.1 应当建立厂房及设施的保养维修制度，定期对厂房及设施进行保养维修，并做好记录；保养维修时应当采取适当措施，避免对保健酒的生产造成污染。

5.4.2 厂区、车间、工序和岗位均应当按生产和空气洁净度级别的要求制定场所、设备和设施等的清洁消毒规程，内容应当包括：清洁消毒方法、清洁消毒程序和间隔时间等。

5.4.3 厂区应当定期或在必要时进行除虫灭害工作，采取有效措施防止鼠类、蚊蝇、昆虫等的聚集和孳生，并对除虫灭害工作建立制度和记录，除虫灭害不得对生产产生不良影响。

6 设施与设备

6.1 总则

应符合 GB 14881 的相关规定。

6.2 设施

6.2.1 应有与生产相匹配的酿造用水。如需配备贮水设施（如蓄水池），应有防止污染的措施。直接用于蒸煮原材料、蒸馏白酒的蒸汽用水应符合 GB 5749。

6.2.2 排水设施应大小适宜，排水设施入口应安装带水封的地漏以及防止倒灌等装置。

6.2.3 酒库、包装车间、成品库应使用防爆灯具，并装有安全防护罩。

6.2.4 罐区电气设备、设施应防爆。

6.2.5 罐区建设、安全应符合国家相关安全管理规定。

6.2.6 生产用水的制备、储存和分配应能防止微生物的滋生和污染。

6.3 设备和管道

6.3.1 设备

6.3.1.1 应具有与生产品种和规模相适应的生产设备，设备设置应根据工艺要求合理布局，避免引起交叉污染；上、下工序应衔接紧密，操作方便。

6.3.1.2 设备选型应符合生产和卫生要求，易于清洗、消毒或灭菌。

6.3.1.3 与物料、中间产品直接或间接接触的所有设备与用具，应使用安全、无毒、无臭味或异味、防吸收、耐腐蚀、不易脱落且可承受反复清洗和消毒的材料制造。设备所用的润滑剂、冷却剂等不得对保健酒或容器造成污染。

6.3.1.4 用于生产和检验的仪器、仪表、量具、衡器等，其适用范围和精密度应符合生产和检验要求，并保存相应的操作记录。

6.3.1.5 生产操作间、生产设备和容器应有清洁状态标识，标明其是否经过清洁以及清洁的有效期限。

6.3.1.6 应建立设备档案，保存设备采购、安装、确认和验证、使用的文件和记录。

6.3.1.7 应建立设备清洁、保养和维修的规程，定期进行保养和维修，并保存相应的操作记录。

6.3.2 管道

6.3.2.1 产品接触面的材质应符合食品相关产品的有关标准，应当使用表面光滑、易于清洗和消毒、不吸水、不易脱落的材料。

6.3.2.2 管道的设计和安装应避免死角和盲管。确实无法避免的死角和盲管，应便于拆装清洁，并建立相应的拆装清洁记录；清洁工序应有相应的验证文件；与设备连接的主要固定管道应标明管内物料名称和流向。

6.3.2.3 储罐和输送管道所用材料应无毒、耐腐蚀。储罐和管道要规定清洗、灭菌周期并标识流向。工艺用水的制备数量应满足生产的需要。

7 人员卫生管理

应符合 GB 17405 规定的要求。

8 食品原料、食品添加剂和食品相关产品

8.1 食品原料

应符合 GB 17405 的相关规定。

8.2 食品添加剂或食品相关产品

应符合 GB 14881 第 7 章的相关规定。

9 生产过程的食品安全控制

9.1 原辅料使用基本要求

投产的原辅材料应符合第 8 章的规定。所有原辅材料投产前应经过检验，再经筛选或除杂处理。经处理仍达不到工艺要求的不得投入生产。严禁使用在酿造过程中不能去除对人体有毒、有害、含土杂物较多的原辅材料制酒。

9.2 酒体酿造生产过程

应符合 GB 14881 及相应酒类生产卫生规范。

9.3 酒体勾兑、提取、调配、包装生产过程

9.3.1 原料处理过程控制

9.3.1.1 每批产品生产应按生产指令要求领用原辅料和包装材料，并进行严格复核，确认其品名、规格、数量和批号（编号）与生产指令一致，并确认没有霉变、生虫、混有异物或其他感官性状异常、超过保质期等情形。物料应经过物料通道进入车间。进入洁净室（区）的应除去外包装或进行清洁消毒。

9.3.1.2 基酒勾兑：基酒按标准要求进行勾兑，应符合相应国家标准卫生指标要求。

9.3.1.3 药材加工：中药材应经检验合格后按药材加工工艺标准进行挑选、必要时进行清洗和切片后投入使用（中药饮片经检验合格后可直接投入使用）。不同产品药材应进行分隔，避免混淆、串味。挑选台、洗药机、切药机等设备需保持洁净，每班加工后及时清洁设备及地面。中药材和中药饮片的取样、筛选、称重、粉碎、混合等操作易产生粉尘的，应采取有效措施，以控制粉尘扩散，避免污染和交叉污染，应安装捕尘设备、排风设施或设置专用厂房（操作间）等。中药材前处理的厂房内应设拣选工作台，工作台表面应平整、易清洁，不产生脱落物。磨刀间等辅助房间应单独设置。

9.3.2 药材提取

药材投料品种、数量、批号应建立复核机制，投料装置、提取设备、管路、容器应保持洁净，出料后及时清洗，并建立清洗记录。

9.3.3 调配

调配物料应密封存放，应经理化、感官检验合格后方可使用，并保持批记录。调配前调配罐、乳化罐、管路、周转罐及与酒体直接接触的所有工器具均应清洗干净（调配低于24% vol酒体设备、管路需进行消毒），不得有清洁剂残留，确保洁净无异味。调配酒体搅拌均匀后，检测合格方可进入下道工序。更换品种前应对清洗效果进行确认，防止混淆、串味。

9.3.4 陈酿

陈酿罐及转酒管道应清洗干净，并做好标识。陈酿区不同酒体应做好分隔，防止混淆、交叉污染，共用转酒泵、管路及阀门应及时清退、清洗干净，避免交叉污染。陈酿区应清洁、通风、干燥，地面无积尘、无积水、无结垢，现场无废弃物，应建立良好的防火、防爆、防虫、防鼠及防污染措施，当产品有特殊要求，应控制温度，并做好记录。

9.3.5 过滤

过滤助剂应符合相应的国家食品安全标准要求，应密封储存。过滤设备、陈酿罐、管路使用前需清洗干净（低于24 % vol酒体过滤前需对设备、管道进行消毒），不得对酒体造成污染。更换品种前应对清洗效果进行确认，防止混淆、串味。

9.3.6 拆包

上瓶和洗瓶分设不同楼层的可不单独设置拆包区，上瓶和洗瓶在同一楼层的建议设置拆包区。瓶在拆包区脱去外包装或风淋或擦拭清洁后方可进入洗瓶区。

9.3.7 验瓶

将破瓶口、瓶身裂纹、瓶内异物等不合格瓶类挑出。

9.3.8 洗瓶

应采用饮用水清洗。残留水控制量应不影响产品质量，洗净的瓶子应经防护输送进入灌装区。

9.3.9 理盖

盖拆去外包装后经传递窗进入理盖间，根据标准将不合格盖类挑出，并做好状态标识。理盖工序应防止起尘，必要时应有吸尘或除尘装置，应经过过滤后排放至房外，设备的出风口应有防止空气倒灌的装置。

9.3.10 瓶、盖消毒

生产低于24 % vol低度酒的瓶、盖应经消毒后使用。如通过后期消毒可确保瓶、盖清洁的，前端可不对瓶、盖进行消毒。

9.3.11 更衣

9.3.11.1 一次更衣室

9.3.11.1.1 洗手设施的水龙头数量应与同班次食品加工人员数量相匹配，必要时应设置冷热水混合器。

9.3.11.1.2 车间入口处设换鞋设施，盥洗室应设洗手和消毒设施，宜装手烘干器。

9.3.11.1.3 更衣室应设储衣柜或衣架、鞋箱（架），应保证工作服和个人服装及其他物品分开放置，外衣存衣柜和洁净工作服柜应分别设置。

9.3.11.2 二次更衣室

9.3.11.2.1 二次更衣室，应包括换鞋、盥洗、更洁净工作服、缓冲室等房间。

9.3.11.2.2 人员净化室入口，应配置换鞋设施。

9.3.11.2.3 盥洗室应设置洗手和消毒、烘干设施，洗手设施应为非手动式水龙头。

9.3.11.2.4 二更净化程序：换鞋间更换洁净工鞋→脱外衣→在洗手台洗手、消毒、烘干→穿上洁净服→手消毒→气闸室（缓冲间）→进入洁净室/区。

9.3.12　灌装、压盖

保健酒的灌装工序应使用自动化设备。因工艺特殊，确实无法采用自动化设备的，应当经工艺验证，确保产品质量。酒体的灌装应根据相应要求，在洁净室内进行。灌装机及管路应定期进行清洗，并对环境消毒，物料通过灌装机按规格装入容器并密封。灌装室技术要求见表1，灌装室尘埃粒子及微生物要求见表2。

表1　灌装室技术要求

洁净级别	温度	相对湿度	静压差		噪声（空态，A计权）	
			洁净区与非洁净区	洁净区之间	非单向流	单向流
D级	18 ℃ ~26 ℃	45% ~65%	10 Pa	5 Pa	60 dB	65 dB

表2　灌装室尘埃粒子及微生物要求

洁净级别	悬浮粒子最大允许数（静态）		微生物数最大允许值（动态）		
	≥0.5 μm	≥5 μm	浮游菌	沉降菌（ф90 mm）	表面微生物（ф55 mm）
D级	3 520 000 个/m^3	29 000 个/m^3	200 CFU/m^3	100 CFU/4 h	50 CFU/皿

在确认级别时，应使用采样管较短的便携式尘埃粒子计数器，以避免在远程采样系统长的采样管中≥5.0 μm尘粒的沉降。在单向流系统中，应采用等动力学的取样头。

单个沉降碟的暴露时间可以少于4 h，同一位置可使用多个沉降碟连续进行监测并累积计数。

9.3.13　灯检

将有物理危害的可见异物如玻璃渣等及时挑出，并做好状态标识。

9.3.14　成品包装

应符合 GB 17405 的相关规定。

9.3.15　清场

每批产品生产结束应按规定程序进行清场，剩余原辅料和包装材料应及时包装退库，废弃物品应按规定程序清理出车间并及时销毁，工具、容器应经清洁消毒后按定置管理要求放入规定位置，并做好清场记录。

10　检验

应符合 GB 17405 的相关规定。

11　产品贮存和运输

应符合 GB 17405 的相关规定。

12　产品召回管理

应符合 GB 17405 的相关规定。

13 培训

应符合 GB 14881 的相关规定。

14 管理制度和人员

应符合 GB 14881 的相关规定。

15 记录和文件管理

应符合 GB 14881 的相关规定。

ICS 65.060.60
B 91

GB

中华人民共和国国家标准

GB/T 25393—2010/ISO 5704：1980

葡萄栽培和葡萄酒酿制设备 葡萄收获机 试验方法

Equipment for vine cultivation and wine making—Grape - harvesting machinery—Test methods

(ISO 5704：1980，IDT)

2010-11-10 发布 2011-03-01 实施

中华人民共和国国家质量监督检验检疫总局
中国国家标准化管理委员会 发布

前　言

本标准等同采用ISO 5704：1980《葡萄栽培和葡萄酒酿制设备　葡萄收获机　试验方法》（英文版）。

为便于使用，本标准做了如下编辑性修改：

——将“本国际标准”改为“本标准”；

——用小数点“.”代替作为小数点的逗号“,”；

——删除了国际标准的前言；

——对附录I、附录L中的印刷错误进行了订正。

本标准的附录A、附录B、附录C、附录D、附录E、附录F、附录G、附录H、附录I、附录J、附录K、附录L是资料性附录。

本标准由中国机械工业联合会提出。

本标准由全国农业机械标准化技术委员会（SAC/TC 201）归口。

本标准起草单位：新疆维吾尔自治区农牧业机械试验鉴定站、新疆维吾尔自治区农牧业机械管理局、新天国际葡萄酒业股份有限公司。

本标准主要起草人：张山鹰、忽晓葵、晁群勇、董新平。

引　言

葡萄收获机的试验设计是基于以下考虑：

a）主要评价以下性能：

——葡萄及所制饮料的质量；

——葡萄藤落叶的情况；

——可能影响后续剪枝作业的损害；

——葡萄藤或地上“可见的”损失。

——破碎葡萄造成的果汁损失；

b）记录工作性能的时间特性；

c）在不同地面状况、对各种植株—藤茎组合作业，观测机器的运转情况、可靠性和工作性能。

葡萄栽培和葡萄酒酿制设备　葡萄收获机　试验方法

1　范围

本标准规定了葡萄收获机的试验方法。

本标准适用于能够完成葡萄收获全过程作业的葡萄收获机。

本标准适用于收获酿酒和饮料（葡萄汁、酒精等）生产用葡萄的葡萄收获机。

2 术语和定义

下列术语和定义适用于本标准。

2.1 工作时间 operating time

2.1.1 纯工作时间 actual time

机器的工作时间。

2.1.2 附加时间 additional time

转弯和转移时间。

2.1.3 等待修复时间 idling time

等待修复和排除故障的时间。

2.1.4 作业总时间 overall time

纯工作时间、附加时间、等待修复时间的总和。

2.2 作业速度 speed of travel

机器作业时通过葡萄行的长度除以纯工作时间。

2.3 作业效率 efficiency on site

纯工作时间除以作业总时间。

2.4 收获单位面积所需作业总时间 overall time per unit of area

作业总时间除以收获的面积。

2.5 生产率 output

收获葡萄的总质量除以纯工作时间。

3 试验原则

通过试验测定葡萄收获机的技术特性和收获葡萄的质量。用化学分析和感官分析等方法，对机器收获的葡萄酿制的葡萄酒与人工收获的葡萄酿制的葡萄酒的品质进行比较。

4 仪器设备

4.1 在葡萄园

必须具备以下仪器设备。

4.1.1 整机参数测量

——汇总表（见附录B、附录C）；

——转数表；
——钢卷尺。
4.1.2 时间测量
——汇总表（见附录 D、附录 E、附录 F）；
——检测人员所用的平板绘图器；
——磁带记录仪；
——标杆；
——精密计时器；
——脉冲计数器。
4.1.3 作业质量测量
——汇总表（见附录 G、附录 H）；
——用于测量受损葡萄的脉冲计数器；
——已称重的桶；
——剪枝剪；
——装葡萄的容器；
——罗马天平；
——精密天平；
——地磅；
——葡萄箱及拖拉机；
——塑料袋；
——标签；
——计算器；
——随机表和平方表；
——照相机。

4.2 在酒窖

——所有正在使用的酿酒必需设备；
——酒类测量专用设备。

5 试验方法

5.1 在葡萄园

5.1.1 整机参数测量
机器静止时（停机状态），详细填写整机参数表（见附录 B）。机器空运转时，记录试验表格（见附录 C）中的有关数据，同时记录运输设备参数（见附录 F）。
5.1.2 时间测量
试验前，填写试验地调查表（见附录 D），特别要记录试验地的地面条件（土壤类型、含水率、坡度）同时绘制详细的草图注明以下内容：
——葡萄行的长度；
——每行的葡萄株数；

——行距和株距；

——地头的宽度；

——服务用道的宽度；

——试验地到酒窖的距离，标注道路轮廓和状态。

试验中，进行各类时间测量，记录任何异常的特征，填写在相关工作记录表中（见附录 E）。

机器保养中，记录清理、润滑、维修时间等。

5.1.3　作业质量测量

5.1.3.1　损失测量

对于不同的葡萄品种和栽培方法，尽可能选择一致性好的试验地进行测试，并统计葡萄的总株数（n_t）[1)]。在 95% 概率下，估算每株葡萄平均产量，要求误差≤5%。为满足此要求，用式（1）确定样本量 n。

$$n \geqslant 1\ 764\left(\frac{s}{\bar{x}}\right)^2 \quad (1)$$

式中：

n——人工收获的样本量；

s——标准差；

$\bar{x}$——平均值。

取一个 n_c = 100 株（至少 40 株）的样本，该样本应随机选择并完全由机器收获，每个葡萄藤上收获的葡萄分别称重，计算样本 n_c 平均值和标准差代入式（1）中得到 n。

然后从同一块试验地随机选取（$n - n_c$）株葡萄，完全由人工收获称重。

将 n 个样本的平均值 $\bar{x}$ 和标准差 s 代入式（1）中，重复进行，直到 n、$\bar{x}$ 和 s 满足式（1）。最终得到的每株葡萄产量 M_0 为：

$$M_0 = \bar{x}$$

检查 n 和 n_t 是否满足下式，

$$0.1n_t \leqslant n \leqslant 0.2n_t$$

式中：

n_t——试验地葡萄总株数。

若上式满足，则计算比率：

$$\frac{n}{n_t} \times 100$$

并记入附录 I 的表中。

若不满足，另选一块一致性更好的试验地。

采用机器的出厂设置并经检验人员测试后，立即用机器收获试验地中剩余的葡萄进行测试。

在磅秤上称量收获的所有葡萄，计算机器收获的每株葡萄质量 M_1。

每株应收获的葡萄质量 M_0，等于

$$M_0 = M_1 + M_2$$

式中：

M_1——机器收获的每株质量；

M_2——每株葡萄不同形式的损失。

损失可分为以下几种：

a）机器收获后可直接测量的损失，由以下几部分组成：

——葡萄藤上遗留的完整的和部分的葡萄串，m_0；

——掉落到地上的完整的和不完整的葡萄串或葡萄粒，m_1。

b）不可测的损失包括因各种原因未被收集在葡萄箱里的果汁，主要是滴在地上或者喷洒到葡萄藤不同的部位、落叶或机器上，m_2。

M_1、m_0和 m_1可用确定 M_0的方法准确测量：样本大小同样使用确定 M_0 的方法，并随机核查一些机收的葡萄。

用下式确定 m_2：

$$m_2 = M_0 - (M_1 + m_0 + m_1 + m_3)$$

式中：

m_3——遗留在葡萄藤上的梗的质量。

在机器收获期间，在出口处取 10 kg 的葡萄样本，计算以下几个百分比：

——整的或碎的葡萄串；

——整葡萄；

——整的葡萄梗；

——碎梗；

——叶；

——其他碎杂质；

——散落的葡萄汁。

5.1.3.2　脱叶情况的评价

在机器进入试验地之前和刚出试验地之后，用以下计分系统对叶的脱落进行评价：

5 = 完好无损；

4 = 轻微脱落；

3 = 中等脱落；

2 = 严重脱落；

1 = 非常严重脱落；

0 = 完全脱落。

同时，在机器进入试验地之前和刚出试验地之后，用影像记录。

5.1.3.3　损害情况统计

随机计算每公顷受损害的百株葡萄数，记录任何可能影响后续剪枝作业的损害。

5.2　在酒窖

按葡萄酒酿制方法，用机器收获的葡萄酿制 800 L 葡萄酒。

将使用同一方法（包括运输）、人工收获用于确定 M_0 的葡萄藤的方法确定为参考酿制法，比较上述葡萄酒酿制法和参考酿制法。如果从 n 株葡萄藤收获的葡萄不够酿制 800 L 葡萄酒，可从同一块地上再人工收获一部分葡萄。

在酿酒过程中，按当地适用的所有酒类指标进行测试，特别是以下几个指标：

——酒精度检验；

——总酸度；

——pH 值；
——游离酸；
——苹果酸乳酸发酵（是/否）；
——二氧化硫（游离/总）；
——干浸出物；
——金属含量（铁、铜、钠）；
——颜色（亮度、色调）；
——氧还原能力；
——氧化率；
——丹宁酸含量。

填写葡萄酒酿制表，特别是要记录在发酵过程中密度或温度的任何变化（见附录 J 及附录 K）。

葡萄酒酿制结束后，要比较人工收获和机器收获两种葡萄酒的味道。

酒类测试应使用国际葡萄与葡萄酒局（OIV）所认可的试验方法；否则，应在试验报告中说明试验方法。

6 结果的表述

6.1 工作状况

——作业总时间 = 纯工作时间 + 附加时间 + 等待修复时间；
——作业速度；
——作业现场的效率；
——单位面积作业总时间；
——产量。

6.2 作业质量

——损失：总损失；
　　　　果汁损失；
——脱落：对脱落程度用 0 ~ 5 进行评价；
——受损个数：每公顷受损害的百株葡萄数；
——收获机出口处的残留。

6.3 酒类指标的测量结果

详细记录机器收获葡萄酿制的葡萄酒与人工收获葡萄酿制的参考酒样的所有指标。

注：为便于随后的比较，通常以表格形式记录所有结果。

7 试验报告

试验报告需包含以下详细内容：

a）所有的葡萄园和酒窖的形式；

b）试验结果并注明精度；

c）在本标准中未提到的特点；

d）任何可能影响试验结果的情况，特别是故障及故障延续时间。

另外，报告中还应明示以下内容：

——简单的清理和保养操作；

——安全性能。

附　录　A
（资料性附录）
试验过程概述

A.1　选择试验地（填写附录 D）。

A.2　记录机器的尺寸和性能参数（填写附录 B）。

A.3　详述可用的运输工具（填写附录 F 的第一部分）。

A.4　确定葡萄总株数 n_t、样本 n 的大小和每株的平均质量 M_0（填写附录 I）。

A.5　将人工收获的葡萄运往酒窖作为参考样，如果可能将补充样一同运输。

A.6　用机器收获，记录工作时间（见附录 E）和运输的时间（见附录 F 的第二部分）。

A.7　机器收获过程中，接取样本测定作业质量（见附录 G）。

A.8　检测损失（见附录 H）。

A.9　按酿酒工艺分别用机收和人工收葡萄酿制葡萄酒完成相关的表格（见附录 J 和附录 K）。

A.10　完成总体检测结果表（见附录 L）。

附　录　B
（资料性附录）
整机参数表[①]

制造厂：____________型号：________________出厂编号：____________________________________

类型：	卧式	□	a）自走式的	□
	行间	□	b）牵引式，使用动力输出轴	□
			c）牵引式，有辅助动力	□
			d）半背负式	□
			e）背负式	□
			f）其他	□

（提供机器[②]的示意图给出特性尺寸，特别是下列指标）

---

① 在适宜的方框处打勾。

② 当机器为背负式或半背负式时，所提供的信息（示意图、质量、尺寸等）应提及该机器应安装在合适的拖拉机上。

尺寸[3)] ——总长度：________________

——总宽度：________________

——总高度 最大值：________________

最小值：________________

——离地间隙：________________

——地头转弯半径：________________

——转弯半径：________________

质心的位置[3)]——地面以上高度：________________

——在垂直平面内与 前轮 □ / 后轮 □ 的距离：________________

或

——在水平方向与驱动轮中线平面的距离：________________

总质量[3)]

底盘结构

倾斜控制 机械 □ 手动 □

防护舱 有 □ 无 □

发动机（类型 a，c）	拖拉机（类型 b，c，d，e，f）
制造厂和类型：________	制造厂和类型：________
出厂编号：________	出厂编号：________
	履带 □ 轮式 □
——发动机的最大功率：________	——发动机的最大功率：________
——额定速度：________	——额定速度：
——燃料类型： 汽油 □ 柴油 □	—— 燃料类型： 汽油 □ 柴油 □
——缸数：________	——缸数：________
——油箱容积：________	——油箱容积：________
——冷却系统：水□ 风□	——冷却系统： 水□ 风□

变速箱（A 型） 机械式□ 组合式□ 液压式□

——离合器 机械式□ 液压式□

齿轮箱 液压助力 有□ 无□

前进挡个数：________ 液压冷却系统 有□ 无□

倒挡个数：________

后轴：

差速锁 有□ 无□ 变速箱（油箱）容积：________

驱动和转向系统③

---

③ 当机器为背负式或半背负式时，所提供的信息（示意图、质量、尺寸等）应提及该机器应安装在合适的拖拉机上。

——履带	□	——轮式	□
——履带数：________		——驱动轮的数量：________	
——尺寸：________		轮胎的特性：________	
		额定压力：________	
		——转向轮的数量	前：________
			后：________
		轮胎的特性：	________
		额定压力：	________
——履带宽度：________		——前轮距：________	
		——后轮距：________	
——履带长度：________		——轴距：________	

——助力转向　　有□　　无□

制动器	类型：	盘式 □	鼓式 □	其他 □
	作用型式：	机械式 □	液压式 □	辅助的 □
照明		有□	无□	

由拖拉机提供动力的情况下：

制动器	拖拉机座位控制制动	是□	否□
动力输出轴	力矩限制器	是□	否□

收获装置	——作用型式：	（摇动、振动、吸力、冲击、切割等） ________	
	——收获部件的类型：	________	
	——数量：	________	
	——尺寸：	________	
	——驱动：	机械的□	液压的□
	可调：	是□	否□
	运行速率：	最小：________	最大：________
	——检查手段	有□	无□
	在运行中可调整	是□	否□
	——作物高度：	________	
	——高度调节：	________	
	——其他调节：	________	
收集装置	型式（一般说明）：	________	
	最大尺寸：	________	
	离地间隙：	________	
	收集部件：	鱼鳞输送带 □	
		板条输送带 □	尺寸：________

带式输送带 □ 尺寸：________________
□ 尺寸：________________
清洗系统： 自动 □ 人工 □

收获辅助部件： 板条输送带 □ 尺寸：________________
带式输送带 □ 尺寸：________________
螺旋输送 □ 尺寸：________________
驱动： 机械式 □
液压式 □
预备调整： 是 □ 否 □
清洗系统： 自动 □ 人工 □
收获清洗部件 ——分离梗： 自动 □ 人工 □
类型（金属网孔式 、板条带式等）：________________
____

——分离叶子： 机械 □ 液压 □
气动时：
类型（吹风机、抽风机等）：________________
通风设备的数量：________________
驱动： 机械 □ 气动 □
速度调整 是 □ 否 □
运行时可调 是 □ 否 □
收获部件 ——有贮存装置 是 □ 否 □
桶
数量：________________
容积：________________
倾卸高度：________________
倾卸方式： 向后□ 侧卸□ 向前□
——除尘器
尺寸：________________
容积：________________
——在挂车上贮存 是 □ 否 □
通过带式输送带 □ 板条输送带 □ 螺旋输送 □
垂直延伸： 最小：____________最大：____________
方向： 左□ 右□ 后□
横向调整： 是□ 否□
机械所用材料（钢 、不锈钢 、塑胶、镀锡板等）
车体：________________
鳞片：________________
带子：________________
板条：________________

水槽：______________________________

备注

注意由制造商提供安装手册。

附　录　C
（资料性附录）
试验条件表

C.1　机器设置

收获装置

——型号、数量、性能参数和工作位置：______________________________

____

——作业设置（频率 、速度等）：______________________________

____

——试验地考察（宽度、地面以上高度 、其他尺寸）：______________________________

____

收获处理部件

（所作的调整）：______________________________

____

收获清理设备

（通风机的转速，其他设置）：______________________________

____

轮胎

（额定压力）：______________________________

机器作业速度

（与附录 D 一致）：______________________________

C.2　天气条件

——风（风力 、风向）：

——气温：

——湿度：

C.3　土壤条件

C.4　备注

附 录 D
(资料性附录)
试验地调查表④

——葡萄园的基本情况

所有者：____________________

试验地地址（区、县、地点名称 、土地注册处的证明书等）：

葡萄酒的区域：____________________

栽培方式：____________________

行间距：____________________

葡萄藤之间的距离（株距）：____________________

试验地　　平地 □

　　　　　坡地 □　　坡　度：__________

　　　　　　　　　　相对斜坡：__________

葡萄行的排列：　　顺坡度方向 □

　　　　　　　　　垂直坡度方向 □

种植面积：____________________

葡萄的品种：____________________

培育方法：____________________

生长年限：____________________

葡萄藤的健康状况：____________________

葡萄藤缺失的百分比：____________________

种植密度：____________________

——备注：____________________

——草图应包括以下内容

a）给出酒窖位置的示意图；

b）试验地的比例图应详述下列内容：方位、葡萄行的数量、服务道路、中间的行车线、地头（状态、宽度）、每一行的长度（从第一株到最后一株）、行间距、葡萄藤之间距离；

c）葡萄架及葡萄树桩排列的成比例示意图，以及与葡萄架及所用葡萄架紧固相关的所有信息；

d）葡萄架果实生长区成比例草图，果串离地最低高度；

e）概述培育方法。

---

④ 在适宜的方框处打勾。

附　录　E
（资料性附录）
生产试验记录表

——日期：______________________

——记录人：______________________

——工作时间：______________________

开始：______________结束：______________

纯工作时间，T_e：______________

附加时间，T_a：______________作业总时间，T_g：______________

卸载时间，T_v：______________

等待修复时间，T_m：______________

——机器平均前进速度：______________________

——作业效率：T_e/T_g：______________________

时间记录

葡萄行		纯工作时间 t_e	附加时间（转弯和转移时间）t_a	卸载时间 t_v	必要的等待修复时间 t_{mo}	作业总时间 t_g	不必要的等待修复时间 t_{mno}	速度 l/t_e	备注
数量 n	长度 l								

作业总时间						平均速度	有效度 T_e/T_g
T_e	T_a	T_v	T_{mo}	T_g	T_{mno}		

附 录 F
(资料性附录)
运输情况记录表[⑤]

——日期：
——记录人：
——试验地到酒窖的距离：

运输工具	运输车数量		
	1	2	3
拖拉机（制造厂、型号）			
挂车（创造厂、型号）			
——牵引式	□	□	□
——半背负式，背负式	□	□	□
——箱底板尺寸			
挂车上的容器（制造厂、型号）			
——数量			
——内表面材料			
——尺寸			
——容积			
——惰性气体保护			
——气体类型			
——卸载方式			
葡萄箱（制造厂、型号）			
——牵引式			
——半牵引			
——背负式			
——内表面材料			
容积			
惰性气体保护			
气体类型			
卸载方式（翻倒 、转动、自卸等）			
其他工具			

酒窖中接收设备的型号：
时间记录：
对每一辆运输车填写以下时间记录表：

⑤ 在适宜的方框处打勾。

车号	去酒窖行程时间	等待卸载时间	卸载时间	回试验地行程时间	等待装葡萄时间	装葡萄时间	总时间	运送总重

附　录　G
（资料性附录）
作业质量记录表[⑥]

——葡萄园状况

（按每公顷 100 株葡萄藤的比例，随机选取葡萄进行观测）

项目		收获前	收获后
作物的健康状况			
植被的状况	损害数		
	脱落		
固定架的状况	金属网线		
	葡萄根		
其他			

备注：____

____

____

——收获葡萄的成分

在机器出口处得到的样本 A = ____kg 中各部分所占的质量百分比

果串或碎果束	葡萄		葡萄梗		叶子	其他碎片	葡萄汁
	整个	压碎的	整个	碎梗			

备注：____

⑥ 在适宜的方框处打勾。

____

____

每批酿制单独取样：　　　　　　　　是□　　　　　　　　否□

样本数量：

——在机器出口处的葡萄：

——运输桶中的葡萄：

——到达酒窖的葡萄：

附　录　H
（资料性附录）
损失的评价

试验地葡萄总株数（附录I）　　　n_t = ______________

为确定每株葡萄的质量机器收获葡萄的株数（附录I）n = ______________

机器收获的葡萄株数　　　　　　　$n_t - n$ = ______________

用于检测损失的葡萄株数为 n_{cc} = （$n_t - n$）或按5.1.3.1给出的方法确定葡萄株数

n_{cc} = ______________

损失	总数	每株 $M_2 = \frac{\text{总损失}}{n_c c}$
收获的葡萄总质量：	=	m_1 =
——落地的		
——机器收获后挂在葡萄藤上的		
——机器未收获前挂在葡萄藤上的		
——葡萄藤上的总量	=	m_0 =
留在葡萄藤上无葡萄的梗	=	m_3 =

评估每个葡萄藤产量（附录I）

M_0 = ______________

机器收获的每株葡萄的有效产量，$M_1 = \frac{\text{总收获质量}}{n_t - n}$　　　M_1 = ______________

机器收获的每株葡萄的理论产量（见5.1.3.1）　　$M_1 + m_3$ = ______________

果汁的损失（不可见）　　$m_2 = M_0 - (M_1 + m_0 + m_1 + m_3)$ = ______________

附 录 I
(资料性附录)
样本大小确定表

在试验地葡萄总株数 n_t = ________

最初样本的葡萄株数 $n_c = 40 \sim 120$

最终样本的葡萄株数 $n = 1\,764\left(\frac{s}{\bar{x}}\right)^2$

比例 $n/n_t \times 100$ = ______

$$\bar{x} = \frac{\sum_{i=1}^{n_c} x_i}{n_c} = \_\_\_\_\_\_ \quad s = \sqrt{\frac{\sum_{i=1}^{n_c}(x_i - \bar{x})^2}{n_c - 1}} = M_0 = \frac{\sum_{i=1}^{n} xi}{n} = \_\_\_\_\_\_$$

进阶指数 $i = 1, 2, n_c$	试验地葡萄株数	人工收获每株葡萄质量 x_i/kg	方差 $(x_i - \bar{x})^2$

如果 n 大于 n_c，用人工继续收获（$n - n_c$）株葡萄并且重复测定，最后的样本由最初样本数 n_c 与（$n - n_c$）的和构成。

——检查

$0.10n_t \leqslant n \leqslant 0.20n_t$

——如果 n 大于 $0.20n_t$，更换试验地。

附 录 J
(资料性附录)
葡萄酒酿制表——机器收获⑦

——酿酒所用机器收获葡萄的量：________

——酒类指标：________

酒精度检验：________

总酸度：________

pH 值：________

游离酸：________

苹果酸乳酸发酵　　是 □　否 □________

二氧化硫：游离：________

总：________

⑦ 在适宜的方框处打勾。

干浸出物：________________

金属含量：

铁：________________

铜：________________

钠：________________

颜色（亮度、色调）：

氧还原能力：________________

氧化率：________________

丹宁酸含量：________________

——发酵状态（特别是密度或温度方面的变化）：________________

____

____

附　录　K

（资料性附录）

葡萄酒酿制表——人工收获[⑧]

——酿酒所用葡萄的量：________________

——完全由人工收获　　是□　　否□

——酒类指标：________________

酒精度检验：________________

总酸度：________________

pH 值：________________

游离酸：________________

苹果酸乳酸发酵　　是□　　否□

二氧化硫：游离：________________

总：________________

干浸出物：________________

金属含量：铁：________________

铜：________________

钠：________________

颜色（亮度、色度）：________________

氧还原能力：________________

氧化率：________________

丹宁酸含量：________________

——发酵状态（特别是密度或温度方面的变化）：________________

____

____

⑧ 在适宜的方框处打勾。

附 录 L
（资料性附录）
综合报告表

——葡萄收获的综合报告

每株葡萄产量 （评估误差≤5%，概率为95%）	M_0，千克/株葡萄 （kg/hm^2）	(　　　　)
机器收获葡萄	M_1，千克/株葡萄 $100M_1/M_0\%$	
残留在葡萄藤上的葡萄	m_0，千克/株葡萄 $100m_0/M_0\%$	
落在地上的葡萄	m_1，千克/株葡萄 $100m_1/M_0\%$	
损失的果汁（不可见损失）	m_2，千克/株葡萄 $100m_2/M_0\%$	

——时间的综合报告

作业时间	纯工作时间 T_e	附加时间 T_a	卸载时间 T_v	闲置时间 T_m	总时间 T_g
运输时间	纯工作时间 T_e'	附加时间 T_a'	卸载时间 T_v'	闲置时间 T_m'	总时间 T_g'
总收获时间（T_g+T_g'）					

——附加数据

收获的总量：________kg

收获的总面积：________hm^2

试验地到酒窖的距离：________m

机器平均前进速度：________m/s

收获作业效率（T_e/ T_g）：________%

运输作业效率（T_e'/T_g'）：________%

单位小时生产率：________kg/h

单位面积收获时间：________h/hm^2

——备注：________

——酒类指标检测结果

在葡萄酒的比对测试中应记录所有重要差异。

ICS 65.060.60
B 93

GB

中 华 人 民 共 和 国 国 家 标 准

GB/T 25394—2010/ISO 7224：1983

葡萄栽培和葡萄酒酿制设备 果浆泵 试验方法

Equipment for vine cultivation and wine making
—Mash pumps—Methods of test
(ISO 7224：1983，IDT)

2010-11-10 发布　　2011-03-01 实施

中华人民共和国国家质量监督检验检疫总局
中国国家标准化管理委员会　发布

前　言

本标准等同采用ISO 7224：1983《葡萄栽培和葡萄酒酿制设备 果浆泵 试验方法》（英文版）。

为便于使用，本标准做了如下编辑性修改：

——将“本国际标准”改为“本标准”；

——用小数点“. ”代替作为小数点的逗号“,”；

——删除了国际标准的前言；

——对ISO 7224：1983中引用的国际标准，用已被采用为我国的标准代替对应的国际标准，未被采用为我国标准的仍引用国际标准。

本标准的附录A、附录B、附录C、附录D、附录E和附录F为资料性附录。

本标准由中国机械工业联合会提出。

本标准由全国农业机械标准化技术委员会（SAC/TC 201）归口。

本标准起草单位：新疆维吾尔自治区农牧业机械试验鉴定站、新天国际葡萄酒业股份有限公司。

本标准主要起草人：张山鹰、忽晓葵、王祥明、董新平。

引　言

果浆泵作业主要包含以下操作：

——喂入葡萄物料；

——将葡萄经一长管输送发酵桶、汁液分离器或压榨机，这些装置放置在不同高度的隔层；

——可能放置在惰性气体下。

果浆泵由发动机驱动，通常为电动机。完整的电动泵组成一个泵组。

果浆泵可喂入：

——整粒的葡萄；

——破碎的葡萄；

——无梗的葡萄；

——破碎的无梗葡萄；

——干燥的葡萄；

——加热的葡萄；

——其他。

葡萄栽培和葡萄酒酿制设备
果浆泵 试验方法

1 范围

本标准规定了葡萄果浆泵技术测试的试验方法。

本标准适用于葡萄果浆泵。

2 规范性引用文件

下列文件中的条款通过本标准的引用而成为本标准的条款。凡是注日期的引用文件，其随后所有的修改单（不包括勘误的内容）或修订版均不适用于本标准，然而，鼓励根据本标准达成协议的各方研究是否可使用这些文件的最新版本。凡是不注日期的引用文件，其最新版本适用于本标准。

GB/T 6005—2008 试验筛 金属丝编织网、穿孔板和电成型薄板 筛孔的基本尺寸（ISO 565：1990，MOD）

ISO 3835—2 葡萄栽培和葡萄酒酿制设备 术语 第2部分

3 术语和定义

ISO 3835—2 给出的以及下列术语和定义适用于本标准。

3.1 排量 yield

在稳定载荷和一定距离与运输方式下，单位时间内输送的葡萄的量。

3.2 泵送高度 pumping height of the pump

一定距离与运输方式下输入和输出高度的差。

3.3 泵机组功率 power of the moto－pump group

驱动电动机消耗的最大输出功率。

3.4 综合评价 overall evaluation

从物料喂入、葡萄汁、果肉、梗、皮、籽的物理化学特性和平均流量及能量消耗进行评估。

3.5 能耗 energy consumption

单位质量的物料所消耗的能量。

4 试验规则

从定性和定量两方面与一个标准泵进行比较，评价用于葡萄传送的不同泵的技术特性。

5 试验设备

5.1 机械设备

进行试验的酒窖应具备以下装置。

5.1.1 标准泵

应为附录 A 所示的活塞泵，在工作压力为 100 kPa 时，输送葡萄的能力应为 30 000 kg/h。

5.1.2 输送装置

如附录 B 中所示，输送装置应由外径为 150 mm 或 152.4 mm 的不锈钢管及以下几部分组成：

a）将管道与标准泵及试验用泵相连的装置；

b）1 m 长带有全通阀的水平部分、一个 50 L 的压缩空气瓶、一个甘油压力计和一个压力控制阀；

c）130°的弯管；

d）1.5m 长的升运管；

e）Y 阀或等效系统；

f）4 m 长的升运管；

g）90°的弯管；

h）缓慢下降的部分，装有可改变工作压力的装置（如一个瓣阀，如附录 C 所示）或等同的系统。这个装置必须满足在 60 000 kg/h 和 15 000 kg/h 时的压力变化不超过 ±10%；

i）带软管的联结装置。

5.1.3 标准压力计

配有减震装置和自记压力计。

5.1.4 电子读数器、电压表、电流表和所有用于测量电耗的仪器设备

5.1.5 计时器

5.1.6 天平

5.1.7 有刻度的容器

5.2 酒类专用设备

为保证试验进行，还应具备以下仪器设备。

5.2.1 容量为 100 L 的桶。

5.2.2 折射计或密度计或酒精度计。

5.2.3 一套两层滤网或筛网的不锈钢过滤器，若无不锈钢材料也可使用符合 GB/T 6005 规定的密封网。

上层：直径 40 mm 的圆孔板筛（或 40 mm 的金属网筛）；

下层：直径 10 mm 的圆孔板筛（或 10 mm 的金属网筛）。

5.2.4 温度计。

5.2.5 瓶签。

6 试验方法

通过泵的技术特性及葡萄输送的测试，对试验泵和标准泵进行比对试验。

6.1 定量测试

在 100 kPa 和 300 kPa 两种压力下，分别在试验泵和标准泵（见 5.1.1）两种情况下，用相同的葡萄和 5.1.2 所述输送装置进行输送试验。

将标准泵支在顶部，喂入物料，加载，调节瓣阀（或等效的调节装置）使空气压缩瓶的压力调至 100 kPa。

称取两份约 1 000 kg 的葡萄，两份葡萄应为同一地块上的相同品种，且收获方式、成熟程度及健康状况相同。

称量第一份葡萄的质量，用标准泵输送，当第一份葡萄完全离开泵时，关闭顶部的阀，断开标准泵连接试验泵。打开系统再用试验泵输送预先称量过的第二份葡萄。

将空气压缩瓶的压力调至 300 kPa，用相同的方法再做一次比对试验。

重复试验（100 kPa 和 300 kPa）应一直使用相同的葡萄。

每次试验，填写附录 D 表格，记录葡萄特性、机组能耗和葡萄流动情况。

6.2 定性试验

用于此试验的葡萄应手工采摘，放置于有透气孔的篮子中，不要压实。通过泵作业后，将葡萄收集，测试葡萄物理特性。

称两份完全相同、重量至少为 180 kg 的葡萄，在泵作业快结束时将输送压力调节至 100 kPa，用标准泵（见 5.1.1）输送第一份葡萄。

停止系统，打开 Y 阀，用桶（见 5.2.1）收集升运管中葡萄并称重，将收集的葡萄通过两层筛网（见 5.2.3，放置于另外一个容量为 100 L 的桶内的两层筛网），上层筛网应筛选果梗，下层筛网应筛选碎梗、完整的和/或破碎的葡萄浆果。滴干一定时间，收集未过筛的葡萄颗粒，将葡萄浆果与梗分离后手工挑选出完整浆果、破碎浆果以及葡萄梗。

称量各种物质的质量，计算各种物质占总量的百分比。

将泵的输送压力调至 100 kPa，在同样的条件下用试验泵输送第二份葡萄。

每次试验都应填写附录 E 的表格。

取葡萄汁样品，测量以下参数：

a）20 ℃时的浓度；

b）含糖量，单位为克每升；

c）酸度，单位为毫克当量每升；

d）pH 值；

e）总酚；

f）铁含量；

g）铜含量；

h）相对浊度。

尽可能使用国际葡萄与葡萄酒局（OIV）认可的试验方法，否则，在试验报告中应明示所用试验方法。

记录梗，皮及籽的物理特性。

可在输送压力小于 100 kPa（例如打开全通阀）或大于 100 kPa 的情况下重复进行试验。

7 结果的表述

每次试验后计算以下数据，精确到 0.1；

a）不同压力下的泵排量；

b）在不同的输送压力下（平均），当试验开始时（水头）或恒载时的最大和最小压力；

c）能量消耗和动力，试验过程中准确记录最大的功率消耗；

d）综合评价（见附录 F）。

8 试验报告

试验报告应包含以下内容：

a）本标准编号；

b）试验结果；

c）试验中可能影响试验结果的事件；

d）描述试验泵所需的所有信息和参数；

e）在收获后和泵加工前对葡萄的物理和化学处理

f）泵的操作、保养信息和操纵设备；

g）安全装置；

h）生产商是否提供了使用说明书。

附　录　A
（资料性附录）
标准泵机组（产量 30 000 kg/h ±3 000 kg/h）

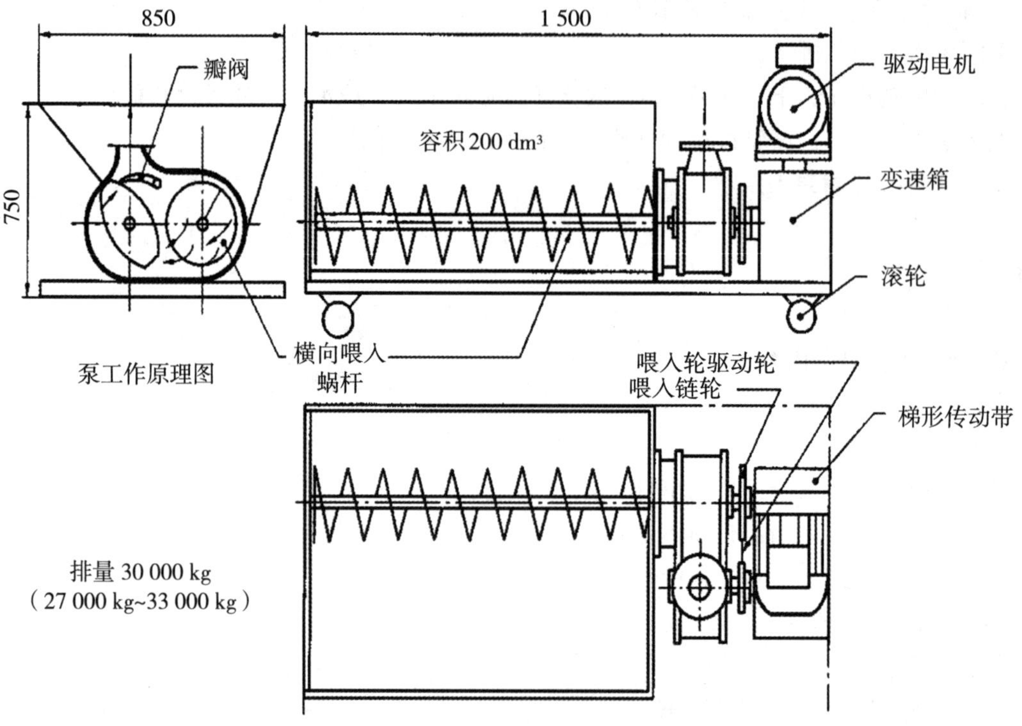

排量 30 000 kg（27 000 kg ~ 33 000 kg）

图 A.1　标准泵机组

附 录 B
(资料性附录)
葡萄输送装置

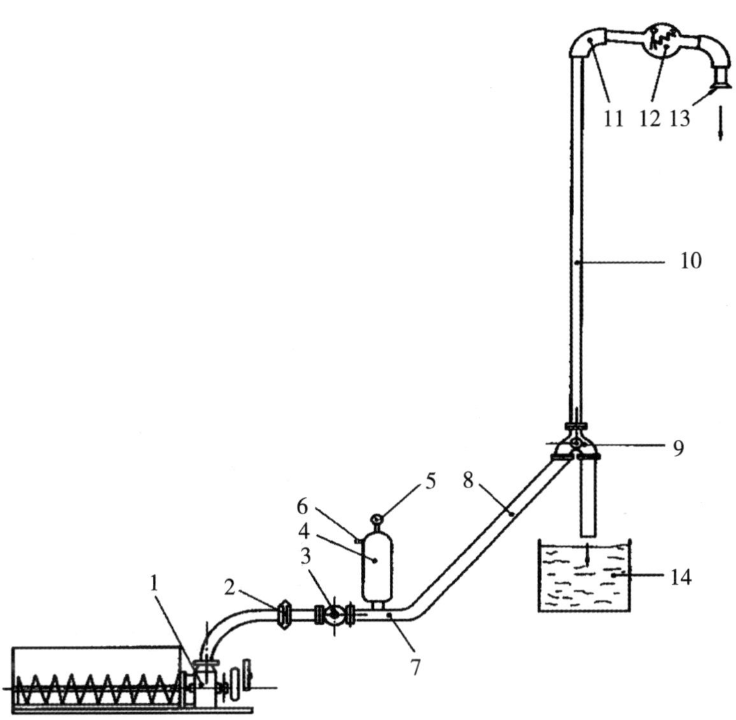

1——果浆泵；
2——连接装置；
3——全通阀；
4——容量为50 L的压缩空气瓶；
5——压力计；
6——调压阀；
7——130°弯管；
8——直径为©150 mm或©150.4 mm，长度为1.50 m的不锈钢管；
9——Y阀；
10——直径为ϕ150 mm或ϕ152.4 mm，长度为4 m的不锈钢*tame*钢管；
11——90°弯管；
12——瓣阀；
13——带软管的连接装置；
14——用于定性试验的葡萄收集装置。

图 B. 1　葡萄输送装置

附 录 C
(资料性附录)
节流阀压力调节装置

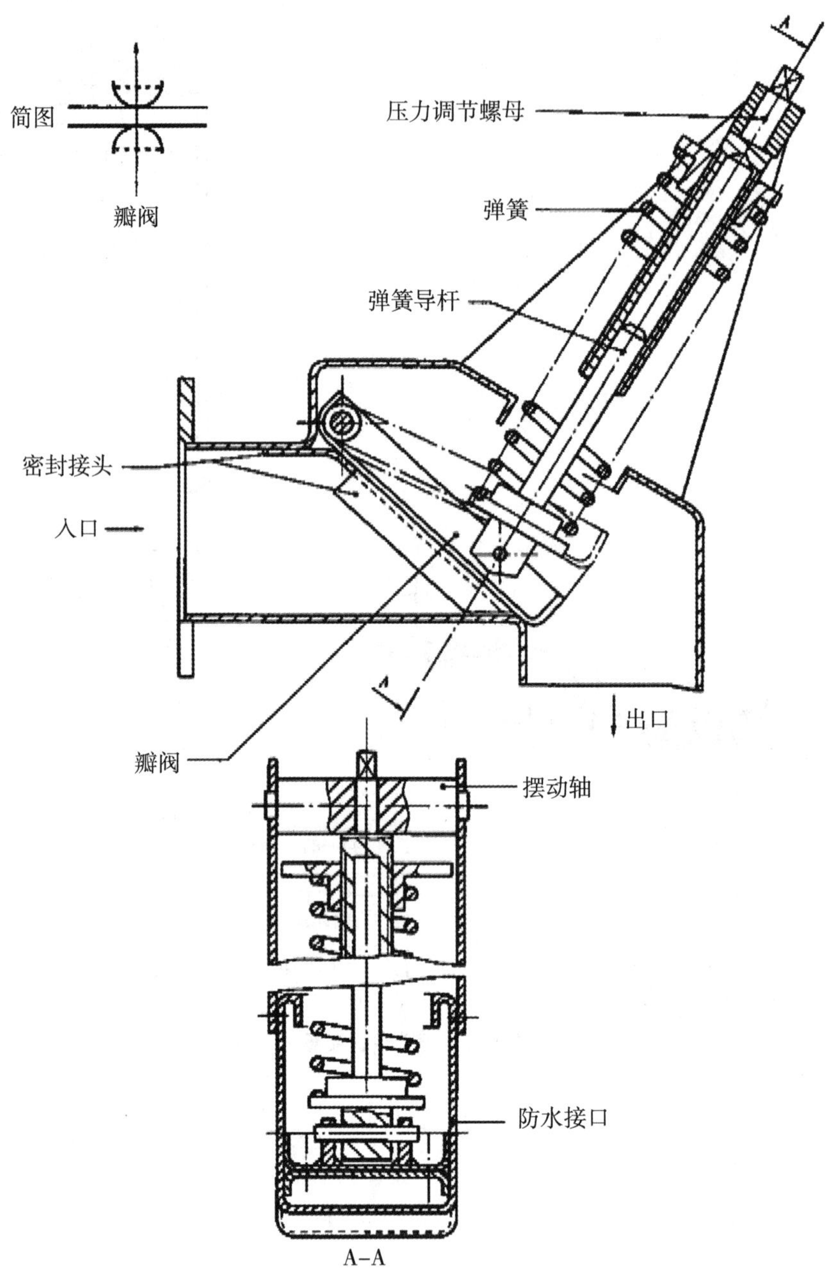

图 C.1　节流阀压力调节装置

附　录　D
（资料性附录）
果浆泵定量试验记录表

表 D.1　　　　果浆泵定量试验记录表

名称：　　　　　　　　　　地点：

型号：　　　　　　　　　　日期：

<table>
<tr><td colspan="6">葡萄</td><td colspan="8">泵</td></tr>
<tr><td colspan="6">产地：　　收获方式：
品种：　　运输方式：
种植方式：　　运输距离：
成熟程度：
清洁状况：</td><td colspan="8">标准泵：　　试验泵：
特性：　　特性[a]：</td></tr>
<tr><td rowspan="3">试验编号
初始调节压力：kPa</td><td colspan="2" rowspan="2">泵工作时间</td><td rowspan="2">泵送时间</td><td colspan="2">葡萄</td><td colspan="5">工作压力</td><td colspan="3">能量计所示无功功率和有功功率</td></tr>
<tr><td rowspan="1">输送量</td><td>温度</td><td colspan="2">水锤
最大　最小</td><td colspan="3">恒负载
最大　最小　平均</td><td>开始</td><td>结束</td><td>总消耗</td></tr>
<tr><td>开始</td><td>结束</td><td>min</td><td>kg</td><td>℃</td><td>kPa</td><td>kPa</td><td>kPa</td><td>kPa</td><td>kPa</td><td>W·h</td><td>W·h</td><td>W·h/kg</td></tr>
<tr><td>标准泵</td><td></td><td></td><td></td><td></td><td></td><td></td><td></td><td></td><td></td><td></td><td></td><td></td><td></td></tr>
<tr><td>试验泵</td><td></td><td></td><td></td><td></td><td></td><td></td><td></td><td></td><td></td><td></td><td></td><td></td><td></td></tr>
<tr><td colspan="14">[a]应附使用说明书。</td></tr>
</table>

附　录　E
（资料性附录）
果浆泵定性试验记录表

表 E.1　　　　果浆泵定性试验记录表

名称：　　　　　　　　　　地点：

泵型号：　　　　　　　　　日期：

<table>
<tr><td colspan="5">葡萄</td><td colspan="4">泵</td><td colspan="4">试验用筛</td></tr>
<tr><td colspan="5">产地：
品种：
种植方式：
清洁状况：</td><td colspan="4">标准泵：　　试验泵：
特性：　　特性[a]：</td><td colspan="4">数量：
每层筛的孔眼尺寸：</td></tr>
<tr><td rowspan="3">试验编号
输送压力：kPa</td><td colspan="2" rowspan="2">泵工作时间</td><td colspan="2">收集的葡萄</td><td colspan="3">部分破碎或完整的葡萄</td><td colspan="3">分离的葡萄浆果和梗</td><td rowspan="2">果汁质量</td></tr>
<tr><td>质量</td><td>温度</td><td>完整浆果</td><td>破碎浆果</td><td>梗</td><td>梗</td><td>完整浆果</td><td>破碎浆果</td></tr>
<tr><td>开始</td><td>结束</td><td>kg</td><td>℃</td><td>kg</td><td>kg</td><td>kg</td><td>kg</td><td>kg</td><td>kg</td><td>kg</td></tr>
</table>

（续表）

葡萄				泵					试验用筛		
标准泵											
试验泵											

[a]应附使用说明书。

附 录 F
(资料性附录)
果浆泵综合评价记录表

F.1 定性试验

将定性试验结果记入表 F.1。

名称： 地点： 泵型号：

葡萄

产地： 品种： 种植方式：

清洁状况： 试验用葡萄的量： kg 前期处理：

表 F.1 定性试验记录表

试验	输送压力 100 kPa		输送压力 300 kPa	
	标准泵	试验泵	标准泵	试验泵
平均排量/（kg/h） 极点压力，最大 最小 泵的能量消耗/（W·h/kg）				

F.2 定量试验

将定量试验结果记入表 F.2。

名称： 地点： 泵型号：

葡萄

产地： 品种： 种植方式：

清洁状况： 试验用葡萄的量： kg

表 F.2 **定量试验记录表**

试验	输送压力 100 kPa		输送压力 300 kPa	
	标准泵	试验泵	标准泵	试验泵
梗/%（质量分数）				
破碎浆果/%（质量分数）				
完整浆果/%（质量分数）				
汁/%（质量分数）				
密度				
含糖				
酸度				
pH				
总酚				
含铁				
含铜				
相对浊度				

ICS 65.060.60
B 93

中 华 人 民 共 和 国 国 家 标 准

GB/T 25395—2010/ISO 5703：1979

葡萄栽培和葡萄酒酿制设备
葡萄压榨机　试验方法

Equipment for vine cultivation and wine making—
Grape presses—Methods of test

（ISO 5703：1979，IDT）

2010－11－10 发布　　2011－03－01 实施

中华人民共和国国家质量监督检验检疫总局
中 国 国 家 标 准 化 管 理 委 员 会　发布

前　言

本标准等同采用ISO 5703：1979《葡萄栽培和葡萄酒酿制设备　葡萄压榨机　试验方法》（英文版）。

本标准等同翻译ISO 5703：1979。

为便于使用，本标准做了如下编辑性修改：

——将“本国际标准”改为“本标准”；

——用小数点“.”代替作为小数点的逗号“,”；

——删除了国际标准的前言；

——增加了部分条款和列项的编号。

本标准的附录A、附录B、附录C、附录D和附录E为资料性附录。

本标准由中国机械工业联合会提出。

本标准由全国农业机械标准化技术委员会（SAC/TC 201）归口。

本标准起草单位：新疆维吾尔自治区农牧业机械管理局、新疆维吾尔自治区农牧业机械试验鉴定站、新天国际葡萄酒业股份有限公司。

本标准主要起草人：鲁东、马惠玲、张山鹰、董新平。

引　言

压榨机作业包含以下操作过程：

——填充葡萄；

——挤压葡萄；

——榨取葡萄汁或葡萄酒；

——移除果渣。

这些操作可以是连续或不连续的，取决于压榨的不同类型。

这些主要操作可能会伴随一种辅助操作，例如：在加工操作过程中葡萄的分解。

本标准中试验用葡萄在填充压榨时有以下特征：

a）物理特征：

　——是否完整无损；

　——破碎的；

　——去除果梗的；

　——去除果梗且破碎的（在去除果梗之前或之后）；

　——是否脱水（风干葡萄）；

　——其他。

b）技术特征：

　——发酵；

——加热;
——进行二氧化碳浸渍;
——酶处理;
——其他。

葡萄栽培和葡萄酒酿制设备 葡萄压榨机　试验方法

1　范围

本标准规定了葡萄压榨机的试验方法。
本标准适用于连续或非连续的葡萄压榨机。

2　规范性引用文件

下列文件中的条款通过本标准的引用而成为本标准的条款。凡是注日期的引用文件，其随后所有的修改单（不包括勘误的内容）或修订版均不适用于本标准，然而，鼓励根据本标准达成协议的各方研究是否可使用这些文件的最新版本。凡是不注日期的引用文件，其最新版本适用于本标准。

ISO 3835—2　葡萄栽培和葡萄酒酿制设备　词汇　第 2 部分

ISO 3835—3　葡萄栽培和葡萄酒酿制设备　词汇　第 3 部分

3　术语和定义

ISO 3835—2 和 ISO 3835—3 确立的以及下列术语和定义适用于本标准。

3.1　加工量　load

用于压榨的新鲜或已发酵葡萄的质量。

3.2　生产率　yield

对于非连续加工：加工量与所用加工时间（从开始填料到卸料结束）的比值。
对于连续加工：加工量与连续操作时间的比值。

3.3　总生产率（适用于非连续加工）　overall yield (for discontinuous acting press)

加工量与所用加工时间（从开始填料到移除果渣结束）的比值。

3.4　总产量　gross output

榨取出的粗液体质量与加工量的比值。

3.5 净产量 net output

所榨取出的纯葡萄汁或纯葡萄酒的质量与加工量的比值。

3.6 综合评价 overall evaluation

通过纯葡萄汁或纯葡萄酒、不溶性颗粒和干燥葡萄果渣占加工量的百分比进行评定。

3.7 单位能耗 specific energy consumption

在生产率测试的时间内，单位加工量所吸收（消耗）的能量。

4 总则

利用标准压榨机加工获取的葡萄汁和葡萄酒，判定被测压榨机的加工技术特性，比较标准加工和试验加工获取的葡萄汁和葡萄酒质量（包括它的理化特性和感观品质）。

5 试验设备

5.1 酿酒设备

测试站应具备以下设备：

——机械排料装置、用于存储葡萄的储罐（见图 D.1），储罐应具备足够的有效容量（如 25 000L 左右），满足标准压榨和测试压榨，并装配有排放通道；

——计量容器；

——塑料袋（容量 3 L～5 L）；

——容量 1 L 的可密封玻璃瓶；

——抑制发酵的产品：氟化钠、芥末香精、水杨酸镁、乙基－溴乙酸盐；

——折射计；

——密度计；

——浊度计；

——温度计；

——量筒；

——搅拌棒；

——可更换的标签；

——干燥箱；

——用于测量浑浊度的仪器（浊度计、微分溶气计、色度计）。

5.2 机械和电子设备

测试站应具备测量能量消耗的必备仪器和以下设备：

——标准压榨机，应为立式液压压榨机，且压榨机技术性能应符合附录 E 的要求。安装时应带有控制、记录和校准压力的装置；

—— 一台用于分配加工葡萄的开放式料槽；

——两个计量斗；
——电度表；
——电压表；
——电流表；
——计时器；
—— 一台 20 000 g 的离心机。

6 试验方法

6.1 压榨

6.1.1 一般要求

6.1.1.1 在测试压榨机的压榨性能时，应与标准压榨机进行比较。

6.1.1.2 通过分配管道将葡萄输送到标准压榨和测试压榨入口上的两个计量斗。

6.1.1.3 压榨测试应使用制造商推荐的程序。

6.1.1.4 每次测试都应填写操作卡片或核对表（见附录 B 和附录 C）。在这张表卡上应填写所用葡萄的特性，包括品种、洁净度、成熟度、果汁浸出时间、发酵时间、葡萄的温度等。

6.1.1.5 最小的试验样本：存储在带机械排料装置的储罐（在加工前被分为测试压榨和标准压榨）中的整粒葡萄应能充分均匀地填入两台压榨机。

6.1.1.6 在压榨前，应将葡萄置于计量容器中进行不超过 30 min 的静态控水，在计量容器没有完全装满之前不要进行果汁浸出。控水后的葡萄应保证连续型压榨机能正常工作。

6.1.1.7 标准压榨的加工程序应包括由自动调节装置启动的足够的加压操作，以获得接近于标准压榨加工的出汁率。

6.1.2 各类葡萄的压榨

用于标准压榨加工的筛筒有效容积大约为 1 000 L。

6.1.2.1 压榨整粒葡萄（香槟酒酿制方法）

指葡萄在进行压榨加工前没有经过任何挤压和机械作用。

葡萄的最小试验样本（在压榨前被分为测试压榨和标准压榨）应能充分均匀地填入到两个压榨机中。

标准压榨的加工程序应包含以下内容：

a）最大压力为 400 kPa 时，每 100 kg 葡萄中先榨取 50 L；

b）最大压力为 600 kPa 时，再榨取 17 L。

6.1.2.2 已发酵的葡萄

指破碎的葡萄，不管是否除梗，都要进行发酵直至出现果汁浸出再进行压榨。也包括对破碎和除梗的葡萄进行压榨加工，这些葡萄在发酵前应进行浸泡和加热处理（热浸法），果汁浸出一部分后再进行压榨。

应使用下列加工程序进行标准压榨：

a）正常压力为 400 kPa 时，每 100 kg 葡萄渣中先榨取 45 L（相当于大约每 100 kg 葡萄榨取 12 L）；

b）最大压力为 1 000 kPa 时，再榨取 5 L。

6.1.2.3 未发酵的葡萄

是指对全部/部分除梗或未进行除梗的葡萄进行加工，除梗前或除梗后进行破碎，然后进行压榨。

应按下列程序进行标准压榨加工：

a）正常压力为500 kPa时，每100 kg葡萄中先榨取30 L；

b）最大压力为1 000 kPa时，再榨取5 L。

6.1.2.4 浸渍未破碎的葡萄

指葡萄进行二氧化碳浸渍处理。

这种处理可以与发酵后葡萄的压榨结合进行。

注：当压榨用储罐处理的或加热的葡萄时，不需要采用30 min的静态果汁浸出处理，葡萄汁的滴出会代替这种作用[1)]。

6.2 取样

粗葡萄汁或葡萄酒的各部分应分别收集，用离心分离机以20 000 g的加速度在20 ℃的温度下处理30 min，将清葡萄汁或葡萄酒与不可溶颗粒分离。获得的每一部分应单独称重。离心处理后测量葡萄汁或葡萄酒的浊度。

收集以下五种类型的葡萄汁或葡萄酒：

——从储罐中浸出的葡萄汁或葡萄酒；

——通过标准压榨得到的葡萄汁或葡萄酒；

——压榨机能收集的每部分葡萄汁或葡萄酒（在连续压榨的情况下）；

——每次压榨操作获得的葡萄汁或葡萄酒（在非连续压榨的情况下）；

——总的或平均的葡萄汁或葡萄酒。

上述样本每组收集5瓶，然后：

——用灭菌的蒸馏水将其中一瓶葡萄汁或葡萄酒稀释2倍。

——利用抑制发酵产品来稳定其余4瓶中的葡萄汁或葡萄酒，这些产品包括氟化钠、芥末香精、水杨酸镁和乙基-溴乙酸盐等。

在排葡萄果渣过程中取3份样本，每份样本重量5 kg，分别放入密封好的塑料袋中。取样时应尽可能均匀。用芥末香精稳定样本，尽快进行分析。

为保证果渣样本的均匀一致性，可采取以下预防措施：

a）非连续压榨：当排出果渣时取3份样本，一份在排出刚刚开始时，第二份在中途，第三份在排出结束时。

b）连续压榨：在果渣饼的整个宽度内取样3次，也就是从外围至果渣饼的中央。作为测试基础取样时，用两组相同的组距，重复这种操作3次。

6.3 分析检测

尽可能使用国际葡萄与葡萄酒局（OIV）认可的试验方法，否则，在试验报告中应明示所用试验方法。

6.3.1 对于鲜葡萄，应测定：

——树叶和各种碎片占样本质量的百分比；

——每千克新鲜葡萄中的新鲜果梗的量；

——葡萄的温度。

注：预先清洗一份代表性的葡萄样本，用来测定可能在葡萄穗上的土壤沉淀物。通过这种方式，沉淀物的质量能够通过单级沉淀来评定。

6.3.2　对于送至压榨机或存储斗里的葡萄，应测定：

——液态中的不可溶颗粒的干重（按体积和质量表示）；

——不可溶颗粒中的矿物质在干燥不可溶颗粒中所占百分比。

注：不可溶颗粒中的矿物质中有硅、铁、钾、钠、钙和镁离子。

6.3.3　对于葡萄汁或最终的葡萄酒应测定

——每升中分离出榨取的干物质；

——可溶颗粒物的表观体积（在用离心分离机以 20 000 g 的加速度在 20 ℃的温度下处理 30 min 后）；

——每升中干燥不可溶颗粒；

——不可溶颗粒中的矿物质；

——每升中的灰分；

——阳离子：钙、钾、镁、钠、铅、镍、铬、镉、铁、铜；

——总酚；

——丹宁酸含量；

——每升中的总酸毫（克）当量含量；

——pH 值；

——酒石的数量；

——酒石酸；

——苹果酸；

——密度；

——每升中的还原糖；

——每升中被还原的提取物；

——校正的挥发酸；

——总氮；

——氨态氮；

——氨基酸：精氨酸、丙胺酸、果仁糖等；

——其他物质：苯乙烯、单体氯乙烯、油类等；

——二氧化碳；

——相对混浊度。

6.3.4　品尝

所使用的方法应在试验报告中详细说明。

6.3.5　对于新鲜的果渣，应测定

——每千克中的干物质；

——每千克中的新鲜果梗；

——每千克中的干果梗；

——每千克中的葡萄果皮和可吸收的物质；

——每千克中酸的毫克当量；

——每千克中的挥发酸毫克当量；

——每千克中还原糖；

——每千克葡萄汁中的新鲜种籽量；

——密度。

6.4 在压榨前对发酵或未发酵的葡萄应定性检测

——葡萄梗的物理状况；
——葡萄皮的物理状况；
——葡萄籽的物理状况。

6.5 应记录下列读数

——所使用葡萄的质量；
——榨取的葡萄汁的体积，记录不同类别（浸出或挤压）和不同部分的量；
——葡萄汁的密度；
——在每次螺旋压榨操作或每次斜槽流出的葡萄汁的体积和密度；
——排出果渣的质量；
——对于不同操作的精密计时的测量方法；
——测量压榨过程中的不同压力（如果可能）；
——在每次螺旋压榨结束时托盘的移动（非连续加工）。

6.6 应进行下列机械测定

——当满负荷时压榨所消耗的能量；
——罐笼或螺旋的旋转速度等。

6.7 压榨室的体积

7 试验结果的表述

每次测试，计算下列各项，取精度至0.1。
——粗葡萄汁或葡萄酒的体积；
——清葡萄汁或葡萄酒的体积；
——粗葡萄汁或葡萄酒的质量；
——清葡萄汁或葡萄酒的质量；
——流出量；
——总产量；
——净产量；
——消耗的功率系数；
——综合评价（参照附录A）；
——果渣的表观密度和实际密度。
把所有不同的分析结果填入到表格中以便帮助在标准分析（标准压榨）和其他分析间进行比较。
在进行压榨前和压榨后对葡萄梗、葡萄皮和葡萄籽的物理状况进行评定，并且查找是否出现其他粗颗粒。

8 检测报告

检测报告应包含以下内容：

a）试验结果；

b）本标准中未涉及的细节或可选细节；

c）任何可能影响结果的事件（故障和操作间歇时间）；

d）所有压榨测试信息；孔的面积与筛筒总面积之间的关系，例如每米长度筛筒的内体积，收集葡萄汁用的储罐的草图及尺寸；储罐类型。

特殊说明葡萄在收获至压榨期间的所有物理和化学处理。

对于每个被测设备，都应说明以下内容：

——清洗和维护设备；

——生产商是否提供操作说明书；

——安全使用信息。

附 录 A
(资料性附录)
综合评价

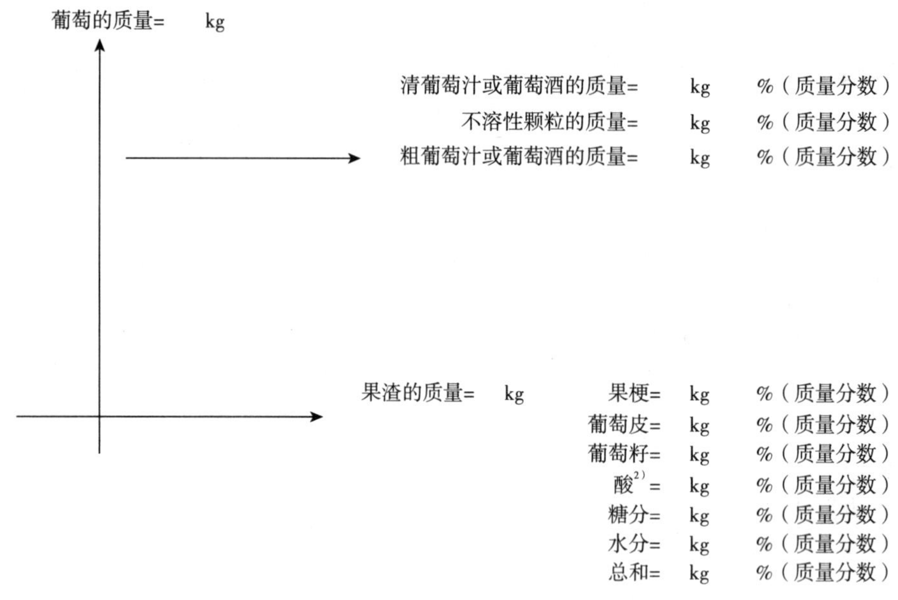

附　录　B
(资料性附录)
压榨测试表

表 B. 1　　　　压榨测试表

<table>
<tr><td>记录人：</td><td>测试地点：</td><td>收集葡萄汁用的储罐的草图及尺寸</td></tr>
<tr><td colspan="2">葡萄</td><td>压榨机</td><td rowspan="2">容器每米高度对应的体积：
储罐类型：
内部涂层：</td></tr>
<tr><td>原产地：
运输距离：
运输途径：
特性：
葡萄品种：</td><td>洁净度：
浸泡时间：
发酵时间：
使用规模：
温度：</td><td>特性：
（见生产商提供的技术形式）</td></tr>
</table>

<table>
<tr><th rowspan="2">操作号[a]</th><th colspan="2">时间</th><th rowspan="2">时长 min</th><th rowspan="2">样本</th><th rowspan="2">托盘之间的距离 cm</th><th rowspan="2">压力 kPa</th><th rowspan="2">葡萄汁或葡萄酒的体积 L</th><th rowspan="2">葡萄汁或葡萄酒的密度 kg/L</th><th rowspan="2">葡萄汁或葡萄酒的质量 kg</th><th rowspan="2">消耗能量 kW・h</th><th rowspan="2">评价</th></tr>
<tr><th>开始</th><th>结束</th></tr>
<tr><td>所用的葡萄</td><td>—</td><td>—</td><td>—</td><td>No. 1 和 1a</td><td>—</td><td>—</td><td>—</td><td>—</td><td>—</td><td>—</td><td></td></tr>
<tr><td>填充</td><td></td><td></td><td></td><td>No. 2 和 2a</td><td>—</td><td>—</td><td>—</td><td>—</td><td>—</td><td>—</td><td></td></tr>
<tr><td>预浸出</td><td></td><td></td><td></td><td>No. 3 和 3a</td><td>—</td><td></td><td></td><td></td><td></td><td></td><td></td></tr>
<tr><td>浸出</td><td></td><td></td><td></td><td>Na. 4 和 4a</td><td>—</td><td></td><td></td><td></td><td></td><td>—</td><td></td></tr>
<tr><td>第 1 次螺旋进入或加压</td><td></td><td></td><td></td><td>No. 5 和 5a</td><td></td><td></td><td></td><td></td><td></td><td>—</td><td></td></tr>
<tr><td>第 1 次螺旋退出</td><td></td><td></td><td></td><td></td><td></td><td></td><td></td><td></td><td></td><td>—</td><td></td></tr>
<tr><td>第 2 次螺旋进入或加压</td><td></td><td></td><td></td><td>No. 6 和 6a</td><td></td><td></td><td></td><td></td><td></td><td>—</td><td></td></tr>
<tr><td>第 2 次螺旋退出</td><td></td><td></td><td></td><td></td><td></td><td></td><td></td><td></td><td></td><td>—</td><td></td></tr>
<tr><td>第 3 次螺旋进入或加压</td><td></td><td></td><td></td><td>No. 7 和 7a</td><td></td><td></td><td></td><td></td><td></td><td>—</td><td></td></tr>
<tr><td>第 3 次螺旋退出</td><td></td><td></td><td></td><td></td><td></td><td></td><td></td><td></td><td></td><td>—</td><td></td></tr>
<tr><td>第 4 次螺旋进入或加压</td><td></td><td></td><td></td><td>No. 8 和 8a</td><td></td><td></td><td></td><td></td><td></td><td>—</td><td></td></tr>
<tr><td>第 4 次螺旋退出</td><td></td><td></td><td></td><td></td><td></td><td></td><td></td><td></td><td></td><td>—</td><td></td></tr>
<tr><td>第 5 次螺旋进入或加压</td><td></td><td></td><td></td><td>No. 9 和 9a</td><td></td><td></td><td></td><td></td><td></td><td>—</td><td></td></tr>
<tr><td>第 5 次螺旋退出</td><td></td><td></td><td></td><td></td><td></td><td></td><td></td><td></td><td></td><td>—</td><td></td></tr>
<tr><td>……</td><td></td><td></td><td></td><td></td><td></td><td></td><td></td><td></td><td></td><td>—</td><td></td></tr>
<tr><td>第 10 次螺旋进入或加压</td><td></td><td></td><td></td><td>No. 10 和 10a</td><td></td><td></td><td></td><td></td><td></td><td>—</td><td></td></tr>
<tr><td>第 10 次螺旋退出</td><td></td><td></td><td></td><td></td><td></td><td></td><td></td><td></td><td></td><td>—</td><td></td></tr>
<tr><td>果渣移除</td><td></td><td></td><td></td><td>No. 11</td><td>—</td><td>—</td><td>—</td><td>—</td><td>—</td><td></td><td></td></tr>
<tr><td>总计</td><td></td><td></td><td></td><td></td><td></td><td></td><td></td><td></td><td></td><td></td><td></td></tr>
<tr><td>平均葡萄汁</td><td>—</td><td>—</td><td>—</td><td>No. 12 和 12a</td><td></td><td>—</td><td></td><td></td><td></td><td>—</td><td></td></tr>
</table>

样本与相等体积的水稀释后的编号为：3a，4a，5a，6a，7a，8a，9a，10a，12a。

[a]螺旋压榨用于连续压榨，挤压用于非连续压榨。

附　录　C
（资料性附录）
标准压榨测试表

表 C.1　　　　标准压榨测试表

记录人：　　　　测试地点：　　　　收集葡萄汁用的储罐的草图及尺寸

葡萄		压榨机	容器体积： 每米高度对应的体积： 储罐类型： 内部涂层：
原产地： 运输距离： 运输途径： 特性： 葡萄品种：	清洁条件： 浸泡时间： 预浸出时间： 所使用的质量： 温度：	类型： 筛筒内径： 筛筒总体积： 每米长度对应的体积： 筛筒的特性：	

操作号	时间		时长 min	样本	托盘之间的距离 cm	压力 kPa	葡萄汁或葡萄酒的体积 L	葡萄汁或葡萄酒的密度 kg/L	葡萄汁或葡萄酒的质量 kg	葡萄渣的质量 kg	评价
	开始	结束									
所使用的葡萄	—	—	—	No. 1R 和 1aR	—	—	—	—	—	—	
填充				No. 2R	—	—	—	—	—	—	
预浸出				No. 3R	—	—				—	
浸出				No. 4R	—	—				—	
第 1 次螺旋进入				No. 5R						—	
第 2 次螺旋进入				No. 6R						—	
……										—	
第 n 次螺旋进入				No. nR						—	
果渣移除				No. (n+1) R	—	—	—	—	—		
总计					—	—					
平均葡萄汁	—	—	—	No. (n+2) R	—	—				—	

样本与相等体积的水稀释后的编号为：3Ra，4Ra，5Ra，6Ra，nRa，(n+1) Ra，(n+2) Ra。

附 录 D
（资料性附录）
非机械排料式储罐草图

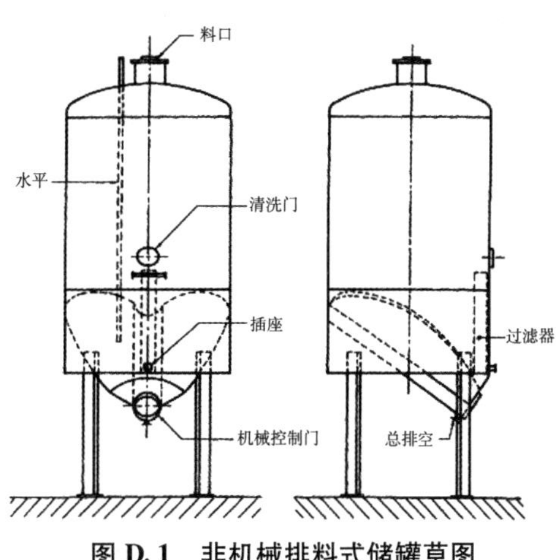

图 D.1 非机械排料式储罐草图

附 录 E
（资料性附录）
直径 1 200 mm 液压压榨机说明书

压榨机组成：

一个颈部带有密封的金属框架，在其基座由一个油缸通过泵控制着压力，在其上部对立着油缸安装了一个支座，依靠它来对葡萄加压；

一个可移动的金属槽，有合适的直径用于支撑事先设计好的筛筒，去接收葡萄；

筛筒，形状像两个半圆柱，由垂直的 25 mm 带刻槽的木制板条一个接一个安装形成，并且由两个金属圆环支撑。

所有与葡萄接触的地方应有保护涂层，该涂层不污染食物（不可溶的环氧树脂）。

垂直向上的压力由油缸移动来产生。

其他性能，内容如下：

——压力计的压力：25 000 kPa；

——活塞的直径：280 mm；

——活塞行程：750 mm；

——果渣上的压力：1 400 kPa；

——筛筒内径：1 200 mm；

——筛筒的工作高度：980 mm；

——筛筒的容积：1 100 L；

——筛筒的展开面积：3.7 m^2；

——孔径的面积/总面积：6%。

ICS 67.260
分类号：X99
备案号：55576—2016

中 华 人 民 共 和 国 轻 工 行 业 标 准

QB/T 5001—2016

制酒饮料机械　烛式硅藻土过滤机

Beer and beverage mechinery – Candle – type kieselguhr filter

2016 – 07 – 11 发布　　2017 – 01 – 01 实施

中华人民共和国工业和信息化部　发布

前　言

本标准按照 GB/T1.1—2009 给出的规则起草。

本标准由中国轻工业联合会提出。

本标准由全国轻工机械标准化技术委员会制酒饮料机械分技术委员会（SAC/TC 101/SC 2）归口。

本标准起草单位：广州机械设计研究所、广州珠江啤酒股份有限公司、重庆中轻装备有限公司。

本标准起草人：宋建华、陈泽恒、陈敏英、李播曙 、冯吉斌、邹薇。

本标准为首次发布。

制酒饮料机械　烛式硅藻土过滤机

1　范围

本标准规定了烛式硅藻土过滤机的要求、试验方法、检验规则及标志、包装、运输、贮存。

本标准适用于烛式硅藻土过滤机（以下简称“产品”）。

2　规范性引用文件

下列文件对于本文件的应用是必不可少的。凡是注日期的引用文件，仅注日期的版本适用于本文件。凡是不注日期的引用文件，其最新版本（包括所有的修改单）适用于本文件。

GB 150　（所有部分）压力容器

GB/T 151　热交换器

GB 2893　安全色

GB 2894　安全标志及其使用导则

GB/T 3280　不锈钢冷轧钢板和钢带

GB/T 3768—1996　声学　声压法测定噪声源声功率级　反射面上方采用包络测量表面的简易法

GB/T 4237　不锈钢热轧钢板和钢带

GB 4806.1　食品用橡胶制品卫生标准

GB 5226.1—2008　机械电气安全　机械电气设备　第 1 部分：通用技术条件

GB/T 9969　工业产品使用说明书　总则

GB 10621　食品添加剂　液体二氧化碳

GB/T 13277.1　压缩空气　第 1 部分：污染物净化等级

GB/T 13306　标牌

GB/T 13384　机电产品包装通用技术条件

GB/T 14253　轻工机械通用技术条件

GB 14936　食品安全国家标准　食品添加剂　硅藻土

GB 16798　食品机械安全卫生

3　要求

3.1　工作条件

3.1.1　待滤啤酒应符合下列要求：

a）啤酒浊度：不大于 10 EBC 浊度单位；

b）流速控制要求：与产品上、下游设备能力匹配。

3.1.2　预涂用脱氧水应符合下列要求：

a）压力：(0.35 ± 0.05) MPa；

b）流量：与公称生产能力一致。

3.1.3　二氧化碳应符合下列要求：

a）压力：(0.5 ± 0.1) MPa；

b）纯度：不小于 99.98% ；

c）其余要求应符含 GB 10621 的有关规定。

3.1.4　压缩空气应符合下列要求压力：

a）压力：(0.55 ±0.05) MPa。

b）压缩空气的净化等级 GB/T 13277.1222。

3.1.5　硅藻土卫生应符合 GB 14936 的规定。

3.1.6　电源应采取三相交流电，电压为（380 ±380）V，频率为（50 ±0.5）Hz。

3.2　基本要求

3.2.1　产品应符合本标准要求，并按照规定程序批准的图样和技术文件制造。

3.2.2　产品的焊接、加工、装配、外观质量应符合 GB/T 14253 的有关要求。不锈钢板材应符合 GB/T 3280、GB/T 4237 的规定。

3.2.3　过滤罐的设计、制造、检验应符合 GB 150 和 GB/T 151 的规定。

3.2.4　产品各运动部件运转应灵活、平稳、无异常声响。

3.2.5　产品各种检测装置应灵敏、显示准确；控制装置应灵敏、可靠；计量准确、稳定、可调。

3.2.6　产品的滤液接触系统应作水压试验（过滤罐应拆除过滤棒）。在最高试验压力 0.8 MPa 保压 30 min；降压至 0.6 MPa 保压 1 h。升降压不应大于 0.05 MPa。系统在升压、降压、保压过程中应无泄漏。

3.2.7　产品应做二次硅藻土预涂试验和一次滤水试验，试验结果应符合下列要求。

a）二次硅藻土预涂试验后，15 min 内过滤罐滤液出口处浊度不应大于 0.10 EBC；

b）滤水试验后过滤罐滤液出口处浊度不应大于 0.10 EBC。

3.3　安全卫生要求

3.3.1　产品材料、结构、清洗的卫生性应符合 GB 16798 的规定。

3.3.2　与啤酒接触的橡胶密封件应符合 GB 4806.1 的规定。

3.3.3　产品结构、啤酒输送管道和连接部分不应有滞留啤酒的凹陷及死角。

3.3.4　产品上应有清晰醒目地操作、润滑、安全或警告等各种标志，安全色和安全标志应符合 GB 2893 和 GB 2894 的规定。

3.3.5　产品的保护联接电路连续性检验、绝缘电阻试验、耐压试验、残余电压的防护和功能试验应符合 GB 5226.1—2008 第 18 章的规定。

3.4　使用性能

3.4.1　产品应达到 100% 公称生产能力，且满足下列要求：

a）在制造厂，滤后水浊度不大于 0.10 EBC；

b）在用户厂，滤后酒液浊度不大于 0.50 EBC、25°度值不大于 0.20 EBC。

注：除标明 25°浊度值外，其余均为 90°浊度值

3.4.2　滤后酒液增氧量不应大于 0.02 mg/L。

3.4.3　产品正常工作时，每周期硅藻土的消耗不应大于 1 kg/kL 啤酒。

注：“周期”是指产品清洗后再投入运行到结束过滤、清洗完毕的时间。

3.4.4　产品空运转时噪声（声压级）。不应大于 80 dB（A）。

4　试验方法

4.1　水压试验

对产品的滤液接触管道和设备系统（过滤罐拆除过滤棒）进行水压试验，使系统缓慢升压至最大试验压力 0.80 MPa，保持压力 30 min，然后缓慢降压至 0.6 MPa，保压 1 h。在升压、保压、降压过程中检查受压系统泄漏情况。

4.2　二次硅藻土预涂试验和滤水试验

产品水压试验后，过滤罐装入过滤棒，用粗硅藻土进行第一次预涂。第一次循环水清亮后，用细硅藻土进行第二次预涂。第二次循环水清亮后，进行整机滤水试验，在滤液出口处用浊度计测定浊度。

4.3　电气安全性能试验

按 GB 5226.2—2008 第 18 章的规定进行保护联接电路连续性检验、绝缘电阻试验、耐压试验、残余电压的防护和功能试验。

4.4　空运转试验

产品在电气安全性能试验后进行空运转试验。启动产品的混合罐电机，在额定转速下运转 15 min，目测和常规方法检查产品的机械运转、仪表显示、机电操作正确性。

4.5　噪声测试

在产品空运转状态下采用 GB/T 3768—1996 中第 5 章和 7.5.2 规定的声级计，选用平行六面体测量表面（顶面省略），测量距离 d 为 1 m。传声器位置参照 GB/ T 3768—1996 附录 C 中图 C.6，按 GB/ T 3768 一 1996 所规定的方法测定产品工作时的噪声（声压级）。

4.6　生产能力测定

测试用浊度计精度为 ±0.1%，电磁流量计精度为 ±0.5%。

在制造厂，产品以水为待滤液，硅藻土为助滤剂进行过滤。在滤液出口处用浊度计测定浊度、用

电磁流量计测定生产能力。

在用户厂，产品符合工作条件且连续正常运转情况下，以合格啤酒为待滤液，硅藻土为助滤剂进行过滤，在滤液出口处用浊度计测定酒液浊度、用电磁流量计测定生产能力。

4.7 硅藻土消耗量测定

统计一个过滤周期内投入的硅藻土总量 B，用流量计测定过滤的啤酒总体及流量，按公式（1）计算硅藻土消耗量：

$$A = \frac{B}{Q} \qquad (1)$$

式中：

A——过滤周期类硅藻土消耗量，单位为千克每千升（kg/kL）；

B——过滤周期内投入的硅藻土总量，单位为千克（kg）；

Q——过滤周期类过滤的啤酒总体积流量，单位为千升（kL）。

4.8 酒液增氧量测定

在产品正常工作状态下，从进酒管的取样阀取样，用溶解氧测定仪测得过滤前酒样的溶解氧含量值 C；再从出酒管的取样阀取样，用溶解氧测定仪测得过滤后酒样的溶解氧含量值 D。按公式（2）计算酒液增氧量：

$$C = D - E \qquad (2)$$

式中：

C——酒液增氧量，单位为毫克每升（mg/L）；

D——过滤后酒样的溶解氧含量，单位为毫克每升（mg/L）；

E——过滤前酒样的溶解氧含量，单位为毫克每升（mg/L）。

5 检验规则

5.1 检验分类

产品检验分为出厂检验和型式检验。

5.2 出厂检验

5.2.1 出厂检验项目为 3.2.1～3.2.7、3.3.1～3.3.5、3.4.1、3.4.4。

5.2.2 产品应由制造厂质量检验部门按出厂检验项目逐台逐项检验。

5.2.3 出厂检验，如有不合格项，可修整后复验，复验后仍不合格，则判定该产品不合格。

5.3 型式检验

5.3.1 有下列情况之一时，应进行型式检验：

a）新产品的生产试制定型鉴定；

b）正式生产后，如结构材料工艺有较大改变，可能影响产品性能；

c）产品长期停产后，恢复生产；

d）出厂检验结果与上次型式检验有较大差异；

e）国家质量监督机构提出进行型式检验要求。

5.3.2　型式检验项目为本标准技术要求的所有项目。

5.3.3　型式检验应从出厂检验合格的产品提交批中按生产批量的20%抽样，但不少于1台。

5.3.4　型式检验的全部项目合格即为产品合格，如有不合格项应重新抽检，若仍不合格，则判定该批产品型式检验不合格。但电气安全性能试验或噪声测试不合格时，即判定该批产品型式检验不合格，不应重新抽检。

5.3.5　型式检验可在用户厂进行。

6　标志、包装、运输、贮存

6.1　标志

产品应有固定标牌，标牌应符合 GB/T 13306 的规定，标牌的内容应包括 ：

a）型号及名称；

b）产品主要技术参数；

c）外形尺寸；

d）产品质量

e）设计压力：

f）最大工作压力 ：

g）出厂编号：

h）出厂日期

i）制造厂名称。

6.2　包装

产品包装应符合 GB/T 13384 的规定，产品出厂应附有下列技术文件：

a）产品合格证；

b）产品使用说明书（内容和编制规则应符合 GB/T 9969 的规定）；

c）装箱清单。

6.3　运输

产品整体运输或分件运输的部件均应符合陆路及水路运输与装载的要求。

6.4　贮存

产品应放在通风、干燥、防雨的室内场地上，存放满 6 个月应开箱检查，必要时应重新防腐、包装。

HJ

中 华 人 民 共 和 国 国 家 环 境 保 护 标 准

HJ 452—2008

清洁生产标准 葡萄酒制造业

Cleaner production standard – wine industry

2008－12－24 发布 2009－03－01 实施

环 境 保 护 部 发 布

中华人民共和国环境保护部

公告

2008 年　第 63 号

为贯彻《中华人民共和国环境保护法》和《中华人民共和国清洁生产促进法》，保护环境，提高企业清洁生产水平，现批准《清洁生产标准　葡萄酒制造业》为国家环境保护标准，并予以发布。

标准名称、编号如下：

清洁生产标准 葡萄酒制造业（HJ 452—2008）

该标准自 2009 年 3 月 1 日起实施。由中国环境科学出版社出版，标准内容可在环境保护部网站（bz. mep. gov. cn）查询。

特此公告。

2008 年 12 月 24 日

前　言

为贯彻《中华人民共和国环境保护法》和《中华人民共和国清洁生产促进法》，保护环境，为葡萄酒制造业开展清洁生产提供技术支持和导向，制定本标准。

本标准规定了葡萄酒制造企业在达到国家和地方污染物排放标准的基础上，根据当前的行业技术、装备水平和管理现状，清洁生产的一般要求。本标准分三级，一级代表国际清洁生产先进水平，二级代表国内清洁生产先进水平，三级代表国内清洁生产基本水平。随着技术的不断进步和发展，本标准将适时修订。

本标准为首次发布。

本标准由环境保护部科技标准司组织制订。

本标准起草单位：中国食品发酵工业研究院、中国环境科学研究院、中国酿酒工业协会葡萄酒分会。

本标准环境保护部 2008 年 12 月 24 日批准。

本标准自 2009 年 3 月 1 日起实施。

本标准由环境保护部解释。

清洁生产标准　葡萄酒制造业

1　适用范围

本标准规定了葡萄酒制造业清洁生产的一般要求。本标准将清洁生产指标分为五类，即生产工艺与装备要求、资源能源利用指标、污染物产生指标（末端处理前）、废物回收利用指标和环境管理要求。

本标准适用于葡萄酒制造业和葡萄原酒制造业的清洁生产审核、清洁生产潜力与机会的判断、清洁生产绩效评定和清洁生产绩效公告制度，也适用于环境影响评价、排污许可证管理等环境管理制度。

2 规范性引用文件

本标准内容引用了下列文件中的条款。凡是不注日期的引用文件，其有效版本适用于本标准。

GB 2760 食品添加剂使用卫生标准

GB 11914—91 水质 化学需氧量的测定 重铬酸盐法

GB/T 2589 综合能耗计算通则

GB/T 24001 环境管理体系 要求及使用指南

3 术语和定义

下列术语和定义适用于本标准。

3.1 清洁生产

指不断采取改进设计、使用清洁的能源和原料、采用先进的工艺技术与设备、改善管理、综合利用等措施，从源头削减污染，提高资源利用效率，减少或者避免生产、服务和产品使用过程中污染物的产生和排放，以减轻或者消除对人类健康和环境的危害。

3.2 污染物产生指标（末端处理前）

即产污系数，指单位产品生产（或加工）过程中，产生污染物的量（末端处理前）。本标准主要是水污染物产生指标和固体废物产生指标。水污染物产生指标包括污水处理装置入口的污水量和污染物种类、单排量或浓度。固体废物产生指标包括固体废物处理装置入口的污染物种类和单排量。

3.3 葡萄酒制造业

从葡萄原料到成品酒灌装全过程的生产企业。

3.4 葡萄原酒制造业

只进行葡萄酒原酒加工、不进行灌装的企业。

3.5 酒石

指葡萄酒酿造过程中析出的一种固体沉淀，主要成分是酒石酸氢钾和少量的酒石酸钙。

4 规范性技术要求

4.1 指标分级

本标准给出了葡萄酒制造业和葡萄原酒制造业生产过程清洁生产水平的三级技术指标：

一级：国际清洁生产先进水平；
二级：国内清洁生产先进水平；
三级：国内清洁生产基本水平。

4.2 指标要求

葡萄酒制造业清洁生产指标要求见表1，葡萄原酒制造业清洁生产指标要求见表2。

表1　　葡萄酒制造业清洁生产指标要求

<table>
<tr><th colspan="2">清洁生产指标等级</th><th>一级</th><th>二级</th><th>三级</th></tr>
<tr><td colspan="5">一、生产工艺与装备要求</td></tr>
<tr><td colspan="2">1. 葡萄前处理设备</td><td colspan="3">配备除梗破碎机、压榨机（白葡萄酒和桃红葡萄酒）</td></tr>
<tr><td colspan="2">2. 发酵设备</td><td colspan="3">不锈钢发酵罐、橡木桶或水泥池</td></tr>
<tr><td colspan="2">3. 发酵控制设备</td><td>发酵过程由微机控制</td><td colspan="2">发酵过程由人工控制</td></tr>
<tr><td colspan="2">4. 包装设备</td><td colspan="3">采用洗瓶、灌装、压塞、贴标机械化灌装线</td></tr>
<tr><td colspan="2">5. 清洗系统</td><td>就地自动清洗系统（CIP）</td><td colspan="2">人工清洗</td></tr>
<tr><td colspan="2">6. 贮酒设备</td><td colspan="3">葡萄酒贮存采用不锈钢罐或橡木桶等设备</td></tr>
<tr><td colspan="5">二、资源能源利用指标</td></tr>
<tr><td colspan="2">1. 原辅材料的选择</td><td colspan="3">生产过程使用的加工助剂或添加剂应符合 GB 2760 标准</td></tr>
<tr><td rowspan="4">2. 葡萄出汁率/% ≥</td><td>红葡萄酒</td><td>75</td><td>70</td><td>65</td></tr>
<tr><td>桃红葡萄酒</td><td>73</td><td>68</td><td>63</td></tr>
<tr><td>白葡萄酒</td><td>70</td><td>65</td><td>60</td></tr>
<tr><td>山葡萄酒</td><td>50</td><td>45</td><td>40</td></tr>
<tr><td rowspan="4">3. 出酒率/% ≥</td><td>红葡萄酒</td><td>70</td><td>65</td><td>60</td></tr>
<tr><td>桃红葡萄酒</td><td>68</td><td>63</td><td>58</td></tr>
<tr><td>白葡萄酒</td><td>65</td><td>60</td><td>55</td></tr>
<tr><td>山葡萄酒</td><td>45</td><td>40</td><td>35</td></tr>
<tr><td colspan="2">4. 耗水量/（m^3/kl） ≤</td><td>2.0</td><td>4.0</td><td>6.0</td></tr>
<tr><td colspan="2">5. 耗电量/（kW·h/kl） ≤</td><td>100.0</td><td>140.0</td><td>200.0</td></tr>
<tr><td colspan="2">6. 综合能耗（折标煤）/（kg/kl） ≤</td><td>17.0</td><td>24.0</td><td>35.0</td></tr>
<tr><td colspan="5">三、污染物产生指标（末端处理前）</td></tr>
<tr><td colspan="2">1. 废水产生量（m^3/kl） ≤</td><td>1.8</td><td>3.6</td><td>5.2</td></tr>
<tr><td colspan="2">2. 化学需氧量（COD_{cr}）产生量（kg/kl） ≤</td><td>3.5</td><td>5.5</td><td>7.0</td></tr>
<tr><td rowspan="2">3. 皮渣及发酵渣产生量/（t/kl） ≤</td><td>红葡萄酒、桃红葡萄酒、白葡萄酒</td><td>0.4</td><td>0.5</td><td>0.7</td></tr>
<tr><td>山葡萄酒</td><td>1.2</td><td>1.5</td><td>1.9</td></tr>
</table>

（续表）

清洁生产指标等级	一级	二级	三级
四、废物回收利用指标			
1. 皮渣及发酵渣回收利用率/%	100		
2. 冷却水循环利用率/%	95.0	90.0	80.0
3. 废硅藻土处置率/%	100%进行处理或利用，不直接排入下水道或环境中		
4. 酒石沉淀回收处置率/%	100		≥95
五、环境管理要求			
1. 环境法律法规标准	符合国家和地方有关环境法律、法规，污染物排放达到国家和地方排放标准、总量控制和排污许可证管理要求		
2. 组织机构	建立健全专门环境管理机构，配备专职管理人员		
3. 环境审核	按照GB/T 24001建立并有效运行环境管理体系，环境管理手册、程序文件和作业文件齐备	环境管理制度健全，原始记录及统计数据齐全有效	环境管理制度、原始记录及统计数据基本齐全
4. 固体废物处理处置	固体废物应有专门的贮存场所，避免扬散、流失、渗漏；减少固体废物的产生量和危害性，充分合理利用固体废物和无害化处理固体废物		
5. 生产过程环境管理	应使用环境友好的包装材料，并符合食品卫生标准的有关要求，有原材料、包装材料的质检制度和消耗定额管理，对能耗和物耗指标有考核，有健全的岗位操作规程、事故应急预案和设备维护保养规程；对主要环节进行计量，制定定量考核制度并配备污染物检测设施；对不合格产品，返工重新处理或蒸馏，不能将其倒入下水道、受纳水体和环境中		
6. 相关方环境管理	购买有资质的原材料供应商产品，对原材料供应商的产品质量、包装和运输环节施加影响		

表2　　葡萄原酒制造业清洁生产指标要求

清洁生产指标等级	一级	二级	三级
一、生产工艺与装备要求			
1. 葡萄前处理设备	配备除梗破碎机、压榨机（白葡萄酒和桃红葡萄酒）		
2. 发酵设备	不锈钢发酵罐、橡木桶或水泥池		
3. 发酵控制设备	发酵过程由微机控制	发酵过程由人工控制	
4. 清洗系统	自动就地清洗系（CIP）	人工清洗	
二、资源能源利用指标			
1. 原辅材料的选择	生产过程使用的加工助剂或添加剂应符合GB 2760标准		

（续表）

<table>
<tr><th colspan="2">清洁生产指标等级</th><th>一级</th><th>二级</th><th>三级</th></tr>
<tr><td rowspan="4">2. 葡萄出汁率/% ≥</td><td>红葡萄酒</td><td>75</td><td>70</td><td>65</td></tr>
<tr><td>桃红葡萄酒</td><td>73</td><td>68</td><td>63</td></tr>
<tr><td>白葡萄酒</td><td>70</td><td>65</td><td>60</td></tr>
<tr><td>山葡萄酒</td><td>50</td><td>45</td><td>40</td></tr>
<tr><td colspan="2">3. 耗水量/（m^3/kl） ≤</td><td>1.2</td><td>2.4</td><td>3.6</td></tr>
<tr><td colspan="2">4. 耗电量/（kW·h/kl） ≤</td><td>25.0</td><td>38.0</td><td>50.0</td></tr>
<tr><td colspan="2">5. 综合能耗（折标煤）/（kg/kl） ≤</td><td>4.0</td><td>6.0</td><td>9.0</td></tr>
<tr><td colspan="5">三、污染物产生指标（末端处理前）</td></tr>
<tr><td colspan="2">1. 废水产生量/（m^3/kl） ≤</td><td>1.1</td><td>2.2</td><td>3.1</td></tr>
<tr><td colspan="2">2. 化学需氧量（COD_{Cr}）产生量（kg/kl） ≤</td><td>3.5</td><td>5.5</td><td>6.5</td></tr>
<tr><td rowspan="2">3. 皮渣及发酵渣产生量/（t/kl） ≤</td><td>红葡萄酒、桃红葡萄酒、白葡萄酒</td><td>0.4</td><td>0.5</td><td>0.7</td></tr>
<tr><td>山葡萄酒</td><td>1.2</td><td>1.5</td><td>1.9</td></tr>
<tr><td colspan="5">四、废物回收利用指标</td></tr>
<tr><td colspan="2">1. 皮渣及发酵渣回收利用率/%</td><td colspan="3">100</td></tr>
<tr><td colspan="2">2. 冷却水循环利用率/%</td><td>95.0</td><td>90.0</td><td>80.0</td></tr>
<tr><td colspan="5">五、环境管理要求</td></tr>
<tr><td colspan="2">1. 环境法律法规标准</td><td colspan="3">符合国家和地方有关环境法律、法规，污染物排放达到国家和地方排放标准、总量控制和排污许可证管理要求</td></tr>
<tr><td colspan="2">2. 组织机构</td><td colspan="3">建立健全专门环境管理机构，配备专职管理人员</td></tr>
<tr><td colspan="2">3. 环境审核</td><td>按照 GB/T 24001 建立并有效运行环境管理体系，环境管理手册、程序文件和作业文件齐备</td><td>环境管理制度健全，原始记录及统计数据齐全有效</td><td>环境管理制度、原始记录及统计数据基本齐全</td></tr>
<tr><td colspan="2">4. 固体废物处理处置</td><td colspan="3">固体废物应有专门的贮存场所，避免扬散、流失、渗漏；减少固体废物的产生量和危害性，充分合理利用固体废物和无害化处理固体废物</td></tr>
<tr><td colspan="2">5. 生产过程环境管理</td><td colspan="3">有原材料、包装材料的质检制度和消耗定额管理，对能耗和物耗指标有考核，有健全的岗位操作规程、事故应急预案和设备维护保养规程，对主要环节进行计量，制定定量考核制度并配备污染物检测设施</td></tr>
<tr><td colspan="2">6. 相关方环境管理</td><td colspan="3">购买有资质的原材料供应商产品，对原材料供应商的产品质量、包装和运输环节施加影响</td></tr>
</table>

5 数据采集和计算方法

5.1 采样

本标准各项指标的采样和监测按照国家标准监测方法执行，见表3。

表3 废水污染物各项指标监测采样及分析方法

监测项目	测点位置	分析方法	监测及采样频次
化学需氧量	废水处理站入口	水质 化学需氧量的测定 重铬酸盐法（GB 11914—91）	每半月监测一次，每次监测采样按照《地表水和污水监测技术规范》（HJ/T 91）执行
注：每次监测时须同时监测废水流量。			

废水污染物产生指标是指末端处理之前的指标，应分别在监测各个车间或装置后进行累计。所有指标均按采样次数的实测数据进行平均。

5.2 测定方法

5.3 计算方法

企业的原材料、新鲜水及能源使用量、产品产量、工序能耗等均以法定月报表或者年报表为准。各项指标的计算方法如下：

5.3.1 葡萄出汁率

葡萄出汁率按下列公式计算：

$$R_j = \frac{W_j}{W_r} \times 100\%$$

式中：

R_j——出汁率，%；

W_j——年葡萄汁总量，t；

W_r——葡萄原料年总消耗量，t。

注1：白葡萄酒的出汁率在发酵前进行计算；红葡萄酒的出汁率在发酵后计算。

注2：葡萄汁总量指自流汁和压榨汁质量之和。

5.3.2 出酒率

出酒率按下列公式计算：

$$R_W = \frac{Y_q \times G}{W_r} \times 100\%$$

式中：

R_W——出酒率，%；

Y_q——年葡萄酒合格品量，kl；

G——20 ℃时葡萄酒的密度，t/kl；

W_r——葡萄原料年总消耗量，t。

5.3.3　耗水量

耗水量按下列公式计算：

$$Q = \frac{Q_t}{Y_W}$$

式中：

Q——生产葡萄酒的耗水量，m^3/kl；

Q_t——葡萄酒生产年耗新鲜水量，m^3；

Y_W——葡萄酒的年产量，kl。

5.3.4　耗电量

耗电量按下列公式计算：

$$W = \frac{W_t}{Y_W}$$

式中：

W——生产葡萄酒的耗电量，kW·h/kl；

W_t——葡萄酒生产年耗电量，kW·h；

Y_W——葡萄酒的年产量，kl。

注1：耗电量包括基本生产用电和辅助生产用电。如各工序动力直接用电、自采水、设备大修和小修、事故检修及检修后试运行用电，以及本车间照明和上述各项用电线路、变压器损失的电量。不包括礼堂、食堂、托儿所、学校、职工宿舍、基建、技措和建筑工程等用电。

注2：若使用统一电表同时供应几种产品用电，则应按受益单位产品通过测定或测算合理分摊用电量。

5.3.5　综合能耗

综合能耗按下列公式计算：

$$E = \frac{E_j}{Y_W}$$

式中：

E——生产葡萄酒的综合能耗（折标煤计算），kg/kl；

E_j——葡萄酒生产年综合能耗（折标煤计算），kg；

Y_W——葡萄酒的年产量，kl。

注：综合能耗是葡萄酒生产企业对年实际消耗的各种能源实物量按规定的计算方法和单位分别折算为一次能源后的总和，各种能源折标准煤系数参照标准 GB/T 2589 执行。

5.3.6　废水产生量

废水产生量按下列公式计算：

$$V_P = \frac{V_W}{Y_W}$$

式中：

V_P——生产葡萄酒的废水产生量，m^3/kl；

V_W——年废水产生量，m^3；

Y_W——葡萄酒的年产量，kl。

注：废水仅指葡萄酒生产过程中产生的废水，不包括非生产用水。

5.3.7 化学需氧量（CODcr）产生量

化学需氧量（$COD_C r$）产生量按下列公式计算：

$$\rho(COD) = \frac{\sum_{i=1}^{12} \rho_i(COD)}{12}$$

$$V(COD) = \frac{\rho(COD) \times V_W}{Y_W \times 1\ 000}$$

式中：

ρ_i（COD）——第 i 月份的 COD 平均质量浓度，mg/L；

ρ（COD）——COD 年平均质量浓度值，mg/L；

V（COD）——COD 产生量，kg/kl；

V_W——年废水产生量，m^3；

Y_W——葡萄酒的年产量，kl。

5.3.8 皮渣及发酵渣产生量

皮渣及发酵渣产生量按下列公式计算：

$$C_p = \frac{P}{Y_W}$$

式中：

C_p——生产葡萄酒皮渣及发酵渣产生量，t/kl；

P——葡萄酒生产中产生的湿皮渣和发酵渣量，t；

Y_W——葡萄酒的年产量，kl。

5.3.9 冷却水循环利用率

冷却水循环利用率按下列公式计算：

$$R_u = \frac{R_P}{Q_f + Q_r} \times 100\%$$

式中：

R_u——冷却水循环利用率，%；

R_P——冷却水重复利用量，m^3；

Q_f——冷却用新水量，m^3；

Q_r——重复利用水量，m^3。

注：冷却水循环利用率是指企业年冷却水循环量与冷却水总用水量之比。

6 标准的实施

本标准由各级人民政府环境保护行政主管部门负责监督实施。

ICS 27.010
分类号：F 01
备案号：60682－2017

中华人民共和国轻工行业标准

QB/T 5161—2017

发酵酒精单位产品能源消耗限额

Norm of energy consumption per unit product of fermentation alcohol

2017－11－07 发布　　2018－04－01 实施

中华人民共和国工业和信息化部　发布

前　言

本标准按照 GB/T 1.1—2009 给出的规则起草。

本标准由中国轻工业联合会提出。

本标准由全国酿酒标准化技术委员会（SAC/TC 471 ）归口。

本标准起草单位：中国酒业协会酒精分会、河南天冠企业集团有限公司、中粮生化能源（肇东）有限公司。

本标准主要起草人：张国红、李贞选、刘劲松。

本标准为首次发布。

发酵酒精单位产品能源消耗限额

1　范围

本标准规定了发酵酒精单位产品能源消耗（以下简称“能耗”）限额的术语和定义、技术要求、统计范围、计算方法和节能管理与措施。

本标准适用于发酵酒精生产企业进行能耗的计算、考核以及对新建项目的能耗控制。

2　规范性引用文件

下列文件对于本文件的应用是必不可少的。凡是注日期的引用文件，仅注日期的版本适用于本文件。凡是不注日期的引用文件，其最新版本（包括所有的修改单）适用于本文件。

GB/T 213　煤的发热量测定方法

GB/T 384　石油产品热值测定方法

GB/T 394.1　工业酒精

GB/T 2589　综合能耗计算通则

GB/T 3483　企业能量平衡通则

GB 10343　食用酒精

GB 17167　用能单位能源计量器具配备和管理通则

3　术语和定义

下列术语和定义适用于本文件。

3.1

发酵酒精　fermentation alcohol

以淀粉质、糖蜜或其他生物质等为原料，经发酵、蒸馏而制成食用酒精、工业酒精、变性燃料乙醇等酒精产品。

3.2

生产界区　production area

从淀粉质、糖蜜或其他生物质等主要生产原料以及蒸汽、工业水等辅料和电力经计量进入工厂界区开始，到成品酒精入库为止的整个酒精产品生产过程。由主要生产系统、辅助生产系统和附属生产系统三部分组成。

3.3

主要生产系统　main production system

从淀粉质、糖蜜或其他生物质等主要生产原料以及蒸汽、工业水等辅料和电力经计量进入工厂界区开始，到成品酒精入库为止的，由各工序的工艺过程及相关设施所组成的完整体系，主要包括原料处理工序、液糖化工序、发酵工序和蒸馏工序等。

3.4

辅助生产系统　assistant production system

为主要生产系统工艺装置配置的工艺过程及相关设施。包括供电、供水、供热、供汽、供风、排水、暖通、机电仪修、操作室、中控分析、成品检验、厂内储运以及安全等相关设施。

3.5

附属生产系统　accessorial production system

为生产系统专门配置的生产指挥系统和厂区内为生产服务的部门和单位。包括办公室、休息室、更衣室、食堂、浴室、厂内储运等相关设施。

3.6

酒精产品综合能耗　comprehensive ener gy consumption of alcohol

报告期内，酒精产品生产过程中实际消耗的各种能源总量。

3.7

酒精单位产品综合能耗　comprehensive energy consumption perunit product of alcohol

以单位产量表示的酒精产品的综合能耗。

4　技术要求

发酵酒精单位产品能耗限额应符合表1的要求。现有发酵酒精生产企业单位产品能耗限额执行限定值，新建发酵酒精生产企业单位产品能耗限额执行准入值，单位产品能耗限额的先进值为所有发酵酒精生产企业的推荐性要求。

表 1　　发酵酒精单位产品能耗限额　　单位为千克标准煤每吨

原料分类	产品级别		单位产品能耗限额限定值	单位产品能耗限额准入值	单位产品能耗限额先进值
玉米、小麦	普通级	≤	420	350	280
	优级	≤	500	450	400
	特级	≤	700	600	500
薯类	普通级	≤	400	340	280
	优级	≤	450	400	360
	特级	≤	700	600	500
糖蜜	普通级	≤	420	300	270
	优级	≤	440	370	300
	特级	≤	550	480	410

注 1：普通级、优级和特级是指 GB 10343 食用酒精的分类。

注 2：工业酒精按照普通级指标执行，无水乙醇（燃料乙醇）按照优级指标执行.

5　统计范围及计算方法

5.1　统计范围

5.1.1　发酵酒精产品生产系统的能耗量应包括主要生产、辅助生产和附属生产系统实际消耗的各种一次能源量、二次能源量，以及耗能工质（如水、氧气、氮气、压缩空气等），不含综合利用产品生产系统（如二氧化碳回收、糟液处理工序、干玉米酒精糟生产、玉米提油等）。

5.1.2　辅助生产系统及附属生产系统同时供应企业多种产品时，其能耗量和损失量应按消耗比例分摊。

5.1.3　主要生产系统内回收利用的余热、余能及化学反应热等，不应计入能耗量中。如果该余热、余能及化学反应热等供发酵酒精生产界区外的装置利用的，应按其实际利用的能量从本系统的能耗中扣除。

5.1.4　能源消耗量的统计、核算应包括各个生产环节和系统，则既不应重复，又不应漏计。

5.2　计算方法

5.2.1　综合能耗的计算应符合 GB/T 2589 的规定。

5.2.2　企业统计期内所消耗的能源，固体燃料发热量按 GB/T 213 的规定测定，液体燃料发热量按 GB/T 384 的规定测定。能源的低位热值应以实测为准，若无条件实测，可参见附录 A。

5.2.3　能源实物量的计量应 GB 17167 的规定。

5.2.4　发酵酒精产品综合能耗按公式（1）计算：

$$E = \sum_{i=1}^{m}(e_{is} \times K_i) - \sum_{r=1}^{n}(e_{rh} \times K_r) \quad \cdots\cdots (1)$$

式中：

E——发酵酒精产品综合能耗的数值，单位为千克标准煤（kgce）；

e_{is}——发酵酒精产品生产过程中输入的第 i 种能源实物量；

e_{rh}——发酵酒精产品生产过程中回收并供统计范围外装置利用的第 r 种能源实物量；

K_i——输入的第 i 种能源折算标准煤系数；

K_r——生产过程中回收并供统计范围外装置利用的第 r 种能源折算标准煤系数；
m——生产系统输入的能源种类数量；
n——生产过程中回收并供统计范围外装置利用的能源种类数量；
5.2.5 发酵酒精单位产品综合能耗按公式（2）计算：

$$e = \frac{E}{M} \quad \cdots\cdots (2)$$

式中：
e——发酵酒精单位产品综合能耗，单位为千克标准煤每吨（kgce/t）；
E——报告期内发酵酒精能糖消耗总量，单位为千克标准（kgce）；
M——报告期内发酵酒精（酒精度 96% vol）产量，单位（t）。

6 节能管理与措施

6.1 企业应定期对发酵酒精单位产品综合能耗进行考核，并把考核指标分解落实到各基层部门，建立用能责任制度。

6.2 企业应按要求建立能源统计体系，建立能耗测试数据 、能耗计算和考核结果的文件档案，并对文件进行受控管理。

6.3 企业应根据 GB 17167 的要求配备能源计量器具并建立能源计量管理制度。

6.4 企业综合能耗的统计、核算应执行相关国家标准，核算规程由企业专职部门完成。

附 录 A
（资料性附录）
参考系数

A.1 常用能源折标煤参考系数见表 A.1。

表 A.1 常用能源折标准煤参考系数

能源名称	系数单位	折标准煤系数
原煤	kgce/kg	0.7143
洗精煤	kgce/kg	0.9000
油田天然气	kgce/Nm^3	1.3300
气田天然气	kgce/Nm^3	1.2143
焦炉煤气	kgce/Nm^3	0.6143
发生炉煤气	kgce/Nm^3	0.1786
重油催化裂解煤气	kgce/Nm^3	0.6571
重油热裂解煤气	kgce/Nm^3	1.2143
炼厂干气	kgce/kg	1.5714
液化石油气	kgce/kg	1.7143
焦碳（含石油焦）	kgce/kg	0.9714

（续表）

能源名称	系数单位	折标准煤系数
汽油	kgce/kg	1.4714
柴油	kgce/kg	1.4571
煤油	kgce/kg	1.4714
原油	kgce/kg	1.4286
燃料油	kgce/kg	1.4286
渣油	kgce/kg	1.2860
煤焦油	kgce/kg	1.1429
电力	kgce/kW · h	0.1229（当量）
热力	kgce/MJ	0.03412（当量）

A.2 常用耗能工质折标煤参考系数见表 A.2。

表 A.2 常用耗能工质折标准煤参考系数

耗能工质名称	系数单位	折标准煤系数
自来水	kgce/t	0.2571
软化水	kgce/t	0.4857
除氧水	kgce/t	0.9714
压缩空气	kgce/Nm^3	0.0400
鼓风	kgce/Nm^3	0.0300
二氧化碳气	kgce/Nm^3	0.2143
氧气	kgce/Nm^3	0.4000
氮气	kgce/Nm^3	0.6714
蒸汽（低压）	kgce/t	128.60

ICS 07.100.30
C 53

中华人民共和国国家标准

GB/T 4789.25—2003
代替 GB/T 4789.25—1994

食品微生物学检验　酒类检验

Microbiological examination of food hygiene——Examination of wines

2003-08-11 发布　　2004-01-01 实施

中华人民共和国卫生部
中国国家标准化管理委员会　发布

前 言

本标准对 GB/T 4789.25—1994《食品卫生微生物学检验 酒类检验》进行修订。

本标准与 GB/T 4789.25—1994 相比主要修改如下：

——按照 GB/T 1.1—2000 对标准文本的格式和文字进行修改。

——原标准的“本标准中适用于发酵酒中的啤酒、果汁酒、黄酒等的检验。”修改为“本标准适用于发酵酒中的啤酒（鲜啤酒、熟啤酒）、果酒、黄酒、葡萄酒的检验。”

——修改和规范原标准中的“设备和材料”。

——修改和规范原标准中“引用标准”。

本标准自实施之日起，GB/T 4789.25—1994 同时废止。

本标准由中华人民共和国卫生部提出并归口。

本标准起草单位：北京市卫生防疫站、中国疾病预防控制中心营养与食品安全所、卫生部卫生监督中心。

本标准主要起草人：刘以贤、计融、付萍、谷京宇、闫军。

本标准于 1984 年首次发布，1994 年第一次修订，本次为第二次修订。

食品卫生微生物学检验 酒类检验

1 范围

本标准规定了酒精度低的发酵酒的检验方法。

本标准适用于发酵酒中的啤酒（鲜啤酒和熟啤酒）、果酒、黄酒、葡萄酒的检验。

2 规范性引用文件

下列文件中的条款通过本标准的引用而成为本标准的条款。凡是注日期的引用文件，其随后所有的修改单（不包括勘误的内容）或修订版均不适用于本标准，然而，鼓励根据本标准达成协议的各方研究是否可使用这些文件的最新版本。凡是不注日期的引用文件，其最新版本适用于本标准。

GB/T 4789.1 食品卫生微生物学检验 总则

GB/T 4789.2 食品卫生微生物学检验 菌落总数测定

GB/T 4789.3 食品卫生微生物学检验 大肠菌群测定

GB/T 4789.4 食品卫生微生物学检验 沙门氏菌检验

GB/T 4789.5 食品卫生微生物学检验 志贺氏菌检验

GB/T 4789.10 食品卫生微生物学检验 金黄色葡萄球菌检验

3 设备和材料

3.1 现场采样用品

按实际需要准备。采样箱、记号笔、记录纸等。

3.2 实验室检验用品

见 GB/T 4789.2、GB/T 4789.3、GB/T 4789.4、GBT 4789.5 、GB/T 4789.10。

4 培养基和试剂

见 GB/T 4789.2、GB/T 4789.3、GB/T 4789.4、GB/T 4789.5、GB/T 4789.10。

5 操作步骤

5.1 样品的采取和送检

发酵酒样品的采样按 GB/T 4789.1 执行。

5.2 检样的处理

用点燃的酒精棉球烧灼瓶口灭菌，用石碳酸纱布盖好，再用灭菌开瓶器将盖启开，含有二氧化碳的酒类可倒入另一灭菌容器内，口勿盖紧，覆盖一灭菌纱布，轻轻摇荡。待气体全部逸出后，进行检验。

5.3 检验方法

——菌落总数测定：按 GB/T 4789.2 执行；
——大肠菌群测定：按 GB/T 4789.3 执行；
——沙门氏菌检验：按 GB/T 4789.4 执行；
——志贺氏菌检验：按 GB/T 4789.5 执行；
——金黄色葡萄球菌检验：按 GB/T 4789.10 执行。

ICS 67.160.10
X 62

中 华 人 民 共 和 国 国 家 标 准

GB/T 15038—2006
代替 GB/T 15038—1994

葡萄酒、果酒通用分析方法

Analytical methods of wine and fruit wine

2010－12－11 发布　　2008－01－01 实施

中华人民共和国国家质量监督检验检疫总局
中国国家标准化管理委员会　发布

前 言

本标准是对 GB/T 15038—1994《葡萄酒、果酒通用试验方法》的修订。

本标准代替 GB/T 15038—1994。

本标准与 GB/T 15038—1994 相比主要变化如下：

——将酒精度分析方法中的密度瓶法调整为第一法；气相色谱法改为第二法；酒精计法仍为第三法；

——增加了柠檬酸、甲醇的分析方法；

——增加了防腐剂的分析方法；

——去掉了总糖测定中的液相色谱法；

——将总酸测定电位滴定法中滴定终点 pH =9.0 改为 pH =8.2；

——对挥发酸测定中的修正方法做了适当修改；

——将“葡萄酒中的糖分和有机酸的测定（HPLC 法）”作为资料性附录放在附录 D 中；

——将“葡萄酒中白藜芦醇的测定”作为资料性附录放在附录 E 中；

——将“葡萄酒、山葡萄酒感官评定要求”作为资料性附录放在附录 F 中。

本标准的附录 A、附录 B、附录 C 为规范性附录，附录 D、附录 E、附录 F 为资料性附录。

本标准由中国轻工业联合会提出。

本标准由全国食品工业标准化技术委员会酿酒分技术委员会归口。

本标准起草单位：中国食品发酵工业研究院、烟台张裕葡萄酿酒股份有限公司、中法合营王朝葡萄酿酒有限公司、中国长城葡萄酒有限公司、国家葡萄酒质量监督检验中心、新天国际葡萄酒业股份有限公司。

本标准主要起草人：郭新光、马佩选、王晓红、张春娅、任一平、王焕香、黄百芬。

本标准所代替标准的历次版本发布情况为：

—— GB/T 15038—1994

葡萄酒、果酒通用分析方法

1 范围

本标准规定了葡萄酒、果酒产品的分析方法。

本标准适用于葡萄酒、果酒产品。

2 规范性引用文件

下列文件中的条款通过本标准的引用而成为本标准的条款。凡是注日期的引用文件，其随后所有的修改单（不包括勘误的内容）或修订版均不适用于本标准，然而，鼓励根据本标准达成协议的各方

研究 是否可使用这些文件的最新版本。凡是不注日期的引用文件，其最新版本适用于本标准。

GB/T 601 化学试剂 标准滴定溶液的制备

GB/T 602 化学试剂 杂质测定用标准溶液的制备

GB/T 603 化学试剂 试验方法中所用制剂及制品的制备

GB/T 6682—1992 分析试验室用水规格和试验方法（neq ISO 3696：1987）

3 感官分析

3.1 原理

感官分析系指评价员通过用口、眼、鼻等感觉器官检查产品的感官特性，即对葡萄酒、果酒产品的色泽、香气、滋味及典型性等感官特性进行检查与分析评定。

3.2 品酒

3.2.1 品尝杯

品尝杯见图1。

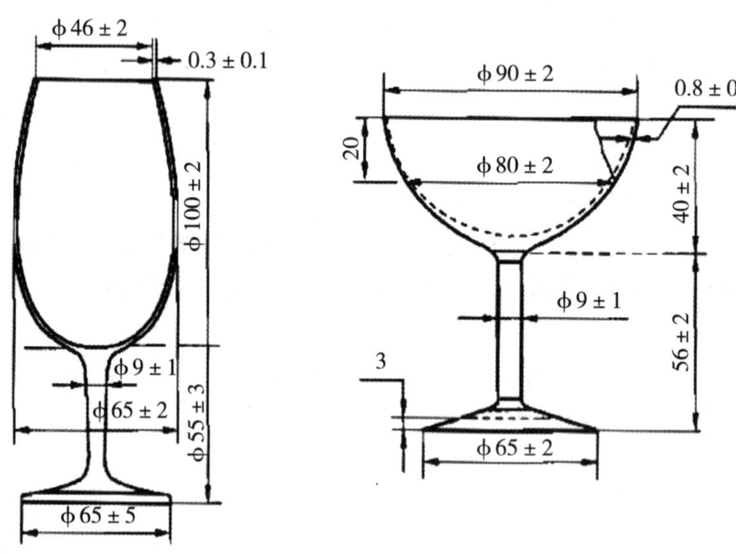

（a）葡萄酒、果酒品尝杯（满口容量为215 mL）　（b）起泡葡萄酒（或葡萄汽酒）品尝杯（满口容量为150 mL）

图1 品尝杯

3.2.2 调温

调节酒的温度，使其达到：起泡葡萄酒 9 ℃ ~10 ℃；白葡萄酒 10 ℃ ~15 ℃；桃红葡萄酒12 ℃ ~14 ℃；

红葡萄酒、果酒 16 ℃ ~18 ℃；甜红葡萄酒、甜果酒 18 ℃ ~20 ℃。

特种葡萄酒可参照上述条件选择合适的温度范围，或在产品标准中自行规定。

3.2.3 顺序和编号

在一次品尝检查有多种类型样品时，其品尝顺序为：先白后红，先干后甜，先淡后浓，先新后老，先低度后高度。按顺序给样品编号，并在酒杯下部注明同样编号。

3.2.4　倒酒

将调温后的酒瓶外部擦干净，小心开启瓶塞（盖），不使任何异物落入。将酒倒入洁净、干燥的品尝杯中，一般酒在杯中的高度为四分之一~三分之一，起泡和加气起泡葡萄酒的高度为二分之一。

3.3　感官检查与评定

3.3.1　外观

在适宜光线（非直射阳光）下，以手持杯底或用手握住玻璃杯柱，举杯齐眉，用眼观察杯中酒的色泽、透明度与澄清程度，有无沉淀及悬浮物；起泡和加气起泡葡萄酒要观察起泡情况，作好详细记录。

3.3.2　香气

先在静止状态下多次用鼻嗅香，然后将酒杯捧握手掌之中，使酒微微加温，并摇动酒杯，使杯中酒样分布于杯壁上。慢慢地将酒杯置于鼻孔下方，嗅闻其挥发香气，分辨果香、酒香或有否其他异香，写出评语。

3.3.3　滋味

喝入少量样品于口中，尽量均匀分布于味觉区，仔细品尝，有了明确印象后咽下，再体会口感后味，记录口感特征。

3.3.4　典型性

根据外观、香气、滋味的特点综合分析，评定其类型、风格及典型性的强弱程度，写出结论意见（或评分）。

4　理化分析

本方法中所用的水，在没有注明其他要求时，应符合 GB/T 6682—1992 中三级（含三级）以上水要求。所用试剂，在未注明其他规格时，均指分析纯（AR）。配制的“溶液”，除另有说明，均指水溶液。

同一检测项目，有两个或两个以上分析方法时，实验室可根据各自条件选用，但以第一法为仲裁法。

4.1　酒精度

4.1.1　密度瓶法

4.1.1.1　原理

以蒸馏法去除样品中的不挥发性物质，用密度瓶法测定馏出液的密度。根据馏出液（酒精水溶液）的密度，查附录 A，求得 20 ℃时乙醇的体积分数，即酒精度，用%（体积分数）表示。

4.1.1.2　仪器

4.1.1.2.1　分析天平：感量 0.000 1 g。

4.1.1.2.2　全玻璃蒸馏器：500 mL。

4.1.1.2.3　恒温水浴：精度 ±0.1℃。

4.1.1.2.4　附温度计密度瓶：25 mL 或 50 mL。

4.1.1.3　试样的制备

用一洁净、干燥的 100 mL 容量瓶准确量取 100 mL 样品（液温 20 ℃）于 500 mL 蒸馏瓶中，用 50 mL 水分三次冲洗容量瓶，洗液全部并入蒸馏瓶中，再加几颗玻璃珠，连接冷凝器，以取样用的原容量瓶作接收器（外加冰浴）。开启冷却水，缓慢加热蒸馏。收集馏出液接近刻度，取下容量瓶，盖塞。于 20.0 ℃ ±0.1 ℃水浴中保温 30 min，补加水至刻度，混匀，备用。

4.1.1.4　分析步骤

4.1.1.4.1　蒸馏水质量的测定

a）将密度瓶洗净并干燥，带温度计和侧孔罩称量。重复干燥和称量，直至恒重（m）。

b）取下温度计，将煮沸冷却至 15 ℃左右的蒸馏水注满恒重的密度瓶，插上温度计，瓶中不得有气泡。将密度瓶浸入 20 ℃ ±0.1 ℃的恒温水浴中，待内容物温度达 20 ℃，并保持 10 min 不变后，用滤纸吸去侧管溢出的液体，使侧管中的液面与侧管管口齐平，立即盖好侧孔罩，取出密度瓶，用滤纸擦干瓶壁上的水，立即称量（m_1）。

4.1.1.4.2　试样质量的测量

将密度瓶中的水倒出，用试样（4.1.1.3）反复冲洗密度瓶 3 次 ~5 次，然后装满，按 4.1.1.4.1 b）同样操作，称量（m_2）。

4.1.1.5　结果计算

样品在 20 ℃时的密度按式（1）计算，空气浮力校正值按式（2）计算。

$$\rho_{20}^{20} = \frac{m_2 - m + A}{m_1 - m + A} \times \rho_0 \quad (1)$$

$$A = \rho_u \times \frac{m_1 - m}{997.0} \quad (2)$$

式中：

ρ_{20}^{20}——样品在 20 ℃时的密度，单位为克每升（g/L）；

m——密度瓶的质量，单位为克（g）；

m_1——20 ℃时密度瓶与水的质量，单位为克（g）；

m_2——20 ℃时密度瓶与试样的质量，单位为克（g）；

ρ_0——20 ℃时蒸馏水的密度（998.20 g/L）；

A——空气浮力校正值；

ρ_u——干燥空气在 20 ℃、1 013.25 hPa 时的密度值（≈1.2 g/L）；

997.0——在 20 ℃时蒸馏水与干燥空气密度值之差，单位为克每升（g/L）。

根据试样的密度 ρ_{20}^{20}，查附录 A，求得酒精度。

所得结果表示至一位小数。

4.1.1.6　精密度

在重复性条件下获得的两次独立测定结果的绝对差值不得超过算术平均值的 1%。

4.1.2　气相色谱法

4.1.2.1　原理

试样被气化后，随同载气进入色谱柱，利用被测定的各组分在气液两相中具有不同的分配系数，在柱内形成迁移速度的差异而得到分离。分离后的组分先后流出色谱柱，进入氢火焰离子化检测器，根据色谱图上各组分峰的保留时间与标样相对照进行定性；利用峰面积（或峰高），以内标法定量。

4.1.2.2　试剂与溶液

4.1.2.2.1　乙醇：色谱纯，作标样用。

4.1.2.2.2　4－甲基－2－戊醇：色谱纯，作内标用。

4.1.2.2.3　乙醇标准溶液（A）：取 5 个 100 mL 容量瓶，分别吸入 2.00 mL，3.00 mL，3.50 mL，

4.00 mL，4.50 mL 乙醇（4.1.2.2.1），再分别用水定容至 100 mL。

4.1.2.2.4 乙醇标准溶液（B）：取 5 个 10 mL 容量瓶，分别准确量取 10.00 mL 不同浓度的乙醇溶液标准（A），再各加入 0.20 mL 4－甲基－2－戊醇（4.1.2.2.2），混匀。该溶液用于标准曲线的绘制。

4.1.2.3 仪器和设备

4.1.2.3.1 气相色谱仪：配有氢火焰离子化检测器（FID）。

4.1.2.3.2 色谱柱（不锈钢或玻璃）：2 m×2 mm 或 3 m×3 mm，固定相：Chromosorb 103，60 目～80 目。或采用同等分析效果的其他色谱柱。

4.1.2.3.3 微量注射器：1 μL。

4.1.2.4 试样的制备

同 4.1.1.3。

将上述制备的试样准确稀释 4 倍（或根据酒度适当稀释），然后吸取 10.00 mL 于 10 mL 容量瓶中，准确加入 0.20 mL 4－甲基－2－戊醇（4.1.2.2.2），混匀。

4.1.2.5 分析步骤

4.1.2.5.1 色谱条件

柱温：200 ℃；

气化室和检测器温度：240 ℃；

载气流量（氮气）：40 mL/min；

氢气流量：40 mL/min；

空气流量：500 mL/min。

载气、氢气、空气的流速等色谱条件随仪器而异，应通过试验选择最佳操作条件，以内标峰与酒样中其他组分峰获得完全分离为准，并使乙醇在 1 min 左右流出。

4.1.2.5.2 标准曲线的绘制；分别吸取不同浓度的乙醇标准溶液（B）0.3 μL，快速从进样口注入色谱仪，以标样峰面积和内标峰面积比值，对应酒精浓度做标准曲线（或建立相应的回归方程）。

4.1.2.5.3 试样的测定：吸取 0.3μL 试样（4.1.2.4），按 4.1.2.5.2 操作。

4.1.2.6 结果计算

用试样的乙醇峰面积与内标峰面积的比值查标准曲线得出的值（或用回归方程计算出的值），乘以稀释倍数，即为酒样中的酒精含量，数值以% 表示。

所得结果应表示至一位小数。

4.1.2.7 精密度

在重复性条件下获得的两次独立测定结果的绝对差值不得超过算术平均值的 1%。

4.1.3 酒精计法

4.1.3.1 原理

以蒸馏法去除样品中的不挥发性物质，用酒精计法测得酒精体积分数示值，按附录 B 加以温度校正，求得 20 ℃时乙醇的体积分数，即酒精度。

4.1.3.2 仪器

4.1.3.2.1 酒精计：分度值为 0.1°。

4.1.3.2.2 全玻璃蒸馏器：1 000 mL。

4.1.3.3 试样的制备

用一洁净、干燥的500 mL容量瓶准确量取500 mL（具体取样量应按酒精计的要求增减）样品（液温20 ℃）于1 000 mL蒸馏瓶中，以下操作同4.1.1.3。

4.1.3.4　分析步骤

将试样（4.1.3.3）倒入洁净、干燥的500 mL量筒中，静置数分钟，待其中气泡消失后，放入洗净、干燥的酒精计，再轻轻按一下，不得接触量筒壁，同时插入温度计，平衡5 min，水平观测，读取与弯月面相切处的刻度示值，同时记录温度。根据测得的酒精计示值和温度，查附录B，换算成20 ℃时酒精度。

所得结果表示至一位小数。

4.1.3.5　精密度

在重复性条件下获得的两次独立测定结果的绝对差值不得超过算术平均值的1%。

4.2　总糖和还原糖

4.2.1　直接滴定法

4.2.1.1　原理

利用费林溶液与还原糖共沸，生成氧化亚铜沉淀的反应，以次甲基蓝为指示液，以样品或经水解后的样品滴定煮沸的费林溶液，达到终点时，稍微过量的还原糖将蓝色的次甲基蓝还原为无色，以示终点。根据样品消耗量求得总糖或还原糖的含量。

4.2.1.2　试剂和材料

4.2.1.2.1　盐酸溶液（1+1）。

4.2.1.2.2　氢氧化钠溶液（200 g/L）。

4.2.1.2.3　葡萄糖标准溶液（2.5 g/L）：称取在105 ℃～110 ℃烘箱内烘干3 h并在干燥器中冷却的无水葡萄糖2.5 g（精确至0.000 1 g），用水溶解并定容至1 000 mL。

4.2.1.2.4　次甲基蓝指示液（10 g/L）：称取1.0 g次甲基蓝，用水溶解并定容至100 mL。

4.2.1.2.5　费林溶液（Ⅰ、Ⅱ）

a）配制

按GB/T 603配制。

b）标定

预备试验：吸取费林溶液Ⅰ、Ⅱ各5.00 mL于250 mL三角瓶中，加50 mL水，摇匀，在电炉上加热至沸，在沸腾状态下用葡萄糖标准溶液（4.2.1.2.3）滴定，当溶液的蓝色将消失呈红色时，加2滴次甲基蓝指示液，继续滴至蓝色消失，记录消耗葡萄糖标准溶液的体积。

正式试验：吸取费林溶液Ⅰ、Ⅱ各5.00 mL于250 mL三角瓶中，加50 mL水和比预备试验少1 mL的葡萄糖标准溶液（4.2.1.2.3），加热至沸，并保持2 min，加2滴次甲基蓝指示液，在沸腾状态下于1 min内用葡萄糖标准溶液滴至终点，记录消耗葡萄糖标准溶液的总体积（V）。

c）计算

费林溶液Ⅰ、Ⅱ各5 mL相当于葡萄糖的克数按式（3）计算：

$$F = \frac{m}{1\,000} \times V \qquad (3)$$

式中：

F——费林溶液Ⅰ、Ⅱ各5 mL相当于葡萄糖的克数，单位为克（g）；

m——称取无水葡萄糖的质量，单位为克（g）；

V——消耗葡萄糖标准溶液的总体积，单位为毫升（mL）。

4.2.1.3　试样的制备

4.2.1.3.1　测总糖用试样：准确吸取一定量的样品（V_1）［液温 20 ℃］于 100 mL 容量瓶中，使之所含总糖量为 0.2 g~0.4 g，加 5 mL 盐酸溶液（4.2.1.2.1），加水至 20 mL，摇匀。于（68 ±1）℃水浴上水解 15 min，取出，冷却。用氢氧化钠溶液（4.2.1.2.2）中和至中性，调温至 20 ℃，加水定容至刻度（V_2），备用。

4.2.1.3.2　测还原糖用试样；准确吸取一定量的样品（V_1）［液温 20 ℃］于 100 mL 容量瓶中，使之所含还原糖量为 0.2 g~0.4 g，加水定容至刻度，备用。

4.2.1.4　分析步骤

以试样（4.2.1.3）代替葡萄糖标准溶液，按 4.2.1.2.5 b）同样操作，记录消耗试样的体积（V_3），结果按式（4）计算。

测定干葡萄酒或含糖量较低的半干葡萄酒，先吸取一定量样品（V_3）［液温 20 ℃］于预先装有费林溶液 I、II 液各 5.0 mL 的 250 mL 三角瓶中，再用葡萄糖标准溶液按 4.2.1.2.5 b）操作，记录消耗葡萄糖标准溶液的体积（V），结果按式（5）计算。

4.2.1.5　结果计算

干葡萄酒、半干葡萄酒总糖或还原糖的含量按式（4）计算，其他葡萄酒按式（5）计算。

$$X_1 = \frac{F - c \times V}{(V_1/V_2) \times V_3} \times 1\,000 \quad (4)$$

$$X_2 = \frac{F}{(V_1/V_2) \times V_3} \times 1\,000 \quad (5)$$

式中：

X_1——干葡萄酒、半干葡萄酒总糖或还原糖的含量，单位为克每升（g/L）；

F——费林溶液 I、II 各 5 mL 相当于葡萄糖的克数，单位为克（g）；

c——葡萄糖标准溶液的浓度，单位为克每毫升（g/ mL）；

V——消耗葡萄糖标准溶液的体积，单位为毫升（mL）；

V_1——吸取样品的体积，单位为毫升（mL）；

V_2——样品稀释后或水解定容的体积，单位为毫升（mL）；

V_3——消耗试样的体积，单位为毫升（mL）；

X_2——其他葡萄酒总糖或还原糖的含量，单位为克每升（g/L）。

所得结果应表示至一位小数。

4.2.1.6　精密度

在重复性条件下获得的两次独立测定结果的绝对差值不得超过算术平均值的 2%。

4.3　干浸出物

4.3.1　原理

用密度瓶法测定样品或蒸出酒精后的样品的密度，然后用其密度值查附录 C，求得总浸出物的含量。再从中减去总糖的含量，即得干浸出物的含量。

4.3.2　仪器

4.3.2.1　瓷蒸发皿：200 mL。

4.3.2.2　恒温水浴：精度 ±0.1 ℃。

4.3.2.3　附温度计密度瓶：25 mL 或 50 mL。

4.3.3　试样的制备

用 100 mL 容量瓶量取 100 mL 样品（液温 20 ℃），倒入 200 mL 瓷蒸发皿中，于水浴上蒸发至约为原体积的三分之一取下，冷却后，将残液小心地移入原容量瓶中，用水多次荡洗蒸发皿，洗液并入容量瓶中，于 20 ℃定容至刻度。

也可使用 4.1.1.3 中蒸出酒精后的残液，在 20 ℃时以水定容至 100 mL。

4.3.4　分析步骤

方法一：吸取试样（4.3.3），按 4.1.1.4 同样操作，并按 4.1.1.5 计算出脱醇样品 20 ℃时的密度 ρ_1。以 $\rho_1 \times 1.00180$ 的值，查附录 C，得出总浸出物含量（g/L）。

方法二：直接吸取未经处理的样品，按 4.1.1.4 同样操作，并按 4.1.1.5 计算出该样品 20 ℃时的密度 ρ_B。按式（6）计算出脱醇样品 20 ℃时的密度 ρ_2，以 ρ_2 查附录 C，得出总浸出物含量（g/L）。

$$\rho_2 = 1.00180(\rho_b - \rho) + 1000 \quad \cdots\cdots (6)$$

ρ_2——脱醇样品 20 ℃时的密度，单位为克每升（g/L）；

ρ_b——含醇样品 20 ℃时密度，单位为克每升（g/L）；

ρ——与含醇样品含有同样酒精度的酒精水溶液在 20 ℃时的密度（该值可用 4.1.1 方法测出的酒精密度带入，也可用 4.1.2 或 4.1.3 测出的酒精含量反查附录 A 得出的密度带入），单位为克每升（g/L）。

1.001 80——－20 ℃时密度瓶体积的修正系数。

所得结果表示至一位小数。

4.3.5　精密度

在重复性条件下获得的两次独立测定结果的绝对差值不得超过算术平均值的 2%。

4.4　总酸

4.4.1　电位滴定法

4.4.1.1　原理

利用酸碱中和原理，用氢氧化钠标准滴定溶液直接滴定样品中的有机酸，以 pH = 8.2 为电位滴定终点，根据消耗氢氧化钠标准滴定溶液的体积，计算试样的总酸含量。

4.4.1.2　试剂和材料

4.4.1.2.1　氢氧化钠标准滴定溶液［c（NaOH）= 0.05 mol/L］：按 GB/T 601 配制与标定，并准确稀释。

4.4.1.2.2　酚酞指示液（10 g/L）：按 GB/T 603 配制。

4.4.1.3　仪器

4.4.1.3.1　自动电位滴定仪（或酸度计）：精度 0.01 pH，附电磁搅拌器。

4.4.1.3.2　恒温水浴：精度 ±0.1 ℃，带振荡装置。

4.4.1.4　试样的制备

吸取约 60 mL 样品于 100 mL 烧杯中，将烧杯置于 40 ℃ ±0.1 ℃振荡水浴中恒温 30 min，取出，冷却至室温。

注：试样的制备只针对起泡葡萄酒和葡萄汽酒，目的是排除二氧化碳。

4.4.1.5　分析步骤

4.4.1.5.1　按仪器使用说明书校正仪器。

4.4.1.5.2　测定

吸取10.00 mL样品（液温20 ℃）于100 mL烧杯中，加50 mL水，插入电极，放入一枚转子，置于电磁搅拌器上，开始搅拌，用氢氧化钠标准滴定溶液滴定。开始时滴定速度可稍快，当样液pH = 8.0后，放慢滴定速度，每次滴加半滴溶液直至pH = 8.2为其终点，记录消耗氢氧化钠标准滴定溶液的体积。同时做空白试验。

4.4.1.6　结果计算

样品中总酸的含量按式（7）计算。

$$X = \frac{c \times (V_1 - V_0) \times 75}{V_2} \quad \cdots\cdots (7)$$

式中：

X——样品中总酸的含量（以酒石酸计），单位为克每升（g/L）；

c——氢氧化钠标准滴定溶液的浓度，单位为摩尔每升（mol/L）；

V_0——空白试验消耗氢氧化钠标准滴定溶液的体积，单位为毫升（mL）；

V_1——样品滴定时消耗氢氧化钠标准滴定溶液的体积，单位为毫升（mL）；

V_2——吸取样品的体积，单位为毫升（mL）；

75——酒石酸的摩尔质量的数值，单位为克每摩尔（g/mol）。

所得结果表示至一位小数。

4.4.1.7　精密度

在重复性条件下获得的两次独立测定结果的绝对差值不得超过算术平均值的3%。

4.4.2　指示剂法

4.4.2.1　原理

利用酸碱滴定原理，以酚酞作指示剂，用碱标准溶液滴定，根据碱的用量计算总酸含量。

4.4.2.2　试剂和材料

同4.4.1.2。

4.4.2.3　分析步骤

吸取样品2 mL～5 mL［液温20 ℃；取样量可根据酒的颜色深浅而增减］，置于250 mL三角瓶中，加入50 mL水，同时加入2滴酚酞指示液，摇匀后，立即用氢氧化钠标准滴定溶液滴定至终点，并保持30 s内不变色，记下消耗氢氧化钠标准滴定溶液的体积（V_1）。同时做空白试验。

4.4.2.4　结果计算

同4.4.1.6。

4.4.2.5　精密度

在重复性条件下获得的两次独立测定结果的绝对差值不得超过算术平均值的5%。

4.5　挥发酸

4.5.1　方法提要

以蒸馏的方式蒸出样品中的低沸点酸类即挥发酸，用碱标准溶液进行滴定，再测定游离二氧化硫和结合二氧化硫，通过计算与修正，得出样品中挥发酸的含量。

4.5.2　试剂与溶液

4.5.2.1　氢氧化钠标准滴定溶液［c（NaOH） = 0.05 mol/L］：按GB/T 601配制与标定，并准确稀释。

4.5.2.2 酚酞指示液（10 g/L）：按 GB/T 603 配制。

4.5.2.3 盐酸溶液：将浓盐酸用水稀释 4 倍。

4.5.2.4 碘标准滴定溶液 $[c(\frac{1}{2}I_2) = 0.005\ mol/L]$：按 GB/T 601 配制与标定，并准确稀释。

4.5.2.5 碘化钾。

4.5.2.6 淀粉指示液（5 g/L）：称取 5 g 淀粉溶于 500 mL 水中，加热至沸，并持续搅拌 10 min。再加入 200 g 氯化钠，冷却后定容至 1 000 mL。

4.5.2.7 硼酸钠饱和溶液：称取 5 g 硼酸钠（$Na_2B_4O_2 \cdot 10H_2O$）溶于 100 mL 热水中，冷却备用。

4.5.3 分析步骤

4.5.3.1 实测挥发酸：安装好蒸馏装置。吸取 10 mL 样品（V）［液温 20 ℃］在该装置上进行蒸馏，收集 100 mL 馏出液。将馏出液加热至沸，加入 2 滴酚酞指示液，用氢氧化钠标准滴定溶液（4.5.2.1）滴定至粉红色，30 s 内不变色即为终点，记下消耗氢氧化钠标准滴定溶液的体积（V_1）。

4.5.3.2 测定游离二氧化硫：于上述溶液中加入 1 滴盐酸溶液酸化，加 2 mL 淀粉指示液和几粒碘化钾，混匀后用碘标准滴定溶液（4.5.2.4）滴定，得出碘标准滴定溶液消耗的体积（V_2）。

4.5.3.3 测定结合二氧化硫：在上述溶液中加入硼酸钠饱和溶液（4.5.2.7），至溶液显粉红色，继续用碘标准滴定溶液（4.5.2.4）滴定，至溶液呈蓝色，得到碘标准滴定溶液消耗的体积（V_3）。

4.5.4 结果计算

样品中实测挥发酸的含量按式（8）计算。

$$X = \frac{c \times V_1 \times 60.0}{V} \quad \cdots\cdots (8)$$

式中：

X——样品中实测挥发酸的含量（以乙酸计），单位为克每升（g/L）；

c——氢氧化钠标准滴定溶液的浓度，单位为摩尔每升（mol/L）；

V_1——消耗氢氧化钠标准滴定溶液的体积，单位为毫升（mL）；

60.0——乙酸的摩尔质量的数值，单位为克每摩尔（g/mol）；

V——吸取样品的体积，单位为毫升（mL）。

若挥发酸含量接近或超过理化指标时，则需进行修正。修正时，按式（9）换算：

$$X = X_1 - \frac{c_2 \times V_2 \times 32 \times 1.875}{V} - \frac{c_2 \times V_3 \times 32 \times 0.9375}{V} \quad \cdots\cdots (9)$$

式中：

X——样品中真实挥发酸（以乙酸计）含量，单位为克每升（g/L）；

X_1——实测挥发酸含量，单位为克每升（g/L）；

c_2——碘标准滴定溶液的浓度，单位为摩尔每升（mol/L）；

V——吸取样品的体积，单位为毫升（mL）；

V_2——测定游离二氧化硫消耗碘标准滴定溶液的体积，单位为毫升（mL）；

V_3——测定结合二氧化硫消耗碘标准滴定溶液的体积，单位为毫升（mL）；

32——二氧化硫的摩尔质量的数值，单位为克每摩尔（g/mol）；

1.875——1 g 游离二氧化硫相当于乙酸的质量，单位为克（g）；

0.937 5——1 g 结合二氧化硫相当于乙酸的质量，单位为克（g）。

所得结果应表示至一位小数。

4.5.5 精密度

在重复性条件下获得的两次独立测定结果的绝对差值不得超过算术平均值的5%。

4.6 柠檬酸

4.6.1 原理

同一时刻进入色谱柱的各组分，由于在流动相和固定相之间溶解、吸附、渗透或离子交换等作用的不同，随流动相在色谱柱两相之间进行反复多次的分配，由于各组分在色谱柱中的移动速度不同，经过一定长度的色谱柱后，彼此分离开来，按顺序流出色谱柱，进入信号检测器，在记录仪上或数据处理装置上显示出各组分的谱峰数值，根据保留时间用归一化法或外标法定量。

4.6.2 试剂和材料

4.6.2.1 磷酸

4.6.2.2 氢氧化钠溶液［c（NaOH）=0.01 mol/L］：按 GB/T 601 配制，并准确稀释。

4.6.2.3 磷酸二氢钾（KH_2PO_4）水溶液（0.02 mol/L）：称取 2.72 g KH_2PO_4，用水定容至 1 000 mL，用磷酸（4.6.2.1）调 pH 2.9，经 0.45 μm 微孔滤膜过滤。

4.6.2.4 无水柠檬酸。

4.6.2.5 柠檬酸储备溶液：称取无水柠檬酸 0.05 g，精确至 0. 000 1 g，用氢氧化钠溶液（4.6.2.2）溶解并定容至 50 mL，此溶液含柠檬酸 1 g/L。

4.6.2.6 柠檬酸标准系列溶液：将柠檬酸储备溶液用氢氧化钠溶液（4.6.2.2）稀释成浓度分别为 0.05 g/L，0.10 g/L，0.20 g/L，0.40 g/L，0.80 g/L 的标准系列溶液。

4.6.3 仪器

4.6.3.1 高效液相色谱仪：配有紫外检测器和色谱柱恒温箱。

4.6.3.2 色谱分离柱：Hypersil ODS2，柱尺寸：Φ5.0 mm×200 mm，填料粒径：5 μm。或采用同等分析效果的其他色谱柱。

4.6.3.3 微量注射器 10 μL。

4.6.3.4 流动相真空抽滤脱气装置及 0.2 μm 或 0.45 μm 微孔膜；

4.6.3.5 分析天平：感量 0.000 1 g。

4.6.4 分析步骤

4.6.4.1 试样的制备

吸取 10.00 mL 样品（液温 20 ℃）于 100 mL 容量瓶中，加水定容，经 0.45 μm 微孔滤膜过滤后，备用。

4.6.4.2 测定

4.6.4.2.1 色谱条件

柱温：室温。

流动相：0.02 mol/L KH_2PO_4溶液，pH 2.9（4.6.2.3）。

流速：1.0 mL/min。

检测波长：214 nm。

进样量：10 μL。

4.6.4.2.2 标准曲线

将柠檬酸标准系列溶液（4.6.2.6）分别进样后，以标样浓度对峰面积作标准曲线。线性相关系数应为 0.999 0 以上。

4.6.4.2.3 将试样（4.6.4.1）进样。根据标准品的保留时间定性样品中柠檬酸的色谱峰。根据样品的峰面积，查标准曲线得出柠檬酸含量。

4.6.5 结果计算

样品中柠檬酸的含量按式（10）计算。

$$X = c \times F \quad \cdots\cdots (10)$$

式中：

X——样品中柠檬酸的含量，单位为克每升（g/L）；

c——从标准曲线求得测定溶液中柠檬酸的含量，单位为克每升（g/L）；

F——样品的稀释倍数。

所得结果表示至一位小数。

4.6.6 精密度

在重复性条件下获得的两次独立测定结果的绝对差值不得超过算术平均值的5%。

4.7 二氧化碳

4.7.1 仪器

起泡葡萄酒、葡萄汽酒压力测定器见图2。

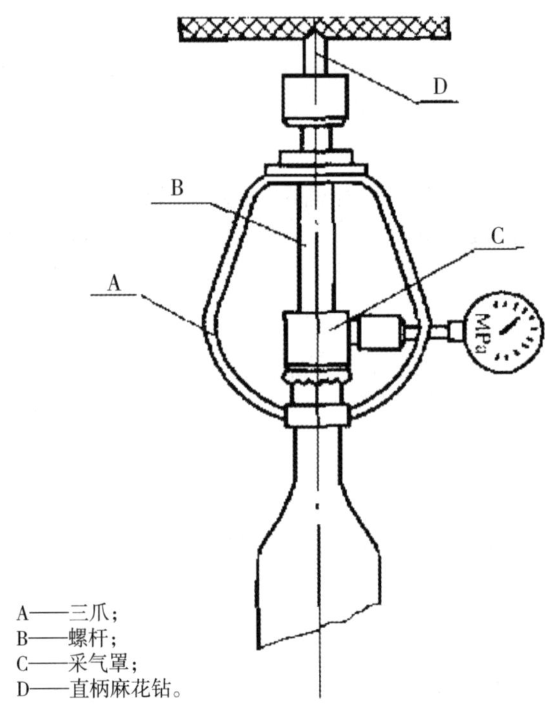

图2 起泡葡萄酒、葡萄汽酒压力测定器

4.7.2 分析步骤

4.7.2.1 调温：将被测样品在20 ℃水浴（或恒温箱）中保温2 h。

4.7.2.2 测量：将仪器的三爪（A）套在酒瓶的颈上，调节螺杆（B）使采气罩（C）与瓶盖密合。将直柄麻花钻（D）插入，密封。手持麻花钻柄，向下旋转，将瓶盖（软木塞）钻透，摇动酒瓶，待压力表指针稳定后，记录其压力。

所得结果表示至两位小数。

4.7.2.3 精密度

在重复性条件下获得的两次独立测定结果的绝对差值不得超过算术平均值的10%。

4.8 二氧化硫

4.8.1 游离二氧化硫

4.8.1.1 氧化法

4.8.1.1.1 原理

在低温条件下，样品中的游离二氧化硫与过氧化氢过量反应生成硫酸，再用碱标准溶液滴定生成的 硫酸。由此可得到样品中游离二氧化硫的含量。

4.8.1.1.2 试剂和材料

a）过氧化氢溶液（0.3%）；吸取 1 mL30% 过氧化氢（开启后存于冰箱），用水稀释至 100 mL。使用当天配制。

b）磷酸溶液（25%）：量取 295 mL85% 磷酸，用水稀释至 1 000 mL。

c）氢氧化钠标准滴定溶液［c（NaOH） = 0.01 mol/L］：准确吸取 100 mL 氢氧化钠标准滴定溶液（4.4.1.2.1），以无二氧化碳水定容至 500 mL。存放在橡胶塞上装有钠石灰管的瓶中，每周重配。

d）甲基红－次甲基蓝混合指示液：按 GB/T 603 配制。

4.8.1.1.3 仪器

a）二氧化硫测定装置见图 3。

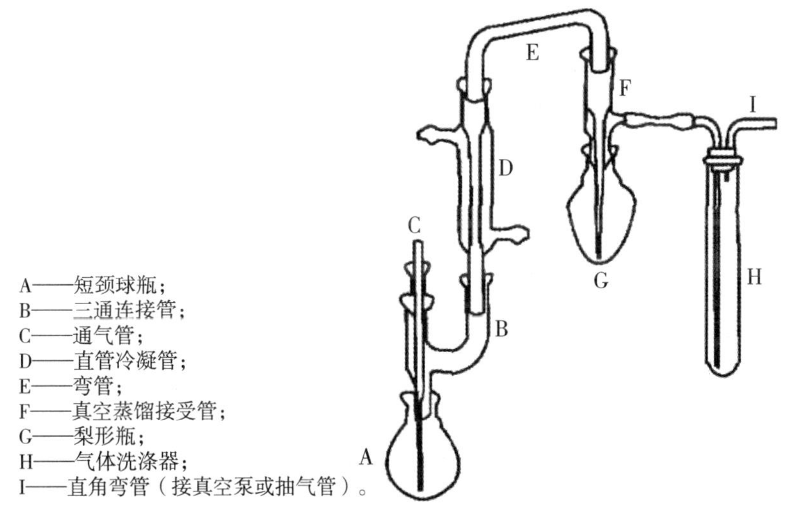

图 3 二氧化硫测定装置

b）真空泵或抽气管（玻璃射水泵）。

4.8.1.1.4 分析步骤

a）按图 3 所示，将二氧化硫测定装置连接妥当，I 管与真空泵（或抽气管）相接，D 管通入冷却水。取下梨形瓶（G）和气体洗涤器（H），在 G 瓶中加入 20 mL 过氧化氢溶液、H 管中加入 5 mL 过氧化氢溶液，各加 3 滴混合指示液后，溶液立即变为紫色，滴入氢氧化钠标准溶液，使其颜色恰好变为橄榄绿色，然后重新安装妥当，将 A 瓶浸入冰浴中。

b）吸取 20.00 mL 样品（液温 20 ℃），从 C 管上口加入 A 瓶中，随后吸取 10 mL 磷酸溶液

[4.8.1.1.2 b)]，亦从 C 管上口加入 A 瓶中。

c）开启真空泵（或抽气管），使抽入空气流量 1 000 mL/min ~ 1 500 mL/min，抽气 10 min。取下 G 瓶，用氢氧化钠标准滴定溶液 [4.8.1.1.2 c)] 滴定至重现橄榄绿色即为终点，记下消耗的氢氧化钠标准滴定溶液的毫升数。以水代替样品做空白试验，操作同上。一般情况下，H 管中溶液不应变色，如果溶液变为紫色，也需用氢氧化钠标准滴定溶液滴定至橄榄绿色，并将所消耗的氢氧化钠标准滴定溶液的体积与 G 瓶消耗的氢氧化钠标准滴定溶液的体积相加。

4.8.1.1.5　结果计算

样品中游离二氧化硫的含量按式（11）计算。

$$X = \frac{c \times (V - V_0) \times 32}{20} \times 1\,000 \qquad (11)$$

式中：

X——样品中游离二氧化硫的含量，单位为毫克每升（mg/L）；

c——氢氧化钠标准滴定溶液的浓度，单位为摩尔每升（mol/L）；

V——测定样品时消耗的氢氧化钠标准滴定溶液的体积，单位为毫升（mL）；

V_0——空白试验消耗的氢氧化钠标准滴定溶液的体积，单位为毫升（mL）；

32——二氧化硫的摩尔质量的数值，单位为克每摩尔（g/mol）；

20——吸取样品的体积，单位为毫升（mL）。

所得结果表示至整数。

4.8.1.1.6　精密度

在重复性条件下获得的两次独立测定结果的绝对差值不得超过算术平均值的 10%。

4.8.1.2　直接碘量法

4.8.1.2.1　原理

利用碘可以与二氧化硫发生氧化还原反应的性质，测定样品中二氧化硫的含量。

4.8.1.2.2　试剂和材料

a）硫酸溶液（1 + 3）：取 1 体积浓硫酸缓慢注入 3 体积水中。

b）碘标准滴定溶液 [c（1/2 I_2）= 0.02 mol/L]：按 GB/T 601 配制与标定，准确稀释 5 倍。

c）淀粉指示液（10 g/L）：按 GB/T 603 配制后，再加入 40 g 氯化钠。

4.8.1.2.3　分析步骤

吸取 50.00 mL 样品（液温 20 ℃）于 250 mL 碘量瓶中，加入少量碎冰块，再加入 1 mL 淀粉指示液 [4.8.1.2.2 c)]、10 mL 硫酸溶液 [4.8.1.2.2 a)]，用碘标准滴定溶液 [4.8.1.2.2 b)] 迅速滴定至淡蓝色，保持 30 s 不变即为终点，记下消耗碘标准滴定溶液的体积（V）。

以水代替样品，做空白试验，操作同上。

4.8.1.2.4　结果计算

样品中游离二氧化硫的含量按式（12）计算。

$$X = \frac{c \times (V - V_0) \times 32}{50} \times 1\,000 \qquad (12)$$

式中：

X——样品中游离二氧化硫的含量，单位为毫克每升（mg/L）；

c——碘标准滴定溶液的浓度，单位为摩尔每升（mol/L）；

V——消耗碘标准滴定溶液的体积，单位为毫升（mL）；

V_0——空白试验消耗碘标准滴定溶液的体积，单位为毫升（mL）；

32——二氧化硫的摩尔质量的数值，单位为克每摩尔（g/mol）；

50——吸取样品的体积，单位为毫升（mL）。

所得结果表示至整数。

4.8.1.2.5　精密度

在重复性条件下获得的两次独立测定结果的绝对差值不得超过算术平均值的10%。

4.8.2　总二氧化硫

4.8.2.1　氧化法

4.8.2.1.1　原理

在加热条件下，样品中的结合二氧化硫被释放，并与过氧化氢发生氧化还原反应，通过用氢氧化钠标准溶液滴定生成的硫酸，可得到样品中结合二氧化硫的含量，将该值与游离二氧化硫测定值相加，即得出样品中总二氧化硫的含量。

4.8.2.1.2　试剂和溶液

同4.8.1.1.2。

4.8.2.1.3　仪器

同4.8.1.1.3。

4.8.2.1.4　分析步骤

继4.8.1.1.4　测定游离二氧化硫后，将滴定至橄榄绿色的G瓶重新与F管连接。拆除A瓶下的冰浴，用温火小心加热A瓶，使瓶内溶液保持微沸。开启真空泵，以后操作同4.8.1.1.4 c）。

4.8.2.1.5　结果计算

同4.8.1.1.5。

计算出来的二氧化硫为结合二氧化硫。将游离二氧化硫与结合二氧化硫相加，即为总二氧化硫。

4.8.2.1.6　精密度

在重复性条件下获得的两次独立测定结果的绝对差值不得超过算术平均值的10%。

4.8.2.2　直接碘量法

4.8.2.2.1　原理

在碱性条件下，结合态二氧化硫被解离出来，然后再用碘标准滴定溶液滴定，得到样品中结合二氧 化硫的含量。

4.8.2.2.2　试剂和材料

a）氢氧化钠溶液（100 g/L）；

b）其他试剂与溶液同4.8.1.2.2。

4.8.2.2.3　分析步骤

吸取25.00 mL氢氧化钠溶液于250 mL碘量瓶中，再准确吸取25.00 mL样品（液温20 ℃），并以吸管尖插入氢氧化钠溶液的方式，加入到碘量瓶中，摇匀，盖塞，静置15 min后，再加入少量碎冰块、1 mL淀粉指示液、10 mL硫酸溶液，摇匀，用碘标准滴定溶液迅速滴定至淡蓝色，30s内不变即为终点，记下消耗碘标准滴定溶液的体积（V）。

以水代替样品做空白试验，操作同上。

4.8.2.2.4　结果计算

样品中总二氧化硫的含量按式（13）计算。

$$X = \frac{c \times (V - V_0) \times 32}{25} \times 1\,000 \qquad (13)$$

式中：

X——样品中总二氧化硫的含量，单位为毫克每升（mg/L）；

c——碘标准滴定溶液的浓度，单位为摩尔每升（mol/L）；

V——测定样品消耗碘标准滴定溶液的体积，单位为毫升（mL）；

V_0——空白试验消耗碘标准滴定溶液的体积，单位为毫升（mL）；

32——二氧化硫的摩尔质量的数值，单位为克每摩尔（g/mol）；

25——吸取样品的体积，单位为毫升（mL）。

所得结果表示至整数。

4.8.2.2.5　精密度

在重复性条件下获得的两次独立测定结果的绝对差值不得超过算术平均值的10%。

4.9　铁

4.9.1　原子吸收分光光度法

4.9.1.1　原理

将处理后的试样导入原子吸收分光光度计中，在乙炔－空气火焰中，试样中的铁被原子化，基态原子铁吸收特征波长（248.3 nm）的光；吸收量的大小与试样中铁原子浓度成正比，测其吸光度，求得铁 含量。

4.9.1.2　试剂和材料

本方法中所用水应符合 GB/T 6682—1992 中二级水规格，所用试剂为优级纯（GR）。

4.9.1.2.1　硝酸溶液（0.5%）：量取 8 mL 硝酸，稀释至 1 000 mL。

4.9.1.2.2　铁标准贮备液（1 mL 溶液含有 0.1 mg 铁）：按 GB/T 602 配制。

4.9.1.2.3　铁标准使用液（1 mL 溶液含有 10 μg 铁）：吸取 10.00 mL 铁标准贮备液于 100 mL 容量瓶中，用硝酸溶液（4.9.1.2.1）稀释至刻度，此溶液每毫升含 10 μg 铁。

4.9.1.2.4　铁标准系列：吸取铁标准使用液 0.00 mL，1.00 mL，2.00 mL，4.00 mL，5.00 mL（含 0.0 μg，10.0 μg，20.0 μg，40. 0 μg，50.0 μg 铁）分别于 5 个 100 mL 容量瓶中，用硝酸溶液（4.9.1.2.1）稀释至刻度，混匀。该系列用于标准工作曲线的绘制。

4.9.1.3　仪器

原子吸收分光光度计：备有铁空心阴极灯。

4.9.1.4　试样的制备

用硝酸溶液（4.9.1.2.1）准确稀释样品至 5 倍～10 倍，摇匀，备用。

4.9.1.5　分析步骤

4.9.1.5.1　标准工作曲线的绘制：置仪器于合适的工作状态，调波长至 248.3 nm，导入标准系列溶液，以零管调零，分别测定其吸光度。以铁的含量对应吸光度绘制标准工作曲线（或者建立回归方程）。

4.9.1.5.2　试样的删定：将试样导入仪器，测其吸光度，然后根据吸光度在标准曲线上查得铁的含量（或带入回归方程计算）。

4.9.1.6　结果计算

样品中铁的含量按式（14）计算。

$$X = A \times F \qquad (14)$$

式中：

X——样品中铁的含量，单位为毫克每升（mg/L）；

A——试样中铁的含量，单位为毫克每升（mg/L）；

F——样品稀释倍数。

所得结果表示至一位小数。

4.9.1.7 精密度

在重复性条件下获得的两次独立测定结果的绝对差值不得超过算术平均值的10%。

4.9.2 邻菲啰啉比色法

4.9.2.1 原理

样品经处理后，试样中的三价铁在酸性条件下被盐酸羟胺还原成二价铁，二价铁与邻菲啰啉作用生成红色螯合物，其颜色的深度与铁含量成正比，用分光光度法进行铁的测定。

4.9.2.2 试剂和材料

4.9.2.2.1 浓硫酸。

4.9.2.2.2 过氧化氢溶液（30%）。

4.9.2.2.3 氨水（25%～28%）。

4.9.2.2.4 盐酸羟胺溶液（100 g/L）：称取100 g盐酸羟胺，用水溶解并稀释至1 000 mL，于棕色瓶中低温贮存。

4.9.2.2.5 盐酸溶液（1+1）。

4.9.2.2.6 乙酸－乙酸钠溶液（pH=4.8）：称取272 g乙酸钠（$CH_sCOONa-3H_2O$），溶解于500 mL水中，加200 mL冰乙酸，加水稀释至1 000 mL。

4.9.2.2.7 1，10－菲啰啉溶液（2 g/L）：按GB/T 603配制。

4.9.2.2.8 铁标准贮备液（1 mL溶液含有0. 1 mg铁）：同4.9.1.2.2。

4.9.2.2.9 铁标准使用液（1 mL溶液含有10 μg铁）：同4.9.1.2.3。

4.9.2.2.10 铁标准系列：吸取铁标准使用液0.00 mL，0.20 mL，0.40 mL，0.80 mL，1.00 mL，1.40 mL（含0.0 μg，2.0 μg，4.0 μg，8. 0 μg，10.0 μg，14.0 μg铁）分别于6支25 mL比色管中，补加水至10 mL，加5 mL乙酸－乙酸钠溶液（调pH至3～5）、1 mL盐酸羟胺溶液，摇匀，放置5 min后，再加入1 mL 1，10－菲啰啉溶液，然后补加水至刻度，摇匀，放置30 min，备用。该系列用于标准工作曲线的绘制。

4.9.2.3 仪器

4.9.2.3.1 分光光度计。

4.9.2.3.2 高温电炉：550 ℃ ±25 ℃。

4.9.2.3.3 瓷蒸发皿：100 mL。

4.9.2.4 试样的制备

4.9.2.4.1 干法消化：准确吸取25.00 mL样品（V）于蒸发皿中，在水浴上蒸干，置于电炉上小心炭化，然后移入550 ℃ ±25 ℃高温电炉中灼烧，灰化至残渣呈白色，取出，加入10 mL盐酸溶液溶解，在水浴上蒸至约2 mL，再加入5 mL水，加热煮沸后，移入50 mL容量瓶中，用水洗涤蒸发皿，洗液并入容量瓶，加水稀释至刻度（V_1），摇匀。同时做空白试验。

4.9.2.4.2 湿法消化：准确吸取1.00 mL样品（V）（可根据铁含量，适当增减）于10 mL凯氏烧瓶中，置电炉上缓缓蒸发至近干，取下稍冷后，加1 mL浓硫酸（根据含糖量增减）、1 mL过氧化氢，于通风橱内加热消化。如果消化液颜色较深，继续滴加过氧化氢溶液，直至消化液无色透明。稍冷，加 10 mL 水微火煮沸 3 min ~5 min，取下冷却。同时做空白试验。

注：各实验室可根据各自条件选用干法或湿法进行样品的消化。

4.9.2.5 分析步骤

4.9.2.5.1 标准工作曲线的绘制

在 480 nm 波长下，测定标准系列（4.9.2.2.10）的吸光度。根据吸光度及相对应的铁浓度绘制标准工作曲线（或建立回归方程）。

4.9.2.5.2 试样的测定

准确吸取试样（4.9.2.4.1）5 mL ~10 m（V）及试剂空白消化液分别于 25 mL 比色管中，补加水至 10 mL，然后按标准工作曲线的绘制同样操作，分别测其吸光度，从标准工作曲线上查出铁的含量（或用回归方程计算）。

或将试样（4.9.2.4.2）及空白消化液分别洗入 25 mL 比色管中，在每支管中加入一小片刚果红试纸，用氨水中和至试纸显蓝紫色，然后各加 5 mL 乙酸－乙酸钠溶液（调 pH 至 3 ~5），以下操作同标准工作曲线的绘制。以测出的吸光度，从标准工作曲线上查出铁的含量（或用回归方程计算）。

4.9.2.6 结果计算

4.9.2.6.1 干法计算

样品中铁的含量按式（15）计算。

$$X = \frac{(C_1 - C_0) \times 1\,000}{V \times V_2/V_1 \times 1\,000} = \frac{(C_1 - C_0) \times V_1}{V \times V_2} \quad (15)$$

式中：

X——样品中铁的含量，单位为毫克每升（mg/L）；

C_1——测定用样品中铁的含量，单位为微克（μg）

C_0——试剂空白液中铁的含量，单位为微克（μg）；

V——吸取样品的体积，单位为毫升（mL）；

V_1——样品消化液的总体积，单位为毫升（mL）；

V_2——测定用试样的体积，单位为毫升（mL）。

4.9.2.6.2 湿法计算

样品中铁的含量按式（16）计算。

$$X = \frac{A - A_0}{V} \quad (16)$$

式中：

X——样品中铁的含量，单位为毫克每升（mg/L）；

A——测定用样品中铁的含量，单位为微克（μg）；

A_0——试剂空白液中铁的含量，单位为微克（μg）；

V——吸取样品的体积，单位为毫升（mL）。

所得结果表示至一位小数。

4.9.2.6.3 精密度

在重复性条件下获得的两次独立测定结果的绝对差值不得超过算术平均值的 10%。

4.9.3 磺基水杨酸比色法

4.9.3.1 原理

样品经处理后，样液中的三价铁离子在碱性氨溶液中（pH ＝8 ~10.5）与磺基水杨酸反应生成黄色络合物，可根据颜色的深浅进行比色测定。

4. 9. 3. 2　试剂和材料

4. 9. 3. 2. 1　磺基水杨酸溶液（100 g/L）。

4. 9. 3. 2. 2　氨水（1 +1. 5）。

4. 9. 3. 2. 3　铁标准贮备液（1 mL 溶液含有 0. 1 mg 铁）：同 4. 9. 2. 2. 8。

4. 9. 3. 2. 4　铁标准使用液（1 mL 溶液含有 10 μg 铁）：同 4. 9. 2. 2. 9。

4. 9. 3. 2. 5　铁标准系列：吸取铁标准使用液 0. 00 mL，0. 50 mL，1. 00 mL，1. 50 mL，2. 00 mL，2. 50 mL（含 0. 0 μg，5. 0 μg，10. 0 μg，15. 0 μg，20. 0 μg，25. 0 μg 铁）分别于 6 支 25 mL 比色管中，分别加入 5 mL 磺基水杨酸溶液，用氨水中和至溶液呈黄色时，再加 0. 5 mL 后，用水稀释至刻度，摇匀。

4. 9. 3. 3　仪器

同 4. 9. 2. 3。

4. 9. 3. 4　试样的制备

同 4. 9. 2. 4。

注：湿法消化时，取样量为 5 mL。

4. 9. 3. 5　分析步骤

吸取干法试样 5. 00 mL（可根据铁含量，适当增减）和同量空白消化液分别于 25 mL 比色管中，或 者将湿法试样及空白消化液分别洗入 25 mL 比色管中，然后按 4. 9. 3. 2. 5 同样操作，将其与标准系列进行目视比色，记下与样液颜色深浅相同的标准管中铁的含量。

4. 9. 3. 6　结果计算

同 4. 9. 2. 6。

所得结果表示至整数。

4. 9. 3. 7　精密度

在重复性条件下获得的两次独立测定结果的绝对差值不得超过算术平均值的 10%。

4. 10　铜

4. 10. 1　原子吸收分光光度法

4. 10. 1. 1　原理

将处理后的试样导入原子吸收分光光度计中，在乙炔 - 空气火焰中样品中的铜被原子化，基态原子吸收特征波长（324. 7 nm）的光，其吸收量的大小与试样中铜的含量成正比，测其吸光度，求得铜含量。

4. 10. 1. 2　试剂和材料

4. 10. 1. 2. 1　硝酸溶液（0. 5%）。

4. 10. 1. 2. 2　铜标准贮备液（1 mL 溶液含有 0. 1 mg 铜）：按 GB/T 602 制备。

4. 10. 1. 2. 3　铜标准使用液（1 mL 溶液含有 10 μg 铜）：吸取 10. 00 mL 铜标准贮备液于 100 mL 容量瓶中，用硝酸溶液稀释至刻度，此溶液每毫升含 10 μg 铜。

4. 10. 1. 2. 4　铜标准系列：吸取铜标准使用液 0. 00 mL，0. 50 mL，1. 00 mL，2. 00 mL，4. 00 mL，6. 00 mL（含 0. 0 μg，5. 0 μg，10. 0 μg，20. 0 μg，40. 0 μg，60. 0 μg 铜）分别置于 6 个 50 mL 容量瓶中，用硝酸溶液稀释至刻度，摇匀。该系列用于标准工作曲线的绘制。

4. 10. 1. 3　仪器

原子吸收分光光度计：备有铜空心阴极灯。

4.10.1.4　试样的制备

用硝酸溶液准确将样品稀释至5倍~10倍，摇匀，备用。

4.10.1.5　分析步骤

4.10.1.5.1　标准工作曲线的绘制：置仪器于合适的工作状态下，调波长至324.7 nm，导入标准系列溶液，以零管调零，分别测其吸光度，以铜的含量对应吸光度绘制标准工作曲线（或建立回归方程）。

4.10.1.5.2　试样的测定：将试样（4.10.1.4）导入仪器，测其吸光度，然后根据吸光度在标准工作曲线上查得铜的含量（或者用回归方程计算）。

4.10.1.6　结果计算

样品中铜的含量按式（17）计算。

$$X = A \times F \qquad (17)$$

式中：

X——样品中铜的含量，单位为毫克每升（mg/L）；

A——试样中铜的含量，单位为毫克每升（mg/L）；

F——样品稀释倍数。

所得结果表示至一位小数。

4.10.1.7　精密度

在重复性条件下获得的两次独立测定结果的绝对差值不得超过算术平均值的10%。

4.10.2　二乙基二硫代氨基甲酸钠比色法

4.10.2.1　原理

在碱性溶液中铜离子与二乙基二硫代氨基甲酸钠（DDTC）作用生成棕黄色络合物，用四氯化碳萃取后比色。

4.10.2.2　试剂和材料

4.10.2.2.1　四氯化碳。

4.10.2.2.2　硫酸溶液$\left[c\left(\frac{1}{2}H_2SO_2\right) = 2\ mol/L\right]$：量取浓硫酸60 mL，缓缓注入1 000 mL水中，冷却，摇匀。

4.10.2.2.3　乙二胺四乙酸二钠（EDTA）柠檬酸铵溶液：称取5 g乙二胺四乙酸二钠及20 g柠檬酸铵，用水溶解并定容至100 mL。

4.10.2.2.4　氨水（1 + 1）。

4.10.2.2.5　氢氧化钠溶液（0.05 mol/L）：按GB/T 601配制，并准确稀释。

4.10.2.2.6　二乙基二硫代氨基甲酸钠（铜试剂）溶液（1 g/L）：按GB/T 603配制。贮于冰箱中。

4.10.2.2.7　硝酸溶液0.5%。

4.10.2.2.8　铜标准贮备液（1 mL溶液含有0.1 mg铜）：同4.10.1.2.2。

4.10.2.2.9　铜标准使用液（1 mL溶液含有10 μg铜）：同4.10.1.2.3。

4.10.2.2.10　铜标准系列：吸取铜标准使用液0.00 mL，0.50 mL，1.00 mL，1.50 mL，2.00 mL，2.50 mL（含0.0 μg，5.0 μg，10.0 μg，15.0 μg，20.0 μg，25.0 μg铜）分别于6支125 mL分液漏斗中，各补加硫酸溶液（4.10.2.3.2）至20 mL。然后再加入10 mL乙二胺四乙酸二钠（EDTA）柠檬酸铵溶液和3滴麝香草酚蓝指示液，混匀，用氨水调pH（溶液的颜色由黄至微蓝色），补加水至总体积约40 mL，再各加 2 mL 二乙基二硫代氨基甲酸钠溶液（铜试剂）和 10.00 mL 四氯化碳，剧烈振摇萃取 2 min，待静置分层后，将四氯化碳层经无水硫酸钠或脱脂棉滤入 2 cm 比色杯中。

4.10.2.2.11　香草酚蓝指示液（1 g/L）：称取 0.1 g 麝香草酚蓝于 4.3 mL 氢氧化钠溶液中，用水定容 至 100 mL。

4.10.2.3　仪器

4.10.2.3.1　分光光度计。

4.10.2.3.2　分液漏斗：125 mL。

4.10.2.4　试样的制备

同 4.9.2.4。

注：湿法消化时，取样量为 5 mL。

4.10.2.5　分析步骤

4.10.2.5.1　标准工作曲线的绘制：置仪器于合适的工作状态下，调波长至 440 nm 处，导入标准系列溶液，分别测其吸光度，根据吸光度及相对应的铜浓度绘制标准曲线（或建立回归方程）。

4.10.2.5.2　试样的测定：吸取干法处理的试祥 10.00 mL 和同量空白消化液分别于 125 mL 分液漏斗中，或者将湿法处理的全部试样及空白消化液，分别洗入 125 mL 分液漏斗中。然后按 4.10.2.2.10 和 4.10.2.5.1 的同样操作（湿法处理的试样，进行 4.10.2.2.10 步骤时，以水代替硫酸溶液，补加体积至 20 mL，以后步骤不变），分别测其吸光度，从标准工作曲线一上查出铜的含量（或用回归方程计算）。

4.10.2.6　结果计算

4.10.2.6.1　干法计算

样品中铜的含量按式（18）计算。

$$X = \frac{(C_1 - C_0) \times 1\,000}{V \times V_2/V_1 \times 1\,000} = \frac{(C_1 - C_0) \times 1\,000}{V \times V_2} \qquad (18)$$

式中：

X——样品中铜的含量，单位为毫克每升（mg/L）；

C_1——测定用试样消化液中铜的含量，单位为微克（μg）；

C_0——试剂空白液中铜的含量，单位为微克（μg）；

V——吸取样品的体积，单位为毫升（mL）；

V_1——试样消化液的总体积，单位为毫升（mL）；

V_2——测定用试样消化液的体积，单位为毫升（mL）。

4.10.2.6.2　湿法计算

样品中铜的含量按式（19）计算。

$$X = \frac{A - A_0}{V} \qquad (19)$$

式中：

X——样品中铜的含量，单位为毫克每升（mg/L）；

A——测定用试样中铜的含量，单位为微克（μg）；

A_0——空白试验中铜的含量，单位为微克（μg）；

V——吸取样品的体积，单位为毫升（mL）。

所得结果表示至一位小数。

4.10.2.7 精密度

在重复性条件下获得的两次独立测定结果的绝对差值不得超过算术平均值的10%。

4.11 甲醇

4.11.1 气相色谱法

4.11.1.1 原理

试样被气化后，随同载气进入色谱柱，利用被测定的各组分在气液两相中具有不同的分配系数，在柱内形成迁移速度的差异而得到分离。分离后的组分先后流出色谱柱，进入氢火焰离子化检测器，根据色谱图上各组分峰的保留时间与标样相对照进行定性；利用峰面积（或峰高），以内标法定量。

4.11.1.2 试剂和材料

4.11.1.2.1 乙醇溶液［10%（体积分数）］，色谱纯。

4.11.1.2.2 甲醇溶液［2%（体积分数）］，色谱纯。作标样用。用乙醇溶液（4.11.1.2.1）配制。

4.11.1.2.3 4－甲基－2－戊醇溶液［2%（体积分数）］，色谱纯。作内标用。用乙醇溶液（4.11.1.2.1）配制。

4.11.1.3 仪器和设备

4.11.1.3.1 气相色谱仪：备有氢火焰离子化检测器（FID）。

4.11.1.3.2 毛细管柱：PEG 20M 毛细管色谱柱（柱长35 m～50 m，内径0.25 mm，涂层0.2 μm），或其他具有同等分析效果的色谱柱。

4.11.1.3.3 微量注射器：1μL。

4.11.1.3.4 全玻璃整流器点500 mL。

4.11.1.4 分析步骤

4.11.1.4.1 色谱参考条件

载气（高纯氮）：流速为0.5 mL/min～1.0 mL/min；

分流比：约50：1，尾吹约20 mL/min～30 mL/min；

氢气：流速为40 mL/min；

空气：流速为400 mL/min；

检测器温度（T_D）：220 ℃；

注样器温度（T_J）：220 ℃；

柱温（T_c）：起始温度40 ℃，恒温4 min，以3.5 ℃/ min程序升温至200 ℃，继续恒温10 min。

载气、氢气、空气的流速等色谱条件随仪器而异，应通过试验选择最佳操作条件，以内标峰与酒样中其他组分峰获得完全分离为准。

4.11.1.4.2 校正因子（f值）的测定

吸取甲醇溶液（4.11.1.2.2）1.00 mL，移入100 mL容量瓶中，然后加入4－甲基－2－戊醇溶液（4.11.1.2.3）1.00 mL，用乙醇溶液（4.11.1.2.2）稀释至刻度。上述溶液中甲醇和内标的浓度均为0.02%（体积分数）。待色谱仪基线稳定后，用微量注射器进样，进样量随仪器的灵敏度而定。记录甲醇和内标峰的保留时间及其峰面积（或峰高），用其比值计算出甲醇的相对校正因子。

4.11.1.4.3 试样的制备

用一洁净、干燥的100 mL容量瓶准确量取100 mL样品（液温20 ℃）于500 mL蒸馏瓶中，用50 mL水分三次冲洗容量瓶，洗液并入蒸馏瓶中，再加几颗玻璃珠，连接冷凝器，以取样用的原容量瓶作接收器（外加冰浴）。开启冷却水，缓慢加热蒸馏。收集馏出液接近刻度，取下容量瓶，盖塞。于 20 ℃水浴中保温 30 min，补加水至刻度，混匀，备用。

4.11.1.4.4 分析步骤

吸取试样（4.11.1.4.3）10.0 mL 于 10 mL 容量瓶中，加入 4－甲基－2－戊醇溶液（4.11.1.2.3）0.10 mL，混匀后，在与 f 值测定相同的条件下进样，根据保留时间确定甲醇峰的位置，并测定甲醇与内标峰面积（或峰高），求出峰面积（或峰高）之比，计算出酒样中甲醇的含量。

4.11.1.5 结果计算

甲醇的相对校正因子按式（20）计算，样品中甲醇的含量按式（21）计算。

$$f = \frac{A_1}{A_2} \times \frac{d_2}{d_1} \quad \cdots\cdots (20)$$

$$X = f \times \frac{A_3}{A_4} \times I \quad \cdots\cdots (21)$$

式中：

X——样品中甲醇的含量，单位为毫克每升（mg/L）

f——甲醇的相对校正因子；

A_1——标样值测定时内标的峰面积（或峰高）；

A_2——标样值测定时甲醇的峰面积（或峰高）；

A_3——试样中甲醇的峰面积（或峰高）；

A_4——添加于酒样中内标的峰面积（或峰高）；

d_2——甲醇的相对密度；

d_1——内标物的相对密度；

I——内标物含量（添加在酒样中），单位为毫克每升（mg/L）。

所得结果表示至整数。

4.11.1.6 精密度

在重复性条件下获得的两次独立测定结果的绝对差值不得超过算术平均值的 10%。

4.11.2 比色法

4.11.2.1 原理

甲醇经氧化成甲醛后，与品红亚硫酸作用生成蓝紫色化合物，与标准系列比较定量。

4.11.2.2 试剂和材料

4.11.2.2.1 高锰酸钾－磷酸溶液：称取 3 g 高锰酸钾，加入 15 mL 磷酸（85%）与 70 mL 水的混合液中，溶解后，加水至 100 mL。贮于棕色瓶内，防止氧化力下降，保存时间不宜过长。

4.11.2.2.2 草酸－硫酸溶液：称取 5 g 无水草酸（$H_2C_2O_4$）或 7 g 含 2 分子结晶水草酸（$H_2C_2O_4 \cdot 2H_2O$），溶于硫酸（1＋1）中至 100 mL。

4.11.2.2.3 品红－亚硫酸溶液：称取 0.1 g 碱性品红研细后，分次加入共 60 mL 80 ℃的水，边加入水边研磨使其溶解，用滴管吸取上层溶液滤于 100 mL 容量瓶中，冷却后加 10 mL 亚硫酸钠溶液（100 g/L），1 mL 盐酸，再加水至刻度，充分混匀，放置过夜，如溶液有颜色，可加少量活性炭搅拌后过滤，贮于棕色瓶中，置暗处保存，溶液呈红色时应弃去重新配制。

4.11.2.2.4 甲醇标准溶液：称取 1.000 g 甲醇，置于 100 mL 容量瓶中，加水稀释至刻度。此溶液每毫升相当于 10 mg 甲醇。置低温保存。

4.11.2.2.5 甲醇标准使用液：吸取 10.0 mL 甲醇标准溶液，置于 100 mL 容量瓶中，加水稀释至刻度。再取 10.0 mL 稀释液置于 50 mL 容量瓶中，加水至刻度，该溶液每毫升相当于 0.50 mg 甲醇。

4.11.2.2.6 无甲醇的乙醇溶液：取 0.3 mL 按操作方法检查，不应显色。如显色需进行处理。取 300 mL 乙醇（95%），加高锰酸钾少许，蒸馏，收集馏出液。在馏出液中加入硝酸银溶液（取 1 g 硝酸银溶于少量水中）和氢氧化钠溶液（取 1.5 g 氢氧化钠溶于少量水中），摇匀，取上清液蒸馏，弃去最初 50 mL 馏出液，收集中间馏出液约 200 mL，用酒精密度计测其浓度，然后加水配成无甲醇的乙醇（60%）。

4.11.2.2.7 亚硫酸钠溶液（100 g/L）。

4.11.2.3 仪器

分光光度计。

4.11.2.4 试样的制备

用一洁净、干燥的 100 mL 容量瓶准确量取 100 mL 样品（液温 20 ℃）于 500 mL 蒸馏瓶中，用 50 mL 水分三次冲洗容量瓶，洗液并入蒸馏瓶中，再加几颗玻璃珠，连接冷凝器，以取样用的原容量瓶作 接收器（外加冰浴）。开启冷却水，缓慢加热蒸馏。收集馏出液接近刻度，取下容量瓶，盖塞。于 20 ℃水浴中保温 30 min，补加水至刻度，混匀，备用。

4.11.2.5 分析步骤

根据样品乙醇浓度适量吸取试样（4.11.2.4）：[乙醇浓度 10%，取 1.4 mL；乙醇浓度 20%，取 1.2 mL]。置于 25 mL 具塞比色管中。

吸取 0 mL，0.10 mL，0.20 mL，0.40 mL，0.60 mL，0.80 mL，1.00 mL 甲醇标准使用液（相当于 0 mg，0.05 mg，0.10 mg，0.20 mg，0.30 mg，0.40 mg，0.50 mg 甲醇）分别置于 25 mL 具塞比色管中，并用无甲醇的乙醇稀释至 10 mL。

于样品管及标准管中各加水至 5 mL，再依次各加 2 mL 高锰酸钾 - 磷酸溶液，混匀，放置 10 min，各加 2 mL 草酸 - 硫酸溶液，混匀使之褪色，再各加 5 mL 品红 - 亚硫酸溶液，混匀，于 20 ℃以上静置 0.5 h，用 2 cm 比色杯，以零管调节零点，于波长 590 nm 处测吸光度，绘制标准曲线比较，或与标准色列目测比较。

4.11.2.6 结果计算

样品中甲醇的含量按式（22）计算。

$$X = \frac{m_1}{V_1} \times 1\,000 \qquad (22)$$

式中：

X——样品中甲醇的含量，单位为毫克每升（mg/L）；

m_1——测定样品中甲醇的质量，单位为毫克（mg）；

V_1——吸取样品的体积，单位为毫升（mL）。

所得结果表示至整数。

4.11.2.7 精密度

在重复性条件下获得的两次独立测定结果的绝对差值不得超过算术平均值的 10%。

4.12 抗坏血酸（维生素 C）

4.12.1 原理

还原型抗坏血酸能还原 2，6 - 二氯靛酚染料。该染料在酸性溶液中呈红色，被还原后红色消失。还原型抗坏血酸还原染料后，本身被氧化为脱氢抗坏血酸。在没有杂质干扰时，一定量的样品提取液

还原 标准染料的量与样品中所含抗坏血酸的量成正比。

4.12.2 试剂和材料

4.12.2.1 草酸溶液（10 g/L）：称取20 g结晶草酸于700 mL水中，溶解后用水稀释至1 000 mL。取该溶液500 mL，再用水稀释至1 000 mL。

4.12.2.2 碘酸钾标准溶液（0.1 mol/L）：按 GB/T 601 配制与标定。

4.12.2.3 碘酸钾标准滴定溶液（0.001 mol/L）：吸取 1 mL 碘酸钾标准溶液（4.12.2.2），用水稀释至 100 mL。此溶液 1 mL 相当于 0.088 μg 抗坏血酸。

4.12.2.4 碘化钾溶液（60 g/L）。

4.12.2.5 过氧化氢溶液（3%）：吸取 5 mL 30% 过氧化氢溶液，用水稀释至50 mL（现用现配）。

4.12.2.6 抗坏血酸标准贮备液（2 g/L）：准确称取 0.2 g（精确至 0.000 1 g）预先在五氧化二磷干燥器中干燥 5 h 的抗坏血酸，溶于草酸溶液中，定容至 100 mL（置冰箱中保存）。

4.12.2.7 抗坏血酸标准使用液（0.020 g/L）：吸取 10 mL 抗坏血酸标准贮备液，用草酸溶液（4.12.2.1）定容至100 mL。

标定：吸取抗坏血酸标准使用液 5 mL 于三角烧瓶中，加入 0.5 mL 碘化钾溶液（4.12.2.4）、3 滴淀粉指示液，用碘酸钾标准滴定溶液滴定至淡蓝色，30 s 内不变色为其终点。

抗坏血酸标准使用液的浓度按式（23）计算：

$$C_1 = \frac{V_1 \times 0.088}{V_2} \qquad \cdots\cdots (23)$$

式中：

C_1——抗坏血酸标准使用液的浓度，单位为克每升（g/L）；

V_1——滴定时消耗的碘酸钾标准滴定溶液的体积，单位为毫升（mL）；

V_2——吸取抗坏血酸标准使用液的体积，单位为毫升（mL）；

0.088——1 mL 碘酸钾标准溶液相当于抗坏血酸的量，单位为克每升（g/L）。

4.12.2.8 2，6－二氯靛酚标准滴定溶液：称取碳酸氢钠 52 mg 溶解在 200 mL 热蒸馏水中，然后称取 2，6－二氯靛酚 50 mg 溶解在上述碳酸氢钠溶液中。冷却定容至250 mL，过滤至棕色瓶内，保存在冰箱中。此液应贮于棕色瓶中并冷藏。每星期至少标定 1 次。

标定：吸取 5 mL 抗坏血酸标准使用溶液，加入 10 mL 草酸溶液（4.12.2.1），摇匀，用 2，6－二氯靛酚标准滴定溶液滴定至溶液呈粉红色，30 s 不褪色为其终点。

每毫升 2，6－二氯靛酚标准滴定溶液相当于抗坏血酸的毫克数按式（24）计算；

$$C_2 = \frac{C_1 \times V_1}{V_2} \qquad \cdots\cdots (24)$$

式中：

C_2——每毫升 2，6－二氯靛酚标准滴定溶液相当于抗坏血酸的毫克数（滴定度），单位为克每升（g/L）；

C_1——抗坏血酸标准使用液的浓度，单位为克每升（g/L）；

V_1——滴定用抗坏血酸标准使用溶液的体积，单位为毫升（mL）；

V_2——标定时消耗的 2，6－二氯靛酚标准溶液体积，单位为毫升（mL）。

4.12.2.9 淀粉指示液（10 g/L）：按 GB/T 603 配制。

4.12.3 分析步骤

准确吸取 5.00 mL 样品（液温 20 ℃）于 100 mL 三角瓶中，加入 15 mL 草酸溶液（4.12.2.1）、3

滴过氧化氢溶液（4.12.2.5），摇匀，立即用2，6-二氯靛酚标准滴定溶液滴定，至溶液恰成粉红色，30 s不褪色即为终点。

注：样品颜色过深影响终点观察时，可用白陶土脱色后再进行测定。

4.12.4　结果计算

样品中抗坏血酸的含量按式（25）计算。

$$X = \frac{V \times C_2}{V_1} \qquad (25)$$

式中：

X——样品中抗坏血酸的含量，单位为克每升（g/L）；

C_2——每毫升2，6-二氯靛酚标准滴定溶液相当于抗坏血酸的毫克数（滴定度），单位为克每升（g/L）；

V——滴定时消耗的2，6-二氯靛酚标准滴定溶液的体积，单位为毫升（mL）；

V_1——吸取样品的体积，单位为毫升（mL）。

所得结果表示至整数。

4.12.5　精密度

在重复性条件下获得的两次独立测定结果的绝对差值不得超过算术平均值的10%。

4.13　糖分和有机酸

测定方法参见附录D。

4.14　白藜芦醇

测定方法参见附录E。

4.15　感官评定

葡萄酒、山葡萄酒感官评定参见附录F。

附　录　A
（规范性附录）
酒精水溶液密度与酒精度（乙醇含量）对照表（20 ℃）

表A.1　酒精水溶液密度与酒精度（乙醇含量）对照表（20 ℃）

密度/(g/L)	酒精度/(%vol)	密度/(g/L)	酒精度/(%vol)	密度/(g/L)	酒精度/(%vol)
998.20	0.00	997.43	0.51	996.68	1.01
998.18	0.01	997.42	0.52	996.66	1.02
998.16	0.03	997.40	0.53	996.64	1.04
998.14	0.04	997.38	0.54	996.62	1.05
998.12	0.05	997.36	0.56	996.61	1.06
998.10	0.06	997.34	0.57	996.59	1.07

（续表）

密度/ （g/L）	酒精度/ （% vol）	密度/ （g/L）	酒精度/ （% vol）	密度/ （g/L）	酒精度/ （% vol）
998. 08	0. 08	997. 32	0. 58	996. 57	1. 09
998. 07	0. 09	997. 30	0. 59	996. 55	1. 10
998. 05	0. 10	997. 28	0. 61	996. 53	1. 11
998. 03	0. 11	997. 26	0. 62	996. 51	1. 12
998. 01	0. 13	997. 24	0. 63	996. 49	1. 14
997. 99	0. 14	997. 23	0. 64	996. 48	1. 15
997. 97	0. 15	997. 21	0. 66	996. 46	1. 16
997. 95	0. 16	997. 19	0. 67	996. 44	1. 17
997. 93	0. 18	997. 17	0. 68	996. 42	1. 19
997. 91	0. 19	997. 15	0. 69	996. 40	1. 20
997. 89	0. 20	997. 13	0. 71	996. 38	1. 21
997. 87	0. 21	997. 11	0. 72	996. 36	1. 22
997. 85	0. 23	997. 09	0. 73	996. 34	1. 24
997. 83	0. 24	997. 07	0. 75	996. 33	1. 25
997. 82	0. 25	997. 06	0. 76	996. 31	1. 26
997. 80	0. 27	997. 04	0. 77	996. 29	1. 27
997. 78	0. 28	997. 02	0. 78	996. 27	1. 29
997. 76	0. 29	997. 00	0. 80	996. 25	1. 30
997. 74	0. 30	996. 98	0. 81	996. 23	1. 31
997. 72	0. 32	996. 96	0. 82	996. 21	1. 33
997. 70	0. 33	996. 94	0. 83	996. 20	1. 34
997. 68	0. 34	996. 92	0. 85	996. 18	1. 35
997. 66	0. 35	996. 91	0. 86	996. 16	1. 36
997. 64	0. 37	996. 89	0. 87	996. 14	1. 38
997. 62	0. 38	996. 87	0. 88	996. 12	1. 39
997. 61	0. 39	996. 85	0. 90	996. 10	1. 40
997. 59	0. 40	996. 83	0. 91	996. 09	1. 41
997. 57	0. 42	996. 81	0. 92	996. 07	1. 43
997. 55	0. 43	996. 79	0. 93	996. 05	1. 44
997. 53	0. 44	996. 77	0. 95	996. 03	1. 45
997. 51	0. 46	996. 76	0. 96	996. 01	1. 46
997. 49	0. 47	996. 74	0. 97	995. 99	1. 48
997. 47	0. 48	996. 72	0. 99	995. 97	1. 49
997. 45	0. 49	996. 70	1. 00	995. 96	1. 50
995. 94	1. 51	995. 10	2. 09	994. 27	2. 67
995. 92	1. 53	995. 08	2. 11	994. 25	2. 68
995. 90	1. 54	995. 06	2. 12	994. 23	2. 0
995. 88	1. 55	995. 04	2. 13	994. 22	2. 71

（续表）

密度/（g/L）	酒精度/（%vol）	密度/（g/L）	酒精度/（%vol）	密度/（g/L）	酒精度/（%vol）
995. 86	1. 56	995. 02	2. 14	994. 20	2. 72
995. 85	1. 58	995. 01	2. 16	994. 18	2. 73
995. 83	1. 59	994. 99	2. 17	994. 16	2. 75
995. 81	1. 60	994. 97	2. 18	994. 15	2. 76
995. 79	1. 62	994. 95	2. 19	994. 13	2. 77
995. 77	1. 63	994. 93	2. 21	994. 11	2. 78
995. 75	1. 64	994. 92	2. 22	994. 09	2. 80
995. 74	1. S5	994. 90	2. 23	994. 07	2. 81
995. 72	1. 67	994. 88	2. 24	994. 06	2. 82
995. 70	1. 68	994. 86	2. 26	994. 04	2. 83
995. 68	1. 69	994. 84	2. 27	994. 02	2. 85
995. 66	1. 70	994. 83	2. 28	994. 00	2. 86
995. 64	1. 72	994. 81	2. 29	993. 99	2. 87
995. 63	1. 73	994. 79	2. 31	993. 97	2. 88
995. 61	1. 74	994. 77	2. 32	993. 95	2. 90
995. 59	1. 75	994. 75	2. 33	993. 93	2. 91
995. 57	1. 77	994. 74	2. 34	993. 91	2. 92
995. 55	1. 78	994. 72	2. 36	993. 90	2. 93
995. 53	1. 79	994. 70	2. 37	993. 88	2. 95
995. 52	1. 80	994. 68	2. 38	993. 86	2. 96
995. 50	1. 82	994. 66	2. 39	993. 84	2. 97
995. 48	1. 83	994. 65	2. 41	993. 83	2. 98
995. 46	1. 84	994. 63	2. 42	993. 81	3. 00
995. 44	1. 85	994. 61	2. 43	993. 79	3. 01
995. 42	1. 87	994. 59	2. 44	993. 77	3. 02
995. 41	1. 88	994. 57	2. 46	993. 76	3. 03
995. 39	1. 89	994. 56	2. 47	993. 74	3. 05
995. 37	1. 90	994. 54	2. 48	993. 72	3. 06
995. 35	1. 92	994. 52	2. 50	993. 70	3. 07
995. 33	1. 93	994. 50	2. 51	993. 69	3. 08
995. 32	1. 94	994. 48	2. 52	993. 67	3. 10
995. 30	1. 95	994. 47	2. 53	993. 65	3. 11
995. 28	1. 97	994. 45	2. 55	993. 63	3. 12
995. 26	1. 98	994. 43	2. 56	993. 61	3. 13
995. 24	1. 99	994. 41	2. 57	993. 60	3. 15
995. 22	2. 01	994. 40	2. 58	993. 58	3. 16
995. 21	2. 02	994. 38	2. 60	993. 56	3. 17
995. 19	2. 03	994. 36	2. 61	993. 54	3. 18

（续表）

密度/（g/L）	酒精度/（%vol）	密度/（g/L）	酒精度/（%vol）	密度/（g/L）	酒精度/（%vol）
995.17	2.04	994.34	2.62	993.53	3.20
995.15	2.06	994.32	2.63	993.51	3.21
995.13	2.07	994.31	2.65	993.49	3.22
995.12	2.08	994.29	2.66	993.47	3.24
993.46	3.25	992.66	3.82	991.87	4.40
993.44	3.26	992.64	3.84	991.85	4.41
993.42	3.27	992.62	3.85	991.83	4.42
993.40	3.29	992.60	3.86	991.82	4.44
993.39	3.30	992.59	3.87	991.80	4.45
993.37	3.31	992.57	3.89	991.78	4.46
993.35	3.32	992.55	3.90	991.77	4.47
993.33	3.34	992.54	3.91	991.75	4.49
993.32	3.35	992.52	3.92	991.73	4.50
993.30	3.36	992.50	3.94	991.71	4.51
993.28	3.37	992.48	3.95	991.70	4.52
993.26	3.39	992.47	3.96	991.68	4.54
993.25	3.40	992.45	3.97	991.66	4.55
993.23	3.41	992.43	3.99	991.65	4.56
993.21	3.42	992.41	4.00	991.63	4.57
993.19	3.44	992.40	4.01	991.61	4.59
993.18	3.45	992.38	4.02	991.60	4.60
993.16	3.46	992.36	4.04	991.58	4.61
993.14	3.47	992.35	4.05	991.56	4.62
993.12	3.49	992.33	4.06	991.54	4.64
993.11	3.50	992.31	4.07	991.53	4.65
993.09	3.51	992.29	4.09	991.51	4.66
993.07	3.52	992.28	4.10	991.49	4.67
993.05	3.54	992.26	4.11	991.48	4.69
993.04	3.55	992.24	4.12	991.46	4.70
993.02	3.56	992.23	4.14	991.44	4.71
993.00	3.57	992.21	4.15	991.43	4.72
992.99	3.59	992.19	4.16	991.41	4.74
992.97	3.60	992.17	4.17	991.39	4.75
992.95	3.61	992.16	4.19	991.38	4.76
992.93	3.62	992.14	4.20	991.36	4.77
992.92	3.64	992.12	4.21	991.34	4.79
992.90	3.65	992.11	4.22	991.33	4.80
992.88	3.66	992.09	4.24	991.31	4.81

（续表）

密度/（g/L）	酒精度/（%vol）	密度/（g/L）	酒精度/（%vol）	密度/（g/L）	酒精度/（%vol）
992.86	3.67	992.07	4.25	991.29	4.82
992.85	3.69	992.05	4.26	991.28	4.84
992.83	3.70	992.04	4.27	991.26	4.85
992.81	3.71	992.02	4.29	991.24	4.86
992.79	3.72	992.00	4.30	991.22	4.87
992.78	3.74	991.99	4.31	991.21	4.89
992.76	3.75	991.97	4.32	991.19	4.90
992.74	3.76	991.95	4.34	991.17	4.91
992.72	3.77	991.94	4.35	991.16	4.92
992.71	3.79	991.92	4.36	991.14	4.94
992.69	3.80	991.90	4.37	991.12	4.95
992.67	3.81	991.88	4.39	991.11	4.96
991.09	4.97	990.33	5.55	989.57	6.12
991.07	4.99	990.31	5.56	989.56	6.13
991.06	5.00	990.29	5.57	989.54	6.14
991.04	5.01	990.28	5.58	989.52	6.16
991.02	5.02	990.26	5.60	989.51	6.17
991.01	5.04	990.24	5.61	989.49	6.18
990.99	5.05	990.23	5.62	989.47	6.19
990.97	5.06	990.21	5.63	989.46	6.21
990.96	5.07	990.19	5.65	989.44	6.22
990.94	5.09	990.18	5.66	989.43	6.23
990.92	5.10	990.16	5.67	989.41	6.24
990.91	5.11	990.14	5.68	989.39	6.26
990.89	5.12	990.13	5.70	989.38	6.27
990.87	5.13	990.11	5.71	989.36	6.28
990.86	5.15	990.09	5.72	989.34	6.29
990.84	5.16	990.08	5.73	989.33	6.31
990.82	5.17	990.06	5.75	989.31	6.32
990.81	5.18	990.05	5.76	989.30	6.33
990.79	5.20	990.03	5.77	989.28	6.34
990.77	5.21	990.01	5.78	989.26	6.36
990.76	5.22	990.00	5.80	989.25	6.37
990.74	5.23	989.98	5.81	989.23	6.38
990.72	5.25	989.96	5.82	989.21	6.39
990.71	5.26	989.95	5.83	989.20	6.40
990.69	5.27	989.93	5.85	989.18	6.42
990.67	5.28	989.91	5.86	989.17	6.43

（续表）

密度/（g/L）	酒精度/（%vol）	密度/（g/L）	酒精度/（%vol）	密度/（g/L）	酒精度/（%vol）
990.66	5.30	989.90	5.87	989.15	6.44
990.64	5.31	989.88	5.88	989.13	6.45
990.62	5.32	989.87	5.89	989.12	6.47
990.61	5.33	989.85	5.91	989.10	6.48
990.59	5.35	989.83	5.92	989.09	6.49
990.57	5.36	989.82	5.93	989.07	6.50
990.56	5.37	989.80	5.94	989.05	6.52
990.54	5.38	989.78	5.96	989.04	6.53
990.52	5.40	989.77	5.97	989.02	6.54
990.51	5.41	989.75	5.98	989.01	6.55
990.49	5.42	989.73	5.99	988.99	6.57
990.47	5.43	989.72	6.01	988.97	6.58
990.46	5.45	989.70	6.02	988.96	6.59
990.44	5.46	989.69	6.03	988.94	6.60
990.42	5.47	989.67	6.04	988.92	6.62
990.41	5.48	989.65	6.06	988.91	6.63
990.39	5.50	989.64	6.07	988.89	6.64
990.37	5.51	989.62	6.08	988.88	6.65
990.36	5.52	989.60	6.09	988.86	6.67
990.34	5.53	989.59	6.11	988.84	6.68
988.83	6.69	988.11	7.25	987.39	7.82
988.81	6.70	988.10	7.26	987.37	7.83
988.80	6.72	988.08	7.27	987.36	7.84
988.78	6.73	988.06	7.29	987.34	7.86
988.76	6.74	988.05	7.30	987.33	7.87
988.75	6.75	988.03	7.31	987.31	7.88
988.73	6.77	988.02	7.32	987.30	7.89
988.72	6.78	988.00	7.34	987.28	7.91
988.70	6.79	987.99	7.35	987.27	7.92
988.68	6.80	987.97	7.36	987.25	7.93
988.67	6.81	987.95	7.37	987.23	7.94
988.65	6.83	987.94	7.39	987.22	7.96
988.64	6.84	987.92	7.40	987.20	7.97
988.62	6.85	987.91	7.41	987.19	7.98
988.60	6.86	987.89	7.42	987.17	7.99
988.59	6.88	987.88	7.44	987.16	8.01
988.57	6.89	987.86	7.45	987.14	8.02
988.56	6.90	987.84	7.46	987.13	8.03

（续表）

密度/（g/L）	酒精度/（%vol）	密度/（g/L）	酒精度/（%vol）	密度/（g/L）	酒精度/（%vol）
988. 54	6. 91	987. 83	7. 47	987. 11	8. 04
988. 52	6. 93	987. 81	7. 48	987. 09	8. 05
988. 51	6. 94	987. 80	7. 50	987. 08	8. 07
988. 49	6. 95	987. 78	7. 51	987. 06	8. 08
988. 48	6. 96	987. 77	7. 52	987. 05	8. 09
988. 46	6. 98	987. 75	7. 53	987. 03	8. 10
988. 45	6. 99	987. 73	7. 55	987. 02	8. 12
988. 43	7. 00	987. 72	7. 56	987. 00	8. 13
988. 41	7. 01	987. 70	7. 57	986. 99	8. 14
988. 40	7. 03	987. 69	7. 58	986. 97	8. 15
988. 38	7. 04	987. 67	7. 60	986. 96	8. 17
988. 37	7. 05	987. 66	7. 61	986. 94	8. 18
988. 35	7. 06	987. 64	7. 62	986. 92	8. 19
988. 33	7. 08	987. 62	7. 63	986. 91	8. 20
988. 32	7. 09	987. 61	7. 65	986. 89	8. 22
988. 30	7. 10	987. 59	7. 66	986. 88	8. 23
988. 29	7. 11	987. 58	7. 67	986. 86	8. 24
988. 27	7. 12	987. 56	7. 68	986. 85	8. 25
988. 25	7. 14	987. 55	7. 70	986. 83	8. 26
988. 24	7. 15	987. 53	7. 71	986. 82	8. 28
988. 22	7. 16	987. 51	7. 72	986. 80	8. 29
988. 21	7. 17	987. 50	7. 73	986. 79	8. 30
988. 19	7. 19	987. 48	7. 74	986. 77	8. 31
988. 18	7. 20	987. 47	7. 76	986. 75	8. 33
988. 16	7. 21	987. 45	7. 77	986. 74	8. 34
988. 14	7. 22	987. 44	7. 78	986. 72	8. 35
988. 13	7. 24	987. 42	7. 79	986. 71	8. 36
		987. 41	7. 81	986. 69	8. 38
986. 68	8. 39	985. 98	8. 96	985. 28	9. 53
986. 66	8. 40	985. 96	8. 97	985. 27	9. 54
986. 65	8. 41	985. 94	8. 98	985. 25	9. 55
986. 63	8. 43	985. 93	8. 99	985. 24	9. 56
986. 62	8. 44	985. 91	9. 01	985. 22	9. 57
986. 60	8. 45	985. 90	9. 02	985. 21	9. 59
986. 59	8. 46	985. 88	9. 03	985. 19	9. 60
986. 57	8. 48	985. 87	9. 04	985. 18	9. 61
986. 55	8. 49	985. 85	9. 06	985. 16	9. 62
986. 54	8. 50	985. 84	9. 07	985. 15	9. 64

（续表）

密度/（g/L）	酒精度/（%vol）	密度/（g/L）	酒精度/（%vol）	密度/（g/L）	酒精度/（%vol）
986.52	8.51	985.82	9.08	985.13	9.65
986.51	8.52	985.81	9.09	985.12	9.66
986.49	8.54	985.79	9.11	985.10	9.67
986.48	8.55	985.78	9.12	985.09	9.69
986.46	8.56	985.76	9.13	985.07	9.70
986.45	8.57	985.75	9.14	985.06	9.71
986.43	8.59	985.73	9.16	985.04	9.72
986.42	8.60	985.72	9.17	985.03	9.74
986.40	8.61	985.70	9.18	985.01	9.75
986.39	8.62	985.69	9.19	985.00	9.76
986.37	8.64	985.67	9.20	984.98	9.77
986.36	8.65	985.66	9.22	984.97	9.78
986.34	8.66	985.64	9.23	984.95	9.80
986.33	8.67	985.63	9.24	984.94	9.81
986.31	8.69	985.61	9.25	984.92	9.82
986.29	8.70	985.60	9.27	984.91	9.83
986.28	8.71	985.58	9.28	984.89	9.85
986.26	8.72	985.57	9.29	984.88	9.86
986.25	8.73	985.55	9.30	984.86	9.87
986.23	8.75	985.54	9.32	984.85	9.88
986.22	8.76	985.52	9.33	984.84	9.90
986.20	8.77	985.51	9.34	984.82	9.91
986.19	8.78	985.49	9.35	984.81	9.92
986.17	8.80	985.48	9.36	984.79	9.93
986.16	8.81	985.46	9.38	984.78	9.94
986.14	8.82	985.45	9.39	984.76	9.96
986.13	8.83	985.43	9.40	984.75	9.97
986.11	8.85	985.42	9.41	984.73	9.98
986.10	8.86	985.40	9.43	984.72	9.99
986.08	8.87	985.39	9.44	984.70	10.01
986.07	8.88	985.37	9.45	984.69	10.02
986.05	8.90	985.36	9.46	984.67	10.03
986.04	8.91	985.34	9.48	984.66	10.04
986.02	8.92	985.33	9.49	984.64	10.06
986.01	8.93	985.31	9.50	984.63	10.07
985.99	8.95	985.30	9.51	984.61	10.08
984.60	10.09	983.92	10.66	983.26	11.23
984.58	10.10	983.91	10.67	983.24	11.24

（续表）

密度/（g/L）	酒精度/（%vol）	密度/（g/L）	酒精度/（%vol）	密度/（g/L）	酒精度/（%vol）
984.57	10.12	983.89	10.68	983.23	11.25
984.55	10.13	983.88	10.70	983.21	11.26
984.54	10.14	983.86	10.71	983.20	11.27
984.52	10.15	983.85	10.72	983.18	11.29
984.51	10.17	983.84	10.73	983.17	11.30
984.49	10.18	983.82	10.75	983.15	11.31
984.48	10.19	983.81	10.76	983.14	11.32
984.47	10.20	983.79	10.77	983.13	11.34
984.45	10.22	983.78	10.78	983.11	11.35
984.44	10.23	983.76	10.79	983.10	11.36
984.42	10.24	983.75	10.81	983.08	11.37
984.41	10.25	983.73	10.82	983.07	11.38
984.39	10.27	983.72	10.83	983.05	11.40
984.38	10.28	983.70	10.84	983.04	11.41
984.36	10.29	983.69	10.86	983.03	11.42
984.35	10.30	983.68	10.87	983.01	11.43
984.33	10.31	983.66	10.88	983.00	11.45
984.32	10.33	983.65	10.89	982.98	11.46
984.30	10.34	983.63	10.91	982.97	11.47
984.29	10.35	983.62	10.92	982.95	11.48
984.27	10.36	983.60	10.93	982.94	11.50
984.26	10.38	983.59	10.94	982.93	11.51
984.24	10.39	983.57	10.95	982.91	11.52
984.23	10.40	983.56	10.97	982.90	11.53
984.22	10.41	983.54	10.98	982.88	11.54
984.20	10.43	983.53	10.99	982.87	11.56
984.19	10.44	983.52	11.00	982.85	11.57
984.17	10.45	983.50	11.02	982.84	11.58
984.16	10.46	983.49	11.03	982.82	11.59
984.14	10.47	983.47	11.04	982.81	11.61
984.13	10.49	983.46	11.05	982.80	11.62
984.11	10.50	983.44	11.07	982.78	11.63
984.10	10.51	983.43	11.08	982.77	11.64
984.08	10.52	983.41	11.09	982.75	11.66
984.07	10.54	983.40	11.10	982.74	11.67
984.05	10.55	983.39	11.11	982.72	11.68
984.04	10.56	983.37	11.13	982.71	11.69
984.03	10.57	983.36	11.14	982.70	11.70

（续表）

密度/（g/L）	酒精度/（% vol）	密度/（g/L）	酒精度/（% vol）	密度/（g/L）	酒精度/（% vol）
984. 01	10. 59	983. 34	11. 15	982. 68	11. 72
984. 00	10. 60	933. 33	11. 16	982. 67	11. 73
983. 98	10. 61	983. 31	11. 18	982. 65	11. 74
983. 97	10. 62	983. 30	11. 19	982. 64	11. 75
983. 95	10. 63	983. 28	11. 20	982. 63	11. 77
983. 94	10. 65	983. 27	11. 21	982. 61	11. 78
982. 60	11. 79	981. 94	12. 35	981. 30	12. 92
982. 58	11. 80	981. 93	12. 37	981. 29	12. 93
982. 57	11. 81	981. 92	12. 38	981. 27	12. 94
982. 55	11. 83	981. 90	12. 39	981. 26	12. 96
982. 54	11. 84	981. 89	12. 40	981. 24	12. 97
982. 53	11. 85	981. 87	12. 42	981. 23	12. 98
982. 51	11. 86	981. 86	12. 43	981. 22	12. 99
982. 50	11. 88	981. 85	12. 44	981. 20	13. 00
982. 48	11. 89	981. 83	12. 45	981. 19	13. 02
982. 47	11. 90	981. 82	12. 47	981. 18	13. 03
982. 45	11. 91	981. 80	12. 48	981. 16	13. 04
982. 44	11. 93	981. 79	12. 49	981. 15	13. 05
982. 43	11. 94	981. 78	12. 50	981. 13	13. 07
982. 41	11. 95	981. 76	12. 51	981. 12	13. 08
982. 40	11. 96	981. 75	12. 53	981. 11	13. 09
982. 38	11. 97	981. 73	12. 54	981. 09	13. 10
982. 37	11. 99	981. 72	12. 55	981. 08	13. 11
982. 35	12. 00	981. 71	12. 56	981. 06	13. 12
982. 34	12. 01	981. 69	12. 58	981. 05	13. 14
982. 33	12. 021	981. 68	12. 59	981. 04	13. 15
982. 31	12. 04	981. 66	12. 50	981. 02	13. 15
982. 30	12. 05	981. 65	12. 61	981. 01	13. 18
982. 28	12. 06	981. 64	12. 62	980. 99	13. 19
982. 27	12. 07	981. 62	12. 64	980. 98	13. 20
982. 26	12. 08	981. 61	12. 65	980. 97	13. 21
982. 24	12. 10	981. 59	12. 66	980. 95	13. 22
982. 23	12. 11	981. 58	12. 67	980. 94	13. 24
982. 21	12. 12	981. 57	12. 69	980. 93	13. 25
982. 20	12. 13	981. 55	12. 70	980. 91	13. 26
982. 18	12. 15	981. 54	12. 71	980. 90	13. 27
982. 17	12. 16	981. 52	12. 72	980. 88	13. 29
982. 16	12. 17	981. 51	12. 73	980. 87	13. 30

（续表）

密度/（g/L）	酒精度/（%vol）	密度/（g/L）	酒精度/（%vol）	密度/（g/L）	酒精度/（%vol）
982.14	12.18	981.50	12.75	980.86	13.31
982.13	12.20	981.48	12.76	980.84	13.32
982.11	12.21	981.47	12.77	980.83	13.33
982.10	12.22	981.45	12.78	980.81	13.35
982.09	12.23	981.44	12.80	980.80	13.36
982.07	12.24	981.43	12.81	980.79	13.37
982.06	12.26	981.41	12.82	980.77	13.38
982.04	12.27	981.40	12.83	980.76	13.40
982.03	12.28	981.38	12.85	980.75	13.41
982.02	12.29	981.37	12.86	980.73	13.42
982.00	12.31	981.36	12.87	980.72	13.43
981.99	12.32	981.34	12.88	980.70	13.45
981.97	12.33	981.33	12.89	980.69	13.46
981.96	12.34	981.31	12.91	980.68	13.47
980.66	13.48	980.03	14.04	979.41	14.61
980.65	13.49	980.02	14.06	979.39	14.62
980.64	13.51	980.00	14.07	979.38	14.63
980.62	13.52	979.99	14.08	979.36	14.64
980.61	13.53	979.98	14.09	979.35	14.65
980.59	13.54	979.96	14.11	979.34	14.67
980.58	13.56	979.95	14.12	979.32	14.68
980.57	13.57	979.94	14.13	979.31	14.69
980.55	13.58	979.92	14.14	979.30	14.70
980.54	13.59	979.91	14.15	979.28	14.72
980.52	13.60	979.89	14.17	979.27	14.73
980.51	13.62	979.88	14.18	979.26	14.74
980.50	13.63	979.87	14.19	979.24	14.75
980.48	13.64	979.85	14.20	979.23	14.76
980.47	13.65	979.84	14.22	979.22	14.78
980.46	13.67	979.83	14.23	979.20	14.79
980.44	13.68	979.81	14.24	979.19	14.80
980.43	13.69	979.80	14.25	979.18	14.81
980.41	13.70	979.79	14.26	979.16	14.83
980.40	13.71	979.77	14.28	979.15	14.84
980.39	13.73	979.76	14.29	979.13	14.85
980.37	13.74	979.74	14.30	979.12	14.86
980.36	13.75	979.73	14.31	979.11	14.87
980.35	13.76	979.72	14.33	979.09	14.89

（续表）

密度/(g/L)	酒精度/(%vol)	密度/(g/L)	酒精度/(%vol)	密度/(g/L)	酒精度/(%vol)
980.33	13.78	979.70	14.34	979.08	14.90
980.32	13.79	979.69	14.35	979.07	14.91
980.31	13.80	979.68	14.36	979.05	14.92
980.29	13.81	979.66	14.37	979.04	14.94
980.28	13.82	979.65	14.9	979.03	14.95
980.26	13.84	979.64	14.40	979.01	14.96
980.25	13.85	979.62	14.41	979.00	14.97
980.24	13.86	979.61	14.42	978.99	14.98
980.22	13.87	979.60	14.44	97897	15.00
980.21	13.89	979.58	14.45	978.96	15.01
980.20	13.90	979.57	14.46	978.95	15.02
980.18	13.91	979.55	14.47	978.93	15.03
980.17	13.92	979.54	14.48	978.92	15.05
980.15	13.93	979.53	14.50	978.91	15.06
980.14	13.95	979.51	14.51	978.89	15.07
980.13	13.96	979.50	14.52	978.88	15.08
980.11	13.97	979.49	14.53	978.87	15.09
980.10	13.98	979. 47	14.55	978.85	15.11
980.09	14.00	979.46	14.56	978.84	15.12
980.07	14.01	979.45	14.57	978.83	15.13
980.06	14.02	979.43	14.58	978.81	15.14
980.04	14.03	979.42	14.59	978.80	15.16
978.78	15.17	978.17	15.73	977.56	16.29
978.77	15.18	978.16	15.74	977.54	16.30
978.76	15.19	978.14	15.75	977.53	16.31
978.74	15.20	978.13	15.76	977.52	16.32
978.73	15.22	978.12	15.78	977.50	16.34
978.72	15.23	978.10	15.79	977.49	16.35
978.70	15.24	978.09	15.80	977.48	16.36
978.69	15.25	978.08	15.81	977.46	16.37
978.68	15.26	978.06	15.83	977.45	16.39
978.66	15.28	978.05	15.84	977.44	16.40
978.65	15.29	978.04	15.85	977.43	16.41
978.64	15.30	978.02	15.86	977.41	16.42
978.62	15.31	978.01	15.87	977.40	16.43
978.61	15.33	978.00	15.89	977.39	16.45
978.60	15.34	977.98	15.90	977.37	16.46
978.58	15.35	977.97	15.91	977.36	16.47

（续表）

密度/（g/L）	酒精度/（%vol）	密度/（g/L）	酒精度/（%vol）	密度/（g/L）	酒精度/（%vol）
978. 57	15. 36	977. 96	15. 92	977. 35	16. 48
978. 56	15. 37	977. 94	15. 93	977. 33	16. 49
978. 54	15. 39	977. 93	15. 95	977. 32	16. 51
978. 53	15. 40	977. 92	15. 96	977. 31	16. 52
978. 52	15. 41	977. 90	15. 97	977. 29	16. 53
978. 50	15. 42	977. 89	15. 98	977. 28	16. 54
978. 49	15. 44	977. 88	16. 00	977. 27	16. 56
978. 48	15. 45	977. 86	16. 01	977. 25	16. 57
978. 46	15. 46	977. 85	16. 02	977. 24	16. 58
978. 45	15. 47	977. 84	16. 03	977. 23	16. 59
978. 44	15. 48	977. 82	16. 04	977. 21	16. 60
978. 42	15. 50	977. 81	16. 06	977. 20	16. 62
978. 41	15. 51	977. 80	16. 07	977. 19	16. 63
978. 40	15. 52	977. 78	16. 08	977. 17	16. 64
978. 38	15. 53	977. 77	16. 09	977. 16	16. 65
978. 37	15. 55	977. 76	16. 11	977. 15	16. 66
978. 36	15. 56	977. 74	16. 12	977. 13	16. 68
978. 34	15. 57	977. 73	16. 13	977. 12	16. 69
978. 33	15. 58	977. 72	16. 14	977. 11	16. 70
978. 32	15. 59	977. 70	16. 15	977. 09	16. 71
978. 30	15. 61	977. 69	16. 17	977. 08	16. 73
978. 29	15. 62	977. 68	16. 18	977. 07	16. 74
978. 28	15. 63	977. 66	16. 19	977. 06	16. 75
978. 26	15. 64	977. 65	16. 20	977. 04	16. 76
978. 25	15. 65	977. 64	16. 21	977. 03	16. 77
978. 24	15. 67	977. 62	16. 23	977. 02	16. 79
978. 22	15. 68	977. 61	16. 24	977. 00	16. 80
978. 21	15. 69	977. 60	16. 25	976. 99	16. 81
978. 20	15. 70	977. 58	16. 26	976. 98	16. 82
978. 18	15. 72	977. 57	16. 28	976. 96	16. 84
976. 95	16. 85	976. 35	17. 41	975. 74	17. 96
976. 94	16. 86	976. 33	17. 42	975. 73	17. 98
976. 92	16. 87	976. 32	17. 43	975. 72	17. 99
976. 91	16. 88	976. 31	17. 44	975. 70	18. 00
976. 90	16. 90	976. 29	17. 45	975. 69	18. 01
976. 88	16. 91	976. 28	17. 47	975. 68	18. 02
976. 87	16. 92	976. 27	17. 48	975. 67	18. 04
976. 86	16. 93	976. 25	17. 49	975. 65	18. 05

（续表）

密度/（g/L）	酒精度/（%vol）	密度/（g/L）	酒精度/（%vol）	密度/（g/L）	酒精度/（%vol）
976.84	16.94	976.24	17.50	975.64	18.06
976.83	16.96	976.23	17.52	975.63	18.07
976.82	16.97	976.21	17.53	975.61	18.08
976.81	16.98	976.20	17.54	975.60	18.10
976.79	16.99	976.19	17.55	975.59	18.11
976.78	17.01	976.18	17.56	975.57	18.12
976.77	17.02	976.16	17.58	975.56	18.13
976.75	17.03	976.15	17.59	975.55	18.15
976.74	17.04	976.14	17.60	975.53	18.16
976.73	17.05	976.12	17.61	975.52	18.17
976.71	17.07	976.11	17.62	975.51	18.18
976.70	17.08	976.10	17.64	975.50	18.19
976.69	17.09	976.08	17.65	975.48	18.21
976.67	17.10	976.07	17.66	97547	18.22
976.66	17.11	976.06	17.67	975.46	18.23
976.65	17.13	976.04	17.68	975.44	18.24
976.63	17.14	976.03	17.70	975.43	18.25
976.62	17.15	976.02	17.71	975.42	18.27
976.61	17.16	976.00	17.72	975.40	18.28
976.59	17.18	975.99	17.73	975.39	18.29
976.58	17.19	975.98	17.75	975.38	18.30
976.57	17.20	975.97	17.76	975.37	18.32
976.56	17.21	975.95	17.77	975.35	18.33
976.54	17.22	975.94	17.78	975.34	18.34
976.53	17.24	975.93	17.79	975.33	18.35
976.52	17.25	975.91	17,81	975.31	18.36
976.50	17.26	975.90	17.82	975.30	18.38
976.49	17.27	975.89	17.83	975.29	18.39
976.48	17.28	975.87	17.84	975.27	18.40
976.46	17.30	975.86	17.85	975.26	18.41
976.45	17.31	975.85	17.87	975.25	18.42
976.44	17.32	975.84	17.88	975.24	18.44
976.42	17.33	975.82	17.89	975.22	18.45
976.41	17.35	975.81	17.90	975.21	18.46
976.40	17.36	975.80	17.92	975.20	18.47
976.38	17.37	975.78	17.93	975.18	18.48
976.37	17.38	975.77	17.94	975.17	18.50
976.36	17.39	975.76	17.95	975.16	18.51

（续表）

密度/(g/L)	酒精度/(%vol)	密度/(g/L)	酒精度/(%vol)	密度/(g/L)	酒精度/(%vol)
975.14	18.52	974.55	19.08	973.95	19.63
975.13	18.53	974.53	19.09	973.94	19.65
975.12	18.55	974.52	19.10	973.92	19.66
975.11	18.56	974.51	19.11	973.91	19.67
975.09	18.57	974.49	19.13	973.90	19.68
975.08	18.58	974.48	19.14	973.88	19.69
975.07	18.59	974.47	19.15	973.87	19.71
975.05	18.61	974.46	19.16	973.86	19.72
975.04	18.62	974.44	19.17	973.85	19.73
975.03	18.63	974.43	19.19	973.83	19.74
975.01	18.64	974.42	19.20	973.82	19.75
975.00	18.65	974.40	19.21	973.81	19.77
974.99	18.67	974.39	19.22	973.79	19.78
974.97	18.68	974.38	19.23	973.78	19.79
974.96	18.69	974.36	19.25	973.77	19.80
974.95	18.70	974.35	19.26	973.75	19.81
974.94	18.71	974.34	19.27	973.74	19.83
974.92	18.73	974.33	19.28	973.73	19.84
974.91	18.74	974.31	19.30	973.72	19.85
974.90	18.75	974.30	19.31	973.70	19.86
974.88	18.76	974.29	19.32	973.69	19.88
974.87	18.78	974.27	19.33	973.68	19.89
974.86	18.79	974.26	19.34	973.66	19.90
974.84	18.80	974.25	19.36	973.65	19.91
974.83	18.81	974.23	19.37	973.64	19.92
974.82	18.82	974.22	19.38	973.62	19.94
974.81	18.84	974.21	19.39	973.61	19.95
974.79	18.85	974.20	19.40	973.60	19.96
974.78	18.86	974.18	19.42	973.59	19.97
974.77	18.87	974.17	19.43	973.57	19.98
974.75	18.88	974.16	19.44	973.56	20.00
974.74	18.90	974.14	19.45	973.55	20.01
974.73	18.91	974.13	19.46	973.53	20.02
974.71	18.92	974.12	19.48	973.52	20.03
974.70	18.93	974.10	19.49	973.51	20.04
974.69	18.94	974.09	19.50	973.50	20.06
974.68	18.96	974.08	19.51	973.48	20.07
974.66	18.97	974.07	19.53	973.47	20.08

（续表）

密度/(g/L)	酒精度/(%vol)	密度/(g/L)	酒精度/(%vol)	密度/(g/L)	酒精度/(%vol)
974.65	18.98	974.05	19.54	973.46	20.09
974.64	18.99	974.04	19.55	973.44	20.10
974.62	19.01	974.03	19.56	973.43	20.12
974.61	19.02	974.01	19.57	973.42	20.13
974.60	19.03	974.00	19.59	973.40	20.14
974.59	19.04	973.99	19.60	973.39	20.15
974.57	19.05	973.98	19.61	973.38	20.16
974.56	19.07	973.96	19.62	973.37	20.18
973.35	20.19	972.76	20.74	972.16	21.30
973.34	20.20	972.74	20.76	972.15	21.31
973.33	20.21	972.73	20.77	972.13	21.32
973.31	20.23	972.72	20.78	972.12	21.33
973.30	20.24	972.70	20.79	972.11	21.35
973.29	20.25	972.69	20.80	972.09	21.36
973.28	20.26	972.68	20.82	972.08	21.37
973.26	20.27	972.67	20.83	972.07	21.38
973.25	20.29	972.65	20.84	972.05	21.39
973.24	20.30	972.64	20.85	972.04	21.41
973.22	20.31	972.63	20.86	972.03	21.42
973.21	20.32	972.61	20.88	972.02	21.43
973.20	20.33	972.60	20.89	972.00	21.44
973.18	20.35	972.59	20.90	971.99	21.45
973.17	20.36	972.57	20.91	971.98	21.47
973.16	20.37	972.56	20.92	971.96	21.48
973.15	20.38	972.55	20.94	971.95	21.49
973.13	20.39	972.54	20.95	971.94	21.50
973.12	20.41	972.52	20.96	971.93	21.51
973.11	20.42	972.51	20.97	971.91	21.53
973.09	20.43	972.50	20.98	971.90	21.54
973.08	20.44	972.48	21.00	971.89	21.55
973.07	20.45	972.47	21.01	971.87	21.56
973.05	20.47	972.46	21.02	971.86	21.57
973.04	20.48	972.45	21.03	971.85	21.59
973.03	20.49	972.43	21.04	971.83	21.60
973.02	20.50	972.42	21.06	971.82	21.61
973.00	20.51	972.41	21.07	971.81	21.62
972.99	20.53	972.39	21.08	971.80	21.63
972.98	20.54	972.38	21.09	971.78	21.65

（续表）

密度/(g/L)	酒精度/(%vol)	密度/(g/L)	酒精度/(%vol)	密度/(g/L)	酒精度/(%vol)
972.96	20.55	972.37	21.10	971.77	21.66
972.95	20.56	972.35	21.12	971.76	21.67
972.94	20.57	972.34	21.13	971.74	21.68
972.92	20.59	972.33	21.14	971.73	21.69
972.91	20.60	972.32	21.15	971.72	21.71
972.90	20.61	972.30	21.17	971.70	21.72
972.89	20.62	972.29	21.18	971.69	21.73
972.87	20.64	972.28	21.19	971.68	21.74
972.86	20.65	972.26	21.20	971.67	21.75
972.85	20.66	972.25	21.21	971.65	21.77
972.83	20.67	972.24	21.23	971.64	21.78
972.82	20.68	972.22	21.24	971.63	21.79
972.81	20.70	972.21	21.25	971.61	21.80
972.80	20.71	972.20	21.26	971.60	21.81
972.78	20.72	972.19	21.27	971.59	21.83
972.77	20.73	972.17	21.29	971.57	21.84
971.56	21.85	970.96	22.40	970.36	22.95
971.55	21.86	970.95	22.42	970.35	22.97
971.54	21.87	970.94	22.43	970.33	22.98
971.52	21.89	970.92	22.44	970.32	22.99
971.51	21.90	970.91	22.45	970.31	23.00
971.50	21.91	970.90	22.46	970.29	23.01
971.48	21.92	970.88	22.48	970.28	23.03
971.47	21.93	970.87	22.49	970.27	23.04
971.46	21.95	970.86	22.50	970.26	23.05
971.44	21.96	970.84	22.51	970.24	23.06
971.43	21.97	970.83	22.52	970.23	23.07
971.42	21.98	970.82	22.54	970.22	23.09
971.41	21.99	970.81	22.55	970.20	23.10
971.39	22.01	970.79	22.56	970.19	23.11
971.38	22.02	970.78	22.57	970.18	23.12
971.37	22.03	970.77	22.58	970.16	23.13
971.35	22.04	970.75	22.60	970.15	23.15
971.34	22.05	970.74	22.61	970.14	23.16
971.33	22.07	970.73	22.62	970.12	23.17
971.31	22.08	970.71	22.63	970.11	23.18
971.30	22.09	970.70	22.64	970.10	23.19
971.29	22.10	970.69	22.66	970.09	23.21

（续表）

密度/（g/L）	酒精度/（%vol）	密度/（g/L）	酒精度/（%vol）	密度/（g/L）	酒精度/（%vol）
971.28	22.11	970.67	22.67	970.07	23.22
971.26	22.13	970.66	22.68	970.06	23.23
971.25	22.14	970.65	22.69	970.05	23.24
971.24	22.15	970.64	22.70	970.03	23.25
971.22	22.16	970.62	22.72	970.02	23.27
971.21	22.18	970.61	22.73	970.01	23.28
971.20	22.19	970.60	22.74	969.99	23.29
971.18	22.20	970.58	22.75	969.98	23.30
971.17	22.21	970.57	22.76	969.97	23.31
971.16	22.22	970.56	22.78	969.95	23.33
971.14	22.24	970.54	22.79	969.94	23.34
971.13	22.25	970.53	22.80	969.93	23.35
971.12	22.26	970.52	22.81	969.91	23.36
971.11	22.27	970.50	22.82	969.90	23.37
971.09	22.28	970.49	22.83	969.89	23.39
971.08	22.30	970.48	22.85	969.87	23.40
971.07	22.31	970.47	22.86	969.86	23.41
971.05	22.32	970.45	22.87	969.85	23.42
971.04	22.33	970.44	22.88	969.84	23.43
971.03	22.34	970.43	22.89	969.82	23.45
971.01	22.36	970.41	22.91	969.81	23.46
971.00	22.37	970.40	22.92	969.80	23.47
970.99	22.38	970.39	22.93	969.78	23.48
970.98	22.39	970.37	22.94	969.77	23.49
969.76	23.51	969.15	24.06	968.54	24.61
969.74	23.52	969.14	24.07	968.53	24.62
969.73	23.53	969.12	24.08	968.51	24.63
969.72	23.54	969.11	24.09	968.50	24.64
969.70	23.55	969.10	24.10	968.49	24.65
969.69	23.57	969.08	24.12	968.47	24.66
969.68	23.58	969.07	24.13	968.46	24.68
969.66	23.59	969.06	24.14	968.45	24.69
969.65	23.60	969.04	24.15	968.43	24.70
969.64	23.61	969.03	24.16	968.42	24.71
969.62	23.63	969.02	24.18	968.41	24.72
969.61	23.64	969.00	24.19	968.39	24.74
969.60	23.65	968.99	24.20	968.38	24.75
969.59	23.66	968.98	24.21	968.37	24.76

（续表）

密度/（g/L）	酒精度/（%vol）	密度/（g/L）	酒精度/（%vol）	密度/（g/L）	酒精度/（%vol）
969.57	23.67	968.96	24.22	968.35	24.77
969.56	23.69	968.95	24.24	968.34	24.78
969.55	23.70	968.94	24.25	968.32	24.80
969.53	23.71	968.92	24.26	968.31	24.81
969.52	23.72	968.91	24.27	968.30	24.82
969.51	23.73	968.90	24.28	968.28	24.83
969.49	23.75	968.88	24.29	968.27	24.84
969.48	23.76	968.87	24.31	968.26	24.86
969.47	23.77	968.86	24.32	968.24	24.87
969.45	23.78	968.84	24.33	968.23	24.88
969.44	23.79	968.83	24.34	968.22	24.89
969.43	23.80	968.82	24.35	968.20	24.90
969.41	23.82	968.80	24.37	968.19	24.92
969.40	23.83	968.79	24.38	968.18	24.93
969.39	23.84	968.78	24.39	968.16	24.94
969.37	23.85	968.76	24.40	968.15	24.95
969.36	23.86	968.75	24.41	968.14	24.96
969.35	23.88	968.74	24.42	968.12	24.97
969.33	23.89	968.72	24.44	968.11	24.99
969.32	23.90	968.71	24.45	968.10	25.00
969.31	23.91	968.70	24.46	968.08	25.01
969.29	23.92	968.68	24.47	968.07	25.02
969.28	23.94	968.67	24.49	968.06	25.03
969.27	23.95	968.66	24.50	968.04	25.05
969.25	23.96	968.64	24.51	968.03	25.06
969.24	23.97	968.63	24.52	968.02	25.07
969.23	23.98	968.62	24.53	968.00	25.08
969.22	24.00	968.60	24.55	967.99	25.09
969.20	24.01	968.59	24.56	967.98	25.11
969.19	24.02	968.58	24.57	967.96	25.12
969.18	24.03	968.56	24.58	967.95	25.13
969.16	24.04	968.55	24.59	967.94	25.14
967.92	25.15	967.30	25.70	966.68	26.25
967.91	25.17	967.29	25.71	966.67	26.26
967.90	25.18	967.28	25.73	966.65	26.27
967.88	25.19	967.26	25.74	966.64	26.28
967.87	25.20	967.25	25.75	966.63	26.30
967.86	25.21	967.24	25.76	966.61	26.31

（续表）

密度/ （g/L）	酒精度/ （%vol）	密度/ （g/L）	酒精度/ （%vol）	密度/ （g/L）	酒精度/ （%vol）
967.84	25.23	967.22	25.77	966.60	26.32
967.83	25.24	967.21	25.78	966.59	26.33
967.82	25.25	967.20	25.80	966.57	26.34
967.80	25.26	967.18	25.81	966.56	26.36
967.79	25.27	967.17	25.82	966.54	26.37
967.78	25.28	967.16	25.83	966.53	26.38
967.76	25.30	967.14	25.84	966.52	26.39
967.75	25.31	967.13	25.86	966.50	26.40
967.74	25.32	967.12	25.87	966.49	26.41
967.72	25.33	967.10	25.88	966.48	26.43
967.71	25.34	967.09	25.89	966.46	26.44
967.70	25.36	967.07	25.90	966.45	26.45
967.68	25.37	967.06	25.92	966.43	26.46
967.67	25.38	967.05	25.93	966.42	26.47
967.65	25.39	967.03	25.94	966.41	26.49
967.64	25.40	967.02	25.95	966.39	26.50
967.63	25.42	967.01	25.96	966.38	26.51
967.61	25.43	966.99	25.98	966.37	26.52
967.60	25.44	966.98	25.99	966.35	26.53
967.59	25.45	966.97	26.00	966.34	26.55
967.57	25.46	966.95	26.01	966.33	26.56
967.56	25.48	966.94	26.02	966.31	26.57
967.55	25.49	966.93	26.03	966.30	26.58
967.53	25.50	966.91	26.05	966.28	26.59
967.52	25.51	966.90	26.06	966.27	26.60
967.51	25.52	966.88	26.07	966.26	26.62
967.49	25.53	966.87	26.08	966.24	26.63
967.48	25.55	966.86	26.09	966.23	26.64
967.47	25.56	966.84	26.11	966.22	26.65
967.45	25.57	966.83	26.12	966.20	26.66
967.44	25.58	966.82	26.13	966.19	26.68
967.43	25.59	966.80	26.14	966.17	26.69
967.41	25.61	966.79	26.15	966.16	26.70
967.40	25.62	966.78	26.17	966.15	26.71
967.39	25.63	966.76	26.18	966.13	26.72
967.37	25.64	966.75	26.19	966.12	26.73
967.36	25.65	966.73	26.20	966.11	26.75
967.34	25.67	966.72	26.21	966.09	26.76

（续表）

密度/（g/L）	酒精度/（%vol）	密度/（g/L）	酒精度/（%vol）	密度/（g/L）	酒精度/（%vol）
967.33	25.68	966.71	26.22	966.08	26.77
967.32	25.69	966.69	26.24	966.06	26.78
966.05	26.79	965.42	27.34	964.78	27.88
966.04	26.81	965.40	27.35	964.76	27.90
966.02	26.82	965.39	27.36	964.75	27.91
966.01	26.83	965.37	27.37	964.73	27.92
966.00	26.84	965.36	27.39	964.72	27.93
965.98	26.85	965.35	27.40	964.71	27.94
965.97	26.87	965.33	27.41	964.69	27.95
965.95	26.88	965.32	27.42	964.68	27.97
965.94	26.89	965.31	27.43	964.66	27.98
965.93	26.90	965.29	27.45	964.65	27.99
965.91	26.91	965.28	27.46	964.64	28.00
965.90	26.92	965.26	27.47	964.62	28.01
965.89	26.94	965.25	27.48	964.61	28.03
965.87	26.95	965.24	27.49	964.59	28.04
965.86	26.96	965.22	27.51	964.58	28.05
965.84	26.97	965.21	27.52	964.57	28.06
965.83	26.98	965.19	27.53	964.55	28.07
965.82	27.00	965.18	27.54	964.54	28.08
965.80	27.01	965.17	27.55	964.52	28.10
965.79	27.02	965.15	27.56	964.51	28.11
965.78	27.03	965.14	27.58	964.49	28.12
965.76	27.04	965.12	27.59	964.48	28.13
965.75	27.06	965.11	27.60	964.47	28.14
965.73	27.07	965.10	27.61	964.45	28.16
965.72	27.08	965.08	27.62	964.44	28.17
965.71	27.09	965.07	27.64	964.42	28.18
965.69	27.10	965.05	27.65	964.41	28.19
965.68	27.11	965.04	27.66	964.40	28.20
965.67	27.13	965.03	27.67	964.38	28.21
965.65	27.14	965.01	27.68	964.37	28.23
965.64	27.15	965.00	27.69	964.35	28.24
965.62	27.16	964.99	27.71	964.34	28.25
965.61	27.17	964.97	27.72	964.33	28.26
965.60	27.19	964.96	27.73	964.31	28.27
965.58	27.20	964.94	27.74	964.30	28.29
965.57	27.21	964.93	27.75	964.28	28.30

（续表）

密度/（g/L）	酒精度/（%vol）	密度/（g/L）	酒精度/（%vol）	密度/（g/L）	酒精度/（%vol）
965.55	27.22	964.92	27.77	964.27	28.31
965.54	27.23	964.90	27.78	964.26	28.32
965.53	27.24	964.89	27.79	964.24	28.33
965.51	27.26	964.87	27.80	964.23	28.34
965.50	27.27	964.86	27.81	964.21	28.36
965.49	27.28	964.85	27.82	964.20	28.37
965.47	27.29	964.83	27.84	964.18	28.38
965.46	27.30	964.82	27.85	964.17	28.39
965.44	27.32	964.80	27.86	964.16	28.40
965.43	27.33	964.79	27.87	964.14	28.41
964.13	28.43	963.47	28.97	962.81	29.51
964.11	28.44	963.46	28.98	962.80	29.52
964.10	28.45	963.45	28.99	962.78	29.53
964.09	28.46	963.43	29.00	962.77	29.55
964.07	28.47	963.42	29.02	962.76	29.56
964.06	28.49	963.40	29.03	962.74	29.57
964.04	28.50	963.39	29.04	962.73	29.58
964.03	28.51	963.37	29.05	962.71	29.59
964.01	28.52	963.36	29.06	962.70	29.60
964.00	28.53	963.35	29.08	962.68	29.62
963.99	28.54	963.33	29.09	962.67	29.63
963.97	28.56	963.32	29.10	962.65	29.64
963.96	28.57	963.30	29.11	962.64	29.65
963.94	28.58	963.29	29.12	962.63	29.66
963.93	28.59	963.27	29.13	962.61	29.67
963.92	28.60	963.26	29.15	962.60	29.69
963.90	28.62	963.25	29.16	962.58	29.70
963.89	28.63	963.23	29.17	962.57	29.71
963.87	28.64	963.22	29.18	962.55	29.72
963.86	28.65	963.20	29.19	962.54	29.73
963.84	28.66	963.19	29.20	962.52	29.75
963.83	28.67	963.17	29.22	962.51	29.76
963.82	28.69	963.16	29.23	962.49	29.77
963.80	28.70	963.14	29.24	962.48	29.78
963.79	28.71	963.13	29.25	962.47	29.79
963.77	28.72	963.12	29.26	962.45	29.80
963.76	28.73	963.10	29.28	962.44	29.82
963.75	28.75	963.09	29.29	962.42	29.83

（续表）

密度/(g/L)	酒精度/(%vol)	密度/(g/L)	酒精度/(%vol)	密度/(g/L)	酒精度/(%vol)
963.73	28.76	963.07	29.30	962.41	29.84
963.72	28.77	963.06	29.31	962.39	29.85
963.70	28.78	963.04	29.32	962.38	29.86
963.69	28.79	963.03	29.33	962.36	29.87
963.67	28.80	963.02	29.35	962.35	29.89
963.66	28.82	963.00	29.36	962.34	29.90
963.65	28.83	962.99	29.37	962.32	29.91
963.63	28.84	962.97	29.38	962.31	29.92
963.62	28.85	962.96	29.39	962.29	29.93
963.60	28.86	962.94	29.40	962.28	29.95
963.59	28.87	962.93	29.42	962.26	29.96
963.57	28.89	962.91	29.43	962.25	29.97
963.56	28.90	962.90	29.44	962.23	29.98
963.55	28.91	962.89	29.45	962.22	29.99
963.53	28.92	962.87	29.46	962.20	30.00
963.52	28.93	962.86	29.48	962.19	30.02
963.50	28.95	962.84	29.49	962.17	30.03
963.49	28.96	962.83	29.50	962.16	30.04

附　录　B
（规范性附录）
酒精计温度、酒精度（乙醇含量）换算表

表 B.1　　酒精计温度、酒精度（乙醇含量）换算表

溶液温度/℃	酒精计示值									
	35	34.5	34	33.5	33	32.5	32	31.5	31	30.5
	酒精计温度为 20 ℃时的乙醇含量/（%vol）									
35	28.8	28.2	27.8	27.3	26.8	26.4	26.0	25.5	25.0	24.6
34	29.3	28.8	28.3	27.8	27.3	26.8	26.4	25.9	25.4	25.0
33	29.7	29.2	28.7	28.2	27.7	27.2	26.8	26.3	25.8	25.4
32	30.1	29.6	29.1	28.6	28.1	27.6	27.2	26.7	26.2	25.8
31	30.5	30.0	29.5	29.0	28.5	28.0	27.6	27.1	26.6	26.2
30	30.9	30.4	29.9	29.4	28.9	28.4	28.0	27.5	27.0	26.5
29	31.3	30.8	30.3	29.8	29.4	28.8	28.4	27.9	27.4	26.9
28	31.7	31.2	30.7	30.2	29.8	29.2	28.8	28.3	27.8	27.3
27	32.2	31.6	31.2	30.6	30.2	29.6	29.2	28.7	28.2	27.7
26	32.6	32.0	31.6	31.0	30.6	30.0	29.6	29.1	28.6	28.1
25	33.0	32.5	32.0	31.5	31.0	30.5	30.0	29.5	29.0	28.5
24	33.4	32.9	32.4	31.9	31.4	30.9	30.4	29.9	29.4	28.9
23	33.8	33.3	32.8	32.3	31.8	31.3	30.8	30.3	29.8	29.3
22	34.2	33.7	33.2	32.7	32.2	31.7	31.2	30.7	30.2	29.7
21	34.6	34.1	33.6	33.1	32.6	32.0	31.6	31.1	30.6	30.1
20	35.0	34.5	34.0	33.5	33.0	32.5	32.0	31.5	31.0	30.5
19	35.4	34.9	34.4	33.9	33.4	32.9	32.4	31.9	31.4	30.9
18	35.8	35.3	34.8	34.3	33.8	33.2	32.8	32.3	31.8	31.3
17	36.2	35.7	35.2	34.7	34.2	33.7	33.2	32.7	32.2	31.7
16	36.6	36.1	35.6	35.1	34.6	34.1	33.6	33.1	32.6	32.1
15	37.0	36.5	36.0	35.5	35.0	34.5	34.0	33.5	33.0	32.5
14	37.4	36.9	36.4	35.9	35.4	35.0	34.4	34.0	33.5	32.0
13	37.8	37.3	36.8	36.4	35.9	35.4	34.9	34.4	33.9	32.4
12	38.2	37.8	37.3	36.8	36.3	35.8	35.3	34.8	34.3	33.8
11	38.7	38.2	37.7	37.2	36.7	36.2	35.7	35.2	34.7	34.2
10	39.1	38.6	38.1	37.6	37.1	36.6	1	35.6	35.1	34.6

（续表）

溶液温度/℃	酒精计示值									
	30	29.5	29	28.5	28	27.5	27	26.5	26	25.5
	酒精计温度为20 ℃时的乙醇含量/（%vol）									
35	24.2	23.7	23.2	22.8	22.3	21.8	21.3	20.8	20.4	20.0
34	24.5	24.0	23.5	23.1	22.7	22.2	21.7	21.2	20.8	20.4
33	24.9	24.4	23.9	23.5	23.1	22.6	22.0	21.6	21.2	20.8
32	25.3	24.8	24.2	23.8	23.4	22.9	22.4	22.0	21.6	21.2
31	25.7	25.2	24.7	24.2	23.8	23.3	22.8	22.4	21.9	21.4
30	26.1	25.6	25.1	24.6	24.2	23.7	23.2	22.8	22.3	21.9
29	26.4	26.0	25.5	25.0	24.6	24.1	23.6	23.2	22.7	22.2
28	26.8	26.4	25.9	25.4	24.9	24.4	24.0	23.5	23.0	22.6
27	27.2	26.7	26.3	25.8	25.3	24.8	24.4	23.9	23.4	22.9
26	27.6	27.1	26.6	26.2	25.7	25.2	24.7	24.2	23.8	23.3
25	28.0	27.5	27.0	26.6	26.1	25.6	25.1	24.6	24.1	23.7
24	28.4	27.9	27.4	26.9	26.4	26.0	25.5	25.0	24.5	24.0
23	28.8	28.3	27.8	27.2	26.8	26.3	25.8	25.4	24.9	24.4
22	29.2	28.7	28.2	27.7	27.2	26.7	26.2	25.8	25.3	24.8
21	29.6	29.1	28.6	28.1	27.6	27.1	26.6	26.1	25.6	25.1
20	30.0	29.5	29.0	28.5	28.0	27.5	27.0	26.5	26.0	25.5
19	30.4	29.9	29.4	28.9	28.4	27.9	27.4	26.9	26.4	25.9
18	30.8	30.3	29.8	29.3	28.8	28.3	27.8	27.2	26.7	26.2
17	31.2	30.7	30.2	29.7	29.2	28.6	28.1	27.6	27.1	26.6
16	31.6	31.1	30.6	30.1	29.5	29.0	28.5	28.0	27.5	27.0
15	32.0	31.5	31.0	30.5	29.9	29.5	28.9	28.4	27.9	27.4
14	32.4	31.9	31.4	30.9	30.4	29.9	29.3	28.8	28.3	27.8
13	32.8	32.3	31.8	31.2	30.8	30.3	29.7	29.2	28.7	28.2
12	33.3	32.8	32.1	31.6	31.2	30.7	30.2	29.6	29.1	28.5
11	33.7	33.2	32.7	32.0	31.6	31.1	30.6	30.0	29.5	28.9
10	30.1	33.6	33.1	32.5	32.0	31.5	31.0	30.4	29.9	29.3

（续表）

溶液温度/℃	酒精计示值									
	25	24.5	24	23.5	23	22.5	22	21.5	21	20.5
	酒精计温度为 20 ℃时的乙醇含量/（% vol）									
35	19.6	19.2	18.8	18.4	17.9	17.4	16.9	16.4	16.0	15.6
34	20.0	19.6	19.1	18.6	18.2	17.7	17.2	16.8	16.4	16.0
33	20.3	19.8	19.4	19.0	18.6	18.1	17.6	17.2	16.7	16.2
32	20.7	20.2	19.8	19.4	18.9	18.4	17.9	17.4	17.0	16.6
31	21.0	20.6	20.2	19.8	19.3	18.8	18.3	17.8	17.4	17.0
30	21.4	20.9	20.5	20.0	19.6	19.1	18.6	18.2	17.7	17.3
29	21.8	21.3	20.8	20.4	19.9	19.4	19.0	18.5	18.0	17.6
28	22.1	21.6	21.2	20.7	20.2	19.8	19.3	18.8	18.4	17.9
27	22.5	22.0	21.5	21.0	20.6	20.1	19.6	19.2	18.7	18.2
26	22.8	22.4	21.9	21.4	20.9	20.5	20.0	19.5	19.0	18.6
25	23.2	22.7	22.2	21.8	21.2	20.8	20.3	19.8	19.4	18.9
24	23.5	23.1	22.6	22.1	21.6	21.1	20.7	20.2	19.7	19.2
23	23.9	23.4	22.9	22.4	22.0	21.5	21.0	20.5	20.0	19.5
22	24.3	23.8	23.3	22.8	22.3	21.8	21.3	20.8	20.4	19.9
21	24.6	24.1	23.6	23.1	22.6	22.2	21.7	21.2	20.7	20.2
20	25.0	24.5	24.0	23.5	23.0	22.5	22.0	21.5	21.0	20.5
19	25.4	24.8	24.4	23.8	23.3	22.8	22.3	21.8	21.3	20.8
18	25.7	25.2	24.7	24.2	23.7	23.2	22.6	22.1	21.6	21.1
17	26.1	25.6	25.1	24.5	24.0	23.5	23.0	22.5	22.0	21.4
16	26.5	25.9	25.4	24.9	24.4	23.8	23.3	22.8	22.3	21.8
15	26.8	26.3	25.8	25.3	24.7	24.2	23.7	23.1	22.6	22.1
14	27.2	26.7	26.2	25.6	25.1	24.6	24.0	23.5	23.0	22.4
13	27.6	27.1	26.5	26.0	25.4	24.9	24.4	23.8	23.3	22.7
12	28.0	27.4	26.9	26.4	25.8	25.3	24.7	24.2	23.6	23.0
11	28.4	27.8	27.3	26.7	26.2	25.6	25.0	24.5	23.9	23.4
10	28.8	28.2	27.7	27.1	26.6	26.0	25.4	24.8	24.3	23.7

（续表）

溶液温度/℃	酒精计示值									
	20	19.5	19	18.5	18	17.5	17	16.5	16	15.5
	酒精计温度为 20 ℃时的乙醇含量/（%vol）									
35	15.2	14.8	14.5	14.0	13.6	13.2	12.8	12.4	12.1	11.6
34	15.5	15.2	14.8	14.4	13.9	13.5	13.1	12.8	12.4	12.0
33	15.8	15.4	15.1	14.6	14.2	13.8	13.4	13.0	12.6	12.2
32	16.2	15.8	15.4	15.0	14.5	14.0	13.6	13.2	12.9	12.4
31	16.5	16.1	15.7	15.2	14.8	14.4	13.9	13.5	13.1	12.6
30	16.8	16.4	16.0	15.5	15.1	14.7	14.2	13.8	13.4	12.9
29	17.2	16.7	16.3	15.8	15.4	15.0	14.5	14.1	13.6	13.2
28	17.5	17.0	16.6	16.1	15.7	15.2	14.8	14.4	13.9	13.4
27	17.8	17.3	16.9	16.4	16.0	15.5	15.1	14.6	14.2	13.7
26	18.1	17.6	17.2	16.7	16.3	15.8	15.4	14.9	14.4	14.0
25	18.4	18.0	17.5	17.0	16.6	16.1	15.6	15.2	14.7	14.2
24	18.7	18.3	17.8	17.3	16.9	16.4	15.9	15.4	15.0	14.5
23	19.0	18.6	18.1	17.6	17.1	16.6	16.2	15.7	15.2	14.7
22	19.4	18.9	18.4	17.9	17.4	17.0	16.5	16.0	15.5	15.0
21	19.7	19.2	18.7	18.2	17.7	17.2	16.7	16.2	15.7	15.2
20	20.0	19.5	19.0	18.5	18.0	17.5	17.0	16.5	16.0	15.5
19	20.3	19.8	19.3	18.8	18.3	17.8	17.3	16.8	16.3	15.8
18	20.6	20.1	19.6	19.1	18.6	18.1	17.6	17.0	16.5	16.0
17	20.9	20.4	19.9	19.4	18.9	18.3	17.9	17.3	16.8	16.2
16	21.2	20.7	20.2	19.7	19.2	18.6	18.1	17.5	17.0	16.5
15	21.6	21.0	20.5	20.0	19.4	18.9	18.3	17.8	17.2	16.7
14	21.9	21.3	20.8	20.2	19.7	19.1	18.6	18.0	17.5	16.9
13	22.2	21.6	21.1	20.5	20.0	19.4	18.8	18.3	17.7	17.2
12	22.5	21.9	21.4	20.8	20.2	19.7	19.1	18.5	18.0	17.4
11	22.8	22.2	21.7	21.1	20.5	20.0	19.4	18.8	18.2	17.6
10	23.1	22.5	22.0	21.4	20.8	20.2	19.6	19.0	18.4	17.8

（续表）

溶液温度/℃	酒精计示值									
	15	14.5	14	13.5	13	12.5	12	11.5	11	10.5
	酒精计温度为 20 ℃时的乙醇含量/（% vol）									
35	11.2	10.8	10.4	10.0	9.6	9.2	8.7	8.3	7.9	7.4
34	11.5	11.0	10.6	10.2	9.8	9.4	8.9	8.5	8.1	7.6
33	11.8	11.4	10.9	10.4	10.0	9.6	9.1	8.7	8.3	7.8
32	12.0	11.6	11.0	10.6	10.2	9.8	9.4	9.0	8.5	8.0
31	12.2	11.8	11.4	11.0	10.5	10.0	9.6	9.2	8.7	8.2
30	12.5	12.0	11.6	11.1	10.7	10.2	9.8	9.3	8.9	8.4
29	12.7	12.3	11.8	11.4	10.9	10.5	10.0	9.5	9.1	8.8
28	13.0	12.6	12.1	11.6	11.2	10.7	10.3	9.8	9.2	8.9
27	13.2	12.8	12.3	11.9	11.4	10.9	10.5	10.0	9.5	9.1
26	13.5	13.0	12.6	12.1	11.7	11.2	10.7	10.2	9.8	9.3
25	13.8	13.3	12.8	12.4	11.9	11.4	10.9	10.4	10.0	9.5
24	14.0	13.5	13.1	12.6	12.1	11.6	11.2	10.7	10.2	9.7
23	14.3	13.8	13.3	12.8	12.3	11.8	11.4	10.9	10.4	9.9
22	14.5	14.0	13.6	13.1	12.6	12.1	11.6	11.1	10.6	10.1
21	14.8	14.3	13.8	13.3	12.8	12.3	11.8	11.3	10.8	10.3
20	15.0	14.5	14.0	13.5	13.0	12.5	12.0	11.5	11.0	10.5
19	15.2	14.7	14.2	12.7	13.2	12.7	12.2	11.7	11.2	10.7
18	15.5	15.0	14.4	13.9	13.4	12.9	12.4	11.9	11.4	10.9
17	15.7	15.2	14.7	14.1	13.6	13.1	12.6	12.1	11.5	11.0
16	15.9	15.4	14.9	14.3	13.8	13.3	12.8	12.2	11.7	11.2
15	16.2	15.6	15.1	14.5	14.0	13.5	12.9	12.4	11.9	11.3
14	16.4	15.8	15.2	14.7	14.2	13.6	13.1	12.5	12.0	11.5
13	16.6	16.0	15.5	14.9	14.4	13.8	13.2	12.7	12.2	11.6
12	16.8	16.2	15.7	15.1	14.5	14.0	13.4	12.8	12.3	11.8
11	17.0	16.4	15.8	15.3	14.7	14.1	13.6	13.0	12.4	11.9
10	17.2	16.6	16.0	15.4	14.9	14.3	13.7	13.1	12.6	12.0

（续表）

溶液温度/℃	酒精计示值									
	10	9.5	9	8.5	8	7.5	7	6.5	6	5.5
	酒精计温度为20 ℃时的乙醇含量/（%vol）									
35	6.8	6.4	6.0	5.6	5.2	4.8	4.3	3.8	3.3	2.8
34	7.1	6.6	6.2	5.8	5.3	4.9	4.5	4.0	3.5	3.0
33	7.3	6.8	6.4	6.0	5.5	5.1	4.7	4.2	3.7	3.2
32	7.5	7.0	6.6	6.2	5.7	5.2	4.8	4.3	3.8	3.4
31	7.7	7.2	6.8	6.4	5.9	5.4	5.0	4.5	4.0	3.6
30	7.9	7.5	7.0	6.6	6.1	5.6	5.2	4.7	4.2	3.8
29	8.2	7.7	7.2	6.8	6.3	5.8	5.4	4.9	4.4	4.0
28	8.4	7.9	7.5	7.0	6.5	6.1	5.6	5.1	4.6	4.2
27	8.6	8.1	7.7	7.2	6.7	6.3	5.8	5.3	4.8	4.3
26	8.8	8.2	7.9	7.4	6.9	6.4	6.0	5.5	5.0	4.5
25	9.0	8.6	8.1	7.6	7.1	6.6	6.2	5.7	5.2	4.7
24	9.2	8.8	8.3	7.8	7.3	6.8	6.3	5.8	5.4	4.9
23	9.4	8.9	8.4	8.0	7.5	7.0	6.5	6.0	5.5	5.0
22	9.6	9.1	8.6	8.2	7.7	7.2	6.7	6.2	5.7	5.2
21	9.8	9.3	8.8	8.3	7.8	7.3	6.8	6.3	5.8	5.4
20	10.0	9.5	9.0	8.5	8.0	7.5	7.0	6.5	6.0	5.5
19	10.2	9.7	9.2	8.7	8.2	7.6	7.2	6.6	6.1	5.6
18	10.4	9.8	9.3	8.8	8.3	7.8	7.3	6.8	6.3	5.8
17	10.5	10.0	9.5	9.0	8.5	8.0	7.4	6.9	6.4	5.9
16	10.7	10.2	9.6	9.1	8.6	8.1	7.6	7.0	6.5	6.0
15	10.8	10.3	9.8	9.3	8.8	8.2	7.7	7.1	6.6	6.1
14	11.0	10.4	9.9	9.4	8.9	8.3	7.8	7.2	6.7	6.2
13	11.1	10.6	10.0	9.5	9.0	8.4	7.9	7.4	6.8	6.3
12	11.2	10.7	10.1	9.6	9.1	8.5	8.0	7.4	6.9	6.4
11	11.3	10.8	10.2	9.7	9.2	8.6	8.1	7.6	7.0	6.5
10	11.4	10.9	10.3	9.8	9.3	8.7	8.2	7.6	7.1	6.5

（续表）

溶液温度/℃	酒精计示值									
	5	4.5	4	3.5	3	2.5	2	1.5	1	0.5
	酒精计温度为20 ℃时的乙醇含量/（%vol）									
35	2.4	2.0	1.6	1.1	0.6	—	—	—	—	—
34	2.6	2.2	1.8	1.3	0.8	—	—	—	—	—
33	2.8	2.4	1.9	1.2	0.9	—	—	—	—	—
32	3.0	2.6	2.1	1.4	1.1	0.6	0.1	—	—	—
31	3.1	2.6	2.2	1.6	1.2	0.7	0.2	—	—	—
30	3.3	2.8	2.4	1.7	1.4	0.9	0.4	0.1	—	—
29	3.5	3.0	2.5	1.9	1.6	1.1	0.6	0.2	—	—
28	3.7	3.2	2.7	2.1	1.8	1.3	0.8	0.3	—	—
27	3.9	3.4	2.9	2.2	1.9	1.4	1.0	0.4	—	—
26	4.0	3.6	3.1	2.4	2.1	1.6	1.1	0.6	0.1	—
25	4.2	3.7	3.2	2.6	2.3	1.8	1.3	0.8	0.3	—
24	4.4	3.9	3.4	2.8	2.4	1.9	1.4	0.9	0.4	—
23	4.6	4.1	3.6	2.9	2.6	2.1	1.6	1.1	0.6	0.1
22	4.7	4.2	3.7	3.1	2.7	2.2	1.7	1.2	0.7	0.2
21	4.8	4.4	3.9	3.2	2.9	2.4	1.9	1.4	0.9	0.4
20	5.0	4.5	4.0	3.4	3.0	2.5	2.0	1.5	1.0	0.5
19	5.1	4.6	4.1	3.5	3.1	2.6	2.1	1.6	1.1	0.6
18	5.3	4.8	4.2	3.6	3.2	2.7	2.2	1.7	1.2	0.7
17	5.4	4.9	4.4	3.7	3.4	2.8	2.3	1.8	1.3	0.8
16	5.5	5.0	4.5	3.9	3.4	2.9	2.4	1.9	1.4	0.9
15	5.6	5.1	4.6	4.0	3.6	3.0	2.5	2.0	1.5	1.0
14	5.7	5.2	4.7	4.1	3.9	3.1	2.6	2.1	1.6	1.1
13	5.8	5.3	4.8	4.2	3.7	3.2	2.7	2.2	1.7	1.2
12	5.9	5.4	4.8	4.3	3.8	3.3	2.8	2.2	1.8	1.2
11	6.0	5.4	4.9	4.4	3.9	3.3	2.8	2.3	1.8	1.3
10	6.0	5.5	5.0	4.4	3.9	3.4	2.9	2.4	1.8	1.3

附 录 C
（规范性附录）
密度－总浸出物含量对照表

表 C.1 密度－总浸出物含量对照表（整数位） 单位为克每升

密度（20 ℃）	密度的第四位整数									
	0	1	2	3	4	5	6	7	8	9
100	0	2.6	5.1	7.7	10.3	12.9	15.4	18.0	20.6	23.2
101	25.8	28.4	31.0	33.6	36.2	38.8	41.3	43.9	46.5	49.1
102	51.7	54.3	56.9	59.5	62.1	64.7	67.3	69.9	72.5	75.1
103	77.7	80.3	82.9	85.5	88.1	90.7	93.3	95.9	98.5	101.1
104	103.7	106.3	109.0	111.6	114.2	116.8	119.4	122.0	124.6	127.2
105	129.8	132.4	135.0	137.6	140.3	142.9	145.5	148.1	150.7	153.3
106	155.9	158.6	161.2	163.8	166.4	169.0	171.6	174.3	176.9	179.5
107	182.1	184.8	187.4	190.0	192.6	195.2	197.8	200.5	203.1	205.8
108	208.4	211.0	213.6	216.2	218.9	221.5	224.1	226.8	229.4	232.0
109	234.7	237.3	239.9	242.5	245.2	247.8	250.4	253.1	255.7	258.4
110	261.0	263.6	266.3	268.9	271.5	274.2	276.8	279.5	282.1	284.8
111	287.4	290.0	292.7	295.3	298.0	300.6	303.3	305.9	308.6	311.2
112	313.9	316.5	319.2	321.8	324.5	327.1	329.8	332.4	335.1	337.8
113	340.4	343.0	345.7	348.3	351.0	353.7	356.3	359.0	361.6	364.3
114	366.9	369.6	372.3	375.0	377.6	380.3	382.9	385.6	388.3	390.9
115	393.6	396.2	398.9	401.6	404.3	406.9	409.6	412.3	415.0	417.6
116	420.3	423.0	425.7	428.3	431.0	433.7	436.4	439.0	441.7	444.4
117	447.1	449.8	452.4	455.2	457.8	460.5	463.2	465.9	468.6	471.3
118	473.9	476.6	479.3	482.0	484.7	487.4	490.1	492.8	495.5	498.2
119	500.9	503.5	506.2	508.9	511.6	514.3	517.0	519.7	522.4	525.1
120	527.8	—	—	—	—	—	—	—	—	—

表 C.2 密度－总浸出物含量对照表

密度的第一位小数	总浸出物/(g/L)	密度的第一位小数	总浸出物/(g/L)	密度的第一位小数	总浸出物/(g/L)
1	0.3	4	1.0	7	1.8
2	0.5	5	1.3	8	2.1
3	0.8	6	1.6	9	2.3

附　录　D
（资料性附录）
葡萄酒中的糖分和有机酸的测定（HPLC 法）

D.1　原理

一定量的葡萄酒样品经阴离子固相萃取柱分离与纯化，将酒样中的糖、醇和有机酸分离。分别在色谱分离柱中，以稀的硫酸溶液为流动相，再经示差折光和紫外检测器检测，分别对蔗糖、葡萄糖、果糖、甘油等糖醇和柠檬酸、酒石酸、苹果酸、琥珀酸、乳酸、醋酸等有机酸定量。

D.2　试剂和材料

D.2.1　甲醇（色谱纯）。

D.2.2　标准物质：柠檬酸，酒石酸，D－苹果酸，琥珀酸，乳酸，醋酸，蔗糖，葡萄糖，D－果糖，甘油。

D.2.3　超纯水：实验室制备。

D.2.4　糖、醇标准储备溶液：分别称取蔗糖、葡萄糖、果糖标准品各 0.05 g，精确至 0.000 1 g，用超纯水定容至 50 mL，该溶液分别含蔗糖、葡萄糖、果糖 1 g/L；称取甘油标准品 0.20 g，精确至 0.000 1 g，用超纯水定容至 50 mL，该溶液甘油含量为 4 g/L。

D.2.5　糖、醇标准系列溶液：将各糖、醇标准储备溶液用超纯水稀释成含糖浓度为 0.05 g/L，0.10 g/L，0.20 g/L，0.40 g/L，0.80 g/L 和含甘油浓度为 0.20 g/L，0.40 g/L，0.80 g/L，1.60 g/L，3.20 g/L 的混合标准系列溶液。

D.2.6　有机酸标准储备溶液：分别称取柠檬酸、酒石酸、苹果酸、琥珀酸、乳酸、醋酸各 0.05 g，精确至 0.000 1 g，用超纯水定容至 50 mL，该溶液分别含柠檬酸、酒石酸、苹果酸、琥珀酸、乳酸、醋酸各 1 g/ L。

D.2.7　有机酸标准系列溶液：将各有机酸标准储备溶液用超纯水稀释成浓度为 0.05 g/L，0.10 g/L，0.20 g/L，0.40 g/L，0.80 g/L 的混合标准系列溶液。

D.2.8　硫酸溶液（1%）：2 mL 浓硫酸加 198 mL 重蒸水。

D.2.9　氨水溶液（1%）。

D.2.10　硫酸溶液（1.5 mol/L）；吸取浓硫酸 4.5 mL，用重蒸水定容至 100 mL。

D.2.11　硫酸溶液（0.001 5 mol/L）：准确吸取 1 mL 硫酸溶液（D.2.10），用重蒸水定容至 1 000 mL。

D.2.12　硫酸溶液（0.007 5 mol/L）：吸取 5 mL 硫酸溶液（D.2.10），用重蒸水定容至 1 000 mL。

D.2.13　氢氧化钠溶液（8%）：称取 4 g 氢氧化钠，溶于 50 mL 水中。

D.3　仪器

D.3.1　高效液相色谱仪：配有紫外检测器或二极管阵列检测器和色谱柱恒温箱。

D.3.2　色谱分离柱：Feti gsaule RT 300－7，8。或其他具有同等分析效果的固相萃取柱。

D.3.3　强阴离子交换固相萃取柱：LC－SAX SPE（3 mL）。或其他具有同等分析效果的固相萃取柱。

D.3.4　固相萃取装置：ALLTECH。或其他具有同等分析效果的装置。

D.3.5　微量注射器：50 μL 或 100 μL。

D. 3. 6　流动相真空抽滤脱气装置及 0. 2 μm 或 0. 45 μm 微孔膜。

D. 4　分析步骤

D. 4. 1　固相萃取柱的活化

将固相萃取柱插在固相萃取装置上，加入 2 mL ~ 3 mL 甲醇，以慢速度下滴（约 4 滴/ min ~ 6 滴/ min）过柱，待快滴完时，加 2 mL ~ 3 mL 超纯水，继续慢速度下滴过柱，等即将滴完时再加 2 mL ~ 3 mL 1% 氨水，滴至液面高度为 1 mm 左右关上控制阀，切勿滴干。

D. 4. 2　样品溶液的制备

将收集糖、醇的 10 mL 空容量瓶置于接取处，用微量移液枪准确吸取酒样 2 mL 加入固相萃取柱中。

D. 4. 2. 1　第一步洗脱：糖醇的洗脱

以慢滴速度过柱，滴至液面高度为 1 mm 左右时，继续用 4 mL 超纯水分两次以慢速度下滴洗脱，将洗脱液全部收取在 10 mL 容量瓶中，取出容量瓶，用氢氧化钠溶液（D. 2. 13）调节洗脱液 pH 至 6 左右，再用超纯水定容至 10 mL。洗脱液即作糖、醇分离样液。

D. 4. 2. 2　第二步洗脱：有机酸的洗脱

将收集有机酸的 10 mL 容量瓶置于接取处，用 4 mL 硫酸溶液（D. 2. 8）分两次继续以慢速度下滴洗脱，最后抽干柱中洗脱溶液，取出容量瓶，用氢氧化钠溶液（D. 2. 13）pH 至 6 左右，再用超纯水定容至 10 mL。洗脱液即作有机酸分离样液。

D. 4. 2. 3　样品测定

D. 4. 2. 3. 1　糖、醇的测定

D. 4. 2. 3. 1. 1　色谱条件

色谱柱：Fetigsaule RT 300 - 7，8。或其他具有同等分析效果的色谱柱。

柱温：30 ℃。

流动相：硫酸溶液（0. 001 5 mol/L）。

流速：0. 3 mL/min。

进样量：20 μL。

在测定前装上色谱柱，调柱温至 30 ℃，以 0. 3 mL/min 的流速通入流动相平衡。

D. 4. 2. 3. 1. 2　测定

待系统稳定后按上述色谱条件依次进样。

将糖、醇混合标准液系列溶液分别进样后，以标样浓度对峰面积作标准曲线。线性相关系数应为 0. 999 0 以上。

将样品溶液（D. 4. 2）进样（样品中糖、醇的含量应控制在标准系列范围内）。根据保留时间定性，根 据峰面积，以外标法定量。

D. 4. 2. 3. 2　有机酸的测定

D. 4. 2. 3. 2. 1　色谱条件

色谱柱：Fetigsaule RT 300 - 7，8。或其他具有同等分析效果的色谱柱。

柱温：55 ℃。

流动相：硫酸溶液（0. 007 5 mol/L）。

流速：0. 3 mL/min。

检测波长：210 nm。

进样量：20 μL。

在测定前装上色谱柱，调柱温至55 ℃，以0.3 mL/min的流速通人流动相平衡。

D.4.2.3.2.2　测定

待系统稳定后按上述色谱条件依次进样。

将有机酸标准系列溶液分别进样后，以标样浓度对峰面积作标准曲线。线性相关系数应为0.999 0以上。

将样品溶液（D.4.2）进样（样品中有机酸的含量应控制在标准系列范围内）。根据保留时间定性，根据峰面积，查标准曲线定量。

D.5　结果计算

样品中各组分的含量按式（D.1）计算。

$$X_i = c_i \times F \qquad (D.1)$$

式中：

X_i——样品中各组分的含量，单位为克每升（g/L）；

c_i——从标准曲线求得样品溶液中各组分的含量，单位为克每升（g/L）；

F——样品的稀释倍数。

所得结果表示至一位小数。

D.6　精密度

在重复性条件下获得的两次独立测定结果的绝对差值不得超过算术平均值的10%。

附　录　E
（资料性附录）
葡萄酒中白藜芦醇的测定

E.1　高效液相色谱法（HPLC）

E.1.1　原理

葡萄酒中白藜芦醇经过乙酸乙酯提取，CL_e－4型柱净化，然后用HPLC法测定。

E.1.2　试剂和材料

E.1.2.1　无水乙醇、95%乙醇、乙酸乙酯、甲苯、氯化钠。

E.1.2.2　乙腈：色谱纯。

E.1.2.3　反式白藜芦醇（trans－resveratrol）。

E.1.2.4　反式白藜芦醇标准储备溶液（1.0 mg/mL）：称取10.0 mg反式白藜芦醇于10 mL棕色容量瓶中，用甲醇溶解并定容至刻度，存放在冰箱中备用。

E.1.2.5　反式白藜芦醇标准系列溶液：将反式白藜芦醇标准储备溶液用甲醇稀释成1.0 μg/mL、2.0 μg/mL、5.0 μg/mL，10.0 μg/mL标准系列溶液。

E.1.2.6　顺式白藜芦醇：将反式白藜芦醇标准储备溶液在254 nm波长下照射30 min，然后按本方法测定反式白藜芦醇含量，同时计算转化率，得顺式白藜芦醇含量，按反式白藜芦醇配制方法配制顺式白藜芦醇标准系列溶液。

E.1.3 仪器

E.1.3.1 高效液相色谱仪，配有紫外检测器；

E.1.3.2 旋转蒸发仪；

E.1.3.3 色谱柱 ODS - C18，或其他具有同等分析效果的色谱柱；

E.1.3.4 Cle -4 型净化柱（1.0 g/5 mL），或其他具有同等分析效果的净化柱。

E.1.4 试祥的制备

E.1.4.1 葡萄酒中白藜芦醇的提取：取 20.0 mL 葡萄酒，加 2.0 g 氯化钠溶解后，再加 20.0 mL 乙酸乙酯振荡萃取，分出有机相过无水硫酸钠，重复一次，在 50 ℃水浴中真空蒸发，氮气吹干。加 2.0 mL 无水乙醇溶解剩余物，移到试管中。

E.1.4.2 先用 5 mL 乙酸乙酯淋洗 Cle -4 型净化柱，然后加样（E.1.4.1）2 mL，接着用 5 mL 乙酸乙酯淋洗除杂，然后用 10 mL 95% 乙醇洗脱收集，氮气吹干。加 5 mL 流动相溶解。

E.1.5 分析步骤

E.1.5.1 色谱条件

色谱柱：ODS - C18 柱，4.6 mm × 250 mm，5 μm。或其他具有同等分析效果的色谱柱。

柱温：室温。

流动相：乙腈 + 重蒸水 = 30 + 70。

流速：1.0 mL/min。

检测波长：306 nm。

进样量：20 μl

在测定前装上色谱柱，以 1.0 mL/min 的流速通入流动相平衡。

E.1.5.2 测定

待系统稳定后按上述色谱条件依次进样。

用顺、反式白藜芦醇标准系列溶液分别进样后，以标样浓度对峰面积作标准曲线。线性相关系数应为 0.999 0 以上。

将样品（E.1.4.2）进样（样品中的白藜芦醇含量应在标准系列范围内）。根据标准品的保留时间定 性样品中白藜芦醇的色谱峰。根据样品的峰面积，以外标法计算白藜芦醇的含量。

E.1.6 结果计算

样品中白藜芦醇的含量按式（E.1）计算。

$$X_i = c_i \times F \quad \cdots\cdots (E.1)$$

式中：

X_i——样品中白藜芦醇的含量，单位为克每升（g/L）；

c_i——从标准曲线求得样品溶液中白藜芦醇的含量，单位为克每升（g/L）；

F——样品的稀释倍数。

所得结果表示至一位小数。

注：总的白藜芦醇含量为顺式、反式白藜芦醇之和。

E.1.7 精密度

在重复性条件下获得的两次独立测定结果的绝对差值不得超过算术平均值的 10%。

E.2 气质联用色谱法（GC - MS）

E.2.1 原理

葡萄酒中白藜芦醇经过乙酸乙酯提取，Cle－4 型柱净化，然后用 BSTFA＋1%（φ）TMCS 衍生后，采用 GC－MS 进行定性、定量分析，定量离子为 444。

E. 2. 2　试剂和材料

E. 2. 2. 1　BSTFA（双三甲基硅基三氟乙酰胺）＋1%（φ）TMCS（三甲基氯硅烷）

其他同 E. 1. 2。

E. 2. 3　仪器

E. 2. 3. 1　气质联用仪。

E. 2. 3. 2　旋转蒸发仪。

E. 2. 3. 3　色谱柱：HP－5 MS 5% 苯基甲基聚硅氧烷弹性石英毛细管柱（30 m×0. 25 mm×0. 25 μm）或其他具有同等分析效果的色谱柱。

E. 2. 3. 4　Cle－4 型净化柱（1. 0 g/5 mL），或其他具有同等分析效果的净化柱。

E. 2. 4　试样的制备

E. 2. 4. 1　葡萄酒中白藜芦醇的提取：取 20. 0 mL 葡萄酒，加 2. 0 g 氯化钠溶解后，再加 20. 0 mL 乙酸乙酯振荡萃取，分出有机相过无水硫酸钠，重复一次，在 50 ℃水浴中真空蒸发，氮气吹干。

E. 2. 4. 2　衍生化：将 E. 2. 4. 1 处理的样品加 0. 1 mL BSTFA + 1 %TMCS，加盖瓶于旋涡混合器上振荡，在 80 ℃下加热 0. 5 h，氮气吹干，加 1. 0 mL 甲苯溶解。

E. 2. 4. 3　取适量的白藜芦醇标准溶液，氮气吹干，按 E. 2. 4. 2 进行衍生化。

E. 2. 5　分析步骤

E. 2. 5. 1　质谱条件：

柱温程序：初温 150 ℃，保持 3 min，然后以 10 ℃/ min 升至 280 ℃，保持 10 min；

进样口温度：300 ℃；

载气为高纯氦气（99. 999%），流速 0. 9 mL/min；

分流比：20∶1；

EI 源源温：230 ℃；

电子能量：70 eV；

接口温度：280 ℃；

电子倍增器电压：1 765 V；

质量扫描范围（Scan modem/z）：35 amu～450 amu；

定量离子：444；

溶剂延迟：5 min；

进样量：1. 0 μL。

E. 2. 5. 2　测定

同 E. 1. 5. 2。

E. 2. 6　结果计算

同 E. 1. 6。

E. 2. 7　精密度

在重复性条件下获得的两次独立测定结果的绝对差值不得超过算术平均值的 10%。

附　录　F
（资料性附录）
葡萄酒、山葡萄酒感官评定要求

F.1　基本要求

F.1.1　环境的要求

F.1.1.1　品尝室的要求

a）应有适宜的光线，使人感觉舒适。

b）应便于清扫，且离噪声源较远，最好是隔音的。

c）无任何气味，并便于通风与排气。

F.1.1.2　光源

品尝室的光源可用自然日光或日光灯，但光线应为均匀的散射光。

F.1.1.3　温度与湿度

品尝室内，应保持使人舒适的、稳定的温度和湿度，温度和湿度应分别保持在 20 ℃ ~22 ℃和 60 % ~70 %之间。

F.1.1.4　品尝间

品尝间应相互隔离，内部设施应便于清洗，便于比较葡萄酒的颜色；应有可饮用的自来水龙头，自来水的龙头最好是脚踏式的，以便于品尝员的双手工作。

F.1.2　品尝杯的要求

应采用葡萄酒标准品尝杯。标准杯由无色透明的含铅量为9%左右的结晶玻璃制成，不应有任何印痕和气泡；杯口应平滑、一致，且为圆边；品尝杯应能承受 0 ℃ ~100 ℃的温度变化，其容量为 210 mL ~ 225 mL。

F.1.3　人员要求

必须由取得相应资质（应届国家评酒员）的人员进行品评，一般掌握单数，人员尽可能多，最少不得低于 7 人。

F.1.4　样品的处理

将样品放置于（20 ±2）℃环境下平衡 24 h［或（20 ±2）℃水浴中保温 1 h］后，采取密码标记后进行感官品评。

注：被评样品的相关信息应对评酒员严格保密。

F.1.5　计分方法

每个评酒员按细则要求在给定分数内逐项打分后，累计出总分，再把所有参加打分的评酒员分数累加取其平均值，即为该酒的感官分数。

F.2　评分标准用语

见表 F.1。

F.3　葡萄酒评分细则

见表 F.2。

F.4　山葡萄酒评分细则

见表 F.3。

表 F.1　　评分标准用语

<table>
<tr><th colspan="2">分数段</th><th rowspan="2">特点</th></tr>
<tr><th>葡萄酒</th><th>山葡萄酒</th></tr>
<tr><td>90 分以上</td><td>85 分以上</td><td>具有该产品应有的色泽：悦目协调、澄清（透明）、有光泽；果香、酒香浓馥幽雅，协调悦人；酒体丰满，有新鲜感；醇厚协调，舒服，爽口，回味绵延；风格独特，优雅无缺</td></tr>
<tr><td>89 分～80 分</td><td>84 分～75 分</td><td>具有该产品的色泽：澄清透明，无明显悬浮物。果香、酒香良好，尚悦怡；酒质柔顺，柔和爽口，甜酸适当；典型明确，风格良好</td></tr>
<tr><td>79 分～70 分</td><td>74 分～65 分</td><td>与该产品应有的色泽略有不同，澄清，无夹杂物；果香、酒香较少，但无异香；酒体协调，纯正无杂；有典型性，不够怡雅</td></tr>
<tr><td>69 分～65 分</td><td>64 分～60 分</td><td>与该产品应有的色泽明显不符，微浑，失光或人工着色；果香不足，或不悦人，或有异香；酒体寡淡、不协调，或有其他明显的缺陷（除色泽外，只要有其中一条，则判为不合格品）。</td></tr>
</table>

表 F.2　　葡萄酒评分细则

<table>
<tr><th colspan="4">项目</th><th colspan="2">要求</th></tr>
<tr><td rowspan="5">外观
10 分</td><td colspan="2" rowspan="3">色泽
5 分</td><td colspan="2">白葡萄酒</td><td>近似无色，浅黄色，禾杆黄，绿禾杆黄色，金黄色</td></tr>
<tr><td colspan="2">红葡萄酒</td><td>紫红，深红，宝石红，瓦红，砖红，黄红，棕红，黑红色</td></tr>
<tr><td colspan="2">桃红葡萄酒</td><td>黄玫瑰红，橙玫瑰红，玫瑰红，橙红，浅红，紫玫瑰红色</td></tr>
<tr><td rowspan="2">5 分</td><td>澄清程度</td><td colspan="3">澄清透明、有光泽、无明显悬浮物（使用软木塞封的酒允许有 3 个以下不大于 1 mm 的木渣）</td></tr>
<tr><td>起泡程度</td><td colspan="3">起泡葡萄酒注入杯中时，应有细微的串珠状气泡升起，并有一定的持续性、泡沫细腻、洁白</td></tr>
<tr><td rowspan="2">香气
30 分</td><td colspan="4">非加香葡萄酒</td><td>具有纯正、优雅、愉悦和谐的果香与酒香</td></tr>
<tr><td colspan="4">加香葡萄酒</td><td>具有优美纯正的葡萄酒香与和谐的芳香植物香</td></tr>
<tr><td rowspan="4">滋味
40 分</td><td colspan="4">干葡萄酒、半干葡萄酒（含加香葡萄酒）</td><td>酒体丰满，醇厚协调，舒服，爽口</td></tr>
<tr><td colspan="4">甜葡萄酒、半甜葡萄酒
（含加香葡萄酒）</td><td>酒体丰满，酸甜适口，柔细轻快</td></tr>
<tr><td colspan="4">起泡葡萄酒</td><td>口味用美、醇正、和谐悦人，有杀口力</td></tr>
<tr><td colspan="4">加气起泡葡萄酒</td><td>口味清新、愉快、纯正、有杀口力</td></tr>
<tr><td colspan="5">典型性 20 分</td><td>典型完美、风格独特，优雅无缺</td></tr>
</table>

表 F.3 山葡萄酒评分细则

<table>
<tr><th colspan="3">项目</th><th>要求</th></tr>
<tr><td rowspan="4">外观
10 分</td><td rowspan="2">色泽
5 分</td><td>桃红葡萄酒
（含加香葡萄酒）</td><td>黄玫瑰红，橙玫瑰红，玫瑰红，橙红，浅红，紫玫瑰红色</td></tr>
<tr><td>红葡萄酒
（含加香葡萄酒）</td><td>紫红，深红，宝石红，鲜红，瓦红，砖红，黄红，棕红，黑红色</td></tr>
<tr><td rowspan="2">5 分</td><td>澄清程度</td><td>澄清透明、无明显悬浮物。用软木塞封口的酒，允许有 3 个以下不大于 1 mm 的软木渣</td></tr>
<tr><td>起泡程度</td><td>山葡萄酒注入杯中时，应有洁白或微带红色的气泡</td></tr>
<tr><td rowspan="2">香气
30 分</td><td colspan="2">山葡萄酒</td><td>具有纯正、优雅、和谐的果香与酒香</td></tr>
<tr><td colspan="2">加香山葡萄酒</td><td>具有和谐的芳香植物香与山葡萄酒香</td></tr>
<tr><td rowspan="3">滋味
40 分</td><td colspan="2">干山葡萄酒、半干山葡萄酒
（含加香葡萄酒）</td><td>酒体丰满，醇厚协调，舒服，爽口</td></tr>
<tr><td colspan="2">甜山葡萄酒、半甜山葡萄酒
（含加香葡萄酒）</td><td>酒体丰满，酸甜适口，柔细轻快</td></tr>
<tr><td colspan="2">山葡萄汽酒</td><td>口味优美、醇正、和谐悦人，有杀口力</td></tr>
<tr><td colspan="3">典型性 20 分</td><td>典型完美、风格独特、优雅无缺</td></tr>
</table>

ICS 67.040
C 53

中 华 人 民 共 和 国 国 家 标 准

GB/T 5009.49—2008
代替 GB/T 5009.49—2003

发酵酒及其配制酒卫生标准的分析方法

Method for analysis of hygienic standard of fermented alcoholic beverages and their integrated alcoholic beverages

2008－11－21 发布　　2009－03－01 实施

中华人民共和国卫生部
中国国家标准化管理委员会　发布

前　言

本标准代替 GB/T 5009.49—2003《发酵酒卫生标准的分析方法》。

本标准与 GB/T 5009.49—2003 相比主要修改如下：

——修改了标准的名称；

——修改了标准方法的名称；

——增加了总二氧化硫的测定方法；

——删除了黄曲霉毒素 B_1 的测定；

——删除了 N－亚硝胺类（啤酒）的测定；

——删除了着色剂的测定。

本标准由中华人民共和国卫生部提出并归口。

本标准由中华人民共和国卫生部负责解释。

本标准起草单位：中国疾病预防控制中心营养与食品安全所、中国食品发酵工业研究院、辽宁省疾病预防控制中心、黑龙江省疾病预防控制中心、重庆市疾病预防控制中心。

本标准主要起草人：杨大进、常迪、赵馨、康永璞、李敏、肖白曼、赵舰。

本标准所代替标准的历次版本发布情况为：

—— GB 5009.49—1985、GB/T 5009.49—1996、GB/T 5009.49—2003。

发酵酒及其配制酒卫生标准的分析方法

1　范围

本标准规定了发酵酒及其配制酒中各项卫生指标的分析方法。

本标准适用于发酵酒及其配制酒中各项卫生指标的分析。

2　规范性引用文件

下列文件中的条款通过本标准的引用而成为本标准的条款。凡是注日期的引用文件，其随后所有的修改单（不包括勘误的内容）或修订版均不适用于本标准，然而，鼓励根据本标准达成协议的各方研究是否可使用这些文件的最新版本。凡是不注日期的引用文件，其最新版本适用于本标准。

GB/T 5009.1—2003　食品卫生检验方法　理化部分　总则

GB/T 5009.12　食品中铅的测定

GB/T 5009.34—2003　食品中亚硫酸盐的测定

GB/T 5009.185　苹果和山楂制品中展青霉素的测定

3 感官检查

应符合相应产品标准的有关规定。

4 理化检验

4.1 总二氧化硫

4.1.1 氧化法

4.1.1.1 原理

在低温条件下，样品中的游离二氧化硫与过量的过氧化氢反应生成硫酸，再用碱标准溶液滴定生成的硫酸，由此可得到样品中游离二氧化硫的含量。在加热条件下，样品中的结合二氧化硫被释放，与过氧化氢发生氧化还原反应，通过用氢氧化钠标准溶液滴定生成的硫酸，可得到样品中结合二氧化硫的含量。将结合二氧化硫与游离二氧化硫测定值相加，即得出样品中总二氧化硫的含量。

4.1.1.2 试剂

4.1.1.2.1 过氧化氢（H_2O_2）：分析纯。

4.1.1.2.2 磷酸（H_3PO_4）：分析纯。

4.1.1.2.3 氢氧化钠（NaOH）：分析纯。

4.1.1.2.4 甲基红（$C_{15}H_{15}N_3O_2$）：指示剂。

4.1.1.2.5 次甲基蓝（$C_{16}H_{18}ClN_3S \cdot 3H_2O$）：指示剂。

4.1.1.2.6 过氧化氢溶液（0.3%）：吸取 1 mL 30% 过氧化氢（开启后存于冰箱），用水稀释至 100 mL。使用当天配制。

4.1.1.2.7 磷酸溶液（25%）：量取 295 mL 85% 磷酸，用水稀释至 1 000 mL。

4.1.1.2.8 氢氧化钠标准滴定溶液［c（NaOH）=0.01 mol/L］：按 GB/T 5009.1—2003 的附录 B 配制与标定。存放在橡胶塞上装有钠石灰管的瓶中，每周重配。

4.1.1.2.9 甲基红－次甲基蓝混合指示液：

溶液Ⅰ：称取 0.1 g 次甲基蓝，溶于乙醇（95%），用乙醇（95%）稀释至 100 mL。

溶液Ⅱ：称取 0.1 g 甲基红，溶于乙醇（95%），用乙醇（95%）稀释至 100 mL。

取 50 mL 溶液Ⅰ、100 mL 溶液Ⅱ，混匀。

4.1.1.3 仪器

4.1.1.3.1 二氧化硫测定装置，见图 1。

4.1.1.3.2 真空泵

4.1.1.4 分析步骤

4.1.1.4.1 游离二氧化硫的测定

4.1.1.4.1.1 按图 1 所示，将二氧化硫测定装置连接妥当，Ⅰ管与真空泵（或抽气管）相接，D 管通入冷却水。取下梨形瓶（g）和气体洗涤器（H），在 g 瓶中加入 20 mL 过氧化氢溶液、H 管中加入 5 mL 过氧化氢溶液，各加 3 滴混合指示液后，溶液立即变为紫色，滴入氢氧化钠标准溶液，使其颜色恰好变为橄榄绿色，然后重新安装妥当，将 A 瓶浸入冰浴中。

4.1.1.4.1.2 吸取 20.00 mL 样品（液温 20 ℃ ±0.1 ℃），从 C 管上口加入 A 瓶中，随后吸取 10 mL 磷酸溶液（4.1.1.2.7），亦从 C 管上口加入 A 瓶中。

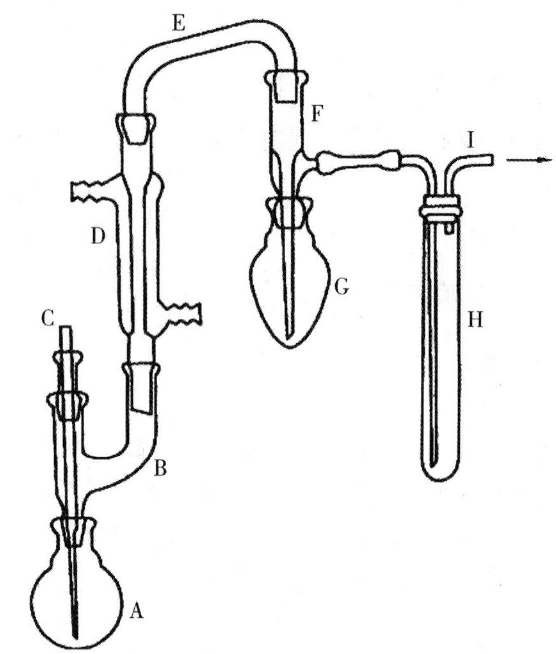

图1　二氧化硫测定装置

4.1.1.4.1.3　开启真空泵，使抽入空气流量 1 000 mL/min ~ 1 500 mL/min，抽气 10 min。取下 G 瓶，用氢氧化钠标准滴定溶液（4.1.1.2.8）滴定至重现橄榄绿色即为终点，记下消耗的氢氧化钠标准滴定溶液的毫升数。以水代替样品做空白试验，操作同上。一般情况下，H 管中溶液不应变色，如果溶液变为紫色，也需用氢氧化钠标准滴定溶液滴定至橄榄绿色，并将所消耗的氢氧化钠标准滴定溶液的体积与 G 瓶消耗的氢氧化钠标准滴定溶液的体积相加。

4.1.1.4.1.4　结果计算

样品中游离二氧化硫的含量按式（1）计算。

$$X = \frac{c \times (V - V_0) \times 32}{20} \times 1\,000 \quad (1)$$

式中：

X——样品中游离二氧化硫的含量，单位为毫克每升（mg/L）；

c——氢氧化钠标准滴定溶液的浓度，单位为摩尔每升（mol/L）；

V——测定样品时消耗的氢氧化钠标准滴定溶液的体积，单位为毫升（mL）；

V_0——空白试验消耗的氢氧化钠标准滴定溶液的体积，单位为毫升（mL）；

32——二氧化硫的摩尔质量的数值，单位为克每摩尔（g/mol）；

20——吸取样品的体积，单位为毫升（mL）。

计算结果保留三位有效数字。

4.1.1.4.1.5　精密度

在重复性条件下获得的两次独立测定结果的绝对差值不得超过算术平均值的 10%。

4.1.1.4.2　结合二氧化硫的测定

4.1.1.4.2.1　继 4.1.1.4.1 测定游离二氧化硫后，将滴定至橄榄绿色的 G 瓶重新与 F 管连接。拆除 A 瓶下的冰浴，用温火小心加热 A 瓶，使瓶内溶液保持微沸。

4.1.1.4.2.2　开启真空泵，以下操作同 4.1.1.4.1.3。

4.1.1.4.2.3　计算

同4.1.1.4.1.4计算结果为结合二氧化硫含量。

4.1.1.4.3　结果计算

将游离二氧化硫与结合二氧化硫的测定值相加，即为样品中总二氧化硫含量。

4.1.2　直接碘量法

4.1.2.1　原理

在碱性条件下，结合态二氧化硫被解离出来，然后再用碘标准滴定溶液滴定，得到样品中总二氧化硫的含量。

4.1.2.2　试剂

4.1.2.2.1　氢氧化钠溶液（100 g/L）。

4.1.2.2.2　硫酸溶液（1+3）：取1体积浓硫酸缓慢注入3体积水中。

4.1.2.2.3　碘标准滴定溶液［$c(\frac{1}{2}I_2)=0.02$ mol/L］：称取13 g碘及35 g碘化钾，溶于100 mL水中，稀释至1 000 mL，摇匀，贮存于棕色瓶中。标定后，再准确稀释5倍。

4.1.2.2.4　淀粉指示液（10 g/L）：称取1 g淀粉，加5 mL水使其成糊状，在搅拌下将糊状物加到90 mL沸腾的水中，煮沸1 min～2 min，冷却稀释至100 mL，再加入40 g氯化钠。使用期为两周。

4.1.2.3　分析步骤

吸取25.00 mL氢氧化钠溶液（4.1.2.2.1）于250 mL碘量瓶中，再准确吸取25.00 mL样品（液温20 ℃），并以吸管尖插入氢氧化钠溶液的方式，加入到碘量瓶中，摇匀，盖塞。静置15 min后，再加入少量碎冰块、1 mL淀粉指示液（4.1.2.2.4）、10 mL硫酸溶液（4.1.2.2.2），摇匀，用碘标准滴定溶液（4.1.2.2.3）迅速滴定至淡蓝色，30 s内不变即为终点，记下消耗碘标准滴定溶液的体积（V）。

以水代替样品做空白试验，操作同上。

4.1.2.4　结果计算

样品中总二氧化硫的含量按式（2）计算。

$$X=\frac{C\times(V-V_0)\times 32}{25}\times 1\,000 \qquad (2)$$

式中：

X——样品中总二氧化硫的含量，单位为毫克每升（mg/L）；

C——碘标准滴定溶液的浓度，单位为摩尔每升（mol/L）；

V——测定样品消耗碘标准滴定溶液的体积，单位为毫升（mL）；

V_0——空白试验消耗碘标准滴定溶液的体积，单位为毫升（mL）；

32——二氧化硫的摩尔质量的数值，单位为克每摩尔（g/mol）；

25——吸取样品的体积，单位为毫升（mL）。

计算结果保留三位有效数字。

4.1.2.5　精密度

在重复性条件下获得的两次独立测定结果的绝对差值不得超过算术平均值的10%。

4.1.3　直接蒸馏法

按GB/T 5009.34—2003的第二法操作。

4.2 铅

按 GB/T 5009.12 操作。

4.3 展青霉素

按 GB/T 5009.185 操作。

4.4 甲醛

4.4.1 原理

甲醛在过量乙酸铵的存在下，与乙酰丙酮和氨离子生成黄色的2，6－二甲基－3，5－二乙酰基－1，4－二氢吡啶化合物，在波长415 nm处有最大吸收，在一定浓度范围，其吸光度值与甲醛含量成正比，与标准系列比较定量。

4.4.2 试剂

4.4.2.1 乙酰丙酮（$C_5H_8O_2$）：分析纯。

4.4.2.2 乙酸铵（$C_2H_7NO_2$）：分析纯。

4.4.2.3 乙酸（$C_2H_4CO_2$）：分析纯。

4.4.2.4 甲醛（CH_2O）：分析纯。

4.4.2.5 硫代硫酸钠（$Na_2S_2O_3 \cdot 5H_2O$）：基准物质。

4.4.2.6 碘（I_2）：分析纯。

4.4.2.7 淀粉（$C_6H_{10}O_5$）：指示剂。

4.4.2.8 硫酸（H_2SO_4）：分析纯。

4.4.2.9 氢氧化钠（NaOH）：分析纯。

4.4.2.10 磷酸（H_3PO_4）：分析纯。

4.4.2.11 乙酰丙酮溶液：称取新蒸馏乙酰丙酮0.4 g和乙酸铵25 g、乙酸3 mL溶于水中，定容至200 mL备用，用时配制。

4.4.2.12 甲醛：36%～38%。

4.4.2.13 硫代硫酸钠标准溶液（0.100 0 mol/L）：见 GB/T 5009.1—2003 的第 B.15 章。

4.4.2.14 碘标准溶液（0.1 mol/L）：见 GB/T 5009.1—2003 的第 B.13 章。

4.4.2.15 淀粉指示剂（5 g/L）：称取0.5 g可溶性淀粉，加入5 mL水，搅匀后缓缓倾入100 mL沸水中，随加随搅拌，煮沸2 min，放冷，备用。此指示剂应临用时现配。

4.4.2.16 硫酸溶液（1 mol/L）：量取30 mL硫酸，缓缓注入适量水中，冷却至室温后用水稀释至1 000 mL，摇匀。

4.4.2.17 氢氧化钠溶液（1 mol/L）：吸取56 mL澄清的氢氧化钠饱和溶液，加适量新煮沸过的冷水至1 000 mL，摇匀。

4.4.2.18 磷酸溶液（200 g/L）：称取20 g磷酸，加水稀释至100 mL，混匀。

4.4.2.19 甲醛标准溶液的配制和标定：吸取36%～38%甲醛溶液7.0 mL，加入1 mol/L硫酸0.5 mL，用水稀释至250 mL，此液为标准溶液。吸取上述标准溶液10.0 mL于100 mL容量瓶中，加水稀释定容。再吸10.0 mL稀释溶液于250 mL碘量瓶中，加水90 mL、0.1 mol/L碘溶液20 mL和1 mol/L氢氧化钠15 mL，摇匀，放置15 min。再加入1 mol/L硫酸溶液20 mL酸化，用0.100 0 mol/L硫代硫酸钠标准溶液滴定至淡黄色，然后加约5 g/L淀粉指示剂1 mL，继续滴定至蓝色褪去即为终点。

同时做试剂空白试验。

甲醛标准溶液的浓度按式（3）计算。

$$X = (V_1 - V_2) \times c_1 \times 15 \quad\cdots\cdots(3)$$

式中：

X——甲醛标准溶液的浓度，单位为毫克每毫升（mg/mL）；

V_1——空白试验所消耗的硫代硫酸钠标准溶液的体积，单位为毫升（mL）；

V_2——滴定甲醛溶液所消耗的硫代硫酸钠标准溶液的体积，单位为毫升（mL）；

c_1——硫代硫酸钠标准溶液的浓度，单位为摩尔每升（mol/L）；

15——与 1.000 mol/L 硫代硫酸钠标准溶液 1.0 mL 相当的甲醛的质量，单位为毫克（mg）。

用上述已标定甲醛浓度的溶液，用水配制成含甲醛 1 μg/ mL 的甲醛标准使用液。

4.4.3　仪器

4.4.3.1　分光光度计。

4.4.3.2　水蒸气蒸馏装置。

4.4.3.3　500 mL 蒸馏瓶。

4.4.4　分析步骤

4.4.4.1　试样处理

吸取已除去二氧化碳的啤酒 25 mL 移入 500 mL 蒸馏瓶中，加 200 g/L 磷酸溶液 20 mL 于蒸馏瓶，接水蒸气蒸馏装置中蒸馏，收集馏出液于 100 mL 容量瓶中（约 100 mL）冷却后加水稀释至刻度。

4.4.4.2　测定

精密吸取 1 μg/ mL 的甲醛标准溶液各 0.00 mL、0.50 mL、1.00 mL、2.00 mL、3.00 mL、4.00 mL、8.00 mL 于 25 mL 比色管中，加水至 10 mL。

吸取样品馏出液 10 mL 移入 25 mL 比色管中。标准系列和样品的比色管中，各加入乙酰丙酮溶液 2 mL，摇匀后在沸水浴中加热 10 min，取出冷却，于分光光度计波长 415 nm 处测定吸光度，绘制标准曲线。从标准曲线上查出试样的含量。

4.4.5　结果计算

试样中甲醛的含量按式（4）计算。

$$X = \frac{m}{V} \quad\cdots\cdots(4)$$

式中：

X——试样中甲醛的含量，单位为毫克每升（mg/L）；

m——从标准曲线上查出的相当的甲醛的质量，单位为微克（μg）；

V——测定样液中相当的试样体积，单位为毫升（mL）。

计算结果保留两位有效数字。

4.4.6　精密度

在重复性条件下获得的两次独立测定结果的绝对差值不得超过算术平均值的 10%。

GB

中　华　人　民　共　和　国　国　家　标　准

GB 5009.225—2016

食品安全国家标准
酒中乙醇浓度的测定

2016-08-31 发布　　　　2017-03-01 实施

中　华　人　民　共　和　国
国家卫生和计划生育委员会　发布

前　言

本标准代替 GB/T 5009.48—2003《蒸馏酒与配制酒卫生标准的分析方法》、GB/T 394.2—2008《酒精通用分析方法》、GB/T 4928—2008《啤酒分析方法》、GB/T 15038—2006《葡萄酒、果酒通用分析方法》、GB/T 10345—2007《白酒分析方法》、GB/T 13662—2008《黄酒》、GB/T 11856—2008《白兰地》、GB/T 11857—2008《威士忌》、GB/T 11858—2008《伏特加（俄得克）》共 9 项国家标准中有关酒精度的测定方法。

本标准与 GB/T 5009.48—2003 相比，主要变化如下：

——标准名称修改为“食品安全国家标准酒中乙醇浓度的测定”；

——修改了标准的范围；

——增加了密度瓶法、气相色谱法和数字密度计法。

食品安全国家标准　酒中乙醇浓度的测定

1　范围

本标准规定了酒精、蒸馏酒、发酵酒和配制酒中酒精度的测定方法。本标准适用于酒精、蒸馏酒、发酵酒和配制酒中酒精度的测定。其中：第一法密度瓶法适用于蒸馏酒、发酵酒和配制酒，第二法酒精计法适用于酒精和蒸馏酒、发酵酒和配制酒（除啤酒外），第三法气相色谱法适用于葡萄酒、果酒和啤酒，第四法数字密度计法适用于啤酒、白兰地、威士忌和伏特加。

第一法　密度瓶法

2　原理

以蒸馏法去除样品中的不挥发性物质，用密度瓶法测出试样（酒精水溶液）20 ℃时的密度，查附录 A，求得在 20 ℃时乙醇含量的体积分数，即为酒精度。

3　仪器和设备

3.1　分析天平：感量 0.000 1 g。

3.2　全玻璃蒸馏器：500 mL。

3.3　恒温水浴：控温精度 ±0.1 ℃。

3.4　附温度计密度瓶：25 mL 或 50 mL。

4 分析步骤

4.1 试样制备

4.1.1 蒸馏酒、发酵酒和配制酒样品制备（不包括啤酒和起泡葡萄酒）

用一洁净、干燥的 100 mL 容量瓶，准确量取样品（液温 20 ℃）100 mL 于 500 mL 蒸馏瓶中，用 50 mL 水分三次冲洗容量瓶，洗液并入 500 mL 蒸馏瓶中，加几颗沸石（或玻璃珠），连接蛇形冷凝管，以取样用的原容量瓶作接收器（外加冰浴），开启冷却水（冷却水温度宜低于 15 ℃），缓慢加热蒸馏，收集馏出液。当接近刻度时，取下容量瓶，盖塞，于 20 ℃水浴中保温 30 min，再补加水至刻度，混匀，备用。

4.1.2 啤酒和起泡葡萄酒样品制备

4.1.2.1 样品去除二氧化碳

在保证样品有代表性，不损失或少损失酒精的前提下，用振摇、超声波或搅拌等方式除去酒样中的二氧化碳气体。样品去除二氧化碳有两种方法：

a）第一法：将恒温至 15 ℃ ~20 ℃的酒样约 300 mL 倒入 1 000 mL 锥形瓶中，加橡皮塞，在恒温室内，轻轻摇动，开塞放气（开始有“砰砰”声），盖塞。反复操作，直至无气体逸出为止。用单层中速干滤纸（漏斗上面盖表面玻璃）过滤。

b）第二法：采用超声波或磁力搅拌法除气，将恒温至 15 ℃ ~20 ℃的酒样约 300 mL 移入带排气塞的瓶中，置于超声波水槽中（或搅拌器上），超声（或搅拌）一定时间后，用单层中速干滤纸过滤（漏斗上面盖表面玻璃）。

注：要通过与第一法比对，使其酒精度测定结果相似，以确定超声（或搅拌）时间和温度。

试样去除二氧化碳后，收集于具塞锥形瓶中，温度保持在 15 ℃ ~20 ℃，密封保存，限制在 2 h 内使用。

4.1.2.2 样品蒸馏

同 4.1.1。

4.2 试样溶液的测定

4.2.1 将密度瓶洗净并干燥，带温度计和侧孔罩称量。重复干燥和称重，直至恒重（m）。

4.2.2 取下带温度计的瓶塞，将煮沸冷却至 15 ℃ 的水注满已恒重的密度瓶中，插上带温度计的瓶塞（瓶中不得有气泡），立即浸入 20.0 ℃ ±0.1 ℃的恒温水浴中，待内容物温度达 20 ℃并保持 20 min 不变后，用滤纸快速吸去溢出侧管的液体，使侧管的液面和侧管管口齐平，立即盖好侧孔罩，取出密度瓶，用滤纸擦干瓶外壁上的水液，立即称量（m_1）。

将水倒出，先用无水乙醇，再用乙醚冲洗密度瓶，吹干（或于烘箱中烘干），用试样馏出液反复冲洗密度瓶 3 次 ~5 次，然后装满。按照 4.2.2 操作，称量（m_2）。

5 分析结果的表述

样品在 20 ℃的密度（ρ_{20}^{20}）按式（1）计算，空气浮力校正值（A）按式（2）计算：

$$\rho_{20}^{20} = \rho_0 \times \frac{m_2 - m + A}{m_1 - m + A} \qquad (1)$$

$$A = \rho_{\mu} \times \frac{m_1 - m}{997.0} \tag{2}$$

式中：

ρ_{20}^{20} ——样品在 20 ℃时的密度，单位为克每升（g/L）；

ρ_0 ——20 ℃时蒸馏水的密度（998.20 g/L）；

m_2——20 ℃时密度瓶和试样的质量，单位为克（g）；

m——密度瓶的质量，单位为克（g）；

A——空气浮力校正值；

m_1——20 ℃时密度瓶与水的质量，单位为克（g）；

ρ_{μ} ——干燥空气在 20 ℃ 、1 013.25 hPa 时的密度（≈1.2 g/L ）；

997.0——在 20 ℃时蒸馏水与干燥空气密度值之差，单位为克每升（g/L）。

根据试样的密度 ρ_{20}^{20} ，查附录 A，求得酒精度，以体积分数“% vol”表示。

以重复性条件下获得的两次独立测定结果的算术平均值表示，结果保留至小数点后一位。

6 精密度

啤酒样品在重复性条件下获得的两次独立测定结果的绝对差值不得超过 0.1% vol；其他样品在重复性条件下获得的两次独立测定结果的绝对差值不得超过 0.5% vol。

第二法 酒精计法

7 原理

以蒸馏法去除样品中不挥发性物质，用酒精计测得酒精体积分数示值，按附录 B 进行温度校正，求得在 20 ℃时乙醇含量的体积分数，即为酒精度。

8 仪器和设备

8.1 精密酒精计：分度值为 0.1% vol。

8.2 全玻璃蒸馏器：500 mL，1 000 mL。

9 分析步骤

9.1 试样制备

9.1.1 蒸馏酒

同 4.1.1。

9.1.2 酒精

用一洁净、干燥的 100 mL 容量瓶，准确量取样品 100 mL，备用。

9.1.3 发酵酒（不包括啤酒）及配制酒

用一洁净、干燥的 200 mL 容量瓶，准确量取 200 mL（具体取样量应按酒精计的要求增减）样品

（液温 20 ℃）于 500 mL 或 1 000 mL 蒸馏瓶中，以下操作同 4.1.1。

9.2　试样溶液的测定

9.2.1　酒精和蒸馏酒

将试样液（9.1.1）或酒精（9.1.2）注入洁净、干燥的 100 mL 量筒中，静置数分钟，待酒中气泡消失后，放入洁净、擦干的酒精计，再轻轻按一下，不应接触量筒壁，同时插入温度计，平衡约 5 min，水平观测，读取与弯月面相切处的刻度示值，同时记录温度。

9.2.2　发酵酒（不包括啤酒）及配制酒

将试样液（9.1.3）注入洁净、干燥的 200 mL 量筒中，静置数分钟，待酒中气泡消失后，放入洁净、擦干的酒精计，再轻轻按一下，不应接触量筒壁，同时插入温度计，平衡约 5 min，水平观测，读取与弯月面相切处的刻度示值，同时记录温度。

10　分析结果的表述

根据测得的酒精计示值和温度，查附录 B，换算成 20 ℃时样品的酒精度，以体积分数“%vol”表示。

以重复性条件下获得的两次独立测定结果的算术平均值表示，结果保留至小数点后一位。

11　精密度

在重复性条件下获得的两次独立测定结果的绝对差值不得超过 0.5%vol。

第三法　气相色谱法

12　原理

试样进入气相色谱仪中的色谱柱时，由于在气固两相中吸附系数不同，而使乙醇与其他组分得以分离，利用氢火焰离子化检测器进行检测，与标样对照，根据保留时间定性，利用内标法定量。

13　试剂和材料

除非另有说明，本方法所用试剂均为分析纯，水为 GB/T 6682 规定的一级水。

13.1　标准品

13.1.1　乙醇（C_2H_6O）：纯度≥99.0%。

13.1.2　正丁醇［$CH_3(CH_2)_3OH$］：纯度≥99.0%。

13.1.3　4－甲基－2－戊醇（$C_6H_{14}O$）：纯度≥99.0%。

13.2　标准溶液配制

乙醇标准系列工作液：取 5 个 100 mL 容量瓶，分别吸入 2.00 mL、3.00 mL、4.00 mL、5.00 mL、

7.00 mL 乙醇，用水定容至刻度，混匀，该溶液用于标准曲线的绘制。

14 仪器和设备

14.1 气相色谱仪：配有氢火焰离子化检测器（FID）。

14.2 气相色谱柱：固定相 Chromosorb103，177 μm（80 目）~250 μm（60 目）（2 m×2 mm 或 3 m×3 mm）或使用同等分析效果的其他色谱柱。

15 分析步骤

15.1 试样制备

15.1.1 啤酒

取 10.0 mL 除去二氧化碳的啤酒样品（4.1.2.1）于 10 mL 容量瓶中，加入 0.50 mL 内标正丁醇，混匀。

15.1.2 葡萄酒

取葡萄酒蒸馏液（4.1.1），准确稀释 4 倍（或根据酒精度适当稀释），然后吸取 10.0 mL 稀释后的样品于 10 mL 容量瓶中，加入 0.20 mL 内标 4-甲基-2-戊醇，混匀。

15.2 仪器参考条件

15.2.1 柱温：200 ℃。

15.2.2 气化室和检测器温：240 ℃。

15.2.3 载气（高纯氮）流量：40 mL/min。

15.2.4 氢气流量：40 mL/min。

15.2.5 空气流量：500 mL/min。

15.2.6 进样量：1.0 μL。

注：应根据不同仪器，通过实验选择最佳色谱条件，以使乙醇和内标组分获得完全分离。

15.3 标准曲线的制作

分别吸取不同浓度的乙醇标准系列工作液（13.2）各 10.0 mL 于 5 个 10 mL 容量瓶中，分别加入 0.50 mL 正丁醇（啤酒分析）或 0.20 mL 4-甲基-2-戊醇（葡萄酒分析）混匀。按照 15.2 的色谱条件测定，以乙醇浓度为横坐标，以乙醇和内标峰面积的比值（或峰高比值）为纵坐标，绘制工作曲线。

注：所用乙醇标准溶液应当天配制与使用，每个浓度至少要做两次，取平均值作图或计算。

15.4 试样溶液的测定

按照 15.2 的仪器参考条件，将试样溶液注入气相色谱仪中，得到样品中乙醇和内标峰面积的比值，由标准工作曲线计算测试液中乙醇的浓度。

16 分析结果的表述

试样中乙醇含量按式（3）计算：

式中：

$$X = C \times f \cdots\cdots (3)$$

X——试样中乙醇的含量，以体积分数（% vol）表示；

C——试样测定液中乙醇的含量，以体积分数（% vol）表示；

f——试液稀释倍数。

以重复性条件下获得的两次独立测定结果的算术平均值表示，结果保留至小数点后一位。

17 精密度

啤酒样品在重复性条件下获得的两次独立测定结果的绝对差值不得超过 0.1% vol；其他样品在重复性条件下获得的两次独立测定结果的绝对差值不得超过 0.5% vol。

第四法 数字密度计法

18 原理

将试样注入 U 形管，通过在 20 ℃时与两个标准的振动频率比较而求得其密度，计算出样品在 20 ℃时乙醇含量的体积分数，即酒精度。

19 仪器和设备

19.1 数字密度计。

19.2 恒温水浴：控温精度 ±0.02 ℃。

19.3 注射器：10 mL。

20 分析步骤

20.1 试样制备

20.1.1 白兰地、威士忌和伏特加样品制备

同 4.1.1。

20.1.2 啤酒样品制备

同 4.1.2。

20.2 仪器的校正（可根据各仪器说明书进行校正）

在（20.00 ±0.02）℃下观察和记录 U 形管（洁净、干燥）中空气的“T”值。将注射器与 U 形管上端出口处的塑料管连上，把 U 形管下方入口处的塑料管浸入新煮沸、冷却、膜过滤后重蒸水中，将 U 形管中注满水（要求无气泡），当水温达到恒定温度（20.00 ± 0.02）℃时，显示“T”值在 2 min ~3 min 内不变化时，读数、记录。

装置的 α 和 β 常数按式（4）和式（5）计算：

$$\alpha = T_{水}^2 - T_{空气}^2 \cdots\cdots (4)$$

$$\beta = T^2_{空气} \quad \cdots\cdots (5)$$

式中：

α——仪器校正过程的常数；

T^2——振荡周期；

β——仪器校正过程的常数。

将常数 α 和 β 输入仪器的记忆单元，重新将开关置于 ρ（密度）档，检查水的密度读数。倒出 U 形管中的水，干燥后，检查空气密度。其值应分别为 1.000 0（水的密度）和 0.000 0（空气的密度）。若显示的数值在小数点后第 5 位差值大于 1，则需要重新检查恒温水浴的温度和水、空气的“T”值。

20.3 试样溶液的测定

将试样蒸馏液（20.1）注满 U 形管（要求无气泡），直到试样液温度与水浴温度达到平衡（2 min ~ 3 min）时，记录试样的密度。

21 分析结果的表述

根据仪器测定的密度，查附录 A，求得样品在 20 ℃时酒精度，以体积分数% vol 表示。

以重复性条件下获得的两次独立测定结果的算术平均值表示，结果保留至小数点后一位。

22 精密度

啤酒样品在重复性条件下获得的两次独立测定结果的绝对差值不得超过 0.1% vol；其他样品在重复性条件下获得的两次独立测定结果的绝对差值不得超过 0.5% vol。

附 录 A
酒精水溶液密度与酒精度（乙醇含量）对照表（20 ℃）

酒精水溶液密度与酒精度（乙醇含量）对照表见表 A.1。

表 A.1　　酒精水溶液密度与酒精度（乙醇含量）对照表（20 ℃）

密度 g/L	酒精度 % vol	密度 g/L	酒精度 % vol	密度 g/L	酒精度 % vol
998.20	0.00	997.43	0.51	996.68	1.01
998.18	0.01	997.42	0.52	996.66	1.02
998.16	0.03	997.40	0.53	996.64	1.04
998.14	0.04	997.38	0.54	996.62	1.05
998.12	0.05	997.36	0.56	996.61	1.06
998.10	0.06	997.34	0.57	996.59	1.07
998.08	0.08	997.32	0.58	996.57	1.09

（续表）

密度 g/L	酒精度 % vol	密度 g/L	酒精度 % vol	密度 g/L	酒精度 % vol
998.07	0.09	997.30	0.59	996.55	1.10
998.05	0.10	997.28	0.61	996.53	1.11
998.03	0.11	997.26	0.62	996.51	1.12
998.01	0.13	997.24	0.63	996.49	1.14
997.99	0.14	997.23	0.64	996.48	1.15
997.97	0.15	997.21	0.66	996.46	1.16
997.95	0.16	997.19	0.67	996.44	1.17
997.93	0.18	997.17	0.68	996.42	1.19
997.91	0.19	997.15	0.69	996.40	1.20
997.89	0.20	997.13	0.71	996.38	1.21
997.87	0.21	997.11	0.72	996.36	1.22
997.85	0.23	997.09	0.73	996.34	1.24
997.83	0.24	997.07	0.75	996.33	1.25
997.82	0.25	997.06	0.76	996.31	1.26
997.80	0.27	997.04	0.77	996.29	1.27
997.78	0.28	997.02	0.78	996.27	1.29
997.76	0.29	997.00	0.80	996.25	1.30
997.74	0.30	996.98	0.81	996.23	1.31
997.72	0.32	996.96	0.82	996.21	1.33
997.70	0.33	996.94	0.83	996.20	1.34
997.68	0.34	996.92	0.85	996.18	1.35
997.66	0.35	996.91	0.86	996.16	1.36
997.64	0.37	996.89	0.87	996.14	1.38
997.62	0.38	996.87	0.88	996.12	1.39
997.61	0.39	996.85	0.90	996.10	1.40
997.59	0.40	996.83	0.91	996.09	1.41
997.57	0.42	996.81	0.92	996.07	1.43
997.55	0.43	996.79	0.93	996.05	1.44
997.53	0.44	996.77	0.95	996.03	1.45
997.51	0.46	996.76	0.96	996.01	1.46
997.49	0.47	996.74	0.97	995.99	1.48
997.47	0.48	996.72	0.99	995.97	1.49
997.45	0.49	996.70	1.00	995.96	1.50

（续表）

密度 g/L	酒精度 % vol	密度 g/L	酒精度 % vol	密度 g/L	酒精度 % vol
995. 94	1. 51	995. 10	2. 09	994. 27	2. 67
995. 92	1. 53	995. 08	2. 11	994. 25	2. 68
995. 90	1. 54	995. 06	2. 12	994. 23	2. 70
995. 88	1. 55	995. 04	2. 13	994. 22	2. 71
995. 86	1. 56	995. 02	2. 14	994. 20	2. 72
995. 85	1. 58	995. 01	2. 16	994. 18	2. 73
995. 83	1. 59	994. 99	2. 17	994. 16	2. 75
995. 81	1. 60	994. 97	2. 18	994. 15	2. 76
995. 79	1. 62	994. 95	2. 19	994. 13	2. 77
995. 77	1. 63	994. 93	2. 21	994. 11	2. 78
995. 75	1. 64	994. 92	2. 22	994. 09	2. 80
995. 74	1. 65	994. 90	2. 23	994. 07	2. 81
995. 72	1. 67	994. 88	2. 24	994. 06	2. 82
995. 70	1. 68	994. 86	2. 26	994. 04	2. 83
995. 68	1. 69	994. 84	2. 27	994. 02	2. 85
995. 66	1. 70	994. 83	2. 28	994. 00	2. 86
995. 64	1. 72	994. 81	2. 29	993. 99	2. 87
995. 63	1. 73	994. 79	2. 31	993. 97	2. 88
995. 61	1. 74	994. 77	2. 32	993. 95	2. 90
995. 59	1. 75	994. 75	2. 33	993. 93	2. 91
995. 57	1. 77	994. 74	2. 34	993. 91	2. 92
995. 55	1. 78	994. 72	2. 36	993. 90	2. 93
995. 53	1. 79	994. 70	2. 37	993. 88	2. 95
995. 52	1. 80	994. 68	2. 38	993. 86	2. 96
995. 50	1. 82	994. 66	2. 39	993. 84	2. 97
995. 48	1. 83	994. 65	2. 41	993. 83	2. 98
995. 46	1. 84	994. 63	2. 42	993. 81	3. 00
995. 44	1. 85	994. 61	2. 43	993. 79	3. 01
995. 42	1. 87	994. 59	2. 44	993. 77	3. 02
995. 41	1. 88	994. 57	2. 46	993. 76	3. 03
995. 39	1. 89	994. 56	2. 47	993. 74	3. 05
995. 37	1. 90	994. 54	2. 48	993. 72	3. 06
995. 35	1. 92	994. 52	2. 50	993. 70	3. 07

（续表）

密度 g/L	酒精度 % vol	密度 g/L	酒精度 % vol	密度 g/L	酒精度 % vol
995. 33	1. 93	994. 50	2. 51	993. 69	3. 08
995. 32	1. 94	994. 48	2. 52	993. 67	3. 10
995. 30	1. 95	994. 47	2. 53	993. 65	3. 11
995. 28	1. 97	994. 45	2. 55	993. 63	3. 12
995. 26	1. 98	994. 43	2. 56	993. 61	3. 13
995. 24	1. 99	994. 41	2. 57	993. 60	3. 15
995. 22	2. 01	994. 40	2. 58	993. 58	3. 16
995. 21	2. 02	994. 38	2. 60	993. 56	3. 17
995. 19	2. 03	994. 36	2. 61	993. 54	3. 18
995. 17	2. 04	994. 34	2. 62	993. 53	3. 20
995. 15	2. 06	994. 32	2. 63	993. 51	3. 21
995. 13	2. 07	994. 31	2. 65	993. 49	3. 22
995. 12	2. 08	994. 29	2. 66	993. 47	3. 24
993. 46	3. 25	992. 66	3. 82	991. 87	4. 40
993. 44	3. 26	992. 64	3. 84	991. 85	4. 41
993. 42	3. 27	992. 62	3. 85	991. 83	4. 42
993. 40	3. 29	992. 60	3. 86	991. 82	4. 44
993. 39	3. 30	992. 59	3. 87	991. 80	4. 45
993. 37	3. 31	992. 57	3. 89	991. 78	4. 46
993. 35	3. 32	992. 55	3. 90	991. 77	4. 47
993. 33	3. 34	992. 54	3. 91	991. 75	4. 49
993. 32	3. 35	992. 52	3. 92	991. 73	4. 50
993. 30	3. 36	992. 50	3. 94	991. 71	4. 51
993. 28	3. 37	992. 48	3. 95	991. 70	4. 52
993. 26	3. 39	992. 47	3. 96	991. 68	4. 54
993. 25	3. 40	992. 45	3. 97	991. 66	4. 55
993. 23	3. 41	992. 43	3. 99	991. 65	4. 56
993. 21	3. 42	992. 41	4. 00	991. 63	4. 57
993. 19	3. 44	992. 40	4. 01	991. 61	4. 59
993. 18	3. 45	992. 38	4. 02	991. 60	4. 60
993. 16	3. 46	992. 36	4. 04	991. 58	4. 61
993. 14	3. 47	992. 35	4. 05	991. 56	4. 62
993. 12	3. 49	992. 33	4. 06	991. 54	4. 64

（续表）

密度 g/L	酒精度 % vol	密度 g/L	酒精度 % vol	密度 g/L	酒精度 % vol
993. 11	3. 50	992. 31	4. 07	991. 53	4. 65
993. 09	3. 51	992. 29	4. 09	991. 51	4. 66
993. 07	3. 52	992. 28	4. 10	991. 49	4. 67
993. 05	3. 54	992. 26	4. 11	991. 48	4. 69
993. 04	3. 55	992. 24	4. 12	991. 46	4. 70
993. 02	3. 56	992. 23	4. 14	991. 44	4. 71
993. 00	3. 57	992. 21	4. 15	991. 43	4. 72
992. 99	3. 59	992. 19	4. 16	991. 41	4. 74
992. 97	3. 60	992. 17	4. 17	991. 39	4. 75
992. 95	3. 61	992. 16	4. 19	991. 38	4. 76
992. 93	3. 62	992. 14	4. 20	991. 36	4. 77
992. 92	3. 64	992. 12	4. 21	991. 34	4. 79
992. 90	3. 65	992. 11	4. 22	991. 33	4. 80
992. 88	3. 66	992. 09	4. 24	991. 31	4. 81
992. 86	3. 67	992. 07	4. 25	991. 29	4. 82
992. 85	3. 69	992. 05	4. 26	991. 28	4. 84
992. 83	3. 70	992. 04	4. 27	991. 26	4. 85
992. 81	3. 71	992. 02	4. 29	991. 24	4. 86
992. 79	3. 72	992. 00	4. 30	991. 22	4. 87
992. 78	3. 74	991. 99	4. 31	991. 21	4. 89
992. 76	3. 75	991. 97	4. 32	991. 19	4. 90
992. 74	3. 76	991. 95	4. 34	991. 17	4. 91
992. 72	3. 77	991. 94	4. 35	991. 16	4. 92
992. 71	3. 79	991. 92	4. 36	991. 14	4. 94
992. 69	3. 80	991. 90	4. 37	991. 12	4. 95
992. 67	3. 81	991. 88	4. 39	991. 11	4. 96
991. 09	4. 97	990. 33	5. 55	989. 57	6. 12
991. 07	4. 99	990. 31	5. 56	989. 56	6. 13
991. 06	5. 00	990. 29	5. 57	989. 54	6. 14
991. 04	5. 01	990. 28	5. 58	989. 52	6. 16
991. 02	5. 02	990. 26	5. 60	989. 51	6. 17
991. 01	5. 04	990. 24	5. 61	989. 49	6. 18
990. 99	5. 05	990. 23	5. 62	989. 47	6. 19

（续表）

密度 g/L	酒精度 % vol	密度 g/L	酒精度 % vol	密度 g/L	酒精度 % vol
990.97	5.06	990.21	5.63	989.46	6.21
990.96	5.07	990.19	5.65	989.44	6.22
990.94	5.09	990.18	5.66	989.43	6.23
990.92	5.10	990.16	5.67	989.41	6.24
990.91	5.11	990.14	5.68	989.39	6.26
990.89	5.12	990.13	5.70	989.38	6.27
990.87	5.13	990.11	5.71	989.36	6.28
990.86	5.15	990.09	5.72	989.34	6.29
990.84	5.16	990.08	5.73	989.33	6.31
990.82	5.17	990.06	5.75	989.31	6.32
990.81	5.18	990.05	5.76	989.30	6.33
990.79	5.20	990.03	5.77	989.28	6.34
990.77	5.21	990.01	5.78	989.26	6.36
990.76	5.22	990.00	5.80	989.25	6.37
990.74	5.23	989.98	5.81	989.23	6.38
990.72	5.25	989.96	5.82	989.21	6.39
990.71	5.26	989.95	5.83	989.20	6.40
990.69	5.27	989.93	5.85	989.18	6.42
990.67	5.28	989.91	5.86	989.17	6.43
990.66	5.30	989.90	5.87	989.15	6.44
990.64	5.31	989.88	5.88	989.13	6.45
990.62	5.32	989.87	5.89	989.12	6.47
990.61	5.33	989.85	5.91	989.10	6.48
990.59	5.35	989.83	5.92	989.09	6.49
990.57	5.36	989.82	5.93	989.07	6.50
990.56	5.37	989.80	5.94	989.05	6.52
990.54	5.38	989.78	5.96	989.04	6.53
990.52	5.40	989.77	5.97	989.02	6.54
990.51	5.41	989.75	5.98	989.01	6.55
990.49	5.42	989.73	5.99	988.99	6.57
990.47	5.43	989.72	6.01	988.97	6.58
990.46	5.45	989.70	6.02	988.96	6.59
990.44	5.46	989.69	6.03	988.94	6.60

（续表）

密度 g/L	酒精度 % vol	密度 g/L	酒精度 % vol	密度 g/L	酒精度 % vol
990.42	5.47	989.67	6.04	988.92	6.62
990.41	5.48	989.65	6.06	988.91	6.62
990.39	5.50	989.64	6.07	988.89	6.64
990.37	5.51	989.62	6.08	988.88	6.65
990.36	5.52	989.60	6.09	988.86	6.67
990.34	5.53	989.59	6.11	988.84	6.68
988.83	6.69	988.11	7.25	987.39	7.82
988.81	6.70	988.10	7.26	987.37	7.83
988.80	6.72	988.08	7.27	987.36	7.84
988.78	6.73	988.06	7.29	987.34	7.66
988.76	6.74	988.05	7.30	987.33	7.87
988.75	6.75	988.03	7.31	987.31	7.88
988.73	6.77	988.02	7.32	987.30	7.89
988.72	6.78	988.00	7.34	987.28	7.91
988.70	6.79	987.99	7.35	987.27	7.92
988.68	6.80	987.97	7.36	987.25	7.93
988.67	6.81	987.95	7.37	987.23	7.94
988.65	6.83	987.94	7.39	987.22	7.96
988.64	6.84	987.92	7.40	987.20	7.97
988.62	6.85	987.91	7.41	987.19	7.98
988.60	6.86	987.89	7.42	987.17	7.99
988.59	6.88	987.88	7.44	987.16	8.01
988.57	6.89	987.86	7.45	987.14	8.02
988.56	6.90	987.84	7.46	987.13	8.03
988.54	6.91	987.83	7.47	987.11	8.04
988.52	6.93	987.81	7.48	987.09	8.05
988.51	6.94	987.80	7.50	987.08	8.07
988.49	6.95	987.78	7.51	987.06	8.08
988.48	6.96	987.77	7.52	987.05	8.09
988.46	6.98	987.75	7.53	987.03	8.10
988.45	6.99	987.73	7.55	987.02	8.12
988.43	7.00	987.72	7.56	987.00	8.13
988.41	7.01	987.70	7.57	986.99	8.14

（续表）

密度 g/L	酒精度 % vol	密度 g/L	酒精度 % vol	密度 g/L	酒精度 % vol
988.40	7.03	987.69	7.58	986.97	8.15
		987.67	7.60	986.96	8.17
988.38	7.04	987.66	7.61	986.94	8.18
988.37	7.05	987.64	7.62	986.92	8.19
988.35	7.06	987.62	7.63	986.91	8.20
988.33	7.08	987.61	7.65	986.89	8.22
988.32	7.09	987.59	7.66	986.88	8.23
988.30	7.10	987.58	7.67	986.86	8.24
988.29	7.11	987.56	7.68	986.85	8.25
988.27	7.12	987.55	7.70	986.83	8.26
988.25	7.14	987.53	7.71	986.82	8.28
988.24	7.15	987.51	7.72	986.80	8.29
988.22	7.16	987.50	7.73	986.79	8.30
988.21	7.17	987.48	7.74	986.77	8.31
988.19	7.19	987.47	7.76	986.75	8.33
988.18	7.20	987.45	7.77	986.74	8.34
988.16	7.21	987.44	7.78	986.72	8.35
988.14	7.22	987.42	7.79	986.71	8.36
988.13	7.24	987.41	7.81	986.69	8.38
986.68	8.39	985.98	8.96	985.28	9.53
986.66	8.40	985.96	8.97	985.27	9.54
986.65	8.41	985.94	8.98	985.25	9.55
986.63	8.43	985.93	8.99	985.24	9.56
986.62	8.44	985.91	9.01	985.22	9.57
986.60	8.45	985.90	9.02	985.21	9.59
986.59	8.46	985.88	9.03	985.19	9.60
986.57	8.48	985.87	9.04	985.18	9.61
986.55	8.49	985.85	9.06	985.16	9.62
986.54	8.50	985.84	9.07	985.15	9.64
986.52	8.51	985.82	9.08	985.13	9.65
986.51	8.52	985.81	9.09	985.12	9.66
986.49	8.54	985.79	9.11	985.10	9.67
986.48	8.55	985.78	9.12	985.09	9.69

（续表）

密度 g/L	酒精度 % vol	密度 g/L	酒精度 % vol	密度 g/L	酒精度 % vol
986. 46	8. 56	985. 76	9. 13	985. 07	9. 70
986. 45	8. 57	985. 75	9. 14	985. 06	9. 71
986. 43	8. 59	985. 73	9. 16	985. 04	9. 72
986. 42	8. 60	985. 72	9. 17	985. 03	9. 74
986. 40	8. 61	985. 70	9. 18	985. 01	9. 75
986. 39	8. 62	985. 69	9. 19	985. 00	9. 76
986. 37	8. 64	985. 67	9. 20	984. 98	9. 77
986. 36	8. 65	985. 66	9. 22	984. 97	9. 78
986. 34	8. 66	985. 64	9. 23	984. 95	9. 80
986. 33	8. 67	985. 63	9. 24	984. 94	9. 81
986. 31	8. 69	985. 61	9. 25	984. 92	9. 82
986. 29	8. 70	985. 60	9. 27	984. 91	9. 83
986. 28	8. 71	985. 58	9. 28	984. 89	9. 85
986. 26	8. 72	985. 57	9. 29	984. 88	9. 86
986. 25	8. 73	985. 55	9. 30	984. 86	9. 87
986. 23	8. 75	985. 54	9. 32	984. 85	9. 88
986. 22	8. 76	985. 52	9. 33	984. 84	9. 90
986. 20	8. 77	985. 51	9. 34	984. 84	9. 91
986. 19	8. 78	985. 49	9. 35	984. 81	9. 92
986. 17	8. 80	985. 48	9. 36	984. 79	9. 93
986. 16	8. 81	985. 46	9. 38	984. 78	9. 94
986. 14	8. 82	985. 45	9. 39	984. 76	9. 96
986. 13	8. 83	985. 43	9. 40	984. 75	9. 97
986. 11	8. 85	985. 42	9. 41	984. 73	9. 98
986. 10	8. 86	985. 40	9. 43	984. 72	9. 99
986. 08	8. 87	985. 39	9. 44	984. 70	10. 01
986. 07	8. 88	985. 37	9. 45	984. 69	10. 02
986. 05	8. 90	985. 36	9. 46	984. 67	10. 03
986. 04	8. 91	985. 34	9. 48	984. 66	10. 04
986. 02	8. 92	985. 33	9. 49	984. 64	10. 06
986. 01	8. 93	985. 31	9. 50	984. 63	10. 07
985. 99	8. 95	985. 30	9. 51	984. 61	10. 08
984. 60	10. 09	983. 92	10. 66	983. 26	11. 23

（续表）

密度 g/L	酒精度 % vol	密度 g/L	酒精度 % vol	密度 g/L	酒精度 % vol
984. 58	10. 10	983. 91	10. 67	983. 24	11. 24
984. 57	10. 12	983. 89	10. 68	983. 23	11. 25
984. 55	10. 13	983. 88	10. 70	983. 21	11. 26
984. 54	10. 14	983. 86	10. 71	983. 20	11. 27
984. 52	10. 15	983. 85	10. 72	983. 18	11. 29
984. 51	10. 17	983. 84	10. 73	983. 17	11. 30
984. 49	10. 18	983. 82	10. 75	983. 15	11. 31
984. 48	10. 19	983. 81	10. 76	983. 14	11. 32
984. 47	10. 20	983. 79	10. 77	983. 13	11. 34
984. 45	10. 22	983. 78	10. 78	983. 11	11. 35
984. 44	10. 23	983. 76	10. 79	983. 10	11. 36
984. 42	10. 24	983. 75	10. 81	983. 08	11. 37
984. 41	10. 25	983. 73	10. 82	983. 07	11. 38
984. 39	10. 27	983. 72	10. 83	983. 05	11. 40
984. 38	10. 28	983. 70	10. 84	983. 04	11. 41
984. 36	10. 29	983. 69	10. 86	983. 03	11. 42
984. 35	10. 30	983. 68	10. 87	983. 01	11. 42
984. 33	10. 31	983. 66	10. 88	983. 00	11. 45
984. 32	10. 33	983. 65	10. 89	982. 98	11. 46
984. 30	10. 34	983. 63	10. 91	982. 97	11. 47
984. 29	10. 35	983. 62	10. 92	982. 95	11. 48
984. 27	10. 36	983. 60	10. 93	982. 94	11. 50
984. 26	10. 38	983. 59	10. 94	982. 93	11. 51
984. 24	10. 39	983. 57	10. 95	982. 91	11. 52
984. 23	10. 40	983. 56	10. 97	982. 90	11. 53
984. 22	10. 41	983. 54	10. 98	982. 88	11. 54
984. 20	10. 43	983. 53	10. 99	982. 87	11. 56
984. 19	10. 44	983. 52	11. 00	982. 85	11. 57
984. 17	10. 45	983. 50	11. 02	982. 84	11. 58
984. 16	10. 46	983. 49	11. 03	982. 82	11. 59
984. 14	10. 47	983. 47	11. 04	982. 81	11. 61
984. 13	10. 49	983. 46	11. 05	982. 80	11. 62
984. 11	10. 50	983. 44	11. 07	982. 78	11. 63

（续表）

密度 g/L	酒精度 % vol	密度 g/L	酒精度 % vol	密度 g/L	酒精度 % vol
984.10	10.51	983.43	11.08	982.77	11.64
984.08	10.52	983.41	11.09	982.75	11.66
984.07	10.54	983.40	11.10	982.74	11.67
984.05	10.55	983.39	11.11	982.72	11.68
984.04	10.56	983.37	11.13	982.71	11.69
984.03	10.57	983.36	11.14	982.70	11.70
984.01	10.59	983.34	11.15	982.68	11.72
984.00	10.60	983.33	11.16	982.67	11.73
983.98	10.61	983.31	11.18	982.65	11.74
983.97	10.62	983.30	11.19	982.64	11.75
983.95	10.63	983.28	11.20	982.63	11.77
983.94	10.65	983.27	11.21	982.61	11.78
982.60	11.79	981.94	12.35	981.30	12.92
982.58	11.80	981.93	12.37	981.29	12.93
982.57	11.81	981.92	12.38	981.27	12.94
982.55	11.83	981.90	12.39	981.26	12.96
982.54	11.84	981.89	12.40	981.24	12.97
982.53	11.85	981.87	12.42	981.23	12.98
982.51	11.86	981.86	12.43	981.22	12.99
982.50	11.88	981.85	12.44	981.20	13.00
982.48	11.89	981.83	12.45	981.19	13.02
982.47	11.90	981.82	12.47	981.18	13.03
982.45	11.91	981.80	12.48	981.16	13.04
982.44	11.93	981.79	12.49	981.15	13.05
982.43	11.94	981.78	12.50	981.13	13.07
982.41	11.95	981.76	12.51	981.12	13.08
982.40	11.96	981.75	12.53	981.11	13.09
982.38	11.97	981.73	12.54	981.09	13.10
982.37	11.99	981.72	12.55	981.08	13.11
982.35	12.00	981.71	12.56	981.06	13.12
982.34	12.01	981.69	12.58	981.05	13.14
982.33	12.02	981.68	12.59	981.04	13.15
982.31	12.04	981.66	12.60	981.02	13.16

（续表）

密度 g/L	酒精度 % vol	密度 g/L	酒精度 % vol	密度 g/L	酒精度 % vol
982.30	12.05	981.65	12.61	981.01	13.18
982.28	12.06	981.64	12.62	980.99	13.19
982.27	12.07	981.62	12.64	980.98	13.20
982.26	12.08	981.61	12.65	980.97	13.21
982.24	12.10	981.59	12.66	980.95	13.22
982.23	12.11	981.58	12.67	980.94	13.24
982.21	12.12	981.57	12.69	980.93	13.25
982.20	12.13	981.55	12.70	980.91	13.26
982.18	12.15	981.54	12.71	980.90	13.27
982.17	12.16	981.52	12.72	980.88	13.29
982.16	12.17	981.51	12.73	980.87	13.30
982.14	12.18	981.50	12.75	980.86	13.31
982.13	12.20	981.48	12.76	980.84	13.32
982.11	12.21	981.47	12.77	980.83	13.33
982.10	12.22	981.45	12.78	980.81	13.35
982.09	12.23	981.44	12.80	980.80	13.36
982.07	12.24	981.43	12.81	980.79	13.37
982.06	12.26	981.41	12.82	980.77	13.38
982.04	12.27	981.40	12.83	980.76	13.40
982.03	12.28	981.38	12.85	980.75	13.41
982.02	12.29	981.37	12.86	980.73	13.42
982.00	12.31	981.36	12.87	980.72	13.42
981.99	12.32	981.34	12.88	980.70	13.45
981.97	12.33	981.33	12.89	980.69	13.46
981.96	12.34	981.31	12.91	980.68	13.47
980.66	13.48	980.03	14.04	979.41	14.61
980.65	13.49	980.02	14.06	979.39	14.62
980.64	13.51	980.00	14.07	979.38	14.63
980.62	13.52	979.99	14.08	979.36	14.64
980.61	13.53	979.98	14.09	979.35	14.65
980.59	13.54	979.96	14.11	979.34	14.67
980.58	13.56	979.95	14.12	979.32	14.68
980.57	13.57	979.94	14.13	979.31	14.69

（续表）

密度 g/L	酒精度 % vol	密度 g/L	酒精度 % vol	密度 g/L	酒精度 % vol
980.55	13.58	979.92	14.14	979.30	14.70
980.54	13.59	979.91	14.15	979.28	14.72
980.52	13.60	979.89	14.17	979.27	14.73
980.51	13.62	979.88	14.18	979.26	14.74
980.50	13.63	979.87	14.19	979.24	14.75
980.48	13.64	979.85	14.20	979.23	14.76
980.47	13.65	979.84	14.22	979.22	14.78
980.46	13.67	979.83	14.23	979.20	14.79
980.44	13.68	979.81	14.24	979.19	14.80
980.43	13.69	979.80	14.25	979.18	14.81
980.41	13.70	979.79	14.26	979.16	14.83
980.40	13.71	979.77	14.28	979.15	14.84
980.39	13.73	979.76	14.29	979.13	14.85
980.37	13.74	979.74	14.30	979.12	14.86
980.36	13.75	979.73	14.31	979.11	14.87
980.35	13.76	979.72	14.33	979.09	14.89
980.33	13.78	979.70	14.34	979.08	14.90
980.32	13.79	979.69	14.35	979.07	14.91
980.31	13.80	979.68	14.36	979.05	14.92
980.29	13.81	979.66	14.37	979.04	14.94
980.28	13.82	979.65	14.39	979.03	14.95
980.26	13.84	979.64	14.40	979.01	14.96
980.25	13.85	979.62	14.41	979.00	14.97
980.24	13.86	979.61	14.42	978.99	14.98
980.22	13.87	979.60	14.44	978.97	15.00
980.21	13.89	979.58	14.45	978.96	15.01
980.20	13.90	979.57	14.46	978.95	15.02
980.18	13.91	979.55	14.47	978.93	15.03
980.17	13.92	979.54	14.48	978.92	15.05
980.15	13.93	979.53	14.50	978.91	15.06
980.14	13.95	979.51	14.51	978.89	15.07
980.13	13.96	979.50	14.52	978.88	15.08
980.11	13.97	979.49	14.53	978.87	15.09

（续表）

密度 g/L	酒精度 % vol	密度 g/L	酒精度 % vol	密度 g/L	酒精度 % vol
980.10	13.98	979.47	14.55	978.85	15.11
980.09	14.00	979.46	14.56	978.84	15.12
980.07	14.01	979.45	14.57	978.83	15.13
980.06	14.02	979.43	14.58	978.81	15.14
980.04	14.03	979.42	14.59	978.80	15.16
978.78	15.17	978.17	15.73	977.56	16.29
978.77	15.18	978.16	15.74	977.54	16.30
978.76	15.19	978.14	15.75	977.53	16.31
978.74	15.20	978.13	15.76	977.52	16.32
978.73	15.22	978.12	15.78	977.50	16.34
978.72	15.23	978.10	15.79	977.49	16.35
978.70	15.24	978.09	15.80	977.48	16.36
978.69	15.25	978.08	15.81	977.46	16.37
978.68	15.26	978.06	15.83	977.45	16.39
978.66	15.28	978.05	15.84	977.44	16.40
978.65	15.29	978.04	15.85	977.43	16.41
978.64	15.30	978.02	15.86	977.41	16.42
978.62	15.31	978.01	15.87	977.40	16.43
978.61	15.33	978.00	15.89	977.39	16.45
978.60	15.34	977.98	15.90	977.37	16.46
978.58	15.35	977.97	15.91	977.36	16.47
978.57	15.36	977.96	15.92	977.35	16.48
978.56	15.37	977.94	15.93	977.33	16.49
978.54	15.39	977.93	15.95	977.32	16.51
978.53	15.40	977.92	15.96	977.31	16.52
978.52	15.41	977.90	15.97	977.29	16.53
978.50	15.42	977.89	15.98	977.28	16.54
978.49	15.44	977.88	16.00	977.27	16.56
978.48	15.45	977.86	16.01	977.25	16.57
978.46	15.46	977.85	16.02	977.24	16.58
978.45	15.47	977.84	16.03	977.23	16.59
978.44	15.48	977.82	16.04	977.21	16.60
978.42	15.50	977.81	16.06	977.20	16.62

（续表）

密度 g/L	酒精度 % vol	密度 g/L	酒精度 % vol	密度 g/L	酒精度 % vol
978.41	15.51	977.80	16.07	977.19	16.63
978.40	15.52	977.78	16.08	977.17	16.64
978.38	15.53	977.77	16.09	977.16	16.65
978.37	15.55	977.76	16.11	977.15	16.66
978.36	15.56	977.74	16.12	977.13	16.68
978.34	15.57	977.73	16.13	977.12	16.69
978.33	15.58	977.72	16.14	977.11	16.70
978.32	15.59	977.70	16.15	977.09	16.71
978.30	15.61	977.69	16.17	977.08	16.73
978.29	15.62	977.68	16.18	977.07	16.74
978.28	15.63	977.66	16.19	977.06	16.75
978.26	15.64	977.65	16.20	977.04	16.76
978.25	15.65	977.64	16.21	977.03	16.77
978.24	15.67	977.62	16.23	977.02	16.79
978.22	15.68	977.61	16.24	977.00	16.80
978.21	15.69	977.60	16.25	976.99	16.81
978.20	15.70	977.58	16.26	976.98	16.82
978.18	15.72	977.57	16.28	976.96	16.84
976.95	16.85	976.35	17.41	975.74	17.96
976.94	16.86	976.33	17.42	975.73	17.98
976.92	16.87	976.32	17.43	975.72	17.99
976.91	16.88	976.31	17.44	975.70	18.00
976.90	16.90	976.29	17.45	975.69	18.01
976.88	16.91	976.28	17.47	975.68	18.02
976.87	16.92	976.27	17.48	975.67	18.04
976.86	16.93	976.25	17.49	975.65	18.05
976.84	16.94	976.24	17.50	975.64	18.06
976.83	16.96	976.23	17.52	975.63	18.07
976.82	16.97	976.21	17.53	975.61	18.08
976.81	16.98	976.20	17.54	975.60	18.10
976.79	16.99	976.19	17.55	975.59	18.11
976.78	17.01	976.18	17.56	975.57	18.12
976.77	17.02	976.16	17.58	975.56	18.13

（续表）

密度 g/L	酒精度 % vol	密度 g/L	酒精度 % vol	密度 g/L	酒精度 % vol
976.75	17.03	976.15	17.59	975.55	18.15
976.74	17.04	976.14	17.60	975.53	18.16
976.73	17.05	976.12	17.61	975.52	18.17
976.71	17.07	976.11	17.62	975.51	18.18
976.70	17.08	976.10	17.64	975.50	18.19
976.69	17.09	976.08	17.65	975.48	18.21
976.67	17.10	976.07	17.66	975.47	18.22
976.66	17.11	976.06	17.67	975.46	18.23
976.65	17.13	976.04	17.68	975.44	18.24
976.63	17.14	976.03	17.70	975.43	18.25
976.62	17.15	976.02	17.71	975.42	18.27
976.61	17.16	976.00	17.72	975.40	18.28
976.59	17.18	975.99	17.73	975.39	18.29
976.58	17.19	975.98	17.75	975.38	18.30
976.57	17.20	975.97	17.76	975.37	18.32
976.56	17.21	975.95	17.77	975.35	18.33
976.54	17.22	975.94	17.78	975.34	18.34
976.53	17.24	975.93	17.79	975.33	18.35
976.52	17.25	975.91	17.81	975.31	18.36
976.50	17.26	975.90	17.82	975.30	18.38
976.49	17.27	975.89	17.83	975.29	18.39
976.48	17.28	975.87	17.84	975.27	18.40
976.46	17.30	975.86	17.85	975.26	18.41
976.45	17.31	975.85	17.87	975.25	18.42
976.44	17.32	975.84	17.88	975.24	18.44
976.42	17.33	975.82	17.89	975.22	18.45
976.41	17.35	975.81	17.90	975.21	18.46
976.40	17.36	975.80	17.92	975.20	18.47
976.38	17.37	975.78	17.93	975.18	18.48
976.37	17.38	975.77	17.94	975.17	18.50
976.36	17.39	975.76	17.95	975.16	18.51
975.14	18.52	974.55	19.08	973.95	19.60
975.13	18.53	974.53	19.09	973.94	19.65

（续表）

密度 g/L	酒精度 % vol	密度 g/L	酒精度 % vol	密度 g/L	酒精度 % vol
975.12	18.55	974.52	19.10	973.92	19.66
975.11	18.56	974.51	19.11	973.91	19.67
975.09	18.57	974.49	19.13	973.90	19.68
975.08	18.58	974.48	19.14	973.88	19.69
975.07	18.59	974.47	19.15	973.87	19.71
975.05	18.61	974.46	19.16	973.86	19.72
975.04	18.62	974.44	19.17	973.85	19.73
975.03	18.62	974.43	19.19	973.83	19.74
975.01	18.64	974.42	19.20	973.82	19.75
975.00	18.65	974.40	19.21	973.81	19.77
974.99	18.67	974.39	19.22	973.79	19.78
974.97	18.68	974.38	19.23	973.78	19.79
974.96	18.69	974.36	19.25	973.77	19.80
974.95	18.70	974.35	19.26	973.75	19.81
974.94	18.71	974.34	19.27	973.74	19.83
974.92	18.73	974.33	19.28	973.73	19.84
974.91	18.74	974.31	19.30	973.72	19.85
974.90	18.75	974.30	19.31	973.70	19.86
974.88	18.76	974.29	19.32	973.69	19.88
974.87	18.78	974.27	19.33	973.68	19.89
974.86	18.79	974.26	19.34	973.66	19.90
974.84	18.80	974.25	19.36	973.65	19.91
974.83	18.81	974.23	19.37	973.64	19.92
974.82	18.82	974.22	19.38	973.62	19.94
974.81	18.84	974.21	19.39	973.61	19.95
974.79	18.85	974.20	19.40	973.60	19.96
974.78	18.86	974.18	19.42	973.59	19.97
974.77	18.87	974.17	19.43	973.57	19.98
974.75	18.88	974.16	19.44	973.56	20.00
974.74	18.90	974.14	19.45	973.55	20.01
974.73	18.91	974.13	19.46	973.53	20.02
974.71	18.92	974.12	19.48	973.52	20.03
974.70	18.93	974.10	19.49	973.51	20.04

（续表）

密度 g/L	酒精度 % vol	密度 g/L	酒精度 % vol	密度 g/L	酒精度 % vol
974.69	18.94	974.09	19.50	973.50	20.06
974.68	18.96	974.08	19.51	973.48	20.07
974.66	18.97	974.07	19.53	973.47	20.08
974.65	18.98	974.05	19.54	973.46	20.09
974.64	18.99	974.04	19.55	973.44	20.10
974.62	19.01	974.03	19.56	973.43	20.12
974.61	19.02	974.01	19.57	973.42	20.13
974.60	19.03	974.00	19.59	973.40	20.14
974.59	19.04	973.99	19.60	973.39	20.15
974.57	19.05	973.98	19.61	973.38	20.16
974.56	19.07	973.96	19.62	973.37	20.18
973.35	20.19	972.76	20.74	972.16	21.30
973.34	20.20	972.74	20.76	972.15	21.31
973.33	20.21	972.73	20.77	972.13	21.32
973.31	20.23	972.72	20.78	972.12	21.33
973.30	20.24	972.70	20.79	972.11	21.35
973.29	20.25	972.69	20.80	972.09	21.36
973.28	20.26	972.68	20.82	972.08	21.37
973.26	20.27	972.67	20.83	972.07	21.38
973.25	20.29	972.65	20.84	972.05	21.39
973.24	20.30	972.64	20.85	972.04	21.41
973.22	20.31	972.63	20.86	972.03	21.42
973.21	20.32	972.61	20.88	972.02	21.43
973.20	20.33	972.60	20.89	972.00	21.44
973.18	20.35	972.59	20.90	971.99	21.45
973.17	20.36	972.57	20.91	971.98	21.47
973.16	20.37	972.56	20.92	971.96	21.48
973.15	20.38	972.55	20.94	971.95	21.49
973.13	20.39	972.54	20.95	971.94	21.50
973.12	20.41	972.52	20.96	971.93	21.51
973.11	20.42	972.51	20.97	971.91	21.53
973.09	20.43	972.50	20.98	971.90	21.54
973.08	20.44	972.48	21.00	971.89	21.55

（续表）

密度 g/L	酒精度 % vol	密度 g/L	酒精度 % vol	密度 g/L	酒精度 % vol
973.07	20.45	972.47	21.01	971.87	21.56
973.05	20.47	972.46	21.02	971.86	21.57
973.04	20.48	972.45	21.03	971.85	21.59
973.03	20.49	972.43	21.04	971.83	21.60
973.02	20.50	972.42	21.06	971.82	21.61
973.00	20.51	972.41	21.07	971.81	21.62
972.99	20.53	972.39	21.08	971.80	21.63
972.98	20.54	972.38	21.09	971.78	21.65
972.96	20.55	972.37	21.10	971.77	21.66
972.95	20.56	972.35	21.12	971.76	21.67
972.94	20.57	972.34	21.13	971.74	21.68
972.92	20.59	972.33	21.14	971.73	21.69
972.91	20.60	972.32	21.15	971.72	21.71
972.90	20.61	972.30	21.17	971.70	21.72
972.89	20.62	972.29	21.18	971.69	21.73
972.87	20.64	972.28	21.19	971.68	21.74
972.86	20.65	972.26	21.20	971.67	21.75
972.85	20.66	972.25	21.21	971.65	21.77
972.83	20.67	972.24	21.23	971.64	21.78
972.82	20.68	972.22	21.24	971.63	21.79
972.81	20.70	972.21	21.25	971.61	21.80
972.80	20.71	972.20	21.26	971.60	21.81
972.78	20.72	972.19	21.27	971.59	21.83
972.77	20.73	972.17	21.29	971.57	21.84
971.56	21.85	970.96	22.40	970.36	22.95
971.55	21.86	970.95	22.42	970.35	22.97
971.54	21.87	970.94	22.43	970.33	22.98
971.52	21.89	970.92	22.44	970.32	22.99
971.51	21.90	970.91	22.45	970.31	23.00
971.50	21.91	970.90	22.46	970.29	23.01
971.48	21.92	970.88	22.48	970.28	23.03
971.47	21.93	970.87	22.49	970.27	23.04
971.46	21.95	970.86	22.50	970.26	23.05

（续表）

密度 g/L	酒精度 % vol	密度 g/L	酒精度 % vol	密度 g/L	酒精度 % vol
971.44	21.96	970.84	22.51	970.24	23.06
971.43	21.97	970.83	22.52	970.23	23.07
971.42	21.98	970.82	22.54	970.22	23.09
971.41	21.99	970.81	22.55	970.20	23.10
971.39	22.01	970.79	22.56	970.19	23.11
971.38	22.02	970.78	22.57	970.18	23.12
971.37	22.03	970.77	22.58	970.16	23.13
971.35	22.04	970.75	22.60	970.15	23.15
971.34	22.05	970.74	22.61	970.14	23.16
971.33	22.07	970.73	22.62	970.12	23.17
971.31	22.08	970.71	22.63	970.11	23.18
971.30	22.09	970.70	22.64	970.10	23.19
971.29	22.10	970.69	22.66	970.09	23.21
971.28	22.11	970.67	22.67	970.07	23.22
971.26	22.13	970.66	22.68	970.06	23.23
971.25	22.14	970.65	22.69	970.05	23.24
971.24	22.15	970.64	22.70	970.03	23.25
971.22	22.16	970.62	22.72	970.02	23.27
971.21	22.18	970.61	22.73	970.01	23.28
971.20	22.19	970.60	22.74	969.99	23.29
971.18	22.20	970.58	22.75	969.98	23.30
971.17	22.21	970.57	22.76	969.97	23.31
971.16	22.22	970.56	22.78	969.95	23.33
971.14	22.24	970.54	22.79	969.94	23.34
971.13	22.25	970.53	22.80	969.93	23.35
971.12	22.26	970.52	22.81	969.91	23.36
971.11	22.27	970.50	22.82	969.90	23.37
971.09	22.28	970.49	22.83	969.89	23.39
971.08	22.30	970.48	22.85	969.87	23.40
971.07	22.31	970.47	22.86	969.86	23.41
971.05	22.32	970.45	22.87	969.85	23.42
971.04	22.33	970.44	22.88	969.84	23.43
971.03	22.34	970.43	22.89	969.82	23.45

（续表）

密度 g/L	酒精度 % vol	密度 g/L	酒精度 % vol	密度 g/L	酒精度 % vol
971.01	22.36	970.41	22.91	969.81	23.46
971.00	22.37	970.40	22.92	969.80	23.47
970.99	22.38	970.39	22.93	969.78	23.48
970.98	22.39	970.37	22.94	969.77	23.49
969.76	23.51	969.15	24.06	968.54	24.61
969.74	23.52	969.14	24.07	968.53	24.62
969.73	23.53	969.12	24.08	968.51	24.62
969.72	23.54	969.11	24.09	968.50	24.64
969.70	23.55	969.10	24.10	968.49	24.65
969.69	23.57	969.08	24.12	968.47	24.66
969.68	23.58	969.07	24.13	968.46	24.68
969.66	23.59	969.06	24.14	968.45	24.69
969.65	23.60	969.04	24.15	968.43	24.70
969.64	23.61	969.03	24.16	968.42	24.71
969.62	23.63	969.02	24.18	968.41	24.72
969.61	23.64	969.00	24.19	968.39	24.74
969.60	23.65	968.99	24.20	968.38	24.75
969.59	23.66	968.98	24.21	968.37	24.76
969.57	23.67	968.96	24.22	968.35	24.77
969.56	23.69	968.95	24.24	968.34	24.78
969.55	23.70	968.94	24.25	968.32	24.80
969.53	23.71	968.92	24.26	968.31	24.81
969.52	23.72	968.91	24.27	968.30	24.82
969.51	23.73	968.90	24.28	968.28	24.83
969.49	23.75	968.88	24.29	968.27	24.84
969.48	23.76	968.87	24.31	968.26	24.86
969.47	23.77	968.86	24.32	968.24	24.87
969.45	23.78	968.84	24.33	968.23	24.88
969.44	23.79	968.83	24.34	968.22	24.89
969.43	23.80	968.82	24.35	968.20	24.90
969.41	23.82	968.80	24.37	968.19	24.92
969.40	23.83	968.79	24.38	968.18	24.93
969.39	23.84	968.78	24.39	968.16	24.94

（续表）

密度 g/L	酒精度 % vol	密度 g/L	酒精度 % vol	密度 g/L	酒精度 % vol
969.37	23.85	968.76	24.40	968.15	24.95
969.36	23.86	968.75	24.41	968.14	24.96
969.35	23.88	968.74	24.42	968.12	24.97
969.33	23.89	968.72	24.44	968.11	24.99
969.32	23.90	968.71	24.45	968.10	25.00
969.31	23.91	968.70	24.46	968.08	25.01
969.29	23.92	968.68	24.47	968.07	25.02
969.28	23.94	968.67	24.49	968.06	25.03
969.27	23.95	968.66	24.50	968.04	25.05
969.25	23.96	968.64	24.51	968.03	25.06
969.24	23.97	968.63	24.52	968.02	25.07
969.23	23.98	968.62	24.53	968.00	25.08
969.22	24.00	968.60	24.55	967.99	25.09
969.20	24.01	968.59	24.56	967.98	25.11
969.19	24.02	968.58	24.57	967.96	25.12
969.18	24.03	968.56	24.58	967.95	25.13
969.16	24.04	968.55	24.59	967.94	25.14
967.92	25.15	967.30	25.70	966.68	26.25
967.91	25.17	967.29	25.71	966.67	26.26
967.90	25.18	967.28	25.73	966.65	26.27
967.88	25.19	967.26	25.74	966.64	26.28
967.87	25.20	967.25	25.75	966.63	26.30
967.86	25.21	967.24	25.76	966.61	26.31
967.84	25.23	967.22	25.77	966.60	26.32
967.83	25.24	967.21	25.78	966.59	26.33
967.82	25.25	967.20	25.80	966.57	26.34
967.80	25.26	967.18	25.81	966.56	26.36
967.79	25.27	967.17	25.82	966.54	26.37
967.78	25.28	967.16	25.83	966.53	26.38
967.76	25.30	967.14	25.84	966.52	26.39
967.75	25.31	967.13	25.86	966.50	26.40
967.74	25.32	967.12	25.87	966.49	26.41
967.72	25.33	967.10	25.88	966.48	26.43

（续表）

密度 g/L	酒精度 % vol	密度 g/L	酒精度 % vol	密度 g/L	酒精度 % vol
967.71	25.34	967.09	25.89	966.46	26.44
967.70	25.36	967.07	25.90	966.45	26.45
967.68	25.37	967.06	25.92	966.43	26.46
967.67	25.38	967.05	25.93	966.42	26.47
967.65	25.39	967.03	25.94	966.41	26.49
967.64	25.40	967.02	25.95	966.39	26.50
967.63	25.42	967.01	25.96	966.38	26.51
967.61	25.43	966.99	25.98	966.37	26.52
967.60	25.44	966.98	25.99	966.35	26.53
967.59	25.45	966.97	26.00	966.34	26.55
967.57	25.46	966.95	26.01	966.33	26.56
967.56	25.48	966.94	26.02	966.31	26.57
967.55	25.49	966.93	26.03	966.30	26.58
967.53	25.50	966.91	26.05	966.28	26.59
967.52	25.51	966.90	26.06	966.27	26.60
967.51	25.52	966.88	26.07	966.26	26.62
967.49	25.53	966.87	26.08	966.24	26.63
967.48	25.55	966.86	26.09	966.23	26.64
967.47	25.56	966.84	26.11	966.22	26.65
967.45	25.57	966.83	26.12	966.20	26.66
967.44	25.58	966.82	26.13	966.19	26.68
967.43	25.59	966.80	26.14	966.17	26.69
967.41	25.61	966.79	26.15	966.16	26.70
967.40	25.62	966.78	26.17	966.15	26.71
967.39	25.63	966.76	26.18	966.13	26.72
967.37	25.64	966.75	26.19	966.12	26.73
967.36	25.65	966.73	26.20	966.11	26.75
967.34	25.67	966.72	26.21	966.09	26.76
967.33	25.68	966.71	26.22	966.08	26.77
967.32	25.69	966.69	26.24	966.06	26.78
966.05	26.79	965.42	27.34	964.78	27.88
966.04	25.81	965.40	27.35	964.76	27.90
966.02	26.82	965.39	27.36	964.75	27.91

（续表）

密度 g/L	酒精度 % vol	密度 g/L	酒精度 % vol	密度 g/L	酒精度 % vol
966.01	26.83	965.37	27.37	964.73	27.92
966.00	26.84	965.36	27.39	964.72	27.93
965.98	26.85	965.35	27.40	964.71	27.94
965.97	26.87	965.33	27.41	964.69	27.95
965.95	26.88	965.32	27.42	964.68	27.97
965.94	26.89	965.31	27.43	964.66	27.98
965.93	26.90	965.29	27.45	964.65	27.99
965.91	26.91	965.28	27.46	964.64	28.00
965.90	26.92	965.26	27.47	964.62	28.01
965.89	26.94	965.25	27.48	964.61	28.03
965.87	26.95	965.24	27.49	964.59	28.04
965.86	26.96	965.22	27.51	964.58	28.05
965.84	26.97	965.21	27.52	964.57	28.06
965.83	26.98	965.19	27.53	964.55	28.07
965.82	27.00	965.18	27.54	964.54	28.08
965.80	27.01	965.17	27.55	964.52	28.10
965.79	27.02	965.15	27.56	964.51	28.11
965.78	27.03	965.14	27.58	964.49	28.12
965.76	27.04	965.12	27.59	964.48	28.13
965.75	27.06	965.11	27.60	964.47	28.14
965.73	27.07	965.10	27.61	964.45	28.16
965.72	27.08	965.08	27.62	964.44	28.17
965.71	27.09	965.07	27.64	964.42	28.18
965.69	27.10	965.05	27.65	964.41	28.19
965.68	27.11	965.04	27.66	964.40	28.20
965.67	27.13	965.03	27.67	964.38	28.21
965.65	27.14	965.01	27.68	964.37	28.23
965.64	27.15	965.00	27.69	964.35	28.24
965.62	27.16	964.99	27.71	964.34	28.25
965.61	27.17	964.97	27.72	964.33	28.26
965.60	27.19	964.96	27.73	964.31	28.27
965.58	27.20	964.94	27.74	964.30	28.29
965.57	27.21	964.93	27.75	964.28	28.30

（续表）

密度 g/L	酒精度 % vol	密度 g/L	酒精度 % vol	密度 g/L	酒精度 % vol
965. 55	27. 22	964. 92	27. 77	964. 27	28. 31
965. 54	27. 23	964. 90	27. 78	964. 26	28. 32
965. 53	27. 24	964. 89	27. 79	964. 24	28. 33
965. 51	27. 26	964. 87	27. 80	964. 23	28. 34
965. 50	27. 27	964. 86	27. 81	964. 21	28. 36
965. 49	27. 28	964. 85	27. 82	964. 20	28. 37
965. 47	27. 29	964. 83	27. 84	964. 18	28. 38
965. 46	27. 30	964. 82	27. 85	964. 17	28. 39
965. 44	27. 32	964. 80	27. 86	964. 16	28. 40
965. 43	27. 33	964. 79	27. 87	964. 14	28. 41
964. 13	28. 43	963. 47	28. 97	962. 81	29. 51
964. 11	28. 44	963. 46	28. 98	962. 80	29. 52
964. 10	28. 45	963. 45	28. 99	962. 78	29. 53
964. 09	28. 46	963. 43	29. 00	962. 77	29. 55
964. 07	28. 47	963. 42	29. 02	962. 76	29. 56
964. 06	28. 49	963. 40	29. 03	962. 74	29. 57
964. 04	28. 50	963. 39	29. 04	962. 73	29. 58
964. 03	28. 51	963. 37	29. 05	962. 71	29. 59
964. 01	28. 52	963. 36	29. 06	962. 70	29. 60
964. 00	28. 53	963. 35	29. 08	962. 68	29. 62
963. 99	28. 54	963. 33	29. 09	962. 67	29. 63
963. 97	28. 56	963. 32	29. 10	962. 65	29. 64
963. 96	28. 57	963. 30	29. 11	962. 64	29. 65
963. 94	28. 58	963. 29	29. 12	962. 63	29. 66
963. 93	28. 59	963. 27	29. 13	962. 61	29. 67
963. 92	28. 60	963. 26	29. 15	962. 60	29. 69
963. 90	28. 62	963. 25	29. 16	962. 58	29. 70
963. 89	28. 63	963. 23	29. 17	962. 57	29. 71
963. 87	28. 64	963. 22	29. 18	962. 55	29. 72
963. 86	28. 65	963. 20	29. 19	962. 54	29. 73
963. 84	28. 66	963. 19	29. 20	962. 52	29. 75
963. 83	28. 67	963. 17	29. 22	962. 51	29. 76
963. 82	28. 69	963. 16	29. 23	962. 49	29. 77

（续表）

密度 g/L	酒精度 % vol	密度 g/L	酒精度 % vol	密度 g/L	酒精度 % vol
963.80	28.70	963.14	29.24	962.48	29.78
963.79	28.71	963.13	29.25	962.47	29.79
963.77	28.72	963.12	29.26	962.45	29.80
963.76	28.73	963.10	29.28	962.44	29.82
963.75	28.75	963.09	29.29	962.42	29.83
963.73	28.76	963.07	29.30	962.41	29.84
963.72	28.77	963.06	29.31	962.39	29.85
963.70	28.78	963.04	29.32	962.38	29.86
963.69	28.79	963.03	29.33	962.36	29.87
963.67	28.80	963.02	29.35	962.35	29.89
963.66	28.82	963.00	29.36	962.34	29.90
963.65	28.83	962.99	29.37	962.32	29.91
963.63	28.84	962.97	29.38	962.31	29.92
963.62	28.85	962.96	29.39	962.29	29.93
963.60	28.86	962.94	29.40	962.28	29.95
963.59	28.87	962.93	29.42	962.26	29.96
963.57	28.89	962.91	29.43	962.25	29.97
963.56	28.90	962.90	29.44	962.23	29.98
963.55	28.91	962.89	29.45	962.22	29.99
963.53	28.92	962.87	29.46	962.20	30.00
963.52	28.93	962.86	29.48	962.19	30.02
963.50	28.95	962.84	29.49	962.17	30.03
963.49	28.96	962.83	29.50	962.16	30.04
962.15	30.05	961.47	30.59	960.79	31.13
962.13	30.06	961.46	30.60	960.77	31.14
962.12	30.07	961.44	30.61	960.76	31.15
962.10	30.09	961.43	30.62	960.74	31.16
962.09	30.10	961.41	30.64	960.73	31.17
962.07	30.11	961.40	30.65	960.71	31.19
962.06	30.12	961.38	30.66	960.70	31.20
962.04	30.13	961.37	30.67	960.68	31.21
962.03	30.14	961.35	30.68	960.67	31.22
962.01	30.16	961.34	30.70	960.65	31.23

（续表）

密度 g/L	酒精度 % vol	密度 g/L	酒精度 % vol	密度 g/L	酒精度 % vol
962.00	30.17	961.32	30.71	960.64	31.24
961.98	30.18	961.31	30.72	960.62	31.26
961.97	30.19	961.29	30.73	960.61	31.27
961.96	30.20	961.28	30.74	960.59	31.28
961.94	30.21	961.26	30.75	960.58	31.29
961.93	30.23	961.25	30.77	960.56	31.30
961.91	30.24	961.23	30.78	960.55	31.31
961.90	30.25	961.22	30.79	960.53	31.33
961.88	30.26	961.20	30.80	960.52	31.34
961.87	30.27	961.19	30.81	960.50	31.35
961.85	30.29	961.17	30.82	960.49	31.36
961.84	30.30	961.16	30.84	960.47	31.37
961.82	30.31	961.14	30.85	960.46	31.39
961.81	30.32	961.13	30.86	960.44	31.40
961.79	30.33	961.11	30.87	960.43	31.41
961.78	30.34	961.10	30.88	960.41	31.42
961.76	30.36	961.08	30.89	960.40	31.43
961.75	30.37	961.07	30.91	960.38	31.44
961.74	30.38	961.05	30.92	960.37	31.46
961.72	30.39	961.04	30.93	960.35	31.47
961.71	30.40	961.03	30.94	960.34	31.48
961.69	30.41	961.01	30.95	960.32	31.49
961.68	30.43	961.00	30.96	960.31	31.50
961.66	30.44	960.98	30.98	960.29	31.51
961.65	30.45	960.97	30.99	960.28	31.53
961.63	30.46	960.95	31.00	960.26	31.54
961.62	30.47	960.94	31.01	960.25	31.55
961.60	30.48	960.92	31.02	960.23	31.56
961.59	30.50	960.91	31.03	960.22	31.57
961.57	30.51	960.89	31.05	960.20	31.58
961.56	30.52	960.88	31.06	960.19	31.60
961.54	30.53	960.86	31.07	960.17	31.61
961.53	30.54	960.85	31.08	960.16	31.62

（续表）

密度 g/L	酒精度 % vol	密度 g/L	酒精度 % vol	密度 g/L	酒精度 % vol
961. 51	30. 55	960. 83	31. 09	960. 14	31. 63
961. 50	30. 57	960. 82	31. 10	960. 13	31. 64
961. 48	30. 58	960. 80	31. 12	960. 11	31. 65
960. 10	31. 67	959. 40	32. 20	958. 69	32. 74
960. 08	31. 68	959. 38	32. 21	958. 67	32. 75
960. 07	31. 69	959. 37	32. 22	958. 66	32. 76
960. 05	31. 70	959. 35	32. 24	958. 64	32. 77
960. 03	31. 71	959. 34	32. 25	958. 63	32. 78
960. 02	31. 72	959. 32	32. 26	958. 61	32. 79
960. 00	31. 74	959. 30	32. 27	958. 60	32. 81
959. 99	31. 75	959. 29	32. 28	958. 58	32. 82
959. 97	31. 76	959. 27	32. 29	958. 56	32. 83
959. 96	31. 77	959. 26	32. 31	958. 55	32. 84
959. 94	31. 78	959. 24	32. 32	958. 53	32. 85
959. 93	31. 79	959. 23	32. 33	958. 52	32. 86
959. 91	31. 81	959. 21	32. 34	958. 50	32. 88
959. 90	31. 82	959. 20	32. 35	958. 49	32. 89
959. 88	31. 83	959. 18	32. 36	958. 47	32. 90
959. 87	31. 84	959. 17	32. 38	958. 46	32. 91
959. 85	31. 85	959. 15	32. 39	958. 44	32. 92
959. 84	31. 86	959. 14	32. 40	958. 43	32. 93
959. 82	31. 88	959. 12	32. 41	958. 41	32. 95
959. 81	31. 89	959. 11	32. 42	958. 39	32. 96
959. 79	31. 90	959. 09	32. 43	958. 38	32. 97
959. 78	31. 91	959. 07	32. 45	958. 36	32. 98
959. 76	31. 92	959. 06	32. 46	958. 35	32. 99
959. 75	31. 93	959. 04	32. 47	958. 33	33. 00
959. 73	31. 95	959. 03	32. 48	958. 32	33. 02
959. 72	31. 96	959. 01	32. 49	958. 30	33. 03
959. 70	31. 97	959. 00	32. 50	958. 29	33. 04
959. 69	31. 98	958. 98	32. 52	958. 27	33. 05
959. 67	31. 99	958. 97	32. 53	958. 25	33. 06
959. 66	32. 00	958. 95	32. 54	958. 24	33. 07

（续表）

密度 g/L	酒精度 % vol	密度 g/L	酒精度 % vol	密度 g/L	酒精度 % vol
959.64	32.01	958.94	32.55	958.22	33.08
959.63	32.03	958.92	32.56	958.21	33.10
959.61	32.04	958.90	32.57	958.19	33.11
959.59	32.05	958.89	32.59	958.18	33.12
959.58	32.06	958.87	32.60	958.16	33.13
959.56	32.07	958.86	32.61	958.14	33.14
959.55	32.08	958.84	32.62	958.13	33.15
959.53	32.10	958.83	32.63	958.11	33.17
959.52	32.11	958.81	32.64	958.10	33.18
959.50	32.12	958.80	32.65	958.08	33.19
959.49	32.13	958.78	32.67	958.07	33.20
959.47	32.14	958.77	32.68	958.05	33.21
959.46	32.15	958.75	32.69	958.04	33.22
959.44	32.17	958.74	32.70	958.02	33.24
959.43	32.18	958.72	32.71	958.00	33.25
959.41	32.19	958.70	32.72	957.99	33.26
957.97	33.27	957.25	33.80	956.52	34.33
957.96	33.28	957.23	33.81	956.50	34.35
957.94	33.29	957.22	33.83	956.48	34.36
957.93	33.31	957.20	33.84	956.47	34.37
957.91	33.32	957.19	33.85	956.45	34.38
957.89	33.33	957.17	33.86	956.44	34.39
957.88	33.34	957.15	33.87	956.42	34.40
957.86	33.35	957.14	33.88	956.40	34.42
957.85	33.36	957.12	33.90	956.39	34.43
957.83	33.37	957.11	33.91	956.37	34.44
957.82	33.39	957.09	33.92	956.36	34.45
957.80	33.40	957.07	33.93	956.34	34.46
957.78	33.41	957.06	33.94	956.32	34.47
957.77	33.42	957.04	33.95	956.31	34.48
957.75	33.43	957.03	33.96	956.29	34.50
957.74	33.44	957.01	33.98	956.27	34.51
957.72	33.46	956.99	33.99	956.26	34.52

（续表）

密度 g/L	酒精度 % vol	密度 g/L	酒精度 % vol	密度 g/L	酒精度 % vol
957.71	33.47	956.98	34.00	956.24	34.53
957.69	33.48	956.96	34.01	956.23	34.54
957.67	33.49	956.95	34.02	956.21	34.55
957.66	33.50	956.93	34.03	956.19	34.57
957.64	33.51	956.92	34.05	956.18	34.58
957.63	33.53	956.90	34.06	956.16	34.59
957.61	33.54	956.88	34.07	956.15	34.60
957.60	33.55	956.87	34.08	956.13	34.61
957.58	33.56	956.85	34.09	956.11	34.62
957.56	33.57	956.84	34.10	956.10	34.63
957.55	33.58	956.82	34.12	956.08	34.65
957.53	33.59	956.80	34.13	956.07	34.66
957.52	33.61	956.79	34.14	956.05	34.67
957.50	33.62	956.77	34.15	956.03	34.68
957.49	33.63	956.76	34.16	956.02	34.69
957.47	33.64	956.74	34.17	956.00	34.70
957.45	33.65	956.72	34.18	955.98	34.72
957.44	33.66	956.71	34.20	955.97	34.73
957.42	33.68	956.69	34.21	955.95	34.74
957.41	33.69	956.68	34.22	955.94	34.75
957.39	33.70	956.66	34.23	955.92	34.76
957.38	33.71	956.64	34.24	955.90	34.77
957.36	33.72	956.63	34.25	955.89	34.78
957.34	33.73	956.61	34.27	955.87	34.80
957.33	33.75	956.60	34.28	955.86	34.81
957.31	33.76	956.58	34.29	955.84	34.82
957.30	33.77	956.56	34.30	955.82	34.83
957.28	33.78	956.55	34.31	955.81	34.84
957.26	33.79	956.53	34.32	955.79	34.85
955.77	34.87	955.02	35.39	954.26	35.92
955.76	34.88	955.01	35.41	954.25	35.93
955.74	34.89	954.99	35.42	954.23	35.95
955.73	34.90	954.97	35.43	954.21	35.96

（续表）

密度 g/L	酒精度 % vol	密度 g/L	酒精度 % vol	密度 g/L	酒精度 % vol
955. 71	34. 91	954. 96	35. 44	954. 20	35. 97
955. 69	34. 92	954. 94	35. 45	954. 18	35. 98
955. 68	34. 93	954. 93	35. 46	954. 16	35. 99
955. 66	34. 95	954. 91	35. 47	954. 15	36. 00
955. 64	34. 96	954. 89	35. 49	954. 13	36. 01
955. 63	34. 97	954. 88	35. 50	954. 11	36. 03
955. 61	34. 98	954. 86	35. 51	954. 10	36. 04
955. 60	34. 99	954. 84	35. 52	954. 08	36. 05
955. 58	35. 00	954. 83	35. 53	954. 07	36. 06
955. 56	35. 01	954. 81	35. 54	954. 05	36. 07
955. 55	35. 03	954. 79	35. 56	954. 03	36. 08
955. 53	35. 04	954. 78	35. 57	954. 02	36. 09
955. 51	35. 05	954. 76	35. 58	954. 00	36. 11
955. 50	35. 06	954. 74	35. 59	953. 98	36. 12
955. 48	35. 07	954. 73	35. 60	953. 97	36. 13
955. 47	35. 08	954. 71	35. 61	953. 95	36. 14
955. 45	35. 10	954. 69	35. 62	953. 93	36. 15
955. 43	35. 11	954. 68	35. 64	953. 92	36. 16
955. 42	35. 12	954. 66	35. 65	953. 90	36. 17
955. 40	35. 13	954. 65	35. 66	953. 88	36. 19
955. 38	35. 14	954. 63	35. 67	953. 86	36. 20
955. 37	35. 15	954. 61	35. 68	953. 85	36. 21
955. 35	35. 16	954. 60	35. 69	953. 83	36. 22
955. 33	35. 18	954. 58	35. 70	953. 81	36. 23
955. 32	35. 19	954. 56	35. 72	953. 80	36. 24
955. 30	35. 20	954. 55	35. 73	953. 78	36. 25
955. 29	35. 21	954. 53	35. 74	953. 76	36. 27
955. 27	35. 22	954. 51	35. 75	953. 75	36. 28
955. 25	35. 23	954. 50	35. 76	953. 73	36. 29
955. 24	35. 24	954. 48	35. 77	953. 71	36. 30
955. 22	35. 26	954. 46	35. 78	953. 70	36. 31
955. 20	35. 27	954. 45	35. 80	953. 68	36. 32
955. 19	35. 28	954. 43	35. 81	953. 66	36. 33

（续表）

密度 g/L	酒精度 % vol	密度 g/L	酒精度 % vol	密度 g/L	酒精度 % vol
955.17	35.29	954.41	35.82	953.65	36.35
955.15	35.30	954.40	35.83	953.63	36.36
955.14	35.31	954.38	35.84	953.61	36.37
955.12	35.33	954.36	35.85	953.60	36.38
955.11	35.34	954.35	35.87	953.58	36.39
955.09	35.35	954.33	35.88	953.56	36.40
955.07	35.36	954.31	35.89	953.55	36.41
955.06	35.37	954.30	35.90	953.53	36.43
955.04	35.38	954.28	35.91	953.51	36.44
953.50	36.45	952.72	36.97	951.93	37.50
953.48	36.46	952.70	36.99	951.92	37.51
953.46	36.47	952.69	37.00	951.90	37.52
953.45	36.48	952.67	37.01	951.88	37.53
953.43	36.49	952.65	37.02	951.87	37.54
953.41	36.51	952.64	37.03	951.85	37.56
953.40	36.52	952.62	37.04	951.83	37.57
953.38	36.53	952.60	37.05	951.81	37.58
953.36	36.54	952.58	37.07	951.80	37.59
953.35	36.55	952.57	37.08	951.78	37.60
953.33	36.56	952.55	37.09	951.76	37.61
953.31	36.58	952.53	37.10	951.75	37.62
953.29	36.59	952.52	37.11	951.73	37.64
953.28	36.60	952.50	37.12	951.71	37.65
953.26	36.61	952.48	37.13	951.69	37.66
953.25	36.62	952.46	37.15	951.68	37.67
953.23	36.63	952.45	37.16	951.66	37.68
953.21	36.64	952.43	37.17	951.64	37.69
953.19	36.66	952.41	37.18	951.62	37.70
953.18	36.67	952.40	37.19	951.61	37.72
953.16	36.68	952.38	37.20	951.59	37.73
953.14	36.69	952.36	37.21	951.57	37.74
953.13	36.70	952.35	37.23	951.56	37.75
953.11	36.71	952.33	37.24	951.54	37.76

（续表）

密度 g/L	酒精度 % vol	密度 g/L	酒精度 % vol	密度 g/L	酒精度 % vol
953.09	36.72	952.31	37.25	951.52	37.77
953.08	36.74	952.29	37.26	951.50	37.78
953.06	36.75	952.28	37.27	951.49	37.79
953.04	36.76	952.26	37.28	951.47	37.81
953.02	36.77	952.24	37.29	951.45	37.82
953.01	36.78	952.23	37.31	951.43	37.83
952.99	36.79	952.21	37.32	951.42	37.84
952.97	36.80	952.19	37.33	951.40	37.85
952.96	36.81	952.17	37.34	951.38	37.86
952.94	36.83	952.16	37.35	951.37	37.87
952.92	36.84	952.14	37.36	951.35	37.89
952.91	36.85	952.12	37.37	951.33	37.90
952.89	36.86	952.11	37.39	951.31	37.91
952.87	36.87	952.09	37.40	951.30	37.92
952.86	36.88	952.07	37.41	951.28	37.93
952.84	36.89	952.05	37.42	951.26	37.94
952.82	36.91	952.04	37.43	951.24	37.95
952.80	36.92	952.02	37.44	951.23	37.97
952.79	36.93	952.00	37.45	951.21	37.98
952.77	36.94	951.99	37.46	951.19	37.99
952.75	36.95	951.97	37.48	951.18	38.00
952.74	36.96	951.95	37.49	951.16	38.01
951.14	38.02	950.34	38.54	949.53	39.06
951.12	38.03	950.32	38.56	949.51	39.08
951.11	38.04	950.30	38.57	949.49	39.09
951.09	38.06	950.29	38.58	949.47	39.10
951.07	38.07	950.27	38.59	949.46	39.11
951.05	38.08	950.25	38.60	949.44	39.12
951.04	38.09	950.23	38.61	949.42	39.13
951.02	38.10	950.21	38.62	949.40	39.14
951.00	38.11	950.20	38.63	949.38	39.15
950.98	38.12	950.18	38.65	949.37	39.17
950.97	38.14	950.16	38.66	949.35	39.18

（续表）

密度 g/L	酒精度 % vol	密度 g/L	酒精度 % vol	密度 g/L	酒精度 % vol
950. 95	38. 15	950. 14	38. 67	949. 33	39. 19
950. 93	38. 16	950. 13	38. 68	949. 31	39. 20
950. 91	38. 17	950. 11	38. 69	949. 30	39. 21
950. 90	38. 18	950. 09	38. 70	949. 28	39. 22
950. 88	38. 19	950. 07	38. 71	949. 26	39. 23
950. 86	38. 20	950. 06	38. 73	949. 24	39. 25
950. 84	38. 22	950. 04	38. 74	949. 22	39. 26
950. 83	38. 23	950. 02	38. 75	949. 21	39. 27
950. 81	38. 24	950. 00	38. 76	949. 19	39. 28
950. 79	38. 25	949. 99	38. 77	949. 17	39. 29
950. 78	38. 26	949. 97	38. 78	949. 15	39. 30
950. 76	38. 27	949. 95	38. 79	949. 14	39. 31
950. 74	38. 28	949. 93	38. 80	949. 12	39. 32
950. 72	38. 29	949. 92	38. 82	949. 10	39. 34
950. 71	38. 31	949. 90	38. 83	949. 08	39. 35
950. 69	38. 32	949. 88	38. 84	949. 06	39. 36
950. 67	38. 33	949. 86	38. 85	949. 05	39. 37
950. 65	38. 34	949. 84	38. 86	949. 03	39. 38
950. 64	38. 35	949. 83	38. 87	949. 01	39. 39
950. 62	38. 36	949. 81	38. 88	948. 99	39. 40
950. 60	38. 37	949. 79	38. 89	948. 97	39. 41
950. 58	38. 39	949. 77	38. 91	948. 96	39. 43
950. 57	38. 40	949. 76	38. 92	948. 94	39. 44
950. 55	38. 41	949. 74	38. 93	948. 92	39. 45
950. 53	38. 42	949. 72	38. 94	948. 90	39. 46
950. 51	38. 43	949. 70	38. 95	948. 89	39. 47
950. 50	38. 44	949. 69	38. 96	948. 87	39. 48
950. 48	38. 45	949. 67	38. 97	948. 85	39. 49
950. 46	38. 46	949. 65	38. 99	948. 83	39. 50
950. 44	38. 48	949. 63	39. 00	948. 81	39. 52
950. 43	38. 49	949. 62	39. 01	948. 80	39. 53
950. 41	38. 50	949. 60	39. 02	948. 78	39. 54
950. 39	38. 51	949. 58	39. 03	948. 76	39. 55

（续表）

密度 g/L	酒精度 % vol	密度 g/L	酒精度 % vol	密度 g/L	酒精度 % vol
950.37	38.52	949.56	39.04	948.74	39.56
950.36	38.53	949.54	39.05	948.72	39.57
948.71	39.58	947.90	40.09	947.08	40.60
948.69	39.60	947.88	40.10	947.06	40.61
948.67	39.61	947.86	40.11	947.04	40.62
948.65	39.62	947.84	40.12	947.02	40.63
948.64	39.63	947.82	40.14	947.01	40.64
948.62	39.64	947.81	40.15	946.99	40.65
948.60	39.65	947.79	40.16	946.97	40.66
948.58	39.66	947.77	40.17	946.95	40.67
948.56	39.67	947.75	40.18	946.93	40.69
948.55	39.69	947.73	40.19	946.91	40.70
948.53	39.70	947.72	40.20	946.90	40.71
948.51	39.71	947.70	40.21	946.88	40.72
948.49	39.72	947.68	40.23	946.86	40.73
948.47	39.73	947.66	40.24	946.84	40.74
948.46	39.74	947.64	40.25	946.82	40.75
948.44	39.75	947.62	40.26	946.80	40.76
948.42	39.76	947.61	40.27	946.79	40.78
948.40	39.78	947.59	40.28	946.77	40.79
948.38	39.79	947.57	40.29	946.75	40.80
948.37	39.80	947.55	40.30	946.73	40.81
948.35	39.81	947.53	40.32	946.71	40.82
948.33	39.82	947.52	40.33	946.69	40.83
948.31	39.83	947.50	40.34	946.68	40.84
948.29	39.84	947.48	40.35	946.66	40.85
948.28	39.85	947.46	40.36	946.64	40.86
948.26	39.87	947.44	40.37	946.62	40.88
948.24	39.88	947.43	40.38	946.60	40.89
948.22	39.89	947.41	40.39	946.58	40.90
948.20	39.90	947.39	40.41	946.57	40.91
948.19	39.91	947.37	40.42	946.55	40.92
948.17	39.92	947.35	40.43	946.53	40.93

（续表）

密度 g/L	酒精度 % vol	密度 g/L	酒精度 % vol	密度 g/L	酒精度 % vol
948. 15	39. 93	947. 33	40. 44	946. 51	40. 94
948. 13	39. 94	947. 32	40. 45	946. 49	40. 95
948. 11	39. 96	947. 30	40. 46	946. 47	40. 97
948. 10	39. 97	947. 28	40. 47	946. 46	40. 98
948. 08	39. 98	947. 26	40. 48	946. 44	40. 99
948. 06	39. 99	947. 24	40. 49	946. 42	41. 00
948. 04	40. 00	947. 22	40. 51	946. 40	41. 01
948. 02	40. 01	947. 21	40. 52	946. 38	41. 02
948. 01	40. 02	947. 19	40. 53	946. 36	41. 03
947. 99	40. 03	947. 17	40. 54	946. 35	41. 04
947. 97	40. 05	947. 15	40. 55	946. 33	41. 06
947. 95	40. 06	947. 13	40. 56	946. 31	41. 07
947. 93	40. 07	947. 12	40. 57	946. 29	41. 08
947. 91	40. 08	947. 10	40. 58	946. 27	41. 09
946. 25	41. 10	945. 42	41. 60	944. 58	42. 10
946. 23	41. 11	945. 40	41. 61	944. 56	42. 12
946. 22	41. 12	945. 38	41. 63	944. 54	42. 13
946. 20	41. 13	945. 36	41. 64	944. 52	42. 14
946. 18	41. 14	945. 35	41. 65	944. 50	42. 15
946. 16	41. 16	945. 33	41. 66	944. 48	42. 16
946. 14	41. 17	945. 31	41. 67	944. 47	42. 17
946. 12	41. 18	945. 29	41. 68	944. 45	42. 18
946. 11	41. 19	945. 27	41. 69	944. 43	42. 19
946. 09	41. 20	945. 25	41. 70	944. 41	42. 20
946. 07	41. 21	945. 23	41. 71	944. 39	42. 22
946. 05	41. 22	945. 21	41. 73	944. 37	42. 23
946. 03	41. 23	945. 20	41. 74	944. 35	42. 24
946. 01	41. 25	945. 18	41. 75	944. 33	42. 25
945. 99	41. 26	945. 16	41. 76	944. 32	42. 26
945. 98	41. 27	945. 14	41. 77	944. 30	42. 27
945. 96	41. 28	945. 12	41. 78	944. 28	42. 28
945. 94	41. 29	945. 10	41. 79	944. 26	42. 29
945. 92	41. 30	945. 08	41. 80	944. 24	42. 30

（续表）

密度 g/L	酒精度 % vol	密度 g/L	酒精度 % vol	密度 g/L	酒精度 % vol
945.90	41.31	945.07	41.81	944.22	42.32
945.88	41.32	945.05	41.83	944.20	42.33
945.86	41.33	945.03	41.84	944.24	42.30
945.85	41.35	945.01	41.85	944.22	42.32
945.83	41.36	944.99	41.86	944.20	42.33
945.81	41.37	944.97	41.87	944.18	42.34
945.79	41.38	944.95	41.88	944.16	42.35
945.77	41.39	944.93	41.89	944.15	42.36
945.75	41.40	944.92	41.90	944.13	42.37
945.74	41.41	944.90	41.92	944.11	42.38
945.72	41.42	944.88	41.93	944.09	42.39
945.70	41.44	944.86	41.94	944.07	42.40
945.68	41.45	944.84	41.95	944.05	42.42
945.66	41.46	944.82	41.96	944.03	42.43
945.64	41.47	944.80	41.97	944.01	42.44
945.62	41.48	944.78	41.98	943.99	42.45
945.61	41.49	944.77	41.99	943.98	42.46
945.59	41.50	944.75	42.00	943.96	42.47
945.57	41.51	944.73	42.02	943.94	42.48
945.55	41.52	944.71	42.03	943.92	42.49
945.53	41.54	944.69	42.04	943.90	42.50
945.51	41.55	944.67	42.05	943.88	42.52
945.49	41.56	944.65	42.06	943.86	42.53
945.48	41.57	944.63	42.07	943.84	42.54
945.46	41.58	944.62	42.08	943.82	42.55
945.44	41.59	944.60	42.09	943.81	42.56
943.79	42.57	942.93	43.07	942.07	43.57
943.77	42.58	942.91	43.08	942.05	43.58
943.75	42.59	942.89	43.09	942.03	43.59
943.73	42.60	942.87	43.10	942.01	43.60
943.71	42.62	942.86	43.11	941.99	43.61
943.69	42.63	942.84	43.13	941.97	43.62
943.67	42.64	942.82	43.14	941.95	43.63

（续表）

密度 g/L	酒精度 % vol	密度 g/L	酒精度 % vol	密度 g/L	酒精度 % vol
943. 65	42. 65	942. 80	43. 15	941. 94	43. 65
943. 64	42. 66	942. 78	43. 16	941. 92	43. 66
943. 62	42. 67	942. 76	43. 17	941. 90	43. 67
943. 60	42. 68	942. 74	43. 18	941. 88	43. 68
943. 58	42. 69	942. 72	43. 19	941. 86	43. 69
943. 56	42. 70	942. 70	43. 20	941. 84	43. 70
943. 54	42. 72	942. 68	43. 21	941. 82	43. 71
943. 52	42. 73	942. 66	43. 23	941. 80	43. 72
943. 50	42. 74	942. 65	43. 24	941. 78	43. 73
943. 48	42. 75	942. 63	43. 25	941. 76	43. 74
943. 46	42. 76	942. 61	43. 26	941. 74	43. 76
943. 45	42. 77	942. 59	43. 27	941. 72	43. 77
943. 43	42. 78	942. 57	43. 28	941. 70	43. 78
943. 41	42. 79	942. 55	43. 29	941. 68	43. 79
943. 39	42. 80	942. 53	43. 30	941. 67	43. 80
943. 37	42. 82	942. 51	43. 31	941. 65	43. 81
943. 35	42. 83	942. 49	43. 33	941. 63	43. 82
943. 33	42. 84	942. 47	43. 34	941. 61	43. 83
943. 31	42. 85	942. 45	43. 35	941. 59	43. 84
943. 29	42. 86	942. 43	43. 36	941. 57	43. 86
943. 27	42. 87	942. 42	43. 37	941. 55	43. 87
943. 26	42. 88	942. 40	43. 38	941. 53	43. 88
943. 24	42. 89	942. 38	43. 39	941. 51	43. 89
943. 22	42. 90	942. 36	43. 40	941. 49	43. 90
943. 20	42. 92	942. 34	43. 41	941. 47	43. 91
943. 18	42. 93	942. 32	43. 42	941. 45	43. 92
943. 16	42. 94	942. 30	43. 44	941. 43	43. 93
943. 14	42. 95	942. 28	43. 45	941. 41	43. 94
943. 12	42. 96	942. 26	43. 46	941. 39	43. 95
943. 10	42. 97	942. 24	43. 47	941. 38	43. 97
943. 08	42. 98	942. 22	43. 48	941. 36	43. 98
943. 07	42. 99	942. 20	43. 49	941. 34	43. 99
943. 05	43. 00	942. 19	43. 50	941. 32	44. 00

（续表）

密度 g/L	酒精度 % vol	密度 g/L	酒精度 % vol	密度 g/L	酒精度 % vol
943. 03	43. 02	942. 17	43. 51	941. 30	44. 01
943. 01	43. 03	942. 15	43. 52	941. 28	44. 02
942. 99	43. 04	942. 13	43. 54	941. 26	44. 03
942. 97	43. 05	942. 11	43. 55	941. 24	44. 04
942. 95	43. 06	942. 09	43. 56	941. 22	44. 05
941. 22	44. 06	940. 32	44. 56	939. 42	45. 06
941. 18	44. 08	940. 31	44. 57	939. 40	45. 08
941. 16	44. 09	940. 29	44. 58	939. 38	45. 09
941. 14	44. 10	940. 27	44. 59	939. 36	45. 10
941. 12	44. 11	940. 25	44. 60	939. 34	45. 11
941. 10	44. 12	940. 23	44. 61	939. 32	45. 12
941. 08	44. 13	940. 21	44. 63	939. 30	45. 13
941. 06	44. 14	940. 19	44. 64	939. 28	45. 14
941. 05	44. 15	940. 17	44. 65	939. 27	45. 15
941. 03	44. 16	940. 15	44. 66	939. 25	45. 16
941. 01	44. 17	940. 13	44. 67	939. 23	45. 17
940. 99	44. 19	940. 11	44. 68	939. 21	45. 19
940. 97	44. 20	940. 09	44. 69	939. 19	45. 20
940. 95	44. 21	940. 07	44. 70	939. 17	45. 21
940. 93	44. 22	940. 05	44. 71	939. 15	45. 22
940. 91	44. 23	940. 03	44. 72	939. 13	45. 23
940. 89	44. 24	940. 01	44. 74	939. 11	45. 24
940. 87	44. 25	939. 99	44. 75	939. 09	45. 25
940. 85	44. 26	939. 97	44. 76	939. 07	45. 26
940. 83	44. 27	939. 95	44. 77	939. 05	45. 27
940. 81	44. 28	939. 93	44. 78	939. 03	45. 28
940. 79	44. 30	939. 91	44. 79	939. 01	45. 29
940. 77	44. 31	939. 89	44. 80	938. 99	45. 31
940. 75	44. 32	939. 87	44. 81	938. 97	45. 32
940. 73	44. 33	939. 86	44. 82	938. 95	45. 33
940. 71	44. 34	939. 84	44. 83	938. 93	45. 34
940. 70	44. 35	939. 82	44. 85	938. 91	45. 35
940. 68	44. 36	939. 80	44. 86	938. 89	45. 36

（续表）

密度 g/L	酒精度 % vol	密度 g/L	酒精度 % vol	密度 g/L	酒精度 % vol
940. 66	44. 37	939. 78	44. 87	938. 87	45. 37
940. 64	44. 38	939. 76	44. 88	938. 85	45. 38
940. 62	44. 39	939. 74	44. 89	938. 83	45. 39
940. 60	44. 41	939. 72	44. 90	938. 81	45. 40
940. 58	44. 42	939. 70	44. 91	938. 79	45. 41
940. 56	44. 43	939. 68	44. 92	938. 77	45. 43
940. 54	44. 44	939. 66	44. 93	938. 75	45. 44
940. 52	44. 45	939. 64	44. 94	938. 73	45. 45
940. 50	44. 46	939. 62	44. 95	938. 71	45. 46
940. 48	44. 47	939. 60	44. 97	938. 69	45. 47
940. 46	44. 48	939. 58	44. 98	938. 67	45. 48
940. 44	44. 49	939. 56	44. 99	938. 65	45. 49
940. 42	44. 50	939. 54	45. 00	938. 63	45. 50
940. 40	44. 52	939. 50	45. 02	938. 61	45. 51
940. 38	44. 53	939. 48	45. 03	938. 59	45. 52
940. 36	44. 54	939. 46	45. 04	938. 57	45. 54
940. 34	44. 55	939. 44	45. 05	938. 55	45. 55
938. 53	45. 56	937. 64	46. 05	936. 74	46. 54
938. 51	45. 57	937. 62	46. 06	936. 72	46. 55
938. 49	45. 58	937. 60	46. 07	936. 70	46. 56
938. 47	45. 59	937. 58	46. 08	936. 68	46. 57
938. 45	45. 60	937. 56	46. 09	936. 66	46. 58
938. 43	45. 61	937. 54	46. 10	936. 64	46. 59
938. 41	45. 62	937. 52	46. 11	936. 62	46. 60
938. 40	45. 63	937. 50	46. 12	936. 60	46. 61
938. 38	45. 64	937. 48	46. 14	936. 58	46. 63
938. 36	45. 66	937. 46	46. 15	936. 56	46. 64
938. 34	45. 67	937. 44	46. 16	936. 54	46. 65
938. 32	45. 68	937. 42	46. 17	936. 52	46. 66
938. 30	45. 69	937. 40	46. 18	936. 50	46. 67
938. 28	45. 70	937. 38	46. 19	936. 48	46. 68
938. 26	45. 71	937. 36	46. 20	936. 46	46. 69
938. 24	45. 72	937. 34	46. 21	936. 44	46. 70

（续表）

密度 g/L	酒精度 % vol	密度 g/L	酒精度 % vol	密度 g/L	酒精度 % vol
938. 22	45. 73	937. 32	46. 22	936. 42	46. 71
938. 20	45. 74	937. 30	46. 23	936. 40	46. 72
938. 18	45. 75	937. 28	46. 24	936. 38	46. 73
938. 16	45. 76	937. 26	46. 26	936. 36	46. 74
938. 14	45. 78	937. 24	46. 27	936. 34	46. 76
938. 12	45. 79	937. 22	46. 28	936. 31	46. 77
938. 10	45. 80	937. 20	46. 29	936. 29	46. 78
938. 08	45. 81	937. 18	46. 30	936. 27	46. 79
938. 06	45. 82	937. 16	46. 31	936. 25	46. 80
938. 04	45. 83	937. 14	46. 32	936. 23	46. 81
938. 02	45. 84	937. 12	46. 33	936. 21	46. 82
938. 00	45. 85	937. 10	46. 34	936. 19	46. 83
937. 98	45. 86	937. 08	46. 35	936. 17	46. 84
937. 96	45. 87	937. 06	46. 36	936. 15	46. 85
937. 94	45. 88	937. 04	46. 37	936. 13	46. 86
937. 92	45. 90	937. 02	46. 39	936. 11	46. 87
937. 90	45. 91	937. 00	46. 40	936. 09	46. 89
937. 88	45. 92	936. 98	46. 41	936. 07	46. 90
937. 86	45. 93	936. 96	46. 42	936. 05	46. 91
937. 84	45. 94	936. 94	46. 43	936. 03	46. 92
937. 82	45. 95	936. 92	46. 44	936. 01	46. 93
937. 80	45. 96	936. 90	46. 45	935. 99	46. 94
937. 78	45. 97	936. 88	46. 46	935. 97	46. 95
937. 76	45. 98	936. 86	46. 47	935. 95	46. 96
937. 74	45. 99	936. 84	46. 48	935. 93	46. 97
937. 72	46. 00	936. 82	46. 49	935. 91	46. 98
937. 70	46. 02	936. 80	46. 51	935. 89	46. 99
937. 68	46. 03	936. 78	46. 52	935. 87	47. 00
937. 66	46. 04	936. 76	46. 53	935. 85	47. 02
935. 83	47. 03	934. 92	47. 51	934. 00	48. 00
935. 81	47. 04	934. 90	47. 52	933. 98	48. 01
935. 79	47. 05	934. 88	47. 54	933. 96	48. 02
935. 77	47. 06	934. 86	47. 55	933. 94	48. 03

（续表）

密度 g/L	酒精度 % vol	密度 g/L	酒精度 % vol	密度 g/L	酒精度 % vol
935. 75	47. 07	934. 84	47. 56	933. 92	48. 04
935. 73	47. 08	934. 82	47. 57	933. 90	48. 05
935. 71	47. 09	934. 80	47. 58	933. 88	48. 06
935. 69	47. 10	934. 78	47. 59	933. 86	48. 08
935. 67	47. 11	934. 75	47. 60	933. 84	48. 09
935. 65	47. 12	934. 73	47. 61	933. 82	48. 10
935. 63	47. 13	934. 71	47. 62	933. 79	48. 11
935. 61	47. 15	934. 69	47. 63	933. 77	48. 12
935. 59	47. 16	934. 67	47. 64	933. 75	48. 13
935. 57	47. 17	934. 65	47. 65	933. 73	48. 14
935. 55	47. 18	934. 63	47. 67	933. 71	48. 15
935. 53	47. 19	934. 61	47. 68	933. 69	48. 16
935. 51	47. 20	934. 59	47. 69	933. 67	48. 17
935. 49	47. 21	934. 57	47. 70	933. 65	48. 18
935. 47	47. 22	934. 55	47. 71	933. 63	48. 19
935. 45	47. 23	934. 53	47. 72	933. 61	48. 20
935. 43	47. 24	934. 51	47. 73	933. 59	48. 22
935. 41	47. 25	934. 49	47. 74	933. 57	48. 23
935. 39	47. 26	934. 47	47. 75	933. 55	48. 24
935. 36	47. 28	934. 45	47. 76	933. 53	48. 25
935. 34	47. 29	934. 43	47. 77	933. 51	48. 26
935. 32	47. 30	934. 41	47. 78	933. 49	48. 27
935. 30	47. 31	934. 39	47. 79	933. 47	48. 28
935. 28	47. 32	934. 37	47. 81	933. 45	48. 29
935. 26	47. 33	934. 35	47. 82	933. 43	48. 30
935. 24	47. 34	934. 33	47. 83	933. 41	48. 31
935. 22	47. 35	934. 31	47. 84	933. 38	48. 32
935. 20	47. 36	934. 29	47. 85	933. 36	48. 33
935. 18	47. 37	934. 27	47. 86	933. 34	48. 34
935. 16	47. 38	934. 25	47. 87	933. 32	48. 36
935. 14	47. 39	934. 22	47. 88	933. 30	48. 37
935. 12	47. 41	934. 20	47. 89	933. 28	48. 38
935. 10	47. 42	934. 18	47. 90	933. 26	48. 39

（续表）

密度 g/L	酒精度 % vol	密度 g/L	酒精度 % vol	密度 g/L	酒精度 % vol
935.08	47.43	934.16	47.91	933.24	48.40
935.06	47.44	934.14	47.92	933.22	48.41
935.04	47.45	934.12	47.93	933.20	48.42
935.02	47.46	934.10	47.95	933.18	48.43
935.00	47.47	934.08	47.96	933.16	48.44
934.98	47.48	934.06	47.97	933.14	48.45
934.96	47.49	934.04	47.98	933.12	48.46
934.94	47.50	934.02	47.99	933.10	48.47
933.08	48.48	932.15	48.97	931.21	49.45
933.06	48.49	932.13	48.98	931.19	49.46
933.03	48.51	932.11	48.99	931.17	49.47
933.01	48.52	932.09	49.00	931.15	49.48
932.99	48.53	932.06	49.01	931.13	49.49
932.97	48.54	932.04	49.02	931.11	49.50
932.95	48.55	932.02	49.03	931.09	49.51
932.93	48.56	932.00	49.04	931.07	49.52
932.91	48.57	931.98	49.05	931.05	49.53
932.89	48.58	931.96	49.06	931.03	49.55
932.87	48.59	931.94	49.07	931.01	49.56
932.85	48.60	931.92	49.09	930.99	49.57
932.83	48.61	931.90	49.10	930.96	49.58
932.81	48.62	931.88	49.11	930.94	49.59
932.79	48.63	931.86	49.12	930.92	49.60
932.77	48.65	931.84	49.13	930.90	49.61
932.75	48.66	931.82	49.14	930.88	49.62
932.73	48.67	931.80	49.15	930.86	49.63
932.71	48.68	931.77	49.16	930.84	49.64
932.68	48.69	931.75	49.17	930.82	49.65
932.66	48.70	931.73	49.18	930.80	49.66
932.64	48.71	931.71	49.19	930.78	49.67
932.62	48.72	931.69	49.20	930.76	49.68
932.60	48.73	931.67	49.21	930.73	49.70
932.58	48.74	931.65	49.22	930.71	49.71

（续表）

密度 g/L	酒精度 % vol	密度 g/L	酒精度 % vol	密度 g/L	酒精度 % vol
932. 56	48. 75	931. 63	49. 24	930. 69	49. 72
932. 54	48. 76	931. 61	49. 25	930. 67	49. 73
932. 52	48. 77	931. 59	49. 26	930. 65	49. 74
932. 50	48. 79	931. 57	49. 27	930. 63	49. 75
932. 48	48. 80	931. 55	49. 28	930. 61	49. 76
932. 46	48. 81	931. 53	49. 29	930. 59	49. 77
932. 44	48. 82	931. 50	49. 30	930. 57	49. 78
932. 42	48. 83	931. 48	49. 31	930. 55	49. 79
932. 40	48. 84	931. 46	49. 32	930. 53	49. 80
932. 37	48. 85	931. 44	49. 33	930. 51	49. 81
932. 35	48. 86	931. 42	49. 34	930. 48	49. 82
932. 33	48. 87	931. 40	49. 35	930. 46	49. 83
932. 31	48. 88	931. 38	49. 36	930. 44	49. 84
932. 29	48. 89	931. 36	49. 37	930. 42	49. 86
932. 27	48. 90	931. 34	49. 39	930. 40	49. 87
932. 25	48. 91	931. 32	49. 40	930. 38	49. 88
932. 23	48. 92	931. 30	49. 41	930. 36	49. 89
932. 21	48. 94	931. 28	49. 42	930. 34	49. 90
932. 19	48. 95	931. 26	49. 43	930. 32	49. 91
932. 17	48. 96	931. 23	49. 44	930. 30	49. 92
930. 28	49. 93	929. 33	50. 41	928. 39	50. 89
930. 25	49. 94	929. 31	50. 42	928. 36	50. 90
930. 23	49. 95	929. 29	50. 43	928. 34	50. 91
930. 21	49. 96	929. 27	50. 44	928. 32	50. 92
930. 19	49. 97	929. 25	50. 45	928. 30	50. 93
930. 17	49. 98	929. 23	50. 46	928. 28	50. 94
930. 15	49. 99	929. 21	50. 47	928. 26	50. 95
930. 13	50. 00	929. 19	50. 48	928. 24	50. 96
930. 11	50. 02	929. 16	50. 49	928. 22	50. 97
930. 09	50. 03	929. 14	50. 50	928. 20	50. 98
930. 07	50. 04	929. 12	50. 52	928. 17	50. 99
930. 05	50. 05	929. 10	50. 53	928. 15	51. 00
930. 02	50. 06	929. 08	50. 54	928. 13	51. 01

（续表）

密度 g/L	酒精度 % vol	密度 g/L	酒精度 % vol	密度 g/L	酒精度 % vol
930.00	50.07	929.06	50.55	928.11	51.03
929.98	50.08	929.04	50.56	928.09	51.04
929.96	50.09	929.02	50.57	928.07	51.05
929.94	50.10	929.00	50.58	928.05	51.06
929.92	50.11	928.98	50.59	928.03	51.07
929.90	50.12	928.95	50.60	928.01	51.08
929.88	50.13	928.93	50.61	927.98	51.09
929.86	50.14	928.91	50.62	927.96	51.10
929.84	50.15	928.89	50.63	927.94	51.11
929.82	50.16	928.87	50.64	927.92	51.12
929.79	50.18	928.85	50.65	927.90	51.13
929.77	50.19	928.83	50.66	927.88	51.14
929.75	50.20	928.81	50.67	927.86	51.15
929.73	50.21	928.79	50.69	927.84	51.16
929.71	50.22	928.76	50.70	927.81	51.17
929.69	50.23	928.74	50.71	927.79	51.18
929.67	50.24	928.72	50.72	927.77	51.19
929.65	50.25	928.70	50.73	927.75	51.21
929.63	50.26	928.68	50.74	927.73	51.22
929.61	50.27	928.66	50.75	927.71	51.23
929.58	50.28	928.64	50.76	927.69	51.24
929.56	50.29	928.62	50.77	927.67	51.25
929.54	50.30	928.60	50.78	927.65	51.26
929.52	50.31	928.58	50.79	927.62	51.27
929.50	50.32	928.55	50.80	927.60	51.28
929.48	50.33	928.53	50.81	927.58	51.29
929.46	50.35	928.51	50.82	927.56	51.30
929.44	50.36	928.49	50.83	927.54	51.31
929.42	50.37	928.47	50.84	927.52	51.32
929.40	50.38	928.45	50.86	927.50	51.33
929.37	50.39	928.43	50.87	927.48	51.34
929.35	50.40	928.41	50.88	927.45	51.35
927.43	51.36	926.48	51.84	925.52	52.31

（续表）

密度 g/L	酒精度 % vol	密度 g/L	酒精度 % vol	密度 g/L	酒精度 % vol
927.41	51.37	926.46	51.85	925.50	52.32
927.39	51.38	926.44	51.86	925.48	52.33
927.37	51.40	926.41	51.87	925.45	52.34
927.35	51.41	926.39	51.88	925.43	52.36
927.33	51.42	926.37	51.89	925.41	52.37
927.31	51.43	926.35	51.90	925.39	52.38
927.29	51.44	926.33	51.91	925.37	52.39
927.26	51.45	926.31	51.92	925.35	52.40
927.24	51.46	926.29	51.93	925.33	52.41
927.22	51.47	926.27	51.94	925.30	52.42
927.20	51.48	926.24	51.96	925.28	52.43
927.18	51.49	926.22	51.97	925.26	52.44
927.16	51.50	926.20	51.98	925.24	52.45
927.14	51.51	926.18	51.99	925.22	52.46
927.12	51.52	926.16	52.00	925.20	52.47
927.09	51.53	926.14	52.01	925.18	52.48
927.07	51.54	926.12	52.02	925.15	52.49
927.05	51.55	926.09	52.03	925.13	52.50
927.03	51.56	926.07	52.04	925.11	52.51
927.01	51.58	926.05	52.05	925.09	52.52
926.99	51.59	926.03	52.06	925.07	52.53
926.97	51.60	926.01	52.07	925.05	52.54
926.95	51.61	925.99	52.08	925.03	52.55
926.92	51.62	925.97	52.09	925.01	52.57
926.90	51.63	925.95	52.10	924.98	52.58
926.88	51.64	925.92	52.11	924.96	52.59
926.86	51.65	925.90	52.12	924.94	52.60
926.84	51.66	925.88	52.13	924.92	52.61
926.82	51.67	925.86	52.14	924.90	52.62
926.80	51.68	925.84	52.16	924.88	52.63
926.78	51.69	925.82	52.17	924.86	52.64
926.75	51.70	925.80	52.18	924.83	52.65
926.73	51.71	925.77	52.19	924.81	52.66

（续表）

密度 g/L	酒精度 % vol	密度 g/L	酒精度 % vol	密度 g/L	酒精度 % vol
926. 71	51. 72	925. 75	52. 20	924. 79	52. 67
926. 69	51. 73	925. 73	52. 21	924. 77	52. 68
926. 67	51. 74	925. 71	52. 22	924. 75	52. 69
926. 65	51. 75	925. 69	52. 23	924. 73	52. 70
926. 63	51. 77	925. 67	52. 24	924. 71	52. 71
926. 61	51. 78	925. 65	52. 25	924. 68	52. 72
926. 58	51. 79	925. 63	52. 26	924. 66	52. 73
926. 56	51. 80	925. 60	52. 27	924. 64	52. 74
926. 54	51. 81	925. 58	52. 28	924. 62	52. 75
926. 52	51. 82	925. 56	52. 29	924. 60	52. 76
926. 50	51. 83	925. 54	52. 30	924. 58	52. 78
924. 55	52. 79	923. 59	53. 26	922. 62	53. 73
924. 53	52. 80	923. 57	53. 27	922. 60	53. 74
924. 51	52. 81	923. 54	53. 28	922. 57	53. 75
924. 49	52. 82	923. 52	53. 29	922. 55	53. 76
924. 47	52. 83	923. 50	53. 30	922. 53	53. 77
924. 45	52. 84	923. 48	53. 31	922. 51	53. 78
924. 43	52. 85	923. 46	53. 32	922. 49	53. 79
924. 40	52. 86	923. 44	53. 33	922. 47	53. 80
924. 38	52. 87	923. 42	53. 34	922. 44	53. 81
924. 36	52. 88	923. 39	53. 35	922. 42	53. 82
924. 34	52. 89	923. 37	53. 36	922. 40	53. 83
924. 32	52. 90	923. 35	53. 37	922. 38	53. 84
924. 30	52. 91	923. 33	53. 38	922. 36	53. 85
924. 28	52. 92	923. 31	53. 39	922. 34	53. 86
924. 25	52. 93	923. 29	53. 40	922. 31	53. 87
924. 23	52. 94	923. 26	53. 41	922. 29	53. 88
924. 21	52. 95	923. 24	53. 42	922. 27	53. 89
924. 19	52. 96	923. 22	53. 43	922. 25	53. 90
924. 17	52. 97	923. 20	53. 45	922. 23	53. 92
924. 15	52. 99	923. 18	53. 46	922. 21	53. 93
924. 13	53. 00	923. 16	53. 47	922. 18	53. 94
924. 10	53. 01	923. 14	53. 48	922. 16	53. 95

（续表）

密度 g/L	酒精度 % vol	密度 g/L	酒精度 % vol	密度 g/L	酒精度 % vol
924. 08	53. 02	923. 11	53. 49	922. 14	53. 96
924. 06	53. 03	923. 09	53. 50	922. 12	53. 97
924. 04	53. 04	923. 07	53. 51	922. 10	53. 98
924. 02	53. 05	923. 05	53. 52	922. 08	53. 99
924. 00	53. 06	923. 03	53. 53	922. 05	54. 00
923. 98	53. 07	923. 01	53. 54	922. 03	54. 01
923. 95	53. 08	922. 98	53. 55	922. 01	54. 02
923. 93	53. 09	922. 96	53. 56	921. 99	54. 03
923. 91	53. 10	922. 94	53. 57	921. 97	54. 04
923. 89	53. 11	922. 92	53. 58	921. 95	54. 05
923. 87	53. 12	922. 90	53. 59	921. 93	54. 06
923. 85	53. 13	922. 88	53. 60	921. 90	54. 07
923. 82	53. 14	922. 85	53. 61	921. 88	54. 08
923. 80	53. 15	922. 83	53. 62	921. 86	54. 09
923. 78	53. 16	922. 81	53. 63	921. 84	54. 10
923. 76	53. 17	922. 79	53. 64	921. 82	54. 11
923. 74	53. 18	922. 77	53. 65	921. 80	54. 12
923. 72	53. 19	922. 75	53. 66	921. 77	54. 13
923. 70	53. 20	922. 73	53. 68	921. 75	54. 14
923. 67	53. 22	922. 70	53. 69	921. 73	54. 15
923. 65	53. 23	922. 68	53. 70	921. 71	54. 16
923. 63	53. 24	922. 66	53. 71	921. 69	54. 18
923. 61	53. 25	922. 64	53. 72	921. 66	54. 19
921. 64	54. 20	920. 67	54. 66	919. 69	55. 13
921. 62	54. 21	920. 64	54. 67	919. 66	55. 14
921. 60	54. 22	920. 62	54. 68	919. 64	55. 15
921. 58	54. 23	920. 60	54. 69	919. 62	55. 16
921. 56	54. 24	920. 58	54. 71	919. 60	55. 17
921. 53	54. 25	920. 56	54. 72	919. 58	55. 18
921. 51	54. 26	920. 54	54. 73	919. 55	55. 19
921. 49	54. 27	920. 51	54. 74	919. 53	55. 20
921. 47	54. 28	920. 49	54. 75	919. 51	55. 21
921. 45	54. 29	920. 47	54. 76	919. 49	55. 22

（续表）

密度 g/L	酒精度 % vol	密度 g/L	酒精度 % vol	密度 g/L	酒精度 % vol
921.43	54.30	920.45	54.77	919.47	55.23
921.40	54.31	920.43	54.78	919.45	55.24
921.38	54.32	920.40	54.79	919.42	55.25
921.36	54.33	920.38	54.80	919.40	55.26
921.34	54.34	920.36	54.81	919.38	55.27
921.32	54.35	920.34	54.82	919.36	55.28
921.30	54.36	920.32	54.83	919.34	55.30
921.27	54.37	920.30	54.84	919.31	55.31
921.25	54.38	920.27	54.85	919.29	55.32
921.23	54.39	920.25	54.86	919.27	55.33
921.21	54.40	920.23	54.87	919.25	55.34
921.19	54.41	920.21	54.88	919.23	55.35
921.17	54.42	920.19	54.89	919.21	55.36
921.14	54.44	920.17	54.90	919.18	55.37
921.12	54.45	920.14	54.91	919.16	55.38
921.10	54.46	920.12	54.92	919.14	55.39
921.08	54.47	920.10	54.93	919.12	55.40
921.06	54.48	920.08	54.94	919.10	55.41
921.04	54.49	920.06	54.95	919.07	55.42
921.01	54.50	920.03	54.96	919.05	55.43
920.99	54.51	920.01	54.97	919.03	55.44
920.97	54.52	919.99	54.98	919.01	55.45
920.95	54.53	919.97	55.00	918.99	55.46
920.93	54.54	919.95	55.01	918.96	55.47
920.91	54.55	919.93	55.02	918.94	55.48
920.88	54.56	919.90	55.03	918.92	55.49
920.86	54.57	919.88	55.04	918.90	55.50
920.84	54.58	919.86	55.05	918.88	55.51
920.82	54.59	919.84	55.06	918.86	55.52
920.80	54.60	919.82	55.07	918.83	55.53
920.77	54.61	919.79	55.08	918.81	55.54
920.75	54.62	919.77	55.09	918.79	55.55
920.73	54.63	919.75	55.10	918.77	55.56

（续表）

密度 g/L	酒精度 % vol	密度 g/L	酒精度 % vol	密度 g/L	酒精度 % vol
920. 71	54. 64	919. 73	55. 11	918. 75	55. 57
920. 69	54. 65	919. 71	55. 12	918. 72	55. 58
918. 70	55. 59	917. 72	56. 06	916. 73	56. 52
918. 68	55. 60	917. 69	56. 07	916. 71	56. 53
918. 66	55. 62	917. 67	56. 08	916. 68	56. 54
918. 64	55. 63	917. 65	56. 09	916. 66	56. 55
918. 61	55. 64	917. 63	56. 10	916. 64	56. 56
918. 59	55. 65	917. 61	56. 11	916. 62	56. 57
918. 57	55. 66	917. 58	56. 12	916. 60	56. 58
918. 55	55. 67	917. 56	56. 13	916. 57	56. 59
918. 53	55. 68	917. 54	56. 14	916. 55	56. 60
918. 51	55. 69	917. 52	56. 15	916. 53	56. 61
918. 48	55. 70	917. 50	56. 16	916. 51	56. 62
918. 46	55. 71	917. 47	56. 17	916. 49	56. 63
918. 44	55. 72	917. 45	56. 18	916. 46	56. 64
918. 42	55. 73	917. 43	56. 19	916. 44	56. 65
918. 40	55. 74	917. 41	56. 20	916. 42	56. 66
918. 37	55. 75	917. 39	56. 21	916. 40	56. 67
918. 35	55. 76	917. 36	56. 22	916. 37	56. 68
918. 33	55. 77	917. 34	56. 23	916. 35	56. 69
918. 31	55. 78	917. 32	56. 24	916. 33	56. 71
918. 29	55. 79	917. 30	56. 25	916. 31	56. 72
918. 26	55. 80	917. 28	56. 26	916. 29	56. 73
918. 24	55. 81	917. 26	56. 27	916. 26	56. 74
918. 22	55. 82	917. 23	56. 28	916. 24	56. 75
918. 20	55. 83	917. 21	56. 29	916. 22	56. 76
918. 18	55. 84	917. 19	56. 30	916. 20	56. 77
918. 15	55. 85	917. 17	56. 32	916. 18	56. 78
918. 13	55. 86	917. 15	56. 33	916. 15	56. 79
918. 11	55. 87	917. 12	56. 34	916. 13	56. 80
918. 09	55. 88	917. 10	56. 35	916. 11	56. 81
918. 07	55. 89	917. 08	56. 36	916. 09	56. 82
918. 05	55. 90	917. 06	56. 37	916. 07	56. 83

（续表）

密度 g/L	酒精度 % vol	密度 g/L	酒精度 % vol	密度 g/L	酒精度 % vol
918.02	55.91	917.04	56.38	916.04	56.84
918.00	55.92	917.01	56.39	916.02	56.85
917.98	55.93	916.99	56.40	916.00	56.86
917.96	55.95	916.97	56.41	915.98	56.87
917.94	55.96	916.95	56.42	915.96	56.88
917.91	55.97	916.93	56.43	915.93	56.89
917.89	55.98	916.90	56.44	915.91	56.90
917.87	55.99	916.88	56.45	915.89	56.91
917.85	56.00	916.86	56.46	915.87	56.92
917.83	56.01	916.84	56.47	915.85	56.93
917.80	56.02	916.82	56.48	915.82	56.94
917.78	56.03	916.79	56.49	915.80	56.95
917.76	56.04	916.77	56.50	915.78	56.96
917.74	56.05	916.75	56.51	915.76	56.97
915.74	56.98	914.74	57.44	913.74	57.90
915.71	56.99	914.72	57.45	913.72	57.91
915.69	57.00	914.70	57.46	913.70	57.92
915.67	57.01	914.67	57.47	913.68	57.93
915.65	57.02	914.65	57.48	913.66	57.94
915.63	57.03	914.63	57.49	913.63	57.95
915.60	57.04	914.61	57.50	913.61	57.96
915.58	57.05	914.59	57.51	913.59	57.97
915.56	57.06	914.56	57.52	913.57	57.98
915.54	57.07	914.54	57.53	913.54	57.99
915.51	57.08	914.52	57.54	913.52	58.00
915.49	57.09	914.50	57.55	913.50	58.01
915.47	57.10	914.48	57.56	913.48	58.02
915.45	57.11	914.45	57.57	913.46	58.03
915.43	57.12	914.43	57.58	913.43	58.04
915.40	57.13	914.41	57.59	913.41	58.05
915.38	57.15	914.39	57.60	913.39	58.06
915.36	57.16	914.37	57.61	913.37	58.07
915.34	57.17	914.34	57.62	913.35	58.08

（续表）

密度 g/L	酒精度 % vol	密度 g/L	酒精度 % vol	密度 g/L	酒精度 % vol
915.32	57.18	914.32	57.63	913.32	58.09
915.29	57.19	914.30	57.65	913.30	58.10
915.27	57.20	914.28	57.66	913.28	58.11
915.25	57.21	914.25	57.67	913.26	58.12
915.23	57.22	914.23	57.68	913.23	58.13
915.21	57.23	914.21	57.69	913.21	58.14
915.18	57.24	914.19	57.70	913.19	58.15
915.16	57.25	914.17	57.71	913.17	58.16
915.14	57.26	914.14	57.72	913.15	58.17
915.12	57.27	914.12	57.73	913.12	58.18
915.10	57.28	914.10	57.74	913.10	58.19
915.07	57.29	914.08	57.75	913.08	58.20
915.05	57.30	914.05	57.76	913.06	58.21
915.03	57.31	914.03	57.77	913.03	58.22
915.01	57.32	914.01	57.78	913.01	58.23
914.98	57.33	913.99	57.79	912.99	58.25
914.96	57.34	913.97	57.80	912.97	58.26
914.94	57.35	913.94	57.81	912.95	58.27
914.92	57.36	913.92	57.82	912.92	58.28
914.90	57.37	913.90	57.83	912.90	58.29
914.87	57.38	913.88	57.84	912.88	58.30
914.85	57.39	913.86	57.85	912.86	58.31
914.83	57.40	913.83	57.86	912.83	58.32
914.81	57.41	913.81	57.87	912.81	58.33
914.79	57.42	913.79	57.88	912.79	58.34
914.76	57.43	913.77	57.89	912.77	58.35
912.75	58.36	911.74	58.81	910.74	59.27
912.72	58.37	911.72	58.82	910.72	59.28
912.70	58.38	911.70	58.83	910.70	59.29
912.68	58.39	911.68	58.84	910.67	59.30
912.66	58.40	911.65	58.85	910.65	59.31
912.63	58.41	911.63	58.86	910.63	59.32
912.61	58.42	911.61	58.87	910.61	59.33

（续表）

密度 g/L	酒精度 % vol	密度 g/L	酒精度 % vol	密度 g/L	酒精度 % vol
912. 59	58. 43	911. 59	58. 88	910. 58	59. 34
912. 57	58. 44	911. 57	58. 89	910. 56	59. 35
912. 55	58. 45	911. 54	58. 90	910. 54	59. 36
912. 52	58. 46	911. 52	58. 91	910. 52	59. 37
912. 50	58. 47	911. 50	58. 92	910. 49	59. 38
912. 48	58. 48	911. 48	58. 93	910. 47	59. 39
912. 46	58. 49	911. 45	58. 94	910. 45	59. 40
912. 43	58. 50	911. 43	58. 95	910. 43	59. 41
912. 41	58. 51	911. 41	58. 96	910. 41	59. 42
912. 39	58. 52	911. 39	58. 97	910. 38	59. 43
912. 37	58. 53	911. 36	58. 98	910. 36	59. 44
912. 35	58. 54	911. 34	58. 99	910. 34	59. 45
912. 32	58. 55	911. 32	59. 00	910. 32	59. 46
912. 30	58. 56	911. 30	59. 01	910. 29	59. 47
912. 28	58. 57	911. 28	59. 02	910. 27	59. 48
912. 26	58. 58	911. 25	59. 03	910. 25	59. 49
912. 23	58. 59	911. 23	59. 04	910. 23	59. 50
912. 21	58. 60	911. 21	59. 06	910. 20	59. 51
912. 19	58. 61	911. 19	59. 07	910. 18	59. 52
912. 17	58. 62	911. 16	59. 08	910. 16	59. 53
912. 14	58. 63	911. 14	59. 09	910. 14	59. 54
912. 12	58. 64	911. 12	59. 10	910. 11	59. 55
912. 10	58. 65	911. 10	59. 11	910. 09	59. 56
912. 08	58. 66	911. 07	59. 12	910. 07	59. 57
912. 06	58. 67	911. 05	59. 13	910. 05	59. 58
912. 03	58. 68	911. 03	59. 14	910. 02	59. 59
912. 01	58. 69	911. 01	59. 15	910. 00	59. 60
911. 99	58. 70	910. 99	59. 16	909. 98	59. 61
911. 97	58. 71	910. 96	59. 17	909. 96	59. 62
911. 94	58. 72	910. 94	59. 18	909. 94	59. 63
911. 92	58. 73	910. 92	59. 19	909. 91	59. 64
911. 90	58. 74	910. 90	59. 20	909. 89	59. 65
911. 88	58. 75	910. 87	59. 21	909. 87	59. 66

（续表）

密度 g/L	酒精度 % vol	密度 g/L	酒精度 % vol	密度 g/L	酒精度 % vol
911.86	58.76	910.85	59.22	909.85	59.67
911.83	58.77	910.83	59.23	909.82	59.68
911.81	58.78	910.81	59.24	909.80	59.69
911.79	58.79	910.78	59.25	909.78	59.70
911.77	58.80	910.76	59.26	909.76	59.71
909.73	59.72	908.73	60.17	907.72	60.62
909.71	59.73	908.70	60.18	907.69	60.63
909.69	59.74	908.68	60.19	907.67	60.64
909.67	59.75	908.66	60.20	907.65	60.65
909.64	59.76	908.64	60.21	907.63	60.66
909.62	59.77	908.61	60.22	907.60	60.67
909.60	59.78	908.59	60.23	907.58	60.68
909.58	59.79	908.57	60.24	907.56	60.69
909.56	59.80	908.55	60.25	907.54	60.70
909.53	59.81	908.52	60.26	907.51	60.71
909.51	59.82	908.50	60.27	907.49	60.72
909.49	59.83	908.48	60.28	907.47	60.73
909.47	59.84	908.46	60.29	907.45	60.74
909.44	59.85	908.43	60.30	907.42	60.75
909.42	59.86	908.41	60.31	907.40	60.76
909.40	59.87	908.39	60.32	907.38	60.77
909.38	59.88	908.37	60.33	907.36	60.78
909.35	59.89	908.34	60.34	907.33	60.79
909.33	59.90	908.32	60.35	907.31	60.80
909.31	59.91	908.30	60.36	907.29	60.81
909.29	59.92	908.28	60.37	907.27	60.82
909.26	59.93	908.25	60.38	907.24	60.83
909.24	59.94	908.23	60.39	907.22	60.84
909.22	59.95	908.21	60.40	907.20	60.85
909.20	59.96	908.19	60.41	907.18	60.86
909.17	59.97	908.17	60.42	907.15	60.87
909.15	59.98	908.14	60.43	907.13	60.88
909.13	59.99	908.12	60.44	907.11	60.89

（续表）

密度 g/L	酒精度 % vol	密度 g/L	酒精度 % vol	密度 g/L	酒精度 % vol
909.11	60.00	908.10	60.45	907.09	60.90
909.08	60.01	908.08	60.46	907.06	60.91
909.06	60.02	908.05	60.47	907.04	60.92
909.04	60.03	908.03	60.48	907.02	60.93
909.02	60.04	908.01	60.49	907.00	60.94
909.00	60.05	907.99	60.50	906.97	60.95
908.97	60.06	907.96	60.51	906.95	60.96
908.95	60.07	907.94	60.52	906.93	60.97
908.93	60.08	907.92	60.53	906.91	60.98
908.91	60.09	907.90	60.54	906.88	60.99
908.88	60.10	907.87	60.55	906.86	61.00
908.86	60.11	907.85	60.56	906.84	61.01
908.84	60.12	907.83	60.57	906.82	61.02
908.82	60.13	907.81	60.58	906.79	61.03
908.79	60.14	907.78	60.59	906.77	61.04
908.77	60.15	907.76	60.60	906.75	61.05
908.75	60.16	907.74	60.61	906.73	61.06
906.70	61.07	905.69	61.52	904.67	61.97
906.68	61.08	905.67	61.53	904.65	61.98
906.66	61.09	905.64	61.54	904.63	61.99
906.64	61.10	905.62	61.55	904.61	62.00
906.61	61.11	905.60	61.56	904.58	62.01
906.59	61.12	905.58	61.57	904.56	62.02
906.57	61.13	905.55	61.58	904.54	62.03
906.55	61.14	905.53	61.59	904.52	62.04
906.52	61.15	905.51	61.60	904.49	62.05
906.50	61.16	905.49	61.61	904.47	62.06
906.48	61.17	905.46	61.62	904.45	62.07
906.46	61.18	905.44	61.63	904.42	62.08
906.43	61.19	905.42	61.64	904.40	62.09
906.41	61.20	905.40	61.65	904.38	62.10
906.39	61.21	905.37	61.66	904.36	62.11
906.37	61.22	905.35	61.67	904.33	62.12

（续表）

密度 g/L	酒精度 % vol	密度 g/L	酒精度 % vol	密度 g/L	酒精度 % vol
906. 34	61. 23	905. 33	61. 68	904. 31	62. 13
906. 32	61. 24	905. 31	61. 69	904. 29	62. 14
906. 30	61. 25	905. 28	61. 70	904. 27	62. 15
906. 28	61. 26	905. 26	61. 71	904. 24	62. 16
906. 25	61. 27	905. 24	61. 72	904. 22	62. 17
906. 23	61. 28	905. 22	61. 73	904. 20	62. 18
906. 21	61. 29	905. 19	61. 74	904. 18	62. 19
906. 19	61. 30	905. 17	61. 75	904. 15	62. 20
906. 16	61. 31	905. 15	61. 76	904. 13	62. 20
906. 14	61. 32	905. 13	61. 77	904. 11	62. 21
906. 12	61. 33	905. 10	61. 78	904. 09	62. 22
906. 10	61. 34	905. 08	61. 79	904. 06	62. 23
906. 07	61. 35	905. 06	61. 80	904. 04	62. 24
906. 05	61. 36	905. 03	61. 81	904. 02	62. 25
906. 03	61. 37	905. 01	61. 82	903. 99	62. 26
906. 01	61. 38	904. 99	61. 83	903. 97	62. 27
905. 98	61. 39	904. 97	61. 84	903. 95	62. 28
905. 96	61. 40	904. 94	61. 85	903. 93	62. 29
905. 94	61. 41	904. 92	61. 86	903. 90	62. 30
905. 92	61. 42	904. 90	61. 87	903. 88	62. 31
905. 89	61. 43	904. 88	61. 88	903. 86	62. 32
905. 87	61. 44	904. 85	61. 89	903. 84	62. 33
905. 85	61. 45	904. 83	61. 90	903. 81	62. 34
905. 82	61. 46	904. 81	61. 91	903. 79	62. 35
905. 80	61. 47	904. 79	61. 92	903. 77	62. 36
905. 78	61. 48	904. 76	61. 93	903. 75	62. 37
905. 76	61. 49	904. 74	61. 94	903. 72	62. 38
905. 73	61. 50	904. 72	61. 95	903. 70	62. 39
905. 71	61. 51	904. 70	61. 96	903. 68	62. 40
903. 66	62. 41	902. 64	62. 86	901. 61	63. 30
903. 63	62. 42	902. 61	62. 87	901. 59	63. 31
903. 61	62. 43	902. 59	62. 88	901. 57	63. 32
903. 59	62. 44	902. 57	62. 89	901. 55	63. 33

（续表）

密度 g/L	酒精度 % vol	密度 g/L	酒精度 % vol	密度 g/L	酒精度 % vol
903.56	62.45	902.54	62.90	901.52	63.34
903.54	62.46	902.52	62.91	901.50	63.35
903.52	62.47	902.50	62.92	901.48	63.36
903.50	62.48	902.48	62.93	901.45	63.37
903.47	62.49	902.45	62.94	901.43	63.38
903.45	62.50	902.43	62.95	901.41	63.39
903.43	62.51	902.41	62.96	901.39	63.40
903.41	62.52	902.39	62.97	901.36	63.41
903.38	62.53	902.36	62.98	901.34	63.42
903.36	62.54	902.34	62.98	901.32	63.43
903.34	62.55	902.32	62.99	901.30	63.44
903.32	62.56	902.30	63.00	901.27	63.45
903.29	62.57	902.27	63.01	901.25	63.46
903.27	62.58	902.25	63.02	901.23	63.47
903.25	62.59	902.23	63.03	901.20	63.48
903.22	62.60	902.20	63.04	901.18	63.49
903.20	62.61	902.18	63.05	901.16	63.50
903.18	62.62	902.16	63.06	901.14	63.51
903.16	62.63	902.14	63.07	901.11	63.52
903.13	62.64	902.11	63.08	901.09	63.53
903.11	62.65	902.09	63.09	901.07	63.54
903.09	62.66	902.07	63.10	901.05	63.55
903.07	62.67	902.05	63.11	901.02	63.56
903.04	62.68	902.02	63.12	901.00	63.56
903.02	62.69	902.00	63.13	900.98	63.57
903.00	62.70	901.98	63.14	900.95	63.58
902.98	62.71	901.95	63.15	900.93	63.59
902.95	62.72	901.93	63.16	900.91	63.60
902.93	62.73	901.91	63.17	900.89	63.61
902.91	62.74	901.89	63.18	900.86	63.62
902.88	62.75	901.86	63.19	900.84	63.63
902.86	62.76	901.84	63.20	900.82	63.64
902.84	62.77	901.82	63.21	900.80	63.65

（续表）

密度 g/L	酒精度 % vol	密度 g/L	酒精度 % vol	密度 g/L	酒精度 % vol
902.82	62.78	901.80	63.22	900.77	63.66
902.79	62.79	901.77	63.23	900.75	63.67
902.77	62.80	901.75	63.24	900.73	63.68
902.75	62.81	901.73	63.25	900.70	63.69
902.73	62.82	901.70	63.26	900.68	63.70
902.70	62.83	901.68	63.27	900.66	63.71
902.68	62.84	901.66	63.28	900.64	63.72
902.66	62.85	901.64	63.29	900.61	63.73
900.59	63.74	899.57	64.18	898.54	64.62
900.57	63.75	899.54	64.19	898.52	64.63
900.54	63.76	899.52	64.20	898.49	64.64
900.52	63.77	899.50	64.21	898.47	64.65
900.50	63.78	899.47	64.22	898.45	64.66
900.48	63.79	899.45	64.23	898.42	64.67
900.45	63.80	899.43	64.24	898.40	64.68
900.43	63.81	899.41	64.25	898.38	64.69
900.41	63.82	899.38	64.26	898.36	64.70
900.39	63.83	899.36	64.27	898.33	64.71
900.36	63.84	899.34	64.28	898.31	64.72
900.34	63.85	899.31	64.29	898.29	64.73
900.32	63.86	899.29	64.30	898.26	64.74
900.29	63.87	899.27	64.31	898.24	64.75
900.27	63.88	899.25	64.32	898.22	64.76
900.25	63.89	899.22	64.33	898.20	64.77
900.23	63.90	899.20	64.34	898.17	64.78
900.20	63.91	899.18	64.35	898.15	64.79
900.18	63.92	899.15	64.36	898.13	64.80
900.16	63.93	899.13	64.37	898.10	64.81
900.13	63.94	899.11	64.38	898.08	64.82
900.11	63.95	899.09	64.39	898.06	64.83
900.09	63.96	899.06	64.40	898.04	64.84
900.07	63.97	899.04	64.41	898.01	64.84
900.04	63.98	899.02	64.42	897.99	64.85

（续表）

密度 g/L	酒精度 % vol	密度 g/L	酒精度 % vol	密度 g/L	酒精度 % vol
900.02	63.99	898.99	64.43	897.97	64.86
900.00	64.00	898.97	64.44	897.94	64.87
899.98	64.01	898.95	64.45	897.92	64.88
899.95	64.02	898.93	64.46	897.90	64.89
899.93	64.03	898.90	64.46	897.88	64.90
899.91	64.04	898.88	64.47	897.85	64.91
899.88	64.04	898.86	64.48	897.83	64.92
899.86	64.05	898.83	64.49	897.81	64.93
899.84	64.06	898.81	64.50	897.78	64.94
899.82	64.07	898.79	64.51	897.76	64.95
899.79	64.08	898.77	64.52	897.74	64.96
899.77	64.09	898.74	64.53	897.72	64.97
899.75	64.10	898.72	64.54	897.69	64.98
899.72	64.11	898.70	64.55	897.67	64.99
899.70	64.12	898.68	64.56	897.65	65.00
899.68	64.13	898.65	64.57	897.62	65.01
899.66	64.14	898.63	64.58	897.60	65.02
899.63	64.15	898.61	64.59	897.58	65.03
899.61	64.16	898.58	64.60	897.56	65.04
899.59	64.17	898.56	64.61	897.53	65.05
897.51	65.06	896.48	65.50	895.45	65.93
897.49	65.07	896.46	65.50	895.42	65.94
897.46	65.08	896.43	65.51	895.40	65.95
897.44	65.09	896.41	65.52	895.38	65.96
897.42	65.10	896.39	65.53	895.35	65.97
897.39	65.11	896.36	65.54	895.33	65.98
897.37	65.12	896.34	65.55	895.31	65.99
897.35	65.13	896.32	65.56	895.29	66.00
897.33	65.14	896.30	65.57	895.26	66.01
897.30	65.15	896.27	65.58	895.24	66.02
897.28	65.16	896.25	65.59	895.22	66.03
897.26	65.17	896.23	65.60	895.19	66.04
897.23	65.18	896.20	65.61	895.17	66.05

（续表）

密度 g/L	酒精度 % vol	密度 g/L	酒精度 % vol	密度 g/L	酒精度 % vol
897. 21	65. 18	896. 18	65. 62	895. 15	66. 06
897. 19	65. 19	896. 16	65. 63	895. 13	66. 07
897. 17	65. 20	896. 14	65. 64	895. 10	66. 07
897. 14	65. 21	896. 11	65. 65	895. 08	66. 08
897. 12	65. 22	896. 09	65. 66	895. 06	66. 09
897. 10	65. 23	896. 07	65. 67	895. 03	66. 10
897. 07	65. 24	896. 04	65. 68	895. 01	66. 11
897. 05	65. 25	896. 02	65. 69	894. 99	66. 12
897. 03	65. 26	896. 00	65. 70	894. 96	66. 13
897. 01	65. 27	895. 97	65. 71	894. 94	66. 14
896. 98	65. 28	895. 95	65. 72	894. 92	66. 15
896. 96	65. 29	895. 93	65. 73	894. 90	66. 16
896. 94	65. 30	895. 91	65. 74	894. 87	66. 17
896. 91	65. 31	895. 88	65. 75	894. 85	66. 18
896. 89	65. 32	895. 86	65. 76	894. 83	66. 19
896. 87	65. 33	895. 84	65. 77	894. 80	66. 20
896. 85	65. 34	895. 81	65. 78	894. 78	66. 21
896. 82	65. 35	895. 79	65. 79	894. 76	66. 22
896. 80	65. 36	895. 77	65. 79	894. 73	66. 23
896. 78	65. 37	895. 75	65. 80	894. 71	66. 24
896. 75	65. 38	895. 72	65. 81	894. 69	66. 25
896. 73	65. 39	895. 70	65. 82	894. 67	66. 26
896. 71	65. 40	895. 68	65. 83	894. 64	66. 27
896. 69	65. 41	895. 65	65. 84	894. 62	66. 28
896. 66	65. 42	895. 63	65. 85	894. 60	66. 29
896. 64	65. 43	895. 61	65. 86	894. 57	66. 30
896. 62	65. 44	895. 58	65. 87	894. 55	66. 31
896. 59	65. 45	895. 56	65. 88	894. 53	66. 32
896. 57	65. 46	895. 54	65. 89	894. 50	66. 33
896. 55	65. 47	895. 52	65. 90	894. 48	66. 34
896. 52	65. 48	895. 49	65. 91	894. 46	66. 34
896. 50	65. 49	895. 47	65. 92	894. 44	66. 35
894. 41	66. 36	893. 38	66. 80	892. 34	67. 23

（续表）

密度 g/L	酒精度 % vol	密度 g/L	酒精度 % vol	密度 g/L	酒精度 % vol
894. 39	66. 37	893. 35	66. 81	892. 32	67. 24
894. 37	66. 38	893. 33	66. 82	892. 29	67. 25
894. 34	66. 39	893. 31	66. 83	892. 27	67. 26
894. 32	66. 40	893. 29	66. 83	892. 25	67. 27
894. 30	66. 41	893. 26	66. 84	892. 23	67. 28
894. 27	66. 42	893. 24	66. 85	892. 20	67. 29
894. 25	66. 43	893. 22	66. 86	892. 18	67. 29
894. 23	66. 44	893. 19	66. 87	892. 16	67. 30
894. 21	66. 45	893. 17	66. 88	892. 13	67. 31
894. 18	66. 46	893. 15	66. 89	892. 11	67. 32
894. 16	66. 47	893. 12	66. 90	892. 09	67. 33
894. 14	66. 48	893. 10	66. 91	892. 06	67. 34
894. 11	66. 49	893. 08	66. 92	892. 04	67. 35
894. 09	66. 50	893. 06	66. 93	892. 02	67. 36
894. 07	66. 51	893. 03	66. 94	891. 99	67. 37
894. 04	66. 52	893. 01	66. 95	891. 97	67. 38
894. 02	66. 53	892. 99	66. 96	891. 95	67. 39
894. 00	66. 54	892. 96	66. 97	891. 93	67. 40
893. 98	66. 55	892. 94	66. 98	891. 90	67. 41
893. 95	66. 56	892. 92	66. 99	891. 88	67. 42
893. 93	66. 57	892. 89	67. 00	891. 86	67. 43
893. 91	66. 58	892. 87	67. 01	891. 83	67. 44
893. 88	66. 59	892. 85	67. 02	891. 81	67. 45
893. 86	66. 59	892. 82	67. 03	891. 79	67. 46
893. 84	66. 60	892. 80	67. 04	891. 76	67. 47
893. 81	66. 61	892. 78	67. 05	891. 74	67. 48
893. 79	66. 62	892. 76	67. 06	891. 72	67. 49
893. 77	66. 63	892. 73	67. 07	891. 69	67. 50
893. 75	66. 64	892. 71	67. 07	891. 67	67. 51
893. 72	66. 65	892. 69	67. 08	891. 65	67. 51
893. 70	66. 66	892. 66	67. 09	891. 63	67. 52
893. 68	66. 67	892. 64	67. 10	891. 60	67. 53
893. 65	66. 68	892. 62	67. 11	891. 58	67. 54

（续表）

密度 g/L	酒精度 % vol	密度 g/L	酒精度 % vol	密度 g/L	酒精度 % vol
893. 63	66. 69	892. 59	67. 12	891. 56	67. 55
893. 61	66. 70	892. 57	67. 13	891. 53	67. 56
893. 58	66. 71	892. 55	67. 14	891. 51	67. 57
893. 56	66. 72	892. 52	67. 15	891. 49	67. 58
893. 54	66. 73	892. 50	67. 16	891. 46	67. 59
893. 52	66. 74	892. 48	67. 17	891. 44	67. 60
893. 49	66. 75	892. 46	67. 18	891. 42	67. 61
893. 47	66. 76	892. 43	67. 19	891. 39	67. 62
893. 45	66. 77	892. 41	67. 20	891. 37	67. 63
893. 42	66. 78	892. 39	67. 21	891. 35	67. 64
893. 40	66. 79	892. 36	67. 22	891. 32	67. 65
891. 30	67. 66	890. 26	68. 09	889. 22	68. 51
891. 28	67. 67	890. 24	68. 10	889. 20	68. 52
891. 26	67. 68	890. 22	68. 11	889. 17	68. 53
891. 23	67. 69	890. 19	68. 11	889. 15	68. 54
891. 21	67. 70	890. 17	68. 12	889. 13	68. 55
891. 19	67. 71	890. 15	68. 13	889. 10	68. 56
891. 16	67. 72	890. 12	68. 14	889. 08	68. 57
891. 14	67. 72	890. 10	68. 15	889. 06	68. 58
891. 12	67. 73	890. 08	68. 16	889. 03	68. 59
891. 09	67. 74	890. 05	68. 17	889. 01	68. 60
891. 07	67. 75	890. 03	68. 18	888. 99	68. 61
891. 05	67. 76	890. 01	68. 19	888. 96	68. 62
891. 02	67. 77	889. 98	68. 20	888. 94	68. 63
891. 00	67. 78	889. 96	68. 21	888. 92	68. 64
890. 98	67. 79	889. 94	68. 22	888. 89	68. 65
890. 96	67. 80	889. 91	68. 23	888. 87	68. 66
890. 93	67. 81	889. 89	68. 24	888. 85	68. 67
890. 91	67. 82	889. 87	68. 25	888. 83	68. 67
890. 89	67. 83	889. 84	68. 26	888. 80	68. 68
890. 86	67. 84	889. 82	68. 27	888. 78	68. 69
890. 84	67. 85	889. 80	68. 28	888. 76	68. 70
890. 82	67. 86	889. 78	68. 29	888. 73	68. 71

（续表）

密度 g/L	酒精度 % vol	密度 g/L	酒精度 % vol	密度 g/L	酒精度 % vol
890. 79	67. 87	889. 75	68. 30	888. 71	68. 72
890. 77	67. 88	889. 73	68. 30	888. 69	68. 73
890. 75	67. 89	889. 71	68. 31	888. 66	68. 74
890. 72	67. 90	889. 68	68. 32	888. 64	68. 75
890. 70	67. 91	889. 66	68. 33	888. 62	68. 76
890. 68	67. 92	889. 64	68. 34	888. 59	68. 77
890. 65	67. 92	889. 61	68. 35	888. 57	68. 78
890. 63	67. 93	889. 59	68. 36	888. 55	68. 79
890. 61	67. 94	889. 57	68. 37	888. 52	68. 80
890. 59	67. 95	889. 54	68. 38	888. 50	68. 81
890. 56	67. 96	889. 52	68. 39	888. 48	68. 82
890. 54	67. 97	889. 50	68. 40	888. 45	68. 83
890. 52	67. 98	889. 47	68. 41	888. 43	68. 84
890. 49	67. 99	889. 45	68. 42	888. 41	68. 85
890. 47	68. 00	889. 43	68. 43	888. 38	68. 85
890. 45	68. 01	889. 40	68. 44	888. 36	68. 86
890. 42	68. 02	889. 38	68. 45	888. 34	68. 87
890. 40	68. 03	889. 36	68. 46	888. 32	68. 88
890. 38	68. 04	889. 34	68. 47	888. 29	68. 89
890. 35	68. 05	889. 31	68. 48	888. 27	68. 90
890. 33	68. 06	889. 29	68. 49	888. 25	68. 91
890. 31	68. 07	889. 27	68. 49	888. 22	68. 92
890. 28	68. 08	889. 24	68. 50	888. 20	68. 93
888. 18	68. 94	887. 29	69. 30	886. 41	69. 66
888. 15	68. 95	887. 27	69. 31	886. 39	69. 67
888. 13	68. 96	887. 25	69. 32	886. 36	69. 68
888. 11	68. 97	887. 22	69. 33	886. 34	69. 68
888. 08	68. 98	887. 20	69. 34	886. 32	69. 69
888. 06	68. 99	887. 18	69. 35	886. 29	69. 70
888. 04	69. 00	887. 15	69. 36	886. 27	69. 71
888. 01	69. 01	887. 13	69. 36	886. 25	69. 72
887. 99	69. 02	887. 11	69. 37	886. 22	69. 73
887. 97	69. 02	887. 08	69. 38	886. 20	69. 74

（续表）

密度 g/L	酒精度 % vol	密度 g/L	酒精度 % vol	密度 g/L	酒精度 % vol
887. 94	69. 03	887. 06	69. 39	886. 18	69. 75
887. 92	69. 04	887. 04	69. 40	886. 15	69. 76
887. 90	69. 05	887. 01	69. 41	886. 13	69. 77
887. 87	69. 06	886. 99	69. 42	886. 11	69. 78
887. 85	69. 07	886. 99	69. 43	886. 08	69. 79
887. 83	69. 08	886. 94	69. 44	886. 06	69. 80
887. 80	69. 09	886. 92	69. 45	886. 04	69. 81
887. 78	69. 10	886. 90	69. 46	886. 01	69. 82
887. 76	69. 11	886. 87	69. 47	885. 99	69. 83
887. 73	69. 12	886. 85	69. 48	885. 97	69. 83
887. 71	69. 13	886. 83	69. 49	885. 94	69. 84
887. 69	69. 14	886. 81	69. 50	885. 92	69. 85
887. 67	69. 15	886. 78	69. 51	885. 90	69. 86
887. 64	69. 16	886. 76	69. 52	885. 87	69. 87
887. 62	69. 17	886. 74	69. 52	885. 85	69. 88
887. 60	69. 18	886. 71	69. 53	885. 83	69. 89
887. 57	69. 19	886. 69	69. 54	885. 80	69. 90
887. 55	69. 19	886. 67	69. 55	885. 78	69. 91
887. 53	69. 20	886. 64	69. 56	885. 76	69. 92
887. 50	69. 21	886. 62	69. 57	885. 73	69. 93
887. 48	69. 22	886. 60	69. 58	885. 71	69. 94
887. 46	69. 23	886. 57	69. 59	885. 69	69. 95
887. 43	69. 24	886. 55	69. 60	885. 66	69. 96
887. 41	69. 25	886. 53	69. 61	885. 64	69. 97
887. 39	69. 26	886. 50	69. 62	885. 62	69. 98
887. 36	69. 27	886. 48	69. 63	885. 60	69. 98
887. 34	69. 28	886. 46	69. 64	885. 57	69. 99
887. 32	69. 29	886. 43	69. 65	885. 55	70. 00

附　录　B
酒精计温度与20 ℃酒精度（乙醇含量）换算表

酒精计温度与20 ℃酒精度（乙醇含量）换算表见表 B. 1。

表 B. 1　　酒精计温度与20 ℃酒精度（乙醇含量）换算表

酒精度 % vol	酒精计温度 ℃									酒精度 % vol
	10	11	12	13	14	15	16	17	18	
0. 5	1. 33	1. 28	1. 23	1. 16	1. 09	1. 01	0. 92	0. 83	0. 73	0. 5
1	1. 84	1. 79	1. 74	1. 67	1. 60	1. 52	1. 43	1. 33	1. 23	1
1. 5	2. 36	2. 31	2. 25	2. 18	2. 11	2. 03	1. 94	1. 84	1. 73	1. 5
2	2. 87	2. 82	2. 76	2. 70	2. 62	2. 54	2. 44	2. 34	2. 24	2
2. 5	3. 39	3. 34	3. 28	3. 21	3. 13	3. 05	2. 95	2. 85	2. 74	2. 5
3	3. 91	3. 86	3. 80	3. 72	3. 64	3. 56	3. 46	3. 36	3. 25	3
3. 5	4. 43	4. 38	4. 31	4. 24	4. 16	4. 07	3. 97	3. 86	3. 75	3. 5
4	4. 96	4. 90	4. 83	4. 76	4. 67	4. 58	4. 48	4. 37	4. 25	4
4. 5	5. 49	5. 43	5. 36	5. 28	5. 19	5. 10	4. 99	4. 88	4. 76	4. 5
5	6. 02	5. 95	5. 88	5. 80	5. 71	5. 61	5. 50	5. 39	5. 27	5
5. 5	6. 55	6. 48	6. 41	6. 32	6. 23	6. 13	6. 02	5. 90	5. 77	5. 5
6	7. 08	7. 01	6. 93	6. 85	6. 75	6. 64	6. 53	6. 41	6. 28	6
6. 5	7. 62	7. 55	7. 46	7. 37	7. 27	7. 16	7. 04	6. 92	6. 79	6. 5
7	8. 16	8. 08	8. 00	7. 90	7. 79	7. 68	7. 56	7. 43	7. 29	7
7. 5	8. 70	8. 62	8. 53	8. 43	8. 32	8. 20	8. 08	7. 94	7. 80	7. 5
8	9. 25	9. 16	9. 07	8. 96	8. 85	8. 72	8. 59	8. 46	8. 31	8
8. 5	9. 80	9. 71	9. 61	9. 49	9. 38	9. 25	9. 11	8. 97	8. 82	8. 5
9	10. 35	10. 25	10. 15	10. 03	9. 91	9. 77	9. 63	9. 48	9. 33	9
9. 5	10. 91	10. 80	10. 69	10. 57	10. 44	10. 30	10. 15	10. 00	9. 84	9. 5
10	11. 47	11. 36	11. 24	11. 11	10. 97	10. 83	10. 67	10. 52	10. 35	10
10. 5	12. 03	11. 91	11. 79	11. 65	11. 51	11. 35	11. 20	11. 03	10. 86	10. 5
11	12. 60	12. 47	12. 34	12. 19	12. 04	11. 88	11. 72	11. 55	11. 37	11
11. 5	13. 17	13. 03	12. 89	12. 74	12. 58	12. 42	12. 24	12. 07	11. 88	11. 5
12	13. 74	13. 60	13. 45	13. 29	13. 12	12. 95	12. 77	12. 59	12. 40	12
12. 5	14. 32	14. 16	14. 00	13. 84	13. 66	13. 48	13. 30	13. 11	12. 91	12. 5
13	14. 90	14. 73	14. 36	14. 39	14. 21	14. 02	13. 82	13. 63	13. 42	13
13. 5	15. 48	15. 31	15. 13	14. 94	14. 75	14. 55	14. 35	14. 15	13. 93	13. 5
14	16. 06	15. 88	15. 69	15. 50	15. 30	15. 09	14. 88	14. 67	14. 45	14
14. 5	16. 65	16. 46	16. 26	16. 05	15. 84	15. 63	15. 41	15. 19	14. 96	14. 5
15	17. 24	17. 04	16. 82	16. 61	16. 39	16. 17	15. 94	15. 71	15. 48	15
15. 5	17. 83	17. 61	17. 39	17. 17	16. 94	16. 71	16. 47	16. 23	15. 99	15. 5
16	18. 43	18. 20	17. 96	17. 73	17. 49	17. 25	17. 00	16. 76	16. 51	16
16. 5	19. 02	18. 78	18. 53	18. 29	18. 04	17. 79	17. 53	17. 28	17. 02	16. 5
17	19. 61	19. 36	19. 10	18. 85	18. 59	18. 33	18. 07	17. 80	17. 54	17
17. 5	20. 21	19. 94	19. 67	19. 41	19. 14	18. 87	18. 60	18. 32	18. 05	17. 5

（续表）

酒精度 % vol	酒精计温度 ℃									酒精度 % vol
	19	20	21	22	23	24	25	26	27	
0. 5	0. 62	0. 50	0. 38	0. 25	0. 11					0. 5
1	1. 12	1. 00	0. 87	0. 74	0. 60	0. 46	0. 31	0. 15		1
1. 5	1. 62	1. 50	1. 37	1. 24	1. 10	0. 95	0. 80	0. 64	0. 48	1. 5
2	2. 12	2. 00	1. 87	1. 74	1. 59	1. 45	1. 29	1. 13	0. 96	2
2. 5	2. 62	2. 50	2. 37	2. 23	2. 09	1. 94	1. 78	1. 62	1. 45	2. 5
3	3. 13	3. 00	2. 87	2. 73	2. 58	2. 43	2. 27	2. 10	1. 93	3
3. 5	3. 63	3. 50	3. 36	3. 22	3. 07	2. 92	2. 76	2. 59	2. 42	3. 5
4	4. 13	4. 00	3. 86	3. 72	3. 57	3. 41	3. 24	3. 07	2. 90	4
4. 5	4. 63	4. 50	4. 36	4. 21	4. 06	3. 90	3. 73	3. 56	3. 38	4. 5
5	5. 14	5. 00	4. 86	4. 71	4. 55	4. 39	4. 22	4. 04	3. 86	5
5. 5	5. 64	5. 50	5. 35	5. 20	5. 04	4. 87	4. 70	4. 52	4. 34	5. 5
6	6. 14	6. 00	5. 85	5. 69	5. 53	5. 36	5. 19	5. 00	4. 82	6
6. 5	6. 65	6. 50	6. 35	6. 19	6. 02	5. 85	5. 67	5. 49	5. 30	6. 5
7	7. 15	7. 00	6. 84	6. 68	6. 51	6. 33	6. 15	5. 96	5. 77	7
7. 5	7. 65	7. 50	7. 34	7. 17	7. 00	6. 82	6. 63	6. 44	6. 25	7. 5
8	8. 16	8. 00	7. 83	7. 66	7. 49	7. 30	7. 11	6. 92	6. 72	8
8. 5	8. 66	8. 50	8. 33	8. 15	7. 97	7. 79	7. 59	7. 40	7. 19	8. 5
9	9. 17	9. 00	8. 83	8. 65	8. 46	8. 27	8. 07	7. 87	7. 66	9
9. 5	9. 67	9. 50	9. 32	9. 14	8. 95	8. 75	8. 55	8. 35	8. 13	9. 5
10	10. 18	10. 00	9. 82	9. 63	9. 43	9. 23	9. 03	8. 82	8. 60	10
10. 5	10. 68	10. 50	10. 31	10. 12	9. 92	9. 71	9. 50	9. 29	9. 07	10. 5
11	11. 19	11. 00	10. 81	10. 61	10. 40	10. 19	9. 98	9. 76	9. 54	11
11. 5	11. 69	11. 50	11. 30	11. 10	10. 89	10. 67	10. 45	10. 23	10. 00	11. 5
12	12. 20	12. 00	11. 79	11. 58	11. 37	11. 15	10. 93	10. 70	10. 47	12
12. 5	12. 71	12. 50	12. 29	12. 07	11. 85	11. 63	11. 40	11. 17	10. 93	12. 5
13	13. 21	13. 00	12. 78	12. 56	12. 34	12. 11	11. 87	11. 64	11. 40	13
13. 5	13. 72	13. 50	13. 28	13. 05	12. 82	12. 58	12. 34	12. 10	11. 86	13. 5
14	14. 23	14. 00	13. 77	13. 54	13. 30	13. 06	12. 81	12. 57	12. 32	14
14. 5	14. 73	14. 50	14. 26	14. 02	13. 78	13. 53	13. 29	13. 03	12. 78	14. 5
15	15. 24	15. 00	14. 76	14. 51	14. 26	14. 01	13. 75	13. 50	13. 24	15
15. 5	15. 75	15. 50	15. 25	15. 00	14. 74	14. 48	14. 22	13. 96	13. 70	15. 5
16	16. 25	16. 00	15. 74	15. 48	15. 22	14. 96	14. 69	14. 42	14. 15	16
16. 5	16. 76	16. 50	16. 24	15. 97	15. 70	15. 43	15. 16	14. 89	14. 61	16. 5
17	17. 27	17. 00	16. 73	16. 46	16. 18	15. 91	15. 63	15. 35	15. 07	17
17. 5	17. 78	17. 50	17. 22	16. 94	16. 66	16. 38	16. 10	15. 81	15. 53	17. 5

（续表）

酒精度 % vol	酒精计温度 ℃								酒精度 % vol
	28	29	30	31	32	33	34	35	
0.5	—	—	—	—	—	—	—	—	0.5
1	—	—	—	—	—	—	—	—	1
1.5	0.31	0.14	—	—	—	—	—	—	1.5
2	0.79	0.62	0.43	0.25	0.06	—	—	—	2
2.5	1.28	1.10	0.91	0.72	0.53	0.33	0.13	—	2.5
3	1.76	1.58	1.39	1.20	1.00	0.80	0.60	0.39	3
3.5	2.24	2.05	1.86	1.67	1.47	1.27	1.06	0.85	3.5
4	2.72	2.53	2.34	2.14	1.94	1.73	1.52	1.31	4
4.5	3.20	3.01	2.81	2.61	2.41	2.20	1.98	1.77	4.5
5	3.67	3.48	3.28	3.08	2.87	2.66	2.45	2.22	5
5.5	4.15	3.96	3.76	3.55	3.34	3.13	2.91	2.68	5.5
6	4.63	4.43	4.23	4.02	3.80	3.59	3.36	3.14	6
6.5	5.10	4.90	4.69	4.48	4.27	4.05	3.82	3.59	6.5
7	5.57	5.37	5.16	4.95	4.73	4.51	4.28	4.04	7
7.5	6.04	5.84	5.63	5.41	5.19	4.96	4.73	4.50	7.5
8	6.52	6.31	6.09	5.87	5.65	5.42	5.18	4.95	8
8.5	6.98	6.77	6.55	6.33	6.10	5.87	5.64	5.40	8.5
9	7.45	7.24	7.02	6.79	6.56	6.32	6.09	5.84	9
9.5	7.92	7.70	7.48	7.25	7.01	6.78	6.53	6.29	9.5
10	8.38	8.16	7.93	7.70	7.47	7.22	6.98	6.73	10
10.5	8.85	8.62	8.39	8.16	7.92	7.67	7.42	7.17	10.5
11	9.31	9.08	8.85	8.61	8.36	8.12	7.87	7.61	11
11.5	9.77	9.54	9.30	9.06	8.81	8.56	8.31	8.05	11.5
12	10.23	10.00	9.75	9.51	9.26	9.00	8.75	8.49	12
12.5	10.69	10.45	10.20	9.95	9.70	9.44	9.19	8.92	12.5
13	11.15	10.90	10.65	10.40	10.14	9.88	9.62	9.36	13
13.5	11.61	11.36	11.10	10.85	10.59	10.32	10.06	9.79	13.5
14	12.07	11.81	11.55	11.29	11.03	10.76	10.49	10.22	14
14.5	12.52	12.26	12.00	11.73	11.46	11.19	10.92	10.65	14.5
15	12.98	12.71	12.44	12.17	11.90	11.63	11.35	11.07	15
15.5	13.43	13.16	12.89	12.61	12.34	12.06	11.78	11.50	15.5
16	13.88	13.61	13.33	13.05	12.78	12.49	12.21	11.92	16
16.5	14.34	14.06	13.78	13.49	13.21	12.93	12.64	12.35	16.5
17	14.79	14.50	14.22	13.93	13.65	13.36	13.07	12.77	17
17.5	15.24	14.95	14.66	14.37	14.08	13.79	13.49	13.20	17.5
18	15.69	15.40	15.11	14.81	14.51	14.22	13.92	13.62	18

（续表）

酒精度 % vol	酒精计温度 ℃											酒精度 % vol
	10	10.5	11	11.5	12	12.5	13	13.5	14	14.5	15	
18	20.80	20.66	20.52	20.38	20.25	20.11	19.97	19.83	19.69	19.55	19.41	18
18.1	20.92	20.78	20.64	20.50	20.36	20.22	20.08	19.94	19.80	19.66	19.52	18.1
18.2	21.04	20.90	20.76	20.61	20.47	20.33	20.19	20.05	19.91	19.77	19.62	18.2
18.3	21.16	21.01	20.87	20.73	20.59	20.44	20.30	20.16	20.02	19.88	19.73	18.3
18.4	21.28	21.13	20.99	20.84	20.70	20.56	20.41	20.27	20.13	19.98	19.84	18.4
18.5	21.39	21.25	21.10	20.96	20.81	20.67	20.53	20.38	20.24	20.09	19.95	18.5
18.6	21.51	21.37	21.22	21.07	20.93	20.78	20.64	20.49	20.35	20.20	20.06	18.6
18.7	21.63	21.48	21.34	21.19	21.04	20.90	20.75	20.60	20.46	20.31	20.16	18.7
18.8	21.75	21.60	21.45	21.30	21.16	21.01	20.86	20.71	20.57	20.42	20.27	18.8
18.9	21.87	21.72	21.57	21.42	21.27	21.12	20.97	20.82	20.68	20.53	20.38	18.9
19	21.99	21.83	21.68	21.53	21.38	21.23	21.08	20.94	20.79	20.64	20.49	19
19.1	22.10	21.95	21.80	21.65	21.50	21.35	21.20	21.05	20.90	20.75	20.60	19.1
19.2	22.22	22.07	21.92	21.76	21.61	21.46	21.31	21.16	21.01	20.85	20.70	19.2
19.3	22.34	22.18	22.03	21.88	21.72	21.57	21.42	21.27	21.12	20.96	20.81	19.3
19.4	22.46	22.30	22.15	21.99	21.84	21.68	21.53	21.38	21.22	21.07	20.92	19.4
19.5	22.57	22.42	22.26	22.11	21.95	21.80	21.64	21.49	21.33	21.18	21.03	19.5
19.6	22.69	22.53	22.38	22.22	22.06	21.91	21.75	21.60	21.44	21.29	21.14	19.6
19.7	22.81	22.65	22.49	22.33	22.18	22.02	21.86	21.71	21.55	21.40	21.24	19.7
19.8	22.93	22.77	22.61	22.45	22.29	22.13	21.98	21.82	21.66	21.51	21.35	19.8
19.9	23.04	22.88	22.72	22.56	22.40	22.25	22.09	21.93	21.77	21.61	21.46	19.9
20	23.16	23.00	22.84	22.68	22.52	22.36	22.20	22.04	21.88	21.72	21.57	20
20.1	23.28	23.12	22.95	22.79	22.63	22.47	22.31	22.15	21.99	21.83	21.67	20.1
20.2	23.39	23.23	23.07	22.91	22.74	22.58	22.42	22.26	22.10	21.94	21.78	20.2
20.3	23.51	23.35	23.18	23.02	22.86	22.69	22.53	22.37	22.21	22.05	21.89	20.3
20.4	23.63	23.46	23.30	23.13	22.97	22.81	22.64	22.48	22.32	22.16	22.00	20.4
20.5	23.74	23.58	23.41	23.25	23.08	22.92	22.75	22.59	22.43	22.26	22.10	20.5
20.6	23.86	23.69	23.53	23.36	23.19	23.03	22.86	22.70	22.54	22.37	22.21	20.6
20.7	23.98	23.81	23.64	23.47	23.31	23.14	22.97	22.81	22.65	22.48	22.32	20.7
20.8	24.09	23.92	23.75	23.59	23.42	23.25	23.09	22.92	22.75	22.59	22.42	20.8
20.9	24.21	24.04	23.87	23.70	23.53	23.36	23.20	23.03	22.86	22.70	22.53	20.9
21	24.33	24.15	23.98	23.81	23.64	23.47	23.31	23.14	22.97	22.81	22.64	21
21.1	24.44	24.27	24.10	23.93	23.76	23.59	23.42	23.25	23.08	22.91	22.75	21.1
21.2	24.56	24.38	24.21	24.04	23.87	23.70	23.53	23.36	23.19	23.02	22.85	21.2
21.3	24.67	24.50	24.32	24.15	23.98	23.81	23.64	23.47	23.30	23.13	22.96	21.3
21.4	24.79	24.61	24.44	24.26	24.09	23.92	23.75	23.58	23.41	23.24	23.07	21.4

（续表）

酒精度 % vol	酒精计温度 ℃											酒精度 % vol
	10	10.5	11	11.5	12	12.5	13	13.5	14	14.5	15	
21.5	24.90	24.73	24.55	24.38	24.20	24.03	23.86	23.69	23.51	23.34	23.17	21.5
21.6	25.02	24.84	24.66	24.49	24.31	24.14	23.97	23.79	23.62	23.45	23.28	21.6
21.7	25.13	24.95	24.78	24.60	24.43	24.25	24.08	23.90	23.73	23.56	23.39	21.7
21.8	25.25	25.07	24.89	24.71	24.54	24.36	24.19	24.01	23.84	23.67	23.49	21.8
21.9	25.36	25.18	25.00	24.83	24.65	24.47	24.30	24.12	23.95	23.77	23.60	21.9
22	25.48	25.30	25.12	24.94	24.76	24.58	24.41	24.23	24.06	23.88	23.71	22
22.1	25.59	25.41	25.23	25.05	24.87	24.69	24.52	24.34	24.16	23.99	23.81	22.1
22.2	25.70	25.52	25.34	25.16	24.98	24.80	24.62	24.45	24.27	24.10	23.92	22.2
22.3	25.82	25.64	25.45	25.27	25.09	24.91	24.73	24.56	24.38	24.20	24.03	22.3
22.4	25.93	25.75	25.57	25.38	25.20	25.02	24.84	24.67	24.49	24.31	24.13	22.4
22.5	26.05	25.86	25.68	25.50	25.31	25.13	24.95	24.77	24.60	24.42	24.24	22.5
22.6	26.16	25.97	25.79	25.61	25.42	25.24	25.06	24.88	24.70	24.52	24.35	22.6
22.7	26.27	26.09	25.90	25.72	25.53	25.35	25.17	24.99	24.81	24.63	24.45	22.7
22.8	26.39	26.20	26.01	25.83	25.64	25.46	25.28	25.10	24.92	24.74	24.56	22.8
22.9	26.50	26.31	26.12	25.94	25.75	25.57	25.39	25.21	25.03	24.84	24.67	22.9
23	26.61	26.42	26.24	26.05	25.86	25.68	25.50	25.31	25.13	24.95	24.77	23
23.1	26.72	26.53	26.35	26.16	25.97	25.79	25.61	25.42	25.24	25.06	24.88	23.1
23.2	26.84	26.65	26.46	26.27	26.08	25.90	25.71	25.53	25.35	25.16	24.98	23.2
23.3	26.95	26.76	26.57	26.38	26.19	26.01	25.82	25.64	25.45	25.27	25.09	23.3
23.4	27.06	26.87	26.68	26.49	26.30	26.12	25.93	25.75	25.56	25.38	25.19	23.4
23.5	27.17	26.98	26.79	26.60	26.41	26.23	26.04	25.85	25.67	25.48	25.30	23.5
23.6	27.28	27.09	26.90	26.71	26.52	26.33	26.15	25.96	25.77	25.59	25.41	23.6
23.7	27.40	27.20	27.01	26.82	26.63	26.44	26.25	26.07	25.88	25.70	25.51	23.7
23.8	27.51	27.31	27.12	26.93	26.74	26.55	26.36	26.17	25.99	25.80	25.62	23.8
23.9	27.62	27.42	27.23	27.04	26.85	26.66	26.47	26.28	26.09	25.91	25.72	23.9
24	27.73	27.54	27.34	27.15	26.96	26.77	26.58	26.39	26.20	26.01	25.83	24
24.1	27.84	27.65	27.45	27.26	27.07	26.88	26.69	26.50	26.31	26.12	25.93	24.1
24.2	27.95	27.76	27.56	27.37	27.17	26.98	26.79	26.60	26.41	26.23	26.04	24.2
24.3	28.06	27.87	27.67	27.48	27.28	27.09	26.90	26.71	26.52	26.33	26.14	24.3
24.4	28.17	27.98	27.78	27.59	27.39	27.20	27.01	26.82	26.63	26.44	26.25	24.4
24.5	28.28	28.09	27.89	27.69	27.50	27.31	27.11	26.92	26.73	26.54	26.35	24.5
24.6	28.39	28.19	28.00	27.80	27.61	27.41	27.22	27.03	26.84	26.65	26.46	24.6
24.7	28.50	28.30	28.11	27.91	27.72	27.52	27.33	27.14	26.94	26.75	26.56	24.7
24.8	28.61	28.41	28.22	28.02	27.82	27.63	27.44	27.24	27.05	26.86	26.67	24.8
24.9	28.72	28.52	28.32	28.13	27.93	27.74	27.54	27.35	27.16	26.96	26.77	24.9
25	28.83	28.63	28.43	28.24	28.04	27.84	27.65	27.45	27.26	27.07	26.88	25

（续表）

酒精度 % vol	酒精计温度 ℃											酒精度 % vol
	10	10.5	11	11.5	12	12.5	13	13.5	14	14.5	15	
25	28.83	28.63	28.43	28.24	28.04	27.84	27.65	27.45	27.26	27.07	26.88	25
25.1	28.94	28.74	28.54	28.34	28.15	27.95	27.75	27.56	27.37	27.17	26.98	25.1
25.2	29.05	28.85	28.65	28.45	28.25	28.06	27.86	27.67	27.47	27.28	27.09	25.2
25.3	29.16	28.96	28.76	28.56	28.36	28.16	27.97	27.77	27.58	27.38	27.19	25.3
25.4	29.27	29.07	28.86	28.67	28.47	28.27	28.07	27.88	27.68	27.49	27.30	25.4
25.5	29.37	29.17	28.97	28.77	28.57	28.38	28.18	27.98	27.79	27.59	27.40	25.5
25.6	29.48	29.28	29.08	28.88	28.68	28.48	28.29	28.09	27.89	27.70	27.50	25.6
25.7	29.59	29.39	29.19	28.99	28.79	28.59	28.39	28.19	28.00	27.80	27.61	25.7
25.8	29.70	29.50	29.29	29.09	28.89	28.70	28.50	28.30	28.10	27.91	27.71	25.8
25.9	29.81	29.60	29.40	29.20	29.00	28.80	28.60	28.41	28.21	28.01	27.82	25.9
26	29.91	29.71	29.51	29.31	29.11	28.91	28.71	28.51	28.31	28.12	27.92	26
26.1	30.02	29.82	29.62	29.41	29.21	29.01	28.81	28.62	28.42	28.22	28.03	26.1
26.2	30.13	29.93	29.72	29.52	29.32	29.12	28.92	28.72	28.52	28.33	28.13	26.2
26.3	30.24	30.03	29.83	29.63	29.43	29.22	29.02	28.83	28.63	28.43	28.23	26.3
26.4	30.34	30.14	29.94	29.73	29.53	29.33	29.13	28.93	28.73	28.53	28.34	26.4
26.5	30.45	30.25	30.04	29.84	29.64	29.44	29.23	29.03	28.84	28.64	28.44	26.5
26.6	30.56	30.35	30.15	29.94	29.74	29.53	29.34	29.14	28.94	28.74	28.54	26.6
26.7	30.66	30.46	30.25	30.05	29.85	29.65	29.44	29.24	29.04	28.85	28.65	26.7
26.8	30.77	30.57	30.36	30.16	29.95	29.75	29.55	29.35	29.15	28.95	28.75	26.8
26.9	30.88	30.67	30.47	30.26	30.06	29.86	29.65	29.45	29.25	29.05	28.85	26.9
27	30.98	30.78	30.57	30.37	30.16	29.96	29.76	29.56	29.36	29.16	28.96	27
27.1	31.09	30.88	30.68	30.47	30.27	30.07	29.86	29.66	29.46	29.26	29.06	27.1
27.2	31.20	30.99	30.78	30.58	30.37	30.17	29.97	29.77	29.56	29.36	29.16	27.2
27.3	31.30	31.09	30.89	30.68	30.48	30.27	30.07	29.87	29.67	29.47	29.27	27.3
27.4	31.41	31.20	30.99	30.79	30.58	30.38	30.18	29.97	29.77	29.57	29.37	27.4
27.5	31.51	31.30	31.10	30.89	30.69	30.48	30.28	30.08	29.87	29.67	29.47	27.5
27.6	31.62	31.41	31.20	31.00	30.79	30.59	30.38	30.18	29.98	29.78	29.58	27.6
27.7	31.72	31.51	31.31	31.10	30.90	30.69	30.49	30.28	30.08	29.88	29.68	27.7
27.8	31.83	31.62	31.41	31.21	31.00	30.80	30.59	30.39	30.19	29.98	29.78	27.8
27.9	31.93	31.72	31.52	31.31	31.10	30.90	30.69	30.49	30.29	30.09	29.88	27.9
28	32.04	31.83	31.62	31.41	31.21	31.00	30.80	30.59	30.39	30.19	29.99	28
28.1	32.14	31.93	31.73	31.52	31.31	31.11	30.90	30.70	30.49	30.29	30.09	28.1
28.2	32.25	32.04	31.83	31.62	31.42	31.21	31.01	30.80	30.60	30.39	30.19	28.2
28.3	32.35	32.14	31.93	31.73	31.52	31.31	31.11	30.90	30.70	30.50	30.29	28.3
28.4	32.45	32.25	32.04	31.83	31.62	31.42	31.21	31.01	30.80	30.60	30.40	28.4

（续表）

酒精度 % vol	酒精计温度 ℃											酒精度 % vol
	10	10. 5	11	11. 5	12	12. 5	13	13. 5	14	14. 5	15	
28. 5	32. 56	32. 35	32. 14	31. 93	31. 73	31. 52	31. 31	31. 11	30. 91	30. 70	30. 50	28. 5
28. 6	32. 66	32. 45	32. 24	32. 04	31. 83	31. 62	31. 42	31. 21	31. 01	30. 80	30. 60	28. 6
28. 7	32. 77	32. 56	32. 35	32. 14	31. 93	31. 73	31. 52	31. 32	31. 11	30. 91	30. 70	28. 7
28. 8	32. 87	32. 66	32. 45	32. 24	32. 04	31. 83	31. 62	31. 42	31. 21	31. 01	30. 81	28. 8
28. 9	32. 97	32. 76	32. 55	32. 35	32. 14	31. 93	31. 73	31. 52	31. 32	31. 11	30. 91	28. 9
29	33. 08	32. 87	32. 66	32. 45	32. 24	32. 04	31. 83	31. 62	31. 42	31. 21	31. 01	29
29. 1	33. 18	32. 97	32. 76	32. 55	32. 35	32. 14	31. 93	31. 73	31. 52	31. 32	31. 11	29. 1
29. 2	33. 28	33. 07	32. 86	32. 66	32. 45	32. 24	32. 03	31. 83	31. 62	31. 42	31. 21	29. 2
29. 3	33. 39	33. 18	32. 97	32. 76	32. 55	32. 34	32. 14	31. 93	31. 73	31. 52	31. 32	29. 3
29. 4	33. 49	33. 28	33. 07	32. 86	32. 65	32. 45	32. 24	32. 03	31. 83	31. 62	31. 42	29. 4
29. 5	33. 59	33. 38	33. 17	32. 96	32. 76	32. 55	32. 34	32. 14	31. 93	31. 72	31. 52	29. 5
29. 6	33. 69	33. 48	33. 27	33. 07	32. 86	32. 65	32. 44	32. 24	32. 03	31. 83	31. 62	29. 6
29. 7	33. 80	33. 59	33. 38	33. 17	32. 96	32. 75	32. 55	32. 34	32. 13	31. 93	31. 72	29. 7
29. 8	33. 90	33. 69	33. 48	33. 27	33. 06	32. 86	32. 65	32. 44	32. 24	32. 03	31. 82	29. 8
29. 9	34. 00	33. 79	33. 58	33. 37	33. 16	32. 96	32. 75	32. 54	32. 34	32. 13	31. 93	29. 9
30	34. 10	33. 89	33. 68	33. 48	33. 27	33. 06	32. 85	32. 65	32. 44	32. 23	32. 03	30
30. 1	34. 21	34. 00	33. 79	33. 58	33. 37	33. 16	32. 95	32. 75	32. 54	32. 33	32. 13	30. 1
30. 2	34. 31	34. 10	33. 89	33. 68	33. 47	33. 26	33. 06	32. 85	32. 64	32. 44	32. 23	30. 2
30. 3	34. 41	34. 20	33. 99	33. 78	33. 57	33. 36	33. 16	32. 95	32. 74	32. 54	32. 33	30. 3
30. 4	34. 51	34. 30	34. 09	33. 88	33. 67	33. 47	33. 26	33. 05	32. 85	32. 64	32. 43	30. 4
30. 5	34. 61	34. 40	34. 19	33. 98	33. 78	33. 57	33. 36	33. 15	32. 95	32. 74	32. 53	30. 5
30. 6	34. 71	34. 50	34. 30	34. 09	33. 88	33. 67	33. 46	33. 25	33. 05	32. 84	32. 64	30. 6
30. 7	34. 82	34. 61	34. 40	34. 19	33. 98	33. 77	33. 56	33. 36	33. 15	32. 94	32. 74	30. 7
30. 8	34. 92	34. 71	34. 50	34. 29	34. 08	33. 87	33. 66	33. 46	33. 25	33. 04	32. 84	30. 8
30. 9	35. 02	34. 81	34. 60	34. 39	34. 18	33. 97	33. 77	33. 56	33. 35	33. 15	32. 94	30. 9
31	35. 12	34. 91	34. 70	34. 49	34. 28	34. 07	33. 87	33. 66	33. 45	33. 25	33. 04	31
31. 1	35. 22	35. 01	34. 80	34. 59	34. 38	34. 18	33. 97	33. 76	33. 55	33. 35	33. 14	31. 1
31. 2	35. 32	35. 11	34. 90	34. 69	34. 49	34. 28	34. 07	33. 86	33. 65	33. 45	33. 24	31. 2
31. 3	35. 42	35. 21	35. 00	34. 79	34. 59	34. 38	34. 17	33. 96	33. 76	33. 55	33. 34	31. 3
31. 4	35. 52	35. 31	35. 10	34. 90	34. 69	34. 48	34. 27	34. 06	33. 86	33. 65	33. 44	31. 4
31. 5	35. 62	35. 41	35. 21	35. 00	34. 79	34. 58	34. 37	34. 16	33. 96	33. 75	33. 54	31. 5
31. 6	35. 72	35. 52	35. 31	35. 10	34. 89	34. 68	34. 47	34. 27	34. 06	33. 85	33. 65	31. 6
31. 7	35. 83	35. 62	35. 41	35. 20	34. 99	34. 78	34. 57	34. 37	34. 16	33. 95	33. 75	31. 7
31. 8	35. 93	35. 72	35. 51	35. 30	35. 09	34. 88	34. 67	34. 47	34. 26	34. 05	33. 85	31. 8

（续表）

酒精度 % vol	酒精计温度 ℃											酒精度 % vol
	10	10.5	11	11.5	12	12.5	13	13.5	14	14.5	15	
31.9	36.03	35.82	35.61	35.40	35.19	34.98	34.77	34.57	34.36	34.15	33.95	31.9
32	36.13	35.92	35.71	35.50	35.29	35.08	34.88	34.67	34.46	34.25	34.05	32
32.1	36.23	36.02	35.81	35.60	35.39	35.18	34.98	34.77	34.56	34.35	34.15	32.1
32.2	36.33	36.12	35.91	35.70	35.49	35.28	35.08	34.87	34.66	34.45	34.25	32.2
32.3	36.43	36.22	36.01	35.80	35.59	35.38	35.18	34.97	34.76	34.56	34.35	32.3
32.4	36.53	36.32	36.11	35.90	35.69	35.48	35.28	35.07	34.86	34.66	34.45	32.4
32.5	36.63	36.42	36.21	36.00	35.79	35.58	35.38	35.17	34.96	34.76	34.55	32.5
32.6	36.73	36.52	36.31	36.10	35.89	35.68	35.48	35.27	35.06	34.86	34.65	32.6
32.7	36.83	36.62	36.41	36.20	35.99	35.79	35.58	35.37	35.16	34.96	34.75	32.7
32.8	36.93	36.72	36.51	36.30	36.09	35.89	35.68	35.47	35.26	35.06	34.85	32.8
32.9	37.03	36.82	36.61	36.40	36.19	35.99	35.78	35.57	35.36	35.16	34.95	32.9
33	37.13	36.92	36.71	36.50	36.29	36.09	35.88	35.67	35.46	35.26	35.05	33
33.1	37.22	37.02	36.81	36.60	36.39	36.19	35.98	35.77	35.56	35.36	35.15	33.1
33.2	37.32	37.12	36.91	36.70	36.49	36.28	36.08	35.87	35.66	35.46	35.25	33.2
33.3	37.42	37.22	37.01	36.80	36.59	36.38	36.18	35.97	35.76	35.56	35.35	33.3
33.4	37.52	37.31	37.11	36.90	36.69	36.48	36.28	36.07	35.86	35.66	35.45	33.4
33.5	37.62	37.41	37.21	37.00	36.79	36.58	36.38	36.17	35.96	35.76	35.55	33.5
33.6	37.72	37.51	37.31	37.10	36.89	36.68	36.48	36.27	36.06	35.86	35.65	33.6
33.7	37.82	37.61	37.41	37.20	36.99	36.78	36.58	36.37	36.16	35.96	35.75	33.7
33.8	37.92	37.71	37.50	37.30	37.09	36.88	36.68	36.47	36.26	36.06	35.85	33.8
33.9	38.02	37.81	37.60	37.40	37.19	36.98	36.78	36.57	36.36	36.16	35.95	33.9
34	38.12	37.91	37.70	37.50	37.29	37.08	56.88	36.67	36.46	36.26	36.05	34
34.1	38.22	38.01	37.80	37.59	37.39	37.18	36.97	36.77	36.56	36.36	36.15	34.1
34.2	38.31	38.11	37.90	37.69	37.49	37.28	37.07	36.87	36.66	36.46	36.25	34.2
34.3	38.41	38.21	38.00	37.79	37.59	37.38	37.17	36.97	36.76	36.56	36.35	34.3
34.4	38.51	38.31	38.10	37.89	37.69	37.48	37.27	37.07	36.86	36.65	36.45	34.4
34.5	38.61	38.40	38.20	37.99	37.78	37.58	37.37	37.17	36.96	36.75	36.55	34.5
34.6	38.71	38.50	38.30	38.09	37.88	37.68	37.47	37.27	37.06	36.85	36.65	34.6
34.7	38.81	38.60	38.40	38.19	37.98	37.78	37.57	37.36	37.16	36.95	36.75	34.7
34.8	38.91	38.70	38.49	38.29	38.08	37.88	37.67	37.46	37.26	37.05	36.85	34.8
34.9	39.00	38.80	38.59	38.39	38.18	37.97	37.77	37.56	37.36	37.15	36.95	34.9
35	39.10	38.90	38.69	38.49	38.28	38.07	37.87	37.66	37.46	37.25	37.05	35

（续表）

酒精度 % vol	酒精计温度 ℃											酒精度 % vol
	10	10.5	11	11.5	12	12.5	13	13.5	14	14.5	15	
35.1	39.20	39.00	38.79	38.58	38.38	38.17	37.97	37.76	37.56	37.35	37.15	35.1
35.2	39.30	39.09	38.89	38.68	38.48	38.27	38.07	37.86	37.66	37.45	37.25	35.2
35.3	39.40	39.19	38.99	38.78	38.58	38.37	38.17	37.96	37.76	37.55	37.34	35.3
35.4	39.50	39.29	39.09	38.88	38.67	38.47	38.26	38.06	37.85	37.65	37.44	35.4
35.5	39.59	39.39	39.18	38.98	38.77	38.57	38.36	38.16	37.95	37.75	37.54	35.5
35.6	39.69	39.49	39.28	39.08	38.87	38.67	38.46	38.26	38.05	37.85	37.64	35.6
35.7	39.79	39.59	39.38	39.18	38.97	38.77	38.56	38.36	38.15	37.95	37.74	35.7
35.8	39.89	39.68	39.48	39.27	39.07	38.86	38.66	38.46	38.25	38.05	37.84	35.8
35.9	39.99	39.78	39.58	39.37	39.17	38.96	38.76	38.55	38.35	38.15	37.94	35.9
36	40.08	39.88	39.68	39.47	39.27	39.06	38.86	38.65	38.45	38.24	38.04	36
36.1	40.18	39.98	39.77	39.57	39.37	39.16	38.96	38.75	38.55	38.34	38.14	36.1
36.2	40.28	40.08	39.87	39.67	39.46	39.26	39.06	38.85	38.65	38.44	38.24	36.2
36.3	40.38	40.17	39.97	39.77	39.56	39.36	39.15	38.95	38.75	38.54	38.34	36.3
36.4	40.48	40.27	40.07	39.86	39.66	39.46	39.25	39.05	38.84	38.64	38.44	36.4
36.5	40.57	40.37	40.17	39.96	39.76	39.56	39.35	39.15	38.94	38.74	38.54	36.5
36.6	40.67	40.47	40.26	40.06	39.86	39.65	39.45	39.25	39.04	38.84	38.64	36.6
36.7	40.77	40.57	40.36	40.16	39.96	39.75	39.55	39.35	39.14	38.94	38.73	36.7
36.8	40.87	40.66	40.46	40.26	40.05	39.85	39.65	39.44	39.24	39.04	38.83	36.8
36.9	40.96	40.76	40.56	40.36	40.15	39.95	39.75	39.54	39.34	39.14	38.93	36.9
37	41.06	40.86	40.66	40.45	40.25	40.05	39.84	39.64	39.44	39.23	39.03	37
37.1	41.16	40.96	40.75	40.55	40.35	40.15	39.94	39.74	39.54	39.33	39.13	37.1
37.2	41.26	41.05	40.85	40.65	40.45	40.24	40.04	39.84	39.64	39.43	39.23	37.2
37.3	41.35	41.15	40.95	40.75	40.54	40.34	40.14	39.94	39.73	39.53	39.33	37.3
37.4	41.45	41.25	41.05	40.85	40.64	40.44	40.24	40.04	39.83	39.63	39.43	37.4
37.5	41.55	41.35	41.15	40.94	40.74	40.54	40.34	40.13	39.93	39.73	39.53	37.5
37.6	41.65	41.45	41.24	41.04	40.84	40.64	40.44	40.23	40.03	39.83	39.63	37.6
37.7	41.74	41.54	41.34	41.14	40.94	40.74	40.53	40.33	40.13	39.93	39.72	37.7
37.8	41.84	41.64	41.44	41.24	41.04	40.83	40.63	40.43	40.23	40.03	39.82	37.8
37.9	41.94	41.74	41.54	41.34	41.13	40.93	40.73	40.53	40.33	40.12	39.92	37.9
38	42.04	41.84	41.63	41.43	41.23	41.03	40.83	40.63	40.43	40.22	40.02	38
38.1	42.13	41.93	41.73	41.53	41.33	41.13	40.93	40.73	40.52	40.32	40.12	38.1
38.2	42.23	42.03	41.83	41.63	41.43	41.23	41.03	40.82	40.62	40.42	40.22	38.2
38.3	42.33	42.13	41.93	41.73	41.53	41.32	41.12	40.92	40.72	40.52	40.32	38.3
38.4	42.43	42.23	42.02	41.82	41.62	41.42	41.22	41.02	40.82	40.62	40.42	38.4

（续表）

酒精度 % vol	酒精计温度 ℃											酒精度 % vol
	10	10.5	11	11.5	12	12.5	13	13.5	14	14.5	15	
38.5	42.52	42.32	42.12	41.92	41.72	41.52	41.32	41.12	40.92	40.72	40.52	38.5
38.6	42.62	42.42	42.22	42.02	41.82	41.62	41.42	41.22	41.02	40.82	40.61	38.6
38.7	42.72	42.52	42.32	42.12	41.92	41.72	41.52	41.32	41.11	40.91	40.71	38.7
38.8	42.81	42.61	42.41	42.21	42.01	41.81	41.61	41.41	41.21	41.01	40.81	38.8
38.9	42.91	42.71	42.51	42.31	42.11	41.91	41.71	41.51	41.31	41.11	40.91	38.9
39	43.01	42.81	42.61	42.41	42.21	42.01	41.81	41.61	41.41	41.21	41.01	39
39.1	43.11	42.91	42.71	42.51	42.31	42.11	41.91	41.71	41.51	41.31	41.11	39.1
39.2	43.20	43.00	42.80	42.61	42.41	42.21	42.01	41.81	41.61	41.41	41.21	39.2
39.3	43.30	43.10	42.90	42.70	42.50	42.30	42.11	41.91	41.71	41.51	41.31	39.3
39.4	43.40	43.20	43.00	42.80	42.60	42.40	42.20	42.00	41.80	41.60	41.40	39.4
39.5	43.49	43.30	43.10	42.90	42.70	42.50	42.30	42.10	41.90	41.70	41.50	39.5
39.6	43.59	43.39	43.19	43.00	42.80	42.60	42.40	42.20	42.00	41.80	41.60	39.6
39.7	43.69	43.49	43.29	43.09	42.89	42.70	42.50	42.30	42.10	41.90	41.70	39.7
39.8	43.78	43.59	43.39	43.19	42.99	42.79	42.60	42.40	42.20	42.00	41.80	39.8
39.9	43.88	43.68	43.49	43.29	43.09	42.89	42.69	42.49	42.30	42.10	41.90	39.9
40	43.98	43.78	43.58	43.39	43.19	42.99	42.79	42.59	42.39	42.20	42.00	40
40.1	44.08	43.88	43.68	43.48	43.29	43.09	42.89	42.69	42.49	42.29	42.10	40.1
40.2	44.17	43.98	43.78	43.58	43.38	43.19	42.99	42.79	42.59	42.39	42.19	40.2
40.3	44.27	44.07	43.88	43.68	43.48	43.28	43.09	42.89	42.69	42.49	42.29	40.3
40.4	44.37	44.17	43.97	43.78	43.58	43.38	43.18	42.99	42.79	42.59	42.39	40.4
40.5	44.46	44.27	44.07	43.87	43.68	43.48	43.28	43.08	42.89	42.69	42.49	40.5
40.6	44.56	44.36	44.17	43.97	43.77	43.58	43.38	43.18	42.98	42.79	42.59	40.6
40.7	44.66	44.46	44.26	44.07	43.87	43.67	43.48	43.28	43.08	42.88	42.69	40.7
40.8	44.75	44.56	44.36	44.17	43.97	43.77	43.58	43.38	43.18	42.98	42.79	40.8
40.9	44.85	44.66	44.46	44.26	44.07	43.87	43.67	43.48	43.28	43.08	42.88	40.9
41	44.95	44.75	44.56	44.36	44.16	43.97	43.77	43.57	43.38	43.18	42.98	41
41.1	45.04	44.85	44.65	44.46	44.26	44.07	43.87	43.67	43.48	43.28	43.08	41.1
41.2	45.14	44.95	44.75	44.56	44.36	44.16	43.97	43.77	43.57	43.38	43.18	41.2
41.3	45.24	45.04	44.85	44.65	44.46	44.26	44.07	43.87	43.67	43.48	43.28	41.3
41.4	45.34	45.14	44.95	44.75	44.55	44.36	44.16	43.97	43.77	43.57	43.38	41.4
41.5	45.43	45.24	45.04	44.85	44.65	44.46	44.26	44.06	43.87	43.67	43.48	41.5
41.6	45.53	45.33	45.14	44.94	44.75	44.55	44.36	44.16	43.97	43.77	43.57	41.6
41.7	45.63	45.43	45.24	45.04	44.85	44.65	44.46	44.26	44.07	43.87	43.67	41.7

（续表）

酒精度 % vol	酒精计温度 ℃											酒精度 % vol
	10	10. 5	11	11. 5	12	12. 5	13	13. 5	14	14. 5	15	
41. 8	45. 72	45. 53	45. 33	45. 14	44. 94	44. 75	44. 55	44. 36	44. 16	43. 97	43. 77	41. 8
41. 9	45. 82	45. 63	45. 43	45. 24	45. 04	44. 85	44. 65	44. 46	44. 26	44. 07	43. 87	41. 9
42	45. 92	45. 72	45. 53	45. 33	45. 14	44. 95	44. 75	44. 56	44. 36	44. 16	43. 97	42
42. 1	46. 01	45. 82	45. 63	45. 43	45. 24	45. 04	44. 85	44. 65	44. 46	44. 26	44. 07	42. 1
42. 2	46. 11	45. 92	45. 72	45. 53	45. 33	45. 14	44. 95	44. 75	44. 56	44. 36	44. 17	42. 2
42. 3	46. 21	46. 01	45. 82	45. 63	45. 43	45. 24	45. 04	44. 85	44. 65	44. 46	44. 26	42. 3
42. 4	46. 30	46. 11	45. 92	45. 72	45. 53	45. 34	45. 14	44. 95	44. 75	44. 56	44. 36	42. 4
42. 5	46. 40	46. 21	46. 01	45. 82	45. 63	45. 43	45. 24	45. 05	44. 85	44. 66	44. 46	42. 5
42. 6	46. 50	46. 30	46. 11	45. 92	45. 72	45. 53	45. 34	45. 14	44. 95	44. 75	44. 56	42. 6
42. 7	46. 59	46. 40	46. 21	46. 02	45. 82	45. 63	45. 44	45. 24	45. 05	44. 85	44. 66	42. 7
42. 8	46. 69	46. 50	46. 31	46. 11	45. 92	45. 73	45. 53	45. 34	45. 15	44. 95	44. 76	42. 8
42. 9	46. 79	46. 60	46. 40	46. 21	46. 02	45. 82	45. 63	45. 44	45. 24	45. 05	44. 86	42. 9
43	46. 88	46. 69	46. 50	46. 31	46. 12	45. 92	45. 73	45. 54	45. 34	45. 15	44. 95	43
43. 1	46. 98	46. 79	46. 60	46. 41	46. 21	46. 02	45. 83	45. 63	45. 44	45. 25	45. 05	43. 1
43. 2	47. 08	46. 89	46. 69	46. 50	46. 31	46. 12	45. 92	45. 73	45. 54	45. 34	45. 15	43. 2
43. 3	47. 17	46. 98	46. 79	46. 60	46. 41	46. 22	46. 02	45. 83	45. 64	45. 44	45. 25	43. 3
43. 4	47. 27	47. 08	46. 89	46. 70	46. 51	46. 31	46. 12	45. 93	45. 73	45. 54	45. 35	43. 4
43. 5	47. 37	47. 18	46. 99	46. 79	46. 60	46. 41	46. 22	46. 03	45. 83	45. 64	45. 45	43. 5
43. 6	47. 46	47. 27	47. 08	46. 89	46. 70	46. 51	46. 32	46. 12	45. 93	45. 74	45. 54	43. 6
43. 7	47. 56	47. 37	47. 18	46. 99	46. 80	46. 61	46. 41	46. 22	46. 03	45. 84	45. 64	43. 7
43. 8	47. 66	47. 47	47. 28	47. 09	46. 90	46. 70	46. 51	46. 32	46. 13	45. 93	45. 74	43. 8
43. 9	47. 76	47. 56	47. 37	47. 18	46. 99	46. 80	46. 61	46. 42	46. 23	46. 03	45. 84	43. 9
44	47. 85	47. 66	47. 47	47. 28	47. 09	46. 90	46. 71	46. 52	46. 32	46. 13	45. 94	44
44. 1	47. 95	47. 76	47. 57	47. 38	47. 19	47. 00	46. 81	46. 61	46. 42	46. 23	46. 04	44. 1
44. 2	48. 05	47. 86	47. 67	47. 48	47. 29	47. 09	46. 90	46. 71	46. 52	46. 33	46. 14	44. 2
44. 3	48. 14	47. 95	47. 76	47. 57	47. 38	47. 19	47. 00	46. 81	46. 62	46. 43	46. 23	44. 3
44. 4	48. 24	48. 05	47. 86	47. 67	47. 48	47. 29	47. 10	46. 91	46. 72	46. 52	46. 33	44. 4
44. 5	48. 34	48. 15	47. 96	47. 77	47. 58	47. 39	47. 20	47. 01	46. 81	46. 62	46. 43	44. 5
44. 6	48. 43	48. 24	48. 05	47. 86	47. 68	47. 48	47. 29	47. 10	46. 91	46. 72	46. 53	44. 6
44. 7	48. 53	48. 34	48. 15	47. 96	47. 77	47. 58	47. 39	47. 20	47. 01	46. 82	46. 63	44. 7
44. 8	48. 63	48. 44	48. 25	48. 06	47. 87	47. 68	47. 49	47. 30	47. 11	46. 92	46. 73	44. 8
44. 9	48. 72	48. 53	48. 35	48. 16	47. 97	47. 78	47. 59	47. 40	47. 21	47. 02	46. 83	44. 9
45	48. 82	48. 63	48. 44	48. 25	48. 07	47. 88	47. 69	47. 50	47. 31	47. 11	46. 92	45

（续表）

酒精度 % vol	酒精计温度 ℃											酒精度 % vol
	10	10.5	11	11.5	12	12.5	13	13.5	14	14.5	15	
45.1	48.92	48.73	48.54	48.35	48.16	47.97	47.78	47.59	47.40	47.21	47.02	45.1
45.2	49.01	48.83	48.64	48.45	48.26	48.07	47.88	47.69	47.50	47.31	47.12	45.2
45.3	49.11	48.92	48.73	48.55	48.36	48.17	47.98	47.79	47.60	47.41	47.22	45.3
45.4	49.21	49.02	48.83	48.64	48.46	48.27	48.08	47.89	47.70	47.51	47.32	45.4
45.5	49.30	49.12	48.93	48.74	48.55	48.36	48.18	47.99	47.80	47.61	47.42	45.5
45.6	49.40	49.21	49.03	48.84	48.65	48.46	48.27	48.08	47.89	47.70	47.51	45.6
45.7	49.50	49.31	49.12	48.94	48.75	48.56	48.37	48.18	47.99	47.80	47.61	45.7
45.8	49.59	49.41	49.22	49.03	48.85	48.66	48.47	48.28	48.09	47.90	47.71	45.8
45.9	49.69	49.51	49.32	49.13	48.94	48.75	48.57	48.38	48.19	48.00	47.81	45.9
46	49.79	49.60	49.42	49.23	49.04	48.85	48.66	48.48	48.29	48.10	47.91	46
46.1	49.89	49.70	49.51	49.33	49.14	48.95	48.76	48.57	48.39	48.20	48.01	46.1
46.2	49.98	49.80	49.61	49.42	49.24	49.05	48.86	48.67	48.48	48.29	48.11	46.2
46.3	50.08	49.89	49.71	49.52	49.33	49.15	48.96	48.77	48.58	48.39	48.20	46.3
46.4	50.18	49.99	49.80	49.62	49.43	49.24	49.06	48.87	48.68	48.49	48.30	46.4
46.5	50.27	50.09	49.90	49.71	49.53	49.34	49.15	48.97	48.78	48.59	48.40	46.5
46.6	50.37	50.18	50.00	49.81	49.63	49.44	49.25	49.06	48.88	48.69	48.50	46.6
46.7	50.47	50.28	50.10	49.91	49.72	49.54	49.35	49.16	48.97	48.79	48.60	46.7
46.8	50.56	50.38	50.19	50.01	49.82	49.63	49.45	49.26	49.07	48.88	48.70	46.8
46.9	50.66	50.48	50.29	50.10	49.92	49.73	49.55	49.36	49.17	48.98	48.80	46.9
47	50.76	50.57	50.39	50.20	50.02	49.83	49.64	49.46	49.27	49.08	48.89	47
47.1	50.85	50.67	50.48	50.30	50.11	49.93	49.74	49.55	49.37	49.18	48.99	47.1
47.2	50.95	50.77	50.58	50.40	50.21	50.03	49.84	49.65	49.47	49.28	49.09	47.2
47.3	51.05	50.86	50.68	50.49	50.31	50.12	49.94	49.75	49.56	49.38	49.19	47.3
47.4	51.15	50.96	50.78	50.59	50.41	50.22	50.03	49.85	49.66	49.48	49.29	47.4
47.5	51.24	51.06	50.87	50.69	50.50	50.32	50.13	49.95	49.76	49.57	49.39	47.5
47.6	51.34	51.16	50.97	50.79	50.60	50.42	50.23	50.04	49.86	49.67	49.49	47.6
47.7	51.44	51.25	51.07	50.88	50.70	50.51	50.33	50.14	49.96	49.77	49.58	47.7
47.8	51.53	51.35	51.17	50.98	50.80	50.61	50.43	50.24	50.06	49.87	49.68	47.8
47.9	51.63	51.45	51.26	51.08	50.89	50.71	50.52	50.34	50.15	49.97	49.78	47.9
48	51.73	51.54	51.36	51.18	50.99	50.81	50.62	50.44	50.25	50.07	49.88	48
48.1	51.82	51.64	51.46	51.27	51.09	50.91	50.72	50.54	50.35	50.16	49.98	48.1
48.2	51.92	51.74	51.56	51.37	51.19	51.00	50.82	50.63	50.45	50.26	50.08	48.2

（续表）

酒精度 % vol	酒精计温度 ℃											酒精度 % vol
	10	10.5	11	11.5	12	12.5	13	13.5	14	14.5	15	
48.3	52.02	51.84	51.65	51.47	51.29	51.10	50.92	50.73	50.55	50.36	50.17	48.3
48.4	52.12	51.93	51.75	51.57	51.38	51.20	51.01	50.83	50.64	50.46	50.27	48.4
48.5	52.21	52.03	51.85	51.66	51.48	51.30	51.11	50.93	50.74	50.56	50.37	48.5
48.6	52.31	52.13	51.94	51.76	51.58	51.39	51.21	51.03	50.84	50.66	50.47	48.6
48.7	52.41	52.22	52.04	51.86	51.68	51.49	51.31	51.12	50.94	50.75	50.57	48.7
48.8	52.50	52.32	52.14	51.96	51.77	51.59	51.41	51.22	51.04	50.85	50.67	48.8
48.9	52.60	52.42	52.24	52.05	51.87	51.69	51.50	51.32	51.14	50.95	50.77	48.9
49	52.70	52.52	52.33	52.15	51.97	51.79	51.60	51.42	51.23	51.05	50.87	49
49.1	52.80	52.61	52.43	52.25	52.07	51.88	51.70	51.52	51.33	51.15	50.96	49.1
49.2	52.89	52.71	52.53	52.35	52.16	51.98	51.80	51.61	51.43	51.25	51.06	49.2
49.3	52.99	52.81	52.63	52.44	52.26	52.08	51.90	51.71	51.53	51.35	51.16	49.3
49.4	53.09	52.91	52.72	52.54	52.36	52.18	51.99	51.81	51.63	51.44	51.26	49.4
49.5	53.18	53.00	52.82	52.64	52.46	52.28	52.09	51.91	51.73	51.54	51.36	49.5
49.6	53.28	53.10	52.92	52.74	52.56	52.37	52.19	52.01	51.82	51.64	51.46	49.6
49.7	53.38	53.20	53.02	52.84	52.65	52.47	52.29	52.11	51.92	51.74	51.56	49.7
49.8	53.48	53.29	53.11	52.93	52.75	52.57	52.39	52.20	52.02	51.84	51.65	49.8
49.9	53.57	53.39	53.21	53.03	52.85	52.67	52.48	52.30	52.12	51.94	51.75	49.9
50	53.67	53.49	53.31	53.13	52.95	52.76	52.58	52.40	52.22	52.03	51.85	50
50.1	53.77	53.59	53.41	53.23	53.04	52.86	52.68	52.50	52.32	52.13	51.95	50.1
50.2	53.86	53.68	53.50	53.32	53.14	52.96	52.78	52.60	52.41	52.23	52.05	50.2
50.3	53.96	53.78	53.60	53.42	53.24	53.06	52.88	52.69	52.51	52.33	52.15	50.3
50.4	54.06	53.88	53.70	53.52	53.34	53.16	52.97	52.79	52.61	52.43	52.25	50.4
50.5	54.16	53.98	53.80	53.62	53.44	53.25	53.07	52.89	52.71	52.53	52.34	50.5
50.6	54.25	54.07	53.89	53.71	53.53	53.35	53.17	52.99	52.81	52.63	52.44	50.6
50.7	54.35	54.17	53.99	53.81	53.63	53.45	53.27	53.09	52.91	52.72	52.54	50.7
50.8	54.45	54.27	54.09	53.91	53.73	53.55	53.37	53.19	53.00	52.82	52.64	50.8
50.9	54.55	54.37	54.19	54.01	53.83	53.65	53.47	53.28	53.10	52.92	52.74	50.9
51	54.64	54.46	54.28	54.10	53.92	53.74	53.56	53.38	53.20	53.02	52.84	51
51.1	54.74	54.56	54.38	54.20	54.02	53.84	53.66	53.48	53.30	53.12	52.94	51.1
51.2	54.84	54.66	54.48	54.30	54.12	53.94	53.76	53.58	53.40	53.22	53.03	51.2
51.3	54.93	54.76	54.58	54.40	54.22	54.04	53.86	53.68	53.50	53.32	53.13	51.3
51.4	55.03	54.85	54.67	54.50	54.32	54.14	53.96	53.78	53.59	53.41	53.23	51.4

（续表）

酒精度 % vol	酒精计温度 ℃											酒精度 % vol
	10	10.5	11	11.5	12	12.5	13	13.5	14	14.5	15	
51.5	55.13	54.95	54.77	54.59	54.41	54.23	54.05	53.87	53.69	53.51	53.33	51.5
51.6	55.23	55.05	54.87	54.69	54.51	54.33	54.15	53.97	53.79	53.61	53.43	51.6
51.7	55.32	55.15	54.97	54.79	54.61	54.43	54.25	54.07	53.89	53.71	53.53	51.7
51.8	55.42	55.24	55.06	54.89	54.71	54.53	54.35	54.17	53.99	53.81	53.63	51.8
51.9	55.52	55.34	55.16	54.98	54.81	54.63	54.45	54.27	54.09	53.91	53.73	51.9
52	55.62	55.44	55.26	55.08	54.90	54.72	54.54	54.37	54.19	54.01	53.82	52
52.1	55.71	55.54	55.36	55.18	55.00	54.82	54.64	54.46	54.28	54.10	53.92	52.1
52.2	55.81	55.63	55.46	55.28	55.10	54.92	54.74	54.56	54.38	54.20	54.02	52.2
52.3	55.91	55.73	55.55	55.38	55.20	55.02	54.84	54.66	54.48	54.30	54.12	52.3
52.4	56.01	55.83	55.65	55.47	55.29	55.12	54.94	54.76	54.58	54.40	54.22	52.4
52.5	56.10	55.93	55.75	55.57	55.39	55.21	55.04	54.86	54.68	54.50	54.32	52.5
52.6	56.20	56.02	55.85	55.67	55.49	55.31	55.13	54.96	54.78	54.60	54.42	52.6
52.7	56.30	56.12	55.94	55.77	55.59	55.41	55.23	55.05	54.87	54.70	54.52	52.7
52.8	56.39	56.22	56.04	55.86	55.69	55.51	55.33	55.15	54.97	54.79	54.61	52.8
52.9	56.49	56.32	56.14	55.96	55.78	55.61	55.43	55.25	55.07	54.89	54.71	52.9
53	56.59	56.41	56.24	56.06	55.88	55.70	55.53	55.35	55.17	54.99	54.81	53
53.1	56.69	56.51	56.33	56.16	55.98	55.80	55.63	55.45	55.27	55.09	54.91	53.1
53.2	56.78	56.61	56.43	56.26	56.08	55.90	55.72	55.55	55.37	55.19	55.01	53.2
53.3	56.88	56.71	56.53	56.35	56.18	56.00	55.82	55.64	55.47	55.29	55.11	53.3
53.4	56.98	56.80	56.63	56.45	56.27	56.10	55.92	55.74	55.56	55.39	55.21	53.4
53.5	57.08	56.90	56.73	56.55	56.37	56.20	56.02	55.84	55.66	55.48	55.31	53.5
53.6	57.17	57.00	56.82	56.65	56.47	56.29	56.12	55.94	55.76	55.58	55.40	53.6
53.7	57.27	57.10	56.92	56.74	56.57	56.39	56.21	56.04	55.86	55.68	55.50	53.7
53.8	57.37	57.19	57.02	56.84	56.67	56.49	56.31	56.14	55.96	55.78	55.60	53.8
53.9	57.47	57.29	57.12	56.94	56.76	56.59	56.41	56.23	56.06	55.88	55.70	53.9
54	57.56	57.39	57.21	57.04	56.86	56.69	56.51	56.33	56.15	55.98	55.80	54
54.1	57.66	57.49	57.31	57.14	56.96	56.78	56.61	56.43	56.25	56.08	55.90	54.1
54.2	57.76	57.58	57.41	57.23	57.06	56.88	56.71	56.53	56.35	56.17	56.00	54.2
54.3	57.86	57.68	57.51	57.33	57.16	56.98	56.80	56.63	56.45	56.27	56.10	54.3
54.4	57.95	57.78	57.61	57.43	57.25	57.08	56.90	56.73	56.55	56.37	56.19	54.4
54.5	58.05	57.88	57.70	57.53	57.35	57.18	57.00	56.82	56.65	56.47	56.29	54.5
54.6	58.15	57.98	57.80	57.63	57.45	57.27	57.10	56.92	56.75	56.57	56.39	54.6
54.7	58.25	58.07	57.90	57.72	57.55	57.37	57.20	57.02	56.84	56.67	56.49	54.7
54.8	58.34	58.17	58.00	57.82	57.65	57.47	57.30	57.12	56.94	56.77	56.59	54.8
54.9	58.44	58.27	58.09	57.92	57.74	57.57	57.39	57.22	57.04	56.87	56.69	54.9
55	58.54	58.37	58.19	58.02	57.84	57.67	57.49	57.32	57.14	56.96	56.79	55

（续表）

酒精度 % vol	酒精计温度 ℃											酒精度 % vol
	10	10. 5	11	11. 5	12	12. 5	13	13. 5	14	14. 5	15	
55. 1	58. 64	58. 46	58. 29	58. 12	57. 94	57. 77	57. 59	57. 41	57. 24	57. 06	56. 89	55. 1
55. 2	58. 73	58. 56	58. 39	58. 21	58. 04	57. 86	57. 69	57. 51	57. 34	57. 16	56. 98	55. 2
55. 3	58. 83	58. 66	58. 49	58. 31	58. 14	57. 96	57. 79	57. 61	57. 44	57. 26	57. 08	55. 3
55. 4	58. 93	58. 76	58. 58	58. 41	58. 23	58. 06	57. 89	57. 71	57. 53	57. 36	57. 18	55. 4
55. 5	59. 03	58. 85	58. 68	58. 51	58. 33	58. 16	57. 98	57. 81	57. 63	57. 46	57. 28	55. 5
55. 6	59. 13	58. 95	58. 78	58. 61	58. 43	58. 26	58. 08	57. 91	57. 73	57. 56	57. 38	55. 6
55. 7	59. 22	59. 05	58. 88	58. 70	58. 53	58. 35	58. 18	58. 01	57. 83	57. 65	57. 48	55. 7
55. 8	59. 32	59. 15	58. 97	58. 80	58. 63	58. 45	58. 28	58. 10	57. 93	57. 75	57. 58	55. 8
55. 9	59. 42	59. 25	59. 07	58. 90	58. 73	58. 55	58. 38	58. 20	58. 03	57. 85	57. 68	55. 9
56	59. 52	59. 34	59. 17	59. 00	58. 82	58. 65	58. 48	58. 30	58. 13	57. 95	57. 77	56
56. 1	59. 61	59. 44	59. 27	59. 10	58. 92	58. 75	58. 57	58. 40	58. 22	58. 05	57. 87	56. 1
56. 2	59. 71	59. 54	59. 37	59. 19	59. 02	58. 85	58. 67	58. 50	58. 32	58. 15	57. 97	56. 2
56. 3	59. 81	59. 64	59. 46	59. 29	59. 12	58. 94	58. 77	58. 60	58. 42	58. 25	58. 07	56. 3
56. 4	59. 91	59. 73	59. 56	59. 39	59. 22	59. 04	58. 87	58. 69	58. 52	58. 35	58. 17	56. 4
56. 5	60. 00	59. 83	59. 66	59. 49	59. 31	59. 14	58. 97	58. 79	58. 62	58. 44	58. 27	56. 5
56. 6	60. 10	59. 93	59. 76	59. 59	59. 41	59. 24	59. 07	58. 89	58. 72	58. 54	58. 37	56. 6
56. 7	60. 20	60. 03	59. 86	59. 68	59. 51	59. 34	59. 16	58. 99	58. 82	58. 64	58. 47	56. 7
56. 8	60. 30	60. 13	59. 95	59. 78	59. 61	59. 44	59. 26	59. 09	58. 91	58. 74	58. 57	56. 8
56. 9	60. 39	60. 22	60. 05	59. 88	59. 71	59. 53	59. 36	59. 19	59. 01	58. 84	58. 66	56. 9
57	60. 49	60. 32	60. 15	59. 98	59. 80	59. 63	59. 46	59. 29	59. 11	58. 94	58. 76	57
57. 1	60. 59	60. 42	60. 25	60. 08	59. 90	59. 73	59. 56	59. 38	59. 21	59. 04	58. 86	57. 1
57. 2	60. 69	60. 52	60. 34	60. 17	60. 00	59. 83	59. 66	59. 48	59. 31	59. 14	58. 96	57. 2
57. 3	60. 79	60. 61	60. 44	60. 27	60. 10	59. 93	59. 75	59. 58	59. 41	59. 23	59. 06	57. 3
57. 4	60. 88	60. 71	60. 54	60. 37	60. 20	60. 03	59. 85	59. 68	59. 51	59. 33	59. 16	57. 4
57. 5	60. 98	60. 81	60. 64	60. 47	60. 30	60. 12	59. 95	59. 78	59. 60	59. 43	59. 26	57. 5
57. 6	61. 08	60. 91	60. 74	60. 57	60. 39	60. 22	60. 05	59. 88	59. 70	59. 53	59. 36	57. 6
57. 7	61. 18	61. 01	60. 83	60. 66	60. 49	60. 32	60. 15	59. 97	59. 80	59. 63	59. 46	57. 7
57. 8	61. 27	61. 10	60. 93	60. 76	60. 59	60. 42	60. 25	60. 07	59. 90	59. 73	59. 55	57. 8
57. 9	61. 37	61. 20	61. 03	60. 86	60. 69	60. 52	60. 34	60. 17	60. 00	59. 83	59. 65	57. 9
58	61. 47	61. 30	61. 13	60. 96	60. 79	60. 61	60. 44	60. 27	60. 10	59. 92	59. 75	58

（续表）

酒精度 % vol	酒精计温度 ℃											酒精度 % vol
	10	10. 5	11	11. 5	12	12. 5	13	13. 5	14	14. 5	15	
58. 1	61. 57	61. 40	61. 23	61. 06	60. 88	60. 71	60. 54	60. 37	60. 20	60. 02	59. 85	58. 1
58. 2	61. 66	61. 49	61. 32	61. 15	60. 98	60. 81	60. 64	60. 47	60. 30	60. 12	59. 95	58. 2
58. 3	61. 76	61. 59	61. 42	61. 25	61. 08	60. 91	60. 74	60. 57	60. 39	60. 22	60. 05	58. 3
58. 4	61. 86	61. 69	61. 52	61. 35	61. 18	61. 01	60. 84	60. 66	60. 49	60. 32	60. 15	58. 4
58. 5	61. 96	61. 79	61. 62	61. 45	61. 28	61. 11	60. 93	60. 76	60. 59	60. 42	60. 25	58. 5
58. 6	62. 06	61. 89	61. 72	61. 55	61. 38	61. 20	61. 03	60. 86	60. 69	60. 52	60. 34	58. 6
58. 7	62. 15	61. 98	61. 81	61. 64	61. 47	61. 30	61. 13	60. 96	60. 79	60. 62	60. 44	58. 7
58. 8	62. 25	62. 08	61. 91	61. 74	61. 57	61. 40	61. 23	61. 06	60. 89	60. 71	60. 54	58. 8
58. 9	62. 35	62. 18	62. 01	61. 84	61. 67	61. 50	61. 33	61. 16	60. 99	60. 81	60. 64	58. 9
59	62. 45	62. 28	62. 11	61. 94	61. 77	61. 60	61. 43	61. 26	61. 08	60. 91	60. 74	59
59. 1	62. 54	62. 38	62. 21	62. 04	61. 87	61. 70	61. 53	61. 35	61. 18	61. 01	60. 84	59. 1
59. 2	62. 64	62. 47	62. 30	62. 13	61. 96	61. 79	61. 62	61. 45	61. 28	61. 11	60. 94	59. 2
59. 3	62. 74	62. 57	62. 40	62. 23	62. 06	61. 89	61. 72	61. 55	61. 38	61. 21	61. 04	59. 3
59. 4	62. 84	62. 67	62. 50	62. 33	62. 16	61. 99	61. 82	61. 65	61. 48	61. 31	61. 14	59. 4
59. 5	62. 93	62. 77	62. 60	62. 43	62. 26	62. 09	61. 92	61. 75	61. 58	61. 41	61. 23	59. 5
59. 6	63. 03	62. 86	62. 70	62. 53	62. 36	62. 19	62. 02	61. 85	61. 68	61. 50	61. 33	59. 6
59. 7	63. 13	62. 96	62. 79	62. 62	62. 46	62. 29	62. 12	61. 95	61. 77	61. 60	61. 43	59. 7
59. 8	63. 23	63. 06	62. 89	62. 72	62. 55	62. 38	62. 21	62. 04	61. 87	61. 70	61. 53	59. 8
59. 9	63. 33	63. 16	62. 99	62. 82	62. 65	62. 48	62. 31	62. 14	61. 97	61. 80	61. 63	59. 9
60	63. 42	63. 26	63. 09	62. 92	62. 75	62. 58	62. 41	62. 24	62. 07	61. 90	61. 73	60
60. 1	63. 52	63. 35	63. 19	63. 02	62. 85	62. 68	62. 51	62. 34	62. 17	62. 00	61. 83	60. 1
60. 2	63. 62	63. 45	63. 28	63. 11	62. 95	62. 78	62. 61	62. 44	62. 27	62. 10	61. 93	60. 2
60. 3	63. 72	63. 55	63. 38	63. 21	63. 04	62. 88	62. 71	62. 54	62. 37	62. 20	62. 03	60. 3
60. 4	63. 81	63. 65	63. 48	63. 31	63. 14	62. 97	62. 80	62. 64	62. 47	62. 30	62. 12	60. 4
60. 5	63. 91	63. 74	63. 58	63. 41	63. 24	63. 07	62. 90	62. 73	62. 56	62. 39	62. 22	60. 5
60. 6	64. 01	63. 84	63. 68	63. 51	63. 34	63. 17	63. 00	62. 83	62. 66	62. 49	62. 32	60. 6
60. 7	64. 11	63. 94	63. 77	63. 61	63. 44	63. 27	63. 10	62. 93	62. 76	62. 59	62. 42	60. 7
60. 8	64. 21	64. 04	63. 87	63. 70	63. 54	63. 37	63. 20	63. 03	62. 86	62. 69	62. 52	60. 8
60. 9	64. 30	64. 14	63. 97	63. 80	63. 63	63. 47	63. 30	63. 13	62. 96	62. 79	62. 62	60. 9
61	64. 40	64. 23	64. 07	63. 90	63. 73	63. 56	63. 40	63. 23	63. 06	62. 89	62. 72	61

（续表）

酒精度 % vol	酒精计温度 ℃											酒精度 % vol
	10	10.5	11	11.5	12	12.5	13	13.5	14	14.5	15	
61.1	64.50	64.33	64.17	64.00	63.83	63.66	63.49	63.32	63.16	62.99	62.82	61.1
61.2	64.60	64.43	64.26	64.10	63.93	63.76	63.59	63.42	63.25	63.09	62.92	61.2
61.3	64.69	64.53	64.36	64.19	64.03	63.86	63.69	63.52	63.35	63.18	63.01	61.3
61.4	64.79	64.63	64.46	64.29	64.12	63.96	63.79	63.62	63.45	63.28	63.11	61.4
61.5	64.89	64.72	64.56	64.39	64.22	64.06	63.89	63.72	63.55	63.38	63.21	61.5
61.6	64.99	64.82	64.65	64.49	64.32	64.15	63.99	63.82	63.65	63.48	63.31	61.6
61.7	65.09	64.92	64.75	64.59	64.42	64.25	64.08	63.92	63.75	63.58	63.41	61.7
61.8	65.18	65.02	64.85	64.68	64.52	64.35	64.18	64.01	63.85	63.68	63.51	61.8
61.9	65.28	65.11	64.95	64.78	64.62	64.45	64.28	64.11	63.94	63.78	63.61	61.9
62	65.38	65.21	65.05	64.88	64.71	64.55	64.38	64.21	64.04	63.88	63.71	62
62.1	65.48	65.31	65.14	64.98	64.81	64.65	64.48	64.31	64.14	63.97	63.81	62.1
62.2	65.57	65.41	65.24	65.08	64.91	64.74	64.58	64.41	64.24	64.07	63.90	62.2
62.3	65.67	65.51	65.34	65.17	65.01	64.84	64.67	64.51	64.34	64.17	64.00	62.3
62.4	65.77	65.60	65.44	65.27	65.11	64.94	64.77	64.61	64.44	64.27	64.10	62.4
62.5	65.87	65.70	65.54	65.37	65.20	65.04	64.87	64.70	64.54	64.37	64.20	62.5
62.6	65.96	65.80	65.63	65.47	65.30	65.14	64.97	64.80	64.64	64.47	64.30	62.6
62.7	66.06	65.90	65.73	65.57	65.40	65.23	65.07	64.90	64.73	64.57	64.40	62.7
62.8	66.16	66.00	65.83	65.67	65.50	65.33	65.17	65.00	64.83	64.67	64.50	62.8
62.9	66.26	66.09	65.93	65.76	65.60	65.43	65.27	65.10	64.93	64.76	64.60	62.9
63	66.36	66.19	66.03	65.86	65.70	65.53	65.36	65.20	65.03	64.86	64.70	63
63.1	66.45	66.29	66.12	65.96	65.79	65.63	65.46	65.30	65.13	64.96	64.79	63.1
63.2	66.55	66.39	66.22	66.06	65.89	65.73	65.56	65.39	65.23	65.06	64.89	63.2
63.3	66.65	66.48	66.32	66.16	65.99	65.82	65.66	65.49	65.33	65.16	64.99	63.3
63.4	66.75	66.58	66.42	66.25	66.09	65.92	65.76	65.59	65.42	65.26	65.09	63.4
63.5	66.84	66.68	66.52	66.35	66.19	66.02	65.86	65.69	65.52	65.36	65.19	63.5
63.6	66.94	66.78	66.61	66.45	66.28	66.12	65.95	65.79	65.62	65.46	65.29	63.6
63.7	67.04	66.88	66.71	66.55	66.38	66.22	66.05	65.89	65.72	65.55	65.39	63.7
63.8	67.14	66.97	66.81	66.65	66.48	66.32	66.15	65.99	65.82	65.65	65.49	63.8
63.9	67.24	67.07	66.91	66.74	66.58	66.41	66.25	66.08	65.92	65.75	65.58	63.9
64	67.33	67.17	67.01	66.84	66.68	66.51	66.35	66.18	66.02	65.85	65.68	64
64.1	67.43	67.27	67.10	66.94	66.78	66.61	66.45	66.28	66.11	65.95	65.78	64.1

（续表）

酒精度 % vol	酒精计温度 ℃											酒精度 % vol
	10	10.5	11	11.5	12	12.5	13	13.5	14	14.5	15	
64.2	67.53	67.37	67.20	67.04	66.87	66.71	66.54	66.38	66.21	66.05	65.88	64.2
64.3	67.63	67.46	67.30	67.14	66.97	66.81	66.64	66.48	66.31	66.15	65.98	64.3
64.4	67.72	67.56	67.40	67.23	67.07	66.91	66.74	66.58	66.41	66.25	66.08	64.4
64.5	67.82	67.66	67.50	67.33	67.17	67.00	66.84	66.67	66.51	66.34	66.18	64.5
64.6	67.92	67.76	67.59	67.43	67.27	67.10	66.94	66.77	66.61	66.44	66.28	64.6
64.7	68.02	67.85	67.69	67.53	67.36	67.20	67.04	66.87	66.71	66.54	66.38	64.7
64.8	68.11	67.95	67.79	67.63	67.46	67.30	67.13	66.97	66.81	66.64	66.47	64.8
64.9	68.21	68.05	67.89	67.72	67.56	67.40	67.23	67.07	66.90	66.74	66.57	64.9
65	68.31	68.15	67.99	67.82	67.66	67.50	67.33	67.17	67.00	66.84	66.67	6
65.1	68.41	68.25	68.08	67.92	67.76	67.59	67.43	67.27	67.10	66.94	66.77	65.1
65.2	68.51	68.34	68.18	68.02	67.86	67.69	67.53	67.36	67.20	67.04	66.87	65.2
65.3	68.60	68.44	68.28	68.12	67.95	67.79	67.63	67.46	67.30	67.13	66.97	65.3
65.4	68.70	68.54	68.38	68.21	68.05	67.89	67.72	67.56	67.40	67.23	67.07	65.4
65.5	68.80	68.64	68.47	68.31	68.15	67.99	67.82	67.66	67.50	67.33	67.17	65.5
65.6	68.90	68.73	68.57	68.41	68.25	68.08	67.92	67.76	67.59	67.43	67.27	65.6
65.7	68.99	68.83	68.67	68.51	68.35	68.18	68.02	67.86	67.69	67.53	67.36	65.7
65.8	69.09	68.93	68.77	68.61	68.44	68.28	68.12	67.96	67.79	67.63	67.46	65.8
65.9	69.19	69.03	68.87	68.70	68.54	68.38	68.22	68.05	67.89	67.73	67.56	65.9
66	69.29	69.13	68.96	68.80	68.64	68.48	68.32	68.15	67.99	67.82	67.66	66
66.1	69.38	69.22	69.06	68.90	68.74	68.58	68.41	68.25	68.09	67.92	67.76	66.1
66.2	69.48	69.32	69.16	69.00	68.84	68.67	68.51	68.35	68.19	68.02	67.86	66.2
66.3	69.58	69.42	69.26	69.10	68.93	68.77	68.61	68.45	68.28	68.12	67.96	66.3
66.4	69.68	69.52	69.36	69.19	69.03	68.87	68.71	68.55	68.38	68.22	68.06	66.4
66.5	69.78	69.61	69.45	69.29	69.13	68.97	68.81	68.64	68.48	68.32	68.15	66.5
66.6	69.87	69.71	69.55	69.39	69.23	69.07	68.91	68.74	68.58	68.42	68.25	66.6
66.7	69.97	69.81	69.65	69.49	69.33	69.17	69.00	68.84	68.68	68.52	68.35	66.7
66.8	70.07	69.91	69.75	69.59	69.43	69.26	69.10	68.94	68.78	68.61	68.45	66.8
66.9	70.17	70.01	69.85	69.68	69.52	69.36	69.20	69.04	68.88	68.71	68.55	66.9
67	70.26	70.10	69.94	69.78	69.62	69.46	69.30	69.14	68.97	68.81	68.65	67
67.1	70.36	70.20	70.04	69.88	69.72	69.56	69.40	69.24	69.07	68.91	68.75	67.1

（续表）

酒精度 % vol	酒精计温度 ℃											酒精度 % vol
	10	10.5	11	11.5	12	12.5	13	13.5	14	14.5	15	
67.2	70.46	70.30	70.14	69.98	69.82	69.66	69.70	69.33	69.17	69.01	68.85	67.2
67.3	70.56	70.40	70.24	70.08	69.92	69.76	69.59	69.43	69.27	69.11	68.95	67.3
67.4	70.65	70.49	70.33	70.17	70.01	69.85	69.69	69.53	69.37	69.21	69.04	67.4
67.5	70.75	70.59	70.43	70.27	70.11	69.95	69.79	69.63	69.47	69.31	69.14	67.5
67.6	70.85	70.69	70.53	70.37	70.21	70.05	69.89	69.73	69.57	69.40	69.24	67.6
67.7	70.95	70.79	70.63	70.47	70.31	70.15	69.99	69.83	69.66	69.50	69.34	67.7
67.8	71.04	70.89	70.73	70.57	70.41	70.25	70.09	69.92	69.76	69.60	69.44	67.8
67.9	71.14	70.98	70.82	70.66	70.50	70.34	70.18	70.02	69.86	69.70	69.54	67.9
68	71.24	71.08	70.92	70.76	70.60	70.44	70.28	70.12	69.96	69.80	69.64	68
68.1	71.34	71.18	71.02	70.86	70.70	70.54	70.38	70.22	70.06	69.90	69.74	68.1
68.2	71.43	71.28	71.12	70.96	70.80	70.64	70.48	70.32	70.16	70.00	69.83	68.2
68.3	71.53	71.37	71.22	71.06	70.90	70.74	70.58	70.42	70.26	70.09	69.93	68.3
68.4	71.63	71.47	71.31	71.15	70.99	70.84	70.68	70.52	70.35	70.19	70.03	68.4
68.5	71.73	71.57	71.41	71.25	71.09	70.93	70.77	70.61	70.45	70.29	70.13	68.5
68.6	71.83	71.67	71.51	71.35	71.19	71.03	70.87	70.71	70.55	70.39	70.23	68.6
68.7	71.92	71.76	71.61	71.45	71.29	71.13	70.97	70.81	70.65	70.49	70.33	68.7
68.8	72.02	71.86	71.70	71.55	71.39	71.23	71.07	70.91	70.75	70.59	70.43	68.8
68.9	72.12	71.96	71.80	71.64	71.49	71.33	71.17	71.01	70.85	70.69	70.53	68.9
69	72.22	72.06	71.90	71.74	71.58	71.42	71.27	71.11	70.95	70.79	70.62	69
69.1	72.31	72.16	72.00	71.84	71.68	71.52	71.36	71.20	71.04	70.88	70.72	69.1
69.2	72.41	72.25	72.10	71.94	71.78	71.62	71.46	71.30	71.14	70.98	70.82	69.2
69.3	72.51	72.35	72.19	72.04	71.88	71.72	71.56	71.40	71.24	71.08	70.92	69.3
69.4	72.61	72.45	72.29	72.13	71.98	71.82	71.66	71.50	71.34	71.18	71.02	69.4
69.5	72.70	72.55	72.39	72.23	72.07	71.92	71.76	71.60	71.44	71.28	71.12	69.5
69.6	72.80	72.64	72.49	72.33	72.17	72.01	71.85	71.70	71.54	71.38	71.22	69.6
69.7	72.90	72.74	72.58	72.43	72.27	72.11	71.95	71.79	71.64	71.48	71.32	69.7
69.8	73.00	72.84	72.68	72.53	72.37	72.21	72.05	71.89	71.73	71.57	71.42	69.8
69.9	73.09	72.94	72.78	72.62	72.47	72.31	72.15	71.99	71.83	71.67	71.51	69.9
70	73.19	73.03	72.88	72.72	72.56	72.41	72.25	72.09	71.93	71.77	71.61	70

（续表）

酒精度 % vol	酒精计温度 ℃											酒精度 % vol
	15	15.5	16	16.5	17	17.5	18	18.5	19	19.5	20	
18	19.41	19.27	19.13	18.99	18.85	18.71	18.57	18.42	18.28	18.14	18.00	18
18.1	19.52	19.38	19.23	19.09	18.95	18.81	18.67	18.53	18.39	18.24	18.10	18.1
18.2	19.62	19.48	19.34	19.20	19.06	18.91	18.77	18.63	18.49	18.34	18.20	18.2
18.3	19.73	19.59	19.45	19.30	19.16	19.02	18.88	18.73	18.59	18.44	18.30	18.3
18.4	19.84	19.70	19.55	19.41	17.27	19.12	18.98	18.83	18.69	18.54	18.40	18.4
18.5	19.95	19.80	19.66	19.52	19.37	19.23	19.08	18.94	18.79	18.65	18.50	18.5
18.6	20.06	19.91	19.77	19.62	19.48	19.33	19.18	19.04	18.89	18.75	18.60	18.6
18.7	20.16	20.02	19.87	19.73	19.58	19.43	19.29	19.14	18.99	18.85	18.70	18.7
18.8	20.27	20.13	19.98	19.83	19.68	19.54	19.39	19.24	19.10	18.95	18.80	18.8
18.9	20.38	20.23	20.08	19.94	19.79	19.64	19.49	19.34	19.20	19.05	18.90	18.9
19	20.49	20.34	20.19	20.04	19.89	19.74	19.60	19.45	19.30	19.15	19.00	19
19.1	20.60	20.45	20.30	20.15	20.00	19.85	19.70	19.55	19.40	19.25	19.10	19.1
19.2	20.70	20.55	20.40	20.25	20.10	19.95	19.80	19.65	19.50	19.35	19.20	19.2
19.3	20.81	20.66	20.51	20.36	20.21	20.06	19.90	19.75	19.60	19.45	19.30	19.3
19.4	20.92	20.77	20.62	20.46	20.31	20.16	20.01	19.86	19.70	19.55	19.40	19.4
19.5	21.03	20.87	20.72	20.57	20.42	20.26	20.11	19.96	19.81	19.65	19.50	19.5
19.6	21.14	20.98	20.83	20.67	20.52	20.37	20.21	20.06	19.91	19.75	19.60	19.6
19.7	21.24	21.09	20.93	20.78	20.62	20.47	20.32	20.16	20.01	19.85	19.70	19.7
19.8	21.35	21.19	21.04	20.88	20.73	20.57	20.42	20.26	20.11	19.95	19.80	19.8
19.9	21.46	21.30	21.25	20.99	20.83	20.68	20.52	20.37	20.21	20.06	19.90	19.9
20	21.57	21.41	21.25	21.09	20.94	20.78	20.62	20.47	20.31	20.16	20.00	20
20.1	21.67	21.52	21.36	21.20	21.04	20.88	20.73	20.57	20.41	20.26	20.10	20.1
20.2	21.78	21.62	21.46	21.30	21.15	20.99	20.83	20.67	20.51	20.36	20.20	20.2
20.3	21.89	21.73	21.57	21.41	21.25	21.09	20.93	20.77	20.62	20.46	20.30	20.3
20.4	22.00	21.83	21.67	21.51	21.35	21.20	21.04	20.88	20.72	20.56	20.40	20.4
20.5	22.10	21.94	21.78	21.62	21.46	21.30	21.14	20.98	20.82	20.66	20.50	20.5
20.6	22.21	22.05	21.89	21.72	21.56	21.40	21.24	21.08	20.92	20.76	20.60	20.6
20.7	22.32	22.15	21.99	21.83	21.67	21.51	21.34	21.18	21.02	20.86	20.70	20.7
20.8	22.42	22.26	22.10	21.93	21.77	21.61	21.45	21.28	21.12	20.96	20.80	20.8
20.9	22.53	22.37	22.20	22.04	21.88	21.71	21.55	21.39	21.22	21.06	20.90	20.9
21	22.64	22.47	22.31	22.14	21.98	21.82	21.65	21.49	21.33	21.16	21.00	21

（续表）

酒精度 % vol	酒精计温度 ℃											酒精度 % vol
	15	15.5	16	16.5	17	17.5	18	18.5	19	19.5	20	
21.1	22.75	22.58	22.41	22.25	22.08	21.92	21.75	21.59	21.43	21.26	21.10	21.1
21.2	22.85	22.69	22.52	22.35	22.19	22.02	21.86	21.69	21.53	21.36	21.20	21.2
21.3	22.96	22.79	22.63	22.46	22.29	22.13	21.96	21.79	21.63	21.46	21.30	21.3
21.4	23.07	22.90	22.73	22.56	22.40	22.23	22.06	21.90	21.73	21.57	21.40	21.4
21.5	23.17	23.01	22.84	22.67	22.50	22.33	22.17	22.00	21.83	21.67	21.50	21.5
21.6	23.28	23.11	22.94	22.77	22.60	22.44	22.27	22.10	21.93	21.77	21.60	21.6
21.7	23.39	23.22	23.05	22.88	22.71	22.54	22.37	22.20	22.03	21.87	21.70	21.7
21.8	23.49	23.32	23.15	22.98	22.81	22.64	22.47	22.30	22.14	21.97	21.80	21.8
21.9	23.60	23.43	23.26	23.09	22.92	22.75	22.58	22.41	22.24	22.07	21.90	21.9
22	23.71	23.54	23.36	23.19	23.02	22.85	22.68	22.51	22.34	22.17	22.00	22
22.1	23.81	23.64	23.47	23.30	23.12	22.95	22.78	22.61	22.44	22.27	22.10	22.1
22.2	23.92	23.75	23.57	23.40	23.23	23.06	22.88	22.71	22.54	22.37	22.20	22.2
22.3	24.03	23.85	23.68	23.50	23.33	23.16	22.99	22.81	22.64	22.47	22.30	22.3
22.4	24.13	23.96	23.78	23.61	23.43	23.26	23.09	22.92	22.74	22.57	22.40	22.4
22.5	24.24	24.06	23.89	23.71	23.54	23.36	23.19	23.02	22.84	22.67	22.50	22.5
22.6	24.35	24.17	23.99	23.82	23.64	23.47	23.29	23.12	22.95	22.77	22.60	22.6
22.7	24.45	24.28	24.10	23.92	23.75	23.57	23.40	23.22	23.05	22.87	22.70	22.7
22.8	24.56	24.38	24.20	24.03	23.85	23.67	23.50	23.32	23.15	22.97	22.80	22.8
22.9	24.67	24.49	24.31	24.13	23.95	23.78	23.60	23.42	23.25	23.07	22.90	22.9
23	24.77	24.59	24.41	24.23	24.06	23.88	23.70	23.53	23.35	23.17	23.00	23
23.1	24.88	24.70	24.52	24.34	24.16	23.98	23.80	23.63	23.45	23.28	23.10	23.1
23.2	24.98	24.80	24.62	24.44	24.26	24.08	23.91	23.73	23.55	23.38	23.20	23.2
23.3	25.09	24.91	24.73	24.55	24.37	24.19	24.01	23.83	23.65	23.48	23.30	23.3
23.4	25.19	25.01	24.83	24.65	24.47	24.29	24.11	23.93	23.75	23.58	23.40	23.4
23.5	25.30	25.12	24.94	24.75	24.57	24.39	24.21	24.03	23.86	23.68	23.50	23.5
23.6	25.41	25.22	25.04	24.86	24.68	24.50	24.32	24.14	23.96	23.78	23.60	23.6
23.7	25.51	25.33	25.14	24.96	24.78	24.60	24.42	24.24	24.06	23.88	23.70	23.7
23.8	25.62	25.43	25.25	25.07	24.88	24.70	24.52	24.34	24.16	23.98	23.80	23.8
23.9	25.72	25.54	25.35	25.17	24.99	24.80	24.62	24.44	24.26	24.08	23.90	23.9
24	25.83	25.64	25.46	25.27	25.09	24.91	24.72	24.54	24.36	24.18	24.00	24
24.1	25.93	25.75	25.56	25.38	25.19	25.01	24.83	24.64	24.46	24.28	24.10	24.1
24.2	26.04	25.85	25.67	25.48	25.30	25.11	24.93	24.75	24.56	24.38	24.20	24.2
24.3	26.14	25.96	25.77	25.58	25.40	25.21	25.03	24.85	24.66	24.48	24.30	24.3

（续表）

酒精度 % vol	酒精计温度 ℃											酒精度 % vol
	15	15.5	16	16.5	17	17.5	18	18.5	19	19.5	20	
24.4	26.25	26.06	25.87	25.69	25.50	25.32	25.13	24.95	24.77	24.58	24.40	24.4
24.5	26.35	26.17	25.98	25.79	25.61	25.42	25.23	25.05	24.87	24.68	24.50	24.5
24.6	26.46	26.27	26.08	25.89	25.71	25.52	25.34	25.15	24.97	24.78	24.60	24.6
24.7	26.56	26.37	26.19	26.00	25.81	25.62	25.44	25.25	25.07	24.88	24.70	24.7
24.8	26.67	26.48	26.29	26.10	25.91	25.73	25.54	25.35	25.17	24.98	24.80	24.8
24.9	26.7	26.58	26.39	26.20	26.02	25.83	25.64	25.46	25.27	25.08	24.90	24.9
25	26.88	26.69	26.50	26.31	26.12	25.93	25.74	25.56	25.37	25.19	25.00	25
25.1	26.98	26.79	26.60	26.41	26.22	26.03	25.85	25.66	25.47	25.29	25.10	25.1
25.2	27.09	26.90	26.70	26.51	26.32	26.14	25.95	25.76	25.57	25.39	25.20	25.2
25.3	27.19	27.00	26.81	26.62	26.43	26.24	26.05	25.86	25.67	25.49	25.30	25.3
25.4	27.30	27.10	26.91	26.72	26.53	26.34	26.15	25.96	25.77	25.59	25.40	25.4
25.5	27.40	27.21	27.02	26.82	26.63	26.44	26.25	26.06	25.88	25.69	25.50	25.5
25.6	27.50	27.31	27.12	26.93	26.74	26.54	26.35	26.17	25.98	25.79	25.60	25.6
25.7	27.61	27.42	27.22	27.03	26.84	26.65	26.46	26.27	26.08	25.89	25.70	25.7
25.8	27.71	27.52	27.33	27.13	26.94	26.75	26.56	26.37	26.18	25.99	25.80	25.8
25.9	27.82	27.62	27.43	27.24	27.04	26.85	26.66	26.47	26.28	26.09	25.90	25.9
26	27.92	27.73	27.53	27.34	27.15	26.95	26.76	26.57	26.38	26.19	26.00	26
26.1	28.03	27.83	27.64	27.44	27.25	27.05	26.86	26.67	26.48	26.29	26.10	26.1
26.2	28.13	27.93	27.74	27.54	27.35	27.16	26.96	26.77	26.58	26.39	26.20	26.2
26.3	28.23	28.04	27.84	27.65	27.45	27.26	27.07	26.87	26.68	26.49	26.30	26.3
26.4	28.34	28.14	27.94	27.75	27.55	27.36	27.17	26.97	26.78	26.59	26.40	26.4
26.5	28.44	28.24	28.05	27.85	27.66	27.46	27.27	27.08	26.88	26.69	26.50	26.5
26.6	28.54	28.35	28.15	27.95	27.76	27.56	27.37	27.18	26.98	26.79	26.60	26.6
26.7	28.65	28.45	28.25	28.06	27.86	27.67	27.47	27.28	27.08	26.89	26.70	26.7
26.8	28.75	28.55	28.36	28.16	27.96	27.77	27.57	27.38	27.19	26.99	26.80	26.8
26.9	28.85	28.66	28.46	28.26	28.07	27.87	27.67	27.48	27.29	27.09	26.90	26.9
27	28.96	28.76	28.56	28.36	28.17	27.97	27.78	27.58	27.39	27.19	27.00	27
27.1	29.06	28.86	28.66	28.47	28.27	28.07	27.88	27.68	27.49	27.29	27.10	27.1
27.2	29.16	28.96	28.77	28.57	28.37	28.17	27.98	27.78	27.59	27.39	27.20	27.2
27.3	29.27	29.07	28.87	28.67	28.47	28.28	28.08	27.88	27.69	27.49	27.30	27.3
27.4	29.37	29.17	28.97	28.77	28.58	28.38	28.18	27.99	27.79	27.59	27.40	27.4
27.5	29.47	29.27	29.07	28.88	28.68	28.48	28.28	28.09	27.89	27.69	27.50	27.5
27.6	29.58	29.38	29.18	28.98	28.78	28.58	28.38	28.19	27.99	27.80	27.60	27.6

（续表）

酒精度 % vol	酒精计温度 ℃											酒精度 % vol
	15	15.5	16	16.5	17	17.5	18	18.5	19	19.5	20	
27.7	29.68	29.48	29.28	29.08	28.88	28.68	28.48	28.29	28.09	27.90	27.70	27.7
27.8	29.78	29.58	29.38	29.18	28.98	28.78	28.59	28.39	28.19	28.00	27.80	27.8
27.9	29.88	29.68	29.48	29.28	29.08	28.89	28.69	28.49	28.29	28.10	27.90	27.9
28	29.99	29.79	29.59	29.39	29.19	28.99	28.79	28.59	28.39	28.20	28.00	28
28.1	30.09	29.89	29.69	29.49	29.29	29.09	28.89	28.69	28.49	28.30	28.10	28.1
28.2	30.19	29.99	29.79	29.59	29.39	29.19	28.99	28.79	28.59	28.40	28.20	28.2
28.3	30.29	30.09	29.89	29.69	29.49	29.29	29.09	28.89	28.69	28.50	28.30	28.3
28.4	30.40	30.19	29.99	29.79	29.59	29.39	29.19	28.99	28.80	28.60	28.40	28.4
28.5	30.50	30.30	30.10	29.89	29.69	29.49	29.29	29.09	28.90	28.70	28.50	28.5
28.6	30.60	30.40	30.20	30.00	29.79	29.59	29.39	29.20	29.00	28.80	28.60	28.6
28.7	30.70	30.50	30.30	30.10	29.90	29.70	29.50	29.30	29.10	28.90	28.70	28.7
28.8	30.81	30.60	30.40	30.20	30.00	29.80	29.60	29.40	29.20	29.00	28.80	28.8
28.9	30.91	30.71	30.50	30.30	30.10	29.90	29.70	29.50	29.30	29.10	28.90	28.9
29	31.01	30.81	30.60	30.40	30.20	30.00	29.80	29.60	29.40	29.20	29.00	29
29.1	31.11	30.91	30.71	30.50	30.30	30.10	29.90	29.70	29.50	29.30	29.10	29.1
29.2	31.21	31.01	30.81	30.60	30.40	30.20	30.00	29.80	29.60	29.40	29.20	29.2
29.3	31.32	31.11	30.91	30.71	30.50	30.30	30.10	29.90	29.70	29.50	29.30	29.3
29.4	31.42	31.21	31.01	30.81	30.61	30.40	30.20	30.00	29.80	29.60	29.40	29.4
29.5	31.52	31.32	31.11	30.91	30.71	30.50	30.30	30.10	29.90	29.70	29.50	29.5
29.6	31.62	31.42	31.21	31.01	30.81	30.60	30.40	30.20	30.00	29.80	29.60	29.6
29.7	31.72	31.52	31.31	31.11	30.91	30.71	30.50	30.30	30.10	29.90	29.70	29.7
29.8	31.82	31.62	31.42	31.21	31.01	30.81	30.60	30.40	30.20	30.00	29.80	29.8
29.9	31.93	31.72	31.52	31.31	31.11	30.91	30.71	30.50	30.30	30.10	29.90	29.9
30	32.03	31.82	31.62	31.41	31.21	31.01	30.81	30.60	30.40	30.20	30.00	30
30.1	32.13	31.92	31.72	31.52	31.31	31.11	30.91	30.70	30.50	30.30	30.10	30.1
30.2	32.23	32.03	31.82	31.62	31.41	31.21	31.01	30.80	30.60	30.40	30.20	30.2
30.3	32.33	32.13	31.92	31.72	31.51	31.31	31.11	30.91	30.70	30.50	30.30	30.3
30.4	32.43	32.23	32.02	31.82	31.62	31.41	31.21	31.01	30.80	30.60	30.40	30.4
30.5	32.53	32.33	32.12	31.92	31.72	31.51	31.31	31.11	30.90	30.70	30.50	30.5
30.6	32.64	32.43	32.23	32.02	31.82	31.61	31.41	31.21	31.00	30.80	30.60	30.6
30.7	32.74	32.53	32.33	32.12	31.92	31.71	31.51	31.31	31.10	30.90	30.70	30.7
30.8	32.84	32.63	32.43	32.22	32.02	31.81	31.61	31.41	31.20	31.00	30.80	30.8
30.9	32.94	32.73	32.53	32.32	32.12	31.91	31.71	31.51	31.30	31.10	30.90	30.9

（续表）

酒精度 % vol	酒精计温度 ℃											酒精度 % vol
	15	15.5	16	16.5	17	17.5	18	18.5	19	19.5	20	
31	33.04	32.83	32.63	32.42	32.22	32.02	31.81	31.61	31.41	31.20	31.00	31
31.1	33.14	32.94	32.73	32.52	32.32	32.12	31.91	31.71	31.51	31.30	31.10	31.1
31.2	33.24	33.04	32.83	32.63	32.42	32.22	32.01	31.81	31.61	31.40	31.20	31.2
31.3	33.34	33.14	32.93	32.73	32.52	32.32	32.11	31.91	31.71	31.50	31.30	31.3
31.4	33.44	33.24	33.03	32.83	32.62	32.42	32.21	32.01	31.81	31.60	31.40	31.4
31.5	33.54	33.34	33.13	32.93	32.72	32.52	32.31	32.11	31.91	31.70	31.50	31.5
31.6	33.65	33.44	33.23	33.03	32.82	32.62	32.41	32.21	32.01	31.80	31.60	31.6
31.7	33.75	33.54	33.33	33.13	32.92	32.72	32.51	32.31	32.11	31.90	31.70	31.7
31.8	33.85	33.64	33.43	33.23	33.02	32.82	32.61	32.41	32.21	32.00	31.80	31.8
31.9	33.95	33.74	33.54	33.33	33.12	32.92	32.72	32.51	32.31	32.10	31.90	31.9
32	34.05	33.84	33.64	33.43	33.22	33.02	32.82	32.61	32.41	32.20	32.00	32
32.1	34.15	33.94	33.74	33.53	33.33	33.12	32.92	32.71	32.51	32.30	32.10	32.1
32.2	34.25	34.04	33.84	33.63	33.43	33.22	33.02	32.81	32.61	32.40	32.20	32.2
32.3	34.35	34.14	33.94	33.73	33.53	33.32	33.12	32.91	32.71	32.50	32.30	32.3
32.4	34.45	34.24	34.04	33.83	33.63	33.42	33.22	33.01	32.81	32.60	32.40	32.4
32.5	34.55	34.34	34.14	33.93	33.73	33.52	33.32	33.11	32.91	32.70	32.50	32.5
32.6	34.65	34.44	34.24	34.03	33.83	33.62	33.42	33.21	33.01	32.80	32.60	32.6
32.7	34.75	34.54	34.34	34.13	33.93	33.72	33.52	33.31	33.11	32.90	32.70	32.7
32.8	34.85	34.64	34.44	34.23	34.03	33.82	33.62	33.41	33.21	33.00	32.80	32.8
32.9	34.95	34.74	34.54	34.33	34.13	33.92	33.72	33.51	33.31	33.10	32.90	32.9
33	35.05	34.84	34.64	34.43	34.23	34.02	33.82	33.61	33.41	33.20	33.00	33
33.1	35.15	34.94	34.74	34.53	34.33	34.12	33.92	33.71	33.51	33.30	33.10	33.1
33.2	35.25	35.04	34.84	34.63	34.43	34.22	34.02	33.81	33.61	33.40	33.20	33.2
33.3	35.35	35.14	34.94	34.73	34.53	34.32	34.12	33.91	33.71	33.50	33.30	33.3
33.4	35.45	35.24	35.04	34.83	34.63	34.42	34.22	34.01	33.81	33.60	33.40	33.4
33.5	35.55	35.34	35.14	34.93	34.73	34.52	34.32	34.11	33.91	33.70	33.50	33.5
33.6	35.65	35.44	35.24	35.03	34.83	34.62	34.42	34.21	34.01	33.80	33.60	33.6
33.7	35.75	35.54	35.34	35.13	34.93	34.72	34.52	34.31	34.11	33.90	33.70	33.7
33.8	35.85	35.64	35.44	35.23	35.03	34.82	34.62	34.41	34.21	34.00	33.80	33.8
33.9	35.95	35.74	35.54	35.33	35.13	34.92	34.72	34.51	34.31	34.10	33.90	33.9
34	36.05	35.84	35.64	35.43	35.23	35.02	34.82	34.61	34.41	34.20	34.00	34
34.1	36.15	35.94	35.74	35.53	35.33	35.12	34.92	34.71	34.51	34.30	34.10	34.1
34.2	36.25	36.04	35.84	35.63	35.43	35.22	35.02	34.81	34.61	34.40	34.20	34.2

（续表）

酒精度 % vol	酒精计温度 ℃											酒精度 % vol
	15	15.5	16	16.5	17	17.5	18	18.5	19	19.5	20	
34.3	36.35	36.14	35.94	35.73	35.53	35.32	35.12	34.91	34.71	34.50	34.30	34.3
34.4	36.45	36.24	36.04	35.83	35.63	35.42	35.22	35.01	34.81	34.60	34.40	34.4
34.5	36.55	36.34	36.14	35.93	35.73	35.52	35.32	35.11	34.91	34.70	34.50	34.5
34.6	36.63	36.44	36.24	36.03	35.83	35.62	35.42	35.21	35.01	34.80	34.60	34.6
34.7	36.75	36.54	36.34	36.13	35.93	35.72	35.52	35.31	35.11	34.90	34.70	34.7
34.8	36.85	36.64	36.44	36.23	36.03	35.82	35.62	35.41	35.21	35.00	34.80	34.8
34.9	36.95	36.74	36.54	36.33	36.13	35.92	35.72	35.51	35.31	35.10	34.90	34.9
35	37.05	36.84	36.64	36.43	36.23	36.02	35.82	35.61	35.41	35.20	35.00	35
35.1	37.15	36.94	36.74	36.53	36.33	36.12	35.92	35.71	35.51	35.30	35.10	35.1
35.2	37.25	37.04	36.84	36.63	36.43	36.22	36.02	35.81	35.61	35.40	35.20	35.2
35.3	37.34	37.14	36.94	36.73	36.53	36.32	36.12	35.91	35.71	35.50	35.30	35.3
35.4	37.44	37.24	37.03	36.83	36.63	36.42	36.22	36.01	35.81	35.60	35.40	35.4
35.5	37.54	37.34	37.13	36.93	36.73	36.52	36.32	36.11	35.91	35.70	35.50	35.5
35.6	37.64	37.44	37.23	37.03	36.82	36.62	36.42	36.21	36.01	35.80	35.60	35.6
35.7	37.74	37.54	37.33	37.13	36.92	36.72	36.52	36.31	36.11	35.90	35.70	35.7
35.8	37.84	37.64	37.43	37.23	37.02	36.82	36.62	36.41	36.21	36.00	35.80	35.8
35.9	37.94	37.74	37.53	37.33	37.12	36.92	36.72	36.51	36.31	36.10	35.90	35.9
36	38.04	37.84	37.63	37.43	37.22	37.02	36.82	36.61	36.41	36.20	36.00	36
36.1	38.14	37.94	37.73	37.53	37.32	37.12	36.92	36.71	36.51	36.30	36.10	36.1
36.2	38.24	38.03	37.83	37.63	37.42	37.22	37.01	36.81	36.61	36.40	36.20	36.2
36.3	38.34	38.13	37.93	37.73	37.52	37.32	37.11	36.91	36.71	36.50	36.30	36.3
36.4	38.44	38.23	38.03	37.83	37.62	37.42	37.21	37.01	36.81	36.60	36.40	36.4
36.5	38.54	38.33	38.13	37.93	37.72	37.52	37.31	37.11	36.91	36.70	36.50	36.5
36.6	38.64	38.43	38.23	38.02	37.82	37.62	37.41	37.21	37.01	36.80	36.60	36.6
36.7	38.73	38.53	38.33	38.12	37.92	37.72	37.51	37.31	37.11	36.90	36.70	36.7
36.8	38.83	38.63	38.43	38.22	38.02	37.82	37.61	37.41	37.21	37.00	36.80	36.8
36.9	38.93	38.73	38.53	38.32	38.12	37.92	37.71	37.51	37.31	37.10	36.90	36.9
37	39.03	38.83	38.63	38.42	38.22	38.02	37.81	37.61	37.41	37.20	37.00	37
37.1	39.13	38.93	38.72	38.52	38.32	38.12	37.91	37.71	37.51	37.30	37.10	37.1
37.2	39.23	39.03	38.82	38.62	38.42	38.21	38.01	37.81	37.61	37.40	37.20	37.2
37.3	39.33	39.13	38.92	38.72	38.52	38.31	38.11	37.91	37.71	37.50	37.30	37.3
37.4	39.43	39.23	39.02	38.82	38.62	38.41	38.21	38.01	37.81	37.60	37.40	37.4
37.5	39.53	39.32	39.12	38.92	38.72	38.51	38.31	38.11	37.91	37.70	37.50	37.5

（续表）

酒精度 % vol	酒精计温度 ℃											酒精度 % vol
	15	15.5	16	16.5	17	17.5	18	18.5	19	19.5	20	
37.6	39.63	39.42	39.22	39.02	38.82	38.61	38.41	38.21	38.01	37.80	37.60	37.6
37.7	39.72	39.52	39.32	39.12	38.92	38.71	38.51	38.31	38.11	37.90	37.70	37.7
37.8	39.82	39.62	39.42	39.22	39.01	38.81	38.61	38.41	38.20	38.00	37.80	37.8
37.9	39.92	39.72	39.52	39.32	39.11	38.91	38.71	38.51	38.30	38.10	37.90	37.9
38	40.02	39.82	39.62	39.42	39.21	39.01	38.81	38.61	38.40	38.20	38.00	38
38.1	40.12	39.92	39.72	39.51	39.31	39.11	38.91	38.71	38.50	38.30	38.10	38.1
38.2	40.22	40.02	39.82	39.61	39.41	39.21	39.01	38.81	38.60	38.40	38.20	38.2
38.3	40.32	40.12	39.91	39.71	39.51	39.31	39.11	38.91	38.70	38.50	38.30	38.3
38.4	40.42	40.22	40.01	39.81	39.61	39.41	39.21	39.01	38.80	38.60	38.40	38.4
38.5	40.52	40.31	40.11	39.91	39.71	39.51	39.31	39.11	38.90	38.70	38.50	38.5
38.6	40.61	40.41	40.21	40.01	39.81	39.61	39.41	39.21	39.00	38.80	38.60	38.6
38.7	40.71	40.51	40.31	40.11	39.91	39.71	39.51	39.30	39.10	38.90	38.70	38.7
38.8	40.81	40.61	40.41	40.21	40.01	39.81	39.61	39.40	39.20	39.00	38.80	38.8
38.9	40.91	40.71	40.51	40.31	40.11	39.91	39.71	39.50	39.30	39.10	38.90	38.9
39	41.01	40.81	40.61	40.41	40.21	40.01	39.80	39.60	39.40	39.20	39.00	39
39.1	41.11	40.91	40.71	40.51	40.31	40.11	39.90	39.70	39.50	39.30	39.10	39.1
39.2	41.21	41.01	40.81	40.61	40.41	40.20	40.00	39.80	39.60	39.40	39.20	39.2
39.3	41.31	41.11	40.91	40.71	40.50	40.30	40.10	39.90	39.70	39.50	39.30	39.3
39.4	41.40	41.20	41.00	40.80	40.60	40.40	40.20	40.00	39.80	39.60	39.40	39.4
39.5	41.50	41.30	41.10	40.90	40.70	40.50	40.30	40.10	39.90	39.70	39.50	39.5
39.6	41.60	41.40	41.20	41.00	40.80	40.60	40.40	40.20	40.00	39.80	39.60	39.6
39.7	41.70	41.50	41.30	41.10	40.90	40.70	40.50	40.30	40.10	39.90	39.70	39.7
39.8	41.80	41.60	41.40	41.20	41.00	40.80	40.60	40.40	40.20	40.00	39.80	39.8
39.9	41.90	41.70	41.50	41.30	41.10	40.90	40.70	40.50	40.30	40.10	39.90	39.9
40	42.00	41.80	41.60	41.40	41.20	41.00	40.80	40.60	40.40	40.20	40.00	40
40.1	42.10	41.90	41.70	41.50	41.30	41.10	40.90	40.70	40.50	40.30	40.10	40.1
40.2	42.19	42.00	41.80	41.60	41.40	41.20	41.00	40.80	40.60	40.40	40.20	40.2
40.3	42.29	42.09	41.90	41.70	41.50	41.30	41.10	40.90	40.70	40.50	40.30	40.3
40.4	42.39	42.19	41.99	41.80	41.60	41.40	41.20	41.00	40.80	40.60	40.40	40.4
40.5	42.49	42.29	42.09	41.89	41.70	41.50	41.30	41.10	40.90	40.70	40.50	40.5
40.6	42.59	42.39	42.19	41.99	41.79	41.60	41.40	41.20	41.00	40.80	40.60	40.6
40.7	42.69	42.49	42.29	42.09	41.89	41.70	41.50	41.30	41.10	40.90	40.70	40.7
40.8	42.79	42.59	42.39	42.19	41.99	41.79	41.60	41.40	41.20	41.00	40.80	40.8

（续表）

酒精度 % vol	酒精计温度 ℃											酒精度 % vol
	15	15.5	16	16.5	17	17.5	18	18.5	19	19.5	20	
40.9	42.88	42.69	42.49	42.29	42.09	41.89	41.70	41.50	41.30	41.10	40.90	40.9
41	42.98	42.79	42.59	42.39	42.19	41.99	41.79	41.60	41.40	41.20	41.00	41
41.1	43.08	42.88	42.69	42.49	42.29	42.09	41.89	41.70	41.50	41.30	41.10	41.1
41.2	43.18	42.98	42.79	42.59	42.39	42.19	41.99	41.80	41.60	41.40	41.20	41.2
41.3	43.28	43.08	42.88	42.69	42.49	42.29	42.09	41.90	41.70	41.50	41.30	41.3
41.4	43.38	43.18	42.98	42.79	42.59	42.39	42.19	41.99	41.80	41.60	41.40	41.4
41.5	43.48	43.28	43.08	42.88	42.69	42.49	42.29	42.09	41.90	41.70	41.50	41.5
41.6	43.57	43.38	43.18	42.98	42.79	42.59	42.39	42.19	42.00	41.80	41.60	41.6
41.7	43.67	43.48	43.28	43.08	42.89	42.69	42.49	42.29	42.10	41.90	41.70	41.7
41.8	43.77	43.58	43.38	43.18	42.98	42.79	42.59	42.39	42.20	42.00	41.80	41.8
41.9	43.87	43.67	43.48	43.28	43.08	42.89	42.69	42.49	42.30	42.10	41.90	41.9
42	43.97	43.77	43.58	43.38	43.18	42.99	42.79	42.59	42.40	42.20	42.00	42
42.1	44.07	43.87	43.68	43.48	43.28	43.09	42.89	42.69	42.49	42.30	42.10	42.1
42.2	44.17	43.97	43.77	43.58	43.38	43.19	42.99	42.79	42.59	42.40	42.20	42.2
42.3	44.26	44.07	43.87	43.68	43.48	43.28	43.09	42.89	42.69	42.50	42.30	42.3
42.4	44.36	44.17	43.97	43.78	43.58	43.38	43.19	42.99	42.79	42.60	42.40	42.4
42.5	44.46	44.27	44.07	43.87	43.68	43.48	43.29	43.09	42.89	42.70	42.50	42.5
42.6	44.56	44.36	44.17	43.97	43.78	43.58	43.39	43.19	42.99	42.80	42.60	42.6
42.7	44.66	44.46	44.27	44.07	43.88	43.68	43.49	43.29	43.09	42.90	42.70	42.7
42.8	44.76	44.56	44.37	44.17	43.98	43.78	43.59	43.39	43.19	43.00	42.80	42.8
42.9	44.86	44.66	44.47	44.27	44.08	43.88	43.68	43.49	43.29	43.10	42.90	42.9
43	44.95	44.76	44.56	44.37	44.17	43.98	43.78	43.59	43.39	43.20	43.00	43
43.1	45.05	44.86	44.66	44.47	44.27	44.08	43.88	43.69	43.49	43.30	43.10	43.1
43.2	45.15	44.96	44.76	44.57	44.37	44.18	43.98	43.79	43.59	43.40	43.20	43.2
43.3	45.25	45.06	44.86	44.67	44.47	44.28	44.08	43.89	43.69	43.50	43.30	43.3
43.4	45.35	45.15	44.96	44.77	44.57	44.38	44.18	43.99	43.79	43.60	43.40	43.4
43.5	45.45	45.25	45.06	44.86	44.67	44.48	44.28	44.09	43.89	43.70	43.50	43.5
43.6	45.54	45.35	45.16	44.96	44.77	44.58	44.38	44.19	43.99	43.80	43.60	43.6
43.7	45.64	45.45	45.26	45.06	44.87	44.67	44.48	44.29	44.09	43.90	43.70	43.7
43.8	45.74	45.55	45.36	45.16	44.97	44.77	44.58	44.38	44.19	44.00	43.80	43.8
43.9	45.84	45.65	45.45	45.26	45.07	44.87	44.68	44.48	44.29	44.10	43.90	43.9
44	45.94	45.75	45.55	45.36	45.17	44.97	44.78	44.58	44.39	44.19	44.00	44
44.1	46.04	45.84	45.65	45.46	45.27	45.07	44.88	44.68	44.49	44.29	44.10	44.1

（续表）

酒精度 % vol	酒精计温度 ℃											酒精度 % vol
	15	15.5	16	16.5	17	17.5	18	18.5	19	19.5	20	
44.2	46.14	45.94	45.75	45.56	45.36	45.17	44.98	44.78	44.59	44.39	44.20	44.2
44.3	46.23	46.04	45.85	45.66	45.46	45.27	45.08	44.88	44.69	44.49	44.30	44.3
44.4	46.33	46.14	45.95	45.76	45.56	45.37	45.18	44.98	44.79	44.59	44.40	44.4
44.5	46.43	46.24	46.05	45.85	45.66	45.47	45.28	45.08	44.89	44.69	44.50	44.5
44.6	46.53	46.34	46.15	45.95	45.76	45.57	45.37	45.18	45.99	44.79	44.60	44.6
44.7	46.63	46.44	46.24	46.05	45.86	45.67	45.47	45.28	45.09	44.89	44.70	44.7
44.8	46.73	46.54	46.34	46.15	45.96	45.77	45.57	45.38	45.19	44.99	44.80	44.8
44.9	46.83	46.63	46.44	46.25	46.06	45.87	45.67	45.48	45.29	45.09	44.90	44.9
45	46.92	46.73	46.54	46.35	46.16	45.96	45.77	45.58	45.39	45.19	45.00	45
45.1	47.02	46.83	46.64	46.45	46.26	46.06	45.87	45.68	45.49	45.29	45.10	45.1
45.2	47.12	46.93	46.74	46.55	46.36	46.16	45.97	45.78	45.59	45.39	45.20	45.2
45.3	47.22	47.03	46.84	46.65	46.45	46.26	46.07	45.88	45.69	45.49	45.30	45.3
45.4	47.32	47.13	46.94	46.75	46.55	46.36	46.17	45.98	45.79	45.59	45.40	45.4
45.5	47.42	47.23	47.03	46.84	46.65	46.46	46.27	46.08	45.89	45.69	45.50	45.5
45.6	47.51	47.32	47.13	46.94	46.75	46.56	46.37	46.18	45.98	45.79	45.60	45.6
45.7	47.61	47.42	47.23	47.04	46.85	46.66	46.47	46.28	46.08	45.89	45.70	45.7
45.8	47.71	47.52	47.33	47.14	46.95	46.76	46.57	46.38	46.18	45.99	45.80	45.8
45.9	47.81	47.62	47.43	47.24	47.05	46.86	46.67	46.48	46.28	46.09	45.90	45.9
46	47.91	47.72	47.53	47.34	47.15	46.96	46.77	46.58	46.38	46.19	46.00	46
46.1	48.01	47.82	47.63	47.44	47.25	47.06	46.87	46.67	46.48	46.29	46.10	46.1
46.2	48.11	47.92	47.73	47.54	47.35	47.16	46.97	46.77	46.58	46.39	46.20	46.2
46.3	48.20	48.01	47.83	47.64	47.45	47.26	47.06	46.87	46.68	46.49	46.30	46.3
46.4	48.30	48.11	47.92	47.73	47.54	47.35	47.16	46.97	46.78	46.59	46.40	46.4
46.5	48.40	48.21	48.02	47.83	47.64	47.45	47.26	47.07	46.88	46.69	46.50	46.5
46.6	48.50	48.31	48.12	47.93	47.74	47.55	47.36	47.17	46.98	46.79	46.60	46.6
46.7	48.60	48.41	48.22	48.03	47.84	47.65	47.46	47.27	47.08	46.89	46.70	46.7
46.8	48.70	48.51	48.32	48.13	47.94	47.75	47.56	47.37	47.18	46.99	46.80	46.8
46.9	48.80	48.61	48.42	48.23	48.04	47.85	47.66	47.47	47.28	47.09	46.90	46.9
47	48.89	48.71	48.52	48.33	48.14	47.95	47.76	47.57	47.38	47.19	47.00	47
47.1	48.99	48.80	48.62	48：43	48.24	48.05	47.86	47.67	47.48	47.29	47.10	47.1
47.2	49.09	48.90	48.71	48.53	48.34	48.15	47.96	47.77	47.58	47.39	47.20	47.2
47.3	49.19	49.00	48.81	48.63	48.44	48.25	48.06	47.87	47.68	47.49	47.30	47.3
47.4	49.29	49.10	48.91	48.72	48.54	48.35	48.16	47.97	47.78	47.59	47.40	47.4

（续表）

酒精度 % vol	酒精计温度 ℃											酒精度 % vol
	15	15.5	16	16.5	17	17.5	18	18.5	19	19.5	20	
47.5	49.39	49.20	49.01	48.82	48.64	48.45	48.26	48.07	47.88	47.69	47.50	47.5
47.6	49.49	49.30	49.11	48.92	48.73	48.55	48.36	48.17	47.98	47.79	47.60	47.6
47.7	49.58	49.40	49.21	49.02	48.83	48.65	48.46	48.27	48.08	47.89	47.70	47.7
47.8	49.68	49.50	49.31	49.12	48.93	48.74	48.56	48.37	48.18	47.99	47.80	47.8
47.9	49.78	49.59	49.41	49.22	49.03	48.84	48.66	48.47	48.28	48.09	47.90	47.9
48	49.88	49.69	49.51	49.32	49.13	48.94	48.76	48.57	48.38	48.19	48.00	48
48.1	49.98	49.79	49.60	49.42	49.23	49.04	48.85	48.67	48.48	48.29	48.10	48.1
48.2	50.08	49.89	49.70	49.52	49.33	49.14	48.95	48.77	48.58	48.39	48.20	48.2
48.3	50.17	49.99	49.80	49.62	49.43	49.24	49.05	48.87	48.68	48.49	48.30	48.3
48.4	50.27	50.09	49.90	49.71	49.53	49.34	49.15	48.97	48.78	48.59	48.40	48.4
48.5	50.37	50.19	50.00	49.81	49.63	49.44	49.25	49.06	48.88	48.69	48.50	48.5
48.6	50.47	50.28	50.10	49.91	49.73	49.54	49.35	49.16	48.98	48.79	48.60	48.6
48.7	50.57	50.38	50.20	50.01	49.83	49.64	49.45	49.26	49.08	48.89	48.70	48.7
48.8	50.67	50.48	50.30	50.11	49.92	49.74	49.55	49.36	49.18	48.99	48.80	48.8
48.9	50.77	50.58	50.40	50.21	50.02	49.84	49.65	49.46	49.28	49.09	48.90	48.9
49	50.87	50.68	50.49	50.31	50.12	49.94	49.75	49.56	49.38	49.19	49.00	49
49.1	50.96	50.78	50.59	50.41	50.22	50.04	49.85	49.66	49.48	49.29	49.10	49.1
49.2	51.06	50.88	50.69	50.51	50.32	50.13	49.95	49.76	49.57	49.39	49.20	49.2
49.3	51.16	50.98	50.79	50.61	50.42	50.23	50.05	49.86	49.67	49.49	49.30	49.3
49.4	51.26	51.07	50.89	30.70	50.52	50.33	50.15	49.96	49.77	49.59	49.40	49.4
49.5	51.36	51.17	50.99	50.80	50.62	50.43	50.25	50.06	49.87	49.69	49.50	49.5
49.6	51.46	51.27	51.09	50.90	50.72	50.53	50.35	50.16	49.97	49.79	49.60	49.6
49.7	51.56	51.37	51.19	51.00	50.82	50.63	50.45	50.26	50.07	49.89	49.70	49.7
49.8	51.65	51.47	51.29	51.10	50.92	50.73	50.55	50.36	50.17	49.99	49.80	49.8
49.9	51.75	51.57	51.38	51.20	51.02	50.83	50.64	50.46	50.27	50.09	49.90	49.9
50	51.85	51.67	51.48	51.30	51.11	50.93	50.74	50.56	50.37	50.19	50.00	50
50.1	51.95	51.77	51.58	51.40	51.21	51.03	50.84	50.66	50.47	50.29	50.10	50.1
50.2	52.05	51.86	51.68	51.50	51.31	51.13	50.94	50.76	50.57	50.39	50.20	50.2
50.3	52.15	51.96	51.78	51.60	51.41	51.23	51.04	50.86	50.67	50.49	50.30	50.3
50.4	52.25	52.06	51.88	51.70	51.51	51.33	51.14	50.96	50.77	50.59	50.40	50.4
50.5	52.34	52.16	51.98	51.79	51.61	51.43	51.24	51.06	50.87	50.69	50.50	50.5
50.6	52.44	52.26	52.08	51.89	51.71	51.53	51.34	51.16	50.97	50.79	50.60	50.6
50.7	52.54	52.36	52.18	51.99	51.81	51.62	51.44	51.26	51.07	50.89	50.70	50.7

（续表）

酒精度 % vol	酒精计温度 ℃											酒精度 % vol
	15	15.5	16	16.5	17	17.5	18	18.5	19	19.5	20	
50.8	52.64	52.46	52.27	52.09	51.91	51.72	51.54	51.36	51.17	50.99	50.80	50.8
50.9	52.74	52.56	52.37	52.19	52.01	51.82	51.64	51.45	51.27	51.09	50.90	50.9
51	52.84	52.66	52.47	52.29	52.11	51.92	51.74	51.55	51.37	51.19	51.00	51
51.1	52.94	52.75	52.57	52.39	52.21	52.02	51.84	51.65	51.47	51.29	51.10	51.1
51.2	53.03	52.85	52.67	52.49	52.30	52.12	51.94	51.75	51.57	51.38	51.20	51.2
51.3	53.13	52.95	52.77	52.59	52.40	52.22	52.04	51.85	51.67	51.48	51.30	51.3
51.4	53.23	53.05	52.87	52.69	52.50	52.32	52.14	51.95	51.77	51.58	51.40	51.4
51.5	53.33	53.15	52.97	52.78	52.60	52.42	52.24	52.05	51.87	51.68	51.50	51.5
51.6	53.43	53.25	53.07	52.88	52.70	52.52	52.34	52.15	51.97	51.78	51.60	51.6
51.7	53.53	53.35	53.17	52.98	52.80	52.62	52.44	52.25	52.07	51.88	51.70	51.7
51.8	53.63	53.45	53.26	53.08	52.90	52.72	52.53	52.35	52.17	51.98	51.80	51.8
51.9	53.73	53.54	53.36	53.18	53.00	52.82	52.63	52.45	52.27	52.08	51.90	51.9
52	53.82	53.64	53.46	53.28	53.10	52.92	52.73	52.55	52.37	52.18	52.00	52
52.1	53.92	53.74	53.56	53.38	53.20	53.02	52.83	52.65	52.47	52.28	52.10	52.1
52.2	54.02	53.84	53.66	53.48	53.30	53.11	52.93	52.75	52.57	52.38	52.20	52.2
52.3	54.12	53.94	53.76	53.58	53.40	53.21	53.03	52.85	52.67	52.48	52.30	52.3
52.4	54.22	54.04	53.86	53.68	53.50	53.31	53.13	52.95	52.77	52.58	52.30	52.4
52.5	54.32	54.14	53.96	53.78	53.59	53.41	53.23	53.05	52.87	52.68	52.50	52.5
52.6	54.42	54.24	54.06	53.88	53.69	53.51	53.33	53.15	52.97	52.78	52.60	52.6
52.7	54.52	54.34	54.15	53.97	53.79	53.61	53.43	53.25	53.07	52.88	52.70	52.7
52.8	54.61	54.43	54.25	54.07	53.89	53.71	53.53	53.35	53.17	52.98	52.80	52.8
52.9	54.71	54.53	54.35	54.17	53.99	53.81	53.63	53.45	53.27	53.08	52.90	52.9
53	54.81	54.63	54.45	54.27	54.09	53.91	53.73	53.55	53.36	53.18	53.00	53
53.1	54.91	54.73	54.55	54.37	54.19	54.01	53.83	53.65	53.46	53.28	53.10	53.1
53.2	55.01	54.83	54.65	54.47	54.29	54.11	53.93	53.75	53.56	53.38	53.20	53.2
53.3	55.11	54.93	54.75	54.57	54.39	54.21	54.03	53.85	53.66	53.48	53.30	53.3
53.4	55.21	55.03	54.85	54.67	54.49	54.31	54.13	53.95	53.76	53.58	53.40	53.4
53.5	55.31	55.13	54.95	54.77	54.59	54.41	54.23	54.04	53.86	53.68	53.50	53.5
53.6	55.40	55.23	55.05	54.87	54.69	54.51	54.33	54.14	53.96	53.78	53.60	53.6
53.7	55.50	55.32	55.14	54.97	54.79	54.61	54.42	54.24	54.06	53.88	53.70	53.7
53.8	55.60	55.42	55.24	55.06	54.88	54.70	54.52	54.34	54.16	53.98	53.80	53.8
53.9	55.70	55.52	55.34	55.16	54.98	54.80	54.62	54.44	54.26	54.08	53.90	53.9
54	55.80	55.62	55.44	55.26	55.08	54.90	54.72	54.54	54.36	54.18	54.00	54

（续表）

酒精度 % vol	酒精计温度 ℃											酒精度 % vol
	15	15.5	16	16.5	17	17.5	18	18.5	19	19.5	20	
54.1	55.90	55.72	55.54	55.36	55.18	55.00	54.82	54.64	54.46	54.28	54.10	54.1
54.2	56.00	55.82	55.64	55.46	55.28	55.10	54.92	54.74	54.56	54.38	54.20	54.2
54.3	56.10	55.92	55.74	55.56	55.38	55.20	55.02	54.84	54.66	54.48	54.30	54.3
54.4	56.19	56.02	55.84	55.66	55.48	55.30	55.12	54.94	54.76	54.58	54.40	54.4
54.5	56.29	56.12	55.94	55.76	55.58	55.40	55.22	55.04	54.86	54.68	54.50	54.5
54.6	56.39	56.21	56.04	55.86	55.68	55.50	55.32	55.14	54.96	54.78	54.60	54.6
54.7	56.49	56.31	56.14	55.96	55.78	55.60	55.42	55.24	55.06	54.88	54.70	54.7
54.8	56.59	56.41	56.23	56.06	55.88	55.70	55.52	55.34	55.16	54.98	54.80	54.8
54.9	56.69	56.51	56.33	56.16	55.98	55.80	55.62	55.44	55.26	55.08	54.90	54.9
55	56.79	56.61	56.43	56.25	56.08	55.90	55.72	55.54	55.36	55.18	55.00	55
55.1	56.89	56.71	56.53	56.35	56.18	56.00	55.82	55.64	55.46	55.28	55.10	55.1
55.2	56.98	56.81	56.63	56.45	56.27	56.10	55.92	55.74	55.56	55.38	55.20	55.2
55.3	57.08	56.91	56.73	56.55	56.37	56.20	56.02	55.84	55.66	55.48	55.30	55.3
55.4	57.18	57.01	56.83	56.65	56.47	56.30	56.12	55.94	55.76	55.58	55.40	55.4
55.5	57.28	57.10	56.93	56.75	56.57	56.39	56.22	56.04	55.86	55.68	55.50	55.5
55.6	57.38	57.20	57.03	56.85	56.67	56.49	56.32	56.14	55.96	55.78	55.60	55.6
55.7	57.48	57.30	57.13	56.95	56.77	56.59	56.42	56.24	56.06	55.88	55.70	55.7
55.8	57.58	57.40	57.22	57.05	56.87	56.69	56.51	56.34	56.16	55.98	55.80	55.8
55.9	57.68	57.50	57.32	57.15	56.97	56.79	56.61	56.44	56.26	56.08	55.90	55.9
56	57.77	57.60	57.42	57.25	57.07	56.89	56.71	56.54	56.36	56.18	56.00	56
56.1	57.87	57.70	57.52	57.35	57.17	56.99	56.81	56.64	56.46	56.28	56.10	56.1
56.2	57.97	57.80	57.62	57.44	57.27	57.09	56.91	56.74	56.56	56.38	56.20	56.2
56.3	58.07	57.90	57.72	57.54	57.37	57.19	57.01	56.83	56.66	56.48	56.30	56.3
56.4	58.17	57.99	57.82	57.64	57.47	57.29	57.11	56.93	56.76	56.58	56.40	56.4
56.5	58.27	58.09	57.92	57.74	57.57	57.39	57.21	57.03	56.86	56.68	56.50	56.5
56.6	58.37	58.19	58.02	57.84	57.66	57.49	57.31	57.13	56.96	56.78	56.60	56.6
56.7	58.47	58.29	58.12	57.94	57.76	57.59	57.41	57.23	57.06	56.88	56.70	56.7
56.8	58.57	58.39	58.22	58.04	57.86	57.69	57.51	57.33	57.16	56.98	56.80	56.8
56.9	58.66	58.49	58.31	58.14	57.96	57.79	57.61	57.43	57.26	57.08	56.90	56.9
57	58.76	58.59	58.41	58.24	58.06	57.89	57.71	57.53	57.36	57.18	57.00	57
57.1	58.86	58.69	58.51	58.34	58.16	57.99	57.81	57.63	57.46	57.28	57.10	57.1
57.2	58.96	58.79	58.61	58.44	58.26	58.08	57.91	57.73	57.55	57.38	57.20	57.2
57.3	59.06	58.89	58.71	58.54	58.36	58.18	58.01	57.83	57.65	57.48	57.30	57.3

（续表）

酒精度 % vol	酒精计温度 ℃											酒精度 % vol
	15	15.5	16	16.5	17	17.5	18	18.5	19	19.5	20	
57.4	59.16	58.98	58.81	58.63	58.46	58.28	58.11	57.93	57.75	57.58	57.40	57.4
57.5	59.26	59.08	58.91	58.73	58.56	58.38	58.21	58.03	57.85	57.68	57.50	57.5
57.6	59.36	59.18	59.01	58.83	58.66	58.48	58.31	58.13	57.95	57.78	57.60	57.6
57.7	59.46	59.28	59.11	58.93	58.76	58.58	58.41	58.23	58.05	57.88	57.70	57.7
57.8	59.55	59.38	59.21	59.03	58.86	58.68	58.51	58.33	58.15	57.98	57.80	57.8
57.9	59.65	59.48	59.30	59.13	58.96	58.78	58.61	58.43	58.25	58.08	57.90	57.9
58	59.75	59.58	59.40	59.23	59.06	58.88	58.70	58.53	58.35	58.18	58.00	58
58.1	59.85	59.68	59.50	59.33	59.15	58.98	58.80	58.63	58.45	58.28	58.10	58.1
58.2	59.95	59.78	59.60	59.43	59.25	59.08	58.90	58.73	58.55	58.38	58.20	58.2
58.3	60.05	59.87	59.70	59.53	59.35	59.18	59.00	58.83	58.65	58.48	58.30	58.3
58.4	60.15	59.97	59.80	59.63	59.45	59.28	59.10	58.93	58.75	58.58	58.40	58.4
58.5	60.25	60.07	59.90	59.73	59.55	59.38	59.20	59.03	58.85	58.68	58.50	58.5
58.6	60.34	60.17	60.00	59.82	59.65	59.48	59.30	59.13	58.95	58.78	58.60	58.6
58.7	60.44	60.27	60.10	59.92	59.75	59.58	59.40	59.23	59.05	58.88	58.70	58.7
58.8	60.54	60.37	60.20	60.02	59.85	59.68	59.50	59.33	59.15	58.98	58.80	58.8
58.9	60.64	60.47	60.30	60.12	59.95	59.77	59.60	59.43	59.25	59.08	58.90	58.9
59	60.74	60.57	60.39	60.22	60.05	59.87	59.70	59.53	59.35	59.18	59.00	59
59.1	60.84	60.67	60.49	60.32	60.15	59.97	59.80	59.63	59.45	59.28	59.10	59.1
59.2	60.94	60.77	60.59	60.42	60.25	60.07	59.90	59.72	59.55	59.38	59.20	59.2
59.3	61.04	60.86	60.69	60.52	60.35	60.17	60.00	59.82	59.65	59.48	59.30	59.3
59.4	61.14	60.96	60.79	60.62	60.45	60.27	60.10	59.92	59.75	59.58	59.40	59.4
59.5	61.23	61.06	60.89	60.72	60.54	60.37	60.20	60.02	59.85	59.68	59.50	59.5
59.6	61.33	61.16	60.99	60.82	60.64	60.47	60.30	60.12	59.95	59.77	59.60	59.6
59.7	61.43	61.26	61.09	60.92	60.74	60.57	60.40	60.22	60.05	59.87	59.70	59.7
59.8	61.53	61.36	61.19	61.02	60.84	60.67	60.50	60.32	60.15	59.97	59.80	59.8
59.9	61.63	61.46	61.29	61.11	60.94	60.77	60.60	60.42	60.25	60.07	59.90	59.9
60	61.73	61.56	61.39	61.21	61.04	60.87	60.70	60.52	60.35	60.17	60.00	60
60.1	61.83	61.66	61.49	61.31	61.14	60.97	60.80	60.62	60.45	60.27	60.10	60.1
60.2	61.93	61.76	61.58	61.41	61.24	61.07	60.89	60.72	60.55	60.37	60.20	60.2
60.3	62.03	61.85	61.68	61.51	61.34	61.17	60.99	60.82	60.65	60.47	60.30	60.3
60.4	62.12	61.95	61.78	61.61	61.44	61.27	61.09	60.92	60.75	60.57	60.40	60.4
60.5	62.22	62.05	61.88	61.71	61.54	61.37	61.19	61.02	60.85	60.67	60.50	60.5
60.6	62.32	62.15	61.98	61.81	61.64	61.47	61.29	61.12	60.95	60.77	60.60	60.6

（续表）

酒精度 % vol	酒精计温度 ℃											酒精度 % vol
	15	15.5	16	16.5	17	17.5	18	18.5	19	19.5	20	
60.7	62.42	62.25	62.08	61.91	61.74	61.56	61.39	61.22	61.05	60.87	60.70	60.7
60.8	62.52	62.35	62.18	62.01	61.84	61.66	61.49	61.32	61.15	60.97	60.80	60.8
60.9	62.62	62.45	62.28	62.11	61.94	61.76	61.59	61.42	61.25	61.07	60.90	60.9
61	62.72	62.55	62.38	62.21	62.03	61.86	61.69	61.52	61.35	61.17	61.00	61
61.1	62.82	62.65	62.48	62.31	62.13	61.96	61.79	61.62	61.45	61.27	61.10	61.1
61.2	62.92	62.75	62.58	62.40	62.23	62.06	61.89	61.72	61.55	61.37	61.20	61.2
61.3	63.01	62.84	62.67	62.50	62.33	62.16	61.99	61.82	61.65	61.47	61.30	61.3
61.4	63.11	62.94	62.77	62.60	62.43	62.26	62.09	61.92	61.75	61.57	61.40	61.4
61.5	63.21	63.04	62.87	62.70	62.53	62.36	62.19	62.02	61.85	61.67	61.50	61.5
61.6	63.31	63.14	62.97	62.80	62.63	62.46	62.29	62.12	61.94	61.77	61.60	61.6
61.7	63.41	63.24	63.07	62.90	62.73	62.56	62.39	62.22	62.04	61.87	61.70	61.7
61.8	63.51	63.34	63.17	63.00	62.83	62.66	62.49	62.32	62.14	61.07	61.80	61.8
61.9	63.61	63.44	63.27	63.10	62.93	62.76	62.59	62.42	62.24	62.07	61.90	61.9
62	63.71	63.54	63.37	63.20	63.03	62.86	62.69	62.52	62.34	62.17	62.00	62
62.1	63.81	63.64	63.47	63.30	63.13	62.96	62.79	62.62	62.44	62.27	62.10	62.1
62.2	63.90	63.74	63.57	63.40	63.23	63.06	62.89	62.71	62.54	62.37	62.20	62.2
62.3	64.00	63.83	63.67	63.50	63.33	63.16	62.99	62.81	62.64	62.47	62.30	62.3
62.4	64.10	63.93	63.76	63.60	63.43	63.26	63.08	62.91	62.74	62.57	62.40	62.4
62.5	64.20	64.03	63.86	63.69	63.52	63.35	63.18	63.01	62.84	62.67	62.50	62.5
62.6	64.30	64.13	63.96	63.79	63.62	63.45	63.28	63.11	62.94	62.77	62.60	62.6
62.7	64.40	64.23	64.06	63.89	63.72	63.55	63.38	63.21	63.04	62.87	62.70	62.7
62.8	64.50	64.33	64.16	63.99	63.82	63.65	63.48	63.31	63.14	62.97	62.80	62.8
62.9	64.60	64.43	64.26	64.09	63.92	63.75	63.58	63.41	63.24	63.07	62.90	62.9
63	64.70	64.53	64.36	64.19	64.02	63.85	63.68	63.51	63.34	63.17	63.00	63
63.1	64.79	64.63	64.46	64.29	64.12	63.95	63.78	63.61	63.44	63.27	63.10	63.1
63.2	64.89	64.73	64.56	64.39	64.22	64.05	63.88	63.71	63.54	63.37	63.20	63.2
63.3	64.99	64.82	64.66	64.49	64.32	64.15	63.98	63.81	63.64	63.47	63.30	63.3
63.4	65.09	64.92	64.76	64.59	64.42	64.25	64.08	63.91	63.74	63.57	63.40	63.4
63.5	65.19	65.02	64.85	64.69	64.52	64.35	64.18	64.01	63.84	63.67	63.50	63.5
63.6	65.29	65.12	64.95	64.79	64.62	64.45	64.28	64.11	63.94	63.77	63.60	63.6
63.7	65.39	65.22	65.05	64.88	64.72	64.55	64.38	64.21	64.04	63.87	63.70	63.7
63.8	65.49	65.32	65.15	64.98	64.82	64.65	64.48	64.31	64.14	63.97	63.80	63.8
63.9	65.58	65.42	65.25	65.08	64.92	64.75	64.58	64.41	64.24	64.07	63.90	63.9

（续表）

酒精度 % vol	酒精计温度 ℃											酒精度 % vol
	15	15.5	16	16.5	17	17.5	18	18.5	19	19.5	20	
64	65.68	65.52	65.35	65.18	65.01	64.85	64.68	64.51	64.34	64.17	64.00	64
64.1	65.78	65.62	65.45	65.28	65.11	64.95	64.78	64.61	64.44	64.27	64.10	64.1
64.2	65.88	65.71	65.55	65.38	65.21	65.05	64.88	64.71	64.54	64.37	64.20	64.2
64.3	65.98	65.81	65.65	65.48	65.31	65.14	64.98	64.81	64.64	64.47	64.30	64.3
64.4	66.08	65.91	65.75	65.58	65.41	65.24	65.08	64.91	64.74	64.57	64.40	64.4
64.5	66.18	66.01	65.85	65.68	65.51	65.34	65.18	65.01	64.84	64.67	64.50	64.5
64.6	66.28	66.11	65.94	65.78	65.61	65.44	65.27	65.11	64.94	64.77	64.60	64.6
64.7	66.38	66.21	66.04	65.88	65.71	65.54	65.37	65.21	65.04	64.87	64.71	64.7
64.8	66.47	66.31	66.14	65.98	65.81	65.64	65.47	65.31	65.14	64.97	64.80	64.8
64.9	66.57	66.41	66.24	66.08	65.91	65.74	65.57	65.41	65.24	65.07	64.90	64.9
65	66.67	66.51	66.34	66.17	66.01	65.84	65.67	65.51	65.34	65.17	65.00	65
65.1	66.77	66.61	66.44	66.27	66.11	65.94	65.77	65.61	65.44	65.27	65.10	65.1
65.2	66.87	66.70	66.54	66.37	66.21	66.04	65.87	65.70	65.54	65.37	65.20	65.2
65.3	66.97	66.80	66.64	66.47	66.31	66.14	65.97	65.80	65.64	65.47	65.30	65.3
65.4	67.07	66.90	66.74	66.57	66.40	66.24	66.07	65.90	65.74	65.57	65.40	65.4
65.5	67.17	67.00	66.84	66.67	66.50	66.34	66.17	66.00	65.84	65.67	65.50	65.5
65.6	67.27	67.10	66.94	66.77	66.60	66.44	66.27	66.10	65.94	65.77	65.60	65.6
65.7	67.36	67.20	67.03	66.87	66.70	66.54	66.37	66.20	66.04	65.87	65.70	65.7
65.8	67.46	67.30	67.13	66.97	66.80	66.64	66.47	66.30	66.14	65.97	65.80	65.8
65.9	67.56	67.40	67.23	67.07	66.90	66.74	66.57	66.40	66.24	66.07	65.90	65.9
66	67.66	67.50	67.33	67.17	67.00	66.83	66.67	66.50	66.33	66.17	66.00	66
66.1	67.76	67.60	67.43	67.27	67.10	66.93	66.77	66.60	66.43	66.27	66.10	66.1
66.2	67.86	67.69	67.53	67.36	67.20	67.03	66.87	66.70	66.53	66.37	66.20	66.2
66.3	67.96	67.79	67.63	67.46	67.30	67.13	66.97	66.80	66.63	66.47	66.30	66.3
66.4	68.06	67.89	67.73	67.56	67.40	67.23	67.07	66.90	66.73	66.57	66.40	66.4
66.5	68.15	67.99	67.83	67.66	67.50	67.33	67.17	67.00	66.83	66.67	66.50	66.5
66.6	68.25	68.09	67.93	67.76	67.60	67.43	67.27	67.10	66.93	66.77	66.60	66.6
66.7	68.35	68.19	68.02	67.86	67.70	67.53	67.37	67.20	67.03	66.87	66.70	66.7
66.8	68.45	68.29	68.12	67.96	67.79	67.63	67.46	67.30	67.13	66.97	66.80	66.8
66.9	68.55	68.39	68.22	68.06	67.89	67.73	67.56	67.40	67.23	67.07	66.90	66.9
67	68.65	68.49	68.32	68.16	67.99	67.83	67.66	67.50	67.33	67.17	67.00	67
67.1	68.75	68.58	68.42	68.26	68.09	67.93	67.76	67.60	67.43	67.27	67.10	67.1
67.2	68.85	68.68	68.52	68.36	68.19	68.03	67.86	67.70	67.53	67.37	67.20	67.2
67.3	68.95	68.78	68.62	68.46	68.29	68.13	67.96	67.80	67.63	67.47	67.30	67.3

（续表）

酒精度 % vol	酒精计温度 ℃											酒精度 % vol
	15	15.5	16	16.5	17	17.5	18	18.5	19	19.5	20	
67.4	69.04	68.88	68.72	68.55	68.39	68.23	68.06	67.90	67.73	67.57	67.40	67.4
67.5	69.14	68.98	68.82	68.65	68.49	68.33	68.16	68.00	67.83	67.67	67.50	67.5
67.6	69.24	69.08	68.92	68.75	68.59	68.43	68.26	68.10	67.93	67.77	67.60	67.6
67.7	69.34	69.18	69.02	68.85	68.69	68.52	68.36	68.20	68.03	67.87	67.70	67.7
67.8	69.44	69.28	69.11	68.95	68.79	68.62	68.46	68.30	68.13	67.97	67.80	67.8
67.9	69.54	69.38	69.21	69.05	68.89	68.72	68.56	68.40	68.23	68.07	67.90	67.9
68	69.64	69.47	69.31	69.15	68.99	68.82	68.66	68.49	68.33	68.17	68.00	68
68.1	69.74	69.57	69.41	69.25	69.09	68.92	68.76	68.59	68.43	68.27	68.10	68.1
68.2	69.83	69.67	69.51	69.35	69.18	69.02	68.86	68.69	68.53	68.37	68.20	68.2
68.3	69.93	69.77	69.61	69.45	69.28	69.12	68.96	68.79	68.63	68.46	68.30	68.3
68.4	70.03	69.87	69.71	69.55	69.38	69.22	69.06	68.89	68.73	68.56	68.40	68.4
68.5	70.13	69.97	69.81	69.65	69.48	69.32	69.16	68.99	68.83	68.66	68.50	68.5
68.6	70.23	70.07	69.91	69.74	69.58	69.42	69.26	69.09	68.93	68.76	68.60	68.6
68.7	70.33	70.17	70.01	69.84	69.68	69.52	69.36	69.19	69.03	68.86	68.70	68.7
68.8	70.43	70.27	70.10	69.94	69.78	69.62	69.46	69.29	69.13	68.96	68.80	68.8
68.9	70.53	70.37	70.20	70.04	69.88	69.72	69.55	69.39	69.23	69.06	68.90	68.9
69	70.62	70.46	70.30	70.14	69.98	69.82	69.65	69.49	69.33	69.16	69.00	69
69.1	70.72	70.56	70.40	70.24	70.08	69.92	69.75	69.59	69.43	69.26	69.10	69.1
69.2	70.82	70.66	70.50	70.34	70.18	70.02	69.85	69.69	69.53	69.36	69.20	69.2
69.3	70.92	70.76	70.60	70.44	70.28	70.11	69.95	69.79	69.63	69.46	69.30	69.3
69.4	71.02	70.86	70.70	70.54	70.38	70.21	70.05	69.89	69.73	69.56	69.40	69.4
69.5	71.12	70.96	70.80	70.64	70.48	70.31	70.15	69.99	69.83	69.66	69.50	69.5
69.6	71.22	71.06	70.90	70.74	70.57	70.41	70.25	70.09	69.93	69.76	69.60	69.6
69.7	71.32	71.16	71.00	70.84	70.67	70.51	70.35	70.19	70.03	69.86	69.70	69.7
69.8	71.42	71.26	71.09	70.93	70.77	70.61	70.45	70.29	70.13	69.96	69.80	69.8
69.9	71.51	71.35	71.19	71.03	70.87	70.71	70.55	70.39	70.23	70.06	69.90	69.9
70	71.61	71.45	71.29	71.13	70.97	70.81	70.65	70.49	70.33	70.16	70.00	70
18	18.00	17.86	17.72	17.57	17.43	17.29	17.14	17.00	16.86	16.71	16.57	18
18.1	18.10	17.93	17.81	17.67	17.53	17.38	17.24	17.09	16.95	16.81	16.66	18.1
18.2	18.20	18.06	17.91	17.77	17.62	17.48	17.34	17.19	17.04	16.90	16.75	18.2
18.3	18.30	18.16	18.01	17.87	17.72	17.58	17.43	17.29	17.14	19.99	16.85	18.3
18.4	18.40	18.26	18.11	17.96	17.82	17.67	17.53	17.38	17.23	17.09	16.94	18.4
18.5	18.50	18.35	18.21	18.06	17.92	17.77	17.62	17.48	17.33	17.18	17.03	18.5
18.6	18.60	18.45	18.31	18.16	18.01	17.87	17.72	17.57	17.42	17.28	17.13	18.6
18.7	18.70	18.55	18.41	18.26	18.11	17.96	17.82	17.67	17.52	17.37	17.22	18.7
18.8	18.80	18.65	18.50	18.36	18.21	18.06	17.91	17.76	17.61	17.46	17.32	18.8

（续表）

酒精度 % vol	酒精计温度 ℃											酒精度 % vol
	20	20.5	21	21.5	22	22.5	23	23.5	24	24.5	25	
18.9	18.90	18.75	18.60	18.45	18.31	18.16	18.01	17.86	17.71	17.56	17.41	18.9
19	19.00	18.85	18.70	18.55	18.40	18.25	18.10	17.95	17.80	17.65	17.50	19
19.1	19.10	18.95	18.80	18.65	18.50	18.35	18.20	18.05	17.90	17.75	17.60	19.1
19.2	19.20	19.05	18.90	18.75	18.60	18.45	18.30	18.14	17.99	17.84	17.69	19.2
19.3	19.30	19.15	19.00	18.85	18.69	18.54	18.39	18.24	18.09	17.94	17.78	19.3
19.4	19.40	19.25	19.10	18.94	18.79	18.64	18.49	18.34	18.18	18.03	17.88	19.4
19.5	19.50	19.35	19.19	19.04	18.89	18.74	18.58	18.43	18.28	18.13	17.97	19.5
19.6	19.60	19.45	19.29	19.14	18.99	18.83	18.68	18.53	18.37	18.22	18.07	19.6
19.7	19.70	19.55	19.39	19.24	19.08	18.93	18.78	18.62	18.48	18.31	18.16	19.7
19.8	19.80	19.65	19.49	19.34	19.18	19.03	18.87	18.72	18.56	18.41	18.25	19.8
19.9	19.90	19.74	19.59	19.43	19.28	19.12	18.97	18.81	18.66	18.50	18.35	19.9
20	20.00	19.84	19.69	19.53	19.38	19.22	19.06	18.91	18.75	18.60	18.44	20
20.1	20.10	19.94	19.79	19.63	19.47	19.32	19.16	19.00	18.85	18.69	18.53	20.1
20.2	20.20	20.04	19.89	19.73	19.57	19.41	19.26	19.10	18.94	18.79	18.63	20.2
20.3	20.30	20.14	19.98	19.83	19.67	19.51	19.35	19.20	19.04	18.88	18.72	20.3
20.4	20.40	20.24	20.08	19.92	19.77	19.61	19.45	19.29	19.13	18.97	18.82	20.4
20.5	20.50	20.34	20.18	20.02	19.86	19.70	19.55	19.39	19.23	19.07	18.91	20.5
20.6	20.60	20.44	20.28	20.12	19.96	19.80	19.64	19.48	19.32	19.16	19.00	20.6
20.7	20.70	20.54	20.38	20.22	20.06	19.90	19.74	19.58	19.42	19.26	19.10	20.7
20.8	20.80	20.64	20.48	20.32	20.16	20.00	19.83	19.67	19.51	19.35	19.19	20.8
20.9	20.90	20.74	20.58	20.41	20.25	20.09	19.93	19.77	19.61	19.45	19.29	20.9
21	21.00	20.84	20.68	20.51	20.35	20.19	20.03	19.87	19.70	19.54	19.38	21
21.1	21.10	20.94	20.77	20.61	20.45	20.29	20.12	19.96	19.80	19.64	19.47	21.1
21.2	21.20	21.04	20.87	20.71	20.55	20.38	20.22	20.06	19.89	19.73	19.57	21.2
21.3	21.30	21.14	20.97	20.81	20.64	20.48	20.32	20.15	19.99	19.83	19.66	21.3
21.4	21.40	21.23	21.07	20.91	20.74	20.58	20.41	20.25	20.08	19.92	19.76	21.4
21.5	21.50	21.33	21.17	21.00	20.84	20.67	20.51	20.34	20.18	20.02	19.85	21.5
21.6	21.60	21.43	21.27	21.10	20.94	20.77	20.61	20.44	20.28	20.11	19.95	21.6
21.7	21.70	21.53	21.37	21.20	21.03	20.87	20.70	20.54	20.37	20.21	20.04	21.7
21.8	21.80	21.63	21.47	21.30	21.13	20.96	20.80	20.63	20.47	20.30	20.13	21.8
21.9	21.90	21.73	21.56	21.40	21.23	21.06	20.89	20.73	20.56	20.39	20.23	21.9
22	22.00	21.83	21.66	21.49	21.33	21.16	20.99	20.82	20.66	20.49	20.32	22
22.1	22.10	21.93	21.76	21.59	21.42	21.26	21.09	20.92	20.75	20.58	20.42	22.1
22.2	22.20	22.03	21.86	21.69	21.52	21.35	21.18	21.02	20.85	20.68	20.51	22.2
22.3	22.30	22.13	21.96	21.79	21.62	21.45	21.28	21.11	20.94	20.77	20.61	22.3
22.4	22.40	22.23	22.06	21.89	21.72	21.55	21.38	21.21	21.04	20.87	20.70	22.4
22.5	22.50	22.33	22.16	21.99	21.81	21.64	21.47	21.30	21.13	20.96	20.80	22.5
22.6	22.60	22.43	22.26	22.08	21.91	21.74	21.57	21.40	21.23	21.06	20.89	22.6
22.7	22.70	22.53	22.35	22.18	22.01	21.84	21.67	21.50	21.33	21.15	20.98	22.7
22.8	22.80	22.63	22.45	22.28	22.11	21.94	21.76	21.59	21.42	21.25	21.08	22.8

（续表）

酒精度 % vol	酒精计温度 ℃											酒精度 % vol
	20	20.5	21	21.5	22	22.5	23	23.5	24	24.5	25	
22.9	22.90	22.73	22.55	22.38	22.21	22.03	21.86	21.69	21.52	21.35	21.17	22.9
23	23.00	22.83	22.65	22.48	22.30	22.13	21.96	21.78	21.61	21.44	21.27	23
23.1	23.10	22.92	22.75	22.58	22.40	22.23	22.05	21.88	21.71	21.54	21.36	23.1
23.2	23.20	23.02	22.85	22.67	22.50	22.33	22.15	21.98	21.80	21.63	21.46	23.2
23.3	23.30	23.12	22.95	22.77	22.60	22.42	22.25	22.07	21.90	21.73	21.55	23.3
23.4	23.40	23.22	23.05	22.87	22.70	22.52	22.34	22.17	22.00	21.82	21.65	23.4
23.5	23.50	23.32	23.15	22.97	22.79	22.62	22.44	22.27	22.09	21.92	21.74	23.5
23.6	23.60	23.42	23.24	23.07	22.89	22.71	22.54	22.36	22.19	22.01	21.84	23.6
23.7	23.70	23.52	23.34	23.17	22.99	22.81	22.64	22.46	22.28	22.11	21.93	23.7
23.8	23.80	23.62	23.44	23.26	23.09	22.91	22.73	22.56	22.38	22.20	22.03	23.8
23.9	23.90	23.72	23.54	23.36	23.18	23.01	22.83	22.65	22.48	22.30	22.12	23.9
24	24.00	23.82	23.64	23.46	23.28	23.10	22.93	22.75	22.57	22.39	22.22	24
24.1	24.10	23.92	23.74	23.56	23.38	23.20	23.02	22.85	22.67	22.49	22.31	24.1
24.2	24.20	24.02	23.84	23.66	23.48	23.30	23.12	22.94	22.76	22.59	22.41	24.2
24.3	24.30	24.12	23.94	23.76	23.58	23.40	23.22	23.04	22.86	22.68	22.50	24.3
24.4	24.40	24.22	24.04	23.86	23.67	23.49	23.31	23.14	22.96	22.78	22.60	24.4
24.5	24.50	24.32	24.14	23.95	23.77	23.59	23.41	23.23	23.05	22.87	22.69	24.5
24.6	24.60	24.42	24.23	24.05	23.87	23.69	23.51	23.33	23.15	22.97	22.79	24.6
24.7	24.70	24.52	24.33	24.15	23.97	23.79	23.61	23.43	23.24	23.06	22.88	24.7
24.8	24.80	24.62	24.43	24.25	24.07	23.89	23.70	23.52	23.34	23.16	22.98	24.8
24.9	24.90	24.72	24.53	24.35	24.17	23.98	23.80	23.62	23.4	23.26	23.0	24.9
25	25.00	24.82	24.63	24.45	24.26	24.08	23.90	23.72	23.53	23.35	23.17	25
25.1	25.10	24.91	24.73	24.55	24.36	24.18	24.00	23.81	23.63	23.45	23.27	25.1
25.2	25.20	25.01	24.83	24.64	24.46	24.28	24.09	23.91	23.73	23.54	23.36	25.2
25.3	25.30	25.11	24.93	24.74	24.56	24.37	24.19	24.01	23.82	23.64	23.46	25.3
25.4	25.40	25.21	25.03	24.84	24.66	24.47	24.29	24.10	23.92	23.74	23.55	25.4
25.5	25.50	25.31	25.13	24.94	24.75	24.57	24.39	24.20	24.02	23.83	23.65	25.5
25.6	25.60	25.41	25.23	25.04	24.85	24.67	24.48	24.30	24.11	23.93	23.75	25.6
25.7	25.70	25.51	25.32	25.14	24.95	24.77	24.58	24.39	24.21	24.03	23.84	25.7
25.8	25.80	25.61	25.42	25.24	25.05	24.86	24.68	24.49	24.31	24.12	23.94	25.8
25.9	25.90	25.71	25.52	25.34	25.15	24.96	24.78	24.59	24.40	24.22	24.03	25.9
26	26.00	25.81	25.62	25.43	25.25	25.06	24.87	24.69	24.50	24.31	24.13	26
26.1	26.10	25.91	25.72	25.53	25.35	25.16	24.97	24.78	24.60	24.41	24.23	26.1
26.2	26.20	26.01	25.82	25.63	25.44	25.26	25.07	24.88	24.69	24.51	24.32	26.2
26.3	26.30	26.11	25.92	25.73	25.54	25.35	25.17	24.98	24.79	24.60	24.42	26.3
26.4	26.40	26.21	26.02	25.83	25.64	25.45	25.26	25.08	24.89	24.70	24.51	26.4
26.5	26.50	26.31	26.12	25.93	25.74	25.55	25.36	25.17	24.98	24.80	24.61	26.5
26.6	26.60	26.41	26.22	26.03	25.84	25.65	25.46	25.27	25.08	24.89	24.71	26.6
26.7	26.70	26.51	26.32	26.13	25.94	25.75	25.56	25.37	25.18	24.99	24.80	26.7
26.8	26.80	26.61	26.42	26.23	26.03	25.84	25.65	25.47	25.28	25.09	24.90	26.8

（续表）

酒精度 % vol	酒精计温度 ℃											酒精度 % vol
	20	20.5	21	21.5	22	22.5	23	23.5	24	24.5	25	
26.9	26.90	26.71	26.52	26.32	26.13	25.94	25.75	25.56	25.37	25.18	25.00	26.9
27	27.00	26.81	26.62	26.42	26.23	26.04	25.85	25.66	25.47	25.28	25.09	27
27.1	27.10	26.91	26.71	26.52	26.33	26.14	25.95	25.76	25.57	25.38	25.19	27.1
27.2	27.20	27.01	26.81	26.62	26.43	26.24	26.05	25.86	25.67	25.48	25.29	27.2
27.3	27.30	27.11	26.91	26.72	26.53	26.34	26.14	25.95	25.76	25.57	25.38	27.3
27.4	27.40	27.21	27.01	26.82	26.63	26.43	26.24	26.05	25.86	25.67	25.48	27.4
27.5	27.50	27.31	27.11	26.92	26.73	26.53	26.34	26.15	25.96	25.77	25.58	27.5
27.6	27.60	27.41	27.21	27.02	26.82	26.63	26.44	26.25	26.05	25.86	25.67	27.6
27.7	27.70	27.51	27.31	27.12	26.92	26.73	26.54	26.34	26.15	25.96	25.77	27.7
27.8	27.80	27.60	27.41	27.22	27.02	26.83	26.63	26.44	26.25	26.06	25.87	27.8
27.9	27.90	27.70	27.51	27.31	27.12	26.93	26.73	26.54	26.35	26.16	25.96	27.9
28	28.00	27.80	27.61	27.41	27.22	27.03	26.83	26.64	26.45	26.25	26.06	28
28.1	28.10	27.90	27.71	27.51	27.32	27.12	26.93	26.74	26.54	26.35	26.16	28.1
28.2	28.20	28.00	27.81	27.61	27.42	27.22	27.03	26.83	26.64	26.45	26.25	28.2
28.3	28.30	28.10	27.91	27.71	27.52	27.32	27.13	26.93	26.74	26.54	26.35	28.3
28.4	28.40	28.20	28.01	27.81	27.61	27.42	27.22	27.03	26.84	26.64	26.45	28.4
28.5	28.50	28.30	28.11	27.91	27.71	27.52	27.32	27.13	26.93	26.74	26.55	28.5
28.6	28.60	28.40	28.21	28.01	27.81	27.62	27.42	27.23	27.03	26.84	26.64	28.6
28.7	28.70	28.50	28.30	28.11	27.91	27.72	27.52	27.32	27.13	26.94	26.74	28.7
28.8	28.80	28.60	28.40	28.21	28.01	27.81	27.62	27.42	27.23	27.03	26.84	28.8
28.9	28.90	28.70	28.50	28.31	28.11	27.91	27.72	27.52	27.33	27.13	26.94	28.9
29	29.00	28.80	28.60	28.41	28.21	28.01	27.82	27.62	27.42	27.23	27.03	29
29.1	29.10	28.90	28.70	28.51	28.31	28.11	27.91	27.72	27.52	27.33	27.13	29.1
29.2	29.20	29.00	28.80	28.60	28.41	28.21	28.01	27.82	27.62	27.42	27.23	29.2
29.3	29.30	29.10	28.90	28.70	28.51	28.31	28.11	27.91	27.72	27.52	27.33	29.3
29.4	29.40	29.20	29.00	28.80	28.61	28.41	28.21	28.01	27.82	27.62	27.42	29.4
29.5	29.50	29.30	29.10	28.90	28.70	28.51	28.31	28.11	27.91	27.72	27.52	29.5
29.6	29.60	29.40	29.20	29.00	28.80	28.61	28.41	28.21	28.01	27.82	27.62	29.6
29.7	29.70	29.50	29.30	29.10	28.90	28.70	28.51	28.31	28.11	27.91	27.72	29.7
29.8	29.80	29.60	29.40	29.20	29.00	28.80	28.60	28.41	28.21	28.01	27.82	29.8
29.9	29.90	29.70	29.50	29.30	29.10	28.90	28.70	28.51	28.31	28.11	27.91	29.9
30	30.00	29.80	29.60	29.40	29.20	29.00	28.80	28.60	28.41	28.21	28.01	30
30.1	30.10	29.90	29.70	29.50	29.30	29.10	28.90	28.70	28.50	28.31	28.11	30.1
30.2	30.20	30.00	29.80	29.60	29.40	29.20	29.00	28.80	28.60	28.41	28.21	30.2
30.3	30.30	30.10	29.90	29.70	29.50	29.30	29.10	28.90	28.70	28.50	28.31	30.3
30.4	30.40	30.20	30.00	29.80	29.60	29.40	29.20	29.00	28.80	28.60	28.40	30.4
30.5	30.50	30.30	30.10	29.90	29.70	29.50	29.30	29.10	28.90	28.70	28.50	30.5
30.6	30.60	30.40	30.20	30.00	29.80	29.60	29.40	29.20	29.00	28.80	28.60	30.6
30.7	30.70	30.50	30.30	30.10	29.90	29.70	29.50	29.30	29.10	28.90	28.70	30.7
30.8	30.80	30.60	30.40	30.20	29.99	29.79	29.59	29.39	29.19	29.00	28.80	30.8

（续表）

酒精度 % vol	酒精计温度 ℃											酒精度 % vol
	20	20. 5	21	21. 5	22	22. 5	23	23. 5	24	24. 5	25	
30. 9	30. 90	30. 70	30. 50	30. 30	30. 09	29. 89	29. 69	29. 49	29. 29	29. 09	28. 90	30. 9
31	31. 00	30. 80	30. 60	30. 39	30. 19	29. 99	29. 79	29. 59	29. 39	29. 19	28. 99	31
31. 1	31. 10	30. 90	30. 70	30. 49	30. 29	30. 09	29. 89	29. 69	29. 49	29. 29	29. 09	31. 1
31. 2	31. 20	31. 00	30. 80	30. 59	30. 39	30. 19	29. 99	29. 79	29. 59	29. 39	29. 19	31. 2
31. 3	31. 30	31. 10	30. 90	30. 69	30. 49	30. 29	30. 09	29. 89	29. 69	29. 49	29. 29	31. 3
31. 4	31. 40	31. 20	31. 00	30. 79	30. 59	30. 39	30. 19	29. 99	29. 79	29. 59	29. 39	31. 4
31. 5	31. 50	31. 30	31. 10	30. 89	30. 69	30. 49	30. 29	30. 09	29. 89	29. 69	29. 49	31. 5
31. 6	31. 60	31. 40	31. 19	30. 99	30. 79	30. 59	30. 39	30. 19	29. 99	29. 79	29. 59	31. 6
31. 7	31. 70	31. 50	31. 29	31. 09	30. 89	30. 69	30. 49	30. 29	30. 09	29. 88	29. 68	31. 7
31. 8	31. 80	31. 60	31. 39	31. 19	30. 99	30. 79	30. 59	30. 39	30. 18	29. 98	29. 78	31. 8
31. 9	31. 90	31. 70	31. 49	31. 29	31. 09	30. 89	30. 69	30. 48	30. 28	30. 08	29. 88	31. 9
32	32. 00	31. 80	31. 59	31. 39	31. 19	30. 99	30. 79	30. 58	30. 38	30. 18	29. 98	32
32. 1	32. 10	31. 90	31. 69	31. 49	31. 29	31. 09	30. 88	30. 68	30. 48	30. 28	30. 08	32. 1
32. 2	32. 20	32. 00	31. 79	31. 59	31. 39	31. 19	30. 98	30. 78	30. 58	30. 38	30. 18	32. 2
32. 3	32. 30	32. 10	31. 89	31. 69	31. 49	31. 29	31. 08	30. 88	30. 68	30. 48	30. 28	32. 3
32. 4	32. 40	32. 20	31. 99	31. 79	31. 59	31. 39	31. 18	30. 98	30. 78	30. 58	30. 38	32. 4
32. 5	32. 50	32. 30	32. 09	31. 89	31. 69	31. 48	31. 28	31. 08	30. 88	30. 68	30. 48	32. 5
32. 6	32. 60	32. 40	32. 19	31. 99	31. 79	31. 58	31. 38	31. 18	30. 98	30. 78	30. 57	32. 6
32. 7	32. 70	32. 50	32. 29	32. 09	31. 89	31. 68	31. 48	31. 28	31. 08	30. 88	30. 67	32. 7
32. 8	32. 80	32. 60	32. 39	32. 19	31. 99	31. 78	31. 58	31. 38	31. 18	30. 97	30. 77	32. 8
32. 9	32. 90	32. 70	32. 49	32. 29	32. 09	31. 88	31. 68	31. 48	31. 28	31. 07	30. 87	32. 9
33	33. 00	32. 80	32. 59	32. 39	32. 19	31. 98	31. 78	31. 58	31. 38	31. 17	30. 97	33
33. 1	33. 10	32. 90	32. 69	32. 49	32. 29	32. 08	31. 88	31. 68	31. 48	31. 27	31. 07	33. 1
33. 2	33. 20	33. 00	32. 79	32. 59	32. 39	32. 18	31. 98	31. 78	31. 57	31. 37	31. 17	33. 2
33. 3	33. 30	33. 10	32. 89	32. 69	32. 49	32. 28	32. 08	31. 88	31. 67	31. 47	31. 27	33. 3
33. 4	33. 40	33. 20	32. 99	32. 79	32. 59	32. 38	32. 18	31. 98	31. 77	31. 57	31. 37	33. 4
33. 5	33. 50	33. 30	33. 09	32. 89	32. 69	32. 48	32. 28	32. 08	31. 87	31. 67	31. 47	33. 5
33. 6	33. 60	33. 40	33. 19	32. 99	32. 79	32. 58	32. 38	32. 18	31. 97	31. 77	31. 57	33. 6
33. 7	33. 70	33. 50	33. 29	33. 09	32. 88	32. 68	32. 48	32. 28	32. 07	31. 87	31. 67	33. 7
33. 8	33. 80	33. 60	33. 39	33. 19	32. 98	32. 78	32. 58	32. 38	32. 17	31. 97	31. 77	33. 8
33. 9	33. 90	33. 70	33. 49	33. 29	33. 08	32. 88	32. 68	32. 47	32. 27	32. 07	31. 87	33. 9
34	34. 00	33. 80	33. 59	33. 39	33. 18	32. 98	32. 78	32. 57	32. 37	32. 17	31. 97	34
34. 1	34. 10	33. 90	33. 69	33. 49	33. 28	33. 08	32. 88	32. 67	32. 47	32. 27	32. 07	34. 1
34. 2	34. 20	34. 00	33. 79	33. 59	33. 38	33. 18	32. 98	32. 77	32. 57	32. 37	32. 17	34. 2
34. 3	34. 30	34. 10	33. 89	33. 69	33. 48	33. 28	33. 08	32. 87	32. 67	32. 47	32. 27	34. 3
34. 4	34. 40	34. 20	33. 99	33. 79	33. 58	33. 38	33. 18	32. 97	32. 77	32. 57	32. 37	34. 4
34. 5	34. 50	34. 30	34. 09	33. 89	33. 68	33. 48	33. 28	33. 07	32. 87	32. 67	32. 46	34. 5
34. 6	34. 60	34. 40	34. 19	33. 99	33. 78	33. 58	33. 38	33. 17	32. 97	32. 77	32. 56	34. 6
34. 7	34. 70	34. 50	34. 29	34. 09	33. 88	33. 68	33. 48	33. 27	33. 07	32. 87	32. 66	34. 7
34. 8	34. 80	34. 60	34. 39	34. 19	33. 98	33. 78	33. 58	33. 37	33. 17	32. 97	32. 76	34. 8

（续表）

酒精度 % vol	酒精计温度 ℃											酒精度 % vol
	20	20.5	21	21.5	22	22.5	23	23.5	24	24.5	25	
34.9	34.90	34.70	34.49	34.29	34.08	33.88	33.68	33.47	33.27	33.07	32.86	34.9
35	35.00	34.80	34.59	34.39	34.18	33.98	33.78	33.57	33.37	33.17	32.96	35
35.1	35.10	34.90	34.69	34.49	34.28	34.08	33.88	33.67	33.47	33.27	33.06	35.1
35.2	35.20	35.00	34.79	34.59	34.38	34.18	33.98	33.77	33.57	33.37	33.16	35.2
35.3	35.30	35.10	34.89	34.69	34.48	34.28	34.08	33.87	33.67	33.47	33.26	35.3
35.4	35.40	35.20	34.99	34.79	34.58	34.38	34.18	33.97	33.77	33.57	33.36	35.4
35.5	35.50	35.30	35.09	34.89	34.68	34.48	34.28	34.07	33.87	33.67	33.46	35.5
35.6	35.60	35.40	35.19	34.99	34.78	34.58	34.38	34.17	33.97	33.77	33.56	35.6
35.7	35.70	35.50	35.29	35.09	34.89	34.68	34.48	34.27	34.07	33.87	33.66	35.7
35.8	35.80	35.60	35.39	35.19	34.99	34.78	34.58	34.37	34.17	33.97	33.76	35.8
35.9	35.90	35.70	35.49	35.29	35.09	34.88	34.68	34.48	34.27	34.07	33.87	35.9
36	36.00	35.80	35.59	35.39	35.19	34.98	34.78	34.58	34.37	34.17	33.97	36
36.1	36.10	35.90	35.69	35.49	35.29	35.08	34.88	34.68	34.47	34.27	34.07	36.1
36.2	36.20	36.00	35.79	35.59	35.39	35.18	34.98	34.78	34.57	34.37	34.17	36.2
36.3	36.30	36.10	35.89	35.69	35.49	35.28	35.08	34.88	34.67	34.47	34.27	36.3
36.4	36.40	36.20	35.99	35.79	35.59	35.38	35.18	34.98	34.77	34.57	34.37	36.4
36.5	36.50	36.30	36.09	35.89	35.69	35.48	35.28	35.08	34.87	34.67	34.47	36.5
36.6	36.60	36.40	36.19	35.99	35.79	35.58	35.38	35.18	34.97	34.77	34.57	36.6
36.7	36.70	36.50	36.29	36.09	35.89	35.68	35.48	35.28	35.07	34.87	34.67	36.7
36.8	36.80	36.60	36.39	36.19	35.99	35.78	35.58	35.38	35.17	34.97	34.77	36.8
36.9	36.90	36.70	36.49	36.29	36.09	35.88	35.68	35.48	35.27	35.07	34.87	36.9
37	37.00	36.80	36.59	36.39	36.19	35.98	35.78	35.58	35.38	35.17	34.97	37
37.1	37.10	36.90	36.69	36.49	36.29	36.08	35.88	35.68	35.48	35.27	35.07	37.1
37.2	37.20	37.00	36.79	36.59	36.39	36.19	35.98	35.78	35.58	35.37	35.17	37.2
37.3	37.30	37.10	36.89	36.69	36.49	36.29	36.08	35.88	35.68	35.47	35.27	37.3
37.4	37.40	37.20	36.99	36.79	36.59	36.39	36.18	35.98	35.78	35.57	35.37	37.4
37.5	37.50	37.30	37.09	36.89	36.69	36.49	36.28	36.08	35.88	35.67	35.47	37.5
37.6	37.60	37.40	37.19	36.99	36.79	36.59	36.38	36.18	35.98	35.78	35.57	37.6
37.7	37.70	37.50	37.29	37.09	36.89	36.69	36.48	36.28	36.08	35.88	35.67	37.7
37.8	37.80	37.60	37.39	37.19	36.99	36.79	36.58	36.38	36.18	35.98	35.77	37.8
37.9	37.90	37.70	37.50	37.29	37.09	36.89	36.69	36.48	36.28	36.08	35.87	37.9
38	38.00	37.80	37.60	37.39	37.19	36.99	36.79	36.58	36.38	36.18	35.98	38
38.1	38.10	37.90	37.70	37.49	37.29	37.09	36.89	36.68	36.48	36.28	36.08	38.1
38.2	38.20	38.00	37.80	37.59	37.39	37.19	36.99	36.78	36.58	36.38	36.18	38.2
38.3	38.30	38.10	37.90	37.69	37.49	37.29	37.09	36.88	36.68	36.48	36.28	38.3
38.4	38.40	38.20	38.00	37.79	37.59	37.39	37.19	36.99	36.78	36.58	36.38	38.4
38.5	38.50	38.30	38.10	37.89	37.69	37.49	37.29	37.09	36.88	36.68	36.48	38.5
38.6	38.60	38.40	38.20	37.99	37.79	37.59	37.39	37.19	36.98	36.78	36.58	38.6
38.7	38.70	38.50	38.30	38.09	37.89	37.69	37.49	37.29	37.08	36.88	36.68	38.7
38.8	38.80	38.60	38.40	38.20	37.99	37.79	37.59	37.39	37.19	36.98	36.78	38.8

（续表）

酒精度 % vol	酒精计温度 ℃											酒精度 % vol
	20	20.5	21	21.5	22	22.5	23	23.5	24	24.5	25	
38.9	38.90	38.70	38.50	38.30	38.09	37.89	37.69	37.49	37.29	37.08	36.88	38.9
39	39.00	38.80	38.60	38.40	38.19	37.99	37.79	37.59	37.39	37.19	36.98	39
39.1	39.10	38.90	38.70	38.50	38.29	38.09	37.89	37.69	37.49	37.29	37.08	39.1
39.2	39.20	39.00	38.80	38.60	38.39	38.19	37.99	37.79	37.59	37.39	37.18	39.2
39.3	39.30	39.10	38.90	38.70	38.50	38.29	38.09	37.89	37.69	37.49	37.29	39.3
39.4	39.40	39.20	39.00	38.80	38.60	38.39	38.19	37.99	37.79	37.59	37.39	39.4
39.5	39.50	39.30	39.10	38.90	38.70	38.49	38.29	38.09	37.89	37.69	37.49	39.5
39.6	39.60	39.40	39.20	39.00	38.80	38.60	38.39	38.19	37.99	37.79	37.59	39.6
39.7	39.70	39.50	39.30	39.10	38.90	38.70	38.49	38.29	38.09	37.89	37.69	39.7
39.8	39.80	39.60	39.40	39.20	39.00	38.80	38.60	38.39	38.19	37.99	37.79	39.8
39.9	39.90	39.70	39.50	39.30	39.10	38.90	38.70	38.50	38.29	38.09	37.89	39.9
40	40.00	39.80	39.60	39.40	39.20	39.00	38.80	38.60	38.39	38.19	37.99	40
40.1	40.10	39.90	39.70	39.50	39.30	39.10	38.90	38.70	38.50	38.29	38.09	40.1
40.2	40.20	40.00	39.80	39.60	39.40	39.20	39.00	38.80	38.60	38.40	38.19	40.2
40.3	40.30	40.10	39.90	39.70	39.50	39.30	39.10	38.90	38.70	38.50	38.30	40.3
40.4	40.40	40.20	40.00	39.80	39.60	39.40	39.20	39.00	38.80	38.60	38.40	40.4
40.5	40.50	40.30	40.10	39.90	39.70	39.50	39.30	39.10	38.90	38.70	38.50	40.5
40.6	40.60	40.40	40.20	40.00	39.80	39.60	39.40	39.20	39.00	38.80	38.60	40.6
40.7	40.70	40.50	40.30	40.10	39.90	39.70	39.50	39.30	39.10	38.90	38.70	40.7
40.8	40.80	40.60	40.40	40.20	40.00	39.80	39.60	39.40	39.20	39.00	38.80	40.8
40.9	40.90	40.70	40.50	40.30	40.10	39.90	39.70	39.50	39.30	39.10	38.90	40.9
41	41.00	40.80	40.60	40.40	40.20	40.00	39.80	39.60	39.40	39.20	39.00	41
41.1	41.10	40.90	40.70	40.50	40.30	40.10	39.90	39.70	39.50	39.30	39.10	41.1
41.2	41.20	41.00	40.80	40.60	40.40	40.20	40.00	39.81	39.61	39.41	39.21	41.2
41.3	41.30	41.10	40.90	40.70	40.50	40.31	40.11	39.91	39.71	39.51	39.31	41.3
41.4	41.40	41.20	41.00	40.80	40.60	40.41	40.21	40.01	39.81	39.61	39.41	41.4
41.5	41.50	41.30	41.10	40.90	40.71	40.51	40.31	40.11	39.91	39.71	39.51	41.5
41.6	41.60	41.40	41.20	41.00	40.81	40.61	40.41	40.21	40.01	39.81	39.61	41.6
41.7	41.70	41.50	41.30	41.10	40.91	40.71	40.51	40.31	40.11	39.91	39.71	41.7
41.8	41.80	41.60	41.40	41.21	41.01	40.81	40.61	40.41	40.21	40.01	39.81	41.8
41.9	41.90	41.70	41.50	41.31	41.11	40.91	40.71	40.51	40.31	40.11	39.91	41.9
42	42.00	41.80	41.60	41.41	41.21	41.01	40.81	40.61	40.41	40.21	40.01	42
42.1	42.10	41.90	41.70	41.51	41.31	41.11	40.91	40.71	40.51	40.32	40.12	42.1
42.2	42.20	42.00	41.80	41.61	41.41	41.21	41.01	40.81	40.62	40.42	40.22	42.2
42.3	42.30	42.10	41.91	41.71	41.51	41.31	41.11	40.91	40.72	40.52	40.32	42.3
42.4	42.40	42.20	42.01	41.81	41.61	41.41	41.21	41.02	40.82	40.62	40.42	42.4
42.5	42.50	42.30	42.11	41.91	41.71	41.51	41.31	41.12	40.92	40.72	40.52	42.5
42.6	42.60	42.40	42.21	42.01	41.81	41.61	41.42	41.22	41.02	40.82	40.62	42.6
42.7	42.70	42.50	42.31	42.11	41.91	41.71	41.52	41.32	41.12	40.92	40.72	42.7
42.8	42.80	42.60	42.41	42.21	42.01	41.81	41.62	41.42	41.22	41.02	40.82	42.8

（续表）

酒精度 % vol	酒精计温度 ℃											酒精度 % vol
	20	20.5	21	21.5	22	22.5	23	23.5	24	24.5	25	
42.9	42.90	42.70	42.51	42.31	42.11	41.92	41.72	41.52	41.32	41.12	40.93	42.9
43	43.00	42.80	42.61	42.41	42.21	42.02	41.82	41.62	41.42	41.23	41.03	43
43.1	43.10	42.90	42.71	42.51	42.31	42.12	41.92	41.72	41.52	41.33	41.13	43.1
43.2	43.20	43.00	42.81	42.61	42.41	42.22	42.02	41.82	41.63	41.43	41.23	43.2
43.3	43.30	43.10	42.91	42.71	42.51	42.32	42.12	41.92	41.73	41.53	41.33	43.3
43.4	43.40	43.20	43.01	42.81	42.62	42.42	42.22	42.02	41.83	41.63	41.43	43.4
43.5	43.50	43.30	43.11	42.91	42.72	42.52	42.32	42.13	41.93	41.73	41.53	43.5
43.6	43.60	43.40	43.21	43.01	42.82	42.62	42.42	42.23	42.03	41.83	41.64	43.6
43.7	43.70	43.50	43.31	43.11	42.92	42.72	42.52	42.33	42.13	41.93	41.74	43.7
43.8	43.80	43.60	43.41	43.21	43.02	42.82	42.62	42.43	42.23	42.03	41.84	43.8
43.9	43.90	43.70	43.51	43.31	43.12	42.92	42.73	42.53	42.33	42.14	41.94	43.9
44	44.00	43.80	43.61	43.41	43.22	43.02	42.83	42.63	42.43	42.24	42.04	44
44.1	44.10	43.91	43.71	43.51	43.32	43.12	42.93	42.73	42.53	42.34	42.14	44.1
44.2	44.20	44.01	43.81	43.62	43.42	43.22	43.03	42.83	42.64	42.44	42.24	44.2
44.3	44.30	44.11	43.91	43.72	43.52	43.32	43.13	42.93	42.74	42.54	42.34	44.3
44.4	44.40	44.21	44.01	43.82	43.62	43.43	43.23	43.03	42.84	42.64	42.45	44.4
44.5	44.50	44.31	44.11	43.92	43.72	43.53	43.33	43.13	42.94	42.74	42.55	44.5
44.6	44.60	44.41	44.21	44.02	43.82	43.63	43.43	43.24	43.04	42.84	42.65	44.6
44.7	44.70	44.51	44.31	44.12	43.92	43.73	43.53	43.34	43.14	42.95	42.75	44.7
44.8	44.80	44.61	44.41	44.22	44.02	43.83	43.63	43.44	43.24	43.05	42.85	44.8
44.9	44.90	44.71	44.51	44.32	44.12	43.93	43.73	43.54	43.34	43.15	42.95	44.9
45	45.00	44.81	44.61	44.42	44.22	44.03	43.83	43.64	43.44	43.25	43.05	45
45.1	45.10	44.91	44.71	44.52	44.32	44.13	43.94	43.74	43.55	43.35	43.16	45.1
45.2	45.20	45.01	44.81	44.62	44.43	44.23	44.04	43.84	43.65	43.45	43.26	45.2
45.3	45.30	45.11	44.91	44.72	44.53	44.33	44.14	43.94	43.75	43.55	43.36	45.3
45.4	45.40	45.21	45.01	44.82	44.63	44.43	44.24	44.04	43.85	43.65	43.46	45.4
45.5	45.50	45.31	45.11	44.92	44.73	44.53	44.34	44.14	43.95	43.76	43.56	45.5
45.6	45.60	45.41	45.21	45.02	44.83	44.63	44.44	44.25	44.05	43.86	43.66	45.6
45.7	45.70	45.51	45.31	45.12	44.93	44.73	44.54	44.35	44.15	43.96	43.76	45.7
45.8	45.80	45.61	45.41	45.22	45.03	44.84	44.64	44.45	44.25	44.06	43.86	45.8
45.9	45.90	45.71	45.51	45.32	45.13	44.94	44.74	44.55	44.35	44.16	43.97	45.9
46	46.00	45.81	45.62	45.42	45.23	45.04	44.84	44.65	44.46	44.26	44.07	46
46.1	46.10	45.91	45.72	45.52	45.33	45.14	44.94	44.75	44.56	44.36	44.17	46.1
46.2	46.20	46.01	45.82	45.62	45.43	45.24	45.04	44.85	44.66	44.46	44.27	46.2
46.3	46.30	46.11	45.92	45.72	45.53	45.34	45.15	44.95	44.76	44.57	44.37	46.3
46.4	46.40	46.21	46.02	45.82	45.63	45.44	45.25	45.05	44.86	44.67	44.47	46.4
46.5	46.50	46.31	46.12	45.92	45.73	45.54	45.35	45.15	44.96	44.77	44.57	46.5
46.6	46.60	46.41	46.22	46.03	45.83	45.64	45.45	45.26	45.06	44.87	44.68	46.6
46.7	46.70	46.51	46.32	46.13	45.93	45.74	45.55	45.36	45.16	44.97	44.78	46.7
46.8	46.80	46.61	46.42	46.23	46.03	45.84	45.65	45.46	45.26	45.07	44.88	46.8

（续表）

酒精度 % vol	酒精计温度 ℃											酒精度 % vol
	20	20.5	21	21.5	22	22.5	23	23.5	24	24.5	25	
46.9	46.90	46.71	46.52	46.33	46.13	45.94	45.75	45.56	45.37	45.17	44.98	46.9
47	47.00	46.81	46.62	46.43	46.24	46.04	45.85	45.66	45.47	45.27	45.08	47
47.1	47.10	46.91	46.72	46.53	46.34	46.14	45.95	45.76	45.57	45.37	45.18	47.1
47.2	47.20	47.01	46.82	46.63	46.44	46.24	46.05	45.86	45.67	45.48	45.28	47.2
47.3	47.30	47.11	46.92	46.73	46.54	46.35	46.15	45.96	45.77	45.58	45.38	47.3
47.4	47.40	47.21	47.02	46.83	46.64	46.45	46.25	46.06	45.87	45.68	45.49	47.4
47.5	47.50	47.31	47.12	46.93	46.74	46.55	46.36	46.16	45.97	45.78	45.59	47.5
47.6	47.60	47.41	47.22	47.03	46.84	46.65	46.46	46.26	46.07	45.88	45.69	47.6
47.7	47.70	47.51	47.32	47.13	46.94	46.75	46.56	46.37	46.17	45.98	45.79	47.7
47.8	47.80	47.61	47.42	47.23	47.04	46.85	46.66	46.47	46.28	46.08	45.89	47.8
47.9	47.90	47.71	47.52	47.33	47.14	46.95	46.76	46.57	46.38	46.18	45.99	47.9
48	48.00	47.81	47.62	47.43	47.24	47.05	46.86	46.67	46.48	46.29	46.09	48
48.1	48.10	47.91	47.72	47.53	47.34	47.15	46.96	46.77	46.58	46.39	46.20	48.1
48.2	48.20	48.01	47.82	47.63	47.44	47.25	47.06	46.87	46.68	46.49	46.30	48.2
48.3	48.30	48.11	47.92	47.73	47.54	47.35	47.16	46.97	46.78	46.59	46.40	48.3
48.4	48.40	48.21	48.02	47.83	47.64	47.45	47.26	47.07	46.88	46.69	46.50	48.4
48.5	48.50	48.31	48.12	47.93	47.74	47.55	47.36	47.17	46.98	46.79	46.60	48.5
48.6	48.60	48.41	48.22	48.03	47.84	47.65	47.46	47.27	47.08	46.89	46.70	48.6
48.7	48.70	48.51	48.32	48.13	47.94	47.75	47.57	47.38	47.18	46.99	46.80	48.7
48.8	48.80	48.61	48.42	48.23	48.05	47.86	47.67	47.48	47.29	47.10	46.90	48.8
48.9	48.90	48.71	48.52	48.33	48.15	47.96	47.77	47.58	47.39	47.20	47.01	48.9
49	49.00	48.81	48.62	48.43	48.25	48.06	47.87	47.68	47.49	47.30	47.11	49
49.1	49.10	48.91	48.72	48.54	48.35	48.16	47.97	47.78	47.59	47.40	47.21	49.1
49.2	49.20	49.01	48.82	48.64	48.45	48.26	48.07	47.88	47.69	47.50	47.31	49.2
49.3	49.30	49.11	48.92	48.74	48.55	48.36	48.17	47.98	47.79	47.60	47.41	49.3
49.4	49.40	49.21	49.02	48.84	48.65	48.46	48.27	48.08	47.89	47.70	47.51	49.4
49.5	49.50	49.31	49.12	48.94	48.75	48.56	48.37	48.18	47.99	47.80	47.61	49.5
49.6	49.60	49.41	49.23	49.04	48.85	48.66	48.47	48.28	48.09	47.91	47.72	49.6
49.7	49.70	49.51	49.33	49.14	48.95	48.76	48.57	48.38	48.20	48.01	47.82	49.7
49.8	49.80	49.61	49.43	49.24	49.05	48.86	48.67	48.49	48.30	48.11	47.92	49.8
49.9	49.90	49.71	49.53	49.34	49.15	48.96	48.77	48.59	48.40	48.21	48.02	49.9
50	50.00	49.81	49.63	49.44	49.25	49.06	48.88	48.69	48.50	48.31	48.12	50
50.1	50.10	49.91	49.73	49.54	49.35	49.16	48.98	48.79	48.60	48.41	48.22	50.1
50.2	50.20	50.01	49.83	49.64	49.45	49.26	49.08	48.89	48.70	48.51	48.32	50.2
50.3	50.30	50.11	49.93	49.74	49.55	49.37	49.18	48.99	48.80	48.61	48.42	50.3
50.4	50.40	50.21	50.03	49.84	49.65	49.47	49.28	49.09	48.90	48.71	48.53	50.4
50.5	50.50	50.31	50.13	49.94	49.75	49.57	49.38	49.19	49.00	48.82	48.63	50.5
50.6	50.60	50.41	50.23	50.04	49.85	49.67	49.48	49.29	49.10	48.92	48.73	50.6
50.7	50.70	50.51	50.33	50.14	49.96	49.77	49.58	49.39	49.21	49.02	48.83	50.7
50.8	50.80	50.61	50.43	50.24	50.06	49.87	49.68	49.49	49.31	49.12	48.93	50.8

（续表）

酒精度 % vol	酒精计温度 ℃											酒精度 % vol
	20	20.5	21	21.5	22	22.5	23	23.5	24	24.5	25	
50.9	50.90	50.71	50.53	50.34	50.16	49.97	49.78	49.60	49.41	49.22	49.03	50.9
51	51.00	50.81	50.63	50.44	50.26	50.07	49.88	49.70	49.51	49.32	49.13	51
51.1	51.10	50.91	50.73	50.54	50.36	50.17	49.98	49.80	49.61	49.42	49.23	51.1
51.2	51.20	51.01	50.83	50.64	50.46	50.27	50.08	49.90	49.71	49.52	49.34	51.2
51.3	51.30	51.11	50.93	50.74	50.56	50.37	50.19	50.00	49.81	49.62	49.44	51.3
51.4	51.40	51.22	51.03	50.84	50.66	50.47	50.29	50.10	49.91	49.73	49.54	51.4
51.5	51.50	51.32	51.13	50.94	50.76	50.57	50.39	50.20	50.01	49.83	49.64	51.5
51.6	51.60	51.42	51.23	51.05	50.86	50.67	50.49	50.30	50.12	49.93	49.74	51.6
51.7	51.70	51.52	51.33	51.15	50.96	50.77	50.59	50.40	50.22	50.03	49.84	51.7
51.8	51.80	51.62	51.43	51.25	51.06	50.88	50.69	50.50	50.32	50.13	49.94	51.8
51.9	51.90	51.72	51.53	51.35	51.16	50.98	50.79	50.60	50.42	50.23	50.04	51.9
52	52.00	51.82	51.63	51.45	51.26	51.08	50.89	50.71	50.52	50.33	50.15	52
52.1	52.10	51.92	51.73	51.55	51.36	51.18	50.99	50.81	50.62	50.43	50.25	52.1
52.2	52.20	52.02	51.83	51.65	51.46	51.28	51.09	50.91	50.72	50.53	50.35	52.2
52.3	52.30	52.12	51.93	51.75	51.56	51.38	51.19	51.01	50.82	50.64	50.45	52.3
52.4	52.40	52.22	52.03	51.85	51.66	51.48	51.29	51.11	50.92	50.74	50.55	52.4
52.5	52.50	52.32	52.13	51.95	51.76	51.58	51.39	51.21	51.02	50.84	50.65	52.5
52.6	52.60	52.42	52.23	52.05	51.86	51.68	51.50	51.31	51.13	50.94	50.75	52.6
52.7	52.70	52.52	52.33	52.15	51.97	51.78	51.60	51.41	51.23	51.04	50.85	52.7
52.8	52.80	52.62	52.43	52.25	52.07	51.88	51.70	51.51	51.33	51.14	50.96	52.8
52.9	52.90	52.72	52.53	52.35	52.17	51.98	51.80	51.61	51.43	51.24	51.06	52.9
53	53.00	52.82	52.63	52.45	52.27	52.08	51.90	51.71	51.53	51.34	51.16	53
53.1	53.10	52.92	52.73	52.55	52.37	52.18	52.00	51.81	51.63	51.44	51.26	53.1
53.2	53.20	53.02	52.83	52.65	52.47	52.28	52.10	51.92	51.73	51.55	51.36	53.2
53.3	53.30	53.12	52.93	52.75	52.57	52.38	52.20	52.02	51.83	51.65	51.46	53.3
53.4	53.40	53.22	53.03	52.85	52.67	52.49	52.30	52.12	51.93	51.75	51.56	53.4
53.5	53.50	53.32	53.14	52.95	52.77	52.59	52.40	52.22	52.03	51.85	51.66	53.5
53.6	53.60	53.42	53.24	53.05	52.87	52.69	52.50	52.32	52.13	51.95	51.77	53.6
53.7	53.70	53.52	53.34	53.15	52.97	52.79	52.60	52.42	52.24	52.05	51.87	53.7
53.8	53.80	53.62	53.44	53.25	53.07	52.89	52.70	52.52	52.34	52.15	51.97	53.8
53.9	53.90	53.72	53.54	53.35	53.17	52.99	52.80	52.62	52.44	52.25	52.07	53.9
54	54.00	53.82	53.64	53.45	53.27	53.09	52.91	52.72	52.54	52.35	52.17	54
54.1	54.10	53.92	53.74	53.55	53.37	53.19	53.01	52.82	52.64	52.46	52.27	54.1
54.2	54.20	54.02	53.84	53.65	53.47	53.29	53.11	52.92	52.74	52.56	52.37	54.2
54.3	54.30	54.12	53.94	53.76	53.57	53.39	53.21	53.02	52.84	52.66	52.47	54.3
54.4	54.40	54.22	54.04	53.86	53.67	53.49	53.31	53.13	52.94	52.76	52.58	54.4
54.5	54.50	54.32	54.14	53.96	53.77	53.59	53.41	53.23	53.04	52.86	52.68	54.5
54.6	54.60	54.42	54.24	54.06	53.87	53.69	53.51	53.33	53.14	52.96	52.78	54.6
54.7	54.70	54.52	54.34	54.16	53.97	53.79	53.61	53.43	53.25	53.06	52.88	54.7
54.8	54.80	54.62	54.44	54.26	54.08	53.89	53.71	53.53	53.35	53.16	52.98	54.8

（续表）

酒精度 % vol	酒精计温度 ℃											酒精度 % vol
	20	20.5	21	21.5	22	22.5	23	23.5	24	24.5	25	
54.9	54.90	54.72	54.54	54.36	54.18	53.99	53.81	53.63	53.45	53.26	53.08	54.9
55	55.00	54.82	54.64	54.46	54.28	54.09	53.91	53.73	53.55	53.37	53.18	55
55.1	55.10	54.92	54.74	54.56	54.38	54.20	54.01	53.83	53.65	53.47	53.28	55.1
55.2	55.20	55.02	54.84	54.66	54.48	54.30	54.11	53.93	53.75	53.57	53.38	55.2
55.3	55.30	55.12	54.94	54.76	54.58	54.40	54.21	54.03	53.85	53.67	53.49	55.3
55.4	55.40	55.22	55.04	54.86	54.68	54.50	54.32	54.13	53.95	53.77	53.59	55.4
55.5	55.50	55.32	55.14	54.96	54.78	54.60	54.42	54.23	54.05	53.87	53.69	55.5
55.6	55.60	55.42	55.24	55.06	54.88	54.70	54.52	54.34	54.15	53.97	53.79	55.6
55.7	55.70	55.52	55.34	55.16	54.98	54.80	54.62	54.44	54.25	54.07	53.89	55.7
55.8	55.80	55.62	55.44	55.26	55.08	54.90	54.72	54.54	54.36	54.17	53.99	55.8
55.9	55.90	55.72	55.54	55.36	55.18	55.00	54.82	54.64	54.46	54.27	54.09	55.9
56	56.00	55.82	55.64	55.46	55.28	55.10	54.92	54.74	54.56	54.38	54.19	56
56.1	56.10	55.92	55.74	55.56	55.38	55.20	55.02	54.84	54.66	54.48	54.29	56.1
56.2	56.20	56.02	55.84	55.66	55.48	55.30	55.12	54.94	54.76	54.58	54.40	56.2
56.3	56.30	56.12	55.94	55.76	55.58	55.40	55.22	55.04	54.86	54.68	54.50	56.3
56.4	56.40	56.22	56.04	55.86	55.68	55.50	55.32	55.14	54.96	54.78	54.60	56.4
56.5	56.50	56.32	56.14	55.96	55.78	55.60	55.42	55.24	55.06	54.88	54.70	56.5
56.6	56.60	56.42	56.24	56.06	55.88	55.70	55.52	55.34	55.16	54.98	54.80	56.6
56.7	56.70	56.52	56.34	56.16	55.98	55.80	55.62	55.44	55.26	55.08	54.90	56.7
56.8	56.80	56.62	56.44	56.26	56.08	55.91	55.73	55.54	55.36	55.18	55.00	56.8
56.9	56.90	56.72	56.54	56.36	56.19	56.01	55.83	55.65	55.47	55.28	55.10	56.9
57	57.00	56.82	56.64	56.46	56.29	56.11	55.93	55.75	55.57	55.39	55.20	57
57.1	57.10	56.92	56.74	56.56	56.39	56.21	56.03	55.85	55.67	55.49	55.31	57.1
57.2	57.20	57.02	56.84	56.67	56.49	56.31	56.13	55.95	55.77	55.59	55.41	57.2
57.3	57.30	57.12	56.94	56.77	56.59	56.41	56.23	56.05	55.87	55.69	55.51	57.3
57.4	57.40	57.22	57.04	56.87	56.69	56.51	56.33	56.15	55.97	55.79	55.61	57.4
57.5	57.50	57.32	57.14	56.97	56.79	56.61	56.43	56.25	56.07	55.89	55.71	57.5
57.6	57.60	57.42	57.24	57.07	56.89	56.71	56.53	56.35	56.17	55.99	55.81	57.6
57.7	57.70	57.52	57.35	57.17	56.99	56.81	56.63	56.45	56.27	56.09	55.91	57.7
57.8	57.80	57.62	57.45	57.27	57.09	56.91	56.73	56.55	56.37	56.19	56.01	57.8
57.9	57.90	57.72	57.55	57.37	57.19	57.01	56.83	56.65	56.47	56.29	56.11	57.9
58	58.00	57.82	57.65	57.47	57.29	57.11	56.93	56.75	56.58	56.40	56.22	58
58.1	58.10	57.92	57.75	57.57	57.39	57.21	57.03	56.86	56.68	56.50	56.32	58.1
58.2	58.20	58.02	57.85	57.67	57.49	57.31	57.13	56.96	56.78	56.60	56.42	58.2
58.3	58.30	58.12	57.95	57.77	57.59	57.41	57.24	57.06	56.88	56.70	56.52	58.3
58.4	58.40	58.22	58.05	57.87	57.69	57.51	57.34	57.16	56.98	56.80	56.62	58.4
58.5	58.50	58.32	58.15	57.97	57.79	57.61	57.44	57.26	57.08	56.90	56.72	58.5
58.6	58.60	58.42	58.25	58.07	57.89	57.72	57.54	57.36	57.18	57.00	56.82	58.6
58.7	58.70	58.52	58.35	58.17	57.99	57.82	57.64	57.46	57.28	57.10	56.92	58.7
58.8	58.80	58.62	58.45	58.27	58.09	57.92	57.74	57.56	57.38	57.20	57.02	58.8

（续表）

酒精度 % vol	酒精计温度 ℃											酒精度 % vol
	20	20.5	21	21.5	22	22.5	23	23.5	24	24.5	25	
58.9	58.90	58.72	58.55	58.37	58.19	58.02	57.84	57.66	57.48	57.30	57.13	58.9
59	59.00	58.82	58.65	58.47	58.29	58.12	57.94	57.76	57.58	57.41	57.23	59
59.1	59.10	58.92	58.75	58.57	58.39	58.22	58.04	57.86	57.68	57.51	57.33	59.1
59.2	59.20	59.02	58.85	58.67	58.50	58.32	58.14	57.96	57.79	57.61	57.43	59.2
59.3	59.30	59.12	58.95	58.77	58.60	58.42	58.24	58.06	57.89	57.71	57.53	59.3
59.4	59.40	59.22	59.05	58.87	58.70	58.52	58.34	58.17	57.99	57.81	57.63	59.4
59.5	59.50	59.32	59.15	58.97	58.80	58.62	58.44	58.27	58.09	57.91	57.73	59.5
59.6	59.60	59.42	59.25	59.07	58.90	58.72	58.54	58.37	58.19	58.01	57.83	59.6
59.7	59.70	59.52	59.35	59.17	59.00	58.82	58.64	58.47	58.29	58.11	57.93	59.7
59.8	59.80	59.63	59.45	59.27	59.10	58.92	58.75	58.57	58.39	58.21	58.04	59.8
59.9	59.90	59.73	59.55	59.37	59.20	59.02	58.85	58.67	58.49	58.31	58.14	59.9
60	60.00	59.83	59.65	59.47	59.30	59.12	58.95	58.77	58.59	58.42	58.24	60
60.1	60.10	59.93	59.75	59.58	59.40	59.22	59.05	58.87	58.69	58.52	58.34	60.1
60.2	60.20	60.03	59.85	59.68	59.50	59.32	59.15	58.97	58.79	58.62	58.44	60.2
60.3	60.30	60.13	59.95	59.78	59.60	59.42	59.25	59.07	58.90	58.72	58.54	60.3
60.4	60.40	60.23	60.05	59.88	59.70	59.53	59.35	59.17	59.00	58.82	58.64	60.4
60.5	60.50	60.33	60.15	59.98	59.80	59.63	59.45	59.27	59.10	58.92	58.74	60.5
60.6	60.60	60.43	60.25	60.08	59.90	59.73	59.55	59.37	59.20	59.02	58.84	60.6
60.7	60.70	60.53	60.35	60.18	60.00	59.83	59.65	59.48	59.30	59.12	58.95	60.7
60.8	60.80	60.63	60.45	60.28	60.10	59.93	59.75	59.58	59.40	59.22	59.05	60.8
60.9	60.90	60.73	60.55	60.38	60.20	60.03	59.85	59.68	59.50	59.32	59.15	60.9
61	61.00	60.83	60.65	60.48	60.30	60.13	59.95	59.78	59.60	59.43	59.25	61
61.1	61.10	60.93	60.75	60.58	60.40	60.23	60.05	59.88	59.70	59.53	59.35	61.1
61.2	61.20	61.03	60.85	60.68	60.50	60.33	60.15	59.98	59.80	59.63	59.45	61.2
61.3	61.30	61.13	60.95	60.78	60.60	60.43	60.26	60.08	59.90	59.73	59.55	61.3
61.4	61.40	61.23	61.05	60.88	60.71	60.53	60.36	60.18	60.01	59.83	59.65	61.4
61.5	61.50	61.33	61.15	60.98	60.81	60.63	60.46	60.28	60.11	59.93	59.75	61.5
61.6	61.60	61.43	61.25	61.08	60.91	60.73	60.56	60.38	60.21	60.03	59.86	61.6
61.7	61.70	61.53	61.35	61.18	61.01	60.83	60.66	60.48	60.31	60.13	59.96	61.7
61.8	61.80	61.63	61.45	61.28	61.11	60.93	60.76	60.58	60.41	60.23	60.06	61.8
61.9	61.90	61.73	61.55	61.38	61.21	61.03	60.86	60.68	60.51	60.33	60.16	61.9
62	62.00	61.83	61.65	61.48	61.31	61.13	60.96	60.79	60.61	60.44	60.26	62
62.1	62.10	61.93	61.75	61.58	61.41	61.23	61.06	60.89	60.71	60.54	60.36	62.1
62.2	62.20	62.03	61.86	61.68	61.51	61.34	61.16	60.99	60.81	60.64	60.46	62.2
62.3	62.30	62.13	61.96	61.78	61.61	61.44	61.26	61.09	60.91	60.74	60.56	62.3
62.4	62.40	62.23	62.06	61.88	61.71	61.54	61.36	61.19	61.01	60.84	60.66	62.4
62.5	62.50	62.33	62.16	61.98	61.81	61.64	61.46	61.29	61.11	60.94	60.77	62.5
62.6	62.60	62.43	62.26	62.08	61.91	61.74	61.56	61.39	61.22	61.04	60.87	62.6
62.7	62.70	62.53	62.36	62.18	62.01	61.84	61.66	61.49	61.32	61.14	60.97	62.7
62.8	62.80	62.63	62.46	62.28	62.11	61.94	61.77	61.59	61.42	61.24	61.07	62.8

（续表）

酒精度 % vol	酒精计温度 ℃											酒精度 % vol
	20	20.5	21	21.5	22	22.5	23	23.5	24	24.5	25	
62.9	62.90	62.73	62.56	62.38	62.21	62.04	61.87	61.69	61.52	61.34	61.17	62.9
63	63.00	62.83	62.66	62.48	62.31	62.14	61.97	61.79	61.62	61.45	61.27	63
63.1	63.10	62.93	62.76	62.59	62.41	62.24	62.07	61.89	61.72	61.55	61.37	63.1
63.2	63.20	63.03	62.86	62.69	62.51	62.34	62.17	61.99	61.82	61.65	61.47	63.2
63.3	63.30	63.13	62.96	62.79	62.61	62.44	62.27	62.10	61.92	61.75	61.57	63.3
63.4	63.40	63.23	63.06	62.89	62.71	62.54	62.37	62.20	62.02	61.85	61.68	63.4
63.5	63.50	63.33	63.16	62.99	62.81	62.64	62.47	62.30	62.12	61.95	61.78	63.5
63.6	63.60	63.43	63.26	63.09	62.91	62.74	62.57	62.40	62.22	62.05	61.88	63.6
63.7	63.70	63.53	63.36	63.19	63.02	62.84	62.67	62.50	62.33	62.15	61.98	63.7
63.8	63.80	63.63	63.46	63.29	63.12	62.94	62.77	62.60	62.43	62.25	62.08	63.8
63.9	63.90	63.73	63.56	63.39	63.22	63.04	62.87	62.70	62.53	62.35	62.18	63.9
64	64.00	63.83	63.66	63.49	63.32	63.15	62.97	62.80	62.63	62.46	62.28	64
64.1	64.10	63.93	63.76	63.59	63.42	63.25	63.07	62.90	62.73	62.56	62.38	64.1
64.2	64.20	64.03	63.86	63.69	63.52	63.35	63.17	63.00	62.83	62.66	62.48	64.2
64.3	64.30	64.13	63.96	63.79	63.62	63.45	63.28	63.10	62.93	62.76	62.59	64.3
64.4	64.40	64.23	64.06	63.89	63.72	63.55	63.38	63.20	63.03	62.86	62.69	64.4
64.5	64.50	64.33	64.16	63.99	63.82	63.65	63.48	63.30	63.13	62.96	62.79	64.5
64.6	64.60	64.43	64.26	64.09	63.92	63.75	63.58	63.41	63.23	63.06	62.89	64.6
64.7	64.70	64.53	64.36	64.19	64.02	63.85	63.68	63.51	63.33	63.16	62.99	64.7
64.8	64.80	64.63	64.46	64.29	64.12	63.95	63.78	63.61	63.44	63.26	63.09	64.8
64.9	64.90	64.73	64.56	64.39	64.22	64.05	63.88	63.71	63.54	63.36	63.19	64.9
65	65.00	64.83	64.66	64.49	64.32	64.15	63.98	63.81	63.64	63.47	63.29	65
65.1	65.10	64.93	64.76	64.59	64.42	64.25	64.08	63.91	63.74	63.57	63.39	65.1
65.2	65.20	65.03	64.86	64.69	64.52	64.35	64.18	64.01	63.84	63.67	63.50	65.2
65.3	65.30	65.13	64.96	64.79	64.62	64.45	64.28	64.11	63.94	63.77	63.60	65.3
65.4	65.40	65.23	65.06	64.89	64.72	64.55	64.38	64.21	64.04	63.87	63.70	65.4
65.5	65.50	65.33	65.16	64.99	64.82	64.65	64.48	64.31	64.14	63.97	63.80	65.5
65.6	65.60	65.43	65.26	65.09	64.92	64.75	64.58	64.41	64.24	64.07	63.90	65.6
65.7	65.70	65.53	65.36	65.19	65.02	64.85	64.68	64.51	64.34	64.17	64.00	65.7
65.8	65.80	65.63	65.46	65.29	65.13	64.96	64.79	64.62	64.44	64.27	64.10	65.8
65.9	65.90	65.73	65.56	65.39	65.23	65.06	64.89	64.72	64.55	64.37	64.20	65.9
66	66.00	65.83	65.66	65.49	65.33	65.16	64.99	64.82	64.65	64.48	64.30	66
66.1	66.10	65.93	65.76	65.60	65.43	65.26	65.09	64.92	64.75	64.58	64.41	66.1
66.2	66.20	66.03	65.86	65.70	65.53	65.36	65.19	65.02	64.85	64.68	64.51	66.2
66.3	66.30	66.13	65.96	65.80	65.63	65.46	65.29	65.12	64.95	64.78	64.61	66.3
66.4	66.40	66.23	66.06	65.90	65.73	65.56	65.39	65.22	65.05	64.88	64.71	66.4
66.5	66.50	66.33	66.16	66.00	65.83	65.66	65.49	65.32	65.15	64.98	64.81	66.5
66.6	66.60	66.43	66.27	66.10	65.93	65.76	65.59	65.42	65.25	65.08	64.91	66.6
66.7	66.70	66.53	66.37	66.20	66.03	65.86	65.69	65.52	65.35	65.18	65.01	66.7

（续表）

酒精度 % vol	酒精计温度 ℃											酒精度 % vol
	20	20.5	21	21.5	22	22.5	23	23.5	24	24.5	25	
66.8	66.80	66.63	66.47	66.30	66.13	65.96	65.79	65.62	65.45	65.28	65.11	66.8
66.9	66.90	66.73	66.57	66.40	66.23	66.06	65.89	65.72	65.55	65.38	65.21	66.9
67	67.00	66.83	66.67	66.50	66.33	66.16	65.99	65.82	65.66	65.49	65.32	67
67.1	67.10	66.93	66.77	66.60	66.43	66.26	66.09	65.93	65.76	65.59	65.42	67.1
67.2	67.20	67.03	66.87	66.70	66.53	66.36	66.20	66.03	65.86	65.69	65.52	67.2
67.3	67.30	67.13	66.97	66.80	66.63	66.46	66.30	66.13	65.96	65.79	65.62	67.3
67.4	67.40	67.23	67.07	66.90	66.73	66.56	66.40	66.23	66.06	65.89	65.72	67.4
67.5	67.50	67.33	67.17	67.00	66.83	66.67	66.50	66.33	66.16	65.99	65.82	67.5
67.6	67.60	67.43	67.27	67.10	66.93	66.77	66.60	66.43	66.26	66.09	65.92	67.6
67.7	67.70	67.53	67.37	67.20	67.03	66.87	66.70	66.53	66.36	66.19	66.02	67.7
67.8	67.80	67.63	67.47	67.30	67.13	66.97	66.80	66.63	66.46	66.29	66.13	67.8
67.9	67.90	67.73	67.57	67.40	67.23	67.07	66.90	66.73	66.56	66.40	66.23	67.9
68	68.00	67.83	67.67	67.50	67.34	67.17	67.00	66.83	66.67	66.50	66.33	68
68.1	68.10	67.93	67.77	67.60	67.44	67.27	67.10	66.93	66.77	66.60	66.43	68.1
68.2	68.20	68.03	67.87	67.70	67.54	67.37	67.20	67.03	66.87	66.70	66.53	68.2
68.3	68.30	68.13	67.97	67.80	67.64	67.47	67.30	67.14	66.97	66.80	66.63	68.3
68.4	68.40	68.23	68.07	67.90	67.74	67.57	67.40	67.24	67.07	66.90	66.73	68.4
68.5	68.50	68.33	68.17	68.00	67.84	67.67	67.50	67.34	67.17	67.00	66.83	68.5
68.6	68.60	68.44	68.27	68.10	67.94	67.77	67.61	67.44	67.27	67.10	66.94	68.6
68.7	68.70	68.54	68.37	68.20	68.04	67.87	67.71	67.54	67.37	67.20	67.04	68.7
68.8	68.80	68.64	68.47	68.30	68.14	67.97	67.81	67.64	67.47	67.31	67.14	68.8
68.9	68.90	68.74	68.57	68.41	68.24	68.07	67.91	67.74	67.57	67.41	67.24	68.9
69	69.00	68.84	68.67	68.51	68.34	68.17	68.01	67.84	67.67	67.51	67.34	69
69.1	69.10	68.94	68.77	68.61	68.44	68.28	68.11	67.94	67.78	67.61	67.44	69.1
69.2	69.20	69.04	68.87	68.71	68.54	68.38	68.21	68.04	67.88	67.71	67.54	69.2
69.3	69.30	69.14	68.97	68.81	68.64	68.48	68.31	68.14	67.98	67.81	67.64	69.3
69.4	69.40	69.24	69.07	68.91	68.74	68.58	68.41	68.25	68.08	67.91	67.74	69.4
69.5	69.50	69.34	69.17	69.01	68.84	68.68	68.51	68.35	68.18	68.01	67.85	69.5
69.6	69.60	69.44	69.27	69.11	68.94	68.78	68.61	68.45	68.28	68.11	67.95	69.6
69.7	69.70	69.54	69.37	69.21	69.04	68.88	68.71	68.55	68.38	68.22	68.05	69.7
69.8	69.80	69.64	69.47	69.31	69.14	68.98	68.81	68.65	68.48	68.32	68.15	69.8
69.9	69.90	69.74	69.57	69.41	69.24	69.08	68.91	68.75	68.58	68.42	68.25	69.9
70	70.00	69.84	69.67	69.51	69.35	69.18	69.02	68.85	68.68	68.52	68.35	70

（续表）

酒精度 % vol	酒精计温度 ℃											酒精度 % vol
	25	25. 5	26	26. 5	27	27. 5	28	28. 5	29	29. 5	30	
18	16. 57	16. 42	16. 28	16. 13	15. 99	15. 84	15. 69	15. 55	15. 40	15. 25	15. 11	18
18. 1	16. 66	16. 51	16. 37	16. 22	16. 08	15. 93	15. 78	15. 64	15. 49	15. 34	15. 19	18. 1
18. 2	16. 75	16. 61	16. 46	16. 32	16. 17	16. 02	15. 87	15. 73	15. 58	15. 43	15. 28	18. 2
18. 3	16. 85	16. 70	16. 55	16. 41	16. 26	16. 11	15. 96	15. 82	15. 67	15. 52	15. 37	18. 3
18. 4	16. 94	16. 79	16. 65	16. 50	16. 35	16. 20	16. 06	15. 91	15. 76	15. 61	15. 46	18. 4
18. 5	17. 03	16. 89	16. 74	16. 59	16. 44	16. 29	16. 15	16. 00	15. 85	15. 70	15. 55	18. 5
18. 6	17. 13	16. 98	16. 83	16. 68	16. 53	16. 39	16. 24	16. 09	15. 94	15. 79	15. 64	18. 6
18. 7	17. 22	17. 07	16. 92	16. 78	16. 63	16. 48	16. 33	16. 18	16. 03	15. 88	15. 73	18. 7
18. 8	17. 32	17. 17	17. 02	16. 87	16. 72	16. 57	16. 42	16. 27	16. 12	15. 97	15. 81	18. 8
18. 9	17. 41	17. 26	17. 11	16. 96	16. 81	16. 66	16. 51	16. 36	16. 21	16. 05	15. 90	18. 9
19	17. 50	17. 35	17. 20	17. 05	16. 90	16. 75	16. 60	16. 45	16. 30	16. 14	15. 99	19
19. 1	17. 60	17. 45	17. 29	17. 14	16. 99	16. 84	16. 69	16. 54	16. 38	16. 23	16. 08	19. 1
19. 2	17. 69	17. 54	17. 39	17. 24	17. 08	16. 93	16. 78	16. 63	16. 47	16. 32	16. 17	19. 2
19. 3	17. 78	17. 63	17. 48	17. 33	17. 18	17. 02	16. 87	16. 72	16. 56	16. 41	16. 26	19. 3
19. 4	17. 88	17. 73	17. 57	17. 42	17. 27	17. 11	16. 96	16. 81	16. 65	16. 50	16. 35	19. 4
19. 5	17. 97	17. 82	17. 67	17. 52	17. 36	17. 20	17. 05	16. 90	16. 74	16. 59	16. 44	19. 5
19. 6	18. 07	17. 91	17. 76	17. 60	17. 45	17. 30	17. 14	16. 99	16. 83	16. 68	16. 52	19. 6
19. 7	18. 16	18. 01	17. 85	17. 70	17. 54	17. 39	17. 23	17. 08	16. 92	16. 77	16. 61	19. 7
19. 8	18. 25	18. 10	17. 94	17. 79	17. 63	17. 48	17. 32	17. 17	17. 01	16. 86	16. 70	18. 8
19. 9	18. 35	18. 19	18. 04	17. 88	17. 73	17. 57	17. 41	17. 26	17. 10	16. 95	16. 79	19. 9
20	18. 44	18. 29	18. 13	17. 97	17. 82	17. 66	17. 50	17. 35	17. 19	17. 04	16. 88	20
20. 1	18. 53	18. 38	18. 22	18. 07	17. 91	17. 75	17. 60	17. 44	17. 28	17. 12	16. 97	20. 1
20. 2	18. 63	18. 47	18. 31	18. 16	18. 00	17. 84	17. 69	17. 53	17. 37	17. 21	17. 06	20. 2
20. 3	18. 72	18. 57	18. 41	18. 25	18. 09	17. 93	17. 78	17. 62	17. 46	17. 30	17. 15	20. 3
20. 4	18. 82	18. 66	18. 50	18. 34	18. 18	18. 03	17. 87	17. 71	17. 55	17. 39	17. 23	20. 4
20. 5	18. 91	18. 75	18. 59	18. 43	18. 28	18. 12	17. 96	17. 80	17. 64	17. 48	17. 32	20. 5
20. 6	19. 00	18. 85	18. 69	18. 53	18. 37	18. 21	18. 05	17. 89	17. 73	17. 57	17. 41	20. 6
20. 7	19. 10	18. 94	18. 78	18. 62	18. 46	18. 30	18. 14	17. 98	17. 82	17. 66	17. 50	20. 7
20. 8	19. 19	19. 03	18. 87	18. 71	18. 55	18. 39	18. 23	18. 07	17. 91	17. 75	17. 59	20. 8
20. 9	19. 29	19. 13	18. 97	18. 80	18. 64	18. 48	18. 32	18. 16	18. 00	17. 84	17. 68	20. 9
21	19. 38	19. 22	19. 06	18. 90	18. 74	18. 57	18. 41	18. 25	18. 09	17. 93	17. 77	21
21. 1	19. 47	19. 31	19. 15	18. 99	18. 83	18. 67	18. 50	18. 34	18. 18	18. 02	17. 86	21. 1
21. 2	19. 57	19. 41	19. 24	19. 08	18. 92	18. 76	18. 60	18. 43	18. 27	18. 11	17. 95	21. 2

（续表）

酒精度 % vol	酒精计温度 ℃											酒精度 % vol
	25	25.5	26	26.5	27	27.5	28	28.5	29	29.5	30	
21.3	19.66	19.50	19.34	19.17	19.01	18.85	18.69	18.52	18.36	18.20	18.04	21.3
21.4	19.76	19.59	19.43	19.27	19.10	18.94	18.78	18.61	18.45	18.29	18.13	21.4
21.5	19.85	19.69	19.52	19.36	19.20	19.03	18.87	18.71	18.54	18.38	18.22	21.5
21.6	19.95	19.78	19.62	19.45	19.29	19.12	18.96	18.80	18.63	18.47	18.30	21.6
21.7	20.04	19.87	19.71	19.55	19.38	19.22	19.05	18.89	18.72	18.56	18.39	21.7
21.8	20.13	19.97	19.80	19.64	19.47	19.31	19.14	18.98	18.81	18.65	18.48	21.8
21.9	20.23	20.06	19.90	19.73	19.56	19.40	19.23	19.07	18.90	18.74	18.57	21.9
22	20.32	20.16	19.99	19.82	19.66	19.49	19.33	19.16	18.99	18.83	18.66	22
22.1	20.42	20.25	20.08	19.92	19.75	19.58	19.42	19.25	19.08	18.92	18.75	22.1
22.2	20.51	20.34	20.18	20.01	19.84	19.68	19.51	19.34	19.17	19.01	18.84	22.2
22.3	20.61	20.44	20.27	20.10	19.93	19.77	19.60	19.43	19.27	19.10	18.93	22.3
22.4	20.70	20.53	20.36	20.20	20.03	19.86	19.69	19.52	19.36	19.19	19.02	22.4
22.5	20.80	20.63	20.46	20.29	20.12	19.95	19.78	19.61	19.45	19.28	19.11	22.5
22.6	20.89	20.72	20.55	20.38	20.21	20.04	19.87	19.71	19.54	19.37	19.20	22.6
22.7	20.98	20.81	20.64	20.47	20.30	20.14	19.97	19.80	19.63	19.46	19.29	22.7
22.8	21.08	20.91	20.74	20.57	20.40	20.23	20.06	19.89	19.72	19.55	19.38	22.8
22.9	21.17	21.00	20.83	20.66	20.49	20.32	20.15	19.98	19.81	19.64	19.47	22.9
23	21.27	21.10	20.93	20.75	20.58	20.41	20.24	20.07	19.90	19.73	19.56	23
23.1	21.36	21.19	21.02	20.85	20.68	20.50	20.33	20.16	19.99	19.82	19.65	23.1
23.2	21.46	21.29	21.11	20.94	20.77	20.60	20.43	20.25	20.08	19.91	19.74	23.2
23.3	21.55	21.38	21.21	21.03	20.86	20.69	20.52	20.35	20.17	20.00	19.83	23.3
23.4	21.65	21.47	21.30	21.13	20.95	20.78	20.61	20.44	20.27	20.09	19.92	23.4
23.5	21.74	21.57	21.39	21.22	21.05	20.87	20.70	20.53	20.36	20.18	20.01	23.5
23.6	21.84	21.66	21.49	21.31	21.14	20.97	20.79	20.62	20.45	20.28	20.10	23.6
23.7	21.93	21.76	21.58	21.41	21.23	21.06	20.89	20.71	20.54	20.37	20.19	23.7
23.8	22.03	21.85	21.68	21.50	21.33	21.15	20.98	20.80	20.63	20.46	20.28	23.8
23.9	22.12	21.95	21.77	21.60	21.42	21.25	21.07	20.90	20.72	20.55	20.37	23.9
24	22.22	22.04	21.87	21.69	21.51	21.34	21.16	20.99	20.81	20.64	20.47	24
24.1	22.31	22.14	21.96	21.78	21.61	21.43	21.26	21.08	20.91	20.73	20.56	24.1
24.2	22.41	22.23	22.05	21.88	21.70	21.52	21.35	21.17	21.00	20.82	20.65	24.2
24.3	22.50	22.33	22.15	21.97	21.79	21.62	21.44	21.26	21.09	20.91	20.74	24.3
24.4	22.60	22.42	22.24	22.06	21.89	21.71	21.53	21.36	21.18	21.00	20.83	24.4
24.5	22.69	22.52	22.34	22.16	21.98	21.80	21.63	21.45	21.27	21.10	20.92	24.5

（续表）

酒精度 % vol	酒精计温度 ℃											酒精度 % vol
	25	25.5	26	26.5	27	27.5	28	28.5	29	29.5	30	
24.6	22.79	22.61	22.43	22.25	22.07	21.90	21.72	21.54	21.36	21.19	21.01	24.6
24.7	22.88	22.71	22.53	22.35	22.17	21.99	21.81	21.63	21.46	21.28	21.10	24.7
24.8	22.98	22.80	22.62	22.44	22.26	22.08	21.90	21.73	21.55	21.37	21.19	24.8
24.9	23.08	22.90	22.72	22.54	22.36	22.18	22.00	21.82	21.64	21.46	21.29	24.9
25	23.17	22.99	22.81	22.63	22.45	22.27	22.09	21.91	21.73	21.55	21.38	25
25.1	23.27	23.09	22.90	22.72	22.54	22.36	22.18	22.00	21.83	21.65	21.47	25.1
25.2	23.36	23.18	23.00	22.82	22.64	22.46	22.28	22.10	21.92	21.74	21.56	25.2
25.3	23.46	23.28	23.09	22.91	22.73	22.55	22.37	22.19	22.01	21.83	21.65	25.3
25.4	23.55	23.37	23.19	23.01	22.83	22.64	22.46	22.28	22.10	21.92	21.74	25.4
25.5	23.65	23.47	23.28	23.10	22.92	22.74	22.56	22.38	22.20	22.01	21.83	25.5
25.6	23.75	23.56	23.38	23.20	23.01	22.83	22.65	22.47	22.29	22.11	21.93	25.6
25.7	23.84	23.66	23.47	23.29	23.11	22.93	22.74	22.56	22.38	22.20	22.02	25.7
25.8	23.94	23.75	23.57	23.39	23.20	23.02	22.84	22.66	22.47	22.29	22.11	25.8
25.9	24.03	23.85	23.66	23.48	23.30	23.11	22.93	22.75	22.57	22.38	22.20	25.9
26	24.13	23.94	23.76	23.58	23.39	23.21	23.03	22.84	22.66	22.48	22.30	26
26.1	24.23	24.04	23.86	23.67	23.49	23.30	23.12	22.94	22.75	22.57	22.39	26.1
26.2	24.32	24.14	23.95	23.77	23.58	23.40	23.21	23.03	22.85	22.66	22.48	26.2
26.3	24.42	24.23	24.05	23.86	23.68	23.49	23.31	23.12	22.94	22.76	22.57	26.3
26.4	24.51	24.33	24.14	23.96	23.77	23.59	23.40	23.22	23.03	22.85	22.66	26.4
26.5	24.61	24.42	24.24	24.05	23.87	23.68	23.49	23.31	23.13	22.94	22.76	26.5
26.6	24.71	24.52	24.33	24.15	23.96	23.77	23.59	23.40	23.22	23.03	22.85	26.6
26.7	24.80	24.62	24.43	24.24	24.06	23.87	23.68	23.50	23.31	23.13	22.94	26.7
26.8	24.90	24.71	24.52	24.34	24.15	23.96	23.78	23.59	23.41	23.22	23.04	26.8
26.9	25.00	24.81	24.62	24.43	24.25	24.06	23.87	23.69	23.50	23.31	23.13	26.9
27	25.09	24.90	24.72	24.53	24.34	24.15	23.97	23.78	23.59	23.41	23.22	27
27.1	25.19	25.00	24.81	24.62	24.44	24.25	24.06	23.87	23.69	23.50	23.32	27.1
27.2	25.29	25.10	24.91	24.72	24.53	24.34	24.16	23.97	23.78	23.59	23.41	27.2
27.3	25.38	25.19	25.00	24.81	24.63	24.44	24.25	24.06	23.88	23.69	23.50	27.3
27.4	25.48	25.29	25.10	24.91	24.72	24.53	24.34	24.16	23.97	23.78	23.59	27.4
27.5	25.58	25.39	25.20	25.01	24.82	24.63	24.44	24.25	24.06	23.88	23.69	27.5
27.6	25.67	25.48	25.29	25.10	24.91	24.72	24.53	24.35	24.16	23.97	23.78	27.6
27.7	25.77	25.58	25.39	25.20	25.01	24.82	24.63	24.44	24.25	24.06	23.88	27.7
27.8	25.87	25.68	25.48	25.29	25.10	24.91	24.72	24.54	24.35	24.16	23.97	27.8

（续表）

酒精度 % vol	酒精计温度 ℃											酒精度 % vol
	25	25.5	26	26.5	27	27.5	28	28.5	29	29.5	30	
27.9	25.96	25.77	25.58	25.39	25.20	25.01	24.82	24.63	24.44	24.25	24.06	27.9
28	26.06	25.87	25.68	25.49	25.30	25.10	24.91	24.72	24.54	24.35	24.16	28
28.1	26.16	25.97	25.77	25.58	25.39	25.20	25.01	24.82	24.63	24.44	24.25	28.1
28.2	26.25	26.06	25.87	25.68	25.49	25.30	25.11	24.91	24.72	24.53	24.35	28.2
28.3	26.35	26.16	25.97	25.77	25.58	25.39	25.20	25.01	24.82	24.63	24.44	28.3
28.4	26.45	26.26	26.06	25.87	25.68	25.49	25.30	25.10	24.91	24.72	24.53	28.4
28.5	26.55	26.35	26.16	25.97	25.78	25.58	25.39	25.20	25.01	24.82	24.63	28.5
28.6	26.64	26.45	26.26	26.06	25.87	25.68	25.49	25.30	25.10	24.91	24.72	28.6
28.7	26.74	26.55	26.35	26.16	25.97	25.77	25.58	25.39	25.20	25.01	24.82	28.7
28.8	26.84	26.64	26.45	26.26	26.06	25.87	25.68	25.49	25.29	25.10	24.91	28.8
28.9	26.94	26.74	26.55	26.35	26.16	25.97	25.77	25.58	25.39	25.20	25.01	28.9
29	27.03	26.84	26.64	26.45	26.26	26.06	25.87	25.68	25.48	25.29	25.10	29
29.1	27.13	26.94	26.74	26.55	26.35	26.16	25.97	25.77	25.58	25.39	25.20	29.1
29.2	27.23	27.03	26.84	26.64	26.45	26.26	26.06	25.87	25.68	25.48	25.29	29.2
29.3	27.33	27.13	26.94	26.74	26.55	26.35	26.16	25.96	25.77	25.58	25.39	29.3
29.4	27.42	27.23	27.03	26.84	26.64	26.45	26.25	26.06	25.87	25.67	25.48	29.4
29.5	27.52	27.33	27.13	26.93	26.74	26.55	26.35	26.16	25.96	25.77	25.58	29.5
29.6	27.62	27.42	27.23	27.03	26.84	26.64	26.45	26.25	26.06	25.87	25.67	29.6
29.7	27.72	27.52	27.32	27.13	26.93	26.74	26.54	26.35	26.15	25.96	25.77	29.7
29.8	27.82	27.62	27.42	27.23	27.03	26.84	26.64	26.45	26.25	26.06	25.86	29.8
29.9	27.91	27.72	27.52	27.32	27.13	26.93	26.74	26.54	26.35	26.15	25.96	29.9
30	28.01	27.81	27.62	27.42	27.22	27.03	26.83	26.64	26.44	26.25	26.05	30
30.1	28.11	27.91	27.71	27.52	27.32	27.13	26.93	26.73	26.54	26.34	26.15	30.1
30.2	28.21	28.01	27.81	27.62	27.42	27.22	27.03	26.83	26.64	26.44	26.25	30.2
30.3	28.31	28.11	27.91	27.71	27.52	27.32	27.12	26.93	26.73	26.54	26.34	30.3
30.4	28.40	28.21	28.01	27.81	27.61	27.42	27.22	27.02	26.83	26.63	26.44	30.4
30.5	28.50	28.30	28.11	27.91	27.71	27.51	27.32	27.12	26.92	26.73	26.53	30.5
30.6	28.60	28.40	28.20	28.01	27.81	27.61	27.41	27.22	27.02	26.83	26.63	30.6
30.7	28.70	28.50	28.30	28.10	27.91	27.71	27.51	27.31	27.12	26.92	26.73	30.7
30.8	28.80	28.60	28.40	28.20	28.00	27.81	27.61	27.41	27.21	27.02	26.82	30.8
30.9	28.90	28.70	28.50	28.30	28.10	27.90	27.71	27.51	27.31	27.11	26.92	30.9
31	28.99	28.79	28.60	28.40	28.20	28.00	27.80	27.61	27.41	27.21	27.01	31
31.1	29.09	28.89	28.69	28.50	28.30	28.10	27.90	27.70	27.51	27.31	27.11	31.1

（续表）

酒精度 % vol	酒精计温度 ℃											酒精度 % vol
	25	25.5	26	26.5	27	27.5	28	28.5	29	29.5	30	
31.2	29.19	28.99	28.79	28.59	28.39	28.20	28.00	27.80	27.60	27.41	27.21	31.2
31.3	29.29	29.09	28.89	28.69	28.49	28.29	28.10	27.90	27.70	27.50	27.30	31.3
31.4	29.39	29.19	28.99	28.79	28.59	28.39	28.19	27.99	27.80	27.60	27.40	31.4
31.5	29.49	29.29	29.09	28.89	28.69	28.49	28.29	28.09	27.89	27.70	27.50	31.5
31.6	29.59	29.39	29.19	28.99	28.79	28.59	28.39	28.19	27.99	27.79	27.60	31.6
31.7	29.68	29.48	29.28	29.08	28.88	28.69	28.49	28.29	28.09	27.89	27.69	31.7
31.8	29.78	29.58	29.38	29.18	28.98	28.78	28.58	28.39	28.19	27.99	27.79	31.8
31.9	29.88	29.68	29.48	29.28	29.08	28.88	28.68	28.48	28.28	28.09	27.89	31.9
32	29.98	29.78	29.58	29.38	29.18	28.98	28.78	28.58	28.38	28.18	27.98	32
32.1	30.08	29.88	29.68	29.48	29.28	29.08	28.88	28.68	28.48	28.28	28.08	32.1
32.2	30.18	29.98	29.78	29.58	29.38	29.18	28.98	28.78	28.58	28.38	28.18	32.2
32.3	30.28	30.08	29.88	29.67	29.47	29.27	29.07	28.87	28.68	28.48	28.28	32.3
32.4	30.38	30.18	29.97	29.77	29.57	29.37	29.17	28.97	28.77	28.57	28.37	32.4
32.5	30.48	30.27	30.07	29.87	29.67	29.47	29.27	29.07	28.87	28.67	28.47	32.5
32.6	30.57	30.37	30.17	29.97	29.77	29.57	29.37	29.17	28.97	28.77	28.57	32.6
32.7	30.67	30.47	30.27	30.07	29.87	29.67	29.47	29.27	29.07	28.87	28.67	32.7
32.8	30.77	30.57	30.37	30.17	29.97	29.77	29.57	29.37	29.17	28.97	28.77	32.8
32.9	30.87	30.67	30.47	30.27	30.07	29.87	29.66	29.46	29.26	29.06	28.86	32.9
33	30.97	30.77	30.57	30.37	30.17	29.96	29.76	29.56	29.36	29.16	28.96	33
33.1	31.07	30.87	30.67	30.47	30.26	30.06	29.86	29.66	29.46	29.26	29.06	33.1
33.2	31.17	30.97	30.77	30.56	30.36	30.16	29.96	29.76	29.56	29.36	29.16	33.2
33.3	31.27	31.07	30.87	30.66	30.46	30.26	30.06	29.86	29.66	29.46	29.26	33.3
33.4	31.37	31.17	30.96	30.76	30.56	30.36	30.16	29.96	29.76	29.56	29.35	33.4
33.5	31.47	31.27	31.06	30.86	30.66	30.46	30.26	30.06	29.86	29.65	29.45	33.5
33.6	31.57	31.37	31.16	30.96	30.76	30.56	30.36	30.16	29.95	29.75	29.55	33.6
33.7	31.67	31.47	31.26	31.06	30.86	30.66	30.46	30.25	30.05	29.85	29.65	33.7
33.8	31.77	31.56	31.36	31.16	30.96	30.76	30.55	30.35	30.15	29.95	29.75	33.8
33.9	31.87	31.66	31.46	31.26	31.06	30.86	30.65	30.45	30.25	30.05	29.85	33.9
34	31.97	31.76	31.56	31.36	31.16	30.95	30.75	30.55	30.35	30.15	29.95	34
34.1	32.07	31.86	31.66	31.46	31.26	31.05	30.85	30.65	30.45	30.25	30.05	34.1
34.2	32.17	31.96	31.76	31.56	31.36	31.15	30.95	30.75	30.55	30.35	30.14	34.2
34.3	32.27	32.06	31.86	31.66	31.46	31.25	31.05	30.85	30.65	30.44	30.24	34.3
34.4	32.37	32.16	31.96	31.76	31.55	31.35	31.15	30.95	30.75	30.54	30.34	34.4

（续表）

酒精度 % vol	酒精计温度 ℃											酒精度 % vol
	25	25.5	26	26.5	27	27.5	28	28.5	29	29.5	30	
34.5	32.46	32.26	32.06	31.86	31.65	31.45	31.25	31.05	30.85	30.64	30.44	34.5
34.6	32.56	32.36	32.16	31.96	31.75	31.55	31.35	31.15	30.94	30.74	30.54	34.6
34.7	32.66	32.46	32.26	32.06	31.85	31.65	31.45	31.25	31.04	30.84	30.64	34.7
34.8	32.76	32.56	32.36	32.16	31.95	31.75	31.55	31.35	31.14	30.94	30.74	34.8
34.9	32.86	32.66	32.46	32.26	32.05	31.85	31.65	31.45	31.24	31.04	30.84	34.9
35	32.96	32.76	32.56	32.36	32.15	31.95	31.75	31.55	31.34	31.14	30.94	35
35.1	33.06	32.86	32.66	32.46	32.25	32.05	31.85	31.64	31.44	31.24	31.04	35.1
35.2	33.16	32.96	32.76	32.56	32.35	32.15	31.95	31.74	31.54	31.34	31.14	35.2
35.3	33.26	33.06	32.86	32.66	32.45	32.25	32.05	31.84	31.64	31.44	31.24	35.3
35.4	33.36	33.16	32.96	32.76	32.55	32.35	32.15	31.94	31.74	31.54	31.34	35.4
35.5	33.46	33.26	33.06	32.86	32.65	32.45	32.25	32.04	31.84	31.64	31.44	35.5
35.6	33.56	33.36	33.16	32.96	32.75	32.55	32.35	32.14	31.94	31.74	31.54	35.6
35.7	33.66	33.46	33.26	33.06	32.85	32.65	32.45	32.24	32.04	31.84	31.64	35.7
35.8	33.76	33.56	33.36	33.16	32.96	32.75	32.55	32.34	32.14	31.94	31.74	35.8
35.9	33.87	33.66	33.46	33.26	33.05	32.85	32.65	32.44	32.24	32.04	31.84	35.9
36	33.97	33.76	33.56	33.36	33.15	32.95	32.75	32.54	32.34	32.14	31.94	36
36.1	34.07	33.86	33.66	33.46	33.25	33.05	32.85	32.64	32.44	32.24	32.04	36.1
36.2	34.17	33.96	33.76	33.56	33.35	33.15	32.95	32.74	32.54	32.34	32.14	36.2
36.3	34.27	34.06	33.86	33.66	33.45	33.25	33.05	32.84	32.64	32.44	32.24	36.3
36.4	34.37	34.16	33.96	33.76	33.55	33.35	33.15	32.95	32.74	32.54	32.34	36.4
36.5	34.47	34.26	34.06	33.86	33.65	33.45	33.25	33.05	32.84	32.64	32.44	36.5
36.6	34.57	34.36	34.16	33.96	33.76	33.55	33.35	33.15	32.94	32.74	32.54	36.6
36.7	34.67	34.46	34.26	34.06	33.86	33.65	33.45	33.25	33.04	32.84	32.64	36.7
36.8	34.77	34.57	34.36	34.16	33.96	33.75	33.55	33.35	33.14	32.94	32.74	36.8
36.9	34.87	34.67	34.46	34.26	34.06	33.85	33.65	33.45	33.24	33.04	32.84	36.9
37	34.97	34.77	34.56	34.36	34.16	33.95	33.75	33.55	33.34	33.14	32.94	37
37.1	35.07	34.87	34.66	34.46	34.26	34.05	33.85	33.65	33.45	33.24	33.04	37.1
37.2	35.17	34.97	34.76	34.56	34.36	34.16	33.95	33.75	33.55	33.34	33.14	37.2
37.3	35.27	35.07	34.86	34.66	34.46	34.26	34.05	33.85	33.65	33.44	33.24	37.3
37.4	35.37	35.17	34.97	34.76	34.56	34.36	34.15	33.95	33.75	33.54	33.34	37.4
37.5	35.47	35.27	35.07	34.86	34.66	34.46	34.25	34.05	33.85	33.65	33.44	37.5
37.6	35.57	35.37	35.17	34.96	34.76	34.56	34.36	34.15	33.95	33.75	33.54	37.6
37.7	35.67	35.47	35.27	35.06	34.86	34.66	34.46	34.25	34.05	33.85	33.64	37.7

（续表）

酒精度 % vol	酒精计温度 ℃											酒精度 % vol
	25	25.5	26	26.5	27	27.5	28	28.5	29	29.5	30	
37.8	35.77	35.57	35.37	35.17	34.96	34.76	34.56	34.35	34.15	33.95	33.75	37.8
37.9	35.87	35.67	35.47	35.27	35.06	34.86	34.66	34.45	34.25	34.05	33.85	37.9
38	35.98	35.77	35.57	35.37	35.16	34.96	34.76	34.56	34.35	34.15	33.95	38
38.1	36.08	35.87	35.67	35.47	35.27	35.06	34.86	34.66	34.45	34.25	34.05	38.1
38.2	36.18	35.97	35.77	35.57	35.37	35.16	34.96	34.76	34.55	34.35	34.15	38.2
38.3	36.28	36.07	35.87	35.67	35.47	35.26	35.06	34.86	34.66	34.45	34.25	38.3
38.4	36.38	36.18	35.97	35.77	35.57	35.37	35.16	34.96	34.76	34.55	34.35	38.4
38.5	36.48	36.28	36.07	35.87	35.67	35.47	35.26	35.06	34.86	34.66	34.45	38.5
38.6	36.58	36.38	36.17	35.97	35.77	35.57	35.36	35.16	34.96	34.76	34.55	38.6
38.7	36.68	36.48	36.28	36.07	35.87	35.67	35.47	35.26	35.06	34.86	34.66	38.7
38.8	36.78	36.58	36.38	36.17	35.97	35.77	35.57	35.36	35.16	34.96	34.76	38.8
38.9	36.88	36.68	36.48	36.28	36.07	35.87	35.67	35.47	35.26	35.06	34.86	38.9
39	36.98	36.78	36.58	36.38	36.17	35.97	35.77	35.57	35.36	35.16	34.96	39
39.1	37.08	36.88	36.68	36.48	36.28	36.07	35.87	35.67	35.47	35.26	35.06	39.1
39.2	37.18	36.98	36.78	36.58	36.38	36.17	35.97	35.77	35.57	35.36	35.16	39.2
39.3	37.29	37.08	36.88	36.68	36.48	36.28	36.07	35.87	35.67	35.47	35.26	39.3
39.4	37.39	37.18	36.98	36.78	36.58	36.38	36.17	35.97	35.77	35.57	35.37	39.4
39.5	37.49	37.29	37.08	36.88	36.68	36.48	36.28	36.07	35.87	35.67	35.47	39.5
39.6	37.59	37.39	37.19	36.98	36.78	36.58	36.38	36.18	35.97	35.77	35.57	39.6
39.7	37.69	37.49	37.29	37.08	36.88	36.68	36.48	36.28	36.07	35.87	35.67	39.7
39.8	37.79	37.59	37.39	37.19	36.98	36.78	36.58	36.38	36.18	35.97	35.77	39.8
39.9	37.89	37.69	37.49	37.29	37.09	36.88	36.68	36.48	36.28	36.08	35.87	39.9
40	37.99	37.79	37.59	37.39	37.19	36.98	36.78	36.58	36.38	36.18	35.97	40
40.1	38.09	37.89	37.69	37.49	37.29	37.09	36.88	36.68	36.48	36.28	36.08	40.1
40.2	38.19	37.99	37.79	37.59	37.39	37.19	36.99	36.78	36.58	36.38	36.18	40.2
40.3	38.30	38.09	37.89	37.69	37.49	37.29	37.09	36.89	36.68	36.48	36.28	40.3
40.4	38.40	38.20	37.99	37.79	37.59	37.39	37.19	36.99	36.79	36.58	36.38	40.4
40.5	38.50	38.30	38.10	37.89	37.69	37.49	37.29	37.09	36.89	36.69	36.48	40.5
40.6	38.60	38.40	38.20	38.00	37.80	37.59	37.39	37.19	36.99	36.79	36.59	40.6
40.7	38.70	38.50	38.30	38.10	37.90	37.70	37.49	37.29	37.09	36.89	36.69	40.7
40.8	38.80	38.60	38.40	38.20	38.00	37.80	37.60	37.39	37.19	36.99	36.79	40.8
40.9	38.90	38.70	38.50	38.30	38.10	37.90	37.70	37.50	37.29	37.09	36.89	40.9
41	39.00	38.80	38.60	38.40	38.20	38.00	37.80	37.60	37.40	37.20	36.99	41

（续表）

酒精度 % vol	酒精计温度 ℃											酒精度 % vol
	25	25.5	26	26.5	27	27.5	28	28.5	29	29.5	30	
41.1	39.10	38.90	38.70	38.50	38.30	38.10	37.90	37.70	37.50	37.30	37.10	41.1
41.2	39.21	39.01	38.80	38.60	38.40	38.20	38.00	37.80	37.60	37.40	37.20	41.2
41.3	39.31	39.11	38.91	38.71	38.51	38.30	38.10	37.90	37.70	37.50	37.30	41.3
41.4	39.41	39.21	39.01	38.81	38.61	38.41	38.21	38.01	37.80	37.60	37.40	41.4
41.5	39.51	39.31	39.11	38.91	38.71	38.51	38.31	38.11	37.91	37.71	37.50	41.5
41.6	39.61	39.41	39.21	39.01	38.81	38.61	38.41	38.21	38.01	37.81	37.61	41.6
41.7	39.71	39.51	39.31	39.11	38.91	38.71	38.51	38.31	38.11	37.91	37.71	41.7
41.8	39.81	39.61	39.41	39.21	39.01	38.81	38.61	38.41	38.21	38.01	37.81	41.8
41.9	39.91	39.71	39.51	39.31	39.11	38.91	38.71	38.51	38.31	38.11	37.91	41.9
42	40.01	39.82	39.62	39.42	39.22	39.02	38.82	38.62	38.42	38.22	38.01	42
42.1	40.12	39.92	39.72	39.52	39.32	39.12	38.92	38.72	38.52	38.32	38.12	42.1
42.2	40.22	40.02	39.82	39.62	39.42	39.22	39.02	38.82	38.62	38.42	38.22	42.2
42.3	40.32	40.12	39.92	39.72	39.52	39.32	39.12	38.92	38.72	38.52	38.32	42.3
42.4	40.42	40.22	40.02	39.82	39.62	39.42	39.22	39.02	38.82	38.62	38.42	42.4
42.5	40.52	40.32	40.12	39.92	39.72	39.53	39.33	39.13	38.93	38.73	38.53	42.5
42.6	40.62	40.42	40.22	40.03	39.83	39.63	39.43	39.23	39.03	38.83	38.63	42.6
42.7	40.72	40.52	40.33	40.13	39.93	39.73	39.53	39.33	39.13	38.93	38.73	42.7
42.8	40.82	40.63	40.43	40.23	40.03	39.83	39.63	39.43	39.23	39.03	38.83	42.8
42.9	40.93	40.73	40.53	40.33	40.13	39.93	39.73	39.53	39.33	39.14	38.94	42.9
43	41.03	40.83	40.63	40.43	40.23	40.03	39.84	39.64	39.44	39.24	39.04	43
43.1	41.13	40.93	40.73	40.53	40.34	40.14	39.94	39.74	39.54	39.34	39.14	43.1
43.2	41.23	41.03	40.83	40.64	40.44	40.24	40.04	39.84	39.64	39.44	39.24	43.2
43.3	41.33	41.13	40.94	40.74	40.54	40.34	40.14	39.94	39.74	39.54	39.34	43.3
43.4	41.43	41.23	41.04	40.84	40.64	40.44	40.24	40.04	39.85	39.65	39.45	43.4
43.5	41.53	41.34	41.14	40.94	40.74	40.54	40.35	40.15	39.95	39.75	39.55	43.5
43.6	41.64	41.44	41.24	41.04	40.84	40.65	40.45	40.25	40.05	39.85	39.65	43.6
43.7	41.74	41.54	41.34	41.14	40.95	40.75	40.55	40.35	40.15	39.95	39.75	43.7
43.8	41.84	41.64	41.44	41.25	41.05	40.85	40.65	40.45	40.25	40.06	39.86	43.8
43.9	41.94	41.74	41.54	41.35	41.15	40.95	40.75	40.56	40.36	40.16	39.96	43.9
44	42.04	41.84	41.65	41.45	41.25	41.05	40.86	40.66	40.46	40.26	40.06	44
44.1	42.14	41.94	41.75	41.55	41.35	41.16	40.96	40.76	40.56	40.36	40.16	44.1
44.2	42.24	42.05	41.85	41.65	41.45	41.26	41.06	40.86	40.66	40.47	40.27	44.2
44.3	42.34	42.15	41.95	41.75	41.56	41.36	41.16	40.96	40.77	40.57	40.37	44.3

（续表）

酒精度 % vol	酒精计温度 ℃											酒精度 % vol
	25	25.5	26	26.5	27	27.5	28	28.5	29	29.5	30	
44.4	42.45	42.25	42.05	41.86	41.66	41.46	41.26	41.07	40.87	40.67	40.47	44.4
44.5	42.55	42.35	42.15	41.96	41.76	41.56	41.37	41.17	40.97	40.77	40.57	44.5
44.6	42.65	42.45	42.26	42.06	41.86	41.67	41.47	41.27	41.07	40.87	40.68	44.6
44.7	42.75	42.55	42.36	42.16	41.96	41.77	41.57	41.37	41.18	40.98	40.78	44.7
44.8	42.85	42.65	42.46	42.26	42.07	41.87	41.67	41.47	41.28	41.08	40.88	44.8
44.9	42.95	42.76	42.56	42.36	42.17	41.97	41.77	41.58	41.38	41.18	40.98	44.9
45	43.05	42.86	42.66	42.47	42.27	42.07	41.88	41.68	41.48	41.28	41.09	45
45.1	43.16	42.96	42.76	42.57	42.37	42.17	41.98	41.78	41.58	41.39	41.19	45.1
45.2	43.26	43.06	42.87	42.67	42.47	42.28	42.08	41.88	41.69	41.49	41.29	45.2
45.3	43.36	43.16	42.97	42.77	42.57	42.38	42.18	41.99	41.79	41.59	41.39	45.3
45.4	43.46	43.26	43.07	42.87	42.68	42.48	42.28	42.09	41.89	41.69	41.50	45.4
45.5	43.56	43.37	43.17	42.97	42.78	42.58	42.39	42.19	41.99	41.80	41.60	45.5
45.6	43.66	43.47	43.27	43.08	42.88	42.68	42.49	42.29	42.10	41.90	41.70	45.6
45.7	43.76	43.57	43.37	43.18	42.98	42.79	42.59	42.39	42.20	42.00	41.81	45.7
45.8	43.86	43.67	43.47	43.28	43.08	42.89	42.69	42.50	42.30	42.10	41.91	45.8
45.9	43.97	43.77	43.58	43.38	43.19	42.99	42.80	42.60	42.40	42.21	42.01	45.9
46	44.07	43.87	43.68	43.48	43.29	43.09	42.90	42.70	42.51	42.31	42.11	46
46.1	44.17	43.97	43.78	43.58	43.39	43.19	43.00	42.80	42.61	42.41	42.22	46.1
46.2	44.27	44.08	43.88	43.69	43.49	43.30	43.10	42.91	42.71	42.51	42.32	46.2
46.3	44.37	44.18	43.98	43.79	43.59	43.40	43.20	43.01	42.81	42.62	42.42	46.3
46.4	44.47	44.28	44.08	43.89	43.70	43.50	43.31	43.11	42.91	42.72	42.52	46.4
46.5	44.57	44.38	44.19	43.99	43.80	43.60	43.41	43.21	43.02	42.82	42.63	46.5
46.6	44.68	44.48	44.29	44.09	43.90	43.70	43.51	43.31	43.12	42.92	42.73	46.6
46.7	44.78	44.58	44.39	44.20	44.00	43.81	43.61	43.42	43.22	43.03	42.83	46.7
46.8	44.88	44.68	44.49	44.30	44.10	43.91	43.71	43.52	43.32	43.13	42.93	46.8
46.9	44.98	44.79	44.59	44.40	44.20	44.01	43.82	43.62	43.43	43.23	43.04	46.9
47	45.08	44.89	44.69	44.50	44.31	44.11	43.92	43.72	43.53	43.33	43.14	47
47.1	45.18	44.99	44.80	44.60	44.41	44.21	44.02	43.83	43.63	43.44	43.24	47.1
47.2	45.28	45.09	44.90	44.70	44.51	44.32	44.12	43.93	43.73	43.54	43.34	47.2
47.3	45.38	45.19	45.00	44.81	44.61	44.42	44.22	44.03	43.84	43.64	43.45	47.3
47.4	45.49	45.29	45.10	44.91	44.71	44.52	44.33	44.13	43.94	43.74	43.55	47.4
47.5	45.59	45.39	45.20	45.01	44.82	44.62	44.43	44.24	44.04	43.85	43.65	47.5
47.6	45.69	45.50	45.30	45.11	44.92	44.72	44.53	44.34	44.14	43.95	43.75	47.6

（续表）

酒精度 % vol	酒精计温度 ℃											酒精度 % vol
	25	25.5	26	26.5	27	27.5	28	28.5	29	29.5	30	
47.7	45.79	45.60	45.41	45.21	45.02	44.83	44.63	44.44	44.25	44.05	43.86	47.7
47.8	45.89	45.70	45.51	45.31	45.12	44.93	44.74	44.54	44.35	44.15	43.96	47.8
47.9	45.99	45.80	45.61	45.42	45.22	45.03	44.84	44.64	44.45	44.26	44.06	47.9
48	46.09	45.90	45.71	45.52	45.33	45.13	44.94	44.75	44.55	44.36	44.17	48
48.1	46.20	46.00	45.81	45.62	45.43	45.23	45.04	44.85	44.66	44.46	44.27	48.1
48.2	46.30	46.11	45.91	45.72	45.53	45.34	45.14	44.95	44.76	44.56	44.37	48.2
48.3	46.40	46.21	46.02	45.82	45.63	45.44	45.25	45.05	44.86	44.67	44.47	48.3
48.4	46.50	46.31	46.12	45.92	45.73	45.54	45.35	45.16	44.96	44.77	44.58	48.4
48.5	46.60	46.41	46.22	46.03	45.83	45.64	45.45	45.26	45.06	44.87	44.68	48.5
48.6	46.70	46.51	46.32	46.13	45.94	45.74	45.55	45.36	45.17	44.97	44.78	48.6
48.7	46.80	46.61	46.42	46.23	46.04	45.85	45.65	45.46	45.27	45.08	44.88	48.7
48.8	46.90	46.71	46.52	46.33	46.14	45.95	45.76	45.56	45.37	45.18	44.99	48.8
48.9	47.01	46.82	46.62	46.43	46.24	46.05	45.86	45.67	45.47	45.28	45.09	48.9
49	47.11	46.92	46.73	46.54	46.34	46.15	45.96	45.77	45.58	45.38	45.19	49
49.1	47.21	47.02	46.83	46.64	46.45	46.25	46.06	45.87	45.68	45.49	45.29	49.1
49.2	47.31	47.12	46.93	46.74	46.55	46.36	46.16	45.97	45.78	45.59	45.40	49.2
49.3	47.41	47.22	47.03	46.84	46.65	46.46	46.27	46.08	45.88	45.69	45.50	49.3
49.4	47.51	47.32	47.13	46.94	46.75	46.56	46.37	46.18	45.99	45.79	45.60	49.4
49.5	47.61	47.42	47.23	47.04	46.85	46.66	46.47	46.28	46.09	45.90	45.70	49.5
49.6	47.72	47.53	47.34	47.15	46.95	46.76	46.57	46.38	46.19	46.00	45.81	49.6
49.7	47.82	47.63	47.44	47.25	47.06	46.87	46.68	46.48	46.29	46.10	45.91	49.7
49.8	47.92	47.73	47.54	47.35	47.16	46.97	46.78	46.59	46.40	46.20	46.01	49.8
49.9	48.02	47.83	47.64	47.45	47.26	47.07	46.88	46.69	46.50	46.31	46.11	49.9
50	48.12	47.93	47.74	47.55	47.36	47.17	46.98	46.79	46.60	46.41	46.22	50
50.1	48.22	48.03	47.84	47.65	47.46	47.27	47.08	46.89	46.70	46.51	46.32	50.1
50.2	48.32	48.13	47.94	47.76	47.57	47.38	47.19	46.99	46.80	46.61	46.42	50.2
50.3	48.42	48.24	48.05	47.86	47.67	47.48	47.29	47.10	46.91	46.72	46.52	50.3
50.4	48.53	48.34	48.15	47.96	47.77	47.58	47.39	47.20	47.01	46.82	46.63	50.4
50.5	48.63	48.44	48.25	48.06	47.87	47.68	47.49	47.30	47.11	46.92	46.73	50.5
50.6	48.73	48.54	48.35	48.16	47.97	47.78	47.59	47.40	47.21	47.02	46.83	50.6
50.7	48.83	48.64	48.45	48.26	48.07	47.89	47.70	47.51	47.32	47.13	46.94	50.7
50.8	48.93	48.74	48.55	48.37	48.18	47.99	47.80	47.61	47.42	47.23	47.04	50.8
50.9	49.03	48.84	48.66	48.47	48.28	48.09	47.90	47.71	47.52	47.33	47.14	50.9

（续表）

酒精度 % vol	酒精计温度 ℃											酒精度 % vol
	25	25.5	26	26.5	27	27.5	28	28.5	29	29.5	30	
51	49.13	48.95	48.76	48.57	48.38	48.19	48.00	47.81	47.62	47.43	47.24	51
51.1	49.23	49.05	48.86	48.67	48.48	48.29	48.10	47.91	47.72	47.54	47.35	51.1
51.2	49.34	49.15	48.96	48.77	48.58	48.39	48.21	48.02	47.83	47.64	47.45	51.2
51.3	49.44	49.25	49.06	48.87	48.69	48.50	48.31	48.12	47.93	47.74	47.55	51.3
51.4	49.54	49.35	49.16	48.98	48.79	48.60	48.41	48.22	48.03	47.84	47.65	51.4
51.5	49.64	49.45	49.26	49.08	48.89	48.70	48.51	48.32	48.13	47.94	47.76	51.5
51.6	49.74	49.55	49.37	49.18	48.99	48.80	48.61	48.42	48.24	48.05	47.86	51.6
51.7	49.84	49.66	49.47	49.28	49.09	48.90	48.72	48.53	48.34	48.15	47.96	51.7
51.8	49.94	49.76	49.57	49.38	49.19	49.01	48.82	48.63	48.44	48.25	48.06	51.8
51.9	50.04	49.86	49.67	49.48	49.30	49.11	48.92	48.73	48.54	48.35	48.16	51.9
52	50.15	49.96	49.77	49.58	49.40	49.21	49.02	48.83	48.64	48.46	48.27	52
52.1	50.25	50.06	49.87	49.69	49.50	49.31	49.12	48.94	48.75	48.56	48.37	52.1
52.2	50.35	50.16	49.98	49.79	49.60	49.41	49.23	49.04	48.85	48.66	48.47	52.2
52.3	50.45	50.26	50.08	49.89	49.70	49.52	49.33	49.14	48.95	48.76	48.57	52.3
52.4	50.55	50.36	50.18	49.99	49.80	49.62	49.43	49.24	49.05	48.87	48.68	52.4
52.5	50.65	50.47	50.28	50.09	49.91	49.72	49.53	49.34	49.16	48.97	48.78	52.5
52.6	50.75	50.57	50.38	50.19	50.01	49.82	49.63	49.45	49.26	49.07	48.88	52.6
52.7	50.85	50.67	50.48	50.30	50.11	49.92	49.74	49.55	49.36	49.17	48.98	52.7
52.8	50.96	50.77	50.58	50.40	50.21	50.02	49.84	49.65	49.46	49.27	49.09	52.8
52.9	51.06	50.87	50.69	50.50	50.31	50.13	49.94	49.75	49.56	49.38	49.19	52.9
53	51.16	50.97	50.79	50.60	50.41	50.23	50.04	49.85	49.67	49.48	49.29	53
53.1	51.26	51.07	50.89	50.70	50.52	50.33	50.14	49.96	49.77	49.58	49.39	53.1
53.2	51.36	51.18	50.99	50.80	50.62	50.43	50.24	50.06	49.87	49.68	49.50	53.2
53.3	51.46	51.28	51.09	50.91	50.72	50.53	50.35	50.16	49.97	49.79	49.60	53.3
53.4	51.56	51.38	51.19	51.01	50.82	50.64	50.45	50.26	50.08	49.89	49.70	53.4
53.5	51.66	51.48	51.29	51.11	50.92	50.74	50.55	50.36	50.18	49.99	49.80	53.5
53.6	51.77	51.58	51.40	51.21	51.02	50.84	50.65	50.47	50.28	50.09	49.91	53.6
53.7	51.87	51.68	51.50	51.31	51.13	50.94	50.75	50.57	50.38	50.20	50.01	53.7
53.8	51.97	51.78	51.60	51.41	51.23	51.04	50.86	50.67	50.48	50.30	50.11	53.8
53.9	52.07	51.88	51.70	51.51	51.33	51.14	50.96	50.77	50.59	50.40	50.21	53.9
54	52.17	51.99	51.80	51.62	51.43	51.25	51.06	50.87	50.69	50.50	50.32	54
54.1	52.27	52.09	51.90	51.72	51.53	51.35	51.16	50.98	50.79	50.60	50.42	54.1
54.2	52.37	52.19	52.00	51.82	51.63	51.45	51.26	51.08	50.89	50.71	50.52	54.2

（续表）

酒精度 % vol	酒精计温度 ℃											酒精度 % vol
	25	25.5	26	26.5	27	27.5	28	28.5	29	29.5	30	
54.3	52.47	52.29	52.11	51.92	51.74	51.55	51.37	51.18	50.99	50.81	50.62	54.3
54.4	52.58	52.39	52.21	52.02	51.84	51.65	51.47	51.28	51.10	50.91	50.72	54.4
54.5	52.68	52.49	52.31	52.12	51.94	51.75	51.57	51.38	51.20	51.01	50.83	54.5
54.6	52.78	52.59	52.41	52.23	52.04	51.86	51.67	51.49	51.30	51.11	50.93	54.6
54.7	52.88	52.70	52.51	52.33	52.14	51.96	51.77	51.59	51.40	51.22	51.03	54.7
54.8	52.98	52.80	52.61	52.43	52.24	52.06	51.87	51.69	51.50	51.32	51.13	54.8
54.9	53.08	52.90	52.71	52.53	52.35	52.16	51.98	51.79	51.61	51.42	51.24	54.9
55	53.18	53.00	52.82	52.63	52.45	52.26	52.08	51.89	51.71	51.52	51.34	55
55.1	53.28	53.10	52.92	52.73	52.55	52.36	52.18	52.00	51.81	51.63	51.44	55.1
55.2	53.38	53.20	53.02	52.83	52.65	52.47	52.28	52.10	51.91	51.73	51.54	55.2
55.3	53.49	53.30	53.12	52.94	52.75	52.57	52.38	52.20	52.01	51.83	51.64	55.3
55.4	53.59	53.40	53.22	53.04	52.85	52.67	52.49	52.30	52.12	51.93	51.75	55.4
55.5	53.69	53.51	53.32	53.14	52.96	52.77	52.59	52.40	52.22	52.03	51.85	55.5
55.6	53.79	53.61	53.42	53.24	53.06	52.87	52.69	52.51	52.32	52.14	51.95	55.6
55.7	53.89	53.71	53.52	53.34	53.16	52.98	52.79	52.61	52.42	52.24	52.05	55.7
55.8	53.99	53.81	53.63	53.44	53.26	53.08	52.89	52.71	52.53	52.34	52.16	55.8
55.9	54.09	53.91	53.73	53.54	53.36	53.18	52.99	52.81	52.63	52.44	52.26	55.9
56	54.19	54.01	53.83	53.65	53.46	53.28	53.10	52.91	52.73	52.54	52.36	56
56.1	54.29	54.11	53.93	53.75	53.56	53.38	53.20	53.01	52.83	52.65	52.46	56.1
56.2	54.40	54.21	54.03	53.85	53.67	53.48	53.30	53.12	52.93	52.75	52.57	56.2
56.3	54.50	54.32	54.13	53.95	53.77	53.59	53.40	53.22	53.04	52.85	52.67	56.3
56.4	54.60	54.42	54.23	54.05	53.87	53.69	53.50	53.32	53.14	52.95	52.77	56.4
56.5	54.70	54.52	54.34	54.15	53.97	53.79	53.61	53.42	53.24	53.06	52.87	56.5
56.6	54.80	54.62	54.44	54.26	54.07	53.89	53.71	53.52	53.34	53.16	52.97	56.6
56.7	54.90	54.72	54.54	54.36	54.17	53.99	53.81	53.63	53.44	53.26	53.08	56.7
56.8	55.00	54.82	54.64	54.46	54.28	54.09	53.91	53.73	53.55	53.36	53.18	56.8
56.9	55.10	54.92	54.74	54.56	54.38	54.20	54.01	53.83	53.65	53.46	53.28	56.9
57	55.20	55.02	54.84	54.66	54.48	54.30	54.11	53.93	53.75	53.57	53.38	57
57.1	55.31	55.13	54.94	54.76	54.58	54.40	54.22	54.03	53.85	53.67	53.48	57.1
57.2	55.41	55.23	55.05	54.86	54.68	54.50	54.32	54.14	53.95	53.77	53.59	57.2
57.3	55.51	55.33	55.15	54.97	54.78	54.60	54.42	54.24	54.05	53.87	53.69	57.3
57.4	55.61	55.43	55.25	55.07	54.89	54.70	54.52	54.34	54.16	53.97	53.79	57.4
57.5	55.71	55.53	55.35	55.17	54.99	54.81	54.62	54.44	54.26	54.08	53.89	57.5

（续表）

酒精度 % vol	酒精计温度 ℃											酒精度 % vol
	25	25.5	26	26.5	27	27.5	28	28.5	29	29.5	30	
57.6	55.81	55.63	55.45	55.27	55.09	54.91	54.72	54.54	54.36	54.18	54.00	57.6
57.7	55.91	55.73	55.55	55.37	55.19	55.01	54.83	54.64	54.46	54.28	54.10	57.7
57.8	56.01	55.83	55.65	55.47	55.29	55.11	54.93	54.75	54.56	54.38	54.20	57.8
57.9	56.11	55.93	55.75	55.57	55.39	55.21	55.03	54.85	54.67	54.48	54.30	57.9
58	56.22	56.04	55.86	55.68	55.49	55.31	55.13	54.95	54.77	54.59	54.40	58
58.1	56.32	56.14	55.96	55.78	55.60	55.41	55.23	55.05	54.87	54.69	54.51	58.1
58.2	56.42	56.24	56.06	55.88	55.70	55.52	55.34	55.15	54.97	54.79	54.61	58.2
58.3	56.52	56.34	56.16	55.98	55.80	55.62	55.44	55.26	55.07	54.89	54.71	58.3
58.4	56.62	56.44	56.26	56.08	55.90	55.72	55.54	55.36	55.18	54.99	54.81	58.4
58.5	56.72	56.54	56.36	56.18	56.00	55.82	55.64	55.46	55.28	55.10	54.91	58.5
58.6	56.82	56.64	56.46	56.28	56.10	55.92	55.74	55.56	55.38	55.20	55.02	58.6
58.7	56.92	56.74	56.56	56.39	56.20	56.02	55.84	55.66	55.48	55.30	55.12	58.7
58.8	57.02	56.85	56.67	56.49	56.31	56.13	55.95	55.76	55.58	55.40	55.22	58.8
58.9	57.13	56.95	56.77	56.59	56.41	56.23	56.05	55.87	55.69	55.50	55.32	58.9
59	57.23	57.05	56.87	56.69	56.51	56.33	56.15	55.97	55.79	55.61	55.43	59
59.1	57.33	57.15	56.97	56.79	56.61	56.43	56.25	56.07	55.89	55.71	55.53	59.1
59.2	57.43	57.25	57.07	56.89	56.71	56.53	56.35	56.17	55.99	55.81	55.63	59.2
59.3	57.53	57.35	57.17	56.99	56.81	56.63	56.45	56.27	56.09	55.91	55.73	59.3
59.4	57.63	57.45	57.27	57.09	56.92	56.74	56.56	56.38	56.20	56.01	55.83	59.4
59.5	57.73	57.55	57.38	57.20	57.02	56.84	56.66	56.48	56.30	56.12	55.94	59.5
59.6	57.83	57.66	57.48	57.30	57.12	56.94	56.76	56.58	56.40	56.22	56.04	59.6
59.7	57.93	57.76	57.58	57.40	57.22	57.04	56.86	56.68	56.50	56.32	56.14	59.7
59.8	58.04	57.86	57.68	57.50	57.32	57.14	56.96	56.78	56.60	56.42	56.24	59.8
59.9	58.14	57.96	57.78	57.60	57.42	57.24	57.06	56.88	56.70	56.52	56.34	59.9
60	58.24	58.06	57.88	57.70	57.52	57.35	57.17	56.99	56.81	56.63	56.45	60
60.1	58.34	58.16	57.98	57.80	57.63	57.45	57.27	57.09	56.91	56.73	56.55	60.1
60.2	58.44	58.26	58.08	57.91	57.73	57.55	57.37	57.19	57.01	56.83	56.65	60.2
60.3	58.54	58.36	58.19	58.01	57.83	57.65	57.47	57.29	57.11	56.93	56.75	60.3
60.4	58.64	58.46	58.29	58.11	57.93	57.75	57.57	57.39	57.21	57.03	56.85	60.4
60.5	58.74	58.57	58.39	58.21	58.03	57.85	57.67	57.50	57.32	57.14	56.96	60.5
60.6	58.84	58.67	58.49	58.31	58.13	57.96	57.78	57.60	57.42	57.24	57.06	60.6
60.7	58.95	58.77	58.59	58.41	58.24	58.06	57.88	57.70	57.52	57.34	57.16	60.7
60.8	59.05	58.87	58.69	58.51	58.34	58.16	57.98	57.80	57.62	57.44	57.26	60.8

（续表）

酒精度 % vol	酒精计温度 ℃											酒精度 % vol
	25	25.5	26	26.5	27	27.5	28	28.5	29	29.5	30	
60.9	59.15	58.97	58.79	58.62	58.44	58.26	58.08	57.90	57.72	57.54	57.37	60.9
61	59.25	59.07	58.89	58.72	58.54	58.36	58.18	58.00	57.83	57.65	57.47	61
61.1	59.35	59.17	59.00	58.82	58.64	58.46	58.29	58.11	57.93	57.75	57.57	61.1
61.2	59.45	59.27	59.10	58.92	58.74	58.56	58.39	58.21	58.03	57.85	57.67	61.2
61.3	59.55	59.38	59.20	59.02	58.84	58.67	58.49	58.31	58.13	57.95	57.77	61.3
61.4	59.65	59.48	59.30	59.12	58.95	58.77	58.59	58.41	58.23	58.05	57.88	61.4
61.5	59.75	59.58	59.40	59.22	59.05	58.87	58.69	58.51	58.34	58.16	57.98	61.5
61.6	59.86	59.68	59.50	59.33	59.15	58.97	58.79	58.62	58.44	58.26	58.08	61.6
61.7	59.96	59.78	59.60	59.43	59.25	59.07	58.90	58.72	58.54	58.36	58.18	61.7
61.8	60.06	59.88	59.71	59.53	59.35	59.17	59.00	58.82	58.64	58.46	58.28	61.8
61.9	60.16	59.98	59.81	59.63	59.45	59.28	59.10	58.92	58.74	58.56	58.39	61.9
62	60.26	60.08	59.91	59.73	59.55	59.38	59.20	59.02	58.85	58.67	58.49	62
62.1	60.36	60.19	60.01	59.83	59.66	59.48	59.30	59.12	58.95	58.77	58.59	62.1
62.2	60.46	60.29	60.11	59.93	59.76	59.58	59.40	59.23	59.05	58.87	58.69	62.2
62.3	60.56	60.39	60.21	60.04	59.86	59.68	59.51	59.33	59.15	58.97	58.79	62.3
62.4	60.66	60.49	60.31	60.14	59.96	59.78	59.61	59.43	59.25	59.08	58.90	62.4
62.5	60.77	60.59	60.41	60.24	60.06	59.89	59.71	59.53	59.35	59.18	59.00	62.5
62.6	60.87	60.69	60.52	60.34	60.16	59.99	59.81	59.63	59.46	59.28	59.10	62.6
62.7	60.97	60.79	60.62	60.44	60.27	60.09	59.91	59.74	59.56	59.38	59.20	62.7
62.8	61.07	60.89	60.72	60.54	60.37	60.19	60.01	59.84	59.66	59.48	59.31	62.8
62.9	61.17	60.99	60.82	60.64	60.47	60.29	60.12	59.94	59.76	59.59	59.41	62.9
63	61.27	61.10	60.92	60.75	60.57	60.39	60.22	60.04	59.86	59.69	59.51	63
63.1	61.37	61.20	61.02	60.85	60.67	60.50	60.32	60.14	59.97	59.79	59.61	63.1
63.2	61.47	61.30	61.12	60.95	60.77	60.60	60.42	60.24	60.07	59.89	59.71	63.2
63.3	61.57	61.40	61.22	61.05	60.87	60.70	60.52	60.35	60.17	59.99	59.82	63.3
63.4	61.68	61.50	61.33	61.15	60.98	60.80	60.62	60.45	60.27	60.10	59.92	63.4
63.5	61.78	61.60	61.43	61.25	61.08	60.90	60.73	60.55	60.37	60.20	60.02	63.5
63.6	61.88	61.70	61.53	61.35	61.18	61.00	60.83	60.65	60.48	60.30	60.12	63.6
63.7	61.98	61.80	61.63	61.46	61.28	61.11	60.93	60.75	60.58	60.40	60.22	63.7
63.8	62.08	61.91	61.73	61.56	61.38	61.21	61.03	60.86	60.68	60.50	60.33	63.8
63.9	62.18	62.01	61.83	61.66	61.48	61.31	61.13	60.96	60.78	60.61	60.43	63.9
64	62.28	62.11	61.93	61.76	61.59	61.41	61.24	61.06	60.88	60.71	60.53	64
64.1	62.38	62.21	62.04	61.86	61.69	61.51	61.34	61.16	60.99	60.81	60.63	64.1

（续表）

酒精度	酒精计温度 ℃											酒精度
% vol	25	25.5	26	26.5	27	27.5	28	28.5	29	29.5	30	% vol
64.2	62.48	62.31	62.14	61.96	61.79	61.61	61.44	61.26	61.09	60.91	60.74	64.2
64.3	62.59	62.41	62.24	62.06	61.89	61.72	61.54	61.37	61.19	61.01	60.84	64.3
64.4	62.69	62.51	62.34	62.17	61.99	61.82	61.64	61.47	61.29	61.12	60.94	64.4
64.5	62.79	62.61	62.44	62.27	62.09	61.92	61.74	61.57	61.39	61.22	61.04	64.5
64.6	62.89	62.72	62.54	62.37	62.19	62.02	61.85	61.67	61.50	61.32	61.14	64.6
64.7	62.99	62.82	62.64	62.47	62.30	62.12	61.95	61.77	61.60	61.42	61.25	64.7
64.8	63.09	62.92	62.74	62.57	62.40	62.22	62.05	61.87	61.70	61.52	61.35	64.8
64.9	63.19	63.02	62.85	62.67	62.50	62.33	62.15	61.98	61.80	61.63	61.45	64.9
65	63.29	63.12	62.95	62.77	62.60	62.43	62.25	62.08	61.90	61.73	61.55	65
65.1	63.39	63.22	63.05	62.88	62.70	62.53	62.35	62.18	62.01	61.83	61.66	65.1
65.2	63.50	63.32	63.15	62.98	62.80	62.63	62.46	62.28	62.11	61.93	61.76	65.2
65.3	63.60	63.42	63.25	63.08	62.91	62.73	62.56	62.38	62.21	62.03	61.86	65.3
65.4	63.70	63.53	63.35	63.18	63.01	62.83	62.66	62.49	62.31	62.14	61.96	65.4
65.5	63.80	63.63	63.45	63.28	63.11	62.94	62.76	62.59	62.41	62.24	62.06	65.5
65.6	63.90	63.73	63.56	63.38	63.21	63.04	62.86	62.69	62.52	62.34	62.17	65.6
65.7	64.00	63.83	63.66	63.48	63.31	63.14	62.97	62.79	62.62	62.44	62.27	65.7
65.8	64.10	63.93	63.76	63.59	63.41	63.24	63.07	62.89	62.72	62.55	62.37	65.8
65.9	64.20	64.03	63.86	63.69	63.51	63.34	63.17	63.00	62.82	62.65	62.47	65.9
66	64.30	64.13	63.96	63.79	63.62	63.44	63.27	63.10	62.92	62.75	62.58	66
66.1	64.41	64.23	64.06	63.89	63.72	63.55	63.37	63.20	63.03	62.85	62.68	66.1
66.2	64.51	64.34	64.16	63.99	63.82	63.65	63.47	63.30	63.13	62.95	62.78	66.2
66.3	64.61	64.44	64.27	64.09	63.92	63.75	63.58	63.40	63.23	63.06	62.88	66.3
66.4	64.71	64.54	64.37	64.19	64.02	63.85	63.68	63.50	63.33	63.16	62.98	66.4
66.5	64.81	64.64	64.47	64.30	64.12	63.95	63.78	63.61	63.43	63.26	63.09	66.5
66.6	64.91	64.74	64.57	64.40	64.23	64.05	63.88	63.71	63.54	63.36	63.19	66.6
66.7	65.01	64.84	64.67	64.50	64.33	64.16	63.98	63.81	63.64	63.46	63.29	66.7
66.8	65.11	64.94	64.77	64.60	64.43	64.26	64.09	63.91	63.74	63.57	63.39	66.8
66.9	65.21	65.04	64.87	64.70	64.53	64.36	64.19	64.01	63.84	63.67	63.50	66.9
67	65.32	65.15	64.98	64.80	64.63	64.46	64.29	64.12	63.94	63.77	63.60	67
67.1	65.42	65.25	65.08	64.91	64.73	64.56	64.39	64.22	64.05	63.87	63.70	67.1
67.2	65.52	65.35	65.18	65.01	64.84	64.66	64.49	64.32	64.15	63.98	63.80	67.2
67.3	65.62	65.45	65.28	65.11	64.94	64.77	64.59	64.42	64.25	64.08	63.90	67.3
67.4	65.72	65.55	65.38	65.21	65.04	64.87	64.70	64.52	64.35	64.18	64.01	67.4
67.5	65.82	65.65	65.48	65.31	65.14	64.97	64.80	64.63	64.45	64.28	64.11	67.5

（续表）

酒精度 % vol	酒精计温度 ℃											酒精度 % vol
	25	25.5	26	26.5	27	27.5	28	28.5	29	29.5	30	
67.6	65.92	65.75	65.58	65.41	65.24	65.07	64.90	64.53	64.56	64.38	64.21	67.6
67.7	66.02	65.85	65.68	65.51	65.34	65.17	65.00	64.83	64.66	64.49	64.31	67.7
67.8	66.13	65.96	65.79	65.62	65.45	65.28	65.10	64.93	64.76	64.59	64.42	67.8
67.9	66.23	66.06	65.89	65.72	65.55	65.38	65.21	65.03	64.86	64.69	64.52	67.9
68	66.33	66.16	65.99	65.82	65.65	65.48	65.31	65.14	64.96	64.79	64.62	68
68.1	66.43	66.26	66.09	65.92	65.75	65.58	65.41	65.24	65.07	64.90	64.72	68.1
68.2	66.53	66.36	66.19	66.02	65.85	65.68	65.51	65.34	65.17	65.00	64.83	68.2
68.3	66.63	66.46	66.29	66.12	65.95	65.78	65.61	65.44	65.27	65.10	64.93	68.3
68.4	66.73	66.56	66.39	66.23	66.06	65.89	65.72	65.54	65.37	65.20	65.03	68.4
68.5	66.83	66.67	66.50	66.33	66.16	65.99	65.82	65.65	65.48	65.30	65.13	68.5
68.6	66.94	66.77	66.60	66.43	66.26	66.09	65.92	65.75	65.58	65.41	65.24	68.6
68.7	67.04	66.87	66.70	66.53	66.36	66.19	66.02	65.85	65.68	65.51	65.34	68.7
68.8	67.14	66.97	66.80	66.63	66.46	66.29	66.12	65.95	65.78	65.61	65.44	68.8
68.9	67.24	67.07	66.90	66.73	66.56	66.39	66.22	66.05	65.88	65.71	65.54	68.9
69	67.34	67.17	67.00	66.83	66.67	66.50	66.33	66.16	65.99	65.82	65.64	69
69.1	67.44	67.27	67.11	66.94	66.77	66.60	66.43	66.26	66.09	65.92	65.75	69.1
69.2	67.54	67.37	67.21	67.04	66.87	66.70	66.53	66.36	66.19	66.02	65.85	69.2
69.3	67.64	67.48	67.31	67.14	66.97	66.80	66.63	66.46	66.29	66.12	65.95	69.3
69.4	67.74	67.58	67.41	67.24	67.07	66.90	66.73	66.56	66.40	66.22	66.05	69.4
69.5	67.85	67.68	67.51	67.34	67.17	67.01	66.84	66.67	66.50	66.33	66.16	69.5
69.6	67.95	67.78	67.61	67.44	67.28	67.11	66.94	66.77	66.60	66.43	66.26	69.6
69.7	68.05	67.88	67.71	67.55	67.38	67.21	67.04	66.87	66.70	66.53	66.36	69.7
69.8	68.15	67.98	67.82	67.65	67.48	67.31	67.14	66.97	66.80	66.63	66.46	69.8
69.9	68.25	68.08	67.92	67.75	67.58	67.41	67.24	67.08	66.91	66.74	66.57	69.9
70	68.35	68.19	68.02	67.85	67.68	67.51	67.35	67.18	67.01	66.84	66.67	70

酒精度 % vol	酒精计温度 ℃											酒精度 % vol
	30	30.5	31	31.5	32	32.5	33	33.5	34	34.5	35	
18	15.11	14.96	14.81	14.66	14.51	14.37	14.22	14.07	13.92	13.77	13.62	18
18.1	15.19	15.05	14.90	14.75	14.60	14.45	14.30	14.15	14.00	13.85	13.70	18.1
18.2	15.28	15.13	14.99	14.84	14.69	14.54	14.39	14.24	14.09	13.94	13.79	18.2
18.3	15.37	15.22	15.07	14.92	14.77	14.63	14.48	14.33	14.17	14.02	13.87	18.3
18.4	15.46	15.31	15.16	15.01	14.86	14.71	14.56	14.41	14.26	14.11	13.96	18.4
18.5	15.55	15.40	15.25	15.10	14.95	14.80	14.65	14.50	14.35	14.19	14.04	18.5
18.6	15.64	15.49	15.34	15.19	15.04	14.88	14.73	14.58	14.43	14.28	14.13	18.6

（续表）

酒精度 % vol	酒精计温度 ℃											酒精度 % vol
	30	30.5	31	31.5	32	32.5	33	33.5	34	34.5	35	
18.7	15.73	15.58	15.42	15.27	15.12	14.97	14.82	14.67	14.52	14.36	14.21	18.7
18.8	15.81	15.66	15.51	15.36	15.21	15.06	14.91	14.75	14.60	14.45	14.30	18.8
18.9	15.90	15.75	15.60	15.45	15.30	15.14	14.99	14.84	14.69	14.53	14.38	18.9
19	15.99	15.84	15.69	15.54	15.38	15.23	15.08	14.92	14.77	14.62	14.47	19
19.1	16.08	15.93	15.78	15.62	15.47	15.32	15.16	15.01	14.86	14.70	14.55	19.1
19.2	16.17	16.02	15.86	15.71	15.56	15.40	15.25	15.10	14.94	14.79	14.63	19.2
19.3	16.26	16.10	15.95	15.80	15.64	15.49	15.34	15.18	15.03	14.87	14.72	19.3
19.4	16.35	16.28	16.04	15.88	15.73	15.58	15.42	15.27	15.11	14.96	14.80	19.4
19.5	16.44	16.28	16.13	15.97	15.82	15.66	15.51	15.35	15.20	15.04	14.89	19.5
19.6	16.52	16.37	16.21	16.06	15.90	15.75	15.59	15.44	15.28	15.13	14.97	19.6
19.7	16.61	16.46	16.30	16.15	15.99	15.84	15.68	15.53	15.37	15.21	15.06	19.7
19.8	16.70	16.55	16.39	16.23	16.08	15.92	15.77	15.61	15.45	15.30	15.14	19.8
19.9	16.79	16.63	16.48	16.32	16.17	16.01	15.85	15.70	15.54	15.38	15.23	19.9
20	16.88	16.72	16.57	16.41	16.25	16.10	15.94	15.78	15.63	15.47	15.31	20
20.1	16.97	16.81	16.65	16.50	16.34	16.18	16.03	15.87	15.71	15.55	15.40	20.1
20.2	17.06	16.90	16.74	16.58	16.43	16.27	16.11	15.95	15.80	15.64	15.48	20.2
20.3	17.15	16.99	16.83	16.67	16.51	16.36	16.20	16.04	15.88	15.72	15.57	20.3
20.4	17.23	17.08	16.92	16.76	16.60	16.44	16.28	16.13	15.97	15.81	15.65	20.4
20.5	17.32	17.17	17.01	16.85	16.69	16.53	16.37	16.21	16.05	15.89	15.74	20.5
20.6	17.41	17.25	17.09	16.94	16.78	16.62	16.46	16.30	16.14	15.98	15.82	20.6
20.7	17.50	17.34	17.18	17.02	16.86	16.70	16.54	16.38	16.22	16.07	15.91	20.7
20.8	17.59	17.43	17.27	17.11	16.95	16.79	16.63	16.47	16.31	16.15	15.99	20.8
20.9	17.68	17.52	17.36	17.20	17.04	16.88	16.72	16.56	16.40	16.24	16.08	20.9
21	17.77	17.61	17.45	17.29	17.13	16.96	16.80	16.64	16.48	16.32	16.16	21
21.1	17.86	17.70	17.54	17.37	17.21	17.05	16.89	16.73	16.57	16.41	16.25	21.1
21.2	17.95	17.79	17.62	17.46	17.30	17.14	16.98	16.82	16.65	16.49	16.33	21.2
21.3	18.04	17.87	17.71	17.55	17.39	17.23	17.06	16.90	16.74	16.58	16.42	21.3
21.4	18.13	17.96	17.80	17.64	17.48	17.31	17.15	16.99	16.83	16.66	16.50	21.4
21.5	18.22	18.05	17.89	17.73	17.56	17.40	17.24	17.07	16.91	16.75	16.59	21.5
21.6	18.30	18.14	17.98	17.81	17.65	17.49	17.32	17.16	17.00	16.83	16.67	21.6
21.7	18.39	18.23	18.07	17.90	17.74	17.57	17.41	17.25	17.08	16.92	16.76	21.7
21.8	18.48	18.32	18.15	17.99	17.83	17.66	17.50	17.33	17.17	17.01	16.84	21.8
21.9	18.57	18.41	18.24	18.08	17.91	17.75	17.58	17.42	17.26	17.09	16.93	21.9
22	18.66	18.50	18.33	18.17	18.00	17.84	17.67	17.51	17.34	17.18	17.01	22
22.1	18.75	18.59	18.42	18.26	18.09	17.92	17.76	17.59	17.43	17.26	17.10	22.1

（续表）

酒精度 % vol	酒精计温度 ℃											酒精度 % vol
	30	30.5	31	31.5	32	32.5	33	33.5	34	34.5	35	
22.2	18.84	18.68	18.51	18.34	18.18	18.01	17.85	17.68	17.52	17.35	17.18	22.2
22.3	18.93	18.76	18.60	18.43	18.27	18.10	17.93	17.77	17.60	17.44	17.27	22.3
22.4	19.02	18.85	18.69	18.52	18.35	18.19	18.02	17.85	17.69	17.52	17.36	22.4
22.5	19.11	18.94	18.78	18.61	18.44	18.27	18.11	17.94	17.77	17.61	17.44	22.5
22.6	19.20	19.03	18.87	18.70	18.53	18.36	18.20	18.03	17.86	17.69	17.53	22.6
22.7	19.29	19.12	18.95	18.79	18.62	18.45	18.28	18.12	17.95	17.78	17.61	22.7
22.8	19.38	19.21	19.04	18.87	18.71	18.54	18.37	18.20	18.03	17.87	17.70	22.8
22.9	19.47	19.30	19.13	18.96	18.79	18.63	18.46	18.29	18.12	17.95	17.79	22.9
23	19.56	19.39	19.22	19.05	18.88	18.71	18.55	18.38	18.21	18.04	17.87	23
23.1	19.65	19.48	19.31	19.14	18.97	18.80	18.63	18.46	18.30	18.13	17.96	23.1
23.2	19.74	19.57	19.40	19.23	19.06	18.89	18.72	18.55	18.38	18.21	18.04	23.2
23.3	19.83	19.66	19.49	19.32	19.15	18.98	18.81	18.64	18.47	18.30	18.13	23.3
23.4	19.92	19.75	19.58	19.41	19.24	19.07	18.90	18.73	18.56	18.39	18.22	23.4
23.5	20.01	19.84	19.67	19.50	19.33	19.16	18.98	18.81	18.64	18.47	18.30	23.5
23.6	20.10	19.93	19.76	19.59	19.42	19.24	19.07	18.90	18.73	18.56	18.39	23.6
23.7	20.19	20.02	19.85	19.68	19.50	19.33	19.16	18.99	18.82	18.65	18.48	23.7
23.8	20.28	20.11	19.94	19.77	19.59	19.42	19.25	19.08	18.91	18.73	18.56	23.8
23.9	20.37	20.20	20.03	19.85	19.68	19.51	19.34	19.17	18.99	18.82	18.65	23.9
24	20.47	20.29	20.12	19.94	19.77	19.60	19.43	19.25	19.08	18.91	18.74	24
24.1	20.56	20.38	20.21	20.03	19.86	19.69	19.51	19.34	19.17	19.00	18.82	24.1
24.2	20.65	20.47	20.30	20.12	19.95	19.78	19.60	19.43	19.26	19.08	18.91	24.2
24.3	20.74	20.56	20.39	20.21	20.04	19.86	19.69	19.52	19.34	19.17	19.00	24.3
24.4	20.83	20.65	20.48	20.30	20.13	19.95	19.78	19.61	19.43	19.26	19.08	24.4
24.5	20.92	20.74	20.57	20.39	20.22	20.04	19.87	19.69	19.52	19.35	19.17	24.5
24.6	21.01	20.83	20.66	20.48	20.31	20.13	19.96	19.78	19.61	19.43	19.26	24.6
24.7	21.10	20.93	20.75	20.57	20.40	20.22	20.05	19.87	19.70	19.52	19.35	24.7
24.8	21.19	21.02	20.84	20.66	20.49	20.31	20.13	19.96	19.78	19.61	19.43	24.8
24.9	21.29	21.11	20.93	20.75	20.58	20.40	20.22	20.05	19.87	19.70	19.52	24.9
25	21.38	21.20	21.02	20.84	20.67	20.49	20.31	20.14	19.96	19.79	19.61	25
25.1	21.47	21.29	21.11	20.93	20.76	20.58	20.40	20.23	20.05	19.87	19.70	25.1
25.2	21.56	21.38	21.20	21.02	20.85	20.67	20.49	20.31	20.14	19.96	19.79	25.2
25.3	21.65	21.47	21.29	21.11	20.94	20.76	20.58	20.40	20.23	20.05	19.87	25.3
25.4	21.74	21.56	21.38	21.21	21.03	20.85	20.67	20.49	20.32	20.14	19.96	25.4
25.5	21.83	21.66	21.48	21.30	21.12	20.94	20.76	20.58	20.40	20.23	20.05	25.5
25.6	21.93	21.75	21.57	21.39	21.21	21.03	20.85	20.67	20.49	20.32	20.14	25.6

（续表）

酒精度 % vol	酒精计温度 ℃											酒精度 % vol
	30	30.5	31	31.5	32	32.5	33	33.5	34	34.5	35	
25.7	22.02	21.84	21.66	21.48	21.30	21.12	20.94	20.76	20.58	20.40	20.23	25.7
25.8	22.11	21.93	21.75	21.57	21.39	21.21	21.03	20.85	20.67	20.49	20.31	25.8
25.9	22.20	22.02	21.84	21.66	21.48	21.30	21.12	20.94	20.76	20.58	20.40	25.9
26	22.30	22.11	21.93	21.75	21.57	21.39	21.21	21.03	20.85	20.67	20.49	26
26.1	22.39	22.21	22.02	21.84	21.66	21.48	21.30	21.12	20.94	20.76	20.58	26.1
26.2	22.48	22.30	22.12	21.93	21.75	21.57	21.39	21.21	21.03	20.85	20.67	26.2
26.3	22.57	22.39	22.21	22.02	21.84	21.66	21.48	21.30	21.12	20.94	20.76	26.3
26.4	22.66	22.48	22.30	22.12	21.93	21.75	21.57	21.39	21.21	21.03	20.85	26.4
26.5	22.76	22.57	22.39	22.21	22.03	21.84	21.66	21.48	21.30	21.12	20.94	26.5
26.6	22.85	22.67	22.48	22.30	22.12	21.93	21.75	21.57	21.39	21.21	21.03	26.6
26.7	22.94	22.76	22.57	22.39	22.21	22.03	21.84	21.66	21.48	21.30	21.12	26.7
26.8	23.04	22.85	22.67	22.48	22.30	22.12	21.93	21.75	21.57	21.39	21.20	26.8
26.9	23.13	22.94	22.76	22.58	22.39	22.21	22.02	21.84	21.66	21.48	21.29	26.9
27	23.22	23.04	22.85	22.67	22.48	22.30	22.12	21.93	21.75	21.57	21.38	27
27.1	23.32	23.13	22.94	22.76	22.57	22.39	22.21	22.02	21.84	21.66	21.47	27.1
27.2	23.41	23.22	23.04	22.85	22.67	22.48	22.30	22.11	21.93	21.75	21.56	27.2
27.3	23.50	23.32	23.13	22.94	22.76	22.57	22.39	22.20	22.02	21.84	21.65	27.3
27.4	23.59	23.41	23.22	23.04	22.85	22.67	22.48	22.30	22.11	21.93	21.74	27.4
27.5	23.69	23.50	23.31	23.13	22.94	22.76	22.57	22.39	22.20	22.02	21.83	27.5
27.6	23.78	23.59	23.41	23.22	23.03	22.85	22.66	22.48	22.29	22.11	21.92	27.6
27.7	23.88	23.69	23.50	23.31	23.13	22.94	22.76	22.57	22.38	22.20	22.01	27.7
27.8	23.97	23.78	23.59	23.41	23.22	23.03	22.85	22.66	22.48	22.29	22.11	27.8
27.9	24.06	23.88	23.69	23.50	23.31	23.13	22.94	22.75	22.57	22.38	22.20	27.9
28	24.16	23.97	23.78	23.59	23.40	23.22	23.03	22.84	22.66	22.47	22.29	28
28.1	24.25	24.06	23.87	23.69	23.50	23.31	23.12	22.94	22.75	22.56	22.38	28.1
28.2	24.35	24.16	23.97	23.78	23.59	23.40	23.22	23.03	22.84	22.65	22.47	28.2
28.3	24.44	24.25	24.06	23.87	23.68	23.50	23.31	23.12	22.93	22.75	22.56	28.3
28.4	24.53	24.34	24.15	23.97	23.78	23.59	23.40	23.21	23.02	22.84	22.65	28.4
28.5	24.63	24.44	24.25	24.06	23.87	23.68	23.49	23.30	23.12	22.93	22.74	28.5
28.6	24.72	24.53	24.34	24.15	23.96	23.77	23.59	23.40	23.21	23.02	22.83	28.6
28.7	24.82	24.63	24.44	24.25	24.06	23.87	23.68	23.49	23.30	23.11	22.93	28.7
28.8	24.91	24.72	24.53	24.34	24.15	23.96	23.77	23.58	23.39	23.20	23.02	28.8
28.9	25.01	24.82	24.62	24.43	24.24	24.05	23.86	23.67	23.49	23.30	23.11	28.9
29	25.10	24.91	24.72	24.53	24.34	24.15	23.96	23.77	23.58	23.39	23.20	29
29.1	25.20	25.00	24.81	24.62	24.43	24.24	24.05	23.86	23.67	23.48	23.29	29.1

（续表）

酒精度 % vol	酒精计温度 ℃											酒精度 % vol
	30	30.5	31	31.5	32	32.5	33	33.5	34	34.5	35	
29.2	25.29	25.10	24.91	24.72	24.52	24.33	24.14	23.95	23.76	23.57	23.38	29.2
29.3	25.39	25.19	25.00	24.81	24.62	24.43	24.24	24.05	23.86	23.67	23.48	29.3
29.4	25.48	25.29	25.10	24.90	24.71	24.52	24.33	24.14	23.95	23.76	23.57	29.4
29.5	25.58	25.38	25.19	25.00	24.81	24.62	24.42	24.23	24.04	23.85	23.66	29.5
29.6	25.67	25.48	25.29	25.09	24.90	24.71	24.52	24.33	24.14	23.94	23.75	29.6
29.7	25.77	25.57	25.38	25.19	25.00	24.80	24.61	24.42	24.23	24.04	23.85	29.7
29.8	25.86	25.67	25.48	25.28	25.09	24.90	24.71	24.51	24.32	24.13	23.94	29.8
29.9	25.96	25.76	25.57	25.38	25.18	24.99	24.80	24.61	24.42	24.22	24.03	29.9
30	26.05	25.86	25.67	25.47	25.28	25.09	24.89	24.70	24.51	24.32	24.13	30
30.1	26.15	25.96	25.76	25.57	25.37	25.18	24.99	24.80	24.60	24.41	24.22	30.1
30.2	26.25	26.05	25.86	25.66	25.47	25.28	25.08	24.89	24.70	24.50	24.31	30.2
30.3	26.34	26.15	25.95	25.76	25.56	25.37	25.18	24.98	24.79	24.60	24.41	30.3
30.4	26.44	26.24	26.05	25.85	25.66	25.46	25.27	25.08	24.88	24.69	24.50	30.4
30.5	26.53	26.34	26.14	25.95	25.75	25.56	25.37	25.17	24.98	24.79	24.59	30.5
30.6	26.63	26.43	26.24	26.04	25.85	25.65	25.46	25.27	25.07	24.88	24.69	30.6
30.7	26.73	26.53	26.33	26.14	25.94	25.75	25.56	25.36	25.17	24.97	24.78	30.7
30.8	26.82	26.63	26.43	26.23	26.04	25.84	25.65	25.46	25.26	25.07	24.87	30.8
30.9	26.92	26.72	26.53	26.33	26.14	25.94	25.75	25.55	25.36	25.16	24.97	30.9
31	27.01	26.82	26.62	26.43	26.23	26.04	25.84	25.65	25.45	25.26	25.06	31
31.1	27.11	26.91	26.72	26.52	26.33	26.13	25.94	25.74	25.55	25.35	25.16	31.1
31.2	27.21	27.01	26.81	26.62	26.42	26.23	26.03	25.84	25.64	25.45	25.25	31.2
31.3	27.30	27.11	26.91	26.71	26.52	26.32	26.13	25.93	25.74	25.54	25.35	31.3
31.4	27.40	27.20	27.01	26.81	26.61	26.42	26.22	26.03	25.83	25.64	25.44	31.4
31.5	27.50	27.30	27.10	26.91	26.71	26.51	26.32	26.12	25.93	25.73	25.54	31.5
31.6	27.60	27.40	27.20	27.00	26.81	26.61	26.41	26.22	26.02	25.83	25.63	31.6
31.7	27.69	27.49	27.30	27.10	26.90	26.71	26.51	26.31	26.12	25.92	25.73	31.7
31.8	27.79	27.59	27.39	27.20	27.00	26.80	26.61	26.41	26.21	26.02	25.82	31.8
31.9	27.89	27.69	27.49	27.29	27.10	26.90	26.70	26.50	26.31	26.11	25.92	31.9
32	27.98	27.79	27.59	27.39	27.19	26.99	26.80	26.60	26.40	26.21	26.01	32
32.1	28.08	27.88	27.68	27.49	27.29	27.09	26.89	26.70	26.50	26.30	26.11	32.1
32.2	28.18	27.98	27.78	27.58	27.39	27.19	26.99	26.79	26.60	26.40	26.20	32.2
32.3	28.28	28.08	27.88	27.68	27.48	27.28	27.09	26.89	26.69	26.50	26.30	32.3
32.4	28.37	28.18	27.98	27.78	27.58	27.38	27.18	26.99	26.79	26.59	26.39	32.4
32.5	28.47	28.27	28.07	27.88	27.68	27.48	27.28	27.08	26.88	26.69	26.49	32.5
32.6	28.57	28.37	28.17	27.97	27.77	27.58	27.38	27.18	26.98	26.78	26.59	32.6

（续表）

酒精度 % vol	酒精计温度 ℃											酒精度 % vol
	30	30. 5	31	31. 5	32	32. 5	33	33. 5	34	34. 5	35	
32. 7	28. 67	28. 47	28. 27	28. 07	27. 87	27. 67	27. 47	27. 28	27. 08	26. 88	26. 68	32. 7
32. 8	28. 77	28. 57	28. 37	28. 17	27. 97	27. 77	27. 57	27. 37	27. 17	26. 98	26. 78	32. 8
32. 9	28. 86	28. 66	28. 46	28. 26	28. 07	27. 87	27. 67	27. 47	27. 27	27. 07	26. 87	32. 9
33	28. 96	28. 76	28. 56	28. 36	28. 16	27. 96	27. 77	27. 57	27. 37	27. 17	26. 97	33
33. 1	29. 06	28. 86	28. 66	28. 46	28. 26	28. 06	27. 86	27. 66	27. 46	27. 27	27. 07	33. 1
33. 2	29. 16	28. 96	28. 76	28. 56	28. 36	28. 16	27. 96	27. 76	27. 56	27. 36	27. 16	33. 2
33. 3	29. 26	29. 06	28. 86	28. 66	28. 46	28. 26	28. 06	27. 86	27. 66	27. 46	27. 26	33. 3
33. 4	29. 35	29. 15	28. 95	28. 75	28. 55	28. 35	28. 15	27. 96	27. 76	27. 56	27. 36	33. 4
33. 5	29. 45	29. 25	29. 05	28. 85	28. 65	28. 45	28. 25	28. 05	27. 85	27. 65	27. 46	33. 5
33. 6	29. 55	29. 35	29. 15	28. 95	28. 75	28. 55	28. 35	28. 15	27. 95	27. 75	27. 55	33. 6
33. 7	29. 65	29. 45	29. 25	29. 05	28. 85	28. 65	28. 45	28. 25	28. 05	27. 85	27. 65	33. 7
33. 8	29. 75	29. 55	29. 35	29. 15	28. 95	28. 75	28. 55	28. 35	28. 15	27. 95	27. 75	33. 8
33. 9	29. 85	29. 65	29. 45	29. 24	29. 04	28. 84	28. 64	28. 44	28. 24	28. 04	27. 84	33. 9
34	29. 95	29. 75	29. 54	29. 34	29. 14	28. 94	28. 74	28. 54	28. 34	28. 14	27. 94	34
34. 1	30. 05	29. 84	29. 64	29. 44	29. 24	29. 04	28. 84	28. 64	28. 44	28. 24	28. 04	34. 1
34. 2	30. 14	29. 94	29. 74	29. 54	29. 34	29. 14	28. 94	28. 74	28. 54	28. 34	28. 14	34. 2
34. 3	30. 24	30. 04	29. 84	29. 64	29. 44	29. 24	29. 04	28. 84	28. 64	28. 43	28. 23	34. 3
34. 4	30. 34	30. 14	29. 94	29. 74	29. 54	29. 34	29. 13	28. 93	28. 73	28. 53	28. 33	34. 4
34. 5	30. 44	30. 24	30. 04	29. 84	29. 64	29. 43	29. 23	29. 03	28. 83	28. 63	28. 43	34. 5
34. 6	30. 54	30. 34	30. 14	29. 94	29. 73	29. 53	29. 33	29. 13	28. 93	28. 73	28. 53	34. 6
34. 7	30. 64	30. 44	30. 24	30. 03	29. 83	29. 63	29. 43	29. 23	29. 03	28. 83	28. 63	34. 7
34. 8	30. 74	30. 54	30. 34	30. 13	29. 93	29. 73	29. 53	29. 33	29. 13	28. 93	28. 73	34. 8
34. 9	30. 84	30. 64	30. 43	30. 23	30. 03	29. 83	29. 63	29. 43	29. 23	29. 02	28. 82	34. 9
35	30. 94	30. 74	30. 53	30. 33	30. 13	29. 93	29. 73	29. 53	29. 32	29. 12	28. 92	35
35. 1	31. 04	30. 84	30. 63	30. 43	30. 23	30. 03	29. 83	29. 62	29. 42	29. 22	29. 02	35. 1
35. 2	31. 14	30. 93	30. 73	30. 53	30. 33	30. 13	29. 93	29. 72	29. 52	29. 32	29. 12	35. 2
35. 3	31. 24	31. 03	30. 83	30. 63	30. 43	30. 23	30. 02	29. 82	29. 62	29. 42	29. 22	35. 3
35. 4	31. 34	31. 13	30. 93	30. 73	30. 53	30. 33	30. 12	29. 92	29. 72	29. 52	29. 32	35. 4
35. 5	31. 44	31. 23	31. 03	30. 83	30. 63	30. 42	30. 22	30. 02	29. 82	29. 62	29. 42	35. 5
35. 6	31. 54	31. 33	31. 13	30. 93	30. 73	30. 52	30. 32	30. 12	29. 92	29. 72	29. 51	35. 6
35. 7	31. 64	31. 43	31. 23	31. 03	30. 83	30. 62	30. 42	30. 22	30. 02	29. 82	29. 61	35. 7
35. 8	31. 74	31. 53	31. 33	31. 13	30. 93	30. 72	30. 52	30. 32	30. 12	29. 91	29. 71	35. 8
35. 9	31. 84	31. 63	31. 43	31. 23	31. 03	30. 82	30. 62	30. 42	30. 22	30. 01	29. 81	35. 9
36	31. 94	31. 73	31. 53	31. 33	31. 13	30. 92	30. 72	30. 52	30. 32	30. 11	29. 91	36
36. 1	32. 04	31. 83	31. 63	31. 43	31. 23	31. 02	30. 82	30. 62	30. 42	30. 21	30. 01	36. 1

（续表）

酒精度 % vol	酒精计温度 ℃											酒精度 % vol
	30	30.5	31	31.5	32	32.5	33	33.5	34	34.5	35	
36.2	32.14	31.93	31.73	31.53	31.33	31.12	30.92	30.72	30.52	30.31	30.11	36.2
36.3	32.24	32.03	31.83	31.63	31.43	31.22	31.02	30.82	30.62	30.41	30.21	36.3
36.4	32.34	32.13	31.93	31.73	31.53	31.32	31.12	30.92	30.71	30.51	30.31	36.4
36.5	32.44	32.23	32.03	31.83	31.63	31.42	31.22	31.02	30.81	30.61	30.41	36.5
36.6	32.54	32.33	32.13	31.93	31.73	31.52	31.32	31.12	30.91	30.71	30.51	36.6
36.7	32.64	32.43	32.23	32.03	31.83	31.62	31.42	31.22	31.01	30.81	30.61	36.7
36.8	32.74	32.54	32.33	32.13	31.93	31.72	31.52	31.32	31.12	30.91	30.71	36.8
36.9	32.84	32.64	32.43	32.23	32.03	31.82	31.62	31.42	31.22	31.01	30.81	36.9
37	32.94	32.74	32.53	32.33	32.13	31.92	31.72	31.52	31.32	31.11	30.91	37
37.1	33.04	32.84	32.63	32.43	32.23	32.02	31.82	31.62	31.42	31.21	31.01	37.1
37.2	33.14	32.94	32.73	32.53	32.33	32.13	31.92	31.72	31.52	31.31	31.11	37.2
37.3	33.24	33.04	32.83	32.63	32.43	32.23	32.02	31.82	31.62	31.41	31.21	37.3
37.4	33.34	33.14	32.94	32.73	32.53	32.33	32.12	31.92	31.72	31.51	31.31	37.4
37.5	33.44	33.24	33.04	32.83	32.63	32.43	32.22	32.02	31.82	31.62	31.41	37.5
37.6	33.54	33.34	33.14	32.93	32.73	32.53	32.32	32.12	31.92	31.72	31.51	37.6
37.7	33.64	33.44	33.24	33.04	32.83	32.63	32.43	32.22	32.02	31.82	31.61	37.7
37.8	33.75	33.54	33.34	33.14	32.93	32.73	32.53	32.32	32.12	31.92	31.71	37.8
37.9	33.85	33.64	33.44	33.24	33.03	32.83	32.63	32.42	32.22	32.02	31.81	37.9
38	33.95	33.74	33.54	33.34	33.13	32.93	32.73	32.53	32.32	32.12	31.92	38
38.1	34.05	33.85	33.64	33.44	33.24	33.03	32.83	32.63	32.42	32.22	32.02	38.1
38.2	34.15	33.95	33.74	33.54	33.34	33.13	32.93	32.73	32.52	32.32	32.12	38.2
38.3	34.25	34.05	33.84	33.64	33.44	33.24	33.03	32.83	32.63	32.42	32.22	38.3
38.4	34.35	34.15	33.95	33.74	33.54	33.34	33.13	32.93	32.73	32.52	32.32	38.4
38.5	34.45	34.25	34.05	33.84	33.64	33.44	33.23	33.03	32.83	32.62	32.42	38.5
38.6	34.55	34.35	34.15	33.95	33.74	33.54	33.34	33.13	32.93	32.73	32.52	38.6
38.7	34.66	34.45	34.25	34.05	33.84	33.64	33.44	33.23	33.03	32.83	32.62	38.7
38.8	34.76	34.55	34.35	34.15	33.94	33.74	33.54	33.34	33.13	32.93	32.73	38.8
38.9	34.86	34.66	34.45	34.25	34.05	33.84	33.64	33.44	33.23	33.03	32.83	38.9
39	34.96	34.76	34.55	34.35	34.15	33.94	33.74	33.54	33.34	33.13	32.93	39
39.1	35.06	34.86	34.66	34.45	34.25	34.05	33.84	33.64	33.44	33.23	33.03	39.1
39.2	35.16	34.96	34.76	34.55	34.35	34.15	33.94	33.74	33.54	33.34	33.13	39.2
39.3	35.26	35.06	34.86	34.66	34.45	34.25	34.05	33.84	33.64	33.44	33.23	39.3
39.4	35.37	35.16	34.96	34.76	34.55	34.35	34.15	33.95	33.74	33.54	33.34	39.4
39.5	35.47	35.26	35.06	34.86	34.66	34.45	34.25	34.05	33.84	33.64	33.44	39.5
39.6	35.57	35.37	35.16	34.96	34.76	34.55	34.35	34.15	33.95	33.74	33.54	39.6

（续表）

酒精度 % vol	酒精计温度 ℃											酒精度 % vol
	30	30.5	31	31.5	32	32.5	33	33.5	34	34.5	35	
39.7	35.67	35.47	35.26	35.06	34.86	34.66	34.45	34.25	34.05	33.84	33.64	39.7
39.8	35.77	35.57	35.37	35.16	34.96	34.76	34.56	34.35	34.15	33.95	33.74	39.8
39.9	35.87	35.67	35.47	35.27	35.06	34.86	34.66	34.45	34.25	34.05	33.85	39.9
40	35.97	35.77	35.57	35.37	35.17	34.96	34.76	34.56	34.35	34.15	33.95	40
40.1	36.08	35.87	35.67	35.47	35.27	35.06	34.86	34.66	34.46	34.25	34.05	40.1
40.2	36.18	35.98	35.77	35.57	35.37	35.17	34.96	34.76	34.56	34.35	34.15	40.2
40.3	36.28	36.08	35.88	35.67	35.47	35.27	35.07	34.86	34.66	34.46	34.25	40.3
40.4	36.38	36.18	35.98	35.78	35.57	35.37	35.17	34.97	34.76	34.56	34.36	40.4
40.5	36.48	36.28	36.08	35.88	35.68	35.47	35.27	35.07	34.86	34.66	34.46	40.5
40.6	36.59	36.38	36.18	35.98	35.78	35.57	35.37	35.17	34.97	34.76	34.56	40.6
40.7	36.69	36.49	36.28	36.08	35.88	35.68	35.47	35.27	35.07	34.87	34.66	40.7
40.8	36.79	36.59	36.39	36.18	35.98	35.78	35.58	35.37	35.17	34.97	34.77	40.8
40.9	36.89	36.69	36.49	36.29	36.08	35.88	35.68	35.48	35.27	35.07	34.87	40.9
41	36.99	36.79	36.59	36.39	36.19	35.98	35.78	35.58	35.38	35.17	34.97	41
41.1	37.10	36.89	36.69	36.49	36.29	36.09	35.88	35.68	35.48	35.28	35.07	41.1
41.2	37.20	37.00	36.79	36.59	36.39	36.19	35.99	35.78	35.58	35.38	35.18	41.2
41.3	37.30	37.10	36.90	36.69	36.49	36.29	36.09	35.89	35.68	35.48	35.28	41.3
41.4	37.40	37.20	37.00	36.80	36.60	36.39	36.19	35.99	35.79	35.58	35.38	41.4
41.5	37.50	37.30	37.10	36.90	36.70	36.50	36.29	36.09	35.89	35.69	35.48	41.5
41.6	37.61	37.40	37.20	37.00	36.80	36.60	36.40	36.19	35.99	35.79	35.59	41.6
41.7	37.71	37.51	37.31	37.10	36.90	36.70	36.50	36.30	36.09	35.89	35.69	41.7
41.8	37.81	37.61	37.41	37.21	37.01	36.80	36.60	36.40	36.20	36.00	35.79	41.8
41.9	37.91	37.71	37.51	37.31	37.11	36.91	36.70	36.50	36.30	36.10	35.90	41.9
42	38.01	37.81	37.61	37.41	37.21	37.01	36.81	36.61	36.40	36.20	36.00	42
42.1	38.12	37.92	37.72	37.51	37.31	37.11	36.91	36.71	36.51	36.30	36.10	42.1
42.2	38.22	38.02	37.82	37.62	37.42	37.21	37.01	36.81	36.61	36.41	36.20	42.2
42.3	38.32	38.12	37.92	37.72	37.52	37.32	37.12	36.91	36.71	36.51	36.31	42.3
42.4	38.42	38.22	38.02	37.82	37.62	37.42	37.22	37.02	36.81	36.61	36.41	42.4
42.5	38.53	38.33	38.12	37.92	37.72	37.52	37.32	37.12	36.92	36.72	36.51	42.5
42.6	38.63	38.43	38.23	38.03	37.83	37.62	37.42	37.22	37.02	36.82	36.62	42.6
42.7	38.73	38.53	38.33	38.13	37.93	37.73	37.53	37.33	37.12	36.92	36.72	42.7
42.8	38.83	38.63	38.43	38.23	38.03	37.83	37.63	37.43	37.23	37.03	36.82	42.8
42.9	38.94	38.74	38.53	38.33	38.13	37.93	37.73	37.53	37.33	37.13	36.93	42.9
43	39.04	38.84	38.64	38.44	38.24	38.04	37.84	37.63	37.43	37.23	37.03	43
43.1	39.14	38.94	38.74	38.54	38.34	38.14	37.94	37.74	37.54	37.33	37.13	43.1

（续表）

酒精度 %vol	酒精计温度 ℃											酒精度 %vol
	30	30.5	31	31.5	32	32.5	33	33.5	34	34.5	35	
43.2	39.24	39.04	38.84	38.64	38.44	38.24	38.04	37.84	37.64	37.44	37.24	43.2
43.3	39.34	39.15	38.95	38.75	38.55	38.34	38.14	37.94	37.74	37.54	37.34	43.3
43.4	39.45	39.25	39.05	38.85	38.65	38.45	38.25	38.05	37.85	37.64	37.44	43.4
43.5	39.55	39.35	39.15	38.95	38.75	38.55	38.35	38.15	37.95	37.75	37.55	43.5
43.6	39.65	39.45	39.25	39.05	38.85	38.65	38.45	38.25	38.05	37.85	37.65	43.6
43.7	39.75	39.56	39.36	39.16	38.96	38.76	38.56	38.36	38.16	37.95	37.75	43.7
43.8	39.86	39.66	39.46	39.26	39.06	38.86	38.66	38.46	38.26	38.06	37.86	43.8
43.9	39.96	39.76	39.56	39.36	39.16	38.96	38.76	38.56	38.36	38.16	37.96	43.9
44	40.06	39.86	39.66	39.46	39.27	39.07	38.87	38.67	38.47	38.26	38.06	44
44.1	40.16	39.97	39.77	39.57	39.37	39.17	38.97	38.77	38.57	38.37	38.17	44.1
44.2	40.27	40.07	39.87	39.67	39.47	39.27	39.07	38.87	38.67	38.47	38.27	44.2
44.3	40.37	40.17	39.97	39.77	39.57	39.37	39.18	38.98	38.78	38.58	38.37	44.3
44.4	40.47	40.27	40.07	39.88	39.68	39.48	39.28	39.08	38.88	38.68	38.48	44.4
44.5	40.57	40.38	40.18	39.98	39.78	39.58	39.38	39.18	38.98	38.78	38.58	44.5
44.6	40.68	40.48	40.28	40.08	39.88	39.68	39.48	39.29	39.09	38.89	38.69	44.6
44.7	40.78	40.58	40.38	40.18	39.99	39.79	39.59	39.39	39.19	38.99	38.79	44.7
44.8	40.88	40.68	40.49	40.29	40.09	39.89	39.69	39.49	39.29	39.09	38.89	44.8
44.9	40.98	40.79	40.59	40.39	40.19	39.99	39.79	39.60	39.40	39.20	39.00	44.9
45	41.09	40.89	40.69	40.49	40.29	40.10	39.90	39.70	39.50	39.30	39.10	45
45.1	41.19	40.99	40.79	40.60	40.40	40.20	40.00	39.80	39.60	39.40	39.20	45.1
45.2	41.29	41.09	40.90	40.70	40.50	40.30	40.10	39.91	39.71	39.51	39.31	45.2
45.3	41.39	41.20	41.00	40.80	40.60	40.41	40.21	40.01	39.81	39.61	39.41	45.3
45.4	41.50	41.30	41.10	40.90	40.71	40.51	40.31	40.11	39.91	39.71	39.51	45.4
45.5	41.60	41.40	41.21	41.01	40.81	40.61	40.41	40.22	40.02	39.82	39.62	45.5
45.6	41.70	41.51	41.31	41.11	40.91	40.72	40.52	40.32	40.12	39.92	39.72	45.6
45.7	41.81	41.61	41.41	41.21	41.02	40.82	40.62	40.42	40.22	40.03	39.83	45.7
45.8	41.91	41.71	41.51	41.32	41.12	40.92	40.72	40.53	40.33	40.13	39.93	45.8
45.9	42.01	41.81	41.62	41.42	41.22	41.02	40.83	40.63	40.43	40.23	40.03	45.9
46	42.11	41.92	41.72	41.52	41.33	41.13	40.93	40.73	40.53	40.34	40.14	46
46.1	42.22	42.02	41.82	41.63	41.43	41.23	41.03	40.84	40.64	40.44	40.24	46.1
46.2	42.32	42.12	41.93	41.73	41.53	41.33	41.14	40.94	40.74	40.54	40.35	46.2
46.3	42.42	42.22	42.03	41.83	41.63	41.44	41.24	41.04	40.85	40.65	40.45	46.3
46.4	42.52	42.33	42.13	41.93	41.74	41.54	41.34	41.15	40.95	40.75	40.55	46.4
46.5	42.63	42.43	42.23	42.04	41.84	41.64	41.45	41.25	41.05	40.85	40.66	46.5
46.6	42.73	42.53	42.34	42.14	41.94	41.75	41.55	41.35	41.16	40.96	40.76	46.6

（续表）

酒精度 % vol	酒精计温度 ℃											酒精度 % vol
	30	30. 5	31	31. 5	32	32. 5	33	33. 5	34	34. 5	35	
46. 7	42. 83	42. 64	42. 44	42. 24	42. 05	41. 85	41. 65	41. 46	41. 26	41. 06	40. 86	46. 7
46. 8	42. 93	42. 74	42. 54	42. 35	42. 15	41. 95	41. 76	41. 56	41. 36	41. 17	40. 97	46. 8
46. 9	43. 04	42. 84	42. 65	42. 45	42. 25	42. 06	41. 86	41. 66	41. 47	41. 27	41. 07	46. 9
47	43. 14	42. 94	42. 75	42. 55	42. 36	42. 16	41. 96	41. 77	41. 57	41. 37	41. 18	47
47. 1	43. 24	43. 05	42. 85	42. 66	42. 46	42. 26	42. 07	41. 87	41. 67	41. 48	41. 28	47. 1
47. 2	43. 34	43. 15	42. 95	42. 76	42. 56	42. 37	42. 17	41. 97	41. 78	41. 58	41. 38	47. 2
47. 3	43. 45	43. 25	43. 06	42. 86	42. 67	42. 47	42. 27	42. 08	41. 88	41. 68	41. 49	47. 3
47. 4	43. 55	43. 35	43. 16	42. 96	42. 77	42. 57	42. 38	42. 18	41. 98	41. 79	41. 59	47. 4
47. 5	43. 65	43. 46	43. 26	43. 07	42. 87	42. 68	42. 48	42. 28	42. 09	41. 89	41. 70	47. 5
47. 6	43. 75	43. 56	43. 37	43. 17	42. 98	42. 78	42. 58	42. 39	42. 19	42. 00	41. 80	47. 6
47. 7	43. 86	43. 66	43. 47	43. 27	43. 08	42. 88	42. 69	42. 49	42. 30	42. 10	41. 90	47. 7
47. 8	43. 96	43. 77	43. 57	43. 38	43. 18	42. 99	42. 79	42. 60	42. 40	42. 20	42. 01	47. 8
47. 9	44. 06	43. 87	43. 67	43. 48	43. 28	43. 09	42. 89	42. 70	42. 50	42. 31	42. 11	47. 9
48	44. 17	43. 97	43. 78	43. 58	43. 39	43. 19	43. 00	42. 80	42. 61	42. 41	42. 21	48
48. 1	44. 27	44. 07	43. 88	43. 69	43. 49	43. 30	43. 10	42. 91	42. 71	42. 51	42. 32	48. 1
48. 2	44. 37	44. 18	43. 98	43. 79	43. 59	43. 40	43. 20	43. 01	42. 81	42. 62	42. 42	48. 2
48. 3	44. 47	44. 28	44. 09	43. 89	43. 70	43. 50	43. 31	43. 11	42. 92	42. 72	42. 53	48. 3
48. 4	44. 58	44. 38	44. 19	43. 99	43. 80	43. 61	43. 41	43. 22	43. 02	42. 83	42. 63	48. 4
48. 5	44. 68	44. 49	44. 29	44. 10	43. 90	43. 71	43. 51	43. 32	43. 12	42. 93	42. 73	48. 5
48. 6	44. 78	44. 59	44. 39	44. 20	44. 01	43. 81	43. 62	43. 42	43. 23	43. 03	42. 84	48. 6
48. 7	44. 88	44. 69	44. 50	44. 30	44. 11	43. 92	43. 72	43. 53	43. 33	43. 14	42. 94	48. 7
48. 8	44. 99	44. 79	44. 60	44. 41	44. 21	44. 02	43. 82	43. 63	43. 44	43. 24	43. 05	48. 8
48. 9	45. 09	44. 90	44. 70	44. 51	44. 32	44. 12	43. 93	43. 73	43. 54	43. 34	43. 15	48. 9
49	45. 19	45. 00	44. 81	44. 61	44. 42	44. 23	44. 03	43. 84	43. 64	43. 45	43. 25	49
49. 1	45. 29	45. 10	44. 91	44. 72	44. 52	44. 33	44. 13	43. 94	43. 75	43. 55	43. 36	49. 1
49. 2	45. 40	45. 20	45. 01	44. 82	44. 63	44. 43	44. 24	44. 04	43. 85	43. 66	43. 46	49. 2
49. 3	45. 50	45. 31	45. 11	44. 92	44. 73	44. 53	44. 34	44. 15	43. 95	43. 76	43. 56	49. 3
49. 4	45. 60	45. 41	45. 22	45. 02	44. 83	44. 64	44. 44	44. 25	44. 06	43. 86	43. 67	49. 4
49. 5	45. 70	45. 51	45. 32	45. 13	44. 93	44. 74	44. 55	44. 35	44. 16	43. 97	43. 77	49. 5
49. 6	45. 81	45. 61	45. 42	45. 23	45. 04	44. 84	44. 65	44. 46	44. 26	44. 07	43. 88	49. 6
49. 7	45. 91	45. 72	45. 53	45. 33	45. 14	44. 95	44. 75	44. 56	44. 37	44. 17	43. 98	49. 7
49. 8	46. 01	45. 82	45. 63	45. 44	45. 24	45. 05	44. 86	44. 66	44. 47	44. 28	44. 08	49. 8
49. 9	46. 11	45. 92	45. 73	45. 54	45. 35	45. 15	44. 96	44. 77	44. 57	44. 38	44. 19	49. 9
50	46. 22	46. 03	45. 83	45. 64	45. 45	45. 26	45. 06	44. 87	44. 68	44. 49	44. 29	50
50. 1	46. 32	46. 13	45. 94	45. 74	45. 55	45. 36	45. 17	44. 98	44. 78	44. 59	44. 40	50. 1

（续表）

酒精度 % vol	酒精计温度 ℃											酒精度 % vol
	30	30.5	31	31.5	32	32.5	33	33.5	34	34.5	35	
50.2	46.42	46.23	46.04	45.85	45.66	45.46	45.27	45.08	44.89	44.69	44.50	50.2
50.3	46.52	46.33	46.14	45.95	45.76	45.57	45.37	45.18	44.99	44.80	44.60	50.3
50.4	46.63	46.44	46.25	46.05	45.86	45.67	45.48	45.29	45.09	44.90	44.71	50.4
50.5	46.73	46.54	46.35	46.16	45.96	45.77	45.58	45.39	45.20	45.00	44.81	50.5
50.6	46.83	46.64	46.45	46.26	46.07	45.88	45.68	45.49	45.30	45.11	44.91	50.6
50.7	46.94	46.74	46.55	46.36	46.17	45.98	45.79	45.60	45.40	45.21	45.02	50.7
50.8	47.04	46.85	46.66	46.47	46.27	46.08	45.89	45.70	45.51	45.31	45.12	50.8
50.9	47.14	46.95	46.76	46.57	46.38	46.19	45.99	45.80	45.61	45.42	45.23	50.9
51	47.24	47.05	46.86	46.67	46.48	46.29	46.10	45.91	45.71	45.52	45.33	51
51.1	47.35	47.15	46.96	46.77	46.58	46.39	46.20	46.01	45.82	45.63	45.43	51.1
51.2	47.45	47.26	47.07	46.88	46.69	46.49	46.30	46.11	45.92	45.73	45.54	51.2
51.3	47.55	47.36	47.17	46.98	46.79	46.60	46.41	46.22	46.02	45.83	45.64	51.3
51.4	47.65	47.46	47.27	47.08	46.89	46.70	46.51	46.32	46.13	45.94	45.74	51.4
51.5	47.76	47.57	47.38	47.19	46.99	46.80	46.61	46.42	46.23	46.04	45.85	51.5
51.6	47.86	47.67	47.48	47.29	47.10	46.91	46.72	46.53	46.33	46.14	45.95	51.6
51.7	47.96	47.77	47.58	47.39	47.20	47.01	46.82	46.63	46.44	46.25	46.06	51.7
51.8	48.06	47.87	47.68	47.49	47.30	47.11	46.92	46.73	46.54	46.35	46.16	51.8
51.9	48.16	47.98	47.79	47.60	47.41	47.22	47.03	46.84	46.64	46.45	46.26	51.9
52	48.27	48.00	47.89	47.70	47.51	47.32	47.13	46.94	46.75	46.56	46.37	52
52.1	48.37	48.18	47.99	47.80	47.61	47.42	47.23	47.04	46.85	46.66	46.47	52.1
52.2	48.47	48.28	48.09	47.90	47.72	47.53	47.34	47.15	46.96	46.76	46.57	52.2
52.3	48.57	48.39	48.20	48.01	47.82	47.63	47.44	47.25	47.06	46.87	46.68	52.3
52.4	48.68	48.49	48.30	48.11	47.92	47.73	47.54	47.35	47.16	46.97	46.78	52.4
52.5	48.78	48.59	48.40	48.21	48.02	47.84	47.65	47.46	47.26	47.08	46.88	52.5
52.6	48.88	48.69	48.50	48.32	48.13	47.94	47.75	47.56	47.37	47.18	46.99	52.6
52.7	48.98	48.80	48.61	48.42	48.23	48.04	47.85	47.66	47.47	47.28	47.09	52.7
52.8	49.09	48.90	48.71	48.52	48.33	48.14	47.95	47.77	47.57	47.39	47.20	52.8
52.9	49.19	49.00	48.81	48.62	48.44	48.25	48.06	47.87	47.68	47.49	47.30	52.9
53	49.29	49.10	48.92	48.73	48.54	48.35	48.16	47.97	47.78	47.59	47.40	53
53.1	49.39	49.21	49.02	48.83	48.64	48.45	48.26	48.07	47.89	47.70	47.51	53.1
53.2	49.50	49.31	49.12	48.93	48.74	48.56	48.37	48.18	47.99	47.80	47.61	53.2
53.3	49.60	49.41	49.22	49.04	48.85	48.66	48.47	48.28	48.09	47.90	47.71	53.3
53.4	49.70	49.51	49.33	49.14	48.95	48.76	48.57	48.38	48.20	48.01	47.82	53.4
53.5	49.80	49.62	49.43	49.24	49.05	48.86	48.68	48.49	48.30	48.11	47.92	53.5
53.6	49.91	49.72	49.53	49.34	49.16	48.97	48.78	48.59	48.40	48.21	48.02	53.6

（续表）

酒精度 %vol	酒精计温度 ℃											酒精度 %vol
	30	30.5	31	31.5	32	32.5	33	33.5	34	34.5	35	
53.7	50.01	49.82	49.63	49.45	49.26	49.07	48.88	48.69	48.51	48.32	48.13	53.7
53.8	50.11	49.92	49.74	49.55	49.36	49.17	48.99	48.80	48.61	48.42	48.23	53.8
53.9	50.21	50.03	49.84	49.65	49.46	49.28	49.09	48.90	48.71	48.52	48.33	53.9
54	50.32	50.13	49.94	49.75	49.57	49.38	49.19	49.00	48.82	48.63	48.44	54
54.1	50.42	50.23	50.04	49.86	49.67	49.48	49.29	49.11	48.92	48.73	48.54	54.1
54.2	50.52	50.33	50.15	49.96	49.77	49.58	49.40	49.21	49.02	48.93	48.64	54.2
54.3	50.62	50.44	50.25	50.06	49.88	49.69	49.50	49.31	49.12	48.94	48.75	54.3
54.4	50.72	50.54	50.35	50.16	49.98	49.79	49.60	49.42	49.23	49.04	48.85	54.4
54.5	50.83	50.64	50.45	50.27	50.08	49.89	49.71	49.52	49.33	49.14	48.96	54.5
54.6	50.93	50.74	50.56	50.37	50.18	50.00	49.81	49.62	49.43	49.25	49.06	54.6
54.7	51.03	50.85	50.66	50.47	50.29	50.10	49.91	49.72	49.54	49.35	49.16	54.7
54.8	51.13	50.95	50.76	50.58	50.39	50.20	50.02	49.83	49.64	49.45	49.27	54.8
54.9	51.24	51.05	50.86	50.68	50.49	50.30	50.12	49.93	48.74	49.56	49.37	54.9
55	51.34	51.15	50.97	50.78	50.59	50.41	50.22	50.03	49.85	49.66	49.47	55
55.1	51.44	51.25	51.07	50.88	50.70	50.51	50.32	50.14	49.95	49.76	49.58	55.1
55.2	51.54	51.36	51.17	50.99	50.80	50.61	50.43	50.24	50.05	49.87	49.68	55.2
55.3	51.64	51.46	51.27	51.09	50.90	50.72	50.53	50.34	50.16	49.97	49.78	55.3
55.4	51.75	51.56	51.38	51.19	51.01	50.82	50.63	50.45	50.26	50.07	49.89	55.4
55.5	51.85	51.66	51.48	51.29	51.11	50.92	50.74	50.55	50.36	50.18	49.99	55.5
55.6	51.95	51.77	51.58	51.40	51.21	51.02	50.84	50.65	50.47	50.28	50.09	55.6
55.7	52.05	51.87	51.68	51.50	51.31	51.13	50.94	50.76	50.57	50.38	50.20	55.7
55.8	52.16	51.97	51.79	51.60	51.42	51.23	51.04	50.86	50.67	50.49	50.30	55.8
55.9	52.26	52.07	51.89	51.70	51.52	51.33	51.15	50.96	50.78	50.59	50.40	55.9
56	52.36	52.18	51.99	51.81	51.62	51.44	51.25	51.06	50.88	50.69	50.51	56
56.1	52.46	52.28	52.09	51.91	51.72	51.54	51.35	51.17	50.98	50.80	50.61	56.1
56.2	52.57	52.38	52.20	52.01	51.83	51.64	51.46	51.27	51.08	50.90	50.71	56.2
56.3	52.67	52.48	52.30	52.11	51.93	51.74	51.56	51.37	51.19	51.00	50.82	56.3
56.4	52.77	52.59	52.40	52.22	52.03	51.85	51.66	51.48	51.29	51.10	50.92	56.4
56.5	52.87	52.69	52.50	52.32	52.13	51.95	51.76	51.58	51.39	51.21	51.02	56.5
56.6	52.97	52.79	52.61	52.42	52.24	52.05	51.87	51.68	51.50	51.31	51.13	56.6
56.7	53.08	52.89	52.71	52.52	52.34	52.15	51.97	51.78	51.60	51.41	51.23	56.7
56.8	53.18	52.99	52.81	52.63	52.44	52.26	52.07	51.89	51.70	51.52	51.33	56.8
56.9	53.28	53.10	52.91	52.73	52.54	52.36	52.18	51.99	51.81	51.62	51.43	56.9
57	53.38	53.20	53.02	52.83	52.65	52.46	52.28	52.09	51.91	51.72	51.54	57
57.1	53.48	53.30	53.12	52.93	52.75	52.57	52.38	52.20	52.01	51.83	51.64	57.1

（续表）

酒精度 % vol	酒精计温度 ℃											酒精度 % vol
	30	30.5	31	31.5	32	32.5	33	33.5	34	34.5	35	
57.2	53.59	53.40	53.22	53.04	52.85	52.67	52.48	52.30	52.11	51.93	51.74	57.2
57.3	53.69	53.51	53.32	53.14	52.95	52.77	52.59	52.40	52.22	52.03	51.85	57.3
57.4	53.79	53.61	53.42	53.24	53.06	52.87	52.69	52.51	52.32	52.14	51.95	57.4
57.5	53.89	53.71	53.53	53.34	53.16	52.98	52.79	52.61	52.42	52.24	52.05	57.5
57.6	54.00	53.81	53.63	53.45	53.26	53.08	52.89	52.71	52.53	52.34	52.16	57.6
57.7	54.10	53.91	53.73	53.55	53.37	53.18	53.00	52.81	52.63	52.45	52.26	57.7
57.8	54.20	54.02	53.83	53.65	53.47	53.28	53.10	52.92	52.73	52.55	52.36	57.8
57.9	54.30	54.12	53.94	53.75	53.57	53.39	53.20	53.02	52.84	52.65	52.47	57.9
58	54.40	54.22	54.04	53.86	53.67	53.49	53.31	53.12	52.94	52.75	52.57	58
58.1	54.51	54.32	54.14	53.96	53.78	53.59	53.41	53.23	53.04	52.86	52.67	58.1
58.2	54.61	54.43	54.24	54.06	53.88	53.69	53.51	53.33	53.14	52.96	52.78	58.2
58.3	54.71	54.53	54.35	54.16	53.98	53.80	53.61	53.43	53.25	53.06	52.88	58.3
58.4	54.81	54.63	54.45	54.27	54.08	53.90	53.72	53.53	53.35	53.17	52.98	58.4
58.5	54.91	54.73	54.55	54.37	54.19	54.00	53.82	53.64	53.45	53.27	53.09	58.5
58.6	55.02	54.84	54.65	54.47	54.29	54.11	53.92	53.74	53.56	53.37	53.19	58.6
58.7	55.12	54.94	54.76	54.57	54.39	54.21	54.03	53.84	53.66	53.48	53.29	58.7
58.8	55.22	55.04	54.86	54.68	54.49	54.31	54.13	53.94	53.76	53.58	53.39	58.8
58.9	55.32	55.14	54.96	54.78	54.60	54.41	54.23	54.05	53.86	53.68	53.50	58.9
59	55.43	55.24	55.06	54.88	54.70	54.52	54.33	54.15	53.97	53.78	53.60	59
59.1	55.53	55.35	55.16	54.98	54.80	54.62	54.44	54.25	54.07	53.89	53.70	59.1
59.2	55.63	55.45	55.27	55.09	54.90	54.72	54.54	54.36	54.17	53.99	53.81	59.2
59.3	55.73	55.55	55.37	55.19	55.01	54.82	54.64	54.46	54.28	54.09	53.91	59.3
59.4	55.83	55.65	55.47	55.29	55.11	54.93	54.74	54.56	54.38	54.20	54.01	59.4
59.5	55.94	55.76	55.57	55.39	55.21	55.03	54.85	54.66	54.48	54.30	54.12	59.5
59.6	56.04	55.86	55.68	55.49	55.31	55.13	54.95	54.77	54.58	54.40	54.22	59.6
59.7	56.14	55.96	55.78	55.60	55.42	55.23	55.95	54.87	54.69	54.51	54.32	59.7
59.8	56.24	56.06	55.88	55.70	55.52	55.34	55.15	54.97	54.79	54.61	54.43	59.8
59.9	56.34	56.16	55.98	55.80	55.62	55.44	55.56	55.08	54.89	54.71	54.53	59.9
60	56.45	56.27	56.09	55.90	55.72	55.54	55.36	55.18	55.00	54.81	54.63	60
60.1	56.55	56.37	56.19	56.01	55.83	55.64	55.46	55.28	55.10	54.92	54.73	60.1
60.2	56.65	56.47	56.29	56.11	55.93	55.75	55.57	55.38	55.20	55.02	54.84	60.2
60.3	56.75	56.57	56.39	56.21	56.03	55.85	55.67	55.49	55.30	55.12	54.94	60.3
60.4	56.85	56.67	56.49	56.31	56.13	55.95	55.77	55.59	55.41	55.23	55.04	60.4
60.5	56.96	56.78	56.60	56.42	56.24	56.05	55.87	55.69	55.51	55.33	55.15	60.5
60.6	57.06	56.88	56.70	56.52	56.34	56.16	55.98	55.79	55.61	55.43	55.25	60.6

（续表）

酒精度 % vol	酒精计温度 ℃											酒精度 % vol
	30	30. 5	31	31. 5	32	32. 5	33	33. 5	34	34. 5	35	
60. 7	57. 16	56. 98	56. 80	56. 62	56. 44	56. 26	56. 08	55. 90	55. 72	55. 53	55. 35	60. 7
60. 8	57. 26	57. 08	56. 90	56. 72	56. 54	56. 36	56. 18	56. 00	55. 82	55. 64	55. 46	60. 8
60. 9	57. 37	57. 19	57. 01	56. 83	56. 65	56. 46	56. 28	56. 10	55. 92	55. 74	55. 56	60. 9
61	57. 47	57. 29	57. 11	56. 93	56. 75	56. 57	56. 39	56. 21	56. 02	55. 84	55. 66	61
61. 1	57. 57	57. 39	57. 21	57. 03	56. 85	56. 67	56. 49	56. 31	56. 13	55. 95	55. 77	61. 1
61. 2	57. 67	57. 49	57. 31	57. 13	56. 95	56. 77	56. 59	56. 41	56. 23	56. 05	55. 87	61. 2
61. 3	57. 77	57. 59	57. 42	57. 24	57. 06	56. 88	56. 69	56. 51	56. 33	56. 15	55. 97	61. 3
61. 4	57. 88	57. 70	57. 52	57. 34	57. 16	56. 98	56. 80	56. 62	56. 44	56. 26	56. 07	61. 4
61. 5	57. 98	57. 80	57. 62	57. 44	57. 26	57. 08	56. 90	56. 72	56. 54	56. 36	56. 18	61. 5
61. 6	58. 08	57. 90	57. 72	57. 54	57. 36	57. 18	57. 00	56. 82	56. 64	56. 46	56. 28	61. 6
61. 7	58. 18	58. 00	57. 82	57. 64	57. 47	57. 29	57. 11	56. 93	56. 74	56. 56	56. 38	61. 7
61. 8	58. 28	58. 11	57. 93	57. 75	57. 57	57. 39	57. 21	57. 03	56. 85	56. 67	56. 49	61. 8
61. 9	58. 39	58. 21	58. 03	57. 85	57. 67	57. 49	57. 31	57. 13	56. 95	56. 77	56. 59	61. 9
62	58. 49	58. 31	58. 13	57. 95	57. 77	57. 59	57. 41	57. 23	57. 05	56. 87	56. 69	62
62. 1	58. 59	58. 41	58. 23	58. 05	57. 88	57. 70	57. 52	57. 34	57. 16	56. 98	56. 80	62. 1
62. 2	58. 69	58. 51	58. 34	58. 16	57. 98	57. 80	57. 62	57. 44	57. 26	57. 08	56. 90	62. 2
62. 3	58. 79	58. 62	58. 44	58. 26	58. 08	57. 90	57. 72	57. 54	57. 36	57. 18	57. 00	62. 3
62. 4	58. 90	58. 72	58. 54	58. 36	58. 18	58. 00	57. 82	57. 64	57. 46	57. 28	57. 10	62. 4
62. 5	59. 00	58. 82	58. 64	58. 46	58. 29	58. 11	57. 93	57. 75	57. 57	57. 39	57. 21	62. 5
62. 6	59. 10	58. 92	58. 75	58. 57	58. 39	58. 21	58. 03	57. 85	57. 67	57. 49	57. 31	62. 6
62. 7	59. 20	59. 03	58. 85	58. 67	58. 49	58. 31	58. 13	57. 95	57. 77	57. 59	57. 41	62. 7
62. 8	59. 31	59. 13	58. 95	58. 77	58. 59	58. 41	58. 23	58. 06	57. 88	57. 70	57. 52	62. 8
62. 9	59. 41	59. 23	59. 05	58. 87	58. 70	58. 52	58. 34	58. 16	57. 98	57. 80	57. 62	62. 9
63	59. 51	59. 33	59. 15	58. 98	58. 80	58. 62	58. 44	58. 26	58. 08	57. 90	57. 72	63
63. 1	59. 61	59. 43	59. 26	59. 08	58. 90	58. 72	58. 54	58. 36	58. 18	58. 01	57. 83	63. 1
63. 2	59. 71	59. 54	59. 36	59. 18	59. 00	58. 82	58. 65	58. 47	58. 29	58. 11	57. 93	63. 2
63. 3	59. 82	59. 64	59. 46	59. 28	59. 11	58. 93	58. 75	58. 57	58. 39	58. 21	58. 03	63. 3
63. 4	59. 92	59. 74	59. 56	59. 39	59. 21	59. 03	58. 85	58. 67	58. 49	58. 42	58. 13	63. 4
63. 5	60. 02	59. 84	59. 67	59. 49	59. 31	59. 13	58. 95	58. 78	58. 60	58. 31	58. 24	63. 5
63. 6	60. 12	59. 95	59. 77	59. 59	59. 41	59. 23	59. 06	58. 88	58. 70	58. 52	58. 34	63. 6
63. 7	60. 22	60. 05	59. 87	59. 69	59. 52	59. 34	59. 16	58. 98	58. 80	58. 62	58. 44	63. 7
63. 8	60. 33	60. 15	59. 97	59. 80	59. 62	59. 44	59. 26	59. 08	58. 90	58. 73	58. 55	63. 8
63. 9	60. 43	60. 25	60. 08	59. 90	59. 72	59. 54	59. 36	59. 19	59. 01	58. 83	58. 65	63. 9
64	60. 53	60. 35	60. 18	60. 00	59. 82	59. 65	59. 47	59. 29	59. 11	58. 93	58. 75	64
64. 1	60. 63	60. 46	60. 28	60. 10	59. 93	59. 75	59. 57	59. 39	59. 21	59. 04	58. 86	64. 1

（续表）

酒精度 % vol	酒精计温度 ℃											酒精度 % vol
	30	30.5	31	31.5	32	32.5	33	33.5	34	34.5	35	
64.2	60.74	60.56	60.38	60.21	60.03	59.85	59.67	59.49	59.32	59.14	58.96	64.2
64.3	60.84	60.66	60.48	60.31	60.13	59.95	59.78	59.60	59.42	59.24	59.06	64.3
64.4	60.94	60.76	60.59	60.41	60.23	60.06	59.88	59.70	59.52	59.34	59.17	64.4
64.5	61.04	60.87	60.69	60.51	60.34	60.16	59.98	59.80	59.63	59.45	59.27	64.5
64.6	61.14	60.97	60.79	60.62	60.44	60.26	60.08	59.91	59.73	59.55	59.37	64.6
64.7	61.25	61.07	60.89	60.72	60.54	60.36	60.19	60.01	59.83	59.65	59.47	64.7
64.8	61.35	61.17	61.00	60.82	60.64	60.47	60.29	60.11	59.93	59.76	59.58	64.8
64.9	61.45	61.28	61.10	60.92	60.75	60.57	60.39	60.21	60.04	59.86	59.68	64.9
65	61.55	61.38	61.20	61.03	60.85	60.67	60.49	60.32	60.14	59.96	59.78	65
65.1	61.66	61.48	61.30	61.13	60.95	60.77	60.60	60.42	60.24	60.07	59.89	65.1
65.2	61.76	61.58	61.41	61.23	61.05	60.88	60.70	60.52	60.35	60.17	59.99	65.2
65.3	61.86	61.68	61.51	61.33	61.16	60.98	60.80	60.63	60.45	60.27	60.09	65.3
65.4	61.96	61.79	61.61	61.44	61.26	61.08	60.91	60.73	60.55	60.37	60.20	65.4
65.5	62.06	61.89	61.71	61.54	61.36	61.19	61.01	60.83	60.65	60.48	60.30	65.5
65.6	62.17	61.99	61.82	61.64	61.46	61.29	61.11	60.93	60.76	60.58	60.40	65.6
65.7	62.27	62.09	61.92	61.74	61.57	61.39	61.21	61.04	60.86	60.68	60.51	65.7
65.8	62.37	62.20	62.02	61.85	61.67	61.49	61.32	61.14	60.96	60.79	60.61	65.8
65.9	62.47	62.30	62.12	61.95	61.77	61.60	61.42	61.24	61.07	60.89	60.71	65.9
66	62.58	62.40	62.23	62.05	61.87	61.70	61.52	61.35	61.17	60.99	60.82	66
66.1	62.68	62.50	62.33	62.15	61.98	61.80	61.63	61.45	61.27	61.10	60.92	66.1
66.2	62.78	62.61	62.43	62.26	62.08	61.90	61.73	61.55	61.38	61.20	61.02	66.2
66.3	62.88	62.71	62.53	62.36	62.18	62.01	61.83	61.66	61.48	61.30	61.13	66.3
66.4	62.98	62.81	62.64	62.46	62.29	62.11	61.93	61.76	61.58	61.41	61.23	66.4
66.5	63.09	62.91	62.74	62.56	62.39	62.21	62.04	61.86	61.69	61.51	61.33	66.5
66.6	63.19	63.01	62.84	62.67	62.49	62.32	62.14	61.96	61.79	61.61	61.44	66.6
66.7	63.29	63.12	62.94	62.77	62.59	62.42	62.24	62.07	61.89	61.72	61.54	66.7
66.8	63.39	63.22	63.05	62.87	62.70	62.52	62.35	62.17	61.99	61.82	61.64	66.8
66.9	63.50	63.32	63.15	62.97	62.80	62.62	62.45	62.27	62.10	61.92	61.75	66.9
67	63.60	63.42	63.25	63.08	62.90	62.73	62.55	62.38	62.20	62.02	61.85	67
67.1	63.70	63.53	63.35	63.18	63.00	62.83	62.65	62.48	62.30	62.13	61.95	67.1
67.2	63.80	63.63	63.46	63.28	63.11	62.93	62.76	62.58	62.41	62.23	62.05	67.2
67.3	63.90	63.73	63.56	63.38	63.21	63.04	62.86	62.69	62.51	62.33	62.16	67.3
67.4	64.01	63.83	63.66	63.49	63.31	63.14	62.96	62.79	62.61	62.44	62.26	67.4
67.5	64.11	63.94	63.76	63.59	63.42	63.24	63.07	62.89	62.72	62.54	62.36	67.5
67.6	64.21	64.04	63.87	63.69	63.52	63.34	63.17	62.99	62.82	62.64	62.47	67.6

（续表）

酒精度 % vol	酒精计温度 ℃											酒精度 % vol
	30	30. 5	31	31. 5	32	32. 5	33	33. 5	34	34. 5	35	
67. 7	64. 31	64. 14	63. 97	63. 79	63. 62	63. 45	63. 27	63. 10	62. 92	62. 75	62. 57	67. 7
67. 8	64. 42	64. 24	64. 07	63. 90	63. 72	63. 55	63. 38	63. 20	63. 03	62. 85	62. 67	67. 8
67. 9	64. 52	64. 35	64. 17	64. 00	63. 83	63. 65	63. 48	63. 30	63. 13	62. 95	62. 78	67. 9
68	64. 62	64. 45	64. 28	64. 10	63. 93	63. 76	63. 58	63. 41	63. 23	63. 06	62. 88	68
68. 1	64. 72	64. 55	64. 38	64. 21	64. 03	63. 86	63. 68	63. 51	63. 34	63. 16	62. 98	68. 1
68. 2	64. 83	64. 65	64. 48	64. 31	64. 13	63. 96	63. 79	63. 61	63. 44	63. 26	63. 09	68. 2
68. 3	64. 93	64. 76	64. 58	64. 41	64. 24	64. 06	63. 89	63. 72	63. 54	63. 37	63. 19	68. 3
68. 4	65. 03	64. 86	64. 69	64. 51	64. 34	64. 17	63. 99	63. 82	63. 64	63. 47	63. 30	68. 4
68. 5	65. 13	64. 96	64. 79	64. 62	64. 44	64. 27	64. 10	63. 92	63. 75	63. 57	63. 40	68. 5
68. 6	65. 24	65. 06	64. 89	64. 72	64. 55	64. 37	64. 20	64. 03	63. 85	63. 68	63. 50	68. 6
68. 7	65. 34	65. 17	64. 99	64. 82	64. 65	64. 48	64. 30	64. 13	63. 95	63. 78	63. 61	68. 7
68. 8	65. 44	65. 27	65. 10	64. 92	64. 75	64. 58	64. 41	64. 23	64. 06	63. 88	63. 71	68. 8
68. 9	65. 54	65. 37	65. 20	65. 03	64. 85	64. 68	64. 51	64. 33	64. 16	63. 99	63. 81	68. 9
69	65. 64	65. 47	65. 30	65. 13	64. 96	64. 78	64. 61	64. 44	64. 26	64. 09	63. 92	69
69. 1	65. 75	65. 58	65. 40	65. 23	65. 06	64. 89	64. 71	64. 54	64. 37	64. 19	64. 02	69. 1
69. 2	65. 85	65. 68	65. 51	65. 33	65. 16	64. 99	64. 82	64. 64	64. 47	64. 30	64. 12	69. 2
69. 3	65. 95	65. 78	65. 61	65. 44	65. 27	65. 09	64. 92	64. 75	64. 57	64. 40	64. 23	69. 3
69. 4	66. 05	65. 88	65. 71	65. 54	65. 37	65. 20	65. 02	64. 85	64. 68	64. 50	64. 33	69. 4
69. 5	66. 16	65. 99	65. 81	65. 64	65. 47	65. 30	65. 13	64. 95	64. 78	64. 61	64. 43	69. 5
69. 6	66. 26	66. 09	65. 92	65. 75	65. 57	65. 40	65. 23	65. 06	64. 88	64. 71	64. 54	69. 6
69. 7	66. 36	66. 19	66. 02	65. 85	65. 68	65. 51	65. 33	65. 16	64. 99	64. 81	64. 64	69. 7
69. 8	66. 46	66. 29	66. 12	65. 95	65. 78	65. 61	65. 44	65. 26	65. 09	64. 92	64. 74	69. 8
69. 9	66. 57	66. 40	66. 23	66. 05	65. 88	65. 71	65. 54	65. 37	65. 19	65. 02	64. 85	69. 9
70	66. 67	66. 50	66. 33	66. 16	65. 99	65. 81	65. 64	65. 47	65. 30	65. 12	64. 95	70

酒精度 % vol	酒精计温度 ℃										酒精度 % vol
	5	6	7	8	9	10	11	12	13	14	
91	94. 50	94. 29	94. 06	93. 84	93. 62	93. 39	93. 16	92. 93	92. 70	92. 46	91
92	95. 39	95. 18	94. 97	94. 75	94. 54	94. 32	94. 10	93. 87	93. 65	93. 42	92
93	96. 27	96. 07	95. 87	95. 66	95. 45	95. 24	95. 03	94. 81	94. 59	94. 37	93
94	97. 15	96. 95	96. 76	96. 56	96. 36	96. 16	95. 95	95. 74	95. 53	95. 32	94
95	98. 01	97. 83	97. 64	97. 45	97. 26	97. 07	96. 87	96. 67	96. 47	96. 27	95
96	98. 86	98. 69	98. 51	98. 33	98. 15	97. 97	97. 78	97. 60	97. 40	97. 21	96
97	99. 70	99. 54	99. 37	99. 20	99. 04	98. 86	98. 69	98. 51	98. 33	98. 15	97
98	—	—	—	—	99. 90	99. 74	99. 58	99. 42	99. 25	99. 08	98

酒精度 % vol	酒精计温度 ℃										酒精度 % vol
	15	16	17	18	19	20	21	22	23	24	
91	92.22	91.98	91.74	91.50	91.25	91.00	90.75	90.50	90.22	89.98	91
92	93.19	92.95	92.72	92.48	92.24	92.00	91.76	91.51	91.26	91.01	92
93	94.15	93.92	93.70	93.47	93.23	93.00	92.76	92.52	92.28	92.04	93
94	95.11	94.89	94.67	94.45	94.23	94.00	93.77	93.54	93.31	93.07	94
95	96.06	95.85	95.64	95.43	95.22	95.00	94.78	94.56	94.33	94.11	95
96	97.01	96.82	96.62	96.41	96.21	96.00	95.79	95.58	95.36	95.15	96
97	97.96	97.78	97.58	97.39	97.20	97.00	96.80	96.60	96.39	96.19	97
98	98.90	98.73	98.55	98.37	98.19	98.00	97.81	97.62	97.43	97.23	98

酒精度 % vol	酒精计温度 ℃										酒精度 % vol
	25	26	27	28	29	30	31	32	33	34	
91	89.72	89.46	89.20	88.93	88.66	88.39	88.12	87.84	87.57	87.29	91
92	90.76	90.50	90.24	89.98	89.72	89.46	89.19	88.92	88.65	88.24	92
93	91.79	91.55	91.30	91.04	90.79	90.53	90.27	90.01	89.74	89.48	93
94	92.84	92.60	92.35	92.11	91.86	91.61	91.36	91.10	90.84	90.58	94
95	93.88	93.65	93.41	93.18	92.94	92.70	92.45	92.21	91.96	91.70	95
96	94.93	94.70	94.48	94.25	94.02	93.79	93.56	93.32	93.08	92.83	96
97	95.98	95.77	95.55	95.33	95.11	94.89	94.67	94.44	94.21	93.98	97
98	97.03	96.83	96.63	96.42	96.22	96.00	95.79	95.58	95.36	95.13	98

GB

中　华　人　民　共　和　国　国　家　标　准

GB 5009.34—2016

食品安全国家标准
食品中二氧化硫的测定

2016－08－31 发布　　　　2017－03－01 实施

中　华　人　民　共　和　国
国家卫生和计划生育委员会　发布

前　言

本标准代替 GB/T 5009.34—2003《食品中亚硫酸盐的测定》

本标准与 GB/T 5009.3—2003 相比，主要修改如下：

——标准名称修改为“食品安全国家标准　食品中二氧化硫的测定”；

——删除第一法和附录 A；

——原第二法蒸馏法改为滴定法。

食品安全国家标准
食品中二氧化硫的测定

1　范围

本标准规定了果脯、干菜、米粉类、粉条、砂糖、食用菌和葡萄酒等食品中总二氧化硫的测定方法。

本标准适用于果脯、干菜、米粉类、粉条、砂糖、食用菌和葡萄酒等食品中总二氧化硫的测定。

2　原理

在密闭容器中对样品进行酸化、蒸馏，蒸馏物用乙酸铅溶液吸收。吸收后的溶液用盐酸酸化，碘标准溶液滴定，根据所消耗的碘标准溶液量计算出样品中的二氧化硫含量。

3　试剂和材料

除非另有说明，本方法所用试剂均为分析纯，水为 GB/T 6682 规定的三级水。

3.1　试剂

3.1.1　盐酸（HCl）。

3.1.2　硫酸（H_2SO_4）。

3.1.3　可溶性淀粉［（$C_6H_{10}O_5$）$_n$］。

3.1.4　氢氧化钠（NaOH）。

3.1.5　碳酸钠（Na_2CO_3）。

3.1.6　乙酸铅（$C_4H_6O_4Pb$）。

3.1.7　硫代硫酸钠（$Na_2S_2O_3 \cdot 5H_2O$）或无水硫代硫酸钠（$Na_2S_2O_3$）。

3.1.8　碘（I_2）。

3.1.9　碘化钾（KI）。

3.2 试剂配制

3.2.1 盐酸溶液（1+1）：量取50 mL盐酸，缓缓倾入50 mL水中，边加边搅拌。

3.2.2 硫酸溶液（1+9）：量取10 mL硫酸，缓缓倾入90 mL水中，边加边搅拌。

3.2.3 淀粉指示液（10 g/L）：称取1 g可溶性淀粉，用少许水调成糊状，缓缓倾入100 mL沸水中，边加边搅拌，煮沸2 min，放冷备用，临用现配。

3.2.4 乙酸铅溶液（20 g/L）：称取2 g乙酸铅，溶于少量水中并稀释至100 mL。

3.3 标准品

重铬酸钾（$K_2Cr_2O_7$），优级纯，纯度≥99%。

3.4 标准溶液配制

3.4.1 硫代硫酸钠标准溶液（0.1 mol/L）：称取25 g含结晶水的硫代硫酸钠或16 g无水硫代硫酸钠溶于1 000 mL新煮沸放冷的水中，加入0.4 g氢氧化钠或0.2 g碳酸钠，摇匀，贮存于棕色瓶内，放置两周后过滤，用重铬酸钾标准溶液标定其准确浓度。或购买有证书的硫代硫酸钠标准溶液。

3.4.2 碘标准溶液［c（$1/2I_2$）=0.10 mol/L］：称取13 g碘和35 g碘化钾，加水约100 mL，溶解后加入3滴盐酸，用水稀释至1 000 mL，过滤后转入棕色瓶。使用前用硫代硫酸钠标准溶液标定。

3.4.3 重铬酸钾标准溶液［c（$1/6K_2Cr_2O_7$）=0.100 0 mol/L］：准确称取4.9031 g已于120 ℃±2 ℃电烘箱中干燥至恒重的重铬酸钾，溶于水并转移至1 000 mL量瓶中，定容至刻度。或购买有证书的重铬酸钾标准溶液。

3.4.4 碘标准溶液［c（$1/2I_2$）=0.0100 0 mol/L］：将0.100 0 mol/L碘标准溶液用水稀释10倍。

4 仪器和设备

4.1 全玻璃蒸馏器：500 mL，或等效的蒸馏设备。

4.2 酸式滴定管：25 mL或50 mL。

4.3 剪切式粉碎机。

4.4 碘量瓶：500 mL。

5 分析步骤

5.1 样品制备

果脯、干菜、米粉类、粉条和食用菌适当剪成小块，再用剪切式粉碎机剪碎，搅均匀，备用。

5.2 样品蒸馏

称取5 g均匀样品（精确至0.001 g，取样量可视含量高低而定），液体样品可直接吸取5.00 mL~10.00 mL样品，置于蒸馏烧瓶中。加入250 mL水，装上冷凝装置，冷凝管下端插入预先备有25 mL乙酸铅吸收液的碘量瓶的液面下，然后在蒸馏瓶中加入10 mL盐酸溶液，立即盖塞，加热蒸馏。当蒸馏液约200 mL时，使冷凝管下端离开液面，再蒸馏1 min。用少量蒸馏水冲洗插入乙酸铅溶液的装置部分。同时做空白试验。

5.3 滴定

向取下的碘量瓶中依次加入 10 mL 盐酸、1 mL 淀粉指示液，摇匀之后用碘标准溶液滴定至溶液颜色变蓝且 30s 内不褪色为止，记录消耗的碘标准滴定溶液体积。

6 分析结果的表述

试样中二氧化硫的含量按式（1）计算：

$$X = \frac{(V - V_0) \times 0.032 \times c \times 1\ 000}{m} \quad \cdots\cdots (1)$$

式中：

X——试样中的二氧化硫总含量（以 SO_2 计），单位为克每千克（g/kg）或克每升（g/L）；

V——滴定样品所用的碘标准溶液体积，单位为毫升（mL）；

V_0——空白试验所用的碘标准溶液体积，单位为毫升（mL）；

0.032——1 mL 碘标准溶液［$c(1/2I_2) = 1.0$ mol/L］相当于二氧化硫的质量，单位为克（g）；

c——碘标准溶液浓度，单位为摩尔每升（mol/L）；

m——试样质量或体积，单位为克（g）或毫升（mL）。

计算结果以重复性条件下获得的两次独立测定结果的算术平均值表示，当二氧化硫含量≥1 g/kg（L）时，结果保留三位有效数字；当二氧化硫含量时 <1 g/kg（L）时，结果保留两位有效数字。

7 精密度

在重复性条件下获得的两次独立测试结果的绝对差值不得超过算术平均值的 10%。

8 其他

当取 5 g 固体样品时，方法的检出限（LOD）为 3.0 mg/kg，定量限为 10.0 mg/kg；当取 10 mL 液体样品时，方法的检出限（LOD）为 1.5 mg/L，定量限为 5.0 mg/L。

GB

中 华 人 民 共 和 国 国 家 标 准

GB 5009.266—2016

食品安全国家标准　食品中甲醇的测定

2016-12-23 发布　　　　2017-06-23 实施

中华人民共和国国家卫生和计划生育委员会
国家食品药品监督管理总局发布　发布

前　言

本标准代替 GB/T 5009.48—2003《蒸馏酒与配制酒卫生标准的分析方法》、GB/T 15038—2006《葡萄酒、果酒通用分析方法》和 GB/T 394.2—2008《酒精通用分析方法》中甲醇的测定方法。

本标准与 GB/T5009.48—2003 相比，主要变化如下：

——标准名称修改为“食品安全国家标准　食品中甲醇的测定”；

——修改了标准的适用范围；

——修改了气相色谱的测定条件；

——删除了原标准方法中的比色法。

食品安全国家标准
食品中甲醇的测定

1　范围

本方法规定了酒精、蒸馏酒、配制酒及发酵酒中甲醇的测定方法。

本方法适用于酒精、蒸馏酒、配制酒及发酵酒中甲醇的测定。

2　原理

蒸馏除去发酵酒及其配制酒中不挥发性物质，加入内标（酒精、蒸馏酒及其配制酒直接加入内标），经气相色谱分离，氢火焰离子化检测器检测，以保留时间定性，外标法定量。

3　试剂和材料

除非另有说明，本方法所用试剂均为分析纯，水为 GB/T 6682 规定的二级水。

3.1　试剂

乙醇（C_2H_6O）：色谱纯。

3.2　试剂配制

乙醇溶液（40%，体积分数）：量取 40 mL 乙醇，用水定容至 100 mL。

3.3　标准品

3.3.1　甲醇（CH_4O，CAS 号：67－56－1）：纯度≥99%。或经国家认证并授予标准物质证书的标准物质。

3.3.2 叔戊醇（$C_5H_{12}O$，CAS 号：75－85－4）：纯度≥99%。

3.4 标准溶液配制

3.4.1 甲醇标准储备液（5 000 mg/L）：准确称取0.5 g（精确至0.001 g）甲醇至100 mL 容量瓶中，用乙醇溶液定容至刻度，混匀，0 ℃～4 ℃低温冰箱密封保存。

3.4.2 叔戊醇标准溶液（20 000 mg/L）：准确称取2.0 g（精确至0.001 g）叔戊醇至100 mL 容量瓶中，用乙醇溶液定容至100 mL，混匀，0 ℃～4 ℃低温冰箱密封保存。

3.4.3 甲醇系列标准工作液：分别吸取0.5 mL、1.0 mL、2.0 mL、4.0 mL、5.0 mL 甲醇标准储备液，于5个25 mL 容量瓶中，用乙醇溶液定容至刻度，依次配制成甲醇含量为100 mg/L、200 mg/L、400 mg/L、800 mg/L、1 000 mg/L 系列标准溶液，现配现用。

4 仪器和设备

4.1 气相色谱仪，配氢火焰离子化检测器（FID）。

4.2 分析天平：感量为0.1 mg。

5 分析步骤

5.1 试样前处理

5.1.1 发酵酒及其配制酒

吸取100 mL 试样于500 mL 蒸馏瓶中，并加入100 mL 水，加几颗沸石（或玻璃珠），连接冷凝管，用100 mL 容量瓶作为接收器（外加冰浴），并开启冷却水，缓慢加热蒸馏，收集馏出液，当接近刻度时，取下容量瓶，待溶液冷却到室温后，用水定容至刻度，混匀。吸取10.0 mL 蒸馏后的溶液于试管中，加入0.10 mL 叔戊醇标准溶液，混匀，备用。

5.1.2 酒精、蒸馏酒及其配制酒

吸取试样10.0 mL 于试管中，加入0.10 mL 叔戊醇标准溶液，混匀，备用；当试样颜色较深，按照5.1.1 操作。

5.2 仪器参考条件

仪器参考条件列出如下：

a）色谱柱：聚乙二醇石英毛细管柱，柱长60 m，内径0.25 mm，膜厚0.25 μm，或等效柱；

b）色谱柱温度：初温40 ℃，保持1 min，以4.0 ℃/ min 升到130 ℃，以20 ℃/ min 升到200 ℃，保持5 min；

c）检测器温度250 ℃；

d）进样口温度：250 ℃；

e）载气流量：1.0 mL/min；

f）进样量：1.0 μL；

g）分流比：20∶1。

5.3 标准曲线的制作

分别吸取10 mL 甲醇系列标准工作液于5个试管中，然后加入0.10 mL 叔戊醇标准溶液，混匀，测定甲醇和内标叔戊醇色谱峰面积，以甲醇系列标准工作液的浓度为横坐标，以甲醇和叔戊醇色谱峰面积的比值为纵坐标，绘制标准曲线（甲醇及内标叔戊醇标准的气相色谱图见图 A.1）。

5.4 试样溶液的测定

将制备的试样溶液注入气相色谱仪中，以保留时间定性，同时记录甲醇和叔戊醇色谱峰面积的比值，根据标准曲线得到待测液中甲醇的浓度。

6 分析结果的表述

6.1 试样中甲醇的含量按式（1）计算：

$$X = \rho \qquad (1)$$

式中：

X——试样中甲醇的含量，单位为毫克每升（mg/L）；

ρ——从标准曲线得到的试样溶液中甲醇的浓度，单位为毫克每升（mg/L）。

计算结果保留三位有效数字。

6.2 试样中甲醇含量（测定结果需要按 100%，酒精度折算时）按式（2）计算：

$$X = \frac{\rho \times 100}{C \times 1\,000} \qquad (2)$$

式中：

X——试样中甲醇的含量，单位为克每升（g/L）；

ρ——从标准曲线得到的试样溶液中甲醇的浓度，单位为毫克每升（mg/L）；

C——试样的酒精度；

1 000——换算系数。

计算结果保留三位有效数字。

注：试样的酒精度按照 GB 5009.225 测定。

7 精密度

在重复性测定条件下获得的两次独立测定结果的绝对差值不超过其算术平均值的 10%。

8 其他

方法检出限为 7.5 mg/L，定量限为 25 mg/L。

附　录　A
甲醇及内标叔戊醇标准的气相色谱图

甲醇及内标叔戊醇标准的气相色谱图图 A. 1。

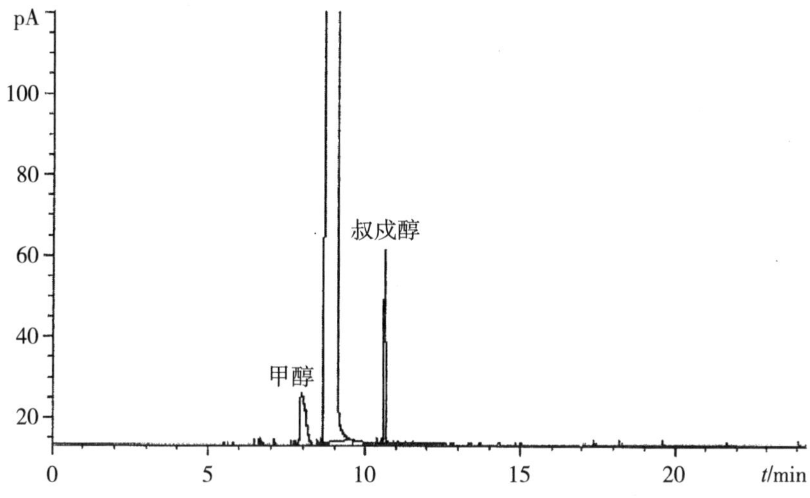

图 A. 1　甲醇及内标叔戊醇标准的气相色谱图

GB

中　华　人　民　共　和　国　国　家　标　准

GB 5009.7—2016

食品安全国家标准
食品中还原糖的测定

2016－08－31 发布　　　　2017－03－01 实施

中　华　人　民　共　和　国
国家卫生和计划生育委员会　发布

前　言

本标准代替 GB/T 5009.7—2008《食品中还原糖的测定》、GB/T 5513—2008《粮油检验　粮食中还原糖和非还原糖测定》还原糖部分、NY/T 1751—2009《甜菜还原糖的测定》。

本标准与 GB/T 5009.7—2008 相比，主要修改如下：

——标准名称修改为“食品安全国家标准食品中还原糖的测定”；

——将 GB/T 5009.7—2008 与 GB/T 5513—2008 还原糖部分进行了同类合并。

食品安全国家标准
食品中还原糖的测定

1　范围

本标准规定了食品中还原糖含量的测定方法。

本标准第一法、第二法适用于食品中还原糖含量的测定。

本标准第三法适用于小麦粉中还原糖含量的测定。

本标准第四法适用于甜菜块根中还原糖含量的测定。

第一法　直接滴定法

2　原理

试样经除去蛋白质后，以亚甲蓝作指示剂，在加热条件下滴定标定过的碱性酒石酸铜溶液（已用还原糖标准溶液标定），根据样品液消耗体积计算还原糖含量。

3　试剂和材料

除非另有说明，本方法所用试剂均为分析纯，水为 GB/T 6682 规定的三级水。

3.1　试剂

3.1.1　盐酸（HCl）。

3.1.2　硫酸铜（$CuSO_4 \cdot 5H_2O$）。

3.1.3　亚甲蓝（$C_{16}H_{18}ClN_3S \cdot 3H_2O$）。

3.1.4　酒石酸钾钠（$C_4H_4O_6KNa \cdot 4H_2O$）。

3.1.5　氢氧化钠（NaOH）。

3.1.6　乙酸锌［$Zn(CH_3COO)_2 \cdot 2H_2O$］。

3.1.7 冰乙酸（$C_2H_4O_2$）。

3.1.8 亚铁氰化钾［$K_4Fe(CN)_6 \cdot 3H_2O$］。

3.2 试剂配制

3.2.1 盐酸溶液（1+1，体积比）：量取盐酸 50 mL，加水 50 mL 混匀。

3.2.2 碱性酒石酸铜甲液：称取硫酸铜 15 g 和亚甲蓝 0.05 g，溶于水中，并稀释至 1 000 mL。

3.2.3 碱性酒石酸铜乙液：称取酒石酸钾钠 50 g 和氢氧化钠 75 g，溶解于水中，再加入亚铁氰化钾 4 g，完全溶解后，用水定容至 1 000 mL，贮存于橡胶塞玻璃瓶中。

3.2.4 乙酸锌溶液：称取乙酸锌 21.9 g，加冰乙酸 3 mL，加水溶解并定容于 100 mL。

3.2.5 亚铁氰化钾溶液（106 g/L）：称取亚铁氰化钾 10.6 g，加水溶解并定容至 100 mL。

3.2.6 氢氧化钠溶液（40 g/L）：称取氢氧化钠 4 g，加水溶解后，放冷，并定容至 100 mL。

3.3 标准品

3.3.1 葡萄糖（$C_6H_{12}O_6$）

CAS：50-99-7，纯度≥99%。

3.3.2 果糖（$C_6H_{12}O_6$）

CAS：57-48-7，纯度≥99%。

3.3.3 乳糖（含水）（$C_6H_{12}O_6 \cdot H_2O$）

CAS：5989-81-1，纯度≥99%。

3.3.4 蔗糖（$C_{12}H_{22}O_{11}$）

CAS：57-50-1，纯度≥99%。

3.4 标准溶液配制

3.4.1 葡萄糖标准溶液（1.0 mg/mL）：准确称取经过 98 ℃～100 ℃烘箱中干燥 2 h 后的葡萄糖 1 g，加水溶解后加入盐酸溶液 5 mL，并用水定容至 1 000 mL。此溶液每毫升相当于 1.0 mg 葡萄糖。

3.4.2 果糖标准溶液（1.0 mg/mL）：准确称取经过 98 ℃～100 ℃干燥 2 h 的果糖 1 g，加水溶解后加入盐酸溶液 5 mL，并用水定容至 1 000 mL。此溶液每毫升相当于 1.0 mg 果糖。

3.4.3 乳糖标准溶液（1.0 mg/mL）：准确称取经过 94 ℃～98 ℃干燥 2 h 的乳糖（含水）1 g，加水溶解后加入盐酸溶液 5 mL，并用水定容至 1 000 mL。此溶液每毫升相当于 1.0 mg 乳糖（含水）。

3.4.4 转化糖标准溶液（1.0 mg/mL）：准确称取 1.0526 g 蔗糖，用 100 mL 水溶解，置具塞锥形瓶中，加盐酸溶液 5 mL，在 68 ℃～70 ℃水浴中加热 15 min，放置至室温，转移至 1 000 mL 容量瓶中并加水定容至 1 000 mL，每毫升标准溶液相当于 1.0 mg 转化糖。

4 仪器和设备

4.1 天平：感量为 0.1 mg。

4.2 水浴锅。

4.3 可调温电炉。

4.4 酸式滴定管：25 mL。

5 分析步骤

5.1 试样制备

5.1.1 含淀粉的食品：称取粉碎或混匀后的试样 10 g ~ 20 g（精确至 0.001 g），置 250 mL 容量瓶中，加水 200 mL，在 45 ℃水浴中加热 1 h，并时时振摇，冷却后加水至刻度，混匀，静置，沉淀。吸取 200.0 mL 上清液置于另一 250 mL 容量瓶中，缓慢加入乙酸锌溶液 5 mL 和亚铁氰化钾溶液 5 mL，加水至刻度，混匀，静置 30 min，用干燥滤纸过滤，弃去初滤液，取后续滤液备用。

5.1.2 酒精饮料：称取混匀后的试样 100 g（精确至 0.01 g），置于蒸发皿中，用氢氧化钠溶液中和至中性，在水浴上蒸发至原体积的 1/4 后，移入 250 mL 容量瓶中，缓慢加入乙酸锌溶液 5 mL 和亚铁氰化钾溶液 5 mL，加水至刻度，混匀，静置 30 min，用干燥滤纸过滤，弃去初滤液备用。

5.1.3 碳酸饮料：称取混匀后的试样 100 g（精确至 0.01 g）于蒸发皿中，在水浴上微热搅拌除去二氧化碳后，移入 250 mL 容量瓶中，用水洗涤蒸发皿，洗液并入容量瓶，加水至刻度，混匀后备用。

5.1.4 其他食品：称取粉碎后的固体试样 2.5 g ~ 5 g（精确至 0.001 g）或混匀后的液体试样 5 g ~ 25 g（精确至 0.001 g），置 250 mL 容量瓶中，加 50 mL 水，缓慢加入乙酸锌溶液 5 mL 和亚铁氰化钾溶液 5 mL，加水至刻度，混匀，静置 30 min，用干燥滤纸过滤，弃去初滤液，取后续滤液备用。

5.2 碱性酒石酸铜溶液的标定

吸取碱性酒石酸铜甲液 5.0 mL 和碱性酒石酸铜乙液 5.0 mL，于 150 mL 锥形瓶中，加水 10 mL，加入玻璃珠 2 粒 ~4 粒，从滴定管中加葡萄糖（3.4.1）［或其他还原糖标准溶液（3.4.2，或 3.4.3，或 3.4.4）］约 9 mL，控制在 2 min 中内加热至沸，趁热以每 2 秒 1 滴的速度继续滴加葡萄糖［或其他还原糖标准溶液（3.4.2，或 3.4.3，或 3.4.4）］，直至溶液蓝色刚好褪去为终点，记录消耗葡萄糖（或其他还原糖标准溶液）的总体积，同时平行操作 3 份，取其平均值，计算每 10 mL（碱性酒石酸甲、乙液各 5 mL）碱性酒石酸铜溶液相当于葡萄糖（或其他还原糖）的质量（mg）。

注：也可以按上述方法标定 4 mL ~ 20 mL 碱性酒石酸铜溶液（甲、乙液各半）来适应试样中还原糖的浓度变化。

5.3 试样溶液预测

吸取碱性酒石酸铜甲液 5.0 mL 和碱性酒石酸铜乙液 5.0 mL 于 150 mL 锥形瓶中，加水 10 mL，加入玻璃珠 2 粒 ~4 粒，控制在 2 min 内加热至沸，保持沸腾以先快后慢的速度，从滴定管中滴加试样溶液，并保持沸腾状态，待溶液颜色变浅时，以 1 滴/2s 的速度滴定，直至溶液蓝色刚好褪去为终点，记录样品溶液消耗体积。

注：当样液中还原糖浓度过高时，应适当稀释后再进行正式测定，使每次滴定消耗样液的体积控制在与标定碱性酒石酸铜溶液时所消耗的还原糖标准溶液的体积相近，约 10 mL 左右，结果按式（1）计算；当浓度过低时则采取直接加入 10 mL 样品液，免去加水 10 mL，再用还原糖标准溶液滴定至终点，记录消耗的体积与标定时消耗的还原糖标准溶液体积之差相当于 10 mL 样液中所含还原糖的量，结果按式（2）计算。

5.4 试样溶液测定

吸取碱性酒石酸铜甲液 5.0 mL 和碱性酒石酸铜乙液 5.0 mL，置于 150 mL 锥形瓶中，加水 10 mL，加入玻璃珠 2 粒 ~4 粒，从滴定管滴加比预测体积少 1 mL 的试样溶液至锥形瓶中，控制在 2 min 内加热至沸，保持沸腾继续以 1 滴/2s 的速度滴定，直至蓝色刚好褪去为终点，记录样液消耗体积，同法平行操作三份，得出平均消耗体积（V）。

6 分析结果的表述

试样中还原糖的含量（以某种还原糖计）按式（1）计算：

$$X = \frac{m_1}{m \times F \times V/250 \times 1\ 000} \times 100 \quad \cdots\cdots (1)$$

式中：

X——试样中还原糖的含量（以某种还原糖计），单位为克每百克（g/100 g）；

m_1——碱性酒石酸铜溶液（甲、乙液各半）相当于某种还原糖的质量，单位为毫克（mg）；

m——试样质量，单位为克（g）；

F——系数，对 5. 1. 1、5. 1. 3、5. 1. 4 为 1；5. 1. 2 为 0. 80；

V——测定时平均消耗试样溶液体积，单位为毫升（mL）；

250——定容体积，单位毫升（mL）；

1 000——换算系数。

当浓度过低时，试样中还原糖的含量（以某种还原糖计）按式（2）计算：

$$X = \frac{m_2}{m \times F \times 10/250 \times 1\ 000} \times 100 \quad \cdots\cdots (2)$$

式中：

X——试样中还原糖的含量（以某种还原糖计），单位为克每百克（g/100 g）；

m_2——标定时体积与加入样品后消耗的还原糖标准溶液体积之差相当于某种还原糖的质量，单位为毫克（mg）；

m——试样质量，单位为克（g）；

F——系数，对 5. 1. 1、5. 1. 3、5. 1. 4 为 1；5. 1. 2 为 0. 8；

10——样液体积，单位毫升（mL）；

250——定容体积，单位毫升（mL）；

1 000——换算系数。

还原糖含量≥10 g/100 g 时，计算结果保留三位有效数字；还原糖含量＜10 g/100 g 时，计算结果保留两位有效数字。

7 精密度

在重复性条件下获得的两次独立测定结果的绝对差值不得超过算术平均值的 5%。

8 其他

当称样量为 5 g 时，定量限为 0. 25 g/100 g。

第二法 高锰酸钾滴定法

9 原理

试样经除去蛋白质后，其中还原糖把铜盐还原为氧化亚铜，加硫酸铁后，氧化亚铜被氧化为铜盐，经高锰酸钾溶液滴定氧化作用后生成的亚铁盐，根据高锰酸钾消耗量，计算氧化亚铜含量，再查表得还原糖量。

10 试剂和材料

除非另有说明，本方法所用试剂均为分析纯，水为 GB/T 6682 规定的三级水。

10.1 试剂

10.1.1 盐酸（HCl）。

10.1.2 氢氧化钠（NaOH）。

10.1.3 硫酸铜（$CuSO_4 \cdot 5H_2O$）。

10.1.4 硫酸（H_2SO_4）。

10.1.5 硫酸铁［$Fe_2(SO_4)_3$］。

10.1.6 酒石酸钾钠（$C_4H_4O_6KNa \cdot 4H_2O$）。

10.2 试剂配制

10.2.1 盐酸溶液（3 mol /L）：量取盐酸 30 mL，加水稀释至 120 mL。

10.2.2 碱性酒石酸铜甲液：称取硫酸铜 34.639 g，加适量水溶解，加硫酸 0.5 mL，再加水稀释至 500 mL，用精制石棉过滤。

10.2.3 碱性酒石酸铜乙液：称取酒石酸钾钠 173 g 与氢氧化钠 50 g，加适量水溶解，并稀释至 500 mL，用精制石棉过滤，贮存于橡胶塞玻璃瓶内。

10.2.4 氢氧化钠溶液（40 g/L）：称取氢氧化钠 4 g，加水溶解并稀释至 100 mL。

10.2.5 硫酸铁溶液（50 g/L）：称取硫酸铁 50 g，加水 200 mL 溶解后，慢慢加入硫酸 100 mL，冷后加水稀释至 1 000 mL。

10.2.6 精制石棉：取石棉先用盐酸溶液浸泡 2 d～3 d，用水洗净，再加氢氧化钠溶液浸泡 2 d～3 d，倾去溶液，再用热碱性酒石酸铜乙液浸泡数小时，用水洗净。再以盐酸溶液浸泡数小时，以水洗至不呈酸性。然后加水振摇，使成细微的浆状软纤维，用水浸泡并贮存于玻璃瓶中，即可作填充古氏坩埚用。

10.3 标准品

高锰酸钾（$KMnO_4$），CAS：7722－64－7，优级纯或以上等级。

10.4 标准溶液配制

高锰酸钾标准滴定溶液［c（$1/5KMnO_4$）＝0.1 000 mol/L］：按 GB/T 601 配制与标定。

11 仪器和设备

11.1 天平：感量为0.1 mg。

11.2 水浴锅。

11.3 可调温电炉。

11.4 酸式滴定管：25 mL。

11.5 25 mL古氏坩埚或g4垂融坩埚。

11.6 真空泵。

12 分析步骤

12.1 试样处理

12.1.1 含淀粉的食品：称取粉碎或混匀后的试样10 g~20 g（精确至0.001 g），置250 mL容量瓶中，加水200 mL，在45 ℃水浴中加热1 h，并时时振摇。冷却后加水至刻度，混匀，静置。吸取200.0 mL上清液置另一250 mL容量瓶中，加碱性酒石酸铜甲液10 mL及氢氧化钠溶液4 mL，加水至刻度，混匀。静置30 min，用干燥滤纸过滤，弃去初滤液，取后续滤液备用。

12.1.2 酒精饮料：称取100 g（精确至0.01 g）混匀后的试样，置于蒸发皿中，用氢氧化钠溶液中和至中性，在水浴上蒸发至原体积的1/4后，移入250 mL容量瓶中。加水50 mL，混匀。加碱性酒石酸铜甲液10 mL及氢氧化钠溶液4 mL，加水至刻度，混匀。静置30 min，用干燥滤纸过滤，弃去初滤液，取后续滤液备用。

12.1.3 碳酸饮料：称取100 g（精确至0.001 g）混匀后的试样，试样置于蒸发皿中，在水浴上除去二氧化碳后，移入250 mL容量瓶中，并用水洗涤蒸发皿，洗液并入容量瓶中，再加水至刻度，混匀后，备用。

12.1.4 其他食品：称取粉碎后的固体试样2.5 g~5.0 g（精确至0.001 g）或混匀后的液体试样25 g~50 g（精确至0.001 g），置250 mL容量瓶中，加水50 mL，摇匀后加碱性酒石酸铜甲液10 mL及氢氧化钠溶液4 mL，加水至刻度，混匀。静置30 min，用干燥滤纸过滤，弃去初滤液，取后续滤液备用。

12.2 试样溶液的测定

吸取处理后的试样溶液50.0 mL，于500 mL烧杯内，加入碱性酒石酸铜甲液25 mL及碱性酒石酸铜乙液25 mL，于烧杯上盖一表面皿，加热，控制在4 min内沸腾，再精确煮沸2 min，趁热用铺好精制石棉的古氏坩埚（或G4垂融坩埚）抽滤，并用60℃热水洗涤烧杯及沉淀，至洗液不呈碱性为止。将古氏坩埚（或G4垂融坩埚）放回原500 mL烧杯中，加硫酸铁溶液25 mL、水25 mL，用玻棒搅拌使氧化亚铜完全溶解，以高锰酸钾标准溶液滴定至微红色为终点。

同时吸取水50 mL，加入与测定试样时相同量的碱性酒石酸铜甲液、乙液、硫酸铁溶液及水，按同一方法做空白试验。

13 分析结果的表述

试样中还原糖质量相当于氧化亚铜的质量，按式（3）计算：

$$X_0 = (V - V_0) \times c \times 71.54 \quad (3)$$

式中：

X_0——试样中还原糖质量相当于氧化亚铜的质量，单位为毫克（mg）；

V——测定用试样液消耗高锰酸钾标准溶液的体积，单位为毫升（mL）；

V_0——试剂空白消耗高锰酸钾标准溶液的体积，单位为毫升（mL）；

c——高锰酸钾标准溶液的实际浓度，单位为摩尔每升（mol/L）；

71.54——1 mL 高锰酸钾标准溶液［c（1/5）$KMnO_4$］=1.000 mol/L 相当于氧化亚铜的质量，单位为毫克（mg）。

根据式中计算所得氧化亚铜质量，查表 A.1，再计算试样中还原糖含量，按式（4）计算：

$$X = \frac{m_3}{m_4 \times V/250 \times 1\,000} \times 100 \quad (4)$$

式中：

X——试样中还原糖的含量，单位为克每百克（g/100 g）；

m_3——X_0查附录 A 之表 1 得还原糖质量，单位为毫克（mg）；

m_4——试样质量或体积，单位为克或毫升（g 或 mL）；

V——测定用试样溶液的体积，单位为毫升（mL）；

250——试样处理后的总体积，单位为毫升（mL）。

还原糖含量≥10 g/100 g 时，计算结果保留三位有效数字；还原糖含量<10 g/100 g 时，计算结果保留两位有效数字。

14 精密度

在重复性条件下获得的两次独立测定结果的绝对差值不得超过算术平均值的 10%。

15 其他

当称样量为 5 g 时，定量限为 0.5 g/100 g。

第三法 铁氰化钾法

16 原理

还原糖在碱性溶液中将铁氰化钾还原为亚铁氰化钾，还原糖本身被氧化为相应的糖酸。过量的铁氰化钾在乙酸的存在下，与碘化钾作用下析出碘，析出的碘以硫代硫酸钠标准溶液滴定。通过计算氧化还原糖时所用的铁氰化钾的量，查表 A.2 得试样中还原糖的含量。

17 试剂

除非另有说明，本方法所用试剂均为分析纯，水为 GB/T 6682 规定的三级水。

17.1 试剂

17.1.1 95%乙醇。
17.1.2 冰乙酸（CH_3COOH）。
17.1.3 无水乙酸钠（CH_3COONa）。
17.1.4 硫酸（H_2SO_4）。
17.1.5 钨酸钠（$Na_2WO_4 \cdot 2H_2O$）。
17.1.6 铁氰化钾［$KFe(CN)_6$］。
17.1.7 碳酸钠（Na_2CO_3）。
17.1.8 氯化钾（KCl）。
17.1.9 硫酸锌（$ZnSO_4$）。
17.1.10 碘化钾（KI）。
17.1.11 氢氧化钠（NaOH）。
17.1.12 可溶性淀粉。

17.2 试剂配制

17.2.1 乙酸缓冲液：将冰乙酸 3.0 mL、无水乙酸钠 6.8 g 和浓硫酸 4.5 mL 混合溶解，然后稀释至 1 000 mL。

17.2.2 钨酸钠溶液（12.0%）：将钨酸钠 12.0 g 溶于 100 mL 水中。

17.2.3 碱性铁氰化钾溶液（0.1 mol/L）：将铁氰化钾 32.9 g 与碳酸钠 44.0 g 溶于 1 000 mL 水中。

17.2.4 乙酸盐溶液：将氯化钾 70.0 g 和硫酸锌 40.0 g 溶于 750 mL 水中，然后缓慢加入 200 mL 冰乙酸，再用水稀释至 1 000 mL，混匀。

17.2.5 碘化钾溶液（10%）：称取碘化钾 10.0 g 溶于 100 mL 水中，再加一滴饱和氢氧化钠溶液。

17.2.6 淀粉溶液（1%）：称取可溶性淀粉 1.0 g，用少量水润湿调和后，缓慢倒 100 mL 沸水中，继续煮沸直至溶液透明。

17.2.7 硫代硫酸钠溶液（0.1 mol/L）：按 GB/T601 配制与标定。

18 仪器和设备

18.1 分析天平：分度值 0.000 1 g。
18.2 振荡器。
18.3 试管：直径 1.8 cm～2.0 cm，高约 18 cm。
18.4 水浴锅。
18.5 电炉：2 000 W。
18.6 微量滴定管：5 mL 或 10 mL。

19 分析步骤

19.1 试样制备

称取试样 5 g（精确至 0.001 g）于 100 mL 磨口锥形瓶中。倾斜锥形瓶以便所有试样粉末集中于一侧，用5 mL 95%乙醇浸湿全部试样，再加入50 mL乙酸缓冲液，振荡摇匀后立即加入2 mL 12.0%钨酸钠溶液，在振荡器上混合振摇5 min。将混合液过滤，弃去最初几滴滤液，收集滤液于干净锥形瓶中，此滤液即为样品测定液。同时做空白实验。

19.2 试样溶液的测定

19.2.1 氧化：精确吸取样品液5 mL于试管中，再精确加入5 mL碱性铁氰化钾溶液，混合后立即将试管浸入剧烈沸腾的水浴中，并确保试管内液面低于沸水液面下3 cm～4 cm，加热20 min后取出，立即用冷水迅速冷却。

19.2.2 滴定：将试管内容物倾入100 mL锥形瓶中，用25 mL乙酸盐溶液荡洗试管一并倾入锥形瓶中，加5 mL 10% 碘化钾溶液，混匀后，立即用0.1 mol/L硫代硫酸钠溶液滴定至淡黄色，再加1 mL淀粉溶液，继续滴定直至溶液蓝色消失，记下消耗硫代硫酸钠溶液体积（V_1）。

19.2.3 空白试验：吸取空白液5 mL，代替样品液按19.2.1和19.2.2操作，记下消耗的硫代硫酸钠溶液体积（V_0）。

20 分析结果表述

根据氧化样品液中还原糖所需0.1 mol/L铁氰化钾溶液的体积查表A.2，即可查得试样中还原糖（以麦芽糖计算）的质量分数。铁氰化钾溶液体积（V_3）按式（5）计算：

$$V_3 = \frac{(V_0 - V_1) \times c}{0.1} \quad \cdots\cdots (5)$$

式中：

V_3——氧化样品液中还原糖所需0.1 mol /L铁氰化钾溶液的体积，单位为毫升（mL）；

V_0——滴定空白液消耗0.1 mol/L硫代硫酸钠溶液的体积，单位为毫升（mL）；

V_1——滴定样品液消耗0.1 mol/L硫代硫酸钠溶液的体积，单位为毫升（mL）；

c——硫代硫酸钠溶液实际浓度，单位为摩尔每升（mol/L）。

计算结果保留小数点后两位。

0.1 mol/L铁氰化钾体积与还原糖含量对照可查表A.2。

注：还原糖含量以麦芽糖计算。

21 精密度

在重复性条件下，获得的两次独立测定结果的绝对差值不得超过算术平均值的10%。

第四法 奥氏试剂滴定法

22 原理

在沸腾条件下，还原糖与过量奥氏试剂反应生成相当量的Cu_2O沉淀，冷却后加入盐酸使溶液呈酸性，并使Cu_2O沉淀溶解。然后加入过量碘溶液进行氧化，用硫代硫酸钠溶液滴定过量的碘，其反应式如下：

$C_6H_{12}O_6 + 2C_4H_2O_6KNaCu + 2H_2O \rightarrow C_6H_{12}O_7 + 2C_4H_4O_6KNa + CuO\downarrow$

葡萄糖或果糖　　络合物　　葡萄糖酸　酒石酸钾钠 氧化亚铜

$Cu_2O\downarrow + 2HCl \rightarrow 2CuCl + H2O$

$2CuCl + 2KI + I_2 \rightarrow 2CuI_2 + 2KCl$

I_2（过剩的） + $2Na_2S_2O_3 \rightarrow Na_2S_4O_6 + 2NaI$

硫代硫酸钠标准溶液空白试验滴定量减去其样品试验滴定量得到一个差值，由此差值便可计算出还原糖的量。

23　试剂和材料

除非另有说明，本方法所用试剂均为分析纯，水为 GB/T 6682 规定的三级水。

23.1　试剂

23.1.1　盐酸（HCl）。

23.1.2　硫酸铜（$CuSO_4 \cdot 5H_2O$）。

23.1.3　酒石酸钾钠（$C_4H_4O_6KNa \cdot 4H_2O$）。

23.1.4　无水碳酸钠（Na_2CO_3）。

23.1.5　冰乙酸（$C_2H_4O_2$）。

23.1.6　磷酸氢二钠（$Na_2HPO_4 \cdot 12H_2O$）。

23.1.7　碘化钾（KI）。

23.1.8　乙酸锌［$Zn(CH_3COO)_2 \cdot 2H_2O$］。

23.1.9　亚铁氰化钾［K_4Fe（CN）$6 \cdot 3H_2O$］。

23.1.10　可溶性淀粉。

23.1.11　粉状碳酸钙（$CaCO_3$）。

23.2　试剂配制

23.2.1　盐酸溶液（6 mol/L）：吸取盐酸 50.0 mL，加入已装入 30 mL 水的烧杯中，慢慢加水稀释至 100 mL。

23.2.2　盐酸溶液（1 mol/L）：吸取盐酸 84.0 mL，加入已装入 200 mL 水的烧杯中，慢慢加水稀释至 1 000 mL。

23.2.3　奥氏试剂：分别称取硫酸铜 5.0 g、酒石酸钾钠 300 g，无水碳酸钠 10.0 g、磷酸氢二钠 50.0 g，稀释至 1 000 mL，用细孔砂芯玻璃漏斗或硅藻土或活性炭过滤，贮于棕色试剂瓶中。

23.2.4　碘化钾溶液（250 g/L）：称取碘化钾 25.0 g，溶于水，移入 100 mL 容量瓶中，用水稀释至刻度，摇匀。

23.2.5　乙酸锌溶液：称取乙酸锌 21.9 g，加冰乙酸 3 mL，加水溶解并定容于 100 mL。

23.2.6　亚铁氰化钾溶液（106 g/L）：称取亚铁氰化钾 10.6 g，加水溶解并定容至 100 mL。

23.2.7　淀粉指示剂（5 g/L）：称取可溶性淀粉 0.50 g，加冷水 10 mL 调匀，搅拌下注入 90 mL 沸水中，再微沸 2 min，冷却。溶液于使用前制备。

23.3　标准品

23.3.1　硫代硫酸钠（$Na_2S_2O_3$），CAS：7772－98－7，优级纯或以上等级。

23.3.2 碘（I_2），CAS：7553－56－2，12190－71－5，优级纯或以上等级。

23.3.3 碘化钾（KI），CAS：7681－11－0，优级纯或以上等级。

23.4 标准溶液配制

23.4.1 硫代硫酸钠标准滴定储备液［c（$Na_2S_2O_3$）＝0.1 mol/L］：按 GB/ T 601 配制与标定。也可使用商品化的产品。

23.4.2 硫代硫酸钠标准滴定溶液［c（$Na_2S_2O_3$）＝0.032 3 mol/L］：精确吸取硫代硫酸钠标准滴定储备液（23.4.1）32.30 mL，移入 100 mL 容量瓶中，用水稀释至刻度。校正系数按式（6）计算

$$K = \frac{c}{0.0323} \quad (6)$$

式中：

c——硫代硫酸钠标准溶液的浓度，单位为摩尔每升（mol/L）。

23.4.3 碘溶液标准滴定储备液［c（I_2）＝0.1 mol/L］：按 GB/T 601 配置与标定。也可使用商品化的产品。

23.4.4 碘标准滴定溶液：［c（I_2）＝0.01615 mol/L］。精确吸取碘溶液标准滴定储备液（23.4.3）16.15 mL，移入 100 mL 容量瓶中，用水稀释至刻度。

24 仪器和设备

24.1 天平：感量为 0.1 mg。

24.2 水浴锅。

24.3 可调温电炉或性能相当的加热器具。

24.4 酸式滴定管：25 mL。

25 分析步骤

25.1 试样溶液的制备

25.1.1 将备检样品清洗干净。取 100 g（精确至 0.01 g）样品，放入高速捣碎机中，用移液管移入 100 mL 的水，以不低于 12 000 r/min 的转速将其捣成 1∶1 的匀浆。

25.1.2 称取匀浆样品 25 g（精确至 0.001 g），于 500 mL 具塞锥形瓶中（含有机酸较多的试样加粉状碳酸钙 0.5 g～2.0 g 调至中性），加水调整体积约为 200 mL。置 80 ℃ ±2 ℃水浴保温 30 min，其间摇动数次，取出加入乙酸锌溶液 5 mL 和亚铁氰化钾溶液 5 mL，冷却至室温后，转入 250 mL 容量瓶，用水定容至刻度。摇匀，过滤，澄清试样溶液备用。

25.2 Cu_2O 沉淀生成

吸取试样溶液 20.00 mL（若样品还原糖含量较高时，可适当减少取样体积，并补加水至 20 mL，使试样溶液中还原糖的量不超过 20 mg），加入 250 mL 锥形瓶中。然后加入奥氏试剂 50.00 mL，充分混合，用小漏斗盖上，在电炉上加热，控制在 3 min 中内加热至沸，并继续准确煮沸 5.0 min，将锥形瓶静置于冷水中冷却至室温。

25.3 碘氧化反应

取出锥形瓶，加入冰乙酸 1.0 mL，在不断摇动下，准确加入碘标准滴定溶液 5.00 mL ~ 30.00 mL，其数量以确保碘溶液过量为准，用量筒沿锥形瓶壁快速加入盐酸 15 mL，立即盖上小烧杯，放置约 2 min，不时摇动溶液。

25.4 滴定过量碘

用硫代硫酸钠标准滴定溶液滴定过量的碘，滴定至溶液呈黄绿色出现时，加入淀粉指示剂 2 mL，继续滴定溶液至蓝色褪尽为止，记录消耗的硫代硫酸钠标准滴定溶液体积（V_4）。

25.5 空白试验

按上述步骤进行空白试验（V_3），除了不加试样溶液外，操作步骤和应用的试剂均与测定时相同。

26 分析结果表述

试样品的还原糖按式（7）计算。

$$X = K \times (V_3 - V_4) \times \frac{0.001}{m \times V_5/250} \times 100 \quad \cdots\cdots (7)$$

式中：

X ——试样中还原糖的含量，单位为克每百克（g/100 g）；

K ——硫代硫酸钠标准滴定溶液［c（$Na_2S_2O_3$）=0.032 3 mol/L］校正系数；

V_3——空白试验滴定消耗的硫代硫酸钠标准滴定溶液体积，单位为毫升（mL）；

V_4——试样溶液消耗的硫代硫酸钠标准滴定溶液体积，单位为毫升（mL）；

V_5——所取试样溶液的体积，单位为毫升（mL）；

m——试样的质量，单位为克（g）；

250——试样浸提稀释后的总体积，单位为毫升（mL）。

计算结果保留两位有效数字。

27 精密度

在重复性条件下获得的两次独立测定结果的绝对差值不得超过算术平均值的 5%。

28 其他

当称样量为 5 g 时，定量限为 0.25 g/100 g。

附 录 A

A.1 相当于氧化亚铜质量的葡萄糖、果糖、乳糖、转化糖质量表

相当于氧化亚铜质量的葡萄糖、果糖、乳糖、转化糖质量表见表 A.1。

表 A.1 相当于氧化亚铜质量的葡萄糖、果糖、乳糖、转化糖质量表 单位为毫克

氧化亚铜	葡萄糖	果糖	乳糖（含水）	转化糖	氧化亚铜	葡萄糖	果糖	乳糖（含水）	转化糖
11.3	4.6	5.1	7.7	5.2	40.5	17.2	19.0	27.6	18.3
12.4	5.1	5.6	8.5	5.7	41.7	17.7	19.5	28.4	18.9
13.5	5.6	6.1	9.3	6.2	42.8	18.2	20.1	29.1	19.4
14.6	6.0	6.7	10.0	6.7	43.9	18.7	20.6	29.9	19.9
15.8	6.5	7.2	10.8	7.2	45.0	19.2	21.1	30.6	20.4
16.9	7.0	7.7	11.5	7.7	46.2	19.7	21.7	31.4	20.9
18.0	7.5	8.3	12.3	8.2	47.3	20.1	22.2	32.2	21.4
19.1	8.0	8.8	13.1	8.7	48.4	20.6	22.8	32.9	21.9
20.3	8.5	9.3	13.8	9.2	49.5	21.1	23.3	33.7	22.4
21.4	8.9	9.9	14.6	9.7	50.7	21.6	23.8	34.5	22.9
22.5	9.4	10.4	15.4	10.2	51.8	22.1	24.4	35.2	23.5
23.6	9.9	10.9	16.1	10.7	52.9	22.6	24.9	36.0	24.0
24.8	10.4	11.5	16.9	11.2	54.0	23.1	25.4	36.8	24.5
25.9	10.9	12.0	17.7	11.7	55.2	23.6	26.0	37.5	25.0
27.0	11.4	12.5	18.4	12.3	56.3	24.1	26.5	38.3	25.5
28.1	11.9	13.1	19.2	12.8	57.4	24.6	27.1	39.1	26.0
29.3	12.3	13.6	19.9	13.3	58.5	25.1	27.6	39.8	26.5
30.4	12.8	14.2	20.7	13.8	59.7	25.6	28.2	40.6	27.0
31.5	13.3	14.7	21.5	14.3	60.8	26.1	28.7	41.4	27.6
32.6	13.8	15.2	22.2	14.8	61.9	26.5	29.2	42.1	28.1
33.8	14.3	15.8	23.0	15.3	63.0	27.0	29.8	42.9	28.6
34.9	14.8	16.3	23.8	15.8	64.2	27.5	30.3	43.7	29.1
36.0	15.3	16.8	24.5	16.3	65.3	28.0	30.9	44.4	29.6
37.2	15.7	17.4	25.3	16.8	66.4	28.5	31.4	45.2	30.1
38.3	16.2	17.9	26.1	17.3	67.6	29.0	31.9	46.0	30.6
39.4	16.7	18.4	26.8	17.8	68.7	29.5	32.5	46.7	31.2
69.8	30.0	33.0	47.5	31.7	107.0	46.5	51.1	72.8	48.8
70.9	30.5	33.6	48.3	32.2	108.1	47.0	51.6	73.6	49.4
72.1	31.0	34.1	49.0	32.7	109.2	47.5	52.2	74.4	49.9

（续表）

氧化亚铜	葡萄糖	果糖	乳糖（含水）	转化糖	氧化亚铜	葡萄糖	果糖	乳糖（含水）	转化糖
73.2	31.5	34.7	49.8	33.2	110.3	48.0	52.7	75.1	50.4
74.3	32.0	35.2	50.6	33.7	111.5	48.5	53.3	75.9	50.9
75.4	32.5	35.8	51.3	34.3	112.6	49.0	53.8	76.7	51.5
76.6	33.0	36.3	52.1	34.8	113.7	49.5	54.4	77.4	52.0
77.7	33.5	36.8	52.9	35.3	114.8	50.0	54.9	78.2	52.5
78.8	34.0	37.4	53.6	35.8	116.0	50.6	55.5	79.0	53.0
79.9	34.5	37.9	54.4	36.3	117.1	51.1	56.0	79.7	53.6
81.1	35.0	38.5	55.2	36.8	118.2	51.6	56.6	80.5	54.1
82.2	35.5	39.0	55.9	37.4	119.3	52.1	57.1	81.3	54.6
83.3	36.0	39.6	56.7	37.9	120.5	52.6	57.7	82.1	55.2
84.4	36.5	40.1	57.5	38.4	121.6	53.1	58.2	82.8	55.7
85.6	37.0	40.7	58.2	38.9	122.7	53.6	58.8	83.6	56.2
86.7	37.5	41.2	59.0	39.4	123.8	54.1	59.3	84.4	56.7
87.8	38.0	41.7	59.8	40.0	125.0	54.6	59.9	85.1	57.3
88.9	38.5	42.3	60.5	40.5	126.1	55.1	60.4	85.9	57.8
90.1	39.0	42.8	61.3	41.0	127.2	55.6	61.0	86.7	58.3
91.2	39.5	43.4	62.1	41.5	128.3	56.1	61.6	87.4	58.9
92.3	40.0	43.9	62.8	42.0	129.5	56.7	62.1	88.2	59.4
93.4	40.5	44.5	63.6	42.6	130.6	57.2	62.7	89.0	59.9
94.6	41.0	45.0	64.4	43.1	131.7	57.7	63.2	89.8	60.4
95.7	41.5	45.6	65.1	43.6	132.8	58.2	63.8	90.5	61.0
96.8	42.0	46.1	65.9	44.1	134.0	58.7	64.3	91.3	61.5
97.9	42.5	46.7	66.7	44.7	135.1	59.2	64.9	92.1	62.0
99.1	43.0	47.2	67.4	45.2	136.2	59.7	65.4	92.8	62.6
100.2	43.5	47.8	68.2	45.7	137.4	60.2	66.0	93.6	63.1
101.3	44.0	48.3	69.0	46.2	138.5	60.7	66.5	94.4	63.6
102.5	44.5	48.9	69.7	46.7	139.6	61.3	67.1	95.2	64.2
103.6	45.0	49.4	70.5	47.3	140.7	61.8	67.7	95.9	64.7
104.7	45.5	50.0	71.3	47.8	141.9	62.3	68.2	96.7	65.2
105.8	46.0	50.5	72.1	48.3	143.0	62.8	68.8	97.5	65.8
144.1	63.3	69.3	98.2	66.3	181.3	80.4	87.8	123.7	84.0
145.2	63.8	69.9	99.0	66.8	182.4	81.0	88.4	124.5	84.6
146.4	64.3	70.4	99.8	67.4	183.5	81.5	89.0	125.3	85.1
147.5	64.9	71.0	100.6	67.9	184.5	82.0	89.5	126.0	85.7

（续表）

氧化亚铜	葡萄糖	果糖	乳糖（含水）	转化糖	氧化亚铜	葡萄糖	果糖	乳糖（含水）	转化糖
148.6	65.4	71.6	101.3	68.4	185.8	82.5	90.1	126.8	86.2
149.7	65.9	72.1	102.1	69.0	186.9	83.1	90.6	127.6	86.8
150.9	66.4	72.7	102.9	69.5	188.0	83.6	91.2	128.4	87.3
152.0	66.9	73.2	103.6	70.0	189.1	84.1	91.8	129.1	87.8
153.1	67.4	73.8	104.4	70.6	190.3	84.6	92.3	129.9	88.4
154.2	68.0	74.3	105.2	71.1	191.4	85.2	92.9	130.7	88.9
155.4	68.5	74.9	106.0	71.6	192.5	85.7	93.5	131.5	89.5
156.5	69.0	75.5	106.7	72.2	193.6	86.2	94.0	132.2	90.0
157.6	69.5	76.0	107.5	72.7	194.8	86.7	94.6	133.0	90.6
158.7	70.0	76.6	108.3	73.2	195.9	87.3	95.2	133.8	91.1
159.9	70.5	77.1	109.0	73.8	197.0	87.8	95.7	134.6	91.7
161.0	71.1	77.7	109.8	74.3	198.1	88.3	96.3	135.3	92.2
162.1	71.6	78.3	110.6	74.9	199.3	88.9	96.9	136.1	92.8
163.2	72.1	78.8	111.4	75.4	200.4	89.4	97.4	136.9	93.3
164.4	72.6	79.4	112.1	75.9	201.5	89.9	98.0	137.7	93.8
165.5	73.1	80.0	112.9	76.5	202.7	90.4	98.6	138.4	94.4
166.6	73.7	80.5	113.7	77.0	203.8	91.0	99.2	139.2	94.9
167.8	74.2	81.1	114.4	77.6	204.9	91.5	99.7	140.0	95.5
168.9	74.7	81.6	115.2	78.1	206.0	92.0	100.3	140.8	96.0
170.0	75.2	82.2	116.0	78.6	207.2	92.6	100.9	141.5	96.6
171.1	75.7	82.8	116.8	79.2	208.3	93.1	101.4	142.3	97.1
172.3	76.3	83.3	117.5	79.7	209.4	93.6	102.0	143.1	97.7
173.4	76.8	83.9	118.3	80.3	210.5	94.2	102.6	143.9	98.2
174.5	77.3	84.4	119.1	80.8	211.7	94.7	103.1	144.6	98.8
175.6	77.8	85.0	119.9	81.3	212.8	95.2	103.7	145.4	99.3
176.8	78.3	85.6	120.6	81.9	213.9	95.7	104.3	146.2	99.9
177.9	78.9	86.1	121.4	82.4	215.0	96.3	104.8	147.0	100.4
179.0	79.4	86.7	122.2	83.0	216.2	96.8	105.4	147.7	101.0
180.1	79.9	87.3	122.9	83.5	217.3	97.3	106.0	148.5	101.5
218.4	97.9	106.6	149.3	102.1	255.6	115.7	125.5	174.9	120.4
219.5	98.4	107.1	150.1	102.6	256.7	116.2	126.1	175.7	121.0
220.7	98.9	107.7	150.8	103.2	257.8	116.7	126.7	176.5	121.6
221.8	99.5	108.3	151.6	103.7	258.9	117.3	127.3	177.3	122.1
222.9	100.0	108.8	152.4	104.3	260.1	117.8	127.9	178.1	122.7

（续表）

氧化亚铜	葡萄糖	果糖	乳糖（含水）	转化糖	氧化亚铜	葡萄糖	果糖	乳糖（含水）	转化糖
224.0	100.5	109.4	153.2	104.8	261.2	118.4	128.4	178.8	123.3
225.2	101.1	110.0	153.9	105.4	262.3	118.9	129.0	179.6	123.8
226.3	101.6	110.6	154.7	106.0	263.4	119.5	129.6	180.4	124.4
227.4	102.2	111.1	155.5	106.5	264.6	120.0	130.2	181.2	124.9
228.5	102.7	111.7	156.3	107.1	265.7	120.6	130.8	181.9	125.5
229.7	103.2	112.3	157.0	107.6	266.8	121.1	131.3	182.7	126.1
230.8	103.8	112.9	157.8	108.2	268.0	121.7	131.9	183.5	126.6
231.9	104.3	113.4	158.6	108.7	269.1	122.2	132.5	184.3	127.2
233.1	104.8	114.0	159.4	109.3	270.2	122.7	133.1	185.1	127.8
234.2	105.4	114.6	160.2	109.8	271.3	123.3	133.7	185.8	128.3
235.3	105.9	115.2	160.9	110.4	272.5	123.8	134.2	186.6	128.9
236.4	106.5	115.7	161.7	110.9	273.6	124.4	134.8	187.4	129.5
237.6	107.0	116.3	162.5	111.5	274.7	124.9	135.4	188.2	130.0
238.7	107.5	116.9	163.3	112.1	275.8	125.5	136.0	189.0	130.6
239.8	108.1	117.5	164.0	112.6	277.0	126.0	136.6	189.7	131.2
240.9	108.6	118.0	164.8	113.2	278.1	126.6	137.2	190.5	131.7
242.1	109.2	118.6	165.6	113.7	279.2	127.1	137.7	191.3	132.3
243.1	109.7	119.2	166.4	114.3	280.3	127.7	138.3	192.1	132.9
244.3	110.2	119.8	167.1	114.9	281.5	128.2	138.9	192.9	133.4
245.4	110.8	120.3	167.9	115.4	282.6	128.8	139.5	193.6	134.0
246.6	111.3	120.9	168.7	116.0	283.7	129.3	140.1	194.4	134.6
247.7	111.9	121.5	169.5	116.5	284.8	129.9	140.7	195.2	135.1
248.8	112.4	122.1	170.3	117.1	286.0	130.4	141.3	196.0	135.7
249.9	112.9	122.6	171.0	117.6	287.1	131.0	141.8	196.8	136.3
251.1	113.5	123.2	171.8	118.2	288.2	131.6	142.4	197.5	136.8
252.2	114.0	123.8	172.6	118.8	289.3	132.1	143.0	198.3	137.4
253.3	114.6	124.4	173.4	119.3	290.5	132.7	143.6	199.1	138.0
254.4	115.1	125.0	174.2	119.9	291.6	133.2	144.2	199.9	138.6
292.7	133.8	144.8	200.7	139.1	329.9	152.2	164.3	226.5	158.1
293.8	134.3	145.4	201.4	139.7	331.0	152.8	164.9	227.3	158.7
295.0	134.9	145.9	202.2	140.3	332.1	153.4	165.4	228.0	159.3
296.1	135.4	146.5	203.0	140.8	333.3	153.9	166.0	228.8	159.9
297.2	136.0	147.1	203.8	141.4	334.4	154.5	166.6	229.6	160.5
298.3	136.5	147.7	204.6	142.0	335.5	155.1	167.2	230.4	161.0

（续表）

氧化亚铜	葡萄糖	果糖	乳糖（含水）	转化糖	氧化亚铜	葡萄糖	果糖	乳糖（含水）	转化糖
299.5	137.1	148.3	205.3	142.6	336.6	155.6	167.8	231.2	161.6
300.6	137.7	148.9	206.1	143.1	337.8	156.2	168.4	232.0	162.2
301.7	138.2	149.5	206.9	143.7	338.9	156.8	169.0	232.7	162.8
302.9	138.8	150.1	207.7	144.3	340.0	157.3	169.6	233.5	163.4
304.0	139.3	150.6	208.5	144.8	341.1	157.9	170.2	234.3	164.0
305.1	139.9	151.2	209.2	145.4	342.3	158.5	170.8	235.1	164.5
306.2	140.4	151.8	210.0	146.0	343.4	159.0	171.4	235.9	165.1
307.4	141.0	152.4	210.8	146.6	344.5	159.6	172.0	236.7	165.7
308.5	141.6	153.0	211.6	147.1	345.6	160.2	172.6	237.4	166.3
309.6	142.1	153.6	212.4	147.7	346.8	160.7	173.2	238.2	166.9
310.7	142.7	154.2	213.2	148.3	347.9	161.3	173.8	239.0	167.5
311.9	143.2	154.8	214.0	148.9	349.0	161.9	174.4	239.8	168.0
313.0	143.8	155.4	214.7	149.4	350.1	162.5	175.0	240.6	168.6
314.1	144.4	156.0	215.5	150.0	351.3	163.0	175.6	241.4	169.2
315.2	144.9	156.5	216.3	150.6	352.4	163.6	176.2	242.2	169.8
316.4	145.5	157.1	217.1	151.2	353.5	164.2	176.8	243.0	170.4
317.5	146.0	157.7	217.9	151.8	354.6	164.7	177.4	243.7	171.0
318.6	146.6	158.3	218.7	152.3	355.8	165.3	178.0	244.5	171.6
319.7	147.2	158.9	219.4	152.9	356.9	165.9	178.6	245.3	172.2
320.9	147.7	159.5	220.2	153.5	358.0	166.5	179.2	246.1	172.8
322.0	148.3	160.1	221.0	154.1	359.1	167.0	179.8	246.9	173.3
323.1	148.8	160.7	221.8	154.6	360.3	167.6	180.4	247.7	173.9
324.2	149.4	161.3	222.6	155.2	361.4	168.2	181.0	248.5	174.5
325.4	150.0	161.9	223.3	155.8	362.5	168.8	181.6	249.2	175.1
326.5	150.5	162.5	224.1	156.4	363.6	169.3	182.2	250.0	175.7
327.6	151.1	163.1	224.9	157.0	364.8	169.9	182.8	250.8	176.3
328.7	151.7	163.7	225.7	157.5	365.9	170.5	183.4	251.6	176.9
367.0	171.1	184.0	252.4	177.5	398.5	187.3	201.0	274.4	194.2
368.2	171.6	184.6	253.2	178.1	399.7	187.9	201.6	275.2	194.8
369.3	172.2	185.2	253.9	178.7	400.8	188.5	202.2	276.0	195.4
370.4	172.8	185.8	254.7	179.2	401.9	189.1	202.8	276.8	196.0
371.5	173.4	186.4	255.5	179.8	403.1	189.7	203.4	277.6	196.6
372.7	173.9	187.0	256.3	180.4	404.2	190.3	204.0	278.4	197.2
373.8	174.5	187.6	257.1	181.0	405.3	190.9	204.7	279.2	197.8

（续表）

氧化亚铜	葡萄糖	果糖	乳糖（含水）	转化糖	氧化亚铜	葡萄糖	果糖	乳糖（含水）	转化糖
374. 9	175. 1	188. 2	257. 9	181. 6	406. 4	191. 5	205. 3	280. 0	198. 4
376. 0	175. 7	188. 8	258. 7	182. 2	407. 6	192. 0	205. 9	280. 8	199. 0
377. 2	176. 3	189. 4	259. 4	182. 8	408. 7	192. 6	206. 5	281. 6	199. 6
378. 3	176. 8	190. 1	260. 2	183. 4	409. 8	193. 2	207. 1	282. 4	200. 2
379. 4	177. 4	190. 7	261. 0	184. 0	410. 9	193. 8	207. 7	283. 2	200. 8
380. 5	178. 0	191. 3	261. 8	184. 6	412. 1	194. 4	208. 3	284. 0	201. 4
381. 7	178. 6	191. 9	262. 6	185. 2	413. 2	195. 0	209. 0	284. 8	202. 0
382. 8	179. 2	192. 5	263. 4	185. 8	414. 3	195. 6	209. 6	285. 6	202. 6
383. 9	179. 7	193. 1	264. 2	186. 4	415. 4	196. 2	210. 2	286. 3	203. 2
385. 0	180. 3	193. 7	265. 0	187. 0	416. 6	196. 8	210. 8	287. 1	203. 8
386. 2	180. 9	194. 3	265. 8	187. 6	417. 7	197. 4	211. 4	287. 9	204. 4
387. 3	181. 5	194. 9	266. 6	188. 2	418. 8	198. 0	212. 0	288. 7	205. 0
388. 4	182. 1	195. 5	267. 4	188. 8	419. 9	198. 5	212. 6	289. 5	205. 7
389. 5	182. 7	196. 1	268. 1	189. 4	421. 1	199. 1	213. 3	290. 3	206. 3
390. 7	183. 2	196. 7	268. 9	190. 0	422. 2	199. 7	213. 9	291. 1	206. 9
391. 8	183. 8	197. 3	269. 7	190. 6	423. 3	200. 3	214. 5	291. 9	207. 5
392. 9	184. 4	197. 9	270. 5	191. 2	424. 4	200. 9	215. 1	292. 7	208. 1
394. 0	185. 0	198. 5	271. 3	191. 8	425. 6	201. 5	215. 7	293. 5	208. 7
395. 2	185. 6	199. 2	272. 1	192. 4	426. 7	202. 1	216. 3	294. 3	209. 3
396. 3	186. 2	199. 8	272. 9	193. 0	427. 8	202. 7	217. 0	295. 0	209. 9
397. 4	186. 8	200. 4	273. 7	193. 6	428. 9	203. 3	217. 6	295. 8	210. 5
430. 1	203. 9	218. 2	296. 6	211. 1	460. 5	220. 2	235. 1	318. 3	227. 9
431. 2	204. 5	218. 8	297. 4	211. 8	461. 6	220. 8	235. 8	319. 1	228. 5
432. 3	205. 1	219. 5	298. 2	212. 4	462. 7	221. 4	236. 4	319. 9	229. 1
433. 5	205. 1	220. 1	299. 0	213. 0	463. 8	222. 0	237. 1	320. 7	229. 7
434. 6	206. 3	220. 7	299. 8	213. 6	465. 0	222. 6	237. 7	321. 6	230. 4
435. 7	206. 9	221. 3	300. 6	214. 2	466. 1	223. 3	238. 4	322. 4	231. 0
436. 8	207. 5	221. 9	301. 4	214. 8	467. 2	223. 9	239. 0	323. 2	231. 7
438. 0	208. 1	222. 6	302. 2	215. 4	468. 4	224. 5	239. 7	324. 0	232. 3
439. 1	208. 7	223. 2	303. 0	216. 0	469. 5	225. 1	240. 3	324. 9	232. 9
440. 2	209. 3	223. 8	303. 8	216. 7	470. 6	225. 7	241. 0	325. 7	233. 6
441. 3	209. 9	224. 4	304. 6	217. 3	471. 7	226. 3	241. 6	326. 5	234. 2
442. 5	210. 5	225. 1	305. 4	217. 9	472. 9	227. 0	242. 2	327. 4	234. 8
443. 6	211. 1	225. 7	306. 2	218. 5	474. 0	227. 6	242. 9	328. 2	235. 5

（续表）

氧化亚铜	葡萄糖	果糖	乳糖（含水）	转化糖	氧化亚铜	葡萄糖	果糖	乳糖（含水）	转化糖
444.7	211.7	226.3	307.0	219.1	475.1	228.2	243.6	329.1	236.1
445.8	212.3	226.9	307.8	219.8	476.2	228.8	244.3	329.9	236.8
447.0	212.9	227.6	308.6	220.4	477.4	229.5	244.9	330.8	237.5
448.1	213.5	228.2	309.4	221.0	478.5	230.1	245.6	331.7	238.1
449.2	214.1	228.8	310.2	221.6	479.6	230.7	246.3	332.6	238.8
450.3	214.7	229.4	311.0	222.2	480.7	231.4	247.0	333.5	239.5
451.5	215.3	230.1	311.8	222.9	481.9	232.0	247.8	334.4	240.2
452.6	215.9	230.7	312.6	223.5	483.0	232.7	248.5	335.3	240.8
453.7	216.5	231.3	313.4	224.1	484.1	233.3	249.2	336.3	241.5
454.8	217.1	232.0	314.2	224.7	485.2	234.0	250.0	337.3	242.3
456.0	217.8	232.6	315.0	225.4	486.4	234.7	250.8	338.3	243.0
457.1	218.4	233.2	315.9	226.0	487.5	235.3	251.6	339.4	243.8
458.2	219.0	233.9	316.7	226.6	488.6	236.1	252.7	340.7	244.7
459.3	219.6	234.5	317.5	227.2	489.7	236.9	253.7	342.0	245.8

A.2　0.1 mol/L 铁氰化钾与还原糖含量对照表

0.1 mol/L 铁氰化钾与还原糖含量对照表见表 A.2。

表 A.2　0.1 mol/L 铁氰化钾与还原糖含量对照表

0.1 mol/L 铁氰化钾 mL	还原糖 %	0.1 mol/L 铁氰化钾 mL	还原糖%	0.1 mol/L 铁氰化钾 mL	还原糖 %	0.1 mol/L 铁氰化钾 mL	还原糖 %
0.10	0.05	2.30	1.16	4.50	2.37	6.70	3.79
0.20	0.10	2.40	1.21	4.60	2.44	6.80	3.85
0.30	0.15	2.50	1.26	4.70	2.51	6.90	3.92
0.40	0.20	2.60	1.30	4.80	2.57	7.00	3.98
0.50	0.25	2.70	1.35	4.90	2.64	7.10	4.06
0.60	0.31	2.80	1.40	5.00	2.70	7.20	4.12
0.70	0.36	2.90	1.45	5.10	2.76	7.30	4.18
0.80	0.41	3.00	1.51	5.20	2.82	7.40	4.25
0.90	0.46	3.10	1.56	5.30	2.88	7.50	4.31
1.00	0.51	3.20	1.61	5.40	2.95	7.60	4.38
1.10	0.56	3.30	1.66	5.50	3.02	7.70	4.45
1.20	0.60	3.40	1.71	5.60	3.08	7.80	4.51

（续表）

0.1 mol/L 铁氰化钾 mL	还原糖 %	0.1 mol/L 铁氰化钾 mL	还原糖%	0.1 mol/L 铁氰化钾 mL	还原糖 %	0.1 mol/L 铁氰化钾 mL	还原糖 %
1.30	0.65	3.50	1.76	5.70	3.15	7.90	4.58
1.40	0.71	3.60	1.82	5.80	3.22	8.00	4.65
1.50	0.76	3.70	1.88	5.90	3.28	8.10	4.72
1.60	0.80	3.80	1.95	6.00	3.34	8.20	4.78
1.70	0.85	3.90	2.01	6.10	3.41	8.30	4.85
1.80	0.90	4.00	2.07	6.20	3.47	8.40	4.92
1.90	0.96	4.10	2.13	6.30	3.53	8.50	4.99
2.00	1.01	4.20	2.18	6.40	3.60	8.60	5.05
2.10	1.06	4.30	2.25	6.50	3.67	8.70	5.12
2.20	1.11	4.40	2.31	6.60	3.73	8.80	5.19

注：还原糖含量以麦芽糖计算。

GB

中 华 人 民 共 和 国 国 家 标 准

GB 5009.28—2016

食品安全国家标准
食品中苯甲酸，山梨酸和糖精钠的测定

2016－12－23 发布　　2017－06－23 实施

中华人民共和国国家卫生和计划生育委员会
国 家 食 品 药 品 监 督 管 理 局　发 布

前　言

本标准代替 GB/T 5009.29—2003《食品中山梨酸、苯甲酸的测定》和 GB/T 5009.28—2003《食品中糖精钠的测定》、GB/T 23495—2009《食品中苯甲酸、山梨酸和糖精钠的测定　高效液相色谱法》、GB 21703—2010《食品安全国家标准　乳和乳制品中苯甲酸和山梨酸的测定》、SN/T 2012—2007《进出口食醋中苯甲酸、山梨酸的检测方法　液相色谱法》、SB/T 10389—2004《肉与肉制品中山梨酸的测定》。

本标准与 GB/T 5009.29—2003 相比，主要变化如下：

——标准名称修改为“食品安全国家标准食品中苯甲酸、山梨酸和糖精钠的测定”；

——增加了“多点校正”方法制作标准曲线；

——修改了样品前处理方法；

——删除了气相色谱法中填充柱色谱柱分离的内容；

——增加了气相色谱法中毛细管色谱柱分离的内容。

食品安全国家标准
食品中苯甲酸、山梨酸和糖精钠的测定

1　范围

本标准规定了食品中苯甲酸、山梨酸和糖精钠测定的方法。

本标准第一法适用于食品中苯甲酸、山梨酸和糖精钠的测定；第二法适用于酱油、水果汁、果酱中苯甲酸、山梨酸的测定。

第一法　液相色谱法

2　原理

样品经水提取，高脂肪样品经正己烷脱脂、高蛋白样品经蛋白沉淀剂沉淀蛋白，采用液相色谱分离、紫外检测器检测，外标法定量。

3　试剂和材料

除非另有说明，本方法所用试剂均为分析纯，水为 GB/T 6682 规定的一级水。

3.1　试剂

3.1.1　氨水（$NH_3 \cdot H_2O$）。

3.1.2　亚铁氰化钾［$K_4Fe(CN)_6 \cdot 3H_2O$］。

3.1.3　乙酸锌　［$Zn(CH_3COO)_2 \cdot 2H_2O$］。

3.1.4　无水乙醇（CH_3CH_2OH）。

3.1.5　正己烷（C_6H_{14}）。

3.1.6　甲醇（CH_3OH）：色谱纯。

3.1.7　乙酸铵（CH_3COONH_4）：色谱纯。

3.1.8　甲酸（HCOOH）：色谱纯。

3.2　试剂配制

3.2.1　氨水溶液（1+99）：取氨水 1 mL，加到 99 mL 水中，混匀。

3.2.2　亚铁氰化钾溶液（92 g/L）：称取 106 g 亚铁氰化钾，加入适量水溶解，用水定容至 1 000 mL。

3.2.3　乙酸锌溶液（183 g/L）：称取 220 g 乙酸锌溶于少量水中，加入 30 mL 冰乙酸，用水定容至 1 000 mL。

3.2.4　乙酸铵溶液（20 mmol/L）：称取 1.54 g 乙酸铵，加入适量水溶解，用水定容至 1 000 mL，经 0.22 μm 水相微孔滤膜过滤后备用。

3.2.5　甲酸－乙酸铵溶液（2 mmol/L 甲酸＋20 mmol/L 乙酸铵）：称取 1.54 g 乙酸铵，加入适量水溶解，再加入 75.2 μL 甲酸，用水定容至 1 000 mL，经 0.22 μm 水相微孔滤膜过滤后备用。

3.3　标准品

3.3.1　苯甲酸钠（C_6H_5COONa，CAS 号：532－32－1），纯度≥99.0%；或苯甲酸（C_6H_5COOH，CAS 号：65－85－0），纯度≥99.0%，或经国家认证并授予标准物质证书的标准物质。

3.3.2　山梨酸钾（$C_6H_7KO_2$，CAS 号：590－00－1），纯度≥99.0%；或山梨酸（$C_6H_8O_2$，CAS 号：110－44－1），纯度≥99.0%，或经国家认证并授予标准物质证书的标准物质。

3.3.3　糖精钠（$C_6H_4CONNaSO_2$，CAS 号：128－44－9），纯度≥99%，或经国家认证并授予标准物质证书的标准物质。

3.4　标准溶液配制

3.4.1　苯甲酸、山梨酸和糖精钠（以糖精计）标准储备溶液（1 000 mg/L）：分别准确称取苯甲酸钠、山梨酸钾和糖精钠 0.118 g、0.134 g 和 0.117 g（精确到 0.000 1 g），用水溶解并分别定容至 100 mL。于 4 ℃ 贮存，保存期为 6 个月。当使用苯甲酸和山梨酸标准品时，需要用甲醇溶解并定容。

注：糖精钠含结晶水，使用前需在 120 ℃烘 4 h，干燥器中冷却至室温后备用。

3.4.2　苯甲酸、山梨酸和糖精钠（以糖精计）混合标准中间溶液（200 mg/L）：分别准确吸取苯甲酸、山梨酸和糖精钠标准储备溶液各 10.0 mL 于 50 mL 容量瓶中，用水定容。于 4 ℃贮存，保存期为 3 个月。

3.4.3　苯甲酸、山梨酸和糖精钠（以糖精计）混合标准系列工作溶液：分别准确吸取苯甲酸、山梨酸和糖精钠混合标准中间溶液 0 mL、0.05 mL、0.25 mL、0.50 mL、1.00 mL、2.50 mL、5.00 mL 和 10.0 mL，用水定容至 10 mL，配制成质量浓度分别为 0 mg/L、1.00 mg/L、5.00 mg/L、10.0 mg/L、20.0 mg/L、50.0 mg/L、100 mg/L 和 200 mg/L 的混合标准系列工作溶液。临用现配。

3.5 材料

3.5.1 水相微孔滤膜：0.22 μm。

3.5.2 塑料离心管：50 mL。

4 仪器和设备

4.1 高效液相色谱仪：配紫外检测器。

4.2 分析天平：感量为0.001 g和0.000 1 g。

4.3 涡旋振荡器。

4.4 离心机：转速>8 000 r/min。

4.5 匀浆机。

4.6 恒温水浴锅。

4.7 超声波发生器。

5 分析步骤

5.1 试样制备

取多个预包装的饮料、液态奶等均匀样品直接混合；非均匀的液态、半固态样品用组织匀浆机匀浆；固体样品用研磨机充分粉碎并搅拌均匀；奶酪、黄油、巧克力等采用50 ℃~60 ℃加热熔融，并趁热充分搅拌均匀。取其中的200 g装入玻璃容器中，密封，液体试样于4 ℃保存，其他试样于-18 ℃保存。

5.2 试样提取

5.2.1 一般性试样

准确称取约2 g（精确到0.001 g）试样于50 mL具塞离心管中，加水约25 mL，涡旋混匀，于50 ℃水浴超声20 min，冷却至室温后加亚铁氰化钾溶液2 mL和乙酸锌溶液2 mL，混匀，于8 000 r/min离心5 min，将水相转移至50 mL容量瓶中，于残渣中加水20 mL，涡旋混匀后超声5 min，于8 000 r/min离心5 min，将水相转移到同一50 mL容量瓶中，并用水定容至刻度，混匀。取适量上清液过0.22 μm滤膜，待液相色谱测定。

注：碳酸饮料、果酒、果汁、蒸馏酒等测定时可以不加蛋白沉淀剂。

5.2.2 含胶基的果冻、糖果等试样

准确称取约2 g（精确到0.001 g）试样于50 mL具塞离心管中，加水约25 mL，涡旋混匀，于70 ℃水浴加热溶解试样，于50 ℃水浴超声20 min，之后的操作同5.2.1。

5.2.3 油脂、巧克力、奶油、油炸食品等高油脂试样

准确称取约2 g（精确到0.001 g）试样于50 mL具塞离心管中，加正己烷10 mL，于60 ℃水浴加热约5 min，并不时轻摇以溶解脂肪，然后加氨水溶液（1+99）25 mL，乙醇1 mL，涡旋混匀，于50 ℃水浴超声20 min，冷却至室温后，加亚铁氰化钾溶液2 mL和乙酸锌溶液2 mL，混匀，于8 000 r/min离心5 min，弃去有机相，水相转移至50 mL容量瓶中，残渣同5.2.1再提取一次后测定。

5.3 仪器参考条件

5.3.1 色谱柱：C_{18}柱，柱长 250 mm，内径 4.6 mm，粒径 5 μm，或等效色谱柱。

5.3.2 流动相：甲醇 + 乙酸铵溶液 = 5 + 95。

5.3.3 流速：1 mL/min。

5.3.4 检测波长：230 nm。

5.3.5 进样量：10 μL。

注：当存在干扰峰或需要辅助定性时，可以采用加入甲酸的流动相来测定，如流动相：甲醇 + 甲酸 - 乙酸铵溶液 = 8 + 92，参考色谱图见图 A.2。

5.4 标准曲线的制作

将混合标准系列工作溶液分别注入液相色谱仪中，测定相应的峰面积，以混合标准系列工作溶液的质量浓度为横坐标，以峰面积为纵坐标，绘制标准曲线。

5.5 试样溶液的测定

将试样溶液注入液相色谱仪中，得到峰面积，根据标准曲线得到待测液中苯甲酸、山梨酸和糖精钠（以糖精计）的质量浓度。

6 分析结果的表述

试样中苯甲酸、山梨酸和糖精钠（以糖精计）的含量按式（1）计算：

$$X = \frac{\rho \times V}{m \times 1\ 000} \tag{1}$$

式中：

X——试样中待测组分含量，单位为克每千克（g/kg）；

ρ——由标准曲线得出的试样液中待测物的质量浓度，单位为毫克每升（mg/L）；

V——试样定容体积，单位为毫升（mL）；

m——试样质量，单位为克（g）；

1 000——由 mg/kg 转换为 g/kg 的换算因子。

结果保留 3 位有效数字。

7 精密度

在重复性条件下获得的两次独立测定结果的绝对差值不得超过算术平均值的 10 %。

8 其他

按取样量 2 g，定容 50 mL 时，苯甲酸、山梨酸和糖精钠（以糖精计）的检出限均为 0.005 g/kg，定量限均为 0.01 g/kg。

第二法　气相色谱法

9　原理

试样经盐酸酸化后，用乙醚提取苯甲酸、山梨酸，采用气相色谱-氢火焰离子化检测器进行分离测定，外标法定量。

10　试剂和材料

除非另有说明，本方法所用试剂均为分析纯，水为 GB/T 6682 规定的一级水。

10.1　试剂

10.1.1　乙醚（$C_2H_5OC_2H_5$）。

10.1.2　乙醇（C_2H_5OH）。

10.1.3　正己烷（C_6H_{14}）。

10.1.4　乙酸乙酯（$CH_3CO_2C_2H_5$）：色谱纯。

10.1.5　盐酸（HCl）。

10.1.6　氯化钠（NaCl）。

10.1.7　无水硫酸钠（Na_2SO_4）：500 ℃烘 8 h，于干燥器中冷却至室温后备用。

10.2　试剂配制

10.2.1　盐酸溶液（1+1）：取 50 mL 盐酸，边搅拌边慢慢加入到 50 mL 水中，混匀。

10.2.2　氯化钠溶液（40 g/L）：称取 40 g 氯化钠，用适量水溶解，加盐酸溶液 2 mL，加水定容到 1L。

10.2.3　正己烷-乙酸乙酯混合溶液（1+1）：取 100 mL 正己烷和 100 mL 乙酸乙酯，混匀。

10.3　标准品

10.3.1　苯甲酸（C_6H_5COOH，CAS 号：65-85-0），纯度≥99.0%，或经国家认证并授予标准物质证书的标准物质。

10.3.2　山梨酸（$C_6H_8O_2$，CAS 号：110-44-1），纯度≥99.0%，或经国家认证并授予标准物质证书的标准物质。

10.4　标准溶液配制

10.4.1　苯甲酸、山梨酸标准储备溶液（1 000 mg/L）：分别准确称取苯甲酸、山梨酸各 0.1 g（精确到 0.000 1 g），用甲醇溶解并分别定容至 100 mL。转移至密闭容器中，于-18 ℃贮存，保存期为 6 个月。

10.4.2　苯甲酸、山梨酸混合标准中间溶液（200 mg/L）：分别准确吸取苯甲酸、山梨酸标准储备溶液各 10.0 mL 于 50 mL 容量瓶中，用乙酸乙酯定容。转移至密闭容器中，于-18 ℃贮存，保存期为 3 个月。

10.4.3　苯甲酸、山梨酸混合标准系列工作溶液：分别准确吸取苯甲酸、山梨酸混合标准中间溶液 0 mL、0.05 mL、0.25 mL、0.50 mL、1.00 mL、2.50 mL、5.00 mL 和 10.0 mL，用正己烷－乙酸乙酯混合溶剂（1＋1）定容至 10 mL，配制成质 量浓度分别为 0 mg/L、1.00 mg/L、5.00 mg/L、10.0 mg/L、20.0 mg/L、50.0 mg/L、100 mg/L 和 200 mg/L 的混合标准系列工作溶液。临用现配。

10.5 材料

塑料离心管：50 mL。

11 仪器和设备

11.1 气相色谱仪：带氢火焰离子化检测器（FID）。

11.2 分析天平：感量为 0.001 g 和 0.000 1 g。

11.3 涡旋振荡器。

11.4 离心机：转速 ＞8 000 r/min。

11.5 匀浆机。

11.6 氮吹仪。

12 分析步骤

12.1 试样制备

取多个预包装的样品，其中均匀样品直接混合，非均匀样品用组织匀浆机充分搅拌均匀，取其中的 200 g 装入洁净的玻璃容器中，密封，水溶液于 4 ℃保存，其他试样于 －18 ℃保存。

12.2 试样提取

准确称取约 2.5 g（精确至 0.001 g）试样于 50 mL 离心管中，加 0.5 g 氯化钠、0.5 mL 盐酸溶液（1＋1）和 0.5 mL 乙醇，用 15 mL 和 10 mL 乙醚提取两次，每次振摇 1 min，于 8 000 r/min 离心 3 min。每次均将上层乙醚提取液通过无水硫酸钠滤入 25 mL 容量瓶中。加乙醚清洗无水硫酸钠层并收集至约 25 mL 刻度，最后用乙醚定容，混匀。准确吸取 5 mL 乙醚提取液于 5 mL 具塞刻度试管中，于 35 ℃氮吹至干，加入 2 mL 正己烷－乙酸乙酯（1＋1）混合溶液溶解残渣，待气相色谱测定。

12.3 仪器参考条件

12.3.1 色谱柱：聚乙二醇毛细管气相色谱柱，内径 320 μm，长 30 m，膜厚度 0.25 μm，或等效色谱柱。

12.3.2 载气：氮气，流速 3 mL/min。

12.3.3 空气：400 L/min。

12.3.4 氢气：40 L/min。

12.3.5 进样口温度：250 ℃。

12.3.6 检测器温度：250 ℃。

12.3.7 柱温程序：初始温度 80 ℃，保持 2 min，以 15 ℃/min 的速率升温至 250 ℃，保持 5 min。

12.3.8 进样量：2 μL。

12.3.9 分流比：10∶1。

12.4 标准曲线的制作

将混合标准系列工作溶液分别注入气相色谱仪中，以质量浓度为横坐标，以峰面积为纵坐标，绘制标准曲线。

12.5 试样溶液的测定

将试样溶液注入气相色谱仪中，得到峰面积，根据标准曲线得到待测液中苯甲酸、山梨酸的质量浓度。

13 分析结果的表述

试样中苯甲酸、山梨酸含量按式（2）计算：

$$X = \frac{\rho \times V \times 25}{m \times 5 \times 1\,000} \quad \cdots\cdots (2)$$

式中：

X——试样中待测组分含量，单位为克每千克（g/kg）；

ρ——由标准曲线得出的样液中待测物的质量浓度，单位为毫克每升（mg/L）；

V——加入正己烷－乙酸乙酯（1＋1）混合溶剂的体积，单位为毫升（mL）；

25——试样乙醚提取液的总体积，单位为毫升（mL）；

m——试样的质量，单位为克（g）；

5——测定时吸取乙醚提取液的体积，单位为毫升（mL）；

1 000——由 mg/kg 转换为 g/kg 的换算因子。

结果保留 3 位有效数字。

14 精密度

在重复性条件下获得的两次独立测定结果的绝对差值不得超过算术平均值的 10 %。

15 其他

取样量 2.5 g，按试样前处理方法操作，最后定容到 2 mL 时，苯甲酸、山梨酸的检出限均为 0.005 g/kg，定量限均为 0.01 g/kg。

附 录 A
苯甲酸、山梨酸和糖精钠液相色谱图

1 mg/L 苯甲酸、山梨酸和糖精钠标准溶液液相色谱图见图 A.1 和图 A.2。

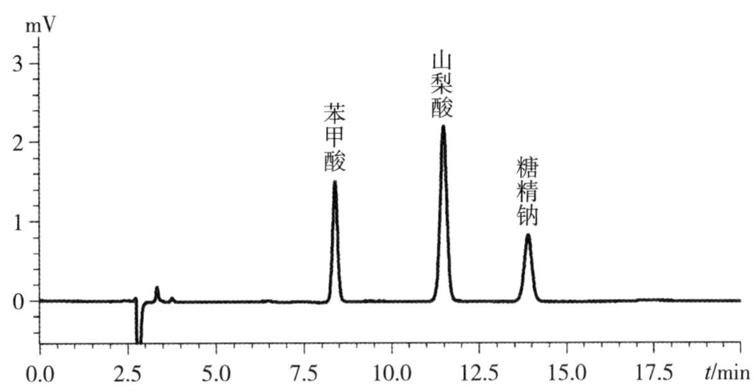

图 A.1 1 mg/L 苯甲酸、山梨酸和糖精钠标准溶液液相色谱图
(流动相：甲醇 + 乙酸铵溶液 =5 +95)

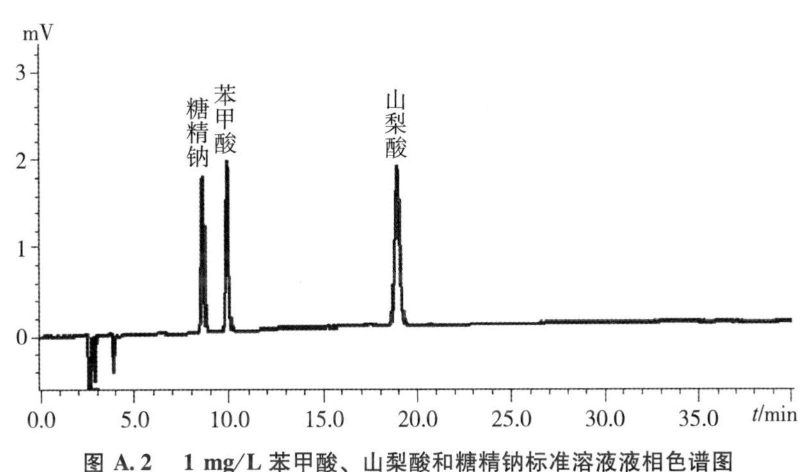

图 A.2 1 mg/L 苯甲酸、山梨酸和糖精钠标准溶液液相色谱图
(流动相：甲醇 + 甲酸 - 乙酸铵溶液 =8 +92)

附 录 B
100 mg/L 苯甲酸、山梨酸标准溶液气相色谱图

100 mg/L 苯甲酸、山梨酸标准溶液气相色谱图见图 B.1。

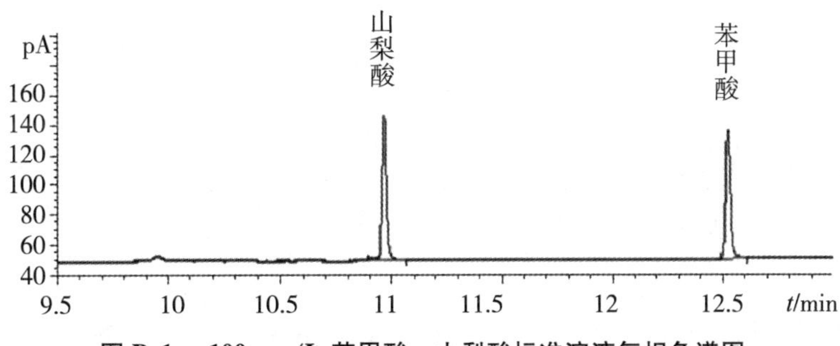

图 B.1 100 mg/L 苯甲酸、山梨酸标准溶液气相色谱图

GB

中　华　人　民　共　和　国　国　家　标　准

GB 4789.1—2016

食品安全国家标准
食品微生物学检验　总则

2016－12－23 发布　　　　2017－06－23 实施

中华人民共和国卫生和计划生育委员会
国家食品药品监督管理总局　发布

前 言

本标准代替 GB 4789.1—2010《食品安全国家标准 食品微生物学检验 总则》。

本标准与 GB 4789.1—2010 相比，主要变化如下：

——增加了附录 A，微生物实验室常规检验用品和设备；

——修改了实验室基本要求；

——修改了样品的采集；

——修改了检验；

——修改了检验后样品的处理；

——删除了规范性引用文件。

食品安全国家标准
食品微生物学检验 总则

1 范围

本标准规定了食品微生物学检验基本原则和要求。

本标准适用于食品微生物学检验。

2 实验室基本要求

2.1 检验人员

2.1.1 应具有相应的微生物专业教育或培训经历，具备相应的资质，能够理解并正确实施检验。

2.1.2 应掌握实验室生物安全操作和消毒知识。

2.1.3 应在检验过程中保持个人整洁与卫生，防止人为污染样品。

2.1.4 应在检验过程中遵守相关安全措施的规定，确保自身安全。

2.1.5 有颜色视觉障碍的人员不能从事涉及辨色的实验。

2.2 环境与设施

2.2.1 实验室环境不应影响检验结果的准确性。

2.2.2 实验区域应与办公区域明显分开。

2.2.3 实验室工作面积和总体布局应能满足从事检验工作的需要，实验室布局宜采用单方向工作流程，避免交叉污染。

2.2.4 实验室内环境的温度、湿度、洁净度及照度、噪声等应符合工作要求。

2.2.5 食品样品检验应在洁净区域进行，洁净区域应有明显标示。

2.2.6 病原微生物分离鉴定工作应在二级或以上生物安全实验室进行。

2.3 实验设备

2.3.1 实验设备应满足检验工作的需要，常用设备见 A.1。

2.3.2 实验设备应放置于适宜的环境条件下，便于维护、清洁、消毒与校准，并保持整洁与良好的工作状态。

2.3.3 实验设备应定期进行检查和/或检定（加贴标识）、维护和保养，以确保工作性能和操作安全。

2.3.4 实验设备应有日常监控记录或使用记录。

2.4 检验用品

2.4.1 检验用品应满足微生物检验工作的需求，常用检验用品见 A.2。

2.4.2 检验用品在使用前应保持清洁和/或无菌。

2.4.3 需要灭菌的检验用品应放置在特定容器内或用合适的材料（如专用包装纸、铝箔纸等）包裹或加塞，应保证灭菌效果。

2.4.4 检验用品的储存环境应保持干燥和清洁，已灭菌与未灭菌的用品应分开存放并明确标识。

2.4.5 灭菌检验用品应记录灭菌的温度与持续时间及有效使用期限。

2.5 培养基和试剂

培养基和试剂的制备和质量要求按照 GB 4789.28 的规定执行。

2.6 质控菌株

2.6.1 实验室应保存能满足实验需要的标准菌株。

2.6.2 应使用微生物菌种保藏专门机构或专业权威机构保存的、可溯源的标准菌株。

2.6.3 标准菌株的保存、传代按照 GB 4789.28 的规定执行。

2.6.4 对实验室分离菌株（野生菌株），经过鉴定后，可作为实验室内部质量控制的菌株。

3 样品的采集

3.1 采样原则

3.1.1 样品的采集应遵循随机性、代表性的原则。

3.1.2 采样过程遵循无菌操作程序，防止一切可能的外来污染。

3.2 采样方案

3.2.1 根据检验目的、食品特点、批量、检验方法、微生物的危害程度等确定采样方案。

3.2.2 采样方案分为二级和三级采样方案。二级采样方案设有 n、c 和 m 值，三级采样方案设有 n、c、m 和 M 值。

n：同一批次产品应采集的样品件数；

c：最大可允许超出 m 值的样品数；

m：微生物指标可接受水平限量值（三级采样方案）或最高安全限量值（二级采样方案）；

M：微生物指标的最高安全限量值。

注 1：按照二级采样方案设定的指标，在 n 个样品中，允许有≤c 个样品其相应微生物指标检验值大于 m 值。

注2：按照三级采样方案设定的指标，在 n 个样品中，允许全部样品中相应微生物指标检验值小于或等于 m 值；允许有≤c 个样品其相应微生物指标检验值在 m 值和 M 值之间；不允许有样品相应微生物指标检验值大于 M 值。

例如：n = 5，c = 2，m = 100 CFU/ g，M = 1 000 CFU/ g。含义是从一批产品中采集 5 个样品，若 5 个样品的检验结果均小于或等于 m 值（≤100 CFU/ g），则这种情况是允许的；若≤2 个样品的结果（X）位于 m 值和 M 值之间（100 CFU/ g < X ≤1 000 CFU/ g），则这种情况也是允许的；若有 3 个及以上样品的检验结果位于 m 值和 M 值之间，则这种情况是不允许的；若有任一样品的检验结果大于 M 值（ >1 000 CFU/ g），则这种情况也是不允许的。

3.2.3　各类食品的采样方案按食品安全相关标准的规定执行。

3.2.4　食品安全事故中食品样品的采集：

a）由批量生产加工的食品污染导致的食品安全事故，食品样品的采集和判定原则按 3.2.2 和 3.2.3 执行。重点采集同批次食品样品。

b）由餐饮单位或家庭烹调加工的食品导致的食品安全事故，重点采集现场剩余食品样品，以满足食品安全事故病因判定和病原确证的要求。

3.3　各类食品的采样方法

3.3.1　预包装食品

3.3.1.1　应采集相同批次、独立包装、适量件数的食品样品，每件样品的采样量应满足微生物指标检验的要求。

3.3.1.2　独立包装小于、等于 1 000 g 的固态食品或小于、等于 1 000 mL 的液态食品，取相同批次的包装。

3.3.1.3　独立包装大于 1 000 mL 的液态食品，应在采样前摇动或用无菌棒搅拌液体，使其达到均质后采集适量样品，放入同一个无菌采样容器内作为一件食品样品；大于 1 000 g 的固态食品，应用无菌采样器从同一包装的不同部位分别采取适量样品，放入同一个无菌采样容器内作为一件食品样品。

3.3.2　散装食品或现场制作食品

用无菌采样工具从 n 个不同部位现场采集样品，放入 n 个无菌采样容器内作为 n 件食品样品。每件样品的采样量应满足微生物指标检验单位的要求。

3.4　采集样品的标记

应对采集的样品进行及时、准确的记录和标记，内容包括采样人、采样地点、时间、样品名称、来源、批号、数量、保存条件等信息。

3.5　采集样品的贮存和运输

3.5.1　应尽快将样品送往实验室检验。

3.5.2　应在运输过程中保持样品完整。

3.5.3　应在接近原有贮存温度条件下贮存样品，或采取必要措施防止样品中微生物数量的变化。

4　检验

4.1　样品处理

4.1.1　实验室接到送检样品后应认真核对登记，确保样品的相关信息完整并符合检验要求。

4.1.2 实验室应按要求尽快检验。若不能及时检验，应采取必要的措施，防止样品中原有微生物因客观条件的干扰而发生变化。

4.1.3 各类食品样品处理应按相关食品安全标准检验方法的规定执行。

4.2 样品检验

按食品安全相关标准的规定进行检验。

5 生物安全与质量控制

5.1 实验室生物安全要求

应符合 GB 19489 的规定。

5.2 质量控制

5.2.1 实验室应根据需要设置阳性对照、阴性对照和空白对照，定期对检验过程进行质量控制。

5.2.2 实验室应定期对实验人员进行技术考核。

6 记录与报告

6.1 记录

检验过程中应即时、客观地记录观察到的现象、结果和数据等信息。

6.2 报告

实验室应按照检验方法中规定的要求，准确、客观地报告检验结果。

7 检验后样品的处理

7.1 检验结果报告后，被检样品方能处理。

7.2 检出致病菌的样品要经过无害化处理。

7.3 检验结果报告后，剩余样品和同批产品不进行微生物项目的复检。

附 录 A
微生物实验室常规检验用品和设备

A.1 设备

A.1.1 称量设备：天平等。

A.1.2 消毒灭菌设备：干烤/干燥设备，高压灭菌、过滤除菌、紫外线等装置。

A.1.3 培养基制备设备：pH 计等。

A.1.4 样品处理设备：均质器（剪切式或拍打式均质器）、离心机等。

A.1.5 稀释设备：移液器等。

A.1.6 培养设备：恒温培养箱、恒温水浴等装置。

A.1.7 镜检计数设备：显微镜、放大镜、游标卡尺等。

A.1.8 冷藏冷冻设备：冰箱、冷冻柜等。

A.1.9 生物安全设备：生物安全柜。

A.1.10 其他设备。

A.2 检验用品

A.2.1 常规检验用品：接种环（针）、酒精灯、镊子、剪刀、药匙、消毒棉球、硅胶（棉）塞、吸管、吸球、试管、平皿、锥形瓶、微孔板、广口瓶、量筒、玻棒及 L 形玻棒、pH 试纸、记号笔、均质袋等。

A.2.2 现场采样检验用品：无菌采样容器、棉签、涂抹棒、采样规格板、转运管等。

ICS

GB

中 华 人 民 共 和 国 国 家 标 准

GB 23200.7—2016
代替 GB/T 19426—2006

食品安全国家标准
蜂蜜、果汁和果酒中497种农药及相关化学品残留量的测定气相色谱-质谱法

National food safety standards—Determination of 497 pesticides and related chemicals residues in honey, fruit juice and wine Gas chromatography – mass spectrometry

2016-12-18 发布　　　　2017-06-18 实施

中华人民共和国国家卫生和计划生育委员会
中 华 人 民 共 和 国 农 业 部
国 家 食 品 药 品 监 督 管 理 总 局
发布

前　言

本标准代替 GB/T 19426—2006《蜂蜜、果汁和果酒中 497 种农药及相关化学品残留量的测定气相色谱 - 质谱法》。

本标准与 GB/T 19426—2006 相比，主要变化如下：

——标准文本格式修改为食品安全国家标准文本格式；

——标准范围中增加“其他食品可参照执行”。

本标准所代替标准的历次版本发布情况为：

—— GB/T 19426—2006。

食品安全国家标准
蜂蜜、果汁和果酒中 497 种农药及相关化学品
残留量的测定气相色谱 - 质谱法

1　范围

本标准规定了蜂蜜、果汁和果酒中 497 种农药及相关化学品（参见附录 A）残留量气相色谱 - 质谱测定方法。

本标准适用于蜂蜜、果汁和果酒中 497 种农药及相关化学品残留量的测定，其他食品可参照执行。

2　规范性引用文件

下列文件对于本文件的应用是必不可少的。凡是注日期的引用文件，仅所注日期的版本适用于本文件。凡是不注日期的引用文件，其最新版本（包括所有的修改单）适用于本文件。

GB 2763　食品安全国家标准　食品中农药最大残留限量

GB/T 6682　分析实验室用水规格和试验方法

3　原理

试样用二氯甲烷提取，经串联 Envi - Carb[1)] 和 Sep - Pak - NH [2)] 柱净化，用乙腈 - 甲苯溶液（3 +1）洗脱农药及相关化学品，用气相色谱 - 质谱仪检测。

4　试剂和材料

除另有规定外，所有试剂均为分析纯，水为符合 GB/T 6682 中规定的一级水。

4.1 试剂

4.1.1 乙腈（CH_3CN，75-05-8）：色谱纯。

4.1.2 丙酮（CH_3COCH_3，67-64-1）：色谱纯。

4.1.3 二氯甲烷（CH_2Cl_2，75-09-2）：色谱纯。

4.1.4 无水硫酸钠（Na_2SO_4，7757-82-6）：分析纯。用前在 650 ℃灼烧 4 h，贮于干燥器中，冷却后备用。

4.1.5 甲苯（C_7H_8，108-88-3）：优级纯。

4.1.6 正己烷（C_6H_{14}，110-54-3）：色谱纯。

4.2 标准品

农药及相关化学品标准物质：纯度≥95%，参见附录 A。

4.3 标准溶液配制

4.3.1 标准储备溶液

分别称取 5 mg～10 mg（精确至 0.1 mg）农药及相关化学品各标准物分别于 50 mL 烧杯中，根据标准物的溶解性选甲苯、甲苯-丙酮混合液、二氯甲烷等溶剂溶解，转移到 10 mL 容量瓶中，分别用相应的试剂或溶液定容至刻度（溶剂选择参见附录 A），标准溶液避光 4℃保存，保存期为一个月。

4.3.2 混合标准溶液（混合标准溶液 A、B、C、D 和 E）

按照农药及相关化学品的保留时间，将 497 种农药及相关化学品分成 A、B、C、D、E 五个组，并根据每种农药及相关化学品在仪器上的响应灵敏度，确定其在混合标准溶液中的质量浓度。本标准对 497 种农药及相关化学品的分组及其混合标准溶液质量浓度参见附录 A。

依据每种农药及相关化学品的分组号、混合标准溶液质量浓度及其标准储备液的质量浓度，移取一定量的单个农药及相关化学品标准储备溶液于 100 mL 容量瓶中，用甲苯定容至刻度。混合标准溶液避光 4℃保存，保存期为一个月。

4.3.3 内标溶液

准确称取 3.5 mg 环氧七氯于 50 mL 烧杯中，用甲苯溶解后转移入 100 mL 容量瓶中，用甲苯定容至刻度。

4.3.4 基质混合标准工作溶液

将 40 μL 内标溶液（4.3.3）和一定体积的混合标准溶液分别加到 1.0 mL 的样品空白基质提取液中，混匀，配成基质混合标准工作溶液 A、B、C、D 和 E。基质混合标准工作溶液应现用现配。

4.4 材料

4.4.1 Envi-Carb 柱：6 mL，0.5 g 或相当者。

4.4.2 Sep-Pak-NH_2柱：3 mL，0.5 g 或相当者。

5 仪器和设备

5.1 气相色谱-质谱仪：配有电子轰击源（EI）。

5.2 分析天平：感量 0.01 g 和 0.000 1 g。

5.3 鸡心瓶：200 mL。

5.4 移液器：1 mL。

5.5 具塞锥形瓶：250 mL。

5.6 分液漏斗：250 mL。

5.7 筒形漏斗。

6 试样制备

对无结晶的蜂蜜样品，将其搅拌均匀。对有结晶的样品，在密闭情况下，置于不超过60 ℃的水浴中温热，振荡，待样品全部融化后搅匀，迅速冷却至室温。分出0.5 kg作为试样，置于样品瓶中，密封，并标明标记。

果汁、果酒样品，将取得的全部原始样品倒入洁净的搪瓷混样桶内，充分搅拌混匀，再将混匀样品分装出两份（每份500 mL），密封，作为试样，标明标记。

7 分析步骤

7.1 提取

称取15 g试样（精确至0.01 g）于250 mL具塞锥形瓶中，加入30 mL水，于40 ℃振荡水浴上，振荡溶解15 min。加入10 mL丙酮，然后将瓶中内容物移入250 mL分液漏斗中，用40 mL二氯甲烷分数次洗涤锥形瓶，并将洗液倒入分液漏斗中，振摇八次，小心排气，静置分层，将下层有机相通过装有无水硫酸钠的筒形漏斗，收集于200 mL鸡心瓶中。再依次加入5 mL丙酮和40 mL二氯甲烷于分液漏斗中，振摇1 min，静置、分层后收集。如此重复提取两次，合并提取液，将提取液于40 ℃水浴旋转蒸发至约1 mL，待净化。

7.2 净化

在Envi－Carb柱①中加入约2 cm高无水硫酸钠，将该柱连接在Sep－Pak－NH_2柱②顶部，并将串联柱放入下接鸡心瓶的固定架上。加样前先用4 mL乙腈－甲苯溶液预洗柱，当液面到达硫酸钠的顶部时，迅速将样品提取液转移至净化柱上，再用3×2 mL乙腈－甲苯溶液洗涤样液瓶，并将洗液移入柱中。在串联柱上加上50 mL贮液器，用25 mL乙腈－甲苯溶液洗脱农药及相关化学品，收集所有流出物于鸡心瓶中，并在40 ℃水浴中旋转浓缩至约0.5 mL。用2×5 mL正己烷进行溶剂交换两次，最后使样液体积约为1 mL，加入40 μL内标溶液，混匀，用于气相色谱－质谱测定。

7.3 测定

7.3.1 气相色谱－质谱参考条件

a）色谱柱：DB－1701（30 m×0.25 mm×0.25 μm）石英毛细管柱或相当者；

---

① Envi－Carb柱是SUPELCO公司产品的商品名称，给出这一信息是为了方便本标准的使用者，并不是表示对该产品的认可。如果其他等效产品具有相同的效果，则可使用这些等效产品。

② Sep－Pak－NH_2柱是Waters公司产品的商品名称，给出这一信息是为了方便本标准的使用者，并不是表示对该产品的认可。如果其他等效产品具有相同的效果，则可使用这些等效产品。

b）色谱柱温度：40 ℃保持 1 min，然后以 30 ℃/min 程序升温至 130 ℃，再以 5 ℃/min 升温至 250 ℃，再以 10 ℃/min 升温至 300 ℃，保持 5 min；

c）载气：氦气，纯度≥99.999%，流速：1.2 mL/min；

d）进样口温度：290 ℃；

e）进样量：1 μL；

f）进样方式：无分流进样，1.5 min 后开阀；

g）电子轰击源：70eV；

h）离子源温度：230 ℃；

i）gC－MS 接口温度：280 ℃；

j）选择离子监测：497 种农药及相关化学品根据保留时间分为 A、B、C、D、E 五组，每种化合物分别选择一个定量离子，2 个～3 个定性离子。每组所有需要检测的离子按照出峰顺序，分时段分别检测。每种化合物的保留时间、定量离子、定性离子及定量离子与定性离子的丰度比值，参见附录 B。每组检测离子的开始时间和驻留时间参见附录 C。

7.3.2　定性测定

样品提取液按照气相色谱－质谱测定条件分别测定 A、B、C、D、E 五组。进行样品测定时，如果检出的色谱峰的保留时间与标准样品相一致，并且在扣除背景后的样品质谱图中，所选择的离子均出现，而且所选择的离子丰度比与标准样品的离子丰度比相一致（相对丰度＞50%，允许±10%偏差；相对丰度＞20%～50%，允许±15%偏差；相对丰度＞10%～20%，允许±20%偏差；相对丰度≤10%，允许±50%偏差），则可判断样品中存在这种农药或相关化学品。如果不能确证，应重新进样，以扫描方式（有足够灵敏度）或采用增加其他确证离子的方式或用其他灵敏度更高的分析仪器来确证。

7.3.3　定量测定

本方法采用内标法单离子定量测定，内标物为环氧七氯。定量用标准应采用基质混合标准工作溶液。标准溶液的质量浓度应与待测化合物的质量浓度相近。本方法的 A、B、C、D、E 五组标准物质在蜂蜜基质中选择离子监测 GC－MS 图参见附录 D。

7.4　平行试验

按以上步骤对同一试样进行平行试验测定。

7.5　空白试验

除不称取试样外，均按上述步骤进行。

8　结果计算和表述

气相色谱－质谱测定结果可由计算机按内标法自动计算，也可按式（1）计算：

$$X = C_x \times \frac{A}{A_x} \times \frac{C_i}{C_{xi}} \times \frac{A_{xi}}{A_i} \times \frac{V}{m} \times \frac{1\,000}{1\,000} \quad (1)$$

式中：

X——试样中被测物残留量，单位为毫克每千克（mg/kg）；

C_x——基质标准工作溶液中被测物的浓度，单位为微克每毫升（μg/ mL）；

A——试样溶液中被测物的色谱峰面积；
A_x——基质标准工作溶液中被测物的色谱峰面积；
C_i——试样溶液中内标物的浓度，单位为微克每毫升（μg/ mL）；
C_{xi}——基质标准工作溶液中内标物的浓度，单位为微克每毫升（μg/ mL）；
A_{xi}——基质标准工作溶液中内标物的色谱峰面积；
A_i——试样溶液中内标物的色谱峰面积；
V——样液最终定容体积，单位为毫升（mL）；
M——试样溶液所代表试样的质量，单位为克（g）。

计算结果应扣除空白值，测定结果用平行测定的算术平均值表示，保留两位有效数字。

9 精密度

9.1 在重复性条件下获得的两次独立测定结果的绝对差值与其算术平均值的比值（百分率），应符合附录 E 的要求。

9.2 在再现性条件下获得的两次独立测定结果的绝对差值与其算术平均值的比值（百分率），应符合附录 F 的要求。

10 定量限和回收率

10.1 定量限

本方法的定量限见附录 A。

10.2 回收率

当添加水平为 LOQ、2×LOQ、5×LOQ 时，添加回收率参见附录 G。

附 录 A
（资料性附录）
497 种农药及相关化学品中、英文名称、方法定量限、分组、溶剂选择和混合标准溶液浓度

A.1 497 种农药及相关化学品中、英文名称、方法定量限、分组、溶剂选择和混合标准溶液浓度见表 A.1。

表 A.1

序号	中文名称	英文名称	定量限 mg/kg	溶剂	混合标准溶液质量浓度 mg/L
内标	环氧七氯	Heptachlor - epoxide		甲苯	
A 组					
1	二丙烯草胺	Allidochlor	0.066	甲苯	5

（续表）

序号	中文名称	英文名称	定量限 mg/kg	溶剂	混合标准溶液质量浓度 mg/L
2	烯丙酰草胺	Dichlormid	0. 034	甲苯	2. 5
3	土菌灵	Etridiazol	0. 100	甲苯	7. 5
4	氯甲硫磷	Chlormephos	0. 066	甲苯	5
5	苯胺灵	Propham	0. 034	甲苯	2. 5
6	环草敌	Cycloate	0. 034	甲苯	2. 5
7	联苯二胺	Diphenyla mine	0. 034	甲苯	2. 5
8	杀虫脒	Chlordimeform	0. 034	正己烷	2. 5
9	乙丁烯氟灵	Ethalfluralin	0. 132	甲苯	10
10	甲拌磷	Phorate	0. 034	甲苯	2. 5
11	甲基乙拌磷	Thiometon	0. 034	甲苯	2. 5
12	五氯硝基苯	Quintozene	0. 066	甲苯	5
13	脱乙基阿特拉津	Atrazine – desethyl	0. 034	甲苯 + 丙酮（8 + 2）	2. 5
14	异噁草松	Clomazone	0. 034	甲苯	2. 5
15	二嗪磷	Diazinon	0. 034	甲苯	2. 5
16	地虫硫磷	Fonofos	0. 034	甲苯	2. 5
17	乙嘧硫磷	Etrimfos	0. 034	甲苯	2. 5
18	西玛津	Simazine	0. 160	甲醇	2. 5
19	胺丙畏	Propetamphos	0. 034	甲苯	2. 5
20	仲丁通	Secbumeton	0. 034	甲苯	2. 5
21	除线磷	Dichlofenthion	0. 034	甲苯	2. 5
22	炔丙烯草胺	Pronamide	0. 034	甲苯 + 丙酮（9 + 1）	2. 5
23	兹克威	Mexacarbate	0. 100	甲苯	7. 5
24	乐果	Dimethoate	0. 132	甲苯	10
25	艾氏剂	Aldrin	0. 066	甲苯	5
26	氨氟灵	Dinitra mine	0. 132	甲苯	10
27	皮蝇磷	Ronnel	0. 066	甲苯	5
28	扑草净	Prometryne	0. 034	甲苯	2. 5
29	环丙津	Cyprazine	0. 034	甲苯 + 丙酮（9 + 1）	2. 5
30	百菌清	Chlorothalonil	0. 066	甲苯	5
31	乙烯菌核利	Vinclozolin	0. 034	甲苯	2. 5
32	β – 六六六	Beta – HCH	0. 034	甲苯	2. 5
33	甲霜灵	Metalaxyl	0. 100	甲苯	7. 5
34	毒死蜱	Chlorpyrifos（ – ethyl）	0. 034	甲苯	2. 5

（续表）

序号	中文名称	英文名称	定量限 mg/kg	溶剂	混合标准溶液质量浓度 mg/L
35	甲基对硫磷	Methyl – Parathion	0.132	甲苯	10
36	蒽醌	Anthraquinone	0.034	二氯甲烷	2.5
37	δ – 六六六	Delta – HCH	0.066	甲苯	5
38	倍硫磷	Fenthion	0.034	甲苯	2.5
39	马拉硫磷	Malathion	0.132	甲苯	10
40	杀螟硫磷	Fenitrothion	0.066	甲苯	5
41	对氧磷	Paraoxon – ethyl	0.066	甲苯	10
42	三唑酮	Triadimefon	0.034	甲苯	5
43	对硫磷	Parathion	0.066	甲苯	10
44	二甲戊灵	Pendimethalin	0.022	甲苯	10
45	利谷隆	Linuron	0.066	甲苯 + 丙酮（9 + 1）	10
46	杀螨醚	Chlorbenside	0.034	甲苯	5
47	乙基溴硫磷	Bromophos – ethyl	0.016	甲苯	2.5
48	喹硫磷	Quinalphos	0.016	甲苯	2.5
49	反式氯丹	trans – Chlordane	0.012	甲苯	2.5
50	稻丰散	Phenthoate	0.034	甲苯	5
51	吡唑草胺	Metazachlor	0.020	甲苯	7.5
52	苯硫威	fenothiocarb	0.012	丙酮	0
53	丙硫磷	Prothiophos	0.016	甲苯	2.5
54	灭菌丹	Folpet	0.200	甲苯	30
55	整形醇	Chlorflurenol	0.010	甲苯 + 丙酮（9 + 1）	7.5
56	狄氏剂	Dieldrin	0.034	甲苯	5
57	腐霉利	Procymidone	0.016	甲苯	2.5
58	杀扑磷	Methidathion	0.022	甲苯	5
59	氰草津	Cyanazine	0.026	甲苯 + 丙酮（8 + 2）	7.5
60	敌草胺	Napropamide	0.020	甲苯	7.5
61	噁草酮	Oxadiazone	0.016	甲苯	2.5
62	苯线磷	Fenamiphos	0.034	甲苯	7.5
63	杀螨氯硫	Tetrasul	0.008	甲苯	2.5
64	杀螨特	Aramite	0.008	二氯甲烷	2.5
65	乙嘧酚磺酸酯	Bupirimate	0.012	甲苯	2.5
66	萎锈灵	Carboxin	0.010	甲苯	7.5
67	氟酰胺	Flutolanil	0.008	甲苯	2.5

（续表）

序号	中文名称	英文名称	定量限 mg/kg	溶剂	混合标准溶液质量浓度 mg/L
68	p，p' －滴滴滴	4，4' －DDD	0.008	甲苯	2.5
69	乙硫磷	Ethion	0.016	甲苯	5
70	硫丙磷	Sulprofos	0.014	甲苯	5
71	乙环唑	Etaconazole	0.024	甲苯	7.5
72	腈菌唑	Myclobutanil	0.016	甲苯	2.5
73	禾草灵	Diclofop－methyl	0.008	甲苯	2.5
74	丙环唑	Propiconazole	0.024	甲苯	7.5
75	丰索磷	Fensulfothion	0.022	甲苯	5
76	联苯菊酯	Bifenthrin	0.012	正己烷	2.5
77	丁硫克百威	Carbosulfan	0.020	甲苯	7.5
78	灭蚁灵	Mirex	0.008	甲苯	2.5
79	麦锈灵	Benodanil	0.016	甲苯	7.5
80	氟苯嘧啶醇	Nuarimol	0.014	甲苯＋丙酮（9＋1）	5
81	甲氧滴滴涕	Methoxychlor	0.016	甲苯	2.5
82	噁霜灵	Oxadixyl	0.016	甲苯	2.5
83	胺菊酯	Tetramethirn	0.014	甲苯	5
84	戊唑醇	Tebuconazole	0.024	甲苯	7.5
85	氟草敏	Norflurazon	0.016	甲苯＋丙酮（9＋1）	2.5
86	哒嗪硫磷	Pyridaphenthion	0.016	甲苯	2.5
87	亚胺硫磷	Phosmet	0.016	甲苯	5
88	三氯杀螨砜	Tetradifon	0.012	甲苯	2.5
89	氧化萎锈灵	Oxycarboxin	0.024	甲苯＋丙酮（9＋1）	15
90	顺式－氯菊酯	cis－Permethrin	0.016	甲苯	2.5
91	反式－氯菊酯	trans－Permethrin	0.016	甲苯	2.5
92	吡菌磷	Pyrazophos	0.014	甲苯	5
93	氯氰菊酯	Cypermethrin	0.050	甲苯	7.5
94	氰戊菊酯	Fenvalerate	0.034	甲苯	10
95	溴氰菊酯	Deltamethrin	0.100	甲苯	15
B组					
96	茵草敌	EPTC	0.024	甲苯	7.5
97	丁草敌	Butylate	0.024	甲苯	7.5
98	敌草腈	Dichlobenil	0.002	甲苯	0.5
99	克草敌	Pebulate	0.024	甲苯	7.5

（续表）

序号	中文名称	英文名称	定量限 mg/kg	溶剂	混合标准溶液质量浓度 mg/L
100	三氯甲基吡啶	Nitrapyrin	0.050	甲苯	7.5
101	速灭磷	Mevinphos	0.034	甲苯	5
102	氯苯甲醚	Chloroneb	0.016	甲苯	2.5
103	四氯硝基苯	Tecnazene	0.034	甲苯	5
104	庚烯磷	Heptanophos	0.050	甲苯	7.5
105	六氯苯	Hexachlorobenzene	0.016	甲苯	2.5
106	灭线磷	Ethoprophos	0.050	甲苯	7.5
107	毒草胺	Propachlor	0.024	甲苯	7.5
108	燕麦敌	cis and trans - Diallate	0.034	甲苯	5
109	氟乐灵	Trifluralin	0.034	甲苯	5
110	氯苯胺灵	Chlorpropham	0.034	甲苯	5
111	治螟磷	Sulfotep	0.016	甲苯	2.5
112	菜草畏	Sulfallate	0.034	甲苯	5
113	α - 六六六	Alpha - HCH	0.034	甲苯	2.5
114	特丁硫磷	Terbufos	0.034	甲苯	5
115	特丁通	Terbumeton	0.024	甲苯	7.5
116	环丙氟灵	Profluralin	0.066	甲苯	10
117	敌噁磷	Dioxathion	0.136	甲苯	10
118	扑灭津	Propazine	0.016	甲苯	2.5
119	氯炔灵	Chlorbufam	0.066	甲苯	5
120	氯硝胺	Dicloran	0.066	甲苯 + 丙酮（9 + 1）	5
121	特丁津	Terbuthylazine	0.016	甲苯	2.5
122	绿谷隆	Monolinuron	0.066	甲苯	10
123	氟虫脲	Flufenoxuron	0.100	甲苯 + 丙酮（8 + 2）	7.5
124	杀螟腈	Cyanophos	0.066	甲苯	5
125	甲基毒死蜱	Chlorpyrifos - methyl	0.016	甲苯	2.5
126	敌草净	Desmetryn	0.016	甲苯	2.5
127	二甲草胺	Dimethachlor	0.020	甲苯	7.5
128	甲草胺	Alachlor	0.050	甲苯	7.5
129	甲基嘧啶磷	Pirimiphos - methyl	0.016	甲苯	2.5
130	特丁净	Terbutryn	0.034	甲苯	5
131	杀草丹	Thiobencarb	0.034	甲苯	5
132	丙硫特普	Aspon	0.034	甲苯	5

（续表）

序号	中文名称	英文名称	定量限 mg/kg	溶剂	混合标准溶液质量浓度 mg/L
133	三氯杀螨醇	Dicofol	0.034	甲苯	5
134	异丙甲草胺	Metolachlor	0.016	甲苯	2.5
135	氧化氯丹	Oxy－chlordane	0.034	甲苯	2.5
136	嘧啶磷	Pirimiphos－ethyl	0.034	甲苯	5
137	烯虫酯	Methoprene	0.066	甲苯	10
138	溴硫磷	Bromofos	0.034	甲苯	5
139	苯氟磺胺	Dichlofluanid	0.100	甲苯	15
140	乙氧呋草黄	Ethofumesate	0.034	甲苯	5
141	异丙乐灵	Isopropalin	0.034	甲苯	5
142	硫丹 I	Endosulfan I	0.100	甲苯	15
143	敌稗	Propanil	0.034	甲苯＋丙酮（9＋1）	5
144	异柳磷	Isofenphos	0.034	甲苯	5
145	育畜磷	Crufomate	0.100	甲苯	15
146	毒虫畏	cisandtrane－Chlorfenvinphos	0.050	甲苯	7.5
147	顺式－氯丹	cis－Chlordane	0.034	甲苯	5
148	甲苯氟磺胺	Tolylfluanide	0.050	甲苯	7.5
149	p，p'－滴滴伊	4，4'－DDE	0.016	甲苯	2.5
150	丁草胺	Butachlor	0.034	甲苯	5
151	乙菌利	Chlozolinate	0.034	甲苯	5
152	巴毒磷	Crotoxyphos	0.100	甲苯	15
153	碘硫磷	Iodofenphos	0.034	甲苯	5
154	杀虫畏	Tetrachlorvinphos	0.050	甲苯	7.5
155	氯溴隆	Chlorbromuron	0.408	甲苯	60
156	丙溴磷	Profenofos	0.100	甲苯	15
157	氟咯草酮	Fluorochloridone	0.034	甲苯	5
158	噻嗪酮	Buprofezin	0.034	甲苯	5
159	o，p'－滴滴滴	2，4'－DDD	0.016	甲苯	2.5
160	异狄氏剂	Endrin	0.200	甲苯	30
161	己唑醇	Hexaconazole	0.100	甲苯	15
162	杀螨酯	Chlorfenson	0.034	甲苯	5
163	o，p'－滴滴涕	2，4'－DDT	0.034	甲苯	5
164	多效唑	Paclobutrazol	0.050	甲苯	7.5
165	盖草津	Methoprotryne	0.050	甲苯	7.5

（续表）

序号	中文名称	英文名称	定量限 mg/kg	溶剂	混合标准溶液质量浓度 mg/L
166	抑草蓬	Erbon	0. 034	甲苯	2. 5
167	丙酯杀螨醇	Chloropropylate	0. 016	甲苯	2. 5
168	麦草氟甲酯	Flamprop – methyl	0. 016	甲苯	2. 5
169	除草醚	Nitrofen	0. 100	甲苯	15
170	乙氧氟草醚	Oxyfluorfen	0. 066	甲苯	10
171	虫螨磷	Chlorthiophos	0. 050	甲苯	7. 5
172	麦草氟异丙酯	Flamprop – Isopropyl	0. 016	甲苯	2. 5
173	p，p’ –滴滴涕	4，4’ – DDT	0. 034	甲苯	5
174	三硫磷	Carbofenothion	0. 034	甲苯	5
175	苯霜灵	Benalaxyl	0. 016	甲苯	2. 5
176	敌瘟磷	Edifenphos	0. 034	甲苯	5
177	三唑磷	Triazophos	0. 050	甲苯	7. 5
178	苯腈膦	Cyanofenphos	0. 016	甲苯	2. 5
179	氯杀螨砜	Chlorbenside sulfone	0. 034	甲苯	5
180	硫丹硫酸盐	Endosulfan – Sulfate	0. 050	甲苯	7. 5
181	溴螨酯	Bromopropylate	0. 034	甲苯	5
182	新燕灵	Benzoylprop – ethyl	0. 050	甲苯	7. 5
183	甲氰菊酯	Fenpropathrin	0. 034	甲苯	5
184	敌菌丹	Captafol	0. 600	甲苯 + 丙酮（8 + 2）	45
185	溴苯膦	Leptophos	0. 034	甲苯	5
186	苯硫膦	EPN	0. 066	甲苯	10
187	环嗪酮	Hexazinone	0. 024	甲苯	7. 5
188	甲羧除草醚	Bifenox	0. 034	甲苯	5
189	伏杀硫磷	Phosalone	0. 034	甲苯	5
190	保棉磷	Azinphos – methyl	0. 100	甲苯	15
191	氯苯嘧啶醇	Fenarimol	0. 034	甲苯	5
192	益棉磷	Azinphos – ethyl	0. 034	甲苯	5
193	咪鲜胺	Prochloraz	0. 100	甲苯	15
194	蝇毒磷	Coumaphos	0. 100	甲苯	15
195	氟氯氰菊酯	Cyfluthrin	0. 200	甲苯	30
196	氟胺氰菊酯	Fluvalinate	0. 100	甲苯	30
C 组					
197	敌敌畏	Dichlorvos	0. 034	甲醇	15

（续表）

序号	中文名称	英文名称	定量限 mg/kg	溶剂	混合标准溶液质量浓度 mg/L
198	联苯	Biphenyl	0.008	甲苯	2.5
199	霜霉威	Propamocarb	0.100	甲苯	7.5
200	灭草敌	Vernolate	0.016	甲苯	2.5
201	3，5－二氯苯胺	3，5－Dichloroaniline	0.016	甲苯	2.5
202	禾草敌	Molinate	0.016	甲苯	2.5
203	虫螨畏	Methacrifos	0.016	甲苯	2.5
204	邻苯基苯酚	2－Phenylphenol	0.008	甲苯	2.5
205	四氢邻苯二甲酰亚胺	Tetrahydrophthalimide	0.050	甲苯	7.5
206	仲丁威	Fenobucarb	0.016	甲苯	5
207	乙丁氟灵	Benfluralin	0.016	甲苯	2.5
208	氟铃脲	Hexaflumuron	0.100	甲苯	15
209	扑灭通	Prometon	0.016	甲苯	7.5
210	野麦畏	Triallate	0.016	甲苯	5
211	嘧霉胺	Pyrimethanil	0.008	甲苯	2.5
212	林丹	gamma－HCH	0.016	甲苯	5
213	乙拌磷	Disulfoton	0.016	甲苯	2.5
214	莠去净	Atrizine	0.016	甲苯＋丙酮（9＋1）	2.5
215	七氯	Heptachlor	0.050	甲苯	7.5
216	异稻瘟净	Iprobenfos	0.034	甲苯	7.5
217	氯唑磷	Isazofos	0.034	甲苯	5
218	三氯杀虫酯	Plifenate	0.034	甲苯	5
219	丁苯吗啉	Fenpropimorph	0.012	甲苯	2.5
220	四氟苯菊酯	Transfluthrin	0.016	甲苯	2.5
221	氯乙氟灵	Fluchloralin	0.066	甲苯	10
222	甲基立枯磷	Tolclofos－methyl	0.016	甲苯	2.5
223	异丙草胺	Propisochlor	0.012	甲苯	2.5
224	莠灭净	Ametryn	0.034	甲苯	7.5
225	西草净	Simetryn	0.016	甲苯	5
226	溴谷隆	Metobromuron	0.100	甲苯	15
227	嗪草酮	Metribuzin	0.034	甲苯	7.5
228	噻节因	Dimethipin	0.100	甲苯	7.5
229	ε－六六六	Epsilon－HCH	0.034	甲醇	5
230	异丙净	Dipropetryn	0.016	甲苯	2.5

（续表）

序号	中文名称	英文名称	定量限 mg/kg	溶剂	混合标准溶液质量浓度 mg/L
231	安硫磷	Formothion	0.034	甲苯	5
232	特草定	Terbacil	0.034	甲苯+丙酮（9+1）	5
233	乙霉威	Diethofencarb	0.050	甲苯	15
234	哌草丹	Dimepiperate	0.034	乙酸乙酯	5
235	生物烯丙菊酯	Bioallethrin	0.066	甲苯	10
236	o，p′－滴滴伊	2，4′－DDE	0.012	甲苯	2.5
237	芬螨酯	Fenson	0.012	甲苯	2.5
238	双苯酰草胺	Diphenamid	0.012	甲苯	2.5
239	氯硫磷	Chlorthion	0.034	甲苯	5
240	炔丙菊酯	Prallethrin	0.034	甲苯	7.5
241	戊菌唑	Penconazole	0.034	甲苯	7.5
242	灭蚜磷	Mecarbam	0.034	甲苯	10
243	四氟醚唑	Tetraconazole	0.050	甲苯	7.5
244	丙虫磷	Propaphos	0.034	甲苯	5
245	氟节胺	Flumetralin	0.034	甲苯	5
246	三唑醇	Triadimenol	0.050	甲苯	7.5
247	丙草胺	Pretilachlor	0.034	甲苯	5
248	醚菌酯	Kresoxim－methyl	0.012	甲苯	2.5
249	吡氟禾草灵	Fluazifop－butyl	0.012	甲苯	2.5
250	氟啶脲	Chlorfluazuron	0.050	甲苯	7.5
251	乙酯杀螨醇	Chlorobenzilate	0.012	甲苯	2.5
252	烯效唑	Uniconazole	0.034	环己烷	5
253	氟哇唑	Flusilazole	0.050	甲苯	7.5
254	三氟硝草醚	Fluorodifen	0.066	甲苯	2.5
255	烯唑醇	Diniconazole	0.050	甲苯	7.5
256	增效醚	Piperonyl butoxide	0.012	甲苯	2.5
257	炔螨特	Propar gite	0.034	甲苯	5
258	灭锈胺	Mepronil	0.012	甲苯	2.5
259	噁唑隆	Dimefuron	0.066	甲苯+丙酮（8+2）	10
260	吡氟酰草胺	Diflufenican	0.012	甲苯	2.5
261	喹螨醚	Fenazaquin	0.012	甲苯	2.5
262	苯醚菊酯	Phenothrin	0.012	甲苯	2.5
263	咯菌腈	Fludioxonil	0.016	甲苯+丙酮（8+2）	2.5

（续表）

序号	中文名称	英文名称	定量限 mg/kg	溶剂	混合标准溶液质量浓度 mg/L
264	苯氧威	Fenoxycarb	0.040	甲苯	15
265	稀禾啶	Sethoxydim	0.152	甲苯	22.5
266	双甲脒	Amitraz	0.020	甲苯	7.5
267	莎稗磷	Anilofos	0.034	甲苯	5
268	氟丙菊酯	Acrinathrin	0.034	甲苯	5
269	高效氯氟氰菊酯	Lambda – Cyhalothrin	0.016	甲苯	2.5
270	苯噻酰草胺	Mefenacet	0.050	甲苯	7.5
271	氯菊酯	Permethrin	0.016	甲苯	5
272	哒螨灵	Pyridaben	0.012	甲苯	2.5
273	乙羧氟草醚	Fluoro glycofen – ethyl	0.100	甲苯	30
274	联苯三唑醇	Bitertanol	0.020	甲苯	7.5
275	醚菊酯	Etofenprox	0.008	甲苯	2.5
276	噻草酮	Cycloxydim	0.080	甲苯	30
277	顺式 – 氯氰菊酯	Alpha – Cypermethrin	0.016	甲苯	5
278	氟氰戊菊酯	Flucythrinate	0.034	环已烷	5
279	S – 氰戊菊酯	Esfenvalerate	0.066	甲苯	10
280	苯醚甲环唑	Difenoconazole	0.066	甲苯	15
281	丙炔氟草胺	Flumioxazin	0.034	环已烷	5
282	氟烯草酸	Flumiclorac – pentyl	0.034	甲苯	5
D 组					
283	甲氟磷	Dimefox	0.026	甲苯	7.5
284	乙拌磷亚砜	Disulfoton – Sulfoxide	0.016	甲苯	5
285	五氯苯	Pentachlorobenzene	0.008	甲苯	2.5
286	三异丁基磷酸盐	Tri – Iso – Butyl Phosphate	0.008	甲苯	2.5
287	鼠立死	Crimidine	0.008	甲苯	2.5
288	4 – 溴 – 3，5 – 二甲苯基 – N – 甲基氨基甲酸酯 – 1	BDMC – 1	0.016	甲苯	5
289	燕麦酯	Chlorfenprop – Methyl	0.008	甲苯	2.5
290	虫线磷	Thionazin	0.008	甲苯	2.5
291	2，3，5，6 – 四氯苯胺	2，3，5，6 – Tetrachloroaniline	0.008	甲苯	2.5
292	三正丁基磷酸盐	Tri – N – Butyl Phosphate	0.016	甲苯	5

（续表）

序号	中文名称	英文名称	定量限 mg/kg	溶剂	混合标准溶液质量浓度 mg/L
293	2，3，4，5 －四氯甲氧基苯	2，3，4，5 －Tetrachloroanisole	0.008	甲苯	2.5
294	五氯甲氧基苯	Pentachloroanisole	0.008	甲苯	2.5
295	牧草胺	Tebutam	0.016	甲苯	5
296	蔬果磷	Dioxabenzofos	0.084	甲苯	25
297	甲基苯噻隆	Methabenzthiazuron	0.084	甲苯＋丙酮（9＋1）	25
298	西玛通	Simeton	0.016	甲苯	5
299	阿特拉通	Atratone	0.008	甲苯	2.5
300	脱异丙基莠去津	Desisopropyl －Atrazine	0.066	甲苯＋丙酮（8＋2）	20
301	特丁硫磷砜	Terbufos Sulfone	0.008	甲苯	2.5
302	七氟菊酯	Tefluthrin	0.008	甲苯	2.5
303	溴烯杀	Bromocylen	0.008	甲苯	2.5
304	草达津	Trietazine	0.008	甲苯	2.5
305	氧乙嘧硫磷	Etrimfos oxon	0.008	甲苯	2.5
306	环莠隆	Cycluron	0.026	甲苯	7.5
307	2，6－二氯苯甲酰胺	2，6－dichlorobenzamide	0.016	甲苯＋丙酮（8＋2）	5
308	2，4，4’－三氯联苯	DE－PCB 28	0.008	甲苯	2.5
309	2，4，5－三氯联苯	DE－PCB 31	0.008	甲苯	2.5
310	脱乙基另丁津	Desethyl－Sebuthylazine	0.016	甲苯＋丙酮（8＋2）	5
311	2，3，4，5 －四氯苯胺	2，3，4，5－Tetrachloroaniline	0.016	甲苯	5
312	合成麝香	Musk Ambrette	0.008	甲苯	2.5
313	二甲苯麝香	Musk Xylene	0.008	甲苯	2.5
314	五氯苯胺	Pentachloroaniline	0.008	甲苯	2.5
315	叠氮津	Aziprotryne	0.066	甲苯	20
316	另丁津	Sebutylazine	0.008	甲苯＋丙酮（8＋2）	2.5
317	丁咪酰胺	Isocarbamid	0.042	甲苯＋丙酮（8＋2）	12.5
318	2，2’，5，5’ －四氯联苯	DE－PCB 52	0.008	甲苯	2.5
319	麝香	Musk Moskene	0.008	甲苯	2.5
320	苄草丹	Prosulfocarb	0.008	甲苯	2.5
321	二甲吩草胺	Dimethenamid	0.008	甲苯	2.5
322	氧皮蝇磷	Fenchlorphos Oxon	0.016	甲苯	5

（续表）

序号	中文名称	英文名称	定量限 mg/kg	溶剂	混合标准溶液质量浓度 mg/L
323	4－溴－3，5－二甲苯基－N－甲基氨基甲酸酯－2	BDMC－2	0.016	甲苯	5
324	甲基对氧磷	Paraoxon－Methyl	0.016	甲苯	5
325	庚酰草胺	Monalide	0.016	甲苯	5
326	西藏麝香	Musk Tibeten	0.008	甲苯	2.5
327	碳氯灵	Isobenzan	0.008	甲苯	2.5
328	八氯苯烯	Octachlorostyrene	0.008	甲苯	2.5
329	嘧啶磷	Pyrimitate	0.008	甲苯	2.5
330	异艾氏剂	Isodrin	0.008	甲苯	2.5
331	丁嗪草酮	Isomethiozin	0.016	甲苯	5
332	毒壤磷	Trichloronat	0.008	甲苯	2.5
333	敌草索	Dacthal	0.008	甲苯	2.5
334	4，4－二氯二苯甲酮	4，4－Dichlorobenzophenone	0.008	甲苯	2.5
335	酞菌酯	Nitrothal－Isopropyl	0.016	甲苯	5
336	麝香酮	Musk Ketone	0.008	甲苯	2.5
337	吡咪唑	Rabenzazole	0.008	甲苯	2.5
338	嘧菌环胺	Cyprodinil	0.008	甲苯	2.5
339	麦穗宁	Fuberidazole	0.042	甲苯	12.5
340	异氯磷	Dicapthon	0.042	甲苯	12.5
341	2，2’，4，5，5’－五氯联苯	DE－PCB 101	0.008	甲苯	2.5
342	2－甲－4－氯丁氧乙基酯	MCPA－butoxyethyl ester	0.008	甲苯	2.5
343	水胺硫磷	Isocarbophos	0.016	甲苯	5
344	甲拌磷砜	Phorate sulfone	0.008	甲苯	2.5
345	杀螨醇	Chlorfenethol	0.008	甲苯	2.5
346	反式九氯	Trans－nonachlor	0.008	甲苯	2.5
347	脱叶磷	DEF	0.016	甲苯	5
348	氟咯草酮	Flurochloridone	0.016	甲苯	5
349	溴苯烯磷	Bromfenvinfos	0.008	甲苯＋丙酮（8＋2）	2.5
350	乙滴涕	Perthane	0.008	甲苯	2.5

（续表）

序号	中文名称	英文名称	定量限 mg/kg	溶剂	混合标准溶液质量浓度 mg/L
351	2，3，4，4'，5 －五氯联苯	DE－PCB 118	0.008	甲苯	2.5
352	4，4－二溴二苯甲酮	4，4－Dibromobenzophenon e	0.008	甲苯	2.5
353	粉唑醇	Flutriafol	0.016	甲苯＋丙酮（9＋1）	5
354	地胺磷	Mephosfolan	0.016	甲苯	5
355	乙基杀扑磷	Athidathion	0.016	甲苯	5
356	2，2'，4，4'，5，5' －六氯联苯	DE－PCB 153	0.008	甲苯	2.5
357	苄氯三唑醇	Diclobutrazole	0.034	甲苯＋丙酮（8＋2）	10
358	乙拌磷砜	Disulfoton sulfone	0.016	甲苯	5
359	噻螨酮	Hexythiazox	0.066	甲苯	20
360	2，2'，3，4，4'，5 －六氯联苯	DE－PCB 138	0.008	甲苯	2.5
361	威菌磷	Triamiphos	0.016	甲苯	5
362	苄呋菊酯－1	Resmethrin－1	0.016	甲苯	5
363	环菌唑	Cyproconazole	0.008	甲苯	2.5
364	苄呋菊酯－2	Resmethrin－2	0.016	甲苯	5
365	酞酸苯甲基丁酯	Phthalic acid，benzyl butyl ester	0.008	甲苯	2.5
366	炔草酸	Clodinafop－propar gyl	0.016	甲苯	5
367	倍硫磷亚砜	Fenthion sulfoxide	0.034	甲苯	10
368	三氟苯唑	Fluotrimazole	0.008	甲苯	2.5
369	氟草烟－1－甲庚酯	Fluroxypr－1－methylheptyl ester	0.008	甲苯	2.5
370	倍硫磷砜	Fenthion sulfone	0.034	甲苯	10
371	三苯基磷酸盐	Triphenyl phosphate	0.008	甲苯	2.5
372	苯嗪草酮	Metamitron	0.084	甲苯＋丙酮（8＋2）	25
373	2，2'，3，4，4'，5，5' －七氯联苯	DE－PCB 180	0.008	甲苯	2.5
374	吡螨胺	Tebufenpyrad	0.008	甲苯	2.5
375	解草酯	Cloquintocet－mexyl	0.008	甲苯	2.5
376	环草定	Lenacil	0.084	甲苯＋丙酮（8＋2）	25
377	糠菌唑－1	Bromuconazole－1	0.016	甲苯	5

（续表）

序号	中文名称	英文名称	定量限 mg/kg	溶剂	混合标准溶液质量浓度 mg/L
378	脱溴溴苯磷	Desbrom – leptophos	0.008	甲苯	2.5
379	糠菌唑 –2	Bromuconazole –2	0.016	甲苯	5
380	甲磺乐灵	Nitralin	0.084	甲苯 + 丙酮（8 +2）	25
381	苯线磷亚砜	Fenamiphossulfoxide	0.034	甲苯	10
382	苯线磷砜	Fenamiphos sulfone	0.034	甲苯 + 丙酮（8 +2）	10
383	拌种咯	Fenpiclonil	0.034	甲苯 + 丙酮（8 +2）	10
384	氟喹唑	Fluquinconazole	0.008	甲苯 + 丙酮（8 +2）	2.5
385	腈苯唑	Fenbuconazole	0.016	甲苯 + 丙酮（8 +2）	5
E 组					
386	残杀威 –1	Propoxur –1	0.016	甲苯	5
387	异丙威 –1	Isoprocarb –1	0.016	甲苯	5
388	二氢苊	Acenaphthene	0.008	甲苯	2.5
389	驱虫特	Dibutyl Succinate	0.016	甲苯	5
390	邻苯二甲酰亚胺	Phthalimide	0.016	甲苯	5
391	氯氧磷	Chlorethoxyfos	0.016	甲苯	5
392	异丙威 –2	Isoprocarb –2	0.016	甲苯	5
393	戊菌隆	Pencycuron	0.016	甲苯	10
394	丁噻隆	Tebuthiuron	0.034	甲苯	10
395	甲基内吸磷	Demeton – S – Methyl	0.034	甲苯	10
396	硫线磷	Cadusafos	0.034	甲苯	10
397	残杀威 –2	Propoxur –2	0.016	甲苯	5
398		Phenanthrene	0.008	甲苯	2.5
399	螺环菌胺 –1	Spiroxa mine –1	0.016	甲苯	5
400	唑螨酯	Fenpyroximate	0.066	甲苯	20
401	丁基嘧啶磷	Tebupirimfos	0.016	甲苯	5
402	茉莉酮	Prohydrojasmon	0.034	环己烷	10
403	苯锈啶	Fenpropidin	0.016	甲苯	5
404	氯硝胺	Dichloran	0.016	甲苯	5
405	咯喹酮	Pyroquilon	0.008	甲苯	2.5
406	螺环菌胺 –2	Spiroxa mine –2	0.016	甲苯	5
407	炔苯酰草胺	Propyzamide	0.016	甲苯	5
408	抗蚜威	Pirimicarb	0.016	甲苯	5
409	磷胺 –1	Phosphamidon –1	0.066	甲苯	20

（续表）

序号	中文名称	英文名称	定量限 mg/kg	溶剂	混合标准溶液质量浓度 mg/L
410	解草嗪	Benoxacor	0.016	甲苯	5
411	溴丁酰草胺	Bromobutide	0.008	环己烷	2.5
412	乙草胺	Acetochlor	0.016	甲苯	5
413	灭草环	Tridiphane	0.034	异辛烷	10
414	特草灵	Terbucarb	0.016	甲苯	5
415	戊草丹	Esprocarb	0.016	甲苯	5
416	甲呋酰胺	Fenfuram	0.016	甲苯	5
417	活化酯	Acibenzolar – S – Methyl	0.016	环己烷	5
418	呋草黄	Benfuresate	0.016	甲苯	5
419	氟硫草定	Dithiopyr	0.008	甲苯	2.5
420	精甲霜灵	Mefenoxam	0.016	甲苯	5
421	马拉氧磷	Malaoxon	0.134	甲苯	40
422	磷胺 – 2	Phosphamidon – 2	0.066	甲苯	20
423	硅氟唑	Simeconazole	0.016	甲苯	5
424	氯酞酸甲酯	Chlorthal – dimethyl	0.016	甲苯	5
425	噻唑烟酸	Thiazopyr	0.016	甲苯	5
426	甲基毒虫畏	Dimethylvinphos	0.016	甲苯	5
427	仲丁灵	Butralin	0.034	甲苯	10
428	苯酰草胺	Zoxamide	0.016	甲苯 + 丙酮（8 + 2）	5
429	啶斑肟 – 1	Pyrifenox – 1	0.066	甲苯	20
430	烯丙菊酯	Allethrin	0.034	甲苯	10
431	异戊乙净	Dimethametryn	0.008	甲苯	2.5
432	灭藻醌	Quinocla mine	0.034	甲苯	10
433	甲醚菊酯 – 1	Methothrin – 1	0.016	甲苯	5
434	氟噻草胺	Flufenacet	0.066	甲苯	20
435	甲醚菊酯 – 2	Methothrin – 2	0.016	甲苯	5
436	啶斑肟 – 2	Pyrifenox – 2	0.066	甲苯	20
437	氰菌胺	Fenoxanil	0.016	甲苯	5
438	四氯苯酞	Phthalide	0.034	丙酮	10
439	呋霜灵	Furalaxyl	0.016	甲苯	5
440	嘧菌胺	Mepanipyrim	0.008	甲苯	2.5
441	除草定	Bromacil	0.066	甲苯	5
442		Picoxystrobin	0.016	甲苯	5

（续表）

序号	中文名称	英文名称	定量限 mg/kg	溶剂	混合标准溶液质量浓度 mg/L
443	抑草磷	Butamifos	0.008	环己烷	2.5
444	咪草酸	Imazamethabenz – methyl	0.026	甲苯	7.5
445	苯氧菌胺 –1	Meto minostrobin –1	0.034	乙腈	10
446	苯噻硫氰	TCMTB	0.134	甲苯	40
447	甲硫威砜	Methiocarb Sulfone	0.066	甲苯 + 丙酮（8 +2）	80
448	抑霉唑	Imazalil	0.034	甲苯	10
449	稻瘟灵	Isoprothiolane	0.016	甲苯	5
450	环氟菌胺	Cyflufenamid	0.134	环己烷	40
451	嘧草醚	Pyri minobac – Methyl	0.034	环己烷	10
452	噁唑磷	Isoxathion	0.066	环己烷	20
453	苯氧菌胺 –2	Meto minostrobin –2	0.034	乙腈	10
454	苯虫醚 –1	Diofenolan –1	0.016	甲苯	5
455	苯虫醚 –2	Diofenolan –2	0.016	甲苯	5
456	苯氧喹啉	Quinoxyphen	0.008	甲苯	2.5
457	溴虫腈	Chlorfenapyr	0.066	甲苯	20
458	肟菌酯	Trifloxystrobin	0.034	甲苯	10
459	脱苯甲基亚胺唑	Imibenconazole – des – benzyl	0.034	甲苯 + 丙酮（8 +2）	10
460	双苯噁唑酸	Isoxadifen – ethyl	0.016	甲苯	5
461	氟虫腈	Fipronil	0.066	甲苯	20
462	炔咪菊酯 –1	Imiprothrin –1	0.016	甲苯	5
463	唑酮草酯	Carfentrazone – ethyl	0.016	甲苯	5
464	炔咪菊酯 –2	Imiprothrin –2	0.016	甲苯	5
465	氟环唑 –1	Epoxiconazole –1	0.066	甲苯	20
466	吡草醚	Pyraflufen ethyl	0.016	甲苯	5
467	稗草丹	Pyributicarb	0.016	甲苯	5
468	噻吩草胺	Thenylchlor	0.016	甲苯	5
469	烯草酮	Clethodim	0.034	甲苯	10
470	吡唑解草酯	Mefenpyr – diethyl	0.026	甲苯	7.5
471	伐灭磷	Famphur	0.034	甲苯	10
472	乙螨唑	Etoxazole	0.050	环己烷	15
473	吡丙醚	Pyriproxyfen	0.008	甲苯	5
474	氟环唑 –2	Epoxiconazole –2	0.066	甲苯	20
475	氟吡酰草胺	Picolinafen	0.008	甲苯	2.5

（续表）

序号	中文名称	英文名称	定量限 mg/kg	溶剂	混合标准溶液质量浓度 mg/L
476	异菌脲	Iprodione	0. 034	甲苯	10
477	哌草磷	Piperophos	0. 026	甲苯	7. 5
478	呋酰胺	Ofurace	0. 026	甲苯	7. 5
479	联苯肼酯	Bifenazate	0. 066	甲苯	20
480	异狄氏剂酮	Endrin Ketone	0. 034	甲苯	10
481	氯甲酰草胺	Clomeprop	0. 008	乙腈	2. 5
482	咪唑菌酮	Fenamidone	0. 008	甲苯	2. 5
483	萘丙胺	Naproanilide	0. 008	丙酮	2. 5
484	吡唑醚菊酯	Pyraclostrobin	0. 200	甲苯	60
485	乳氟禾草灵	Lactofen	0. 066	甲苯	20
486	三甲苯草酮	Tralkoxydim	0. 066	甲苯	20
487	吡唑硫磷	Pyraclofos	0. 066	环己烷	20
488	氯亚胺硫磷	Dialifos	0. 066	甲苯	80
489	螺螨酯	Spirodiclofen	0. 066	甲苯	20
490	苄螨醚	Halfenprox	0. 034	环己烷	5
491	呋草酮	Flurtamone	0. 034	甲苯	5
492	环酯草醚	Pyriftalid	0. 008	甲苯	2. 5
493	氟硅菊酯	Silafluofen	0. 008	甲苯	2. 5
494	嘧螨醚	Pyrimidifen	0. 034	乙腈	5
495	氟丙嘧草酯	Butafenacil	0. 008	甲苯	2. 5
496	苯酮唑	Cafenstrole	0. 100	乙腈	10
497	氟啶草酮	Fluridone	0. 016	甲苯	5

附 录 B
（资料性附录）
497 种农药及相关化学品和内标化合物的保留时间、定量离子、定性离子及定量离子与定性离子的比值

B.1 497 种农药及相关化学品和内标化合物的保留时间、定量离子、定性离子及定量离子与定性离子的比值见表 B.1。

表 B.1

序号	中文名称	英文名称	保留时间/ min	定量离子	定性离子 1	定性离子 2	定性离子 3
内标	环氧七氯	Heptachlor – epoxide	22.10	353（100）	355（79）	351（52）	
A 组							
1	二丙烯草胺	Allidochlor	8.78	138（100）	158（10）	173（15）	
2	烯丙酰草胺	Dichlormid	9.74	172（100）	166（41）	124（79）	
3	土菌灵	Etridiazol	10.42	211（100）	183（73）	140（19）	
4	氯甲硫磷	Chlormephos	10.53	121（100）	234（70）	154（70）	
5	苯胺灵	Propham	11.36	179（100）	137（66）	120（51）	
6	环草敌	Cycloate	13.56	154（100）	186（5）	215（12）	
7	联苯二胺	Diphenyla mine	14.55	169（100）	168（58）	167（29）	
8	杀虫脒	Chlordimeform	14.93	196（100）	198（30）	195（18）	183（23）
9	乙丁烯氟灵	Ethalfluralin	15.00	276（100）	316（81）	292（42）	
10	甲拌磷	Phorate	15.46	260（100）	121（160）	231（56）	153（3）
11	甲基乙拌磷	Thiometon	16.20	88（100）	125（55）	246（9）	
12	五氯硝基苯	Quintozene	16.75	295（100）	237（159）	249（114）	
13	脱乙基阿特拉津	Atrazine – desethyl	16.76	172（100）	187（32）	145（17）	
14	异噁草松	Clomazone	17.00	204（100）	138（4）	205（13）	
15	二嗪磷	Diazinon	17.14	304（100）	179（192）	137（172）	
16	地虫硫磷	Fonofos	17.31	246（100）	137（141）	174（15）	202（6）
17	乙嘧硫磷	Etrimfos	17.92	292（100）	181（40）	277（31）	
18	西玛津	Simazine	17.85	201（100）	186（62）	173（42）	
19	胺丙畏	Propetamphos	17.97	138（100）	194（49）	236（30）	
20	仲丁通	Secbumeton	18.36	196（100）	210（38）	225（39）	
21	除线磷	Dichlofenthion	18.80	279（100）	223（78）	251（38）	
22	炔丙烯草胺	Pronamide	18.72	173（100）	175（62）	255（22）	
23	兹克威	Mexacarbate	18.83	165（100）	150（66）	222（27）	
24	乐果	Dimethoate	18.78	125（100）	143（21）	229（19）	
25	艾氏剂	Aldrin	19.67	263（100）	265（65）	293（40）	329（8）

（续表）

序号	中文名称	英文名称	保留时间/min	定量离子	定性离子 1	定性离子 2	定性离子 3
26	氨氟灵	Dinitra mine	19. 35	305（100）	307（38）	261（29）	
27	皮蝇磷	Ronnel	19. 80	285（100）	287（67）	125（32）	
28	扑草净	Prometryne	20. 13	241（100）	184（78）	226（60）	
29	环丙津	Cyprazine	20. 18	212（100）	227（58）	170（29）	
30	百菌清	Chlorothalonil	20. 23	266（100）	264（72）	268（49）	
31	乙烯菌核利	Vinclozolin	20. 29	285（100）	212（109）	198（96）	
32	β－六六六	beta－HCH	20. 31	219（100）	217（78）	181（94）	254（12）
33	甲霜灵	Metalaxyl	20. 67	206（100）	249（53）	234（38）	
34	毒死蜱	Chlorpyrifos（－ethyl）	20. 96	314（100）	258（57）	286（42）	
35	甲基对硫磷	Methyl－Parathion	20. 82	263（100）	233（66）	246（8）	200（6）
36	蒽醌	Anthraquinone	21. 49	208（100）	180（84）	152（69）	
37	δ－六六六	Delta－HCH	21. 16	219（100）	217（80）	181（99）	254（10）
38	倍硫磷	Fenthion	21. 53	278（100）	169（16）	153（9）	
39	马拉硫磷	Malathion	21. 54	173（100）	158（36）	143（15）	
40	杀螟硫磷	Fenitrothion	21. 62	277（100）	260（52）	247（60）	
41	对氧磷	Paraoxon－ethyl	21. 57	275（100）	220（60）	247（58）	
42	三唑酮	Triadimefon	22. 22	208（100）	210（50）	181（74）	
43	对硫磷	Parathion	22. 32	291（100）	186（23）	235（35）	263（11）
44	二甲戊灵	Pendimethalin	22. 59	252（100）	220（22）	162（12）	
45	利谷隆	Linuron	22. 44	61（100）	248（30）	160（12）	
46	杀螨醚	Chlorbenside	22. 96	268（100）	270（41）	143（11）	
47	乙基溴硫磷	Bromophos－ethyl	23. 06	359（100）	303（77）	357（74）	
48	喹硫磷	Quinalphos	23. 10	146（100）	298（28）	157（66）	
49	反式氯丹	trans－Chlordane	23. 29	373（100）	375（96）	377（51）	
50	稻丰散	Phenthoate	23. 30	274（100）	246（24）	320（5）	
51	吡唑草胺	Metazachlor	23. 32	209（100）	133（120）	211（32）	
52	苯硫威	Fenothiocarb	23. 79	72（100）	160（37）	253（15）	
53	丙硫磷	Prothiophos	24. 04	309（100）	267（88）	162（55）	
54	灭菌丹	Folpet	24. 08	260（100）	104（56）	297（20）	
55	整形醇	Chlorflurenol	24. 15	215（100）	152（40）	274（11）	
56	狄氏剂	Dieldrin	24. 43	263（100）	277（82）	380（30）	345（35）
57	腐霉利	Procymidone	24. 36	283（100）	285（70）	255（15）	
58	杀扑磷	Methidathion	24. 49	145（100）	157（2）	302（4）	
59	氰草津	Cyanazine	24. 94	225（100）	240（56）	198（61）	

（续表）

序号	中文名称	英文名称	保留时间/min	定量离子	定性离子 1	定性离子 2	定性离子 3
60	敌草胺	Napropamide	24. 84	271（100）	128（111）	171（34）	
61	噁草酮	Oxadiazone	25. 06	175（100）	258（62）	302（37）	
62	苯线磷	Fenamiphos	25. 29	303（100）	154（56）	288（31）	217（22）
63	杀螨氯硫	Tetrasul	25. 85	252（100）	324（64）	254（68）	
64	杀螨特	Aramite	25. 60	185（100）	319（37）	334（32）	
65	乙嘧酚磺酸酯	Bupirimate	26. 00	273（100）	316（41）	208（83）	
66	萎锈灵	Carboxin	26. 25	235（100）	143（168）	87（52）	
67	氟酰胺	Flutolanil	26. 23	173（100）	145（25）	323（14）	
68	p，p’ –滴滴滴	4，4’ –DDD	26. 59	235（100）	237（64）	199（12）	165（46）
69	乙硫磷	Ethion	26. 69	231（100）	384（13）	199（9）	
70	硫丙磷	Sulprofos	26. 87	322（100）	156（62）	280（11）	
71	乙环唑	Etaconazole	26. 89	245（100）	173（85）	247（65）	
72	腈菌唑	Myclobutanil	27. 19	179（100）	288（14）	150（45）	
73	禾草灵	Diclofop – methyl	28. 08	253（100）	281（50）	342（82）	
74	丙环唑	Propiconazole	28. 15	259（100）	173（97）	261（65）	
75	丰索磷	Fensulfothion	27. 94	292（100）	308（22）	293（73）	
76	联苯菊酯	Bifenthrin	28. 57	181（100）	166（25）	165（23）	
77	丁硫克百威	Carbosulfan	28. 68	160（100）	118（74）	323（14）	
78	灭蚁灵	Mirex	28. 72	272（100）	237（49）	274（80）	
79	麦锈灵	Benodanil	29. 14	231（100）	323（38）	203（22）	
80	氟苯嘧啶醇	Nuarimol	28. 90	314（100）	235（155）	203（108）	
81	甲氧滴滴涕	Methoxychlor	29. 38	227（100）	228（16）	212（4）	
82	噁霜灵	Oxadixyl	29. 50	163（100）	233（18）	278（11）	
83	胺菊酯	Tetramethirn	29. 59	164（100）	135（3）	232（1）	
84	戊唑醇	Tebuconazole	29. 51	250（100）	163（55）	252（36）	
85	氟草敏	Norflurazon	29. 99	303（100）	145（101）	102（47）	
86	哒嗪硫磷	Pyridaphenthion	30. 17	340（100）	199（48）	188（51）	
87	亚胺硫磷	Phosmet	30. 46	160（100）	161（11）	317（4）	
88	三氯杀螨砜	Tetradifon	30. 70	227（100）	356（70）	159（196）	
89	氧化萎锈灵	Oxycarboxin	31. 00	175（100）	267（52）	250（3）	
90	顺式 – 氯菊酯	cis – Permethrin	31. 42	183（100）	184（15）	255（2）	
91	反式 – 氯菊酯	Trans – Permethrin	31. 68	183（100）	184（15）	255（2）	
92	吡菌磷	Pyrazophos	31. 60	221（100）	232（35）	373（19）	

（续表）

序号	中文名称	英文名称	保留时间/min	定量离子	定性离子 1	定性离子 2	定性离子 3
93	氯氰菊酯	Cypermethrin	33. 19 33. 38 33. 46 33. 56	181（100）	152（23）	180（16）	
94	氰戊菊酯	Fenvalerate	34. 45 34. 79	167（100）	225（53）	419（37）	181（41）
95	溴氰菊酯	Deltamethrin	35. 77	181（100）	172（25）	174（25）	
B 组							
96	茵草敌	EPTC	8. 54	128（100）	189（30）	132（32）	
97	丁草敌	Butylate	9. 49	156（100）	146（115）	217（27）	
98	敌草腈	Dichlobenil	9. 75	171（100）	173（68）	136（15）	
99	克草敌	Pebulate	10. 18	128（100）	161（21）	203（20）	
100	三氯甲基吡啶	Nitrapyrin	10. 89	194（100）	196（97）	198（23）	
101	速灭磷	Mevinphos	11. 23	127（100）	192（39）	164（29）	
102	氯苯甲醚	Chloroneb	11. 85	191（100）	193（67）	206（66）	
103	四氯硝基苯	Tecnazene	13. 54	261（100）	203（135）	215（113）	
104	庚烯磷	Heptenophos	13. 78	124（100）	215（17）	250（14）	
105	六氯苯	Hexachlorobenzene	14. 69	284（100）	286（81）	282（51）	
106	灭线磷	Ethoprophos	14. 40	158（100）	200（40）	242（23）	168（15）
107	毒草胺	Propachlor	14. 73	120（100）	176（45）	211（11）	
108	燕麦敌	Cis，trans－Diallate	14. 50 15. 29	234（100）	236（37）	128（38）	
109	氟乐灵	Trifluralin	15. 23	306（100）	264（72）	335（7）	
110	氯苯胺灵	Chlorpropham	15. 49	213（100）	171（59）	153（24）	
111	治螟磷	Sulfotep	15. 55	322（100）	202（43）	238（27）	266（24）
112	菜草畏	Sulfallate	15. 75	188（100）	116（7）	148（4）	
113	α－六六六	Alpha－HCH	16. 06	219（100）	183（98）	221（47）	254（6）
114	特丁硫磷	Terbufos	16. 83	231（100）	153（25）	288（10）	186（13）
115	特丁通	Terbumeton	17. 20	210（100）	169（66）	225（32）	
116	环丙氟灵	Profluralin	17. 36	318（100）	304（47）	347（13）	
117	敌噁磷	Dioxathion	17. 51	270（100）	197（43）	169（19）	
118	扑灭津	Propazine	17. 67	214（100）	229（67）	172（51）	
119	氯炔灵	Chlorbufam	17. 85	223（100）	153（53）	164（64）	
120	氯硝胺	Dicloran	17. 89	206（100）	176（128）	160（52）	

（续表）

序号	中文名称	英文名称	保留时间/min	定量离子	定性离子 1	定性离子 2	定性离子 3
121	特丁津	Terbuthylazine	18.07	214（100）	229（33）	173（35）	
122	绿谷隆	Monolinuron	18.15	61（100）	126（45）	214（51）	
123	氟虫脲	Flufenoxuron	18.83	305（100）	126（67）	307（32）	
124	杀螟腈	Cyanophos	18.73	243（100）	180（8）	148（3）	
125	甲基毒死蜱	Chlorpyrifos - methyl	19.38	286（100）	288（70）	197（5）	
126	敌草净	Desmetryn	19.64	213（100）	198（60）	171（30）	
127	二甲草胺	Dimethachlor	19.80	134（100）	197（47）	210（16）	
128	甲草胺	Alachlor	20.03	188（100）	237（35）	269（15）	
129	甲基嘧啶磷	Pirimiphos - methyl	20.30	290（100）	276（86）	305（74）	
130	特丁净	Terbutryn	20.61	226（100）	241（64）	185（73）	
131	杀草丹	Thiobencarb	20.63	100（100）	257（25）	259（9）	
132	丙硫特普	Aspon	20.62	211（100）	253（52）	378（14）	
133	三氯杀螨醇	Dicofol	21.33	139（100）	141（72）	250（23）	251（4）
134	异丙甲草胺	Metolachlor	21.34	238（100）	162（159）	240（33）	
135	氧化氯丹	Oxy - chlordane	21.63	387（100）	237（50）	185（68）	
136	嘧啶磷	Pirimiphos - ethyl	21.59	333（100）	318（93）	304（69）	
137	烯虫酯	Methoprene	21.71	73（100）	191（29）	153（29）	
138	溴硫磷	Bromofos	21.75	331（100）	329（75）	213（7）	
139	苯氟磺胺	Dichlofluanid	21.68	224（100）	226（74）	167（120）	
140	乙氧呋草黄	Ethofumesate	21.84	207（100）	161（54）	286（27）	
141	异丙乐灵	Isopropalin	22.10	280（100）	238（40）	222（4）	
142	硫丹 - 1	Endosulfan - 1	23.10	241（100）	265（66）	339（46）	
143	敌稗	Propanil	22.68	161（100）	217（21）	163（62）	
144	异柳磷	Isofenphos	22.99	213（100）	255（44）	185（45）	
145	育畜磷	Crufomate	22.93	256（100）	182（154）	276（58）	
146	毒虫畏	Chlorfenvinphos	23.19	323（100）	267（139）	269（92）	
147	顺式 - 氯丹	Cis - Chlordane	23.55	373（100）	375（96）	377（51）	
148	甲苯氟磺胺	Tolylfluanide	23.45	238（100）	240（71）	137（210）	
149	p，p’ - 滴滴伊	4，4’ - DDE	23.92	318（100）	316（80）	246（139）	248（70）
150	丁草胺	Butachlor	23.82	176（100）	160（75）	188（46）	
151	乙菌利	Chlozolinate	23.83	259（100）	188（83）	331（91）	
152	巴毒磷	Crotoxyphos	23.94	193（100）	194（16）	166（51）	
153	碘硫磷	Iodofenphos	24.33	377（100）	379（37）	250（6）	
154	杀虫畏	Tetrachlorvinphos	24.36	329（100）	331（96）	333（31）	

（续表）

序号	中文名称	英文名称	保留时间/min	定量离子	定性离子1	定性离子2	定性离子3
155	氯溴隆	Chlorbromuron	24.37	61（100）	294（17）	292（13）	
156	丙溴磷	Profenofos	24.65	339（100）	374（39）	297（37）	
157	氟咯草酮	Fluorochloridone	25.14	311（100）	313（64）	187（85）	
158	噻嗪酮	Buprofezin	24.87	105（100）	172（54）	305（24）	
159	o，p’－滴滴滴	2，4’－DDD	24.94	235（100）	237（65）	165（39）	199（15）
160	异狄氏剂	Endrin	25.15	263（100）	317（30）	345（26）	
161	己唑醇	Hexaconazole	24.92	214（100）	231（62）	256（26）	
162	杀螨酯	Chlorfenson	25.05	302（100）	175（282）	177（103）	
163	o，p’－滴滴涕	2，4′－DDT	25.56	235（100）	237（63）	165（37）	199（14）
164	多效唑	Paclobutrazol	25.21	236（100）	238（37）	167（39）	
165	盖草津	Methoprotryne	25.63	256（100）	213（24）	271（17）	
166	抑草蓬	Erbon	25.68	169（100）	171（35）	223（30）	
167	丙酯杀螨醇	Chloropropylate	25.85	251（100）	253（64）	141（18）	
168	麦草氟甲酯	Flamprop－methyl	25.90	105（100）	77（26）	276（11）	
169	除草醚	Nitrofen	26.12	283（100）	253（90）	202（48）	139（15）
170	乙氧氟草醚	Oxyfluorfen	26.13	252（100）	361（35）	300（35）	
171	虫螨磷	Chlorthiophos	26.52	325（100）	360（52）	297（54）	
172	麦草氟异丙酯	Flamprop－Isopropyl	26.70	105（100）	276（19）	363（3）	
173	p，p’－滴滴涕	4，4’－DDT	27.22	235（100）	237（65）	246（7）	165（34）
174	三硫磷	Carbofenothion	27.19	157（100）	342（49）	199（28）	
175	苯霜灵	Benalaxyl	27.54	148（100）	206（32）	325（8）	
176	敌瘟磷	Edifenphos	27.94	173（100）	310（76）	201（37）	
177	三唑磷	Triazophos	28.23	161（100）	172（47）	257（38）	
178	苯腈膦	Cyanofenphos	28.43	157（100）	169（56）	303（20）	
179	氯杀螨砜	Chlorbenside sulfone	28.88	127（100）	99（14）	89（33）	
180	硫丹硫酸盐	Endosulfan－Sulfate	29.05	387（100）	272（165）	389（64）	
181	溴螨酯	Bromopropylate	29.30	341（100）	183（34）	339（49）	
182	新燕灵	Benzoylprop－ethyl	29.40	292（100）	365（36）	260（37）	
183	甲氰菊酯	Fenpropathrin	29.56	265（100）	181（237）	349（25）	
184	敌菌丹	Captafol	29.90	79（100）	183（32）	311（15）	
185	溴苯膦	Leptophos	30.19	377（100）	375（73）	379（28）	
186	苯硫膦	EPN	30.06	157（100）	169（53）	323（14）	
187	环嗪酮	Hexazinone	30.14	171（100）	252（3）	128（12）	
188	甲羧除草醚	Bifenox	30.90	341（100）	189（82）	310（75）	

（续表）

序号	中文名称	英文名称	保留时间/min	定量离子	定性离子1	定性离子2	定性离子3
189	伏杀硫磷	Phosalone	31.22	182（100）	367（30）	154（20）	
190	保棉磷	Azinphos－methyl	31.41	160（100）	132（71）	77（58）	
191	氯苯嘧啶醇	Fenarimol	31.65	139（100）	219（70）	330（42）	
192	益棉磷	Azinphos－ethyl	32.01	160（100）	132（103）	77（51）	
193	咪鲜胺	Prochloraz	33.07	180（100）	308（59）	266（18）	
194	蝇毒磷	Coumaphos	33.22	362（100）	226（56）	364（39）	334（15）
195	氟氯氰菊酯	Cyfluthrin	32.94 33.12	206（100）	199（63）	226（72）	
196	氟胺氰菊酯	Fluvalinate	34.94 35.02	250（100）	252（38）	181（18）	
			C组				
197	敌敌畏	Dichlorvos	7.80	109（100）	185（34）	220（7）	
198	联苯	Biphenyl	9.00	154（100）	153（40）	152（27）	
199	霜霉威	Propamocarb	9.40	58（100）	129（6）	188（5）	
200	灭草敌	Vernolate	9.82	128（100）	146（17）	203（9）	
201	3，5－二氯苯胺	3，5－Dichloroaniline	11.20	161（100）	163（62）	126（10）	
202	禾草敌	Molinate	11.92	126（100）	187（24）	158（2）	
203	虫螨畏	Methacrifos	11.86	125（100）	208（74）	240（44）	
204	邻苯基苯酚	2－Phenylphenol	12.47	170（100）	169（72）	141（31）	
205	四氢邻苯二甲酰亚胺	Cis－1，2，3，6－Tetrahydrophthalimide	13.39	151（100）	123（16）	122（16）	
206	仲丁威	Fenobucarb	14.60	121（100）	150（32）	107（8）	
207	乙丁氟灵	Benfluralin	15.23	292（100）	264（20）	276（13）	
208	氟铃脲	Hexaflumuron	16.20	176（100）	279（28）	277（43）	
209	扑灭通	Prometon	16.66	210（100）	225（91）	168（67）	
210	野麦畏	Triallate	17.12	268（100）	270（73）	143（19）	
211	嘧霉胺	Pyrimethanil	17.28	198（100）	199（45）	200（5）	
212	林丹	gamma－HCH	17.48	183（100）	219（93）	254（13）	221（40）
213	乙拌磷	Disulfoton	17.61	88（100）	274（15）	186（18）	
214	莠去净	Atrizine	17.64	200（100）	215（62）	173（29）	
215	七氯	Heptachlor	18.49	272（100）	237（40）	337（27）	
216	异稻瘟净	Iprobenfos	18.44	204（100）	246（18）	288（17）	
217	氯唑磷	Isazofos	18.54	161（100）	257（53）	285（39）	313（14）
218	三氯杀虫酯	Plifenate	18.87	217（100）	175（96）	242（91）	

（续表）

序号	中文名称	英文名称	保留时间/min	定量离子	定性离子 1	定性离子 2	定性离子 3
219	丁苯吗啉	Fenpropimorph	19.22	128（100）	303（5）	129（9）	
220	四氟苯菊酯	Transfluthrin	19.04	163（100）	165（23）	335（7）	
221	氯乙氟灵	Fluchloralin	18.89	306（100）	326（87）	264（54）	
222	甲基立枯磷	Tolclofos - methyl	19.69	265（100）	267（36）	250（10）	
223	异丙草胺	Propisochlor	19.89	162（100）	223（200）	146（17）	
224	莠灭净	Ametryn	20.11	227（100）	212（53）	185（17）	
225	西草净	Simetryn	20.18	213（100）	170（26）	198（16）	
226	溴谷隆	Metobromuron	20.07	61（100）	258（11）	170（16）	
227	嗪草酮	Metribuzin	20.33	198（100）	199（21）	144（12）	
228	噻节因	Dimethipin	20.38	118（100）	210（26）	103（20）	
229	ε - 六六六	Epsilon - HCH	20.78	181（100）	219（76）	254（15）	217（40）
230	异丙净	Dipropetryn	20.82	255（100）	240（42）	222（20）	
231	安硫磷	Formothion	21.42	170（100）	224（97）	257（63）	
232	特草定	Terbacil	21.62	161（100）	160（53）	117（45）	
233	乙霉威	Diethofencarb	21.43	267（100）	225（98）	151（31）	
234	哌草丹	Dimepiperate	22.28	119（100）	145（30）	263（8）	
235	生物烯丙菊酯	Bioallethrin	22.29 22.34	123（100）	136（24）	107（29）	
236	o，p′ - 滴滴伊	2，4′ - DDE	22.64	246（100）	318（34）	176（26）	248（65）
237	芬螨酯	Fenson	22.54	141（100）	268（53）	77（104）	
238	双苯酰草胺	Diphenamid	22.87	167（100）	239（30）	165（43）	
239	氯硫磷	Chlorthion	22.86	297（100）	267（162）	299（45）	
240	炔丙菊酯	Prallethrin	23.11	123（100）	105（17）	134（9）	
241	戊菌唑	Penconazole	23.17	248（100）	250（33）	161（50）	
242	灭蚜磷	Mecarbam	23.46	131（100）	296（22）	329（40）	
243	四氟醚唑	Tetraconazole	23.35	336（100）	338（33）	171（10）	
244	丙虫磷	Propaphos	23.92	304（100）	220（108）	262（34）	
245	氟节胺	Flumetralin	24.10	143（100）	157（25）	404（10）	
246	三唑醇	Triadimenol	24.22	112（100）	168（81）	130（15）	
247	丙草胺	Pretilachlor	24.67	162（100）	238（26）	262（8）	
248	醚菌酯	Kresoxim - methyl	25.04	116（100）	206（25）	131（66）	
249	吡氟禾草灵	Fluazifop - butyl	25.21	282（100）	383（44）	254（49）	
250	氟啶脲	Chlorfluazuron	25.27	321（100）	323（71）	356（8）	
251	乙酯杀螨醇	Chlorobenzilate	25.90	251（100）	253（65）	152（5）	

（续表）

序号	中文名称	英文名称	保留时间/min	定量离子	定性离子1	定性离子2	定性离子3
252	烯效唑	Uniconazole	26.15	234（100）	236（40）	131（15）	
253	氟哇唑	Flusilazole	26.19	233（100）	206（33）	315（9）	
254	三氟硝草醚	Fluorodifen	26.59	190（100）	328（35）	162（34）	
255	烯唑醇	Diniconazole	27.03	268（100）	270（65）	232（13）	
256	增效醚	Piperonyl butoxide	27.46	176（100）	177（33）	149（14）	
257	炔螨特	Propar gite	27.87	135（100）	350（7）	173（16）	
258	灭锈胺	Mepronil	27.91	119（100）	269（26）	120（9）	
259	噁唑隆	Dimefuron	27.82	140（100）	105（75）	267（36）	
260	吡氟酰草胺	Diflufenican	28.45	266（100）	394（25）	267（14）	
261	喹螨醚	Fenazaquin	28.97	145（100）	160（46）	117（10）	
262	苯醚菊酯	Phenothrin	29.08 29.21	123（100）	183（74）	350（6）	
263	咯菌腈	Fludioxonil	28.93	248（100）	127（24）	154（21）	
264	苯氧威	Fenoxycarb	29.57	255（100）	186（82）	116（93）	
265	稀禾啶	Sethoxydim	29.63	178（100）	281（51）	219（36）	
266	双甲脒	Amitraz	30.00	293（100）	162（13）	132（104）	
267	莎稗磷	Anilofos	30.68	226（100）	184（52）	334（10）	
268	氟丙菊酯	Acrinathrin	31.07	181（100）	289（31）	247（12）	
269	高效氯氟氰菊酯	Lambda – Cyhalothrin	31.11	181（100）	197（100）	141（20）	
270	苯噻酰草胺	Mefenacet	31.29	192（100）	120（35）	136（29）	
271	氯菊酯	Permethrin	31.57	183（100）	184（14）	255（1）	
272	哒螨灵	Pyridaben	31.86	147（100）	117（11）	364（7）	
273	乙羧氟草醚	Fluoro glycofen – ethyl	32.01	447（100）	428（20）	449（35）	
274	联苯三唑醇	Bitertanol	32.25	170（100）	112（8）	141（6）	
275	醚菊酯	Etofenprox	32.75	163（100）	376（4）	183（6）	
276	噻草酮	Cycloxydim	33.05	178（100）	279（7）	251（4）	
277	顺式 – 氯氰菊酯	Alpha – Cypermethrin	33.35	163（100）	181（84）	165（63）	
278	氟氰戊菊酯	Flucythrinate	33.58 33.85	199（100）	157（90）	451（22）	
279	S – 氰戊菊酯	Esfenvalerate	34.65	419（100）	225（158）	181（189）	
280	苯醚甲环唑	Difenoconazole	35.40	323（100）	325（66）	265（83）	
281	丙炔氟草胺	Flumioxazin	35.50	354（100）	287（24）	259（15）	
282	氟烯草酸	Flumiclorac – pentyl	36.34	423（100）	308（51）	318（29）	

（续表）

序号	中文名称	英文名称	保留时间/min	定量离子	定性离子 1	定性离子 2	定性离子 3
D 组							
283	甲氟磷	Dimefox	5. 62	110（100）	154（75）	153（17）	
284	乙拌磷亚砜	Disulfoton – sulfoxide	8. 41	212（100）	153（61）	184（20）	
285	五氯苯	Pentachlorobenzene	11. 11	250（100）	252（64）	215（24）	
286	三异丁基磷酸盐	Tri – iso – butyl phosphate	11. 65	155（100）	139（67）	211（24）	
287	鼠立死	Crimidine	13. 13	142（100）	156（90）	171（84）	
288	4 – 溴 – 3，5 – 二甲苯基 – N – 甲基氨基甲酸酯 – 1	BDMC – 1	13. 25	200（100）	202（104）	201（13）	
289	燕麦酯	Chlorfenprop – methyl	13. 57	165（100）	196（87）	197（49）	
290	虫线磷	Thionazin	14. 04	143（100）	192（39）	220（14）	
291	2，3，5，6 – 四氯苯胺	2，3，5，6 – tetrachloroaniline	14. 22	231（100）	229（76）	158（25）	
292	三正丁基磷酸盐	Tri – n – butyl phosphate	14. 33	155（100）	211（61）	167（8）	
293	2，3，4，5 – 四氯甲氧基苯	2，3，4，5 – tetrachloroanisole	14. 66	246（100）	203（70）	231（51）	
294	五氯甲氧基苯	Pentachloroanisole	15. 19	280（100）	265（100）	237（85）	
295	牧草胺	Tebutam	15. 30	190（100）	106（38）	142（24）	
296	蔬果磷	Dioxabenzofos	16. 14	216（100）	201（26）	171（5）	
297	甲基苯噻隆	Methabenzthiazuron	16. 34	164（100）	136（81）	108（27）	
298	西玛通	Simetone	16. 69	197（100）	196（40）	182（38）	
299	阿特拉通	Atratone	16. 70	196（100）	211（68）	197（105）	
300	脱异丙基莠去津	Desisopropyl – atrazine	16. 69	173（100）	158（84）	145（73）	
301	特丁硫磷砜	Terbufos sulfone	16. 79	231（100）	288（11）	186（15）	
302	七氟菊酯	Tefluthrin	17. 24	177（100）	197（26）	161（5）	
303	溴烯杀	Bromocylen	17. 43	359（100）	357（99）	394（14）	
304	草达津	Trietazine	17. 53	200（100）	229（51）	214（45）	
305	氧乙嘧硫磷	Etrimfos oxon	17. 83	292（100）	277（35）	263（12）	
306	环莠隆	Cycluron	17. 95	89（100）	198（36）	114（9）	
307	2，6 – 二氯苯甲酰胺	2，6 – dichlorobenzamide	17. 93	173（100）	189（36）	175（62	
308	2，4，4’ – 三氯联苯	DE – PCB 28	18. 15	256（100）	186（53）	258（97）	
309	2，4，5 – 三氯联苯	DE – PCB 31	18. 19	256（100）	186（53）	258（97）	

（续表）

序号	中文名称	英文名称	保留时间/min	定量离子	定性离子 1	定性离子 2	定性离子 3
310	脱乙基另丁津	Desethyl - sebuthylazine	18.32	172（100）	174（32）	186（11）	
311	2，3，4，5 - 四氯苯胺	2，3，4，5 - tetrachloroaniline	18.55	231（100）	229（76）	233（48）	
312	合成麝香	Musk ambrette	18.62	253（100）	268（35）	223（18）	
313	二甲苯麝香	Musk xylene	18.66	282（100）	297（10）	128（20）	
314	五氯苯胺	Pentachloroaniline	18.91	265（100）	263（63）	230（8）	
315	叠氮津	Aziprotryne	19.11	199（100）	184（83）	157（31）	
316	另丁津	Sebutylazine	19.26	200（100）	214（14）	229（13）	
317	丁咪酰胺	Isocarbamid	19.24	142（100）	185（2）	143（6）	
318	2，2'，5，5' - 四氯联苯	DE - PCB 52	19.48	292（100）	220（88）	255（32）	
319	麝香	Musk moskene	19.46	263（100）	278（12）	264（15）	
320	苄草丹	Prosulfocarb	19.51	251（100）	252（14）	162（10）	
321	二甲吩草胺	Dimethenamid	19.55	154（100）	230（43）	203（21）	
322	氧皮蝇磷	Fenchlorphos oxon	19.72	285（100）	287（70）	270（7）	
323	4 - 溴 - 3，5 - 二甲苯基 - N - 甲基氨基甲酸酯 - 2	BDMC - 2	19.74	200（100）	202（101）	201（12）	
324	甲基对氧磷	Paraoxon - methyl	19.83	230（100）	247（93）	200（40）	
325	庚酰草胺	Monalide	20.02	197（100）	199（31）	239（45）	
326	西藏麝香	Musk tibeten	20.40	251（100）	266（25）	252（14）	
327	碳氯灵	Isobenzan	20.55	311（100）	375（31）	412（7）	
328	八氯苯烯	Octachlorostyrene	20.60	380（100）	343（94）	308（120）	
329	嘧啶磷	Pyrimitate	20.59	305（100）	153（116）	180（49）	
330	异艾氏剂	Isodrin	21.01	193（100）	263（46）	195（83）	
331	丁嗪草酮	Isomethiozin	21.06	225（100）	198（86）	184（13）	
332	毒壤磷	Trichloronat	21.10	297（100）	269（86）	196（16）	
333	敌草索	Dacthal	21.25	301（100）	332（31）	221（16）	
334	4，4 - 二氯二苯甲酮	4，4 - dichlorobenzophenone	21.29	250（100）	252（62）	215（26）	
335	酞菌酯	Nitrothal - isopropyl	21.69	236（100）	254（54）	212（74）	
336	麝香酮	Musk ketone	21.70	279（100）	294（28）	128（16）	
337	吡咪唑	Rabenzazole	21.73	212（100）	170（26）	195（19）	
338	嘧菌环胺	Cyprodinil	21.94	224（100）	225（62）	210（9）	

（续表）

序号	中文名称	英文名称	保留时间/min	定量离子	定性离子 1	定性离子 2	定性离子 3
339	麦穗宁	Fuberidazole	22. 10	184（100）	155（21）	129（12）	
340	异氯磷	Dicapthon	22. 44	262（100）	263（10）	216（10）	
341	2，2’，4，5，5’－五氯联苯	DE－PCB 101	22. 62	326（100）	254（66）	291（18）	
342	2－甲－4－氯丁氧乙基酯	MCPA－butoxyethyl ester	22. 61	300（100）	200（71）	182（41）	
343	水胺硫磷	Isocarbophos	22. 87	136（100）	230（26）	289（22）	
344	甲拌磷砜	Phorate sulfone	23. 15	199（100）	171（30）	215（11）	
345	杀螨醇	Chlorfenethol	23. 29	251（100）	253（66）	266（12）	
346	反式九氯	Trans－nonachlor	23. 62	409（100）	407（89）	411（63）	
347	脱叶磷	DEF	24. 08	202（100）	226（51）	258（55）	
348	氟咯草酮	Flurochloridone	24. 31	311（100）	187（74）	313（66）	
349	溴苯烯磷	Bromfenvinfos	24. 62	267（100）	323（56）	295（18）	
350	乙滴涕	Perthane	24. 81	223（100）	224（20）	178（9）	
351	2，3，4，4’，5－五氯联苯	DE－PCB 118	25. 08	326（100）	254（38）	184（16）	
352	4，4－二溴二苯甲酮	4，4－dibromobenzophenone	25. 30	340（100）	259（30）	185（179）	
353	粉唑醇	Flutriafol	25. 31	219（100）	164（96）	201（7）	
354	地胺磷	Mephosfolan	25. 29	196（100）	227（49）	168（60）	
355	乙基杀扑磷	Athidathion	25. 63	145（100）	330（1）	129（12）	
356	2，2’，4，4’，5，5’－六氯联苯	DE－PCB 153	25. 64	360（100）	290（62）	218（24）	
357	苄氯三唑醇	Diclobutrazole	25. 95	270（100）	272（68）	159（42）	
358	乙拌磷砜	Disulfoton sulfone	26. 16	213（100）	229（4）	185（11）	
359	噻螨酮	Hexythiazox	26. 48	227（100）	156（158）	184（93）	
360	2，2’，3，4，4’，5－六氯联苯	DE－PCB 138	26. 84	360（100）	290（68）	218（26）	
361	威菌磷	Triamiphos	27. 02	160（100）	294（28）	251（16）	
362	苄呋菊酯－1	Resmethrin－1	27. 26	171（100）	143（83）	338（7）	
363	环菌唑	Cyproconazole	27. 23	222（100）	224（35）	223（11）	
364	苄呋菊酯－2	Resmethrin－2	27. 43	171（100）	143（80）	338（7）	
365	酞酸苯甲基丁酯	Phthalic acid，benzyl butyl ester	27. 56	206（100）	312（4）	230（1）	

（续表）

序号	中文名称	英文名称	保留时间/min	定量离子	定性离子 1	定性离子 2	定性离子 3
366	炔草酸	Clodinafop - propar gyl	27. 74	349（100）	238（96）	266（83）	
367	倍硫磷亚砜	Fenthion sulfoxide	28. 06	278（100）	279（290）	294（145）	
368	三氟苯唑	Fluotrimazole	28. 39	311（100）	379（（60）	233（36）	
369	氟草烟 - 1 - 甲庚酯	Fluroxypr - 1 - methylheptyl ester	28. 45	366（100）	254（67）	237（60）	
370	倍硫磷砜	Fenthion sulfone	28. 55	310（100）	136（25）	231（10）	
371	三苯基磷酸盐	Triphenyl phosphate	28. 65	326（100）	233（16）	215（20）	
372	苯嗪草酮	Metamitron	28. 63	202（100）	174（52）	186（12）	
373	2，2’，3，4，4’，5，5’ - 七氯联苯	DE - PCB 180	29. 05	394（100）	324（70）	359（20）	
374	吡螨胺	Tebufenpyrad	29. 06	318（100）	333（78）	276（44）	
375	解草酯	Cloquintocet - mexyl	29. 32	192（100）	194（32）	220（4）	
376	环草定	Lenacil	29. 70	153（100）	136（6）	234（2）	
377	糠菌唑 - 1	Bromuconazole - 1	29. 90	173（100）	175（65）	214（15）	
378	脱溴溴苯磷	Desbrom - leptophos	30. 15	377（100）	171（97）	375（72）	
379	糠菌唑 - 2	Bromuconazole - 2	30. 72	173（100）	175（67）	214（14）	
380	甲磺乐灵	Nitralin	30. 92	316（100）	274（58）	300（15）	
381	苯线磷亚砜	Fenamiphos sulfoxide	31. 03	304（100）	319（29）	196（22）	
382	苯线磷砜	Fenamiphos sulfone	31. 34	320（100）	292（57）	335（7）	
383	拌种咯	Fenpiclonil	32. 37	236（100）	238（66）	174（36）	
384	氟喹唑	Fluquinconazole	32. 62	340（100）	342（37）	341（20）	
385	腈苯唑	Fenbuconazole	34. 02	129（100）	198（51）	125（31）	
			E 组				
386	残杀威 - 1	Propoxur - 1	6. 58	110（100）	152（16）	111（9）	
387	异丙威 - 1	Isoprocarb - 1	7. 56	121（100）	136（34）	103（20）	
388	二氢苊	Acenaphthene	10. 79	164（100）	162（84）	160（38）	
389	驱虫特	Dibutyl succinate	12. 20	101（100）	157（19）	175（5）	
390	邻苯二甲酰亚胺	Phthalimide	13. 21	147（100）	104（61）	103（35）	
391	氯氧磷	Chlorethoxyfos	13. 43	153（100）	125（67）	301（19）	
392	异丙威 - 2	Isoprocarb - 2	13. 69	121（100）	136（34）	103（20）	
393	戊菌隆	Pencycuron	14. 30	125（100）	180（65）	209（20）	
394	丁噻隆	Tebuthiuron	14. 25	156（100）	171（30）	157（9）	
395	甲基内吸磷	demeton - S - methyl	15. 19	109（100）	142（43）	230（5）	
396	硫线磷	Cadusafos	15. 13	159（100）	213（14）	270（12）	

（续表）

序号	中文名称	英文名称	保留时间/min	定量离子	定性离子 1	定性离子 2	定性离子 3
397	残杀威－2	Propoxur－2	15.48	110（100）	152（19）	111（8）	
398		Phenanthrene	16.97	188（100）	160（9）	189（16）	
399	螺环菌胺－1	Spiroxa mine －1	17.26	100（100）	126（7）	198（5）	
400	唑螨酯	Fenpyroximate	17.49	213（100）	142（21）	198（9）	
401	丁基嘧啶磷	Tebupirimfos	17.61	318（100）	261（107）	234（100）	
402	茉莉酮	prohydrojasmon	17.80	153（100）	184（41）	254（7）	
403	苯锈啶	Fenpropidin	17.85	98（100）	273（5）	145（5）	
404	氯硝胺	Dichloran	18.10	176（100）	206（87）	124（101）	
405	咯喹酮	Pyroquilon	18.28	173（100）	130（69）	144（38）	
406	螺环菌胺－2	Spiroxa mine －2	18.23	100（100）	126（5）	198（5）	
407	炔苯酰草胺	Propyzamide	19.01	173（100）	255（23）	240（9）	
408	抗蚜威	Pirimicarb	19.08	166（100）	238（23）	138（8）	
409	磷胺－1	Phosphamidon －1	19.66	264（100）	138（62）	227（25）	
410	解草嗪	Benoxacor	19.62	120（100）	259（38）	176（19）	
411	溴丁酰草胺	Bromobutide	19.70	119（100）	232（27）	296（6）	
412	乙草胺	Acetochlor	19.84	146（100）	162（59）	223（59）	
413	灭草环	Tridiphane	19.90	173（100）	187（90）	219（46）	
414	特草灵	Terbucarb	20.06	205（100）	220（52）	206（16）	
415	戊草丹	Esprocarb	20.01	222（100）	265（10）	162（61）	
416	甲呋酰胺	Fenfuram	20.35	109（100）	201（29）	202（5）	
417	活化酯	Acibenzolar－S－Methyl	20.42	182（100）	135（64）	153（34）	
418	呋草黄	Benfuresate	20.68	163（100）	256（17）	121（18）	
419	氟硫草定	Dithiopyr	20.78	354（100）	306（72）	286（74）	
420	精甲霜灵	Mefenoxam	20.91	206（100）	249（46）	279（11）	
421	马拉氧磷	Malaoxon	21.17	127（100）	268（11）	195（15）	
422	磷胺－2	Phosphamidon －2	21.36	264（100）	138（54）	227（17）	
423	硅氟唑	Simeconazole	21.41	121（100）	278（14）	211（34）	
424	氯酞酸甲酯	Chlorthal－dimethyl	21.39	301（100）	332（27）	221（17）	
425	噻唑烟酸	Thiazopyr	21.91	327（100）	363（73）	381（34）	
426	甲基毒虫畏	Dimethylvinphos	22.21	295（100）	297（56）	109（74）	
427	仲丁灵	Butralin	22.24	266（100）	224（16）	295（60）	
428	苯酰草胺	Zoxamide	22.30	187（100）	242（68）	299（9）	
429	啶斑肟－1	Pyrifenox －1	22.50	262（100）	294（15）	227（15）	
430	烯丙菊酯	Allethrin	22.60	123（100）	107（24）	136（20）	

（续表）

序号	中文名称	英文名称	保留时间/min	定量离子	定性离子1	定性离子2	定性离子3
431	异戊乙净	Dimethametryn	22.83	212（100）	255（9）	240（5）	
432	灭藻醌	Quinocla mine	22.89	207（100）	172（259）	144（64）	
433	甲醚菊酯-1	Methothrin-1	22.92	123（100）	135（89）	104（41）	
434	氟噻草胺	Flufenacet	23.09	151（100）	211（61）	363（6）	
435	甲醚菊酯-2	Methothrin-2	23.19	123（100）	135（73）	104（12）	
436	啶斑肟-2	Pyrifenox -2	23.50	262（100）	294（17）	227（16）	
437	氰菌胺	Fenoxanil	23.58	140（100）	189（14）	301（6）	
438	四氯苯酞	Phthalide	23.51	243（100）	272（28）	215（20）	
439	呋霜灵	Furalaxyl	23.97	242（100）	301（24）	152（40）	
440	嘧菌胺	Mepanipyrim	24.29	222（100）	223（53）	221（9）	
441	除草定	Bromacil	24.73	205（100）	207（46）	231（5）	
442		Picoxystrobin	24.97	335（100）	303（43）	367（9）	
443	抑草磷	Butamifos	25.41	286（100）	200（57）	232（37）	
444	咪草酸	Imazamethabenz-methyl	25.50	144（100）	187（117）	256（95）	
445	苯氧菌胺-1	Meto minostrobin-1	25.61	191（100）	238（56）	196（75）	
446	苯噻硫氰	TCMTB	25.59	180（100）	238（108）	136（30）	
447	甲硫威砜	Methiocarb Sulfone	25.56	200（100）	185（40）	137（16）	
448	抑霉唑	Imazalil	25.72	215（100）	173（66）	296（5）	
449	稻瘟灵	Isoprothiolane	25.87	290（100）	231（82）	204（88）	
450	环氟菌胺	Cyflufenamid	26.02	91（100）	412（11）	294（11）	
451	嘧草醚	Pyri minobac-Methyl	26.34	302（100）	330（107）	361（86）	
452	噁唑磷	Isoxathion	26.51	313（100）	105（341）	177（208）	
453	苯氧菌胺-2	Meto minostrobin-2	26.76	196（100）	191（36）	238（89）	
454	苯虫醚-1	Diofenolan -1	26.81	186（100）	300（57）	225（25）	
455	苯虫醚-2	Diofenolan -2	27.14	186（100）	300（58）	225（31）	
456	苯氧喹啉	Quinoxyphen	27.14	237（100）	272（37）	307（29）	
457	溴虫腈	Chlorfenapyr	27.60	247（100）	328（47）	408（42）	
458	肟菌酯	Trifloxystrobin	27.71	116（100）	131（40）	222（30）	
459	脱苯甲基亚胺唑	Imibenconazole-des-benzyl	27.86	235（100）	270（35）	272（35）	
460	双苯噁唑酸	Isoxadifen-Ethyl	27.90	204（100）	222（76）	294（44）	
461	氟虫腈	Fipronil	28.34	367（100）	369（69）	351（15）	
462	炔咪菊酯-1	Imiprothrin-1	28.31	123（100）	151（55）	107（54）	
463	唑酮草酯	Carfentrazone-Ethyl	28.29	312（100）	340（135）	376（32）	
464	炔咪菊酯-2	Imiprothrin-2	28.50	123（100）	151（21）	107（17）	
465	氟环唑-1	Epoxiconazole -1	28.58	192（100）	183（24）	138（35）	

（续表）

序号	中文名称	英文名称	保留时间/min	定量离子	定性离子 1	定性离子 2	定性离子 3
466	吡草醚	Pyraflufen Ethyl	28. 91	412 （100）	349 （41）	339 （34）	
467	稗草丹	Pyributicarb	28. 87	165 （100）	181 （23）	108 （64）	
468	噻吩草胺	Thenylchlor	29. 12	127 （100）	288 （25）	141 （17）	
469	烯草酮	Clethodim	29. 21	164 （100）	205 （50）	267 （15）	
470	吡唑解草酯	Mefenpyr – diethyl	29. 55	227 （100）	299 （131）	372 （18）	
471	伐灭磷	Famphur	29. 80	218 （100）	125 （27）	217 （22）	
472	乙螨唑	Etoxazole	29. 64	300 （100）	330 （69）	359 （65）	
473	吡丙醚	Pyriproxyfen	30. 06	136 （100）	226 （8）	185 （10）	
474	氟环唑 – 2	Epoxiconazole – 2	29. 73	192 （100）	183 （13）	138 （30）	
475	氟吡酰草胺	Picolinafen	30. 27	238 （100）	376 （77）	266 （11）	
476	异菌脲	Iprodione	30. 24	187 （100）	244 （65）	246 （42）	
477	哌草磷	Piperophos	30. 42	320 （100）	140 （123）	122 （114）	
478	呋酰胺	Ofurace	30. 36	160 （100）	232 （83）	204 （35）	
479	联苯肼酯	Bifenazate	30. 38	300 （100）	258 （99）	199 （100）	
480	异狄氏剂酮	Endrin ketone	30. 45	317 （100）	250 （31）	281 （58）	
481	氯甲酰草胺	Clomeprop	30. 48	290 （100）	288 （279）	148 （206）	
482	咪唑菌酮	Fenamidone	30. 66	268 （100）	238 （111）	206 （32）	
483	萘丙胺	Naproanilide	31. 89	291 （100）	171 （96）	144 （100）	
484	吡唑醚菊酯	Pyraclostrobin	31. 98	132 （100）	325 （14）	283 （21）	
485	乳氟禾草灵	Lactofen	32. 06	442 （100）	461 （25）	346 （12）	
486	三甲苯草酮	Tralkoxydim	32. 14	283 （100）	226 （7）	268 （8）	
487	吡唑硫磷	Pyraclofos	32. 18	360 （100）	194 （79）	362 （38）	
488	氯亚胺硫磷	Dialifos	32. 27	186 （100）	357 （143）	210 （397）	
489	螺螨酯	Spirodiclofen	32. 50	312 （100）	259 （48）	277 （28）	
490	苄螨醚	Halfenprox	32. 62	263 （100）	237 （6）	476 （5）	
491	呋草酮	Flurtamone	32. 78	333 （100）	199 （63）	247 （25）	
492	环酯草醚	Pyriftalid	32. 94	318 （100）	274 （71）	303 （44）	
493	氟硅菊酯	Silafluofen	33. 18	287 （100）	286 （274）	258 （289）	
494	嘧螨醚	Pyrimidifen	33. 63	184 （100）	186 （32）	185 （10）	
495	氟丙嘧草酯	Butafenacil	33. 85	331 （100）	333 （34）	180 （35）	
496	苯酮唑	Cafenstrole	34. 36	100 （100）	188 （69）	119 （25）	
497	氟啶草酮	Fluridone	37. 61	328 （100）	329 （100）	330 （100）	

附　录　C
（资料性附录）
A、B、C、D、E 五组农药及相关化学品选择离子监测分组表

C.1　A、B、C、D、E 五组农药及相关化学品选择离子监测分组表见表 C.1。

表 C.1

序号	时间（min）	离子（amu）	驻留时间（ms）
		A 组	
1	8.30	138，158，173	200
2	9.60	124，140，166，172，183，211	90
3	10.50	121，154，234	200
4	10.75	120，137，179	200
5	11.70	154，186，215	200
6	14.40	167，168，169	200
7	14.90	121，142，143，153，183，195，196，198，230，231，260，276，292，316	30
8	16.20	88，125，246	200
9	16.70	137，138，145，172，174，179，187，202，204，205，237，246，249，295，304	30
10	17.80	138，173，175，181，186，194，196，201，210，225，236，255，277，292	30
11	18.80	150，165，173，175，222，223，251，255，279	50
12	19.20	125，143，229，261，263，265，293，305，307，329	50
13	19.80	125，261，263，265，285，287，293，305，307，329	50
14	20.10	170，181，184，198，200，206，212，217，219，226，227，233，234，241，246，249，254，258，263，264，266，268，285，286，314	10
15	21.40	143，152，153，158，169，173，180，181，208，217，219，220，247，254，256，260，275，277，278，351，353，355	10
16	22.30	61，143，160，162，181，186，208，210，220，235，248，252，263，268，270，291，351，353，355	20
17	23.00	133，143，146，157，209，211，246，268，270，274，298，303，320，357，359，373，375，377	20
18	23.70	72，104，133，145，152，157，160，162，209，211，215，253，255，260，263，267，274，277，283，285，297，302，309，345，380	10
19	24.80	128，145，154，157，171，175，198，217，225，240，255，258，271，283，285，288，302，303	20
20	25.50	154，185，217，252，253，254，288，303，319，324，334	50
21	26.00	87，139，143，145，165，173，199，208，231，235，237，251，253，273，316，323，384	20

（续表）

序号	时间（min）	离子（amu）	驻留时间（ms）
22	26.80	145，150，156，165，173，179，199，231，235，237，245，247，280，288，322，323，384	20
23	27.90	165，166，173，181，253，259，261，281，292，293，308，342	40
24	28.60	118，160，165，166，181，203，212，227，228，231，235，237，272，274，314，323	30
25	29.30	135，163，164，212，227，228，232，233，250，252，278	40
26	30.00	102，145，159，160，161，188，199，227，303，317，340，356	40
27	31.00	175，183，184，220，221，223，232，250，255，267，373	40
28	33.00	127，180，181	200
29	34.40	167，181，225，419	150
30	35.70	172，174，181	200
B组			
1	7.80	128，132，189	200
2	8.80	146，156，217	200
3	9.70	128，136，161，171，173，203	90
4	10.70	127，164，192，194，196，198	90
5	11.70	191，193，206	200
6	13.40	124，203，215，250，261	100
7	14.40	158，168，200，242，282，284，286	80
8	14.70	116，120，128，148，153，171，176，188，202，211，213，234，236，238，264，266，282，284，286，306，322，335	10
9	16.00	116，148，183，188，219，221，254	80
10	16.80	153，186，231，288	150
11	17.10	153，160，164，169，172，173，176，197，206，210，214，223，225，229，270，318，330，347	20
12	18.20	61，126，160，173，176，206，214，229	60
13	18.70	126，127，134，148，164，171，172，180，192，197，198，210，213，223，243，286，288，305，307	20
14	19.90	134，171，188，197，198，210，213，237，269，276，290，305	40
15	20.60	100，185，211，226，241，253，257，259，378	50
16	21.20	73，139，141，153，161，162，167，185，191，207，213，224，226，237，238，240，250，251，286，304，318，329，331，333，351，353，355，387	10
17	22.00	161，167，207，222，224，226，238，264，280，286，351，353，355	40

（续表）

序号	时间（min）	离子（amu）	驻留时间（ms）
18	22.70	161，163，170，171，182，185，205，213，217，241，255，256，265，267，269，276，323，339	20
19	23.40	137，160，176，188，238，240，246，248，259，267，269，316，318，323，331，373，375，377	20
20	23.90	61，160，166，176，188，193，194，246，248，250，259，292，294，297，316，318，329，331，333，339，374，377，379	20
21	24.90	61，105，165，167，172，175，177，187，199，214，231，235，236，237，238，256，263，292，294，297，302，305，311，313，317，339，345，374	10
22	25.60	77，105，139，141，165，169，171，199，202，213，223，235，237，251，252，253，256，271，276，283，297，300，325，360，361	10
23	26.70	105，157，165，195，199，235，237，246，276，297，325，339，342，360，363	30
24	27.60	148，157，161，169，172，173，201，206，257，303，310，325	40
25	28.90	89，99，126，127，157，161，169，172，181，183，257，260，265，272，292，303，339，341，349，365，387，389	10
26	29.80	79，181，183，265，311，349	90
27	30.00	128，157，169，171，189，252，310，323，341，375，377，379	40
28	31.20	132，139，154，160，161，182，189，251，310，330，341，367	40
29	32.90	180，199，206，226，266，308，334，362，364	50
30	34.00	181，250，252	200
C 组			
1	7.30	109，185，220	200
2	8.70	152，153，154	200
3	9.30	58，128，129，146，188，203	90
4	11.20	126，161，163	200
5	11.75	125，126，141，158，169，170，187，208，240	50
6	13.50	122，123，124，151，215，250	90
7	14.70	107，121，150，264，276，292	90
8	16.00	174，202，217	200
9	16.50	126，141，143，156，168，176，198，199，200，210，225，268，270，277，279	30
10	17.60	88，173，183，186，200，215，219，254，274	50
11	18.40	104，130，159，161，204，237，246，257，272，285，288，313，337	40
12	18.90	128，129，161，163，165，175，204，217，242，246，257，264，285，288，303，306，313，326，335	20
13	19.80	73，89，146，162，185，212，223，227，250，265，267	50

（续表）

序号	时间（min）	离子（amu）	驻留时间（ms）
14	20.30	61，144，146，162，170，185，198，199，212，213，223，227，258	40
15	20.70	61，103，118，144，170，181，198，199，210，217，219，222，240，254，255	30
16	21.35	108，117，151，160，161，170，219，221，224，225，257，267，351，353，355	30
17	22.20	107，108，119，123，136，145，176，219，221，246，248，263，318，351，353，355	20
18	22.70	77，141，165，167，174，176，206，234，239，246，248，267，268，297，299，318	20
19	23.20	105，123，134，161，248，250，267，297，299	50
20	23.50	131，143，157，161，171，220，248，250，262，296，304，329，336，338，404	30
21	24.30	112，130，162，168，238，262	90
22	25.10	112，116，130，131，162，168，206，233，234，235，238，262	40
23	25.30	254，282，321，323，356，383	90
24	26.00	131，152，206，233，234，236，251，253，315	50
25	26.90	149，162，176，177，190，232，268，270，328	50
26	27.90	105，119，120，135，140，173，266，267，269，350，394	50
27	28.80	105，117，123，140，145，160，183，266，267，350，394	50
28	29.00	117，123，127，145，154，160，183，248，350	50
29	29.60	116，178，186，191，219，255	90
30	30.30	132，162，178，184，219，226，281，293，334	50
31	31.10	120，136，141，147，181，183，184，192，197，247，255，289，309，364	30
32	32.00	112，141，147，170，183，184，255，309，364，428，447，449	40
33	32.60	112，141，163，170，183，376，428，447，449	50
34	33.10	163，165，178，181，251，279	90
35	33.80	157，199，451	200
36	34.70	181，225，250，252，419	100
37	35.40	259，265，287，323，325，354	90
38	36.40	308，318，423	200
D组			
1	5.50	110，153，154	200
2	8.00	153，184，212	200
3	11.00	139，155，211，215，250，252	90
4	13.00	142，156，165，171，196，197，200，201，202	50
5	14.00	143，155，158，167，192，203，211，220，229，231，246	40

（续表）

序号	时间（min）	离子（amu）	驻留时间（ms）
6	15.00	106，142，190，237，265，280	90
7	16.00	108，136，145，158，164，171，173，182，186，196，197，201，211，216，213，288	20
8	17.20	161，174，177，197，200，202，214，229，246，357，359，394	40
9	17.90	89，114，128，172，173，174，175，186，189，198，223，229，230，231，233，253，256，258，263，265，268，277，282，292，297	10
10	19.20	142，143，154，157，162，184，185，199，200，201，202，203，214，220，229，230，247，251，252，255，263，264，270，278，285，287，292	10
11	20.00	153，180，197，199，200，201，202，230，239，247，251，252，266，305，308，311，343，375，380，412	15
12	21.00	115，184，193，195，196，198，215，221，225，250，252，263，269，276，285，297，301，332	20
13	21.60	128，170，194，195，210，212，224，225，236，254，279，294	40
14	22.10	129，155，182，184，200，201，210，212，216，224，225，229，230，254，262，263，291，300，314，326，351，353，355	10
15	23.00	136，171，199，215，230，251，253，266，289，407，409，411	40
16	23.90	130，148，178，187，202，211，223，224，226，240，258，267，295，299，311，313，323	20
17	25.00	129，130，145，148，164，168，184，185，196，201，218，219，227，254，259，290，299，326，330，340，360	15
18	26.00	156，159，184，185，213，218，227，229，270，272，290，360	40
19	27.10	143，160，171，206，222，223，224，230，238，251，266，294，312，338，349	30
20	28.00	136，174，186，202，215，231，233，237，254，278，279，294，310，311，326，366，379	20
21	29.00	136，153，192，194，220，234，276，318，324，333，359，394	40
22	30.00	160，161，171，173，175，214，317，375，377	50
23	30.80	173，175，196，213，230，274，292，300，304，316，319，320，335，373	30
24	32.40	147，236，238，340，341，342	90
25	34.00	125，129，198	200
		E 组	
1	5.50	110，111，152	200
2	7.00	103，107，121，122，136	100
3	9.00	94，95，141	200
4	10.40	160，162，164，205，206，220	100
5	12.00	101，157，175	200

（续表）

序号	时间（min）	离子（amu）	驻留时间（ms）
6	12.90	103，104，121，125，130，136，147，153，301	60
7	13.90	125，156，157，171，180，209	100
8	14.80	109，110，111，142，145，152，159，185，213，230，370	50
9	16.80	98，100，126，142，145，153，160，184，187，188，189，198，213，232，234，254，261，273，318	30
10	17.95	98，100，124，126，130，144，145，173，176，177，187，198，206，213，225，232，240，273	30
11	18.70	138，166，173，238，240，255	100
12	19.20	109，119，120，135，138，146，153，162，173，176，182，187，201，202，205，206，219，220，222，223，227，232，259，264，265，296	20
13	20.30	109，121，127，135，153，163，182，195，201，202，206，249，256，268，279，286，306，354	30
14	20.90	121，127，138，195，206，211，221，227，249，264，268，278，279，301，327，332，363，381	30
15	21.95	109，187，224，242，266，295，297，299，351，353，355	50
16	22.30	104，107，123，135，136，144，151，172，187，209，211，212，227，240，242，255，262，294，299，363	35
17	23.30	140，152，189，215，227，272，243，262，272	50
18	24.00	112，128，149，168，182，205，207，212，221，222，223，231，236，247，264，303，335，367	30
19	25.00	91，112，128，136，137，144，168，173，180，185，187，191，196，200，204，215，231，232，238，256，286，290，294，296，412	20
20	26.05	105，125，157，177，186，191，196，225，238，300，302，313，314，330，361	40
21	26.90	116，131，186，194，204，222，225，235，237，247，270，272，294，300，307，328，351，367，369，408，447，449	30
22	28.00	107，123，138，151，183，192，235，260，270，272，295，312，327，340，351，367，369，376	30
23	28.60	108，127，141，164，165，181，205，267，288，339，349，412	50
24	29.20	120，125，136，137，138，164，183，185，187，192，205，206，217，218，226，227，236，240，244，246，249，299，300，330，359，372，	20
25	30.05	122，136，140，148，160，185，187，199，204，206，214，226，229，232，238，244，246，250，258，266，268，285，288，290，300，317，319，320，376	20
26	31.60	111，132，137，144，171，186，194，199，210，226，237，247，259，263，268，274，277，291，303，312，318，325，333，346，357，360，362，442，461，476	20
27	33.00	126，152，166，180，184，185，186，258，286，287，331，333	50
28	34.00	100，119，188	200
29	37.00	328，329，330	200

附　录　D

（资料性附录）

标准物质在蜜蜂基质中选择离子监测 GC－MS 图

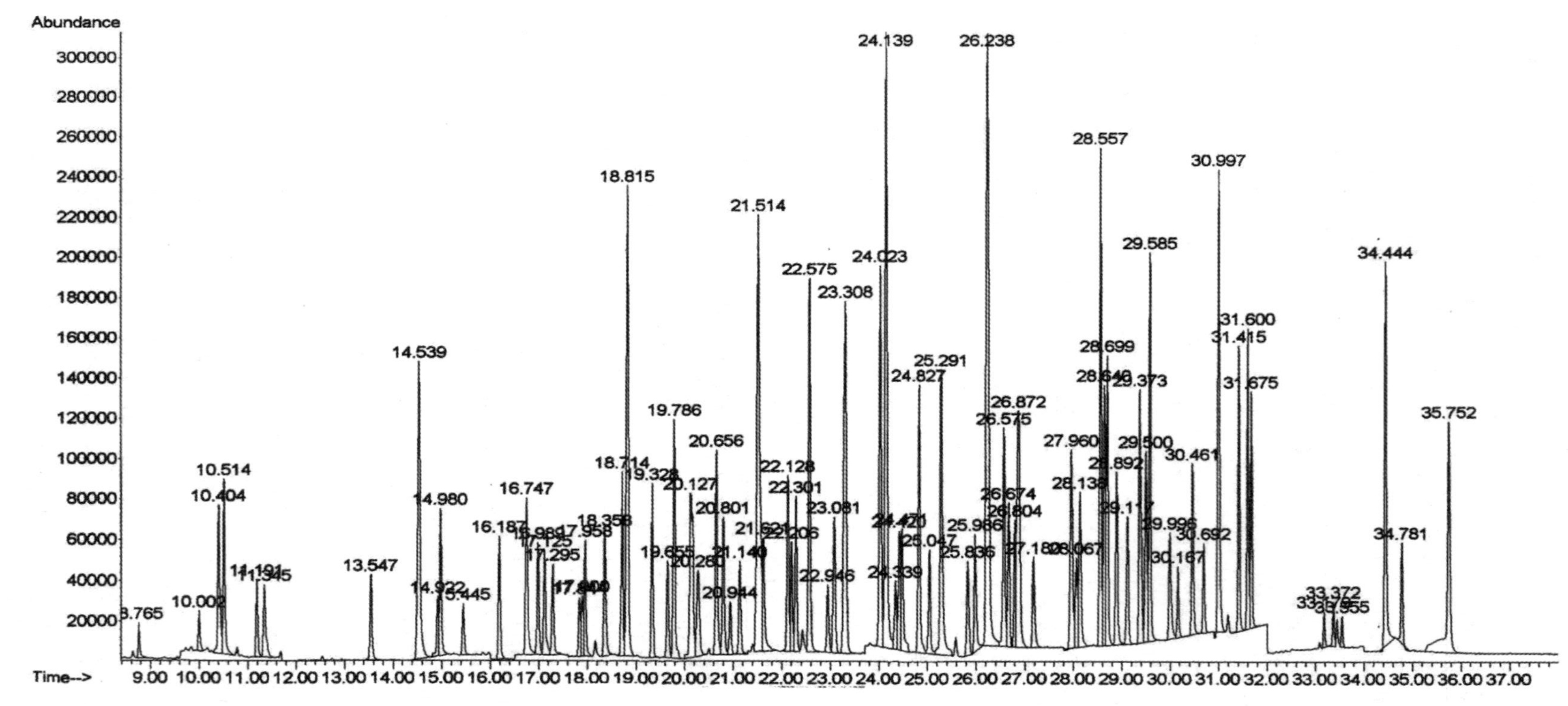

农药及相关化学品名称见附录 A 序号 1～95

图 D.1　A 组标准物质在蜂蜜基质中选择离子监测 GC－MS 图

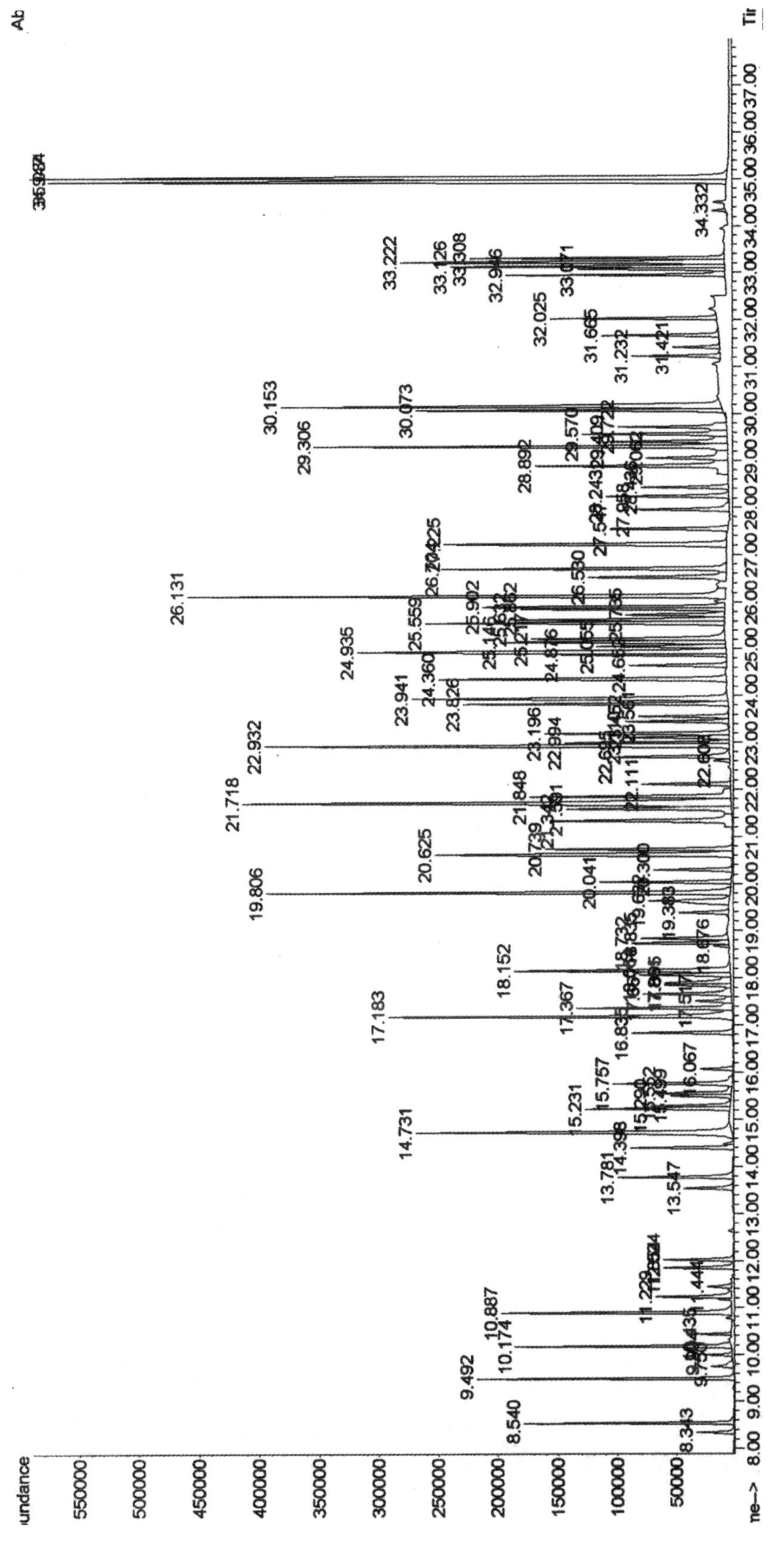

农药及相关化学品名称见附录 A 序号 96～196

图 D.2　B 组标准物质在蜂蜜基质中选择离子监测 GC－MS 图

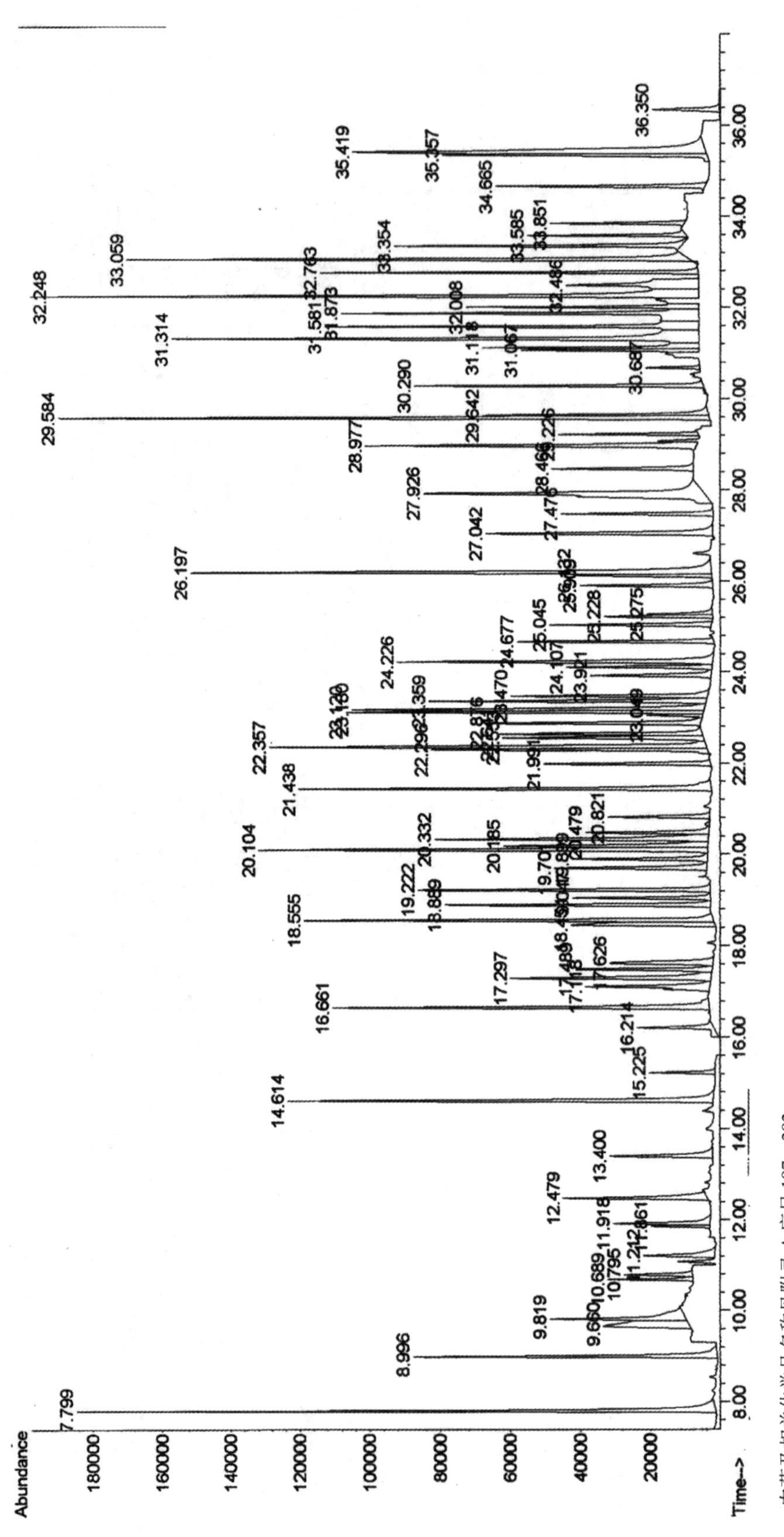

图 D.3 C组标准物质在蜂蜜基质中选择离子监测 GC－MS 图

农药及相关化学品名称见附录 A 序号 197～282

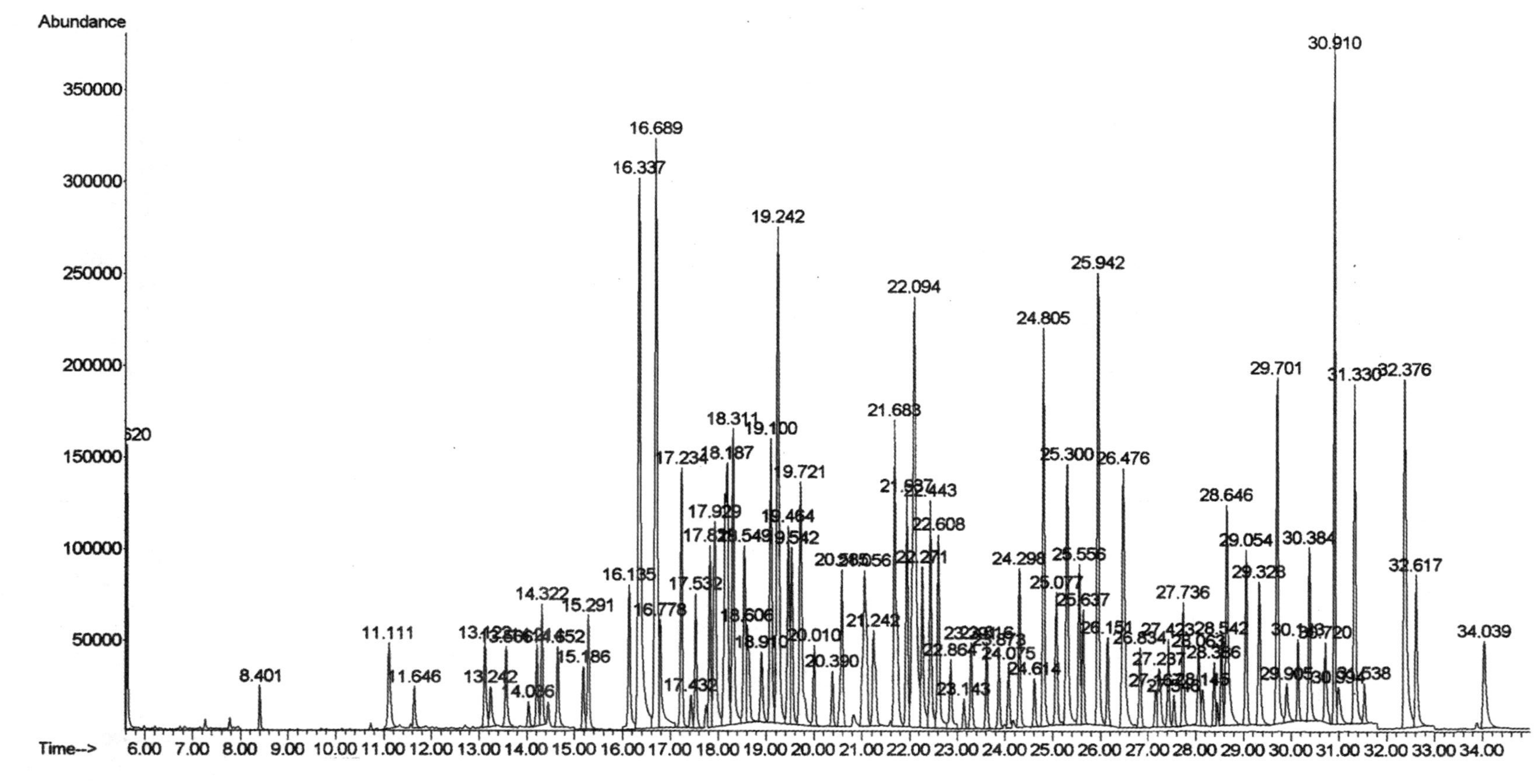

农药及相关化学品名称见附录 A 序号 283～385

图 D.4　D 组标准物质在蜂蜜基质中选择离子监测 GC－MS 图

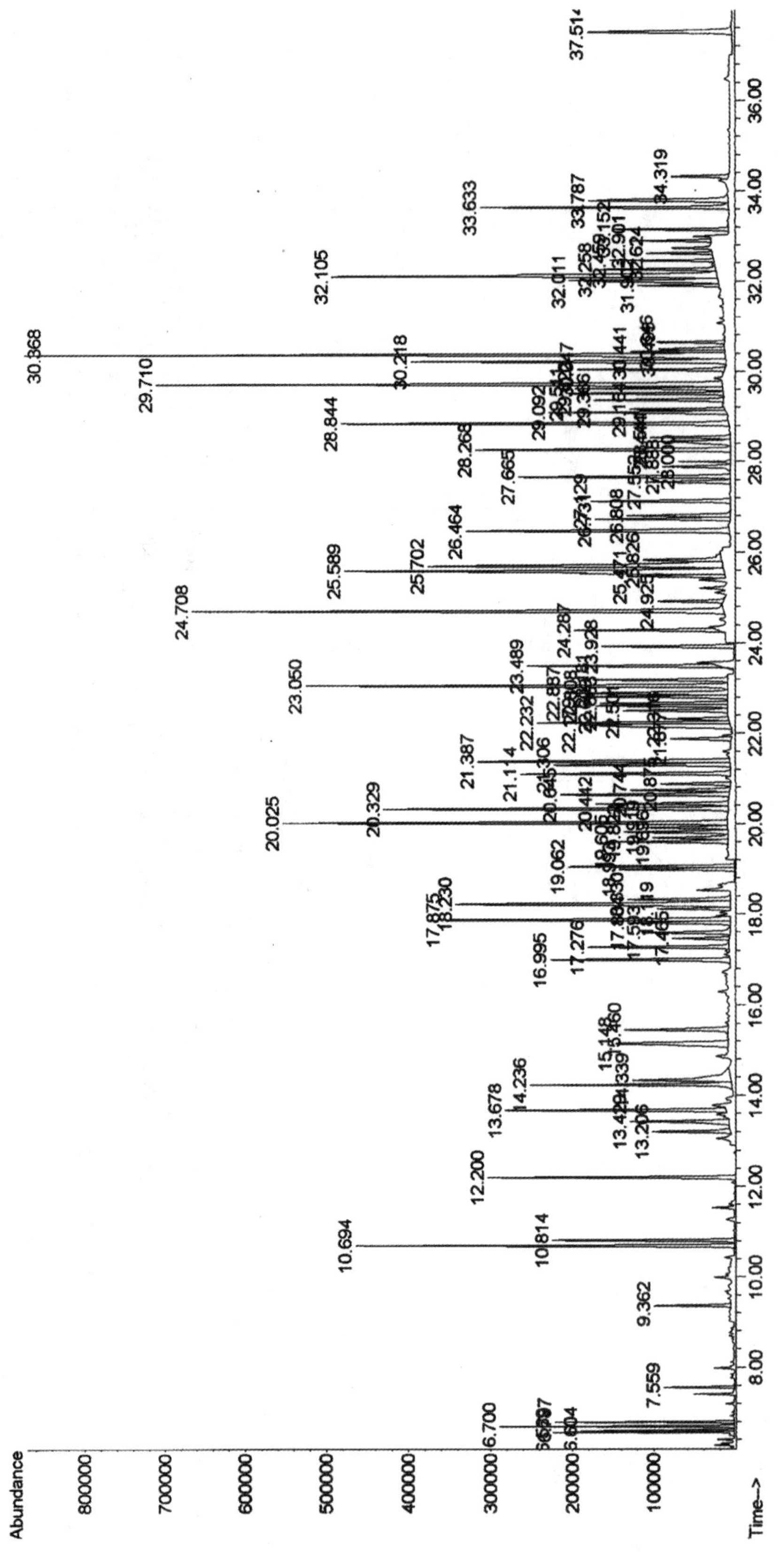

农药及相关化学品名称见附录 A 序号 386 ~ 497

图 D.5　E 组标准物质在蜂蜜基质中选择离子监测 GC－MS 图

附　录　E

（规范性附录）

实验实内重复性要求

表 E.1　　实验室内重复性要求

被测组分含量 mg/kg	精密度%
≤0.001	36
>0.001≤0.01	32
>0.01≤0.1	22
>0.1≤1	18
>1	14

附　录　F

（规范性附录）

实验室间再现性要求

表 F.1　　实验室间再现性要求

被测组分含量 mg/kg	精密度%
≤0.001	54
>0.001≤0.01	46
>0.01≤0.1	34
>0.1≤1	25
>1	19

附录 G
（资料性附录 G）
样品的添加浓度及回收率的实验数据

表 G.1 蜂蜜样品中 307 种农药的添加浓度及回收率实验数据

单位：%

序号	农药名称	低水平添加			中水平添加			高水平添加		
		1 倍 LOQ			2 倍 LOQ			5 倍 LOQ		
		洋槐蜜	油菜蜜	椴树蜜	荆条蜜	葵花蜜	老瓜头蜜	荞麦蜜	紫云英蜜	桂花蜜
1	Allidochlor	85.9	89.5	79.4	76.4	87.2	84.5	53.5	62.6	62.2
2	Dichlormid	79.0	未添加	未添加	未添加	未添加	未添加	未添加	未添加	未添加
3	Etridiazol	74.8	63.9	74.1	71.0	74.4	73.9	54.0	65.2	65.9
4	Chlormephos	83.1	83.5	97.2	73.2	76.5	74.0	46.4	55.9	54.2
5	Propham	120.2	121.4	85.9	91.1	88.7	87.9	56.4	66.1	62.4
6	Cycloate	94.4	83.2	82.2	76.6	78.3	70.0	50.6	58.9	57.2
7	Diphenylamin	92.0	113.6	94.0	75.6	79.8	74.0	53.7	58.1	56.1
8	Ethalfluralin	76.9	58.0	83.7	66.2	78.8	71.4	49.0	73.9	77.4
9	Phorate	93.0	0*	90.6	79.9	83.3	70.3	53.4	65.4	64.0
10	Thiometon	87.5	82.6	70.1	66.7	78.5	59.0	45.1	61.2	52.3
11	Quintozene	80.7	0*	79.9	80.3	87.4	76.7	63.6	77.7	77.1
12	Atrazine – Desethyl	85.5	94.4	80.1	81.3	92.3	88.9	31.2	60.8	51.9
13	Clomazone	102.5	90.1	88.6	79.2	87.3	82.3	53.4	61.3	60.1
14	Diazinon	97.1	87.5	83.3	81.1	85.1	73.0	53.1	64.1	63.6
15	Fonofos	95.1	85.8	83.6	79.3	81.1	71.6	52.4	61.8	61.1
16	Dicrotophos	未添加	未添加	未添加	未添加	未添加	未添加	未添加	未添加	未添加
17	Etrimfos	98.0	88.5	84.1	82.6	86.9	76.9	53.9	66.0	65.5
18	Simazine	未添加	未添加	未添加	未添加	未添加	未添加	未添加	未添加	未添加

（续表）

序号	农药名称	低水平添加			中水平添加			高水平添加		
		1 倍 LOQ			2 倍 LOQ			5 倍 LOQ		
		洋槐蜜	油菜蜜	椴树蜜	荆条蜜	葵花蜜	老瓜头蜜	荞麦蜜	紫云英蜜	桂花蜜
19	Propetamphos	98.2	402.9	87.6	80.8	116.6	76.8	54.0	81.9	87.6
20	Secbumeton	95.3	95.7	91.9	83.4	97.4	94.1	56.9	68.4	67.0
21	Dichlofenthion	89.5	82.9	87.7	81.0	80.0	70.4	52.9	62.6	62.9
22	Pronamide	101.1	88.1	88.6	89.5	95.1	91.5	57.4	68.6	65.6
23	Mexacarbate	85.6	81.7	95.5	70.4	92.2	74.5	48.4	63.8	20.9
24	Dimethoate	100.1	105.9	127.8	75.4	82.6	74.1	29.7	50.9	44.9
25	Aldrin	79.0	76.0	66.1	74.9	73.5	65.8	48.5	57.5	57.2
26	Dinitramine	84.0	59.1	90.5	71.8	95.6	83.4	62.5	90.7	85.7
27	Ronnel	92.2	85.1	81.2	81.1	81.3	72.8	51.7	62.7	62.5
28	Prometrye	102.0	91.7	92.2	81.2	92.5	81.0	54.4	64.2	62.9
29	Cyprazine	102.1	94.2	91.7	79.8	87.5	85.7	50.4	62.6	57.0
30	Chlorothalonil	80.9	0.0	51.4	57.4	73.1	44.6	53.3	73.5	66.7
31	Vinclozolin	102.1	90.4	94.2	78.9	81.2	72.5	52.5	61.9	59.6
32	Beta－HCH	96.2	85.9	86.9	76.6	79.2	71.4	51.5	59.8	59.0
33	Metalaxyl	99.6	77.4	86.4	77.9	92.6	86.3	54.3	63.4	61.6
34	Chlorpyifos（Ethyl）	85.8	83.6	77.2	86.1	87.1	77.0	54.7	67.3	67.7
35	Methyl－Parathion	89.6	85.1	102.8	100.4	123.6	119.9	86.0	121.9	114.4
36	Anthraquinone	87.9	86.3	89.8	67.8	65.6	75.6	42.7	59.0	47.1
37	Delta－HCH	96.8	98.4	99.4	80.0	83.3	72.3	52.2	61.5	59.7
38	Fenthion	96.5	87.4	78.8	80.0	86.3	69.3	50.6	63.0	60.2
39	Malathion	97.5	87.1	89.1	86.4	93.8	80.5	56.1	70.5	68.6
40	Fenitrothion	88.9	85.5	101.8	104.4	120.8	107.7	82.9	114.0	109.8

（续表）

序号	农药名称	低水平添加			中水平添加			高水平添加		
		1 倍 LOQ			2 倍 LOQ			5 倍 LOQ		
		洋槐蜜	油菜蜜	椴树蜜	荆条蜜	葵花蜜	老瓜头蜜	荞麦蜜	紫云英蜜	桂花蜜
41	Paraoxon – Ethyl	84. 6	0. 0	104. 0	108. 5	139. 9	140. 2	87. 3	132. 1	124. 3
42	Triadimefon	88. 8	81. 8	85. 9	77. 9	101. 0	76. 8	50. 0	61. 5	59. 5
43	Parathion	86. 8	83. 0	93. 5	100. 8	119. 2	109. 9	85. 4	126. 4	121. 0
44	Pendimethalin	79. 1	71. 8	95. 7	95. 7	110. 8	97. 2	74. 1	103. 3	100. 9
45	Linuron	81. 1	73. 7	98. 6	92. 2	103. 1	99. 2	61. 5	77. 7	78. 4
46	Chlorbenside	82. 4	80. 4	74. 7	79. 9	79. 5	71. 0	50. 7	65. 0	62. 6
47	Bromophos – Ethyl	82. 8	78. 5	74. 3	83. 0	83. 0	73. 1	52. 3	65. 6	65. 2
48	Quinalphos	97. 7	102. 6	90. 1	89. 5	95. 6	94. 1	58. 3	71. 8	67. 0
49	Trans – Chlodane	82. 9	80. 0	70. 4	77. 1	76. 7	67. 5	50. 3	59. 9	59. 3
50	Phenthoate	92. 4	77. 5	73. 5	89. 9	93. 3	80. 7	59. 8	78. 6	78. 5
51	Metazachlor	98. 7	91. 9	93. 6	85. 6	96. 1	93. 1	56. 7	69. 5	67. 3
52	Fenothiocarb	99. 8	未添加	未添加	未添加	未添加	未添加	未添加	未添加	未添加
53	Prothiophos	77. 5	48. 1	66. 5	78. 2	85. 1	68. 3	48. 0	60. 7	60. 3
54	Folpet	60. 3	0. 0	0. 0	39. 8	38. 5	55. 4	81. 4	84. 4	102. 9
55	Chlorflurenol	93. 3	93. 0	96. 3	86. 3	103. 9	94. 1	58. 7	72. 1	69. 7
56	Dieldrin	91. 5	83. 7	72. 9	78. 1	78. 0	69. 5	51. 0	59. 6	59. 2
57	Captan	未添加	未添加	未添加	未添加	未添加	未添加	未添加	未添加	未添加
58	Procymidone	107. 9	113. 2	97. 1	82. 6	101. 1	82. 0	54. 2	68. 5	61. 5
59	Methidathion	96. 7	89. 2	89. 0	87. 6	97. 7	84. 9	57. 5	69. 2	66. 9
60	Cyanazine	83. 5	90. 7	107. 3	82. 9	97. 0	83. 6	30. 9	63. 6	51. 6
61	Napropamide	99. 7	92. 7	94. 0	85. 1	92. 0	82. 5	54. 8	65. 1	63. 4
62	Oxadiazone	88. 7	80. 4	73. 6	78. 4	75. 9	69. 5	49. 2	59. 0	62. 9

（续表）

序号	农药名称	低水平添加			中水平添加			高水平添加		
		1 倍 LOQ			2 倍 LOQ			5 倍 LOQ		
		洋槐蜜	油菜蜜	椴树蜜	荆条蜜	葵花蜜	老瓜头蜜	荞麦蜜	紫云英蜜	桂花蜜
63	Fenamiphos	80. 8	90. 2	102. 5	91. 1	119. 4	102. 6	60. 0	87. 4	80. 4
64	Tetrasul	77. 9	77. 3	84. 9	82. 4	78. 4	70. 0	50. 3	61. 8	61. 0
65	Aramite	84. 4	81. 0	78. 1	89. 7	93. 5	83. 3	58. 7	73. 9	71. 9
66	Bupirimate	99. 2	95. 6	97. 9	82. 5	89. 3	75. 4	53. 2	63. 5	62. 4
67	Carboxin	76. 7	76. 0	71. 6	48. 1	89. 7	54. 6	31. 3	58. 3	24. 8
68	Flutolanil	96. 6	99. 8	94. 7	86. 7	98. 0	84. 4	55. 0	68. 8	66. 4
69	P，P－DDD	82. 5	79. 6	72. 6	80. 1	83. 8	71. 4	52. 4	63. 6	63. 4
70	Ethion	81. 1	73. 5	77. 5	86. 2	92. 8	78. 3	56. 8	71. 5	71. 5
71	Sulprofos	82. 0	75. 3	70. 7	80. 6	82. 0	68. 6	50. 9	65. 7	63. 7
72	Etaconazole－1	298. 3	80. 2	96. 2	89. 2	112. 5	95. 7	62. 9	82. 4	80. 6
73	Etaconazole－2	106. 2	99. 0	93. 6	82. 1	87. 8	73. 3	52. 5	61. 7	59. 6
74	Myclobutanil	123. 2	96. 6	69. 0	85. 7	97. 7	89. 9	55. 8	74. 0	70. 8
75	Dichlorofop－Methyl	98. 6	118. 5	61. 9	64. 7	69. 6	71. 2	42. 3	51. 8	50. 8
76	Propiconazole	99. 7	98. 0	101. 9	84. 3	86. 6	71. 2	47. 3	60. 5	58. 8
77	Fensulfothion	99. 7	102. 7	116. 9	71. 3	63. 2	59. 4	31. 9	31. 4	30. 2
78	Carbosulfan	59. 5	49. 1	74. 3	49. 7	82. 1	86. 4	20. 2	82. 4	83. 3
79	Mirex	73. 5	77. 5	68. 8	77. 0	74. 6	66. 2	48. 4	58. 5	58. 8
80	Benodanil	84. 5	53. 2	64. 4	82. 2	96. 8	100. 7	54. 5	82. 6	76. 2
81	Nuarimol	97. 0	94. 8	92. 5	86. 1	95. 7	91. 0	56. 0	69. 0	66. 3
82	Methoxychlor	90. 8	51. 7	65. 1	83. 2	56. 1	62. 5	61. 9	72. 1	94. 1
83	Oxadxyl	75. 8	64. 1	84. 8	53. 1	74. 1	72. 1	19. 3	47. 3	42. 6
84	Tetramethrin	86. 5	87. 8	94. 6	90. 1	95. 6	79. 3	57. 6	76. 8	74. 6

（续表）

序号	农药名称	低水平添加			中水平添加			高水平添加		
		1 倍 LOQ			2 倍 LOQ			5 倍 LOQ		
		洋槐蜜	油菜蜜	椴树蜜	荆条蜜	葵花蜜	老瓜头蜜	荞麦蜜	紫云英蜜	桂花蜜
85	Tebuconazole	89.7	84.9	104.4	90.8	102.0	97.3	53.8	72.7	69.0
86	Norflurazon	80.7	90.0	98.1	79.9	95.7	88.8	31.8	65.2	56.8
87	Pyridaphenthion	89.7	90.1	98.6	97.8	116.2	97.3	62.9	85.2	80.7
88	Phosmet	92.2	87.6	98.5	92.9	111.0	79.3	57.4	74.0	71.5
89	Tetradifon	89.7	88.2	76.3	80.5	83.0	70.9	53.1	62.2	62.0
90	Oxycarboxin	75.7	100.0	92.2	104.6	118.4	102.3	26.1	76.0	60.2
91	Cis – Permethrin	70.5	79.7	72.1	115.0	87.0	76.8	55.0	71.6	168.0
92	Chloridazon	29.8	73.2	29.2	80.6	62.6	72.3	112.2	30.3	9.1
93	Trans – Permethrin	66.5	54.1	62.2	86.0	86.2	72.1	52.5	69.0	67.0
94	Pyrazophos	87.2	91.8	93.3	93.5	102.2	84.4	59.1	76.7	75.6
95	Cypermethrin – 1	58.8	128.4	80.4	149.4	91.0	83.8	59.0	113.6	79.1
96	Cypermethrin – 2	43.0	51.8	68.8	116.0	98.7	100.1	49.0	100.2	65.5
97	Cypermethrin – 3	59.5	70.6	69.7	105.2	95.3	88.5	63.9	86.5	88.1
98	Cypermethrin – 4	43.0	51.8	68.8	116.0	98.7	100.1	49.0	100.2	65.5
99	Fenvalerate – 1	61.8	72.0	74.8	96.7	81.2	73.1	59.8	73.5	80.8
100	Fenvalerate – 2	61.8	72.0	74.8	96.7	81.2	73.1	59.8	73.5	80.8
101	Deltamethrin	118.9	57.5	56.6	184.5	98.5	148.7	83.8	119.3	124.7
102	EPTC	80.2	80.5	54.7	78.6	90.6	76.0	49.2	75.0	73.7
103	Butylate	83.0	79.1	57.7	81.2	91.0	70.4	51.0	76.3	74.9
104	Dichlobenil	87.4	82.8	45.0	79.1	95.9	82.2	44.9	79.5	67.1
105	Pebulate	86.6	84.2	63.0	84.0	91.3	73.2	53.0	75.8	75.7
106	Nitrapyrin	81.6	71.4	64.8	103.5	103.5	83.6	53.4	115.6	112.1

（续表）

序号	农药名称	低水平添加			中水平添加			高水平添加		
		1 倍 LOQ			2 倍 LOQ			5 倍 LOQ		
		洋槐蜜	油菜蜜	椴树蜜	荆条蜜	葵花蜜	老瓜头蜜	荞麦蜜	紫云英蜜	桂花蜜
107	Mevinphos	77. 2	95. 5	11. 3	101. 5	21. 9	167. 5	101. 7	10. 7	131. 8
108	Chloroneb	89. 8	85. 1	86. 3	84. 2	93. 5	80. 1	57. 2	79. 3	79. 4
109	Tecnazene	82. 7	84. 7	73. 6	99. 7	100. 9	74. 5	57. 8	92. 2	88. 5
110	Heptanophos	95. 9	92. 0	93. 9	97. 5	109. 7	99. 4	64. 7	96. 2	90. 4
111	Hexachlorobenzene	79. 1	73. 2	64. 4	77. 6	90. 1	66. 9	48. 6	72. 3	76. 7
112	Ethoprophos	96. 8	91. 9	96. 0	100. 7	104. 5	91. 9	64. 6	90. 1	92. 7
113	Cis – Diallate	99. 1	84. 8	98. 0	93. 5	100. 3	75. 8	60. 0	83. 1	84. 6
114	Propachlor	97. 3	92. 7	82. 1	93. 6	99. 3	91. 7	63. 5	88. 6	87. 0
115	Trans – Diallate	94. 3	82. 4	73. 1	91. 0	100. 1	75. 6	58. 6	83. 7	84. 8
116	Trifluralin	92. 1	62. 6	74. 1	94. 0	111. 4	75. 7	60. 6	114. 7	109. 2
117	Chlorpropham	99. 6	94. 0	90. 3	95. 6	106. 1	89. 0	64. 3	92. 0	91. 4
118	Sulfotep	97. 0	85. 5	75. 7	96. 3	106. 9	80. 2	60. 1	92. 3	92. 6
119	Sulfallate	88. 4	63. 2	70. 1	72. 7	84. 8	62. 8	46. 1	76. 3	72. 0
120	Alpha – HCH	95. 6	85. 3	128. 7	90. 4	96. 5	75. 0	58. 7	81. 5	82. 8
121	Terbufos	101. 0	86. 9	86. 9	104. 9	117. 8	84. 8	65. 5	100. 9	101. 7
122	Terbumeton	95. 2	95. 4	91. 0	99. 6	103. 2	96. 0	68. 3	96. 7	90. 9
123	Profluralin	89. 3	59. 2	75. 1	103. 7	116. 1	76. 6	62. 8	124. 4	117. 3
124	Dioxathion	105. 0	82. 1	71. 1	88. 5	103. 8	76. 4	72. 4	84. 2	87. 1
125	Propazine	100. 2	92. 6	87. 9	94. 9	102. 0	91. 7	66. 2	90. 1	87. 8
126	Chlorbufam	94. 8	97. 4	100. 0	130. 9	130. 5	98. 4	76. 6	116. 6	108. 6
127	Dicloran	83. 2	89. 7	83. 9	113. 3	112. 0	94. 2	62. 7	124. 2	108. 3
128	Terbuthylazine	99. 1	86. 1	42. 1	47. 5	51. 1	44. 6	28. 0	8. 4	9. 2

（续表）

序号	农药名称	低水平添加			中水平添加			高水平添加		
		1 倍 LOQ			2 倍 LOQ			5 倍 LOQ		
		洋槐蜜	油菜蜜	椴树蜜	荆条蜜	葵花蜜	老瓜头蜜	荞麦蜜	紫云英蜜	桂花蜜
129	Monolinuron	92. 9	93. 6	100. 7	117. 2	126. 8	111. 0	68. 8	128. 9	116. 2
130	Flufenoxuron	96. 2	62. 0	61. 0	117. 6	90. 1	116. 7	93. 8	71. 9	91. 6
131	Cyanohos	98. 8	91. 4	87. 1	98. 0	106. 6	92. 0	64. 4	94. 8	93. 1
132	Monocrotophos	64. 3	116. 4	70. 4	111. 6	135. 5	88. 9	2. 1	114. 3	52. 5
133	Chlorprifos – Methyl	97. 8	86. 6	93. 9	100. 2	110. 6	83. 3	63. 5	94. 1	94. 0
134	Desmetryn	98. 8	95. 7	91. 4	97. 3	104. 1	100. 2	67. 4	98. 1	92. 5
135	Dimethachloro	99. 9	92. 9	89. 2	96. 8	103. 7	95. 3	66. 2	92. 0	91. 9
136	Alachlor	99. 0	90. 9	86. 9	96. 7	119. 7	88. 1	65. 8	90. 2	90. 9
137	Pirimiphos – Methyl	99. 5	87. 3	84. 6	96. 3	106. 4	80. 3	61. 2	90. 2	90. 0
138	Terbutryn	99. 1	91. 1	90. 9	96. 9	103. 8	89. 8	66. 5	91. 3	90. 0
139	Thiobencarb	99. 9	89. 3	85. 2	95. 7	102. 9	78. 7	61. 1	85. 7	86. 6
140	Aspon	95. 4	0. 0	39. 7	0. 0	0. 0	0. 0	0. 0	0. 0	0. 0
141	Malaoxon	0. 0	0. 0	0. 0	0. 0	0. 0	0. 0	0. 0	0. 0	0. 0
142	Phosphamidon	0. 0	0. 0	0. 0	0. 0	0. 0	0. 0	0. 0	0. 0	0. 0
143	Dicofol	94. 5	90. 1	92. 8	75. 6	86. 2	69. 9	52. 6	56. 0	67. 5
144	Metolachlor	98. 0	93. 1	101. 1	97. 8	104. 8	89. 4	66. 2	91. 8	91. 9
145	Pirimiphos – Ethyl	98. 9	82. 7	77. 3	97. 5	109. 5	79. 0	61. 1	91. 7	91. 4
146	Methoprene	95. 2	71. 7	70. 9	98. 5	111. 8	73. 4	57. 8	94. 6	87. 0
147	Bromofos	97. 5	80. 6	76. 6	97. 3	107. 3	79. 3	61. 1	90. 4	91. 4
148	Dichlofluanid	104. 4	0. 0	49. 4	108. 0	106. 7	67. 8	81. 6	133. 0	127. 1
149	Ethofumesate	128. 1	115. 2	121. 5	70. 4	90. 5	62. 1	51. 5	57. 7	60. 6
150	Isopropalin	97. 3	60. 3	72. 0	101. 5	113. 7	79. 3	60. 9	128. 3	114. 8

（续表）

序号	农药名称	低水平添加			中水平添加			高水平添加		
		1 倍 LOQ			2 倍 LOQ			5 倍 LOQ		
		洋槐蜜	油菜蜜	椴树蜜	荆条蜜	葵花蜜	老瓜头蜜	荞麦蜜	紫云英蜜	桂花蜜
151	Clorothiamid	0. 0	0. 0	12. 7	43. 8	48. 6	70. 3	29. 4	11. 1	41. 9
152	Endosulfan – 1	98. 2	81. 8	72. 1	89. 8	101. 6	76. 1	62. 3	82. 2	85. 6
153	Propanil	93. 3	96. 6	94. 5	102. 6	119. 0	104. 4	61. 6	102. 6	93. 3
154	Isofenphos	97. 6	87. 8	88. 5	102. 4	115. 9	84. 6	65. 8	99. 0	104. 2
155	Crufomate	101. 1	126. 9	158. 3	177. 3	210. 6	173. 0	105. 2	199. 0	189. 5
156	Chlorfenvinphos	99. 8	88. 9	91. 0	102. 8	112. 6	88. 1	66. 3	96. 0	96. 9
157	Cis – Chlordane	94. 8	76. 3	69. 3	91. 1	99. 8	74. 2	60. 0	84. 2	85. 5
158	Tolyfluanide	101. 5	60. 3	91. 7	120. 9	110. 7	70. 4	72. 4	127. 2	124. 3
159	P，P – DDE	94. 6	78. 9	117. 3	90. 9	99. 7	74. 5	58. 4	83. 3	84. 4
160	Butachlor	97. 4	84. 0	79. 8	102. 3	113. 9	82. 5	65. 8	98. 3	99. 3
161	Chlozolinate	121. 4	98. 7	95. 0	109. 5	124. 7	96. 0	76. 4	104. 3	107. 1
162	Crotoxyphos	103. 3	109. 3	150. 1	129. 7	153. 0	109. 0	69. 4	138. 6	127. 4
163	Iodofenphos	97. 7	77. 4	79. 6	105. 7	115. 5	80. 1	64. 3	100. 5	100. 3
164	Tetrachlorvinphos	101. 7	91. 8	103. 5	109. 9	118. 5	83. 7	67. 8	102. 4	101. 8
165	Chlorbromuron	99. 0	89. 5	112. 5	130. 2	133. 6	113. 8	72. 6	138. 4	126. 6
166	Profenofos	100. 5	91. 3	90. 3	109. 7	120. 3	88. 4	67. 7	103. 5	104. 0
167	Fluorochloridone	100. 3	94. 5	101. 0	107. 6	117. 9	94. 8	73. 5	108. 7	107. 1
168	Buprofezin	99. 9	85. 3	92. 2	97. 5	109. 3	80. 3	62. 9	87. 2	88. 1
169	O，P – DDD	96. 3	77. 7	78. 3	98. 0	111. 8	83. 5	63. 9	90. 8	91. 3
170	Endrin	101. 2	83. 4	87. 3	105. 3	111. 1	86. 7	67. 9	100. 9	104. 0
171	Hexaconazole	97. 6	99. 1	103. 9	116. 4	131. 6	112. 0	79. 1	120. 7	117. 4
172	Chlorfenson	98. 3	86. 9	81. 1	95. 1	104. 7	79. 7	68. 6	87. 2	89. 9

（续表）

序号	农药名称	低水平添加			中水平添加			高水平添加		
		1 倍 LOQ			2 倍 LOQ			5 倍 LOQ		
		洋槐蜜	油菜蜜	椴树蜜	荆条蜜	葵花蜜	老瓜头蜜	荞麦蜜	紫云英蜜	桂花蜜
173	O，P－DDT	100.4	63.5	74.2	111.1	113.8	72.8	66.5	105.7	108.5
174	Paclobutrazol	99.4	99.7	92.7	101.6	116.2	99.9	70.6	101.4	95.9
175	TCMTB	97.8	0.0	115.0	39.1	0.0	0.0	0.0	14.8	28.4
176	Methoprotryne	99.1	94.7	94.5	101.7	112.1	101.0	68.6	101.9	97.2
177	Erbon	98.6	88.3	367.3	74.3	70.6	69.2	44.1	61.1	57.5
178	Chlorpropylate	97.7	88.9	85.4	108.2	127.2	89.8	68.8	104.6	106.3
179	Flamprop－Methyl	102.2	93.2	83.8	95.0	103.4	86.9	67.6	88.2	89.4
180	Nitrofen	93.9	88.0	99.2	146.6	185.1	107.5	88.3	214.6	179.8
181	Oxyflurofen	87.5	73.6	89.3	152.2	200.7	109.7	90.9	215.0	192.4
182	Chlorthiophos	96.0	78.7	73.9	100.1	114.0	81.5	61.0	95.4	96.5
183	Endosulfan－2	0.0	0.0	0.0	0.0	0.0	0.0	0.0	0.0	0.0
184	Flamprop－Isopropyl	100.1	92.1	79.6	98.1	109.3	81.5	65.5	89.7	91.0
185	P，P－DDT	107.3	55.0	67.0	123.2	60.7	66.4	70.4	123.5	129.4
186	Carbofenothion	99.3	77.5	75.3	109.8	121.2	85.9	65.4	106.1	105.3
187	Benalaxyl	97.4	91.3	89.9	95.6	107.4	84.6	64.5	89.2	89.7
188	Edifenphos	101.8	95.9	108.4	131.5	140.6	100.5	82.5	119.5	119.6
189	Triazophos	101.4	95.6	94.6	116.9	130.8	101.7	72.6	114.4	113.7
190	Cyanofenphos	99.5	87.6	77.1	98.8	109.9	80.2	63.8	92.5	93.1
191	Chlorbenside Sulfone	102.4	93.5	85.2	97.0	108.8	86.7	65.4	89.9	91.9
192	Endosulfan－Sulfate	100.6	87.6	79.1	97.5	105.9	79.1	66.4	88.4	91.0
193	Bromopropylate	96.9	89.3	85.6	116.7	137.3	90.9	74.4	112.0	112.2
194	Benzoylprop－Ethyl	100.6	93.9	84.7	97.0	110.0	81.1	65.2	84.8	90.4

（续表）

序号	农药名称	低水平添加			中水平添加			高水平添加		
		1 倍 LOQ			2 倍 LOQ			5 倍 LOQ		
		洋槐蜜	油菜蜜	椴树蜜	荆条蜜	葵花蜜	老瓜头蜜	荞麦蜜	紫云英蜜	桂花蜜
195	Fenpropathrin	95.7	73.8	73.0	103.4	116.1	80.7	62.5	98.2	97.2
196	Captafol	222.5	145.8	209.3	338.4	174.8	82.4	99.5	300.7	302.9
197	Leptophos	97.2	81.4	77.4	104.3	116.1	80.8	62.1	98.9	97.4
198	EPN	95.3	101.4	107.3	129.9	167.1	100.3	73.5	177.0	140.6
199	Hexazinone	97.6	97.8	71.8	97.2	110.5	98.2	31.6	98.9	88.3
200	Bifenox	699.1	0.0	103.6	164.6	207.2	112.6	87.2	251.5	197.3
201	Phosalone	104.2	95.9	89.3	121.6	137.3	93.6	73.2	117.6	116.1
202	Azinphos – Methyl	104.4	96.7	108.8	136.6	152.6	118.0	72.4	133.4	125.0
203	Fenarimol	106.7	151.8	134.6	108.3	115.2	102.2	75.4	98.4	98.4
204	Azinphos – Ethyl	101.6	94.4	104.8	134.0	149.4	106.2	76.5	138.4	132.2
205	Cyfluthrin – 1	70.6	53.6	56.2	124.4	141.0	93.8	68.6	122.1	116.6
206	Cyfluthrin – 2	80.6	60.4	66.2	135.4	151.7	75.5	80.6	135.2	130.3
207	Prochloraz	0.0	119.9	157.6	221.3	273.1	228.0	96.7	317.3	275.0
208	Coumaphos	97.3	92.2	83.4	116.1	129.0	89.9	69.1	112.3	109.3
209	Fluvalinate – 1	82.5	61.2	74.0	144.1	162.8	97.9	71.0	162.9	142.5
210	Fluvalinate – 2	84.9	48.3	74.5	130.2	143.5	76.9	56.0	135.5	133.4
211	Dichlorvos	84.0	85.6	30.7	75.5	96.5	90.5	45.1	88.2	77.4
212	Biphenyl	77.7	84.1	21.8	76.2	80.7	68.3	41.2	73.2	65.4
213	Propamocarb	203.1	227.3	128.7	29.8	262.8	59.3	11.8	122.4	53.6
214	Vernolate	85.5	88.0	43.8	87.0	84.1	74.0	46.6	82.1	78.5
215	3，5 – Dichloroaniline	76.6	89.6	38.3	31.0	70.7	62.6	30.9	64.6	58.8
216	Molinate	90.5	89.6	70.3	92.5	107.6	90.2	49.6	86.7	86.2

（续表）

序号	农药名称	低水平添加			中水平添加			高水平添加		
		1 倍 LOQ			2 倍 LOQ			5 倍 LOQ		
		洋槐蜜	油菜蜜	椴树蜜	荆条蜜	葵花蜜	老瓜头蜜	荞麦蜜	紫云英蜜	桂花蜜
217	Methacrifos	98.4	92.1	143.6	95.5	92.2	84.4	49.4	92.1	116.8
218	2 – Phenylphenol	84.5	86.8	79.1	95.6	106.4	93.6	50.4	94.8	96.4
219	Cis – 1，2，3，6 – Tetrahydrophthalimide	79.3	95.6	99.2	97.9	114.5	117.5	55.2	101.7	81.0
220	Heptenophos	104.0	94.3	97.5	106.7	110.0	103.8	68.8	98.5	103.3
221	Fenobucarb	101.7	90.3	98.4	98.0	106.4	97.3	54.8	90.2	95.9
222	Benfluralin	94.9	92.4	61.3	115.2	104.3	85.6	74.2	130.0	150.0
223	Ethoxyquin	35.0	14.4	0.0	0.0	22.8	4.3	1.4	49.8	7.9
224	Hexaflumuron	84.5	62.9	38.1	80.7	51.0	117.8	53.7	57.1	60.5
225	Prometon	104.8	94.0	100.9	104.2	109.1	100.1	50.5	98.1	98.8
226	Triallate	96.4	88.0	59.1	92.9	83.8	72.1	49.1	86.1	90.3
227	Pyrimethanil	103.9	90.3	90.6	100.3	101.9	93.6	50.0	92.8	94.1
228	Gamma – HCH	111.0	93.7	126.2	93.1	88.8	83.3	49.8	88.7	92.2
229	Disulfoton	97.2	84.9	59.1	89.0	87.9	61.4	45.3	84.9	84.6
230	Atrizine	104.8	90.1	89.0	98.7	98.8	93.1	46.2	90.9	90.5
231	Heptachlor	98.7	87.2	63.7	106.0	92.6	81.7	60.2	102.5	117.2
232	Probenazole	0.0	0.0	0.0	0.0	0.0	0.0	0.0	0.0	0.0
233	Iprobenfos	109.1	102.7	113.9	125.6	123.4	111.4	62.8	117.2	130.4
234	Isazofos	109.9	96.8	106.2	110.3	103.9	90.6	57.1	98.4	105.5
235	Plifenate	104.7	89.2	132.1	103.6	91.9	80.4	58.3	98.0	110.0
236	Fenpropimorph	104.0	92.8	100.7	105.6	111.4	95.0	52.7	99.4	98.9
237	Transfluthrin	98.5	95.6	140.3	96.0	92.7	75.6	50.5	91.1	94.9

（续表）

序号	农药名称	低水平添加			中水平添加			高水平添加		
		1 倍 LOQ			2 倍 LOQ			5 倍 LOQ		
		洋槐蜜	油菜蜜	椴树蜜	荆条蜜	葵花蜜	老瓜头蜜	荞麦蜜	紫云英蜜	桂花蜜
238	Fluchloralin	98.7	85.5	65.2	101.0	101.1	87.8	73.2	136.1	158.0
239	Dazomet	22.6	45.4	0.0	0.0	50.5	38.5	5.7	13.2	0.0
240	Tolclofos – Methyl	101.0	92.1	75.3	97.4	89.6	80.2	50.5	89.8	95.3
241	Propisochlor	95.6	40.3	0.0	0.0	50.0	18.6	5.4	10.5	0.0
242	Ametryn	103.3	92.4	95.1	100.2	102.0	94.3	49.3	93.2	93.7
243	Simetryn	100.5	91.5	90.9	99.9	102.4	95.3	46.0	93.2	91.9
244	Methobromuron	114.1	91.0	114.9	137.7	138.4	130.4	64.7	132.4	145.4
245	Metribuzin	97.0	89.7	90.8	104.8	105.7	103.5	48.4	91.8	102.8
246	Dimethipin	91.3	98.8	68.1	91.6	96.5	90.2	21.3	82.7	71.9
247	Epsilon – HCH	94.9	0.0	52.4	32.3	35.9	37.5	0.0	9.1	11.8
248	Dipropetryn	104.7	95.4	94.1	103.9	100.8	91.1	53.0	95.9	101.5
249	Formothion	0.0	0.0	0.0	0.0	0.0	0.0	0.0	0.0	0.0
250	Terbacil	104.4	108.4	141.0	118.6	197.7	121.6	49.6	127.1	125.2
251	Chloroxuron	88.8	32.8	50.6	27.3	61.4	111.2	29.6	39.1	7.4
252	Diethofencarb	108.3	101.1	112.8	117.7	124.8	107.1	57.4	110.2	117.8
253	Dimepiperate	107.0	20.7	11.8	0.0	33.1	0.0	2.0	50.5	27.9
254	Bioallethrin – 1	108.2	95.7	79.2	108.2	98.2	79.6	56.0	110.6	116.6
255	Bioallethrin – 2	116.3	112.7	73.5	108.2	133.1	79.5	58.5	149.5	132.8
256	O，P – DDE	96.2	95.3	55.0	93.4	81.6	73.5	48.2	86.0	90.6
257	Fenson	105.4	96.9	147.7	92.1	97.0	76.9	46.5	80.3	86.1
258	Chinomethionat	0.0	0.0	0.0	14.9	0.0	0.0	6.9	0.0	4.8
259	Diphenamid	105.7	97.1	112.1	103.1	106.8	97.2	48.3	91.4	95.7
260	Chlorthion	0.0	0.0	0.0	0.0	0.0	0.0	0.0	0.0	0.0

（续表）

序号	农药名称	低水平添加			中水平添加			高水平添加		
		1 倍 LOQ			2 倍 LOQ			5 倍 LOQ		
		洋槐蜜	油菜蜜	椴树蜜	荆条蜜	葵花蜜	老瓜头蜜	荞麦蜜	紫云英蜜	桂花蜜
261	Prallethrin	104.0	90.7	126.9	117.3	112.5	90.3	67.6	124.5	132.2
262	Penconazole	98.6	96.7	54.1	51.1	54.2	43.3	16.7	28.0	22.2
263	Mecarbam	105.3	93.5	88.8	112.0	107.1	91.8	55.0	105.7	112.9
264	Tetraconazole	105.1	95.9	92.8	107.1	107.4	99.1	49.2	102.1	108.0
265	Propaphos	97.4	0.0	18.9	0.0	0.0	0.0	0.0	6.7	7.4
266	Flumetralin	101.5	78.7	54.0	104.2	126.5	76.0	58.3	125.4	143.9
267	Triadimenol	115.2	122.0	128.2	111.2	122.2	105.8	46.9	103.4	103.2
268	Pretilachlor	103.2	92.5	80.2	103.6	96.2	83.8	52.9	95.9	102.5
269	Difenzoquat – Methyl Sulfate	0.0	30.1	3.4	21.6	7.5	3.7	0.0	8.1	3.9
270	Kresoxim – Methyl	101.0	86.5	80.6	91.1	97.2	83.7	49.8	92.6	98.0
271	Fluazifop – Butyl	102.0	100.3	65.5	106.4	97.7	80.4	53.2	100.0	105.2
272	Chlorfluazuron	119.2	53.0	70.8	74.5	78.8	80.9	32.9	87.5	89.9
273	Chlorobenzilate	103.8	101.5	89.9	118.3	114.1	92.3	63.0	112.6	121.1
274	Uniconazole	110.3	125.1	132.7	144.2	145.9	130.0	61.4	135.5	144.6
275	Flusilazole	107.9	98.5	102.0	115.9	116.6	104.7	53.6	110.0	117.3
276	Fluorodifen	0.0	0.0	0.0	0.0	0.0	0.0	0.0	0.0	0.0
277	Diniconazole	108.8	98.6	110.8	127.8	151.6	118.7	60.7	134.6	144.1
278	Piperonyl Butoxide	104.3	94.4	84.6	116.2	107.4	84.3	54.7	109.6	109.0
279	Propargite	100.2	131.1	93.5	144.2	109.1	92.3	54.0	102.6	101.3
280	Mepronil	108.1	107.6	110.3	120.4	118.9	99.4	48.4	98.8	102.3
281	Dimefuron	121.5	85.0	64.0	60.3	47.0	88.0	10.6	71.8	54.4
282	Diflufenican	92.2	92.0	65.6	114.5	102.5	87.1	56.2	107.0	110.5
283	Fenazaquin	101.2	99.4	67.3	112.0	101.5	86.2	54.7	105.4	113.5

（续表）

序号	农药名称	低水平添加			中水平添加			高水平添加		
		1 倍 LOQ			2 倍 LOQ			5 倍 LOQ		
		洋槐蜜	油菜蜜	椴树蜜	荆条蜜	葵花蜜	老瓜头蜜	荞麦蜜	紫云英蜜	桂花蜜
284	Phenothrin – 1	99. 5	103. 1	183. 9	408. 8	101. 9	77. 2	196. 7	377. 2	399. 5
285	Phenothrin – 2	102. 8	102. 0	157. 3	109. 0	127. 5	77. 1	52. 4	100. 5	106. 5
286	Fludioxonil	90. 6	102. 0	101. 0	113. 1	157. 4	107. 1	28. 8	110. 2	83. 2
287	Fenoxycarb	97. 9	81. 3	55. 9	62. 3	29. 0	61. 3	22. 2	48. 0	50. 5
288	Sethoxydim	81. 5	72. 0	45. 9	49. 5	57. 1	36. 6	34. 1	65. 9	62. 0
289	Amitraz	76. 0	68. 4	44. 1	57. 2	56. 2	44. 4	33. 4	55. 0	39. 5
290	Anilofos	119. 7	104. 6	105. 7	152. 3	144. 6	110. 9	70. 1	144. 5	156. 1
291	Acrinathrin	95. 1	137. 8	90. 3	157. 4	134. 3	100. 3	68. 7	156. 3	164. 5
292	Lambda – Cyhalothrin	97. 0	109. 9	75. 8	129. 6	102. 1	96. 3	66. 4	121. 4	132. 0
293	Mefenacet	106. 6	113. 2	108. 5	130. 9	149. 3	122. 1	47. 7	110. 0	118. 8
294	Pemethrin	100. 0	107. 4	60. 3	115. 2	98. 0	84. 3	55. 9	106. 8	113. 5
295	Pyridaben	92. 9	91. 3	57. 4	110. 0	110. 9	83. 3	58. 7	110. 5	118. 3
296	Fluoroglycofen – Ethyl	104. 2	89. 2	80. 0	191. 3	172. 5	133. 3	115. 0	310. 6	351. 7
297	Bitertanol	114. 4	115. 4	122. 2	164. 1	172. 1	148. 4	66. 1	165. 8	172. 1
298	Etofenprox	76. 4	80. 5	46. 8	91. 4	75. 5	65. 2	41. 6	88. 2	90. 2
299	Cycloxydim	85. 4	56. 0	33. 5	48. 3	46. 2	27. 8	26. 5	58. 3	51. 7
300	Alpha – Cypermethrin	95. 0	102. 3	68. 0	156. 7	138. 1	93. 1	70. 4	138. 1	158. 6
301	Flucythrinate – 1	85. 0	0. 0	0. 0	0. 0	0. 0	0. 0	0. 0	0. 0	0. 0
302	Flucythrinate – 2	87. 1	0. 0	0. 0	0. 0	0. 0	0. 0	0. 0	0. 0	0. 0
303	Esfenvalerate	95. 9	102. 0	62. 6	128. 5	102. 7	89. 3	58. 9	117. 2	126. 8
304	Tau – Fluvalinate – 1	92. 4	100. 2	71. 4	165. 9	125. 2	105. 3	105. 7	169. 1	185. 8
305	Tau – Fluvalinate – 2	113. 7	115. 8	71. 5	166. 0	143. 7	105. 3	123. 7	184. 9	200. 9
306	Difenoconazole	108. 2	114. 6	78. 3	115. 3	108. 9	99. 0	46. 3	103. 0	108. 6
307	Flumiclorac – Pentyl	104. 2	112. 1	71. 0	152. 8	122. 9	105. 6	63. 6	142. 1	154. 2

表 G.2 果汁和果酒样品中 282 种农药的添加浓度及回收率的实验数据

单位:%

序号	英文名称	低水平添加				高水平添加			
		LOQ				4LOQ			
		苹果汁 1	猕猴桃汁 1	干红酒 1	干白酒 1	苹果汁 2	猕猴桃汁 2	干红酒 2	干白酒 2
1	Allidochlor	80. 2	76. 4	92. 6	89. 1	63. 8	73. 7	104. 2	90. 2
2	Dichlormid	81. 4	85. 3	88. 6	84. 2	64. 8	82. 7	94. 0	88. 1
3	Etridiazol	80. 4	92. 0	96. 1	86. 0	50. 7	60. 5	69. 0	86. 3
4	Chlormephos	78. 3	74. 4	87. 3	86. 8	62. 6	81. 7	92. 3	95. 2
5	Propham	77. 9	81. 0	90. 1	81. 4	61. 7	86. 6	91. 7	87. 4
6	Cycloate	84. 3	91. 0	92. 8	92. 7	68. 1	80. 1	97. 4	100. 1
7	Diphenylamin	89. 1	86. 4	91. 8	94. 4	71. 1	73. 1	100. 1	96. 1
8	Chlordimeform	68. 8	99. 7	未添加	未添加	未添加	87. 9	28. 5	46. 6
9	Ethalfluralin	86. 0	98. 7	95. 9	47. 4	71. 7	82. 4	75. 0	56. 1
10	Phorate	77. 3	87. 3	89. 3	87. 0	65. 3	68. 2	91. 1	86. 2
11	Thiometon	75. 4	85. 5	105. 8	103. 1	62. 7	59. 7	109. 7	106. 9
12	Quintozene	85. 4	98. 0	98. 0	94. 7	66. 0	85. 8	100. 8	93. 4
13	Atrazine – Desethyl	61. 1	69. 3	69. 3	60. 5	37. 4	45. 5	58. 8	63. 7
14	Clomazone	83. 0	96. 6	95. 4	97. 0	64. 8	85. 0	100. 8	97. 1
15	Diazinon	84. 7	98. 8	92. 9	95. 9	70. 3	80. 4	99. 5	95. 0
16	Fonofos	84. 9	102. 7	91. 8	95. 2	70. 7	85. 1	99. 5	99. 1
17	Etrimfos	81. 7	95. 6	95. 0	95. 0	64. 7	80. 1	95. 3	92. 1
18	Simazine	91. 6	99. 1	未添加	未添加	未添加	83. 5	未添加	91. 6
19	Propetamphos	79. 7	93. 8	87. 1	92. 9	66. 8	77. 1	105. 8	94. 9
20	Secbumeton	50. 0	107. 1	65. 6	65. 5	35. 0	65. 8	77. 5	45. 1
21	Dichlofenthion	82. 5	94. 6	99. 7	92. 7	71. 8	85. 5	95. 5	94. 1
22	Pronamide	81. 4	109. 4	100. 7	106. 5	64. 1	81. 3	108. 0	91. 0

（续表）

序号	英文名称	低水平添加				高水平添加			
		LOQ				4LOQ			
		苹果汁 1	猕猴桃汁 1	干红酒 1	干白酒 1	苹果汁 2	猕猴桃汁 2	干红酒 2	干白酒 2
23	Mexacarbate	66.7	44.9	99.6	70.8	47.2	61.6	89.2	71.3
24	Dimethoate	56.6	76.3	81.2	60.5	44.2	49.5	73.7	68.1
25	Aldrin	83.9	91.9	90.1	85.6	70.2	78.1	92.0	85.6
26	Dinitramine	79.4	81.6	94.6	41.6	62.0	81.5	78.2	49.6
27	Ronnel	78.2	96.9	94.2	94.8	67.8	81.1	97.9	90.7
28	Prometrye	78.7	94.2	94.0	92.6	65.3	80.7	98.7	89.9
29	Cyprazine	77.3	92.5	96.5	86.4	57.8	73.6	96.3	82.3
30	Chlorothalonil	67.2	75.9	91.6	63.3	53.2	68.9	55.0	45.7
31	Vinclozolin	96.7	103.3	107.2	95.9	73.2	86.9	100.1	96.2
32	Beta – HCH	84.3	96.1	91.7	94.9	66.8	78.7	96.5	94.4
33	Metalaxyl	82.4	107.7	75.0	85.6	64.2	93.5	83.4	78.1
34	Chlorpyifos（Ethyl）	82.5	98.7	93.5	97.8	68.6	83.2	99.3	95.4
35	Methyl – Parathion	74.3	100.3	109.2	98.8	57.5	80.7	106.6	86.6
36	Anthraquinone	52.2	79.4	94.3	47.4	38.7	69.5	101.5	51.8
37	Delta – HCH	84.3	103.0	95.1	97.5	67.4	125.9	102.9	97.1
38	Fenthion	81.5	95.7	96.9	93.8	66.5	77.1	98.0	92.7
39	Malathion	82.9	98.4	95.7	97.7	67.4	78.9	102.7	91.2
40	Fenitrothion	78.3	104.1	111.5	103.1	61.4	84.7	112.8	91.2
41	Paraoxon – Ethyl	72.4	122.8	105.0	82.8	46.2	82.6	100.5	62.9
42	Triadimefon	86.3	102.1	81.3	77.4	63.8	81.1	80.8	65.7
43	Parathion	84.6	112.3	118.6	114.9	68.4	89.9	120.1	100.2
44	Pendimethalin	89.1	120.1	114.5	115.6	76.3	97.9	121.8	107.0

（续表）

序号	英文名称	低水平添加				高水平添加			
		LOQ				4LOQ			
		苹果汁 1	猕猴桃汁 1	干红酒 1	干白酒 1	苹果汁 2	猕猴桃汁 2	干红酒 2	干白酒 2
45	Linuron	59. 0	134. 8	119. 9	未添加	未添加	93. 8	125. 4	51. 3
46	Chlorbenside	74. 8	92. 4	94. 1	92. 8	61. 1	73. 8	101. 9	88. 6
47	Bromophos – Ethyl	81. 2	100. 2	93. 8	96. 9	67. 0	84. 0	98. 9	94. 0
48	Quinalphos	68. 2	93. 3	94. 8	89. 0	64. 0	79. 4	96. 0	84. 0
49	Trans – Chlodane	85. 0	98. 6	93. 2	96. 4	71. 2	84. 9	98. 2	96. 9
50	Phenthoate	84. 5	114. 8	101. 6	111. 7	71. 2	89. 2	112. 9	102. 9
51	Metazachlor	82. 4	105. 1	97. 2	102. 0	68. 0	80. 1	106. 7	95. 0
52	Fenothiocarb	72. 3	91. 6	95. 1	90. 2	59. 4	72. 3	97. 1	82. 9
53	Prothiophos	80. 4	103. 6	102. 4	107. 8	75. 2	84. 0	108. 6	105. 0
54	Folpet	52. 8	未添加	65. 6	未添加	未添加	67. 9	127. 2	66. 3
55	Chlorflurenol	81. 9	99. 0	93. 1	92. 1	64. 4	78. 8	98. 9	88. 4
56	Dieldrin	88. 0	102. 0	95. 3	99. 0	72. 1	86. 8	100. 8	99. 1
57	Procymidone	85. 4	100. 8	96. 7	99. 3	71. 5	159. 1	102. 3	97. 2
58	Methidathion	69. 5	96. 9	89. 3	91. 8	55. 2	68. 3	98. 0	79. 9
59	Cyanazine	67. 8	91. 6	90. 2	77. 3	48. 5	45. 6	78. 7	81. 0
60	Napropamide	80. 0	96. 3	92. 0	87. 3	66. 5	80. 1	94. 2	80. 7
61	Oxadiazone	82. 7	94. 5	111. 4	90. 6	68. 6	84. 8	94. 0	92. 4
62	Fenamiphos	38. 7	未添加	91. 1	60. 5	56. 2	59. 4	71. 7	68. 9
63	Tetrasul	89. 6	103. 6	102. 6	101. 5	74. 8	89. 3	111. 4	98. 9
64	Aramite	73. 4	113. 7	106. 4	96. 5	62. 2	74. 6	100. 0	88. 8
65	Bupirimate	80. 0	99. 2	102. 3	91. 5	67. 5	76. 7	100. 0	90. 7
66	Carboxin	53. 2	53. 9	80. 5	41. 4	30. 0	34. 3	77. 3	54. 8

（续表）

序号	英文名称	低水平添加				高水平添加			
		LOQ				4LOQ			
		苹果汁 1	猕猴桃汁 1	干红酒 1	干白酒 1	苹果汁 2	猕猴桃汁 2	干红酒 2	干白酒 2
67	Flutolanil	82. 5	114. 1	99. 8	99. 6	62. 4	81. 1	103. 9	97. 9
68	P，P′- DDD	82. 6	100. 8	104. 5	106. 8	73. 3	86. 2	115. 5	118. 5
69	Ethion	80. 4	103. 8	101. 9	99. 5	67. 0	78. 9	104. 7	93. 3
70	Sulprofos	78. 5	97. 3	95. 2	91. 0	63. 8	71. 6	94. 4	89. 4
71	Etaconazole - 1	69. 5	105. 3	81. 6	86. 1	52. 9	65. 3	90. 5	75. 2
72	Myclobutanil	72. 4	97. 0	117. 0	77. 7	58. 7	69. 0	83. 4	76. 3
73	Dichlorofop - Methyl	78. 1	86. 3	85. 1	78. 1	67. 4	80. 6	81. 8	83. 4
74	Propiconazole	未添加	未添加	未添加	未添加	未添加	未添加	未添加	未添加
75	Fensulfothion	16. 9	未添加	58. 9	45. 8	未添加	23. 3	56. 1	15. 5
76	Bifenthrin	81. 0	104. 5	97. 1	100. 0	68. 0	76. 1	100. 7	94. 5
77	Carbosulfan	未添加	未添加	未添加	未添加	未添加	未添加	未添加	未添加
78	Mirex	86. 1	102. 6	113. 5	101. 9	72. 3	87. 1	102. 9	101. 2
79	Benodanil	66. 7	123. 8	144. 2	107. 3	45. 3	67. 3	103. 8	73. 1
80	Nuarimol	74. 2	92. 9	95. 1	87. 5	57. 6	75. 9	91. 0	85. 5
81	Methoxychlor	71. 2	未添加	78. 2	未添加	22. 7	68. 6	73. 5	102. 0
82	Oxadxyl	34. 4	72. 8	49. 0	61. 9	22. 7	43. 5	84. 7	68. 3
83	Tetramethrin	76. 4	96. 3	119. 4	95. 5	55. 9	77. 3	101. 3	91. 3
84	Tebuconazole	70. 9	110. 9	96. 2	94. 3	52. 7	62. 8	100. 5	84. 2
85	Norflurazon	62. 0	89. 8	99. 9	63. 3	44. 9	43. 1	80. 9	71. 4
86	Pyridaphenthion	55. 4	94. 3	102. 0	88. 6	54. 7	56. 6	104. 3	88. 5
87	Phosmet	62. 2	117. 8	101. 2	97. 4	42. 3	59. 9	106. 6	79. 5
88	Tetradifon	82. 5	100. 7	227. 002 *	101. 4	68. 3	81. 9	105. 2	97. 6

（续表）

序号	英文名称	低水平添加				高水平添加			
		LOQ				4LOQ			
		苹果汁 1	猕猴桃汁 1	干红酒 1	干白酒 1	苹果汁 2	猕猴桃汁 2	干红酒 2	干白酒 2
89	Oxycarboxin	52. 1	100. 0	533. 69 *	66. 9	38. 1	30. 9	77. 9	74. 5
90	Cis – Permethrin	63. 2	110. 2	194. 154 *	93. 9	64. 6	74. 1	99. 5	88. 0
91	Trans – Permethrin	75. 7	108. 0	101. 9	106. 4	68. 3	77. 7	107. 9	99. 3
92	Pyrazophos	60. 7	97. 0	90. 7	86. 9	51. 2	63. 6	92. 2	75. 4
93	Cypermethrin	72. 9	102. 9	99. 0	97. 8	61. 1	71. 5	97. 4	84. 0
94	Fenvalerate	74. 6	107. 5	100. 3	98. 0	61. 5	76. 2	99. 3	85. 1
95	Deltamethrin	75. 9	111. 9	101. 5	104. 8	55. 8	71. 7	101. 4	84. 7
96	EPTC	52. 6	23. 7	27. 8	31. 1	104. 1	22. 0	33. 6	27. 5
97	Butylate	83. 8	56. 7	76. 4	89. 6	75. 2	68. 0	88. 3	78. 6
98	Dichlobenil	54. 3	57. 0	45. 7	109. 3	44. 6	40. 7	66. 9	89. 1
99	Pebulate	88. 9	63. 6	79. 0	92. 6	78. 4	71. 5	92. 6	82. 8
100	Nitrapyrin	74. 3	47. 4	99. 7	111. 3	72. 3	83. 8	100. 9	51. 2
101	Mevinphos	71. 9	58. 9	78. 6	98. 9	66. 9	77. 3	92. 3	76. 2
102	Chloroneb	91. 3	73. 5	82. 6	93. 9	82. 8	75. 2	95. 7	85. 2
103	Tecnazene	84. 8	72. 8	83. 7	98. 3	76. 3	76. 5	96. 6	83. 0
104	Heptanophos	95. 3	84. 8	86. 7	103. 6	83. 6	79. 3	107. 4	89. 7
105	Hexachlorobenzene	76. 9	69. 6	70. 2	70. 6	66. 2	65. 4	66. 4	60. 2
106	Ethoprophos	94. 7	88. 1	88. 9	96. 7	88. 1	79. 5	99. 1	85. 6
107	Propachlor	99. 5	84. 3	87. 3	98. 6	90. 3	82. 8	99. 5	92. 4
108	Trans – Diallate	104. 6	92. 8	90. 1	100. 9	86. 5	84. 3	103. 8	92. 5
109	Trifluralin	92. 9	84. 5	84. 7	68. 0	86. 9	78. 1	63. 4	52. 3
110	Chlorpropham	93. 9	87. 1	85. 7	94. 8	86. 5	78. 7	98. 0	84. 9

（续表）

序号	英文名称	低水平添加				高水平添加			
		LOQ				4LOQ			
		苹果汁 1	猕猴桃汁 1	干红酒 1	干白酒 1	苹果汁 2	猕猴桃汁 2	干红酒 2	干白酒 2
111	Sulfotep	100. 9	93. 1	87. 5	97. 9	92. 2	81. 3	99. 5	88. 4
112	Sulfallate	99. 4	75. 0	76. 8	66. 5	82. 4	61. 2	72. 4	50. 6
113	Alpha – HCH	79. 4	75. 3	69. 8	84. 7	88. 0	87. 5	110. 1	72. 3
114	Terbufos	108. 8	98. 6	94. 2	104. 2	98. 5	82. 2	135. 2	94. 5
115	Terbumeton	93. 5	93. 9	72. 9	91. 6	85. 6	78. 6	92. 8	69. 5
116	Profluralin	97. 0	98. 2	87. 0	76. 9	92. 3	81. 4	74. 6	57. 7
117	Dioxathion	85. 7	81. 4	70. 4	78. 3	83. 6	80. 6	70. 1	75. 0
118	Propazine	97. 4	94. 8	89. 1	96. 4	90. 7	78. 9	97. 4	87. 8
119	Chlorbufam	81. 4	53. 9	未添加	94. 9	67. 6	79. 0	85. 7	未添加
120	Dicloran	未添加	未添加	未添加	未添加	未添加	未添加	未添加	未添加
121	Terbuthylazine	96. 3	98. 3	91. 3	101. 1	90. 3	80. 0	98. 8	89. 1
122	Monolinuron	66. 2	68. 5	52. 8	70. 5	56. 9	70. 7	75. 0	未添加
123	Flufenoxuron	53. 2	67. 5	44. 9	48. 6	42. 0	46. 8	65. 4	未添加
124	Cyanohos	96. 5	91. 5	86. 7	97. 2	86. 7	77. 1	101. 4	83. 8
125	Chlorprifos – Methyl	97. 8	91. 5	88. 3	96. 2	90. 5	80. 8	102. 6	82. 1
126	Desmetryn	82. 1	87. 4	91. 1	90. 9	77. 6	73. 3	94. 1	89. 5
127	Dimethachloro	96. 4	92. 5	86. 9	94. 9	88. 4	83. 4	96. 4	92. 2
128	Alachlor	99. 1	94. 6	88. 5	96. 8	92. 8	81. 3	98. 1	89. 6
129	Pirimiphos – Methyl	98. 4	93. 5	86. 5	94. 4	91. 0	79. 4	100. 1	84. 2
130	Terbutryn	99. 2	96. 3	112. 1	97. 9	92. 1	79. 3	115. 1	90. 2
131	Thiobencarb	97. 7	91. 9	87. 3	96. 0	88. 6	77. 9	97. 9	88. 9
132	Aspon	102. 8	106. 6	93. 0	107. 3	100. 2	89. 3	102. 1	92. 1

（续表）

序号	英文名称	低水平添加				高水平添加			
		LOQ				4LOQ			
		苹果汁 1	猕猴桃汁 1	干红酒 1	干白酒 1	苹果汁 2	猕猴桃汁 2	干红酒 2	干白酒 2
133	Dicofol	100. 7	77. 7	130. 6	104. 3	100. 5	114. 2	117. 8	92. 1
134	Metolachlor	100. 6	96. 8	91. 9	94. 8	89. 6	83. 9	100. 9	86. 2
135	Oxychlordane	未添加	未添加	未添加	未添加	未添加	未添加	未添加	未添加
136	Pirimiphos – Ethyl	98. 8	94. 7	87. 9	94. 5	92. 0	80. 0	98. 4	85. 3
137	Methoprene	83. 0	75. 8	78. 6	78. 3	73. 9	70. 9	83. 1	68. 1
138	Bromofos	98. 7	93. 5	90. 3	98. 3	90. 4	79. 5	101. 3	84. 3
139	Dichlofluanid	84. 9	156. 7	91. 1	163. 5	121. 5	100. 0	126. 5	110. 8
140	Ethofumesate	109. 9	116. 9	96. 0	96. 8	93. 6	85. 2	102. 3	110. 4
141	Isopropalin	88. 2	82. 0	77. 3	67. 0	81. 0	71. 1	66. 7	44. 7
142	Endosulfan – 1	101. 8	98. 1	91. 8	97. 7	93. 2	83. 5	100. 5	94. 0
143	Propanil	64. 1	65. 6	107. 5	83. 0	54. 6	50. 5	78. 6	91. 9
144	Isofenphos	97. 9	94. 5	85. 4	94. 6	89. 0	78. 4	96. 2	84. 8
145	Crufomate	23. 7	51. 9	未添加	22. 9	24. 0	19. 8	14. 3	未添加
146	Chlorfenvinphos	97. 4	102. 0	86. 7	100. 4	91. 4	82. 0	98. 8	78. 8
147	Cis – Chlordane	101. 9	95. 8	89. 2	95. 1	94. 1	81. 5	96. 5	92. 1
148	Tolyfluanide	112. 6	168. 325 *	117. 2	172. 076 *	139. 9	118. 4	171. 528 *	128. 0
149	P，P′– DDE	98. 1	91. 0	85. 8	89. 2	95. 2	84. 9	102. 7	84. 1
150	Butachlor	98. 1	96. 1	90. 0	98. 1	92. 3	80. 9	100. 1	105. 8
151	Chlozolinate	97. 2	95. 3	88. 9	94. 9	90. 4	78. 4	97. 4	89. 0
152	Crotoxyphos	73. 2	84. 6	未添加	71. 6	62. 3	54. 2	67. 4	未添加
153	Iodofenphos	84. 2	86. 5	78. 1	89. 3	82. 0	73. 7	92. 5	66. 5
154	Tetrachlorvinphos	82. 1	99. 4	65. 1	84. 9	78. 6	71. 3	77. 8	57. 4

（续表）

序号	英文名称	低水平添加				高水平添加			
		LOQ				4LOQ			
		苹果汁 1	猕猴桃汁 1	干红酒 1	干白酒 1	苹果汁 2	猕猴桃汁 2	干红酒 2	干白酒 2
155	Chlorbromuron	77. 2	82. 9	未添加	91. 6	68. 7	64. 1	92. 2	未添加
156	Profenofos	90. 8	98. 9	76. 8	91. 9	84. 2	73. 5	89. 6	67. 7
157	Fluorochloridone	99. 5	92. 5	92. 3	97. 6	89. 2	78. 2	101. 5	86. 1
158	Buprofezin	56. 3	50. 5	46. 1	49. 6	47. 1	41. 1	53. 5	57. 5
159	O，P′- DDD	82. 2	85. 1	94. 4	94. 1	75. 2	80. 6	97. 7	95. 1
160	Endrin	96. 2	99. 6	83. 9	103. 1	89. 5	83. 2	103. 9	83. 0
161	Hexaconazole	69. 3	80. 5	39. 4	68. 8	65. 6	58. 1	61. 6	29. 2
162	Chlorfenson	97. 9	91. 6	86. 4	95. 5	90. 1	77. 6	98. 5	83. 9
163	O，P′- DDT	102. 3	131. 7	81. 7	126. 2	110. 3	90. 4	129. 5	83. 7
164	Paclobutrazol	76. 5	82. 2	54. 1	78. 8	66. 5	61. 7	72. 6	46. 4
165	Methoprotryne	92. 6	91. 7	81. 9	93. 6	84. 9	72. 2	94. 3	73. 0
166	Erbon	未添加	未添加	未添加	未添加	未添加	未添加	未添加	未添加
167	Chlorpropylate	96. 6	92. 9	86. 6	95. 2	90. 1	80. 4	98. 0	83. 8
168	Flamprop - Methyl	99. 2	97. 1	91. 1	96. 5	91. 0	82. 1	99. 8	88. 9
169	Nitrofen	74. 4	84. 8	88. 5	100. 2	72. 9	71. 6	102. 0	67. 4
170	Oxyflurofen	81. 7	88. 9	83. 5	99. 5	80. 9	79. 4	99. 8	70. 3
171	Chlorthiophos	97. 9	95. 1	85. 5	94. 2	90. 7	77. 2	97. 0	84. 5
172	Flamprop - Isopropyl	95. 9	92. 0	84. 9	91. 3	87. 1	77. 7	95. 7	83. 8
173	P，P′- DDT	119. 2	210. 809 *	101. 4	192. 749 *	163. 8	130. 6	193. 85 *	116. 3
174	Carbofenothion	102. 1	99. 5	90. 9	102. 1	92. 4	79. 3	105. 0	83. 0
175	Benalaxyl	96. 0	92. 8	89. 3	93. 0	87. 8	85. 1	98. 4	84. 2
176	Edifenphos	82. 1	95. 6	75. 6	105. 7	84. 0	74. 1	100. 0	63. 6

（续表）

序号	英文名称	低水平添加				高水平添加			
		LOQ				4LOQ			
		苹果汁 1	猕猴桃汁 1	干红酒 1	干白酒 1	苹果汁 2	猕猴桃汁 2	干红酒 2	干白酒 2
177	Triazophos	82.8	99.3	82.1	101.9	78.7	73.6	98.8	66.9
178	Cyanofenphos	98.7	98.2	89.8	97.3	90.0	79.6	100.6	86.8
179	Chlorbenside Sulfone	107.4	87.5	107.2	131.8	89.7	87.7	108.9	103.9
180	Endosulfan – Sulfate	100.0	98.8	89.8	98.6	91.2	79.9	101.3	90.4
181	Bromopropylate	95.7	93.6	87.9	94.5	87.4	79.2	97.3	81.5
182	Benzoylprop – Ethyl	107.4	107.3	98.5	100.8	97.0	84.0	104.8	96.3
183	Fenpropathrin	100.4	99.5	87.3	95.9	89.5	78.4	100.7	86.0
184	Captafol	未添加	未添加	未添加	未添加	未添加	未添加	未添加	未添加
185	Leptophos	91.2	92.6	84.9	91.4	83.6	73.0	94.3	74.7
186	EPN	73.3	85.6	88.1	96.2	70.2	74.2	99.5	65.3
187	Hexazinone	65.9	83.1	58.6	85.4	55.0	39.6	63.1	62.0
188	Bifenox	49.8	80.3	69.4	96.1	55.4	68.6	94.4	未添加
189	Phosalone	78.1	88.3	80.2	91.7	71.8	63.8	91.1	62.4
190	Azinphos – Methyl	未添加	74.2	未添加	86.0	未添加	未添加	77.4	未添加
191	Fenarimol	88.7	92.8	85.5	108.3	78.2	68.6	95.1	79.6
192	Azinphos – Ethyl	83.3	92.6	85.9	100.8	72.8	65.5	103.2	60.6
193	Prochloraz	未添加	未添加	未添加	未添加	未添加	未添加	未添加	未添加
194	Cyfluthrin	99.1	95.7	83.6	95.1	85.7	72.5	99.7	71.7
195	Coumaphos	76.9	83.2	77.5	90.7	67.9	57.9	93.6	53.2
196	Fluvalinate	89.5	92.0	79.0	92.8	78.5	61.9	95.8	66.9
197	Dichlorvos	74.1	65.4	87.1	88.0	76.8	77.4	79.1	79.9
198	Biphenyl	52.0	56.0	73.5	78.9	76.6	66.1	66.5	70.7

（续表）

序号	英文名称	低水平添加				高水平添加			
		LOQ				4LOQ			
		苹果汁 1	猕猴桃汁 1	干红酒 1	干白酒 1	苹果汁 2	猕猴桃汁 2	干红酒 2	干白酒 2
199	Propamocarb	84. 1	未添加	35. 3	82. 8	64. 1	未添加	31. 7	46. 7
200	Vernolate	77. 6	62. 4	107. 7	94. 9	72. 6	60. 0	104. 9	88. 3
201	3，5 – Dichloroaniline	64. 2	71. 1	84. 6	69. 7	139. 87 *	23. 0	129. 32 *	116. 94 *
202	Molinate	91. 6	71. 3	81. 9	84. 7	73. 3	70. 0	79. 7	82. 1
203	Methacrifos	83. 7	79. 7	70. 2	73. 1	99. 3	66. 8	110. 4	107. 1
204	2 – Phenylphenol	91. 7	86. 4	97. 1	94. 5	88. 9	79. 6	93. 9	93. 8
205	Cis – 1，2，3，6 – Tetrahydrophthalimide	72. 1	80. 4	89. 9	86. 8	69. 2	30. 9	82. 3	78. 0
206	Fenobucarb	100. 5	93. 9	109. 5	95. 4	95. 3	142. 3	109. 8	105. 0
207	Benfluralin	91. 6	96. 0	100. 8	65. 3	94. 8	95. 7	78. 7	65. 1
208	Hexaflumuron	89. 9	101. 8	92. 6	86. 3	89. 8	93. 9	88. 2	84. 6
209	Prometon	94. 1	96. 6	91. 1	81. 2	87. 6	82. 7	91. 2	89. 4
210	Triallate	95. 4	93. 8	93. 8	92. 3	86. 9	83. 3	94. 7	96. 4
211	Pyrimethanil	94. 5	94. 0	107. 4	82. 3	92. 9	122. 4	110. 8	91. 9
212	Gamma – HCH	83. 3	83. 5	87. 7	89. 5	84. 6	74. 3	110. 6	98. 5
213	Disulfoton	90. 4	87. 8	95. 1	82. 5	83. 1	72. 6	92. 5	88. 5
214	Atrizine	96. 2	99. 5	96. 1	90. 6	84. 0	79. 4	96. 8	103. 1
215	Heptachlor	100. 0	112. 9	110. 4	96. 1	109. 6	96. 4	111. 6	110. 6
216	Iprobenfos	99. 9	105. 6	100. 3	72. 1	101. 5	95. 4	98. 2	87. 9
217	Isazofos	104. 0	97. 8	103. 8	98. 6	91. 1	116. 4	98. 4	101. 9
218	Plifenate	105. 1	116. 6	115. 9	100. 9	111. 5	159. 0	109. 9	112. 0
219	Fenpropimorph	97. 3	95. 2	89. 4	88. 4	90. 3	70. 3	102. 2	92. 4
220	Transfluthrin	91. 5	88. 5	100. 3	90. 8	88. 8	84. 8	105. 0	94. 4

（续表）

序号	英文名称	低水平添加				高水平添加			
		LOQ				4LOQ			
		苹果汁 1	猕猴桃汁 1	干红酒 1	干白酒 1	苹果汁 2	猕猴桃汁 2	干红酒 2	干白酒 2
221	Fluchloralin	93.3	108.1	109.6	50.6	98.2	100.4	77.6	50.8
222	Tolclofos – Methyl	98.4	97.0	95.8	93.2	90.9	84.6	97.1	95.9
223	Propisochlor	97.6	99.2	159.9	160.2	92.1	85.5	161.3	161.3
224	Ametryn	97.4	99.3	94.4	95.6	94.2	84.0	96.8	101.5
225	Simetryn	95.5	95.3	95.2	86.7	86.9	80.4	96.9	91.5
226	Methobromuron	45.7	112.7	133.2	7.95 *	125.7	110.0	88.7	60.7
227	Metribuzin	96.2	84.6	82.6	79.2	73.0	56.3	83.1	74.7
228	Dimethipin	未添加	87.5	78.7	88.0	60.3	未添加	64.7	66.9
229	Epsilon – HCH	未添加	未添加	未添加	未添加	未添加	未添加	未添加	未添加
230	Dipropetryn	97.3	99.1	95.6	99.8	91.0	84.6	97.3	97.4
231	Formothion	未添加	未添加	未添加	未添加	未添加	未添加	未添加	未添加
232	Terbacil	99.2	125.6	152.2	100.9	123.0	107.9	152.0	95.0
233	Diethofencarb	98.3	97.2	97.1	85.2	90.1	94.6	96.5	86.9
234	Dimepiperate	107.9	112.9	99.8	104.2	106.8	103.3	104.0	108.7
235	Bioallethrin – 1	96.3	113.3	97.9	212.339 *	89.7	77.0	95.1	100.4
236	O，P′– DDE	100.1	98.5	94.1	95.2	91.6	85.3	95.0	97.8
237	Fenson	109.5	87.2	94.6	81.8	94.8	81.9	117.1	84.1
238	Diphenamid	92.8	94.0	99.3	88.1	86.2	76.5	106.2	86.2
239	Chlorthion	未添加	未添加	未添加	未添加	未添加	未添加	未添加	未添加
240	Prallethrin	113.1	85.1	85.6	74.7	83.6	76.6	95.9	82.9
241	Penconazole	81.7	100.5	77.5	47.3	92.2	70.4	75.8	69.4
242	Mecarbam	97.7	100.4	98.3	91.7	93.9	85.4	100.1	97.7

（续表）

序号	英文名称	低水平添加				高水平添加			
		LOQ				4LOQ			
		苹果汁 1	猕猴桃汁 1	干红酒 1	干白酒 1	苹果汁 2	猕猴桃汁 2	干红酒 2	干白酒 2
243	Tetraconazole	91.4	98.1	89.5	73.9	85.5	69.9	86.6	84.3
244	Propaphos	85.0	99.9	81.1	未添加	89.1	76.1	79.9	70.3
245	Flumetralin	98.4	116.8	111.6	66.9	106.4	102.8	93.2	80.0
246	Triadimenol	83.0	89.3	83.6	68.3	66.8	67.7	93.3	76.3
247	Pretilachlor	97.5	99.5	97.2	90.0	94.3	84.1	97.5	97.5
248	Kresoxim – Methyl	95.2	94.9	94.3	95.0	92.0	87.6	102.9	99.3
249	Fluazifop – Butyl	97.9	97.4	95.4	86.3	92.1	83.2	98.8	93.0
250	Chlorfluazuron	96.6	97.3	73.2	56.2	100.6	78.6	63.8	62.5
251	Chlorobenzilate	96.6	97.8	96.0	88.6	92.9	85.3	95.9	94.2
252	Uniconazole	82.0	104.5	59.2	69.8	90.6	52.5	116.2	53.8
253	Flusilazole	65.9	118.2	41.1	48.8	105.3	65.7	89.8	78.3
254	Fluorodifen	未添加	未添加	未添加	未添加	未添加	未添加	未添加	未添加
255	Diniconazole	91.1	99.0	94.0	75.7	89.1	77.9	94.3	83.8
256	Piperonyl Butoxide	96.6	86.0	98.1	83.5	96.6	94.4	102.5	93.9
257	Propargite	91.1	75.9	88.0	78.4	86.0	80.4	103.9	85.8
258	Mepronil	93.6	94.8	118.4	79.8	86.7	74.4	95.8	83.0
259	Dimefuron	未添加	98.8	47.6	47.9	52.9	未添加	未添加	未添加
260	Diflufenican	94.6	110.9	73.5	95.7	96.5	80.3	102.6	102.2
261	Fenazaquin	96.1	102.5	98.6	92.1	96.2	83.0	105.0	96.7
262	Phenothrin	93.3	107.1	104.6	78.7	103.2	78.3	100.4	87.4
263	Fludioxonil	未添加	83.4	91.5	57.2	44.3	29.9	72.5	45.7
264	Fenoxycarb	未添加	125.3	96.0	115.5	116.1	82.3	117.0	124.5

（续表）

序号	英文名称	低水平添加				高水平添加			
		LOQ				4LOQ			
		苹果汁 1	猕猴桃汁 1	干红酒 1	干白酒 1	苹果汁 2	猕猴桃汁 2	干红酒 2	干白酒 2
265	Sethoxydim	113. 2	107. 0	108. 5	97. 1	94. 8	93. 9	114. 4	111. 5
266	Amitraz	91. 6	102. 3	76. 1	0. 0	102. 9	39. 0	0. 0	48. 0
267	Anilofos	87. 1	123. 6	111. 4	79. 7	111. 4	80. 1	110. 8	96. 7
268	Acrinathrin	96. 8	101. 5	100. 6	73. 3	98. 1	62. 3	98. 7	81. 5
269	Lambda – Cyhalothrin	100. 3	100. 2	99. 4	93. 9	103. 8	90. 2	101. 3	93. 8
270	Mefenacet	95. 1	100. 0	106. 9	79. 0	110. 8	68. 7	105. 3	83. 2
271	Pemethrin	101. 0	104. 9	107. 5	89. 6	97. 8	85. 3	106. 4	97. 3
272	Pyridaben	98. 7	90. 6	96. 1	78. 3	92. 7	83. 1	94. 4	82. 3
273	Fluoroglycofen – Ethyl	90. 2	167. 7	170. 3	101. 1	155. 2	154. 9	165. 5	135. 7
274	Bitertanol	95. 7	107. 3	125. 1	72. 2	94. 4	74. 0	113. 6	86. 1
275	Etofenprox	101. 3	104. 3	99. 7	90. 7	98. 9	83. 7	105. 8	95. 6
276	Cycloxydim	94. 2	81. 6	103. 5	72. 0	74. 4	81. 9	95. 5	59. 7
277	Flucythrinate – 1	未添加	未添加	未添加	未添加	未添加	未添加	未添加	未添加
278	Esfenvalerate	98. 7	125. 9	99. 5	83. 7	97. 7	82. 7	125. 4	90. 3
279	Alpha – Cypermethrin	139. 3	91. 3	91. 8	104. 3	87. 2	113. 0	148. 7	109. 0
280	Difenoconazole	70. 1	121. 8	98. 6	35. 0	101. 6	63. 3	90. 7	62. 3
281	Flumioxazin	未添加	18. 6	37. 0	未添加	14. 8	未添加	33. 9	25. 2
282	Flumiclorac – Pentyl	96. 9	104. 7	104. 3	74. 7	97. 6	73. 9	106. 6	84. 5

表 G. 3　　蜂蜜、果汁和果酒样品中 110 种农药的添加浓度和回收率数据　　单位:%

序号	英文名称	低水平添加						高水平添加					
		LOQ						4LOQ					
		洋槐蜜	椴树蜜	干红	干白	苹果汁	梨汁	洋槐蜜	椴树蜜	干红	干白	苹果汁	梨汁
1	Dimefox	90. 3	82. 5	57. 9	84. 0	89. 9	85. 4	74. 6	59. 6	68. 3	97. 5	76. 1	61. 2
2	Disulfoton – Sulfoxide	104. 2	94. 2	100. 0	92. 2	102. 6	92. 5	101. 6	88. 5	96. 8	107. 2	100. 2	87. 2
3	Pentachlorobenzene	86. 7	69. 7	63. 6	70. 9	86. 7	70. 6	81. 1	73. 7	74. 4	88. 8	82. 4	75. 3
4	Tri – Iso – Butyl Phosphate	221. 6	84. 6	70. 2	152. 6	225. 2	83. 3	112. 3	102. 4	60. 4	120. 5	114. 6	100. 0
5	Crimidine	95. 4	87. 8	93. 3	89. 4	93. 5	87. 6	97. 5	85. 5	94. 8	100. 0	98. 8	87. 8
6	BDMC – 1	0. 0	0. 0	0. 0	0. 0	0. 0	0. 0	0. 0	0. 0	0. 0	0. 0	0. 0	0. 0
7	Chlorfenprop – Methyl	86. 5	80. 9	73. 3	65. 0	56. 2	48. 9	94. 1	84. 2	90. 5	100. 1	96. 1	87. 0
8	Thionazin	97. 2	87. 4	93. 6	94. 3	95. 5	88. 4	100. 1	88. 6	100. 1	114. 0	101. 4	90. 0
9	2, 3, 5, 6 – Tetrachloroaniline	95. 9	84. 8	87. 6	86. 1	94. 9	86. 3	94. 0	83. 9	90. 0	99. 1	95. 4	85. 1
10	Tri – N – Butyl Phosphate	99. 7	87. 4	94. 5	91. 8	100. 3	88. 3	100. 4	88. 8	95. 2	100. 4	100. 3	88. 8
11	2, 3, 4, 5 – Tetrachloroanisole	122. 7	80. 0	81. 0	93. 6	119. 2	79. 5	90. 4	82. 0	88. 0	95. 7	93. 4	86. 1
12	Pentachloroanisole	99. 9	80. 2	84. 9	86. 5	99. 5	84. 8	94. 6	84. 5	89. 8	100. 0	95. 8	87. 5
13	Tebutam	94. 6	85. 0	92. 6	88. 4	97. 2	87. 1	98. 4	87. 6	95. 7	103. 0	99. 4	89. 2
14	Dioxabenzofos	100. 4	94. 0	99. 4	98. 4	97. 1	91. 6	100. 3	88. 0	95. 6	103. 8	100. 0	88. 0
15	Methabenzthiazuron	98. 4	89. 6	95. 8	92. 8	98. 6	92. 3	102. 0	88. 3	98. 7	104. 8	102. 3	88. 5
16	Simeton	101. 4	86. 3	95. 6	93. 4	102. 4	87. 9	100. 7	87. 7	98. 5	106. 5	99. 8	88. 5
17	Atratone	100. 9	84. 6	95. 0	92. 5	101. 2	86. 7	100. 6	88. 7	99. 6	105. 7	100. 2	89. 3
18	Desisopropyl – Atrazine	95. 8	91. 8	95. 7	93. 7	91. 1	86. 3	84. 9	60. 8	86. 4	96. 3	78. 9	60. 3
19	Terbufos Sulfone	96. 5	87. 0	92. 7	84. 1	97. 5	91. 3	98. 4	88. 1	94. 7	102. 8	98. 0	87. 8
20	Tefluthrin	93. 6	81. 7	90. 2	78. 5	94. 3	81. 7	98.7	88. 9	95. 2	100. 1	99. 2	89. 0

（续表）

序号	英文名称	低水平添加						高水平添加					
		LOQ						4LOQ					
		洋槐蜜	椴树蜜	干红	干白	苹果汁	梨汁	洋槐蜜	椴树蜜	干红	干白	苹果汁	梨汁
21	Fonofos	0.0	0.0	0.0	0.0	0.0	0.0	0.0	0.0	0.0	0.0	78.6	0.0
22	Bromocylen	90.1	80.5	87.2	79.5	91.4	82.0	95.8	86.6	93.7	100.8	96.1	87.0
23	Trietazine	95.3	86.1	95.2	90.9	97.7	89.4	99.5	89.2	96.9	105.2	101.1	90.2
24	Etrimfos Oxon	97.2	88.3	97.0	92.4	95.3	87.6	99.1	89.7	95.4	105.6	100.3	89.8
25	Cycluron	99.1	89.8	97.0	94.7	96.4	89.0	98.9	85.0	99.9	104.1	100.0	88.2
26	2，6 – Dichlorobenzamide	90.2	84.6	86.5	86.3	91.0	84.3	94.3	75.2	100.4	112.8	94.5	76.5
27	DE – PCB 28	91.1	82.9	90.7	81.6	91.3	84.5	98.1	86.9	94.9	102.5	97.6	88.8
28	DE – PCB 31	93.0	82.7	91.0	81.8	92.8	83.4	98.0	87.3	94.7	103.0	97.3	88.8
29	Desethyl – Sebuthylazine	97.5	88.5	96.5	92.8	95.8	89.2	97.1	81.1	92.9	104.0	97.3	81.7
30	2，3，4，5 – Tetrachloroaniline	94.5	86.0	94.4	90.1	96.4	88.9	98.8	88.7	96.3	103.7	98.6	89.4
31	Musk Ambrette	0.5	84.3	93.2	87.5	0.8	88.3	100.8	87.7	97.3	102.8	100.5	87.8
32	Musk Xylene	97.2	81.0	88.4	82.3	100.3	86.3	98.8	88.5	92.8	99.5	100.4	89.6
33	Pentachloroaniline	92.8	86.3	95.1	88.9	92.0	85.6	97.8	86.8	96.2	102.6	97.6	89.7
34	Aziprotryne	92.0	86.2	96.4	93.9	92.4	88.6	99.1	84.4	102.0	104.2	101.7	87.7
35	Sebutylazine	97.8	89.2	98.0	93.6	95.1	88.8	99.8	89.2	95.0	106.8	99.6	89.5
36	Isocarbamid	105.6	94.3	97.5	98.9	100.3	91.0	99.1	84.5	104.4	112.7	99.5	83.4
37	DE – PCB 52	89.8	83.3	94.4	80.5	90.1	83.6	97.1	88.5	96.9	103.7	97.0	88.9
38	Musk Moskene	0.0	0.0	0.0	0.0	0.0	0.0	0.0	0.0	0.0	0.0	0.0	0.0
39	Prosulfocarb	94.4	86.3	93.1	89.7	93.7	85.0	95.4	87.3	94.3	103.3	97.0	89.3
40	Dimethenamid	100.1	89.5	97.1	93.9	96.5	88.4	101.0	88.1	95.2	102.4	99.8	88.3
41	Fenchlorphos Oxon	100.2	89.2	97.7	92.1	96.3	85.0	100.1	89.0	89.8	105.5	99.5	89.5

（续表）

序号	英文名称	低水平添加						高水平添加					
		LOQ						4LOQ					
		洋槐蜜	椴树蜜	干红	干白	苹果汁	梨汁	洋槐蜜	椴树蜜	干红	干白	苹果汁	梨汁
42	BDMC – 2	0. 0	0. 0	0. 0	0. 0	0. 0	0. 0	95. 3	93. 4	111. 8	115. 0	100. 2	90. 5
43	Paraoxon – Methyl	136. 2	137. 0	146. 7	132. 9	118. 7	111. 6	114. 3	94. 6	107. 3	119. 4	102. 6	84. 0
44	Monalide	93. 0	83. 6	94. 0	89. 1	98. 1	85. 9	101. 2	88. 9	97. 2	104. 5	99. 7	90. 8
45	Musk Tibeten	115. 5	104. 2	99. 4	116. 4	123. 8	97. 2	89. 6	89. 2	0. 0	0. 0	96. 7	0. 0
46	Isobenzan	92. 2	84. 4	93. 4	83. 4	89. 3	81. 7	97. 7	87. 8	96. 4	103. 4	96. 4	89. 0
47	Octachlorostyrene	90. 9	82. 1	92. 2	77. 4	89. 7	82. 6	98. 0	88. 7	96. 8	103. 9	98. 6	89. 7
48	Pyrimitate	105. 3	85. 4	92. 2	93. 1	99. 3	88. 9	99. 6	88. 6	93. 0	103. 1	98. 9	90. 8
49	Isodrin	63. 9	52. 6	60. 3	79. 4	94. 1	77. 8	94. 9	89. 0	96. 2	110. 3	104. 3	97. 8
50	Isomethiozin	86. 0	71. 5	84. 3	81. 1	83. 4	77. 3	95. 2	82. 6	91. 2	97. 8	100. 5	87. 8
51	Trichloronat	93. 6	83. 1	92. 1	83. 9	94. 5	82. 9	97. 2	88. 4	94. 2	101. 9	97. 8	88. 8
52	Dacthal	94. 6	85. 5	95. 4	88. 5	95. 0	86. 2	98. 2	87. 7	96. 4	104. 2	101. 1	90. 2
53	4，4 – Dichlorobenzophenone	93. 1	84. 3	92. 8	87. 3	91. 6	85. 6	99. 7	88. 2	99. 8	108. 1	100. 9	88. 9
54	Nitrothal – Isopropyl	95. 2	84. 7	92. 7	87. 4	97. 9	86. 7	100. 9	86. 2	93. 5	95. 3	102. 4	85. 4
55	Musk Ketone	390. 1	63. 3	78. 8	105. 7	86. 6	72. 1	83. 4	73. 2	1148. 2	100. 0	96. 9	84. 9
56	Rabenzazole	99. 7	89. 3	92. 3	95. 9	97. 4	92. 0	103. 4	88. 9	102. 0	111. 6	97. 5	89. 0
57	Cyprodinil	97. 6	88. 6	95. 4	93. 4	95. 2	87. 7	100. 4	89. 3	97. 6	102. 9	100. 8	89. 3
58	Fuberidazole	95. 5	89. 4	88. 1	94. 7	92. 6	88. 9	105. 7	80. 2	106. 5	117. 8	101. 4	78. 0
59	Isofenphos Oxon	0. 0	0. 0	0. 0	0. 0	0. 0	0. 0	0. 0	0. 0	0. 0	0. 0	0. 0	0. 0
60	Methfuroxam	93. 2	75. 2	81. 9	73. 2	96. 4	86. 2	95. 3	87. 9	95. 4	106. 2	97. 5	87. 8
61	Dicapthon	109. 7	95. 8	107. 9	103. 2	100. 2	92. 9	104. 7	89. 4	72. 6	103. 7	100. 1	85. 4
62	DE – PCB 101	92. 1	83. 1	92. 2	78. 9	90. 8	83. 7	97. 7	89. 1	96. 1	104. 4	98. 3	89. 7
63	MCPA – Butoxyethyl Ester	95. 7	82. 6	91. 3	87. 0	92. 8	82. 9	93. 9	82. 7	89. 8	97. 3	99. 1	94. 0
64	Isocarbophos	146. 4	123. 8	128. 0	136. 2	127. 8	110. 8	104. 6	87. 8	102. 6	131. 1	110. 0	90. 3
65	Phorate Sulfone	107. 7	94. 0	99. 2	103. 1	106. 6	93. 4	102. 4	89. 0	94. 7	107. 0	98. 5	87. 6

（续表）

序号	英文名称	低水平添加						高水平添加					
		LOQ						4LOQ					
		洋槐蜜	椴树蜜	干红	干白	苹果汁	梨汁	洋槐蜜	椴树蜜	干红	干白	苹果汁	梨汁
66	Chlorfenethol	96.0	87.2	96.4	90.8	95.2	86.0	100.3	89.2	99.4	104.9	101.0	88.7
67	Trans – Nonachlor	91.9	82.3	92.4	77.8	90.8	83.4	98.0	88.4	95.5	103.5	99.1	90.0
68	Dinobuton	207.8	26.6	69.1	105.1	3.2	59.5	56.1	302.8	0.0	75.9	44.2	46.4
69	DEF	97.6	84.0	91.1	86.3	100.3	86.9	99.5	87.6	93.4	101.4	99.9	89.0
70	Flurochloridone	96.6	82.7	95.7	92.6	96.3	91.2	100.5	87.2	92.3	104.5	100.6	87.7
71	Bromfenvinfos	119.7	102.4	107.6	93.4	109.4	97.5	101.6	88.8	98.4	103.6	100.5	85.7
72	Perthane	94.9	83.0	93.3	82.1	93.9	81.9	98.8	88.5	95.3	104.5	99.7	89.2
73	Ditalimfos	26.0	19.2	15.5	4.7	24.9	18.2	46.7	34.8	40.1	41.2	47.3	35.5
74	DE – PCB 118	91.6	82.5	91.8	78.6	90.2	82.6	98.5	88.3	96.2	104.1	99.8	90.2
75	4，4 – Dibromobenzophenone	92.1	83.8	89.0	86.0	95.9	87.1	101.8	89.5	96.4	104.9	100.9	88.6
76	Flutriafol	97.7	86.2	95.4	91.3	101.0	88.9	99.3	86.4	97.0	105.7	99.9	87.2
77	Mephosfolan	119.2	102.7	107.0	112.6	111.8	96.5	105.5	84.3	105.5	110.0	100.9	80.8
78	Athidathion	92.8	84.9	97.0	81.8	90.1	83.8	98.2	83.9	95.8	112.4	96.9	91.2
79	DE – PCB 153	91.4	82.4	90.7	77.4	90.1	82.0	99.4	89.2	97.6	105.1	98.6	89.0
80	Diclobutrazole	97.8	86.4	95.6	92.3	101.2	88.6	100.9	88.1	96.8	103.9	99.3	88.0
81	Disulfoton Sulfone	140.8	135.2	148.3	136.6	116.6	108.2	104.2	92.7	94.8	144.4	103.0	89.2
82	Hexythiazox	59.6	55.7	121.5	75.4	45.9	87.6	55.2	52.2	63.7	68.9	59.8	65.7
83	DE – PCB 138	92.6	81.0	91.5	76.2	92.2	83.1	99.1	88.6	95.9	105.8	97.8	89.0
84	Triamiphos	100.7	85.0	91.9	91.1	101.9	87.6	99.8	84.0	96.1	100.3	97.8	83.9
85	Resmethrin – 1	105.9	81.4	86.9	84.8	93.8	71.1	100.6	87.4	93.7	103.5	116.8	87.1
86	Cyproconazole	99.7	65.0	60.5	87.0	64.3	73.7	99.7	87.8	97.1	106.0	100.1	89.1
87	Resmethrin – 2	96.5	77.4	82.0	80.4	93.9	77.1	99.8	87.3	94.5	104.4	100.6	87.8
88	Phthalic Acid，Benzyl Butyl Ester	98.1	94.8	90.9	91.3	94.2	82.7	98.3	88.2	98.8	104.6	98.4	88.8

（续表）

序号	英文名称	低水平添加						高水平添加					
		LOQ						4LOQ					
		洋槐蜜	椴树蜜	干红	干白	苹果汁	梨汁	洋槐蜜	椴树蜜	干红	干白	苹果汁	梨汁
89	Clodinafop – Propargyl	109. 3	91. 1	96. 8	98. 0	105. 9	93. 1	111. 6	91. 4	99. 7	110. 4	104. 2	84. 6
90	Fenthion Sulfoxide	114. 9	104. 7	110. 3	110. 5	101. 6	91. 8	95. 3	90. 6	96. 3	121. 9	91. 7	86. 6
91	Fluotrimazole	89. 9	78. 9	105. 4	90. 8	82. 4	74. 6	96. 2	88. 4	138. 9	112. 1	102. 6	88. 2
92	Fluroxypr – 1 – Methylheptyl Ester	96. 7	84. 0	92. 2	87. 4	95. 4	82. 0	99. 2	87. 5	95. 5	104. 7	99. 4	88. 4
93	Fenthion Sulfone	115. 7	102. 1	112. 9	110. 7	101. 3	93. 6	104. 5	90. 8	82. 7	112. 5	100. 0	88. 2
94	Triphenyl Phosphate	97. 0	86. 3	94. 6	91. 3	95. 0	86. 4	98. 2	88. 6	97. 1	105. 1	100. 4	90. 0
95	Metamitron	114. 2	105. 0	106. 7	117. 0	99. 8	91. 7	121. 4	98. 0	97. 1	132. 0	114. 5	92. 4
96	DE – PCB 180	96. 4	82. 7	93. 1	76. 8	90. 8	85. 4	98. 9	89. 2	97. 5	104. 6	100. 0	90. 9
97	Tebufenpyrad	96. 1	84. 6	92. 9	89. 9	93. 2	81. 9	98. 8	88. 1	94. 8	104. 7	100. 1	90. 0
98	Cloquintocet – Mexyl	103. 2	82. 8	94. 4	102. 9	97. 3	83. 6	104. 2	83. 8	111. 3	107. 1	110. 4	84. 5
99	Lenacil	99. 6	87. 8	95. 0	93. 6	100. 1	87. 8	101. 0	86. 7	98. 1	111. 8	102. 3	87. 0
100	Bromuconazole – 1	76. 7	67. 1	76. 8	79. 3	98. 8	71. 0	103. 4	86. 4	98. 0	118. 6	100. 3	98. 1
101	Desbrom – Leptophos	104. 2	89. 7	98. 6	87. 2	97. 8	85. 1	101. 7	91. 0	88. 6	109. 0	102. 7	91. 1
102	Phosmet	140. 0	118. 8	134. 6	132. 5	110. 5	102. 0	111. 4	95. 2	86. 7	128. 4	102. 1	87. 1
103	Bromuconazole – 2	122. 4	88. 8	116. 8	98. 4	130. 7	95. 7	101. 7	88. 4	93. 1	102. 8	101. 5	87. 3
104	Nitralin	91. 6	78. 4	93. 2	89. 5	92. 0	80. 2	96. 7	84. 0	94. 7	99. 6	98. 2	84. 1
105	Fenamiphos Sulfoxide	131. 4	95. 3	75. 3	97. 1	122. 5	87. 4	90. 8	52. 7	130. 4	136. 8	87. 4	51. 6
106	Fenamiphos Sulfone	119. 8	96. 3	94. 5	107. 1	106. 5	86. 7	98. 0	72. 4	106. 1	120. 1	93. 8	70. 0
107	Pyrazophos	106. 7	90. 8	95. 8	99. 4	102. 7	91. 4	102. 7	90. 5	95. 3	114. 1	102. 5	88. 2
108	Fenpiclonil	101. 0	92. 7	82. 0	101. 5	94. 7	90. 0	84. 6	67. 2	89. 3	114. 9	83. 9	68. 0
109	Fluquinconazole	97. 2	87. 1	96. 7	92. 6	95. 4	87. 2	99. 3	86. 6	97. 2	105. 0	100. 2	87. 7
110	Fenbuconazole	103. 3	88. 8	96. 4	96. 9	97. 7	85. 2	99. 5	84. 5	97. 7	110. 1	99. 5	84. 1

表 G. 4 果汁和果酒中 124 种农药及相关化学品（E 组）添加回收率精密度数据

单位：%

序号	英文名称	低水平添加						高水平添加					
		LOQ						4LOQ					
		洋槐蜜	椴树蜜	干红	干白	苹果汁	梨汁	洋槐蜜	椴树蜜	干红	干白	苹果汁	梨汁
1	Propoxur – 1	97. 5	97. 2	104. 9	110. 8	95. 8	98. 9	82. 5	73. 5	74. 4	73. 3	82. 8	76. 6
2	Isoprocarb – 1	95. 8	100. 6	100. 3	115. 0	96. 2	99. 9	78. 5	70. 7	75. 3	71. 9	80. 2	72. 8
3	Methamidophos	21. 1	19. 3	33. 8	25. 9	26. 5	24. 3	28. 7	15. 8	15. 7	17. 1	29. 6	16. 1
4	Acenaphthene	48. 5	71. 3	80. 3	85. 8	48. 8	71. 5	65. 4	54. 3	50. 3	59. 2	66. 2	55. 3
5	Dibutyl Succinate	82. 0	81. 5	87. 2	99. 9	82. 5	83. 0	88. 8	76. 5	72. 5	75. 0	89. 1	76. 4
6	Phthalimide	92. 4	99. 6	98. 0	97. 7	95. 4	99. 9	104. 7	81. 4	80. 5	84. 2	105. 4	82. 5
7	Chlorethoxyfos	71. 2	86. 3	86. 4	87. 1	70. 8	89. 3	86. 5	75. 2	68. 9	70. 0	86. 5	75. 2
8	Isoprocarb – 2	92. 7	95. 5	93. 7	94. 4	93. 5	98. 7	96. 1	81. 8	77. 4	79. 7	92. 8	79. 2
9	Pencycuron	79. 5	75. 5	76. 6	69. 8	57. 8	59. 9	88. 7	42. 1	65. 4	63. 0	96. 7	55. 5
10	Tebuthiuron	93. 1	95. 8	93. 7	96. 7	97. 5	101. 5	95. 6	82. 3	80. 4	80. 5	97. 0	83. 2
11	Demeton – S – Methyl	101. 1	117. 3	110. 7	113. 7	108. 9	121. 4	95. 1	99. 8	82. 3	80. 0	97. 5	100. 6
12	Cadusafos	94. 3	95. 8	92. 6	98. 0	94. 5	94. 9	94. 8	81. 4	79. 0	80. 1	92. 8	80. 9
13	Propoxur – 2	89. 0	96. 3	91. 1	86. 4	101. 2	98. 7	112. 4	94. 6	81. 3	87. 1	112. 3	88. 4
14	Naled	34. 5	52. 8	50. 6	21. 5	47. 6	80. 8	59. 2	73. 9	41. 1	44. 2	65. 0	60. 7
15	Phenanthrene	90. 5	94. 1	91. 3	100. 4	89. 9	93. 2	89. 1	77. 3	73. 2	75. 8	88. 4	76. 7
16	Spiroxamine – 1	90. 7	99. 7	99. 0	98. 6	94. 1	100. 4	93. 0	80. 9	79. 9	79. 8	93. 6	83. 3
17	Fenpyroximate	98. 8	106. 2	101. 6	104. 8	97. 0	93. 3	101. 0	77. 4	77. 8	80. 9	103. 8	79. 8
18	Tebupirimfos	90. 6	94. 9	91. 7	94. 5	93. 1	99. 0	93. 7	81. 3	77. 1	78. 1	94. 3	81. 7
19	Prohydrojamon	90. 4	104. 9	102. 4	93. 3	90. 2	100. 0	102. 5	95. 1	95. 8	98. 8	102. 2	95. 0
20	Fenpropidin	86. 0	102. 1	98. 6	90. 3	86. 2	101. 2	95. 8	79. 0	78. 0	78. 6	97. 7	80. 7
21	Dichloran	98. 0	108. 2	95. 6	103. 2	103. 1	108. 8	92. 6	77. 8	79. 1	77. 1	100. 8	86. 2
22	Pyroquilon	96. 8	101. 7	98. 9	103. 1	102. 8	104.8	94. 4	81. 5	79. 7	80. 8	94. 2	82. 2

（续表）

序号	英文名称	低水平添加						高水平添加					
		LOQ						4LOQ					
		洋槐蜜	椴树蜜	干红	干白	苹果汁	梨汁	洋槐蜜	椴树蜜	干红	干白	苹果汁	梨汁
23	Spiroxamine - 2	93.9	96.8	93.1	98.1	95.9	99.5	97.5	81.6	78.8	79.9	98.9	81.6
24	Dinoterb	73.4	91.1	70.8	45.3	81.9	114.7	152.3	41.7	9.5	59.5	155.7	45.7
25	Propyzamide	97.6	99.1	95.5	99.6	98.7	100.7	96.6	83.1	80.7	80.2	95.1	82.2
26	Pirimicicarb	98.0	107.4	102.5	109.2	109.7	109.9	92.9	82.1	80.0	80.7	95.8	83.1
27	Phosphamidon - 1	81.4	87.8	80.9	71.0	100.6	96.9	109.3	95.2	84.5	82.5	96.1	76.2
28	Benoxacor	91.8	93.2	88.7	80.1	96.1	98.5	94.3	84.0	78.6	79.1	94.9	84.0
29	Bromobutide	95.3	94.8	92.0	92.9	95.3	91.4	104.2	94.9	96.6	102.4	105.0	95.5
30	Acetochlor	97.8	98.6	95.0	99.8	100.4	100.1	94.8	82.5	78.9	80.0	93.6	81.9
31	Tridiphane	93.4	84.2	85.2	70.5	86.6	86.6	104.1	101.2	98.0	103.3	102.1	98.9
32	Terbucarb - 2	97.8	98.9	95.7	99.8	97.8	98.7	94.2	81.3	78.6	79.7	94.1	82.4
33	Esprocarb	100.4	99.5	104.3	97.2	104.9	100.5	90.3	95.6	98.0	103.9	88.8	93.7
34	Fenfuram	87.9	91.4	91.4	88.7	90.6	96.0	94.3	80.1	80.0	80.1	94.4	81.3
35	Acibenzolar - S - Methyl	93.9	95.4	93.3	89.7	93.9	95.5	102.0	92.2	92.5	99.1	103.2	95.1
36	Benfuresate	100.7	115.5	95.3	104.7	102.4	121.0	93.3	82.6	80.1	80.3	93.0	81.6
37	Dithiopyr	94.0	98.1	93.6	97.3	97.4	98.4	94.3	81.4	79.7	79.4	94.4	82.3
38	Mefenoxam	97.6	100.3	96.9	103.6	100.9	102.2	94.2	82.5	80.3	80.6	93.9	81.7
39	Malaoxon	79.6	91.3	83.6	69.8	95.2	95.4	101.2	97.0	80.4	82.5	101.8	89.2
40	Phosphamidon - 2	90.7	95.9	91.2	89.5	96.0	103.7	96.5	86.0	80.2	80.6	98.3	85.6
41	Simeconazole	96.0	96.9	96.1	98.3	96.6	101.5	96.2	81.5	79.8	79.5	95.6	80.6
42	Chlorthal - Dimethyl	98.0	99.5	95.2	101.4	97.3	99.5	93.8	80.9	78.3	78.6	92.4	80.0
43	Thiazopyr	94.3	102.7	94.5	97.7	99.8	101.7	94.7	82.4	80.9	80.4	94.8	83.4
44	Dimethylvinphos	95.9	99.8	93.8	89.1	97.5	104.9	94.3	87.1	81.9	80.8	93.2	101.5

（续表）

序号	英文名称	低水平添加						高水平添加					
		LOQ						4LOQ					
		洋槐蜜	椴树蜜	干红	干白	苹果汁	梨汁	洋槐蜜	椴树蜜	干红	干白	苹果汁	梨汁
45	Butralin	91.3	90.4	85.7	86.4	94.0	99.3	100.9	84.9	79.8	80.9	100.0	85.1
46	Zoxamide	98.2	102.1	98.3	106.5	97.9	98.6	110.8	76.6	77.7	76.7	108.1	78.6
47	Pyrifenox -1	101.6	100.4	101.8	101.2	97.6	100.0	98.6	85.2	81.9	82.4	97.3	84.0
48	Allethrin	94.0	106.4	100.5	93.8	98.6	106.9	98.9	87.2	81.9	81.0	96.1	84.7
49	Dimethametryn	96.8	99.2	95.2	98.7	99.2	101.1	95.8	83.1	80.2	81.2	95.5	83.2
50	Quinoclamine	95.8	97.2	89.6	91.2	96.7	99.4	99.5	83.5	81.1	83.2	99.5	83.4
51	Methothrin -1	139.5	98.5	180.7	112.1	79.4	84.9	109.2	101.0	90.3	95.8	123.2	112.1
52	Flufenacet	94.2	94.7	92.2	88.4	98.4	101.2	84.2	84.9	80.2	81.3	82.8	83.5
53	Methothrin -2	96.1	101.3	94.1	94.9	69.8	70.3	104.2	94.0	82.2	89.7	103.8	94.5
54	Pyrifenox -2	95.6	97.5	92.6	94.4	96.3	99.7	95.7	83.0	80.0	79.8	94.4	81.9
55	Fenoxanil	81.2	129.0	104.6	83.2	99.4	113.4	79.5	99.7	97.0	80.3	76.0	80.2
56	Phthalide	106.4	113.8	105.7	98.9	104.5	107.3	83.0	86.5	100.4	91.3	120.2	86.5
57	Furalaxyl	97.1	100.3	97.5	100.1	99.6	100.0	95.7	81.7	80.5	80.5	94.5	82.1
58	Thiamethoxam	55.5	61.5	44.7	49.0	51.8	76.3	60.3	29.0	31.6	29.4	68.3	35.3
59	Mepanipyrim	96.9	104.1	92.9	88.8	102.5	100.5	100.5	86.4	82.0	82.6	99.5	86.2
60	Captan	135.2	117.4	101.5	74.7	162.6	102.8	70.2	106.8	68.9	73.0	77.6	81.1
61	Bromacil	71.1	85.5	71.0	69.4	103.5	75.5	90.4	77.6	77.6	78.9	90.7	82.0
62	Picoxystrobin	98.5	102.5	96.7	102.8	102.9	107.0	96.1	83.3	81.9	81.7	93.8	80.1
63	Butamifos	90.0	88.0	78.0	88.3	94.1	119.1	111.7	100.7	97.7	102.4	114.8	103.4
64	Imazamethabenz - Methyl	145.4	157.5	96.1	96.5	140.6	152.0	140.1	74.3	78.2	77.5	86.8	75.0
65	Metominostrobin -1	95.9	96.3	93.2	86.7	97.4	96.1	103.5	96.3	100.4	102.8	102.6	94.3
66	TCMTB	73.3	71.0	63.3	39.4	98.0	84.8	115.8	124.0	102.7	116.0	130.5	131.4

（续表）

序号	英文名称	低水平添加						高水平添加					
		LOQ						4LOQ					
		洋槐蜜	椴树蜜	干红	干白	苹果汁	梨汁	洋槐蜜	椴树蜜	干红	干白	苹果汁	梨汁
67	Methiocarb Sulfone	60. 3	76. 6	69. 5	55. 2	72. 9	94. 6	84. 9	60. 3	64. 7	63. 5	90. 7	64. 9
68	Imazalil	64. 2	92. 7	84. 1	77. 4	68. 8	97. 1	94. 3	78. 4	78. 8	79. 4	97. 0	77. 7
69	Isoprothiolane	99. 1	101. 9	96. 3	99. 3	98. 2	98. 9	95. 0	82. 4	80. 9	80. 7	94. 2	81. 3
70	Cyflufenamid	95. 0	97. 6	92. 2	89. 3	96. 6	97. 8	92. 9	103. 2	88. 1	97. 9	78. 2	77. 9
71	Methyl Trithion	90. 8	85. 3	103. 0	64. 9	111. 3	99. 2	109. 4	117. 8	100. 8	111. 8	111. 3	94. 7
72	Pyriminobac – Methyl	94. 8	91. 8	89. 8	87. 4	97. 4	91. 3	102. 4	93. 5	96. 9	102. 1	100. 7	92. 0
73	Isoxathion	77. 4	75. 8	66. 6	49. 8	91. 8	88. 2	107. 5	123. 0	102. 7	107. 7	107. 9	116. 2
74	Metominostrobin – 2	73. 6	98. 1	67. 3	79. 9	89. 0	92. 3	121. 7	104. 4	105. 0	108. 9	110. 7	99. 4
75	Diofenolan – 1	94. 9	99. 0	93. 9	94. 9	98. 3	101. 3	97. 8	85. 4	82. 6	82. 4	96. 7	82. 8
76	Thifluzamide	0. 0	0. 0	0. 0	0. 0	0. 0	0. 0	0. 0	0. 0	0. 0	0. 0	0. 0	0. 0
77	Diofenolan – 2	97. 9	100. 6	96. 6	95. 8	99. 4	102. 5	96. 4	83. 7	82. 8	81. 3	95. 3	82. 3
78	Quinoxyphen	98. 9	108. 9	99. 8	97. 4	98. 0	98. 5	96. 2	86. 3	79. 8	81. 9	95. 7	84. 0
79	Chlorfenapyr	96. 4	98. 2	93. 6	97. 7	98. 8	99. 5	86. 6	83. 0	80. 1	80. 9	87. 0	82. 2
80	Trifloxystrobin	96. 0	98. 6	93. 3	93. 7	99. 3	101. 2	97. 2	83. 5	80. 7	80. 9	95. 2	82. 0
81	Imibenconazole – Des – Benzyl	73. 9	110. 5	112. 0	112. 0	127. 3	99. 2	70. 2	99. 9	89. 6	72. 7	79. 7	77. 4
82	Isoxadifen – Ethyl	95. 3	103. 9	100. 4	87. 8	89. 6	87. 2	101. 1	94. 3	99. 6	104. 3	108. 1	95. 4
83	Fipronil	96. 1	98. 8	93. 2	89. 7	99. 6	100. 8	86. 9	81. 7	76. 2	80. 4	89. 7	81. 5
84	Imiprothrin – 1	97. 3	88. 4	104. 0	108. 7	105. 8	100. 2	116. 6	76. 7	57. 9	69. 4	96. 4	58. 0
85	Carfentrazone – Ethyl	90. 6	71. 5	74. 5	86. 1	100. 1	74. 2	99. 6	86. 1	83. 4	84. 2	94. 4	81. 9
86	Imiprothrin – 2	102. 3	115. 2	121. 8	93. 8	84. 3	112. 3	105. 5	90. 5	86. 5	90. 2	101. 4	83. 8
87	Halosulfuran – Methyl	139. 3	15. 5	6. 6	54. 3	198. 1	50. 8	30. 4	8. 3	3. 5	21. 1	23. 8	10. 7
88	Epoxiconazole – 1	95. 6	108. 6	109. 9	118. 8	97. 3	97. 9	93. 7	74. 8	80. 4	83. 5	90. 2	73. 6

（续表）

序号	英文名称	低水平添加						高水平添加					
		LOQ						4LOQ					
		洋槐蜜	椴树蜜	干红	干白	苹果汁	梨汁	洋槐蜜	椴树蜜	干红	干白	苹果汁	梨汁
89	Pyraflufen Ethyl	97.1	86.8	83.0	97.1	98.4	84.3	95.2	82.2	80.0	80.6	94.6	80.8
90	Pyributicarb	97.3	106.5	95.9	98.7	87.0	110.2	101.6	88.2	86.1	85.8	93.7	82.2
91	Thenylchlor	104.0	115.5	105.0	101.4	98.2	104.0	96.8	86.1	80.2	79.9	94.9	83.4
92	Clethodim	82.2	84.2	68.3	85.8	78.8	86.6	84.1	66.8	21.0	70.0	84.1	66.0
93	Chrysene	0.4	1.9	2.6	1.4	1.4	0.9	0.8	0.6	0.6	0.6	1.0	0.4
94	Mefenpyr - Diethyl	99.5	99.2	93.5	96.9	90.0	91.2	95.6	84.6	81.4	80.9	97.8	83.8
95	Famphur	96.1	96.1	91.0	86.7	99.6	100.4	65.9	83.7	78.8	81.8	65.8	82.9
96	Etoxazole	94.2	87.1	88.2	38.1	96.6	86.8	113.4	111.2	109.2	114.3	112.5	108.1
97	Pyriproxyfen	95.4	95.8	86.7	93.1	96.9	98.7	94.0	79.9	74.2	77.7	93.7	77.2
98	Epoxiconazole - 2	94.4	94.0	86.8	88.0	96.9	100.1	95.7	81.1	80.7	78.5	94.4	79.6
99	Tepraloxydim	81.2	90.6	117.2	65.3	87.1	109.5	93.7	82.8	82.9	77.3	88.3	84.3
100	Picolinafen	91.0	97.9	90.4	95.3	97.2	98.7	98.0	83.2	80.1	80.3	94.6	83.1
101	Iprodione	97.1	94.8	89.4	92.7	98.7	101.5	95.2	79.7	76.2	79.0	95.1	82.0
102	Piperophos	96.0	95.8	88.4	89.1	96.8	98.7	98.1	85.8	83.3	83.5	100.2	1.4
103	Ofurace	89.3	95.7	93.0	82.6	89.4	92.0	94.7	77.7	76.9	78.6	95.6	78.9
104	Bifenazate	154.8	107.9	109.9	90.1	157.2	115.0	84.9	104.9	104.9	126.1	106.4	135.4
105	Chromafenozide	85.9	176.1	109.2	0.0	74.1	238.9	117.0	96.1	75.5	106.4	186.2	124.4
106	Endrin Ketone	95.3	95.6	86.6	86.1	99.3	121.0	93.4	82.4	79.1	77.9	94.9	84.2
107	Clomeprop	93.7	96.3	95.4	84.8	109.0	95.4	99.2	90.3	92.8	101.1	92.1	80.4
108	Fenamidone	94.6	91.1	88.3	86.4	97.4	92.2	107.3	95.2	99.8	103.5	103.2	92.6
109	Naproanilide	104.1	88.7	85.9	80.6	92.4	89.7	107.8	97.9	99.0	107.6	104.5	95.3
110	Pyraclostrobin	107.4	127.9	89.2	122.8	85.0	114.9	141.2	81.9	91.5	103.0	133.6	98.1

（续表）

序号	英文名称	低水平添加						高水平添加					
		LOQ						4LOQ					
		洋槐蜜	椴树蜜	干红	干白	苹果汁	梨汁	洋槐蜜	椴树蜜	干红	干白	苹果汁	梨汁
111	Lactofen	91.0	76.7	71.7	61.7	87.1	89.8	111.0	90.7	84.9	83.6	115.1	94.5
112	Tralkoxydim	93.5	96.3	79.8	90.4	83.8	92.1	80.3	69.8	23.0	71.6	82.2	69.7
113	Pyraclofos	84.6	81.0	73.2	58.9	91.8	93.4	115.4	103.9	99.8	108.2	114.0	102.7
114	Dialifos	90.0	88.1	81.5	70.1	92.5	89.6	93.4	97.1	97.0	106.0	94.5	100.0
115	Spirodiclofen	91.4	96.5	90.1	94.3	91.9	91.3	89.9	87.7	80.6	87.5	86.4	83.5
116	Halfenprox	80.9	77.7	72.4	62.7	91.8	91.1	111.5	102.6	102.5	108.7	111.8	104.1
117	Flurtamone	83.9	89.0	86.8	76.6	89.1	95.5	89.2	73.4	78.4	79.1	92.3	73.3
118	Pyriftalid	90.4	95.1	90.5	88.4	84.4	84.4	95.9	81.0	81.0	80.5	95.3	80.1
119	Silafluofen	90.3	95.0	80.0	94.8	88.4	88.0	92.8	84.5	84.0	82.9	87.7	75.1
120	Pyrimidifen	83.1	86.4	82.4	75.6	81.1	89.0	103.4	65.3	88.1	99.5	100.7	65.5
121	Acetamiprid	21.0	76.0	29.8	19.3	44.7	157.2	82.8	41.1	45.2	52.8	82.2	42.2
122	Butafenacil	85.0	85.6	79.6	76.8	101.2	89.7	96.7	82.2	79.7	80.6	98.1	82.1
123	Cafenstrole	85.3	83.2	79.2	65.4	92.1	96.3	122.7	112.3	108.2	117.3	120.5	109.5
124	Fluridone	70.7	86.7	78.0	66.3	72.7	91.8	96.0	59.6	67.0	69.5	96.8	60.1

ICS
X

GB

中　华　人　民　共　和　国　国　家　标　准

GB 23200.14—2016
代替 GB/T 23206—2008

食品安全国家标准
果蔬汁和果酒中 512 种农药及相关化学品残留量的测定液相色谱 - 质谱法

National Food Safety Standards—
Determination of 512 pesticides residues in fruit juice, vegetable juice and fruit wine Liquid chromatography – mass spectrometry

2016 – 12 – 18 发布　　　　2017 – 06 – 18 实施

中华人民共和国国家卫生和计划生育委员会
中　华　人　民　共　和　国　农　业　部
国　家　食　品　药　品　监　督　管　理　总　局
发布

前　言

本标准代替 GB/T 23206—2008《果蔬汁、果酒中 512 种农药及相关化学品残留量的测定液相色谱 - 串联质谱法》。

本标准与 GB/T 23206—2008 相比，主要变化如下：

—标准文本格式修改为食品安全国家标准文本格式；

—标准范围中增加“其他果蔬汁、果酒可参照执行”。

本标准所代替标准的历次版本发布情况为：

—GB/T 23206—2008。

食品安全国家标准
果蔬汁和果酒中 512 种农药及相关化学品残留量的测定液相色谱 - 质谱法

1　范围

本标准规定了橙汁、苹果汁、葡萄汁、白菜汁、胡萝卜汁、干酒、半干酒、半甜酒、甜酒中 512 种农药及相关化学品（参见附录 A）残留量液相色谱 - 质谱测定方法。

本标准适用于橙汁、苹果汁、葡萄汁、白菜汁、胡萝卜汁、干酒、半干酒、半甜酒、甜酒中 512 种农药及相关化学品残留的定性鉴别，也适用于 490 种农药及相关化学品残留量的定量测定，其他果蔬汁、果酒可参照执行。

2　规范性引用文件

下列文件对于本文件的应用是必不可少的。凡是注日期的引用文件，仅所注日期的版本适用于本文件。凡是不注日期的引用文件，其最新版本（包括所有的修改单）适用于本文件。

GB 2763　食品安全国家标准　食品中农药最大残留限量

GB/T 6682　分析实验室用水规格和试验方法

3　原理

试样用 1% 乙酸乙腈溶液提取，经 Sep - Pak Vac 柱净化，用乙腈 - 甲苯溶液（3 + 1）洗脱农药及相关化学品，用液相色谱 - 串联质谱仪检测，外标法定量。

4　试剂和材料

除另有规定外，所有试剂均为分析纯，水为符合 GB/T 6682 中规定的一级水。

4.1 试剂

4.1.1 乙腈（CH_3CN，75－05－8）：色谱纯。

4.1.2 丙酮（CH_3COCH_3，67－64－1）：色谱纯。

4.1.3 异辛烷（C_8H_{18}，540－84－1）：色谱纯。

4.1.4 甲醇（CH_3OH，67－56－1/170082－17－4）：色谱纯。

4.1.5 甲苯（C_7H_8，108－88－3）：色谱纯。

4.1.6 乙酸（CH_3COOH，64－19－7）：优级纯。

4.1.7 甲酸（HCOOH，64－18－6）：优级纯。

4.1.8 乙酸铵（CH_3COONH_4，631－61－8）：优级纯。

4.1.9 无水乙酸钠（CH_3COONa，127－09－3）：分析纯。

4.1.10 无水硫酸钠（Na_2SO_4，7757－82－6），无水硫酸镁（$MgSO_4$，7487－88－9）：分析纯。用前在650 ℃灼烧4 h，贮于干燥器中，冷却后备用。

4.2 溶液配制

4.2.1 0.1%甲酸溶液：取1 000 mL水，加入1 mL甲酸，摇匀备用。

4.2.2 5 mmol/L乙酸铵溶液：称取0.385g乙酸铵，加水稀释至1 000 mL。

4.2.3 乙腈－甲苯溶液（3＋1）：取300 mL乙腈，加入100 mL甲苯，摇匀备用。

4.2.4 1%乙酸乙腈溶液：取1 000 mL乙腈，加入1 mL乙酸，摇匀备用。

4.2.5 乙腈－水溶液（3＋2）：取300 mL乙腈，加入200 mL水，摇匀备用。

4.3 标准品

农药及相关化学品标准物质：纯度≥95%，参见附录A。

4.4 标准溶液配制

4.4.1 标准储备溶液

分别称取5 mg～10 mg（精确至0.1 mg）农药及相关化学品各标准物质分别于10 mL容量瓶中，根据标准物质的溶解度选甲醇、甲苯、丙酮、乙腈或异辛烷溶解并定容至刻度（溶剂选择参见附录A），标准溶液避光0 ℃～4 ℃保存，保存期为一年。

4.4.2 混合标准溶液（混合标准溶液A、B、C、D、E、F和G）

按照农药及相关化学品的保留时间，将512种农药及相关化学品分成A、B、C、D、E、F和G七个组，并根据每种农药及相关化学品在仪器上的响应灵敏度，确定其在混合标准溶液中的浓度。本标准对512种农药及相关化学品的分组及其混合标准溶液浓度参见附录A。

依据每种农药及相关化学品的分组、混合标准溶液浓度及其标准储备液的浓度，移取一定量的单个农药及相关化学品标准储备溶液于100mL容量瓶中，用甲醇定容至刻度。混合标准溶液避光0 ℃～4 ℃保存，保存期为一个月。

4.4.3 基质混合标准工作溶液

农药及相关化学品基质混合标准工作溶液是用空白样品基质溶液配成不同浓度的基质混合标准工作溶液A、B、C、D、E、F和G，用于做标准工作曲线。基质混合标准工作溶液应现用现配。

4.5 材料

4.5.1 微孔过滤膜（尼龙）：13 mm×0.2 μm。

4.5.2 Waters Sep－Pak Vac 氨基固相萃取柱：6 mL，1 g，或相当者。

5 仪器和设备

5.1 液相色谱－串联质谱仪：配有电喷雾离子源。

5.2 分析天平：感量0.1 mg 和0.01 g。

5.3 鸡心瓶：200 mL。

5.4 移液器：1 mL。

5.5 样品瓶：2 mL，带聚四氟乙烯旋盖。

5.6 具塞离心管：50 mL。

5.7 涡旋混合器。

5.8 氮气吹干仪。

5.9 低速离心机：4 200 r/min。

5.10 旋转蒸发仪。

6 试样制备

浓缩果蔬汁样品，将取得的全部原始样品倒入洁净的搪瓷混样桶内，充分搅拌混匀，再将混匀样品分装出两份（每份500 mL），密封并标明标记。将试样于－18 ℃冷冻保存。

7 分析步骤

7.1 提取

称取15 g 试样（精确至0.01 g）（果酒为15 mL）于50 mL 具塞离心管中，加入15 mL1% 醋酸乙腈溶液，在涡旋混合器上涡旋2 min。向具塞离心管中加入1.5 g 无水醋酸钠，再振荡1 min，再向离心管中加入6 g 无水硫酸镁，振荡2 min，4 200 r/min 离心5 min，取7.5 mL 上清液至另一干净试管中，待净化。

7.2 净化

在 Sep－Pak Vac 柱①中加入约2 cm 高无水硫酸钠，并将柱子放入下接鸡心瓶的固定架上。加样前先用5 mL 乙腈－甲苯溶液预洗柱，当液面到达硫酸钠的顶部时，迅速将样品提取液转移至净化柱上，并更换新鸡心瓶接收。在固相萃取柱上加上50 mL 贮液器，用25 mL 乙腈－甲苯溶液洗脱农药及相关化学品，合并于鸡心瓶中，并在40 ℃水浴中旋转浓缩至约0.5 mL，于35 ℃下氮气吹干，用1 mL 乙腈－水溶液溶解残渣，0.2 μm 微孔滤膜过滤后供液相色谱－串联质谱测定。

---

① Sep－Pak Vac 柱是 Waters 公司产品的商品名称，给出这一信息是为了方便本标准的使用者，并不是表示对该产品的认可。如果其他等效产品具有相同的效果，则可使用这些等效产品。

7.3 测定

7.3.1 液相色谱－串联质谱参考条件

7.3.1.1 A、B、C、D、E、F 组农药及相关化学品 LC－MS－MS 测定条件

a）色谱柱：ZORBAX SB－C_{18}，3.5 μm，100 mm ×2.1 mm（内径）或相当者；

b）流动相及梯度洗脱条件见表 1；

表 1　流动相及梯度洗脱条件

步骤	总时间/min	流速/（μL/min）	流动相 A（0.1% 甲酸水）/%	流动相 B（乙腈）/%
0	0.00	400	99.0	1.0
1	3.00	400	70.0	30.0
2	6.00	400	60.0	40.0
3	9.00	400	60.0	40.0
4	15.00	400	40.0	60.0
5	19.00	400	1.0	99.0
6	23.00	400	1.0	99.0
7	23.01	400	99.0	1.0

c）柱温：40 ℃；

d）进样量：10 μL；

e）电离源模式：电喷雾离子化；

f）电离源极性：正模式；

g）雾化气：氮气；

h）雾化气压力：0.28 MPa；

i）离子喷雾电压：4 000 V；

j）干燥气温度：350 ℃；

k）干燥气流速：10 L/min；

l）监测离子对、碰撞气能量和源内碎裂电压参见附录 B。

7.3.1.2 G 组农药及相关化学品 LC－MS－MS 测定条件

a）色谱柱：ZORBAXSB－C_{18}，3.5 μm，100 mm ×2.1 mm（内径）或相当者；

b）流动相及梯度洗脱条件见表 2；

表 2　流动相及梯度洗脱条件

步骤	总时间/min	流速/（μL/min）	流动相 A（5 mmol/L 乙酸铵水）/%	流动相 B（乙腈）/%
0	0.00	400	99.0	1.0
1	3.00	400	70.0	30.0
2	6.00	400	60.0	40.0
3	9.00	400	60.0	40.0
4	15.00	400	40.0	60.0
5	19.00	400	1.0	99.0
6	23.00	400	1.0	99.0
7	23.01	400	99.0	1.0

c）柱温：40 ℃；

d）进样量：10 μL；

e）电离源模式：电喷雾离子化；

f）电离源极性：负模式；

g）雾化气：氮气；

h）雾化气压力：0.28 MPa；

i）离子喷雾电压：4 000 V；

j）干燥气温度：350 ℃；

k）干燥气流速：10L/min；

l）监测离子对、碰撞气能量和源内碎裂电压参见附录 B。

7.3.2　定性测定

在相同实验条件下进行样品测定时，如果检出的色谱峰的保留时间与标准样品相一致，并且在扣除背景后的样品质谱图中，所选择的离子均出现，而且所选择的离子丰度比与标准样品的离子丰度比相一致（相对丰度 >50%，允许 ±20% 偏差；相对丰度 >20% 至 50%，允许 ±25% 偏差；相对丰度 >10% 至 20%，允许 ±30% 偏差；相对丰度 ≤10%，允许 ±50% 偏差），则可判断样品中存在这种农药或相关化学品。

7.3.3　定量测定

本标准中液相色谱 - 串联质谱采用外标 - 校准曲线法定量测定。为减少基质对定量测定的影响，定量用标准溶液应采用基质混合标准工作溶液绘制标准曲线。并且保证所测样品中农药及相关化学品的响应值均在仪器的线性范围内。512 种农药及相关化学品多反应监测（MRM）色谱图参见附录 C。

7.4　平行试验

按以上步骤对同一试样进行平行试验。

7.5　空白试验

除不称取试样外，均按上述步骤进行。

8　结果计算和表述

液相色谱 - 串联质谱测定采用标准曲线法定量，标准曲线法定量结果按式（1）计算：

$$X_i = c_i \times \frac{V}{m} \times \frac{1\,000}{1\,000} \qquad (1)$$

式中：

X_i——试样中被测组分残留量，单位为毫克每千克（mg/kg）；

c_i——从标准曲线上得到的被测组分溶液浓度，单位为微克每毫升（μg/mL）；

V——样品溶液定容体积，单位为毫升（mL）；

m——样品溶液所代表试样的重量，单位为克（g）（果酒为 mL）。

计算结果应扣除空白值，测定结果用平行测定的算术平均值表示，保留两位有效数字。

9 精密度

9.1 在重复性条件下获得的两次独立测定结果的绝对差值与其算术平均值的比值（百分率），应符合附录 D 的要求。

9.2 在再现性条件下获得的两次独立测定结果的绝对差值与其算术平均值的比值（百分率），应符合附录 E 的要求。

10 定量限和回收率

10.1 定量限

本方法的定量限见附录 A。

10.2 回收率

当添加水平为 LOQ、4×LOQ 时，添加回收率参见附录 F。

附 录 A
（资料性附录）
512 种农药及相关化学品中、英文名称、方法定量限、分组、溶剂和混合标准溶液浓度

A.1 512 种农药及相关化学品中、英文名称、方法定量限、分组、溶剂和混合标准溶液浓度见表 A.1。

表 A.1 512 种农药及相关化学品中、英文名称、方法定量限、分组、溶剂和混合标准溶液浓度

序号	中文名称	英文名称	定量限/（μg/kg）	溶剂	混合标准溶液浓度/（mg/L）
A 组					
1	苯胺灵	propham	36.66	甲苯	11.00
2	异丙威	isoprocarb	0.76	甲醇	0.23
3	3，4，5－混杀威	3，4，5－trimethacarb	0.12	甲醇	0.03
4	环莠隆	cycluron	0.06	甲醇	0.02
5	甲萘威	carbaryl	3.44	甲醇	1.03
6	毒草胺	propachlor	0.10	甲醇	0.03
7	吡咪唑	rabenzazole	0.44	甲醇	0.13
8	西草净	simetryn	0.04	甲醇	0.01
9	绿谷隆	monolinuron	1.18	甲醇	0.36
10	速灭磷	mevinphos	0.52	甲苯	0.16
11	叠氮津	aziprotryne	0.46	甲醇	0.14

（续表）

序号	中文名称	英文名称	定量限/(μg/kg)	溶剂	混合标准溶液浓度/(mg/L)
12	仲丁通	secbumeton	0. 02	甲醇	0. 01
13	嘧菌磺胺	cyprodinil	0. 24	甲醇	0. 07
14	播土隆	buturon	2. 98	甲醇	0. 90
15	双酰草胺	carbetamide	1. 22	甲醇	0. 36
16	抗蚜威	pirimicarb	0. 06	甲醇	0. 02
17	异噁草松	clomazone	0. 14	甲醇	0. 04
18	氰草津	cyanazine	0. 06	甲醇	0. 02
19	扑草净	prometryne	0. 06	甲醇	0. 02
20	甲基对氧磷	paraoxon methyl	0. 26	甲醇	0. 08
21	4，4－二氯二苯甲酮[a]	4，4－dichlorobenzophenone	4. 54	甲醇	1. 36
22	噻虫啉	thiacloprid	0. 12	甲醇	0. 04
23	吡虫啉	imidacloprid	7. 34	甲醇	2. 20
24	磺噻隆	ethidimuron	0. 50	甲醇	0. 15
25	丁嗪草酮	isomethiozin	0. 36	甲醇	0. 11
26	燕麦敌	diallate	29. 74	甲醇	8. 92
27	乙草胺	acetochlor	15. 80	甲醇	4. 74
28	烯啶虫胺	nitenpyram	5. 70	甲醇	1. 71
29	盖草津	methoprotryne	0. 08	甲醇	0. 02
30	二甲酚草胺	dimethenamid	1. 44	甲醇	0. 43
31	特草灵	terrbucarb	0. 70	甲醇	0. 21
32	戊菌唑	penconazole	0. 66	甲醇	0. 20
33	腈菌唑	myclobutanil	0. 34	甲醇	0. 10
34	多效唑	paclobutrazol	0. 20	甲醇	0. 06
35	倍硫磷亚砜	fenthion sulfoxide	0. 10	甲醇	0. 03
36	三唑醇	triadimenol	3. 52	甲醇	1. 06
37	仲丁灵	butralin	0. 64	甲醇	0. 19
38	螺环菌胺	spiroxamine	0. 02	甲醇	0. 01
39	甲基立枯磷	tolclofos methyl	22. 18	甲醇	6. 66
40	甜菜胺	desmedipham	1. 34	甲醇	0. 40
41	杀扑磷	methidathion	3. 56	甲醇	1. 07
42	烯丙菊酯	allethrin	20. 14	甲醇	6. 04
43	二嗪磷	diazinon	0. 24	甲苯	0. 07

（续表）

序号	中文名称	英文名称	定量限/（μg/kg）	溶剂	混合标准溶液浓度/（mg/L）
44	敌瘟磷	edifenphos	0. 26	甲醇	0. 08
45	丙草胺	pretilachlor	0. 12	甲醇	0. 03
46	氟硅唑	flusilazole	0. 20	甲醇	0. 06
47	丙森锌	iprovalicarb	0. 78	甲醇	0. 23
48	麦锈灵	benodanil	1. 16	甲醇	0. 35
49	氟酰胺	flutolanil	0. 38	甲醇	0. 11
50	伐灭磷	famphur	1. 20	甲醇	0. 36
51	苯霜灵	benalaxyl	0. 42	甲醇	0. 12
52	苄氯三唑醇	diclobutrazole	0. 16	甲醇	0. 05
53	乙环唑	etaconazole	0. 60	甲醇	0. 18
54	氯苯嘧啶醇	fenarimol	0. 20	甲醇	0. 06
55	酞酸二环已基酯	phthalic acid，dicyclobexyl ester	0. 66	甲醇	0. 20
56	胺菊酯	tetramethirn	0. 60	甲醇	0. 18
57	抑菌灵	dichlofluanid	0. 86	甲苯	0. 26
58	解草酯	cloquintocet mexyl	0. 62	甲醇	0. 19
59	联苯三唑醇	bitertanol	11. 14	甲醇	3. 34
60	甲基毒死蜱	chlorprifos methyl	5. 34	甲醇	1. 60
61	吡喃草酮	tepraloxydim	4. 06	甲醇	1. 22
62	甲基硫菌灵	thiophanate methyl	13. 34	甲醇	2. 00
63	益棉磷	azinphos ethyl	36. 30	甲醇	10. 89
64	炔草酸	clodinafop propargyl	1. 62	甲醇	0. 24
65	杀铃脲	triflumuron	1. 30	甲醇	0. 39
66	异噁唑草酮	isoxaflutole	1. 30	甲醇	0. 39
67	硫菌灵	thiophanat ethyl	13. 44	甲醇	2. 02
68	喹禾灵	quizalofop – ethyl	0. 22	甲醇	0. 07
69	精氟吡甲禾灵	haloxyfop – methyl	0. 88	甲醇	0. 26
70	精吡磺草隆	fluazifop butyl	0. 08	甲醇	0. 03
71	乙基溴硫磷	bromophos – ethyl	189. 24	甲醇	56. 77
72	地散磷	bensulide	11. 40	甲醇	3. 42
73	醚苯磺隆	triasulfuron	0. 54	甲醇	0. 16
74	溴苯烯磷	bromfenvinfos	1. 00	甲醇	0. 30
75	嘧菌酯	azoxystrobin	0. 16	甲醇	0. 05

（续表）

序号	中文名称	英文名称	定量限/（μg/kg）	溶剂	混合标准溶液浓度/（mg/L）
76	吡菌磷	pyrazophos	0. 54	甲醇	0. 16
77	氟虫脲	flufenoxuron	1. 06	甲醇	0. 32
78	茚虫威	indoxacarb	2. 52	甲醇	0. 75
79	甲氨基阿维菌素苯甲酸盐	emamectin benzoate	0. 10	甲醇	0. 03
B 组					
80	乙撑硫脲	ethylene thiourea	17. 40	甲醇	5. 22
81	丁酰肼	daminozide	0. 86	甲醇	0. 26
82	棉隆	dazomet	42. 34	甲醇	12. 70
83	烟碱	nicotine	0. 74	甲醇	0. 22
84	非草隆	fenuron	0. 34	甲醇	0. 10
85	灭蝇胺	cyromazine	4. 82	甲醇	0. 72
86	鼠立死	crimidine	0. 52	甲醇	0. 16
87	乙酰甲胺磷	acephate	4. 44	甲醇	1. 33
88	禾草敌	molinate	0. 70	甲醇	0. 21
89	多菌灵	carbendazim	0. 16	甲醇	0. 05
90	6 – 氯 – 4 – 羟基 – 3 – 苯基哒嗪	6 – chloro – 4 – hydroxy – 3 – phenyl – pyridazin	0. 56	甲醇	0. 17
91	残杀威	propoxur	8. 14	甲醇	2. 44
92	异唑隆	isouron	0. 14	甲醇	0. 04
93	绿麦隆	chlorotoluron	0. 20	甲醇	0. 06
94	久效威	thiofanox	52. 34	甲醇	15. 70
95	氯草灵	chlorbufam	61. 00	甲醇	18. 30
96	噁虫威	bendiocarb	1. 06	甲醇	0. 32
97	扑灭津	propazine	0. 10	甲醇	0. 03
98	特丁津	terbuthylazine	0. 16	甲醇	0. 05
99	敌草隆	diuron	0. 52	甲醇	0. 16
100	氯甲硫磷	chlormephos	149. 34	甲醇	44. 80
101	萎锈灵	carboxin	0. 18	甲醇	0. 06
102	野燕枯	difenzoquat – methyl sulfate	0. 28	甲醇	0. 08
103	噻虫胺	clothianidin	21. 00	甲醇	6. 30
104	炔苯酰草胺	pronamide	5. 12	甲醇	1. 54
105	二甲草胺	dimethachlor	0. 64	甲醇	0. 19

（续表）

序号	中文名称	英文名称	定量限/（μg/kg）	溶剂	混合标准溶液浓度/（mg/L）
106	溴谷隆	Metobromuron	5.62	甲苯	1.68
107	甲拌磷	phorate	104.66	甲醇	31.40
108	苯草醚	aclonifen	8.06	甲醇	2.42
109	地安磷	mephosfolan	0.78	甲醇	0.23
110	脱苯甲基亚胺唑	imibenzonazole – des – benzyl	2.08	甲醇	0.62
111	草不隆	neburon	2.36	甲醇	0.71
112	精甲霜灵	mefenoxam	0.52	甲醇	0.15
113	发硫磷	prothoate	1.64	甲醇	0.25
114	乙氧呋草黄	ethofume sate	124.00	甲醇	37.20
115	异稻瘟净	iprobenfos	2.76	甲醇	0.83
116	特普	TEPP	6.94	甲醇	1.04
117	环丙唑醇	cyproconazole	0.24	甲醇	0.07
118	噻虫嗪	thiamethoxam	11.00	甲醇	3.30
119	育畜磷	crufomate	0.18	甲醇	0.05
120	乙嘧硫磷	etrimfos	12.50	甲醇	1.88
121	杀鼠醚	coumatetralyl	0.46	甲醇	0.14
122	赛灭磷	cythioate	26.66	甲醇	8.00
123	磷胺	phosphamidon	1.30	甲醇	0.39
124	甜菜宁	phenmedipham	1.50	甲醇	0.45
125	联苯井酯	bifenazate	7.60	甲醇	2.28
126	环酰菌胺	fenhexamid	0.32	甲醇	0.09
127	粉唑醇	flutriafol	2.86	甲醇	0.86
128	抑菌丙胺酯	furalaxyl	0.26	甲醇	0.08
129	生物丙烯菊酯	bioallethrin	66.00	甲醇	19.80
130	苯腈磷	cyanofenphos	6.94	甲醇	2.08
131	甲基嘧啶磷	pirimiphos methyl	0.06	甲醇	0.02
132	噻嗪酮	buprofezin	0.30	甲醇	0.09
133	乙拌磷砜	disulfoton sulfone	0.82	甲醇	0.25
134	喹螨醚	fenazaquin	0.10	甲醇	0.03
135	三唑磷	triazophos	0.22	甲苯	0.07
136	脱叶磷	DEF	0.54	甲醇	0.16
137	环酯草醚	pyriftalid	0.20	甲醇	0.06

（续表）

序号	中文名称	英文名称	定量限/（μg/kg）	溶剂	混合标准溶液浓度/（mg/L）
138	叶菌唑	metconazole	0. 44	甲醇	0. 13
139	蚊蝇醚	pyriproxyfen	0. 14	甲醇	0. 04
140	噻草酮	cycloxydim	0. 84	甲醇	0. 25
141	异噁酰草胺	isoxaben	0. 06	甲醇	0. 02
142	呋草酮	flurtamone	0. 14	甲醇	0. 04
143	氟乐灵	trifluralin	111. 60	甲苯	33. 48
144	麦草氟甲酯	flamprop methyl	6. 74	甲醇	2. 02
145	生物苄呋菊酯	bioresmethrin	2. 48	甲醇	0. 74
146	丙环唑	propiconazole	0. 58	甲醇	0. 18
147	毒死蜱	chlorpyrifos	17. 94	甲醇	5. 38
148	氯乙氟灵	fluchloralin	162. 66	甲醇	48. 80
149	氯磺隆[a]	chlorsulfuron	0. 92	甲醇	0. 27
150	烯草酮	clethodim	0. 70	甲醇	0. 21
151	麦草氟异丙酯	flamprop isopropyl	0. 14	甲醇	0. 04
152	杀虫畏	tetrachlorvinphos	0. 74	甲苯	0. 22
153	炔螨特	propargite	22. 86	甲醇	6. 86
154	糠菌唑	bromuconazole	1. 04	甲醇	0. 31
155	氟吡酰草胺	picolinafen	0. 24	甲醇	0. 07
156	氟噻乙草酯	fluthiacet methyl	1. 76	甲醇	0. 53
157	肟菌酯	trifloxystrobin	0. 66	甲醇	0. 20
158	氯嘧磺隆	chlorimuron ethyl	20. 26	甲醇	3. 04
159	氟铃脲	hexaflumuron	8. 40	甲醇	2. 52
160	氟酰脲	novaluron	2. 68	甲醇	0. 80
161	啶蜱脲	flurazuron	8. 94	甲醇	2. 68
C 组					
162	抑芽丹	maleic hydrazide	26. 66	甲醇	8. 00
163	甲胺磷	methamidophos	1. 64	甲醇	0. 49
164	茵草敌	EPTC	12. 44	甲醇	3. 73
165	避蚊胺	diethyltoluamide	0. 18	甲醇	0. 06
166	灭草隆	monuron	11. 58	甲醇	3. 47
167	嘧霉胺	pyrimethanil	0. 22	甲醇	0. 07
168	甲呋酰胺	fenfuram	0. 26	甲醇	0. 08

（续表）

序号	中文名称	英文名称	定量限/（μg/kg）	溶剂	混合标准溶液浓度/（mg/L）
169	灭藻醌	quinoclamine	2. 64	甲醇	0. 79
170	仲丁威	fenobucarb	1. 96	甲醇	0. 59
171	乙嘧酚	ethirimol	0. 18	甲醇	0. 06
172	敌稗	propanil	7. 20	甲醇	2. 16
173	克百威	carbofuran	4. 36	甲醇	1. 31
174	啶虫脒	acetamiprid	0. 48	甲醇	0. 14
175	嘧菌胺	mepanipyrim	0. 10	甲醇	0. 03
176	扑灭通	prometon	0. 04	甲醇	0. 01
177	甲硫威	methiocarb	13. 74	甲醇	4. 12
178	甲氧隆	metoxuron	0. 22	甲醇	0. 06
179	乐果	dimethoate	2. 54	甲醇	0. 76
180	呋菌胺	methfuroxam	0. 10	甲醇	0. 03
181	伏草隆	fluometuron	0. 30	甲醇	0. 09
182	百治磷	dicrotophos	0. 38	甲醇	0. 11
183	庚酰草胺	monalide	0. 40	甲醇	0. 12
184	双苯酰草胺	diphenamid	0. 04	甲醇	0. 01
185	灭线磷	ethoprophos	0. 92	甲醇	0. 28
186	地虫硫磷	fonofos	2. 48	甲醇	0. 75
187	土菌灵	etridiazol	33. 48	甲醇	10. 04
188	拌种胺	furmecyclox	0. 28	甲醇	0. 08
189	环嗪酮	hexazinone	0. 04	甲醇	0. 01
190	阔草净	dimethametryn	0. 04	甲醇	0. 01
191	敌百虫	trichlorphon	0. 38	甲醇	0. 11
192	内吸磷	demeton（o + s）	2. 26	甲醇	0. 68
193	解草酮	benoxacor	2. 30	甲醇	0. 69
194	除草定	bromacil	7. 86	甲醇	2. 36
195	甲拌磷亚砜	phorate sulfoxide	122. 76	甲醇	36. 83
196	溴莠敏	brompyrazon	2. 40	甲醇	0. 36
197	氧化萎锈灵	oxycarboxin	0. 30	甲醇	0. 09
198	灭锈胺	mepronil	0. 12	甲醇	0. 04
199	乙拌磷	disulfoton	156. 56	甲醇	46. 97
200	倍硫磷	fenthion	17. 34	甲醇	5. 20

（续表）

序号	中文名称	英文名称	定量限/（μg/kg）	溶剂	混合标准溶液浓度/（mg/L）
201	甲霜灵	metalaxyl	0. 16	甲醇	0. 05
202	甲呋酰胺	ofurace	0. 34	甲醇	0. 10
203	十二环吗啉	dodemorph	0. 14	甲醇	0. 04
204	噻唑硫磷	fosthiazate	0. 18	甲醇	0. 05
205	甲基咪草酯	imazamethabenz – methyl	0. 06	甲醇	0. 02
206	乙拌磷亚砜	disulfoton – sulfoxide	0. 94	甲醇	0. 28
207	稻瘟灵	isoprothiolane	0. 62	甲醇	0. 18
208	抑霉唑	imazalil	0. 66	甲醇	0. 20
209	辛硫磷	phoxim	27. 60	甲醇	8. 28
210	喹硫磷	quinalphos	0. 66	甲醇	0. 20
211	灭菌磷	ditalimfos	22. 40	甲醇	6. 72
212	苯氧威	fenoxycarb	12. 18	甲醇	1. 83
213	嘧啶磷	pyrimitate	0. 06	甲醇	0. 02
214	丰索磷	fensulfothin	0. 66	甲醇	0. 20
215	氯咯草酮	fluorochloridone	4. 60	甲醇	1. 38
216	丁草胺	butachlor	6. 68	甲醇	2. 01
217	醚菌酯	kresoxim – methyl	33. 52	甲醇	10. 06
218	灭菌唑	triticonazole	1. 00	异辛烷	0. 30
219	苯线磷亚砜	fenamiphos sulfoxide	0. 24	甲醇	0. 07
220	噻吩草胺	thenylchlor	8. 04	甲醇	2. 41
221	氰菌胺	fenoxanil	13. 14	甲醇	3. 94
222	氟啶草酮	fluridone	0. 06	甲醇	0. 02
223	氟环唑	epoxiconazole	1. 36	甲醇	0. 41
224	氯辛硫磷	chlorphoxim	25. 86	甲醇	7. 76
225	苯线磷砜	fenamiphos sulfone	0. 14	甲醇	0. 04
226	腈苯唑	fenbuconazole	0. 54	甲醇	0. 16
227	异柳磷	isofenphos	72. 90	甲醇	21. 87
228	苯醚菊酯	phenothrin	113. 06	甲醇	33. 92
229	三苯锡氯	fentin chloride	5. 76	甲醇	1. 73
230	哌草磷	piperophos	3. 08	甲醇	0. 92
231	增效醚	piperonyl butoxide	0. 38	甲醇	0. 11
232	乙氧氟草醚	oxyflurofen	19. 52	甲醇	5. 85

（续表）

序号	中文名称	英文名称	定量限/（μg/kg）	溶剂	混合标准溶液浓度/（mg/L）
233	蝇毒磷	coumaphos	0. 70	甲醇	0. 21
234	氟噻草胺	flufenacet	1. 76	甲醇	0. 53
235	伏杀硫磷	phosalone	16. 02	甲醇	4. 80
236	甲氧虫酰肼	methoxyfenozide	1. 24	甲醇	0. 37
237	咪鲜胺	prochloraz	0. 68	甲醇	0. 21
238	丙硫特普	aspon	0. 58	甲醇	0. 17
239	乙硫磷	ethion	0. 98	甲醇	0. 30
240	噻吩磺隆 [a]	thifensulfuron – methyl	7. 14	甲醇	2. 14
241	氟硫草定	dithiopyr	3. 46	甲醇	1. 04
242	螺螨酯	spirodiclofen	3. 30	甲醇	0. 99
243	唑螨酯	fenpyroximate	0. 46	甲醇	0. 14
244	胺氟草酯	flumiclorac – pentyl	3. 54	甲醇	1. 06
245	双硫磷	temephos	0. 40	甲醇	0. 12
246	氟丙嘧草酯	butafenacil	3. 16	甲醇	0. 95
247	多杀菌素	spinosad	0. 18	甲醇	0. 06
D 组					
248	甲哌鎓	mepiquat chloride	0. 30	甲醇	0. 09
249	二丙烯草胺	allidochlor	13. 68	甲醇	4. 10
250	霜霉威	propamocarb	0. 06	甲醇	0. 01
251	三环唑	tricyclazole	0. 42	甲醇	0. 13
252	噻菌灵	thiabendazole	0. 16	甲醇	0. 05
253	苯嗪草酮	metamitron	2. 12	甲醇	0. 64
254	异丙隆	isoproturon	0. 04	甲醇	0. 01
255	莠去通	atratone	0. 06	甲醇	0. 02
256	敌草净	oesmetryn	0. 06	甲醇	0. 02
257	嗪草酮	metribuzin	0. 18	甲苯	0. 05
258	N，N – 二甲基氨基 – N – 甲苯	DMST	13. 34	甲醇	4. 00
259	环草敌	cycloate	1. 48	甲醇	0. 44
260	莠去津	atrazine	0. 12	甲醇	0. 04
261	丁草敌	butylate	100. 66	甲醇	30. 20
262	吡蚜酮	pymetrozin	22. 86	甲醇	3. 43

（续表）

序号	中文名称	英文名称	定量限/（μg/kg）	溶剂	混合标准溶液浓度/（mg/L）
263	氯草敏	chloridazon	0. 78	甲醇	0. 23
264	菜草畏	sulfallate	69. 06	甲苯	20. 72
265	乙硫苯威	ethiofencarb	1. 64	甲醇	0. 49
266	特丁通	terbumeton	0. 04	甲醇	0. 01
267	环丙津	cyprazine	0. 02	甲醇	0. 01
268	阔草净	ametryn	0. 32	甲醇	0. 10
269	木草隆	tebuthiuron	0. 08	甲醇	0. 02
270	草达津	trietazine	0. 20	甲醇	0. 06
271	另丁津	sebutylazine	0. 10	甲醇	0. 03
272	蓄虫避	dibutyl succinate	74. 14	甲醇	22. 24
273	牧草胺	tebutam	0. 04	甲醇	0. 01
274	久效威亚砜	thiofanox – sulfoxide	2. 76	甲醇	0. 83
275	杀螟丹	cartap hydrochloride	693. 34	甲醇	208. 00
276	虫螨畏	methacrifos	807. 90	甲醇	242. 37
277	特丁净	terbutryn	7. 56	甲醇	2. 27
278	虫线磷	thionazin	7. 56	甲醇	2. 27
279	利谷隆	linuron	3. 88	甲醇	1. 16
280	庚虫磷	heptanophos	1. 94	甲醇	0. 58
281	苄草丹	prosulfocarb	0. 12	甲醇	0. 04
282	杀草净	dipropetryn	0. 10	甲醇	0. 03
283	禾草丹	thiobencarb	1. 10	甲醇	0. 33
284	三异丁基磷酸盐	*tri* – *iso* – butyl phosphate	1. 20	甲醇	0. 04
285	三丁基磷酸酯	*tri* – *n* – butyl phosphate	0. 12	甲醇	0. 04
286	乙霉威	diethofencarb	0. 66	甲醇	0. 20
287	甲草胺	alachlor	2. 46	甲醇	0. 74
288	硫线磷	cadusafos	0. 38	甲醇	0. 12
289	吡唑草胺	metazachlor	0. 32	甲醇	0. 10
290	胺丙畏	propetamphos	18. 00	甲醇	5. 40
291	特丁硫磷[a]	terbufos	746. 66	甲醇	224. 00
292	硅氟唑	simeconazole	0. 98	甲醇	0. 29
293	三唑酮	triadimefon	2. 62	甲醇	0. 79
294	甲拌磷砜	phorate sulfone	14. 00	甲醇	4. 20

（续表）

序号	中文名称	英文名称	定量限/（μg/kg）	溶剂	混合标准溶液浓度/（mg/L）
295	十三吗啉	tridemorph	0. 86	甲醇	0. 26
296	苯噻酰草胺	mefenacet	0. 74	甲醇	0. 22
297	苯线磷	fenamiphos	0. 06	甲醇	0. 02
298	丁苯吗琳	fenpropimorph	0. 06	甲醇	0. 02
299	戊唑醇	tebuconazole	0. 74	甲醇	0. 22
300	异丙乐灵	isopropalin	10. 00	甲醇	3. 00
301	氟苯嘧啶醇	nuarimol	0. 66	甲醇	0. 10
302	乙嘧酚磺酸酯	bupirimate	0. 24	甲醇	0. 07
303	保棉磷	azinphos – methyl	368. 12	甲醇	110. 43
304	丁基嘧啶磷	tebupirimfos	0. 04	甲醇	0. 01
305	稻丰散	phenthoate	30. 78	甲醇	9. 24
306	治螟磷	sulfotep	0. 86	甲醇	0. 26
307	硫丙磷	sulprofos	1. 94	甲苯	0. 58
308	苯硫磷	EPN	11. 00	甲醇	3. 30
309	甲基吡噁磷	azamethiphos	0. 26	甲醇	0. 08
310	烯唑醇	diniconazole	0. 44	甲醇	0. 13
311	唑嘧磺草胺	flumetsulam	0. 10	甲醇	0. 03
312	稀禾啶	sethoxydim	29. 86	甲醇	9. 33
313	戊菌隆	pencycuron	0. 10	甲醇	0. 03
314	灭蚜磷	mecarbam	6. 54	甲醇	1. 96
315	苯草酮	tralkoxydim	0. 10	甲醇	0. 03
316	马拉硫磷	malathion	1. 88	甲醇	0. 56
317	稗草畏	pyributicarb	0. 12	甲醇	0. 03
318	哒嗪硫磷	pyridaphenthion	0. 30	甲醇	0. 09
319	嘧啶磷	pirimiphos – ethyl	0. 02	甲醇	0. 01
320	硫双威	thiodicarb	26. 24	甲醇	3. 94
321	吡唑硫磷	pyraclofos	0. 34	甲醇	0. 10
322	啶氧菌酯	picoxystrobin	2. 82	甲醇	0. 84
323	四氟醚唑	tetraconazole	0. 58	甲醇	0. 17
324	吡唑解草酯	mefenpyr – diethyl	4. 18	甲醇	1. 26
325	丙溴磷	profenefos	0. 68	甲醇	0. 20
326	吡唑醚菌酯	pyraclostrobin	0. 16	甲醇	0. 05

（续表）

序号	中文名称	英文名称	定量限/（μg/kg）	溶剂	混合标准溶液浓度/（mg/L）
327	烯酰吗啉	dimethomorph	0. 12	甲醇	0. 04
328	噻恩菊酯	kadethrin	1. 10	甲醇	0. 33
329	噻唑烟酸	thiazopyr	0. 66	甲醇	0. 20
330	甲基丙硫克百威	benfuracarb – methyl	5. 46	甲醇	1. 64
331	醚磺隆	cinosulfuron	0. 74	甲醇	0. 11
332	吡嘧磺隆	pyrazosulfuron – ethyl	2. 28	甲醇	0. 68
333	磺草胺唑	metosulam	2. 94	甲醇	0. 44
334	氟啶脲	chlorfluazuron	2. 90	甲醇	0. 87
E 组					
335	4 – 氨基吡啶	4 – aminopyridine	0. 28	甲醇	0. 09
336	矮壮素	chlormequat	0. 08	甲醇	0. 01
337	灭多威	methomyl	3. 18	甲醇	0. 96
338	咯喹酮	pyroquilon	1. 16	甲醇	0. 35
339	麦穗宁	fuberidazole	0. 64	甲醇	0. 19
340	丁脒酰胺	isocarbamid	0. 56	甲醇	0. 17
341	丁酮威	butocarboxim	0. 52	甲醇	0. 16
342	杀虫脒	chlordimeform	0. 44	甲醇	0. 13
343	霜脲氰	cymoxanil	18. 54	甲醇	5. 56
344	灭草敌	vernolate	0. 18	甲醇	0. 03
345	氯硫酰草胺	chlorthiamid	2. 94	甲醇	0. 88
346	灭害威	aminocarb	5. 48	甲醇	1. 64
347	二甲嘧酚	dimethirimol	0. 04	甲醇	0. 01
348	氧乐果	omethoate	3. 22	甲醇	0. 97
349	乙氧喹啉	ethoxyquin	1. 18	甲醇	0. 35
350	敌敌畏	dichlorvos	0. 18	甲醇	0. 05
351	涕灭威砜	aldicarb sulfone	7. 12	甲醇	2. 14
352	二氧威	dioxacarb	1. 12	甲醇	0. 34
353	苄基腺嘌呤	benzyladenine	23. 60	甲醇	7. 08
354	甲基内吸磷	demeton – s – methyl	1. 76	甲醇	0. 53
355	乙硫苯威亚砜	ethiofencarb – sulfoxide	74. 66	甲醇	22. 40
356	杀虫腈	cyanophos	3. 36	甲醇	1. 01
357	甲基乙拌磷	thiometon	192. 66	甲醇	57. 80

（续表）

序号	中文名称	英文名称	定量限/（μg/kg）	溶剂	混合标准溶液浓度/（mg/L）
358	灭菌丹	folpet	92.40	甲醇	13.86
359	甲基内吸磷砜	demeton – s – methyl sulfone	6.58	甲醇	1.98
360	哌草丹	dimepiperate	1260.00	甲醇	378.00
361	苯锈定	fenpropidin	0.06	甲醇	0.02
362	甲咪唑烟酸[a]	imazapic	1.96	甲醇	0.59
363	对氧磷	paraoxon – ethyl	0.16	甲醇	0.05
364	4 – 十二烷基 – 2，6 – 二甲基吗啉	aldimorph	1.06	甲醇	0.32
365	乙烯菌核利	vinclozolin	1.70	甲醇	0.25
366	烯效唑	uniconazole	0.80	甲醇	0.24
367	啶斑肟	pyrifenox	0.08	甲醇	0.03
368	氯硫磷	chlorthion	44.54	甲醇	13.36
369	异氯磷	dicapthon	0.16	甲醇	0.02
370	四螨嗪	clofentezine	0.50	甲醇	0.08
371	氟草敏	norflurazon	0.08	甲醇	0.03
372	野麦畏	triallate	15.40	甲醇	4.62
373	苯氧喹啉	quinoxyphen	51.14	甲醇	15.34
374	倍硫磷砜	fenthion sulfone	5.82	甲醇	1.75
375	氟咯草酮	flurochloridone	0.44	甲醇	0.13
376	酞酸苯甲基丁酯[a]	phthalic acid，benzyl butyl ester	210.66	甲醇	63.20
377	氯唑磷	isazofos	0.06	甲醇	0.02
378	除线磷	dichlofenthion	9.98	甲醇	3.02
379	蚜灭多砜	vamidothion sulfone	158.66	甲醇	47.60
380	特丁硫磷砜	terbufos sulfone	29.54	甲醇	8.86
381	敌乐胺	dinitramine	1.20	甲苯	0.18
382	氰霜唑	cyazofamid	3.00	乙腈	0.45
383	毒壤磷	trichloronat	22.26	甲醇	6.68
384	苄呋菊酯 – 2	resmethrin – 2	0.10	甲醇	0.03
385	啶酰菌胺	boscalid	1.58	甲醇	0.48
386	甲磺乐灵	nitralin	11.46	甲醇	3.44
387	甲氰菊酯	fenpropathrin	81.66	甲醇	24.50
388	噻螨酮	hexythiazox	7.86	甲醇	2.36
389	双氟磺草胺	florasulam	5.80	乙腈	1.74

（续表）

序号	中文名称	英文名称	定量限/（μg/kg）	溶剂	混合标准溶液浓度/（mg/L）
390	苯螨特	benzoximate	6.56	甲醇	1.97
391	新燕灵	benzoylprop – ethyl	102.66	甲醇	30.80
392	嘧螨醚	pyrimidifen	4.66	甲醇	1.40
393	呋线威	furathiocarb	0.64	甲醇	0.19
394	反式氯菊酯	*trans* – permethin	1.60	甲醇	0.48
395	醚菊酯	etofenprox	760.10	甲醇	228.00
396	苄草唑	pyrazoxyfen	0.10	甲醇	0.03
397	嘧唑螨	flubenzimine	5.18	甲醇	0.78
398	Z—氯氰菊酯	*zeta*cypermethrin	0.46	甲醇	0.07
399	氟吡乙禾灵	haloxyfop – 2 – ethoxyethyl	0.84	甲醇	0.25
400	S – 氰戊菊酯[a]	esfenvalerate	138.66	甲醇	410.00
401	乙羧氟草醚	fluoroglycofen – ethyl	1.66	甲醇	0.50
402	氟胺氰菊酯	*tau* – fluvalinate	76.66	甲醇	23.00
F组					
403	丙烯酰胺	acrylamide	5.94	甲醇	1.78
404	叔丁基胺	*tert* – butylamine	12.98	甲醇	3.90
405	噁霉灵	hymexazol	74.72	甲醇	22.41
406	矮壮素氯化物	chlormequat chloride	0.24	甲醇	0.07
407	邻苯二甲酰亚胺	phthalimide	14.34	甲醇	4.30
408	甲氟磷	dimefox	22.74	甲醇	6.82
409	速灭威	metolcarb	8.46	甲醇	2.54
410	二苯胺	diphenylamin	0.14	甲醇	0.04
411	1 – 萘基乙酰胺	1 – naphthy acetamide	0.28	甲醇	0.08
412	脱乙基莠去津	atrazine – desethyl	0.20	甲醇	0.06
413	2，6 – 二氯苯甲酰胺	2，6 – dichlorobenzamide	1.50	甲醇	0.45
414	涕灭威	aldicarb	87.00	甲醇	26.10
415	邻苯二甲酸二甲酯	dimethyl phthalate	4.40	甲醇	1.32
416	杀虫脒盐酸盐	chlordimeform hydrochloride	0.88	甲醇	0.26
417	西玛通	simeton	0.36	甲醇	0.11
418	呋草胺	dinotefuran	3.40	甲醇	1.02
419	克草敌	pebulate	1.14	甲醇	0.34
420	活化酯	acibenzolar – *s* – methyl	1.02	甲醇	0.31

（续表）

序号	中文名称	英文名称	定量限/（μg/kg）	溶剂	混合标准溶液浓度/（mg/L）
421	蔬果磷	dioxabenzofos	4.62	甲醇	1.38
422	杀线威	oxamyl	182.68	甲醇	54.81
423	噻苯隆[a]	thidiazuron	0.10	甲醇	0.03
424	甲基苯噻隆	methabenzthiazuron	0.02	甲醇	0.01
425	丁酮砜威	butoxycarboxim	8.86	甲醇	2.66
426	兹克威	mexacarbate	0.62	甲醇	0.09
427	甲基内吸磷亚砜	demeton - *s* - methyl sulfoxide	1.30	甲醇	0.39
428	久效威砜	thiofanox sulfone	8.02	甲醇	2.41
429	硫环磷	phosfolan	0.16	环己烷	0.05
430	硫赶内吸磷	demeton - s	26.66	甲醇	8.00
431	氧倍硫磷	fenthion oxon	0.40	甲醇	0.12
432	敌草胺	napropamide	0.42	甲醇	0.13
433	杀螟硫磷	fenitrothion	8.94	甲醇	2.68
434	酞酸二丁酯	phthalic acid, dibutyl ester	13.20	甲醇	3.96
435	丙草胺	metolachlor	0.14	甲醇	0.04
436	腐霉利	procymidone	28.86	甲醇	8.66
437	蚜灭磷	vamidothion	1.52	甲醇	0.46
438	威菌磷	triamiphos	1.52	甲醇	0.46
439	右旋炔丙菊酯	prallethrin	0.44	甲醇	0.13
440	二苯隆	cumyluron	0.44	甲醇	0.13
441	甲氧咪草烟	imazamox	1.20	甲醇	0.18
442	杀鼠灵	warfarin	0.90	甲醇	0.27
443	亚胺硫磷	phosmet	11.82	甲醇	1.77
444	皮蝇磷	ronnel	4.38	甲醇	1.31
445	除虫菊酯	pyrethrin	11.94	甲醇	3.58
446	—	phthalic acid, biscyclohexyl ester	0.22	甲醇	0.07
447	环丙酰菌胺	carpropamid	1.74	甲醇	0.52
448	吡螨胺	tebufenpyrad	0.16	甲醇	0.03
449	虫酰肼	tebufenozide	9.26	甲醇	2.78
450	虫螨磷	chlorthiophos	10.60	甲醇	3.18
451	氯亚胺硫磷	dialifos	52.34	甲醇	15.70
452	吲哚酮草酯	cinidon - ethyl	4.86	甲醇	1.46

（续表）

序号	中文名称	英文名称	定量限/（μg/kg）	溶剂	混合标准溶液浓度/（mg/L）
453	鱼滕酮	rotenone	0. 78	甲醇	0. 23
454	亚胺唑	imibenconazole	3. 42	甲醇	1. 03
455	噁草酸	propaquiafop	0. 42	甲醇	0. 12
456	乳氟禾草灵	lactofen	20. 66	甲醇	6. 20
457	吡草酮	benzofenap	0. 02	甲醇	0. 01
458	地乐酯	dinoseb acetate	13. 76	甲醇	4. 13
459	异丙草胺	propisochlor	0. 26	甲醇	0. 08
460	氟硅菊酯	silafluofen,	202. 66	甲醇	60. 80
461	乙氧苯草胺	etobenzanid	0. 54	甲醇	0. 08
462	四唑酰草胺	fentrazamide	4. 14	甲醇	1. 24
463	五氯苯胺	pentachloroaniline	1. 24	甲醇	0. 37
464	苯醚氰菊酯	cyphenothrin	5. 60	甲醇	1. 68
465	狄氏剂	dieldrin	107. 74	甲醇	16. 16
466	马拉氧磷[a]	malaoxon	1. 56	甲醇	0. 47
467	多果定	dodine	5. 34	甲醇	0. 80
468	丙烯硫脲	propylene thiourea	10. 02	甲醇	3. 01
G 组					
469	茅草枯	dalapon	76. 92	甲醇	23. 07
470	四氟丙酸	flupropanate	15. 32	甲醇	2. 30
471	2 – 苯基苯酚	2 – phenylphenol	56. 62	甲醇	16. 99
472	3 – 苯基苯酚	3 – phenylphenol	1. 34	甲醇	0. 40
473	二氯吡啶酸[a]	clopyralid	93. 34	甲醇	28. 00
474	二硝酚	DNOC	1. 74	甲醇	0. 26
475	调果酸	cloprop	7. 60	甲醇	1. 14
476	氯硝胺	dicloran	16. 18	甲醇	4. 86
477	氯氨吡啶酸	aminopyralid	244. 00	甲醇	13. 05
478	氯苯胺灵	chlorpropham	5. 26	甲醇	1. 58
479	2 – 甲 – 4 – 氯丙酸	mecoprop	3. 26	甲醇	0. 49
480	特草定	terbacil	0. 30	甲醇	0. 09
481	麦草畏[a]	dicamba	421. 98	甲醇	126. 59
482	二甲四氯丁酸	MCPB	4. 72	甲醇	1. 42
483	2，4 – 滴丙酸[a]	dichlorprop	0. 50	甲醇	0. 15

（续表）

序号	中文名称	英文名称	定量限/（μg/kg）	溶剂	混合标准溶液浓度/（mg/L）
484	灭草松	bentazone	0. 68	甲醇	0. 10
485	地乐酚	dinoseb	0. 26	甲醇	0. 04
486	特乐酚	dinoterb	0. 08	甲醇	0. 02
487	咯菌腈	fludioxonil	20. 72	甲醇	6. 22
488	杀螨醇	chlorfenethol	109. 54	甲醇	16. 43
489	水胺硫磷[a]	isocarbophos	0. 02	甲醇	0. 004
490	萘草胺[a]	naptalam	0. 64	甲醇	0. 19
491	灭幼脲	chlorobenzuron	13. 60	甲醇	2. 04
492	氯霉素	chloramphenicolum	1. 30	甲醇	0. 39
493	禾草灭	alloxydim – sodium	0. 06	甲醇	0. 02
494	嘧草硫醚[a]	pyrithlobac sodium	460. 66	甲醇	137. 92
495	乙酰磺胺对硝基苯	sulfanitran	2. 02	甲醇	0. 30
496	氨磺乐灵	oryzalin	3. 28	甲醇	0. 49
497	赤霉酸[a]	gibberellic acid	22. 12	甲醇	6. 63
498	三氟羧草醚	acifluorfen	39. 34	甲醇	11. 80
499	七氯[a]	heptachlor	0. 10	甲醇	0. 002
500	噁唑菌酮	famoxadone	15. 10	甲醇	4. 53
501	甲磺草胺	sulfentrazone	29. 86	甲醇	8. 94
502	吡氟酰草胺	diflufenican	9. 42	甲醇	2. 83
503	氟氰唑	ethiprole	13. 28	甲醇	3. 99
504	磺菌胺	flusulfamide	0. 14	甲醇	0. 04
505	环丙嘧磺隆	cyclosulfamuron	229. 12	甲醇	34. 37
506	嗪胺灵[a]	triforine	140. 30	甲醇	42. 00
507	氟磺胺草醚	fomesafen	0. 68	甲醇	0. 20
508	氟啶胺	fluazinam	23. 54	甲醇	7. 06
509	吡虫隆[a]	fluazuron	0. 02	甲醇	0. 002
510	虱螨脲[a]	lufenuron	0. 02	甲醇	0. 002
511	克来范	kelevan	3214. 28	甲醇	962. 27
512	氟丙菊酯	acrinathrin	2. 70	甲醇	0. 81

a 为定性鉴别的农药品种。

附 录 B
（资料性附录）
512 种农药及相关化学品监测离子对、碰撞气能量、源内碎裂电压和保留时间

B. 1 512 种农药及相关化学品监测离子对、碰撞气能量、源内碎裂电压和保留时间见表 B. 1。

表 B. 1 512 种农药及相关化学品监测离子对、碰撞气能量、源内碎裂电压和保留时间表

序号	中文名称	英文名称	保留时间/min	定量离子	定性离子	源内碎裂电压/v	碰撞气能量/v
A 组							
1	苯胺灵	propham	8. 80	180. 1/138. 0	180. 1/138. 0；180. 1/120. 0	80	5；15
2	异丙威	isoprocarb	8. 38	194. 1/95. 0	194. 1/95. 0；194. 1/137. 1	80	20；5
3	3，4，5－混杀威	3，4，5－trimethacarb	8. 38	194. 2/137. 2	194. 2/137. 2；194. 2/122. 2	80	5；20
4	环莠隆	cycluron	7. 73	199. 4/72. 0	199. 4/72. 0；199. 4/89. 0	120	25；15
5	甲萘威	carbaryl	7. 45	202. 1/145. 1	202. 1/145. 1；202. 1/127. 1	80	10；5
6	毒草胺	propachlor	8. 75	212. 1/170. 1	212. 1/170. 1；212. 1/94. 1	100	10；30
7	吡咪唑	rabenzazole	7. 54	213. 2/172	213. 2/172；213. 2/118. 0	120	25；25
8	西草净	simetryn	5. 32	214. 2/124. 1	214. 2/124. 1；214. 2/96. 1	120	20；25
9	绿谷隆	monolinuron	7. 82	215. 1/126. 0	215. 1/126. 0；215. 1/148. 1	100	15；10
10	速灭磷	mevinphos	5. 17	225. 0/127. 0	225. 0/127. 0；225. 0/193. 0	80	15；1
11	叠氮津	aziprotryne	10. 40	226. 1/156. 1	226. 1/156. 1；226. 1/198. 1	100	10；10
12	仲丁通	secbumeton	5. 56	226. 2/170. 1	226. 2/170. 1；226. 2/142. 1	120	20；25
13	嘧菌磺胺	cyprodinil	9. 24	226. 0/93. 0	226. 0/93. 0；226. 0/ 108. 0	120	40；30
14	播土隆	buturon	9. 38	237. 1/84. 1	237. 1/84. 1；237. 1/126. 1	120	30；15
15	双酰草胺	carbetamide	5. 80	237. 1/192. 1	237. 1/192. 1；237. 1/118. 1	80	5；10
16	抗蚜威	pirimicarb	4. 20	239. 2/72. 0	239. 2/72. 0；239. 2/182. 2	120	20；15
17	异噁草松	clomazone	9. 36	240. 1/125. 0	240. 1/125. 0；240. 1/89. 1	100	20；50
18	氰草津	cyanazine	6. 38	241. 1/214. 1	241. 1/214. 1；241. 1/174. 0	120	15；15
19	扑草净	prometryne	7. 66	242. 2/158. 1	242. 2/158. 1；242. 2/200. 2	120	20；20
20	甲基对氧磷	paraoxon methyl	6. 20	248. 0/202. 1	248. 0/202. 1；248. 0/90. 0	120	20；30
21	4，4－二氯二苯甲酮	4，4－dichlorobenzophenone	12. 00	251. 1/111. 1	251. 1/111. 1；251. 1/139. 0	100	35；20
22	噻虫啉	thiacloprid	5. 65	253. 1/126. 1	253. 1/126. 1；253. 1/186. 1	120	20；10
23	吡虫啉	imidacloprid	4. 73	256. 1/209. 1	256. 1/209. 1；256. 1/175. 1	80	10；10
24	磺噻隆	ethidimuron	4. 62	265. 1/208. 1	265. 1/208. 1；265. 1/162. 1	80	10；25
25	丁嗪草酮	isomethiozin	14. 20	269. 1/200. 0	269. 1/200. 0；269. 1/172. 1	120	15；25

（续表）

序号	中文名称	英文名称	保留时间/min	定量离子	定性离子	源内碎裂电压/v	碰撞气能量/v
26	燕麦敌	diallate	17. 40	270. 0/86. 0	270. 0/86. 0；270. 0/109. 0	100	15；35
27	乙草胺	acetochlor	13. 70	270. 2/224. 0	270. 2/224. 0；270. 2/148. 2	80	5；20
28	烯啶虫胺	nitenpyram	3. 87	271. 1/224. 1	271. 1/224. 1；271. 1/237. 1	100	15；15
29	盖草津	methoprotryne	6. 47	272. 2/198. 2	272. 2/198. 2；272. 2/170. 1	140	25；30
30	二甲酚草胺	dimethenamid	10. 50	276. 1/244. 1	276. 1/244. 1；276. 1/168. 1	120	10；15
31	特草灵	terrbucarb	16. 50	278. 2/166. 1	278. 2/166. 1；278. 2/109. 0	80	15；30
32	戊菌唑	penconazole	13. 70	284. 1/70. 0	284. 1/70. 0；284. 1/159. 0	120	15；20
33	腈菌唑	myclobutanil	12. 10	289. 1/125. 0	289. 1/125. 0；289. 1/70. 0	120	20；15
34	多效唑	paclobutrazol	10. 32	294. 2/70. 0	294. 2/70. 0；294. 2/125. 0	100	15；25
35	倍硫磷亚砜	fenthion sulfoxide	7. 31	295. 1/109. 0	295. 1/109. 0；295. 1/280. 0	140	35；20
36	三唑醇	triadimenol	10. 15	296. 1/70. 0	296. 1/70. 0；296. 1/99. 1	80	10；10
37	仲丁灵	butralin	18. 60	296. 1/240. 1	296. 1/240. 1；296. 1/222. 1	100	10；20
38	螺环菌胺	spiroxamine	9. 90	298. 2/144. 2	298. 2/144. 2；298. 2/100. 1	120	20；35
39	甲基立枯磷	tolclofos methyl	16. 60	301. 2/269. 0	301. 2/269. 0；301. 2/125. 2	120	15；20
40	甜菜胺	desmedipham	10. 65	301. 2/182. 1	301. 2/182. 1；301. 2/136. 1	80	5；20
41	杀扑磷	methidathion	10. 69	303. 0/145. 1	303. 0/145. 1；303. 0/85. 0	80	5；10
42	烯丙菊酯	allethrin	18. 10	303. 2/135. 1	303. 2/135. 1；303. 2/123. 2	60	10；20
43	二嗪磷	diazinon	15. 95	305. 0/169. 1	305. 0/169. 1；305. 0/153. 2	160	20；20
44	敌瘟磷	edifenphos	3. 00	311. 1/283. 0	311. 1/283. 0；311. 1/109. 0	100	10；35
45	丙草胺	pretilachlor	17. 15	312. 1/252. 1	312. 1/252. 1；312. 1/176. 2	100	15；30
46	氟硅唑	flusilazole	13. 60	316. 1/247. 1	316. 1/247. 1；316. 1/165. 1	120	15；20
47	丙森锌	iprovalicarb	12. 00	321. 1/119. 0	321. 1/119. 0；321. 1/203. 2	100	25；5
48	麦锈灵	benodanil	9. 80	324. 1/203. 0	324. 1/203. 0；324. 1/231. 0	120	25；40
49	氟酰胺	flutolanil	14. 00	324. 2/262. 1	324. 2/262. 1；324. 2/282. 1	120	20；10
50	伐灭磷	famphur	10. 30	326. 0/217. 0	326. 0/217. 0；326. 0/281. 0	100	20；10
51	苯霜灵	Benalaxyl	15. 19	326. 2/148. 1	326. 2/148. 1；326. 2/294. 0	120	1；5
52	苄氯三唑醇	diclobutrazole	12. 20	328. 0/159. 0	328. 0/159. 0；328. 0/70. 0	120	35；30
53	乙环唑	etaconazole	11. 75	328. 1/159. 1	328. 1/159. 1；328. 1/205. 1	80	25；20
54	氯苯嘧啶醇	fenarimol	12. 20	331. 0/268. 1	331. 0/268. 1；331. 0/81. 0	120	25；30
55	酞酸二环已基酯	phthalic acid, dicyclobexyl ester	4. 35	313. 2/149. 1	313. 2/149. 1；313. 2/205. 0	100	5；1
56	胺菊酯	tetramethirn	17. 85	332. 2/164. 1	332. 2/164. 1；332. 2/135. 1	100	15；15
57	抑菌灵	dichlofluanid	15. 16	333. 0/ 123. 0	333/ 123；333/224. 0	80	20；10

（续表）

序号	中文名称	英文名称	保留时间/min	定量离子	定性离子	源内碎裂电压/v	碰撞气能量/v
58	解草酯	cloquintocet mexyl	17. 36	336. 1/238. 1	336. 1/238. 1；336. 1/192. 1	120	15；20
59	联苯三唑醇	bitertanol	13. 90	338. 2/70	338. 2/70；338. 2/269. 2	60	5；1
60	甲基毒死蜱	chlorprifos methyl	16. 72	322. 0/125. 0	322. 0/125. 0；322. 0/290. 0	80	15；15
61	吡喃草酮	tepraloxydim	12. 73	342. 2/250. 2	342. 2/250. 2；342. 2/166. 1	120	10；25
62	甲基硫菌灵	thiophanate methyl	6. 28	343. 1/151. 1	343. 1/151. 1；343. 1/311. 1	120	20；10
63	益棉磷	azinphosethyl	14. 00	346. 0/233	346. 0/233；346. 0/261. 1	120	10；5
64	炔草酸	clodinafop propargyl	16. 09	350. 1/266. 1	350. 1/266. 1；350. 1/238. 1	120	15；20
65	杀铃脲	triflumuron	15. 59	359. 0/156. 1	359. 0/156. 1；359. 0/139. 0	120	15；30
66	异噁唑草酮	isoxaflutole	12. 00	360. 0/251. 1	360. 0/251. 1；360. 0/220. 1	120	10；45
67	硫菌灵	thiophanat ethyl	9. 32	371. 1/151. 1	371. 1/151. 1；371. 1/325. 0	120	15；10
68	喹禾灵	quizalofop - ethyl	17. 40	373. 0/299. 1	373. 0/299. 1；373. 0/91. 0	140	15；30
69	精氟吡甲禾灵	haloxyfop - methyl	17. 11	376. 0/316. 0	376. 0/316. 0；376. 0/288. 0	120	15；20
70	精吡磺草隆	fluazifop butyl	18. 24	384. 1/282. 1	384. 1/282. 1；384. 1/328. 1	120	20；15
71	乙基溴硫磷	bromophos - ethyl	19. 15	393. 0/337. 0	393. 0/337. 0；393. 0/162. 1	100	20；30
72	地散磷	bensulide	16. 18	398. 0/158. 1	398. 0/158. 1；398. 0/314. 0	80	20；5
73	醚苯磺隆	triasulfuron	7. 27	402. 1/167. 1	402. 1/167. 1；402. 1/141. 1	120	15；20
74	溴苯烯磷	bromfenvinfos	15. 22	402. 9/170. 0	402. 9/170. 0；402. 9/127. 0	100	35；20
75	嘧菌酯	azoxystrobin	12. 50	404. 0/372. 0	404. 0/372. 0；404. 0/344. 1	120	10；15
76	吡菌磷	pyrazophos	16. 20	374. 0/222. 0	374. 0/222. 0；374. 0/194. 0	120	20；30
77	氟虫脲	flufenoxuron	18. 30	489. 0/158. 1	489. 0/158. 1；489. 0/141. 1	80	10；15
78	茚虫威	indoxacarb	17. 43	528. 0/150. 0	528. 0/150；528. 0/218. 0	120	20；20
79	甲氨基阿维菌素苯甲酸盐	emamectin benzoate	17. 00	886. 7/158. 2	886. 7/158. 2；886. 7/126. 1	150	40；40
B 组							
80	乙撑硫脲	ethylene thiourea	0. 74	103. 0/60. 0	103. 0/60. 0；103. 0/86. 0	100	35；10
81	丁酰肼	daminozide	0. 74	161. 1/143. 1	161. 1/143. 1；161. 1/102. 2	80	15；15
82	棉隆	dazomet	3. 80	163. 1/120. 0	163. 1/120. 0；163. 1/77. 0	80	10；35
83	烟碱	nicotine	0. 74	163. 2/130. 1	163. 2/130. 1；163. 2/117. 1	100	25；30
84	非草隆	fenuron	4. 50	165. 1/72. 0	165. 1/72. 0；165. 1/120. 0	120	15；15
85	灭蝇胺	cyromazine	0. 74	167. 0/85. 0	167. 0/85. 0；167. 0 /125. 0	120	25；20
86	鼠立死	crimidine	4. 47	172. 1/107. 1	172. 1/107. 1；172. 1/136. 2	120	30；25
87	乙酰甲胺磷	acephate	0. 74	184. 1/143. 0	184. 1/143. 0；184. 1/95. 0	60	5；20

（续表）

序号	中文名称	英文名称	保留时间/min	定量离子	定性离子	源内碎裂电压/v	碰撞气能量/v
88	禾草敌	molinate	11.30	188.1/126.1	188.1/126.1；188.1/83.0	120	10；15
89	多菌灵	carbendazim	3.30	192.1/160.1	192.1/160.1；192.1/132.1	80	15；20
90	6－氯－4－羟基－3－苯基哒嗪	6－chloro－4－hydroxy－3－phenyl－pyridazin	12.86	207.1/77.0	207.1/77.0；207.1/104.0	120	25；35
91	残杀威	propoxur	6.79	210.1/111	210.1/111；210.1/168.1	80	10；5
92	异唑隆	isouron	6.11	212.2/167.1	212.2/167.1；212.2/72.0	120	15；25
93	绿麦隆	chlorotoluron	7.23	213.1/72.0	213.1/72.0；213.1/140.1	80	25；25
94	久效威	thiofanox	1.00	241.0/184.0	241.0/184.0；241.0/57.1	120	15；5
95	氯草灵	chlorbufam	11.67	224.1/172.1	224.1/172.1；224.1/154.1	120	5；15
96	噁虫威	bendiocarb	6.87	224.1/109.0	224.1/109.0；224.1/167.1	80	5；10
97	扑灭津	propazine	9.37	229.9/146.1	229.9/146.1；229.9/188.1	120	20；15
98	特丁津	terbuthylazine	10.15	230.1/174.1	230.1/174.1；230.1/132.0	120	15；20
99	敌草隆	diuron	7.82	233.1/72.0	233.1/72.0；233.1/160.1	120	20；20
100	氯甲硫磷	chlormephos	13.70	235.0/125.0	235/125.0；235.0/75.0	100	10；10
101	萎锈灵	carboxin	7.67	236.1/143.1	236.1/143.1；236.1/87.0	120	15；20
102	野燕枯	difenzoquat－methyl sulfate	5.51	249.1/130.0	249.1/130.0；249.1/193.1	140	40；30
103	噻虫胺	clothianidin	4.40	250.2/169.1	250.2/169.1；250.2/132.0	80	10；15
104	炔苯酰草胺	pronamide	11.81	256.1/190.1	256.1/190.1；256.1/173.0	80	10；20
105	二甲草胺	dimethachlor	8.96	256.1/224.2	256.1/224.2；256.1/148.2	120	10；20
106	溴谷隆	Metobromuron	8.25	259.0/170.1	259.0/170.1；259.0/148.0	80	15；15
107	甲拌磷	phorate	16.55	261.0/75.0	261.0/75.0；261.0/199.0	80	10；5
108	苯草醚	aclonifen	14.70	265.1/248.0	265.1/248.0；265.1/193.0	120	15；15
109	地安磷	mephosfolan	5.97	270.1/140.1	270.1/140.1；270.1/168.1	100	25；15
110	脱苯甲基亚胺唑	imibenzonazole－des－benzyl	5.96	271.0/174.0	271.0/174.0；271.0/70.0	120	25；25
111	草不隆	neburon	14.17	275.1/57.0	275.1/57.0；275.1/88.1	120	20；15
112	精甲霜灵	mefenoxam	7.92	280.1/192.1	280.1/192.1；280.1/220.0	100	15；10
113	发硫磷	prothoate	4.78	286.1/227.1	286.1/227.1；286.1/199.0	100	5；15
114	乙氧呋草黄	ethofume sate	12.86	287.0/121.0	287/121.0；287.0/161.0	80	10；20
115	异稻瘟净	iprobenfos	13.50	289.1/91.0	289.1/91.0；289.1/205.1	80	25；5
116	特普	TEPP	5.64	291.1/179.0	291.1/179.0；291.1/99.0	100	20；35

（续表）

序号	中文名称	英文名称	保留时间/min	定量离子	定性离子	源内碎裂电压/v	碰撞气能量/v
117	环丙唑醇	cyproconazole	10. 59	292. 1/70. 0	292. 1/70. 0；292. 1/125. 0	120	15；15
118	噻虫嗪	thiamethoxam	4. 05	292. 1/211. 2	292. 1/211. 2；292. 1/181. 1	80	10；20
119	育畜磷	crufomate	11. 56	292. 1/236. 0	292. 1/236. 0；292. 1/108. 1	120	20；30
120	乙嘧硫磷	etrimfos	6. 16	293. 1/125. 0	293. 1/125. 0；293. 1/265. 1	80	20；15
121	杀鼠醚	coumatetralyl	4. 68	293. 2/107. 0	293. 2/107. 0；293. 2/175. 1	140	35；25
122	赛灭磷	cythioate	6. 59	298. 0/217. 1	298/217. 1；298. 0/125. 0	100	15；25
123	磷胺	phosphamidon	5. 77	300. 1/174. 1	300. 1/174. 1；300. 1/127. 0	120	10；20
124	甜菜宁	phenmedipham	10. 69	301. 1/168. 1	301. 1/168. 1；301. 1/136	80	5；20
125	联苯井酯	bifenazate	13. 28	301. 2/198. 1	301. 2/198. 1；301. 2/170. 1	60	5；20
126	环酰菌胺	fenhexamid	12. 33	302. 0/97. 1	302. 0/97. 1；302. 0/55. 0	80	30；25
127	粉唑醇	flutriafol	7. 55	302. 1/70. 0	302. 1/70. 0；302. 1/123. 0	120	15；20
128	抑菌丙胺酯	furalaxyl	10. 77	302. 2/242. 2	302. 2/242. 2；302. 2/270. 2	100	15；5
129	生物丙烯菊酯	bioallethrin	18. 00	303. 1/135. 1	303. 1/135. 1；303. 1/107. 0	80	10；20
130	苯腈磷	cyanofenphos	16. 44	304. 0/157. 0	304. 0/157. 0；304. 0/276. 0	100	20；10
131	甲基嘧啶磷	pirimiphos methyl	15. 50	306. 2/164. 0	306. 2/164. 0；306. 2/108. 1	120	20；30
132	噻嗪酮	buprofezin	13. 34	306. 2/201. 0	306. 2/201. 0；306. 2/116. 1	120	15；10
133	乙拌磷砜	disulfoton sulfone	9. 79	307. 0/97. 0	307. 0/97. 0；307. 0/125. 0	100	30；10
134	喹螨醚	fenazaquin	18. 80	307. 2/57. 1	307. 2/57. 1；307. 2/161. 2	120	20；15
135	三唑磷	triazophos	13. 80	314. 1/162. 1	314. 1/162. 1；314. 1/286. 0	120	20；10
136	脱叶磷	DEF	19. 21	315. 1/169. 0	315. 1/169. 0；315. 1/113. 0	100	10；20
137	环酯草醚	pyriftalid	12. 00	319. 0/139. 1	319. 0/139. 1；319. 0/179. 0	140	35；35
138	叶菌唑	metconazole	13. 77	320. 2/70. 0	320. 2/70. 0；320. 2/125. 0	140	35；55
139	蚊蝇醚	pyriproxyfen	18. 00	322. 1/96. 0	322. 1/96. 0；322. 1/227. 1	120	15；10
140	噻草酮	cycloxydim	17. 00	326. 2/280. 2	326. 2/280. 2；326. 2/180. 2	120	10；15
141	异噁酰草胺	isoxaben	13. 21	333. 1/165. 0	333. 1/165. 0；333. 1/150. 1	120	15；50
142	呋草酮	flurtamone	11. 25	334. 1/247. 1	334. 1/247. 1；334. 1/303. 0	120	30；20
143	氟乐灵	trifluralin	12. 86	336. 0/138. 9	336. 0/138. 9；336. 0/103. 0	120	20；45
144	麦草氟甲酯	flamprop methyl	13. 20	336. 1/105. 1	336. 1/105. 1；336. 1/304. 0	80	20；5
145	生物苄呋菊酯	bioresmethrin	19. 39	339. 2/171. 1	339. 2/171. 1；339. 2/143. 1	100	15；25
146	丙环唑	propiconazole	14. 29	342. 1/159. 1	342. 1/159. 1；342. 1/69. 0	120	20；20
147	毒死蜱	chlorpyrifos	18. 29	350. 0/198. 0	350. 0/198. 0；350. 0/79. 0	100	20；35
148	氯乙氟灵	fluchloralin	17. 68	356. 0/186. 0	356. 0 /314. 1；356. 0/63. 0	80	15；30
149	氯磺隆	chlorsulfuron	6. 96	358. 0/141. 1	358. 0/141. 1；358. 0/167. 0	120	15；15

（续表）

序号	中文名称	英文名称	保留时间/min	定量离子	定性离子	源内碎裂电压/v	碰撞气能量/v
150	烯草酮	clethodim	17. 60	360. 1/164. 1	360. 1/164. 1；360. 1/268. 0	120	20；10
151	麦草氟异丙酯	flamprop isopropyl	16. 00	364. 1/105. 1	364. 1/105. 1；364. 1/304. 1	80	20；5
152	杀虫畏	tetrachlorvinphos	13. 70	365. 0/127. 0	365. 0/127. 0；365. 0/239. 0	120	15；15
153	炔螨特	propargite	18. 77	368. 1/231. 0	368. 1/231；368. 1/175. 1	100	5；15
154	糠菌唑	bromuconazole	12. 70	376. 0/159. 0	376. 0/159. 0；376. 0/70. 0	80	20；20
155	氟吡酰草胺	picolinafen	17. 74	377. 0/238. 0	377. 0/238. 0；377. 0/359. 0	120	20；20
156	氟噻乙草酯	fluthiacet methyl	14. 80	404. 0/215. 0	404. 0/215. 0；404. 0/274. 0	180	50；10
157	肟菌酯	trifloxystrobin	17. 44	409. 3/186. 1	409. 3/186. 1；409. 3/206. 2	120	15；10
158	氯嘧磺隆	chlorimuronethyl	11. 59	415. 0/186. 1	415. 0/186. 1；415/213. 1	120	10；10
159	氟铃脲	hexaflumuron	16. 90	461. 0/141. 1	461/141. 1；461. 0/158. 1	120	35；35
160	氟酰脲	novaluron	17. 39	493. 0/158. 0	493. 0/158. 0；493. 0/141. 1	80	15；55
161	啶蜱脲	flurazuron	18. 10	506. 0/158. 1	506/158. 1；506. 0/141. 1	120	15；50
				C 组			
162	抑芽丹	maleic hydrazide	0. 73	113. 1/67. 1	113. 1/67. 1；113. 1/85. 0	100	20；20
163	甲胺磷	methamidophos	0. 74	142. 1/94. 0	142. 1/94. 0；142. 1/125. 0	80	15；10
164	茵草敌	EPTC	14. 00	190. 2/86. 0	190. 2/86；190. 2/128. 1	100	10；10
165	避蚊胺	diethyltoluamide	7. 70	192. 2/119. 0	192. 2/119. 0；192. 2/91. 0	100	15；30
166	灭草隆	monuron	5. 94	199. 0/72. 0	199. 0/72. 0；199. 0/126. 0	120	15；15
167	嘧霉胺	pyrimethanil	6. 70	200. 2/107. 0	200. 2/107. 0；200. 2/183. 1	120	25；25
168	甲呋酰胺	fenfuram	7. 48	202. 1/109. 0	202. 1/109. 0；202. 1/83. 0	120	20；20
169	灭藻醌	quinoclamine	6. 09	208. 1/105. 0	208. 1/105. 0；208. 1/154. 1	120	30；20
170	仲丁威	fenobucarb	9. 92	208. 2/95. 0	208. 2/95. 0；208. 2/152. 1	80	10；5
171	乙嘧酚	ethirimol	4. 29	210. 2/140. 1	210. 2/140. 1；210. 2/98. 0	120	25；30
172	敌稗	propanil	9. 09	218. 0/162. 1	218. 0/162. 1；218. 0/127. 0	120	15；20
173	克百威	carbofuran	6. 81	222. 3/165. 1	222. 3/165. 1；222. 3/123. 1	120	5；20
174	啶虫脒	acetamiprid	4. 86	223. 2/126. 0	223. 2/126. 0；223. 2/56. 0	120	15；15
175	嘧菌胺	mepanipyrim	12. 23	224. 2/77. 0	224. 2/77. 0；224. 2/106. 0	120	30；25
176	扑灭通	prometon	5. 40	226. 2/142. 0	226. 2/142. 0；226. 2/184. 1	120	20；20
177	甲硫威	methiocarb	4. 51	226. 2/121. 1	226. 2/121. 1；226. 2/169. 1	80	10；5
178	甲氧隆	metoxuron	5. 59	229. 1/72. 0	229. 1/72. 0；229. 1/156. 1	120	20；20
179	乐果	dimethoate	4. 88	230. 0/199. 0	230. 0/199. 0；230. 0/171. 0	80	5；10
180	呋菌胺	methfuroxam	10. 42	230. 2/137. 1	230. 2/137. 1；230. 2/111. 1	120	20；15

（续表）

序号	中文名称	英文名称	保留时间/min	定量离子	定性离子	源内碎裂电压/v	碰撞气能量/v
181	伏草隆	fluometuron	7.27	233.1/72.0	233.1/72.0；233.1/160.0	120	20；20
182	百治磷	dicrotophos	3.97	238.1/112.1	238.1/112.1；238.1/193.0	80	10；5
183	庚酰草胺	monalide	14.50	240.1/85.1	240.1/85.1；240.1/57.0	120	15；35
184	双苯酰草胺	diphenamid	9.00	240.1/134.1	240.1/134.1；240.1/167.1	120	20；25
185	灭线磷	ethoprophos	11.98	243.1/173	243.1/173.0；243.1 /215.0	120	10；10
186	地虫硫磷	fonofos	16.10	247.1/109.0	247.1/109.0；247.1/137.1	80	15；5
187	土菌灵	etridiazol	17.20	247.1/183.1	247.1/183.1；247.1/132.0	120	15；15
188	拌种胺	furmecyclox	14.00	252.2/170.1	252.2/170.1；252.2/110.1	100	10；25
189	环嗪酮	hexazinone	5.66	253.2/171.1	253.2/171.1；253.2/71.0	120	15；20
190	阔草净	dimethametryn	8.79	256.2/ 86.1	256.2/186.1；256.2/96.1	140	20；35
191	敌百虫	trichlorphon	4.21	257.0/221.0	257.0/221.0；257.0/109.0	120	10；20
192	内吸磷	demeton（o+s）	8.59	259.1/89.0	259.1/89.0；259.1/61.0	60	10；35
193	解草酮	benoxacor	10.83	260.0/149.2	260.0/149.2；260/134.1	120	15；20
194	除草定	bromacil	5.78	261.0/205.0	261.0/205.0；261/188.0	80	10；20
195	甲拌磷亚砜	phorate sulfoxide	7.34	277.0/143.0	277.0/143.0；277.0/199.0	100	15；5
196	溴莠敏	brompyrazon	4.69	266.0/92.0	266.0/92.0；266.0/104.0	120	30；30
197	氧化萎锈灵	oxycarboxin	5.38	268.0/175.0	268.0/175.0；268.0/147.1	100	10；20
198	灭锈胺	mepronil	13.15	270.2/119.1	270.2/119.1；270.2/228.2	100	30；15
199	乙拌磷	disulfoton	16.80	275.0/89.0	275.0/89.0；275.0/61.0	80	5；20
200	倍硫磷	fenthion	15.54	279.0/169.1	279.0/169.1；279.0/247.0	120	15；10
201	甲霜灵	metalaxyl	7.75	280.1/192.2	280.1/192.2；280.1/220.2	120	15；20
202	甲呋酰胺	ofurace	7.65	282.1/160.2	282.1/160.2；282.1/254.2	120	20.1
203	十二环吗啉	dodemorph	8.45	282.3/116.1	282.3/116.1；282.3/98.1	120	20；30
204	噻唑硫磷	fosthiazate	4.38	284.1/228.1	284.1/228.1；284.1/104.0	80	5；20
205	甲基咪草酯	imazamethabenz－methyl	5.33	289.1/229.0	289.1/229.0；289.1/86.0	120	15；25
206	乙拌磷亚砜	disulfoton－sulfoxide	7.38	291.0/185.0	291.0/185；291/157.0	80	10；20
207	稻瘟灵	isoprothiolane	13.17	291.1/189.1	291.1/189.1；291.1/231.1	80	20；5
208	抑霉唑	imazalil	6.86	297.0/159.0	297.0/159.0；297/255.0	120	20；20
209	辛硫磷	phoxim	16.80	299.0/77.0	299.0/77.0；299/129.0	80	20；10
210	喹硫磷	quinalphos	14.80	299.1/147.1	299.1/147.1；299.1/163.1	120	20；20
211	灭菌磷	ditalimfos	13.53	300.0/148.1	300.0/148.1；300.0/244.0	80	15；10
212	苯氧威	fenoxycarb	18.10	362.1 /288.0	362.1 /288.0；362.1/244.0	120	20；20

（续表）

序号	中文名称	英文名称	保留时间/min	定量离子	定性离子	源内碎裂电压/v	碰撞气能量/v
213	嘧啶磷	pyrimitate	14. 00	306. 1/170. 2	306. 1/170. 2；306. 1/154. 2	120	20；20
214	丰索磷	fensulfothin	8. 55	309. 0/157. 1	309. 0/157. 1；309/253. 0	120	25；15
215	氟咯草酮	fluorochloridone	13. 80	312. 1/292. 1	312. 1/292. 1；312. 1/89. 0	100	25；25
216	丁草胺	butachlor	18. 00	312. 2/238. 1	312. 2/238. 1；312. 2/162. 0	80	10；20
217	醚菌酯	kresoxim – methyl	15. 20	314. 1/267. 0	314. 1/267；314. 1/206. 0	80	5；5
218	灭菌唑	triticonazole	10. 55	318. 2/70. 0	318. 2/70. 0；318. 2/125. 1	120	15；35
219	苯线磷亚砜	Fenamiphossulfoxide	5. 87	320. 1/171. 1	320. 1/171. 1；320. 1/292. 1	140	25；15
220	噻吩草胺	thenylchlor	14. 00	324. 1/127. 0	324. 1/127. 0；324. 1/59. 0	80	10；45
221	氰菌胺	fenoxanil	18. 81	329. 1/302. 0	329. 1/302. 0；329. 1/189. 1	80	5；30
222	氟啶草酮	fluridone	10. 30	330. 1/309. 1	330. 1/309. 1；330. 1/259. 2	160	40；55
223	氟环唑	epoxiconazole	18. 81	330. 1/141. 1	330. 1/141. 1；330. 1/121. 1	120	20；20
224	氯辛硫磷	chlorphoxim	17. 15	333. 0/125. 0	333. 0/125. 0；333/163. 1	80	5；5
225	苯线磷砜	fenamiphos sulfone	6. 63	336. 1/188. 2	336. 1/188. 2；336. 1/266. 2	120	30；20
226	腈苯唑	fenbuconazole	13. 40	337. 1/70. 0	337. 1/70. 0；337. 1/125. 0	120	20；20
227	异柳磷	isofenphos	17. 25	346. 1/217. 0	346. 1/217. 0；346. 1/245. 0	80	20；10
228	苯醚菊酯	phenothrin	19. 70	351. 1/183	351. 1/183. 2；351. 1/237. 0	100	15；5
229	氯化薯瘟锡	fentin – chloride	7. 00	351. 1/120. 0	351. 1/120；351. 1/170. 0	180	40；30
230	哌草磷	piperophos	17. 00	354. 1/171. 0	354. 1/171；354. 1/143. 0	100	20；30
231	增效醚	piperonyl butoxide	17. 75	356. 2/177. 1	356. 2/177. 1；356. 2/119. 0	100	10；35
232	乙氧氟草醚	oxyflurofen	18. 00	362. 0/316. 1	362. 0/316. 1；362. 0/237. 1	120	10；25
233	蝇毒磷	coumaphos	16. 42	363. 1/227. 2	363. 1/227. 2；363. 1/307. 1	120	20；15
234	氟噻草胺	flufenacet	14. 00	364. 0/194. 0	364. 0/194. 0；364. 0/152. 0	80	5；10
235	伏杀硫磷	phosalone	16. 79	368. 1/182. 0	368. 1/182. 0；368. 1/322. 0	80	10；5
236	甲氧虫酰肼	methoxyfenozide	13. 41	313. 0/149. 0	313. 0/149. 0；313. 0/91. 0	100	10；35
237	咪鲜胺	prochloraz	11. 79	376. 1/308. 0	376. 1/308. 0；376. 1/266. 0	80	10；10
238	丙硫特普	aspon	19. 22	379. 1/115. 0	379. 1/115. 0；379. 1/210. 0	80	30；15
239	乙硫磷	ethion	18. 46	385. 0 /199. 1	385. 0/199. 1；385. 0/171. 0	80	5；15
240	噻吩磺隆	thifensulfuron – m ethyl	6. 40	388. 1/167. 0	388. 1/167. 0；388. 1/141. 1	120	10；10
241	氟硫草定	dithiopyr	17. 81	402. 0/354. 0	402. 0/354. 0；402/272. 0	120	20；30
242	螺螨酯	spirodiclofen	19. 28	411. 1/71. 0	411. 1/71. 0；411. 1/313. 1	100	10；5

（续表）

序号	中文名称	英文名称	保留时间/min	定量离子	定性离子	源内碎裂电压/v	碰撞气能量/v
243	唑螨酯	fenpyroximate	18.66	422.2/366.2	422.2/366.2；422.2/135.0	120	10；35
244	胺氟草酯	flumiclorac – pentyl	18.00	441.1/308.0	441.1/308.0；441.1/354.0	100	25；10
245	双硫磷	temephos	18.30	467.0/125.0	467.0/125.0；467.0/155.0	100	30；30
246	氟丙嘧草酯	butafenacil	15.00	492.0/180.0	492.0/180.0；492.0/331.0	120	35；25
247	多杀菌素	spinosad	14.30	732.4/142.2	732.4/142.2；732.4/98.1	180	30；75
D组							
248	甲哌鎓	mepiquat chloride	0.71	114.1/98.1	114.1/98.1；114.1/58.0	140	30；30
249	二丙烯草胺	allidochlor	5.78	174.1/98.1	174.1/98.1；174.1/81.0	100	10；15
250	霜霉威	propamocarb	2.84	190.1/102.1	190.1/102.1；190.1/74.1	110	20；30
251	三环唑	tricyclazole	5.06	190.1/136.1	190.1/136.1；190.1/163.1	120	30；25
252	噻菌灵	thiabendazole	3.32	202.1/175.1	202.1/175.1；202.1/131.1	120	30；30
253	苯嗪草酮	metamitron	4.18	203.1/175.1	203.1 / 175.1；203.1/104	120	15；20
254	异丙隆	isoproturon	7.44	207.2/72.0	207.2 / 72.0；207.2/165.1	120	15；15
255	莠去通	atratone	4.46	212.2/170.2	212.2 / 170.2；212.2/100.1	120	15；30
256	敌草净	oesmetryn	4.92	214.1/172.1	214.1/172.1；214.1/82.1	120	15；25
257	嗪草酮	metribuzin	7.16	215.1/187.2	215.1/187.2；215.1/131.1	120	15；20
258	—	DMST	7.06	215.3/106.1	215.3/106.1；215.3/151.2	80	10；5
259	环草敌	cycloate	15.95	216.2/83.0	216.2/83.0；216.2/154.1	120	15；10
260	莠去津	atrazine	7.20	216.0/174.2	216.0/174.2；216.0/132.0	120	15；20
261	丁草敌	butylate	17.20	218.1/57.0	218.1/57.0；218.1/156.2	80	10；5
262	吡蚜酮	pymetrozin	0.73	218.1/105.1	218.1/105.1；218.1/78.0	100	20；40
263	氯草敏	chloridazon	4.35	222.1/104.0	222.1/104.0；222.1/92.0	120	25；35
264	菜草畏	sulfallate	15.25	224.1/116.1	224.1/116.1；224.1/88.2	100	10；20
265	乙硫苯威	ethiofencarb	4.48	227.0/107.0	227.0/107.0；227.0/164.0	80	5；5
266	特丁通	terbumeton	5.25	226.2/170.1	226.2/170.1；226.2/114.0	120	15；20
267	环丙津	cyprazine	7.15	228.2/186.1	228.2/186.1；228.2/108.1	120	15；25
268	阔草净	ametryn	5.85	228.2/186.0	228.2/186.0；228.2/68.0	120	20；35
269	木草隆	tebuthiuron	5.30	229.2/172.2	229.2/172.2；229.2/116.0	120	15；20
270	草达津	trietazine	12.00	230.1/202.0	230.1/202；230.1/132.1	160	20；20
271	另丁津	sebutylazine	8.65	230.1/174.1	230.1/174.1；230.1/104	12	15；30
272	蓄虫避	dibutyl succinate	14.80	231.1/101.0	231.1/101.0；231.1/157.1	60	1；10
273	牧草胺	tebutam	13.04	234.2/91.1	234.2/91.1；234.2/192.2	120	20；15

（续表）

序号	中文名称	英文名称	保留时间/min	定量离子	定性离子	源内碎裂电压/v	碰撞气能量/v
274	久效威亚砜	thiofanox – sulfoxide	4. 08	235. 1/104. 0	235. 1/104. 0；235. 1/57. 0	60	5；20
275	杀螟丹	cartap hydrochloride	5. 90	238. 0/73. 0	238. 0/73. 0；238. 0/150. 0	100	30；10
276	虫螨畏	methacrifos	10. 03	241. 0/209. 0	241. 0/209. 0；241. 0/125. 0	60	5；20
277	特丁净	terbutryn	7. 44	242. 2/186. 1	242. 2/186. 1；242. 2/71. 0	120	15；20
278	虫线磷	thionazin	8. 84	249. 1/97. 0	249. 1/97. 0；249. 1/193. 0	80	30；10
279	利谷隆	linuron	9. 84	249. 0/160. 1	249. 0/160. 1；249/182. 1	100	15；15
280	庚虫磷	heptanophos	7. 85	251. 0/127. 0	251. 0/127. 0；251/109. 0	80	10；30
281	苄草丹	prosulfocarb	17. 10	252. 1/91. 0	252. 1/91. 0；252. 1/128. 1	120	15；10
282	杀草净	dipropetryn	8. 58	256. 1/144. 1	256. 1/144. 1；256. 1/214. 0	140	30；20
283	禾草丹	thiobencarb	15. 80	258. 1/125. 0	258. 1/125. 0；258. 1/89. 0	80	20；55
284	三异丁基磷酸盐	*tri* – *iso* – butyl phosphate	15. 45	267. 1/99. 0	267. 1/99. 0；267. 1/155. 1	80	20；5
285	三丁基磷酸酯	*tri* – *n* – butyl phosphate	15. 45	267. 2/99. 0	267. 2/99. 0；267. 2/155. 1	80	5；15
286	乙霉威	diethofencarb	10. 40	268. 1/226. 2	268. 1/226. 2；268. 1/152. 1	80	5；20
287	甲草胺	alachlor	13. 15	270. 2/238. 2	270. 2/238. 2；270. 2/162. 2	80	10；20
288	硫线磷	cadusafos	15. 27	271. 1/159. 1	271. 1/159. 1；271. 1/131	80	10；20
289	吡唑草胺	metazachlor	8. 36	278. 1/134. 1	278. 1/134. 1；278. 1/210. 1	80	20；5
290	胺丙畏	propetamphos	13. 60	282. 1/138	282. 1/138；282. 1/156. 1	80	15；10
291	特丁硫磷	terbufos	13. 70	289. 0/57. 0	289. 0/57. 0；289. 0/103. 1	80	20；5
292	硅氟唑	simeconazole	11. 00	294. 2/70. 1	294. 2/70. 1；294. 2/135. 1	120	15；15
293	三唑酮	triadimefon	11. 88	294. 2/69. 0	294. 2/69. 0；294. 2/197. 1	100	20；15
294	甲拌磷砜	phorate sulfone	9. 34	293. 0/171. 0	293. 0/171. 0；293/143. 1	60	5；15
295	十三吗啉	tridemorph	14. 00	298. 3/130. 1	298. 3/130. 1；298. 3/57. 1	160	25；35
296	苯噻酰草胺	mefenacet	11. 60	299. 1/148. 1	299. 1/148. 1；299. 1/120. 1	100	15；25
297	苯线磷	fenamiphos	8. 97	304. 0/216. 9	304. 0/216. 9；304. 0/202. 0	100	20；35
298	丁苯吗琳	fenpropimorph	9. 10	304. 0/147. 2	304. 0/ 147. 2；304. 0/130. 0	120	30；30
299	戊唑醇	tebuconazole	12. 44	308. 2/70. 0	308. 2/70. 0；308. 2/125. 0	100	25；25
300	异丙乐灵	isopropalin	19. 05	310. 2/225. 7	310. 2/225. 7；310. 2/207. 7	120	15；20
301	氟苯嘧啶醇	nuarimol	9. 20	315. 1/252. 1	315. 1/252. 1；315. 1/81. 0	120	25；30
302	乙嘧酚磺酸酯	bupirimate	9. 52	317. 2/166. 0	317. 2/166. 0；317. 2/272. 0	120	25；20
303	保棉磷	azinphos – methyl	10. 45	318. 1/125. 0	318. 1/125；318. 1/160. 0	80	15；10

（续表）

序号	中文名称	英文名称	保留时间/min	定量离子	定性离子	源内碎裂电压/v	碰撞气能量/v
304	丁基嘧啶磷	tebupirimfos	18. 15	319. 1/277. 1	319. 1/277. 1；319. 1/153. 2	120	10；30
305	稻丰散	phenthoate	15. 57	321. 1/247. 0	321. 1/247；321. 1/163. 1	80	5；10
306	治螟磷	sulfotep	16. 35	323. 0/171. 1	323. 0/171. 1；323. 0/143. 0	120	10；20
307	硫丙磷	sulprofos	18. 40	323. 0/219. 1	323. 0/219. 1；323. 0/247. 0	120	15；10
308	苯硫磷	EPN	17. 10	324. 0/296. 0	324. 0/296. 0；324. 0/157. 1	120	10；20
309	甲基吡噁磷	azamethiphos	6. 05	325. 0/183. 0	325. 0/183. 0；325. 0/139. 0	80	15；25
310	烯唑醇	diniconazole	13. 67	326. 1/70. 0	326. 1/70. 0；326. 1/159. 0	120	25；30
311	唑嘧磺草胺	flumetsulam	4. 95	326. 1/129. 0	326. 1/129. 0；326. 1/262. 1	120	30；20
312	稀禾啶	sethoxydim	5. 36	328. 2/282. 2	328. 2/282. 2；328. 2/178. 1	100	10；15
313	戊菌隆	pencycuron	16. 33	329. 2/125. 0	329. 2/125. 0；329. 2/218. 1	120	20；15
314	灭蚜磷	mecarbam	14. 46	330. 0/227. 0	330/227；330. 0/199. 0	80	5；10
315	苯草酮	tralkoxydim	18. 09	330. 2 /284. 2	330. 2 /284. 2；330. 2/138. 1	100	10；20
316	马拉硫磷	malathion	13. 20	331. 0/127. 1	331. 0/127. 1；331. 0/99. 0	80	5；10
317	稗草畏	pyributicarb	18. 26	331. 1/181. 1	331. 1/181. 1；331. 1/108. 0	120	10；20
318	哒嗪硫磷	pyridaphenthion	12. 32	341. 1/189. 2	341. 1/189. 2；341. 1/205. 2	120	20；20
319	嘧啶磷	pirimiphos - ethyl	17. 75	334. 2/198. 2	334. 2/198. 2；334. 2/182. 2	120	20；25
320	硫双威	thiodicarb	6. 55	355. 1/88. 0	355. 1/88. 0；355. 1/163. 0	80	15；5
321	吡唑硫磷	pyraclofos	15. 34	361. 1/257. 0	361. 1/257. 0；361. 1/138. 0	120	25；35
322	啶氧菌酯	picoxystrobin	15. 40	368. 1/145. 0	368. 1/145. 0；368. 1/205. 0	80	20；5
323	四氟醚唑	tetraconazole	12. 54	372. 0/159. 0	372. 0/159. 0；372. 0/70. 0	120	35；35
324	吡唑解草酯	mefenpyr - diethyl	16. 80	373. 0/327. 0	373. 0/327. 0；373. 0/160. 0	80	15；35
325	丙溴磷	profenefos	16. 74	373. 0/302. 9	373. 0/302. 9；373. 0/345. 0	120	15；10
326	吡唑醚菌酯	pyraclostrobin	16. 04	388. 0/163. 0	388/163；388. 0/194. 0	120	20；10
327	烯酰吗啉	dimethomorph	16. 04	388. 1/165. 1	388. 1/165. 1；388. 1/301. 1	120	25；20
328	噻恩菊酯	kadethrin	17. 95	397. 1/171. 1	397. 1/171. 1；397. 1/128. 0	100	15；55
329	噻唑烟酸	thiazopyr	16. 15	397. 1/377	397. 1/377；397. 1/335. 1	140	20；30
330	甲基丙硫克百威	benfuracarb - methyl	8. 60	411. 1/149. 1	411. 1/149. 1；411. 1/182. 1	100	20；20
331	醚磺隆	cinosulfuron	6. 53	414. 1/183. 1	414. 1/183. 1；414. 1/157. 1	120	10；20
332	吡嘧磺隆	pyrazosulfuron - ethyl	17. 20	415. 1/182. 1	415. 1/182. 1415. 1/369. 1	120	15；10
333	磺草胺唑	metosulam	7. 60	418. 0/175. 1	418. 0/175. 1；418. 0/354. 0	120	25；20
334	氟啶脲	chlorfluazuron	18. 53	540. 0/383. 0	540. 0/383. 0；540. 0/158. 2	120	15；15

（续表）

序号	中文名称	英文名称	保留时间/min	定量离子	定性离子	源内碎裂电压/v	碰撞气能量/v
E组							
335	4－氨基吡啶	4－aminopyridine	0. 72	95. 1/52. 1	95. 1/52. 1；95. 1/78. 1	120	25；5
336	矮壮素	chlormequat	0. 72	122. 1/58. 1	122. 1/58. 1；122. 1/63. 1	100	35；20
337	灭多威	methomyl	3. 76	163. 2/88. 1	163. 2/88. 1；163. 2/106. 1	80	5；10
338	咯喹酮	pyroquilon	5. 87	174. 1/117. 1	174. 1/117. 1；174. 1/132. 2	140	35；25
339	麦穗宁	fuberidazole	3. 66	185. 2/157. 2	185. 2/157. 2；185. 2/92. 1	120	20；25
340	丁脒酰胺	isocarbamid	4. 35	186. 2/87. 1	186. 2/87. 1；186. 2/130. 1	80	20；5
341	丁酮威	butocarboxim	5. 30	213/75. 1	213/75. 1；213/156. 1	100	15；5
342	杀虫脒	chlordimeform	4. 13	197. 2/117. 1	197. 2/117. 1；197. 2/89. 1	120	25；50
343	霜脲氰	cymoxanil	4. 95	199. 1/111. 1	199. 1/111. 1；199. 1/128. 1	80	20；15
344	灭草敌	vernolate	3. 47	204. 2/128. 2	204. 2/128. 2；204. 2/175. 5	100	10；10
345	氯硫酰草胺	chlorthiamid	5. 80	206. 0/189. 0	206. 0/189. 0；206. 0/119. 0	80	15；50
346	灭害威	aminocarb	0. 75	209. 3/137. 1	209. 3/137. 1；209. 3/152. 1	100	20；10
347	二甲嘧酚	dimethirimol	4. 20	210. 2/71. 1	210. 2/71. 1；210. 2/140. 0	120	25；20
348	氧乐果	omethoate	0. 75	214. 1/125. 0	214. 1/125. 0；214. 1/183. 0	80	20；5
349	乙氧喹啉	ethoxyquin	7. 19	218. 2/174. 2	218. 2/174. 2；218. 2/160. 1	120	30；35
350	敌敌畏	dichlorvos	4. 20	222. 9. 0/ 109. 0	222. 9. 0/109. 0；222. 9/79. 0	120	15；30
351	涕灭威砜	aldicarb sulfone	3. 50	223. 1/76. 0	223. 1/76；223. 1/148. 0	80	5；5
352	二氧威	dioxacarb	4. 70	224. 1/123. 1	224. 1/123. 1；224. 1/167. 1	80	15；5
353	苄基腺嘌呤	benzyladenine	4. 16	226. 1/91. 1	226. 1/91. 1；226. 1/148. 0	140	20；15
354	甲基内吸磷	demeton－s－methyl	6. 25	253. 0/89. 0	253. 0/ 89. 0；253. 0/61. 0	80	10；35
355	乙硫苯威亚砜	ethiofencarb－sulf oxide	3. 95	242. 2/107. 1	242. 2/107. 1；242. 2/185. 1	80	15；5
356	杀虫腈	cyanohos	6. 89	244. 2/180. 0	244. 2/180. 0；244. 2/125. 0	120	20；15
357	甲基乙拌磷	thiometon	7. 16	247. 1/171. 0	247. 1/171. 0；247. 1/89. 1	100	10；10
358	灭菌丹	folpet	12. 82	260. 0/130. 0	260. 0/130. 0；260. 0/102. 3	100	10；40
359	甲基内吸磷砜	demeton－*s*－meth yl sulfone	3. 96	263. 1/169. 1	263. 1/169. 1；263. 1/125. 0	80	15；20
360	哌草丹	dimepiperate	16. 82	286. 1/168. 0	286. 1/168. 0；286. 1/119. 1	80	10；10
361	苯锈定	fenpropidin	8. 96	274. 0/147. 1	274. 0/147. 1；274. 0/86. 1	160	25；25
362	甲咪唑烟酸	imazapic	4. 80	276. 2/163. 2	276. 2/163. 2；276. 2/216. 2；276. 2/86. 1	120	20；20；25

（续表）

序号	中文名称	英文名称	保留时间/min	定量离子	定性离子	源内碎裂电压/v	碰撞气能量/v
363	对氧磷	paraoxon－ethyl	8.00	276.2/220.1	276.2/220.1；276.2/94.1	100	10；40
364	4－十二烷基－2，6－二甲基吗啉	aldimorph	14.10	284.4/57.2	284.4/57.2；284.4/98.1	160	30；30
365	乙烯菌核利	vinclozolin	14.66	286.1 /242	286.1 /242；286.1/145.1	100	5；45
366	烯效唑	uniconazole	11.69	292.1/70.1	292.1/70.1；292.1/125.1	120	30；30
367	啶斑肟	pyrifenox	7.42	295.0/93.1	295.0/93.1；295.0/163.0	120	15；15
368	氯硫磷	chlorthion	14.45	298.0/125.0	298.0/125.0；298.0/109.0	100	15；20
369	异氯磷	dicapthon	14.47	298.0/125.0	298.0/125.0；298.0/266.1	80	10；10
370	四螨嗪	clofentezine	16.18	303.0/138.0	303.0/138.0；303.0/156.0	100	25；25
371	氟草敏	norflurazon	8.08	304.0/284.0	304.0/284.0；304.0/160.1	140	25；35
372	野麦畏	triallate	18.52	304.0/143.0	304.0/143.0；304.0/86.1	120	25；15
373	苯氧喹啉	quinoxyphen	17.05	308.0/197.0	308.0/197.0；308.0/272.0	180	35；35
374	倍硫磷砜	fenthion sulfone	8.71	311.1/125.0	311.1/125.0；311.1/109.0	140	15；20
375	氟咯草酮	flurochloridone	13.34	312.2/292.2	312.2/292.2；312.2/53.1	140	25；30
376	酞酸苯甲基丁酯	phthalic acid，benzyl butylester	17.34	313.2/91.1	313.2/91.1；313.2/149.0；313.2/205.1	80	10；10；5
377	氯唑磷	isazofos	13.67	314.1/162.1	314.1/162.1；314.1/120.0	100	10；35
378	除线磷	dichlofenthion	18.15	315.0/259.0	315.0/259.0；315.0/287.0	100	10；5
379	蚜灭多砜	vamidothion sulfone	2.45	178.0/87.0	178.0/87.0；178.0/60.0	100	15；10
380	特丁硫磷砜	terbufos sulfone	12.57	321.2/171.1	321.2/171.1；321.2/143.0	80	5；15
381	敌乐胺	dinitramine	15.80	323.1/305.0	323.1/305.0；323.1/247.0	120	10；15
382	氰霜唑	cyazofamid	5.10	325.2/261.3	325.2/261.3；325.2/108.0	80	5；15
383	毒壤磷	trichloronat	18.98	333.1/304.9	333.1/304.9；333.1/161.8	100	10；45
384	苄呋菊酯－2	resmethrin－2	12.35	339.2/171.1	339.2/171.1；339.2/143.1	80	10；25
385	啶酰菌胺	boscalid	12.20	343.2/307.2	343.2/307.2；343.2/271.0	140	20；35
386	甲磺乐灵	nitralin	15.15	346.1/304.1	346.1/304.1；346.1/262.1	100	10；20
387	甲氰菊酯	fenpropathrin	19.00	350.2/125.2	350.2/125.2；350.2/97.0	120	5；20
388	噻螨酮	hexythiazox	18.23	353.1/168.1	353.1/168.1；353.1/228.1	120	20；10
389	双氟磺草胺	florasulam	6.80	360.2/129.1	360.2/129.1；360.2/192.0	120	30；15
390	苯螨特	benzoximate	17.00	386.1/197.0	386.1/197.0；386.1/199.2	140	30；30
391	新燕灵	benzoylprop－ethyl	16.00	366.1/105.0	366.1/105.0；366.1/77.0	80	15；35
392	嘧螨醚	pyrimidifen	13.69	378.2/184.1	378.2/184.1；378.2/150.2	140	15；40

（续表）

序号	中文名称	英文名称	保留时间/min	定量离子	定性离子	源内碎裂电压/v	碰撞气能量/v
393	呋线威	furathiocarb	17.85	383.3/195.1	383.3/195.1；383.3/252.1；383.3/167.0	100	10；5；25
394	反式氯菊酯	*trans* – permethin	21.00	391.3/149.1	391.3/149.1；391.3/167.1	100	10；10
395	醚菊酯	etofenprox	19.73	394.0/177.0	394.0/177；394.0/359.0	100	15；5
396	苄草唑	pyrazoxyfen	14.30	403.2/91.1	403.2/91.1；403.2/105.1；403.2/139.1	140	25；20；20
397	嘧唑螨	flubenzimine	14.48	417.0/397.0	417.0/397.0；417.0/167.1	100	10；25
398	Z—氯氰菊酯	*zate* – cypermethrin	20.45	433.3/416.2	433.3/416.2；433.3/191.2	100	5；10
399	氟吡乙禾灵	haloxyfop – 2 – etho xyethyl	17.65	434.1/316.0	434.1/316.0；434.1/288.0；434.1/91.2	120	15；20；45
400	S – 氰戊菊酯	esfenvalerate		437.2/206.9	437.2/206.9；437.2/154.2	80	35；20
401	乙羧氟草醚	fluoroglycofen – e thyl	17.70	344.0/300.0	344.0/300.0；344.0/233.0	120	15；20
402	氟胺氰菊酯	*tau* – fluvalinate	19.58	503.2/181.2	503.2/181.2；503.2/208.1	80	25；15
F 组							
403	丙烯酰胺	acrylamide	0.73	72.0/55.0	72.0/55.0；72.0/27.0	100	10；10
404	叔丁基胺	*tert* – butylamine	0.65	74.1/46.0	74.1/46；74.1/56.8	120	5；5
405	噁霉灵	hymexazol	2.65	100.1/54.1	100.1/54.1；100.1/44.2；100.1/28.0	100	10；15；15
406	矮壮素氯化物	chlormequat chloride	0.69	122.1/58.1	122.1/58.1；122.1/63.0	120	30；20
407	邻苯二甲酰亚胺	phthalimide	0.74	148.0/130.1	148.0/130.1；148.0/102.0	100	10；25
408	甲氟磷	dimefox	3.88	155.1/110.1	155.1/110.1；155.1/135.0	120	20；10
409	速灭威	metolcarb	6.50	166.2/109.0	166.2/109.0；166.2/97.1	80	15；50
410	二苯胺	diphenylamin	13.06	170.2/93.1	170.2/93.1；170.2/152.0	120	30；30
411	1 – 萘基乙酰胺	1 – naphthy acetamide	5.30	186.2/141.1	186.2/141.1；186.2/115.1	100	15；45
412	脱乙基莠去津	atrazine – desethyl	4.43	188.2/146.1	188.2/146.1；188.2/104.1	120	10；20
413	2，6 – 二氯苯甲酰胺	2，6 – dichlorobenz amide	3.85	190.1/173.0	190.1/173.0；190.1/145.0	100	20；30
414	涕灭威	aldicarb	5.42	213.0/89.0	213.0/89.0；213.0/116.0	100	30；10
415	邻苯二甲酸二甲酯	dimethyl phthalate	3.50	217.0/86.0	217.0/86.0；217.0/156.0	100	15；20
416	杀虫脒盐酸盐	chlordimeform hydrochloride	4.00	197.2/117.1	197.2/117.1；197.2/89.1	120	25；50

（续表）

序号	中文名称	英文名称	保留时间/min	定量离子	定性离子	源内碎裂电压/v	碰撞气能量/v
417	西玛通	simeton	3. 94	198. 2/100. 1	198. 2/100. 1；198. 2/128. 2	120	25；20
418	呋草胺	dinotefuran	3. 06	203. 3/129. 2	203. 3/129. 2；203. 3/87. 1	80	5；10
419	克草敌	pebulate	16. 05	204. 2/72. 1	204. 2/72. 1；204. 2/128. 0	100	10；10
420	活化酯	acibenzolar – *s* – me thyl	10. 00	211. 1/91. 0	211. 1/91. 0；211. 1/136. 0	120	20；30
421	蔬果磷	dioxabenzofos	10. 15	217. 0/77. 1	217/77. 1；217. 0/107. 1	100	40；30
422	杀线威	oxamyl	3. 46	241. 0/72. 0	241. 0/72. 0；242. 0/121. 0	120	15；10
423	噻苯隆	thidiazuron pestanal	5. 60	221. 1/102. 0	221. 1/102. 0；221. 1/128. 0	100	15；5
424	甲基苯噻隆	methabenzthiazuron	6. 80	222. 2/165. 1	222. 2/165. 1；222. 2/149. 9	100	15；35
425	丁酮砜威	butoxycarboxim	3. 30	223. 2/63. 0	223. 2/63. 0；223. 2/106. 1	80	10；5
426	兹克威	mexacarbate	4. 00	233. 2/151. 2	233. 2/151. 2；233. 2/166. 2	100	15；10
427	甲基内吸磷亚砜	demeton – *s* – meth yl sulfoxide	3. 42	247. 1/109. 0	247. 1/109；247. 1/169. 1	80	20；10
428	久效威砜	thiofanox sulfone	7. 30	251. 1/57. 2	251. 1/57. 2；251. 1/76. 1	80	5；5
429	硫环磷	phosfolan	4. 95	256. 2/140. 0	256. 2/140. 0；256. 2/228. 0	100	25；10
430	硫赶内吸磷	demeton – s	5. 44	259. 1/89. 1	259. 1/89. 1；259. 1/61. 0	60	10；35
431	氧倍硫磷	fenthion oxon	8. 15	263. 2/230. 0	263. 2/230；263. 2/216. 0	100	10；20
432	敌草胺	napropamide	12. 45	272. 2/171. 1	272. 2/171. 1；272. 2/129. 2	120	15；15
433	杀螟硫磷	fenitrothion	13. 60	278. 1/125. 0	278. 1/125. 0；278. 1/246. 0	140	15；15
434	酞酸二丁酯	Phthalicacid, dibutylester	17. 50	279. 2/149. 0	279. 2/149. 0；279. 2/121. 1	80	10；45
435	丙草胺	metolachlor	13. 15	284. 1/252. 2	284. 1/252. 2；284. 1/176. 2	120	10；15
436	腐霉利	procymidone	13. 33	284. 0/256. 0	284. 0/256. 0；284. 0/145. 0	140	10；45
437	蚜灭磷	vamidothion	4. 18	288. 2/146. 1	288. 2/146. 1；288. 2/118. 1	80	10；20
438	威菌磷	triamiphos	6. 58	295. 2/135. 1	295. 2/135. 1；295. 2/92. 0	100	25；35
439	右旋炔丙菊酯	prallethrin	7. 25	301. 0/105. 0	301. 0/105. 0；301. 0/169. 0	80	5；20
440	二苯隆	cumyluron	11. 70	303. 3/185. 1	303. 3/185. 1；303. 3/125. 0	100	5；45
441	甲氧咪草烟	imazamox	3. 00	304. 2/260. 0	304. 2/260. 0；304. 2/186. 0	100	5；40
442	杀鼠灵	warfarin	10. 30	309. 2/163. 1	309. 2/163. 1；309. 2/251. 2	100	20；15
443	亚胺硫磷	phosmet	11. 14	318. 0/160. 1	318. 0/160. 1；318. 0/133. 0	80	10；35
444	皮蝇磷	ronnel	17. 70	320. 9/125. 0	320. 9/125. 0；320. 9/288. 8	120	10；10
445	除虫菊酯	pyrethrin	18. 78	329. 2/161. 1	329. 2/161. 1；329. 2/133. 1	100	5；15
446	—	Phthalicacid, biscyclohexylester	19. 10	331. 3/149. 1	331. 3/149. 1；331. 3/167. 1；331. 3/249. 0	80	10；5；5

（续表）

序号	中文名称	英文名称	保留时间/min	定量离子	定性离子	源内碎裂电压/v	碰撞气能量/v
447	环丙酰菌胺	carpropamid	15. 36	334. 2/196. 1	334. 2/196. 1；334. 2/139. 1	120	10；15
448	吡螨胺	tebufenpyrad	17. 32	334. 3/147. 0	334. 3/147. 0；334. 3/117. 1	160	25；40
449	虫酰肼	tebufenozide	14. 70	297. 0/133. 0	297. 0/133. 0；97. 0/105. 0	80	15；35
450	虫螨磷	chlorthiophos	18. 58	361. 0/305. 0	361. 0/305. 0；361. 0/225. 0	100	10；15
451	氯亚胺硫磷	dialifos	17. 15	394. 0/208. 0	394. 0/208. 0；394. 0/187. 0	100	5；20
452	吲哚酮草酯	cinidon – ethyl	17. 63	394. 2/348. 1	394. 2/348. 1；394. 2/107. 1	120	15；45
453	鱼滕酮	rotenone	14. 00	395. 3/213. 2	395. 3/213. 2；395. 3/192. 2	160	20；20
454	亚胺唑	imibenconazole	17. 16	411. 0/125. 1	411. 0/125. 1；411. 0/171. 1；411. 0/342. 0	120	25；15；10
455	噁草酸	propaquiafop	17. 56	444. 2/100. 1	444. 2/100. 1；444. 2/299. 1	140	15；25
456	乳氟禾草灵	lactofen	18. 23	479. 1/344. 0	479. 1/344. 0；479. 1/223. 0	120	15；35
457	吡草酮	benzofenap	16. 95	431. 0/105. 0	431. 0/105. 0；431. 0/119. 0	140	30；20
458	地乐酯	dinoseb acetate	0. 75	283. 1/89. 2	283. 1/89. 2；283. 1/133. 1；283. 1/177. 2	120	10；10；10
459	异丙草胺	propisochlor	15. 00	284. 0/224. 0	284. 0/224. 0；284. 0/212. 0	80	5；15
460	氟硅菊酯	silafluofen	20. 80	412. 0/91. 0	412. 0/91. 0；412. 0/72. 1	100	40；30
461	乙氧苯草胺	etobenzanid	15. 65	340. 0/149. 0	340/149. 0；340. 0/121. 1	120	20；30
462	四唑酰草胺	fentrazamide	16. 00	372. 1/219. 0	372. 1/219. 0；372. 1/83. 2	200	5；35
463	五氯苯胺	pentachloroanili ne	14. 30	285. 0/99. 1	285. 0/99. 1；285. 0/127. 0	100	15；5
464	苯醚氰菊酯	cyphenothrin	19. 40	376. 2/151. 2	376. 2/151. 2；376. 2/123. 2	100	5；15
465	狄氏剂	dieldrin	3. 91	377. 0/333. 0	377. 0/333. 0；377. 0/221. 2	100	5；35
466	马拉氧磷	malaoxon	13. 80	331. 0/99. 0	331. 0/99. 0；331. 0/127. 0	120	20；5
467	多果定	dodine	7. 46	228. 2/57. 3	228. 2/57. 3；228. 2/60. 1	160	25；20
468	丙烯硫脲	propylene thiourea	0. 73	117. 0/60. 1	117. 0/60. 1；117. 0/58. 0	100	35；15
				G 组			
469	茅草枯	dalapon	0. 60	140. 8/58. 8	140. 8/58. 8；140. 8/62. 9	100	10；15
470	四氟丙酸	flupropanate	0. 97	144. 9/81. 0	144. 9/81；144. 9/101. 5	100	15；5
471	2 – 苯基苯酚	2 – phenylphenol	9. 78	169. 0/115. 0	169. 0/115. 0；169. 0/93. 0	140	35；20
472	3 – 苯基苯酚	3 – phenylphenol	9. 78	169. 0/115. 0	169. 0/115. 0；169. 0/141. 1	140	35；35
473	二氯吡啶酸	clopyralid	2. 14	190. 0/146. 0	190. 0/146. 0；190. 0/74. 0	60	5；45
474	二硝酚	DNOC	4. 19	197. 1/180	197. 1/180；197. 1/108. 9	120	15；20
475	调果酸	cloprop	3. 38	199. 0/127. 0	199. 0/127. 0；199. 0/71. 0	80	5；5

（续表）

序号	中文名称	英文名称	保留时间/min	定量离子	定性离子	源内碎裂电压/v	碰撞气能量/v
476	氯硝胺	dicloran	8. 82	205. 1/169. 3	205. 1/169. 3；205. 1/123. 2	120	15；30
477	氯氨吡啶酸	aminopyralid	4. 29	205. 0/160. 7	205. 0/160. 7；205. 0/125. 0	80	5；10
478	氯苯胺灵	chlorpropham	12. 55	212. 0/152. 0	212. 0/152. 0；212. 0/57. 0	80	5；20
479	2－甲－4－氯丙酸	mecoprop	4. 46	213. 1/141. 0	213. 1/141. 0；213. 1/71. 0	80	5；5
480	特草定	terbacil	5. 94	215. 1/159. 0	215. 1/159. 0；215. 1/73. 0	120	10；40
481	麦草畏	dicamba	0. 75	219. 0/175. 0	219/175. 0；219. 0/145. 0	60	5；5
482	二甲四氯丁酸	MCPB	5. 53	227. 0/141. 0	227. 0/141. 0；227. 0/105. 0	80	10；25
483	2，4－滴丙酸	dichlorprop	13. 00	232. 9/161. 1	232. 9/161. 1；232. 9/125. 0	80	5；10
484	灭草松	bentazone	3. 69	239. 0/132. 0	239. 0/132. 0；239. 0/197. 0	140	20；15
485	地乐酚	dinoseb	6. 13	239. 0/193. 0	239. 0/193. 0；239. 0/163. 0	120	22；25
486	特乐酚	dinoterb	6. 13	239. 0/207. 0	239. 0/207. 0；239. 0/176. 1	140	25；35
487	咯菌腈	fludioxonil	11. 10	247. 0/180. 0	247. 0/180. 0；247. 0/126. 0	140	10；10
488	杀螨醇	chlorfenethol	11. 81	265. 0/96. 7	265/96. 7；265. 0/152. 7	120	15；5
489	水胺硫磷	isocarbophos	0. 75	288. 1/228. 0	288. 1/228；288. 1/214. 0	120	10；12
490	萘草胺	naptalam	4. 30	290. 0/246. 0	290. 0/246. 0；290. 0/168. 3	100	10；30
491	灭幼脲	chlorobenzuron	14. 05	306. 9/154. 0	306. 9/154. 0；306. 9/125. 9	100	5；20
492	氯霉素	chloramphenicol um	5. 07	321. 0/152. 0	321. 0/152. 0；321. 0/257. 0	100	15；10
493	禾草灭	alloxydim－sodiu m	3. 49	322. 2/222. 0	322. 2/222. 0；322. 2/190. 0	120	20；35
494	嘧草硫醚	pyrithlobac sodium	7. 19	325. 1/183. 1	325. 1/183. 1；325. 1/118. 9	160	35；55
495	乙酰磺胺对硝基苯	sulfanitran	5. 77	334. 0/137. 0	334. 0/137. 0；334. 0/197. 0	120	28；29
496	氨磺乐灵	oryzalin	14. 04	345. 0/281. 1	345. 0/281. 1；345. 0/146. 9；345/78. 1	120	10；10；5
497	赤霉酸	gibberellic acid	0. 74	345. 1/143. 0	345. 1/143. 0；345. 1/221. 1；345. 1/240. 0	120	15；10；15
498	三氟羧草醚	acifluorfen	6. 40	360. 0/316. 0	360/316；360/194. 9	80	5；25
499	七氯	heptachlor	0. 55	369. 2/233. 1	369. 2/233. 1；369. 2/301. 0	100	10；5
500	噁唑菌酮	famoxadone	16. 52	373. 0/282. 0	373. 0/282. 0；373. 0/328. 9	120	20；15
501	甲磺草胺	sulfentrazone	6. 54	385. 0/307. 0	385. 0/307. 0；385. 0/199. 3	100	25；40
502	吡氟酰草胺	diflufenican	17. 30	393. 1/329. 1	393. 1/329. 1；393. 1/272. 0	100	10；10

（续表）

序号	中文名称	英文名称	保留时间/min	定量离子	定性离子	源内碎裂电压/v	碰撞气能量/v
503	氟氰唑	ethiprole	10. 74	394. 9/331. 0	394. 9/331. 0；394. 9/250. 0	100	5；25
504	磺菌胺	flusulfamide	11. 15	413. 0/171. 0	413. 0/171. 0；413/179. 0	160	40；40
505	环丙嘧磺隆	cyclosulfamuron	7. 60	420. 2/238. 8	420. 2/238. 8；420. 2/265. 4	100	10；5
506	嗪胺灵	triforine	0. 59	431. 0/231. 1	431. 0/231. 1；431. 0/116. 9	120	12；17
507	氟磺胺草醚	fomesafen	7. 13	437. 0/195. 1	437. 0/195. 1；437. 0/222. 1	140	40；40
508	氟啶胺	fluazinam	17. 25	462. 9/415. 9	462. 9/415. 9；462. 9/398. 0	120	20；15
509	吡虫隆	fluazuron	18. 19	504. 2/305. 1	504. 2/305. 1；504. 2/156. 0	120	11；13
510	虱螨脲	lufenuron	18. 15	508. 9/339. 1	508. 9/339. 1；508. 9/326. 0；508. 9/174. 8	100	5；5；5
511	克来范	kelevan	19. 50	628. 1/169. 0	628. 1/169；628. 1/422. 6	120	24；22
512	氟丙菊酯	acrinathrin	19. 60	540. 0/345. 0	540. 0/345. 0；540. 0/372. 0	120	15；5

附　录　C

（资料性附录）

512 种农药及相关化学品多反应监测（MRM）色谱图

A、B、C、D、E、F 和 G 七组农药及相关化学品多反应监测（MRM）色谱图如下：

A 组

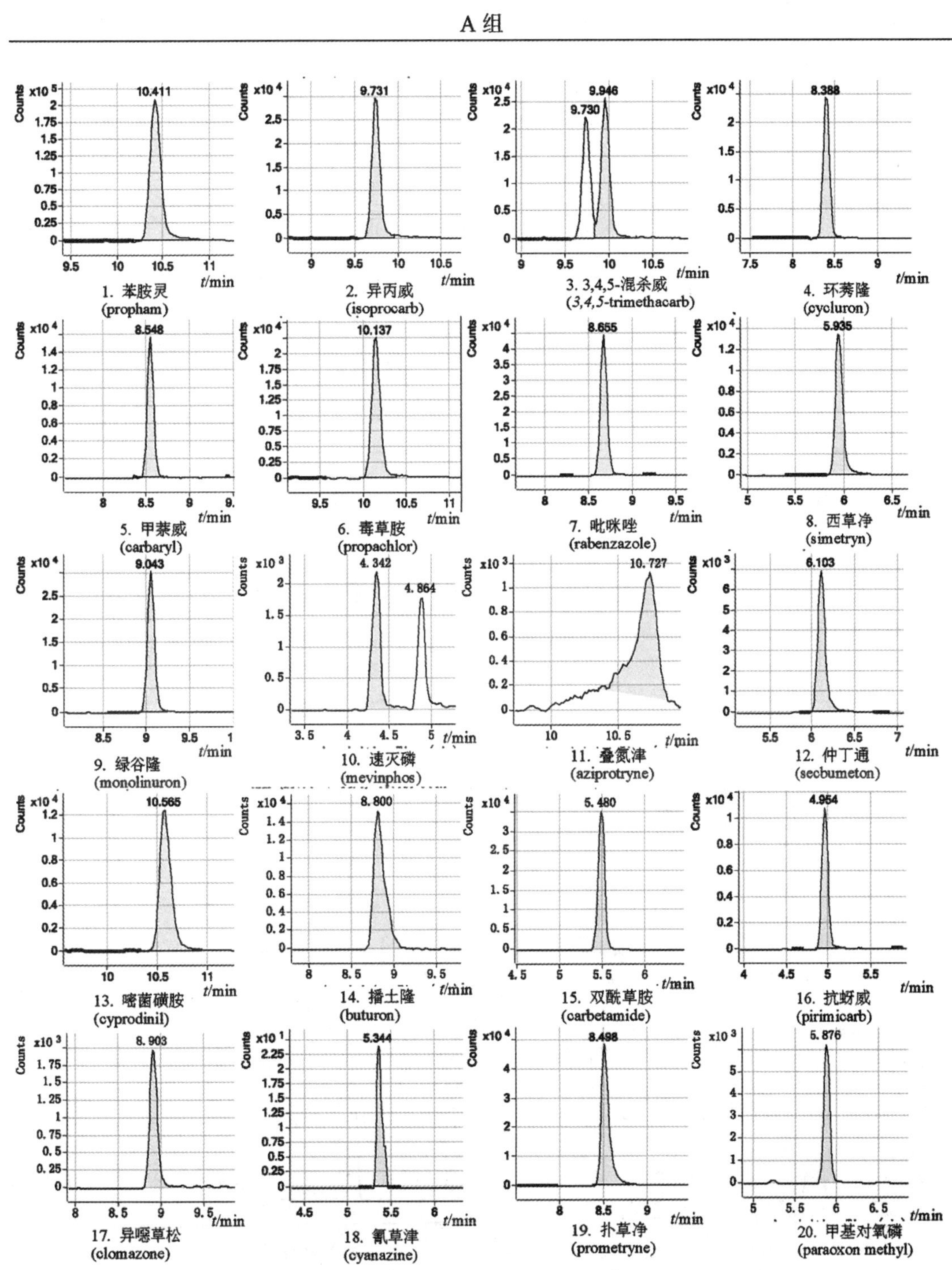

1. 苯胺灵 (propham)
2. 异丙威 (isoprocarb)
3. 3,4,5-混杀威 (3,4,5-trimethacarb)
4. 环莠隆 (cycluron)
5. 甲萘威 (carbaryl)
6. 毒草胺 (propachlor)
7. 吡咪唑 (rabenzazole)
8. 西草净 (simetryn)
9. 绿谷隆 (monolinuron)
10. 速灭磷 (mevinphos)
11. 叠氮津 (aziprotryne)
12. 仲丁通 (secbumeton)
13. 嘧菌磺胺 (cyprodinil)
14. 播土隆 (buturon)
15. 双酰草胺 (carbetamide)
16. 抗蚜威 (pirimicarb)
17. 异噁草松 (clomazone)
18. 氰草津 (cyanazine)
19. 扑草净 (prometryne)
20. 甲基对氧磷 (paraoxon methyl)

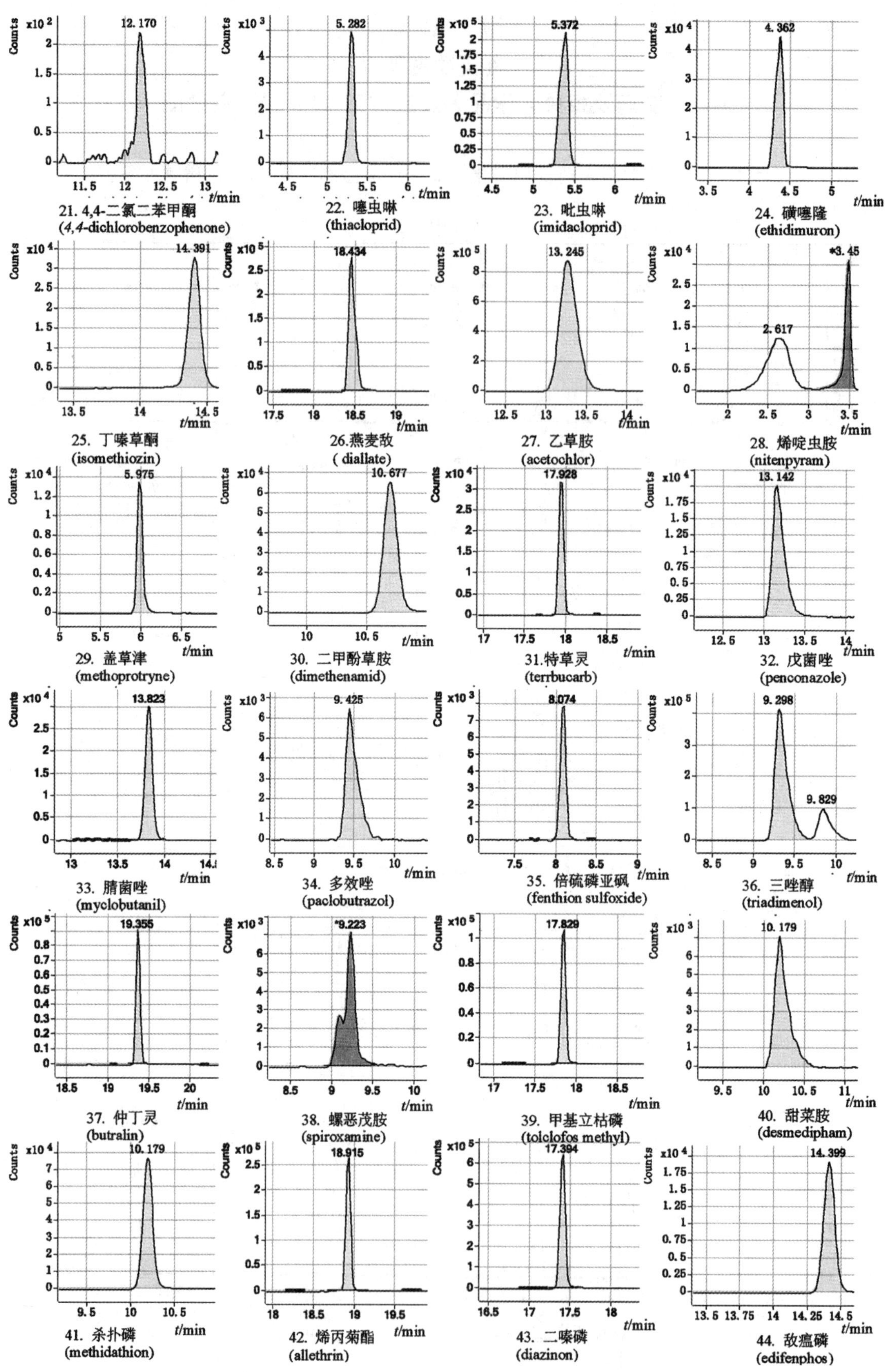

21. 4,4-二氯二苯甲酮 (*4,4*-dichlorobenzophenone)
22. 噻虫啉 (thiacloprid)
23. 吡虫啉 (imidacloprid)
24. 磺噻隆 (ethidimuron)
25. 丁嗪草酮 (isomethiozin)
26. 燕麦敌 (diallate)
27. 乙草胺 (acetochlor)
28. 烯啶虫胺 (nitenpyram)
29. 盖草津 (methoprotryne)
30. 二甲酚草胺 (dimethenamid)
31. 特草灵 (terrbucarb)
32. 戊菌唑 (penconazole)
33. 腈菌唑 (myclobutanil)
34. 多效唑 (paclobutrazol)
35. 倍硫磷亚砜 (fenthion sulfoxide)
36. 三唑醇 (triadimenol)
37. 仲丁灵 (butralin)
38. 螺恶茂胺 (spiroxamine)
39. 甲基立枯磷 (tolclofos methyl)
40. 甜菜胺 (desmedipham)
41. 杀扑磷 (methidathion)
42. 烯丙菊酯 (allethrin)
43. 二嗪磷 (diazinon)
44. 敌瘟磷 (edifenphos)

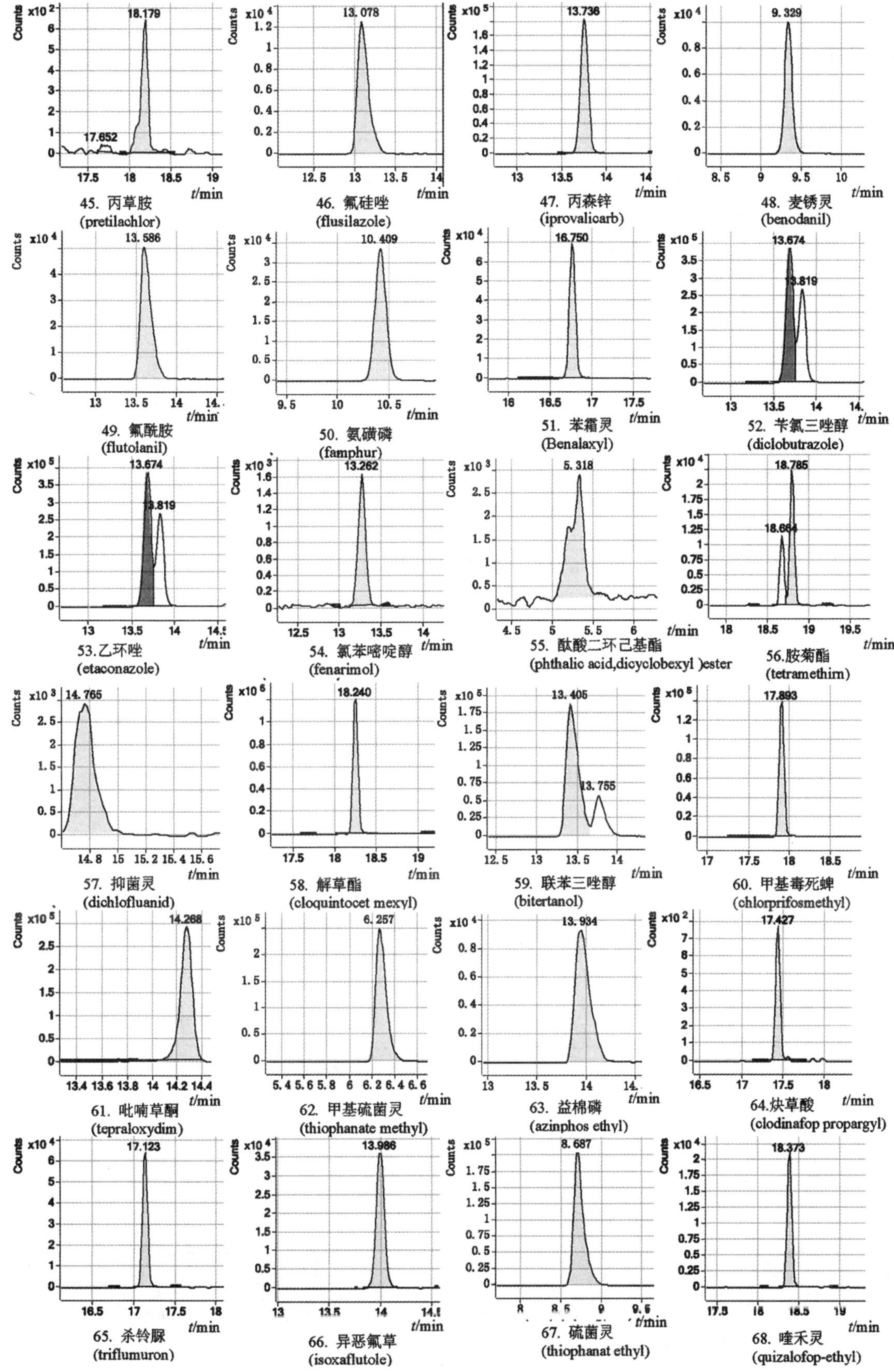

45. 丙草胺 (pretilachlor)
46. 氟硅唑 (flusilazole)
47. 丙森锌 (iprovalicarb)
48. 麦锈灵 (benodanil)
49. 氟酰胺 (flutolanil)
50. 氨磺磷 (famphur)
51. 苯霜灵 (Benalaxyl)
52. 苄氯三唑醇 (diclobutrazole)
53.乙环唑 (etaconazole)
54. 氯苯嘧啶醇 (fenarimol)
55. 酞酸二环己基酯 (phthalic acid,dicyclobexyl)ester
56.胺菊酯 (tetramethirn)
57. 抑菌灵 (dichlofluanid)
58. 解草酯 (cloquintocet mexyl)
59. 联苯三唑醇 (bitertanol)
60. 甲基毒死蜱 (chlorprifosmethyl)
61. 吡喃草酮 (tepraloxydim)
62. 甲基硫菌灵 (thiophanate methyl)
63. 益棉磷 (azinphos ethyl)
64.炔草酸 (clodinafop propargyl)
65. 杀铃脲 (triflumuron)
66. 异恶氟草 (isoxaflutole)
67. 硫菌灵 (thiophanat ethyl)
68. 喹禾灵 (quizalofop-ethyl)

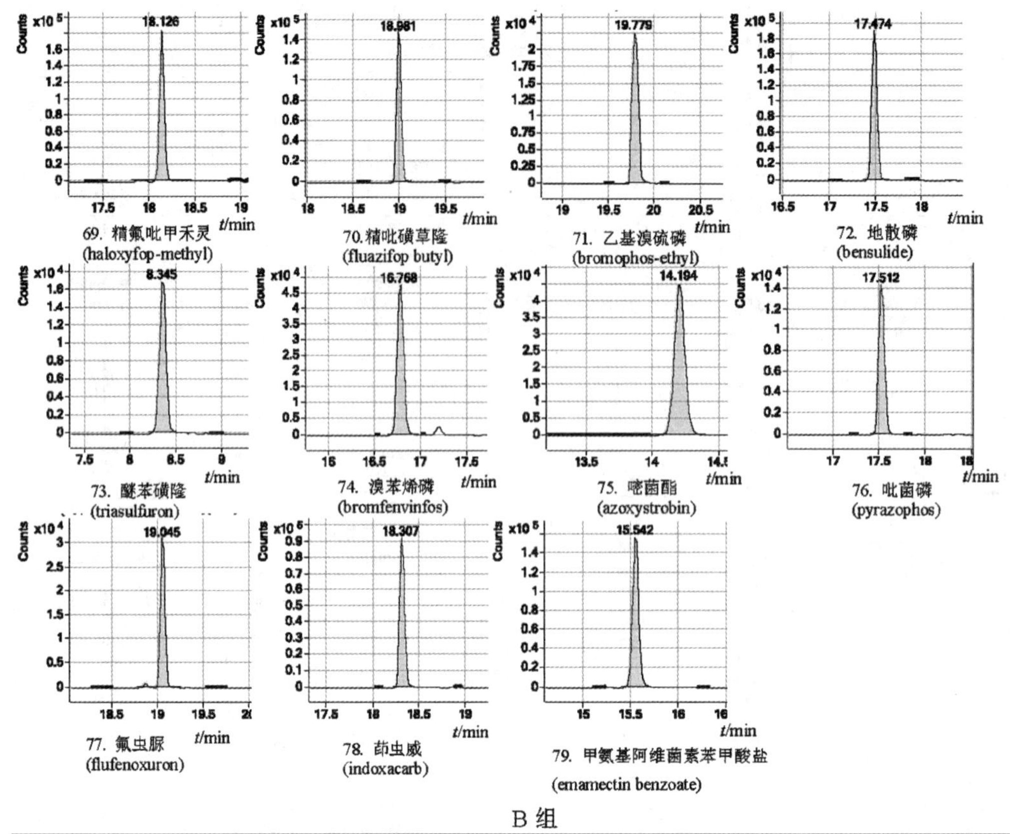

69. 精氟吡甲禾灵 (haloxyfop-methyl)
70. 精吡磺草隆 (fluazifop butyl)
71. 乙基溴硫磷 (bromophos-ethyl)
72. 地散磷 (bensulide)
73. 醚苯磺隆 (triasulfuron)
74. 溴苯烯磷 (bromfenvinfos)
75. 嘧菌酯 (azoxystrobin)
76. 吡菌磷 (pyrazophos)
77. 氟虫脲 (flufenoxuron)
78. 茚虫威 (indoxacarb)
79. 甲氨基阿维菌素苯甲酸盐 (emamectin benzoate)

B 组

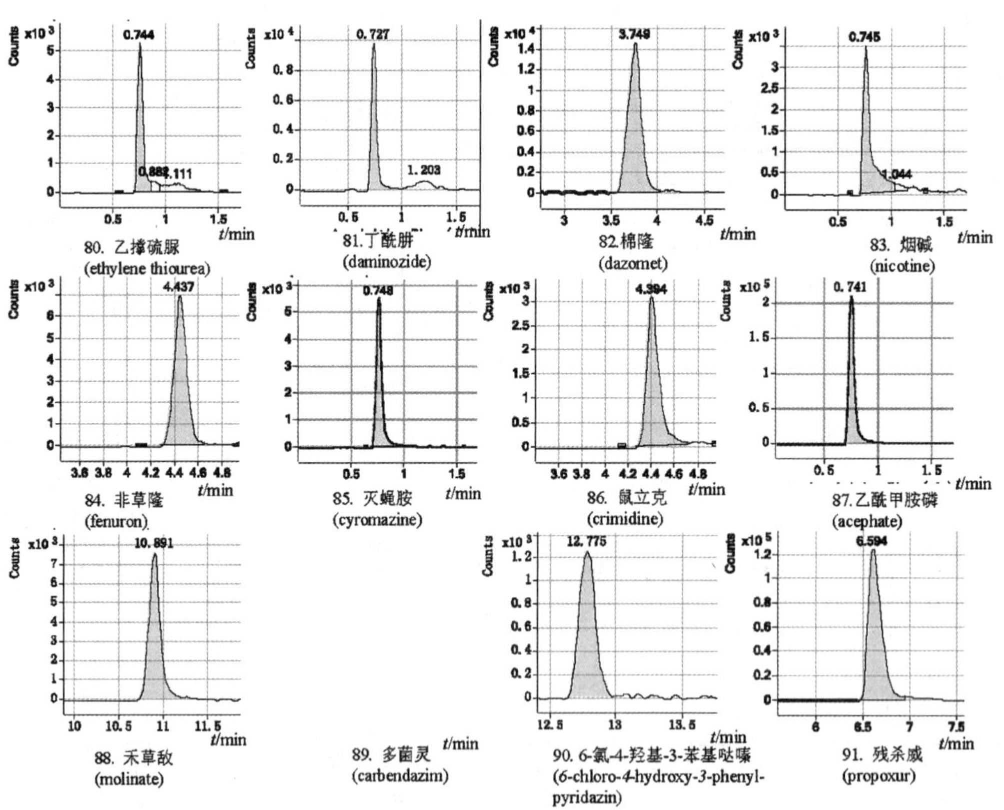

80. 乙撑硫脲 (ethylene thiourea)
81. 丁酰肼 (daminozide)
82. 棉隆 (dazomet)
83. 烟碱 (nicotine)
84. 非草隆 (fenuron)
85. 灭蝇胺 (cyromazine)
86. 鼠立克 (crimidine)
87. 乙酰甲胺磷 (acephate)
88. 禾草敌 (molinate)
89. 多菌灵 (carbendazim)
90. 6-氯-4-羟基-3-苯基哒嗪 (6-chloro-4-hydroxy-3-phenyl-pyridazin)
91. 残杀威 (propoxur)

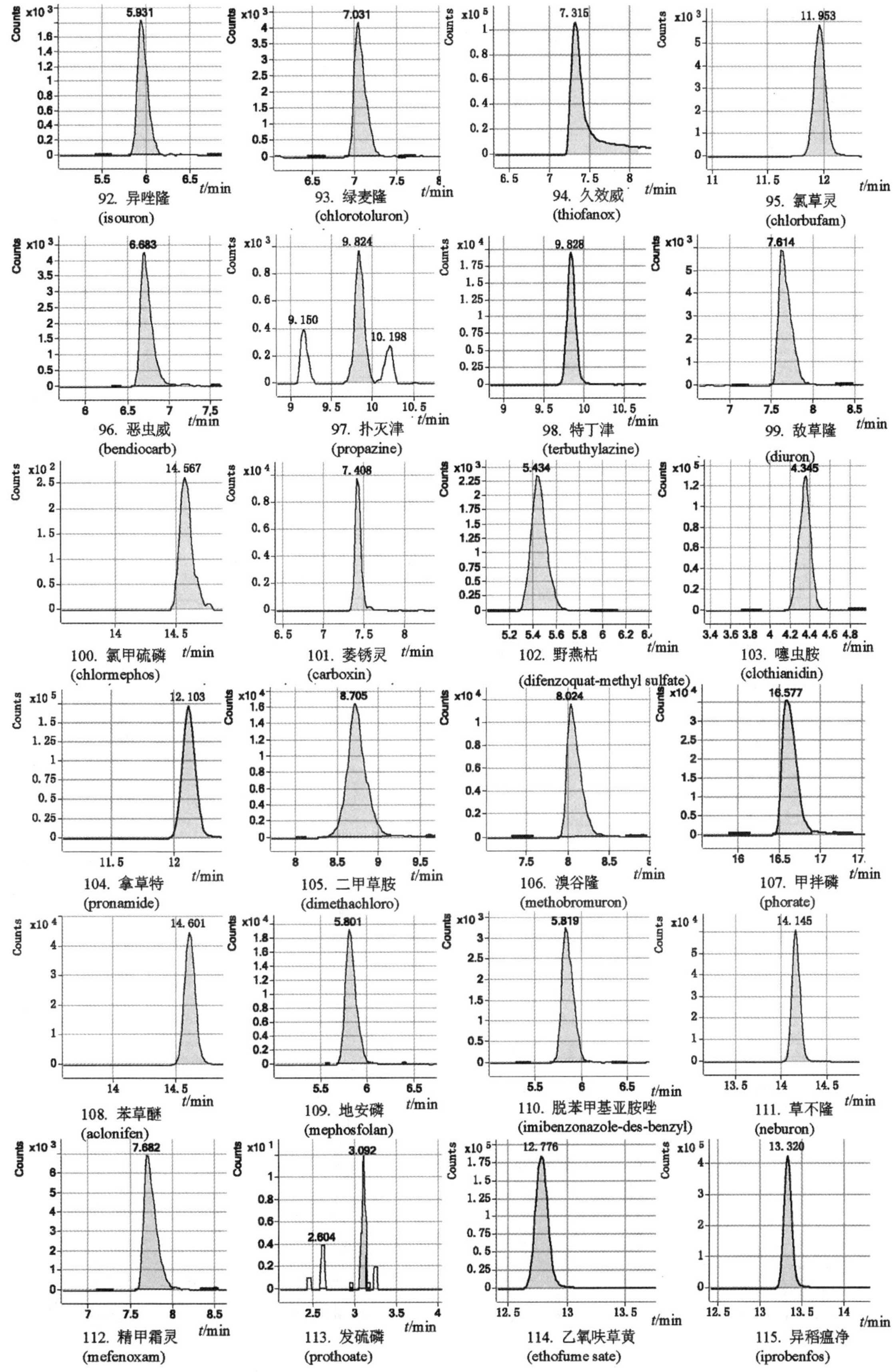
92. 异唑隆
(isouron)
93. 绿麦隆
(chlorotoluron)
94. 久效威
(thiofanox)
95. 氯草灵
(chlorbufam)
96. 恶虫威
(bendiocarb)
97. 扑灭津
(propazine)
98. 特丁津
(terbuthylazine)
99. 敌草隆
(diuron)
100. 氯甲硫磷
(chlormephos)
101. 萎锈灵
(carboxin)
102. 野燕枯
(difenzoquat-methyl sulfate)
103. 噻虫胺
(clothianidin)
104. 拿草特
(pronamide)
105. 二甲草胺
(dimethachloro)
106. 溴谷隆
(methobromuron)
107. 甲拌磷
(phorate)
108. 苯草醚
(aclonifen)
109. 地安磷
(mephosfolan)
110. 脱苯甲基亚胺唑
(imibenzonazole-des-benzyl)
111. 草不隆
(neburon)
112. 精甲霜灵
(mefenoxam)
113. 发硫磷
(prothoate)
114. 乙氧呋草黄
(ethofume sate)
115. 异稻瘟净
(iprobenfos)

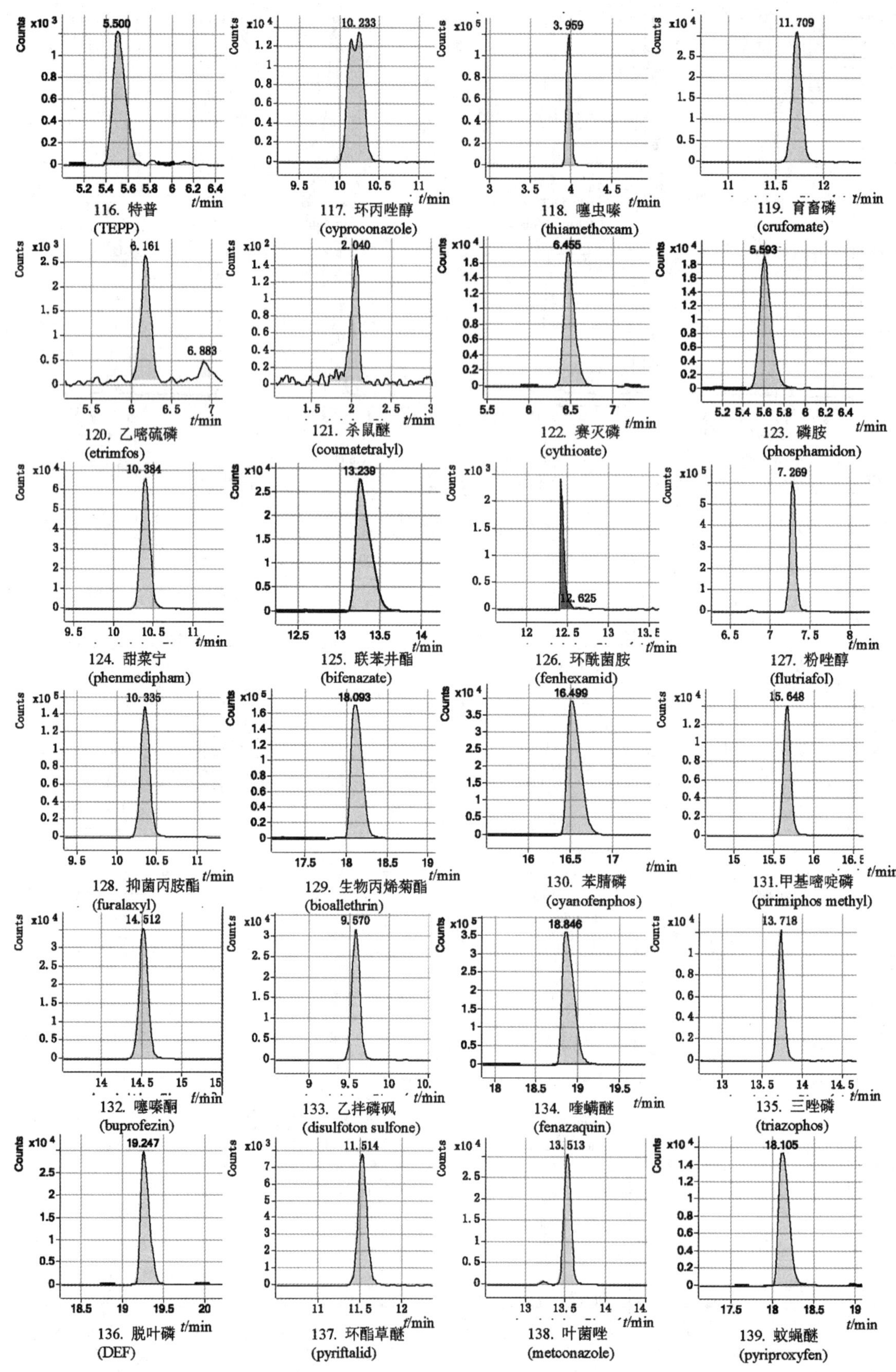

116. 特普 (TEPP)
117. 环丙唑醇 (cyproconazole)
118. 噻虫嗪 (thiamethoxam)
119. 育畜磷 (crufomate)
120. 乙嘧硫磷 (etrimfos)
121. 杀鼠醚 (coumatetralyl)
122. 赛灭磷 (cythioate)
123. 磷胺 (phosphamidon)
124. 甜菜宁 (phenmedipham)
125. 联苯肼酯 (bifenazate)
126. 环酰菌胺 (fenhexamid)
127. 粉唑醇 (flutriafol)
128. 抑菌丙胺酯 (furalaxyl)
129. 生物丙烯菊酯 (bioallethrin)
130. 苯腈磷 (cyanofenphos)
131.甲基嘧啶磷 (pirimiphos methyl)
132. 噻嗪酮 (buprofezin)
133. 乙拌磷砜 (disulfoton sulfone)
134. 喹螨醚 (fenazaquin)
135. 三唑磷 (triazophos)
136. 脱叶磷 (DEF)
137. 环酯草醚 (pyriftalid)
138. 叶菌唑 (metconazole)
139. 蚊蝇醚 (pyriproxyfen)

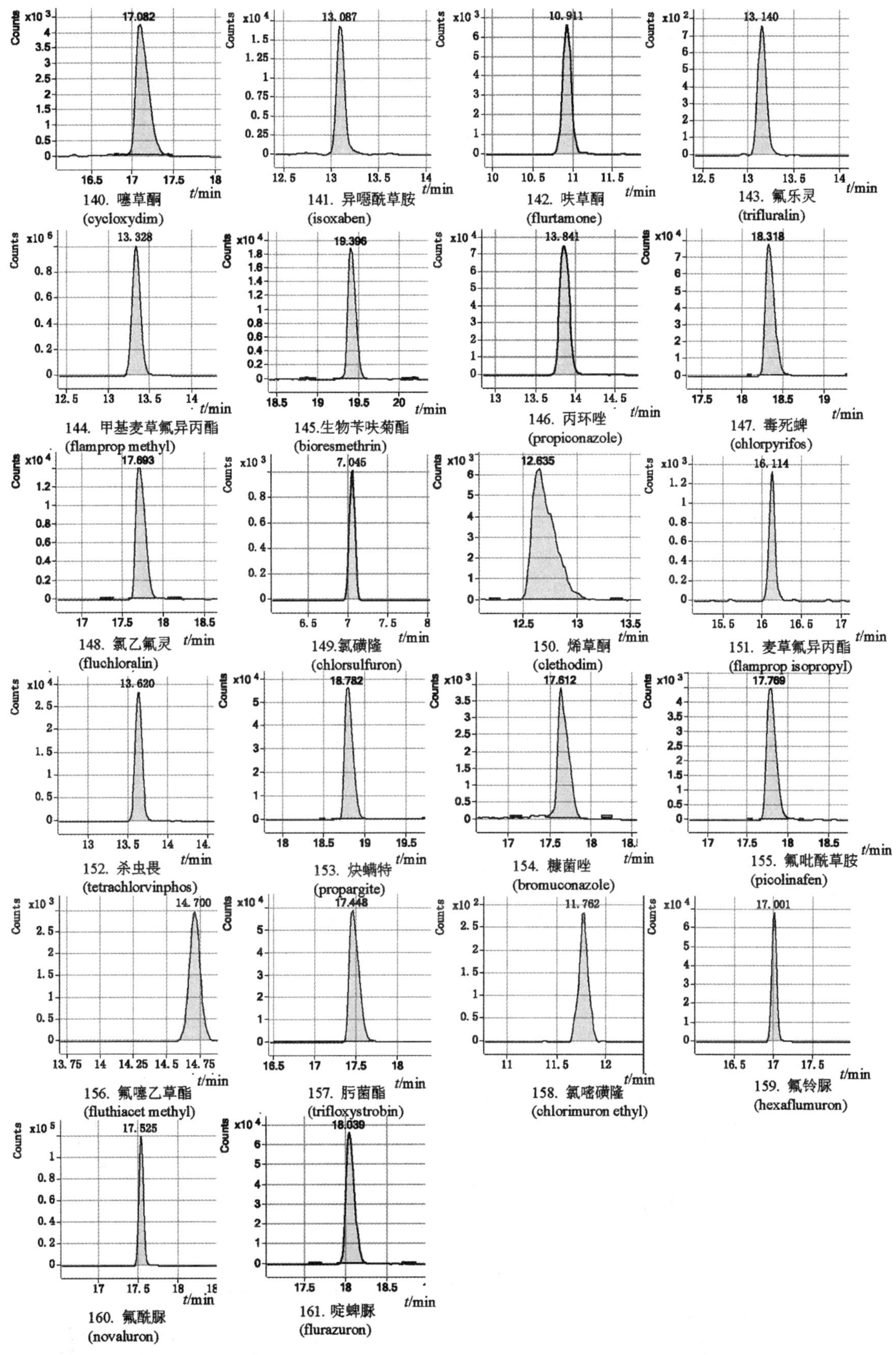
17.082
140. 噻草酮
(cycloxydim)
13.087
141. 异噁酰草胺
(isoxaben)
10.911
142. 呋草酮
(flurtamone)
13.140
143. 氟乐灵
(trifluralin)
13.328
144. 甲基麦草氟异丙酯
(flamprop methyl)
19.396
145.生物苄呋菊酯
(bioresmethrin)
13.841
146. 丙环唑
(propiconazole)
18.318
147. 毒死蜱
(chlorpyrifos)
17.693
148. 氯乙氟灵
(fluchloralin)
7.045
149.氯磺隆
(chlorsulfuron)
12.635
150. 烯草酮
(clethodim)
16.114
151. 麦草氟异丙酯
(flamprop isopropyl)
13.620
152. 杀虫畏
(tetrachlorvinphos)
18.782
153. 炔螨特
(propargite)
17.612
154. 糠菌唑
(bromuconazole)
17.769
155. 氟吡酰草胺
(picolinafen)
14.700
156. 氟噻乙草酯
(fluthiacet methyl)
17.448
157. 肟菌酯
(trifloxystrobin)
11.762
158. 氯嘧磺隆
(chlorimuron ethyl)
17.001
159. 氟铃脲
(hexaflumuron)
17.525
160. 氟酰脲
(novaluron)
18.039
161. 啶蜱脲
(flurazuron)
Counts
t/min

C 组

162. 抑芽丹 (maleic hydrazide)
163. 甲胺磷 (methamidophos)
164. 茵草敌 (EPTC)
165. 避蚊胺 (diethyltoluamide)
166. 灭草隆 (monuron)
167. 嘧霉胺 (pyrimethanil)
168. 黑穗胺 (fenfuram)
169. 灭藻醌 (quinoclamine)
170. 仲丁威 (fenobucarb)
171. 乙菌定 (ethirimol)
172. 敌稗 (propanil)
173. 克百威 (carbofuran)
174. 啶虫脒 (acetamiprid)
175. 嘧菌胺 (mepanipyrim)
176. 扑灭通 (prometon)
177. 甲硫威 (methiocarb)
178. 甲氧隆 (metoxuron)
179. 乐果 (dimethoate)
180. 呋菌胺 (methfuroxam)
181. 伏草隆 (fluometuron)
182. 百治磷 (dicrotophos)
183. 庚酰草胺 (monalide)
184. 双苯酰草胺 (diphenamid)
185. 灭线磷 (ethoprophos)

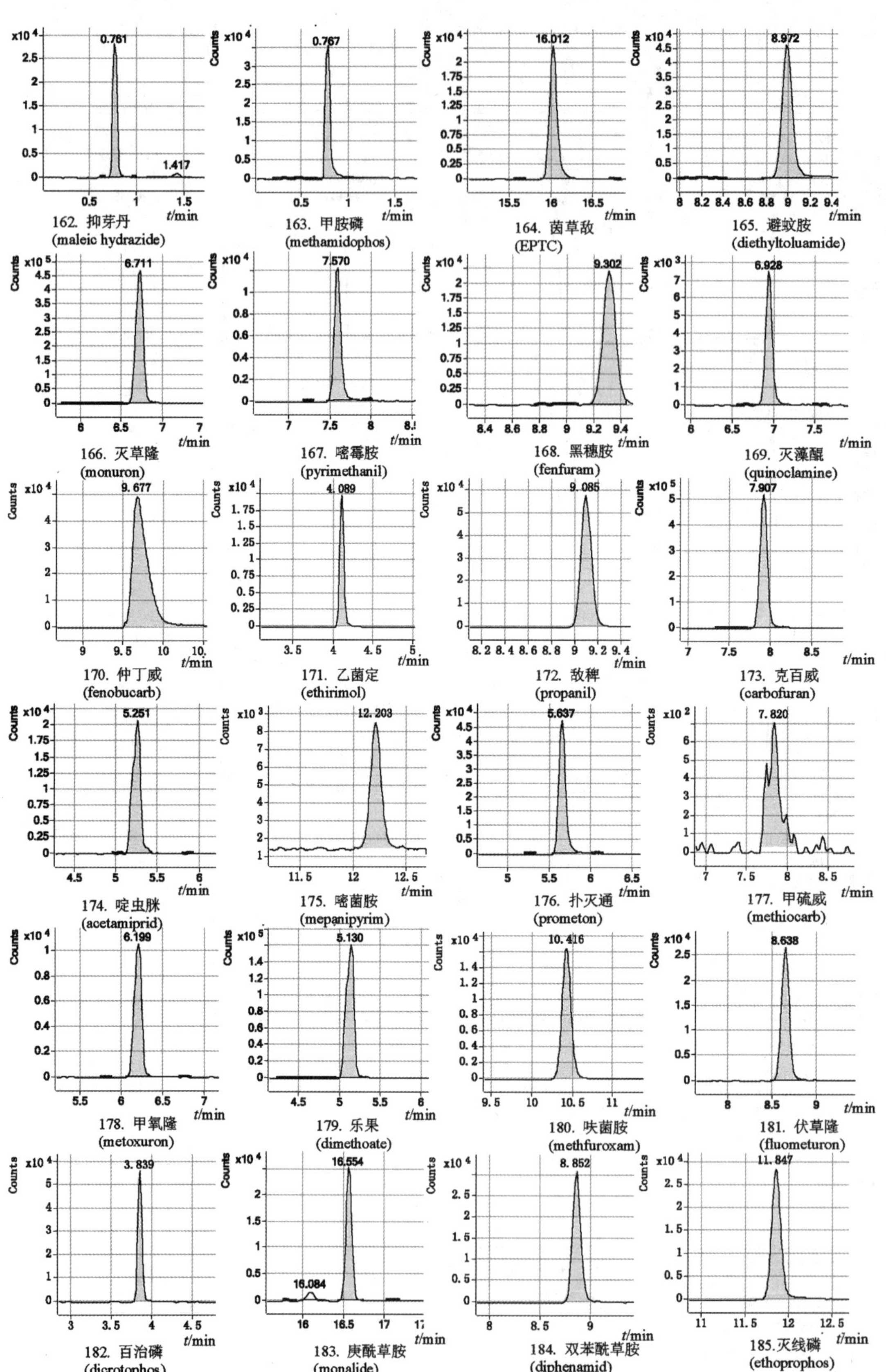

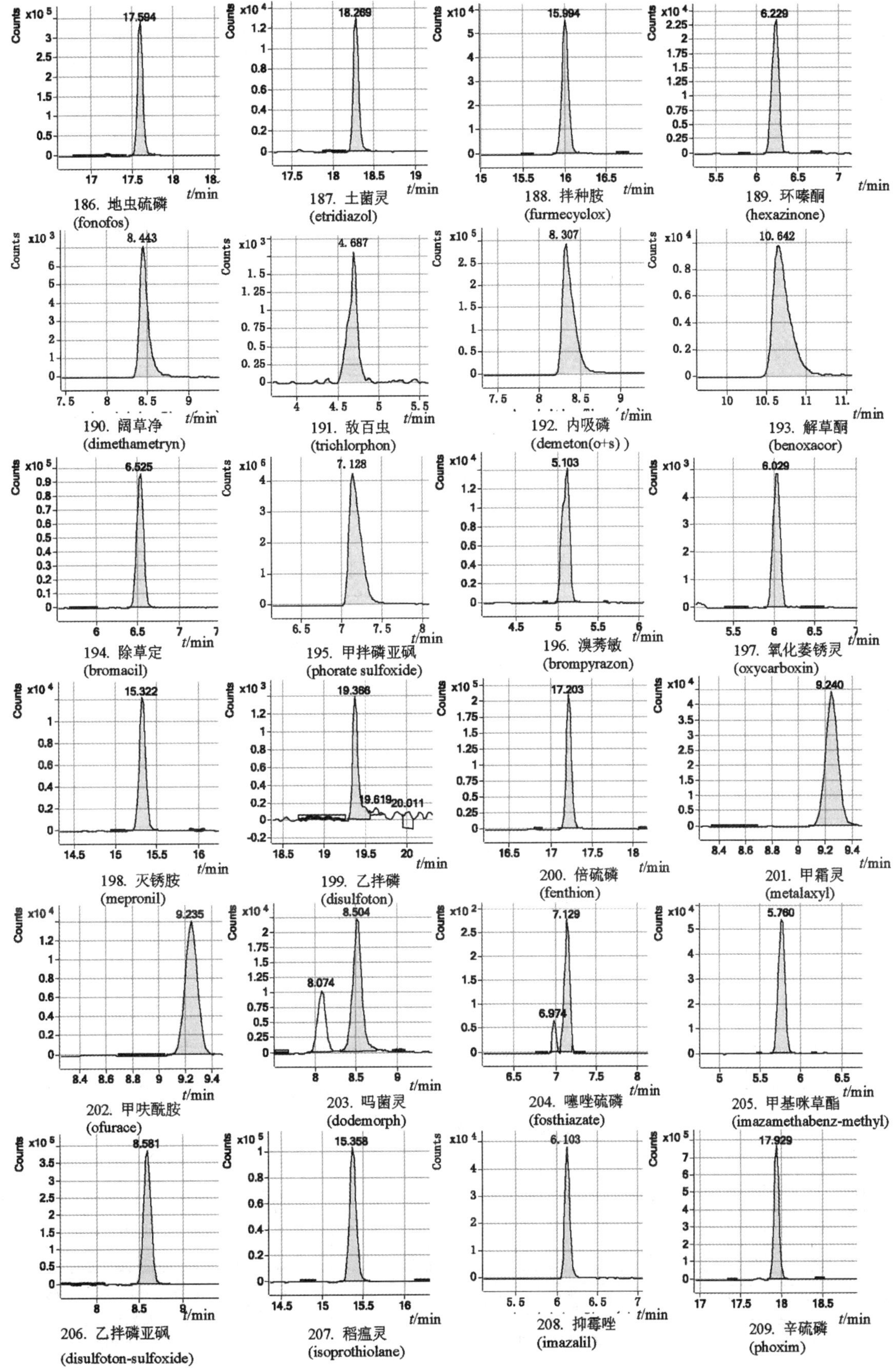

186. 地虫硫磷 (fonofos)
187. 土菌灵 (etridiazol)
188. 拌种胺 (furmecyclox)
189. 环嗪酮 (hexazinone)
190. 阔草净 (dimethametryn)
191. 敌百虫 (trichlorphon)
192. 内吸磷 (demeton(o+s))
193. 解草酮 (benoxacor)
194. 除草定 (bromacil)
195. 甲拌磷亚砜 (phorate sulfoxide)
196. 溴莠敏 (brompyrazon)
197. 氧化萎锈灵 (oxycarboxin)
198. 灭锈胺 (mepronil)
199. 乙拌磷 (disulfoton)
200. 倍硫磷 (fenthion)
201. 甲霜灵 (metalaxyl)
202. 甲呋酰胺 (ofurace)
203. 吗菌灵 (dodemorph)
204. 噻唑硫磷 (fosthiazate)
205. 甲基咪草酯 (imazamethabenz-methyl)
206. 乙拌磷亚砜 (disulfoton-sulfoxide)
207. 稻瘟灵 (isoprothiolane)
208. 抑霉唑 (imazalil)
209. 辛硫磷 (phoxim)

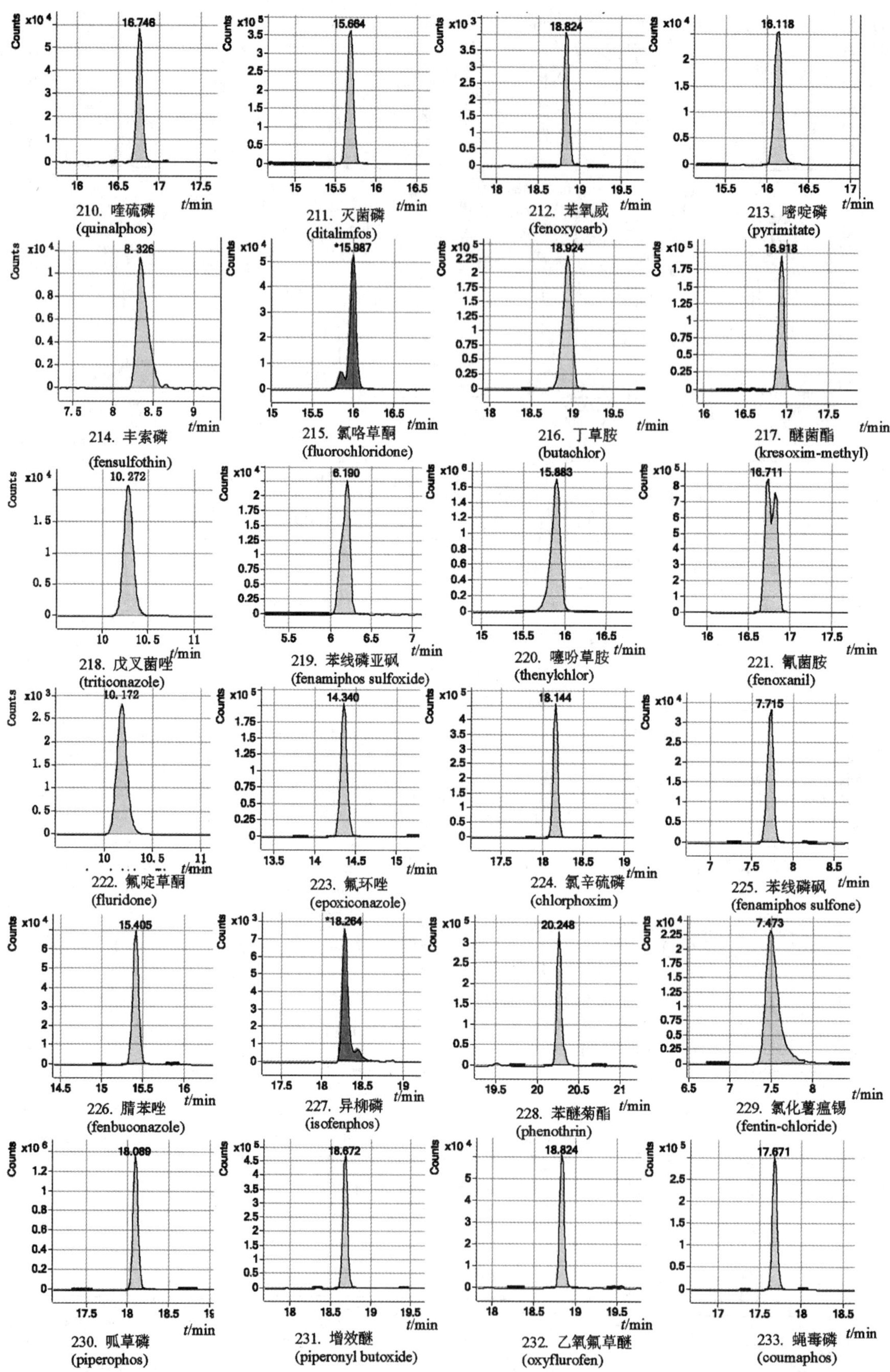

210. 喹硫磷 (quinalphos)
211. 灭菌磷 (ditalimfos)
212. 苯氧威 (fenoxycarb)
213. 嘧啶磷 (pyrimitate)
214. 丰索磷 (fensulfothin)
215. 氟咯草酮 (fluorochloridone)
216. 丁草胺 (butachlor)
217. 醚菌酯 (kresoxim-methyl)
218. 戊叉菌唑 (triticonazole)
219. 苯线磷亚砜 (fenamiphos sulfoxide)
220. 噻吩草胺 (thenylchlor)
221. 氰菌胺 (fenoxanil)
222. 氟啶草酮 (fluridone)
223. 氟环唑 (epoxiconazole)
224. 氯辛硫磷 (chlorphoxim)
225. 苯线磷砜 (fenamiphos sulfone)
226. 腈苯唑 (fenbuconazole)
227. 异柳磷 (isofenphos)
228. 苯醚菊酯 (phenothrin)
229. 氯化薯瘟锡 (fentin-chloride)
230. 哌草磷 (piperophos)
231. 增效醚 (piperonyl butoxide)
232. 乙氧氟草醚 (oxyflurofen)
233. 蝇毒磷 (coumaphos)

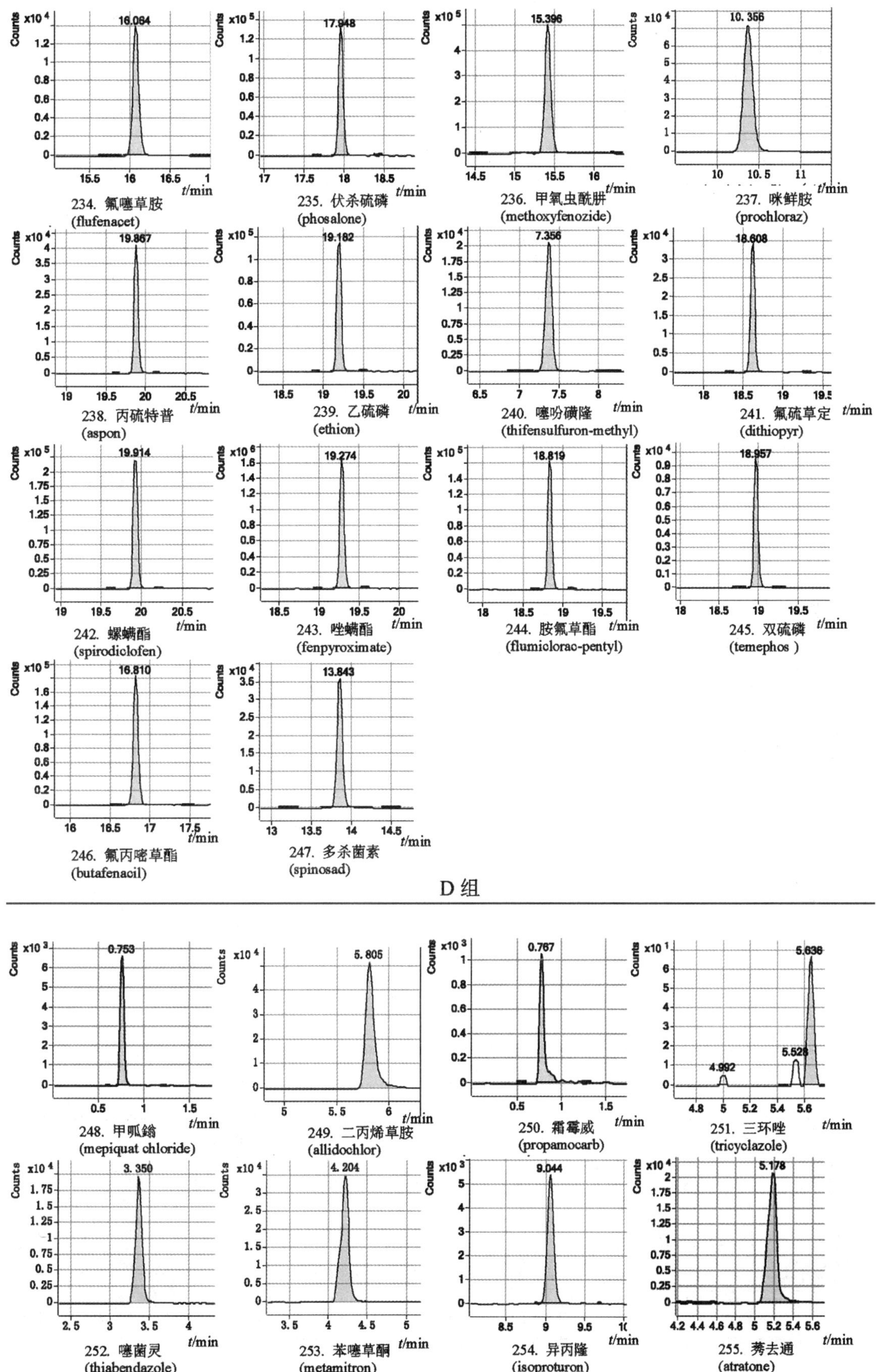

234. 氟噻草胺 (flufenacet)
235. 伏杀硫磷 (phosalone)
236. 甲氧虫酰肼 (methoxyfenozide)
237. 咪鲜胺 (prochloraz)
238. 丙硫特普 (aspon)
239. 乙硫磷 (ethion)
240. 噻吩磺隆 (thifensulfuron-methyl)
241. 氟硫草定 (dithiopyr)
242. 螺螨酯 (spirodiclofen)
243. 唑螨酯 (fenpyroximate)
244. 胺氟草酯 (flumiclorac-pentyl)
245. 双硫磷 (temephos)
246. 氟丙嘧草酯 (butafenacil)
247. 多杀菌素 (spinosad)

D组

248. 甲哌鎓 (mepiquat chloride)
249. 二丙烯草胺 (allidochlor)
250. 霜霉威 (propamocarb)
251. 三环唑 (tricyclazole)
252. 噻菌灵 (thiabendazole)
253. 苯嗪草酮 (metamitron)
254. 异丙隆 (isoproturon)
255. 莠去通 (atratone)

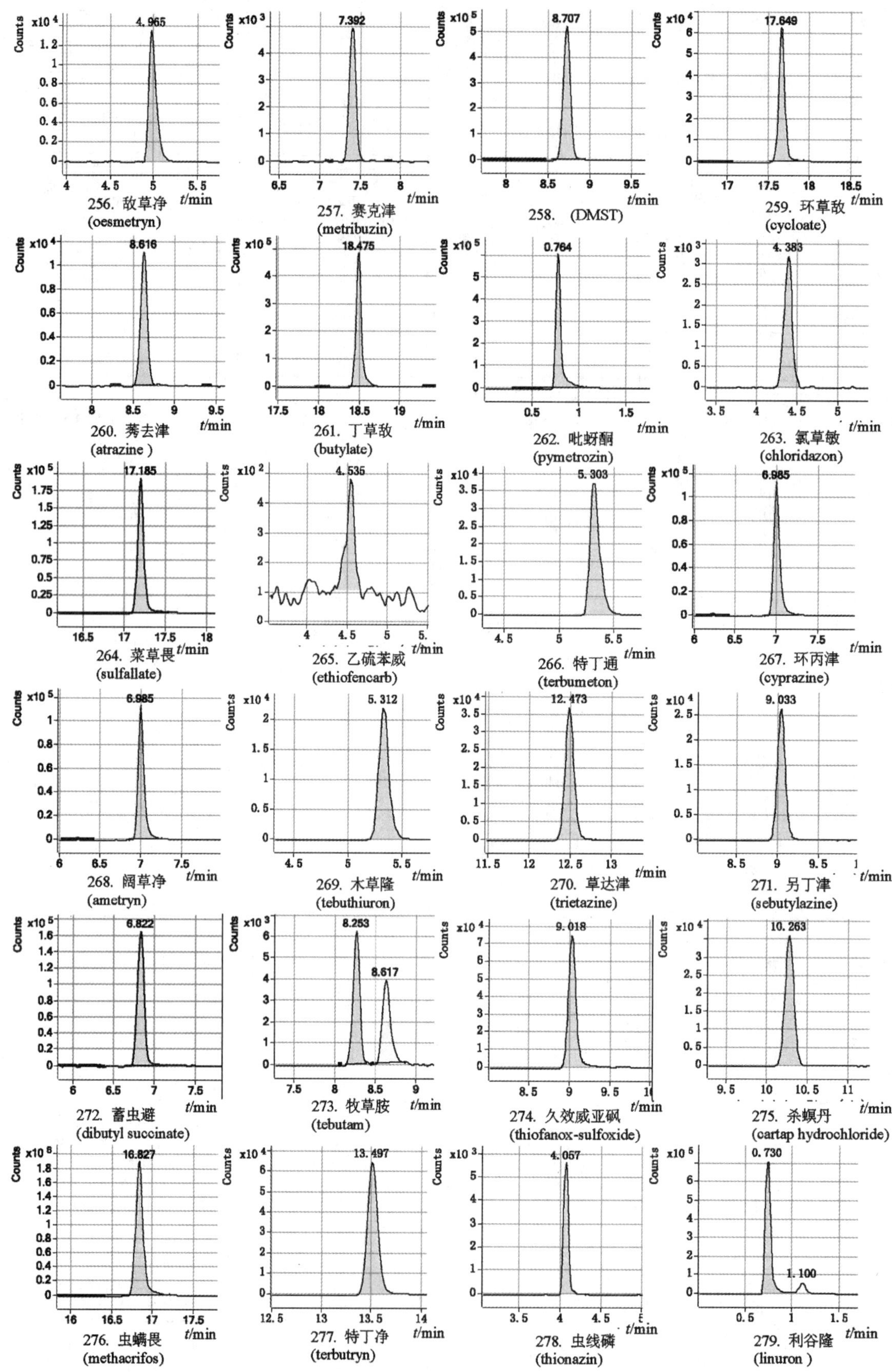

256. 敌草净 (oesmetryn)
257. 赛克津 (metribuzin)
258. (DMST)
259. 环草敌 (cycloate)
260. 莠去津 (atrazine)
261. 丁草敌 (butylate)
262. 吡蚜酮 (pymetrozin)
263. 氯草敏 (chloridazon)
264. 菜草畏 (sulfallate)
265. 乙硫苯威 (ethiofencarb)
266. 特丁通 (terbumeton)
267. 环丙津 (cyprazine)
268. 阔草净 (ametryn)
269. 木草隆 (tebuthiuron)
270. 草达津 (trietazine)
271. 另丁津 (sebutylazine)
272. 蓄虫避 (dibutyl succinate)
273. 牧草胺 (tebutam)
274. 久效威亚砜 (thiofanox-sulfoxide)
275. 杀螟丹 (cartap hydrochloride)
276. 虫螨畏 (methacrifos)
277. 特丁净 (terbutryn)
278. 虫线磷 (thionazin)
279. 利谷隆 (linuron)

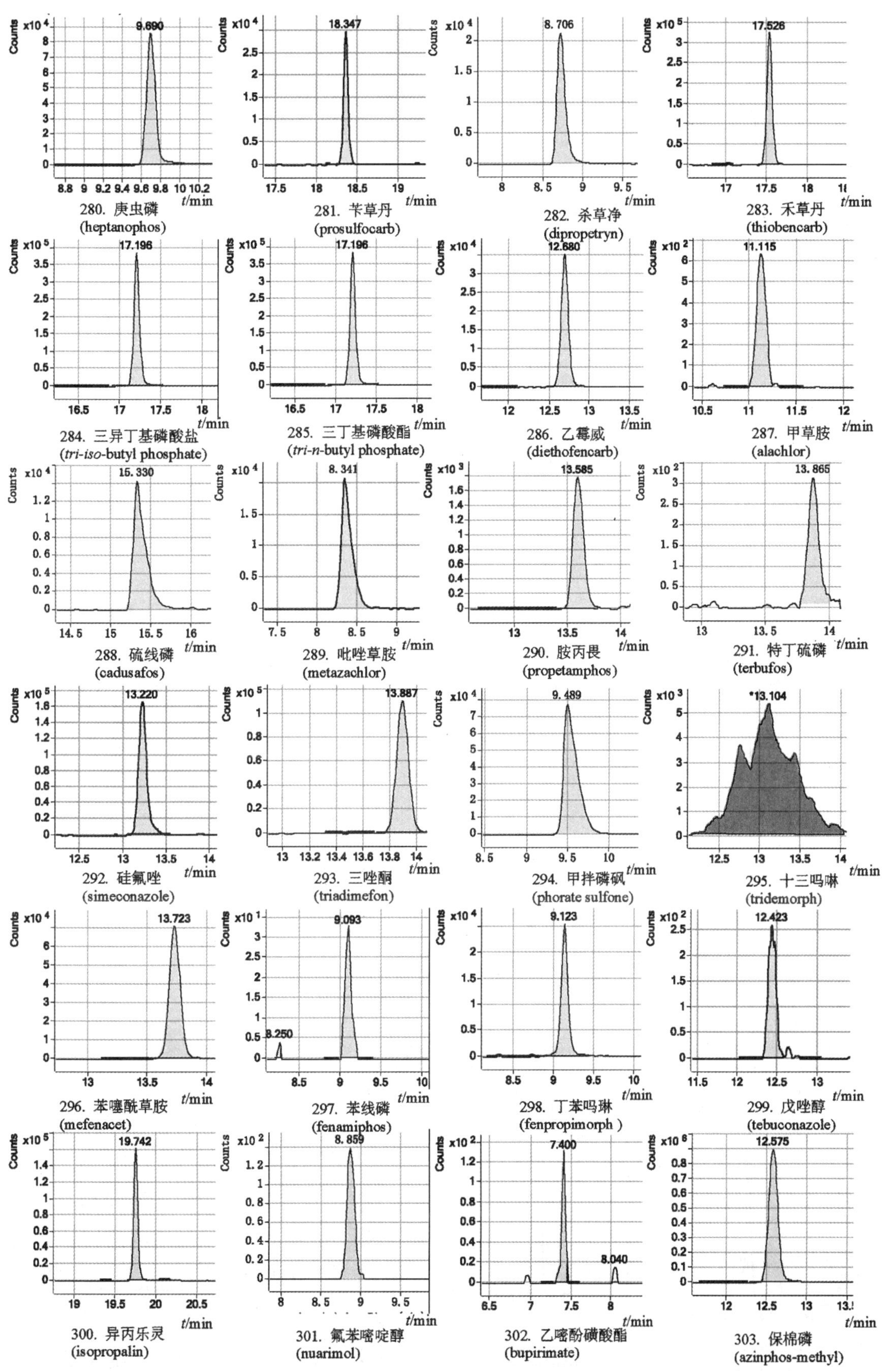

280. 庚虫磷 (heptanophos)
281. 苄草丹 (prosulfocarb)
282. 杀草净 (dipropetryn)
283. 禾草丹 (thiobencarb)
284. 三异丁基磷酸盐 (*tri-iso*-butyl phosphate)
285. 三丁基磷酸酯 (*tri-n*-butyl phosphate)
286. 乙霉威 (diethofencarb)
287. 甲草胺 (alachlor)
288. 硫线磷 (cadusafos)
289. 吡唑草胺 (metazachlor)
290. 胺丙畏 (propetamphos)
291. 特丁硫磷 (terbufos)
292. 硅氟唑 (simeconazole)
293. 三唑酮 (triadimefon)
294. 甲拌磷砜 (phorate sulfone)
295. 十三吗啉 (tridemorph)
296. 苯噻酰草胺 (mefenacet)
297. 苯线磷 (fenamiphos)
298. 丁苯吗啉 (fenpropimorph)
299. 戊唑醇 (tebuconazole)
300. 异丙乐灵 (isopropalin)
301. 氟苯嘧啶醇 (nuarimol)
302. 乙嘧酚磺酸酯 (bupirimate)
303. 保棉磷 (azinphos-methyl)

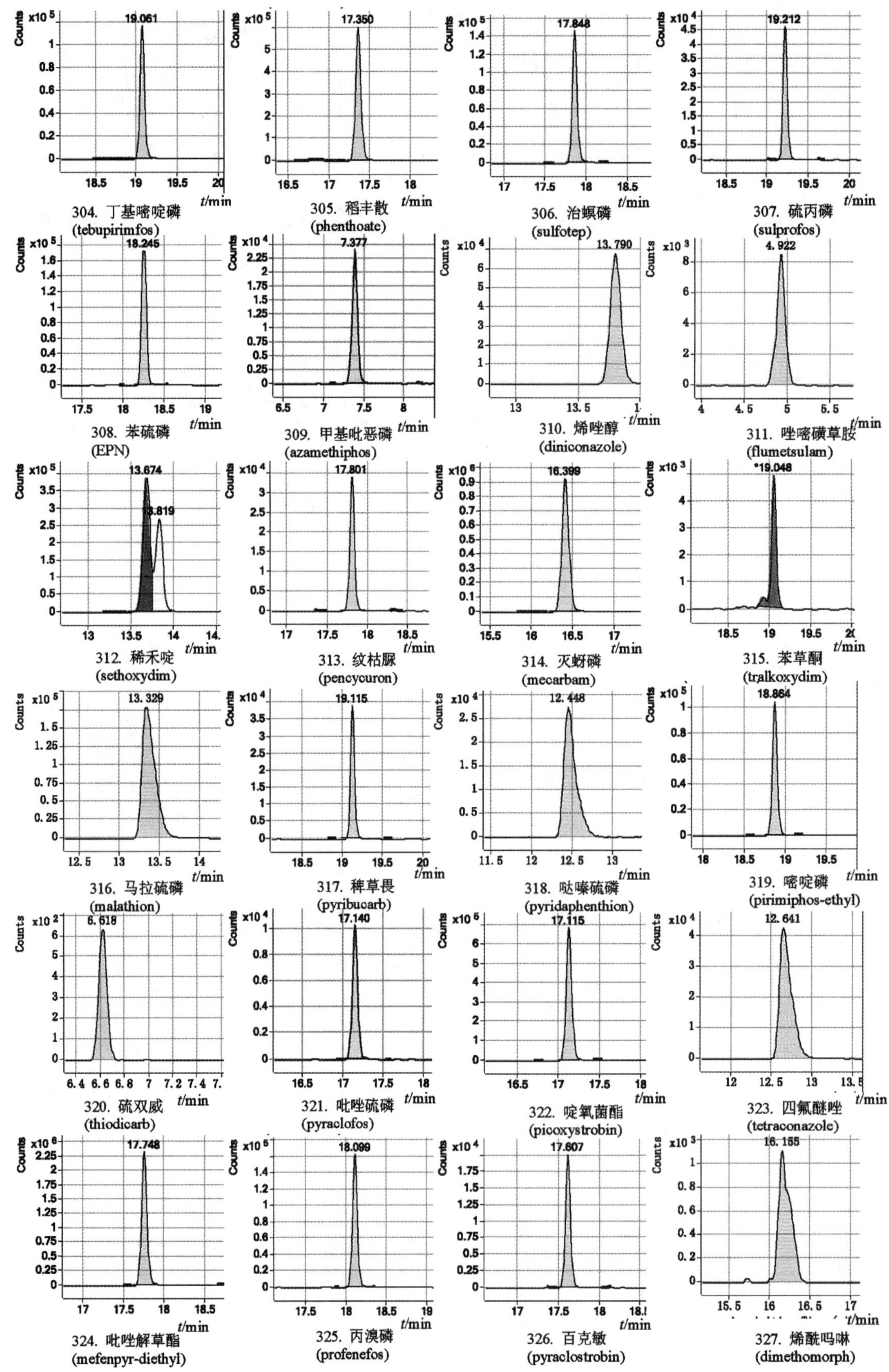

304. 丁基嘧啶磷 (tebupirimfos)
305. 稻丰散 (phenthoate)
306. 治螟磷 (sulfotep)
307. 硫丙磷 (sulprofos)
308. 苯硫磷 (EPN)
309. 甲基吡恶磷 (azamethiphos)
310. 烯唑醇 (diniconazole)
311. 唑嘧磺草胺 (flumetsulam)
312. 稀禾啶 (sethoxydim)
313. 纹枯脲 (pencycuron)
314. 灭蚜磷 (mecarbam)
315. 苯草酮 (tralkoxydim)
316. 马拉硫磷 (malathion)
317. 稗草畏 (pyribucarb)
318. 哒嗪硫磷 (pyridaphenthion)
319. 嘧啶磷 (pirimiphos-ethyl)
320. 硫双威 (thiodicarb)
321. 吡唑硫磷 (pyraclofos)
322. 啶氧菌酯 (picoxystrobin)
323. 四氟醚唑 (tetraconazole)
324. 吡唑解草酯 (mefenpyr-diethyl)
325. 丙溴磷 (profenefos)
326. 百克敏 (pyraclostrobin)
327. 烯酰吗啉 (dimethomorph)

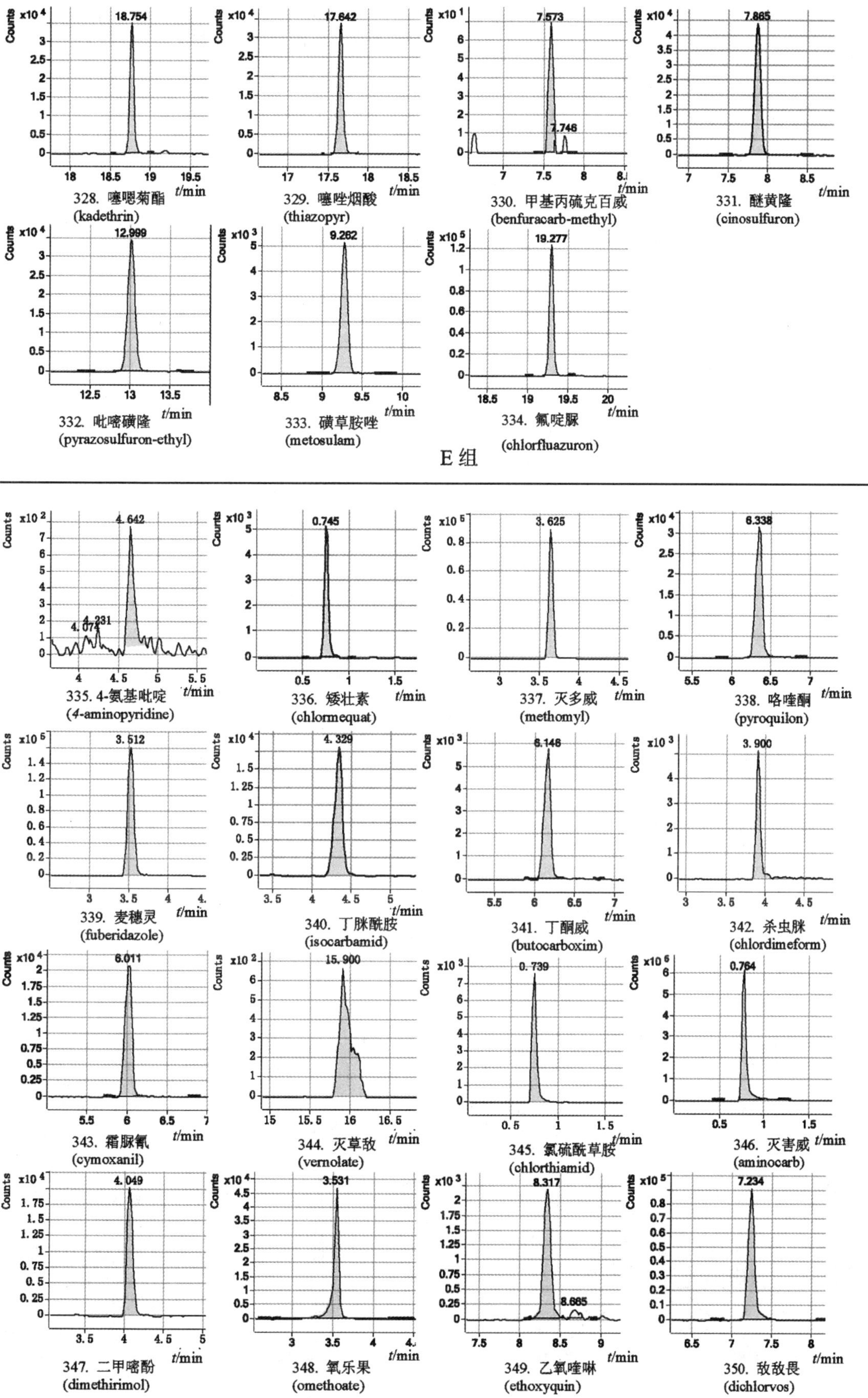

328. 噻嗯菊酯 (kadethrin)
329. 噻唑烟酸 (thiazopyr)
330. 甲基丙硫克百威 (benfuracarb-methyl)
331. 醚黄隆 (cinosulfuron)
332. 吡嘧磺隆 (pyrazosulfuron-ethyl)
333. 磺草胺唑 (metosulam)
334. 氟啶脲 (chlorfluazuron)

E组

335. 4-氨基吡啶 (4-aminopyridine)
336. 矮壮素 (chlormequat)
337. 灭多威 (methomyl)
338. 咯喹酮 (pyroquilon)
339. 麦穗灵 (fuberidazole)
340. 丁脒酰胺 (isocarbamid)
341. 丁酮威 (butocarboxim)
342. 杀虫脒 (chlordimeform)
343. 霜脲氰 (cymoxanil)
344. 灭草敌 (vernolate)
345. 氯硫酰草胺 (chlorthiamid)
346. 灭害威 (aminocarb)
347. 二甲嘧酚 (dimethirimol)
348. 氧乐果 (omethoate)
349. 乙氧喹啉 (ethoxyquin)
350. 敌敌畏 (dichlorvos)

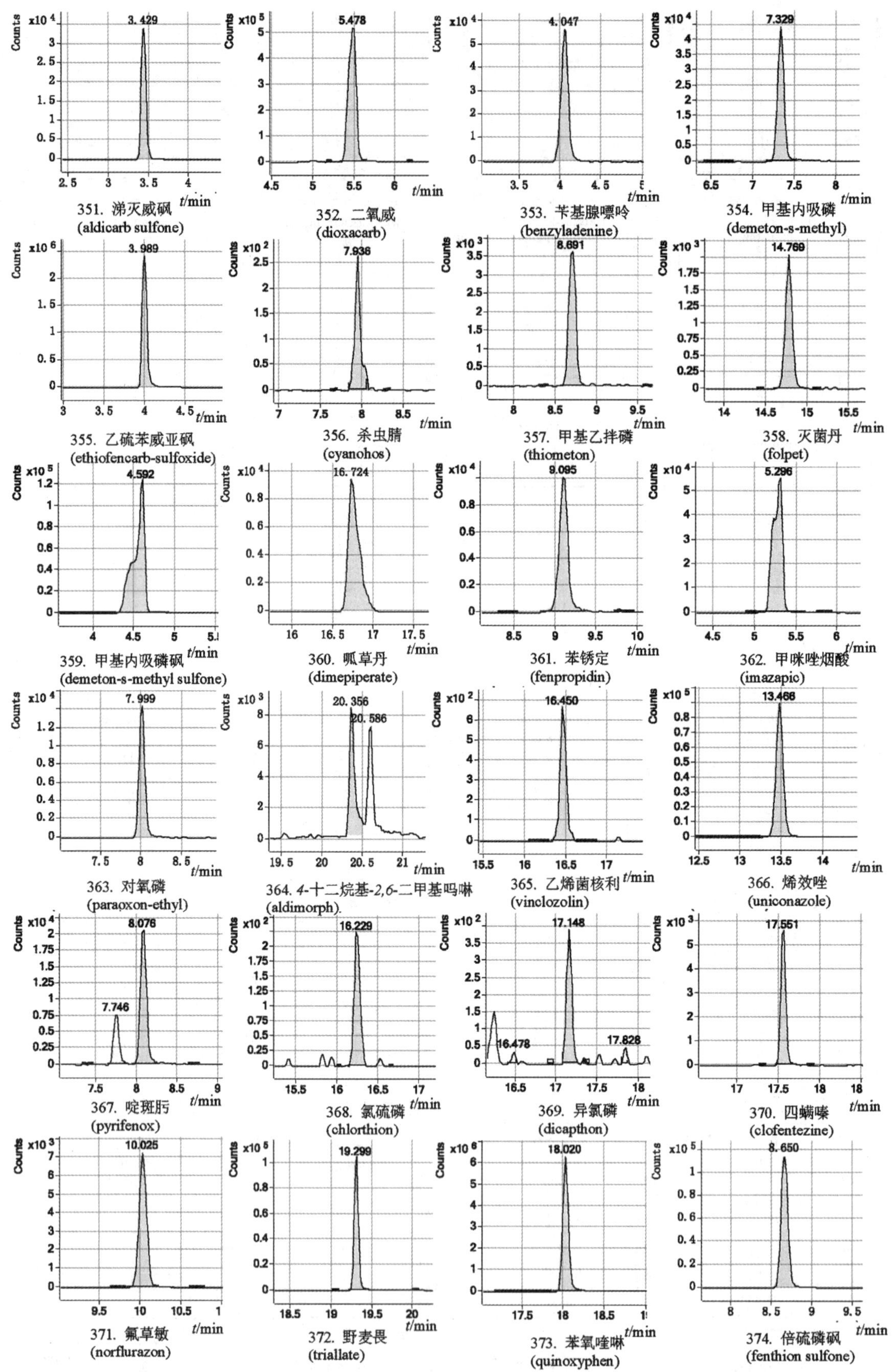

351. 涕灭威砜 (aldicarb sulfone)
352. 二氧威 (dioxacarb)
353. 苄基腺嘌呤 (benzyladenine)
354. 甲基内吸磷 (demeton-s-methyl)
355. 乙硫苯威亚砜 (ethiofencarb-sulfoxide)
356. 杀虫腈 (cyanohos)
357. 甲基乙拌磷 (thiometon)
358. 灭菌丹 (folpet)
359. 甲基内吸磷砜 (demeton-s-methyl sulfone)
360. 哌草丹 (dimepiperate)
361. 苯锈定 (fenpropidin)
362. 甲咪唑烟酸 (imazapic)
363. 对氧磷 (paraoxon-ethyl)
364. 4-十二烷基-2,6-二甲基吗啉 (aldimorph)
365. 乙烯菌核利 (vinclozolin)
366. 烯效唑 (uniconazole)
367. 啶斑肟 (pyrifenox)
368. 氯硫磷 (chlorthion)
369. 异氯磷 (dicapthon)
370. 四螨嗪 (clofentezine)
371. 氟草敏 (norflurazon)
372. 野麦畏 (triallate)
373. 苯氧喹啉 (quinoxyphen)
374. 倍硫磷砜 (fenthion sulfone)

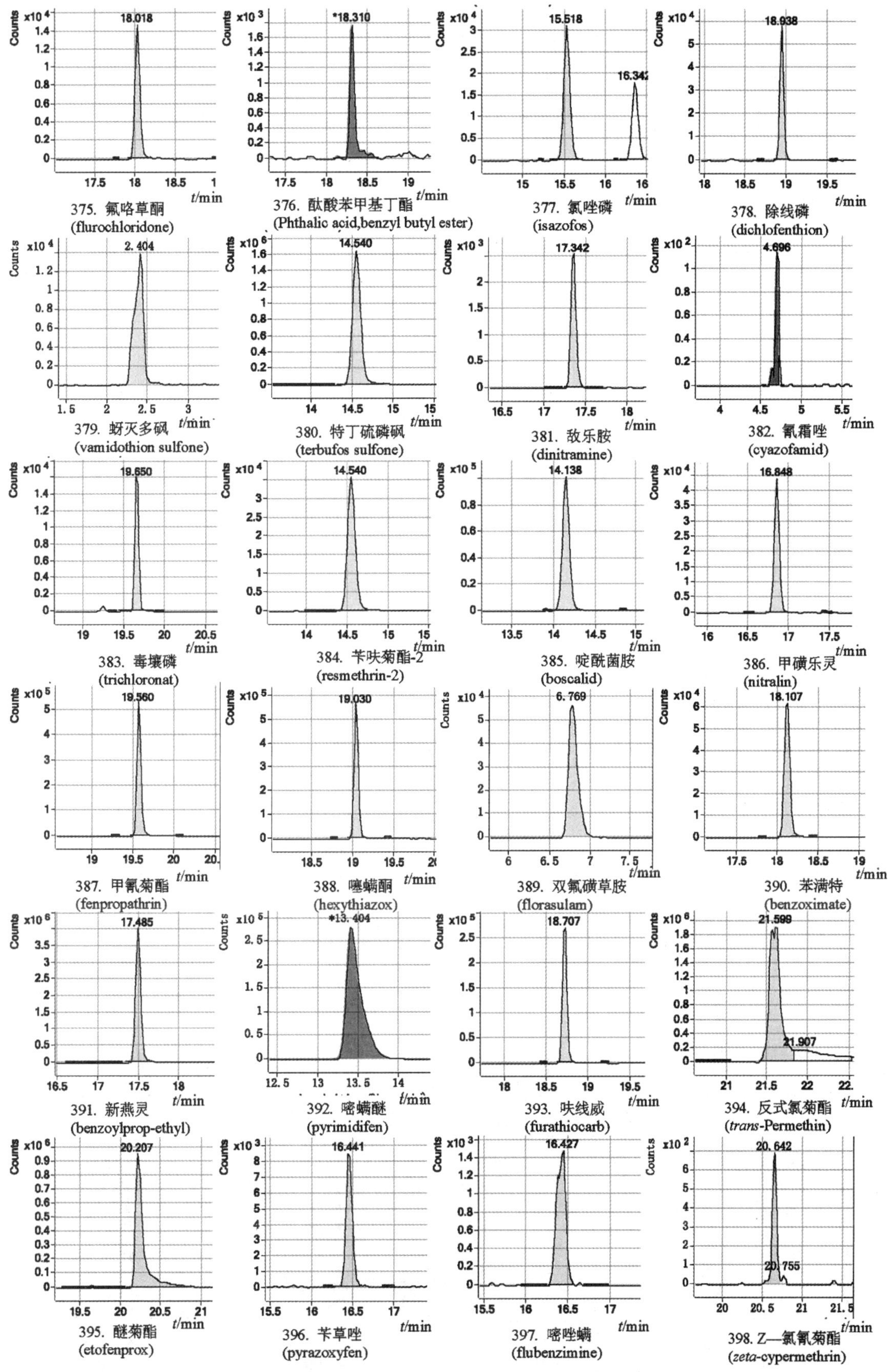

375. 氟咯草酮 (flurochloridone)
376. 酞酸苯甲基丁酯 (Phthalic acid,benzyl butyl ester)
377. 氯唑磷 (isazofos)
378. 除线磷 (dichlofenthion)
379. 蚜灭多砜 (vamidothion sulfone)
380. 特丁硫磷砜 (terbufos sulfone)
381. 敌乐胺 (dinitramine)
382. 氰霜唑 (cyazofamid)
383. 毒壤磷 (trichloronat)
384. 苄呋菊酯-2 (resmethrin-2)
385. 啶酰菌胺 (boscalid)
386. 甲磺乐灵 (nitralin)
387. 甲氰菊酯 (fenpropathrin)
388. 噻螨酮 (hexythiazox)
389. 双氟磺草胺 (florasulam)
390. 苯满特 (benzoximate)
391. 新燕灵 (benzoylprop-ethyl)
392. 嘧螨醚 (pyrimidifen)
393. 呋线威 (furathiocarb)
394. 反式氯菊酯 (*trans*-Permethin)
395. 醚菊酯 (etofenprox)
396. 苄草唑 (pyrazoxyfen)
397. 嘧唑螨 (flubenzimine)
398. Z—氯氰菊酯 (*zeta*-cypermethrin)

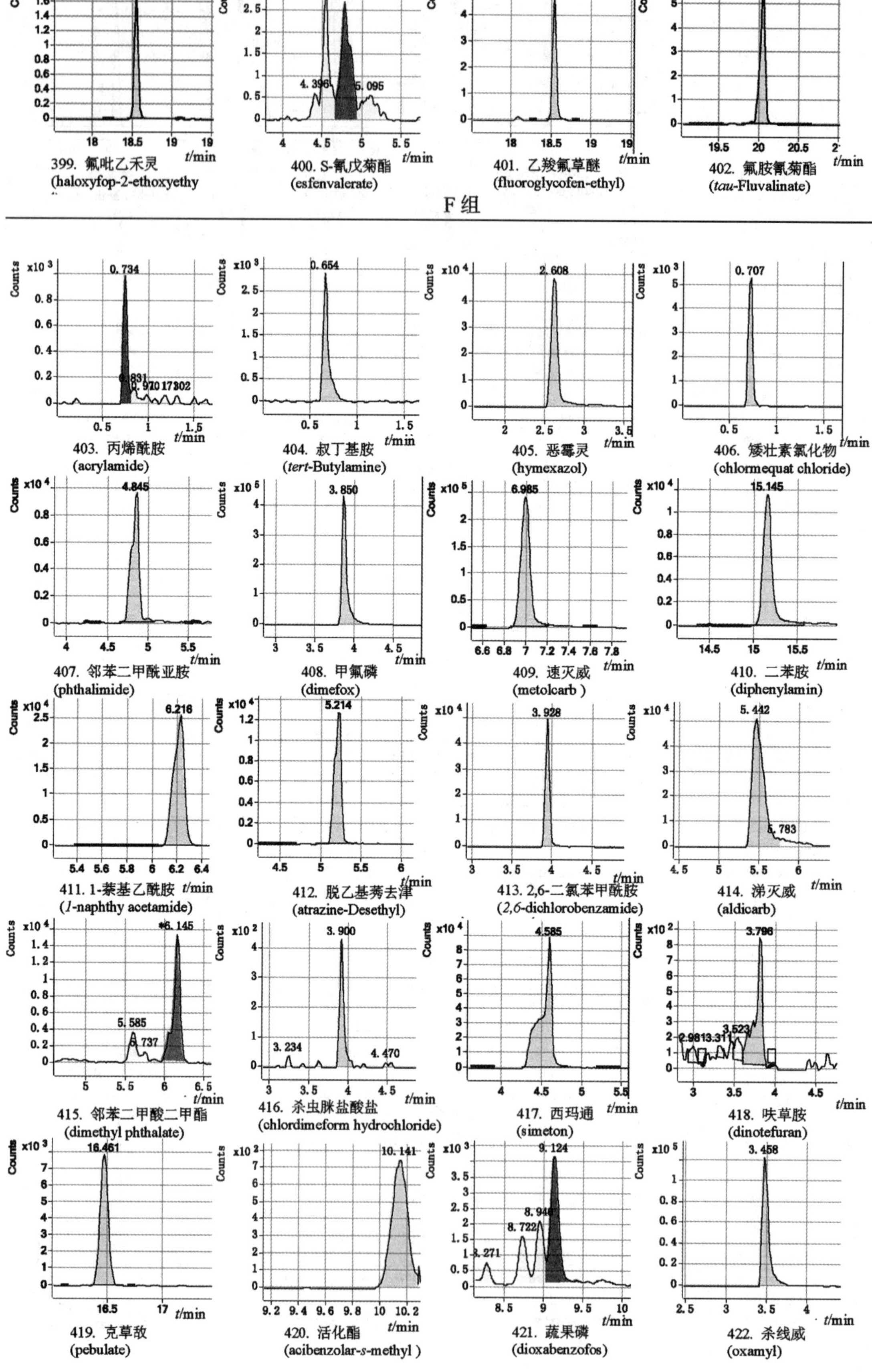

399. 氟吡乙禾灵 (haloxyfop-2-ethoxyethy
400. S-氰戊菊酯 (esfenvalerate)
401. 乙羧氟草醚 (fluoroglycofen-ethyl)
402. 氟胺氰菊酯 (*tau*-Fluvalinate)

F 组

403. 丙烯酰胺 (acrylamide)
404. 叔丁基胺 (*tert*-Butylamine)
405. 恶霉灵 (hymexazol)
406. 矮壮素氯化物 (chlormequat chloride)
407. 邻苯二甲酰亚胺 (phthalimide)
408. 甲氟磷 (dimefox)
409. 速灭威 (metolcarb)
410. 二苯胺 (diphenylamin)
411. 1-萘基乙酰胺 (*1*-naphthy acetamide)
412. 脱乙基莠去津 (atrazine-Desethyl)
413. 2,6-二氯苯甲酰胺 (*2,6*-dichlorobenzamide)
414. 涕灭威 (aldicarb)
415. 邻苯二甲酸二甲酯 (dimethyl phthalate)
416. 杀虫脒盐酸盐 (chlordimeform hydrochloride)
417. 西玛通 (simeton)
418. 呋草胺 (dinotefuran)
419. 克草敌 (pebulate)
420. 活化酯 (acibenzolar-*s*-methyl)
421. 蔬果磷 (dioxabenzofos)
422. 杀线威 (oxamyl)

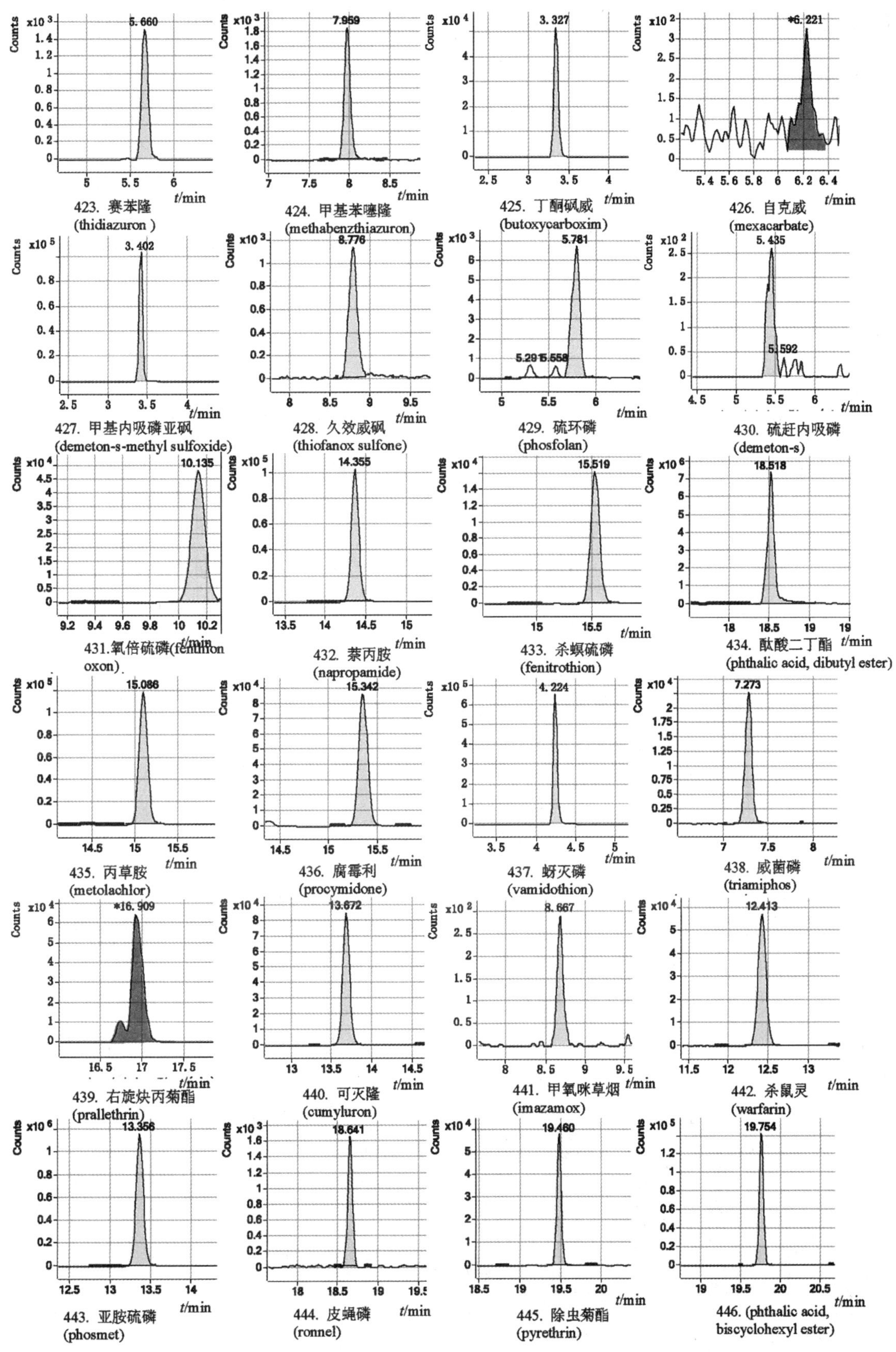

423. 赛苯隆 (thidiazuron)
424. 甲基苯噻隆 (methabenzthiazuron)
425. 丁酮砜威 (butoxycarboxim)
426. 自克威 (mexacarbate)
427. 甲基内吸磷亚砜 (demeton-s-methyl sulfoxide)
428. 久效威砜 (thiofanox sulfone)
429. 硫环磷 (phosfolan)
430. 硫赶内吸磷 (demeton-s)
431. 氧倍硫磷 (fenthion oxon)
432. 萘丙胺 (napropamide)
433. 杀螟硫磷 (fenitrothion)
434. 酞酸二丁酯 (phthalic acid, dibutyl ester)
435. 丙草胺 (metolachlor)
436. 腐霉利 (procymidone)
437. 蚜灭磷 (vamidothion)
438. 威菌磷 (triamiphos)
439. 右旋炔丙菊酯 (prallethrin)
440. 可灭隆 (cumyluron)
441. 甲氧咪草烟 (imazamox)
442. 杀鼠灵 (warfarin)
443. 亚胺硫磷 (phosmet)
444. 皮蝇磷 (ronnel)
445. 除虫菊酯 (pyrethrin)
446. (phthalic acid, biscyclohexyl ester)

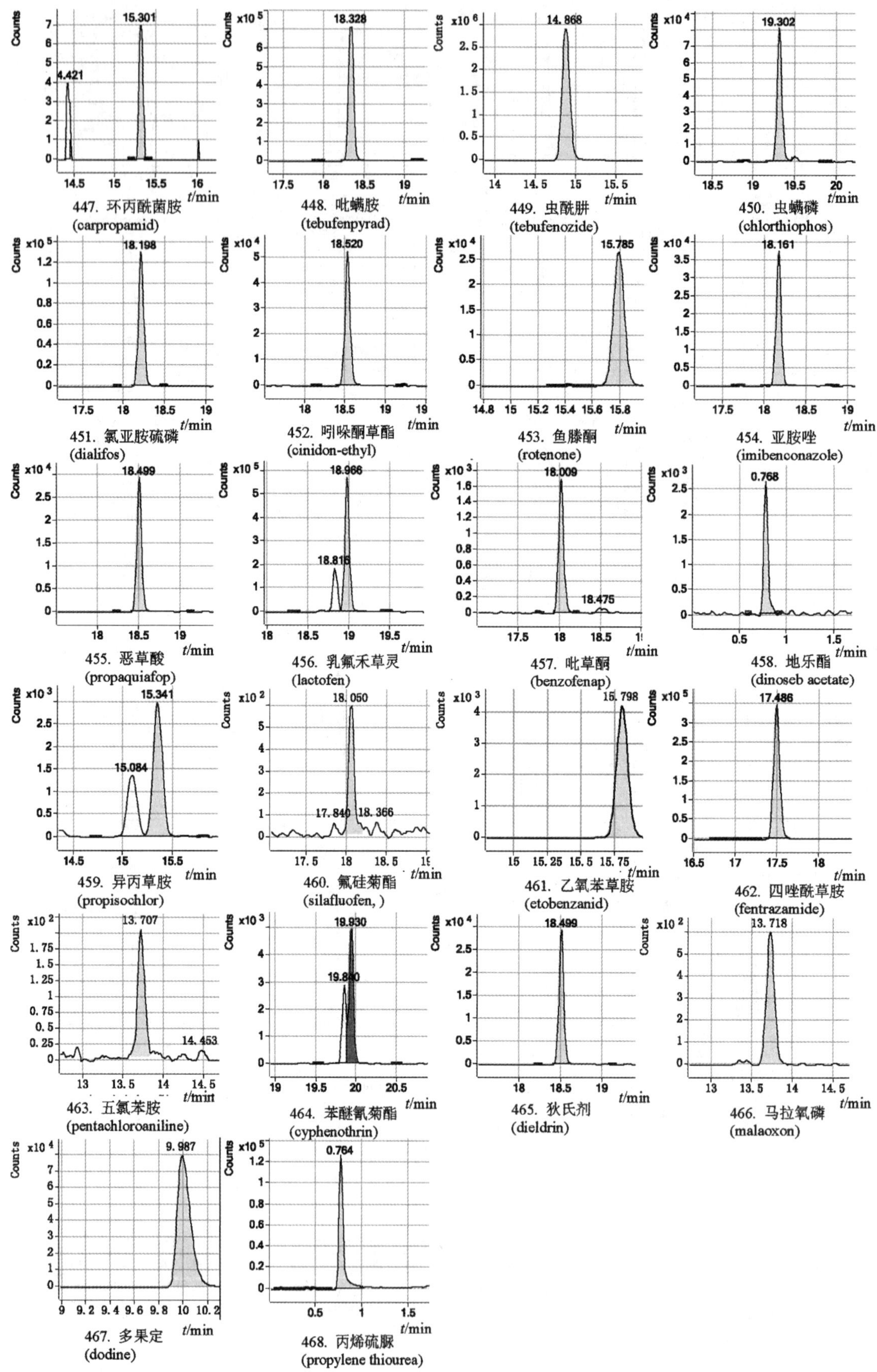

447. 环丙酰菌胺 (carpropamid)

448. 吡螨胺 (tebufenpyrad)

449. 虫酰肼 (tebufenozide)

450. 虫螨磷 (chlorthiophos)

451. 氯亚胺硫磷 (dialifos)

452. 吲哚酮草酯 (cinidon-ethyl)

453. 鱼滕酮 (rotenone)

454. 亚胺唑 (imibenconazole)

455. 恶草酸 (propaquiafop)

456. 乳氟禾草灵 (lactofen)

457. 吡草酮 (benzofenap)

458. 地乐酯 (dinoseb acetate)

459. 异丙草胺 (propisochlor)

460. 氟硅菊酯 (silafluofen,)

461. 乙氧苯草胺 (etobenzanid)

462. 四唑酰草胺 (fentrazamide)

463. 五氯苯胺 (pentachloroaniline)

464. 苯醚氰菊酯 (cyphenothrin)

465. 狄氏剂 (dieldrin)

466. 马拉氧磷 (malaoxon)

467. 多果定 (dodine)

468. 丙烯硫脲 (propylene thiourea)

G组

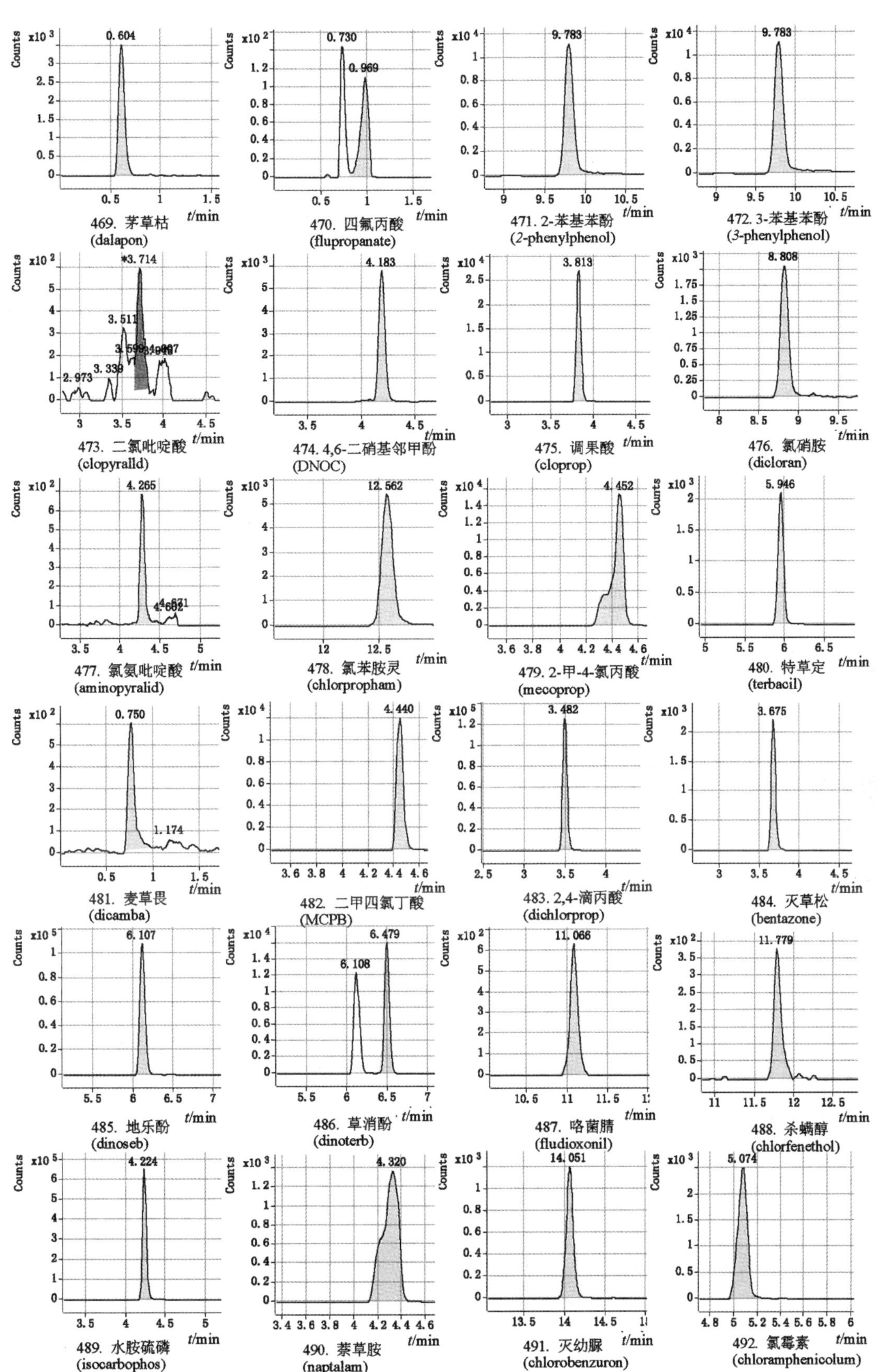

469. 茅草枯 (dalapon)
470. 四氟丙酸 (flupropanate)
471. 2-苯基苯酚 (*2*-phenylphenol)
472. 3-苯基苯酚 (*3*-phenylphenol)
473. 二氯吡啶酸 (clopyralld)
474. 4,6-二硝基邻甲酚 (DNOC)
475. 调果酸 (cloprop)
476. 氯硝胺 (dicloran)
477. 氯氨吡啶酸 (aminopyralid)
478. 氯苯胺灵 (chlorpropham)
479. 2-甲-4-氯丙酸 (mecoprop)
480. 特草定 (terbacil)
481. 麦草畏 (dicamba)
482. 二甲四氯丁酸 (MCPB)
483. 2,4-滴丙酸 (dichlorprop)
484. 灭草松 (bentazone)
485. 地乐酚 (dinoseb)
486. 草消酚 (dinoterb)
487. 咯菌腈 (fludioxonil)
488. 杀螨醇 (chlorfenethol)
489. 水胺硫磷 (isocarbophos)
490. 萘草胺 (naptalam)
491. 灭幼脲 (chlorobenzuron)
492. 氯霉素 (chloramphenicolum)

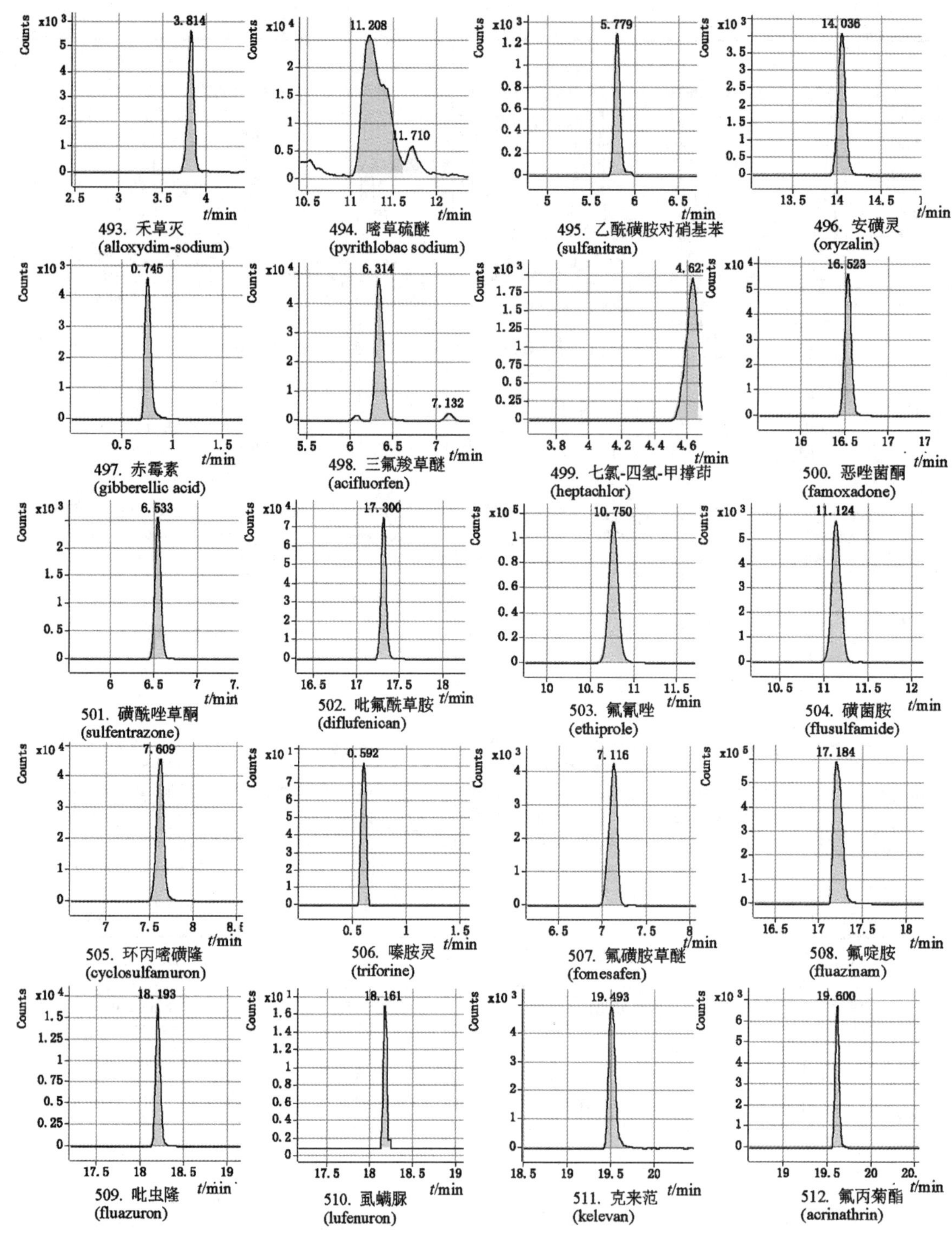

493. 禾草灭 (alloxydim-sodium)
494. 嘧草硫醚 (pyrithlobac sodium)
495. 乙酰磺胺对硝基苯 (sulfanitran)
496. 安磺灵 (oryzalin)
497. 赤霉素 (gibberellic acid)
498. 三氟羧草醚 (acifluorfen)
499. 七氯-四氢-甲撑茚 (heptachlor)
500. 恶唑菌酮 (famoxadone)
501. 磺酰唑草酮 (sulfentrazone)
502. 吡氟酰草胺 (diflufenican)
503. 氟氰唑 (ethiprole)
504. 磺菌胺 (flusulfamide)
505. 环丙嘧磺隆 (cyclosulfamuron)
506. 嗪胺灵 (triforine)
507. 氟磺胺草醚 (fomesafen)
508. 氟啶胺 (fluazinam)
509. 吡虫隆 (fluazuron)
510. 虱螨脲 (lufenuron)
511. 克来范 (kelevan)
512. 氟丙菊酯 (acrinathrin)

附　录　D
（规范性附录）
实验室内重复性要求

表 D. 1　　实验室内重复性要求

被测组分含量　mg/kg	精密度　%
≤0. 001	36
>0. 001≤0. 01	32
>0. 01≤0. 1	22
>0. 1≤1	18
>1	14

附　录　E
（规范性附录）
实验室间再现性要求

表 E. 1　　实验室间再现性要求

被测组分含量　mg/kg	精密度　%
≤0. 001	54
>0. 001≤0. 01	46
>0. 01≤0. 1	34
>0. 1≤1	25
>1	19

附　录　F

（资料性附录）

样品的添加浓度及回收率的实验数据

表 F.1　样品的添加浓度及回收率的实验数据　　单位：%

序号	中文名称	英文名称	低水平添加 1LOQ									高水平添加 4LOQ								
			橙汁	苹果汁	葡萄汁	白菜汁	胡萝卜汁	干酒	半干酒	半甜酒	甜酒	橙汁	苹果汁	葡萄汁	白菜汁	胡萝卜汁	干酒	半干酒	半甜酒	甜酒
1	苯胺灵	propham	91.0	91.7	64.4	93.6	90.3	68.0	88.0	102.3	94.3	73.5	64.9	71.9	95.3	99.0	102.2	78.6	79.4	115.9
2	异丙威	isoprocarb	90.6	84.8	80.8	85.7	92.6	72.4	78.7	98.5	97.6	79.3	76.1	74.2	95.6	97.0	91.0	80.9	80.8	115.2
3	3，4，5－混杀威	3，4，5－trimethacarb	79.5	88.8	98.4	85.4	94.3	73.6	78.8	91.3	97.9	76.7	75.5	81.7	98.0	88.3	91.0	80.9	73.0	115.3
4	环莠隆	cycluron	98.5	90.9	81.8	88.1	97.2	75.8	74.2	100.6	101.7	76.1	83.2	90.9	105.0	105.2	89.3	85.7	84.6	114.8
5	甲萘威	carbaryl	89.5	84.2	97.0	87.0	86.7	75.8	76.3	93.8	103.9	77.5	78.2	94.1	97.0	103.3	94.3	86.3	79.7	117.9
6	毒草胺	propachlor	89.9	91.5	80.4	111.6	122.7	63.4	78.4	104.9	102.7	69.6	78.6	72.5	99.0	90.2	90.4	81.5	80.1	110.2
7	吡咪唑	rabenzazole	79.2	85.0	87.5	83.6	74.0	81.4	74.7	94.6	47.8	67.8	82.9	87.1	93.1	84.8	81.7	74.3	78.0	76.1
8	西草净	simetryn	74.5	93.9	96.1	93.2	107.3	88.0	76.8	100.2	97.8	78.8	76.9	98.3	95.1	105.3	111.6	84.5	77.7	88.2
9	绿谷隆	monolinuron	90.7	87.8	86.2	86.1	92.2	71.4	77.8	106.3	95.6	76.4	75.5	84.3	89.8	99.9	99.1	84.2	80.0	113.4
10	速灭磷	mevinphos	99.5	68.7	86.4	78.3	99.1	71.2	78.2	91.9	96.4	77.8	71.6	75.9	89.5	103.5	90.7	82.3	78.5	107.8
11	叠氮津	aziprotryne	78.4	84.8	75.8	95.0	82.5	70.8	107.6	111.7	116.2	92.7	87.3	79.1	124.2	89.1	88.3	82.3	86.9	116.8
12	仲丁通	secbumeton	81.8	94.1	96.6	98.0	101.7	75.7	72.4	96.3	97.6	73.9	73.9	90.3	100.5	95.1	91.4	80.4	80.7	118.4
13	嘧菌磺胺	cyprodinil	80.9	69.2	80.7	75.2	63.3	77.6	75.1	99.0	97.5	79.3	74.0	89.7	67.8	68.3	93.5	79.3	78.1	119.9
14	播土隆	buturon	91.2	92.9	91.0	82.2	86.6	77.4	74.2	98.9	100.1	71.0	83.0	94.7	91.1	96.1	93.1	86.2	81.6	117.3
15	双酰草胺	carbetamide	91.5	76.1	91.8	91.5	97.9	67.1	77.0	107.7	95.0	78.1	76.7	90.5	95.5	71.1	93.6	83.9	80.5	118.8
16	抗蚜威	pirimicarb	74.0	112.6	80.3	87.0	96.7	74.6	83.1	102.4	104.6	82.8	78.4	84.0	97.4	105.4	97.1	89.6	84.4	117.6
17	异噁草松	clomazone	93.2	90.5	75.4	98.4	88.1	72.7	72.8	96.7	102.3	79.6	72.9	72.4	98.7	96.6	96.7	83.9	81.6	113.4
18	氰草津	cyanazine	94.7	99.8	89.6	86.0	96.9	71.7	105.4	97.7	101.7	73.6	82.4	85.6	105.5	107.7	103.9	78.5	76.7	119.7
19	扑草净	prometryne	80.4	90.1	83.3	82.2	94.1	72.1	73.8	101.6	101.1	73.4	79.9	87.5	97.4	84.8	96.7	81.5	79.5	116.7
20	甲基对氧磷	paraoxon methyl	83.6	70.4	105.9	92.5	86.8	74.0	75.4	88.2	103.4	105.3	81.8	85.3	93.3	98.6	92.9	88.8	86.2	118.5

（续表）

序号	中文名称	英文名称	低水平添加									高水平添加								
			1LOQ									4LOQ								
			橙汁	苹果汁	葡萄汁	白菜汁	胡萝卜汁	干酒	半干酒	半甜酒	甜酒	橙汁	苹果汁	葡萄汁	白菜汁	胡萝卜汁	干酒	半干酒	半甜酒	甜酒
21	4，4－二氯二苯甲酮	4，4－dichlorobenzophenone	0.0	0.0	63.9	95.1	86.5	69.9	91.0	41.0	76.1	32.4	0.0	111.7	68.4	0.0	NoPeak	NoPeak	NoPeak	NoPeak
22	噻虫啉	thiacloprid	92.0	77.3	96.9	76.9	78.2	83.0	77.0	93.1	114.6	80.5	69.6	86.7	91.9	102.4	97.6	86.9	78.1	113.9
23	吡虫啉	imidacloprid	92.5	88.3	96.6	83.9	90.3	77.1	74.5	95.3	98.8	75.2	75.7	90.3	92.7	108.0	95.2	81.5	81.8	109.1
24	磺噻隆	ethidimuron	96.8	76.5	94.3	105.1	111.6	74.9	74.0	95.4	97.0	77.8	72.4	89.2	86.7	116.7	91.6	77.1	76.9	118.9
25	丁嗪草酮	isomethiozin	64.0	42.2	87.3	82.2	72.4	80.4	69.5	75.4	87.8	61.1	61.5	74.7	81.6	65.2	70.2	64.9	66.1	77.5
26	燕麦敌	diallate	66.8	80.2	62.9	83.4	62.7	未添加	未添加	未添加	未添加	67.3	74.9	60.8	92.8	71.4	78.1	69.9	82.0	108.7
27	乙草胺	acetochlor	81.9	85.3	82.5	80.3	84.1	70.4	78.3	100.0	97.9	78.8	77.1	82.2	105.0	85.4	92.6	83.9	81.8	115.8
28	烯啶虫胺	nitenpyram	75.3	62.8	65.3	79.6	67.1	76.5	73.1	97.0	82.2	61.6	71.7	77.3	69.6	75.2	85.1	70.8	73.8	109.7
29	盖草津	methoprotryne	85.2	80.8	94.0	90.8	98.7	76.9	82.4	95.9	100.8	73.1	72.7	93.2	105.4	114.7	89.9	83.7	84.0	117.6
30	二甲酚草胺	dimethenamid	90.2	82.4	82.2	92.2	93.2	64.2	83.5	110.0	87.5	76.6	76.8	81.3	97.4	98.5	91.5	83.6	79.9	116.2
31	特草灵	terrbucarb	77.4	91.8	92.3	102.0	76.2	69.1	75.2	102.5	94.5	79.1	76.7	85.7	99.4	73.0	93.0	88.6	87.0	112.9
32	戊菌唑	penconazole	81.1	102.2	83.6	93.3	86.0	77.5	78.4	97.3	99.2	77.5	81.2	92.8	99.0	84.4	97.2	85.1	83.6	118.6
33	腈菌唑	myclobutanil	105.7	92.0	89.4	96.4	93.6	84.8	85.2	102.1	102.9	73.6	75.7	89.9	97.4	89.2	94.8	86.5	79.9	109.8
34	多效唑	paclobutrazol	94.3	105.5	81.9	100.8	89.5	79.5	78.1	103.6	103.0	79.9	82.8	90.1	100.3	92.4	92.5	82.4	78.2	119.5
35	倍硫磷亚砜	fenthion sulfoxide	75.9	89.8	109.7	110.7	88.6	107.7	97.8	83.7	98.1	83.1	66.2	108.4	96.0	100.4	94.1	85.8	83.6	119.2
36	三唑醇	triadimenol	88.2	99.6	85.0	91.6	90.0	76.4	80.3	99.6	99.7	77.3	79.8	92.1	97.3	94.1	97.1	83.4	82.2	117.7
37	仲丁灵	butralin	68.9	81.5	60.6	95.4	69.4	75.7	74.9	103.8	99.1	69.8	69.7	73.6	97.5	95.5	86.8	83.7	82.2	120.0
38	螺环菌胺	spiroxamine	97.5	101.2	99.8	82.1	91.1	61.5	77.7	102.2	99.3	71.1	103.7	75.8	100.2	75.2	97.3	79.8	81.1	115.0
39	甲基立枯磷	tolclofos methyl	75.1	76.8	63.5	90.0	70.3	65.5	76.0	102.9	91.3	71.4	62.9	67.8	96.8	70.4	91.1	77.6	82.4	95.0
40	甜菜胺	desmedipham	90.6	79.4	77.3	100.7	81.8	60.9	72.9	100.2	95.3	71.2	97.1	93.1	92.3	86.9	95.3	83.3	78.1	117.6
41	杀扑磷	methidathion	85.0	80.9	94.8	88.4	82.5	72.9	80.0	97.9	101.4	77.6	83.4	97.7	95.6	99.8	97.8	85.8	79.9	116.0
42	烯丙菊酯	allethrin	92.3	81.1	86.1	89.6	108.7	77.2	78.1	96.3	96.0	76.6	67.0	88.5	100.5	62.9	97.4	84.2	85.1	116.5
43	二嗪磷	diazinon	72.8	81.6	65.1	93.5	69.2	78.2	77.9	96.9	102.6	72.4	62.9	67.5	97.1	62.9	83.3	75.6	81.0	84.5
44	敌瘟磷	edifenphos	64.4	101.8	87.8	96.7	82.0	76.0	97.9	99.6	102.9	63.3	82.1	95.2	95.6	85.9	89.7	81.9	82.7	118.6

（续表）

序号	中文名称	英文名称	低水平添加									高水平添加								
			1LOQ									4LOQ								
			橙汁	苹果汁	葡萄汁	白菜汁	胡萝卜汁	干酒	半干酒	半甜酒	甜酒	橙汁	苹果汁	葡萄汁	白菜汁	胡萝卜汁	干酒	半干酒	半甜酒	甜酒
45	丙草胺	pretilachlor	67. 2	68. 7	103. 4	86. 8	74. 9	90. 8	77. 3	104. 5	106. 4	74. 4	92. 0	104. 4	93. 7	72. 8	107. 0	84. 2	80. 6	115. 7
46	氟硅唑	flusilazole	82. 5	96. 4	84. 0	93. 9	81. 0	77. 9	85. 9	104. 0	105. 2	77. 3	76. 1	92. 6	103. 1	77. 9	109. 8	87. 6	89. 1	118. 6
47	丙森锌	iprovalicarb	89. 2	99. 2	107. 9	100. 6	92. 8	72. 0	77. 6	100. 6	95. 9	72. 6	67. 2	75. 5	93. 7	74. 4	82. 5	84. 2	94. 2	116. 5
48	麦锈灵	benodanil	72. 5	86. 2	100. 7	90. 5	80. 6	78. 7	87. 5	94. 3	111. 1	72. 5	73. 8	88. 2	97. 2	101. 4	93. 0	86. 4	80. 8	115. 5
49	氟酰胺	flutolanil	79. 1	92. 4	86. 7	90. 4	78. 7	78. 5	81. 9	96. 3	101. 8	74. 2	75. 4	91. 9	97. 6	79. 9	95. 5	86. 8	79. 6	119. 8
50	伐灭磷	famphur	82. 5	93. 8	87. 7	92. 3	88. 2	77. 2	77. 6	92. 0	97. 2	73. 7	75. 3	94. 8	100. 1	96. 7	94. 0	90. 0	83. 8	116. 6
51	苯霜灵	Benalaxyl	78. 4	85. 0	89. 5	92. 7	90. 5	82. 5	78. 6	93. 3	109. 7	74. 5	76. 3	89. 1	98. 2	65. 2	96. 2	83. 4	77. 7	107. 7
52	苄氯三唑醇	diclobutrazole	81. 0	99. 0	84. 0	91. 0	88. 4	80. 0	69. 4	96. 3	98. 8	74. 6	76. 2	84. 2	97. 4	90. 5	94. 5	84. 6	83. 0	117. 6
53	乙环唑	etaconazole	81. 0	98. 1	84. 0	91. 1	88. 4	78. 2	77. 9	96. 9	102. 6	74. 6	76. 4	84. 2	97. 4	90. 5	94. 5	84. 6	83. 0	117. 6
54	氯苯嘧啶醇	fenarimol	84. 2	95. 5	79. 2	108. 4	114. 6	85. 4	116. 1	89. 4	94. 7	72. 6	65. 6	88. 2	104. 5	79. 4	101. 0	102. 0	83. 5	116. 7
55	酞酸二环己基酯	phthalic acid, dicyclobexylester	103. 8	77. 3	84. 6	92. 4	89. 9	80. 0	79. 7	87. 5	63. 3	81. 9	69. 3	93. 9	92. 4	88. 7	NoPeak	NoPeak	85. 6	114. 5
56	胺菊酯	tetramethirn	71. 5	78. 9	89. 9	100. 4	64. 0	77. 8	77. 7	97. 3	102. 2	66. 3	72. 9	91. 2	98. 4	66. 7	89. 5	82. 6	83. 7	119. 2
57	抑菌灵	dichlofluanid	71. 0	99. 5	75. 4	62. 1	71. 7	68. 2	80. 5	102. 9	102. 6	68. 5	80. 7	79. 8	86. 2	64. 4	85. 6	66. 0	59. 7	76. 6
58	解草酯	cloquintocet mexyl	67. 4	89. 6	74. 8	96. 2	58. 3	139. 4	88. 4	73. 9	69. 3	72. 1	76. 5	91. 7	99. 8	64. 4	86. 8	78. 7	82. 3	116. 0
59	联苯三唑醇	bitertanol	76. 4	97. 4	83. 7	97. 0	80. 9	77. 0	78. 6	102. 2	100. 5	76. 9	77. 1	93. 0	97. 8	76. 8	93. 7	85. 4	84. 2	118. 0
60	甲基毒死蜱	chlorprifos methyl	66. 8	74. 3	64. 2	89. 8	69. 1	64. 3	80. 4	97. 3	90. 9	71. 1	65. 5	64. 1	99. 0	64. 0	88. 2	77. 1	81. 4	80. 2
61	吡喃草酮	tepraloxydim	86. 4	97. 5	83. 3	95. 1	90. 3	77. 1	77. 0	106. 7	94. 4	74. 8	75. 3	89. 2	96. 7	91. 8	115. 5	88. 7	78. 9	116. 5
62	甲基硫菌灵	thiophanate methyl	32. 8	65. 9	269. 6	72. 8	61. 6	67. 4	80. 2	97. 7	96. 3	75. 8	65. 7	100. 0	65. 0	74. 8	88. 8	79. 3	84. 1	111. 0
63	益棉磷	azinphos ethyl	77. 1	92. 3	82. 1	96. 9	75. 4	74. 8	86. 7	104. 1	96. 4	77. 0	71. 4	90. 7	96. 6	90. 7	93. 8	86. 5	84. 4	115. 8
64	炔草酸	clodinafop propargyl	80. 3	0. 0	75. 2	87. 6	0. 0	65. 6	77. 9	102. 3	97. 8	77. 2	80. 0	102. 8	77. 5	79. 1	83. 8	75. 7	84. 7	82. 2
65	杀铃脲	triflumuron	71. 7	88. 6	80. 5	91. 4	69. 0	80. 9	79. 1	97. 3	92. 2	70. 7	76. 9	88. 5	99. 3	63. 5	97. 0	83. 5	83. 2	119. 0
66	异噁唑草酮	isoxaflutole	77. 8	107. 8	63. 2	81. 5	74. 0	63. 6	66. 4	94. 9	72. 0	72. 0	85. 0	63. 2	59. 3	87. 5	84. 5	52. 0	64. 9	79. 8
67	硫菌灵	thiophanat ethyl	31. 9	36. 4	363. 7	64. 9	63. 7	85. 6	78. 7	94. 1	83. 0	75. 5	65. 7	107. 1	75. 7	67. 3	85. 7	78. 8	80. 0	104. 8
68	喹禾灵	quizalofop – ethyl	59. 9	90. 7	79. 6	90. 5	55. 6	89. 1	81. 2	96. 3	92. 0	67. 6	68. 9	87. 2	99. 5	63. 2	93. 1	81. 7	82. 1	105. 8

（续表）

序号	中文名称	英文名称	低水平添加									高水平添加								
			1LOQ									4LOQ								
			橙汁	苹果汁	葡萄汁	白菜汁	胡萝卜汁	干酒	半干酒	半甜酒	甜酒	橙汁	苹果汁	葡萄汁	白菜汁	胡萝卜汁	干酒	半干酒	半甜酒	甜酒
69	精氟吡甲禾灵	haloxyfop – methyl	69. 5	82. 9	73. 2	95. 2	62. 8	81. 4	75. 9	98. 4	95. 6	72. 4	73. 7	90. 7	96. 1	60. 1	93. 6	86. 2	83. 1	115. 4
70	精吡磺草隆	fluazifop butyl	69. 5	74. 8	73. 6	94. 2	86. 4	74. 6	74. 5	102. 5	103. 9	64. 6	95. 5	90. 3	98. 4	65. 3	95. 0	81. 4	83. 3	117. 1
71	乙基溴硫磷	bromophos – ethyl	73. 3	72. 0	61. 4	89. 8	60. 2	63. 9	93. 9	92. 4	99. 4	82. 7	68. 6	74. 5	94. 9	70. 9	100. 3	91. 9	103. 5	111. 7
72	地散磷	bensulide	73. 9	84. 6	87. 4	103. 9	71. 7	80. 9	74. 4	93. 1	98. 0	76. 6	72. 6	92. 2	99. 9	73. 4	93. 8	88. 8	83. 9	115. 1
73	醚苯磺隆	triasulfuron	80. 0	68. 1	70. 2	88. 1	80. 2	96. 0	63. 6	79. 0	77. 8	69. 1	65. 9	82. 8	92. 6	73. 9	82. 6	72. 0	84. 7	118. 4
74	溴苯烯磷	bromfenvinfos	80. 1	117. 8	86. 2	97. 3	79. 3	75. 2	74. 5	97. 6	101. 9	72. 8	77. 1	88. 6	91. 2	79. 1	91. 1	84. 9	80. 8	116. 3
75	嘧菌酯	azoxystrobin	79. 3	115. 8	86. 7	101. 4	87. 8	80. 6	77. 1	99. 8	96. 9	71. 4	86. 8	91. 6	98. 8	84. 2	88. 8	83. 0	79. 8	118. 8
76	吡菌磷	pyrazophos	72. 1	84. 6	76. 7	106. 9	80. 1	70. 3	77. 5	104. 0	118. 3	73. 8	69. 9	90. 9	99. 1	89. 7	89. 8	84. 9	82. 7	118. 7
77	氟虫脲	flufenoxuron	75. 9	77. 0	69. 4	89. 2	64. 9	76. 0	75. 6	101. 0	92. 9	62. 1	70. 7	86. 1	102. 6	80. 8	95. 6	81. 4	83. 6	119. 8
78	茚虫威	indoxacarb	71. 0	78. 6	68. 2	98. 0	62. 0	87. 1	68. 5	89. 9	93. 6	68. 7	70. 5	89. 0	102. 5	60. 8	93. 5	79. 4	83. 8	94. 9
79	甲氨基阿维菌素苯甲酸盐	emamectin benzoate	64. 0	77. 2	62. 1	81. 5	72. 0	67. 5	65. 7	101. 5	96. 3	63. 8	65. 8	80. 2	87. 1	79. 2	90. 7	74. 0	74. 3	88. 1
80	乙撑硫脲	ethylene thiourea	118. 0	108. 3	75. 0	110. 5	99. 5	74. 3	40. 8	83. 3	111. 4	105. 2	79. 4	101. 2	87. 6	89. 7	84. 7	82. 9	85. 1	68. 7
81	丁酰肼	daminozide	67. 3	76. 3	101. 7	97. 6	110. 9	113. 2	91. 0	101. 8	90. 5	99. 1	101. 8	93. 0	93. 6	110. 7	90. 5	65. 8	99. 1	89. 1
82	棉隆	dazomet	111. 6	122. 5	100. 3	93. 9	106. 7	85. 6	103. 3	68. 3	98. 1	121. 1	77. 3	91. 7	95. 2	102. 1	96. 9	77. 5	101. 0	71. 0
83	烟碱	nicotine	116. 5	66. 9	64. 9	92. 1	83. 0	74. 9	67. 5	85. 7	116. 1	107. 4	81. 2	70. 4	70. 4	68. 0	78. 9	106. 6	94. 4	83. 6
84	非草隆	fenuron	81. 4	97. 0	92. 3	101. 4	87. 1	110. 6	76. 0	104. 4	90. 2	99. 0	93. 0	91. 4	92. 6	95. 3	78. 3	73. 1	118. 2	89. 3
85	灭蝇胺	cyromazine	20. 5	28. 4	13. 4	92. 3	105. 3	92. 0	75. 2	77. 5	102. 2	84. 7	75. 3	89. 8	75. 3	97. 7	68. 2	80. 4	90. 7	65. 9
86	鼠立死	crimidine	81. 2	82. 6	73. 1	100. 7	77. 5	95. 9	90. 5	97. 2	87. 7	112. 9	85. 4	94. 0	91. 6	82. 5	75. 5	73. 6	106. 9	91. 6
87	乙酰甲胺磷	acephate	73. 3	109. 7	91. 5	102. 5	82. 3	110. 0	80. 2	94. 7	76. 8	89. 1	75. 5	77. 9	84. 8	79. 2	72. 9	62. 3	109. 5	78. 1
88	禾草敌	molinate	89. 2	61. 6	68. 6	85. 5	75. 9	70. 7	69. 2	79. 4	84. 1	102. 3	76. 1	107. 8	80. 6	63. 0	68. 2	75. 6	93. 6	89. 5
89	多菌灵	carbendazim	110. 6	108. 8	91. 6	68. 7	93. 9	94. 1	97. 3	96. 5	97. 9	102. 9	86. 2	78. 9	65. 9	88. 2	97. 7	88. 1	99. 8	94. 6

（续表）

序号	中文名称	英文名称	低水平添加									高水平添加								
			1LOQ									4LOQ								
			橙汁	苹果汁	葡萄汁	白菜汁	胡萝卜汁	干酒	半干酒	半甜酒	甜酒	橙汁	苹果汁	葡萄汁	白菜汁	胡萝卜汁	干酒	半干酒	半甜酒	甜酒
90	6－氯－4－羟基－3－苯基哒嗪	6－chloro－4－hydroxy－3－phe nyl－pyridazin	60.4	113.5	112.1	92.7	88.1	110.4	84.9	107.8	87.0	90.5	90.6	99.7	75.4	88.4	86.6	94.7	99.2	107.1
91	残杀威	propoxur	77.8	110.9	93.5	100.3	89.9	109.5	80.3	102.4	83.0	108.9	92.3	93.9	94.9	92.2	79.5	80.4	115.1	91.4
92	异唑隆	isouron	71.9	96.2	96.7	90.6	101.9	105.8	79.8	115.9	85.5	94.9	95.0	97.3	124.7	94.7	84.4	79.3	117.8	83.6
93	绿麦隆	chlorotoluron	79.5	109.7	101.0	102.7	98.1	114.6	83.8	100.0	86.4	99.7	90.5	88.3	87.4	89.1	79.5	78.2	106.0	90.6
94	久效威	thiofanox	82.5	101.6	94.0	88.3	86.8	106.9	100.9	100.0	110.3	75.7	94.3	95.8	94.9	95.1	90.3	94.7	93.6	93.0
95	氯草灵	chlorbufam	73.9	100.9	83.5	94.2	90.2	112.7	77.4	92.0	82.0	80.1	94.0	94.2	87.5	86.4	78.9	NoPeak	116.7	95.4
96	噁虫威	bendiocarb	69.9	107.1	84.4	85.8	104.3	104.0	85.3	97.7	86.2	93.9	88.6	92.1	89.7	87.1	80.6	74.7	115.5	91.2
97	扑灭津	propazine	99.6	158.8	83.5	115.2	96.5	90.1	86.7	95.3	106.9	113.9	76.8	95.5	72.8	79.9	80.1	70.5	108.5	111.2
98	特丁津	terbuthylazine	76.1	107.0	92.2	112.8	94.3	115.1	86.0	98.9	81.7	86.2	94.6	91.4	93.3	83.7	81.2	77.5	114.4	87.4
99	敌草隆	diuron	68.7	115.2	97.7	94.4	88.1	111.0	94.4	103.8	83.3	101.2	95.0	91.9	93.0	88.5	80.5	79.2	115.4	89.8
100	氯甲硫磷	chlormephos	109.0	91.1	91.1	89.9	83.1	88.4	55.3	67.3	100.4	60.2	74.1	73.8	72.6	63.4	56.7	102.0	82.7	91.4
101	萎锈灵	carboxin	81.3	111.9	84.7	92.9	75.6	96.2	94.3	97.8	91.7	80.8	93.4	86.5	88.8	72.4	92.5	81.8	108.0	96.7
102	野燕枯	difenzoquat－methyl sulfate	67.5	93.2	69.6	84.3	84.5	63.5	79.3	80.8	55.5	88.4	82.0	81.8	80.6	78.2	89.0	70.4	90.7	71.7
103	噻虫胺	clothianidin	67.0	101.8	90.7	93.6	90.4	112.3	84.4	101.5	83.7	93.3	88.6	87.8	92.3	90.0	77.1	78.9	118.8	89.4
104	炔苯酰草胺	pronamide	86.8	90.8	85.4	97.5	99.6	110.6	75.2	98.5	88.0	57.2	90.6	87.5	74.5	87.1	82.0	NoPeak	111.9	89.5
105	二甲草胺	dimethachlor	64.6	106.3	89.7	103.3	92.8	108.7	85.9	104.0	82.5	102.7	93.8	92.3	97.3	85.3	79.5	74.0	117.6	90.5
106	溴谷隆	Metobromuron	67.8	111.5	89.4	99.1	94.8	111.0	79.9	109.9	75.6	98.3	98.6	91.9	88.1	90.0	83.2	82.4	110.9	90.3
107	甲拌磷	phorate	79.0	64.0	67.6	93.9	77.8	69.6	68.3	90.1	83.1	90.1	75.2	83.1	85.7	74.8	68.3	70.1	96.3	93.8
108	苯草醚	aclonifen	64.9	114.6	86.2	98.4	93.1	109.1	82.0	102.8	85.2	93.8	92.3	89.8	82.2	88.5	78.1	88.8	110.7	89.2
109	地安磷	mephosfolan	67.1	113.1	98.8	94.9	95.2	112.7	83.3	106.1	84.4	94.4	88.3	94.3	98.0	88.0	81.3	80.4	113.7	87.6
110	脱苯甲基亚胺唑	imibenzonazole－des－benzy	61.2	123.0	108.3	110.1	89.3	98.6	94.0	104.1	78.7	103.4	93.8	82.2	93.7	86.0	86.9	82.0	116.6	91.8

（续表）

序号	中文名称	英文名称	低水平添加									高水平添加								
			1LOQ									4LOQ								
			橙汁	苹果汁	葡萄汁	白菜汁	胡萝卜汁	干酒	半干酒	半甜酒	甜酒	橙汁	苹果汁	葡萄汁	白菜汁	胡萝卜汁	干酒	半干酒	半甜酒	甜酒
111	草不隆	neburon	85.1	108.8	88.9	104.8	91.8	112.5	82.3	106.5	81.6	93.3	98.0	87.6	91.8	83.7	81.3	78.8	109.4	88.0
112	精甲霜灵	mefenoxam	75.7	105.5	89.1	96.1	93.1	103.3	92.1	99.7	96.6	103.0	96.6	89.5	90.2	84.6	85.3	82.3	104.7	91.2
113	发硫磷	prothoate	99.4	0.0	152.6	92.9	91.3	WJ	WJ	WJ	WJ	70.6	92.9	101.3	75.2	89.9	NoPeak	NoPeak	91.7	68.9
114	乙氧呋草黄	ethofume sate	63.3	108.6	87.9	97.6	97.2	106.7	87.7	103.5	88.0	100.1	91.9	91.1	82.7	92.1	84.6	86.5	110.2	92.0
115	异稻瘟净	iprobenfos	83.0	103.8	81.9	101.2	95.9	108.6	83.6	103.3	83.5	97.7	93.2	88.6	83.8	84.8	81.2	77.2	109.9	91.1
116	特普	TEPP	0.0	5.8	87.2	91.3	63.9	65.8	66.0	71.3	72.0	93.7	88.3	107.8	94.5	82.6	88.0	93.2	74.5	76.8
117	环丙唑醇	cyproconazole	77.8	100.9	95.1	97.6	93.7	110.1	86.5	98.7	79.6	95.4	96.6	85.9	89.2	85.4	82.0	78.6	107.5	86.4
118	噻虫嗪	thiamethoxam	71.5	98.7	86.8	97.3	84.8	103.9	85.8	102.0	78.1	98.6	87.9	86.7	89.9	95.1	74.6	72.1	115.3	84.4
119	育畜磷	crufomate	61.9	110.1	89.5	99.0	89.1	102.3	73.3	103.9	88.4	81.7	96.6	85.2	81.5	85.4	78.1	113.6	112.6	87.6
120	乙嘧硫磷	etrimfos	0.0	0.0	106.4	100.8	108.2	105.5	93.1	76.9	92.5	104.9	111.5	94.3	98.6	96.0	78.6	78.0	87.6	71.4
121	杀鼠醚	coumatetralyl	91.0	89.0	105.9	72.5	76.6	110.2	106.0	88.0	99.8	113.8	95.5	94.8	64.8	95.8	93.1	121.4	102.9	106.1
122	赛灭磷	cythioate	70.5	111.3	87.3	95.5	100.2	116.1	83.1	108.9	82.2	107.4	92.4	89.2	84.9	93.5	83.6	82.8	117.3	94.4
123	磷胺	phosphamidon	80.5	117.4	96.4	95.3	92.5	108.1	77.9	109.2	84.1	101.3	97.5	89.5	96.3	89.8	78.9	82.6	116.3	89.6
124	甜菜宁	phenmedipham	64.4	109.8	94.8	99.9	90.8	107.6	83.8	101.2	79.5	88.4	93.6	90.2	82.5	86.6	80.1	79.9	113.8	89.3
125	联苯肼酯	bifenazate	75.8	128.3	96.8	103.8	107.1	106.2	45.6	94.4	78.1	96.5	81.6	63.1	107.5	107.7	78.0	80.4	101.2	78.4
126	环酰菌胺	fenhexamid	109.8	74.4	66.7	107.7	86.7	68.8	82.7	93.1	98.8	88.7	88.2	90.2	109.0	87.0	86.1	81.3	95.2	79.7
127	粉唑醇	flutriafol	62.2	108.2	92.6	99.2	95.1	112.6	83.5	107.4	83.7	96.4	96.1	89.2	92.5	87.5	86.5	81.9	112.5	89.2
128	抑菌丙胺酯	furalaxyl	70.1	106.9	97.2	96.2	92.9	114.6	84.8	102.8	82.0	94.2	95.1	86.7	90.0	84.1	79.0	84.1	113.7	88.2
129	生物丙烯菊酯	bioallethrin	92.8	99.9	63.6	99.7	88.5	110.1	86.0	102.5	84.2	88.9	94.7	82.7	88.6	93.4	86.5	89.5	104.6	96.6
130	苯腈磷	cyanofenphos	65.6	109.3	71.9	101.2	90.7	108.6	85.4	99.1	82.7	89.7	100.4	79.5	89.7	96.5	82.3	84.7	115.0	90.9
131	甲基嘧啶磷	pirimiphos methyl	74.7	79.0	76.0	84.0	74.5	80.4	119.3	102.0	98.8	73.1	84.3	78.6	82.9	85.0	98.5	63.6	78.1	94.5
132	噻嗪酮	buprofezin	60.8	105.3	77.7	99.0	85.8	106.1	84.6	101.1	82.8	95.2	92.3	84.3	87.2	80.3	81.2	83.7	111.3	88.4
133	乙拌磷砜	disulfoton sulfone	74.0	109.7	90.7	102.4	89.8	108.0	85.1	102.2	84.3	84.3	94.7	89.3	90.8	82.0	81.5	77.0	114.4	95.4
134	喹螨醚	fenazaquin	111.6	103.8	68.4	93.9	82.9	109.8	81.7	102.4	80.4	81.0	92.7	78.7	89.3	76.3	81.0	73.2	107.2	91.2

（续表）

序号	中文名称	英文名称	低水平添加									高水平添加								
			1LOQ									4LOQ								
			橙汁	苹果汁	葡萄汁	白菜汁	胡萝卜汁	干酒	半干酒	半甜酒	甜酒	橙汁	苹果汁	葡萄汁	白菜汁	胡萝卜汁	干酒	半干酒	半甜酒	甜酒
135	三唑磷	triazophos	71. 5	107. 0	81. 0	104. 7	90. 4	116. 0	77. 8	111. 2	79. 5	97. 2	96. 0	90. 0	85. 9	85. 6	81. 0	80. 4	104. 8	90. 0
136	脱叶磷	DEF	74. 3	76. 1	60. 8	103. 0	70. 9	133. 5	72. 8	102. 7	75. 6	80. 8	105. 9	78. 2	86. 0	71. 9	79. 2	85. 4	119. 3	92. 1
137	环酯草醚	pyriftalid	66. 0	106. 9	86. 7	95. 5	116. 0	130. 5	90. 1	89. 9	89. 7	79. 9	95. 6	87. 0	86. 2	82. 9	85. 6	76. 7	104. 6	94. 2
138	叶菌唑	metconazole	73. 0	110. 2	86. 9	108. 1	97. 3	107. 9	85. 3	101. 6	83. 7	90. 4	92. 1	87. 6	85. 2	86. 4	81. 3	79. 3	110. 0	87. 1
139	蚊蝇醚	pyriproxyfen	96. 2	99. 2	67. 5	102. 7	78. 2	109. 0	82. 6	101. 9	83. 2	84. 5	95. 7	79. 0	86. 1	77. 9	81. 1	80. 3	106. 7	91. 8
140	噻草酮	cycloxydim	60. 9	102. 3	60. 9	95. 9	72. 7	90. 4	77. 9	103. 8	84. 0	88. 9	84. 2	68. 7	79. 7	61. 6	80. 6	69. 7	108. 8	88. 7
141	异噁酰草胺	isoxaben	63. 0	113. 3	80. 0	97. 7	108. 9	115. 8	82. 1	103. 5	76. 8	91. 0	97. 3	88. 2	87. 0	106. 9	80. 3	82. 7	115. 5	89. 0
142	呋草酮	flurtamone	62. 2	99. 9	84. 9	102. 5	105. 5	107. 6	85. 5	111. 5	102. 9	97. 6	96. 8	88. 4	88. 9	81. 2	75. 9	91. 7	114. 0	89. 1
143	氟乐灵	trifluralin	60. 8	106. 2	85. 9	100. 1	96. 7	101. 7	73. 6	111. 1	103. 0	83. 3	85. 9	87. 5	104. 1	95. 1	82. 4	88. 2	118. 7	85. 7
144	麦草氟甲酯	flamprop methyl	75. 4	107. 6	85. 8	100. 2	103. 5	110. 0	86. 5	104. 4	82. 3	95. 4	94. 9	90. 0	85. 4	100. 1	81. 9	81. 9	111. 0	91. 8
145	生物苄呋菊酯	bioresmethrin	70. 8	105. 3	71. 3	78. 3	68. 2	111. 9	91. 5	87. 9	75. 1	71. 8	100. 8	61. 6	68. 5	66. 0	81. 1	76. 8	90. 8	90. 3
146	丙环唑	propiconazole	71. 9	109. 2	87. 9	104. 7	94. 4	110. 1	85. 8	101. 5	83. 3	92. 7	92. 5	87. 3	87. 9	85. 3	80. 1	79. 4	112. 8	89. 7
147	毒死蜱	chlorpyrifos	91. 3	91. 2	61. 6	94. 7	79. 0	100. 7	80. 4	99. 2	82. 2	80. 6	89. 6	77. 0	86. 0	89. 0	79. 1	76. 6	111. 0	89. 6
148	氯乙氟灵	fluchloralin	87. 9	99. 9	60. 6	100. 0	78. 7	97. 6	71. 2	95. 5	79. 6	87. 4	86. 0	64. 8	83. 2	94. 7	76. 8	76. 0	102. 2	97. 9
149	氯磺隆 a	chlorsulfuron	11. 6	10. 7	10. 0	9. 7	10. 0	18. 6	14. 2	14. 1	13. 6	14. 3	18. 3	20. 7	18. 6	11. 0	13. 1	10. 7	17. 9	13. 4
150	烯草酮	clethodim	89. 4	117. 8	64. 1	99. 7	72. 1	99. 0	73. 2	90. 6	82. 5	70. 9	93. 6	76. 0	86. 0	66. 9	78. 7	73. 7	112. 4	97. 1
151	麦草氟异丙酯	flamprop isopropyl	80. 5	102. 9	74. 6	102. 7	66. 6	107. 1	94. 9	85. 8	76. 0	96. 5	97. 1	80. 3	87. 1	61. 5	91. 4	73. 4	119. 8	85. 6
152	杀虫畏	tetrachlorvinphos	79. 4	108. 8	86. 2	99. 4	88. 9	111. 4	84. 5	104. 2	82. 5	91. 9	93. 8	86. 9	85. 3	87. 0	80. 1	77. 0	119. 1	88. 6
153	炔螨特	propargite	86. 7	100. 8	61. 9	90. 8	78. 3	118. 5	88. 4	110. 3	96. 2	85. 3	94. 0	68. 5	92. 3	90. 3	91. 1	85. 8	112. 5	91. 1
154	糠菌唑	bromuconazole	79. 8	110. 0	86. 2	106. 3	95. 4	112. 2	87. 5	98. 3	81. 0	98. 6	89. 8	82. 7	87. 7	86. 4	79. 8	76. 5	113. 8	84. 7
155	氟吡酰草胺	picolinafen	83. 2	100. 3	63. 7	96. 5	88. 2	116. 2	80. 1	93. 6	88. 3	85. 9	88. 3	68. 7	87. 3	78. 0	71. 6	67. 4	106. 0	102. 1
156	氟噻乙草酯	fluthiacet methyl	82. 8	111. 6	75. 4	99. 8	98. 4	113. 0	75. 4	109. 5	76. 0	110. 0	89. 3	83. 3	90. 7	85. 1	79. 0	NoPeak	112. 7	91. 1
157	肟菌酯	trifloxystrobin	106. 8	104. 3	62. 1	103. 3	93. 2	117. 0	80. 4	103. 9	79. 7	91. 7	90. 0	70. 0	90. 3	92. 2	82. 5	74. 4	111. 3	93. 4
158	氯嘧磺隆	chlorimuron ethyl	7. 3	14. 5	21. 6	0. 0	9. 2	24. 8	126. 2	7. 6	22. 2	89. 3	103. 4	88. 7	72. 7	87. 8	74. 9	81. 4	74. 8	103. 9

（续表）

序号	中文名称	英文名称	低水平添加									高水平添加								
			1LOQ									4LOQ								
			橙汁	苹果汁	葡萄汁	白菜汁	胡萝卜汁	干酒	半干酒	半甜酒	甜酒	橙汁	苹果汁	葡萄汁	白菜汁	胡萝卜汁	干酒	半干酒	半甜酒	甜酒
159	氟铃脲	hexaflumuron	63.7	108.3	64.3	99.7	89.8	108.4	83.5	101.8	80.1	85.8	87.5	72.3	82.0	94.4	81.8	76.7	114.7	90.0
160	氟酰脲	novaluron	96.8	99.0	62.5	99.4	97.7	113.4	84.0	104.1	82.9	86.7	87.0	66.9	84.9	105.4	80.8	81.2	108.7	89.0
161	—	flurazuron	87.4	97.3	62.9	99.6	82.6	114.0	79.4	106.6	81.1	83.7	90.4	71.7	89.1	87.9	81.0	69.6	111.4	92.6
162	抑芽丹	maleic hydrazide	109.1	104.4	111.5	94.1	81.9	29.6	102.0	92.5	99.9	74.5	105.1	99.4	82.6	95.2	83.8	86.0	93.2	99.8
163	甲胺磷	methamidophos	77.1	80.9	89.1	90.1	77.8	78.2	79.6	82.2	70.7	65.7	69.4	93.1	80.2	62.0	76.9	67.2	78.6	94.7
164	茵草敌	EPTC	69.4	99.1	65.2	63.0	79.9	67.9	67.7	95.8	33.4	77.3	101.0	111.4	65.2	76.8	87.4	103.9	62.8	88.5
165	避蚊胺	diethyltoluamide	119.0	99.3	59.4	93.8	113.4	93.5	87.1	91.3	74.5	81.6	115.8	101.9	90.9	82.5	76.7	93.0	88.6	82.2
166	灭草隆	monuron	89.4	96.5	88.9	100.3	119.8	109.4	83.5	101.9	69.6	82.0	101.9	100.4	98.1	94.8	75.8	82.5	88.1	84.9
167	嘧霉胺	pyrimethanil	71.4	82.1	95.4	77.1	110.0	98.2	88.2	94.2	86.3	69.8	98.1	95.9	98.9	86.1	82.9	91.7	89.9	88.1
168	甲呋酰胺	fenfuram	85.0	81.3	86.4	93.2	125.5	119.7	84.5	90.8	77.0	76.2	101.4	103.3	87.1	86.6	73.0	81.2	87.0	77.9
169	灭藻醌	quinoclamine	121.7	99.8	77.2	89.1	109.4	103.6	73.5	96.2	81.2	87.2	103.5	92.7	85.5	87.1	71.6	78.7	88.2	79.2
170	仲丁威	fenobucarb	81.1	88.8	79.2	96.5	121.8	97.2	78.4	101.8	66.5	84.3	108.5	101.1	92.5	90.0	73.9	84.6	90.1	80.1
171	乙嘧酚	ethirimol	68.5	63.9	74.3	65.3	102.5	119.4	104.7	67.7	64.4	64.8	61.3	88.1	67.0	87.6	66.6	101.3	84.5	79.7
172	敌稗	propanil	82.5	93.4	82.2	97.7	102.7	119.5	96.0	110.2	68.8	79.9	103.2	99.8	106.7	95.6	77.0	79.5	86.6	80.9
173	克百威	carbofuran	82.1	92.8	87.7	98.1	118.9	107.0	84.4	100.4	65.6	83.1	102.3	101.7	92.4	93.9	75.6	82.6	87.5	81.5
174	啶虫脒	acetamiprid	82.4	89.9	75.7	99.0	112.2	110.6	91.3	105.0	70.2	83.4	98.1	103.0	103.5	104.2	75.6	74.9	83.2	85.2
175	嘧菌胺	mepanipyrim	78.0	92.3	71.4	75.8	112.2	101.1	89.7	94.1	76.9	74.5	99.4	102.3	103.6	83.9	73.3	69.2	86.6	85.5
176	扑灭通	prometon	93.0	81.0	81.0	109.3	108.2	92.2	75.3	97.7	64.9	75.5	98.6	103.6	76.8	88.5	76.1	81.0	86.3	79.7
177	甲硫威	methiocarb	90.3	78.9	87.1	96.1	95.9	101.5	62.4	98.6	97.7	84.0	79.1	96.4	88.3	90.6	83.6	107.1	107.7	113.7
178	甲氧隆	metoxuron	88.7	96.8	93.0	91.6	68.1	101.2	99.0	103.0	69.5	79.2	82.7	98.9	95.2	93.4	68.5	71.8	86.4	83.4
179	乐果	dimethoate	90.6	95.2	81.5	96.6	122.1	105.8	86.2	102.9	60.7	81.9	97.6	102.4	98.3	101.7	76.8	81.7	90.5	79.1
180	呋菌胺	methfuroxam	61.9	75.5	65.9	62.1	70.3	102.5	74.5	84.7	68.3	66.6	93.0	100.9	64.2	73.0	73.5	80.2	85.1	74.8
181	伏草隆	fluometuron	85.5	93.9	81.3	106.3	99.2	111.6	83.7	94.0	107.2	82.7	108.5	96.6	94.9	95.5	72.8	85.0	93.5	93.8
182	百治磷	dicrotophos	111.1	81.6	91.5	90.4	102.0	95.9	88.7	109.1	85.9	71.7	103.6	86.5	93.2	92.9	75.4	81.5	86.8	91.7
183	庚酰草胺	monalide	79.4	86.9	76.6	98.7	129.2	116.5	85.3	96.3	63.4	75.0	109.1	99.6	98.4	87.9	75.0	83.9	85.2	74.8

（续表）

序号	中文名称	英文名称	低水平添加									高水平添加								
			1LOQ									4LOQ								
			橙汁	苹果汁	葡萄汁	白菜汁	胡萝卜汁	干酒	半干酒	半甜酒	甜酒	橙汁	苹果汁	葡萄汁	白菜汁	胡萝卜汁	干酒	半干酒	半甜酒	甜酒
184	双苯酰草胺	diphenamid	72. 6	103. 2	81. 5	105. 1	106. 6	99. 2	81. 5	103. 8	66. 4	78. 1	108. 7	108. 2	94. 1	89. 9	73. 0	80. 8	82. 4	84. 2
185	灭线磷	ethoprophos	84. 7	85. 9	79. 0	92. 0	115. 2	84. 7	78. 9	93. 8	66. 5	77. 7	118. 4	106. 4	87. 2	87. 5	70. 3	106. 8	86. 4	82. 1
186	地虫硫磷	fonofos	70. 4	85. 8	61. 7	87. 8	104. 3	88. 8	68. 7	91. 9	63. 4	73. 8	117. 6	97. 7	88. 8	86. 6	70. 8	108. 5	87. 5	80. 9
187	土菌灵	etridiazol	75. 2	82. 2	65. 6	86. 3	98. 0	93. 2	86. 6	91. 2	75. 6	83. 4	105. 2	109. 1	89. 7	90. 3	89. 3	65. 2	81. 3	94. 0
188	拌种胺	furmecyclox	68. 7	81. 1	63. 9	63. 8	77. 6	87. 8	70. 9	95. 8	66. 6	66. 1	89. 0	100. 3	61. 9	70. 0	69. 1	85. 4	89. 9	77. 9
189	环嗪酮	hexazinone	101. 5	92. 6	83. 2	83. 0	119. 5	110. 2	87. 5	108. 5	65. 5	74. 3	95. 5	104. 0	94. 4	99. 2	86. 9	86. 5	83. 1	81. 2
190	阔草净	dimethametryn	76. 2	116. 2	87. 2	94. 6	80. 4	100. 1	88. 9	102. 5	64. 1	80. 9	108. 1	102. 7	92. 3	78. 9	81. 1	85. 6	85. 7	84. 5
191	敌百虫	trichlorphon	78. 2	108. 0	120. 9	93. 5	88. 1	77. 3	82. 1	70. 1	75. 3	84. 7	96. 9	98. 5	116. 4	84. 1	76. 6	91. 5	101. 9	81. 8
192	内吸磷	demeton（o + s）	74. 5	89. 3	78. 3	86. 6	90. 9	95. 5	82. 0	98. 0	65. 9	77. 6	104. 6	100. 4	81. 9	85. 1	71. 1	86. 3	88. 4	82. 1
193	解草酮	benoxacor	82. 9	90. 5	77. 5	86. 6	119. 8	100. 8	80. 8	103. 4	65. 0	76. 6	101. 5	98. 1	93. 3	91. 8	71. 6	84. 2	89. 2	81. 7
194	除草定	bromacil	82. 7	86. 8	85. 1	96. 3	111. 5	106. 3	82. 7	108. 9	68. 5	87. 0	100. 1	98. 3	103. 5	97. 1	76. 1	81. 0	92. 2	81. 7
195	甲拌磷亚砜	phorate sulfoxide	90. 3	95. 4	86. 8	92. 0	107. 3	94. 4	95. 9	104. 4	75. 5	85. 2	103. 2	99. 9	83. 7	87. 9	56. 8	83. 8	119. 3	89. 2
196	溴莠敏	brompyrazon	71. 7	42. 1	71. 7	90. 5	95. 4	101. 1	87. 1	542. 9	79. 6	81. 6	113. 1	105. 1	93. 7	98. 3	78. 5	69. 8	93. 0	85. 3
197	氧化萎锈灵	oxycarboxin	84. 4	91. 8	95. 5	76. 7	106. 8	112. 2	79. 9	99. 2	68. 0	82. 9	102. 3	99. 8	85. 2	99. 7	78. 3	76. 3	89. 7	80. 5
198	灭锈胺	mepronil	72. 3	59. 5	62. 5	87. 3	95. 3	115. 1	81. 4	113. 5	62. 8	77. 5	87. 6	94. 7	89. 8	102. 6	78. 5	87. 2	89. 0	81. 0
199	乙拌磷	disulfoton	109. 6	74. 3	110. 0	84. 9	80. 2	104. 9	72. 7	106. 4	95. 3	99. 0	129. 3	99. 4	98. 6	93. 2	97. 3	94. 9	101. 4	95. 8
200	倍硫磷	fenthion	71. 8	91. 6	64. 2	108. 5	83. 8	82. 5	76. 5	98. 1	66. 9	62. 6	98. 1	86. 0	88. 0	54. 4	73. 5	81. 3	88. 4	76. 4
201	甲霜灵	metalaxyl	78. 9	91. 3	88. 7	108. 0	119. 3	95. 7	90. 7	102. 6	89. 0	77. 4	113. 4	101. 2	93. 2	83. 9	82. 0	83. 4	89. 6	91. 0
202	甲呋酰胺	ofurace	85. 3	97. 9	86. 2	114. 6	89. 1	125. 1	108. 6	116. 8	65. 8	78. 2	97. 0	98. 9	85. 1	93. 5	68. 2	80. 4	92. 9	83. 2
203	十二环吗啉	dodemorph	95. 7	102. 3	73. 7	81. 8	115. 0	89. 1	72. 2	106. 2	62. 2	81. 7	117. 5	97. 7	83. 8	67. 2	71. 1	103. 0	83. 6	83. 3
204	噻唑硫磷	fosthiazate	82. 9	85. 4	98. 6	88. 2	109. 5	116. 4	107. 7	92. 4	102. 4	90. 2	83. 1	90. 3	83. 0	77. 1	89. 6	87. 1	84. 4	94. 9
205	甲基咪草酯	imazamethabenz – methyl	114. 4	91. 3	79. 3	88. 6	125. 8	104. 2	82. 3	101. 6	99. 6	86. 9	88. 6	104. 7	87. 4	97. 7	70. 4	84. 4	81. 3	113. 9
206	乙拌磷亚砜	disulfoton – sulfoxide	102. 4	90. 0	92. 3	105. 5	101. 2	114. 4	96. 4	118. 6	92. 8	122. 6	153. 3	106. 2	120. 3	107. 5	79. 7	112. 6	115. 9	90. 2
207	稻瘟灵	isoprothiolane	80. 4	69. 1	73. 9	89. 4	108. 4	109. 5	86. 7	97. 2	68. 8	71. 1	106. 8	102. 4	91. 5	92. 8	74. 2	80. 1	85. 2	79. 2
208	抑霉唑	imazalil	94. 9	82. 9	84. 7	97. 0	119. 0	116. 4	85. 7	96. 7	67. 3	75. 9	96. 6	99. 2	88. 6	91. 6	72. 3	81. 4	86. 2	82. 0

（续表）

序号	中文名称	英文名称	低水平添加 1LOQ									高水平添加 4LOQ								
			橙汁	苹果汁	葡萄汁	白菜汁	胡萝卜汁	干酒	半干酒	半甜酒	甜酒	橙汁	苹果汁	葡萄汁	白菜汁	胡萝卜汁	干酒	半干酒	半甜酒	甜酒
209	辛硫磷	phoxim	64. 3	85. 4	57. 8	84. 2	100. 6	107. 7	82. 8	96. 9	77. 6	74. 8	99. 1	100. 4	87. 3	90. 2	81. 9	87. 1	92. 9	84. 6
210	喹硫磷	quinalphos	115. 7	98. 6	66. 4	103. 8	112. 2	92. 4	81. 8	98. 4	68. 6	97. 9	91. 4	97. 5	92. 8	83. 1	78. 5	84. 4	94. 5	83. 2
211	灭菌磷	ditalimfos	71. 9	88. 2	74. 3	62. 3	107. 7	102. 4	62. 9	114. 3	65. 3	74. 9	103. 0	99. 7	65. 5	90. 3	78. 9	94. 9	95. 1	82. 3
212	苯氧威	fenoxycarb	0. 0	0. 0	31. 7	76. 0	114. 7	105. 9	79. 6	100. 6	49. 8	68. 8	116. 4	102. 4	88. 5	83. 0	74. 9	80. 5	80. 9	70. 0
213	嘧啶磷	pyrimitate	68. 9	88. 5	61. 0	104. 3	100. 5	110. 2	76. 0	103. 6	63. 1	73. 2	98. 6	103. 7	90. 7	77. 1	74. 8	88. 0	90. 8	83. 3
214	丰索磷	fensulfothin	83. 4	87. 4	79. 9	92. 1	94. 2	112. 2	98. 2	97. 6	61. 8	78. 5	92. 5	98. 5	95. 8	89. 6	75. 1	81. 7	93. 5	88. 9
215	氯咯草酮	fluorochloridone	81. 5	80. 5	76. 4	92. 9	123. 9	115. 5	88. 3	103. 9	75. 4	77. 5	108. 3	106. 5	99. 5	93. 8	82. 5	85. 4	89. 8	82. 6
216	丁草胺	butachlor	63. 2	86. 4	62. 7	96. 5	92. 1	100. 6	79. 1	99. 2	61. 6	70. 8	98. 2	93. 3	92. 0	81. 2	75. 1	86. 6	86. 7	80. 5
217	醚菌酯	kresoxim – methyl	70. 5	86. 7	65. 7	94. 3	104. 6	107. 3	80. 8	103. 5	64. 7	75. 3	100. 2	100. 2	88. 6	95. 5	82. 1	88. 3	89. 4	82. 9
218	灭菌唑	triticonazole	73. 6	105. 6	102. 8	105. 8	102. 1	118. 9	84. 6	97. 3	75. 4	82. 4	89. 4	99. 2	99. 4	86. 6	74. 5	80. 9	88. 6	78. 2
219	苯线磷亚砜	fenamiphos sulfoxide	83. 0	86. 3	80. 4	102. 3	113. 6	112. 0	86. 2	103. 4	72. 5	72. 9	94. 6	94. 0	94. 0	96. 6	70. 8	81. 9	85. 8	82. 7
220	噻吩草胺	thenylchlor	77. 4	96. 2	76. 6	97. 5	109. 8	108. 7	84. 4	98. 3	69. 0	76. 8	100. 5	100. 3	94. 0	89. 1	77. 7	84. 0	90. 0	86. 3
221	氰菌胺	fenoxanil	74. 9	94. 0	73. 1	98. 5	113. 1	111. 6	85. 7	98. 4	71. 2	75. 0	100. 5	102. 9	89. 8	89. 6	78. 0	85. 0	89. 8	84. 6
222	氟啶草酮	fluridone	85. 0	90. 4	70. 3	94. 3	127. 9	99. 3	80. 0	85. 6	74. 6	75. 6	95. 0	102. 8	96. 7	88. 1	78. 3	82. 6	93. 3	84. 5
223	氟环唑	epoxiconazole	92. 6	78. 1	84. 2	71. 2	93. 2	98. 9	89. 5	113. 8	67. 2	79. 0	121. 3	108. 8	92. 2	91. 8	83. 0	82. 3	94. 8	87. 1
224	氯辛硫磷	chlorphoxim	67. 1	85. 7	79. 1	83. 3	101. 6	113. 0	81. 9	100. 3	77. 7	84. 2	91. 9	99. 2	83. 3	93. 8	78. 9	83. 1	87. 4	90. 0
225	苯线磷砜	fenamiphos sulfone	77. 9	81. 4	82. 6	91. 0	122. 6	110. 8	84. 6	103. 5	69. 1	75. 9	106. 7	98. 5	94. 8	93. 9	72. 0	79. 3	88. 7	87. 9
226	腈苯唑	fenbuconazole	76. 4	87. 5	66. 4	103. 9	123. 5	103. 1	86. 0	96. 7	83. 7	72. 5	101. 0	102. 5	99. 6	83. 1	76. 8	80. 9	91. 6	82. 6
227	异柳磷	isofenphos	63. 2	92. 1	72. 8	87. 4	108. 5	79. 5	94. 8	97. 3	85. 9	82. 1	99. 4	100. 8	96. 1	100. 4	88. 4	79. 1	102. 7	88. 9
228	苯醚菊酯	phenothrin	89. 2	87. 2	79. 0	88. 6	64. 7	104. 8	89. 9	94. 2	68. 7	72. 1	100. 2	92. 9	92. 2	85. 2	77. 1	83. 4	89. 8	88. 6
229	氯化薯瘟锡	fentin – chloride	74. 0	77. 4	63. 6	85. 9	113. 5	92. 3	75. 1	87. 3	60. 7	72. 9	106. 5	98. 9	90. 5	88. 2	72. 7	75. 0	79. 2	83. 1
230	哌草磷	piperophos	65. 7	90. 9	61. 7	96. 5	86. 1	107. 9	81. 5	95. 0	68. 8	72. 5	98. 2	103. 7	93. 4	79. 7	77. 4	84. 1	82. 9	82. 1
231	增效醚	piperonyl butoxide	75. 4	98. 4	61. 6	110. 9	102. 2	104. 1	79. 7	102. 5	77. 3	72. 0	99. 7	93. 7	84. 3	81. 5	66. 6	74. 6	74. 5	93. 3
232	乙氧氟草醚	oxyflurofen	63. 4	94. 5	60. 0	96. 2	101. 4	90. 3	76. 6	99. 1	69. 3	75. 9	91. 4	102. 8	91. 5	90. 7	75. 8	82. 2	93. 5	85. 7
233	蝇毒磷	coumaphos	63. 0	111. 0	62. 4	87. 5	113. 5	115. 5	80. 9	90. 3	66. 9	73. 1	99. 1	93. 0	95. 2	82. 1	79. 0	83. 8	90. 1	77. 5

（续表）

序号	中文名称	英文名称	低水平添加									高水平添加								
			1LOQ									4LOQ								
			橙汁	苹果汁	葡萄汁	白菜汁	胡萝卜汁	干酒	半干酒	半甜酒	甜酒	橙汁	苹果汁	葡萄汁	白菜汁	胡萝卜汁	干酒	半干酒	半甜酒	甜酒
234	氟噻草胺	flufenacet	76. 1	91. 9	69. 7	118. 8	113. 8	80. 1	83. 9	100. 9	78. 7	77. 6	105. 5	98. 7	98. 7	95. 7	81. 8	89. 0	89. 0	85. 6
235	伏杀硫磷	phosalone	64. 8	83. 0	61. 2	82. 8	101. 5	119. 0	84. 8	104. 4	68. 5	73. 2	106. 3	100. 4	97. 5	84. 1	77. 9	83. 7	92. 0	80. 3
236	甲氧虫酰肼	methoxyfenozide	74. 9	93. 3	76. 7	100. 1	123. 5	103. 7	81. 7	95. 3	68. 4	76. 9	101. 7	96. 5	94. 3	86. 8	77. 0	82. 0	88. 9	82. 5
237	咪鲜胺	prochloraz	107. 4	88. 7	71. 1	90. 5	117. 7	116. 9	83. 2	98. 9	73. 4	80. 1	101. 7	104. 4	94. 0	81. 9	76. 8	81. 1	86. 6	82. 6
238	丙硫特普	aspon	47. 2	70. 1	99. 6	87. 1	68. 5	110. 2	76. 5	86. 6	62. 1	73. 9	96. 6	87. 2	82. 4	72. 3	68. 7	90. 2	86. 3	78. 7
239	乙硫磷	ethion	64. 8	87. 6	58. 5	97. 4	86. 4	114. 0	78. 8	119. 5	72. 1	82. 2	100. 0	97. 2	87. 8	91. 6	80. 0	81. 2	86. 0	90. 4
240	噻吩磺隆 a	thifensulfuron – methyl	13. 3	7. 3	8. 2	63. 0	28. 1	55. 5	21. 8	18. 1	20. 8	17. 0	16. 0	934. 5	20. 7	10. 2	31. 7	36. 3	32. 9	18. 2
241	氟硫草定	dithiopyr	66. 0	82. 8	35. 0	90. 4	91. 8	90. 7	68. 3	92. 7	65. 0	79. 2	111. 0	91. 7	85. 3	83. 6	70. 0	82. 9	83. 4	88. 7
242	螺螨酯	spirodiclofen	53. 6	75. 4	61. 6	89. 1	71. 4	114. 3	78. 7	100. 6	64. 9	67. 1	95. 6	90. 4	85. 5	77. 3	69. 8	87. 2	89. 3	80. 2
243	唑螨酯	fenpyroximate	62. 6	87. 6	80. 2	101. 8	88. 6	111. 5	80. 9	100. 3	66. 9	70. 0	100. 4	93. 9	99. 4	73. 4	75. 2	87. 1	87. 1	79. 6
244	胺氟草酯	flumiclorac – pentyl	65. 3	89. 4	61. 3	92. 6	93. 2	114. 0	82. 0	103. 6	86. 7	73. 5	95. 1	95. 5	85. 8	82. 4	83. 9	90. 2	90. 0	86. 5
245	双硫磷	temephos	66. 2	90. 9	82. 9	91. 0	97. 5	84. 6	78. 0	99. 1	69. 0	77. 0	98. 8	96. 9	100. 3	81. 2	76. 2	88. 7	89. 7	91. 8
246	氟丙嘧草酯	butafenacil	69. 1	86. 3	72. 0	98. 7	106. 9	117. 0	82. 9	99. 0	68. 9	72. 1	99. 1	105. 3	81. 5	87. 1	80. 1	87. 4	90. 7	84. 3
247	多杀菌素	spinosad	62. 3	91. 2	56. 0	90. 6	119. 3	103. 9	82. 8	90. 4	69. 0	69. 8	97. 1	95. 1	100. 7	73. 0	73. 4	78. 0	85. 4	75. 3
248	甲哌鎓	mepiquat chloride	74. 9	66. 6	65. 2	90. 8	64. 3	68. 8	91. 2	61. 6	62. 5	77. 1	69. 9	63. 3	87. 9	62. 6	52. 8	57. 9	51. 3	63. 6
249	二丙烯草胺	allidochlor	79. 8	79. 6	90. 0	93. 6	93. 1	77. 4	104. 9	88. 7	87. 9	104. 7	71. 4	85. 9	94. 9	73. 3	119. 0	111. 2	94. 4	73. 5
250	霜霉威	propamocarb	94. 0	0. 0	70. 7	79. 2	0. 0	110. 6	86. 8	94. 9	79. 5	66. 0	62. 3	64. 1	91. 4	60. 6	81. 7	83. 5	95. 9	84. 9
251	三环唑	tricyclazole	78. 7	87. 9	75. 1	72. 6	103. 0	62. 4	70. 0	99. 7	64. 7	101. 0	未添加	未添加	98. 0	89. 0	未添加	未添加	未添加	未添加
252	噻菌灵	thiabendazole	75. 6	88. 8	91. 9	92. 8	106. 4	77. 2	69. 3	94. 3	76. 7	69. 2	75. 3	62. 5	77. 0	74. 1	77. 7	67. 6	60. 2	54. 7
253	苯嗪草酮	metamitron	97. 5	82. 4	95. 7	69. 8	86. 2	78. 8	83. 1	106. 9	92. 6	76. 7	84. 9	80. 9	80. 4	88. 0	76. 0	79. 2	75. 4	89. 3
254	异丙隆	isoproturon	82. 3	98. 9	108. 4	97. 2	100. 2	76. 4	80. 2	87. 7	76. 2	86. 8	94. 7	89. 7	84. 2	97. 0	78. 8	76. 1	78. 2	97. 4
255	莠去通	atratone	74. 9	89. 8	92. 2	107. 9	95. 9	72. 9	119. 6	94. 6	104. 7	78. 9	90. 5	82. 2	86. 7	93. 4	71. 6	113. 3	77. 3	97. 0
256	敌草净	oesmetryn	74. 5	92. 9	85. 8	112. 6	92. 4	70. 5	101. 6	101. 3	106. 0	101. 8	88. 2	80. 8	82. 7	85. 3	102. 6	75. 8	79. 4	97. 3
257	嗪草酮	metribuzin	95. 1	99. 4	105. 5	91. 2	111. 5	87. 6	95. 0	104. 6	85. 8	84. 2	92. 3	81. 7	80. 1	90. 0	77. 9	76. 8	78. 7	81. 2
258	—	DMST	88. 0	94. 4	108. 3	114. 6	93. 7	78. 7	82. 8	106. 3	94. 6	90. 9	98. 1	93. 4	86. 9	91. 5	84. 4	81. 5	82. 0	92. 8

（续表）

序号	中文名称	英文名称	低水平添加									高水平添加								
			1LOQ									4LOQ								
			橙汁	苹果汁	葡萄汁	白菜汁	胡萝卜汁	干酒	半干酒	半甜酒	甜酒	橙汁	苹果汁	葡萄汁	白菜汁	胡萝卜汁	干酒	半干酒	半甜酒	甜酒
259	环草敌	cycloate	74.7	60.9	98.7	60.2	69.6	97.7	74.9	79.9	83.8	68.1	62.0	72.8	67.1	79.9	108.8	77.7	65.7	88.3
260	莠去津	atrazine	78.7	92.3	105.4	96.4	115.6	67.7	90.9	110.0	89.2	79.3	94.8	84.0	100.9	83.6	84.0	86.2	84.5	88.7
261	丁草敌	butylate	62.0	64.1	92.5	65.9	40.1	94.5	84.4	76.4	74.6	65.7	81.7	77.2	80.8	61.7	76.0	63.5	52.5	70.8
262	吡蚜酮	pymetrozin	63.9	73.4	0.4	12.0	62.5	0.5	42.6	71.7	71.4	66.5	67.5	70.5	87.8	63.1	70.5	52.1	56.8	71.8
263	氯草敏	chloridazon	104.5	77.5	86.0	86.2	97.1	80.2	68.7	111.0	83.0	88.6	83.3	81.5	81.2	116.9	79.3	72.0	75.7	88.3
264	菜草畏	sulfallate	65.9	67.0	97.0	66.1	78.4	88.2	75.4	86.8	90.6	68.4	64.9	69.8	60.5	79.4	88.9	62.5	67.6	86.8
265	乙硫苯威	ethiofencarb	100.1	108.9	110.7	91.1	105.7	100.4	81.9	96.0	83.0	107.4	108.9	112.5	95.5	108.0	84.1	109.3	99.3	90.9
266	特丁通	terbumeton	76.9	80.5	92.9	79.7	85.8	74.1	81.1	103.5	88.3	82.5	89.2	81.5	87.7	88.3	81.5	72.9	80.0	93.2
267	环丙津	cyprazine	81.3	82.6	94.0	90.6	89.8	82.3	86.0	106.4	90.8	85.6	89.6	78.1	92.8	89.3	79.8	77.2	79.1	87.8
268	阔草净	ametryn	81.3	82.6	94.0	90.6	89.8	82.2	86.0	106.4	86.9	85.6	90.3	78.1	92.8	89.3	79.8	77.2	79.1	88.4
269	木草隆	tebuthiuron	90.8	91.8	97.3	105.6	108.2	79.8	83.9	104.9	106.5	86.8	91.1	84.1	90.9	93.4	82.4	93.3	80.1	91.9
270	草达津	trietazine	67.9	79.7	90.6	83.1	86.6	76.5	72.9	98.8	97.5	75.8	80.8	81.1	83.4	91.1	77.0	68.4	77.7	91.2
271	另丁津	sebutylazine	91.5	82.1	97.8	100.8	87.1	77.5	84.0	100.8	95.0	85.6	87.4	79.7	91.6	92.3	81.5	77.5	77.3	88.2
272	蓄虫避	dibutyl succinate	68.0	62.3	131.9	90.5	77.5	99.2	81.6	79.9	90.0	76.6	65.3	79.0	81.7	82.4	111.1	61.5	71.9	93.3
273	牧草胺	tebutam	65.2	87.3	117.0	76.5	93.7	71.3	76.3	92.1	93.5	80.9	81.5	82.9	78.2	88.0	86.0	64.7	76.6	95.5
274	久效威亚砜	thiofanox – sulfoxide	91.1	80.7	81.3	76.7	109.3	90.6	73.2	102.8	108.2	79.0	95.0	88.2	68.9	98.8	115.9	86.1	76.1	105.6
275	杀螟丹	cartap hydrochloride	77.0	76.4	73.8	76.1	77.2	84.4	103.5	98.1	88.6	84.0	91.6	87.7	76.6	110.3	76.8	84.9	78.4	74.3
276	虫螨畏	methacrifos	63.4	69.7	101.9	82.6	86.0	90.6	101.1	100.6	98.1	87.7	92.3	83.2	88.9	87.2	69.5	66.3	66.3	87.3
277	特丁净	terbutryn	103.8	70.3	103.2	90.0	120.4	77.4	101.9	102.2	103.8	75.9	74.0	96.2	96.6	98.6	80.6	81.5	86.1	86.7
278	虫线磷	thionazin	78.3	73.6	115.1	73.4	91.4	75.5	70.6	84.4	96.0	84.0	77.6	86.6	71.5	90.1	93.5	61.1	76.8	92.6
279	利谷隆	linuron	74.5	89.7	113.5	81.0	96.9	76.3	92.2	103.5	103.0	91.6	91.2	84.4	82.7	93.4	83.2	106.0	84.9	98.5
280	庚虫磷	heptanophos	91.2	86.7	107.5	73.1	86.8	78.9	88.3	98.1	92.1	87.7	89.4	89.3	87.6	88.1	84.6	68.5	78.4	99.1
281	苄草丹	prosulfocarb	69.4	91.6	108.5	75.2	82.2	72.9	64.9	88.6	95.4	76.6	81.5	74.0	80.4	77.4	81.9	67.7	74.3	94.1
282	杀草净	dipropetryn	60.8	76.8	85.7	106.1	88.2	78.4	82.6	106.1	93.4	64.6	87.9	78.2	104.9	91.8	83.3	77.3	78.8	91.0
283	禾草丹	thiobencarb	76.4	84.3	96.0	83.9	81.8	75.0	100.8	100.8	93.6	75.7	84.4	78.3	86.1	85.4	80.8	69.5	77.7	92.9

（续表）

序号	中文名称	英文名称	低水平添加									高水平添加								
			1LOQ									4LOQ								
			橙汁	苹果汁	葡萄汁	白菜汁	胡萝卜汁	干酒	半干酒	半甜酒	甜酒	橙汁	苹果汁	葡萄汁	白菜汁	胡萝卜汁	干酒	半干酒	半甜酒	甜酒
284	三异丁基磷酸盐	tri – iso – butyl phosphate	77.2	67.3	111.8	85.5	87.6	77.0	78.1	95.1	93.7	81.6	89.3	87.0	76.6	87.4	90.0	66.3	77.6	118.4
285	三丁基磷酸酯	tri – n – butyl phosphate	77.2	67.4	113.0	85.5	88.6	76.4	78.1	95.1	92.2	81.6	87.5	87.0	76.6	87.4	90.0	66.3	77.6	117.5
286	乙霉威	diethofencarb	65.5	103.2	110.1	65.7	88.0	73.8	84.3	99.1	102.4	87.6	105.6	98.3	72.6	103.4	80.9	87.3	70.6	95.2
287	甲草胺	alachlor	64.5	104.1	108.6	84.6	89.2	76.1	87.4	95.2	91.2	85.1	88.7	84.3	81.6	88.5	82.4	72.6	80.1	93.6
288	硫线磷	cadusafos	78.2	104.9	115.5	68.2	68.4	75.0	95.6	88.4	83.6	77.8	92.1	78.3	93.5	85.0	99.8	90.5	81.5	94.3
289	吡唑草胺	metazachlor	81.6	90.0	122.4	90.9	90.2	75.8	81.4	100.2	89.7	86.9	87.6	80.1	92.4	90.9	80.1	77.9	81.0	88.0
290	胺丙畏	propetamphos	62.1	97.5	106.0	104.8	85.2	74.4	73.1	98.8	90.8	82.2	88.6	80.1	65.7	88.9	83.1	96.7	80.2	92.4
291	特丁硫磷 a	terbufos	100.4	118.5	116.5	99.5	111.6	87.5	113.7	108.5	102.6	95.9	69.4	105.9	76.2	112.3	88.5	100.2	107.4	97.6
292	硅氟唑	simeconazole	91.6	94.6	110.1	90.9	89.6	75.2	83.0	106.2	91.2	80.1	88.7	80.5	88.4	88.8	78.5	78.2	82.4	85.0
293	三唑酮	triadimefon	65.3	93.0	114.0	90.6	93.9	76.5	80.4	103.3	95.7	80.1	90.6	81.0	89.9	92.3	79.3	78.8	79.8	90.2
294	甲拌磷砜	phorate sulfone	86.4	97.0	123.8	87.9	93.5	77.9	81.6	105.4	93.0	99.2	93.1	84.7	90.9	90.1	81.5	79.5	82.8	93.3
295	十三吗啉	tridemorph	80.6	68.9	81.9	96.6	102.4	78.8	79.5	90.8	88.7	73.7	85.0	82.6	92.2	67.2	76.8	81.0	74.1	115.1
296	苯噻酰草胺	mefenacet	65.7	111.0	114.6	86.9	87.6	82.5	78.5	101.5	90.0	89.2	91.9	81.3	89.5	93.5	78.5	81.3	82.0	91.7
297	苯线磷	fenamiphos	未添加	未添加	未添加	88.8	90.0	108.2	69.3	104.4	88.5	未添加	未添加	未添加	87.7	90.2	NoPeak	NoPeak	NoPeak	NoPeak
298	丁苯吗琳	fenpropimorph	89.4	82.5	84.3	72.5	79.2	69.1	75.2	102.7	95.3	81.6	83.0	82.8	88.2	91.1	79.2	64.8	84.0	97.5
299	戊唑醇	tebuconazole	67.5	94.0	108.9	90.9	86.8	75.4	83.2	100.0	94.3	81.6	90.9	80.9	88.6	87.6	81.6	79.3	78.4	89.0
300	异丙乐灵	isopropalin	70.9	63.4	71.8	80.4	68.0	68.7	74.1	99.1	95.7	63.4	63.9	67.5	76.6	66.1	74.4	76.1	73.0	83.0
301	氟苯嘧啶醇	nuarimol	68.6	0.0	98.3	95.8	108.6	78.0	430.1	75.3	WJ	106.6	99.5	65.8	92.3	94.8	未添加	未添加	未添加	未添加
302	乙嘧酚磺酸酯	bupirimate	93.3	81.9	89.7	86.7	101.1	73.8	83.4	107.1	87.2	81.5	88.4	78.8	81.1	90.7	81.8	96.6	80.5	89.0
303	保棉磷	azinphos – methyl	75.4	101.9	107.4	85.8	67.2	77.5	85.0	99.0	88.5	88.2	109.5	100.5	87.6	105.6	82.9	83.4	66.5	85.1
304	丁基嘧啶磷	tebupirimfos	78.0	66.5	76.8	67.2	84.2	72.9	79.5	87.0	96.3	69.9	68.4	69.9	66.8	82.2	79.5	93.2	74.0	81.5
305	稻丰散	phenthoate	72.9	93.8	124.3	87.1	85.7	79.4	78.8	101.7	93.3	85.7	91.1	84.5	89.8	85.5	83.4	80.3	87.7	94.5

（续表）

序号	中文名称	英文名称	低水平添加									高水平添加								
			1LOQ									4LOQ								
			橙汁	苹果汁	葡萄汁	白菜汁	胡萝卜汁	干酒	半干酒	半甜酒	甜酒	橙汁	苹果汁	葡萄汁	白菜汁	胡萝卜汁	干酒	半干酒	半甜酒	甜酒
306	治螟磷	sulfotep	76.1	80.6	119.4	66.0	79.5	83.3	95.6	83.4	90.7	74.8	68.2	75.0	68.6	79.5	83.2	61.5	76.4	97.4
307	硫丙磷	sulprofos	69.9	71.6	69.5	90.4	62.7	69.3	78.9	96.9	95.3	66.7	81.6	73.7	93.4	66.1	85.4	83.9	77.7	87.5
308	苯硫磷	EPN	72.4	82.8	80.8	88.6	68.4	75.9	91.9	100.8	91.4	71.7	96.3	81.3	91.9	80.1	77.2	78.6	82.4	94.1
309	甲基吡噁磷	azamethiphos	82.4	90.4	93.0	84.7	90.2	82.4	75.9	109.1	82.7	93.1	93.0	82.7	81.3	90.4	81.9	70.3	84.6	91.1
310	烯唑醇	diniconazole	62.7	92.5	114.1	77.3	89.8	73.3	77.7	99.9	88.7	78.0	90.0	80.9	83.1	89.6	79.6	89.8	83.9	87.0
311	唑嘧磺草胺	flumetsulam	87.2	64.5	74.5	110.7	71.6	65.7	62.7	91.3	83.7	86.0	66.5	63.7	94.5	69.9	78.9	79.0	67.1	81.4
312	稀禾啶	sethoxydim	未添加	未添加	未添加	112.0	88.5	66.3	91.5	103.1	106.5	74.4	未添加	未添加	98.1	98.7	未添加	未添加	104.9	106.6
313	戊菌隆	pencycuron	69.1	100.1	125.4	98.0	94.3	76.1	79.7	108.6	96.6	82.7	86.3	71.7	89.8	84.3	79.5	85.3	83.2	91.5
314	灭蚜磷	mecarbam	66.8	105.6	108.9	89.5	87.5	76.7	82.0	103.1	93.3	86.1	92.8	81.9	86.3	88.8	81.5	77.8	85.5	93.1
315	苯草酮	tralkoxydim	94.5	96.9	96.5	94.3	93.3	74.1	84.2	109.7	98.5	82.6	82.2	74.8	70.9	81.8	90.9	101.1	88.2	95.6
316	马拉硫磷	malathion	63.9	107.7	98.4	101.3	90.3	75.6	80.0	100.4	91.9	86.9	91.1	82.9	104.5	89.3	83.1	78.3	83.4	93.3
317	稗草畏	pyributicarb	84.1	76.3	98.9	95.5	70.7	69.8	82.4	105.2	85.6	69.9	81.8	82.3	93.7	78.0	85.0	86.9	80.8	92.5
318	哒嗪硫磷	pyridaphenthion	63.8	107.7	108.5	93.2	86.9	77.4	80.5	105.8	90.2	85.1	87.8	80.0	93.6	85.4	81.6	80.4	79.0	88.1
319	嘧啶磷	pirimiphos - ethyl	147.6	90.5	78.7	98.5	84.1	108.3	79.4	99.2	84.1	97.9	90.5	84.8	89.6	80.8	81.3	77.5	111.5	85.0
320	硫双威	thiodicarb	69.1	36.5	5.0	79.6	94.4	200.7	216.9	68.3	76.2	77.2	62.2	75.1	94.0	86.1	80.4	81.9	54.4	77.1
321	吡唑硫磷	pyraclofos	78.8	98.7	126.0	96.7	73.7	78.9	84.9	105.2	92.3	81.7	91.2	72.0	98.7	84.5	80.6	77.3	82.8	86.3
322	啶氧菌酯	picoxystrobin	80.6	97.1	125.5	84.8	83.7	75.1	83.8	102.7	95.2	82.5	93.9	79.9	91.5	82.0	79.5	80.5	82.9	92.6
323	四氟醚唑	tetraconazole	60.5	92.8	101.9	96.0	87.8	72.6	81.4	105.0	95.7	77.2	90.3	78.4	90.9	89.6	78.6	79.3	78.2	85.5
324	吡唑解草酯	mefenpyr - diethyl	81.5	100.6	126.5	88.7	84.6	76.9	82.1	102.8	94.0	82.9	89.8	86.7	94.8	89.8	84.1	80.4	85.3	98.1
325	丙溴磷	profenefos	82.7	101.8	113.5	90.4	78.5	77.3	106.1	100.4	92.5	80.0	88.3	80.1	89.8	82.7	85.2	73.9	82.1	89.7
326	吡唑醚菌酯	pyraclostrobin	98.0	107.4	124.7	87.2	75.1	64.2	79.6	99.2	93.5	84.6	92.7	77.3	104.9	89.0	62.9	111.6	87.7	94.1
327	烯酰吗啉	dimethomorph	45.3	99.1	110.6	100.4	103.5	未添加	未添加	128.8	94.2	82.6	89.4	75.6	91.4	106.0	未添加	未添加	92.8	98.9
328	噻恩菊酯	kadethrin	74.7	73.8	88.1	106.3	62.5	76.9	75.4	109.7	94.3	79.3	76.6	74.0	97.6	66.4	82.8	76.2	84.6	90.2
329	噻唑烟酸	thiazopyr	96.0	87.3	101.5	87.4	85.7	66.5	71.4	98.2	88.2	77.4	84.0	78.4	85.8	86.5	81.9	71.2	80.2	90.3
330	甲基丙硫克百威	benfuracarb - methyl	78.4	87.7	119.7	67.7	91.6	95.6	91.2	74.2	64.6	83.6	66.0	76.5	75.9	91.2	73.9	56.4	73.0	82.5

（续表）

序号	中文名称	英文名称	低水平添加									高水平添加								
			1LOQ									4LOQ								
			橙汁	苹果汁	葡萄汁	白菜汁	胡萝卜汁	干酒	半干酒	半甜酒	甜酒	橙汁	苹果汁	葡萄汁	白菜汁	胡萝卜汁	干酒	半干酒	半甜酒	甜酒
331	醚磺隆	cinosulfuron	19. 3	28. 3	25. 0	34. 6	22. 8	38. 0	34. 7	35. 1	30. 5	67. 0	81. 0	75. 4	62. 9	72. 5	74. 2	66. 9	73. 3	76. 9
332	吡嘧磺隆	pyrazosulfuron – ethyl	84. 3	70. 6	80. 8	83. 1	71. 7	68. 0	70. 6	80. 8	69. 0	62. 4	72. 3	85. 6	86. 9	81. 6	67. 0	75. 5	74. 2	71. 9
333	磺草胺唑	metosulam	25. 6	35. 8	32. 1	68. 1	61. 1	6. 3	71. 6	0. 0	67. 7	77. 6	70. 1	80. 1	68. 6	81. 5	80. 1	70. 7	56. 1	53. 4
334	氟啶脲	chlorfluazuron	65. 2	72. 6	66. 1	80. 2	60. 0	84. 2	61. 9	84. 4	88. 1	61. 4	60. 3	62. 0	80. 2	64. 8	80. 9	61. 9	65. 5	74. 1
335	4 – 氨基吡啶	4 – aminopyridine	97. 2	87. 9	87. 6	69. 9	93. 5	83. 1	109. 6	80. 2	94. 7	102. 8	100. 2	121. 1	100. 1	121. 8	87. 3	105. 0	91. 2	68. 7
336	矮壮素	chlormequat	0. 0	111. 5	83. 3	0. 0	84. 5	81. 6	70. 4	NoPeak	59. 1	110. 4	98. 6	64. 0	78. 6	96. 7	79. 4	63. 6	79. 9	86. 1
337	灭多威	methomyl	103. 8	109. 6	76. 1	97. 8	99. 8	81. 3	69. 3	102. 0	111. 7	89. 3	75. 1	91. 0	109. 4	98. 3	87. 9	82. 0	97. 6	72. 1
338	咯喹酮	pyroquilon	112. 5	120. 7	84. 8	100. 1	85. 1	77. 6	93. 0	108. 1	104. 9	84. 2	77. 1	90. 7	100. 9	91. 6	87. 6	78. 0	101. 3	68. 7
339	麦穗宁	fuberidazole	81. 4	107. 9	80. 7	99. 1	94. 2	81. 5	85. 7	104. 0	100. 9	79. 2	74. 3	89. 0	98. 8	89. 9	93. 8	77. 1	101. 9	77. 9
340	丁脒酰胺	isocarbamid	107. 1	118. 6	86. 4	108. 7	96. 4	83. 4	87. 6	116. 3	107. 7	93. 3	77. 7	89. 4	114. 8	95. 3	83. 4	73. 2	103. 9	79. 0
341	丁酮威	butocarboxim	82. 1	118. 9	88. 0	93. 9	99. 2	103. 0	89. 4	164. 8	116. 3	84. 5	92. 4	91. 9	84. 0	98. 1	84. 1	72. 9	117. 0	78. 0
342	杀虫脒	chlordimeform	110. 4	72. 1	78. 5	93. 5	84. 2	66. 5	98. 7	91. 6	78. 0	98. 0	92. 0	94. 5	99. 5	86. 9	94. 1	62. 9	61. 1	NoPeak
343	霜脲氰	cymoxanil	105. 7	87. 3	86. 6	110. 3	77. 6	84. 1	84. 1	113. 8	113. 1	91. 8	71. 0	96. 9	108. 4	94. 6	84. 7	76. 1	98. 6	73. 1
344	灭草敌	vernolate	0. 0	0. 0	0. 0	0. 0	115. 7	NoPeak	43. 8	NoPeak	51. 7	79. 3	90. 0	75. 3	67. 2	84. 8	NoPeak	NoPeak	78. 2	NoPeak
345	氯硫酰草胺	chlorthiamid	109. 0	95. 2	86. 3	91. 6	96. 6	97. 2	50. 8	106. 3	94. 8	70. 8	90. 0	81. 1	90. 8	96. 4	69. 2	104. 8	89. 4	60. 6
346	灭害威	aminocarb	77. 5	110. 2	83. 0	93. 9	94. 9	82. 0	89. 0	112. 2	103. 4	79. 8	74. 9	119. 7	98. 0	91. 7	92. 1	76. 3	101. 5	79. 8
347	二甲嘧酚	dimethirimol	84. 4	115. 2	87. 1	68. 3	100. 8	118. 8	100. 2	110. 4	103. 8	82. 5	75. 0	90. 3	83. 3	95. 5	80. 5	89. 6	89. 6	77. 1
348	氧乐果	omethoate	112. 3	107. 7	72. 1	100. 8	99. 0	81. 2	84. 7	111. 2	89. 9	64. 4	72. 8	70. 7	102. 8	100. 2	101. 2	82. 2	101. 7	66. 3
349	乙氧喹啉	ethoxyquin	89. 8	82. 7	86. 8	92. 8	99. 7	73. 4	102. 4	86. 0	101. 0	97. 3	68. 6	84. 0	98. 9	71. 6	101. 1	71. 3	80. 2	70. 9
350	敌敌畏	dichlorvos	108. 2	118. 0	87. 2	81. 6	109. 6	92. 1	84. 5	96. 8	112. 1	90. 3	82. 8	103. 3	106. 0	90. 5	91. 0	67. 3	115. 2	75. 2
351	涕灭威砜	aldicarb sulfone	96. 1	116. 2	66. 5	95. 3	96. 7	80. 4	74. 8	119. 3	102. 9	86. 7	75. 6	92. 5	106. 3	88. 2	84. 2	78. 1	93. 0	74. 1
352	二氧威	dioxacarb	112. 4	114. 8	72. 3	99. 8	93. 2	74. 8	69. 2	108. 6	105. 2	88. 5	81. 4	95. 7	107. 6	99. 8	85. 3	75. 3	97. 0	75. 7
353	苄基腺嘌呤	benzyladenine	62. 1	87. 8	82. 2	80. 3	85. 1	82. 4	82. 1	92. 2	73. 0	67. 8	75. 8	83. 5	68. 2	80. 8	79. 5	83. 3	77. 0	60. 3
354	甲基内吸磷	demeton – s – methyl	76. 9	120. 0	83. 3	109. 4	64. 8	83. 9	92. 6	109. 9	100. 5	90. 1	82. 3	86. 1	87. 3	85. 6	84. 3	78. 6	109. 3	78. 7

（续表）

序号	中文名称	英文名称	低水平添加									高水平添加								
			1LOQ									4LOQ								
			橙汁	苹果汁	葡萄汁	白菜汁	胡萝卜汁	干酒	半干酒	半甜酒	甜酒	橙汁	苹果汁	葡萄汁	白菜汁	胡萝卜汁	干酒	半干酒	半甜酒	甜酒
355	乙硫苯威亚砜	ethiofencarb – sulfoxide	115. 0	109. 7	81. 9	104. 0	97. 2	87. 7	86. 6	111. 7	103. 0	87. 3	80. 4	96. 4	105. 9	94. 5	94. 5	82. 0	98. 7	72. 5
356	杀虫腈	cyanophos	67. 6	85. 5	98. 6	84. 5	71. 5	102. 6	106. 6	80. 6	73. 0	102. 6	77. 6	118. 3	97. 2	91. 1	未添加	83. 7	114. 7	81. 7
357	甲基乙拌磷	thiometon	109. 4	126. 2	85. 6	96. 3	122. 8	80. 3	107. 4	105. 1	116. 0	91. 5	99. 1	102. 3	103. 0	97. 1	92. 6	80. 0	110. 0	66. 8
358	灭菌丹	folpet	0. 0	102. 8	76. 4	0. 0	89. 7	136. 6	66. 7	103. 7	148. 0	78. 5	82. 8	84. 4	93. 6	65. 0	118. 4	99. 6	89. 8	NoPeak
359	甲基内吸磷砜	demeton – s – methyl sulfone	108. 6	116. 2	81. 2	108. 6	101. 5	80. 1	66. 8	99. 2	94. 7	109. 8	78. 8	95. 9	104. 1	98. 4	92. 7	135. 6	101. 5	78. 6
360	哌草丹	dimepiperate	74. 8	117. 0	61. 2	未添加	未添加	未添加	117. 1	未添加	95. 0	73. 2	75. 6	75. 4	未添加	未添加	未添加	未添加	101. 8	68. 8
361	苯锈定	fenpropidin	61. 2	112. 6	72. 6	85. 1	88. 3	90. 4	93. 7	95. 0	106. 3	85. 0	74. 2	91. 5	93. 4	83. 2	75. 7	65. 3	101. 9	77. 1
362	甲咪唑烟酸 a	imazapic	63. 3	3. 4	5. 9	90. 1	75. 7	37. 9	32. 7	96. 0	90. 1	68. 1	0. 6	5. 1	62. 4	25. 2	38. 2	19. 2	23. 5	18. 5
363	对氧磷	paraoxon – ethyl	82. 9	113. 1	78. 6	97. 2	88. 8	75. 6	89. 7	113. 6	118. 5	98. 0	80. 0	87. 4	111. 3	88. 7	87. 4	77. 5	91. 5	83. 5
364	4 – 十二烷基 –2, 6 – 二甲基吗啉	aldimorph	73. 1	74. 3	62. 3	75. 1	58. 5	70. 3	78. 9	116. 1	63. 5	66. 4	89. 6	123. 4	113. 7	95. 9	102. 0	103. 2	80. 5	89. 0
365	乙烯菌核利	vinclozolin	0. 0	112. 5	103. 5	0. 0	90. 8	NoPeak	NoPeak	244. 0	102. 4	79. 1	79. 7	100. 1	76. 1	96. 5	71. 5	79. 7	117. 8	73. 1
366	烯效唑	uniconazole	未添加	未添加	未添加	未添加	未添加	未添加	未添加	未添加	未添加	未添加	未添加	未添加	未添加	未添加	未添加	未添加	未添加	未添加
367	啶斑肟	pyrifenox	78. 2	115. 9	110. 6		103. 0	110. 0	104. 4	109. 7	113. 5	87. 5	89. 6	94. 6		108. 1	96. 8	92. 8	99. 8	75. 0
368	氯硫磷	chlorthion	100. 2	68. 8	88. 3	85. 4	88. 9	102. 9	104. 3	63. 3	88. 7	107. 3	74. 4	80. 2	87. 3	81. 2	未添加	未添加	未添加	未添加
369	异氯磷	dicapthon	72. 4	0. 0	93. 2	0. 0	0. 0	NoPeak	80. 0	53. 7	115. 3	64. 0	74. 4	80. 2	72. 0	84. 7	78. 6	79. 4	114. 2	86. 1
370	四螨嗪	clofentezine	0. 0	101. 8	0. 0	103. 3	60. 6	66. 7	79. 9	90. 6	116. 6	89. 7	73. 8	79. 9	97. 0	100. 7	70. 5	72. 5	74. 8	72. 8
371	氟草敏	norflurazon	92. 4	107. 6	77. 0	85. 9	101. 5	82. 3	84. 9	98. 2	108. 2	92. 7	77. 9	87. 6	84. 5	81. 8	83. 4	73. 8	96. 1	65. 5
372	野麦畏	triallate	70. 2	103. 2	64. 9	76. 5	72. 4	90. 8	60. 6	96. 2	93. 3	77. 0	70. 6	64. 0	98. 7	74. 2	76. 4	61. 9	97. 1	80. 7
373	苯氧喹啉	quinoxyphen	76. 5	114. 9	71. 3	93. 8	64. 5	79. 4	81. 0	105. 6	105. 2	74. 0	81. 9	85. 2	101. 8	89. 6	74. 9	80. 7	100. 7	78. 7
374	倍硫磷砜	fenthion sulfone	87. 7	111. 1	73. 7	86. 3	87. 0	78. 0	82. 6	113. 0	103. 7	90. 0	76. 8	83. 4	93. 3	96. 6	84. 9	77. 2	100. 0	71. 4

（续表）

序号	中文名称	英文名称	低水平添加									高水平添加								
			1LOQ									4LOQ								
			橙汁	苹果汁	葡萄汁	白菜汁	胡萝卜汁	干酒	半干酒	半甜酒	甜酒	橙汁	苹果汁	葡萄汁	白菜汁	胡萝卜汁	干酒	半干酒	半甜酒	甜酒
375	氟咯草酮	flurochloridone	76.0	113.0	69.9	100.9	82.3	78.8	78.0	96.5	119.6	78.1	79.7	67.1	100.6	85.8	78.1	82.0	98.5	88.6
376	酞酸苯甲基丁酯 a	phthalic acid, benzyl butyl ester	62.6	108.8	66.9	112.2	299.9	82.0	10.5	82.0	104.5	88.7	88.6	81.5	88.0	296.8	772.9	116.2	101.6	82.5
377	氯唑磷	isazofos	73.4	104.4	72.4	96.3	86.4	90.2	80.5	106.2	105.9	84.3	78.2	79.4	102.6	88.5	82.6	74.3	104.1	68.5
378	除线磷	dichlofenthion	107.2	90.0	89.7	71.9	58.7	76.4	70.0	99.7	95.3	96.6	69.8	66.0	111.5	76.2	74.9	67.2	96.2	79.1
379	蚜灭多砜	vamidothion sulfone	98.9	103.2	85.3	87.7	76.4	99.1	106.0	102.8	107.3	96.6	85.6	89.2	92.4	102.9	117.9	109.4	91.8	97.0
380	特丁硫磷砜	terbufos sulfone	67.1	121.5	65.4	88.0	77.5	78.6	85.4	110.6	111.4	90.1	83.9	77.0	103.5	94.7	83.4	78.9	101.4	86.5
381	敌乐胺	dinitramine	72.3	116.6	75.5	0.0	0.0	71.8	68.1	54.5	43.5	61.9	76.0	65.2	89.3	90.8	115.6	75.5	87.0	82.7
382	氰霜唑	cyazofamid	94.7	0.0	0.0	91.7	91.3	31.4	95.2	81.4	256.9	84.5	0.0	0.0	73.2	91.4	NoPeak	NoPeak	NoPeak	NoPeak
383	毒壤磷	trichloronat	107.1	99.2	66.5	66.4	64.2	64.0	74.8	118.5	119.2	79.7	70.6	77.5	107.0	70.4	82.2	67.6	106.4	93.1
384	苄呋菊酯 -2	resmethrin -2	65.7	118.3	63.6	77.8	81.1	79.5	84.3	106.9	110.1	94.1	86.1	83.2	109.1	96.8	85.2	83.2	98.5	77.1
385	啶酰菌胺	boscalid	102.3	118.4	73.7	89.2	82.0	77.8	82.8	99.8	106.4	82.6	75.4	83.8	103.5	96.2	78.9	71.8	101.2	71.0
386	甲磺乐灵	nitralin	62.8	114.2	73.5	97.9	83.5	80.0	84.6	108.6	108.3	79.3	73.3	70.8	113.2	90.4	86.2	68.3	99.4	66.3
387	甲氰菊酯	fenpropathrin	105.9	119.9	71.5	90.7	79.3	77.3	83.9	105.0	107.1	100.8	91.1	73.2	107.0	85.8	90.0	78.1	100.1	69.3
388	噻螨酮	hexythiazox	107.8	119.3	73.7	92.9	77.6	76.2	81.1	109.5	99.7	81.8	76.4	73.4	107.0	87.6	80.4	74.0	102.3	66.8
389	双氟磺草胺	florasulam	108.2	89.9	66.6	75.1	87.7	87.0	59.5	109.0	92.4	90.5	52.7	65.9	92.7	78.6	83.4	79.4	95.2	64.4
390	苯螨特	benzoximate	76.1	121.2	81.6	72.2	91.9	90.6	81.3	80.2	112.7	82.2	83.4	78.9	86.9	92.8	82.8	70.3	105.0	83.7
391	新燕灵	benzoylprop - ethyl	64.0	112.6	69.5	94.1	83.1	82.0	83.2	108.3	107.4	85.6	84.8	78.7	105.2	92.5	89.5	80.5	101.8	78.8
392	嘧螨醚	pyrimidifen	83.0	84.8	60.7	未添加	79.7	未添加	未添加	107.4	78.3	72.0	45.1	67.6	未添加	82.3	未添加	未添加	73.6	71.6
393	呋线威	furathiocarb	79.2	119.7	70.8	113.9	75.4	79.0	81.2	92.6	105.5	77.0	80.4	68.1	89.7	87.5	85.3	79.4	102.7	85.1
394	反式氯菊酯	trans - permethin	115.2	94.8	90.6	95.2	85.5	92.4	97.1	101.4	112.3	80.2	89.2	79.7	93.2	86.7	91.1	95.7	90.1	89.1
395	醚菊酯	etofenprox	63.5	104.5	75.7	89.7	85.3	86.4	92.5	113.2	104.5	106.7	86.9	78.3	110.6	96.5	92.7	90.1	92.7	69.9
396	苄草唑	pyrazoxyfen	51.7	89.9	63.3	94.8	69.9	63.5	81.6	115.7	96.8	88.8	76.3	76.5	108.5	90.1	88.5	81.1	99.3	67.6
397	嘧唑螨	flubenzimine	0.0	0.0	72.0	0.0	0.0	84.9	71.6	76.2	82.6	72.2	63.2	97.3	83.0	76.5	74.8	66.0	97.2	62.4
398	Z—氯氰菊酯	zeta cypermethrin	89.6	43.4	85.6	0.0	91.1	355.0	207.6	91.0	68.6	87.8	87.9	77.8	89.4	74.9	102.3	87.6	107.0	69.8

（续表）

序号	中文名称	英文名称	低水平添加									高水平添加								
			1LOQ									4LOQ								
			橙汁	苹果汁	葡萄汁	白菜汁	胡萝卜汁	干酒	半干酒	半甜酒	甜酒	橙汁	苹果汁	葡萄汁	白菜汁	胡萝卜汁	干酒	半干酒	半甜酒	甜酒
399	氟吡乙禾灵	haloxyfop – 2 – ethoxyethyl	71. 0	113. 4	74. 1	100. 6	78. 6	73. 5	78. 7	107. 0	104. 7	78. 0	80. 8	64. 6	105. 9	84. 6	71. 3	60. 8	83. 9	103. 2
400	S – 氰戊菊酯 a	esfenvalerate	0. 0	0. 0	107. 1	0. 0	121. 0	73. 1	87. 7	95. 5	102. 4	0. 0	0. 0	87. 2	0. 0	0. 0	110. 1	113. 0	105. 5	106. 3
401	乙羧氟草醚	fluoroglycofen – ethyl	89. 0	100. 8	34. 8	111. 2	76. 7	75. 0	82. 4	91. 8	100. 2	89. 0	81. 4	86. 5	106. 4	83. 6	80. 6	64. 8	99. 5	80. 4
402	氟胺氰菊酯	tau – fluvalinate	100. 4	113. 7	64. 2	89. 2	82. 7	79. 4	84. 5	104. 1	113. 8	107. 0	79. 2	71. 9	108. 6	89. 0	82. 6	78. 5	103. 2	64. 0
403	丙烯酰胺	acrylamide	100. 0	105. 1	76. 6	97. 7	98. 6	103. 7	107. 1	91. 4	107. 1	100. 0	81. 5	67. 3	66. 3	111. 1	114. 8	92. 2	102. 8	98. 8
404	叔丁基胺	tert – butylamine	95. 1	113. 7	108. 4	94. 2	76. 5	95. 4	72. 5	110. 6	102. 4	80. 9	71. 5	81. 5	104. 5	88. 1	62. 2	65. 8	73. 4	86. 6
405	噁霉灵	hymexazol	81. 9	94. 0	101. 0	113. 9	89. 6	81. 3	80. 6	112. 0	108. 1	65. 3	69. 7	64. 1	84. 7	63. 3	75. 1	76. 0	72. 8	81. 2
406	氯化矮壮素	chlormequat chloride	106. 0	103. 4	108. 9	62. 5	88. 6	70. 8	60. 4	110. 1	65. 4	86. 5	60. 6	61. 0	77. 1	65. 6	56. 7	77. 7	57. 1	69. 4
407	邻苯二甲酰亚胺	phthalimide	86. 4	99. 5	114. 5	101. 5	112. 2	102. 9	107. 8	103. 8	101. 4	69. 4	86. 6	99. 2	97. 1	95. 3	90. 9	85. 5	91. 6	98. 8
408	甲氟磷	dimefox	62. 1	82. 0	78. 9	63. 5	93. 3	77. 4	74. 0	105. 8	90. 8	68. 4	87. 0	67. 5	101. 1	68. 8	84. 6	56. 2	65. 8	82. 0
409	速灭威	metolcarb	96. 5	95. 0	88. 0	67. 7	91. 0	109. 1	72. 7	93. 2	80. 6	84. 1	83. 4	89. 7	77. 5	98. 7	94. 6	92. 9	78. 1	88. 7
410	二苯胺	diphenylamin	88. 1	81. 9	100. 7	81. 1	109. 7	89. 2	80. 1	80. 3	98. 8	81. 0	89. 0	63. 0	83. 2	96. 2	86. 9	68. 4	76. 1	88. 8
411	1 – 萘基乙酰胺	1 – naphthy acetamide	81. 5	106. 8	103. 3	103. 9	82. 2	99. 8	88. 0	102. 3	86. 4	76. 6	92. 5	97. 0	93. 6	91. 2	77. 5	84. 6	83. 9	86. 6
412	脱乙基莠去津	atrazine – desethyl	70. 2	96. 4	87. 8	72. 9	99. 3					74. 5	93. 9	89. 3	84. 0	81. 1				
413	2，6 – 二氯苯甲酰胺	2，6 – dichlorobenzamide	76. 5	100. 8	100. 3	94. 5	71. 4	93. 1	102. 6	93. 6	98. 2	72. 0	91. 4	111. 3	84. 3	81. 5	76. 2	89. 6	83. 2	82. 2
414	涕灭威	aldicarb	78. 4	109. 2	97. 9	68. 1	88. 9	100. 3	92. 4	95. 3	96. 7	82. 4	102. 8	91. 3	107. 8	98. 8	102. 2	100. 1	97. 8	84. 2
415	邻苯二甲酸二甲酯	dimethyl phthalate	104. 8	110. 4	94. 5	96. 1	95. 1	110. 5	104. 5	84. 6	102. 3	98. 1	114. 0	82. 7	94. 0	77. 3	100. 8	89. 3	103. 9	98. 8
416	杀虫脒盐酸盐	chlordimeform hydrochloride	113. 8	68. 6	107. 1	94. 9	90. 6	86. 3	69. 3	73. 3	71. 1	115. 1	103. 8	96. 2	105. 1	86. 3	76. 6	102. 5	109. 8	NoPeak

（续表）

序号	中文名称	英文名称	低水平添加									高水平添加								
			1LOQ									4LOQ								
			橙汁	苹果汁	葡萄汁	白菜汁	胡萝卜汁	干酒	半干酒	半甜酒	甜酒	橙汁	苹果汁	葡萄汁	白菜汁	胡萝卜汁	干酒	半干酒	半甜酒	甜酒
417	西玛通	simeton	69.7	91.9	102.8	87.7	85.3	92.1	95.1	114.5	98.1	72.9	97.7	87.3	97.4	87.2	74.4	82.4	77.9	80.2
418	呋草胺	dinotefuran	66.6	103.1	105.8	88.7	61.2	105.4	110.2	93.9	105.1	70.4	94.2	104.8	95.5	106.4	92.9	88.0	101.9	100.6
419	克草敌	pebulate	99.2	67.6	47.8	62.8	100.4	69.5	76.8	91.1	75.3	65.5	71.4	90.9	101.4	66.3	81.6	89.1	62.8	91.4
420	活化酯	acibenzolar – s – methyl	109.5	96.1	113.0	84.3	111.1	113.0	87.2	96.4	111.1	119.2	95.4	87.0	94.6	84.6	84.6	82.4	80.4	87.7
421	蔬果磷	dioxabenzofos	100.8	77.6	72.1	84.8	110.4	86.8	62.1	101.5	110.0	112.2	69.9	62.9	105.1	86.6	76.6	86.4	86.2	83.0
422	杀线威	oxamyl	62.2	86.3	110.3	111.8	76.3	111.8	92.0	106.1	102.3	85.5	117.7	99.0	105.5	93.2	104.7	94.9	111.2	86.2
423	噻苯隆 a	thidiazuron	61.6	0.0	2.7	77.8	102.7	46.0	97.9	78.3	29.8	66.2	2.5	2.1	91.9	61.7	26.6	16.8	15.6	32.7
424	甲基苯噻隆	methabenzthiazuron	69.3	104.7	94.6	111.5	98.0	81.7	76.6	85.2	100.4	78.1	99.2	91.3	63.5	76.5	74.1	68.9	76.3	85.4
425	丁酮砜威	butoxycarboxim	79.5	100.4	98.8	77.3	89.7	89.1	97.9	91.1	107.9	68.1	106.0	101.5	71.0	74.6	77.8	92.3	71.1	78.4
426	兹克威	mexacarbate	98.6	84.4	86.3	0.0	0.0	89.5	NoPeak	107.8	81.6	82.3	90.0	113.8	77.0	95.8	90.2	109.9	85.1	116.5
427	甲基内吸磷亚砜	demeton – s – methylSulfoxide	106.8	103.3	93.3	94.4	122.6	84.0	81.4	101.5	101.8	108.4	77.3	75.3	99.3	100.1	87.0	80.4	71.3	96.3
428	久效威砜	thiofanox sulfone	62.2	114.8	115.7	104.6	104.4	90.5	111.2	94.9	116.9	61.7	101.1	99.9	99.1	90.3	69.0	73.2	77.0	72.0
429	硫环磷	phosfolan	91.1	83.1	99.7	88.9	85.8	83.2	94.2	89.6	108.9	74.9	94.3	102.3	89.8	83.7	70.0	78.6	80.4	83.1
430	硫赶内吸磷	demeton – s	未添加	未添加	115.3	91.1	未添加	未添加	未添加	78.5	未添加	未添加	未添加	112.6	89.6	未添加	未添加	未添加	未添加	未添加
431	氧倍硫磷	fenthion oxon	72.4	106.2	102.2	88.2	84.3	93.0	86.6	106.2	99.8	62.5	94.8	105.1	99.1	89.8	76.1	78.6	80.3	83.9
432	敌草胺	napropamide	60.7	95.8	87.0	94.3	77.5	89.4	93.7	105.3	97.7	67.9	93.6	89.8	90.1	81.8	73.9	78.9	83.6	83.1
433	杀螟硫磷	fenitrothion	72.7	98.0	89.1	91.4	79.3	97.7	85.3	102.9	104.2	73.5	99.6	78.4	92.0	75.9	77.1	77.6	81.0	81.8
434	酞酸二丁酯	phthalic acid, dibutyl ester	80.1	90.4	93.3	111.4	64.3	93.6	76.7	103.5	98.1	103.3	60.5	84.7	96.0	90.2	98.5	85.2	96.9	99.4
435	丙草胺	metolachlor	77.6	105.8	93.1	94.0	74.4	97.7	88.1	101.5	106.7	74.8	110.3	97.1	93.4	79.7	82.3	82.5	85.1	86.4
436	腐霉利	procymidone	81.7	107.9	88.1	91.3	73.8	92.6	84.5	107.1	100.3	70.8	99.5	90.0	95.9	80.3	76.1	81.1	83.0	84.4
437	蚜灭磷	vamidothion	74.3	100.1	98.3	88.6	86.5	88.8	89.3	106.3	96.5	71.1	89.6	101.4	92.3	84.5	76.0	80.4	78.6	82.4
438	威菌磷	triamiphos	96.5	112.7	115.4	99.5	120.8	117.5	82.7	101.7	105.1	102.8	84.5	62.0	103.1	107.9	92.0	118.6	113.9	94.9
439	右旋炔丙菊酯	prallethrin	98.7	92.5	74.5	0.0	0.0	未添加	未添加	未添加	100.0	70.9	99.2	83.8	9 任 0.0	107.0	未添加	未添加	未添加	81.8

（续表）

序号	中文名称	英文名称	低水平添加									高水平添加								
			1LOQ									4LOQ								
			橙汁	苹果汁	葡萄汁	白菜汁	胡萝卜汁	干酒	半干酒	半甜酒	甜酒	橙汁	苹果汁	葡萄汁	白菜汁	胡萝卜汁	干酒	半干酒	半甜酒	甜酒
440	二苯隆	cumyluron	60.5	97.4	91.3	93.7	80.1	92.3	86.3	108.4	102.7	70.8	90.8	92.9	95.0	83.0	75.3	80.8	82.5	83.5
441	甲氧咪草烟	imazamox	0.0	0.0	0.0	104.8	84.9	未添加	67.7	未添加	未添加	88.6	90.0	95.2	106.8	70.0	未添加	未添加	未添加	未添加
442	杀鼠灵	warfarin	118.0	94.0	111.7	87.7	119.2	96.8	76.8	67.7	98.5	93.7	88.5	110.6	111.1	110.4	84.3	84.6	100.5	105.6
443	亚胺硫磷	phosmet	104.5	0.0	99.3	88.5	80.5	99.4	88.3	107.4	273.1	82.9	97.7	120.4	93.9	83.8	79.4	83.3	83.6	93.0
444	皮蝇磷	ronnel	84.6	67.2	62.8	92.3	68.5	74.4	61.7	103.5	83.6	63.0	93.4	73.9	115.9	70.8	77.0	74.9	71.5	86.5
445	除虫菊酯	pyrethrin	114.1	76.0	63.2	90.8	74.3	101.3	87.2	105.8	105.1	62.2	106.5	70.0	99.1	61.1	72.7	74.8	74.7	79.7
446	—	phthalic acid, biscyclohexyl ester	113.6	83.8	64.0	89.6	63.0	96.4	89.4	109.4	95.5	63.7	99.0	77.4	93.8	63.9	67.7	72.7	72.2	86.3
447	环丙酰菌胺	carpropamid	61.6	101.3	75.1	91.2	70.2	100.4	89.6	104.7	102.1	67.9	87.7	93.0	96.6	70.8	77.9	82.0	80.6	78.6
448	吡螨胺	tebufenpyrad	158.5	0.0	0.0	94.6	69.2	95.2	87.5	102.1	93.0	80.4	84.5	89.3	96.2	65.3	80.0	79.4	81.4	89.0
449	虫酰肼	tebufenozide	90.9	96.1	84.7	97.4	71.0	95.6	89.9	98.8	102.7	74.4	97.4	84.3	94.1	82.8	81.2	85.6	86.8	84.0
450	虫螨磷	chlorthiophos	98.9	80.6	61.5	90.3	64.6	91.5	86.9	108.1	107.9	64.9	87.0	91.9	98.7	60.3	80.2	80.9	80.6	87.9
451	氯亚胺硫磷	dialifos	101.3	77.3	69.5	89.9	63.9	103.3	90.3	103.3	100.8	72.5	97.5	82.8	97.8	67.2	83.9	82.9	82.8	83.1
452	吲哚酮草酯	cinidon – ethyl	112.7	75.0	80.4	88.6	64.2	101.9	84.1	108.0	104.2	64.2	83.4	96.4	96.8	62.1	75.3	69.3	73.9	82.4
453	鱼滕酮	rotenone	69.7	91.3	80.4	91.8	64.1	98.0	81.6	108.7	97.1	63.1	77.4	103.1	93.8	77.4	73.2	75.4	75.6	82.0
454	亚胺唑	imibenconazole	103.6	89.4	72.3	97.3	69.8	37.0	90.0	106.7	98.1	65.8	92.2	89.8	97.5	67.0	70.5	75.5	80.9	87.3
455	噁草酸	propaquiafop	90.9	73.5	61.3	96.3	64.0	61.0	86.0	108.3	112.4	63.8	99.7	90.4	92.2	62.2	75.5	74.0	78.7	88.9
456	乳氟禾草灵	lactofen	113.0	78.3	71.2	83.4	65.2	103.9	93.9	106.3	107.9	69.4	98.4	82.5	97.4	65.7	84.6	84.1	85.5	88.4
457	吡草酮	benzofenap	90.8	92.4	79.9	71.4	97.8	116.9	79.6	110.6	103.1	61.8	87.5	94.3	95.4	71.3	97.4	84.0	80.9	82.2
458	地乐酯	dinoseb acetate	108.7	112.2	69.3	109.4	66.9	48.5	85.6	65.0	84.4	88.7	77.9	103.8	94.0	76.8	75.7	83.3	89.0	99.9
459	异丙草胺	propisochlor	100.0	105.3	96.1	94.6	74.2	85.7	86.7	95.9	93.0	79.4	104.1	81.7	102.2	89.4	76.5	80.5	79.9	90.9
460	氟硅菊酯	silafluofen	102.8	105.8	71.3	90.4	103.0	85.5	76.9	71.2	87.3	79.9	109.9	101.8	76.1	77.4	未添加	未添加	未添加	未添加
461	乙氧苯草胺	etobenzanid	107.6	38.5	62.4	75.5	18.8	5.4	562.7	152.8	38.1	62.4	90.0	67.6	78.2	70.8	83.9	85.8	71.2	85.7
462	四唑酰草胺	fentrazamide	85.3	114.8	109.7	86.1	80.3	117.3	87.5	103.8	106.1	67.2	95.8	83.7	71.8	70.7	75.6	79.1	80.8	82.0
463	五氯苯胺	pentachloroaniline	110.5	104.4	114.7	74.3	78.7	110.5	63.7	77.8	96.4	101.4	96.4	98.2	104.0	100.0	NoPeak	NoPeak	NoPeak	NoPeak

（续表）

序号	中文名称	英文名称	低水平添加									高水平添加								
			1LOQ									4LOQ								
			橙汁	苹果汁	葡萄汁	白菜汁	胡萝卜汁	干酒	半干酒	半甜酒	甜酒	橙汁	苹果汁	葡萄汁	白菜汁	胡萝卜汁	干酒	半干酒	半甜酒	甜酒
464	苯醚氰菊酯	cyphenothrin	106.1	89.8	80.7	65.8	61.8	109.8	84.1	115.9	98.9	63.6	84.0	66.1	85.2	68.3	82.0	71.2	80.0	85.4
465	狄氏剂	dieldrin	0.0	0.0	0.0	0.0	118.9	108.1	83.6	46.0	71.7	107.1	101.2	92.9	77.5	90.4	99.0	77.4	NoPeak	NoPeak
466	马拉氧磷 a	malaoxon	68.8	110.5	101.7	0.0	0.0	NoPeak	89.3	81.9	NoPeak	91.6	106.6	75.3	0.0	0.0	NoPeak	NoPeak	NoPeak	NoPeak
467	多果定	dodine	109.0	0.0	0.0	0.0	99.9	96.2	85.9	98.1	95.7	77.8	109.2	107.3	87.2	65.7	68.6	87.2	81.4	80.2
468	丙烯硫脲	propylene thiourea	99.8	68.8	82.5	66.6	80.4	73.9	68.6	101.1	99.6	85.0	69.7	79.2	65.1	63.3	66.5	62.9	80.1	78.6
469	茅草枯	dalapon	118.1	115.7	96.0	95.1	102.2	101.7	123.1	95.1	103.8	103.2	113.7	105.0	89.4	92.0	109.7	99.7	97.9	102.7
470	四氟丙酸	flupropanate	0.0	0.0	127.1		0.0	90.4	59.1	71.8	78.2	90.4	100.5	68.8	80.9	96.7	104.6	105.5	102.3	115.1
471	2－苯基苯酚	2－phenylphenol	82.2	81.2	87.2	87.2	87.3	84.9	93.9	78.8	82.2	79.7	90.3	95.7	82.8	78.2	81.6	81.1	81.2	75.4
472	3－苯基苯酚	3－phenylphenol	82.2	81.2	87.2	87.2	49.0	84.3	93.9	78.8	82.2	79.7	90.3	95.0	87.0	63.3	81.6	81.1	81.2	75.4
473	二氯吡啶酸 a	clopyralid	26.6	0.0	120.5	166.9	97.2	NoPeak	1.2	10.6	4.1	0.0	0.0	97.1	105.2	224.1	NoPeak	8.4	42.1	13.8
474	二硝酚	DNOC	76.8	85.1	44.4	44.6	75.0	18.4	24.5	9.5	14.8	70.9	88.1	76.8	78.9	89.5	83.6	81.6	78.2	106.8
475	调果酸	cloprop	45.2	15.4	65.7	21.1	124.9	45.3	36.5	27.1	24.0	77.7	73.6	51.0	66.7	74.9	66.9	89.6	70.6	82.4
476	氯硝胺	dicloran	83.7	88.6	111.7	88.5	74.2	62.2	100.6	79.8	90.5	67.3	94.4	90.7	73.1	78.8	79.1	76.8	79.7	67.4
477	氯氨吡啶酸	aminopyralid	34.5	79.2	136.3	102.0	0.0	60.8	66.2	34.2	39.7	75.9	85.7	85.7	66.1	99.5	116.0	76.9	81.1	83.4
478	氯苯胺灵	chlorpropham	80.7	89.3	82.4	86.6	133.5	80.8	114.7	83.2	91.3	73.6	96.4	95.7	80.0	88.8	77.2	77.6	83.0	75.3
479	2－甲－4－氯丙酸	mecoprop	40.2	19.1	114.5	41.8	81.4	49.0	28.7	25.4	31.2	77.8	73.4	56.3	77.0	74.8	60.2	77.7	79.2	82.4
480	特草定	terbacil	87.2	73.5	79.4	105.7	81.3	89.0	112.5	80.4	96.2	79.4	98.5	97.4	85.8	79.0	93.9	82.6	89.2	80.8
481	麦草畏 a	dicamba	0.0	74.1	0.0	59.5	117.6	90.7	NoPeak	71.5	80.2	0.0	0.0	0.0	67.4	8.4	NoPeak	NoPeak	NoPeak	NoPeak
482	二甲四氯丁酸	MCPB	65.8	84.6	88.3	71.4	66.9	85.2	79.6	86.2	80.8	79.1	75.3	111.3	84.5	84.5	67.9	68.7	87.2	80.0
483	2，4－滴丙酸 a	dichlorprop	0.0	0.0	0.0	0.0	227.0	NoPeak		92.2	71.9	0.0	0.0	0.0	0.0	216.3	NoPeak	NoPeak	NoPeak	NoPeak
484	灭草松	bentazone	111.2	69.5	0.0	89.7	0.0	137.5	92.9	81.3	78.8	99.4	82.5	87.2	98.4	74.5	89.8	80.5	80.9	76.0
485	地乐酚	dinoseb	68.9	90.1	85.2	102.3	92.9	27.3	23.8	14.4	28.5	93.8	113.7	115.1	86.7	73.0	87.3	90.0	83.0	83.0
486	特乐酚	dinoterb	71.0	88.6	97.6	99.9	76.4	77.2	62.8	85.2	86.9	86.7	98.7	96.4	97.0	73.6	80.8	72.6	76.8	83.7

（续表）

序号	中文名称	英文名称	低水平添加									高水平添加								
			1LOQ									4LOQ								
			橙汁	苹果汁	葡萄汁	白菜汁	胡萝卜汁	干酒	半干酒	半甜酒	甜酒	橙汁	苹果汁	葡萄汁	白菜汁	胡萝卜汁	干酒	半干酒	半甜酒	甜酒
487	咯菌腈	fludioxonil	77.4	89.2	90.8	98.7	74.0	65.1	105.3	76.7	109.4	67.7	101.4	100.7	85.3	99.6	84.7	71.3	66.0	67.3
488	杀螨醇	chlorfenethol	103.3	147.4	111.6	166.6	0.0	83.7	8.8	83.0	66.2	105.5	70.2	97.9	72.9	80.0	101.5	94.2	108.0	103.8
489	水胺硫磷 a	isocarbophos	0.0	0.0	0.0	0.0		110.6		NoPeak	213.8	0.0	94.5	0.0	0.0		139.3	NoPeak	NoPeak	NoPeak
490	萘草胺 a	naptalam	0.0	2.8	124.3	10.3		89.8	96.7	97.6	89.2	5.1	0.4	75.6	3.1		11.0	109.7	153.3	196.3
491	灭幼脲	chlorobenzuron	0.0	92.2	88.6	82.8	0.0	41.8	70.5	85.7	92.5	71.3	94.9	89.8	76.4	79.1	81.3	82.5	86.8	72.3
492	氯霉素	chloramphenicolum	77.8	80.6	129.8	102.4	94.1	91.5	97.8	84.2	77.1	85.0	96.8	102.1	90.8	85.0	90.5	83.0	83.2	83.6
493	禾草灭	alloxydim - sodium	64.2	83.0	91.7	81.8	89.7	71.6	113.2	69.2	83.2	82.2	104.3	106.3	87.1	71.7	78.2	70.2	72.9	77.6
494	嘧草硫醚 a	pyrithlobac sodium	0.0	0.0	0.0	128.4	0.0	84.8	167.0	101.7	52.4	0.0	481.7	0.0	103.1	0.0	99.0	154.8	84.0	84.4
495	乙酰磺胺对硝基苯	sulfanitran	0.0	83.9	0.0	89.6	84.2	56.6	108.3	67.9	76.7	90.0	109.2	70.1	95.9	77.3	98.3	80.3	87.6	74.9
496	氨磺乐灵	oryzalin	43.3	99.8	86.6	90.9	0.0	141.7	191.9	78.3	150.0	72.2	90.5	92.0	75.0	79.1	95.0	82.9	80.7	70.9
497	赤霉酸 a	gibberellic acid	78.5	2.3	0.0	0.0				369.6		43.5	235.1	0.0	0.0		NoPeak	NoPeak	540.2	NoPeak
498	三氟羧草醚	acifluorfen	63.6	77.9	64.6	53.9	78.9	58.4	64.7	45.2	62.0	74.7	89.5	56.1	56.0	80.8	86.6	61.5	61.1	70.1
499	七氯	heptachlor	0.0	0.0	0.0		8.9	110.4	119.9	73.5	99.1	0.0	54.4	0.0		0.8	NoPeak	151.0	87.2	117.7
500	噁唑菌酮	famoxadone	68.1	96.6	86.7	87.0	95.6	72.4	101.3	79.8	87.3	73.2	90.6	93.8	75.3	90.7	79.7	79.6	83.6	71.9
501	甲磺草胺	sulfentrazone	89.3	80.8	102.4	90.0	62.8	87.3	72.6	85.2	82.5	89.7	96.5	79.9	77.0	93.7	87.1	80.1	84.8	71.2
502	吡氟酰草胺	diflufenican	61.6	91.3	86.7	85.3	60.9	69.6	96.9	75.9	81.8	94.0	92.2	90.4	88.1	70.1	69.0	77.8	81.4	72.1
503	氟氰唑	ethiprole	73.7	90.8	94.6	90.4	71.7	77.0	93.9	81.2	80.8	78.2	95.4	98.5	87.9		86.4	83.0	81.7	73.4
504	磺菌胺	flusulfamide	38.2	76.4	83.0	96.6		73.8	81.4	89.7	79.4	76.9	98.4	104.2	86.5		86.5	80.8	85.5	73.3
505	环丙嘧磺隆	cyclosulfamuron	75.6	80.4	92.0	83.2	5.9	9.0	75.3	17.6	32.8	78.1	67.1	96.2	90.6	80.3	92.5	87.6	81.4	91.6
506	嗪胺灵 a	triforine	0.0	0.0	0.0	0.0	774.3	89.2	79.4	91.8	145.7	0.0	0.0	0.0	0.0	5.4	89.4	92.6	94.3	126.2
507	氟磺胺草醚	fomesafen	69.6	101.1	86.8	83.9	71.9	74.1	101.9	75.1	72.5	70.7	94.0	93.8	96.9	91.8	89.7	79.9	88.0	75.5
508	氟啶胺	fluazinam	63.0	92.1	86.5	85.5	107.5	71.7	92.5	78.4	82.3	82.7	94.9	92.0	88.1	111.3	86.8	81.2	83.7	75.0
509	吡虫隆 a	fluazuron	62.1	89.5	70.0	75.3	79.4	82.8	122.1	83.7	81.5	0.0	118.8	0.0	0.0	0.0	95.0	84.7	84.3	76.8
510	虱螨脲 a	lufenuron	0.0	0.0	0.0	59.9	84.4			NoPeak		0.0	149.4	0.0	72.2	98.3	NoPeak	NoPeak	NoPeak	NoPeak
511	克来范	kelevan	60.9	98.0	99.0	103.4	110.9	74.6	99.6	69.3	86.2	92.0	101.3	100.6	86.7	77.8	90.3	83.1	90.3	81.9
512	氟丙菊酯	acrinathrin	77.5	100.2	85.1	77.9	103.8	80.6	124.4	81.5	91.4	80.9	92.6	105.0	72.7	78.8	78.8	74.6	87.9	76.7

ICS 55.020
A 80

中 华 人 民 共 和 国 国 家 标 准

GB/T 191—2008
代替 GB/T 191—2000

包装储运图示标志

Packaging – Pictorial marking for handling of goods
（ISO 780：1997，MOD）

2008 – 04 – 01 发布 2008 – 10 – 01 实施

中华人民共和国国家质量监督检验检疫总局
中 国 国 家 标 准 化 管 理 委 员 会 发布

前　言

本标准修改采用国际标准 ISO 780：1997《包装储运　图示标志》，主要差异如下：

——在国际标准三种规格的基础上，增加了 50 mm 的规格尺寸；

——在 4.1 标志的使用中增加了“印制标志时，外框线及标志名称都要印上，出口货物可省略中文标志名称和外框线；喷涂时，外框线及标志名称可以省略”；

——在表 1 中增加了每个标志的完整图形。

本标准代替 GB/T 191—2000《包装储运图示标志》。

本标准与 GB/T 191—2000 相比主要变化如下：

——取消了标志在包装件上的粘贴位置；

——在表 1 中增加了标志图形一栏。

本标准由全国包装标准化技术委员会提出并归口。

本标准起草单位：铁道部标准计量研究所、北京出入境检验检疫协会。

本标准主要起草人：张锦、赵靖宇、徐思桥、苏学锋。

本标准所代替标准的历次版本发布情况为：

——GB/T 191—1963、GB/T 191—1973、GB/T 191—1985、GB/T 191—1990、GB/T 191— 2000；

——GB 5892—1985。

包装储运图示标志

1　范围

本标准规定了包装储运图示标志（以下简称标志）的名称、图形符号、尺寸、颜色及应用方法。

本标准适用于各种货物的运输包装。

2　标志的名称和图形符号

标志由图形符号、名称及外框线组成，共 17 种，见表 1。

表 1　　标志名称及图形

序号	标志名称	图形符号	标志	含义	说明及示例
1	易碎物品		易碎物品	表明运输包装件内装易碎物品，搬运时应小心轻放	见 4. 2. 2a)。 位置示例
2	禁用手钩		禁用手钩	表明搬运运输包装件时禁用手钩	
3	向上		向上	表明该运输包装件在运输时应竖直向上	见 4. 2. 2b)。 位置示例 a)　b) c)

（续表）

序号	标志名称	图形符号	标志	含义	说明及示例
4	怕晒		 怕晒	表明该运输包装件不能直接照晒	
5	怕辐射		 怕辐射	表明该物品一旦受辐射会变质或损坏	
6	怕雨		 怕雨	表明该运输包装件怕雨淋	
7	重心		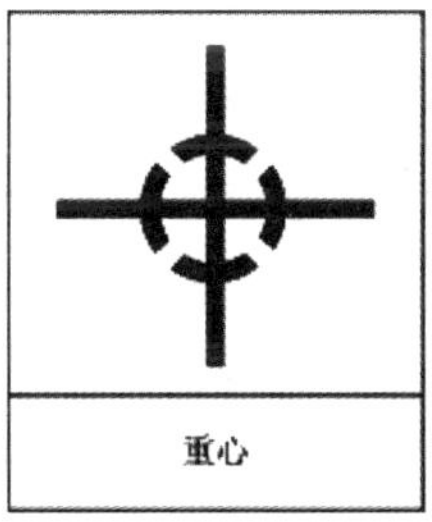 重心	表明该包装件的重心位置，便于起吊	见 4. 2. 2c）。 位置示例 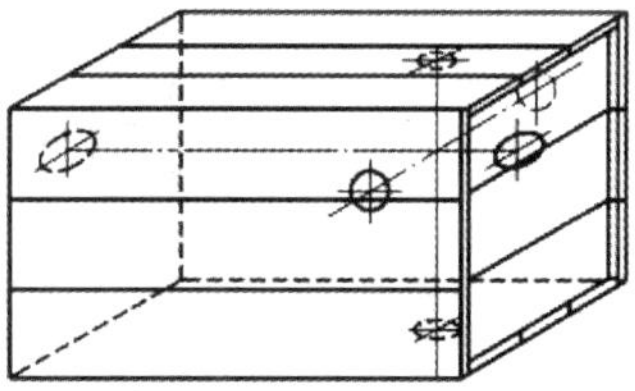 该标志应该标在实际位置上
8	禁止翻滚		 禁止翻滚	表明搬运时不能翻滚该运输包装件	

（续表）

序号	标志名称	图形符号	标志	含义	说明及示例
9	此面禁用手推车		此面禁用手推车	表明搬运货物时此面禁止放在手推车上	
10	禁用叉车		禁用叉车	表明不能用升降叉车搬运的包装件	
11	由此夹起		由此夹起	表明搬运货物时可用夹持的面	见 4. 2. 2d）。
12	此处不能卡夹		此处不能卡夹	表明搬运货物时不能用夹持的面	
13	堆码质量极限	…kg max	…kg max 堆码质量极限	表明该运输包装件所能承受的最大质量极限	

（续表）

序号	标志名称	图形符号	标志	含义	说明及示例
14	堆码层数极限	n	n 堆码层数极限	表明可堆码相同运输包装件的最大层数	包含该包装件，n 表示从底层的总层数
15	禁止堆码		禁止堆码	表明该包装件只能单层放置	
16	由此吊起		由此吊起	表明起吊货物时挂绳索的位置	见 4.2.2e）。 位置示例 应标在实际起吊位置上
17	温度极限		温度极限	表明该运输包装件应该保持的温度范围	…℃min …℃min a) …℃min …℃min b)

3 标准尺寸和颜色

3.1 标志尺寸

标志外框为长方形，其中图形符号外框为正方形，尺寸一般分为4 种，见表2。如果包装尺寸过大或过小，可等比例放大或缩小。

表2　　图形符号及标志外框尺寸　　单位为毫米

序号	图形符号外框尺寸	标志外框尺寸
1	50×50	50×70
2	100×100	100×140
3	150×150	150×210
4	200×200	200×280

3.2 标志颜色

标志颜色一般为黑色。

如果包装的颜色使得标志显得不清晰，则应在印刷面上用适当的对比色，黑色标志最好以白色作为标志的底色。

必要时，标志也可使用其他颜色，除非另有规定，一般应避免采用红色、橙色或黄色，以避免同危险品标志相混淆。

4 标志的应用方法

4.1 标志的使用

可采用直接印刷、粘贴、拴挂、钉附及喷涂等方法。印制标志时，外框线及标志名称都要印上，出口货物可省略中文标志名称和外框线；喷涂时，外框线及标志名称可以省略。

4.2 标志的数目和位置

4.2.1　一个包装件上使用相同标志的数目，应根据包装件的尺寸和形状确定。

4.2.2　标志应标注在显著位置上，下列标志的使用应按如下规定：

a）标志1“易碎物品”应标在包装件所有的端面和侧面的左上角处（见表1 标志1 的说明及示例）；

b）标志3“向上”应标在与标志1 相同的位置［见表1 中标志3 示例a）所示］。当标志1 和标志3 同时使用时，标志3 应更接近包装箱角［见表1 中标志3 示例b）所示］；

c）标志7“重心”应尽可能标在包装件所有六个面的重心位置上，否则至少也应标在包装件2 个侧面和2 个端面上（见表1 中标志7 的说明及示例）；

d）标志11“由此夹起”只能用于可夹持的包装件上，标注位置应为可夹持位置的两个相对面上，以确保作业时标志在作业人员的视线范围内；

e）标志16“由此吊起”至少应标注在包装件的两个相对面上（见表1 中标志16 的说明及示例）。

ICS 55.160
A 82

中华人民共和国国家标准

GB/T 6543—2008
代替 GB/T 6543—1986，GB/T 5033—1985

运输包装用单瓦楞纸箱和双瓦楞纸箱

Single and double corrugated boxes for transport packages

2008-04-01 发布　　2008-10-01 实施

中华人民共和国国家质量监督检验检疫总局
中国国家标准化管理委员会　发布

前　言

本标准参照 JIS Z 1506《运输包装瓦楞纸箱》。

本标准代替 GB/T 6543—1986《瓦楞纸箱》、GB/ T 5033—1985《出口产品包装用瓦楞纸箱》。

本标准与 GB/T 6543—1986 、GB/ T 5033—1985 相比主要变化如下：

——增加了规范性引用文件；

——本标准将瓦楞纸箱分为两类，取消了原标准的第 3 类规定。并重新给出了两类瓦楞纸箱的适用说明及所对应的瓦楞纸板；

——对于箱体连接所使用的粘合剂、扁丝等的要求进行了适当修改；

——对箱体连接时的搭接宽度、缺陷要求等进行了适当修改；

——取消了原标准中的耐冲击强度试验、抗转载试验等；

——修改了压力试验的要求；

——修改了原标准的检验规则的要求；

——修改了包装、标志、运输和储存的要求；

——增加了附录 C 三种尺寸的关系；

——修改了附录 D 瓦楞纸箱抗压强度计算方法。

本标准的附录 A 为规范性附录，附录 B、附录 C、附录 D 为资料性附录。

本标准由国家标准化技术委员会提出并归口。

本标准由华力包装贸易有限公司、厦门合兴包装印刷有限公司、胜达集团有限公司、深圳市包装行业协会负责起草，上峰集团有限公司、青岛丰彩纸制品有限公司、深圳市美盈森环保包装技术有限公司、东经控股集团有限公司、宁夏金世纪包装印刷有限公司参加起草。

本标准主要起草人：黄雪、蔡少龄、程明生、吴红一、滕大良、斯明勋、官民俊、蒋孟友、吴亮、刘颉、石义伟。

本标准所代替标准的历次版本发布情况为：

——GB/T 6543—1986；

——GB/T 5033—1985。

运输包装用单瓦楞纸箱和双瓦楞纸箱

1　范围

本标准规定了运输包装用单瓦楞纸箱和双瓦楞纸箱（以下简称瓦楞纸箱）的分类、结构形式、要求、试验与检验方法等。

本标准适用于瓦楞纸箱的设计、生产制造与检验，其他类型的瓦楞纸箱可参照本标准的有关规定。

2 规范性引用文件

下列文件的条款通过本标准的引用而成为本标准的条款，凡是注日期的引用文件，其随后所有的修改单（不包括勘误的内容）或修订版均不适用于本标准，然而，鼓励根据本标准达成协议的各方研究是否可使用这些文件的最新版本。凡是不注日期的引用文件，其最新版本适用于本标准。

GB/T 191 包装储运图示标志（GB/T 191—2008，ISO 780：1997，MOD）

GB/T 2828.1—2003 计数抽样检验程序 第1部分：按接收质量限（AQL）检索的逐批检验抽样计划（ISO 2859-1：1999，IDT）

GB/T 4857.4 包装 运输包装件压力试验方法（GB/T 4857.4—1992，eqv 2872：1985）

GB/T 4892 硬质直方体运输包装尺寸系列

GB/T 6544 瓦楞纸板

3 分类

瓦楞纸箱按照所使用的瓦楞纸板的不同种类、内装物的最大质量及综合尺寸、预计的储运流通环境条件等将其分为20种，如表1所示。

表1 瓦楞纸箱的种类

种类	内装物最大质量/kg	最大综合尺寸[a]/mm	1类[b]		2类[c]	
			纸箱代号	纸板代号	纸箱代号	纸板代号
单瓦楞纸箱	5	700	BS-1.1	S-1.1	BS-2.1	S-2.1
	10	1 000	BS-1.2	S-1.2	BS-2.2	S-2.2
	20	1 400	BS-1.3	S-1.3	BS-2.3	S-2.3
	30	1 750	BS-1.4	S-1.4	BS-2.4	S-2.4
	40	2 000	BS-1.5	S-1.5	BS-2.5	S-2.5
双瓦楞纸箱	15	1 000	BD-1.1	D-1.1	BD-2.1	D-2.1
	20	1 400	BD-1.2	D-1.2	BD-2.2	D-2.2
	30	1 750	BD-1.3	D-1.3	BD-2.3	D-2.3
	40	2 000	BD-1.4	D-1.4	BD-2.4	D-2.4
	55	2 500	BD-1.5	D-1.5	BD-2.5	D-2.5

[a] 综合尺寸是指瓦楞纸箱内尺寸的长、宽、高之和。

[b] 1类纸箱主要用于储运流通环境比较恶劣的情况。

[c] 2类纸箱主要用于流通环境较好的情况。

注：当内装物最大质量与最大综合尺寸不在同一档次时，应以其较大者为准。

4 基本箱型与代号

瓦楞纸箱的基本式样图形（见附录A）。根据内装物的不同，也可以采用其他型式的瓦楞纸箱。瓦楞纸箱内可以使用隔板、衬垫、底座等纸箱附件，其种类及代号（参见附录B）。

瓦楞纸箱的箱型代号由四位数字组成，前两位数字表示箱型种类，后两位数字表示同一类箱型中不同的纸箱式样。

4.1 开槽型（02 型）

通常出一片瓦楞纸板组成，由顶部及底部折片（俗称上、下摇盖）构成箱底和箱盖，通过钉合或粘合等方法制成纸箱。运输时可以折叠平放，使用时把箱盖和箱底封合。

4.2 套合型（03 型）

由几片箱坯组成的纸箱，其特点是箱底、箱盖等部分分开。使用时，把箱盖、箱底等几部分套合组成纸箱。

4.3 折叠型（04 型）

通常由一片瓦楞纸板折叠成纸箱的底、箱体和箱盖，使用前不需要钉合及黏合。

5 要求

5.1 材料

5.1.1 制造瓦楞纸箱所使用的瓦楞纸板见表1，各项技术指标应符合 GB/T 6544 的规定，成箱后取样进行检测的纸板强度指标允许低于标准规定值的10%。

5.1.2 钉合瓦楞纸箱应采用宽度 1.5 mm 以上的经防锈处理的金属钉线，钉线不应该有锈斑、剥层、龟裂或其他使用上的缺陷。

5.1.3 黏合瓦楞纸箱应使用有足够接合强度的符合有关标准规定的黏合剂。

5.2 尺寸与偏差

5.2.1 瓦楞纸箱的外尺寸应符合 GB/T 4892 的规定，瓦楞纸箱的长、宽之比一般不大于 2.5：1，高宽之比一般不大于 2：1，一般不小于 0.15：1。

5.2.2 瓦楞纸箱的规格通常用内尺寸、展开尺寸（或制造尺寸）或外尺寸表示（单位为毫米），其规定如下：

——内尺寸：瓦楞纸箱内的净空尺寸，以长、宽、高的顺序表示；

——展开尺寸：制造时的压线尺寸。瓦楞纸箱展开时压线之间的尺寸，以长、宽、高的顺序表示；

——外尺寸：瓦楞纸箱的外形尺寸，以长、宽、高的顺序表示。

三种尺寸的关系参见附录C。

5.2.3 瓦楞纸箱的尺寸公差为单瓦楞纸箱 ±3mm，双瓦楞纸箱 ±5mm。

5.3 质量与结构

5.3.1 纸箱的接合可用钉线或粘合剂等方式。瓦楞纸箱质量应均一，不得有黏合及钉合不良、不规则、脏污、伤痕等使用上的缺陷。

5.3.2 瓦楞纸箱钉合搭接舌边的宽度单瓦楞纸箱为 30 mm 以上，双瓦楞纸箱为 35 mm 以上。钉接时，钉线的间隔为单钉不大于 80 mm，双钉不大于 10 mm。沿搭接部分中线钉合，采用斜钉（与纸箱立边约成 45°）或横钉，箱钉应排列整齐、均匀。头尾钉距底面压痕中线的距离为 13 mm ± 7 mm。钉合接缝应钉牢、钉透，不得有叠钉、翘钉、不转角等缺陷。

5.3.3 瓦楞纸箱接头粘合搭接舌边宽度不少于 30 mm，粘合接缝的粘合剂涂布应均匀充分，不得有多余的粘合剂溢出现象。粘合应牢固，剥离时至少有 70 % 的粘合面被破坏。

5.3.4 瓦楞纸箱压痕线宽度不得大于 17 mm，折线居中，不得有破裂或断线。箱壁不得有多余的压痕线。

5.3.5 异型箱除外，构成纸箱的各面的切断部及棱必须互成直角。在压痕、合盖时，瓦楞纸板的表面不得破裂，在切断部位不得有显著的缺陷，切断口表面裂损宽度不得超过 8 mm。

5.3.6 箱面印刷图字清晰，位置准确。根据需要，在适当位置印刷瓦楞纸箱的种类或代号、生产日期及制造厂等信息。

5.3.7 瓦楞纸箱的摇盖应牢固，可以经受多次开合，经 6.2 试验面层不得有裂缝，里层裂缝长总和不大于 70 mm。

5.3.8 瓦楞纸箱的抗压能力按 6.2.3 规定的方法进行平面压力试验，其强度值应大于规定值。具体参数的确定可参见附录 D 或由供需双方协商确定。

5.3.9 瓦楞纸箱的抗机械冲击能力应与其内装物的性质、包装防护方式等综合考虑，可由供需双方协商进行有关试验并确定试验的强度值。具有特殊要求（如：防潮等）的纸箱性能应符合其他有关标准或规定。

6 检验与试验

6.1 检验

对材料、尺寸、质量与结构进行检验，应符合 5.1 ~ 5.3 的有关规定。

6.2 试验

6.2.1 测定内尺寸时，应将纸箱支撑成型，相邻面夹角成 90°，在搭舌上距摇盖压痕线 50 mm 处分别量取长度和宽度，以箱底与箱顶两内摇盖间的距离量取箱高；也可将纸箱展开，使弯折的部分充分展平，展不平时可压上重物，用直尺测量展开尺寸。可参考附录 C 的方法，根据展开尺寸与内尺寸的关系换算成内尺寸。

6.2.2 瓦楞纸箱摇盖经先合后开 180°往复 5 次，检验其面层和里层是否有裂缝。

6.2.3 瓦楞纸箱空箱抗压能力按 GB/T 4857.4 的规定进行，瓦楞纸箱应按拟采取的实际运输状态进行封合。

7 检验规则

7.1 检验分类

瓦楞纸箱的检验分为出厂检验和型式检验。

7.1.1 出厂检验

按 5.1、5.2、5.3.1 ~ 5.3.8 的要求对产品的材质、尺寸与偏差、质量与结构要求进行确认和检验。

7.1.2　型式检验

型式检验项目为第5章规定的全部项目。当有下列情况之一时，应进行型式检验：

a）新产品投产的鉴定；

b）当结构、工艺、材料有较大改变时；

c）产品长期停产后，恢复生产时；

d）出厂检验结果与上次型式检验有较大差异时；

e）国家质量监督机构或用户提出要求时。

7.2　组批与抽样方案

7.2.1　一般情况下，以相同材料、相同工艺、相同规格、同时交付的产品为一批。

7.2.2　除空箱抗压试验外，所有项目按照GB/T 2828.1—2003正常检查二次抽样方案，一般检查水平I，AQL = 6.5，见表2。

表2　　抽样与合格判定方案

批量	第一次			第二次		
	抽样数	接收数 Ac	拒收数 Re	抽样数	接收数 Ac	拒收数 Re
<150	5	0	2	5（10）	1	2
150～280	8	0	3	8（16）	3	4
281～500	13	1	3	13（26）	4	5
501～1 200	20	2	5	20（40）	6	7
1 201～3 200	32	3	6	32（64）	9	10
3 201～1 000	50	5	9	50（100）	12	13
>1 000	80	7	11	80（160）	18	19

7.2.3　空箱抗压试验从一批中任意抽取5个样品进行试验。

7.3　判定规则

7.3.1　按5.1、5.2、5.3.1～5.3.7检验项目的要求对瓦楞纸箱进行单项判定，其中有两项不合格则该纸箱为不合格。若同一项目有两个及以上纸箱不合格的，则这些纸箱不合格。

7.3.2　摇盖耐折性能不合格，则该纸箱不合格。

7.3.3　除空箱抗压试验外，不合格纸箱数达到表2规定的拒收数时，则该批为不合格，空箱抗压试验若有一个样品不合格，则该批不合格。

8　标志、包装、运输和贮存

8.1　包装标志应符合GB/T 191的规定。

8.2　瓦楞纸箱的包装方式和要求由供需双方商定。

8.3　瓦楞纸箱在储运过程中应避免雨雪、暴晒、受潮和污染，不得采用有损瓦楞纸箱质量的运输、装卸方式及工具。

8.4 瓦楞纸箱应贮存在通风干燥的库房内，底层距地面高度不小于100 mm，短期露天存放时，应有必要的防雨防晒等措施。

附 录 A
（规范性附录）
基本箱型与代号

表 A.1 基本箱型与代号

箱型代号	展开图	组合图
0201	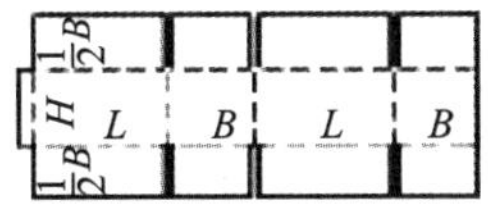 $\frac{1}{2}B$ H L B L B $\frac{1}{2}B$	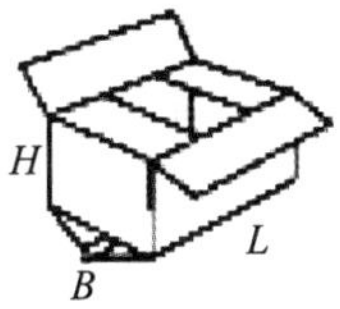 H L B
0202	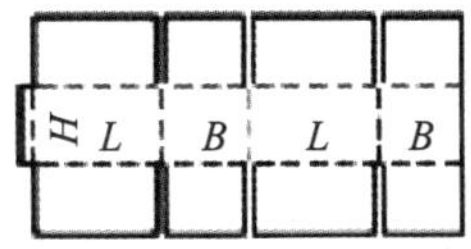 H L B L B	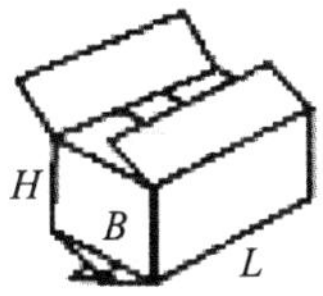 H B L
0203	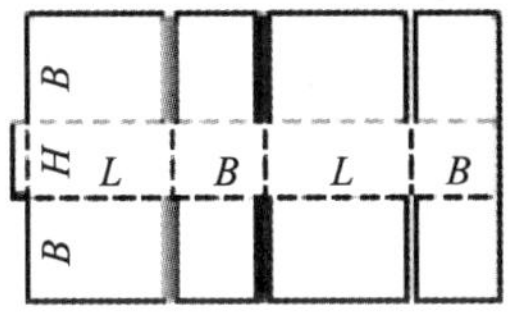 B H L B L B B	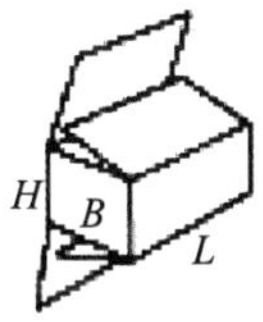 H B L
0204	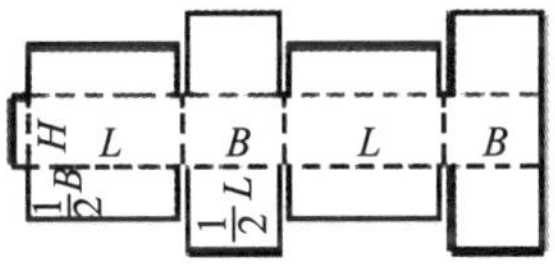 H L B L B $\frac{1}{2}B$ $\frac{1}{2}L$	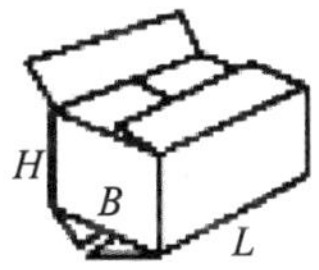 H B L
0205	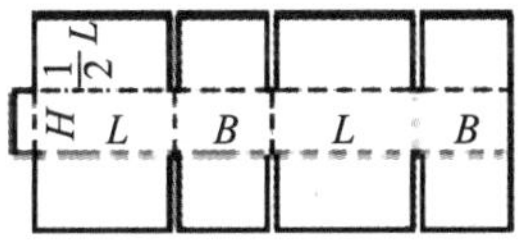 $\frac{1}{2}L$ H L B L B	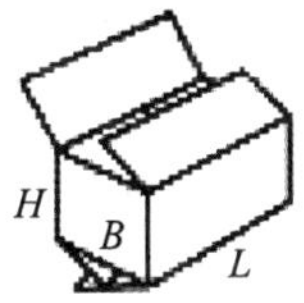 H B L
0206	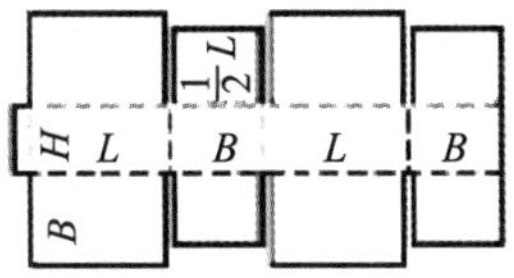 $\frac{1}{2}L$ H L B L B B	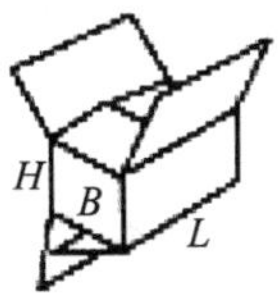 H B L
0310	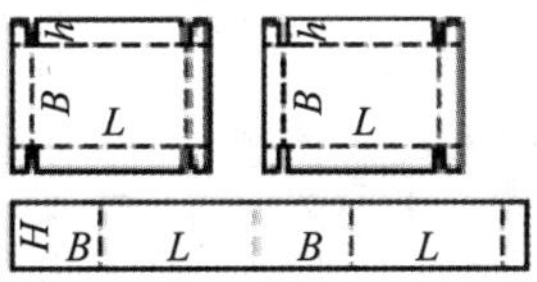 h B L h B L H B L B L	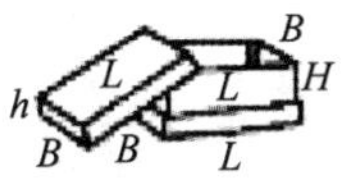 B H L h L B B L

（续表）

箱型代号	展开图	组合图
0325		
0402		
0406		

附 录 B
（资料性附录）
附件种类及代号

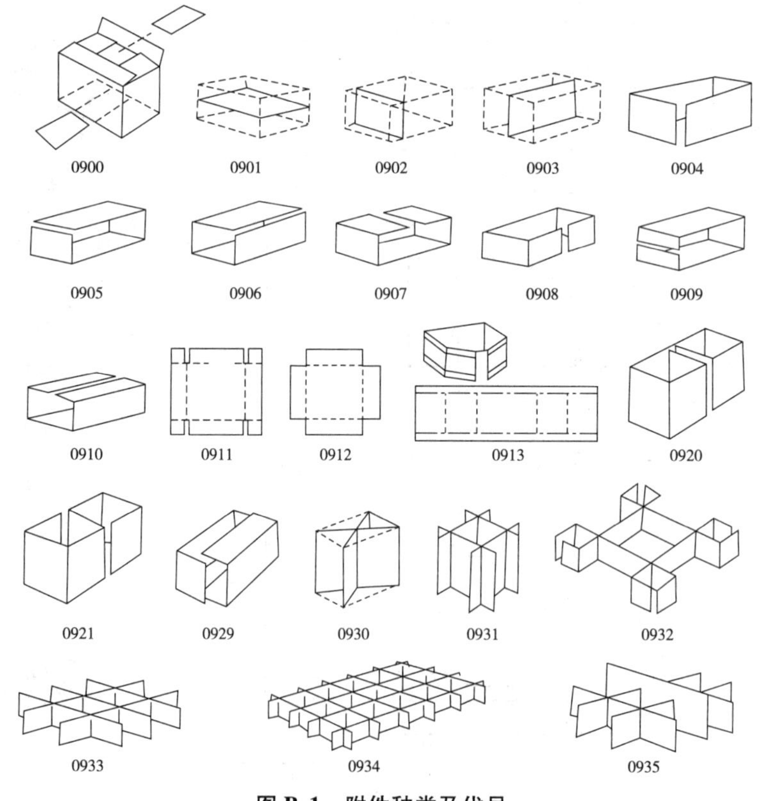

图 B.1 附件种类及代号

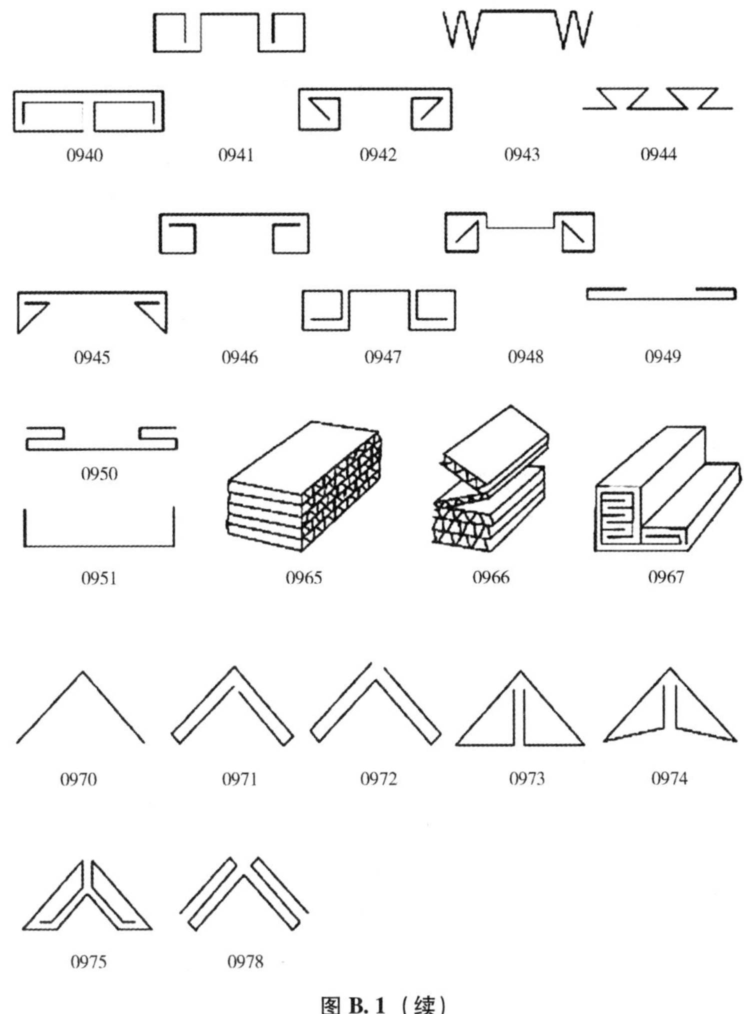

图 B.1（续）

附 录 C
（资料性附录）
三种尺寸的关系

C.1 0201 型纸箱的展开图如图 C.1 所示。

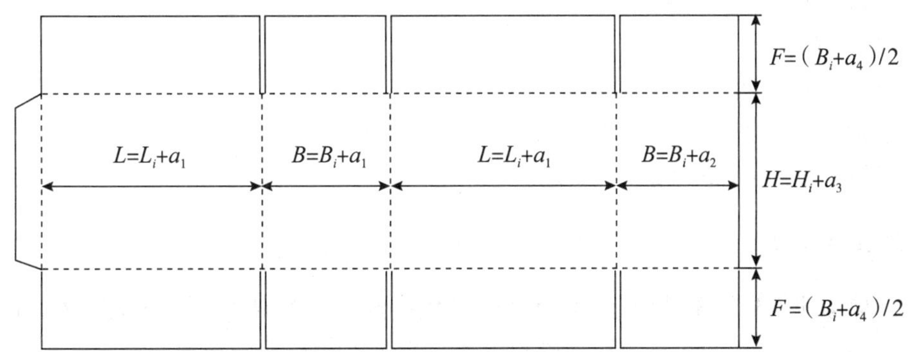

注：L、B 及 H、F 为展开尺寸，L_i、B_i 及 H_i 为内尺寸，a_1、a_2、a_3 及 a_4 为伸放量。

图 C.1 0201 型纸箱展开图

C.2　图 C.1 中的伸放量的参考值如表 C.1 所示。

表 C.1　　0201 型纸箱的伸放量

纸板类别	楞型	伸放量/mm			
		a_1	a_2	a_3	a_4
单瓦楞纸板	A 楞	6	4	9	4
	C 楞	4	3	8	3
	B 楞	3	2	6	1
双瓦楞纸板	AB 楞	9	6	16	6
	BC 楞	8	5	14	5

注 1：摇盖 F 的计算式中（B_i 十 a_4）为奇数时加 1。

注 2：表中的伸放量只是一例。因为伸放量会受设备、加工方法、所用原纸及封箱方法等诸多因素的影响，故在新包装设计时，应制作样箱试装，反复改进后，才能得出该纸箱较实用的伸放量的值。

C.3　0201 型纸箱外尺寸与内尺寸的关系：

$L_0 = L_i +$（纸板厚度 ×2）

$B_0 = B_i +$（纸板厚度 ×2）

$H_0 = H_i +$（纸板厚度 ×4）

附　录　D

（资料性附录）

瓦楞纸箱抗压强度的计算方法

D.1　计算公式

瓦楞纸箱的抗压强度值不小于式（D.1）所得的计算值：

$$P = K \cdot G \frac{H-h}{h} \times 9.8 \tag{D.1}$$

式中：

P——抗压强度值，单位为牛顿（N）；

K——强度安全系数；

G——瓦楞纸箱包装件的质量，单位为千克（kg）；

H——堆码高度（一般不高于 3 000 mm），单位为毫米（mm）；

h——瓦楞纸箱高度，单位为毫米（mm）。

D.2　强度安全系数 K

应根据实际储运流通环境条件确定，包括气候环境条件、机械物理环境条件及储运时间等，内装物能起到支撑作用的一般取 1.65 以上，不能起到的一般取 2 以上。

ICS 79.100
A 82

中华人民共和国国家标准

GB/T 23778—2009

酒类及其他食品包装用软木塞

Cylindrical cork stoppers for alcohol and other food packaging

2009-05-18 发布　　2009-12-01 实施

中华人民共和国国家质量监督检验检疫总局
中国国家标准化管理委员会　发布

前 言

本标准由中国标准化研究院提出。

本标准由中国标准化研究院归口。

本标准主要起草单位：国家葡萄酒及白酒、露酒产品质量监督检验中心，烟台麒麟包装有限公司，烟台华顶包装有限公司，烟台意隆葡萄酒包装有限公司。

本标准主要起草人：朱济义、冯韶辉、赵一嵘、张燕、薛绪山、王书玲、蒋友光、邢国庆。

酒类及其他食品包装用软木塞

1 范围

本标准规定了酒类及其他食品包装用软木塞的术语和定义、产品分类、要求、试验方法、检验规则、标志、包装、运输及贮存。

本标准适用于酒类、饮料及其他食品包装容器使用的软木塞。

2 规范性引用文件

下列文件中的条款通过本标准的引用而成为本标准的条款。凡是标注日期的引用文件，其随后所有的修改单（不包括勘误的内容）或修订版均不适用于本标准，然而，鼓励根据本标准达成协议的各方研究是否可使用这些文件的最新版本。凡是不注日期的引用文件，其最新版本适用于本标准。

GB/T 601 化学试剂 标准滴定溶液的制备

GB/T 2828.1 计数抽样检验程序 第1部分：按接收质量限（AQL）检索的逐批检验抽样计划（GB/T 2828.1—2003，ISO 2859—1：1999，IDT）

GB/T 4789.2 食品卫生微生物学检验 菌落总数测定

GB/T 4789.15 食品卫生微生物学检验 霉菌和酵母计数

GB/T 4789.28 食品卫生微生物学检验 染色法、培养基和试剂

3 术语和定义

下列术语和定义适用于本标准。

3.1

软木 cork

栓皮栎生长过程中，在树皮中形成的由一层层细胞组成的木栓层，当达到一定的年限和厚度时剥离下来的栓皮栎树皮。

3.2

软木塞　cylindrical cork stoppers

用整备的块状软木加工或软木颗粒聚合而成的用来封堵瓶子或其他容器的塞子。

3.3

天然塞　natural cork stoppers

用一块或两块以上软木加工成的塞子。

3.4

填充塞　filled cork stoppers

在外观质量较差的天然塞表面均匀地涂上一层用软木粉末与粘结剂制作的混合物，将表面的缺陷与孔洞进行填充和掩盖的塞子。

3.5

贴片塞　pasted N + N cork stoppers

用聚合塞做塞体，在塞体的两端或一端粘贴 1 片或 2 片天然软木圆片的塞子。通常表示为贴片 0 + 1 软木塞、贴片 0 +2 软木塞、贴片 1 +1 软木塞、贴片 2 +2 软木塞等。

3.6

聚合塞　agglomerated cork stoppers

用软木颗粒与粘结剂混合，在一定的温度和压力下，压挤而成板、棒或单体压铸后，经加工而成的塞子。

3.7

加顶塞　T – top cork stoppers

用天然软木或聚合软木做塞体，用木材、塑料、金属、玻璃、陶瓷等做顶制成的塞子。

3.8

皮孔　lenticel

在软木塞中出现的沟槽或孔洞。

4　产品分类

按材料或加工工艺不同，软木塞可分为：天然塞（含填充塞）、贴片塞、聚合塞、加顶塞。

5　要求

5.1　原材料要求

5.1.1　软木塞所用的主要原材料（软木）应满足用其生产的软木塞达到本标准所规定的技术要求。

5.1.2　生产软木塞时，应使用符合国家食品级要求的粘结剂、油墨、润滑剂（硅、蜡）等。

5.2　感官要求

5.2.1　色泽

同一批软木塞表面色泽应基本一致、柔和、无水渍痕迹。

5.2.2　气味

软木塞不应有霉味及其他异味。

5.2.3　外观质量

5.2.3.1　表面光洁，端面平整。天然塞表面允许有皮孔。

5.2.3.2　印制或火烫图案应清晰、对称、完整。

注：天然塞外观分级按照供需双方合同约定执行。

5.3　尺寸要求

应符合表 1 规定。

表 1　　尺寸偏差

分　类	直径允许偏差/mm	长度允许偏差/mm	不圆度允许偏差/mm
天然塞	±0.5	±1.0	≤0.5
其他塞[a]	±0.4	±0.5	≤0.4
贴片塞的贴片单片厚度/mm	≥3.5		
注：起泡酒用贴片塞的贴片单片厚度≥6.0 mm。			
[a] 加顶塞直径、不圆度以柱体为准。			

5.4　物理特性

应符合表 2 规定。

表 2　　物理特性

项　目	指标		
	天然塞	聚合塞	贴片塞
含水率[a]/%	4.0～8.0		
拔塞力/N	150～450		
回弹率/%　≥	90		
密度/（kg/m^3）	100～220	260～320	250～330
掉渣量/（mg/只）　≤	3.0	1.0	2.0
密封性能	在 0.15 MPa 气压条件下，保持 30 min，不渗漏	在 0.20 MPa 气压条件下，保持 3 h，不渗漏	在 0.20 MPa 气压条件下，保持 3 h，不渗漏
聚合体结构稳定性[b]	软木塞在沸水中浸泡 90 min，无软木颗粒从聚合体上分离		
[a] 加顶塞只检含水率。			
[b] 只适用于聚合塞。			

5.5 氧化剂残留量

氧化剂残留量不大于0.2 mg/只。

5.6 微生物指标

应符合表3规定。

表3 微生物指标

项目	指标
菌落总数/（CFU/只）≤	5
酵母/（CFU/只）≤	3
霉菌/（CFU/只）≤	5

6 试验方法

6.1 试验用水

试验用水应达到实验室用二级水要求。

6.2 感官检验

6.2.1 色泽及外观

应在光线充足的地方目测软木塞的色泽及外观质量。

6.2.2 气味

取10个软木塞分别置于10个盛有100 mL蒸馏水的密闭容器中，浸泡24 h后经鼻嗅，记录软木塞有无发霉等异味。

6.3 规格尺寸

6.3.1 直径

6.3.1.1 天然塞、聚合塞和两端贴片的贴片塞

用精度为0.02 mm的卡尺沿长度方向的中间部位正交方向测量，精确到0.1 mm。

6.3.1.2 一端贴片的贴片塞

用精度为0.02 mm的卡尺在聚合体和软木圆片之间的胶线位置测量，精确到0.1 mm。

6.3.2 长度

用精度为0.02 mm的卡尺在软木塞两个端面的中心位置测量，精确到0.1 mm。

6.3.3 不圆度

按6.3.1的要求测量软木塞的直径，最大直径减最小直径即为不圆度，精确到0.1 mm。

6.4 含水率

6.4.1 方法

取10只软木塞，用万分之一天平称量每个样品质量（m_1），放到温度为103 ℃ ±4 ℃的烘箱内24 h。对于贴片塞在放烘箱前应将贴片和聚合体分开。取出软木塞，在干燥器内冷却30 min称重。重新把软木塞放入烘箱中2 h，取出冷却后称重，使样品达到恒重（m_2）（连续两次称重绝对差值不超过

10 mg 即为恒重）。

6.4.2　结果计算

含水率按式（1）计算。

$$X = \frac{m_1 - m_2}{m_1} \times 100 \quad \cdots\cdots (1)$$

式中：

X——试样的含水率，%；

m_1——干燥前试样的质量，单位为克（g）；

m_2——干燥后试样的质量，单位为克（g）。

计算 10 只试样的算术平均值，并精确至小数点后一位数。

6.5　拔塞力

6.5.1　设备与装置

6.5.1.1　标准柱内径为 18.5 mm ±0.02 mm 或与瓶塞匹配的玻璃瓶。

6.5.1.2　带有穿透性的螺旋器：

可用长度：40 mm ~60 mm。

内径：3 mm ~4 mm。

外径：8.5 mm ~10 mm。

螺旋器的钢丝直径：2.7 mm ~3.2 mm。

螺距：8 mm ~11mm。

6.5.1.3　拔塞仪：带有精确度为 1 N 的压力传感器，速度 0 mm/min ~500 mm/min 可调。

6.5.2　试验方法

用丙酮清洗标准柱或玻璃瓶口，晾干。取软木塞 10 只，用打塞机将软木塞压入到与酒瓶瓶颈相匹配的标准柱或玻璃瓶内，静置 1 h。将螺旋器从软木塞端面的中心位置插入，把标准柱或玻璃瓶固定到拔塞仪上，连接螺旋器和拔塞仪，以 300 mm/min 的速度拔出，显示的最大数值即为拔塞力。每个软木塞的拔塞力均在标准规定的数值范围内。仲裁检验采用将软木塞压入标准柱内拔出的试验方法。

6.6　回弹率

6.6.1　方法

取软木塞 10 只，在 6.3.1 所要求的部位，用精确到 0.02 mm 的卡尺，测量软木塞压缩前的直径（d_1），然后使用压塞机将其直径压缩到原直径的 65% ~70% 后，取出软木塞，停放 3 min。再在原测量位置测得压缩后的直径（d_2）。

6.6.2　结果表示

回弹率按式（2）计算。

$$T = \frac{d_1}{d_2} \times 100 \quad \cdots\cdots (2)$$

式中：

T——试样的回弹率，%；

d_2——试样压缩后的直径，单位为毫米（mm）；

d_1——试样压缩前的直径，单位为毫米（mm）。

计算10只试样的算术平均值，并精确至整数位。

6.7 密度

6.7.1 方法

取软木塞10只，在温度20 ℃ ±4 ℃，湿度60% ±10%的试验环境中放至质量恒定，用万分之一的天平称量每一个软木塞的质量（m）。

6.7.2 结果表示

密度按式（3）计算。

$$\rho = \frac{m \times 10^6}{\pi \times \left(\frac{d}{2}\right)^2 \times L} \quad \cdots\cdots (3)$$

式中：

ρ—试样的密度，单位为千克每立方米（kg/m^3）；

m——试样的质量，单位为克（g）；

d—试样的直径，单位为毫米（mm）；

L——试样的长度，单位为毫米（mm）。

计算10只试样的算术平均值，并精确至整数位。

6.8 掉渣量

6.8.1 方法

以4只软木塞作为一组，取两组做平行试验。将1.2 μm滤膜放入103 ℃ ±4 ℃烘箱中烘干至恒重后取出，用万分之一的天平称重（m_1）。把每组软木塞放入盛有250 mL10%（体积分数）乙醇水溶液的500 mL锥形烧瓶中，置于振荡器（振荡频率为140 r/min ~ 160 r/min）中振荡10 min，倒入过滤器过滤，再用50 mL10%（体积分数）乙醇水溶液冲洗锥形烧瓶和过滤器。将滤膜置于烘箱中烘干后取出，放入干燥器内冷却30 min称重，使样品达到恒重（m_2）（连续两次称重不超过10 mg即为恒重）。

6.8.2 结果表示

掉渣量按式（4）计算。

$$X = \frac{m_2 - m_1}{4} \times 1\,000 \quad \cdots\cdots (4)$$

式中：

X——试样的掉渣量，单位为毫克每只（mg/只）；

m_2——过滤后烘干至恒重的滤膜质量，单位为克（g）；

m_1——过滤前烘干至恒重的滤膜质量，单位为克（g）。

计算两组试样的算术平均值，精确至小数点后一位。

6.9 密封性能

用丙酮清洗标准柱，晾干。取软木塞10只，用打塞机将软木塞压入与酒瓶瓶颈相仿的标准柱内，静置30 min，注入3 mL ~ 5 mL亚甲基蓝染色的10%（体积分数）乙醇水溶液，将每个标准柱放到压力仪（压力表精确度为0.01 MPa）上，每个标准柱的底部放置一片滤纸并接触软木塞。对标准柱内的彩色溶液施加气压：天然软木塞在0.15 MPa气压下，保持30 min；聚合软木塞、贴片软木塞在0.20

MPa 气压下，保持 3 h。通过滤纸上的流动液体，观察软木塞有无渗漏现象。

6.10 聚合体结构稳定性

取 10 只聚合软木塞，完全浸泡在沸水中 90 min，观察软木颗粒有无从聚合体上分离现象。

6.11 氧化剂残留量

6.11.1 原理

在酸性条件下，氧化剂残留物与碘化钾生成碘，用硫代硫酸钠标准溶液滴定生成的碘，以淀粉作为指示剂，溶液颜色由蓝色褪成无色为滴定终点，记录滴定消耗的硫代硫酸钠标准溶液的体积，通过公式计算出氧化剂残留量。

化学反应方程式：

$$H_2O_2 + 2H^+ + 2I^- \rightarrow I_2 + 2H_2O$$

$$2S_2O_3^{2-} + I_2 \rightarrow S_4O_6^{2-} + 2I^-$$

6.11.2 试剂

6.11.2.1 硫酸溶液（1+3）：取 1 体积浓硫酸缓慢注入 3 体积水中。

6.11.2.2 碘化钾溶液：50 g/L。使用时配制。

6.11.2.3 0.02 mol/L 硫代硫酸钠标准溶液：按 GB/T 601 配制与标定 0.1 mol/L 硫代硫酸钠标准溶液，临用前准确稀释 5 倍。

6.11.2.4 5 g/L 淀粉溶液：称取 0.5 g 淀粉，加 5 mL 水使其成糊状，在搅拌下将糊状物加到 50 mL 沸腾的水中，煮沸 1 min ~2 min，冷却，稀释至 100 mL。使用期为两周。

6.11.2.5 醋酸溶液（1+1）：取 1 体积冰乙酸与 1 体积水混合。

6.11.3 方法

以 4 只软木塞作为一组，取两组做平行试验。向 500 mL 具塞碘量瓶中，依次加入 25 mL 碘化钾溶液（6.11.2.2）、5 mL 硫酸溶液（6.11.2.1）、0.5 mL 淀粉溶液（6.11.2.4），5 mL 醋酸溶液（6.11.2.5）、200 mL 的蒸馏水，然后将每组软木塞放入碘量瓶中，旋紧瓶塞，振荡 0.5 h。用 0.02 mol/L 的硫代硫酸钠标准溶液（6.11.2.3）滴定碘量瓶内溶液。溶液颜色由蓝色褪成无色，且 30 s 不变色作为滴定终点。记录消耗的硫代硫酸钠标准溶液体积（V_1）。

同时进行空白试验，操作同上。记录消耗的硫代硫酸钠标准溶液体积（V_0）。

6.11.4 结果表示

氧化剂残留量按式（5）计算。

$$X = \frac{c \times (V_1 - V_0) \times 17}{4} \quad \cdots\cdots (5)$$

式中：

X——试样的氧化剂残留量，单位为毫克每只（mg/只）；

c——硫代硫酸钠标准溶液的摩尔浓度，单位为摩尔每升（mol/L）；

V_1——测定试样时消耗的硫代硫酸钠标准溶液的体积，单位为毫升（mL）；

V_0——空白试验消耗的硫代硫酸钠标准溶液的体积，单位为毫升（mL）；

17——与 1 mmol 硫代硫酸钠相当的过氧化氢的质量，单位为毫克（mg）。

计算两组试样的算术平均值，精确至小数点后一位。

平行试验的相对误差小于 5%。

6.12 菌落总数

6.12.1 方法

按照 GB/T 4789.2，将所使用的器皿、吸管、培养基、100 mL 生理盐水、过滤装置和直径 50 mm 0.45 μm 滤膜等试验用品高压灭菌。

以 4 只软木塞作为一组，取两组做平行试验。在无菌条件下，将每组软木塞放入盛有 100 mL 生理盐水的无菌容器中，密封。在振荡器上摇动 0.5 h，用孔隙为 0.45 μm 的无菌滤膜过滤，把滤膜放入培养皿，倒入温度为 46 ℃ ±1℃的营养琼脂培养基（培养基的配制见 GB/T 4789.28）。

待琼脂凝固后，翻转平板，置 36 ℃ ±1 ℃的温箱内培养 48 h ±2 h。同时用 100 mL 生理盐水做空白对照。

6.12.2 菌落计数方法

做平板菌落计数时，可用肉眼观察，必要时用放大镜检查，以防遗漏。计下各平板的菌落总数，除以 4 只即为每只试样的菌落总数。计算两组试样的算术平均值，结果保留至整数位。

6.13 霉菌和酵母菌

6.13.1 方法

按照 GB/T 4789.15，将所使用的器皿、吸管、培养基、100 mL 生理盐水、过滤装置和直径 50 mm 0.45 μm 滤膜等试验用品高压灭菌。

以 4 只软木塞作为一组，取两组做平行试验。在无菌条件下，将成品软木塞放入盛有 100 mL 生理盐水的无菌容器中，密封。在振荡器上摇动 0.5 h，用孔隙为 0.45 μm 的无菌滤膜过滤，把滤膜放入 46 ℃ ±1 ℃的培养基（培养基的配制见 GB/T 4789.28）。

待琼脂凝固后，翻转平板，置 25 ℃ ~28 ℃的温箱内培养。从第 3 天观察，共培养 5 天。同时用 100 mL 生理盐水做空白对照。

6.13.2 菌落计数方法

做平板菌落计数时，可用肉眼观察，必要时用放大镜检查，以防遗漏。分别计下各平板的霉菌数和酵母菌数，除以 4 只即为每只试样的菌落总数。计算两组试样的算术平均值，结果保留至整数位。

7 检验规则

7.1 出厂检验

7.1.1 产品以一批为单位进行验收，以同一原料、工艺情况下连续生产的同一品质、同一规格的软木塞为一批，每批数量不超过 100 万只。

7.1.2 出厂检验项目为感官要求、尺寸、含水率、密度。

7.1.3 感官要求、尺寸按 GB/T 2828.1，采用正常检验一次抽样方案，取特殊检验水 $S-3$，按接收质量限（AQL）4.0。

抽样方案按表 4 规定执行。

表 4　抽样方案　　单位为只

批量 N	样本量 n	接收数 Ac	拒收数 Re
≤500	8	1	2
501 ~1 200	13	1	2

续 表

批量 N	样本量 n	接收数 Ac	拒收数 Re
1 201 ~ 3 200	13	1	2
3 201 ~ 10 000	20	2	3
10 001 ~ 35 000	20	2	3
35 001 ~ 150 000	32	3	4
150 001 ~ 500 000	32	3	4

7.1.4 在计数抽样合格的产品中，随机抽取足够的样品，进行含水率、密度的试验。

7.1.5 出厂检验判定：出厂检验项目中如有一项不合格，应从该批中加倍抽样，对不合格的项目进行复验，如仍不合格则判该批产品为不合格品。

7.2 型式检验

7.2.1 检验项目

随机抽取足够的样品进行型式检验，型式检验项目为第 6 章中要求的全部项目。

7.2.2 下列情况之一时应进行型式检验：

a）新产品在制成样品或批量生产、提请鉴定前进行；

b）当工艺或主要材料上有重大变动时进行；

c）停产一年后又重新投产时进行；

d）上级质量检验部门提出型式检验要求时进行。

7.2.3 检验结果判定

微生物指标不合格即判为不合格；其他项目不合格时则加倍抽样进行复验，如仍不合格则判为型式检验不合格。

8 标志、包装、运输和贮存

8.1 产品标志

外包装上应清晰标注以下内容：产品名称、规格型号、产品类别、质量等级、数量、生产日期、产品标准号、厂名厂址、联系电话、原料的原产国以及防雨、防潮等标志（文字或图案）。

8.2 包装

8.2.1 外包装

软木塞的外包装可采用符合本品要求的并符合相应标准的瓦楞纸箱或编织袋。

8.2.2 内包装

软木塞的内包装应采用符合食品要求的聚乙烯塑料袋。软木塞装入后，聚乙烯塑料袋需抽真空，并注入二氧化硫或氮气后密封。

8.3 运输

产品的装卸应轻拿轻放，运输中应避免挤压、碰撞、曝晒、雨淋和腐蚀。

8.4 贮存

产品应存于干燥通风的库房内，避免与有毒、有异味或腐蚀性物质同室存放，底层应有隔地垫板。贮存期不超过 6 个月，产品宜在温度 15 ℃ ~20 ℃，湿度 40% ~70% 环境下贮存。

GB

中 华 人 民 共 和 国 国 家 标 准

GB 7718—2011

食品安全国家标准
预包装食品标签通则

2011-04-20 发布　　2012-04-20 实施

中华人民共和国卫生部 发布

前　言

本标准代替 GB 7718—2004《预包装食品标签通则》。

本标准与 GB 7718—2004 相比，主要变化如下：

——修改了适用范围；

——修改了预包装食品和生产日期的定义，增加了规格的定义，取消了保存期的定义；

——修改了食品添加剂的标示方式；

——增加了规格的标示方式；

——修改了生产者、经销者的名称、地址和联系方式的标示方式；

——修改了强制标示内容的文字、符号、数字的高度不小于1.8 mm 时的包装物或包装容器的最大表面面积；

——增加了食品中可能含有致敏物质时的推荐标示要求；

——修改了附录 A 中最大表面面积的计算方法；

——增加了附录 B 和附录 C。

食品安全国家标准
预包装食品标签通则

1　范围

本标准适用于直接提供给消费者的预包装食品标签和非直接提供给消费者的预包装食品标签。

本标准不适用于为预包装食品在储藏运输过程中提供保护的食品储运包装标签、散装食品和现制现售食品的标识。

2　术语和定义

2.1　预包装食品

预先定量包装或者制作在包装材料和容器中的食品，包括预先定量包装以及预先定量制作在包装材料和容器中并且在一定量限范围内具有统一的质量或体积标识的食品。

2.2　食品标签

食品包装上的文字、图形、符号及一切说明物。

2.3　配料

在制造或加工食品时使用的，并存在（包括以改性的形式存在）于产品中的任何物质，包括食品添加剂。

2.4 生产日期（制造日期）

食品成为最终产品的日期，也包括包装或灌装日期，即将食品装入（灌入）包装物或容器中，形成最终销售单元的日期。

2.5 保质期

预包装食品在标签指明的贮存条件下，保持品质的期限。在此期限内，产品完全适于销售，并保持标签中不必说明或已经说明的特有品质。

2.6 规格

同一预包装内含有多件预包装食品时，对净含量和内含件数关系的表述。

2.7 主要展示版面

预包装食品包装物或包装容器上容易被观察到的版面。

3 基本要求

3.1 应符合法律、法规的规定，并符合相应食品安全标准的规定。

3.2 应清晰、醒目、持久，应使消费者购买时易于辨认和识读。

3.3 应通俗易懂、有科学依据，不得标示封建迷信、色情、贬低其他食品或违背营养科学常识的内容。

3.4 应真实、准确，不得以虚假、夸大、使消费者误解或欺骗性的文字、图形等方式介绍食品，也不得利用字号大小或色差误导消费者。

3.5 不应直接或以暗示性的语言、图形、符号，误导消费者将购买的食品或食品的某一性质与另一产品混淆。

3.6 不应标注或者暗示具有预防、治疗疾病作用的内容，非保健食品不得明示或者暗示具有保健作用。

3.7 不应与食品或者其包装物（容器）分离。

3.8 应使用规范的汉字（商标除外）。具有装饰作用的各种艺术字，应书写正确，易于辨认。

3.8.1 可以同时使用拼音或少数民族文字，拼音不得大于相应汉字。

3.8.2 可以同时使用外文，但应与中文有对应关系（商标、进口食品的制造者和地址、国外经销者的名称和地址、网址除外）。所有外文不得大于相应的汉字（商标除外）。

3.9 预包装食品包装物或包装容器最大表面面积大于 35 cm^2 时（最大表面面积计算方法见附录 A），强制标示内容的文字、符号、数字的高度不得小于 1.8 mm。

3.10 一个销售单元的包装中含有不同品种、多个独立包装可单独销售的食品，每件独立包装的食品标识应当分别标注。

3.11 若外包装易于开启识别或透过外包装物能清晰地识别内包装物（容器）上的所有强制标示内容或部分强制标示内容，可不在外包装物上重复标示相应的内容；否则应在外包装物上按要求标示所有强制标示内容。

4 标示内容

4.1 直接向消费者提供的预包装食品标签标示内容

4.1.1 一般要求

直接向消费者提供的预包装食品标签标示应包括食品名称、配料表、净含量和规格、生产者和(或)经销者的名称、地址和联系方式、生产日期和保质期、贮存条件、食品生产许可证编号、产品标准代号及其他需要标示的内容。

4.1.2 食品名称

4.1.2.1 应在食品标签的醒目位置,清晰地标示反映食品真实属性的专用名称。

4.1.2.1.1 当国家标准、行业标准或地方标准中已规定了某食品的一个或几个名称时,应选用其中的一个,或等效的名称。

4.1.2.1.2 无国家标准、行业标准或地方标准规定的名称时,应使用不使消费者误解或混淆的常用名称或通俗名称。

4.1.2.2 标示“新创名称”“奇特名称”“音译名称”“牌号名称”“地区俚语名称”或“商标名称”时,应在所示名称的同一展示版面标示 4.1.2.1 规定的名称。

4.1.2.2.1 当“新创名称”“奇特名称”“音译名称”“牌号名称”“地区俚语名称”或“商标名称”含有易使人误解食品属性的文字或术语(词语)时,应在所示名称的同一展示版面邻近部位使用同一字号标示食品真实属性的专用名称。

4.1.2.2.2 当食品真实属性的专用名称因字号或字体颜色不同易使人误解食品属性时,也应使用同一字号及同一字体颜色标示食品真实属性的专用名称。

4.1.2.3 为不使消费者误解或混淆食品的真实属性、物理状态或制作方法,可以在食品名称前或食品名称后附加相应的词或短语。如干燥的、浓缩的、复原的、熏制的、油炸的、粉末的、粒状的等。

4.1.3 配料表

4.1.3.1 预包装食品的标签上应标示配料表,配料表中的各种配料应按 4.1.2 的要求标示具体名称,食品添加剂按照 4.1.3.1.4 的要求标示名称。

4.1.3.1.1 配料表应以“配料”或“配料表”为引导词。当加工过程中所用的原料已改变为其他成分(如酒、酱油、食醋等发酵产品)时,可用“原料”或“原料与辅料”代替“配料”“配料表”,并按本标准相应条款的要求标示各种原料、辅料和食品添加剂。加工助剂不需要标示。

4.1.3.1.2 各种配料应按制造或加工食品时加入量的递减顺序一一排列;加入量不超过 2% 的配料可以不按递减顺序排列。

4.1.3.1.3 如果某种配料是由两种或两种以上的其他配料构成的复合配料(不包括复合食品添加剂),应在配料表中标示复合配料的名称,随后将复合配料的原始配料在括号内按加入量的递减顺序标示。当某种复合配料已有国家标准、行业标准或地方标准,且其加入量小于食品总量的 25% 时,不需要标示复合配料的原始配料。

4.1.3.1.4 食品添加剂应当标示其在 GB 2760 中的食品添加剂通用名称。食品添加剂通用名称可以标示为食品添加剂的具体名称,也可标示为食品添加剂的功能类别名称并同时标示食品添加剂的具体名称或国际编码(INS 号)(标示形式见附录 B)。在同一预包装食品的标签上,应选择附录 B 中的一种形式标示食品添加剂。当采用同时标示食品添加剂的功能类别名称和国际编码的形式时,若某种食品添加剂尚不存在相应的国际编码,或因致敏物质标示需要,可以标示其具体名称。食品添加剂的名称不包括其制法。加入量小于食品总量25%的复合配料中含有的食品添加剂，若符合GB 2760规定的带入原则且在最终产品中不起工艺作用的，不需要标示。

4.1.3.1.5　在食品制造或加工过程中，加入的水应在配料表中标示。在加工过程中已挥发的水或其他挥发性配料不需要标示。

4.1.3.1.6　可食用的包装物也应在配料表中标示原始配料，国家另有法律法规规定的除外。

4.1.3.2　下列食品配料，可以选择按表1的方式标示。

表1　配料标示方式

配料类别	标示方式
各种植物油或精炼植物油，不包括橄榄油	“植物油”或“精炼植物油”；如经过氢化处理，应标示为“氢化”或“部分氢化”
各种淀粉，不包括化学改性淀粉	“淀粉”
加入量不超过2%的各种香辛料或香辛料浸出物（单一的或合计的）	“香辛料”“香辛料类”或“复合香辛料”
胶基糖果的各种胶基物质制剂	“胶姆糖基础剂”“胶基”
添加量不超过10%的各种果脯蜜饯水果	“蜜饯”“果脯”
食用香精、香料	“食用香精”“食用香料”“食用香精香料”

4.1.4　配料的定量标示

4.1.4.1　如果在食品标签或食品说明书上特别强调添加了或含有一种或多种有价值、有特性的配料或成分，应标示所强调配料或成分的添加量或在成品中的含量。

4.1.4.2　如果在食品的标签上特别强调一种或多种配料或成分的含量较低或无时，应标示所强调配料或成分在成品中的含量。

4.1.4.3　食品名称中提及的某种配料或成分而未在标签上特别强调，不需要标示该种配料或成分的添加量或在成品中的含量。

4.1.5　净含量和规格

4.1.5.1　净含量的标示应由净含量、数字和法定计量单位组成（标示形式参见附录C）。

4.1.5.2　应依据法定计量单位，按以下形式标示包装物（容器）中食品的净含量：

a）液态食品，用体积升（L）（l）、毫升（mL）（ml），或用质量克（g）、千克（kg）；

b）固态食品，用质量克（g）、千克（kg）；

c）半固态或黏性食品，用质量克（g）、千克（kg）或体积升（L）（l）、毫升（mL）（ml）。

4.1.5.3　净含量的计量单位应按表2标示。

表2　净含量计量单位的标示方式

计量方式	净含量（Q）的范围	计量单位
体积	Q＜1 000 mL Q≥1 000 mL	毫升（mL）（ml） 升（L）（1）
质量	Q＜1000 g Q≥1000 g	克（g） 千克（kg）

4.1.5.4 净含量字符的最小高度应符合表3的规定。

表3 净含量字符的最小高度

净含量（Q）的范围	字符的最小高度 mm
Q≤50 mL；Q≤50 g	2
50 mL<Q≤200 mL；50 g<Q≤200 g	3
200 mL<Q≤1 L；200 g<Q≤1 kg	4
Q>1 kg；Q>1 L	6

4.1.5.5 净含量应与食品名称在包装物或容器的同一展示版面标示。

4.1.5.6 容器中含有固、液两相物质的食品，且固相物质为主要食品配料时，除标示净含量外，还应以质量或质量分数的形式标示沥干物（固形物）的含量（标示形式参见附录C）。

4.1.5.7 同一预包装内含有多个单件预包装食品时，大包装在标示净含量的同时还应标示规格。

4.1.5.8 规格的标示应由单件预包装食品净含量和件数组成，或只标示件数，可不标示“规格”二字。单件预包装食品的规格即指净含量（标示形式参见附录C）。

4.1.6 生产者、经销者的名称、地址和联系方式

4.1.6.1 应当标注生产者的名称、地址和联系方式。生产者名称和地址应当是依法登记注册、能够承担产品安全质量责任的生产者的名称、地址。有下列情形之一的，应按下列要求予以标示。

4.1.6.1.1 依法独立承担法律责任的集团公司、集团公司的子公司，应标示各自的名称和地址。

4.1.6.1.2 不能依法独立承担法律责任的集团公司的分公司或集团公司的生产基地，应标示集团公司和分公司（生产基地）的名称、地址；或仅标示集团公司的名称、地址及产地，产地应当按照行政区划标注到地市级地域。

4.1.6.1.3 受其他单位委托加工预包装食品的，应标示委托单位和受委托单位的名称和地址；或仅标示委托单位的名称和地址及产地，产地应当按照行政区划标注到地市级地域。

4.1.6.2 依法承担法律责任的生产者或经销者的联系方式应标示以下至少一项内容：电话、传真、网络联系方式等，或与地址一并标示的邮政地址。

4.1.6.3 进口预包装食品应标示原产国国名或地区区名（如香港、澳门、台湾），以及在中国依法登记注册的代理商、进口商或经销者的名称、地址和联系方式，可不标示生产者的名称、地址和联系方式。

4.1.7 日期标示

4.1.7.1 应清晰标示预包装食品的生产日期和保质期。如日期标示采用“见包装物某部位”的形式，应标示所在包装物的具体部位。日期标示不得另外加贴、补印或篡改（标示形式参见附录C）。

4.1.7.2 当同一预包装内含有多个标示了生产日期及保质期的单件预包装食品时，外包装上标示的保质期应按最早到期的单件食品的保质期计算。外包装上标示的生产日期应为最早生产的单件食品的生产日期，或外包装形成销售单元的日期；也可在外包装上分别标示各单件装食品的生产日期和保质期。

4.1.7.3 应按年、月、日的顺序标示日期，如果不按此顺序标示，应注明日期标示顺序（标示形式参见附录C）。

4.1.8 贮存条件

预包装食品标签应标示贮存条件（标示形式参见附录C）。

4.1.9　食品生产许可证编号

预包装食品标签应标示食品生产许可证编号的，标示形式按照相关规定执行。

4.1.10　产品标准代号

在国内生产并在国内销售的预包装食品（不包括进口预包装食品）应标示产品所执行的标准代号和顺序号。

4.1.11　其他标示内容

4.1.11.1　辐照食品

4.1.11.1.1　经电离辐射线或电离能量处理过的食品，应在食品名称附近标示“辐照食品”。

4.1.11.1.2　经电离辐射线或电离能量处理过的任何配料，应在配料表中标明。

4.1.11.2　转基因食品

转基因食品的标示应符合相关法律、法规的规定。

4.1.11.3　营养标签

4.1.11.3.1　特殊膳食类食品和专供婴幼儿的主辅类食品，应当标示主要营养成分及其含量，标示方式按照 GB13432 执行。

4.1.11.3.2　其他预包装食品如需标示营养标签，标示方式参照相关法规标准执行。

4.1.11.4　质量（品质）等级

食品所执行的相应产品标准已明确规定质量（品质）等级的，应标示质量（品质）等级。

4.2　非直接提供给消费者的预包装食品标签标示内容

非直接提供给消费者的预包装食品标签应按照 4.1 项下的相应要求标示食品名称、规格、净含量、生产日期、保质期和贮存条件，其他内容如未在标签上标注，则应在说明书或合同中注明。

4.3　标示内容的豁免

4.3.1　下列预包装食品可以免除标示保质期：酒精度大于等于 10% 的饮料酒；食醋；食用盐；固态食糖类；味精。

4.3.2　当预包装食品包装物或包装容器的最大表面面积小于 10 cm^2 时（最大表面面积计算方法见附录 A），可以只标示产品名称、净含量、生产者（或经销商）的名称和地址。

4.4　推荐标示内容

4.4.1　批号

根据产品需要，可以标示产品的批号。

4.4.2　食用方法

根据产品需要，可以标示容器的开启方法、食用方法、烹调方法、复水再制方法等对消费者有帮助的说明。

4.4.3　致敏物质

4.4.3.1　以下食品及其制品可能导致过敏反应，如果用作配料，宜在配料表中使用易辨识的名称，或在配料表邻近位置加以提示：

a）含有麸质的谷物及其制品（如小麦、黑麦、大麦、燕麦、斯佩耳特小麦或它们的杂交品系）；

b）甲壳纲类动物及其制品（如虾、龙虾、蟹等）；

c）鱼类及其制品；

d）蛋类及其制品；

e）花生及其制品；

f）大豆及其制品；

g）乳及乳制品（包括乳糖）；

h）坚果及其果仁类制品。

4.4.3.2 如加工过程中可能带入上述食品或其制品，宜在配料表临近位置加以提示。

5 其他

按国家相关规定需要特殊审批的食品，其标签标识按照相关规定执行。

附 录 A
包装物或包装容器最大表面面积计算方法

A.1 长方体形包装物或长方体形包装容器计算方法

长方体形包装物或长方体形包装容器的最大一个侧面的高度（cm）乘以宽度（cm）。

A.2 圆柱形包装物、圆柱形包装容器或近似圆柱形包装物、近似圆柱形包装容器计算方法包装物或包装容器的高度（cm）乘以圆周长（cm）的40%。

A.3 其他形状的包装物或包装容器计算方法

包装物或包装容器的总表面积的40%。

如果包装物或包装容器有明显的主要展示版面，应以主要展示版面的面积为最大表面面积。

包装袋等计算表面面积时应除去封边所占尺寸。瓶形或罐形包装计算表面面积时不包括肩部、颈部、顶部和底部的凸缘。

附 录 B
食品添加剂在配料表中的标示形式

B.1 按照加入量的递减顺序全部标示食品添加剂的具体名称

配料：水，全脂奶粉，稀奶油，植物油，巧克力（可可液块，白砂糖，可可脂，磷脂，聚甘油蓖麻醇酯，食用香精，柠檬黄），葡萄糖浆，丙二醇脂肪酸酯，卡拉胶，瓜尔胶，胭脂树橙，麦芽糊精，食用香料。

B.2 按照加入量的递减顺序全部标示食品添加剂的功能类别名称及国际编码

配料：水，全脂奶粉，稀奶油，植物油，巧克力（可可液块，白砂糖，可可脂，乳化剂（322，476），食用香精，着色剂（102）），葡萄糖浆，乳化剂（477），增稠剂（407，412），着色剂（160b），麦芽糊精，食用香料。

B.3 按照加入量的递减顺序全部标示食品添加剂的功能类别名称及具体名称

配料：水，全脂奶粉，稀奶油，植物油，巧克力（可可液块，白砂糖，可可脂，乳化剂（磷脂，聚甘油蓖麻醇酯），食用香精，着色剂（柠檬黄）），葡萄糖浆，乳化剂（丙二醇脂肪酸酯），增稠剂（卡拉胶，瓜尔胶），着色剂（胭脂树橙），麦芽糊精，食用香料。

B.4 建立食品添加剂项一并标示的形式

B.4.1 一般原则

直接使用的食品添加剂应在食品添加剂项中标注。营养强化剂、食用香精香料、胶基糖果中基础剂物质可在配料表的食品添加剂项外标注。非直接使用的食品添加剂不在食品添加剂项中标注。食品添加剂项在配料表中的标注顺序由需纳入该项的各种食品添加剂的总重量决定。

B.4.2 全部标示食品添加剂的具体名称

配料：水，全脂奶粉，稀奶油，植物油，巧克力（可可液块，白砂糖，可可脂，磷脂，聚甘油蓖麻醇酯，食用香精，柠檬黄），葡萄糖浆，食品添加剂（丙二醇脂肪酸酯，卡拉胶，瓜尔胶，胭脂树橙），麦芽糊精，食用香料。

B.4.3 全部标示食品添加剂的功能类别名称及国际编码

配料：水，全脂奶粉，稀奶油，植物油，巧克力（可可液块，白砂糖，可可脂，乳化剂（322，476），食用香精，着色剂（102）），葡萄糖浆，食品添加剂（乳化剂（477），增稠剂（407，412），着色剂（160b）），麦芽糊精，食用香料。

B.4.4 全部标示食品添加剂的功能类别名称及具体名称

配料：水，全脂奶粉，稀奶油，植物油，巧克力（可可液块，白砂糖，可可脂，乳化剂（磷脂，聚甘油蓖麻醇酯），食用香精，着色剂（柠檬黄）），葡萄糖浆，食品添加剂（乳化剂（丙二醇脂肪酸酯），增稠剂（卡拉胶，瓜尔胶），着色剂（胭脂树橙）），麦芽糊精，食用香料。

附 录 C
部分标签项目的推荐标示形式

C.1 概述

本附录以示例形式提供了预包装食品部分标签项目的推荐标示形式，标示相应项目时可选用但不限于这些形式。如需要根据食品特性或包装特点等对推荐形式调整使用的，应与推荐形式基本涵义保持一致。

C.2 净含量和规格的标示

为方便表述，净含量的示例统一使用质量为计量方式，使用冒号为分隔符。标签上应使用实际产品适用的计量单位，并可根据实际情况选择空格或其他符号作为分隔符，便于识读。

C.2.1 单件预包装食品的净含量（规格）可以有如下标示形式：

净含量（或净含量/规格）：450g；

净含量（或净含量/规格）：225 克（200 克 + 送 25 克）；

净含量（或净含量/规格）：200 克 + 赠 25 克；

净含量（或净含量/规格）：（200 +25）克。

C.2.2 净含量和沥干物（固形物）可以有如下标示形式（以“糖水梨罐头”为例）：

净含量（或净含量/规格）：425 克沥干物（或固形物或梨块）：不低于 255 克（或不低于 60%）。

C.2.3 同一预包装内含有多件同种类的预包装食品时，净含量和规格均可以有如下标示形式：

净含量（或净含量/规格）：40 克 ×5；

净含量（或净含量/规格）：5 ×40 克；

净含量（或净含量/规格）：200 克（5 ×40 克）；

净含量（或净含量/规格）：200 克（40 克 ×5）；
净含量（或净含量/规格）：200 克（5 件）；
净含量：200 克　规格：5 ×40 克；
净含量：200 克　规格：40 克 ×5；
净含量：200 克规格：5 件；
净含量（或净含量/规格）：200 克（100 克 +50 克 ×2）；
净含量（或净含量/规格）：200 克（80 克 ×2 +40 克）；
净含量：200 克规格：100 克 +50 克 ×2；
净含量：200 克规格：80 克 ×2 +40 克。

C.2.4　同一预包装内含有多件不同种类的预包装食品时，净含量和规格可以有如下标示形式：
净含量（或净含量/规格）：200 克（A 产品 40 克 ×3，B 产品 40 克 ×2）；
净含量（或净含量/规格）：200 克（40 克 ×3，40 克 ×2）；
净含量（或净含量/规格）：100 克 A 产品，50 克 ×2 B 产品，50 克 C 产品；
净含量（或净含量/规格）：A 产品：100 克，B 产品：50 克 ×2，C 产品：50 克；
净含量/规格：100 克（A 产品），50 克 ×2（B 产品），50 克（C 产品）；
净含量/规格：A 产品 100 克，B 产品 50 克 ×2，C 产品 50 克。

C.3　日期的标示

日期中年、月、日可用空格、斜线、连字符、句点等符号分隔，或不用分隔符。年代号一般应标示 4 位数字，小包装食品也可以标示 2 位数字。月、日应标示 2 位数字。

日期的标示可以有如下形式：
2010 年 3 月 20 日；
2010 03 20；2010/03/20；20100320；
20 日 3 月 2010 年；3 月 20 日 2010 年；
(月/日/年)：03 20 2010；03/20/2010；03202010。

C.4　保质期的标示

保质期可以有如下标示形式：
最好在……之前食（饮）用；……之前食（饮）用最佳；……之前最佳；
此日期前最佳……；此日期前食（饮）用最佳……；
保质期（至）……；保质期 × ×个月（或 × ×日，或 × ×天，或 × ×周，或 ×年）。

C.5　贮存条件的标示

贮存条件可以标示“贮存条件”“贮藏条件”“贮藏方法”等标题，或不标示标题。贮存条件可以有如下标示形式：
常温（或冷冻，或冷藏，或避光，或阴凉干燥处）保存；
× × – × × ℃保存；
请置于阴凉干燥处；
常温保存，开封后需冷藏；
温度：≤ × × ℃，湿度：≤ × ×%。

中华人民共和国国家卫生和计划生育委员会 2014－02－26《预包装食品标签通则》（GB 7718—2011）问答（修订版）

一、修订《预包装食品标签通则》的目的和依据

食品标签是向消费者传递产品信息的载体。做好预包装食品标签管理，既是维护消费者权益，保障行业健康发展的有效手段，也是实现食品安全科学管理的需求。根据《食品安全法》及其实施条例规定，原卫生部组织修订预包装食品标签标准。新的《预包装食品标签通则》（GB 7718—2011）充分考虑了《预包装食品标签通则》（GB 7718—2004）实施情况，细化了《食品安全法》及其实施条例对食品标签的具体要求，增强了标准的科学性和可操作性。

二、《预包装食品标签通则》（GB 7718—2011）与相关部门规章、规范性文件的关系

《预包装食品标签通则》（GB 7718—2011）属于食品安全国家标准，相关规定、规范性文件规定的相应内容与本标准不一致的，应当按照本标准执行。

本标准规定了预包装食品标签的通用性要求，如果其他食品安全国家标准有特殊规定的，应同时执行预包装食品标签的通用性要求和特殊规定。

三、标准修订的主要过程

按照《食品安全法》及其实施条例和食品安全监管工作需要，原卫生部委托中国疾病预防控制中心、中国食品工业协会等单位成立标准起草组，承担标准修订任务。标准起草组多次组织专家研究，召开研讨会和专家咨询会，充分听取相关部门、行业协会和企业意见。本标准通过原卫生部及机构改革后的国家卫生和计划生育委员会网站向社会公开征求意见，共收到700余条反馈意见和修改建议。标准起草组逐一分析反馈意见，及时召开专题会议进行研究处理，进一步完善标准文本。本标准经食品安全国家标准审评委员会第五次主任会议审查通过，于2011年4月20日公布，自2012年4月20日正式施行。

四、标准修订完善的主要内容

（一）修改标准的适用范围。本标准适用于两类预包装食品：一是直接提供给消费者的预包装食品；二是非直接提供给消费者的预包装食品。不适用于散装食品、现制现售食品和食品储运包装的标识。

（二）按照《食品安全法》要求，标准修改了“预包装食品”和“生产日期”的定义，增加了“规格”定义和“规格”标示方式。

（三）按照《食品安全法》要求，标准增加了“不应标注或者暗示具有预防、治疗疾病作用的内容，非保健食品不得明示或者暗示具有保健作用”的内容。

（四）按照《食品安全法》规定，标准细化了食品添加剂标示要求，明确食品添加剂应标示其在《食品添加剂使用标准》（GB 2760）中的食品添加剂通用名称。

（五）参照国际食品法典标准，标准增加了食品致敏物质推荐性标示要求，以便于消费者根据自身情况科学选择食品。

五、关于预包装食品的定义

根据《食品安全法》和《定量包装商品计量监督管理办法》，参照以往食品标签管理经验，本标准将“预包装食品”定义为：预先定量包装或者制作在包装材料和容器中的食品，包括预先定量包装以及预先定量制作在包装材料和容器中并且在一定量限范围内具有统一的质量或体积标识的食品。预包装食品首先应当预先包装，此外包装上要有统一的质量或体积的标示。

六、关于“直接提供给消费者的预包装食品”和“非直接提供给消费者的预包装食品”标签标示的区别

直接提供给消费者的预包装食品，所有事项均在标签上标示。非直接向消费者提供的预包装食品标签上必须标示食品名称、规格、净含量、生产日期、保质期和贮存条件，其他内容如未在标签上标注，则应在说明书或合同中注明。

七、关于“直接提供给消费者的预包装食品”的情形

一是生产者直接或通过食品经营者（包括餐饮服务）提供给消费者的预包装食品；二是既提供给消费者，也提供给其他食品生产者的预包装食品。进口商经营的此类进口预包装食品也应按照上述规定执行。

八、关于“非直接提供给消费者的预包装食品”的情形

一是生产者提供给其他食品生产者的预包装食品；二是生产者提供给餐饮业作为原料、辅料使用的预包装食品。进口商经营的此类进口预包装食品也应按照上述规定执行。

九、关于不属于本标准管理的标示标签情形

一是散装食品标签；二是在储藏运输过程中以提供保护和方便搬运为目的的食品储运包装标签；三是现制现售食品标签。以上情形也可以参照本标准执行。

十、本标准对生产日期的定义

本标准规定的“生产日期”是指预包装食品形成最终销售单元的日期。原《预包装食品标签通则》（GB7718－2004）中“包装日期”“灌装日期”等术语在本标准中统一为“生产日期”。

十一、如果产品中没有添加某种食品配料，仅添加了相关风味的香精香料，是否允许在标签上标示该种食品实物图案？

标签标示内容应真实准确，不得使用易使消费者误解或具有欺骗性的文字、图形等方式介绍食品。当使用的图形或文字可能使消费者误解时，应用清晰醒目的文字加以说明。

十二、关于标签中使用繁体字

本标准规定食品标签使用规范的汉字，但不包括商标。“规范的汉字”指《通用规范汉字表》中的汉字，不包括繁体字。食品标签可以在使用规范汉字的同时，使用相对应的繁体字。

十三、关于标签中使用“具有装饰作用的各种艺术字”

“具有装饰作用的各种艺术字”包括篆书、隶书、草书、手书体字、美术字、变体字、古文字等。使用这些艺术字时应书写正确、易于辨认、不易混淆。

十四、关于标签的中文、外文对应关系

预包装食品标签可同时使用外文，但所用外文字号不得大于相应的汉字字号。

对于本标准以及其他法律、法规、食品安全标准要求的强制标识内容，中文、外文应有对应的关系。

十五、关于最大表面面积大于 10 cm^2但小于等于 35 cm^2时的标示要求

食品标签应当按照本标准要求标示所有强制性内容。根据标签面积具体情况，标签内容中的文字、符号、数字的高度可以小于 1.8 mm，应当清晰，易于辨认。

十六、强制标示内容既有中文又有字母字符时，如何判断字体高度是否满足大于等于 1.8 mm 字高要求？

中文字高应大于等于 1.8 mm，kg、mL 等单位或其他强制标示字符应按其中的大写字母或“k、f、l”等小写字母判断是否大于等于 1.8 mm。

十七、销售单元包含若干可独立销售的预包装食品时，直接向消费者交付的外包装（或大包装）标签标示要求

该销售单元内的独立包装食品应分别标示强制标示内容。外包装（或大包装）的标签标示分为两种情况：

一是外包装（或大包装）上同时按照本标准要求标示。如果该销售单元内的多件食品为不同品种时，应在外包装上标示每个品种食品的所有强制标示内容，可将共有信息统一标示。

二是若外包装（或大包装）易于开启识别、或透过外包装（或大包装）能清晰识别内包装物（或容器）的所有或部分强制标示内容，可不在外包装（或大包装）上重复标示相应的内容。

十八、销售单元包含若干标示了生产日期及保质期的独立包装食品时，外包装上的生产日期和保质期如何标示

可以选择以下三种方式之一标示：一是生产日期标示最早生产的单件食品的生产日期，保质期按最早到期的单件食品的保质期标示；二是生产日期标示外包装形成销售单元的日期，保质期按最早到期的单件食品的保质期标示；三是在外包装上分别标示各单件食品的生产日期和保质期。

十九、关于反映食品真实属性的专用名称

反映食品真实属性的专用名称通常是指国家标准、行业标准、地方标准中规定的食品名称或食品分类名称。若上述名称有多个时，可选择其中的任意一个，或不引起歧义的等效的名称；在没有标准规定的情况下，应使用能够帮助消费者理解食品真实属性的常用名称或通俗名称。能够反映食品本身固有的性质、特性、特征，具有明晰产品本质、区分不同产品的作用。

二十、如何避免商品名称产生的误解

当使用的商品名称含有易使人误解食品属性的文字或术语（词语）时，应在所示名称的同一展示版面邻近部位使用同一字号标示食品真实属性的专用名称。如果因字号或字体颜色不同而易使人误解时，应使用同一字号及同一字体颜色标示食品真实属性的专用名称。

二十一、关于单一配料的预包装食品是否标示配料表

单一配料的预包装食品应当标示配料表。

二十二、关于配料名称的分隔方式

配料表中配料的标示应清晰，易于辨认和识读，配料间可以用逗号、分号、空格等易于分辨的方式分隔。

二十三、关于可食用包装物的含义及标示要求

可食用包装物是指由食品制成的，既可以食用又承担一定包装功能的物质。这些包装物容易和被包装的食品一起被食用，因此应在食品配料表中标示其原料。对于已有相应的国家标准和行业标准的可食用包装物，当加入量小于预包装食品总量25%时，可免于标示该可食用包装物的原始配料。

二十四、关于胶原蛋白肠衣的标示

胶原蛋白肠衣属于食品复合配料，已有相应的国家标准和行业标准。根据《预包装食品标签通则》（GB 7718—2011）4.1.3.1.3的规定，对胶原蛋白肠衣加入量小于食品总量25%的肉制品，其标签上可不标示胶原蛋白肠衣的原始配料。

二十五、确定食品配料表中配料标示顺序时，配料的加入量以何种单位计算

按照食品配料加入的质量或重量计，按递减顺序一一排列。加入的质量百分数（m/m）不超过2%的配料可以不按递减顺序排列。

二十六、关于复合配料在配料表中的标示

复合配料在配料表中的标示分以下两种情况：

（一）如果直接加入食品中的复合配料已有国家标准、行业标准或地方标准，并且其加入量小于食品总量的25%，则不需要标示复合配料的原始配料。加入量小于食品总量25%的复合配料中含有的食品添加剂，若符合《食品添加剂使用标准》（GB 2760）规定的带入原则且在最终产品中不起工艺作用的，不需要标示，但复合配料中在终产品起工艺作用的食品添加剂应当标示。推荐的标示方式为：在复合配料名称后加括号，并在括号内标示该食品添加剂的通用名称，如“酱油（含焦糖色）”。

（二）如果直接加入食品中的复合配料没有国家标准、行业标准或地方标准，或者该复合配料已有国家标准、行业标准或地方标准且加入量大于食品总量的25%，则应在配料表中标示复合配料的名称，并在其后加括号，按加入量的递减顺序一一标示复合配料的原始配料，其中加入量不超过食品总量2%的配料可以不按递减顺序排列。

二十七、复合配料需要标示其原始配料的，如果部分原始配料与食品中的其他配料相同，如何标示？

可以选择以下两种方式之一标示：一是参照问答二十六（二）标示；二是在配料表中直接标示复合配料中的各原始配料，各配料的顺序应按其在终产品中的总量决定。

二十八、关于食品添加剂通用名称的标示方式

应标示其在《食品添加剂使用标准》（GB 2760）中的通用名称。在同一预包装食品的标签上，所使用的食品添加剂可以选择以下三种形式之一标示：一是全部标示食品添加剂的具体名称；二是全部标示食品添加剂的功能类别名称以及国际编码（INS号），如果某种食品添加剂尚不存在相应的国际编码，或因致敏物质标示需要，可以标示其具体名称；三是全部标示食品添加剂的功能类别名称，同时标示具体名称。

举例：食品添加剂“丙二醇”可以选择标示为：1. 丙二醇；2. 增稠剂（1520）；3. 增稠剂（丙二醇）。

二十九、关于食品添加剂通用名称标示注意事项

（一）食品添加剂可能具有一种或多种功能，《食品添加剂使用标准》（GB 2760）列出了食品添加剂的主要功能，供使用参考。生产经营企业应当按照食品添加剂在产品中的实际功能在标签上标示功能类别名称。

（二）如果《食品添加剂使用标准》（GB 2760）中对一个食品添加剂规定了两个及以上的名称，每个名称均是等效的通用名称。以“环己基氨基磺酸钠（又名甜蜜素）”为例，“环己基氨基磺酸钠”和“甜蜜素”均为通用名称。

（三）“单，双甘油脂肪酸酯（油酸、亚油酸、亚麻酸、棕榈酸、山嵛酸、硬脂酸、月桂酸）”可以根据使用情况标示为“单双甘油脂肪酸酯”或“单双硬脂酸甘油酯”或“单硬脂酸甘油酯”等。

（四）根据食物致敏物质标示需要，可以在《食品添加剂使用标准》（GB 2760）规定的通用名称前增加来源描述。如“磷脂”可以标示为“大豆磷脂”。

（五）根据《食品添加剂使用标准》（GB 2760）规定，阿斯巴甜应标示为“阿斯巴甜（含苯丙氨酸）”。

三十、关于配料表中建立“食品添加剂项”

配料表应当如实标示产品所使用的食品添加剂，但不强制要求建立“食品添加剂项”。食品生产经营企业应选择附录B中的任意一种形式标示。

三十一、添加两种或两种以上同一功能食品添加剂，可否一并标示？

食品中添加了两种或两种以上同一功能的食品添加剂，可选择分别标示各自的具体名称；或者选择先标示功能类别名称，再在其后加括号标示各自的具体名称或国际编码（INS号）。举例：可以标示为“卡拉胶，瓜尔胶”“增稠剂（卡拉胶，瓜尔胶）”或“增稠剂（407，412）”。如果某一种食品添加剂没有 INS 号，可同时标示其具体名称。举例：“增稠剂（卡拉胶，聚丙烯酸钠）”或“增稠剂（407，聚丙烯酸钠）”。

三十二、关于复配食品添加剂的标示

应当在食品配料表中一一标示在终产品中具有功能作用的每种食品添加剂。

三十三、关于食品添加剂中辅料的标示

食品添加剂含有的辅料不在终产品中发挥功能作用时，不需要在配料表中标示。

三十四、关于加工助剂的标示

加工助剂不需要标示。

三十五、关于酶制剂的标示

酶制剂如果在终产品中已经失去酶活力的，不需要标示；如果在终产品中仍然保持酶活力的，应按照食品配料表标示的有关规定，按制造或加工食品时酶制剂的加入量，排列在配料表的相应位置。

三十六、关于食品营养强化剂的标示

食品营养强化剂应当按照《食品营养强化剂使用标准》（GB 14880）或原卫生部公告中的名称标示。

三十七、关于既可以作为食品添加剂或食品营养强化剂又可以作为其他配料使用的配料的标示

既可以作为食品添加剂或食品营养强化剂又可以作为其他配料使用的配料，应按其在终产品中发挥的作用规范标示。当作为食品添加剂使用，应标示其在《食品添加剂使用标准》（GB 2760）中规定的名称；当作为食品营养强化剂使用，应标示其在《食品营养强化剂使用标准》（GB 14880）中规定的名称；当作为其他配料发挥作用，应标示其相应具体名称。如味精（谷氨酸钠）既可作为调味品又可作为食品添加剂，当作为食品添加剂使用时，应标示为谷氨酸钠，当作为调味品使用时，应标示为味精。如核黄素、维生素 E、聚葡萄糖等既可作为食品添加剂又可作为食品营养强化剂，当作为食品添加剂使用时，应标示其在《食品添加剂使用标准》（GB 2760）中规定的名称；当作为食品营养强化剂使用时，应标示其在《食品营养强化剂使用标准》（GB 14880）中规定的名称。

三十八、关于食品中菌种的标示

《卫生部办公厅关于印发〈可用于食品的菌种名单〉的通知》（卫办监督发〔2010〕65 号）和原卫生部 2011 年第 25 号公告分别规定了可用于食品和婴幼儿食品的菌种名单。预包装食品中使用了上述菌种的，应当按照《预包装食品标签通则》（GB 7718—2011）的要求标注菌种名称，企业可同时在预包装食品上标注相应菌株号及菌种含量。自 2014 年 1 月 1 日起食品生产企业应当按照以上规定在预包装食品标签上标示相关菌种。2014 年 1 月 1 日前已生产销售的预包装食品，可继续使用现有标签，在食品保质期内继续销售。

三十九、关于定量标示配料或成分的情形

一是如果在食品标签或说明书上强调含有某种或多种有价值、有特性的配料或成分，应同时标示其添加量或在成品中的含量；二是如果在食品标签上强调某种或多种配料或成分含量较低或无时，应同时标示其在终产品中的含量。

四十、关于不要求定量标示配料或成分的情形

只在食品名称中出于反映食品真实属性需要，提及某种配料或成分而未在标签上特别强调时，不需要标示该种配料或成分的添加量或在成品中的含量。只强调食品的口味时也不需要定量标示。

四十一、关于葡萄酒中二氧化硫的标示

根据《预包装食品标签通则》（GB 7718—2011）和《发酵酒及其配制酒》（GB 2758—2012）及

其实施时间的规定，允许使用了食品添加剂二氧化硫的葡萄酒在2013年8月1日前在标签中标示为二氧化硫或微量二氧化硫；2013年8月1日以后生产、进口的使用食品添加剂二氧化硫的葡萄酒，应当标示为二氧化硫，或标示为微量二氧化硫及含量。

四十二、关于植物油配料在配料表中的标示

植物油作为食品配料时，可以选择以下两种形式之一标示：

（一）标示具体来源的植物油，如：棕榈油、大豆油、精炼大豆油、葵花籽油等，也可以标示相应的国家标准、行业标准或地方标准中规定的名称。如果使用的植物油由两种或两种以上的不同来源的植物油构成，应按加入量的递减顺序标示。

（二）标示为“植物油”或“精炼植物油”，并按照加入总量确定其在配料表中的位置。如果使用的植物油经过氢化处理，且有相关的产品国家标准、行业标准或地方标准，应根据实际情况，标示

为“氢化植物油”或“部分氢化植物油”，并标示相应产品标准名称。

四十三、关于食用香精、食用香料的标示

使用食用香精、食用香料的食品，可以在配料表中标示该香精香料的通用名称，也可标示为“食用香精”，或者“食用香料”，或者“食用香精香料”。

四十四、关于香辛料、香辛料类或复合香辛料作为食品配料的标示

（一）如果某种香辛料或香辛料浸出物加入量超过2%，应标示其具体名称。

（二）如果香辛料或香辛料浸出物（单一的或合计的）加入量不超过2%，可以在配料表中标示各自的具体名称，也可以在配料表中统一标示为“香辛料”“香辛料类”或“复合香辛料”。

（三）复合香辛料添加量超过2%时，按照复合配料标示方式进行标示。

四十五、关于果脯蜜饯类水果在配料表中的标示

（一）如果加入的各种果脯或蜜饯总量不超过10%，可以在配料表中标示加入的各种蜜饯果脯的具体名称，或者统一标示为“蜜饯”“果脯”。

（二）如果加入的各种果脯或蜜饯总量超过10%，则应标示加入的各种蜜饯果脯的具体名称。

四十六、关于净含量标示

净含量标示由净含量、数字和法定计量单位组成。标示位置应与食品名称在包装物或容器的同一展示版面。所有字符高度（以字母L、k、g等计）应符合本标准4.1.5.4的要求。“净含量”与其后的数字之间可以用空格或冒号等形式区隔。“法定计量单位”分为体积单位和质量单位。固态食品只能标示质量单位，液态、半固态、粘性食品可以选择标示体积单位或质量单位。

四十七、赠送装或促销装预包装食品净含量的标示

赠送装（或促销装）的预包装食品的净含量应按照本标准的规定进行标示，可以分别标示销售部分的净含量和赠送部分的净含量，也可以标示销售部分和赠送部分的总净含量并同时用适当的方式标示赠送部分的净含量。如“净含量500克、赠送50克”，“净含量500+50克”；“净含量550克（含赠送50克）”等。

四十八、关于无法清晰区别固液相产品的固形物含量的标示

固、液两相且固相物质为主要食品配料的预包装食品，应在靠近“净含量”的位置以质量或质量分数的形式标示沥干物（固形物）的含量。

半固态、粘性食品、固液相均为主要食用成分或呈悬浮状、固液混合状等无法清晰区别固液相产品的预包装食品无需标示沥干物（固形物）的含量。预包装食品由于自身的特性，可能在不同的温度或其他条件下呈现固、液不同形态的，不属于固、液两相食品，如蜂蜜、食用油等产品。

四十九、关于规格的标示

单件预包装食品的规格等同于净含量，可以不另外标示规格，具体标示方式参见附录C的C.2.1；预包装内含有若干同种类预包装食品时，净含量和规格的具体标示方式参见附录C的C.2.3；预包装食品内含有若干不同种类预包装食品时，净含量和规格的具体标示方式参见附录C的C.2.4。

标示“规格”时，不强制要求标示“规格”两字。

五十、关于标准中的产地

“产地”指食品的实际生产地址，是特定情况下对生产者地址的补充。如果生产者的地址就是产品的实际产地，或者生产者与承担法律责任者在同一地市级地域，则不强制要求标示“产地”项。以下情况应同时标示“产地”项：一是由集团公司的分公司或生产基地生产的产品，仅标示承担法律责任的集团公司的名称、地址时，应同时用“产地”项标示实际生产该产品的分公司或生产基地所在地域；二是委托其他企业生产的产品，仅标示委托企业的名称和地址时，应用“产地”项标示受委托企业所在地域。

五十一、集团公司与子公司签订委托加工协议且子公司生产的产品不对外销售时，如何标示生产者、经销者名称地址和产地？

按照食品生产经营企业间的委托加工方式标示。

五十二、关于标准中的地级市

食品产地可以按照行政区划标示到直辖市、计划单列市等副省级城市或者地级城市。地级市的界定按国家有关规定执行。

五十三、关于联系方式的标示

联系方式应当标示依法承担法律责任的生产者或经销者的有效联系方式。联系方式应至少标示以下内容中的一项：电话（热线电话、售后电话或销售电话等）、传真、电子邮件等网络联系方式、与地址一并标示的邮政地址（邮政编码或邮箱号等）。

五十四、关于质量（品质）等级的标示

如果食品的国家标准、行业标准中已明确规定质量（品质）等级的，应按标准要求标示质量（品质）等级。产品分类、产品类别等不属于质量等级。

五十五、关于豁免标示的情形

本标准豁免标示内容有两种情形：一是规定了可以免除标示保质期的食品种类；二是规定了当食品包装物或包装容器的最大表面面积小于10cm^2时可以免除的标示内容。两种情形分别考虑了食品本身的特性和在小标签上标示大量内容存在困难。豁免意味着不强制要求标示，企业可以选择是否标示。

本标准豁免条款中的“固体食糖”为白砂糖、绵白糖、红糖和冰糖等，不包括糖果。

五十六、进口预包装食品应如何标示食品标签

进口预包装食品的食品标签可以同时使用中文和外文，也可以同时使用繁体字。《预包装食品标签通则》（GB7718－2011）中强制要求标示的内容应全部标示，推荐标示的内容可以选择标示。进口预包装食品同时使用中文与外文时，其外文应与中文强制标识内容和选择标示的内容有对应关系，即中文与外文含义应基本一致，外文字号不得大于相应中文汉字字号。对于特殊包装形状的进口食品，在同一展示面上，中文字体高度不得小于外文对应内容的字体高度。

对于采用在原进口预包装食品包装外加贴中文标签方式进行标示的情况，加贴中文标签应按照《预包装食品标签通则》（GB 7718—2011）的方式标示；原外文标签的图形和符号不应有违反《预包装食品标签通则》（GB 7718—2011）及相关法律法规要求的内容。

进口预包装食品外文配料表的内容均须在中文配料表中有对应内容，原产品外文配料表中没有标注，但根据我国的法律、法规和标准应当标注的内容，也应标注在中文配料表中（包括食品生产加工过程中加入的水和单一原料等）。

进口预包装食品应标示原产国或原产地区的名称，以及在中国依法登记注册的代理商、进口商或经销者的名称、地址和联系方式；可不标示生产者的名称、地址和联系方式。原有外文的生产者的名称地址等不需要翻译成中文。

进口预包装食品的原产国国名或地区区名，是指食品成为最终产品的国家或地区名称，包括包装（或灌装）国家或地区名称。进口预包装食品中文标签应当如实准确标示原产国国名或地区区名。进口预包装食品可免于标示相关产品标准代号和质量（品质）等级。如果标示了产品标准代号和质量（品质）等级，应确保真实、准确。

五十七、进口预包装食品如仅有保质期和最佳食用日期，如何标示生产日期？

应根据保质期和最佳食用日期，以加贴、补印等方式如实标示生产日期。

五十八、关于日期标示不得另外加贴、补印或篡改

本标准 4.1.7.1 条“日期标示不得另外加贴、补印或篡改”是指在已有的标签上通过加贴、补印等手段单独对日期进行篡改的行为。如果整个食品标签以不干胶形式制作，包括“生产日期”或“保质期”等日期内容，整个不干胶加贴在食品包装上符合本标准规定。

五十九、标示日期时使用“见包装”字样，是否需要指明包装的具体位置？

应当区分以下两种情况：一是包装体积较大，应指明日期在包装物上的具体部位；二是小包装食品，可采用“生产日期见包装”“生产日期见喷码”等形式。以上要求是为了方便消费者找到日期信息。

六十、关于产品标准代号的标示

应当标示产品所执行的标准代号和顺序号，可以不标示年代号。产品标准可以是食品安全国家标准、食品安全地方标准、食品安全企业标准或其他国家标准、行业标准、地方标准和企业标准。

标题可以采用但不限于这些形式：产品标准号、产品标准代号、产品标准编号、产品执行标准号等。

六十一、关于绿色食品标签的标识

根据《预包装食品标签通则》（GB 7718—2011）4.1.10 规定，预包装食品（不包括进口预包装食品）应标示产品所执行的标准代号。标准代号是指预包装食品产品所执行的涉及产品质量、规格等内容的标准，可以是食品安全国家标准、食品安全地方标准、食品安全企业标准，或其他相关国家标准、行业标准、地方标准。按照《绿色食品标志管理办法》（农业部令 2012 年第 6 号）规定，企业在产品包装上使用绿色食品标志，即表明企业承诺该产品符合绿色食品标准。企业可以在包装上标示产品执行的绿色食品标准，也可以标示其生产中执行的其他标准。

六十二、关于致敏物质的标示

食品中的某些原料或成分，被特定人群食用后会诱发过敏反应，有效的预防手段之一就是在食品标签中标示所含有或可能含有的食品致敏物质，以便提示有过敏史的消费者选择适合自己的食品。本标准参照国际食品法典标准列出了八类致敏物质，鼓励企业自愿标示以提示消费者，有效履行社会责任。八类致敏物质以外的其他致敏物质，生产者也可自行选择是否标示。具体标示形式由食品生产经营企业参照以下自主选择。

致敏物质可以选择在配料表中用易识别的配料名称直接标示，如：牛奶、鸡蛋粉、大豆磷脂等；也可以选择在邻近配料表的位置加以提示，如：“含有……”等；对于配料中不含某种致敏物质，但同一车间或同一生产线上还生产含有该致敏物质的其他食品，使得致敏物质可能被带入该食品的情况，则可在邻近配料表的位置使用“可能含有……”“可能含有微量……”“本生产设备还加工含有……的食品”“此生产线也加工含有……的食品”等方式标示致敏物质信息。

六十三、关于包装物或包装容器最大表面积的计算

附录 A 给出了包装物或包装容器最大表面面积计算方法，其中 A. 1 和 A. 2 分别规定了长方体形和圆柱形最大表面面积计算方法，是规则形状（体积）的计算方式。A. 3 给出了不规则形状（体积）的计算方法。在计算包装物或包装容器最大表面面积时应遵照执行。

六十四、关于预包装食品包装物不规则表面积的计算

不规则形状食品的包装物或包装容器应以呈平面或近似平面的表面为主要展示版面，并以该版面的面积为最大表面面积。如有多个平面或近似平面时，应以其中面积最大的一个为主要展示版面；如这些平面或近似平面的面积也相近时，可自主选择主要展示版面。包装总表面积计算可在包装未放置产品时平铺测定，但应除去封边及不能印刷文字部分所占尺寸。

六十五、关于标准附录 B

食品生产者在配料表中标示食品添加剂时，必须从附录 B 中选择一种标示形式。附录 B 用具体示例详细说明了食品添加剂在配料表中的不同标示方式，食品生产经营企业可以按食品的特性，选择其中的一种来标示配料表。但配料表中各配料之间的分隔方式和标点符号不做特别要求。

六十六、关于标准附录 C

附录 C 集中了一些标签项目推荐标示形式的示例。食品生产者在标示相应的标签项目时，应与推荐形式的基本涵义保持一致，但文字表达方式、标点符号的选用等不限于示例中的形式。

附录 C 运用了大量的示例来说明净含量和规格、日期、保质期及贮存条件的标示方式。食品生产经营企业可以根据需要，选用其中的一种，但并非必须与之完全相同，也可以按照食品或包装的特性，在不改变基本涵义的前提下，对推荐的形式做适当的修改。

六十七、关于如何实施标准

在本标准实施日期之前，允许并鼓励食品生产经营企业执行本标准。为节约资源、避免浪费，在实施日期前可继续使用符合原《预包装食品标签通则》（GB 7718—2004）要求的食品标签。在本标准实施日期之后，食品生产企业必须执行本标准，但在实施日期前使用旧版标签的食品可在产品保质期内继续销售。

ICS 67.040
X 00

中华人民共和国国家标准

GB/T 36759—2018

葡萄酒生产追溯实施指南

Implementation guidelines for traceability of wine production

2018-09-17 发布　　2019-04-01 实施

国家市场监督管理总局
中国国家标准化管理委员会　发布

前　言

本标准按照 GB/T 1. 1—2009 给出的规则起草。

本标准由全国食品质量控制与管理标准化技术委员会（SAC/TC 313）提出并归口。

本标准起草单位：山东省标准化研究院、新疆维吾尔自治区标准化研究院、中粮长城葡萄酒（烟台）有限公司。

本标准主要起草人：王玎、高永超、钱恒、刘丽梅、唐亦兵、安洁、吴菁、李泽福。

葡萄酒生产追溯实施指南

1　范围

本标准规定了葡萄酒生产过程中可追溯体系建设及信息记录要求。

本标准适用于葡萄酒生产企业（含原酒加工企业、加工灌装企业等），葡萄酒生产监管部门、第三方追溯服务提供方等也可参照使用。

2　规范性引用文件

下列文件对于本文件的应用是必不可少的。凡是注日期的引用文件，仅注日期的版本适用于本文件。凡是不注日期的引用文件，其最新版本（包括所有的修改单）适用于本文件。

GB 2760　食品安全国家标准　食品添加剂使用标准

GB/T 15037　葡萄酒

GB/T 22005—2009　饲料和食品链的可追溯性　体系设计与实施的通用原则和基本要求

GB/Z 25008—2010　饲料和食品链的可追溯性　体系设计与实施指南

3　术语和定义

GB 2760、GB/T 15037、GB/T 22005—2009 界定的术语和定义适用于本文件。为了便于使用，以下重复列出了 GB 2760、GB/T 15037、GB/T 22005—2009 中的一些术语和定义。

3. 1

葡萄酒　wines

以鲜葡萄或葡萄汁为原料，经全部或部分发酵酿制而成的，含有一定酒精度的发酵酒。

[GB/T 15037—2006，定义 3. 1]

3.2

食品添加剂　food additives

为改善食品品质和色、香、味，以及为防腐、保鲜和加工工艺的需要而加入食品中的人工合成或者天然物质。食品用香料、胶基糖果中基础剂物质、食品工业用加工助剂也包括在内。

[GB 2760—2014，定义 2.1]

3.3

食品工业用加工助剂　processing aids for the food industry

保证食品加工能顺利进行的各种物质，与食品本身无关。如助滤、澄清、吸附、脱模、脱色、脱皮、提取溶剂、发酵用营养物质等。

[GB 2760—2014，定义 2.4]

3.4

可追溯体系　traceability system

能够维护关于产品及其成分在整个或部分生产与使用链上所期望获取信息的全部数据和作业。

[GB/T 22005—2009，定义 3.12]

4　葡萄酒可追溯体系建设

4.1　葡萄酒生产过程的可追溯性原则应符合 GB/T 22005—2009 中第 4 章的要求。

4.2　葡萄酒生产企业应明确追溯目标（例如：确保葡萄酒质量安全），了解相关法规和政策要求，设计和实施有效的可追溯体系，并形成文件，加以实施和保持，必要时进行更新。

4.3　葡萄酒可追溯体系的设计应符合 GB/Z 25008—2010 中第 5 章的要求。

4.4　葡萄酒可追溯体系的实施应符合 GB/Z 25008—2010 中第 6 章的要求。

4.5　葡萄酒可追溯体系的内部审核程序的建立应符合 GB/Z 25008—2010 中第 7 章和第 8 章的要求。

5　葡萄酒生产追溯信息记录要求

5.1　总要求

葡萄酒生产企业在可追溯体系实施过程中，应梳理产品供应链覆盖的环节，按葡萄酒生产流程中的主要环节（图 1）规范追溯信息记录。

5.2　生产流程和追溯环节

葡萄酒追溯过程中需要重点记录的环节，至少包括：原料（葡萄）、发酵、贮存、稳定性处理、灌装、成品，以及食品添加剂、食品工业用加工助剂和包装材料、原酒。

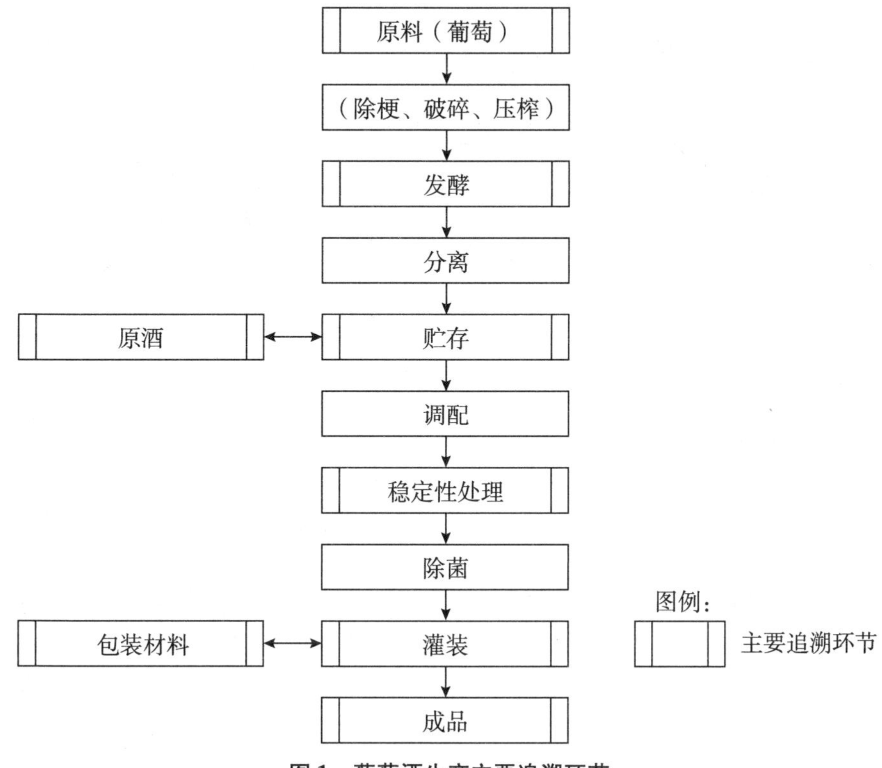

图 1　葡萄酒生产主要追溯环节

5.3　各环节追溯信息记录要求

5.3.1　原料（葡萄）

原料（葡萄）追溯信息记录要求见表 1。

表 1　原料（葡萄）追溯信息记录要求

追溯信息	描述
原料（葡萄）标识	产地、品种、采收年份、供应商名称、批号
质量信息	检验信息、合格证明
入料	数量

5.3.2　发酵

发酵环节追溯信息记录要求见表 2。

表 2　发酵环节追溯信息记录要求

追溯信息	描述
设备标识	不锈钢罐号/橡木桶号、容量
入料	产地、品种、批号、数量
食品添加剂及食品工业用加工助剂	名称、添加时间、批号、数量
过程控制	发酵记录

5.3.3 贮存

贮存环节追溯信息记录要求见表3。

表3 贮存环节追溯信息记录要求

追溯信息	描述
设备标识	不锈钢罐号/橡木桶号、容量
原酒	产地、品种、年份、批号、数量
过程控制	贮存记录

5.3.4 稳定性处理

稳定性处理环节追溯信息记录要求见表4。

表4 稳定性处理环节追溯信息记录要求

追溯信息	描述
设备标识	不锈钢罐号/橡木桶号、容量
原酒	产地、品种、年份、批号、数量
食品添加剂及食品工业用加工助剂	名称、添加时间、批号、数量
过程控制	处理记录

5.3.5 灌装

灌装环节追溯信息记录要求见表5。

表5 灌装环节追溯信息记录要求

追溯信息	描述
设备标识	不锈钢罐号/橡木桶号、容量
产品标识	名称、规格、批号、数量
灌装线标识	灌装日期、灌装线
包装材料	名称、规格、批号、数量
质量信息	检验信息

5.3.6 成品

成品追溯信息记录要求见表6。

表6 成品追溯信息记录要求

追溯信息	描述
产品标识	名称、规格、批号、数量
入库	入库时间、数量
质量信息	检验信息
产品流向	出库时间、去向、数量

5.3.7　食品添加剂、食品工业用加工助剂

食品添加剂、食品工业用加工助剂追溯信息记录要求见表7。

表7　食品添加剂、食品工业用加工助剂追溯信息记录要求

追溯信息	描述
产品标识	名称、规格、批号、数量
来源	供应商名称、联系方式
质量信息	检验信息、合格证明

5.3.8　包装材料

包装材料追溯信息记录要求见表8。

表8　包装材料追溯信息记录要求

追溯信息	描述
产品标识	名称、规格、批号、数量
来源	供应商名称、联系方式
质量信息	检验信息、合格证明

5.3.9　原酒

原酒环节追溯信息记录要求见表9。

表9　原酒环节追溯信息记录要求

追溯信息	描述
产品标识	名称（产地、品种、年份）、批号
质量信息	检验信息、合格证明
来源	供应商名称、联系方式，进口原酒应提供检验检疫证明
流向	采购商名称、联系方式
入料	数量

参考文献

［1］GB/T 22000—2006　食品安全管理体系　食品链中各类组织的要求

［2］GB/T 27341—2009　危害分析与关键控制点（HACCP）体系　食品生产企业通用要求

［3］《葡萄酒及果酒生产许可证审查细则》修改单（第1号）。（国质检监函〔005〕776号2005年9月26日。

ICS 03.100.20
A 10
备案号：16220－2005

SB

中华人民共和国国内贸易行业标准

SB/T 10392—2005

酒类商品零售经营管理规范

Management standard for alcohol commodities retail

2005－05－17发布　　2005－07－01实施

中华人民共和国商务部　发布

前 言

为规范酒类商品市场流通秩序，加强对酒类商品零售的管理，保证酒类商品零售交易过程的规范性 和经营产品质量的可靠性，保证商品零售交易信息的真实、完整和可追溯，特制定本标准。

本标准由中华人民共和国商务部提出并归口。

本标准起草单位：中国酿酒工业协会、中商流通生产力促进中心。

本标准主要起草人：王北鹰、曲英、王延才、刘普合、孔令羽、魏晓英、王耀荣。

酒类商品零售经营管理规范

1 范围

本标准规定了酒类零售经营者从事酒类商品零售交易活动应具备的经营条件与应实行的经营管理要求。

本标准适用于酒类商品的零售经营者。

2 规范性引用文件

下列文件中的条款通过本标准的引用而成为本标准的条款。凡是注日期的引用文件，其随后所有的修改单（不包括勘误的内容）或修订版均不适用于本标准，然而，鼓励根据本标准达成协议的各方研究是否可使用这些文件的最新版本。凡是不注日期的引用文件，其最新版本适用于本标准。

GB 2757 蒸馏酒及配制酒卫生标准

GB 2758 发酵酒卫生标准

GB 10343 食用酒精

GB 10344 饮料酒标签标准

GB/T 17110 商店购物环境与营销设施的要求

GB/T 17204 饮料酒分类（GB/T 17204—1998，eqv OIV：1996）

3 术语和定义

下列术语和定义适用于本标准。

3.1

酒类商品零售 alcohol commodities retail

以直接向最终消费者销售酒类商品的交易活动方式。

4 经营条件

4.1 经营资质

4.1.1 应符合国家有关法律、法规、规章和相关标准的要求。

4.1.2 应取得合法的营业执照、食品卫生许可证、税务登记证和有关法律、法规、规章所规定的酒类零售许可等其他证明。

4.2 经营场地

酒类零售经营者应有相对固定的、与经营规模或经营技术条件相适应的经营场地，持有房屋产权证或经营场地租赁合同。经营场地符合食品卫生管理、消防和建筑设计防火要求。

4.2.1 选址

应符合酒类商品特性要求。

4.2.2 销售场所

4.2.2.1 应设于建筑物内，具备完整、符合商品零售所必需的照明、空气调节、空间通透的条件。

4.2.2.2 应明亮、整洁，具有商品展示、交易的功能，主通道和货架间具备 GB/T 17110 规定的要求。

4.2.2.3 与仓储设施分开。

4.2.3 仓储设施

4.2.3.1 应有相对固定的仓储设施。

4.2.3.2 应远离高污染和高辐射地区，远离热源或采取必要措施使其不受热源的影响。

4.2.3.3 应设于建筑物内，地面平整，干燥通风，能够满足所经营酒类商品的温度等要求。

4.3 经营设备

酒类零售经营者应具备满足商品陈列、资金结算要求的设备，并保持设备功能的正常。

4.3.1 商品陈列设备

应有独立、稳固的商品陈列货架，有良好的照明条件，能全面、安全地展示商品。

4.3.2 资金结算设备

应具备国家有关规定要求的资金结算设备。

4.4 专业人员

应拥有具备酒类知识，熟悉国家有关规定和有关标准的人员。

5 经营管理要求

5.1 采购管理

酒类零售经营者应保证所选择的供应商具备合法的经营主体资质条件，采购的商品符合国家产品质量标准要求，采购过程信息记录完整、真实。

5.1.1 供应商的选择

5.1.1.1 酒类零售经营者应保证所选择的酒类商品供应商具备合法的主体资质条件，认真审核其有效的营业执照、生产许可证或准产证、批发许可证、食品卫生许可证、产品质量检验合格证明和国家规定的其他证明等，对进口酒类商品还要审核其国家出入境检验检疫部门核发的《进口食品卫生证书》和《进口食品标签审核证书》。

5.1.1.2 酒类零售经营者对在政府指定的企业信用档案管理系统中被列入信用黑名单的企业不应作为供应商。

5.1.2 采购商品的质量控制

酒类零售经营者应执行 GB 10344 相关条文，对采购的酒类商品的品种、规格、数量、标识、产地、出厂检验证明等进行审核，执行 GB 10344、GB 2757、GB 2758 、GB 10343、GB/T 17204 等相关条文，应有对酒类商品的质量进行初步鉴别的控制流程。

5.1.3 采购过程信息记录的管理

5.1.3.1 酒类零售经营者应建立采购过程信息管理台账，保证采购过程信息的真实性、完整性和可追溯性，并完整保存三年。

5.1.3.2 采购过程信息管理台账应记录下述信息：

——供应商基本信息（如企业名称、注册地址、目前办公地址、法定代表人、许可证代码、联系电话等）；

——采购商品基本信息（如名称、种类、数量、批次、标准、价格等）；

——商品质量信息（如质量证明文件、质量检查或鉴定等）；

——“索证索票”状况信息；

——采购商品入库信息。

5.2 销售管理

5.2.1 酒类零售经营者应向消费者提供质量合格的商品，不应销售假冒伪劣商品，并有明确的流程控制加以保证。

5.2.2 酒类零售经营者不应向未成年人销售酒类商品。

5.2.3 酒类零售经营者应向消费者提供销售小票或发票。

5.2.4 所售酒类商品应明码标价。

5.2.5 酒类商品不应与有毒、有害、污染物（源）、腐蚀性物品等混放。

5.3 人员管理

5.3.1 直接接触酒类商品的人员应定期进行健康检查，取得健康证。

5.3.2 配备经过专业培训，并按国家或行业规定取得岗位资格证书的人员。

5.4 广告管理

酒类商品的宣传广告应遵守《中华人民共和国广告法》的有关规定。

ICS 67.160.10
X 62
备案号：37148—2012

SB

中 华 人 民 共 和 国 国 内 贸 易 行 业 标 准

SB/T 10711—2012

葡萄酒原酒流通技术规范

Technical Regulation on circulation of bulk wines

2012－08－01 发布　　2012－11－01 实施

中华人民共和国商务部　发 布

前　言

本标准按照 GB/T 1.1—2009 给出的规则起草。

本标准由中华人民共和国商务部提出并归口。

本标准起草单位：中国食品发酵工业研究院、中国酿酒工业协会、中国酒类流通协会、烟台张裕葡萄酿酒股份有限公司、北京朝批商贸股份有限公司、北京市糖业烟酒公司。

本标准主要起草人：熊正河、郭新光、王延才、刘员、李记明、孙文辉、白宇涛、王晓龙。

葡萄酒原酒流通技术规范

1　范围

本标准规定了葡萄酒原酒流通过程的技术要求。

本标准适用于葡萄酒原酒的监督检查、运输和贮存。

2　规范性引用文件

下列文件对于本文件的应用是必不可少的。凡是注日期的引用文件，仅所注日期的版本适用于本文件。凡是不注日期的引用文件，其最新版本（包括所有的修改单）适用于本文件。

GB/T 15038　葡萄酒、果酒通用分析方法

3　术语和定义

下列术语和定义适用于本文件。

3.1

葡萄酒　wines

以鲜葡萄或葡萄汁为原料，经全部或部分发酵酿制而成的，含有一定酒精度的发酵酒。

注：部分发酵是指采用一定技术方法，提前停止酒精发酵，未将葡萄汁中的糖源全部转化为乙醇、二氧化碳和副产物的一种生产工艺。

3.2

葡萄酒原酒　bulk wines

指用鲜葡萄或葡萄汁为原料，经发酵完成，尚未灌装的酒。

4 技术要求

4.1 一般要求

4.1.1 在运输与贮存过程中，应尽量避免葡萄酒原酒与空气的接触，且任何操作过程均应在较适宜的温度下进行，并防止葡萄酒原酒的氧化等改变酒体品质现象的产生。

4.1.2 应具有设计良好和严格的运输程序和贮存设备的清洗程序，建立有效的检查和取样制度，保持贮存设备、阀门和管道的清洁，避免化学、物理或生物性的二次污染。

4.1.3 对贮存容器、管道以及所有设备的附件，包括与葡萄酒原酒接触的泵，在清洗和灭菌后，应达到如下要求：

a）所有的部件应洁净和没有任何导致酒体气味改变的物质；

b）没有溶剂残留；

c）没有清洁剂或消毒剂的痕迹残留。

4.2 产品质量要求

产品质量要求可参考附录 A 或以交易双方签订的贸易合同中的质量技术要求为准，分析方法可参考 GB/T 15038。

4.3 产品追溯要求

4.3.1 葡萄酒原酒供应商，应具有相关资质，进口葡萄酒原酒具备国家出入境检验检疫部门核发的《卫生证书》。

4.3.2 原酒供应商，应建立销售过程信息管理台账，保证销售过程信息的真实性、完整性和可追溯性，并完整保存至少两年。

4.3.3 葡萄酒原酒采购商，应建立采购过程信息管理台账，保证采购过程信息的真实性、完整性和可追 溯性，并完整保存至少两年。

4.3.4 葡萄酒原酒流通过程中，应建立相应的追溯手段（如附带葡萄酒原酒流通随附单、RFID、EPC 编码等），便于产品的溯源。

4.3.5 出入库应有记录，产品的仓储应有存量记录。出入库记录内容包括名称、批号、出库时间、地点、对象、数量、产品检验报告等，以便于产品的溯源管理。

4.4 运输

4.4.1 葡萄酒原酒的运输设备装置主要包括不锈钢罐、皮囊及其辅助设备。设备或配件的材质应符合现行有关接触食品的材料的标准要求。

4.4.2 罐内的配件宜少，且便于清洗和消毒。在运输过程中，罐的关闭和封闭装置不得漏气和漏液。为了保障葡萄酒原酒品质，宜在罐体配备温度控制装置。

4.4.3 皮囊应使用惰性材料制造，允许和葡萄酒原酒接触并具备良好的密闭性，避免氧气和其他污染物的进入导致氧化或污染酒体，20 t 以上的皮囊宜为一次性使用。

4.4.4 用于葡萄酒原酒大包装运输使用的罐和皮囊及其他容器，宜仅用于葡萄汁、葡萄酒或葡萄蒸馏酒，如果之前运输含有较香蒸馏酒或其他香味食品货物，应对其进行认真清洗。

4.4.5 运输时应保持清洁、避免强烈震荡、日晒、防止冰冻。运输温度宜保持在 5 ℃ ~35 ℃。

4.5 检验

4.5.1 装货前取样

供应方宜最少从每个要装运的容器里取出 4 个 0.5 L ~ 1 L 的样品。样品应在严格的卫生条件下在罐的中心取出，样品应妥善盖好，且密封，并贴有明显的标签。

4.5.2 装货时取样

应从每个装好的葡萄酒原酒容器中立即取出最少 3 个 0.5 L ~ 1 L 的样品，样品应在严格的卫生条件下从罐的中心取出，样品应妥善盖好，且密封，并贴有明显的标签。

4.5.3 到达后取样

在卸货之前，要对每个罐取样，取样要卫生且具有代表性，具体检验指标及要求，按照交易双方要求进行。

4.6 装卸

4.6.1 装运前，应检查所有设备包括罐、皮囊、泵、辅助管路、软管、配件等，确保达到装运的卫生要求。为减少氧化的危害，应用原酒将罐底部的出口阀门处充满。

4.6.2 装好后，要给予适当的时间沉静葡萄酒，排出气体，并使液位达到入孔并记录葡萄酒原酒温度。该信息应记录在随附的温度报告单上。

4.6.3 卸载前，宜对罐封的完整性及相关文件进行查验，检查顶隙的容量以及惰性气体的压力及葡萄 酒原酒的状况、质量等。

4.7 贮存

葡萄酒原酒应贮存在干燥、通风、阴凉和清洁的库房中，具备防虫、防鼠措施，库内温度宜保持 5 ℃ ~35℃，不得与有毒、有害、有异味、有腐蚀性物品和污染物混贮。

4.8 从业人员

4.8.1 营销人员

4.8.1.1 应具备酒类知识，熟悉国家有关规定和标准。

4.8.1.2 直接接触酒类商品的人员应定期进行健康检查，取得健康证。

4.8.1.3 主要人员每人每年应接受食品安全法律法规、专业知识和行业道德等方面的培训。

4.8.1.4 营销人员应诚实守信，销售产品时，应主动出示经营该产品所需的证件。

4.8.2 采购人员

4.8.2.1 应具备酒类知识，熟悉国家有关规定和标准。

4.8.2.2 直接接触酒类商品的人员应定期进行健康检查，取得健康证。

4.8.2.3 主要人员每人每年应接受食品安全法律法规、专业知识和行业道德等方面的培训。

4.8.2.4 应从有资质的供应商处采购葡萄酒原酒；采购时，应从供应商处索要相关资质证明文件。

附　录　A
（资料性附录）
葡萄酒检验标准

A.1　理化要求

葡萄酒理化要求按表 A.1 执行。

表 A.1　　理化要求

项目			要求
酒精度[a]（20 ℃）（体积分数）/%			≥7.0
总糖[d]（以葡萄糖计）/（g/L）	平静葡萄酒	干葡萄酒	≤4.0
		半干葡萄酒[b]	4.1～12.0
		半甜葡萄酒[c]	12.1～45.0
		甜葡萄酒	≥45.1
	高泡葡萄酒	天然型高泡葡萄酒	≤12.0（允许差为 3.0）
		绝干型高泡葡萄酒	12.1～17.0（允许差为 3.0）
		干型高泡葡萄酒	17.1～32.0（允许差为 3.0）
		半干型高泡葡萄酒	32.1～50.0
		甜型高泡葡萄酒	≥50.1
干浸出物/（g/L）	白葡萄酒		≥16.0
	桃红葡萄酒		≥17.0
	红葡萄酒		≥18.0
挥发酸（以乙酸计）/（g/L）			≤1.2
柠檬酸/（g/L）	干、半干、半甜葡萄酒		≤1.0
	甜葡萄酒		≤2.0
二氧化碳（20 ℃）/MPa	低泡葡萄酒	<250 mL/瓶	0.05～0.29
		≥250 mL/瓶	0.05～0.34
	高泡葡萄酒	<250 mL/瓶	≥0.30
		≥250 mL/瓶	≥0.35
铁/（mg/L）			≤8.0
铜/（mg/L）			≤1.0
甲醇/（mg/L）	白、桃红葡萄酒		≤250
	红葡萄酒		≤400
苯甲酸或苯甲酸钠（以苯甲酸计）/（mg/L）			≤50
山梨酸或山梨酸钾（以山梨酸计）/（mg/L）			≤200

（续表）

项目	要求
注：总酸不作要求，以实测值表示（以酒石酸计，g/L）。	

[a] 酒精度标签标示值与实测值不得超过 ±1.0%（体积分数）。
[b] 当总糖与总酸（以酒石酸计）的差值小于或等于 2.0 g/L 时，含糖最高为 9.0 g/L。
[c] 当总糖与总酸（以酒石酸计）的差值小于或等于 2.0 g/L 时，含糖最高为 18.0 g/L。
[d] 低泡葡萄酒总糖的要求同平静葡萄酒。

A.2 食品安全要求

葡萄酒原酒安全指标要求按相关标准执行。

附 录 B
（规范性附录）
葡萄酒原酒流通随附单

<table>
<tr><td colspan="4"></td><td colspan="5">年　月　日　编号：</td></tr>
<tr><td colspan="4">购货单位：</td><td colspan="2">联系人：</td><td colspan="3">电话：</td></tr>
<tr><td>品名</td><td>规格</td><td>单位</td><td>数量</td><td>单价（元）</td><td>金额（元）</td><td>质量等级</td><td>产地</td><td>生产批号或生产日期</td></tr>
<tr><td></td><td></td><td></td><td></td><td></td><td></td><td></td><td></td><td></td></tr>
<tr><td></td><td></td><td></td><td></td><td></td><td></td><td></td><td></td><td></td></tr>
<tr><td></td><td></td><td></td><td></td><td></td><td></td><td></td><td></td><td></td></tr>
<tr><td></td><td></td><td></td><td></td><td></td><td></td><td></td><td></td><td></td></tr>
<tr><td></td><td></td><td></td><td></td><td></td><td></td><td></td><td></td><td></td></tr>
<tr><td></td><td></td><td></td><td></td><td></td><td></td><td></td><td></td><td></td></tr>
<tr><td></td><td></td><td></td><td></td><td></td><td></td><td></td><td></td><td></td></tr>
<tr><td></td><td></td><td></td><td></td><td></td><td></td><td></td><td></td><td></td></tr>
<tr><td colspan="6">售货单位（盖章）：</td><td colspan="2">备案登记号：</td><td>填单人：</td></tr>
<tr><td colspan="6">售货单位地址：</td><td colspan="3">电话/传真：</td></tr>
<tr><td colspan="6">发货人：</td><td colspan="3">承运人：　　　车牌号：</td></tr>
</table>

ICS 67.160.10
X 62
备案号：37149－2012

SB

中华人民共和国国内贸易行业标准

SB/T 10712—2012

葡萄酒运输、贮存技术规范

Technical Regulation on transportation and storage of wines

2012－08－01 发布　　2012－11－01 实施

中华人民共和国商务部　发布

前 言

本标准按照 GB/T 1. 1—2009 给出的规则起草。

本标准由中华人民共和国商务部提出并归口。

本标准起草单位：中国食品发酵工业研究院、中国酿酒工业协会、中国酒类流通协会、烟台张裕葡萄酿酒股份有限公司、北京市糖业烟酒公司、北京朝批商贸股份有限公司。

本标准主要起草人：熊正河、郭新光、王延才、刘员、李记明、王晖、张嵩、王晓龙。

葡萄酒运输、贮存技术规范

1 范围

本标准规定了葡萄酒产品的运输、贮存的要求。

本标准适用于葡萄酒的运输和贮存。

2 规范性引用文件

下列文件对于本文件的应用是必不可少的。凡是注日期的引用文件，仅注日期的版本适用于本文件。凡是不注日期的引用文件，其最新版本（包括所有的修改单）适用于本文件。

GB 7718 食品安全国家标准 预包装食品标签通则

GB 10344 预包装饮料酒标签通则

3 术语和定义

下列术语和定义适用于本文件。

3. 1

葡萄酒 wines

以鲜葡萄或葡萄汁为原料，经全部或部分发酵酿制而成的，含有一定酒精度的发酵酒。

注：部分发酵是指采用一定技术方法，提前停止酒精发酵，未将葡萄汁中的糖源全部转化为乙醇，二氧化碳和副产物的一种生产工艺。

4 技术要求

4. 1 产品质量要求

产品质量技术要求按附录 A 执行。

4.2 产品追溯要求

4.2.1 葡萄酒供应商，应具有相关资质，进口葡萄酒具备国家出入境检验检疫部门核发的《卫生证书》。

4.2.2 葡萄酒供应商，应建立销售过程信息管理台账，保证销售过程信息的真实性、完整性和可追溯性，并完整保存至少两年。

4.2.3 葡萄酒酒采购商，应建立采购过程信息管理台账，保证采购过程信息的真实性、完整性和可追溯性，并完整保存至少两年。

4.2.4 葡萄酒酒流通过程中，应建立相应的追溯手段（如附带葡萄酒流通随附单、RFID、EPC编码等），便于产品的溯源。

4.2.5 出入库要有记录，产品的仓储应有存量记录。出入库记录内容包括名称、批号、出库时间、地点、对象、数量、产品检验报告等，以便于产品的溯源管理。

4.3 标识

瓶装酒需装入玻璃瓶或其他材料瓶中，要求瓶底端正、整齐，瓶外洁亮。瓶口封闭严密，不得有漏气、漏酒现象。酒瓶外部要贴有整齐清晰的标签，按照 GB 7718 和 GB 10344 的要求进行标注。

4.4 包装

包装材料应符合食品卫生要求。起泡葡萄酒的包装材料应符合相应耐压要求。外包装应使用合格的包装材料，并符合相应的标准。包装箱上应注有生产日期（或批号）、制造者（经销者）的名称和地址、净含量、产地。并有小心轻放、防冻、防潮、防火、防热等字样及标志。

4.5 运输

4.5.1 葡萄酒在陆路运输和海运过程中应采取避免高温和冰冻的影响措施，保障葡萄酒品质。

4.5.2 运输时应保持清洁、避免强烈震荡、日晒、雨淋、防止冰冻，装卸时应轻拿轻放。

4.5.3 运输温度宜保持在 5 ℃ ~35 ℃。

4.6 贮存

4.6.1 葡萄酒应根据产品类型独立分类存放，产品应摆放整齐，标志明显。

4.6.2 葡萄酒应贮存在干燥、通风、阴凉和清洁的库房中，避光保存。配备相应的“防鼠”“防虫”设施，葡萄酒应“倒放”或“卧放”，严防日晒、雨淋、严禁火种，防止冰冻。

4.6.3 库内温度宜保持 5 ℃ ~35 ℃，温度宜恒定。

4.6.4 库房宜保持湿度在 60% ~70%。

4.6.5 葡萄酒不得与有毒、有害、有异味、有腐蚀性物品和污染物混贮混运。

附　录　A
（规范性附录）
葡萄酒检验标准

A. 1　感官要求

葡萄酒感官要求按表 A. 1 执行。

表 A. 1　　感官要求

项目			要求
外观	色泽	白葡萄酒	近似无色、微黄带绿、浅黄、禾杆黄、金黄色
		红葡萄酒	紫红、深红、宝石红、红微带棕色、棕红色
		桃红葡萄酒	桃红、淡玫瑰红、浅红色
	澄清程度		澄清，有光泽，无明显悬浮物（使用软木塞封口的酒允许有少量软木渣，装瓶超过 1 年的葡萄酒允许有少量沉淀）
	起泡程度		起泡葡萄酒注入杯中时，应有细微的串珠状气泡升起，并有一定的持续性
香气与滋味	香气		具有纯正、优雅、怡悦、和谐的果香与酒香，陈酿型的葡萄酒还应具有陈酿香或橡木香
	滋味	干、半干葡萄酒	具有纯正、优雅、爽怡的口味和悦人的果香味，酒体完整
		半甜、甜葡萄酒	具有甘甜醇厚的口味和陈酿的酒香味，酸甜协调，酒体丰满
		起泡葡萄酒	具有优美醇正、和谐悦人的口味和发酵起泡酒的特有香味，有杀口力
典型性			具有标示的葡萄品种及产品类型应有的特征和风格

A. 2　理化要求

葡萄酒理化要求按表 A. 2 执行。

表 A. 2　　理化要求

项目			要求
酒精度[0]（20℃）（体积分数）/%			≥7. 0
总糖[a]（以葡萄糖计）/（g/L）	平静葡萄酒	干葡萄酒[b]	≤4. 0
		半干葡萄酒[c]	4. 1 ~ 12. 0
		半甜葡萄酒	12. 1 ~ 45. 0
		甜葡萄酒	≥45. 1
	高泡葡萄酒	天然型高泡葡萄酒	≤12. 0（允许差为 3. 0）
		绝干型高泡葡萄酒	12. 1 ~ 17. 0（允许差为 3. 0）
		干型高泡葡萄酒	17. 1 ~ 32. 0（允许差为 3. 0）

（续表）

项目			要求
总糖[d]（以葡萄糖计）/（g/L）	高泡葡萄酒	半干型高泡葡萄酒	32.1～50.0
		甜型高泡葡萄酒	≥50.1
干浸出物/（g/L）	白葡萄酒		≥16.0
	桃红葡萄酒		≥17.0
	红葡萄酒		≥18.0
挥发酸（以乙酸计）/（g/L）			≤1.2
柠檬酸/（g/D）	干、半干、半甜葡萄酒		≤1.0
	甜葡萄酒		≤2.0
二氧化碳（20℃）/MPa	低泡葡萄酒	<250mL/瓶	0.05～0.29
		≥250mL/瓶	0.05～0.34
	高泡葡萄酒	<250mL/瓶	≥0.30
		≥250mL/瓶	≥0.35
铁/（mg/L）			≤8.0
铜/（mg/L）			≤1.0
甲醇/（mg/L）	白、桃红葡萄酒		≤250
	红葡萄酒		≤400
苯甲酸或苯甲酸钠（以苯甲酸计）/（mg/L）			≤50
山梨酸或山梨酸钾（以山梨酸计）/（mg/L）			≤200

注：总酸不作要求，以实测值表示（以酒石酸计，g/L）。

[a] 酒精度标签标示值与实测值不得超过±1.0%（体积分数）。
[b] 当总糖与总酸（以酒石酸计）的差值小于或等于2.0 g/L时，含糖最高为9.0 g/L。
[c] 当总糖与总酸（以酒石酸计）的差值小于或等于2.0g/L时，含糖最高为18.0 g/L。
[d] 低泡葡萄酒总糖的要求同平静葡萄酒。

A.3 食品安全要求

葡萄酒安全指标要求按相关标准执行。

附　录　B
（资料性附录）
葡萄酒流通随附单

<table>
<tr><td colspan="4"></td><td colspan="5">年　月　日　　编号：</td></tr>
<tr><td colspan="4">购货单位：</td><td colspan="2">联系人：</td><td colspan="3">电话：</td></tr>
<tr><td>品名</td><td>规格</td><td>单位</td><td>数量</td><td>单价（元）</td><td>金额（元）</td><td>质量等级</td><td>产地</td><td>生产批号或生产日期</td></tr>
<tr><td></td><td></td><td></td><td></td><td></td><td></td><td></td><td></td><td></td></tr>
<tr><td></td><td></td><td></td><td></td><td></td><td></td><td></td><td></td><td></td></tr>
<tr><td></td><td></td><td></td><td></td><td></td><td></td><td></td><td></td><td></td></tr>
<tr><td></td><td></td><td></td><td></td><td></td><td></td><td></td><td></td><td></td></tr>
<tr><td></td><td></td><td></td><td></td><td></td><td></td><td></td><td></td><td></td></tr>
<tr><td></td><td></td><td></td><td></td><td></td><td></td><td></td><td></td><td></td></tr>
<tr><td></td><td></td><td></td><td></td><td></td><td></td><td></td><td></td><td></td></tr>
<tr><td></td><td></td><td></td><td></td><td></td><td></td><td></td><td></td><td></td></tr>
<tr><td colspan="6">售货单位（盖章）：</td><td colspan="2">备案登记号：</td><td>填单人：</td></tr>
<tr><td colspan="6">售货单位地址：</td><td colspan="3">电话/传真；</td></tr>
<tr><td colspan="6">发货人：</td><td colspan="3">承运人：　　　车牌号：</td></tr>
</table>

ICS 03.080.01
A 12
备案号：40327－2013

SB

中 华 人 民 共 和 国 国 内 贸 易 行 业 标 准

SB/T 11000—2013

酒类行业流通服务规范

The Standard of circulation and service for alcohol industry

2013－04－16 发布　　2013－11－01 实施

中华人民共和国商务部　发布

前 言

本标准按照 GB/T 1.1—2009 给出的规则起草。

本标准由中国商业联合会提出。

本标准由中华人民共和国商务部归口。

本标准起草单位：中国商业联合会零售供货商专业委员会、中国人民大学、北京五洲创意营销策划有限公司、宜宾五粮液股份有限公司、中国贵州茅台酒厂（集团）有限责任公司、安徽古井贡酒股份有限公司、四川剑南春集团有限责任公司、江苏洋河酒厂股份有限公司、山西杏花村汾酒厂股份有限公司、四川水井坊股份有限公司、湖北稻花香酒业股份有限公司、河南省宋河酒业股份有限公司、山东扳倒井股份有限公司、山东景芝酒业股份有限公司、古贝春集团有限公司、重庆诗仙太白酒业（集团）有限公司、安徽迎驾贡酒股份有限公司、安徽双轮酒业有限责任公司、浙江致中和实业有限公司、浙江省东阳市荣鑫酒业有限公司、宜宾红楼梦酒业有限公司、贵州茅台镇荣和烧坊酒业有限公司、山西戎子酒庄有限公司、北京酒仙电子商务有限公司、山东天地缘酒业有限公司、新华锦（青岛）即墨老酒有限公司、山东即墨妙府老酒有限公司、广州星河湾酒业有限公司、北京糖业烟酒公司、北京五洲天宇认证中心。

本标准起草人：谭新政、褚峻、卢成绪、刘凤翔、高杰楷、袁仁国、吕云怀、杜光义、李安军、田锋、朱峰、韩建书、赖登燿、陈萍、李学思、张辉、来安贵、赵殿臣、刘中利、广家权、程剑、李小兵、马荣金、文万彬、仇福广、王庆伟、郝鸿峰、王建、杜祖远、于秦峰、赵技敏、白宇涛、杨谨蜚。

酒类行业流通服务规范

1 范围

本标准规定了酒类流通的术语和定义、经营、服务、流通信息、酒类商品保护、宣传、监督与评价等方面的要求。

本标准适用于酒类行业的流通服务。

2 规范性引用文件

下列文件对于本文件的应用是必不可少的。凡是注日期的引用文件，仅注日期的版本适用于本文件。凡是不注日期的引用文件，其最新版本（包括所有的修改单）适用于本文件。

GB 2757 食品安全国家标准 蒸馏酒及其配制酒

GB 7718 食品安全国家标准 预包装食品标签通则

GB 10344 预包装饮料酒标签通则

GB/T 15109—2008 白酒工业术语

GB/T 17204　饮料酒分类
GB/T 19001—2008　质量管理体系　要求
GB 23350　限制商品过度包装要求　食品和化妆品
GB/T 27922　商品售后服务评价体系
GB/T 27925　商业企业品牌评价与企业文化建设指南
SB/T 10391—2005　酒类商品批发经营管理规范
SB/T 10392—2005　酒类商品零售经营管理规范
SB/T 10467　零售商供应商公平交易行为规范
《中华人民共和国广告法》(中华人民共和国主席令 1994 年第 34 号)
《中华人民共和国食品安全法》(中华人民共和国主席令 2009 年第 9 号)
《中华人民共和国道路运输条例》(中华人民共和国国务院令 2012 年第 628 号)
《中华人民共和国水路运输管理条例》(中华人民共和国国务院令 2008 年第 544 号)
《酒类广告管理办法》(国家工商总局令 1995 年第 39 号)
《中国民用航空货物国内运输规则》(中国民航总局令 1996 年第 50 号)
《中国民用航空危险品运输管理规定》(中国民航总局令 2004 年第 121 号)
《酒类流通管理办法》(商务部令 2005 年第 25 号)
《地理标志产品保护规定》(国家质检总局令 2005 年第 78 号)

3　术语和定义

下列术语和定义适用于本文件。

3.1

酒类商品　alcohol commodities

乙醇含量大于 0.5% vol 的含酒精饮料，包括发酵酒、蒸馏酒、配制酒、食用酒精以及其他含有酒精成分的饮品。经国家有关行政管理部门依法批准生产的药酒、保健食品酒类除外。

注 1：有关酒类商品的分类，依照 GB/T 17204 的规定。

注 2：白酒类商品的名称与定义，依照 GB/T 15109—2008 的规定；其他酒类商品的名称与定义，依照 GB/T 17204 的规定。

3.2

酒类流通　alcohol circulation

酒类商品从生产领域向消费领域的流动过程，包括采购、储运、批发、零售、宣传以及服务等与此有关的系列活动。

3.3

随附单　receipt of alcohol circulation

批发销售时由供应商开具的，用于记录该批次酒类商品的来源、去向、品名、数量等相关流通信息的流通单据。

注 3：随附单是根据《酒类流通管理办法》的要求，由国家商务主管部门统一制定。

3.4

白酒基础酒　crude spirits

亦称基础酒、原酒。经发酵、蒸馏而得到的未经勾兑的酒。[GB/T 15109－2008，定义 3.5.19]

3.5

地理标志产品　geographical indication

以酒类商品（或其关键成分）的来源地区名作为该酒类商品的特征标志。该酒类商品的特定品质、信誉或者其他特征，受该地区的自然因素或者人文因素影响。

3.6

原产地名称　appellation origin

标示酒类商品的产出地，并表示其与某种地理条件或传统技术有关的区别标志。

3.7

酒文化　liquor culture

酒在生产、销售、消费过程中，以酒为中心所产生的物质文化和精神文化总和，包括可查证的历史文献、技艺传承，是制酒饮酒活动过程中由习惯、规则和心理积淀总和形成的特定文化形态。

4　经营

4.1　条件

4.1.1　从事酒类商品批发经营的企业，应按 SB/T 10391—2005 中的第 4 章执行。

4.1.2　从事酒类商品零售经营的企业，应按 SB/T 10392—2005 中的第 4 章执行。

4.1.3　聘用或培养从事酒类经营、服务及管理的专业人才，应对其岗位提出相应的职业化和规范化要求。

4.2　采购

4.2.1　酒类经营者应制定采购流程和采购制度以控制酒类质量。

4.2.2　选择酒类商品供应商时，应索取并查验其与酒类商品相关的生产或经营资质，例如酒类生产许可证、酒类商品经销授权、酒类经营许可证或酒类流通备案登记表等。

4.2.3　采购酒类商品时，应索取并查验其随批质量检验合格证明和酒类商品流通随附单（含复印件，啤酒可不用随附单）。对于进口酒类商品，应索取并查验进口酒类经营许可证，及国家进出口管理部门核发的相应批次的证明文件。

4.2.4　酒类商品采购过程中，应签订内容详细、责任明确的采购合同，符合 GB/T 19001－2008 中的 7.4 的要求。

4.2.5　酒类商品采购过程中，应按本标准 6.1 和有关规定做好酒类流通信息记录工作。

4.2.6　利用互联网平台进行酒类电子商务的企业应符合以上要求。

4.3 包装与储运

4.3.1 酒类商品应适度包装，降低成本，减少资源消耗。

4.3.2 酒类商品包装应符合品质保证、运输安全、存储条件等方面的要求。

4.3.3 需要重新分装或预包装的，应有该酒类生产企业的授权，并在履行相关手续后再重新包装。重新包装应符合 GB 7718 和 GB 23350 的规定，应对其过程完整记录，并在标签上对重新包装作出标识。

4.3.4 批量运输酒类商品时，应符合《中华人民共和国道路运输条例》《中华人民共和国水路运输管理条例》《中国民用航空货物国内运输规则》《中国民用航空危险品运输管理规定》等法规的要求。

4.3.5 鼓励酒类流通和生产企业建立或委托建立统一的物流配送体系。

4.4 销售

4.4.1 销售应符合国家生产规范并经检验合格，或经进口检验合格的酒类商品。

4.4.2 酒类商品批发时，应提供与酒类商品相关的生产或经营资质证明，以及酒类商品质量和流通的有关证明。与本标准 4.2.2 和 4.2.3 的要求对应。

4.4.3 酒类商品批发时，批发经营者应详细记录购买机构名称、销售日期、销售商品的品名、规格、产地、生产厂名称、生产批号、生产日期、数量、单位、产品执行标准号等信息，并将这些信息填入《酒类流通随附单》。标签标识应符合 GB 2757 和 GB 7718 要求的信息。

4.4.4 随附单应附随于酒类流通的批发过程，每批一单（啤酒除外），单货相符。

4.4.5 零售酒类商品时，应明码标实价。

4.4.6 酒类零售商应配备酒类商品扫码仪。

4.4.7 通过互联网进行酒类商品零售的，应取得生产企业或供货商提供的授权经营证明，同时应当报知生产厂家进行备案。并按有关规定，提供真实、详细的商品及销售信息。

4.4.8 酒类商品的促销方式，如团购、打折等，应符合国家有关规定。

5 服务

5.1 售前服务

5.1.1 应向购买者提供酒类商品质量证明、防伪证明等材料，以备查验。

5.1.2 应向购买者提供酒类商品的追溯查询服务，包括但不限于生产信息、流通信息、原产地信息、防伪信息等。

5.1.3 酒类商品包装上粘贴的标签应符合 GB 2757、GB 10344、GB 7718 和 GB/T 17204 的规定。销售进口酒类商品时，应按规定加贴中文标签。

5.1.4 酒类宣传应真实可靠，有据可查。

5.2 售中服务

5.2.1 酒类经营网点应持有相应的经营许可证，并亮证经营。

5.2.2 应在酒类零售经营场所的显著位置张贴必要的警示标志。

5.2.3 鼓励酒类经营者开展品牌营销和连锁经营。

5.3 售后服务

5.3.1 应提供酒类商品查询、投诉、举报等渠道并保证相应服务。

5.3.2 对运输过程中的损毁，应制定责任划分及赔偿补偿办法。

5.3.3 酒类经营者应建立酒类商品退市、召回和销毁管理制度。

6 流通信息

6.1 登记与上报

6.1.1 酒类经营者应依法向有关管理部门办理备案登记手续。已登记事项如有变更，应及时办理变更 登记。

6.1.2 酒类经营者应按酒类流通主管部门的要求和数据格式，及时上报酒类商品流通的各项数据。

6.1.3 酒类经营者发现流通过程中有价格异常、假冒伪劣、食品安全等重大突发事件时，应主动向有关主管部门报告。主管部门应建立反馈机制和通报制度，并接受企业和消费者的监督。

6.2 查询服务

6.2.1 酒类经营者应建立酒类商品流通的计算机信息管理系统，详细记录和管理酒类商品的流通信息，包括但不限于：

a）本标准 4.2.2、4.2.3、4.4.3 规定的流通信息；

b）GB 7718 要求标示的相关信息。

6.2.2 酒类流通信息管理系统应能为消费者提供信息查询功能，例如酒类商品的防伪查询、资质证明查询、信誉荣誉查询等。

7 酒类商品保护

7.1 专利保护

7.1.1 对于取得专利技术的酒类商品，鼓励企业积极自主创新，实行专利保护。

7.2 品牌保护

7.2.1 酒类商品依法使用注册商标。

7.2.2 酒类商品应准确使用认证标志、标准采用标志、防伪标识等。

7.2.3 酒类商品应保持能力、品质、价值、声誉、影响和企业文化等要素与其他品牌酒类具有显著区别性和排他性。

7.3 地理标志产品保护

7.3.1 酒类商品生产者可依照《地理标志产品保护规定》，申请认定“地理标志产品专用标志”。

7.3.2 经营者应将已注册的地理标志等信息，真实、准确、完整地传递给消费者。

7.3.3 酒类生产者可以用原产地名称来说明该酒类商品的产出地。

7.4 鉴别与争议

7.4.1 酒类生产者应为经营者、消费者提供酒类商品的真假鉴别、品质鉴别的渠道和服务。

7.4.2 对酒类商品的品质有争议时，可以申请法定检测机构进行检测检验。

7.4.3 对酒类商品真伪有争议时，法定检测机构可征求被侵权商品生产企业的意见。

7.4.4 酒类行业管理部门出具或认可的酒类鉴定结论应当以法定检测机构检测结果或者被侵权企业的原始检测报告为依据。

8 宣传

8.1 酒类广告

8.1.1 酒类广告应符合《中华人民共和国广告法》《中华人民共和国食品安全法》和《酒类广告管理办法》等相关法律法规的规定。

8.1.2 从事广告业务（包括设计、制作和传播）的机构，在接受酒类广告业务时，应确认广告内容真实有效。

8.1.3 鼓励酒类经营者做公益性广告。

8.2 酒文化

8.2.1 酒类经营者在传播酒文化时，应倡导良好社会风尚。

8.2.2 酒类经营者用酒文化进行酒类营销时，应本着客观、真实、合法的原则。

8.2.3 鼓励酒类生产或经营者发掘酒文化资源，传承和弘扬酒类传统文化。

8.2.4 鼓励酒类生产或经营者用悠久文化资源打造文化名酒品牌。

8.3 酒类健康知识

8.3.1 酒类经营活动中，应倡导理性消费、节制饮酒的观念，传递正确的饮酒健康知识。

8.3.2 酒类宣传中所传递的健康知识，应有科学依据，数据真实、准确。

9 监督与评价

9.1 经营行为监督

9.1.1 酒类流通管理部门依法履行对酒类流通行为的监督管理职能。

9.1.2 有资质的第三方机构可依据 GB/T 27922、GB/T 27925、SB/T 10467 等有关标准对酒类经营者的诚信经营行为进行监督和评价。

9.2 管理性评价

9.2.1 对酒类企业的售后服务评价，可参照 GB/T 27922 的规定执行。

9.2.2 对酒类企业的品牌评价，可参照 GB/T 27925 的规定执行。

参考文献

[1] 商务部关于“十二五”期间加强酒类流通管理的指导意见（商运发［2011］459 号）

ICS 67.160.10
X 60

中 华 人 民 共 和 国 物 流 行 业 标 准

WB/T 1053—2015

酒类商品物流信息追溯管理要求

Management requirements for information traceability in logistics of alcoholic products

2015-10-21 发布　　2016-02-01 实施

中华人民共和国国家发展和改革委员会　发布

前　言

本标准按照 GB/T 1.1—2009 给出的规则起草。

本标准由中国物流与采购联合会提出。

本标准由全国物流标准化技术委员会（SAC/TC 269）归口。

本标准起草单位：万信方达科技发展（北京）有限责任公司、中国物流学会物流规划与咨询专业委员会、泸州老窖股份有限公司、酒仙网电子商务股份有限公司、贵州茅台酒股份有限公司、对外经济贸易大学、五粮液集团有限公司、烟台张裕集团有限公司、古贝春集团有限公司、四川安吉物流集团有限公司。

本标准主要起草人：高海伟、斯家华、陈浪、张纪海、何飞、乔红、郭炳晖、鞠远程、王树文、周益。

酒类商品物流信息追溯管理要求

1　范围

本标准规定了酒类商品物流信息追溯体系、信息采集、信息管理的基本要求。

本标准适用于酒类商品物流过程中的信息追溯管理与信息共享，生产和销售过程的信息追溯可参照使用。

2　规范性引用文件

下列文件对于本文件的应用是必不可少的。凡是注日期的引用文件，仅注日期的版本适用于本文件。凡是不注日期的引用文件，其最新版本（包括所有的修改单）适用于本文件。

GB/T 18354　物流术语

3　术语和定义

下列术语和定义适用于本文件。

3.1

酒类商品　alcohol commodities

作为商品流通的饮料酒、其他含酒精饮品和食用酒精。指酒精度（乙醇含量）大于0.5 %vol 的含酒精饮料，包括各种发酵酒（啤酒、葡萄酒、果酒、黄酒等）、蒸馏酒（白酒、白兰地、威士忌、俄得克等）、配制酒（露酒）、食用酒精以及其他含有酒精成分的饮用品。

3.2

物流 logistics

物品从供应地向接收地的实体流动过程。根据实际需要，将运输、储存、装卸、搬运、包装、流通加工、配送、信息处理等基本功能实施有机结合。

［GB/T 18354—2006，2.2］

3.3

物流信息追溯 logistics information traceability

商品从出厂到消费者之间物流的正向、逆向信息查询，并可用于责任界定的信息技术手段。

3.4

追溯节点 retroactive node

物流过程中涉及商品责任人监管变化的连接点。

3.5

标识编码 identification code

按照某种规则编制的商品信息追溯唯一识别码。

3.6

追溯标识 traceability identification

商品信息追溯唯一识别码的载体。

4 信息追溯体系

4.1 通用要求

4.1.1 信息追溯体系的设计和实施应充分满足用户需求。

4.1.2 信息追溯体系的设计应将酒类商品物流过程各追溯节点中本标准规定的编码和要素信息作为主要追溯内容，建立和完善全程信息追溯，实现商品各追溯节点时间、地点、责任人、物流作业业态等物流全程信息追溯。

4.1.3 信息追溯体系的设计应配置自动识别设备、相关手持式移动设备，便于信息采集。

4.1.4 信息追溯体系应可实现有通信网络和无通信网络环境的可操作性。

4.1.5 信息追溯体系宜以单个商品为最小追溯对象。

4.2 系统功能

酒类商品物流信息追溯系统应具备以下功能：

——商品防伪；

——责任追溯；

——商品防窜货；

——信息采集；

——信息存储；

——信息查询。

4.3 追溯标识

4.3.1 酒类商品在物流过程中应带有信息追溯标识。

4.3.2 酒类商品流通全过程中应加强对商品追溯标识的保护，确保信息追溯标识清晰、完整、未经涂改；出现商品信息追溯标识损坏情况时应停止该商品流通，并在厂商的协助下第一时间更新信息追溯标识。

4.3.3 酒类商品物流过程中需对商品更换标识或另行添加包装的，其新增信息追溯标识应与原标识保持关联一致。

4.3.4 信息追溯标识应具备防伪、防复制功能。

4.3.5 信息追溯标识应具有唯一识别身份码，应存储商品信息追溯的标识编码。

4.4 标识编码及其表示

酒类商品信息追溯标识编码分两级管理，第一级为厂商码，第二级为商品码，唯一识别码应符合表1中各项要求。

表1 标识编码表示及要求

名称	要求
标识编码	1. 标识编码应采用国际或国家相关编码标准编码，并确保标识编码的全球唯一性。 2. 标识编码用 wid 表示。 3. 包含厂商码和商品码两部分，其中厂商码由厂商向编码主管机构申请，商品码由厂商自行编制
追溯标识	追溯标识中至少要包含服务器解析信息和标识编码信息

4.5 采集的基本信息内容和表示

酒类商品信息追溯采集的基本内容和表示见表2。

表2 基本信息内容和表示

信息类型	信息名称	表示符号	数据类型	内容
基本信息	酒名称	wbmc	文本	如：wbmc = XX 名称
	生产厂商	wbcj	文本	如：wbcj = XXXX 公司
	品牌	wbpp	文本	如：wbpp = XX 品牌
	类型	wblx	文本	如：wblx = XX 型白酒
	度数（%vol）	wbds	数值	如：wbds = 52
	检验结果	wbjg	文本	如：wbjg = 合格
	容量（mL）	wbrl	数值	如：wbrl = 485
	生产日期	wbsc	文本	如：wbsc = yyyy/mm/dd（年/月/日）
	生产批号	wbph	文本	如：wbph = XXXXXXXX
	产地	wbcd	文本	如：wbcd = XX 产地
	保质期	wbqx	文本	wbqx = yyyy/mm/dd 或 wbqx = 长期　如：wbqx = 长期

（续表）

信息类型	信息名称	表示符号	数据类型	内容
对象信息	对象类型	wbdxlx	文本	分别为瓶（ping）、箱（xiang）、托盘（tuopan）如：wbdxlx = xiang
	子对象数量	wbdxsl	数值	如：wbdxsl = 6
	手提袋	wbdxtd	数值	如：wbdxtd = 3
	电子照片数	wbdxzp	数值	0 表示无，2 表示有两张；当该值大千 0 时变量 wbdxzpurl（电子照片地址）生效。 如：wbdxzp = 2
	电子照片地址	wbdxzpurl	文本	当 wbdxzp > 1 时，照片间地址用竖线“丨”分隔。 如：wbdxzpurl = 电子照片地址 1 丨电子照片地址 2
物流信息	时间	wbltsj&n	文本	其中 n 为物流次序，如商品第三追溯节点物流时间为 2013/12/25　15：21：36，则为 wbtsj3 = 2013/12/25 15：21：36
	物流环节	wblthj&n	文本	如第四追溯节点入库，则表示为 wblthj4 = 入库
	追溯节点名称	wbltmc&n	文本	如 wbltmc2 = XXXX 仓库
	备注	wbltbz&n	文本	
警示信息	真伪	wbzw	数值	0 表示假，1 表示真
	作废	wbzf	数值	0 表示作废，1 表示有效
	提示	wbts	文本	如：wbts = 该码于 YYYY 年 mm 月 dd 日已被查询，谨防假冒！
	其他	wbqt	文本	

5　信息追溯采集

5.1　生产环节

5.1.1　商品出厂时应保证商品附着信息追溯标识。

5.1.2　商品出库时进行扫码登记。

5.2　物流环节

5.2.1　商品入库和（或）出库时进行扫码登记。

5.2.2　扫码设备应支持台式扫码设备和手持式扫码设备。

5.3　消费环节

消费者依据商品追溯标识可查询追溯信息。

6 信息追溯管理

6.1 信息存储

6.1.1 应建立信息追溯管理制度。

6.1.2 纸质记录应及时进行电子化处理，电子记录应及时备份。

6.2 信息传输

6.2.1 酒类商品生产信息追溯内容应与物流信息追溯体系畅通对接。

6.2.2 酒类商品物流过程各追溯节点应做好信息采集、信息共享，及时上传至数据服务器。

6.2.3 追溯节点服务方应可查询该追溯节点前商品全部追溯信息。

6.3 信息安全

6.3.1 信息追溯系统数据库、数据传输过程应做加密处理。

6.3.2 信息追溯系统应具备防攻击、防病毒、防篡改、访问权限控制等能力。

6.3.3 信息追溯系统应有两份以上实时备份能力。

参考文献

[1] GB/T 22005—2009 饲料和食品链的可追溯性 体系设计与实施的通用原则和基本要求

[2] GB/Z 25008—2010 饲料和食品链的可追溯性 体系设计与实施指南

[3] GB/T 28843—2012 食品冷链物流追溯管理要求

[4] SB/T 10391—2005 酒类商品批发经营管理规范

[5] SB/T 10771—2012 基于射频识别的瓶装酒追溯与防伪应用数据

[6] 酒类流通管理办法

A 82

BB

中华人民共和国包装行业标准

BB/T 0018—2000

包装容器 葡萄酒瓶

Packaging containers—Grape wine bottle

2000-02-22 发布　　2000-06-01 实施

中国包装总公司 发布

前　言

本标准非等效采用了法国国家标准 NF H35—064 Avril 1980 并结合我国生产情况而制定。

本标准的垂直轴偏差和高度公差参照 GB 4544—1996《啤酒瓶》的计算公式。

本标准代替 QB 659—1975《葡萄酒瓶》。

本标准实施过渡期为六个月。

本标准由中国包装总公司提出。

本标准由全国包装标准化技术委员会玻璃容器分技术委员会归口。

本标准主要起草单位：福建莆田金匙玻璃制品有限公司、北京市玻璃产品质量监督检验站。

本标准参加起草单位：山西杏花村汾酒厂股份有限公司、杭州人民玻璃厂、广西桂林市玻璃厂、秦皇岛燕山玻瓷集团有限公司。

本标准主要起草人：张元太、李美英、康健、顾雅琴、李永娥、钱利莹、高艳玲。

包装容器葡萄酒瓶

1　范围

本标准规定了葡萄酒瓶的产品分类、技术要求、试验方法、检验规则及包装标志、运输、贮存。

本标准适用于盛装普通葡萄酒的玻璃瓶。不包括特殊、耐压葡萄酒瓶。

2　引用标准

下列标准所包含的条文，通过在本标准中引用而构成为本标准的条文。本标准出版时，所示版本均为有效。所有标准都会被修订，使用本标准的各方应探讨使用下列标准最新版本的可能性。

GB/T 2828—1987　逐批检查计数抽样程序及抽样表（适用于连续批的检查）

GB/T 4545—1984　玻璃瓶罐　内应力检验方法

GB/T 4547—1991　玻璃容器　抗热震性和热震耐久性试验方法（eqv ISO 7459－1：1984）

GB/T 4548—1995　玻璃容器内表面耐水侵蚀性能试验方法及分级（eqv ISO 4802－1：1988）

GB/T 8452—1987　玻璃容器——玻璃瓶垂直轴偏差测试方法

GB/T 9987—1988　玻璃瓶罐制造术语

3　产品分类

3.1　按瓶形分为长颈瓶（莱茵瓶）、波尔多瓶、莎达妮瓶、至樽瓶等。

3.2　按颜色分为翠绿色、黄绿色、枯叶色、无色、琥珀色等。

3.3　按容量分为 750 mL、375 mL 等。

3.4　常见瓶形及各部位名称见图 1。

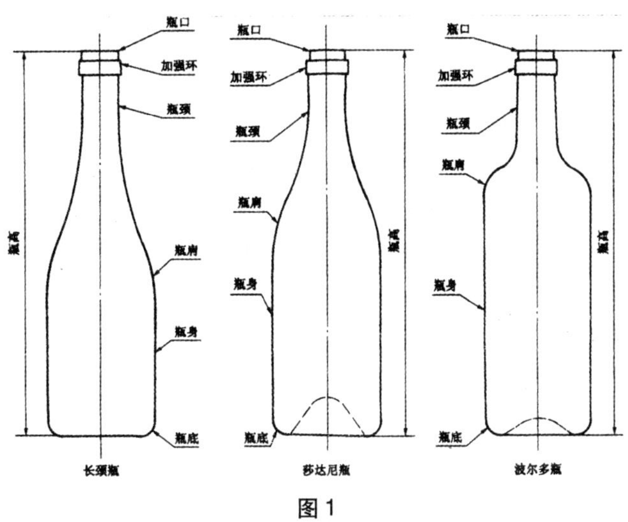

图 1

4　要求

4.1　理化性能

理化性能应符合表 1 规定。

表 1　　理化性能

项目名称	单位	指标
抗热震性	℃	温 差≥40
内表面耐水侵蚀性	级	HC3
内应力	级	真实应力≤4

4.2　规格尺寸

4.2.1　750 mL、375 mL 葡萄酒瓶规格尺寸、厚度应符合表 2 规定。

表 2　　规格尺寸

<table>
<tr><th rowspan="3">项目名称</th><th rowspan="3">单位</th><th colspan="6">规格尺寸</th></tr>
<tr><th colspan="2">长颈瓶</th><th colspan="2">波尔多瓶</th><th>莎达尼瓶</th><th>至樽瓶</th></tr>
<tr><th>公称容量 750 mL</th><th>公称容量 375 mL</th><th>公称容量 750 mL</th><th>公称容量 375 mL</th><th>公称容量 750 mL</th><th>公称容量 750 mL</th></tr>
<tr><td>满口容量</td><td>mL</td><td>770 ±10</td><td>390 ±7</td><td>770 ±10</td><td>395 ±7</td><td>770 ±10</td><td>775 ±10</td></tr>
<tr><td>瓶高</td><td>mm</td><td>330 ±1.9</td><td>250 ±1.6</td><td>289 ±1.8</td><td>235 ±1.5</td><td>296 ±1.8</td><td>321 ±2</td></tr>
<tr><td>瓶身外径</td><td>mm</td><td>77.4 ±1.6</td><td>64.0 ±1.5</td><td>76.5 ±1.6</td><td>62.0 ±1.5</td><td>82.2 ±1.7</td><td>74 ±2</td></tr>
<tr><td rowspan="2">瓶口内径</td><td rowspan="2">mm</td><td>18.5 ±0.5</td><td>18.5 ±0.5</td><td>18.5 ±0.5</td><td>18.5 ±0.5</td><td>18.5 ±o.5</td><td>18.5 ±0.5</td></tr>
<tr><td colspan="6">距瓶口封合面 3 mm 以下直径大于 17 mm</td></tr>
</table>

续 表

项目名称	单位	规格尺寸					
		长颈瓶		波尔多瓶		莎达尼瓶	至樽瓶
		公称容量 750 mL	公称容量 375 mL	公称容量 750 mL	公称容量 375 mL	公称容量 750 mL	公称容量 750 mL
瓶口外径	mm	≤28.0	≤28.0	≤28.0	≤28.0	≤28.0	29.65±0.35
垂直轴偏差	mm	≤3.6	≤2.8	≤3.2	≤2.7	≤3.3	≤3.5
瓶身厚度	mm	≥1.4	≥1.4	≥1.4	≥1.4	≥2.0	≥1.8
瓶底厚度	mm	≥2.3	≥2.3	≥2.8	≥2.6	≥3.0	≥3.0
瓶口倾斜	mm	≤0.7	≤0.7	≤0.7	≤0.7	≤0.7	≤0.7
同一瓶壁厚薄差		<（2：1）					
同一瓶底厚薄差		<（2：1）					
圆度	mm	≤2.0					

4.2.2 其他葡萄酒瓶规格尺寸参照以下公式。

4.2.2.1 高度公差 T_H（mm）按式（1）计算；

$$T_H = \pm(0.6 + 0.004H) \quad (1)$$

式中：H——瓶高，mm。

4.2.2.2 瓶身外径公差 T_y（mm）按式（2）计算：

$$T_y = \pm(0.7 + 0.012D) \quad (2)$$

式中：D——外径，mm。

4.2.2.3 垂直轴偏差 T_v（mm）按式（3）计算：

$$T_v = (0.3 + 0.01H) \quad (3)$$

式中 H 同式（1）。

4.2.2.4 满口容量公差应符合表3规定。

表3 满口容量

公称容量，mL	相对公差，%	绝对公差，mL
50～100	—	±3
100～200	±3	—
200～300	—	±6
300～500	±2	—
500～1 000	—	±10
1 000～5 000	±1	—

4.3 外观质量

外观质量应符合表4规定。

表 4　　外观质量

缺陷名称	指标	规定
瓶口缺陷	口部尖刺	不许有
	封合面上致使内容物泄漏的口部缺陷	不许有
裂纹	折光	不许有
气泡	大于 4 mm	不许有
	（1～4）mm	不多于 2 个
	1 mm 以下能目测	每平方厘米不多于 5 个
	破气泡和表面气泡	不许有
结石	大于 1.5 mm	不许有
	1.5 mm 以下能目测，且周围无裂纹	不多于 2 个
	封锁环上	不许有
模缝线	尖锐刺手	不许有
	凸出量	不大于 0.5 mm
	初型模模缝线明显	不许有
光洁性	严重明显的皱纹，条纹，冷斑，黑点和严重影响外观的缺陷	不许有
内壁缺陷	内壁粘料、玻璃搭丝	不许有

4.4　瓶底支承面上应有点状或条状滚花。

5　试验方法

5.1　理化性能

5.1.1　抗热震性

按 GB/T 4547 规定进行。

5.1.2　内表面耐水侵蚀性

按 GB/T 4548 规定进行。

5.1.3　内应力

按 GB/T 545 规定进行。

5.2　规格尺寸

5.2.1　容量

用感量为 1 g 的衡器称取空瓶，再灌以室温的水称量，二次质量之差即为容量。

5.2.2　瓶身外径和圆度

用游标卡尺测量瓶身（需偏离合缝线），以测量最大值为瓶身外径，其最大值与最小值之差为圆度。

5.2.3　垂直轴偏差

按 GB/T 8452 规定进行。

5.2.4　瓶高

用高度尺或测高装置测定。

5.2.5　瓶壁、瓶底厚度

用测厚仪测定。

5.2.6　同一瓶壁厚薄差

用测厚仪在瓶身同一水平面上测量，测得最厚点与最薄点之比。

5.2.7　同一瓶底厚薄差

用测厚仪在同一瓶底上测得最厚点与最薄点之比。

5.2.8　瓶口、瓶颈

用专用通过式量规或卡尺测定、瓶内颈量规插入深度不小于 35 mm。

5.2.9　瓶口倾斜

用高度尺衡量，瓶底至瓶口最高值与最低值之差为瓶口倾斜，即平行度。

5.3　外观质量

目测，必要时用 10 × 读数放大镜进行测量。

6　检验规则

6.1　产品交接验收应按 GB/T2828 中关于逐批检查二次抽样方案的规定 ，订货方有权按本标准对产品质量进行验收，如有其他情况可按供需双方合同或协议进行验收。

6.2　产品验收以每百单位产品不合格数量表示，提交验收批产品的合格质量水平（ AQL)、检查水平

（IL）应符合表 5 的规定。

表 5　检验规则

类别	项目	检查水平（IL）	合格质量水平（AQL）
理化性能	抗热震性	S－3	1. 0
	内表面耐水浸蚀性	按 GB/ T 4548 规定	
	内应力	S－3	0. 66
规格尺寸	垂直轴偏差、瓶口内径、瓶口外径	S－4	1. 5
	容量、高度、厚薄差	S－4	1.5
	厚度、瓶身外径、椭圆度、瓶颈	S－4	2. 5
外观质量	瓶口缺陷、裂纹、内壁粘料、玻璃搭丝	I	1.5
	结石、气泡、模缝线、光洁性	I	6. 5

6.3　逐批验收不合格时，应重新进行检验。再次提交验收的产品，若仍不符合要求，该批产品不得再次提交验收。

7　包装、标志、运输、贮存

7.1　包装

提倡采用托盘包装，也可用纸箱包装，以减少因包装运输不当对葡萄酒瓶质量的影响。包装材料

应使产品保持清洁，并不易破碎。

7.2 标志

每个产品应在瓶底以上 20 mm 范围内标明生产企业标记。

每件包装应有合格证或合格标签，注明生产企业名称、厂址、产品名称、规格、数量、生产日期、检验包装人员姓名（代号）以及“易碎”“小心轻放”等字样。

7.3 运输

运输中必须防止剧烈震动，装卸时要轻拿轻放。

7.4 贮存

宜室内贮存，堆放在露天的产品，应避免雨水进入瓶内，防止水迹发生。

ICS 67. 160. 10
A 01

CCPIT
中国国际贸易促进委员会商业行业委员会

团　体　标　准

T/CCPITCSC 208—2019

葡萄酒储运管理技术规范

Technical specification for wine storage and transport management

2019 - 09 - 01 发布　　2019 - 10 - 01 实施

中国国际贸易促进委员会商业行业委员会　发 布

前　言

本标准按照 GB/T 1.1—2009 给出的规则起草。

本标准由中国国际贸易促进委员会商业行业委员会提出并归口。

本标准起草单位：南京伊万名庄葡萄酒有限公司、漯河市丰威商贸有限公司、中国国际贸易促进委员会商业行业委员会、厦门市标准化研究院、湖南兴隆铺集团有限公司、上海高美营筑建设工程有限公司、中国国际贸易促进委员会商业行业委员会葡萄酒贸易与教育促进中心、商业国际交流合作培训中心、贸促科技（厦门）有限责任公司、宁波高新区汇才标准化技术服务有限公司、北京中商汇才教育管理咨询有限公司、中国标准化协会服务贸易分会、全国现代服务业职业教育集团。

本标准主要起草人：杨敏、姚歆、王曦、乔珍珍、张金梅、瞿吉辉、吴忠、罗芳、赵敏、魏敏、崔宁、朱慧敏。

本标准响应了联合国 2030 可持续发展目标中的第 3 项“良好健康与福祉”和第 12 项“负责任的消费和生产”。

葡萄酒储运管理技术规范

1　范围

本标准规定了葡萄酒储运管理过程中的管理要求、保障措施和监测系统要求。

本标准适用于涉及葡萄酒储存与运输行为的葡萄酒商和运输机构。

2　规范性引用文件

下列文件对于本文件的应用是必不可少的。凡是注日期的引用文件，仅所注日期的版本适用于本文件。凡是不注日期的引用文件，其最新版本（包括所有的修改单）适用于本文件。

GB/T 15037—2006　葡萄酒

3　术语和定义

下列术语和定义适用于本文件。

3.1

葡萄酒　wine

以鲜葡萄或葡萄汁为原料，经全部或部分发酵酿制而成的，含有一定酒精度的发酵酒。

[GB/T15037—2006，定义 3.1]

3.2

葡萄酒储存场所　wine storage places
贮存保管葡萄酒的建筑物或场所。

注：可为地下室，也可为地上建筑。

3.3

葡萄酒销售场所　wine sales places
销售葡萄酒的地方。

注：可包含但不仅限于葡萄酒专卖店、酒店、会所、超市等。

3.4

葡萄酒运输　wine transport
使用一定的工具和设备，把葡萄酒从一地运送到另一地的过程。

3.5

湿度　humidity
表示空气中水汽含量的物理量。

3.6

温度　temperature
表示物体冷热程度的物理量。

注：标准中温标采用摄氏温标（℃）。

3.7

光线　light
太阳、灯等光源所辐射的光。

3.8

震动 shaking
受到外力影响而颤动。

4 葡萄酒储运管理要求

4.1 温度

4.1.1 在储运过程中应保持适宜的温度，具体温度要求见表1。

表1　　葡萄酒储运管理技术的温度要求

温度要求	葡萄酒储存场所	葡萄酒销售场所	葡萄酒运输
应规定工作人员对温度控制的职责和角色	√	√	√

续 表

温度要求	葡萄酒储存场所	葡萄酒销售场所	葡萄酒运输
最低温度限制	8 ℃	8 ℃	8 ℃
最高温度限制	16 ℃	22 ℃	25 ℃
在储存空间内的任何位置的每日最大波动幅度	3 ℃	3 ℃	5 ℃
在储存空间内的任何位置的每年最大波动幅度	5 ℃	5 ℃	—
当温度超过 22 ℃的最大温度限值	—	—	3 ℃（每日总计不超过 90 min）
应制定温度限制及储运相关记录	√	√	√
应制定波动幅度范围及储存相关记录	√	√	√
电子感应器宜用持续温度监测	√	√	√
应保留电子温度记录的最少时间	18 个月	18 个月	18 个月

4.1.2　葡萄酒储运管理机构在考虑安装感应器的位置时，应接近葡萄酒储运的位置，以监测出最具代表性的温度或湿度的读数。在温度幅度变化较大的区域，应安装感应器来监测。这些地方包括但不限于缺乏冷气的出风口、接近地窖的入口和冷气的出风口。

4.1.3　葡萄酒储运管理机构宜雇用葡萄酒储运管理的专业营运者，并且持有营运时所有日期的监测记录（包括工作日、周末及公众假期 ）等资料。

4.1.4　专业仓储酒窖应内置防冻以及保温材料。建于地面以下的酒窖，在气温较寒冷的地区地板应进行保温处理。建于地面以上的酒窖，宜用绝缘的物料作墙壁和天花板，确保酒窖内部的温度不受外界温度的影响。

4.1.5　酒窖里所使用的门，宜采用烘干得当的松木、橡木或部分硬杂木制作，避免室内外温度差异导致门板变形。可在酒窖门前设计一个缓冲区，门框的四边装上密封条，确保酒窖内的凉气不会流失于酒窖外。

4.1.6　在开放的综合销售环境，葡萄酒销售商应对葡萄酒销售场所区域有针对的进行温度控制和监控，设有专人负责储存管理，并持有营运时所有日期的监测记录（包括工作日、周末及公众假期）。

4.1.7　葡萄酒在运输的过程中，运输服务供应商宜使用有效的隔热运输容器，如恒温柜，减少外部温度对容器内温度的影响。

4.1.8　运输服务供应商在装卸的过程中，即葡萄酒离开了运输容器和受到外界环境的影响时，该葡萄酒储运管理机构应按照表 1 的温度要求，保证葡萄酒免受温度变化等因素所造成的损害。

4.2　湿度

4.2.1　在储运过程中应保持适宜的湿度，具体湿度要求见表 2。

表 2　　葡萄酒储运管理技术的湿度要求

湿度要求	葡萄酒储存场所	葡萄酒销售场所	葡萄酒运输
应规定工作人员对湿度控制的职责和角色	√	√	√
储存空间内任何位置的湿度（一天内的平均运行范围 ）	65% ~75%	60% ~80%	—
当湿度超过 60% ~80% 的最大限值	—	—	不得连续超过 30 d
应制定湿度水平限制及储运相关记录	√	√	√
电子感应器宜用于持续湿度监测	√	√	√
应保留电子湿度记录的最少时间	18 个月	18 个月	18 个月

4.2.2 葡萄酒储运管理机构宜选用有硬度的地板，如石板、瓷砖或大理石作酒窖的地板，并宜安装在水平面上。可用沙子来调节湿度。墙面和天花的用料应拥有防潮功能。

4.2.3 葡萄酒储运管理机构不可在酒窖内使用易变质、发霉的材料，如：木屑、防寒毡子、地毯等。

4.3 光线

4.3.1 光线对葡萄酒品质会造成一定程度的影响，对葡萄酒储运过程中具体的光线要求见表3。

表3　　葡萄酒储运管理技术的光线要求

光线要求	葡萄酒储存场所	葡萄酒销售场所	葡萄酒运输
应规定工作人员对光线控制的职责和角色	√	√	√
葡萄酒储存空间应隔离外部光源或阳光直接照射	√	√	—
葡萄酒应避免受到阳光直接照射	—	—	√
当储存空间内没有人进出时，应关掉照明装置	√	√	—
当要照明储存中的葡萄酒，应使用低紫外线、低温灯光（如 LED 灯光，钨丝灯）代替常规的荧光灯	√	√	—

4.3.2 采用玻璃门设计的酒柜，宜选择可防紫外线的玻璃。

4.3.3 葡萄酒的包装宜采用能够避免葡萄酒被紫外线直接照射的木箱、纸箱等。

4.3.4 避免葡萄酒长时间暴露在紫外线和高温照明的环境中。

4.4 震动

4.4.1 过度的震动会影响葡萄酒的品质，葡萄酒储运过程中的防震避震要求见表4。

表4　　葡萄酒储运管理技术的防震避震要求

防震避震要求	葡萄酒储存场所	葡萄酒销售场所	葡萄酒运输
应规定工作人员对震动控制的职责和角色	√	√	√
储运空间应防止持续强烈震动	√	√	—
如果有持续震动，应于酒窖地板下安装减震系统	√	√	—
不应使用会产生持续和广泛震动的设备	√	√	—
葡萄酒应有妥善包装，防止葡萄酒受到损害	—	—	√

4.4.2 葡萄酒的储运位置应远离持续和广泛的震动来源。对于葡萄酒的运送，在运输安排中应妥善处理震动和包装防止葡萄酒受到损害。

4.5 卫生

葡萄酒储运设备应重视卫生问题，降低葡萄酒品质变化的风险。葡萄酒储运过程中的卫生要求见表5。

表5　　葡萄酒储运管理技术的卫生要求

卫生要求	葡萄酒储存场所	葡萄酒销售场所	葡萄酒运输
应规定工作人员对卫生控制的职责和角色	√	√	√
运输容器和葡萄酒储存空间应要保持清洁和卫生	√	√	√

（续表）

卫生要求	葡萄酒储存场所	葡萄酒销售场所	葡萄酒运输
有害或有毒的化学品，不应放置在储酒的位置和附近的通道或在相同的运输容器或车箱内	√	√	√
储存空间内或在相同运输容器或车箱内，不应存有强烈的气味	√	√	√
葡萄酒储运管理机构宜制定清洁的时间表	√	√	√
储运空间内不宜铺设地毯	√	—	—
宜实施害虫控制	√	—	—

4.6 葡萄酒摆放

葡萄酒应根据不同瓶塞的类型，采用合适的摆放方式，降低葡萄酒品质变化的风险。葡萄酒储运管理过程中的摆放要求见表6。

表6　　葡萄酒储运管理技术的摆放要求

<table>
<tr><th>摆放要求</th><th>葡萄酒储存场所</th><th>葡萄酒销售场所</th><th>葡萄酒运输</th></tr>
<tr><td>应规定工作人员对葡萄酒摆放的职责和角色</td><td>√</td><td>√</td><td>—</td></tr>
<tr><td>天然软木塞倒放、卧放</td><td>√</td><td rowspan="7">—</td><td rowspan="7">—</td></tr>
<tr><td>聚合软木塞竖立短期放置，不宜长期卧放窖藏</td><td>√</td></tr>
<tr><td>复合软木塞宜倒放、卧放</td><td>√</td></tr>
<tr><td>填充软木塞竖立短期放置，不宜长期卧放窖藏</td><td>√</td></tr>
<tr><td>高分子合成塞倒置或正放</td><td>√</td></tr>
<tr><td>金属螺旋盖倒置或正放</td><td>√</td></tr>
<tr><td>玻璃塞卧置或正放</td><td>√</td></tr>
</table>

5 葡萄酒储运保障措施

5.1 安保

在葡萄酒储运过程中，应有安保措施。葡萄酒储运过程中的具体安保要求见表7。

表7　　葡萄酒储运管理技术的安保要求

<table>
<tr><th>安保要求</th><th>葡萄酒储存场所</th><th>葡萄酒销售场所</th><th>葡萄酒运输</th></tr>
<tr><td>应规定工作人员对安保的职责和角色</td><td>√</td><td>√</td><td>√</td></tr>
<tr><td>应实施有效的安保措施，防止葡萄酒被毁坏和盗窃</td><td>√</td><td>√</td><td>√</td></tr>
<tr><td>安保边界宜明确界定</td><td>√</td><td>√</td><td rowspan="7"></td></tr>
<tr><td>酒窖设置的安保监控范围宜覆盖全面</td><td>√</td><td>√</td></tr>
<tr><td>进出储运范围的人员宜受管制和只允许授权人员进入</td><td>√</td><td>—</td></tr>
<tr><td>宜用电子手段实现所有人员进出的授权和验证</td><td>√</td><td>—</td></tr>
<tr><td>宜保留所有进出记录的最少时间</td><td>12 个月</td><td>—</td></tr>
<tr><td>宜安装合适的入侵侦测系统，提供 24 h 的监控</td><td>√</td><td>√</td></tr>
<tr><td>宜安装闭路电视，提供 24 h 的视频监控</td><td>√</td><td>√</td></tr>
</table>

（续表）

<table>
<tr><th>安保要求</th><th>葡萄酒储存场所</th><th>葡萄酒销售场所</th><th>葡萄酒运输</th></tr>
<tr><td>监控系统的后备电源的最少时间</td><td>8h</td><td>8h</td><td rowspan="5">—</td></tr>
<tr><td>警报系统的后备电源的最少时间</td><td>8h</td><td>8h</td></tr>
<tr><td>宜记录访客的资料（例如姓名）以及访客进入和离开酒窖的日期和时间</td><td>√</td><td>√</td></tr>
<tr><td>除非预先已获批准，否则所有访客宜由授权人员作监督，他们只因特定的、所授权的目的而获得进出的权利，也宜接受范围内安保的要求和紧急程序的指引</td><td>√</td><td>√</td></tr>
<tr><td>宜清楚的规定交付和装卸的范围，并宜作线路规划设计，防止送货人员卸下供应品时进入到酒窖的其他部分</td><td>√</td><td>√</td></tr>
</table>

5.2 存货管理

5.2.1 存货管理是处理所有关于葡萄酒和储运地点的追踪和管理功能，包括对运进运出储运设施的物料的监督，并留意存货的平衡协调。

5.2.2 葡萄酒储运管理过程中的存货管理要求见表8。

表8　　葡萄酒储运管理技术的存货管理要求

<table>
<tr><th>存货管理要求</th><th>葡萄酒储存场所</th><th>葡萄酒销售场所</th><th>葡萄酒运输</th></tr>
<tr><td>应规定工作人员对存货管理的职责和角色</td><td>√</td><td rowspan="9">—</td><td>√</td></tr>
<tr><td>运输记录完整并可追溯</td><td>—</td><td>√</td></tr>
<tr><td>应保持完整的存货记录</td><td>√</td><td rowspan="7">—</td></tr>
<tr><td>所有葡萄酒宜清楚识别客户的编码和合约号码</td><td>按订单</td></tr>
<tr><td>宜记录葡萄酒的储运位置</td><td>按订单</td></tr>
<tr><td>宜确定葡萄酒的最大储运量</td><td>√</td></tr>
<tr><td>宜实时提供当前存货量的状态报告</td><td>√</td></tr>
<tr><td>所有运进运出储运范围的葡萄酒宜进行记录和签署</td><td>√</td></tr>
<tr><td>葡萄酒宜在指定的酒架上（酒架相关要求参见附录A）放置，并在仓储管理系统中保持记录</td><td>√</td></tr>
</table>

5.2.3 葡萄酒储运设施的操作有效性，取决于可靠、准确无误的存货记录，并为客户的订单确认、放置、取货和运送提供准确的资料。记录数据的可靠性是基于标识、可追溯性、储运地点、顾客、年份、品牌和合约号码的即时更新。

5.2.4 葡萄酒储运管理机构应特别关注防止葡萄酒损毁的处理措施并制定应急预案。

5.2.5 尽量减少储运过程中的葡萄酒挪动，保证葡萄酒能够在储运期间继续陈酿。

5.3 保险

在葡萄酒的储运过程中，宜对葡萄酒设有保险管理。出现风险或事故时，酒窖持有者和客户可从保险中获得补偿。葡萄酒储运管理技术的保险要求见表9。

表9　葡萄酒储运管理技术的保险要求

保险要求	葡萄酒储存场所	葡萄酒销售场所	葡萄酒运输
应规定工作人员对保险的职责和角色	√	—	√
保险范围应符合与客户的合同协议	√	—	√
宜考虑潜在的风险因素和责任，订立赔偿的金额	√	—	√
葡萄酒储存或运输的条款和细则宜明确在合同协议内	√	—	√
宜评估和明确潜在的赔偿责任	√	—	√
潜在的风险因素，如火灾、洪水、地震、爆炸、暴乱和其他自然或人为形式的灾难宜清楚的明确	√	—	—
宜保留所有已购买了保险的葡萄酒证明，并与葡萄酒储存在酒窖内的时间相同	√	—	—

5.4　辅助保障系统及其保养

5.4.1　辅助保障系统可控制温度和湿度，并根据反馈数据进行实时调整以保证温度湿度差在允许可控范围内。

5.4.2　感应器的准确度影响葡萄酒储运的条件，葡萄酒储运管理机构应透过分析温度和湿度数据的趋势来制定辅助保障系统保养维修的时间表。如趋势出现了不稳定的情况，保养维修的时间表应作相应调整。

5.4.3　葡萄酒储运管理过程中的辅助保障系统及其保养要求见表10。

表10　葡萄酒储运管理技术的辅助保障系统及其保养要求

保养要求	葡萄酒储存场所	葡萄酒销售场所	葡萄酒运输
应规定工作人员对保养维修控制的职责和角色	√	√	√
温度感应器的准确度	±0.5 ℃	±1 ℃	±1 ℃
湿度感应器的准确度	±5%	±5%	—
应保留保养维修或矫正记录的最少时间	三年	三年	一年
应定期保养维修所有设备和车辆（例如：雪柜、增湿器、运输葡萄酒的车辆）	√	√	√
温度感应器应按指定期间矫正或核实	—	—	√
应定期对温度和湿度感应器进行校正	每一年一次	每三年一次	—

5.4.4　温湿度传感器应通过认可的中国计量认证（CMA）机构或葡萄酒储运管理机构内部进行定期校正或者更新更换设备，以符合规范的要求。校正的参数宜设在已规定的操作温度和（或）相对湿度之内。建议葡萄酒储运管理机构采用最少3个在规定范围内的温度点作校正参数。

6 葡萄酒储运监测系统要求

6.1 葡萄酒储运监测系统数据记录

6.1.1 监测的数据记录形式应符合可被第三方机构认可的数据库格式。

6.1.2 对于温度、湿度、移动、安保、存货管理等数据应采用不可更改的传感电子体系实时记录监测数据。

6.1.3 对于光线、震动、卫生、摆放储运管理等过程应有专人负责，并且按周期进行记录留存，并对发生的异常变化进行记录。

6.1.4 监测记录留存至少达到 18 个月，正常数据记录间隔不超过 5 min（可使用无损的数据压缩方法进行数据压缩）。警报记录至少留存 36 个月。

6.2 葡萄酒储运监测系统功能要求

6.2.1 系统稳定性要求

监测系统的集成、数据记录与保存的硬件应能达到葡萄酒储运管理技术规范要求，稳定性达到工业级可靠性标准，系统提供商应提供其可靠性参数证明以及维修保障措施。

6.2.2 数据记录可靠性要求

数据记录应尽量采用传感电子体系。数据来源应真实原始、不可修改，数据可追溯。数据留存时间应符合要求。允许使用无损的方法进行压缩，但要求可在需要的时候完全恢复数据完整记录。

6.2.3 监测系统数据追溯和报告要求

系统根据记录数据产生葡萄酒储运监测报告，宜由第三方验证与评价。

附 录 A
（资料性附录）
酒架规格要求

葡萄酒储存酒架规格要求见表 A. 1。

表 A. 1　　酒架规格要求

措施	存货管理要求	酒架要求
存货管理	酒架宜由坚固的材料制成	√
	酒架材料应当没有气味	√
	酒架宜牢固地安装在地面上或墙壁上，确保其稳定性	√
	酒架的接头宜稳固的连接	√
	酒架上不宜有裂纹或瑕疵	√

团 体 标 准

T/QGCML 003—2020

葡萄酒储存运输管理规范

Management specification for wine storage and transportation

2020-03-02 发布　　2020-03-17 实施

全国城市工业品贸易中心联合会 发布

前　言

本标准按照 GB/T 1. 1—2009 给出的规则起草。

本标准由全国城市工业品贸易中心联合会提出并归口。

本标准起草单位：青岛奔富国际贸易股份有限公司、青岛嘿客商贸有限公司、全国城市工业品贸易中心联合会。

本标准主要起草人：刘德平。

葡萄酒储存运输管理规范

1　范围

本标准规定了葡萄酒产品储存、运输的规范及要求。

本标准适用于从事葡萄酒经营服务活动的企业和个体工商户。

2　规范性引用文件

下列文件对于本文件的应用是必不可少的。凡是注日期的引用文件，仅注日期的版本适用于本文件。凡是不注日期的引用文件，其最新版本（包括所有的修改单）适用于本文件。

GB 7718　食品安全国家标准　预包装食品标签通则

GB 10344　预包装饮料酒标签通则

3　术语和定义

下列术语和定义适用于本文件。

3. 1　葡萄酒　wines

以新鲜葡萄或葡萄汁为原料，经全部或部分发酵酿制而成的，含有一定酒精度的发酵酒。

4　储存

4. 1　温度

在储存葡萄酒时温度控制在 5 ℃ ~25 ℃，温差浮动不超过 1 ℃ ~2 ℃，随着季节小幅度的温度变化整年不超过 5 ℃，保持温度恒定最佳。

4.2 湿度

在储存葡萄酒时湿度控制在65%～75%，湿度保持恒湿，避免湿度干燥或者潮湿导致瓶塞干裂或者霉变。

4.3 光线

在储存葡萄酒时光线保持基本照亮明度，避免自然光、室内光直射。

4.4 通风

在储存葡萄酒时保持通风，不得与有毒、有害、有异味、有腐蚀性物品一起储存。

4.5 防震避震

在储存葡萄酒时避免将葡萄酒安放于来回搬动或者经常震动的位置。

4.6 水平放置

使用软木塞封瓶的葡萄酒需要水平放置，保持酒液与软木塞始终进行接触，防止软木塞过于干燥。

5 运输

5.1 温度

在运输葡萄酒应采取相应措施避免运输环境温度过高和过低。

5.2 防震

在运输葡萄酒进行相应的防震措施。

5.3 储存

在运输葡萄酒不得与有毒、有害、有异味、有腐蚀性物品一起储存运输。

第五部分　葡萄制品

ICS 67.080.10
4

中 华 人 民 共 和 国 国 家 标 准

GB/T 19586—2008
代替 GB 19586—2004

地理标志产品 吐鲁番葡萄干

Product of geographical indication—Turpan raisin

2008-06-25 发布 2008-10-01 实施

中华人民共和国国家质量监督检验检疫总局
中国国家标准化管理委员会 发布

前　言

本标准根据《地理标志产品保护规定》及 GB 17924—1999《原产地域产品通用要求》制定。

本标准代替 GB 19586—2004《原产地域产品　吐鲁番葡萄干》。

本标准与 GB 19586—2004 相比主要变化如下：

——将标准由强制性改为推荐性；

——根据国家质量监督检验检疫总局颁布的《地理标志产品保护规定》，修改相关名称内容；

——增加了术者和定义“发育不良果”；

——修改补充了“晾制方法”，使其更加明确，便于操作；

——降低了“分级指标”中的杂质指标，从而提高了产品品质。

本标准的附录 A 为规范性附录。

本标准由全国原产地域产品标准化工作组提出并归口。

本标准起草单位：吐鲁番地区质量技术监督局。

本标准主要起草人：原建设、阿扎提江·皮尔多斯、杨文菊、方海龙、张金涛、卫建国、哈里旦。

本标准所代替标准的历次版本发布情况为：

——GB 19586—2004。

地理标志产品　吐鲁番葡萄干

1　范围

本标准规定了吐鲁番葡萄干的术语和定义、地理标志产品保护范围、要求、试验方法、检验规则及标志、标签、包装、运输、贮存。

本标准适用于国家质量监督检验检疫行政主管部门根据《地理标志产品保护规定》批准保护的吐鲁番葡萄干。

2　规范性引用文件

下列文件中的条款通过本标准的引用而成为本标准的条款。凡是注日期的引用文件，其随后所有的修改单（不包括勘误的内容）或修订版均不适用于本标准，然而，鼓励根据本标准达成协议的各方研究是否可使用这些文件的最新版本。凡是不注日期的引用文件，其最新版本适用于本标准。

GB/T 5009.3　食品中水分的测定

GB/T 5009.7　食品中还原糖的测定

GB 7718　预包装食品标签通则

GB 16325　干果食品卫生标准

3 术语和定义

下列术语和定义适用于本标准。

3.1

吐鲁番葡萄干 Turpan raisin
以吐鲁番原产地域范围内的葡萄为原料，按本标准晾制，质量达到本标准要求的葡萄干。

3.2

破损果粒 damaged raisin particle
外形不完整的或加工过程中机械损伤的干果粒。

3.3

霉变果粒 mildew and metamorphose raisin particle
生霉变质不能食用的干果粒。

3.4

虫蛀果粒 worm - eaten raisin particle
被虫蛀蚀的干果粒。

3.5

杂质 impurity
夹杂在葡萄干中的穗轴、果梗。

3.6

果粒色泽度 colour and lustre degree
干果粒天然绿色色泽一致的程度。

3.7

果粒饱满度 satiation degree
干果粒饱满的程度。

3.8

果粒均匀度 uniformity degree
干果粒大小均匀的程度。

4 地理标志产品保护范围

吐鲁番葡萄干的产地范围为国家质量监督检验检疫行政主管部门根据《地理标志产品保护规定》

批准保护的范围，即吐鲁番地区辖区内（吐鲁番市、鄯善县、托克逊县）种植区，见附录 A。

5 要求

5.1 自然环境

5.1.1 日照

年日照时数 2 912.3 h ~ 3 062.5 h，年日照百分率 65% ~ 69%。

5.1.2 气温

年气温 11.7 ℃ ~ 14.4 ℃，全年大于等于 10 ℃的积温 4 598.8 ℃ ~ 5 480.0 ℃。8 月、9 月大于等于 10 ℃的积温大于等于 1 000 ℃。无霜期 205 d ~ 236 d。

5.1.3 降水

年降水量 8.8 mm ~ 27.6 mm。

5.1.4 空气相对湿度

空气相对湿度值为：年平均 42% ~ 44%，8 月 ~ 9 月平均 35% ~ 40%。

5.1.5 土壤

土壤系灌耕土、灌淤土、风沙土、潮土和经过改良的棕色荒漠土。土壤通透性良好，含盐量低于 0.15%，土壤呈中性略偏碱性。

5.2 晾制

5.2.1 晾房要求

晾房应通风良好，以土坯或红砖砌成晾房。

5.2.2 晾晒方法

5.2.2.1 晾制方法

采用挂刺或帘式方法在晾房内自然晾干。

5.2.2.2 晒制方法

在地表覆盖物上，通过阳光直接晒制或机械风干。

5.2.3 分级加工

通过除梗、除杂、筛分，分级存放。

5.3 质量要求

5.3.1 分级指标

吐鲁番葡萄干分级指标应符合表 1 规定。

表 1 吐鲁番葡萄干分级指标

项目	特级	一级	二级	三级
外观	粒大、饱满	粒大、饱满	果粒大小较均匀	
滋味	具有本品种风味，无异味			
总糖/% ≥	70	65		
水分/% ≤	15			

续 表

项目	特级	一级	二级	三级
果粒均匀度/% ≥	90	80	70	60
果粒色泽度/% ≥	95	90	80	70
破损果粒/% ≤	1	2	3	5
杂质/% ≤	0.1	0.3	0.5	0.8
霉变果粒	不得检出			
虫蛀果粒	不得检出			

5.3.2 卫生指标

按 GB/T 16325 规定执行。

6 试验方法

6.1 感官指标

将样品平铺在样品盘或检验台上，在室内面向自然光线下，用肉眼观察干果粒大小均匀程度和色泽度并品尝。

6.2 理化指标

6.2.1 总糖的测定

按 GB/T 5009.7 规定执行。

6.2.2 水分的测定

按 GB/T 5009.3 规定执行。

6.3 杂质

6.3.1 仪器用具

6.3.1.1 天平：感量 0.1 g。

6.3.1.2 金属规格套筛。

6.3.2 杂质

分别取 100 g 试样，在天平上称量后，置于筛孔直径为 0.2 mm 筛上。下接筛，上履筛盖，环行平筛 1 min，转速约 60 r/min。

筛毕倒出试样，将所有筛下物收集于洁净小皿内，再捡出筛上试样中各类杂质，合并筛下物称量，按式（1）计算杂质总含量。

$$A = \frac{H}{T} \times 100 \quad \cdots\cdots (1)$$

式中：

A——杂质总含量，%；

H——筛上杂质加筛下物总质量，单位为克（g）；

T——试样质量，单位为克（g）。

6.4 果粒色泽度

从试样捡出色泽相对一致的果粒合并称量，按式（2）计算果粒色泽度。

$$C = \frac{S}{T} \times 100 \quad \cdots\cdots (2)$$

式中：

C——果粒色泽度,%；

S——色泽相对一致果粒总质量，单位为克（g）；

T——试样质量，单位为克（g）。

6.5 果粒均匀度

从试样中挑选出大小相对一致的果粒称量，按式（3）计算果粒均匀度。

$$D = \frac{F}{T} \times 100 \quad \cdots\cdots (3)$$

式中：

D——果粒均匀度,%；

F——大小相对一致果粒总质量，单位为克（g）；

T——试样质量，单位为克（g）。

6.6 破损果粒

在检验筛上杂质的同时，从试样中捡出破损的果粒称量，按式（4）计算破损果粒含量百分比率。

$$J = \frac{E}{T} \times 100 \quad \cdots\cdots (4)$$

式中：

J——破损果粒含,%；

E——破损果粒质量，单位为克（g）；

T——试样质量，单位为克（g）。

6.7 卫生指标

按 GB/T 16325 规定执行。

7 检验规则

7.1 组批

同一等级、同样包装、同一贮存条件下（或标注同一生产日期的小包装产品）存放的葡萄干为一批次。

7.2 抽样量

从每批产品中随机抽取不少于 1 kg 的样品为检样。

7.3 取样方法

在每批次葡萄干的不同部位按规定数量随机取大样，将已取的大样倾置于洁净的铺垫物上，充分混合均匀后，用四分法平分，取其中 2 份，1 份为检样，另 1 份为备检样。

7.4 检验分类

7.4.1 出厂检验

产品包装前应按照本标准要求进行质量等级检验，按等级要求分别包装并将合格证附于包装箱内。

7.4.2 型式检验

有下列情况之一时应进行型式检验，型式检验项目为本标准全部技术要求：

a）每年加工初期；

b）质量技术监督部门提出型式检验要求时。

7.4.3 交货验收

供需双方在交售现场按交货量随机抽取不少于 1 kg 的样品，按照本标准规定的质量等级进行分级。

7.5 判定

检验结果中如水分、总糖有一项指标达不到要求，则应加倍抽样进行复检，复检仍达不到要求的，则判定为等外品；在分级要求中，如有一项指标达不到要求，即按其实际等级定级；若两个以上项目达不到要求的，则按低等级定级；若等级指标达不到三级要求的，则判为等外品或进行加工整理后重新定级；凡卫生指标不合格，均判定为不合格品。

8 标志、标签、包装、运输、贮存

8.1 标志、标签

产品标签应当符合 GB 7718 规定。获准使用地理标志产品专用标志的生产者，应按地理标志产品专用标志管理办法的规定在其产品上使用防伪专用标志。

8.2 包装

包装物材料应符合国家关于食品包装材料和卫生要求。

8.3 运输

在运输过程中严禁日晒、雨淋，防潮、防压，运输工具应清洁卫生，不得与有毒有害物品混装混运。

8.4 贮存

在低温、干燥、弱光或无光利通风良好条件下存放，应防潮隔湿、严禁与地面直接接触；不得与易燃、腐蚀、有毒有害物品共同存放。

附　录　A
（规范性附录）
吐鲁番葡萄干地理标志产品保护范围图

吐鲁番葡萄干地理标志保护范围见图 A.1。

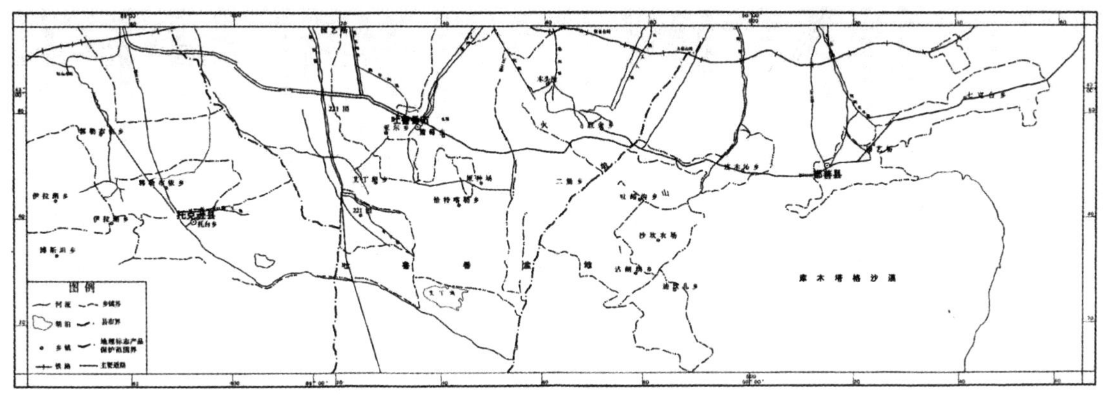

图 A.1　吐鲁番葡萄干地理标志产品保护范围图

ICS 67.200.10
X 14

中 华 人 民 共 和 国 国 家 标 准

GB/T 22478—2008

葡萄籽油

Grapeseed oil

2008-11-04 发布　　2009-01-20 实施

中华人民共和国国家质量监督检验检疫总局
中国国家标准化管理委员会　发布

前　言

本标准参考了国际食品法典委员会标准 CODEX STAN 210—1999（Rev. 1—2001）《指定的植物油标准》的内容，葡萄籽油的技术质量要求设定、限量值和上述国际标准一致。

本标准由国家粮食局提出。

本标准由全国粮油标准化技术委员会归口。

本标准负责起草单位：国家粮食局科学研究院。

本标准参与起草单位：山东远望生物科技有限公司、河南工业大学、云南省粮油科学研究所。

本标准主要起草人：薛雅琳、张蕊、王瑛瑶、魏传亮、马传国、李林开、邵志凌、贾友苏。

葡萄籽油

1　范围

本标准规定了葡萄籽油的相关术语和定义、质量要求与卫生要求、检验方法、检验规则、标签标识以及包装、储存、运输等要求。

本标准适用于以葡萄籽为原料加工的供人食用的商品葡萄籽油。

2　规范性引用文件

下列文件中的条款通过本标准的引用而成为本标准的条款。凡是注日期的引用文件，其随后所有的修改单（不包括勘误的内容）或修订版均不适用于本标准，然而，鼓励根据本标准达成协议的各方研究是否可使用这些文件的最新版本。凡是不注日期的引用文件，其最新版本适用于本标准。

GB 2716　食用植物油卫生标准

GB/T 5009.13　食品中铜的测定

GB/T 5009.37　食用植物油卫生标准的分析方法

GB/T 5009.90　食品中铁、镁、锰的测定

GB/T 5490　粮食、油料及植物油脂检验　一般规则

GB/T 5524　动植物油脂　扦样

GB/T 5525　植物油脂　透明度、气味、滋味鉴定法

GB/T 5526　植物油脂检验　比重测定法

GB/T 5527　植物油脂检验　折光指数测定法

GB/T 5528　动植物油脂　水分及挥发物含量测定

GB/T 5530　动植物油脂　酸值和酸度测定

GB/T 5532　动植物油脂　碘值的测定

GB/T 5534　动植物油脂　皂化值的测定

GB/T 5535.1　动植物油脂　不皂化物测定 第1部分：乙醚提取法
GB/T 5535.2　动植物油脂　不皂化物测定 第2部分：己烷提取法
GB/T　5538　动植物油脂 过氧化值测定
GB 7718　预包装食品标签通则
GB/T 15688　动植物油脂 不溶性杂质含量的测定
GB/T 17374　食用植物油销售包装
GB/T 17376　动植物油脂　脂肪酸甲酯制备
GB/T 17377　动植物油脂　脂肪酸甲酯的气相色谱分析
ISO12228：1999 动植物油脂　甾醇成分及甾醇总含量的测定　气相色谱法
AOCS Cc 17－95（97）油脂中含皂量测定 滴定法

3　术语和定义

下列术语和定义适用于本标准。

3.1

葡萄籽油　grapeseed oil
以葡萄籽为原料经加工制成的油脂产品。

3.2

折光指数　refractive index
光线从空气中射入油脂时，入射角与折射角的正弦之比值。

3.3

相对密度　relative density
在规定温度下植物油的质量与同体积20 ℃蒸馏水的质量之比值。

3.4

碘值　iodine value
在规定条件下与100 g油脂发生加成反应所需碘的克数。

3.5

皂化值　saponification value
皂化1 g油脂所需的氢氧化钾毫克数。

3.6

不皂化物　unsaponifiable matter
油脂中不与碱起作用、溶于醚、不溶于水的物质，包括甾醇、脂溶性维生素和色素等。

3.7

脂肪酸　fatty acid

脂肪族一元羧酸的总称，通式为 R－COOH。

3.8

水分及挥发物　moisture and volatile matter
油脂在规定条件下加热，导致其质量损失的物质。

3.9

不溶性杂质　insoluble impurity
油脂中不溶于石油醚等有机溶剂的物质。

3.10

酸值　acid value
中和 1 g 油脂中所含游离脂肪酸需要的氢氧化钾毫克数。

3.11

过氧化值　peroxide value
1 kg 油脂中过氧化物的毫摩尔数。

3.12

溶剂残留量　residual solvent content in oil
1 kg 油脂中残留的溶剂毫克数。

3.13

含皂量　saponified matter content
经过碱炼后的油脂中残留的皂化物的含量（以油酸钠计）。

3.14

甾醇　sterol
含羟基的环戊烷骈全氢菲类化合物的总称，以游离状态或同脂肪酸结合成酯的状态存在于生物体内。

4　质量要求与卫生要求

4.1　特征指标

4.1.1　折光指数（n^{40}）：1.467～1.477。
4.1.2　相对密度（d_{20}^{20}）：0.920～0.926。
4.1.3　碘值（I）：128 g/100 g～150g/100 g。
4.1.4　皂化值（KOH）：188 mg/g～194 mg/g。
4.1.5　不皂化物：≤20 g/kg。
4.1.6　脂肪酸组成见表 1。

表 1　　葡萄籽油脂肪酸组成

脂肪酸		含量/%
豆蔻酸	C_{14}：0	ND～0.3
棕榈酸	C_{16}：0	5.5～11.0
棕榈油酸	C_{16}：1	ND～1.2
十七烷酸	C_{17}：0	ND～0.2
十七碳一烯酸	C_{17}：1	ND～0.1
硬脂酸	C_{18}：0	3.0～6.5
油酸	C_{18}：1	12.0～28.0
亚油酸	C_{18}：2	58.0～78.0
亚麻酸	C_{18}：3	ND～1.0
花生酸	C_{20}：0	ND～1.0
二十碳一烯酸	C_{20}：1	ND～0.3
山嵛酸	C_{22}：0	ND～0.5
芥酸	C_{22}：1	ND～0.3
木焦油酸	C_{24}：0	ND～0.4
注：ND 表示未检出，含量≤0.05%。		

4.1.7　总甾醇含量：2 000 mg/kg～7 000 mg/kg。

4.1.8　各种甾醇成分含量（占总甾醇的质量分数）见表 2。

表 2　　葡萄籽油甾醇成分含量

甾醇成分	占总甾醇的质量分数/%
高根二醇	>2
芸苔甾醇	ND～0.2
菜籽甾醇	7.5～14.0
豆甾醇	7.5～12.0
β－谷甾醇	64.0～70.0
δ－5－燕麦甾醇	1.0～3.5
δ－7－谷甾醇	0.5～3.5
δ－7－燕麦甾醇	0.5～1.5
其他	ND～5.1
注：ND 表示未检出，含量≤0.05%。	

4.2　质量指标

质量指标见表 3。

表 3　　葡萄籽油质量指标

项目	等级		
	一级	二级	三级
色泽	淡绿色或浅黄绿色		
气味、滋味	气味、口感好	气味、口感良好	具有葡萄籽油固有的气味和滋味，无异味
透明度	澄清、透明		

续 表

项目		等级		
		一级	二级	三级
水分及挥发物/%	≤	0.10		
杂质/%	≤	0.05		
酸值（以 KOH 计）/（mg/g）	≤	0.60	1.0	3.0
过氧化值/（mmol/kg）	≤	5.0	6.0	7.5
含皂量/%	≤	0.005	0.005	0.03
铁 /（mg/kg）	≤	1.5		5.0
铜 /（mg/kg）	≤	0.1		0.4
溶剂残留量/（mg/kg）	≤	50		
注：当油的溶剂残留量检出值小于 10 mg/kg 时，视为未检出。				

4.3 卫生要求

按 GB 2716 和国家有关标准、规定执行。

4.4 添加剂使用限制

不得添加任何香精和香料。

4.5 真实性要求

葡萄籽油中不得掺有其他食用油和非食用油。

5 检验方法

5.1 扦样、分样：按 GB/T 5524 执行。

5.2 透明度、气味、滋味检验：按 GB/T 5525 执行。

5.3 色泽检验：按 GB/T 5009.37 执行。

5.4 相对密度：按 GB/T 5526 执行。

5.5 折光指数：按 GB/T 5527 执行。

5.6 水分及挥发物检验：按 GB/T 5528 执行。

5.7 不溶性杂质检验：按 GB/T 15688 执行。

5.8 酸值检验：按 GB/T 5530 执行。

5.9 碘值检验：按 GB/T 5532 执行。

5.10 含皂量检验：按 AOCS Cc 17－95（97）执行。

5.11 皂化值检验：按 GB/T 5534 执行。

5.12 不皂化物检验：按 GB/T 5535.1 或 GB/T 5535.2 执行。

5.13 过氧化值检验：按 GB/T 5538 执行。

5.14 溶剂残留量检验：按 GB/T 5009.37 执行。

5.15 脂肪酸组成检验：按 GB/T 17376、GB/T 17377 执行。

5.16 甾醇含量检验：按 ISO 12228：1999 执行。

5.17 铜含量检验：按 GB/T 5009.13 执行。

5.18 铁含量检验：按 GB/T 5009.90 执行。

6 检验规则

6.1 检验一般规则

按照 GB/T 5490 执行。

6.2 出厂检验

除铁、铜项目外，按 4.2 规定的项目检验。

6.3 型式检验

6.3.1 当原料、设备、工艺有较大变化时，均应进行型式检验。
6.3.2 按第 4 章的规定检验。

6.4 判定规则

6.4.1 产品未标注质量等级时，按不合格判定。
6.4.2 产品的各等级指标中有一项不合格时，即判定为不合格产品。

7 标签标识

7.1 应符合 GB 7718 的要求。
7.2 应注明产品原料的生产国名。

8 包装、储存和运输

8.1 包装

应符合 GB/T17374 及国家的有关规定和要求。

8.2 储存

应储存于阴凉、干燥、避光处。不得与有毒有害物质一同存放。

8.3 运输

运输车辆和器具应保持清洁、卫生。运输过程中应注意安全，防止日晒、雨淋、渗漏、污染和标签脱落。不得与有毒有害物质同车运输。

参考文献

［1］国际食品法典委员会标准 CODEX STAN 210—1999（Rev. 1—2001）《指定的植物油标准》。

ICS 67.080.10
X 24

中 华 人 民 共 和 国 农 业 行 业 标 准

NY/T 705—2003

无 核 葡 萄 干

Seedless raisins

2003-12-01 发布　　2004-03-01 实施

中华人民共和国农业部　发 布

前　言

本标准对应于 Codex Stan 67：1981《无核葡萄干法规标准》。本标准与 Codex Stan 67：1981 的一致性程度为非等效，主要差异如下：

——增加了分级指标，增加了重金属污染、生物学要求、农药残留限量指标；

——水分指标严于 Codex Stan 67：1981。

本标准由中华人民共和国农业部提出并归口。

本标准起草单位：农业部食品质量监督检验测试中心（石河子）、新疆农垦科学院特产开发研究所、新疆生产建设兵团农业建设第十三师。

本标准主要起草人：罗小玲、李冀新、张莉、刘树蓉、李建国。

无核葡萄干

1　范围

本标准规定了无核葡萄干的术语和定义、要求、试验方法、检验规则、标志、包装、运输和贮存。

本标准适用于以无核葡萄为原料，经自然干燥或人工干燥而制成的无核葡萄干。

2　规范性引用文件

下列文件中的条款通过本标准的引用而成为本标准的条款。凡是注日期的引用文件，其随后所有的修改单（不包括勘误的内容）或修订版均不适用于本标准，然而，鼓励根据本标准达成协议的各方研究是否可使用这些文件的最新版本。凡是不注日期的引用文件，其最新版本适用于本标准。

GB/T 4789.4　食品卫生微生物学检验　沙门氏菌检验

GB/T 4789.10　食品卫生微生物学检验　金黄色葡萄球菌检验

GB/T 4789.11　食品卫生微生物学检验　溶血性链球菌检验

GB/T 5009.3　食品中水分的测定

GB/T 5009.11　食品中总砷及有机砷的测定

GB/T 5009.12　食品中铅的测定

GB/T 5009.15　食品中镉的测定

GB/T 5009.17　食品中总汞及有机汞的测定

GB/T 5009.34　食品中亚硫酸盐的测定

GB/T 5009.126　植物性食品中三唑酮残留量的测定

GB 7718　食品标签通用标准

GB/T 8855　新鲜水果和蔬菜的取样方法（GB/T 8855 - 1988，eqv ISO 874：1980）

3 术语和定义

下列术语和定义适用于本标准。

3.1

饱满度 replete rate
葡萄干颗粒饱满的程度。

3.2

绿色果粒 green berry
主色调为绿色或黄绿色的果粒。

3.3

黄色果粒 yellow berry
主色调为黄色的果粒。

3.4

劣质果粒 bum berry
霉烂、破损、褐色或黑褐色、渗糖和干瘪的果粒。

3.5

褐色果粒 brown berry
主色调为褐色或黑褐色的果粒。

3.6

渗糖果粒 juice leaking berry
果内糖汁外渗或被其他果粒渗出的糖汁污染的果粒。

3.7

霉烂果粒 rotten berry
部分或全部发霉腐败的果粒。

3.8

破损果粒 broken berry
由机械损伤造成的破损果粒。

3.9

干瘪果粒 wizened berry
明显小而干瘪的果粒。

3.10

虫蛀果粒 insect berry
被虫蛀食的果粒。

3.11

杂质 impurity
葡萄穗轴、果梗、石砾、土粒、尘土、干花蕾和枯枝败叶等非可食部分的统称。

3.12

主色调 maincolour
样品除去劣质果粒后呈现的总体颜色。

4 要求

4.1 等级

无核葡萄干分为特级、一级、二级和三级四个等级。产品等级应符合表1的规定。

表1 无核葡萄干等级要求

项目	特级	一级	二级	三级
外观	果粒饱满，具有本品固有的风味，无异味，质地柔软，大小均匀整齐，色泽一致，无虫蛀果粒。		果粒较饱满，具有本品固有的风味，无异味，质地较柔软，大小基本均匀整齐，色泽基本一致，无虫蛀果粒。	
主色调	翠绿色	绿色	黄绿色	黄绿色
杂质/（%）	≤0.3	≤0.5	≤1.0	≤1.5
劣质果率/（%）	≤2.0	≤5.0	≤7.5	≤10.0

注：果粒主色调仅适用于绿色葡萄干。

4.2 理化

水分≤15%。

4.3 卫生

卫生指标应符合表2的规定。

表2 无核葡萄干卫生指标 单位为毫克每千克

项目	指标
二氧化硫（以 SO_2 计）	≤1 500
砷（以 As 计）	≤0.5

续 表

项 目	指 标
铅（以 Pb 计）	≤0.5
汞（以 Hg 计）	≤0.01
镉（以 Cd 计）	≤0.3
三唑酮（triadimefon）	≤0.5
沙门氏菌	不得检出
葡萄球菌	不得检出
溶血性链球菌	不得检出
注 1：二氧化硫指标仅适用于熏硫法制成的金黄色葡萄干。 注 2：三唑酮即粉锈宁。	

5 试验方法

5.1 外观和颜色

均匀度和色泽采用目测方法进行检验，风味及口味采用鼻嗅和口尝方法进行检验。

5.2 等级检测

5.2.1 杂质

用感量 0.01 g 的天平随机称取样品 100 g 左右，记录其质量为 m_1，将样品置于洁净的台面上，拣出试样中各类杂质，称量，记为 m_2 杂质含量按式（1）计算，结果以三次测定的平均值计，保留一位小数。

$$X_1 = \frac{m_2}{m_1} \qquad (1)$$

式中：

X_1——样品中杂质含量，%；

m_1——样品质量，单位为克（g）；

m_2——样品中杂质质量，单位为克（g）。

5.2.2 劣质果率

用感量为 0.01 g 的天平随机称取 100 g 左右样品，记录其质量为 m_3，从中挑选出劣质果粒并称量，记为 m_4，劣质果率按式（2）计算，结果以三次测定的平均值计，保留一位小数。

$$X_2 = \frac{m_4}{m_3} \qquad (2)$$

式中：

X_2——劣质果率，%；

m_3——样品质量，单位为克（g）；

m_4——样品中劣质果质量，单位为克（g）。

5.3 理化指标检测

水分按 GB/T 5009.3 的规定执行。

5.4 卫生指标检测

5.4.1 二氧化硫
按 GB/T 5009.34 的规定执行。
5.4.2 砷
按 GB/T 5009.11 的规定执行。
5.4.3 铅
按 GB/T 5009.12 的规定执行。
5.4.4 汞
按 GB/T 5009.17 的规定执行。
5.4.5 镉
按 GB/T 5009.15 的规定执行。
5.4.6 三唑酮
按 GB/T 5009.126 的规定执行。
5.4.7 沙门氏菌
按 GB/T 1789.4 的规定执行。
5.4.8 葡萄球菌
按 GB/T 4789.10 的规定执行。
5.4.9 溶血性链球菌
按 GB/T 4789.11 的规定执行。

6 检验规则

6.1 检验分类

6.1.1 型式检验
型式检验是对产品进行全项检验。有下列情形之一时应进行型式检验：
a）人为或自然因素使生产环境发生较大变化时；
b）国家质量监督机构或主管部门提出型式检验要求时；
c）前后两次抽样检验结果差异较大时。
6.1.2 交收检验
每批产品交收前，生产单位都应进行交收检验。交收检验的内容包括等级要求、水分、标志和包装。

6.2 组批

同等级、同一批交售、调运、销售的葡萄干为一个组批。

6.3 抽样

按 GB/T 8855 中的有关规定执行。

6.4 判定规则

6.4.1 每批受检样品抽样检验时，对有缺陷的样品做记录，不合格百分率按有缺陷的果重计算。每批受检样品的平均不合格率不应超过5%。

6.4.2 限度范围：每批受检样品，不合格率按其所检单位（如每箱、每袋）的平均值计算，其值不得超过所规定限度。

同一批次某件样品不合格品百分率超过规定的限度时，为避免不合格率变异幅度太大，规定如下：规定限度总计不超过10%，则任何包装不合格品百分率的上限不得超过15%。

6.4.3 水分指标不合格，可加倍抽样复检，若仍不合格，则判该批产品不合格。

6.4.4 标志未示等级的，按最低等级进行判定。

6.4.5 卫生要求中有一项不合格，或检出水果上禁止使用的农药，则判该批产品为不合格产品，并且不得复检。

7 标志

产品标志应符合GB 7718的规定。

8 包装、运输和贮存

8.1 包装

8.1.1 无核葡萄干的包装（箱、袋）应牢固，内外壁平整。包装容器保持干燥、清洁、无污染。

8.1.2 每批无核葡萄干其包装规格、单位净含量应一致。

8.1.3 包装检验规则：逐件称量抽取的样品，每件的净含量不应低于包装标识的净含量。

8.2 运输

运输工具应清洁、无污染，不应与有毒、有害物品混装、混运。运输过程中应防止雨淋，装卸车时不应抛甩。

8.3 贮存

产品应在低温（最好在0 ℃左右）、干燥、通风良好的条件下贮存并避免阳光直晒，堆垛应离墙、离地不少于20 cm，应有防鼠、防虫措施，不得与易燃、腐蚀、有毒、有害物品共同存放。

ICS 67.080.10
分类号：X 74
备案号：46044－2014

中华人民共和国轻工行业标准

QB/T 1382—2014
代替 QB/T 1382—1991

葡萄罐头

Canned grape（CAC/GL51－2003，Codex guidelines for packing media for canned fruits，NEQ）

2014－05－06 发布　　2014－10－01 实施

中华人民共和国工业和信息化部　发布

前　言

本标准按照 GB/T 1.1—2009 给出的规则起草。

本标准代替 QB/T 1382—1991《糖水葡萄罐头》，与 QB/T 1382—1991 相比，除编辑性修改外主要技术变化如下：

——标准名称修改为“葡萄罐头”；

——扩大标准适用范围并调整相应分类和要求；

——将产品质量等级修改为“优级品和合格品”；

——在原料要求中增加食品添加剂和营养强化剂要求；

——修改产品固形物含量、可溶性固形物含量要求；

——删除“缺陷”要求，在感官要求中增加“杂质”要求。

本标准参考国际食品法典委员会（CAC）CAC/GL 51—2003《水果罐头装罐介质导则》（英文版）编制，与 CAC/GL 51—2003 的一致性程度为非等效。

本标准由中国轻工业联合会提出。

本标准由全国食品发酵标准化中心归口。

本标准起草单位：中国食品发酵工业研究院、中国罐头工业协会、大连真心罐头食品有限公司、浙江台州一罐食品有限公司。

本标准主要起草人：仇凯、邵云龙、谢德海、陈道永。

本标准所代替标准的历次版本发布情况为：

——QB/T 1382—1991；

——QB 275—1964

葡萄罐头

1　范围

本标准规定了葡萄罐头的术语和定义、产品分类及代号、要求、试验方法、检验规则和标志、包装、运输、贮存。

本标准适用于以新鲜、冷藏或罐藏葡萄为原料，经预处理、加汤汁、密封、杀菌、冷却而制成的葡萄罐藏食品。

2　规范性引用文件

下列文件对于本文件的应用是必不可少的。凡是注日期的引用文件，仅所注日期的版本适用于本文件。凡是不注日期的引用文件，其最新版本（包括所有的修改单）适用于本文件。

GB 317　白砂糖

GB 2760　食品安全国家标准　食品添加剂使用标准
GB 2762　食品安全国家标准　食品中污染物限量
GB 47X9. 26　食品安全国家标准　食品微生物学检验　商业无菌检验
GB 5749　生活饮用水　卫生标准
GB/T 10786　罐头食品的检验方法
GB 14880　食品安全国家标准　食品营养强化剂使用标准
GB/T 20882　果葡糖浆
QB/T 1006　罐头食品检验规则
QB/T4631　罐头食品包装、标志、运输和贮存

3　术语和定义

下列术语和定义适用于本文件。

3. 1

叶磨　blemish
果实因受树叶磨损形成的局部伤斑。

3. 2

破裂果　splitting grapes
果肉裂开，裂缝长度超过周长 1/3 的果实。

3. 3

浅褐色斑点　lightly brown spots
果粒表面非因生理作用形成的不密集的黄褐色斑点。

4　产品分类及代号

4. 1　产品分类

根据汤汁不同分为：
——糖水型：汤汁为白砂糖或糖浆的水溶液；
——果汁型：汤汁为水利果汁的混合液；
——混合型：汤汁为果汁、白砂糖、果葡糖浆、甜味剂 4 种中不少于两种的水溶液；
——清水型：汤汁为清水；
——甜味剂型：汤汁为甜味剂的水溶液。

4. 2　产品代号

见表 1。

表 1　　产品代号

项目	产品代号				
	糖水型	果汁型	混合型	清水型	甜味剂型
葡萄罐头	609	609 1	609 2	609 3	609 4

5 要求

5.1 原辅材料

5.1.1 葡萄

应新鲜、冷藏良好，大小适中、成熟适度，风味正常，无严重畸形、干瘪，无病虫害及机械伤所引起的腐烂现象。

可采用罐藏葡萄，罐藏葡萄应符合本标准质量要求。

5.1.2 白砂糖

应符合 GB 317 的要求。

5.1.3 果葡糖浆

应符合 GB/T 20882 的要求。

5.1.4 水

应符合 GB 5749 的要求。

5.1.5 果汁

应符合相应标准的要求。

5.1.6 食品添加剂和营养强化剂

应符合相应标准的要求。

5.2 感官要求

应符合表 2 的规定。

表 2　　感官要求

项目	优级品	合格品
色泽	果实呈紫色至花紫色或黄白色至青白色两类，同一罐中色泽一致；汤汁较透明，可含有少量种子和少量果肉碎屑	果实呈紫色至花紫色或黄白色至青白色两类，同一罐中色泽一致；汤汁较透明，可含有少量种子和少量果肉碎屑
滋味、气味	具有葡萄罐头应有滋味和气味，无异味	
组织形态	果实去梗，带皮或去皮，果形完整，大小较均匀；软硬适度；允许叶磨和破裂果不超过固形物含量的 5%	果实去梗，带皮或去皮，果形完整，大小基本均匀；软硬尚适度；浅褐色斑点和破裂果不超过固形物含量的 10%
杂质	无外来杂质	

5.3 理化指标

5.3.1 净含量

应符合相关标准和规定。每批产品平均净含量不低于标示值。

5.3.2 固形物含量

5.3.2.1 优级品：产品的固形物含量不应低于50%；合格品：产品的固形物含量不应低于45%。

5.3.2.2 每批产品的平均固形物含量不应低于标示值。

5.3.3 可溶性固形物含量（20 ℃，按折光计法）

12%～22%。

5.3.4 污染物限量

应符合 GB 2762 对应条款的规定。

5.4 微生物指标

应符合罐头食品商业无菌的要求。

5.5 食品添加剂和营养强化剂的使用

5.5.1 食品添加剂的使用应符合 GB 2760 的规定。

5.5.2 食品营养强化剂的使用应符合 GB 14880 的规定。

6 试验方法

6.1 感官要求

按 GB/T 10786 规定的方法进行检验。

6.2 理化指标

6.2.1 净含量

按 GB/T 10786 规定的方法进行测定。

6.2.2 固形物含量

按 GB/T 10786 规定的方法进行测定。

6.2.3 可溶性固形物含量

按 GB/T 10786 规定的方法进行测定。

6.3 污染物限量

按 GB 2762 规定的方法进行测定。

6.4 微生物指标

按 GB 4789.26 规定的方法进行检验。

7 检验规则

应符合 QB/T 1006 的规定。其中，感官要求、净含量、固形物含量、可溶性固形物含量、微生物指标为出厂检验项目。

8 标志、包装、运输和贮存

应符合 QB/T 4631 有关规定。

SW

国　　际　　商　　务　　标　　准

SW/T 1—2015

植物提取物　葡萄籽提取物（葡萄籽低聚原花青素）

Grape seeds oligomeric proanthocyanidins

2015－11－20 发布　　　　2015－12－1 实施

中国医药保健品进出口商会　发布

前　言

本标准由中国医药保健品进出口商会提出。

本标准由中华人民共和国商务部归口。

本标准由中国医药保健品进出口商会国际商务标准化技术委员会负责解释。

本标准起草单位：天津市尖峰天然产物研究开发有限公司、浙江天草生物科技股份有限公司、重庆骄王天然产物股份有限公司。

本标准主要起草人：吴巍、邢新锋、翟巧丽、谢国华、高伟、黄华学等。

国际商务标准
植物提取物　葡萄籽提取物
（葡萄籽低聚原花青素）

1　范围

本标准规定了葡萄籽提取物（葡萄籽低聚原花青素）的技术要求、检验方法、检验规则和产品标志、包装、运输、贮存要求。

本标准适用于以葡萄籽为原料经提取分离制成的葡萄籽提取物（葡萄籽低聚原花青素）。

2　规范性引用文件

下列文件中的条款通过本标准的引用而成为本标准的条款。凡是注日期的引用文件，其随后所有的修改单（不包括勘误的内容）或修订版均不适用于本标准，然而，鼓励根据本标准达成协议的各方研究是否可使用这些文件的最新版本。凡是不注日期的引用文件，其最新版本适用于本标准。

GB 4789.2　食品安全国家标准　食品微生物学检验菌落总数测定

GB 4789.4　食品安全国家标准　食品微生物学检验　沙门氏菌检验

GB 4789.15　食品安全国家标准　食品微生物学检验　霉菌和酵母计数

GB 4789.38　食品安全国家标准　食品微生物学检验　大肠埃希氏计数

GB 9685　食品容器、包装材料用添加剂使用卫生标准

中华人民共和国药典（2010 年版）一部附录　IX H　水分测定法　第一法

中华人民共和国药典（2010 年版）一部附录　IX K　灰分测定法

中华人民共和国药典（2010 年版）一部附录　IX E　重金属检查法

中华人民共和国药典（2010 年版）二部附录　VII P　残留溶剂测定法

保健食品检验与评价技术规范（2003 年版）

3 名称、结构式、分子式和相对分子质量

葡萄籽提取物（葡萄籽低聚原花青素）由一系列有效成分组成，其名称、结构式、分子式、相对分子质量见表1。

表1 葡萄籽提取物（葡萄籽低聚原花青素）组分名称、结构式、分子式及相对分子质量

组分名称	结构式	分子式	相对分子质量
没食子酸 (Gallic acid)	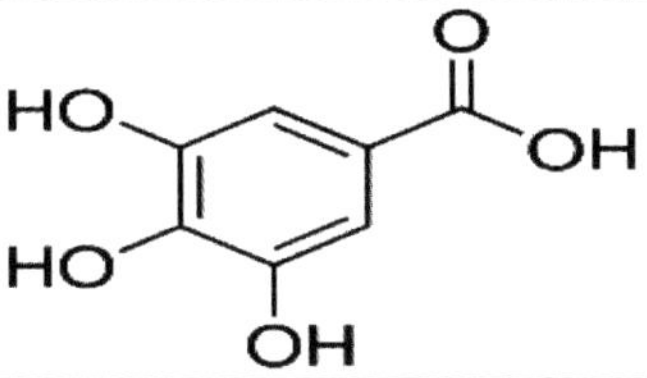	$C_7H_6O_5$	170.12
原花青素 B1 (Procyanidin B1)	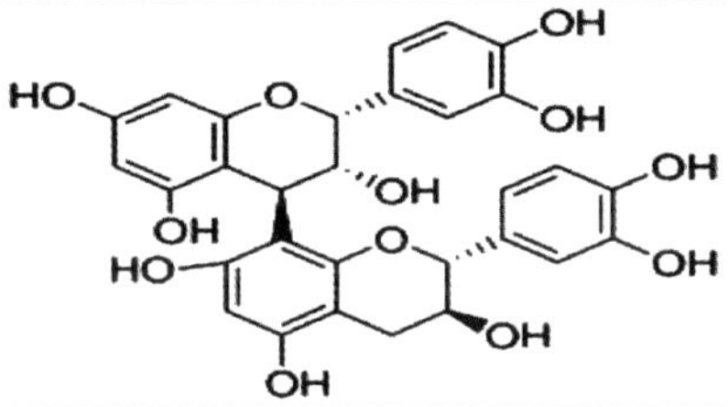	$C_{30}H_{26}O_{12}$	578.52
(+) -儿茶素 ((+) -Catechin)	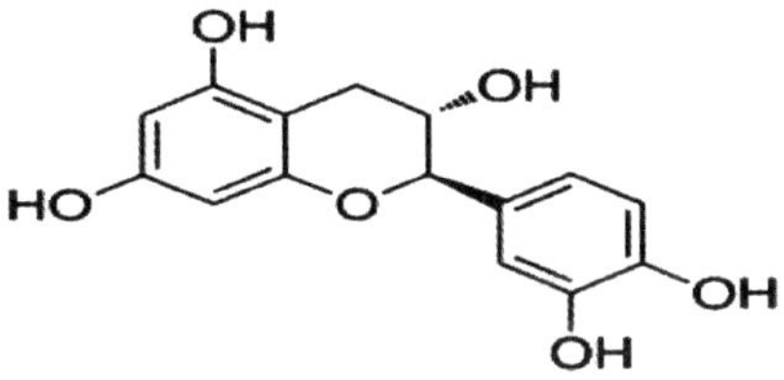	$C_{15}H_{14}O_6$	290.27
原花青素 B2 (Procyanidin B2)	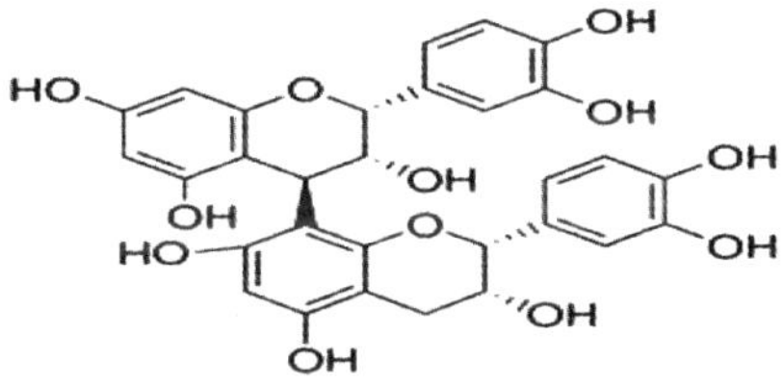	$C_{30}H_{26}O_{12}$	578.52
(-) -表儿茶素 (-) -Epicatechin)	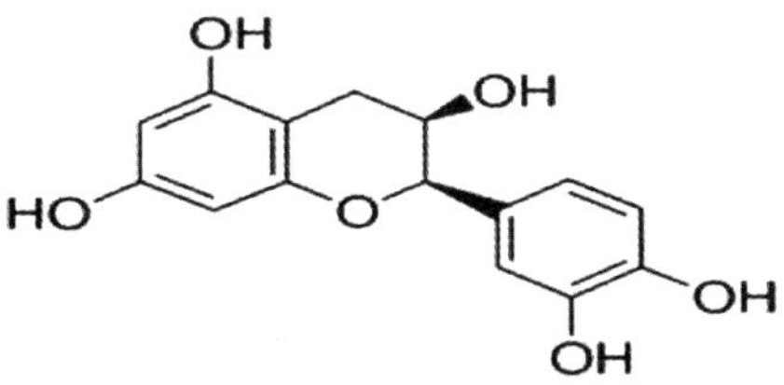	$C_{15}H_{14}O_6$	290.27
(-) -表儿茶素3-O-没食子酸酯 ((-) -Epicatechin-3-O-gallate)	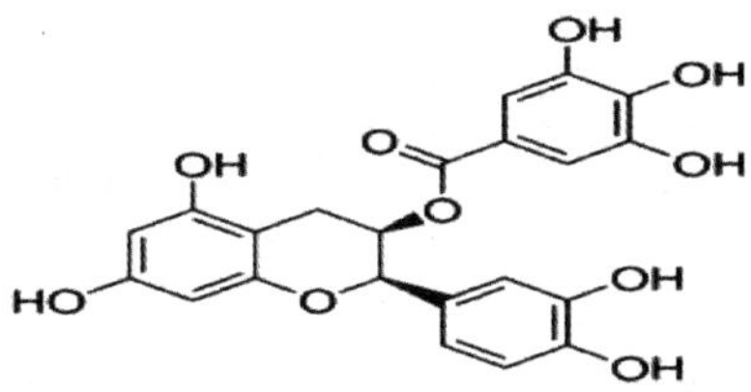	$C_{22}H_{18}O_{10}$	442.37

（续表）

组分名称	结构式	分子式	相对分子质量
低聚原花青素（Oligomeric proanthocyanidins；n=0－3）	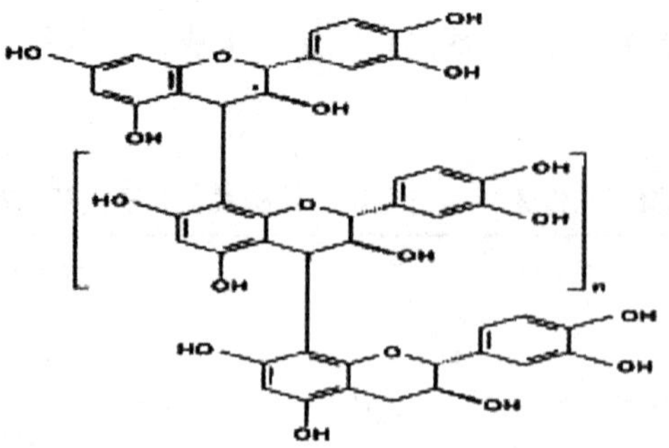	$C_{15n}H_{14n-2(n+1)}O_{6n}$ n=0－3	290.27n－2（n+1）n=0－3

4 技术要求

4.1 工艺要求

4.1.1 植物原料

为葡萄科葡萄属植物葡萄［*Vitis vinifera* L.（Fam. *Vitaceae*）］的种子。

4.1.2 工艺过程

用水或乙醇和水一定比例混合溶液提取，浓缩，稀释，沉淀，经大孔吸附树脂吸附、洗脱，洗脱液回收乙醇，干燥，即得。

4.2 产品要求

4.2.1 感官要求：应符合表2规定。

表2　感官要求

项目	要求	检查方法
色 泽	浅棕黄色至棕褐色粉末	启开试样后，立即嗅其气和尝其味；另取试样适量置于白色瓷盘中观察其色泽、外观，并检查有无异物
气 味	气微，味微而苦涩	
外 观	均匀，无可见异物的粉末	

4.2.2 理化指标：应符合表3规定。

表3　理化指标

项目	指标	检验方法
鉴别	应符合规定	附录A中A.3
水分,%	≤6.0	中华人民共和国药典2010版一部附录IX H
灰分,%	≤2.0	中华人民共和国药典2010版一部附录IX K
儿茶素和表儿茶素,%	≤19.0	附录A中A.3

续 表

项目		指标	检验方法
原花青素值		≥95.0	附录 A 中 A.1
多酚含量,%		≥70.0	附录 A 中 A.2
残留溶剂	甲醇，mg/kg	≤50	中华人民共和国药典 2010 版二部附录 VIII P
	乙醇，mg/kg	≤1 000	
重金属〔以 Pb 计〕，mg/kg		≤20	中华人民共和国药典 2010 版一部附录 IX E

4.2.3 微生物指标要求：应符合表 4 的规定。

表 4　　微生物指标

项目	指标	检验方法
细菌总数，cfu/g	<1 000	GB 4789.2
霉菌及酵母菌数，cfu/g	<100	GB 4789.15
大肠埃希氏菌	不得检出	GB 4789.38
沙门氏菌	不得检出	GB4789.4

4.2.4 其他污染物

其他污染物限量要求，对于出口产品，应符合出口目的国相关法规的规定；对于进口产品，依据不同用途，应符合我国相关法规的规定。

5 检验方法

5.1 感官检验

按表 2 中规定进行检验。启开试样后，立即嗅其气和尝其味；另取试样适量置于白色瓷盘中观察其色泽、外观，并检查有无异物。

5.2 理化检验

5.2.1 鉴别

按附录 A.3 规定的检测方法进行测定。供试品溶液液相色谱图中应显示与 USP 葡萄籽低聚原花青素对照品相应保留时间处一致的色谱峰，其中应体现原花青素二聚体 B1 的峰，原花青素二聚体 B2 的峰，(－)－表儿茶素 3’－O－没食子酸的峰，还有一个混合低聚原花青素形成的宽峰。

5.2.2 水分

按中华人民共和国药典 2010 版一部附录 IX H 水分测定法第一法进行测定。

5.2.3 灰分

按中华人民共和国药典 2010 版一部附录 IX K 灰分测定法进行测定。

5.2.4 儿茶素和表儿茶素限量

按附录 A.3 规定的检测方法进行测定。

5.2.5 原花青素值

按附录 A.1 规定的检测方法进行测定。

5.2.6 多酚含量

按附录 A.2 规定的检测方法进行测定。

5.2.7 残留溶剂

按中华人民共和国药典 2010 版二部附录 VIII P 残留溶剂测定法进行测定。

5.2.8 重金属

按中华人民共和国药典 2010 版一部附录 IX E 重金属检查法进行测定。

5.3 卫生检验

5.3.1 菌落总数

按 GB4789.2 进行测定。

5.3.2 霉菌和酵母菌

按 GB4789.15 进行测定。

5.3.3 大肠埃希氏菌

按 GB4789.38 进行测定。

5.3.4 沙门氏菌

按 GB4789.4 进行测定。

6 包装、标签、运输、贮存

6.1 包装

包装材料应符合食品卫生要求。使用前应对所有包装材料进行严格的卫生检查。桶装后，应加封封口签。

6.2 标签

6.2.1 包装标志上应标注：葡萄籽提取物（葡萄籽低聚原花青素）、批号、规格、净重、毛重、产地、生产日期、保质期、贮存条件等内容。

6.2.2 外包装箱体上应标有：防潮、防晒、勿重压、朝上（朝下）等字样或标志。标志内容清晰可见，标志应粘贴牢固。

6.3 运输

6.3.1 运输工具应清洁、卫生，不得与有毒、有害、有腐蚀性或有异味的物品混装混运。

6.3.2 搬运时应轻装轻卸，运输时防止挤压、曝晒、雨淋。

6.4 贮存

6.4.1 产品不得与有毒、有害、有腐蚀性或有异味的物品混合存放。

6.4.2 产品应贮存于阴凉、干燥的仓库中。

6.5 保质期

在符合规定的贮运条件、包装完整、未经开启封口的情况下，保质期不超过 36 个月。

附　录　A
（规范性附录）
检验方法

A.1　一般规定

本标准所用试剂和水，在没有注明其他要求时，均指分析纯试剂和 GB/T 6682 规定的三级水。实验中所用溶液在未注明用何种溶剂配制时，均指水溶液。

A.2　原花青素值的测定方法

A.2.1　方法提要

样品经甲醇溶解后，采用紫外－可见分光光度计法测定。

A.2.2　仪器和用具

A.2.2.1　分析天平，感量为 0.01 mg。

A.2.2.2　紫外－可见分光光度计。

A.2.2.3　超声波清洗器

A.2.2.4　顶空瓶和压盖器

A.2.3　试剂和溶液

A.2.3.1　甲醇，分析纯。

A.2.3.2　盐酸，分析纯。

A.2.3.3　正丁醇（n－BuOH），分析纯。

A.2.3.4　硫酸铁铵，分析纯。

A.2.3.5　水。

A.2.3.6　5% 盐酸－正丁醇（V/V）溶液：在一个 100 mL 容量瓶中加入大约 2/3 体积的正丁醇，量取 5.0 mL 盐酸加入，放冷至室温，并用正丁醇定容至刻度，摇匀。溶液可稳定保存一个月。

A.2.3.7　2% 硫酸铁铵溶液：精确称取 2.0 g 硫酸铁铵，置 100 mL 容量瓶中，加入 2 mol/L 盐酸溶解，放冷至室温，用 2 mol/L 盐酸定容至刻度，摇匀。溶液可稳定保存 6 个月。

A.2.4　操作方法

A.2.4.1　供试品溶液制备

精密称取供试品约 10 mg，置于 100 mL 棕色容量瓶中，加入 80 mL 甲醇，超声溶解，用甲醇定容至刻度，摇匀，即得供试品溶液。

A.2.4.2　测定方法

A.2.4.2.1　精密移取下列溶液至 10 mL 顶空瓶中；

A.2.4.2.1.1　1.0 mL 供试品溶液；

A.2.4.2.1.2　6.0 mL 5% 的盐酸－正丁醇溶液；

A.2.4.2.1.3　0.2 mL 2% 硫酸铁铵溶液；

A.2.4.2.2　盖上顶空瓶的盖和垫，用压盖器（封口钳）封口，将顶空瓶放于水浴（100 ± 2 ℃）锅中（瓶中试剂部分应处于水面以下），水浴 40 分钟，取出，在冷水浴（2 ~ 10 ℃）中迅速冷却 20 分钟。

A.2.4.2.3　试剂空白：照上述方法精密移取 1 mL 甲醇，6 mL 盐酸－正丁醇和 0.2 mL 硫酸铁铵溶液于 10 mL 顶空瓶中，同法制备一个试剂空白。

A. 2. 4. 2. 4　用试剂空白作对照，在 546 nm 处测定供试品溶液的吸光度 A_1。

A. 2. 5　结果计算

葡萄籽提取物（葡萄籽低聚原花青素）中原花青素值以 w_1计，按公式（A. 1）计算：

$$w_1 = = \frac{A_1 \times 7\ 200}{m_1 \times 275} \qquad \text{(A. 1)}$$

式中：

w_1——供试品中原花青素值；

A_1——供试品溶液在吸收波长 546 nm 下的吸光度；

m_1——供试品的称样量，单位为毫克（mg）；

275——标准原花青素 100 的检测值；

A. 3　多酚含量的测定方法

A. 3. 1　方法提要

样品经纯化水溶解后，采用紫外 - 可见分光光度计法测定，以多点回归曲线法测定多酚的含量。

A. 3. 2　仪器和用具

A. 3. 2. 1　分析天平，感量为 0. 01 mg。

A. 3. 2. 2　紫外—可见分光光度计。

A. 3. 2. 3　超声波清洗器。

A. 3. 3　试剂和溶液

A. 3. 3. 1　无水碳酸钠，分析纯。

A. 3. 3. 2　钨酸钠，分析纯。

A. 3. 3. 3　钼酸钠，分析纯。

A. 3. 3. 4　硫酸锂，分析纯。

A. 3. 3. 5　溴酸钾，分析纯。

A. 3. 3. 6　溴化钾，分析纯

A. 3. 3. 7　磷酸，分析纯。

A. 3. 3. 8　盐酸，分析纯。

A. 3. 3. 9　水。

A. 3. 3. 10　碳酸钠溶液：称取 20. 0 g 无水碳酸钠，用水溶解于 100 mL 容量瓶中，超声溶解，冷却至室温，用水定容至刻度，摇匀即得。

A. 3. 3. 11　溴滴定液：取溴酸钾 3. 0 g 与溴化钾 15 g，加水适量使溶解成 1 000 mL，摇匀，即得。

A. 3. 3. 12　福林酚试液（磷钼钨酸试液）：取钨酸钠 100 g、钼酸钠 25 g，加水 700 mL，85% 磷酸 50 mL 与盐酸 100 mL，置磨口圆底烧瓶中，缓缓加热回流 10 小时，放冷，再加硫酸锂 150 g、水 50 mL 和溴滴定液 1 滴，加热煮沸 15 分钟，冷却，加水稀释至 1 000 ml，滤过，滤液作为贮备液，置棕色瓶中。本贮备液（应为黄绿色）不得显绿色（如放置后变为绿色，可加溴滴定液 1 滴，煮沸除去多余的溴即可）。临用前取贮备液 2. 5 mL，加水稀释至 10 mL，摇匀，即得。

A. 3. 3. 13　标准品：没食子酸，CAS 号 149 -91 -5，纯度≥97. 5% 。

A. 3. 4　操作方法

A. 3. 4. 1　标准品溶液的制备

精密称取没食子酸约10 mg，置于100 mL棕色容量瓶中，加入水，超声溶解，冷却至室温，用水定容至刻度，摇匀，配成的标准品溶液中没食子酸浓度约为0.1 mg/mL。

A.3.4.2 供试品溶液制备

精密称取供试品约20～30 mg，置100 mL棕色容量瓶中，加入水适量，超声使其完全溶解，冷却至室温，以水定容至刻度，摇匀即得。

A.3.4.3 测定方法

A.3.4.3.1 标准曲线测定

A.3.4.3.1.1 精密吸取标准品溶液0.20 mL、0.40 mL、0.60 mL、0.80 mL分别置于10 mL的棕色容量瓶中，各加入3～4 mL的水，摇匀；

A.3.4.3.1.2 加入0.5 mL福林酚试液，摇匀；在1～8分钟内，各加入1.5 mL Na_2CO_3溶液，摇匀。用水定容至刻度，摇匀，分别得到没食子酸浓度约为0.002 mg/mL，0.004 mg/mL，0.006 mg/mL，0.008 mg/mL的标准品溶液，将各容量瓶置于30 ℃水浴中保持2小时。

A.3.4.3.1.3 同时配制空白溶液：加入3～4 mL水于10 mL棕色容量瓶中，照A.3.4.3.1.2方法制备空白溶液。

A.3.4.3.1.4 以空白溶液调零，于760 nm（10分钟内）处测定吸光度，以吸光度为纵坐标，浓度为横坐标，绘制回归曲线，计算线性回归方程。

A.3.4.3.2 样品分析：精密吸取0.2 mL供试品溶液，置10 mL棕色容量瓶中，各加入3～4 mL水，摇匀，照标准曲线测定项下的A.3.4.3.1.2～A.3.4.3.1.3方法制备供试品和空白溶液，以空白溶液调零，于760nm

（10分钟内）处测定吸光度。

A.3.5 结果计算

A.3.5.1 根据没食子酸的线性回归方程，计算出被测定供试品溶液中的多酚浓度C_1。

A.3.5.2 葡萄籽提取物（葡萄籽低聚原花青素）中多酚以质量分数w_2计，数值以%表示，按公式（A.2）计算：

$$w_2 = \frac{C_1 \times V_1 \times 50}{m_2} \times 100\% \quad \cdots\cdots (A.2)$$

式中：

w_2——供试品中多酚组分的质量分数，%；

C_1——供试品溶液中多酚组分浓度，单位为mg/mL；

V_1——供试品溶液的稀释体积，单位为毫升（mL）；

m_2——供试品的称样量，单位为毫克（mg）；

A.4 儿茶素和表儿茶素限量的测定方法

A.4.1 方法提要

样品经超声溶解后，采用高效液相色谱法测定，用外标法定量。其中儿茶素和表儿茶素含量均以儿茶素标准品计算。

A.4.2 仪器和用具

A.4.1.1 分析天平，感量为0.01 mg。

A.4.1.2 超声波清洗仪。

A.4.1.3 高效液相色谱仪（附紫外检测器）。

A. 4. 1. 4　0. 45 μm 微孔滤膜，有机相。

A. 4. 3　试剂和溶液

A. 4. 3. 1　乙腈，色谱纯。

A. 4. 3. 2　磷酸，分析纯。

A. 4. 3. 3　纯水，GB/T 6682 规定的二级水。

A. 4. 3. 4　溶液 A：色谱纯乙腈，过 0. 45 μm 微孔滤膜。

A. 4. 3. 5　溶液 B：0. 3% 磷酸（精密移取 3 mL 磷酸于 1 000 mL 容量瓶中，加水稀释至刻度，摇匀），过 0. 45 μm 微孔滤膜，即得。

A. 4. 3. 6　溶解液：溶液 A－溶液（1：9，V/V）

A. 4. 3. 7　（＋）－儿茶素标准品：CAS 号 154－23－4，纯度≥97. 0%。

A. 4. 3. 8　USP 葡萄籽低聚原花青素（Grape Seeds Oligomeric Proanthocyanidins）对照品，购自美国药典委员会。

A. 4. 4　色谱条件及系统适用性

A. 4. 4. 1　色谱条件

a）色谱柱：Kromasil C_{18} 250 ×4. 6 mm 5 μm 或同类型色谱柱。

b）流动相：A 相：甲溶液 A；B 相：溶液 B。梯度条件见表 A. 1。

表 A. 1　梯度条件

时间（min）	0	45	65	66	85
A 比例（%）	10	20	60	10	10
B 比例（%）	90	80	40	90	90

c）检测波长：278 nm。

d）流速：0. 7 mL/min。

e）温度：30 ℃。

A. 4. 4. 2　系统适用性

A. 4. 4. 2. 1　色谱图比对：进样标准品溶液 B，获得的液相色谱图应该和当批 USP 的葡萄籽低聚原花青素对照品报告上提供的参考色谱图接近。

A. 4. 4. 2. 2　进样标准溶液 A，（＋）－儿茶素峰的拖尾因子应小于等于 2. 0。

A. 4. 5　操作方法

A. 4. 5. 1　标准品溶液的制备

A. 4. 5. 1. 1　标准溶液 A：精密称取（＋）－儿茶素标准品约 12. 5 mg，置于 25 mL 容量瓶中，加溶解液适量，超声溶解，以溶解液定容至刻度，配成浓度约为 0. 5 mg/mL 的标准溶液，用 0. 45 μm 微孔滤膜过滤即得。

A. 4. 5. 1. 2　标准溶液 B：精密称取 USP 的葡萄籽低聚原花青素对照品约 10 mg，置于 2 mL 棕色容量瓶中，加溶解液适量，超声溶解，以溶解液定容至刻度，摇匀，配成浓度约为 5 mg/mL 的标准溶液，离心，取上清液，用 0. 45 μm 微孔滤膜过滤即得。

A. 4. 5. 2　供试品溶液的制备

精密称取供试品约 50 mg，置于 10 mL 容量瓶中，加溶解液适量，超声溶解，以溶解液定容至刻度，摇匀，配成浓度约为 5 mg/mL 的样品溶液，离心，取上清液，用 0. 45 μm 微孔滤膜过滤即得供试品溶液。

A. 4. 5. 3　测定方法

A. 4. 5. 3. 1　分别精密吸取标准溶液 A、B 供试品溶液 10 μL，依次注入高效液相色谱仪，测定，通过被用的同批 USP 葡萄籽低聚原花青素报告上提供的参考色谱图，确认（ + ） - 儿茶素和（ - ） - 表儿茶素的峰的保留时间，二者的相对保留时间大约为 1. 0 和 1. 43。

A. 4. 5. 3. 2　外标法计算含量，其中（ + ） - 儿茶素和（ - ） - 表儿茶素均以（ + ） - 儿茶素为标准品计算。

A. 4. 6　结果计算

葡萄籽提取物（葡萄籽低聚原花青素）中（ + ） - 儿茶素和（ - ） - 表儿茶素含量和以质量分数 w_3 计，数值以% 表示，按公式（A. 3）计算：

$$w_3 = \frac{A_2 \times C_2 \times V_2}{A_3 \times m_3} \times 100\% \quad \cdots\cdots\cdots\cdots（A. 3）$$

式中：

w_3——供试品中（ + ） - 儿茶素和（ - ） - 表儿茶素的组分的质量分数和,%；

A_2——供试品溶液中（ + ） - 儿茶素和（ - ） - 表儿茶素的峰面积和；

A_3——标准品溶液 A 中图谱（ + ） - 儿茶素的峰面积；

C_2——标准品溶液 A 中（ + ） - 儿茶素的浓度，单位为毫克每毫升（mg/mL）；

m_3——供试品质量，单位为毫克（mg）；

V_2——供试品溶液的稀释体积，单位为毫升（mL）；

注 1：USP 葡萄籽低聚原花青素（Grape Seeds Oligomeric Proanthocyanidins）对照品谱图及各有效成分出峰顺序参见附录 B 中的 B. 1。

附 录 B
(资料性附录)

B.1 USP 葡萄籽低聚原花青素(Grape Seeds Oligomeric Proanthocyanidins)对照品液相色谱图

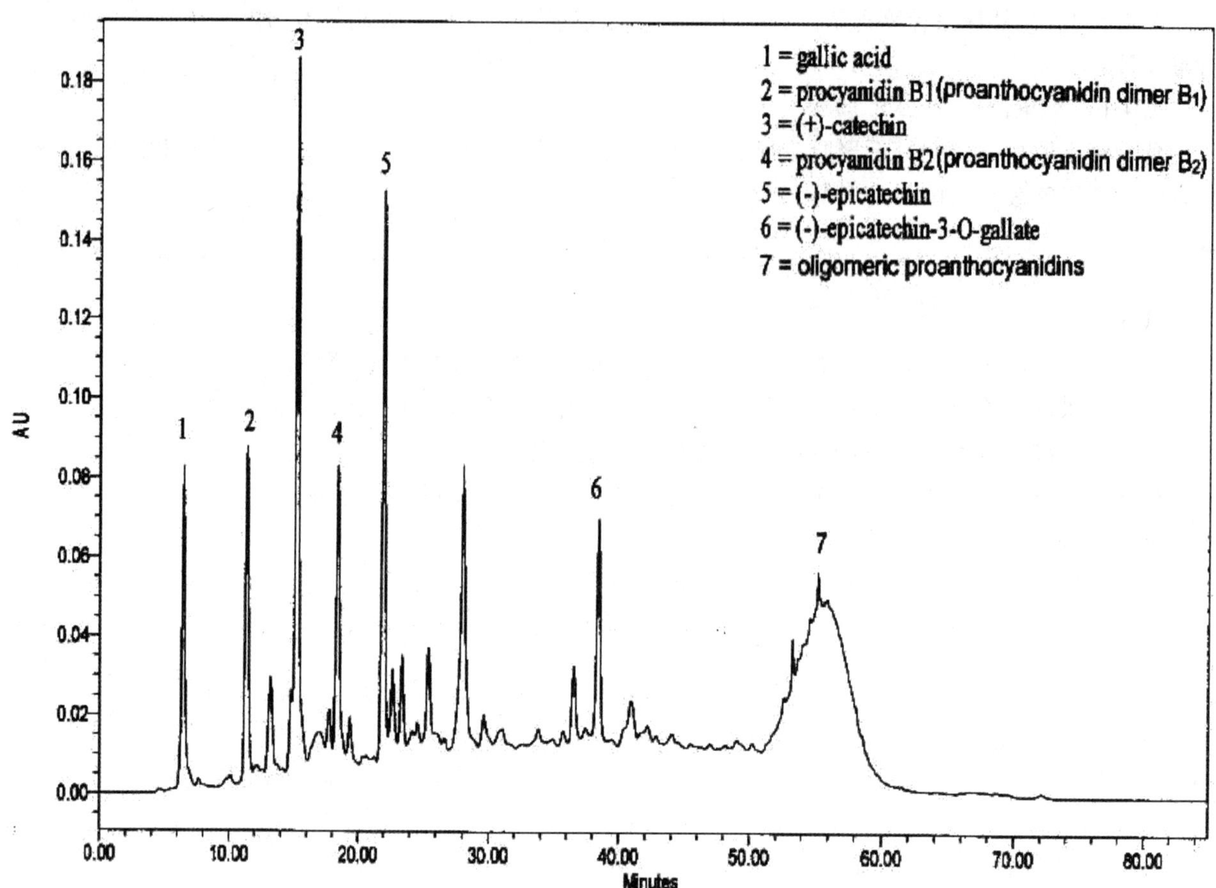

图 B.1 USP 葡萄籽低聚原花青素(Grape Seeds Oligomeric Proanthocyanidins)对照品液相色谱图

1 没食子酸;2 原花青素 B1;3 (+)-儿茶素;4 原花青素 B2;5 (-)-表儿茶素;6 (-)-表儿茶素 3'-O-没食子酸;7 混合低聚原花青素

非商业性声明:上述所采用的设备、色谱柱、标准对照品等,涉及具体商业品牌、型号的,仅供参考,无商业目的,鼓励标准使用者尝试使用不同品牌、型号的设备、色谱柱及标准品。

STANDARD FOR RAISINS

CXS 67 – 1981 *

Adopted in 1981. Amended in 2019.

* Formerly CAC/RS 67 – 1974.

1 SCOPE

This standard applies to dried grapes of varieties conforming to the characteristics of *Vitis vinifera* L. which have been suitably treated or processed and which are offered for direct consumption as raisins or sultanas. It also covers raisins packed in bulk containers which are intended for repacking into consumer size containers. This standard does not include a similar dried vine fruit known as dried currants.

2 DESCRIPTION

2.1 Product Definition

Raisins is the product prepared from the sound dried grapes of the varieties conforming to the characteristics of *Vitis vinifera* L. (but excluding currant types) processed in an appropriate manner into a form of marketable raisin with or without coating with suitable optional ingredients.

The dried grapes or raisins:

(1) shall be properly cleaned, whether washed or unwashed;

(2) shall be stemmed except for the form of cluster raisins;

(3) shall be cap – stemmed except for Malaga Muscatel type;

(4) may be dipped (unbleached) in an alkaline lye and oil solution as an aid to drying;

(5) may be bleached by being subjected to bleach treatment by chemical means and are further processed by drying;

(6) may have seeds removed mechanically in seed bearing types;

(7) shall be reduced in moisture to a level that will assure preservation of the product; and

(8) may be coated with one or more of the ingredients or sugars specified in paragraph 3.1 of this standard.

2.2 Type Groups

(a) *Seedless* – prepared from grapes that are naturally seedless or almost seedless;

(b) *Seed – bearing* – prepared from grapes that possess seeds, which may or may not be removed in processing.

2.3 Styles (or Forms)

(a) Non – Seeded (or Unseeded) – with seeds not removed in seed – bearing types.

(b) *Seeded* – with seeds removed mechanically in seed – bearing types.

(c) *Clusters* – with main bunch stem attached.

3 ESSENTIAL COMPOSITION AND QUALITY FACTORS

3. 1 Permitted Ingredients

Raisin oil and other edible vegetable oils such as to permit free – flowing raisins, sucrose, invert sugar, dextrose, dried glucose syrup and honey, as may be appropriate to the product.

3. 2 Quality Criteria

3. 2. 1 *Maturity Characteristics*

Raisins shall show development characteristics of raisins prepared from properly matured grapes, as indicated by proper colour and texture for the type, and such raisins shall include a substantial portion of berries that are fleshy and of high sugar content.

3. 2. 2 *Minimum Quality Requirements*

Raisins shall be prepared from such materials and under such practices that the finished product shall possess normal colour, flavour, and maturity characteristics for the respective type and in addition comply with the following requirements:

(a) Moisture Content Maximum

Malaga Muscatel type 31%

Seeded (seeds removed) style 19%

All other styles and/or types 18%

(b) Mineral Impurities – may not be present to the extent that the eating quality or usability is materially affected (paragraph 5. 2 of this standard) .

(c) Other Defects – substantially free from stems, extraneous plant material and damage.

3. 2. 3 *Definitions of Defects*

(a) Piece of stem – Portion of the branch or main stem.

(b) Cap – stem – Small woody stem exceeding 3 mm in length which attaches the grape to the branch of the bunch and whether or not attached to a raisin.

(Cap – stems are not considered a defect in "Unstemmed" Malaga Muscatel type raisins. In considering allowances for cap – stems on a "percentage by count" basis, cap – stems that are loose are counted as being on a raisin) .

(c) Immature or Undeveloped Raisins – Refers to raisins that:

(i) are extremely light – weight berries, lacking in sugary tissue indicating incomplete development;

(ii) are completely shrivelled with practically no flesh, and

(iii) may be hard.

(d) Damaged Raisins – Raisins affected by sunburn, scars, mechanical injury, or other similar means which seriously affect the appearance, edibility, keeping quality, or shipping quality.

In "Seeded" forms, normal mechanical injury resulting from normal seeding operations is not considered "damage" .

In "Seedless" type, normal mechanical injury resulting from removal of cap – stems is not considered "damage" .

(e) Sugared Raisins – Raisins with external or internal sugar crystals which are readily apparent and seriously affect the appearance of the raisin. Raisins that are sugar – coated or to which sugar is added intentionally are not considered "sugared raisins".

(f) Seeds (in seeded forms) – Substantially whole, fully developed seeds which have not been successfully removed during processing of seeded forms.

3.2.4 *Allowances for Defects*

Raisins shall not contain excessive defects (whether or not specifically defined or as allowed in this standard).

Certain common defects as defined in paragraph 3.2.3 may not exceed the limitations specified in paragraph 3.2.4.

Defects	Seedless types	Seed – bearing types
	Maximum	
Pieces of stem (in stemmed forms)	2per kg	2per kg
Cap – stems (except in "Unstemmed" Malaga Muscatel type)	50 per 500 g	25 per 500 g
Immature or undeveloped	6% by weight	4% by weight
Damaged	5% by weight	5% by weight
Sugared	15% by weight	15% by weight
Seeds (in seeded forms)		20 per 500 g

4 FOOD ADDITIVES

		Maximum Level
4.1	Sulphur dioxide (applies to bleached raisins only)[1]	1,500 mg/kg
4.2	Mineral oil (food grade)	5 g/kg
4.3	Sorbitol	5 g/kg①

5 HYGIENE

5.1 It is recommended that the product covered by the provisions of this standard be prepared and handled in accordance with the appropriate sections of the *General Principles of Food Hygiene* (CXC 1 – 1969), and other Codes of Practice recommended by the Codex Alimentarius Commission which are relevant to this product.

5.2 To the extent possible in Good Manufacturing Practice, the product shall be free from objectionable matter.

5.3 When tested by appropriate methods of sampling and examination, the product:

– shall be free from microorganisms in amounts which may represent a hazard to health;

① Maximum limit applicable immediately following treatment.

– shall be free from parasites which may represent a hazard to health; and

– shall not contain any substance originating from microorganisms in amount which may represent a hazard to health.

6 WEIGHTS AND MEASURES

Containers shall be as full as practicable without impairment of quality and shall be consistent with a proper declaration of contents for the product.

7 LABELLING

In addition to the requirements of the General Standard for the Labelling of Prepackaged Foods (CXS 1 – 1985), the following specific provisions apply:

7.1 The Name of the Food

(See also Optional Declarations, paragraph 7.3).

7.1.1 The name of the product shall be "Raisins"; or it shall be "Sultanas" in those countries where the name sultana is used to describe certain types of raisins.

7.1.2 If the raisins are bleached, part of the name shall include a meaningful term as customarily understood and used in the country of sale, such as "Bleached", "Golden", or "Golden Bleached".

7.1.3 If raisins are of the seed – bearing type, the name of the product shall include, as appropriate:

(a) the description "Seeded" or "With Seeds Removed";

(b) the description "Non – Seeded", "Unseeded", "With Seeds", or similar' description indicating that the raisins are naturally not seedless, except in cluster form and Malaga Muscatel type.

7.1.4 If raisins are in cluster form, the name of the product shall include the description "Clusters", or a similar appropriate description.

7.1.5 If raisins intentionally do not have cap – stems removed, the name of the product shall include the description "Unstemmed" or a similar appropriate description, except in cluster form and Malaga Muscatel type.

7.1.6 Where a characteristic coating or similar treatment has been used, appropriate terms shall be included as part of the name of the product or in close proximity to the name: e.g. "Sugar Coated", "Coated with X".

7.2 Optional Declarations

7.2.1 Raisins may be described as "Natural" when they have not been subjected to dipping in an alkaline lye and oil solution as an aid to drying nor subjected to bleach treatment.

7.2.2 Raisins may be described as "Seedless" when they are of that type.

7.2.3 The product name may include the variety or varietal type group of raisins.

8 METHODS OF ANALYSIS AND SAMPLING

For checking the compliance with this Standard, the methods of analysis and sampling contained in the

Recommended Methods of Analysis and Sampling（CXS 234－1999）relevant to the provisions in this Standard shall be used.

国际食品标准　联合国食品和农业组织 世界卫生组织
葡萄干标准
CXS 67－1981*
1981年制定，2019年修正

1　范围

本标准适用于符合欧亚种葡萄品种特性的、经过适当处理或加工的制干葡萄，作为葡萄干或无籽葡萄直接食用的。还适用于在散装容器盛装的、即将重新盛装到适合消费者包装里的葡萄干。本标准不适用于类似葡萄干、被称为醋栗干的浆果。

2　说明

2.1　产品定义

葡萄干是指用符合欧亚种葡萄品种特性的优质葡萄以适当的方式加工成可销售的葡萄干形式、添加或不添加其他涂层成分的产品（不包括醋栗类型的葡萄）。

制干葡萄或葡萄干：

（1）应适当清洁，无论是否清洗；

（2）除成串的葡萄干外，其他应保留果穗；

（3）除马拉加马斯卡特型葡萄外，其他应从花冠茎剪下；

（4）可在碱性碱液和油溶液中浸泡（未漂白），以帮助干燥；

（5）可通过化学方法进行漂白处理而漂白，并通过干燥进一步处理；

（6）有籽葡萄可采用机械方式除去葡萄籽；

（7）可将葡萄干水分降低至确保产品保存的水平；

（8）可涂有本标准第3.1段中规定的一种或多种成分或糖。

2.2　类型组

（a）无籽－由天然无籽或几乎无籽的葡萄制成；

（b）有籽的－由有籽的葡萄制成，在加工过程中去掉或不去掉籽。

2.3　样式（或形式）

（a）几乎无籽的（或去籽的）－在有籽葡萄类型中种子没有被去掉的。

（b）有籽的－在有籽葡萄类型中用机械方式去掉籽的。

（c）串－保留完整果穗的葡萄串。

3 基本成分和质量因素

3.1 允许成分

可加入葡萄干油和其他食用植物油且保证葡萄干的自重流动性，如蔗糖、转化糖、葡萄糖、制干用葡萄糖浆和蜂蜜，视产品而定。

3.2 质量标准

3.2.1 成熟度特征

葡萄干应显示由适当成熟葡萄制成的葡萄干的发育特征，如该类型葡萄的适当颜色和质地，由含糖量高和丰富果肉的品种制成。

3.2.2 最低质量要求

葡萄干的制备材料和方法应确保成品具有相应类型的正常颜色、风味和成熟度特征，并符合以下要求：

(a) 含水量	峰值
马拉加马斯卡特型	31%
有籽（或去籽）型	19%
所有其他样式和/或类型	18%

(b) 矿物质杂质 - 不会对食用质量或使用性造成实质影响（本标准第5.2段）。

(c) 其他缺陷 - 与果梗分离，有外来植物材料和损伤。

3.2.3 缺陷定义

(a) 果梗碎片 - 树枝或穗梗的一部分。

(b) 花冠茎 - 将葡萄附着在葡萄果穗上的、长度超过3毫米的、连在或者不连在葡萄干上的小型果梗。

(花冠茎不被认为是“无梗”马拉加马斯卡特型葡萄干的缺陷。在考虑以“计数百分比”为基础的花冠茎时，松散的花冠茎被视为在与葡萄干连接的)。

(c) 未成熟或未发育的葡萄干 - 主要指：

(i) 是重量极轻的浆果，缺乏含糖组织，表明发育不完全；

(ii) 完全干瘪，几乎没有肉，以及，

(iii) 可能很硬。

(d) 受损葡萄干 - 葡萄干受到晒伤、疤痕、机械损伤或其他类似方式，严重影响外观、食用性、保存质量或运输质量。

在“有籽”型中，正常去籽操作导致的机械损伤不视为“受损”。

在“无籽”型中，因摘取花冠茎而造成的正常机械损伤不视为“受损”。

(e) 加糖葡萄干 - 葡萄干的外部或内部有明显的糖晶体，并严重影响葡萄干等外观。糖化葡萄干或有意添加糖的葡萄干不被视为“加糖葡萄干”。

(f) 葡萄籽（以种子形式） - 在去籽过程中没有成功去除的大体上较为完整的、完全发育的葡萄籽。

3.2.4 缺陷许可

葡萄干不得含有过多的缺陷（无论本标准是否明确规定或允许）。第3.2.3段中定义的某些常见缺陷不得超过第3.2.4段中规定的限制。

缺陷	无籽型	结实型
	最大限度	
果梗数量（有梗形式）	2根/kg	2根/kg
花冠茎（除“无梗”的马拉加麝香型外）	50/500 g	25/500 g
未成熟或未发育	6%（按重量计）	4%（按重量计）
损坏	5%（按重量计）	5%（按重量计）
含糖	15%（按重量计）	15%（按重量计）
葡萄籽（以种子形式）	-	20粒/500g

4 食品添加剂

	最高含量
4.1 二氧化硫（仅适用于漂白葡萄干）	1,500 mg/kg
4.2 矿物油（食品级）	5 g/kg
4.3 山梨醇	5 g/kg

5 卫生

5.1 建议按照《食品卫生通则》（CXC 1－1969）的适当章节和食品法典委员会建议的与本产品相关的其他实施规程来制备和处理本标准规定所涵盖的产品。

5.2 在良好生产实践中，产品应尽不含有害物质。

5.3 当通过适当的取样和检验方法进行试验时，产品：

－不含可能危害健康的微生物；

－应无可能危害健康的寄生虫；

－不得含有任何来源于微生物的物质（产生的物质含量可能对健康构成危害）。

6 度量衡

包装物应尽可能装满而不影响质量，并应与产品的适当内容声明保持一致。

7 标签

除《预包装食品标签通用标准》（CXS 1－1985）的要求外，以下具体规定适用：

7.1 食品名称

（另见可选声明，第7.3段）。

7.1.1 产品名称为“葡萄干”；或者在那些用Sultana这个名字来描述某种葡萄干的国家，它应该是Sultanas。

7.1.2 如果葡萄干是漂白的，名称的一部分应包括一个在销售国通常理解和使用的有意义的术语，如“漂白”“镀金”或“镀金漂白”。

7.1.3　如果葡萄干是有籽类型，产品名称应酌情包括：

(a)“有籽”或“去籽”的描述；

(b) 描述“无籽”“无种子”“有种子”或类似描述，表明葡萄干不是自然无籽的，除了丛生型和马拉加 - 马斯卡特型。

7.1.4　如果葡萄干呈串状，产品名称应包括“串”或类似的适当描述。

7.1.5　如果葡萄干有意不去花冠茎，产品名称应包括说明“去梗”或类似的适当描述，除了簇状和马拉加 - 马斯卡特类型。

7.1.6　如果使用了特殊涂层或类似处理，则应在产品名称或名称附近加入适当的术语：例如“糖衣”“涂 X”。

7.2　可选声明

7.2.1　当葡萄干没有浸泡在碱性碱液和油溶液中以帮助干燥，也没有经过漂白处理时，葡萄干可被称为“天然葡萄干”。

7.2.2　葡萄干被描述为“无籽”类型时，其葡萄浆果应为“无籽”。

7.2.3　产品名称可包括葡萄干的品种或品种类型组。

8　分析和取样方法

为检查是否符合本标准，应使用与本标准规定相关的推荐分析和取样方法（CXS 234 - 1999）中所含的分析和取样方法。

ICS 67.080
B 31

新疆维吾尔自治区地方标准

DB 65/T 3702—2015

无核白葡萄干贮藏技术规程

Technical specification of storage of seedless raisins

2015-01-19 发布　　2015-02-19 实施

新疆维吾尔自治区质量技术监督局　发布

前　言

本标准依据 GB/T 1. 1—2009《标准化工作导则第 1 部分：标准的结构和编写》的规定起草。

本标准由新疆农业科学院提出。

本标准由新疆维吾尔自治区林业厅归口。

本标准起草单位：新疆农业科学院农产品贮藏加工研究所、新疆标准化研究院。

本标准主要起草人：张婷、潘俨、唐亦兵、吴斌、郑素慧、李瑜、车凤斌、朱文慧、徐斌、孟新涛、吴忠红。

无核白葡萄干贮藏技术规程

1　范围

本标准规定了用于贮藏的无核白葡萄干的原料、包装、贮藏、试验方法、检验规则及方法的技术要求。

本标准适用于无核白葡萄干的贮藏。

2　规范性引用文件

下列文件对于本文件的应用是必不可少的。凡是注日期的引用文件，仅所注日期的版本适用于本文件。凡是不注日期的引用文件，其最新版本（包括所有的修改单）适用于本文件。

GB 4083　食品容器、包装材料用聚氯乙烯树脂卫生标准

GB 7718　食品安全国家标准　预包装食品标签通则

GB 16325　干果食品卫生标准

GB/T 731　黄麻布和麻袋

GB/T 5009. 3　食品安全国家标准　食品中水分的测定

GB/T 6543　运输包装用单瓦楞纸箱和双瓦楞纸箱

GB/T 8946　塑料编织袋通用技术要求

GB/T 19586　地理标志产品　吐鲁番葡萄干

GB/T 26366　二氧化氯消毒剂卫生标准

NY/T 896　绿色食品　产品抽样准则

3　原料要求

质量等级要求按 GB 19586 的规定执行，卫生要求按 GB 16325 的规定执行。

4 包装

4.1 原料包装

4.1.1 包装材料

选用干净、无污染的麻袋、塑料编织袋或瓦楞纸箱包装，应符合 GB/T 731、GB/T 8946、GB/T 6543 的规定，包装材料的卫生符合 GB 4803 规定。

4.1.2 包装标签

注明产地、质量等级、净含量、日期。应符合 GB 7718 的规定。

4.2 成品包装

4.2.1 包装材料

选用瓦楞纸箱包装，包装材料的卫生符合 GB 4803 规定。注明产品名称、质量等级、质量标志、规格、数量、重量、生产日期。应符合 GB 7718 的规定。

4.2.2 包装标签

5 贮藏

5.1 贮藏场所

选择自然通风换气的库房，防潮隔湿，不得与易燃、腐蚀、有毒、有害物品及其他农副产品混存。

5.1.1 常温贮藏

选择机械制冷库、气调库，防潮隔湿，不得与易燃、腐蚀、有毒、有害物品及其他农副产品混存。

5.1.2 低温贮藏

5.2 入库前准备

5.2.1 库房准备

低温贮藏提前 30 d 对库体保温、密封性能进行检查维护，对电路、水路、制冷设备及装卸设备进行维修保养；提前 7 d ~ 10 d 对常温库和低温库清理打扫。

5.2.2 库房消毒

5.2.2.1 提前 5 d ~ 7 d 对库房彻底消毒，消毒可选下述方法之一：

a）1% ~ 2% 的甲醛水溶液喷洒。

b）甲醛：高锰酸钾 =5：1 的比例配制成溶剂，以 5 g/m^3的用量熏蒸库房 24 h ~ 48 h。

c）10 g/m^3的硫磺粉点燃熏蒸库房 24 h ~ 48 h。

d）二氧化氯消毒，剂量及方法按 GB26366 的规定执行。

5.2.2.2 消毒后通风 24 h ~ 48 h。

5.2.3 低温贮藏库房降温

提前 3 d 开机降温，校正温度，使库温稳定至 0 ℃ ~ 5 ℃。

5.3 入库堆码

按产品入库时间、质量等级堆码。常温贮藏堆码要求距墙 0. 20 m ~ 0. 30 m，库内通道 1. 00 m ~

1. 20 m，垛底底衬高度 0. 15 m ~ 0. 20 m，距库顶 0. 50 m ~ 0. 60 m；低温贮藏货垛距墙 0. 20 m ~ 0. 30 m，距库顶 0. 50 m ~ 0. 60 m，垛间距离 0. 30 m ~ 0. 50 m，库内通道 1. 00 m ~ 1. 20 m，垛底底衬高度 0. 15 m ~ 0. 20 m。

5. 4 库房管理

5. 4. 1 温度管理

5. 4. 1. 1 常温贮藏

外界环境温度高时，夜间通风降温；外界环境温度低于 0 ℃时，关闭门窗保温。

5. 4. 1. 2 低温贮藏

库温 0 ℃ ~5 ℃，库温波动幅度不超过 ±0. 5 ℃，

5. 4. 2 湿度管理

5. 4. 2. 1 常温贮藏

外界环境相对湿度高时，避免通风换气。

5. 4. 2. 2 低温贮藏

相对湿度维持在 50% ~60% 。

5. 4. 3 通风换气

常温贮藏结合温湿度调节进行换气；低温贮藏每 30 d 换气一次。

5. 4. 4 贮期检查

常温贮藏每隔 10 d 抽检一次，低温贮藏每隔 30 d 抽检一次，检测指标包括蛀虫率、霉变率及失水率等，分项进行记录，如发现问题及时处理。

5. 5 贮藏期限

贮藏期限及出库时质量指标见表 1。

表 1　　无核白葡萄干贮藏期限及出库时质量指标

质量指标	常温库	冷库
	贮藏期限	贮藏期限
	6 个月	12 个月
蛀虫率,%	0	0
霉变率,%	0	0
失水率,%	10 ~ 13	10 ~ 13

6 试验方法

6. 1 蛀虫率

按 NY/T 896 抽样，每件随机称取 1 000 g 散装或成品无核白葡萄干，记录其数量为 N_1，将样品置于洁净的台面上逐个检查蛀虫果实，记录其数量为 N_2，按公式计算。

$$Q_1 = (N_1/N_2) \times 100\% \quad \cdots\cdots (1)$$

式中：

Q_1——蛀虫率,%；

N_1——样品数量，个；

N_2——样品中虫蛀果实数量，个。

6.2 霉变率

按 NY/T 896 抽样，每件随机称取 1 000 g 散装或成品无核白葡萄干，记录其数量为 N_3，将样品置于洁净的台面上逐个检查，记录其数量为 N_4，按公式（2）计算。

$$Q_2 = (N_4/N_3) \times 100\% \quad \cdots\cdots (2)$$

式中：

Q_2——霉变率,%；

N_3——样品数量，个；

N_4——样品中霉变果实数量，个。

6.3 失水率

按 GB 5009.3 的规定执行。

7 检验规则

7.1 入库检验

7.1.1 质量等级及卫生检验

入库前进行检验，质量等级划分按 GB 19586 的规定执行，卫生要求按 GB 16235 的规定执行。

7.1.2 包装检验

抽样检验的同时进行包装检查，包装若严重破损、泄露，必须加以整理或更换包装。

7.2 贮藏期检验

见 5.4.4。

7.3 出库检验

出库前统计好蛀虫率、含水率及霉变率，填好出库检验记录单。

7.4 组批

同等级、同一批交售、调运、销售的无核白葡萄干为一个组批。

7.5 抽样

按 NY/T 896 相关规定执行。

ICS 11.120
C 25

T

中国医药保健品进出口商会团体标准

T/CCCMHPIE 1.19—2016

植物提取物 葡萄籽提取物（葡萄籽低聚原花青素）

Plant extract——Grape seed extract
(Grape seeds oligomeric proanthocyanidins)

2017-06-21 发布 2017-07-01 实施

中国医药保健品进出口商会 发布

前　言

本标准按照 GB/T 1. 1—2009 和 GB/T 20004. 1—2016 给出的规则起草。

本标准由中国医药保健品进出口商会提出。

本标准由中华人民共和国商务部归口。

本标准起草单位：天津市尖峰天然产物研究开发有限公司、浙江天草生物科技股份有限公司、重庆骄王天然产物股份有限公司；由晨光生物科技集团股份有限公司、湖南朗林生物制品有限公司、湖南华诚生物资源有限公司负责复核。

本标准主要起草人：吴巍、邢新锋、翟巧丽、谢国华、高伟、黄华学等。

植物提取物 葡萄籽提取物
（葡萄籽低聚原花青素）

1　范围

本标准规定了葡萄籽提取物（葡萄籽低聚原花青素）的技术要求、检验方法、检验规则包装、运输、贮存和保质期要求。

本标准适用于以葡萄籽为原料经提取分离制成的葡萄籽提取物（葡萄籽低聚原花青素）。

2　规范性引用文件

下列文件对于本文件的应用是必不可少的。凡是注日期的引用文件，仅注日期的版本适用于本文件。凡是不注日期的引用文件，其最新版本（包括所有的修改单）适用于本文件。

《中华人民共和国药典（2010 年版）》第一部　附录 IX H　水分测定法第一法

《中华人民共和国药典（2010 年版）》第一部　附录 IX K　灰分测定法

《中华人民共和国药典（2010 年版）》第一部　附录 IX E　重金属检查法

《中华人民共和国药典（2010 年版）》第一部　附录 VIII P　残留溶剂测定法

GB 4789. 2　食品安全国家标准　食品微生物学检验菌落总数测定

GB 4789. 4　食品安全国家标准　食品微生物学检验　沙门氏菌检验

GB 4789. 15　食品安全国家标准　食品微生物学检验　霉菌和酵母计数

GB 4789. 38　食品安全国家标准　食品微生物学检验　大肠埃希氏菌计数

GB 4806. 1　食品安全国家标准　食品接触材料及制品通用安全要求

3　技术要求

3. 1　工艺要求

3. 1. 1　植物原料

为葡萄科葡萄属植物葡萄（Vitis vinifera L. （Fam. Vitaceae））的种子。

3.1.2 工艺过程

用水或乙醇和水一定比例混合溶液提取，浓缩，稀释，沉淀，经大孔吸附树脂吸附、洗脱，洗脱液回收乙醇，干燥，即得。

3.2 产品要求

3.2.1 感官要求

应符合表1的规定。

表1 感官要求

项目	要求
色泽	浅棕黄色至棕褐色粉末
气味	气微，味微而苦涩
外观	均匀，无可见异物的粉末

3.2.2 理化要求

应符合表2的规定。

表2 理化要求

项目		指标
鉴别		应符合规定
儿茶素和表儿茶素/%		≤ 19.0
原花青素值		≥95.0
多酚含量/%		≥70.0
水分/%		≤ 6.0
灰分/%		≤2.0
残留溶剂	甲醇/（mg/kg）	≤ 50
	乙醇/（mg/kg）	≤1000
重金属（以 Pb 计）/（mg/kg）		≤20

3.2.3 微生物要求

应符合表3的规定。

表3 微生物要求

项目	指标
细菌总数 /（CFU/g）	≤ 1 000
霉菌及酵母菌数 /（CFU/g）	≤ 100
大肠埃希氏菌	不得检出
沙门氏菌	不得检出

3.2.4　其他污染物

其他污染物限量要求，依据不同要求，应符合我国相关法规的规定。对于出口产品，应符合出口目的国相关法规的规定。

4　检验方法

4.1　感官检验

启开试样后，立即嗅其气和尝其味；另取试样适量置于白色瓷盘中观察其色泽、外观，并检查有无异物。

4.2　理化检验

4.2.1　鉴别

按第 A.4 章中规定的检测方法进行测定。供试品溶液液相色谱图中应显示与 USP 葡萄籽低聚原花青素对照品相应保留时间处一致的色谱峰，其中应体现原花青素二聚体 B1 的峰、原花青素二聚体 B2 的峰、(－)－表儿茶素 3’－O－没食子酸的峰，还有一个混合低聚原花青素形成的宽峰。

4.2.2　水分

按《中华人民共和国药典（2010 年版）》第一部附录 IX H 水分测定法第一法进行测定。

4.2.3　灰分

按《中华人民共和国药典（2010 年版）》第一部附录 IX K 灰分测定法进行测定。

4.2.4　儿茶素和表儿茶素限量

按第 A.4 章中规定的检测方法进行测定。

4.2.5　原花青素值

按第 A.2 章中规定的检测方法进行测定。

4.2.6　多酚含量

按第 A.3 章中规定的检测方法进行测定。

4.2.7　残留溶剂

按《中华人民共和国药典（2010 年版）》第一部附录 VIII P 残留溶剂测定法进行测定。

4.2.8　重金属

按《中华人民共和国药典（2010 年版）》第一部附录 IX E 重金属检查法进行测定。

4.3　微生物检验

4.3.1　菌落总数

按 GB 4789.2 中规定的方法进行测定。

4.3.2　霉菌和酵母菌

按 GB 4789.15 中规定的方法进行测定。

4.3.3　大肠埃希氏菌

按 GB 4789.38 中规定的方法进行测定。

4.3.4　沙门氏菌

按 GB 4789.4 中规定的方法进行测定。

5 检验规则

5.1 组批

同品种、同等级、同一批投料生产的产品，以同一生产日期为一检验批次。

5.2 出厂检验

5.2.1 产品须逐批检验，检验合格并签发合格证后产品方可出厂。

5.2.2 出厂检验项目：外观、水分、灰分、儿茶素和表儿茶素、原花青素值、多酚含量、重金属和残留溶剂。

5.3 型式检验

5.3.1 型式检验项目包括本标准中规定的全部项目。

5.3.2 正常生产时每年应进行一次型式检验。

5.3.3 有下列情况之一时，应进行型式检验。

a）原料来源变动较大时；

b）正式投产后，如配方、生产工艺有较大变化，可能影响产品质量时；

c）出厂检验与上一次型式检验结果有较大差异时；

d）产品停产 6 个月以上 ，恢复生产时；

e）食品安全监督部门提出进行型式检验的要求时。

5.4 判定规则

5.4.1 检验结果全部项目符合本标准规定时，判该批产品为合格品。

5.4.2 检验结果不符合本标准要求时，可以在原批次产品中双倍抽样复检一次，判定以复检结果为准。复检后仍有一项或一项以上不符合标准时，判该批产品为不合格品。

6 包装、标签、运输、贮存和保质期

6.1 包装

包装材料应符合 GB 4806.1 食品安全国家标准食品接触材料及制品通用安全要求。

6.2 标签

6.2.1 装标志上应标注：产品名称、批号、规格、净含量、执行标准、生产厂名、厂址、产地、生产日期、保质期、贮存条件。

6.2.2 外包装箱体上应标有：防潮、防晒、勿重压、朝上（朝下）等字样或标志。标志内容清晰可见，标志应粘贴牢固。

6.3 运输

运输时必须轻装轻卸，不得与有毒、有害、有异味、易污染物品混装载运，严防挤压、雨淋、暴晒。

6.4 贮存

产品应贮存于阴凉、清洁和干燥的仓库中。堆码距墙壁和地面 20 cm 以上、并有垫隔物。避免与有毒、有害、易腐、易污染等物品一起堆放。

6.5 保质期

在符合规定的贮运条件、包装完整、未经开启封口的情况下，保质期不超过 36 个月。

附 录 A
(规范性附录)
检验方法

A.1 一般规定

本标准所用试剂和水，在没有注明其他要求时，均指分析纯试剂和符合 GB/T 6682 规定的实验用水。实验中所用溶液在未注明用何种溶剂配制时，均指水溶液。

A.2 原花青素值的测定方法

A.2.1 方法提要

样品经甲醇溶解后，采用紫外 - 可见分光光度计法测定。

A.2.2 仪器和用具

A.2.2.1 分析天平，感量为 0.01 mg。

A.2.2.2 紫外 - 可见分光光度计。

A.2.2.3 超声波清洗器

A.2.2.4 顶空瓶和压盖器

A.2.3 试剂和溶液

A.2.3.1 甲醇，分析纯。

A.2.3.2 盐酸，分析纯。

A.2.3.3 正丁醇（n - BuOH），分析纯。

A.2.3.4 硫酸铁铵，分析纯。

A.2.3.5 水。

A.2.3.6 5% 盐酸—正丁醇（V/V）溶液：在一个 100 mL 容量瓶中加入大约 2/3 体积的正丁醇，量取 5.0 mL 盐酸加入，放冷至室温，并用正丁醇定容至刻度，摇匀。溶液可稳定保存一个月。

A.2.3.7 2% 硫酸铁铵溶液：精确称取 2.0 g 硫酸铁铵，置 100 mL 容量瓶中，加入 2 mol/L 盐酸溶解，放冷至室温，用 2 mol/L 盐酸定容至刻度，摇匀。溶液可稳定保存 6 个月。

A.2.4 操作方法

A.2.4.1 供试品溶液制备

精密称取供试品约 10 mg，置于 100 mL 棕色容量瓶中，加入 80 mL 甲醇，超声溶解，用甲醇定容至刻度，摇匀，即得供试品溶液。

A. 2. 4. 2　测定方法

A. 2. 4. 2. 1　精密移取下列溶液至 10 mL 顶空瓶中

A. 2. 4. 2. 1. 1　1. 0 mL 供试品溶液；

A. 2. 4. 2. 1. 2　6. 0 mL 5% 的盐酸 - 正丁醇溶液；

A. 2. 4. 2. 1. 3　0. 2 mL 2% 硫酸铁铵溶液；

A. 2. 4. 2. 2　盖上顶空瓶的盖和垫，用压盖器（封口钳）封口，将顶空瓶放于水浴（100 ± 2 ℃）锅中（瓶中试剂部分应处于水面以下），水浴 40 分钟，取出，在冷水浴（2 ~ 10 ℃）中迅速冷却 20 分钟。

A. 2. 4. 2. 3　试剂空白：照上述方法精密移取 1 mL 甲醇，6 mL 盐酸 - 正丁醇和 0. 2 mL 硫酸铁铵溶液于 10 mL 顶空瓶中，同法制备一个试剂空白。

A. 2. 4. 2. 4　用试剂空白作对照，在 546 nm 处测定供试品溶液的吸光度 A1。

A. 2. 5　结果计算

葡萄籽提取物（葡萄籽低聚原花青素）中原花青素值以 W_1 计，按公式（A. 1）计算：

$$W_1 = \frac{A_1 \times V_1 \times 7\,200}{m_1 \times 275} \qquad \text{(A. 1)}$$

式中：

W_1——供试品中原花青素值的质量分数；

A_1——供试品溶液在吸收波长 546 nm 处的吸光度

V_1——供试品溶液的稀释体积（mL）；

m_1——供试品的称样量（mg）；

275——标准原花青素 100 的检测值。

A. 3　多酚含量的测定方法

A. 3. 1　方法提要

样品经纯化水溶解后，采用紫外 - 可见分光光度计法测定，以多点回归曲线法测定多酚的含量。

A. 3. 2　仪器和用具

A. 3. 2. 1　分析天平，感量为 0. 01 mg。

A. 3. 2. 2　紫外 - 可见分光光度计。

A. 3. 2. 3　超声波清洗器。

A. 3. 3　试剂和溶液

A. 3. 3. 1　无水碳酸钠，分析纯。

A. 3. 3. 2　钨酸钠，分析纯。

A. 3. 3. 3　钼酸钠，分析纯。

A. 3. 3. 4　硫酸锂，分析纯。

A. 3. 3. 5　溴酸钾，分析纯。

A. 3. 3. 6　溴化钾，分析纯

A. 3. 3. 7　磷酸，分析纯。

A. 3. 3. 8　盐酸，分析纯。

A. 3. 3. 9　水。

A. 3. 3. 10　碳酸钠溶液：称取 20. 0 g 无水碳酸钠，用水溶解于 100 mL 容量瓶中，超声溶解，冷却至室温，用水定容至刻度，摇匀即得。

A. 3. 3. 11　溴滴定液：取溴酸钾 3. 0 g 与溴化钾 15 g，加水适量使溶解成 1 000 mL，摇匀，即得。

A. 3. 3. 12　福林酚试液（磷钼钨酸试液）：取钨酸钠 100 g、钼酸钠 25 g，加水 700 mL，85% 磷酸 50 mL 与盐酸 100 mL，置磨口圆底烧瓶中，缓缓加热回流 10 小时，放冷，再加硫酸锂 150 g、水 50 mL 和溴滴定液 1 滴，加热煮沸 15 分钟，冷却，加水稀释至 1 000 mL，滤过，滤液作为贮备液，置棕色瓶中。本贮备液（应为黄绿色）不得显绿色（如放置后变为绿色，可加溴滴定液 1 滴，煮沸除去多余的溴即可）。临用前取贮备液 2. 5 mL，加水稀释至 10 mL，摇匀，即得。

A. 3. 3. 13　标准品：没食子酸，CAS 号 149 - 91 - 5，纯度≥97. 5%。

A. 3. 4　操作方法

A. 3. 4. 1　标准品溶液的制备

精密称取没食子酸 10 mg，置 100 mL 棕色容量瓶中，加入水，超声溶解，冷却至室温，用水定容至刻度，摇匀，配成的标准品溶液中没食子酸浓度约为 0. 1 mg/mL。

A. 3. 4. 2　供试品溶液制备

精密称取供试品约 20 ~ 30 mg，置 100 mL 棕色容量瓶中，加入水适量，超声使其完全溶解，冷却至室温，以水定容至刻度，摇匀即得。

A. 3. 4. 3　测定方法

A. 3. 4. 3. 1　标准曲线测定

A. 3. 4. 3. 1. 1　精密吸取标准品溶液 0. 20 mL、0. 40 mL、0. 60 mL、0. 80 mL 分别置于 10 mL 的棕色容量瓶中，各加入 3 ~ 4 mL 的水，摇匀；

A. 3. 4. 3. 1. 2　加入 0. 5 mL 福林酚试液，摇匀；在 1 ~ 8 分钟内，各加 1. 5 mL Na2CO3 溶液，摇匀。用水定容至刻度，摇匀，分别得到没食子酸浓度约为 0. 002 mg/mL，0. 004 mg/mL，0. 006 mg/mL，0. 008 mg/mL 的标准品溶液，将各容量瓶置于 30 ℃ 水浴中保持 2 小时。

A. 3. 4. 3. 1. 3　同时配制空白溶液：加入 3 ~ 4 mL 水于 10 mL 棕色容量瓶中，照 A. 3. 4. 3. 1. 2 方法制备空白溶液。

A. 3. 4. 3. 1. 4　以空白溶液调零，于 760 nm（10 分钟内）处测定吸光度，以吸光度为纵坐标，浓度为横坐标，绘制回归曲线，计算线性回归方程。

A. 3. 4. 3. 2　样品分析：精密吸取 0. 2mL 供试品溶液，置 10 mL 棕色容量瓶中，各加入 3 ~ 4 mL 水，摇匀，照标准曲线测定项下的 A. 3. 4. 3. 1. 2 ~ A. 3. 4. 3. 1. 3 方法制备供试品和空白溶液，以空白溶液调零，于 760 nm（10 分钟内）处测定吸光度。

A. 3. 5　结果计算

A. 3. 5. 1　根据没食子酸的线性回归方程，计算出被测定供试品溶液中的多酚浓度 C_1。

A. 3. 5. 2　葡萄籽提取物（葡萄籽低聚原花青素）中多酚以质量分数 W_2 计，数值以% 表示，按公式（A. 2）计算：

$$W_2 = \frac{C_1 \times V_2}{m_2} \times 275 \qquad (A.2)$$

式中：

W_2——供试品中多酚组分的质量分数（%）；

C_1——供试品溶液中多酚组分浓度（mg/mL）；

V_2——供试品溶液的稀释体积（mL）；

m_2——供试品的称样量（mg）。

A.4 儿茶素和表儿茶素限量的测定方法

A.4.1 方法提要

样品经超声溶解后，采用高效液相色谱法测定，用外标法定量。其中儿茶素和表儿茶素含量均以儿茶素标准品计算。

A.4.2 仪器和用具

A.4.2.1 分析天平，感量为 0.01 mg。

A.4.2.2 超声波清洗仪。

A.4.2.3 高效液相色谱仪（附紫外检测器）。

A.4.2.4 0.45 μm 微孔滤膜，有机相。

A.4.3 试剂和溶液

A.4.3.1 乙腈，色谱纯。

A.4.3.2 磷酸，分析纯。

A.4.3.3 纯水，GB/T 6682 规定的二级水。

A.4.3.4 溶液 A：色谱纯乙腈，过 0.45 μm 微孔滤膜。

A.4.3.5 溶液 B：0.3% 磷酸（精密移取 3 mL 磷酸于 1 000 mL 容量瓶中，加水稀释至刻度，摇匀），过 0.45 μm 微孔滤膜，即得。

A.4.3.6 溶解液：溶液 A－B 溶液（1：9，V/V）

A.4.3.7 （+）－儿茶素标准品：CAS 号 154－23－4，纯度≥97.0%。

A.4.3.8 USP 葡萄籽低聚原花青素（Grape Seeds Oligomeric Proanthocyanidins）对照品，购自美国药典委员会。

A.4.4 色谱条件及系统适用性

A.4.4.1 色谱条件

a）色谱柱：Kromasil C18（250×4.6 mm，5 μm）或同类型色谱柱。

b）流动相：A 相：甲溶液 A；B 相：溶液 B。梯度条件见表 A.1。

表 A.1 梯度条件

时间/min	A/%	B/%
0～45	10 → 20	90 → 80
45～65	20 → 60	80 → 40
65～66	60 → 10	40 → 90
66～85	10	90

c）检测波长：278 nm。

d）流速：0.7 mL/min。

e）温度：30 ℃

A.4.4.2 系统适用性

A.4.4.2.1 色谱图比对：进样标准品溶液 B，获得的液相色谱图应该和当批 USP 的葡萄籽低聚原花青素对照品报告上提供的参考色谱图接近。

A.4.4.2.2 进样标准溶液 A，（+）－儿茶素峰的拖尾因子应小于等于 2.0。

A. 4. 5　操作方法

A. 4. 5. 1　标准品溶液的制备

A. 4. 5. 1. 1　标准品溶液 A：精密称取（+）-儿茶素标准品约 12. 5 mg，置于 25 mL 容量瓶中，加溶解液适量，超声溶解，以溶解液定容至刻度，配成浓度约为 0. 5 mg/mL 的标准溶液，用 0. 45 μm 微孔滤膜过滤即得。

A. 4. 5. 1. 2　标准品溶液 B：精密称取 USP 的葡萄籽低聚原花青素对照品约 10 mg，置于 2 mL 棕色容量瓶中，加溶解液适量，超声溶解，以溶解液定容至刻度，摇匀，配成浓度约为 5 mg/mL 的标准溶液，离心，取上清液，用 0. 45 μm 微孔滤膜过滤即得。

A. 4. 5. 2　供试品溶液的制备

精密称取供试品约 50 mg，置于 10 mL 容量瓶中，加溶解液适量，超声溶解，以溶解液定容至刻度，摇匀，配成浓度约为 5 mg/mL 的样品溶液，离心，取上清液，用 0. 45 μm 微孔滤膜过滤即得供试品溶液。

A. 4. 5. 3　测定方法

A. 4. 5. 3. 1　分别精密吸取标准溶液 A、B、供试品溶液 10μL，依次注入高效液相色谱仪，测定，通过被用的同批 USP 葡萄籽低聚原花青素报告上提供的参考色谱图，确认（+）-儿茶素和（-）-表儿茶素的峰的保留时间，二者的相对保留时间大约为 1. 0 和 1. 43。

A. 4. 5. 3. 2　外标法计算含量，其中（+）-儿茶素和（-）-表儿茶素均以（+）-儿茶素为标准品计算。

A. 4. 6　结果计算

葡萄籽提取物（葡萄籽低聚原花青素）其中（+）-儿茶素和（-）-表儿茶素含量和以质量分数 W_3 计，数值以% 表示，按公式（A. 3）计算：

$$W_3 = \frac{A_2 \times C_2 \times V_3}{A_3 \times m_3} \times 100\% \qquad \text{(A. 3)}$$

式中：

W_3——供试品中（+）-儿茶素和（-）-表儿茶素的组分的质量分数和（%）；

A_2——供试品溶液中（+）-儿茶素和（-）-表儿茶素的峰面积和；

A_3——标准品溶液 A 中图谱（+）-儿茶素的峰面积；

C_2——标准品溶液 A 中（+）-儿茶素的浓度（mg/mL）；

V_3——供试品溶液的稀释体积（mL）。

m_3——供试品的称样量（mg）；

注 1：USP 葡萄籽低聚原花青素（Grape Seeds Oligomeric Proanthocyanidins）对照品谱图及各有效成分出峰顺序参见附录 B 中的 B. 1。

附 录 B
（资料性附录）

B.1 USP 葡萄籽低聚原花青素（Grape Seeds Oligomeric Proanthocyanidins）对照品液相色谱图。

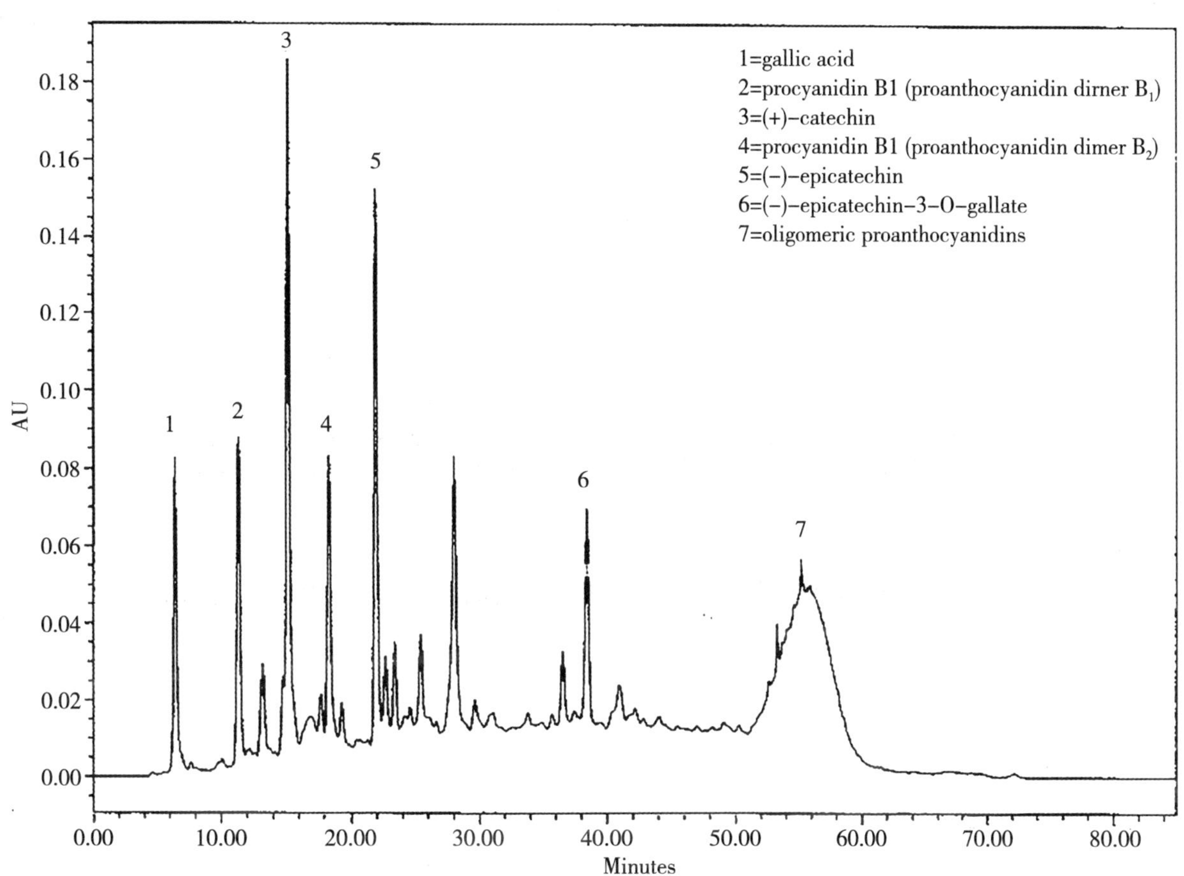

图 B.1 USP 葡萄籽低聚原花青素（Grape Seeds Oligomeric Proanthocyanidins）对照品液相色谱图

1 没食子酸；2 原花青素 B1；3 （+）-儿茶素；4 原花青素 B2；5 （-）-表儿茶素；
6 （-）-表儿茶素 3'-O-没食子酸；7 混合低聚原花青素

非商业性声明：上述所采用的设备、色谱柱、标准对照品等，涉及具体商业品牌、型号的，仅供参考，无商业目的，鼓励标准使用者尝试使用不同品牌、型号的设备、色谱柱及标准品。

ICS 65. 060. 99
B 93

团　　体　　标　　准

T/CAMA 28—2020

葡萄真空脉动干制技术规范

Technical specifications of pulsed vacuum drying of grapes

2020 - 03 - 24 发布　　2020 - 04 - 24 实施

中国农业机械化协会　发布

前　言

本标准按照 GB/T 1.1—2009 给出的规则起草。

本标准由中国农业机械化协会提出并归口。

本标准起草单位：农业农村部农业机械试验鉴定总站、中国农业大学、新疆希望田野农业科技有限公司、苏州大学、中华全国供销合作总社济南果品研究院、农业部南京农业机械化研究所、中联重机股份有限公司。

本标准主要起草人：高振江、金红伟、肖红伟、李飞、孙冬、陈立丹、王军、薛令阳、刘子良、傅楠、葛邦国、颜建春、李小化。

葡萄真空脉动干制技术规范

1　范围

本标准规定了葡萄真空脉动干制技术的术语和定义、生产要求、品质指标与检测方法、包装与设备保养要求。

本标准适用于无核白、火焰无核、无核白鸡心、木纳格葡萄真空脉动干制。其他品种可参照执行。

2　规范性引用文件

下列文件对于本文件的应用是必不可少的。凡是注日期的引用文件，仅注日期的版本适用于本文件。凡是不注日期的引用文件，其最新版本（包括所有的修改单）适用于本文件。

GB/T 4789.33　食品卫生微生物学检验　粮谷、果蔬类食品检验

GB 5009.3　食品安全国家标准　食品中水分的测定

GB/T 5009.34　食品中亚硫酸盐的测定

GB/T 5009.7　食品中还原糖的测定

GB/T 13306　标牌

GB/T 14048.1　低压开关设备和控制设备　第 1 部分：总则

GB 14881　食品安全国家标准　食品生产通用卫生规范

GB/T 19586—2008　地理标志产品　吐鲁番葡萄干

3　术语和定义

GB/T 19586—2008 的术语和定义适用于本文件。

3.1

饱满度　replete rate
葡萄干颗粒的饱满程度。

3.2

劣质果粒　bum raisins
霉烂、破损、渗糖和干瘪的果粒。

3.3

渗糖果粒　juice leaking berries
果内糖汁外渗或被其他果粒渗出的糖汁污染的果粒。

3.4

霉烂果粒　rotten berries
部分或全部发霉腐败的果粒。

3.5

破损果粒　broken berries
由于机械损伤造成的破损果粒。

3.6

虫蛀果粒　insectberries
被虫蛀食的果粒。

3.7

主色调　main colour
干燥后葡萄干除去劣质果粒后呈现的总体颜色。

4　生产要求

4.1　生产工艺

4.1.1　鲜葡萄→脱粒→清洗→分级→二次清洗→装盘→干燥→冷却→包装→检验→入库。

4.1.2　原料——新鲜葡萄，要求成熟度基本一致 ，腐烂、无破损，无病虫害，同一加工批次的葡萄可溶性固形物的含量接近。

4.2　工艺要求

4.2.1　脱粒——将采摘后的葡萄采用脱粒机进行脱粒，除去损伤、破裂果粒。

4.2.2　清洗——脱粒后的葡萄置于网篮中，用清水冲洗，除去表面附着的灰尘杂质等，然后自然沥水晾干。

4.2.3　分级——将清洗晾干后的葡萄按照成熟度进行分级，具体步骤为：（1）NaCl 溶液配制，配制浓度为 140 g/L 和 160 g/L 的 NaCl 溶液。（2）浮选分级，将清洗晾干后的葡萄粒置于浓度为 140 g/L 的盐溶液中，将上浮的葡萄定义为Ⅰ级，并将其与下沉的葡萄粒进行分开收集，然后将下沉后的葡萄粒再次置于浓度为 160 g/L 的盐溶液中，同样收集上浮的葡萄为Ⅱ级，下沉的葡萄为Ⅲ级果粒，这样将所有葡萄分为 3 个等级。

4.2.4　二次清洗——将分级后的葡萄立即用清水进行再次冲洗，除去表面盐溶液，自然沥水晾干表面水分。

4.2.5　装盘——将晾干后的葡萄均匀分布在带有防粘垫的物料盘中，单层均匀分布。

4.2.6　干燥——将装盘后的葡萄放入真空脉动干燥室内，密闭，设置工艺参数，根据物料放置情况依次选择需要工作的热板，完成参数设置，启动设备，干燥至湿基含水率低于 15% 为止，推荐干燥工艺为干燥温度为 65 ℃、真空常压脉动比为 15 min：4 min、干燥时间 20 ~ 35 h（根据葡萄品种确定）。

4.2.6.1　设备组成——真空脉动干燥机由干燥室、料架、红外板加热系统、控制系统、真空泵、循环水冷却系统和进气辅助加热装置组成。

4.2.6.1.1　与葡萄接触的器具，其材质应符合 GB14881 的规定。

4.2.6.1.2　干燥设备应设置急停装置和安全保护装置，在危险区域应有醒目警示标示，严谨拆除安全保护装置和警示标示。

4.2.6.1.3　应在机器明显位置安装永久性标牌，标牌应符合 GB/T13306 的规定。

4.2.6.2　设备功能——干燥室应有温度、湿度、真空度在线检测能力，红外加热板置于每层料架中，每层红外加热板应单独控制。

4.2.6.3　设备参数——干燥室内处于真空阶段的绝对压力应小于 10 kPa（绝对压力值，以绝对真空为 0 kPa）；干燥室内加工温度控制范围应为室温到 80 ℃之间；红外板加热系统的温度调节精度应为 ±0.3 ℃；干燥过程中设定的真空保持时间以及常压（大气压）保持时间应在 1 min ~ 180 min 范围内。

4.2.6.4　干燥设备控制器的安装、操作和管理应符合 GB/T 14048.1 的规定。

4.2.6.5　干燥机工作出现异常或发生故障时应立即按急停按钮并切断电源，消除故障及隐患并确认干燥室密闭后方可再次启动。

4.2.7　冷却——干燥结束后，关闭真空泵和干燥系统，取出物料盘放入洁净的室内冷却，冷却室内相对湿度应低于 40%，温度应为 20 ℃ ~ 30 ℃。

4.2.8　包装——对冷却后的葡萄干进行干品罐（包）装，密封。

5　品质指标与检测方法

5.1　质量与理化指标要求

质量与理化指标应符合表 1 中规定。感官指标按 GB/T 19586—2008 的规定测定，水分按 GB5009.3 的规定测定，二氧化硫按 GB/T 5009.34 的规定测定，总糖按 GB/T 5009.7 的规定测定。

表 1　　质量与理化指标

项目	特级	一级	二级	三级
外观	粒大、饱满	粒大、饱满	颗粒大小均匀	颗粒大小均匀
滋味	具有本品风味，无异味			

续 表

项目	特级	一级	二级	三级
总糖	≥70%	≥65%		
水分	≤15%			
果粒均匀度	≥90%	≥80%	≥70%	≥60%
颗粒色泽度	≥95%	≥90%	≥80%	≥70%
破损果粒	≤1%	≤2%	≤3%	≤5%
杂质	≤0.1%	≤0.3%	≤0.5%	≤0.8%
霉变果粒	不得检出			
虫蛀果粒	不得检出			
二氧化硫（以 SO_2 计）	不得检出			

5.2 以微生物要求

卫生指标应符合表 2 规定，按 GB/T 4789.33 的规定测定。

项目	指标
致病菌（沙门氏菌、志贺氏菌、金黄色葡萄球菌）	不得检出
菌落总数/（cfμ/g）	≤500
大肠菌群/（MPN/g）	≤3

6 包装

6.1 包装应按照 GB/T 19586—2008 的规定执行。

6.2 包装容器（袋）应用干燥、清洁、无异味并符合国家食品卫生要求的包装材料。

6.3 包装要牢靠、防潮、整洁、美观、无异味，能保护葡萄干的品质，便于装卸、仓储和运输。

7 设备保养要求

干燥设备长期不使用或停用后再次使用前，应进行安全检查、检修和清理，保证设洁净和正常使用。

T/TPCX

吐　鲁　番　葡　萄　产　业　协　会　团　体

T/TPCX 01—2020

吐鲁番葡萄干产品

Tupan raisin products

2019 - 06 - 10 发布　　　　2020 - 07 - 15 实施

吐鲁番葡萄产业协会　发布

前　言

本标准根据《中华人民共和国食品安全法》的有关规定，按照 GB/T 1.1《标准化工作导则 第一部分 标准的结构和编写规则》的要求制定。

本标准由吐鲁番市市场监督管理局提出。

本标准由葡萄产业协会提出归口。

标准主要起草单位：吐鲁番市质量与计量检测所、新疆农业大学、新疆农业科学院吐鲁番农业科学研究所、吐鲁番葡萄产业协会。

本标准主要起草人：王新丽、陈志强、武运、孔令明、任国栋、许山根、吴久赟、高敏、曲江

本标准于 2020 年 06 月 10 日首次发布。

吐鲁番葡萄干产品

1　范围

本标准规定了吐鲁番葡萄干产品的术语和定义、原料和辅料、技术要求、检验方法、检验规则、标签和包装、运输、贮存的基本要求。

本标准适用于以吐鲁番原产地域范围内的新鲜葡萄为原料，经晾制、分检、加工而成的葡萄干。

2　规范性引用文件

下列文件中的条款通过本标准中引用成为本标准的条款，凡是注日期的引用文件，仅所注日期的版适用于本标准。凡是不注日期的引用文件，其最新版本适用于本标准。

GB 2716　食品安全国家标准　植物油

GB 2760　食品安全国家标准　食品添加剂使用标准

GB 2761　食品安全国家标准　食品中真菌毒素限量

GB 2762　食品安全国家标准　食品中污染物限量

GB 2763　食品安全国家标准　食品中农药最大残留限量

GB 4789.1　食品安全国家标准　食品微生物学检验　总则

GB 4789.2　食品安全国家标准　食品微生物学检验　菌落总数测定

GB 4789.3　食品卫生微生物学检验　大肠菌群测定

GB 4789.4　食品安全国家标准　食品微生物学检验　沙门氏菌检验

GB 4789.10　食品安全国家标准　食品微生物学检验　金黄色葡萄球菌检验

GB 4789.24　食品卫生微生物学检验　糖果、糕点、蜜饯检验

GB 4789.36　食品安全国家标准　食品微生物学检验　大肠埃希氏菌 O157：H7/NM 检验

GB 5009.3　食品安全国家标准　食品中水分的测定

GB 5009.8　食品安全国家标准　食品中果糖、葡萄糖、蔗糖、麦芽糖、乳糖的测定
GB/T 12456　食品中总酸的测定
GB/T 6543　运输包装用单瓦楞纸箱和双瓦楞纸箱
GB 7718　预包装食品标签通则
GB 9683　复合食品包装袋卫生标准
GB 14881　食品安全国家标准　食品生产通用卫生规范
GB 16325　干果食品卫生标准
GB/T 19586　地理标志产品　吐鲁番葡萄干
GB 28050　食品安全国家标准与包装食品营养标签通则
GB 29921　食品安全国家标准　食品中致病菌限量
JJF 1070　定量包装商品净含量计量检验规则
国家质量监督检验检疫总局［2005］第 75 号令《定量包装商品计量监督管理办法》

3　术语和定义

下列术语和定义适用于本标准。

3.1　吐鲁番葡萄干　Turpan raisin

以吐鲁番产的各种新鲜葡萄为原料，经自然干燥或人工干燥加工制成的，质量达到本标准要求的葡萄干。

3.2　破损果粒　damaged reisin particle

外形不完整的或加工过程中机械损伤的果粒。

3.3　霉变果粒　mindew and metamorphose raisin particle

生霉变质不能食用的果粒。

3.4　虫蛀果粒　worm－eaten raisin particle

被虫蛀蚀的果粒

3.5　杂质　impurity

3.5.1　夹杂在葡萄干中一般杂质和外来杂质。
3.5.2　一般杂质：葡萄穗轴、果梗、干花蕾和枯枝败叶。
3.5.3　外来杂质：石砾、土粒、尘土、金属、羊粪、塑料等非可食部分的统称。

3.6　果粒色泽度　cloour and lustre degree

果颗粒色泽一致的程度。

3.7　果粒饱满度　satiation degree

果粒饱满的程度。

3.8 果粒均匀度 uniformity degree

果粒大小均匀的程度。

4 技术要求

4.1 原辅料的要求

食用植物油：符合 GB 2716 的规定。

4.2 生产过程的卫生要求

符合 GB 14881 的规定。

4.3 原料要求

原料应符合 GB 16325 标准和国家有关规定的要求。

4.4 分级指标

产品分级按地理标志产品 吐鲁番葡萄干实物标样为准。分级指标符合表 1 的规定。

表 1　　分级指标

<table>
<tr><th colspan="2">项目</th><th>特级</th><th>一级</th><th>二级</th><th>三级</th></tr>
<tr><td colspan="2">外观</td><td>粒大、饱满</td><td>粒大、饱满</td><td colspan="2">颗粒大小较均匀</td></tr>
<tr><td colspan="2">滋味</td><td colspan="4">具有本品种特有风味、无异味。</td></tr>
<tr><td rowspan="2">总糖（以葡萄糖计）/g/100g ≥</td><td>无核白葡萄干</td><td>65</td><td colspan="3">60</td></tr>
<tr><td>其他</td><td>65</td><td>55</td><td colspan="2">50</td></tr>
<tr><td colspan="2">总酸（以酒石酸计）g/100g ≤</td><td colspan="4">2.5</td></tr>
<tr><td rowspan="2">水分/g/100g ≤</td><td>无核白葡萄干</td><td colspan="4">15</td></tr>
<tr><td>其他</td><td colspan="4">18</td></tr>
<tr><td colspan="2">果粒均匀度/% ≥</td><td>90</td><td>80</td><td>70</td><td>60</td></tr>
<tr><td colspan="2">果粒色泽度/% ≥</td><td>90</td><td>80</td><td>70</td><td>60</td></tr>
<tr><td colspan="2">破损果粒/% ≤</td><td>1</td><td>2</td><td>3</td><td>5</td></tr>
<tr><td colspan="2">杂质/% ≤</td><td>0.1</td><td>0.3</td><td>0.5</td><td>0.8</td></tr>
<tr><td colspan="2">霉变果粒</td><td colspan="4">不得检出</td></tr>
<tr><td colspan="2">虫蛀果粒</td><td colspan="4">不得检出</td></tr>
</table>

注：外来杂质不得检出。

4.5 污染物限量和真菌毒素限量

4.5.1 污染物限量应符合 GB 2762 的规定

4.5.2 真菌毒素限量应符合 GB 2761 的规定

4.6 微生物限量

4.7 致病菌

预包装食品符合 GB29921 即食果蔬制品类的规定，非预包装食品符合国家有关食品安全标准要求。

4.7.1 即食定量包装菌落总数、大肠菌群微生物限量还应符合表 2 的规定。

表 2 即食定量包装菌落总数、大肠菌群微生物指标

项目	限量			
	n	c	m	M
菌落总数[a]，CFU/g	5	2	10^4	10^5
大肠菌群[b]，CFU/g	5	2	10	10^2

注：[a] 样品的采集和处理按 GB 4789.1 执行。

[b] 菌落总数和大肠菌群的要求不适用于散装产品，仅限于预包装产品。

4.8 食品添加剂

食品添加剂的使用应符合 GB 2760 的规定。

4.9 农药残留

农药残留限量应符合 GB 2763 的规定。

4.10 净含量及允差

应符合国家质量监督检验检疫总局令〔2005〕第 75 号《定量包装商品计量监督管理办法》的规定。

5 试验方法

5.1 葡萄干分级指标

按 GB 19586 规定执行。

5.2 水分

按 GB 5009.3 规定的方法测定

5.3 总酸

按 GB/T 12456 规定的方法测定。

5.4 总糖

按 GB 5009.8 规定的方法测定。

5.5 果粒均匀度、果粒色泽度、破损果粒、杂质

按 GB 19586 规定的方法执行。

5.6 微生物指标

5.6.1 样品的分析及处理按 GB 4789.1 和 GB/T 4789.24 执行。

5.6.2 菌落总数按 GB 4789.2 进行执行。

5.6.3 大肠菌群按 GB 4789.3 进行执行。

5.6.4 致病菌

按 GB 4789.4、GB 4789.10 第二法、GB 4789.36 规定的方法测定。

5.7 净含量

按 JJF1070 规定的方法测定

6 检验规则

6.1 组批

同一等级、同样包装、同一贮存条件下（或标注同一生产日期的预包装产品）存放的葡萄干为一批次。

6.2 抽样量

从每批产品中随机抽取不少于 2 kg 的样品为检样。微生物取样按照微生物规范进行独立不少于 5 个独立包装样品。

6.3 样方法

在每批次葡萄干的不同部位按规定数量随机取大样，将已取的大样，倾置于洁净的铺垫物上，充分混合均匀后，用四分法平分，取其中 2 份，1 份为检样，另 1 份为备检样。微生物按微生物规范无菌取样。

6.4 检验分类

6.4.1 出厂检验

6.4.2 每批产品出厂前，应由生产企业质量管理部门按标准进行检验，合格后方可出厂销售。

6.4.3 出厂检验项目：感官指标、净含量、水分、二氧化硫残留量、菌落总数、大肠菌群。

出厂检验项目全部符合标准，判为合格品，出厂检验项目如有一项（微生物指标除外）不符合标准，可以加倍抽样复验，复验后如仍不符合标准，判为不合格品，微生物项目有一项不符合标准，不得复验，判为不合格品。

6.4.4 型式检验

产品在正常生产时，每年进行一次型式检验，季节性或断续性生产的应在停产后恢复生产时检验一次。有下列情况之一的，应进行型式检验：

a）新产品试制鉴定时；

b）原料、工艺、设备有较大变化，可能影响产品性能时；

c）出厂检验结果与上次型式检验结果有较大差异时；

d）食品安全监督机构提出要求时。

型式检验项目 4.4 -4.9 规定的全部项目，检验项目全部符合标准，判为合格品，如有一项（微生物指标除外）不符合标准，可以加倍抽样复验，复验后如仍不符合标准，判为不合格品，微生物项目有一项不符合标准，不得复验，判为不合格品。

6.4.5 交货验收

供需双方在交货现场按交售量随机抽取不少于2kg的样品，按照本标准规定的进行检验。

6.5 判定

检验结果中有两项不符合本标准，可以加倍抽样复检，如仍有一项不符合本标准，判为不合格。微生物检验不合格，不复验，判为不合格。

7 标志、标签、包装、运输和贮存

7.1 标志、标签

产品标签应当符合 GB 7718 和 GB 28050 标准的规定。除 GB 19586 标准规定以外的葡萄干产品，不得使用地理标志产品专用标志。

7.2 包装

产品包装应当符合 GB 9683 和 GB/T 6543 等国家关于食品包装材料和卫生要求。

7.3 运输

在运输过程中严禁日晒、雨淋，防潮、防压，运输工具必须清洁卫生，不得与有毒有害物品混装混运。

7.4 贮存

在低温、干燥、通风良好条件下存放，应防潮隔湿，严禁与地面直接接触，不得与易燃、腐蚀、有毒有害物品共同存放。

8 保质期

在常温干燥环境下（25 ℃以下）为1年，冷藏干燥环境下（0~5）℃为2年。

T/TPCX

吐 鲁 番 葡 萄 产 业 协 会 团 体 标 准

T/TPCX 03—2020

葡萄保鲜剂

2020－07－01 发布　　2020－08－01 实施

吐鲁番葡萄产业协会　发 布

前　言

本标准按照 GB/T 1. 1—2020《标准化工作导则 第一部分：标准化文件的结构和起草规则》编写。

本标准由吐鲁番市质量与计量检测所提出。

本标准由吐鲁番葡萄产业协会归口。

本标准起草单位：吐鲁番市质量与计量检测所，新疆维吾尔自治区产品质量监督检验研究院。

本标准主要起草人：王新丽、陈志强、李勇、许山根、任国栋、高敏、卞生珍

本标准于 2020 年 07 月 01 日首次发布。

葡萄保鲜剂

1　范围

本标准规定了葡萄保鲜剂的规格型号、技术要求、试验方法、检验规则、标志、包装、运输和储存。

本标准适用于以焦亚硫酸钠为主要原料，与添加剂（食品级微晶腊）复配后夹在两层、多层透气薄膜（食品包装用聚氯乙烯）中而制成的保鲜产品。主要用于葡萄鲜果的保鲜。

2　规范性引用文件

下列文件中的条款通过本标准的引用而成为本标准的条款。凡是注日期的引用文件，其随后所有的修改单（不包括勘误的内容）或修订版均不适用于本标准，凡是不注日期的引用文件，其最新版本适用于本标准。

GB 2760　食品安全国家标准　食品添加剂使用卫生标准

GB/T 5009. 1　食品卫生检验方法　理化部分总则

GB 5009. 11　食品安全国家标准　食品中总砷及无机砷的测定

GB 5009. 12　食品安全国家标准　食品中铅的测定

GB 5009. 34　食品安全国家标准　食品中二氧化硫的测定

GB/T 5709　纺织品　非织造布　术语

GB 4806. 7　食品安全国家标准　食品接触用塑料材料及制品

GB 4806. 8　食品安全国家标准　食品接触用纸和纸板材料及制品

GB/T 6543　运输包装用单瓦楞纸箱和双瓦楞纸箱

GB 1886. 7　食品安全国家标准　食品添加剂　焦亚硫酸钠

GB 14881　食品安全国家标准　食品生产通用卫生规范

GB 22160　食品级微晶蜡

HG/T 3075　胶粘剂产品包装、标志、运输和贮存的规定

3 分类

3.1 产品分类根据品种、用途、适应性，分为：Ⅰ、Ⅱ型。

3.2 Ⅰ型：适用于葡萄鲜果冷藏运输；SO_2释放时间为 35 d。

3.3 Ⅱ型：适用于葡萄鲜果低温贮藏；SO_2释放时间为 120 d。

4 要求

4.1 原材料要求及卫生规范

4.1.1 焦亚硫酸盐质量应符合 GB 1886.7 的规定。

4.1.2 食品添加剂焦亚硫酸盐用量应符合 GB 2760 的规定。

4.1.3 食品级微晶蜡卫生标准符合 GB 22160 的规定。

4.1.4 聚氯乙烯薄膜应符合 GB 4806.7 的规定。

4.1.5 包装纸张原材料应符合 GB 4806.8 的规定。

4.1.6 热熔胶的包装、标志、运输和贮存符合 HG/T 3075 规定。

4.1.7 卫生规范：生产过程中的卫生要求应符合 GB 14881 的规定。

4.1.8 无纺布满足 GB/T 5709 术语要求。

4.2 外观要求

符合表 1 的规定。

表 1 外观要求

项目	要求
外观	最外层为无纺布，中间为两层纸膜间夹有定量的药剂，并要求印有产品名称、商标、生产厂家和焦亚硫酸盐用量。
规格尺寸（mm）	长：350 ± 20 宽：250 ± 20 其他规格按照用户需求而特殊规定

4.3 理化指标

符合表 2 规定。

表 2 理化指标

项目	指标	
	Ⅰ型	Ⅱ型
保鲜剂药重，g/张	2 ± 0.5	4 ± 0.5
SO_2 含量，g/张	1.30 – 1.69	2.7 – 3.1
铅（以 Pb 计），mg/kg≤	1.0	1.0
总砷（以 As 计），mg/kg≤	0.2	0.2
* 低温 SO_2释放量，mg/kg	0 – 500	0 – 500
带 * 为型式检验项目：0℃ ~3℃低温条件下，葡萄保鲜剂 120 天 SO_2释放量。		

5 试验方法

5.1 外观

随机取5张保鲜垫，观测印刷面及底层有无无纺布。印面观测生产厂家、商标及焦硫酸盐用量。

5.2 规格尺寸

5.2.1 测量用具：在自然光下，用符合精度为1 mm的量具测量。

5.2.2 测量方法

随机抽取5张保鲜整进行测量，并取其平均值。

5.3 保鲜药剂重

5.3.1 仪器：电子天平，精度：0.0001 g。

5.3.2 测试方法

取保鲜垫三张，分别截取整张保鲜垫的1/2并称其重量为m_1，分别把无纺布、印刷面揭下分开后，把含有药剂的面和无纺布、印刷面同时浸泡在1 000 mL烧杯中并加入蒸馏水500 mL加热温度在80 ℃～100 ℃，用蒸馏水浸泡40 min后，过滤、用蒸馏水洗涤3次后取出保鲜垫含有药剂的面和无纺布、印刷面。烘干并称重，其重量为m_2。

5.3.3 计算方法

取三次试验结果的平均值。

$$药剂重（m）=（m_1-m_2）\times 2 \quad\cdots\cdots（1）$$

5.4 有效成分（SO_2）含量

5.4.1 试剂

5.4.1.1 0.100 mol/L硫代硫酸钠溶液：按GB/T 5009.1配制。

5.4.1.2 0.1 mol/L碘液：按GB/T 5009.1配制。

5.4.2 试验方法

根据保鲜垫中焦亚硫酸盐的含量多少确定取样量为1/2张，将保鲜垫放入锥形瓶中加入蒸馏水250 mL，闭塞加蒸馏装置进行煮沸浸泡60 min，并用玻璃棒将保鲜垫搅碎，过滤，用水洗涤，将滤液及洗涤液移入500 mL容量瓶中定容。取20.0 mL样品溶液至250 mL碘量瓶中，加5.00 mL，0.1 mol/L碘液，加塞，置暗处5 min后加0.5 mL淀粉指示剂，用0.1 mol/L硫代硫酸钠溶液定至无色，记录所用硫代硫酸盐的毫升数。

5.4.3 计算

$$X=\frac{[V(I_2)\ C(I_2)-V(Na_2S_2O_3)\ C(Na_2S_2O_3)/2]\times 64}{20.0}\times 500 \quad\cdots\cdots（2）$$

式中：

X——有效成分SO_2的含量g/张；

$V(I_2)$——标准碘溶液的体积，mL；

$C(I_2)$——标准碘溶液的实际浓度，mol/L；

$V(Na_2S_2O_3)$——标准硫代硫酸钠溶液的体积，ml；

C（$Na_2S_2O_3$）——标准硫代硫酸钠溶液的实际浓度，mol/L。

检验结果取三次试验结果平均值。

5.5 铅的测定

5.5.1 样品前处理

随机取一张保鲜垫的1/2张中的无纺布，将其放入烧杯中加入4%的乙酸浸泡0.5 h，并同时用玻璃棒将垫搅碎过滤，使焦亚硫酸盐完全溶解，用4%的乙酸洗涤，将滤液及洗涤移入1升容量瓶中定容。

5.5.2 测定方法按GB5009.12的规定执行。

5.6 砷的测定

5.6.1 样品的前处理干灰化法

随机取保鲜垫1/2张中的无纺布并精确称量（精确至小数点后第三位）后放置于50 ml～100 mL坩埚中，同时做两份试剂空白。加150 g/L硝酸镁10 mL混匀，低温蒸干，将氧化镁1 g仔细覆盖在干渣上，于电炉上炭化到无黑烟，移入550 ℃高温炉灰化4 h。取出冷却，小心加入（1+1）盐酸10 mL以中和氧化镁并溶解灰分，转入25 mL容量瓶或比色管中，向容量瓶或比色管中加入50 g/L硫脲2.5 mL，另用（1+9）硫酸分次刷洗坩埚后转出合并，直到25 mL刻度，混匀备测。

5.6.2 试验方法

按GB 5009.11的规定执行。

5.7 低温下 SO_2 释放量的测定

5.7.1 试验方法

随机取一张保鲜垫的1/2张（做三个平行样）放入直径240 mm干燥品中，并精确量取100 ml蒸馏水放入干燥器中，密封在0 ℃～3 ℃条件下，每24 h按GB 5009.34食品中亚硫酸盐的测定中（第一法盐酸副玫瑰苯胺法）测定一次溶液中的亚硫酸盐的含量。

5.7.2 计算

$$X = \frac{1000}{m_3 \times V/100 \times 1000} \quad \cdots\cdots (3)$$

式中：

X——试样中二氧化硫的含量，单位为毫克每千克（mg/kg）；

A——测定用样液中二氧化硫的质量，单位为微克（μg）；

m_3——试样质量，单位为克（g）；

V——测定用样液的体积，单位为毫升（mL）；

计算结果表示到三位有效数字。

6 检验规则

6.1 组批

同一天同一规格生产的产品为一批。

6.2 抽样

从任一批产品中随机抽取30张。将其分为两份，一份做检验用，一份密封备检。

6.3 出厂检验

产品经厂质检部门检验：产品一件重量、外观、规格尺寸、药剂重量进行检测合格后，并签发合格证方可出厂。

6.4 型式检验

有下列情况之一时，应进行型式检验。

6.4.1 原料、工艺、设备有较大变化；

6.4.2 正常生产每六个月时；

6.4.3 停产三个月以上恢复生产时；

6.4.4 交收双方对产品质量发生争议时；

6.4.5 质量监督机构提出要求时。

型式检验项目包括：本标准规定的全部项目。

6.5 判定原则

若有一项不符合标准规定时，应对被检样重新进行复检，结果仍有一项不合格，则判定该批产品不合格。

7 标志、包装、运输、贮藏

7.1 标志

保鲜垫上应标明产品名称，制造者名称，地址，执行标准代号，保质期，袋中应装有产品说明书，垫箱外粘有检验合格证，生产日期等。

7.2 包装

7.2.1 内包装用塑料袋材料应符合GB 4806.7的规定。

7.2.2 外包装用瓦楞纸箱材料应符合GB 4806.8的规定。

7.3 运输

产品在运输过程中，应防止雨淋、暴晒，要防潮，并应遵守运输部门的有关规定。

7.4 贮存

产品应存放在通风，干燥，无日光直接照射的库房内贮存，温度为室温（25 ℃）左右，湿度应小于40%。

7.5 保质期

产品自生产之日起在上述条件下保质期为两年。

T/TPCX

吐 鲁 番 葡 萄 产 业 协 会 团 体 标 准

T/TPCX 04—2020

葡萄促干剂

2020-10-01 发布　　　　2020-11-01 实施

吐鲁番葡萄产业协会　发 布

前　言

本标准按照 GB/T 1. 1—2020《标准化工作导则 第一部分：标准化文件的结构和起草规则》编写。

本标准由吐鲁番市质量与计量检测所提出。

本标准由吐鲁番葡萄产业协会归口。

本标准起草单位：由吐鲁番市质量与计量检测所、吐鲁番市恒达生物科技有限公司起草、新疆维吾尔自治区产品质量监督检验研究院。

本标准主要起草人：王新丽、陈志强、李勇、许山根、卞生珍、任国栋、高敏、敬东、赵伟、郭敏瑞

本标准于 2020 年 10 月 01 日首次发布。

葡萄促干剂

1　范围

本标准规定了葡萄促干剂的技术要求、试验方法、检验规则、标志、包装、运输、贮存。

本标准适用于以食品添加剂级的碱类为主要原料，酯类、乳化剂等成分混合而成。用于鲜食葡萄制干，促进水分蒸发，提高鲜果干制速率，提升干果品质。

2　规范性引用文件

下列文件中的条款通过本标准的引用而成为本标准的条款。凡是注日期的引用文件，其随后所有的修改单（不包括勘误的内容）或修订版均不适用于本标准，凡是不注日期的引用文件，其最新版本适用于本标准。

GB 2760　食品安全国家标准　食品添加剂使用标准

GB 4806. 7　食品安全国家标准　食品接触用塑料材料及制品

GB 4806. 8　食品安全国家标准　食品接触用纸和纸板材料及制品

GB 5009. 74　食品安全国家标准　食品添加剂中重金属限量试验

GB 5009. 76　食品安全国家标准　食品添加剂中砷的测定

GB 5749　生活饮用水卫生标准

GB/T 6682　分析实验室用水规格和试验方法

GB 14881　食品安全国家标准　食品生产通用卫生规范

HG/T 3696. 1　无机化工产品　化学分析用标准溶液、制剂及制品的制备　第 1 部分：标准滴定溶液的制备

HG/T 3696. 2　无机化工产品　化学分析用标准溶液、制剂及制品的制备　第 2 部分：杂质标准溶液的制备

HG/T 3696.3　无机化工产品　化学分析用标准溶液、制剂及制品的制备　第3部分：制剂及制品的制备

JJF 1070　定量包装商品净含量计量检验规则

3　要求

3.1　原材料要求及卫生规范

3.1.1　使用的原料碱应符合 GB 2760 的要求、生产用水应符合 GB 5749 的要求；

3.1.2　卫生规范符合 GB 14881 的规定。

3.2　感官指标

感官指标应符合表1的规定。

表1　感官要求

项目	要求	检验方法
色泽	白色、微黄色等	取适量样品于洁净、干燥的白色瓷盘中，在自然光线下，观察其色泽、状态和杂质
形态	粉状或结晶状，允许有轻微结块，易溶于水	
杂质	无肉眼可见外来杂质	

3.3　理化指标

符合表2规定。

表2　理化指标

项目	指标	检验方法
碱含量（以 NaOH 计）g/100g	1 ±0.5	附录 A
醚浸出物 g/100g	1.0 – 2.0	附录 A
重金属（以 Pb 计），mg/kg　≤	10.0	GB 5009.74
总砷（以 As 计），mg/kg　≤	2.0	GB 5009.76

3.4　净含量偏差

应符合 JJF 1070 的规定。

4　检验规则

4.1　组批

同一工艺、同一配方、同一规格、同一班制生产的产品为一批。

4.2 抽样

从任一批产品中随机抽取30个最小包装。将其分为两份，一份做检验用，一份密封备检。

4.3 出厂检验

产品经企业质检部门检验：产品的净含量、外观、碱含量进行检测合格后，并签发合格证方可出厂。

4.4 型式检验

有下列情况之一时，应进行型式检验。

4.4.1 原料、工艺、设备有较大变化；

4.4.2 正常生产每年进行一次；

4.4.3 停产三个月以上恢复生产时；

4.4.4 交收双方对产品质量发生争议时；

4.4.5 市场监管部门提出要求时。

型式检验项目包括本标准规定的全部项目。

4.5 判定原则

若有一项不符合标准规定时，应对被检样重新进行复检，结果仍有一项不合格，则判定该批产品不合格。

5 标志、包装、运输、贮存

5.1 标志

促干剂上应标明产品名称，制造者名称，地址，执行标准代号，保质期，外包装应附有产品说明书，检验合格证，标明生产日期。

5.2 包装

5.2.1 内包装用塑料袋材料应符合 GB 4806.7 的规定。

5.2.2 外包装用瓦楞纸箱材料应符合 GB 4806.8 的规定。

5.3 运输

产品在运输过程中，应防止雨淋、暴晒，要防潮，并应遵守运输部门的有关规定。

5.4 贮存

产品应存放在通风、干燥、防潮、防暴晒、防雨淋的库房内贮存，温度为室温，相对湿度应小于50%。

5.5 保质期

产品自生产之日起未打开包装在上述条件下保质期为2年。

附 录 A
试验方法

A.1 警示

本标准的检验方法中使用的部分试剂具有腐蚀性，操作者须小心谨慎！如溅到皮肤上应立即用水冲洗，严重者应立即就医。使用易燃品时，严禁使用明火加热。

A.2 一般规定

本标准所用的试剂和水，在没有注明其他要求时，均指分析纯试剂和 GB/T 6682 中规定的三级水。试验中所用标准滴定溶液、杂质标准溶液、制剂及制品，在没有注明其他要求时，均按 HG/T 3696.1、HG/T 3696.2、HG/T 3696.3 之规定制备。

A.3 总碱量的测定

A.3.1 原理

样品呈碱性，取适量样品蒸馏水溶解定容后，用 0.1 mol/L 盐酸标准溶液滴定，以 0.1% 甲基橙指示剂，定量计算样品中的碱含量。

A.3.2 测定过程

取 2.0 g（精确到 0.0001 g）样品，加水溶解，必要时可适当加热，加水定容为 250 ml。取适量体积样品溶液，加 20 ml 水稀释，加 1 - 2 滴甲基橙指示剂，用盐酸标准溶液滴定，指示剂由黄色变为橙色为滴定终点，按下列方程式（1）计算样品中碱的含量。

$$x = \frac{c \times V_1 \times 0.031}{V/250 \times m} \times 100 \qquad (1)$$

式中：

x ——样品的总碱量（以 NaOH 计），g/100 g；

c ——所用盐酸标准滴定溶液的实际浓度，mol/L；

V_1——所用盐酸标准滴定溶液的体积，mL；

V ——吸取样品溶液的体积，ml；

0.031 ——与 1.00 mL 盐酸标准滴定溶液［c（HCl）=1.000 mol/L］相当的，以克表示氢氧化钠的质量；

m ——样品质量，g。

取两次试验结果的平均值。

A.4 醚浸出物

A.4.1 原理

试样用石油醚（30℃ ~60℃沸程）索氏抽提后，去除溶剂后的剩余残留物为醚提取物。

A.4.2 操作过程

取 5.0 g（精确到 0.0001 g）样品，放入滤纸筒中进行索氏抽提，索氏抽提仪连接已恒重的抽提瓶，并进行水浴加热，回流速度每秒 3 滴，约 5 分钟回流一次，抽提 6 h - 8 h。抽提结束后，去除抽提瓶中的溶剂，抽提瓶于 100 ℃ ±3 ℃恒重，按下列方程式（2）计算醚提取物的测定结果。

$$x = \frac{m_2 - m_1}{m} \times 100 \quad \cdots\cdots (2)$$

式中：

x ——样品的醚浸出物含量，g/100 g；

m_2——空抽提瓶的质量，g；

m_1——空抽提瓶和醚浸出物的质量，g；

m ——样品质量，g。

取两次试验结果的平均值。

T/TPCX

吐 鲁 番 葡 萄 产 业 协 会 团 体 标 准

T/TPCX 05—2020

腌制葡萄叶

2020 - 10 - 01 发布　　2020 - 11 - 01 实施

吐鲁番葡萄产业协会　发 布

前　言

本标准按照GB/T 1.1—2020《标准化工作导则　第一部分：标准化文件的结构和起草规则》编写。

本标准由新疆黄金叶子食品有限公司提出。

本标准由吐鲁番葡萄产业协会归口。

本标准起草单位：吐鲁番市质量与计量检测所。

本标准主要起草人：王新丽、陈志强、许山根、高敏、任国栋

本标准于2020年10月01日首次发布。

腌制葡萄叶

1　范围

本标准规定了腌制葡萄叶的技术要求、食品添加剂、生产加工过程卫生要求、检验方法、检验规则、标志、包装、运输与贮存。

本标准适用于腌制葡萄叶的生产、销售、检验。

2　规范性引用文件

下列文件中的条款通过本标准的引用而成为本标准的条款。凡是注日期的引用文件，其随后所有的修改单（不包括勘误的内容）或修订版均不适用于本标准，凡是不注日期的引用文件，其最新版本适用于本标准。

GB/T 191　包装储运图示标志

GB 2760　食品安全国家标准　食品添加剂使用标准

GB 2762　食品安全国家标准　食品中污染物限量

GB 2763　食品安全国家标准　食品中农药最大残留限量

GB 1886.7　食品安全国家标准　食品添加剂　焦亚硫酸钠

GB 1886.100　食品安全国家标准　食品添加剂　乙二胺四乙酸二钠

GB 1886.184　食品安全国家标准　食品添加剂　苯甲酸钠

GB 1886.235　食品安全国家标准　食品添加剂　柠檬酸

GB 4789.2　食品安全国家标准　食品微生物学检验　菌落总数测定

GB 4789.3　食品安全国家标准　食品微生物学检验　大肠菌群计数

GB 4789.4　食品安全国家标准　食品微生物学检验　沙门氏菌检验

GB 4789.10　食品安全国家标准　食品微生物学检验　金黄色葡萄球菌检验

GB 4789.26　食品安全国家标准　食品微生物学检验　商业无菌检验

GB 4789.36　食品安全国家标准　食品微生物学检验　大肠埃希氏菌O157：H7/NM检验

GB 5009.8　　食品安全国家标准　食品中果糖、葡萄糖、蔗糖、麦芽糖、乳糖的测定
GB 5009.34　　食品安全国家标准　食品中二氧化硫的测定
GB 5009.44　　食品安全国家标准　食品中氯化物的测定
GB 5009.86　　食品安全国家标准　食品中抗坏血酸的测定
GB 5009.237　　食品安全国家标准　食品 pH 值的测定
GB 5009.268　　食品安全国家标准　食品中多元素的测定
GB/T 5461　　食用盐
GB 5749　　生活饮用水卫生标准
GB 7718　　预包装食品标签通则
GB/T 10786　　罐头食品的检验方法
GB 14881　　食品安全国家标准　食品生产通用卫生规范
GB/T 12456　　食品中总酸的测定
GB 4806.7　　食品安全国家标准　食品接触用塑料材料及制品
GB 14754　　食品安全国家标准　食品添加剂　维生素 C（抗坏血酸）
QB 1007　　罐头食品净重和固形物含量的测定
JJF 1070　　定量包装商品净含量计量检验规则
原国家质量监督检验局总局［2005］第 75 号令《定量包装商品计量监督管理办法》

3　术语和定义

下列术语和定义适用于本文件。

3.1　腌制葡萄叶

以新鲜葡萄叶为主要原料，添加食用盐等其他辅料，经过葡萄叶子验收、杀青、沥水、挑选、盛装、注汤，经密封、杀菌等主要工艺加工制成的食品。

4　技术要求

4.1　原材料要求及卫生规范

4.1.1　新鲜葡萄叶

应符合如下表 1 和表 2 要求。

表 1　　新鲜葡萄叶采摘标准

项目	要求
形状	选择叶片为 3 ~ 5 浅裂，叶子长宽比为 1/1，呈近圆形。
叶片特性	1. 叶片薄，无硬纤维脉，用手触摸叶子背面光滑； 2. 叶片无叶柄； 3. 无撕裂、分裂； 4. 无物理伤害，例如冰雹、灼伤； 5. 无生物原因（缺乏营养、死亡、昆虫、虫卵、昆虫咬伤等）； 6. 当天摘取，新鲜，有弹性。

续 表

项目	要求
尺寸	葡萄叶的大小应该在 7 cm ~ 18 cm 之间。
色泽	黄绿色，颜色相对均匀，表面有光泽。
杂质	无肉眼可见外来杂质。

表 2　新鲜葡萄叶理化指标

类别	项目		技术指标
理化	pH	<	4.6
	总酸（以一水柠檬酸计）（g/kg）	>	10.0
	总糖（g/100g）	<	8.0
微生物	大肠菌群/（CFU/g）	≤	10
	致病菌		符合本标准表 6 规定

4.1.2　生产用水应符合 GB 5749 的要求。

4.1.3　食用盐应符合 GB/T 5461 的规定。

4.1.4　柠檬酸应符合 GB 1886.235 的规定。

4.1.5　苯甲酸钠应符合 GB 1886.184 的规定。

4.1.6　聚氯乙烯薄膜应符合 GB 4806.7 的规定。

4.1.7　焦亚硫酸钠（钾）应符合 GB 1886.7 的规定，其他产硫添加物符合相应的产品标准。

4.1.8　乙二胺四乙酸二钠应符合 GB 1886.100 的规定。

4.1.9　维生素 C（抗坏血酸）应符合 GB 14754 的规定。

4.1.10　卫生规范：生产过程中的卫生要求应符合 GB 14881 的规定。

4.1.11　新鲜葡萄叶农药残留指标符合 GB 2763 的规定。

4.2　生产工艺

原料验收→杀青→沥水→挑选→盛装→注汤→储存→清洗→包装→储存→运输。

4.3　感官指标

感官指标应符合表 3 的规定：

表 3　腌制葡萄叶感官指标

项目	要求
色泽	黄绿色或暗绿色，颜色相对均匀
摆放形式	葡萄叶排列整齐、大小均匀、呈圆柱形
杂质	无肉眼可见外来杂质

4.4　理化指标

理化指标应符合表 4 的规定：

表 4　腌制葡萄叶理化指标

项目		技术指标
固形物含量，g/100g	<	80
氯化物（以 Cl^- 计），%	>	10.0
pH		3.0～3.9
二氧化硫，g/kg	≤	0.1
乙二胺四乙酸二钠，g/kg	≤	0.25
总砷（As），mg/kg	≤	0.05
铅（Pb），mg/kg	≤	0.3
镉（Cd），mg/kg	≤	0.05
汞（Hg），mg/kg	≤	0.02
维生素 C（抗坏血酸），mg/kg	≤	5.0

4.5 菌落总数、大肠菌群指标

菌落总数、大肠菌群指标应符合表 5 的规定：

表 5　腌制葡萄叶菌落总数、大肠菌群指标

项目		技术指标
菌落总数，CFU/g	<	1×10^6
大肠菌群，CFU/g	<	10
注：属于罐头工艺的应满足商业无菌		

4.6 致病菌指标

致病菌指标应符合表 6 的规定：

表 6　腌制葡萄叶致病菌指标

项目	致病菌指标			
	采样方案及限量（若非指定，均以/25g 表示）			
	n	c	m	M
沙门氏菌	5	0	0	–
金黄色葡萄球菌	5	1	100CFU/g	1000CFU/g
大肠埃希氏菌 O157：H7	5	0	0	–

注：n 为同一批次产品应采集的样品件数；c 为最大可允许超出 m 值的样品数；m 为致病菌指标可接受水平的限量值；M 为致病菌指标的最高安全限量值。

4.7 净含量及允许短缺量

应符合原国家质量监督检验局总局［2005］第 75 号令《定量包装商品计量监督管理办法》的规定。

5 食品添加剂及污染物限量

食品添加剂的品种和使用量应符合 GB 2760 及卫生部关于添加剂食品添加剂公告的规定。污染物限量符合 GB 2762 的规定。

6 检验方法

6.1 感官指标：按 GB/T 10786 规定的方法检验。

6.2 理化指标

6.2.1 固型物含量：按 QB 1007 规定的方法测定。
6.2.2 氯化钠含量：按 GB 5009.44 规定的方法测定。
6.2.3 pH 值：按 GB 5009.237 规定的方法测定。
6.2.4 二氧化硫：按 GB 5009.34 规定的方法测定。
6.2.5 总酸：按 GB/T 12456 规定的方法测定。
6.2.6 总糖：按 GB 5009.8 规定的方法测定。
6.2.7 重金属：总砷、铅、镉和汞按 GB 5009.268 规定的方法测定。
6.2.8 维生素 C（抗坏血酸）按 GB 5009.86 规定的方法测定。

6.3 微生物指标

6.3.1 菌落总数：按 GB 4789.2 的规定执行。
6.3.2 大肠菌群：按 GB 4789.3 的规定执行。
6.3.3 沙门氏菌：按 GB 4789.4 的规定执行。
6.3.4 金黄色葡萄球菌：按 GB 4789.10 第二法的规定执行。
6.3.5 大肠埃希氏菌 O157：H7：按 GB 4789.34 的规定执行。
6.3.6 商业无菌：按 GB 4789.26 的规定执行。

6.4 净含量：按 JJF 1070 规定的方法测定。

7 检验规则

7.1 组批

同一班次，同一条生产线生产的包装完好的同一种产品为一组批。

7.2 抽样

应从每批产品中随机抽取 1 kg 样品。将样品分为 2 份，其中 3/4 作为检验样品，1/4 作为备检样品。

7.3 检验规则出厂检验

产品经企业质检部门检验：感官指标、净含量、固形物、pH 值、氯化钠含量进行检测合格后，并签发合格证方可出厂。

7.4 型式检验有下列情况之一时，应进行型式检验。

7.4.1 原料、工艺、设备有较大变化；
7.4.2 正常生产每六个月时；
7.4.3 停产三个月以上恢复生产时；
7.4.4 交收双方对产品质量发生争议时；
7.4.5 市场监督管理部门提出要求时。
型式检验项目包括：本标准规定的全部项目。

7.5 判定规则

7.5.1 检验项目全部符合本标准的规定，判该批产品为合格产品。

7.5.2 微生物指标如有一项不符合要求，即判该批产品为不合格。其他项目如有一项以上（含一项）不合格，应在同批产品中加倍抽样复验，以复验结果为准。若复验项目仍有一项不合格，则判该批产品为不合格品。

8 标志、包装、运输、贮存

8.1 标志

产品包装储运图示标志应符合 GB/T 191 的规定；标签应符合 GB 7718 的规定。

8.2 包装

内包装用塑料桶材料应符合 GB 4806.7 的规定。包装材料应干燥、清洁、无异味、无毒无害，且符合食品包装材料相应标准及相关规定的要求。

8.3 运输

运输工具应清洁卫生，产品在运输过程中，严防污染、防止日晒雨淋。不得与有毒、有害、有异味及易腐蚀的物品混装混运。

8.4 贮存

8.4.1 储存仓库应有防潮，远离火源，保持清洁。

8.4.2 储存仓库温度以 20 ℃左右为宜，避免温度骤然升降，仓库应保持通风良好。

8.4.3 贮存时应保持干燥、通风、防污染，应存放于清洁、干燥、无异味的仓库中，不得与有害、有毒、有异味、易挥发、易腐蚀、潮湿的物品同处贮存。

8.4.4 产品应堆放在垫板上，且离地、离墙，中间留出通道。

8.4.5 产品入库贮存应实行先进先出，按品种分别存放，防止挤压。

8.5 保质期

在本标准规定条件下，从生产日期起计，保质期为 24 个月。